Compendium of International
Methods of Wine and Must Analysis

OIV国际葡萄酒与葡萄汁
分析方法大全

李志勇 刘青 编译

中国标准出版社

图书在版编目 (CIP) 数据

OIV国际葡萄酒与葡萄汁分析方法大全/李志勇,刘青编译.—北京：中国标准出版社，2015.10
ISBN 978-7-5066-7831-5

Ⅰ.①O… Ⅱ.①李… ②刘… Ⅲ.①葡萄酒—食品分析—分析方法 ②葡萄汁—食品分析—分析方法
Ⅳ.①TS262.6 ②TS255.44

中国版本图书馆CIP数据核字（2015）第005900号

出版发行	中国质检出版社		印　　刷	中国标准出版社秦皇岛印刷厂	
	中国标准出版社 出版发行		版　　次	2015年10月第一版　2015年10月第一次印刷	
	北京市朝阳区和平里西街甲2号（100029）		开　　本	787mm×1092mm　1/16	
	北京市西城区三里河北街16号（100045）		印　　张	53.00	
	总编室：(010) 68533533		字　　数	1238千字	
	发行中心：(010) 51780238		书　　号	ISBN 978-7-5066-7831-5	
	读者服务部：(010) 68523946		定　　价	160.00元	
网　　址	http://www.spc.net.cn				

如有印刷装差错　由本社发行中心调换

版权专有　　侵权必究
举报电话：(010) 68510107

编译委员会

主　　编　李志勇　刘　青

副 主 编　郭德华　钟其顶　相大鹏　谢　力　陈文锐　蒲　民
　　　　　　陈胤瑜　李晓虹　李建军　韦晓群　李　苟　朱克卫
　　　　　　田　玲　刘朝霞　凌　莉　易　蓉　邹志飞　曾　静

编译人员　（以姓氏笔画为序）
　　　　　　仇　凯　王传现　王　京　王道兵　韦晓群　田　玲
　　　　　　任立峰　伍颖仪　关丽军　刘传贺　刘　明　刘　青
　　　　　　刘　津　刘　夏　刘朝霞　刘　超　朱克卫　阮雄杰
　　　　　　吴竹英　吴美琪　张洋子　时逸吟　李　双　李志勇
　　　　　　李国辉　李建军　李　苟　李晓红　李　敏　李　勤
　　　　　　李　蓉　李　楠　邵仕萍　张子皓　林梅芳　邹志飞
　　　　　　陈文锐　陈永红　陈　立　陈秀明　陈楠楠　孟　镇
　　　　　　何吉子　庞世琦　易敏英　易　蓉　武玉艳　郑思珩
　　　　　　郑　恩　郑　淼　宦　萍　相大鹏　钟其顶　倪昕路
　　　　　　凌　莉　奚星林　席　静　翁文川　谈颖德　郭晶晶
　　　　　　郭德华　高东微　高红波　徐家亮　宿景霞　梁瑞婷
　　　　　　曾　静　曾广丰　谢　力　蒲　民　廖冰君　潘丙珍
　　　　　　黎海超　戴　祁

译 者 序

随着经济发展和人民生活水平的不断提高,中国葡萄酒消费迅猛增长,进口葡萄酒大量涌进,使中国加速成为国际葡萄酒市场的重要组成部分,国际规则也越来越深远地影响着中国葡萄酒的发展。中国葡萄酒行业与国际接轨、沿着国际化的道路发展已经成为必然。面对中国葡萄酒市场国际化浪潮,采用与国际接轨的统一的分析检测方法对葡萄酒酿造和加工过程中原料、半成品和终产品进行分析检测和质量控制,显得更加迫切和必要。

国际葡萄与葡萄酒组织(OIV,International Organization of vine and wine)编写的《国际葡萄酒与葡萄汁分析方法大全》(Compendium of International Methods of Wine and Must Analysis)是国际葡萄酒行业分析检测领域的权威经典之作,收集整理了葡萄酒和葡萄汁的物理、化学和微生物检测方法及质量控制的有关规定。方法包括标准方法、基准方法、认可的替代方法和辅助方法共四类,达140多项,适合在葡萄酒生产和加工过程中对原料、半成品和终产品进行全过程分析。欧盟法规 EC No 479/2008 和 EC No 606/2009 规定,OIV 所推荐和公布的方法,适用于葡萄栽培和酿造过程的质量控制,要求所有成员国遵照执行。它同《国际葡萄酿酒工艺法规》(International Code of Oenological Practices)和《国际酿酒药典》(International Oenological Codex)一起,组成了葡萄酿造行业完善、法定和实用的科学体系。

本书根据"Compendium of International Methods of Wine and Must Analysis"(2014 版)翻译编辑而成。主要包括六个部分,分别为葡萄酒和葡萄汁分析检测方法、检测证书、各种物质最大可接受限量、建议、实验室质量保证、糖含量(精馏浓缩葡萄汁)特殊检测方法。本书较之前翻译的版本不同之处在于:其收集整理了 OIV 377/2009 修订的一批方法,增加了新近出现的农药残留、塑化剂、赭曲霉毒素 A、纳他霉素、羟甲基糠醛等有毒有害物质的分析方法,以及不断更新的检测手段如同位素比质谱仪(IRMS)和点特异性天然同位素分馏核磁共振(SNIFNMR)、电感耦合等离子体质谱(ICP-MS)和毛细管电泳(CE)等技术的相关分析方法。同时为体现葡萄酒实验室质量保证的重要性,本书还将相关内容单独作为一个部分,重点进行了阐述。

由于原著收录的文件发布时间不同,体例格式不尽相同,量和单位的用法也与我国允许使用的法定量和单位有所不同。为保持原著的完整性,我们保留了原著中的体例格式、量和单位的用法。同时,对原著中的部分错漏进行了修改。

本书可供从事食品,尤其是葡萄酒质量控制、葡萄酒检验的技术人员、葡萄酒检测科技工作者等参考,同时也可作为葡萄酒生产企业、大专院校、相关的食品企业和研究院所,以及海关、检验检疫等政府部门的技术人员用书。

本书在翻译和出版过程中,得到了广东出入境检验检疫局检验检疫技术中心、中国食品发酵工业研究院、上海出入境检验检疫局、国家质量监督检验检疫总局进出口食品安全局、国家质量监督检验检疫总局标准与技术法规中心、黄埔出入境检验检疫局、新疆出入境检验检疫局、北京出入境检验检疫局、中山出入境检验检疫局的大力协助和支持,烟台张裕葡萄酿酒股份有限公司总工程师、中国首届酿酒大师李记明博士欣然为本书撰序,在此一并表示衷心的感谢。

由于翻译编写工作时间紧、译者水平所限,译不达意之处乃至错误在所难免,若本书文稿与原文有异,概以英文原文为准。希望广大读者、专家在使用过程中提出宝贵意见,使本书得以不断完善和提高。

编译者
2015 年 6 月

序 一

《国际葡萄酒与葡萄汁分析方法大全》(Compendium of International Methods of Wine and Must Analysis)于 1962 年首次出版,并于 1965 年、1972 年、1978 年、1990 年和 2000 年修订再版,每次修订再版都增加了历年由分委会提出并经全体委员会批准的补充性文件。

本次出版的《国际葡萄酒与葡萄汁分析方法大全》(2014 版)包括了所有自 2000 年以来,由 OIV(国际葡萄与葡萄酒组织)各成员国代表组成的全体委员会批准的所有文件的修订。

本书在保持葡萄酒检测方法一致性方面具有重要的意义,许多葡萄酒的生产国引用该书的定义和方法作为本国的法规,因此本书也在便利国际贸易方面起着相当重要的作用。

我在此特别要感谢广东出入境检验检疫局检验检疫技术中心的专家们,正是由于他们的辛勤努力,才使得本书能够在中国——这个葡萄酒历史悠久的国家得以翻译出版和发行。希望中国葡萄酒专家能够通过本书更多地了解 OIV。相信本书的出版和发行能够进一步增进彼此的友谊,并扩大我们在葡萄酒领域的合作和交流。

国际葡萄与葡萄酒组织主席

Federico Castellucci

Foreword

The OIV Compendium of International Methods of Wine Analysis was first published in 1962 and republished in 1965, 1972, 1978, 1990 and 2000; each time it included additional material as approved by the General Assembly and produced each year by the relevant Sub-Commission.

This edition of *Compendium of International Methods of Wine and Must Analysis* includes all material and methods as approved by the General Assembly of representatives of the member Governments of the OIV, revised and amended since 2000.

Some countries consider that the methods of analysis, recognised as reference methods and published by the OIV, shall prevail as reference methods for the determination of the analytical composition of the wine in the context of control operations.

The Compendium plays a major part in harmonising methods of analysis. Many vine-growing countries have introduced its definitions and methods into their own regulations and thus contribute to facilitating international trade.

I would particularly like to thank the managers and staff of the Guangdong IQTC for works and commitment they put into this important translation work of the OIV Compendium of International Methods of Wine Analysis.

With their hard work, the book can be published in China, the country with a long history of wine. It is hopeful that through this book, Chinese experts will learn more of OIV. We believe that the publication and distribution of the book will promote our friendship and expand our cooperation in the field of wine analysis.

序 二

随着我国经济的不断发展和国际化进程推进,中国葡萄酒进出口贸易以及国内的消费量都以喜人的势头迅猛增长。面对不断涌现出的葡萄酒品质安全及质量控制的新情况和新问题,采用与国际接轨的统一的分析检测方法对葡萄酒酿造和加工过程进行分析检测和质量控制,对葡萄酒分析工作者显得更加迫切和必要。

今天,我非常欣慰地看到,国际葡萄与葡萄酒组织(OIV)出版的国际葡萄酒行业分析检测领域的权威经典之作——《国际葡萄酒与葡萄汁分析方法大全》(2014 版),在广东出入境检验检疫局、中国食品发酵工业研究院和上海出入境检验检疫局等单位一批年轻的葡萄酒工作者的辛勤努力下,终于出版了。本人有幸与马佩选同志合作编译了 2005 版《国际葡萄酒与葡萄汁分析方法汇编》,受到国内业界的一致好评。相信本版本的出版发行一定会给国内的葡萄酒工作者带来更大的便利,也希望本书能够为我国葡萄酒行业的可持续发展和标准化工作作出积极的贡献。

本书囊括了葡萄酒的物理、化学和微生物等分析方法共 140 多项。增订了新修订的一批方法,如农药残留、邻苯二甲酸酯类、赭曲霉毒素 A 等有毒有害物质的分析方法,以及同位素比质谱仪(IRMS)和点特异性天然同位素分馏核磁共振(SNIFNMR)等最新的检测技术;并单独一部分重点阐述了葡萄酒实验室质量保证体系。本书可作为葡萄酒生产企业、大专院校、相关的食品企业、海关、质检等部门的技术人员参考用书。

在此衷心地祝愿国内年轻的葡萄酒工作者们在这一领域能够大有作为!

李记明

2015 年 6 月

原文前言

《国际葡萄酒与葡萄汁分析方法大全》(Compendium of International Methods of Wine and Must Analysis)于 1962 年首次出版,并于 1965、1972、1978、1990 和 2000 年修订再版,每次修订再版都增加了历年由分委会提出,并经全体委员会批准的补充性文件。

本次出版的《国际葡萄酒与葡萄汁分析方法大全》(2014 版)包括了所有自 2000 年以来,由 OIV 各成员国代表组成的全体委员会批准的所有文件的修订。

本书在保持葡萄酒检测方法一致性方面具有重要的意义,许多葡萄酒生产国引用该书的定义和方法作为自己国家的法规。

欧盟法规 EC No 479/2008 规定,对法规中所涵盖的产品成分进行分析,以及检查产品的加工过程是否违反葡萄酒酿造规范的原则所使用的方法,必须是 OIV 推荐和公布的《国际葡萄酒与葡萄汁分析方法大全》中的方法。

欧盟法规 EC No 606/2009 进一步明确声明,OIV《国际葡萄酒与葡萄汁分析方法大全》中所列出的分析方法将会在成员国内部出版,并适用于葡萄栽培和酿造的全过程控制。

欧盟认可该书中所有的检测方法,并用此来规范各成员国的相关事宜,并确保和 OIV 保持密切的合作。

此外,本书也在方便国际贸易方面起着相当重要的作用。它同《国际葡萄酿造工艺法规》(International Code of Oenological Practices)和《国际葡萄酿造药典》(International Oenological Codex)一起,组成了葡萄酿造行业完善、合法和实用的科学体系。

目　录

名 称	编 号	方法类型

名　　称	编　　号	方法类型

3.2　非有机类化合物

3.2.1　阴离子

3.2.2　阳离子

名　称	编　号	方法类型

名　称	编　号	方法类型

OIV 分析方法的格式

引自 ISO 78-2:1999。

1 标题

2 介绍

（可选）

3 范围

简要说明化学分析方法并特别指出适用的产品。

4 定义

5 原理

准确说明所使用方法的基本步骤和基本原则。

6 试剂和材料

应列出所有的测试过程中使用的试剂和材料及其特性,如有必要,标明其纯度。

应列出:

市售产品的状态;溶液的浓度;标准滴定溶液;标准参比溶液;标准溶液;标准色泽对比溶液。

注:每个试剂应有一个特定的编码。

7 设备

列出所有试验期间使用的设备和仪器的名称及其特征。

8 取样(样品的制备)

应列出:

抽样程序;试验样品的制备。

9 步骤

简明扼要地描述每一个操作步骤。

本条款一般包括以下的分条款:

测试部分:提供从样品制备成测试溶液的所有必要信息。

测定或测试:准确描述操作步骤,以便理解和应用。

校准(如有必要)。

10 计算(结果)

表明结果计算的方法。得到结果的单位、所用的公式、数学符号的含义以及小数位数应准确无误。

11 精密度(实验室间验证)

精密度数据应当包括:

实验室的数量;浓度平均值;重复性和再现性;重复性和再现性的标准偏差;参考文献,并包括已公布的实验室间比对测试结果。

12 附件

精密度附件、统计数据和来自实验室间比对试验结果的其他数据附件。

13 参考文献

附件

精　密　度

本附件特别表明：

——重复性声明；

——再现性声明。

统计数据和来自实验室间比对实验结果的其他数据附件。

统计数据和来自实验室间比对试验结果的其他数据结果可在资料性附录列出。

统计结果列表示例：

样品标识	A	B	C
参与实验室数目			
测试结果数目			
平均值(g/100g 样品)			
真值或公认值(g/100g)			
重复性标准偏差(S_r)			
重复性的变异系数			
重复性限(r)($2.8 \times S_r$)			
再现性标准偏差(S_R)			
再现性变异系数			
再现性限(R)($2.8 \times S_R$)			

虽然没有必要列出表中所列出的所有数据，但建议至少包括以下数据：

——实验室的数量；

——浓度的平均值；

——重复性标准偏差；

——再现性标准偏差；

——已发布的实验室间比对测试结果的文档参照。

第1部分

葡萄酒和葡萄汁检测方法

第 1 章 定义和基本原则

OIV-MA-AS1-02

总 论

1.进行化学和物理分析的葡萄酒必须是澄清的。如果葡萄酒浑浊,需用滤纸过滤或用密闭容器离心分离。

2.每个测定方法的标准要在文件中说明。

3.不同的度量单位(体积、质量、浓度、温度和压力等)应与 IUPAC(国际与应用化学联合会)的建议相符合。

4.试剂和滴定溶液,除非另有规定,使用的化学品是"分析纯",水是蒸馏水或等效纯度水。

5.酶法和许多基于绝对吸光度的测定方法需要对分光光度计进行波长和吸光度校准。可以使用汞灯校准波长:239.94 nm,248.0 nm,253.65 nm,280.4 nm,302.25 nm,313.16 nm,334.15 nm,365.43 nm,404.66 nm,435.83 nm,546.07 nm,578.0 nm 和 1014.0 nm 进行校准。也可以使用商业参比溶液,或中性密度滤光片对吸光度进行校准。

6.标出必要的参考文献及出版年份和页数等。其中标有 FV,OIV 的为分委员会文件。

OIV-MA-AS1-03

检测方法的分类

（决议 Oeno 9/2000）

Ⅰ类（标准方法）*：该类方法作为得到检测结果的唯一方法（例如酒精度、总酸度、挥发性酸度）。

Ⅱ类（基准法）*：该类方法选自Ⅲ类方法（见下文），当Ⅰ类方法不能使用时，采用该类方法作为基准方法，一般在有争议或校准时使用（例如钾、柠檬酸）。

Ⅲ类（认可的替代方法）*：该类方法为符合所有分析方法分委员会要求的标准方法，一般用于监测、检验和日常监管（例如，酶法测定葡萄糖和果糖）。

Ⅳ类（辅助方法）*：该类方法为常规或最新的检测技术方法，分析方法分委员会尚未指定相应的标准方法（例如，合成着色剂、氧化还原电位的测定）。

---

* 检测方法按照程序需经分析方法分委员会正式批准后方能生效。

OIV-MA-AS1-04

基质对金属含量的影响

（决议 Oeno 5/2000）

通常情况下：

根据 1954 年 10 月 13 日国际标准化大会关于葡萄酒分析和评级方法第 4 段第 5 款的规定，按照国际葡萄酒分析方法和葡萄酒评级分委员会的要求，国际葡萄酒和葡萄汁分析方法大全中所列出的方法以及标准溶液，均适用于干型葡萄酒。因此，如果检测的样品中有糖或糖的衍生物，则检测方法有可能出现偏差。如有必要在分析过程中使用定量添加方法，则最少要添加三个不同含量水平的样本进行分析。当存在基质效应时，应采用定量添加的方式对金属（铁、铅、锌、银、镉和砷）进行检测。

第 2 章 物 理 检 测

20℃密度和比重(A)

1 定义

密度是指在 20℃下单位体积葡萄酒或葡萄汁的质量。单位为 g/mL,以 $\rho_{20℃}$ 表示。20℃的比重(或 20℃/20℃相对密度)是指 20℃下葡萄酒或葡萄汁与相同温度下水的密度之比(小数)。以 $d_{20℃}^{20℃}$ 表示。

2 原理

采用以下几种方法测定 20℃时的密度和相对密度:

A. 密度瓶法,或;

B. 使用震荡池的电子密度法,或;

C. 流体静力平衡密度法。

注:为保证测量准确度,密度和相对密度都要用二氧化硫进行校正。

$$\rho_{20} = \rho'_{20} - 0.000\ 6 \times c_S$$

式中:ρ_{20}——校正密度;

ρ'_{20}——实测密度;

c_S——总二氧化硫浓度(g/L)。

3 样品前处理

如葡萄酒或葡萄汁样品中含有大量二氧化碳,可取 250 mL 样品于 1 000 mL 锥形瓶中,摇动以尽可能去除样品中的二氧化碳,或通过装有 2 g 脱脂棉的漏斗减压过滤以去除二氧化碳。

4 密度瓶法测定 20℃时的密度与相对密度(方法类型 I)

4.1 仪器

4.1.1 配有玻璃温度计的 100 mL Pyrex 玻璃密度瓶。温度计的量程 10℃~30℃,使用前需计量(见图 1)。其他等效密度瓶也适用。

密度瓶带有长 25 mm,内径不超过 1 mm 的侧壁式溢流毛细管,毛细管末端为锥形、磨口,可与膨胀室的磨口玻璃锥形相连。

4.1.2 参比瓶:与密度瓶外体积相同(相差 1 mL 以内),质量等于装满相对密度为1.01液体[氯化钠溶液,2%(m/V)]后的密度瓶质量。密度瓶配有保温装置。

隔热室与密度瓶外形要完全拟合。

4.1.3 双盘天平或单盘天平(精度为 0.1 mg)

4.2 密度瓶校准

校准密度瓶需测量以下参数：

——密度瓶皮重；

——20℃时密度瓶体积；

——20℃时密度瓶装满水后质量。

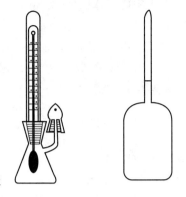

图 1 密度瓶和参比瓶

4.2.1 双盘天平法

将皮重瓶置于天平左托盘,密度瓶(洁净且干燥,带侧管盖帽)置于右盘,右盘加减砝码使天平平衡,砝码总质量记为 p 克。

向密度瓶缓缓注入室温下的蒸馏水。插上温度计。小心擦拭密度瓶,并将其置于恒温室至温度稳定,并且使侧管中液面与侧管管口齐平,擦拭侧管并盖上侧管盖帽,温度计读数为 t℃(如果需要,可对温度计刻度进行校正)。称量装满水后密度瓶的质量,加减砝码使天平再次平衡,砝码总质量记为 p' 克。

计算[*]：

空密度瓶皮重：

$$空密度瓶皮重 = p + m$$

其中 m 为密度瓶中干燥空气质量。

$$m = 0.0012 \times (p - p')$$

密度瓶体积(20℃)：

$$V_{20℃} = (p + m - p') \times F_t$$

其中 F_t 为常数,根据温度 t℃查表 1 可得。

$V_{20℃}$ 误差需在 ±0.001 mL 以内。

纯水质量(20℃)：

$$M_{20℃} = V_{20℃} \times 0.998\ 203$$

其中 0.998 203 为20℃纯水密度。

4.2.2 单盘天平法

测定：

——洁净干燥密度瓶质量：P；

——如 4.2.1 所述 t℃ 时装满水密度瓶质量：P_1。

——参比瓶质量 T_0。

计算[*]：

空密度瓶皮重：

$$空密度瓶皮重 = P - m$$

其中：m 为密度瓶中干燥空气质量。

$$m = 0.001\ 2 \times (P_1 - P)$$

[*] 实例见附录。

密度瓶体积(20℃):

$$V_{20℃} = [P_1 - (P-m)] \times F_t$$

其中 F_t 为常数,根据温度 t℃查表1可得。

$V_{20℃}$ 误差需在 ±0.001 mL 以内。

纯水质量(20℃):

$$M_{20℃} = V_{20℃} \times 0.998\ 203$$

其中 0.998 203 为 20℃纯水密度。

4.3 测量方法[*]

4.3.1 双盘天平法

如 4.2.1 所述,密度瓶中装满制备的待测样品,然后称重。t℃时,天平平衡时其砝码总质量记为 p''g。

密度瓶中液体的质量 $= p + m - p''$

t℃时的表观密度为:

$$\rho_{t℃} = \frac{p + m - p''}{V_{20℃}}$$

根据被测样品属性使用合适的校正表计算 20℃的密度:干型葡萄酒(表 B.2),浓缩或非浓缩葡萄汁(表 B.3),甜酒(表 B.4)。

20℃/20℃时样品的相对密度为 20℃下样品的密度除以 0.998 203。

4.3.2 单盘天平法[*]

参比瓶称重,质量记为 T_1;

计算 $dT = T_1 - T_0$。

测量时空密度瓶的质量 $= P - m + dT$。

如 4.2.1 所述将密度瓶装满待测样品,t℃时质量记为 P_2。

t℃时密度瓶中液体的质量 $= P_2 - (P - m + d_T)$。

则 t℃时,样品的表观密度为:

$$\rho_{t℃} = \frac{P_2(P - m + dT)}{V_{20℃}}$$

同 4.3.1 使用合适的校正表计算 20℃ 时液体密度(干葡萄酒、浓缩或非浓缩葡萄汁、甜酒)

20℃/20℃时样品的相对密度为 20℃下样品的密度除以 0.998 203。

4.3.3 重复性限

干型葡萄酒和酒体饱满葡萄酒:$r = 0.000\ 10$

甜酒:$r = 0.000\ 18$

4.3.4 重现性限

干型葡萄酒和酒体饱满葡萄酒:$R = 0.000\ 37$

甜酒:$R = 0.000\ 45$[*]

---

[*] 实例见附录。

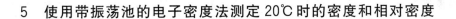

5　使用带振荡池的电子密度法测定 20℃时的密度和相对密度

5.1　原理

使用带有振荡池的电子密度法测定葡萄酒密度的原理是测定装有样本的管子在设定的电磁场中的振荡频率。密度与振荡频率的关系如下方程：

$$\rho = T^2 \times \left(\frac{C}{4\pi^2 V}\right) - \left(\frac{M}{V}\right) \quad\cdots\cdots\cdots\cdots\cdots\cdots\cdots\cdots\cdots\cdots (1)$$

其中：ρ——样本密度；

$\quad\quad T$——诱导振荡频率；

$\quad\quad M$——空管质量；

$\quad\quad C$——弹簧系数；

$\quad\quad V$——振荡样本的体积。

式（1）可简化为：

$$\rho = AT^2 - B \cdots\cdots\cdots\cdots\cdots\cdots\cdots\cdots\cdots\cdots\cdots\cdots (2)$$

所以密度与频率的平方有线性关系。系数 A 和 B 对于每一个振荡器都是不同的，通过测量已知密度的流体的周期可以对此系数进行计算。

5.2　设备

电子震荡池密度计，包含以下要素：

——一个测量池，包含一个测量管和温控器；

——一个震荡系统和测定振荡频率的单元；

——计时器；

——数显或计算器。

密度计需置于足够稳定的桌面上，以免震动。

5.3　试剂和材料

5.3.1　参比流体

使用两种参比流体来调节密度计。两种参比流体的密度区间必须涵盖待测葡萄酒的密度。建议两种参比流体的密度差值应在 0.010 00 g/mL 以上。

在 20℃±0.05℃ 条件下，参比流体密度为已知，且不确定度应小于 ±0.000 05 g/mL。可以用于测定葡萄酒密度的参比流体有：

——干燥空气（无污染）；

——双蒸水或等效分析纯度的水；

——乙醇水溶液，或已测得密度的酒；

——有国家标准的溶液，黏度小于 2 mm²/s。

5.3.2　清洁和干燥品

——去污剂、酸等；

——有机溶剂：96%乙醇、丙酮等。

5.4 设备检查和校准

5.4.1 测量池的温度控制

测量管置于一个控温装置中。温度的偏差必须小于±0.02℃。

因温度对测定结果有显著影响,测量池的温度必须严格控制。10％乙醇在20℃时密度为0.984 71 g/mL,在21℃时为0.984 47 g/mL,相差0.000 24 g/mL。

测定的温度是20℃。测量池的温度由温度计测定,温度计的分辨率应小于0.01℃,并符合国家标准。必须保证测定温度的不确定度小于±0.07℃。

5.4.2 设备的校准

在第一次测量前,设备必须进行校准,然后每6个月或者当核查不满意时,需再次校准。使用两种参比流体可以计算出系数A和B［公式(2)］。校准需参照设备的说明书进行。原则上,校准需使用干燥空气(将大气压力考虑在内)和纯水(双蒸水或电阻率大于18 MΩ·cm的微过滤水)。

5.4.3 验证校准

通过测量参比流体的密度对校准进行验证。

——每天执行空气密度验证法。理论密度和测量密度之差超过0.000 08 g/mL就意味着测量管被污染。必须执行清洁操作。清洁完成后,再次进行验证,如仍无法通过验证,则需对设备进行调节。

——也需要执行水密度验证法;如果密度和测量密度之差超过0.000 08 g/mL,则需对设备进行调节。

——如果池温验证有问题,可以使用密度与葡萄酒相近的乙醇溶液直接进行检查。

5.4.4 检查

如果参比溶液(不确定度为±0.000 05 g/mL)的理论密度和测量密度之差大于0.000 08 g/mL,则需对装置校准进行检查。

5.5 步骤

操作者应确定测量池的温度是稳定的。测定池中的酒样必须是无气泡且均匀的。如果有内部光源可以用于检查是否有气泡,检查后要迅速关掉光源,以避免灯的照射对测定温度产生影响。如果设备只能给出频率,使用系数A和B来进行计算密度。

5.6 使用震荡池的密度测量方法的参数

n	3 800	n:选取数据的数量;
min	0.991 87	min:测量范围的低限;
max	1.012 33	max:测量范围的高限;
r	0.000 11	r:重复性限;
$r\%$	0.011	S_r:重复性标准偏差;
S_r	0.000 038	$r\%$:相对重复性($S_r\times100$/平均值);
R	0.000 25	R:再现性限;
S_R	0.000 091	S_R:再现性标准偏差;
$R\%$	0.025	$R\%$:相对再现性($S_R\times100$/平均值)。

6 流体静力天平测定 20℃时的密度和相对密度

6.1 原理

葡萄酒的密度可以使用流体静力天平来测定,流体静力天平是根据阿基米德定律设计的。阿基米德定律即浸入流体的物体会受到向上的与自身排开流体重量相同的力。

6.2 设备

6.2.1 单盘流体静力天平,精度为 1 mg。

6.2.2 体积至少为 20 mL 的浮子,用直径不大于 0.1 mm 的线连在一起。

6.2.3 有刻度的量筒,量筒的内径至少比浮子直径大 6 mm。

6.2.4 温度计(或温度探针),10℃～40℃,校准至±0.06℃。

6.2.5 砝码,通过校准。

6.3 试剂

除特别说明,只使用分析纯试剂和符合 ISO 3696:1987 要求的三级水。

浮子洗涤溶液(氢氧化钠溶液):将 30 g 氢氧化钠溶解在 100 mL 96％的乙醇中。

6.4 步骤

每次测量后,浮子和量筒均需用蒸馏水洗涤,并用不脱落纤维的实验室用纸擦拭干净,然后用待测密度的溶液冲洗。设备稳定后应立即进行测定以保证蒸发导致的乙醇损失最少。

6.4.1 天平校准

尽管天平具有内部校准系统,流体静力天平仍需使用经过校准的砝码进行校准。

6.4.2 浮子校准

向量筒中加入双蒸水(电阻率大于 18.2 MΩ·cm 的微过滤水)至顶端刻度。水温在 15℃～25℃,理想状态为 20℃。

将浮子和温度计浸入水中,搅拌,记录液体的密度。如有必要,将密度读数调整至测定时温度对应的液体密度。

6.4.3 使用已知密度溶液进行验证

向量筒中加入已知密度的溶液至顶端刻度,溶液温度在 15℃～25℃,理想状态为 20℃。

将浮子和温度计浸入溶液中,搅拌,记录液体的密度和温度(ρ 和 t)。

6.4.4 如有必要,使用乙醇溶液密度表[附录 B 表 B.2]对 ρ 进行校正。

此方法测定的密度必须与先前测定的密度一致。

注意:这个已知密度的溶液可以用浮子校准的双蒸水代替。

6.4.5 测量葡萄酒的密度

将待测葡萄酒注入量筒至刻度。

将浮子和温度计浸入溶液中,搅拌,记录液体的密度和温度(ρ 和 t)。使用乙醇溶液密度表[附录 B 表 B.2]对 ρ 进行校正。

6.4.6 清洗浮子和量筒

将洗涤液注入量筒中,将浮子浸入洗涤液。浸泡 1 h,期间经常滚动浮子。先后用自来水和双蒸水冲洗。用不脱落纤维的实验室用纸擦拭。

6.5 使用流体静力学天平的测量密度方法的参数

n	4 347
min	0.991 89
max	1.012 29
r	0.000 25
S_r	0.000 090
$r\%$	0.025
R	0.000 67
S_R	0.000 24
$R\%$	0.067

n:选取数据的数量;
min:测量范围的低限;
max:测量范围的高限;
r:重复性限;
S_r:重复性标准偏差;
$r\%$:相对重复性($S_r \times 100$/平均值);
R:再现性限;
S_R:再现性标准偏差;
$R\%$:相关再现性($S_R \times 100$/平均值)。

6.6 使用电子密度计法和流体静力学天平法测量密度结果的对比

使用密度在 0.992 g/L～1.102 g/mL 间的样本进行实验室间比对试验,得到重复性和再现性数据。将使用流体静力学天平法和电子密度计法测定的多个样本的密度和多个实验室间比对的重复性和重现性值进行比较。

6.6.1 样本

以工业生产规模每月准备不同密度和酒精度的葡萄酒,妥善存放并以盲样方式发送给参试实验室。

6.6.2 实验室

由意大利葡萄酒联合会(维罗纳,意大利)组织每月一次的实验室间比对试验。比对实验室依据 ISO 5725(UNI 9225)、AOAC、IUPAC 和 ISO 43 以及 ILAC G13 指南建立起来的国际化学分析实验室能力验证协议进行。

6.6.3 设备

6.6.3.1 电子流体静力天平(精确至 5 位小数),最好带有数据运算功能。

6.6.3.2 电子密度计,最好带有自动采样器。

6.6.4 分析

根据方法确认规则,每个样本连续测量两次取平均值以确定其酒精度。

6.6.5 结果

表 1 是使用流体静力天平的实验室的测量结果。

表 2 是使用电子密度计的实验室的测量结果。

6.6.6 结果评价

6.6.6.1 运用科克伦(Cochran's)和格拉布斯(Grubb's)检验法对实验结果进行检验,以确认单个系统误差($p < 0.025$)。

6.6.6.2 重复性限(r)和再现性限(R):根据实验的规程,重复性和再现性是基于剔除异常值后所剩余的实验数据计算得到的。当对一个新的方法进行评价时,通常没有已经确认的参考或者法定的方法可以用来进行精密度标准的比较。因此,通常用实验室间比对得到的精密度数据与 Horwitz 方程计算得到的预测精密度进行比较,以判断该方法在测定特定分析物浓度水平时是否足够精确。Horwitz 预测值的计算如下:

$$RSDR = 2^{(1-0.5\lg C)}$$

C 为分析物中所测得的浓度（以小数形式表示，例如 1 g/100 g＝0.01）。

Horrat 值（HoR）是在特定分析物浓度水平下，测定方法的实际精密度与由 Horwitz 方程所得到的预测精密度值之比。计算公式如下：

$$HoR = RSDR（实际测量）/RSDR（Horwitz）$$

6.6.6.3　实验室内的精密度：Horrat 值为 1 时，表示实验室内的精确度满意，Horrat 值为 2 时，表示实验室内的精密度不满意，例如，对大部分的分析目标而言，方法变化过大或者使用的分析方法得到的值较预测值变化过大。Horrat 值也可以用来评价实验室间的精密度，可用下列公式进行估算：

$$RSDr（Horwitz）=0.66\ RSDR（Horwitz）（假定估测值\ r=0.66R）。$$

表 3 为实验室采用电子密度计与流体静力学天平测定密度值的对比。

6.6.6.4　精密度参数：表 4 为实验室自 2008 年 1 月至 2010 年 12 月，每个月测定密度的全部精密度参数。

表 1　流体静力学天平法(HB)

样本	平均值	总测量次数	选择测量次数	重复性	S_r	RSDr	Hor	再现性	S_R	RSDRcalc	HoR	重复测量次数	CrD95
01/08	0.995 491	130	120	0.000 170	0.000 061	0.006 102	0.004 619	0.000 598	0.000 214	0.021 450	0.010 718	2	0.000 414
02/08	1.011 475	146	125	0.000 471	0.000 168	0.016 646	0.012 632	0.000 871	0.000 311	0.030 737	0.015 395	2	0.000 569
03/08	0.992 473	174	161	0.000 147	0.000 053	0.005 290	0.004 003	0.000 431	0.000 154	0.015 514	0.007 748	2	0.000 296
04/08	0.993 147	172	155	0.000 276	0.000 099	0.009 927	0.007 513	0.000 545	0.000 195	0.019 584	0.009 782	2	0.000 360
05/08	1.004 836	150	138	0.000 188	0.000 067	0.006 691	0.005 072	0.000 750	0.000 268	0.026 637	0.013 328	2	0.000 522
06/08	0.993 992	152	136	0.000 149	0.000 053	0.005 339	0.004 041	0.000 530	0.000 189	0.019 051	0.009 517	2	0.000 368
07/08	0.992 447	162	150	0.000 266	0.000 095	0.009 571	0.007 242	0.000 605	0.000 216	0.021 758	0.010 866	2	0.000 406
08/08	0.992 210	162	151	0.000 262	0.000 094	0.009 428	0.007 134	0.000 631	0.000 225	0.022 711	0.011 342	2	0.000 427
09/08	1.002 600	148	131	0.000 109	0.000 039	0.003 892	0.002 950	0.000 700	0.000 250	0.024 934	0.012 472	2	0.000 492
10/08	0.994 482	174	152	0.000 123	0.000 044	0.004 411	0.003 339	0.000 425	0.000 152	0.015 265	0.007 626	2	0.000 294
11/08	0.992 010	136	125	0.000 091	0.000 033	0.003 274	0.002 478	0.000 426	0.000 152	0.015 322	0.007 652	2	0.000 298
01/09	0.994 184	174	152	0.000 166	0.000 059	0.005 944	0.004 499	0.000 544	0.000 194	0.019 538	0.009 761	2	0.000 376
02/09	0.992 266	118	101	0.000 174	0.000 062	0.006 268	0.004 743	0.000 521	0.000 186	0.018 753	0.009 366	2	0.000 358
03/09	0.991 886	164	135	0.000 185	0.000 066	0.006 660	0.005 040	0.000 478	0.000 171	0.017 214	0.008 596	2	0.000 325
04/09	0.993 632	180	150	0.000 152	0.000 054	0.005 475	0.004 144	0.000 427	0.000 153	0.015 348	0.007 666	2	0.000 292
05/09	1.011 061	116	100	0.000 366	0.000 131	0.012 923	0.009 807	0.000 834	0.000 298	0.029 453	0.014 751	2	0.000 561
06/09	0.992 063	114	105	0.000 292	0.000 104	0.010 524	0.007 963	0.000 526	0.000 188	0.018 924	0.009 451	2	0.000 342
07/09	0.992 708	172	155	0.000 289	0.000 103	0.010 404	0.007 873	0.000 616	0.000 220	0.022 148	0.011 062	2	0.000 411
08/09	0.993 064	136	127	0.000 293	0.000 105	0.010 522	0.007 963	0.000 752	0.000 269	0.027 045	0.013 508	2	0.000 511
09/09	1.005 285	118	110	0.000 295	0.000 105	0.010 466	0.007 935	0.000 723	0.000 258	0.025 670	0.012 845	2	0.000 489
10/09	0.992 905	150	132	0.000 223	0.000 080	0.008 036	0.006 081	0.000 450	0.000 161	0.016 180	0.008 082	2	0.000 298

表 1（续）

样本	平均值	总测量次数	选择测量次数	重复性	S_r	RSDr	Hor	再现性	S_R	RSDRcalc	HoR	重复测量次数	CrD95
11/09	0.994 016	142	127	0.000 190	0.000 068	0.006 811	0.005 156	0.000 474	0.00 0169	0.017 028	0.008 506	2	0.000 321
01/10	0.994 734	170	152	0.000 213	0.000 076	0.007 629	0.005 775	0.000 541	0.000 193	0.019 410	0.009 698	2	0.000 367
02/10	0.993 177	120	110	0.000 221	0.000 079	0.007 947	0.006 014	0.000 580	0.000 207	0.020 857	0.010 418	2	0.000 395
03/10	0.992 799	148	136	0.000 228	0.000 081	0.008 192	0.006 200	0.001 516	0.000 541	0.054 526	0.027 234	2	0.001 066
04/10	0.995 420	172	157	0.000 264	0.000 094	0.009 487	0.007 182	0.000 629	0.000 225	0.022 554	0.011 269	2	0.000 424
05/10	1.002 963	120	108	0.000 709	0.000 253	0.025 233	0.019 124	0.001 367	0.000 488	0.048 668	0.024 345	2	0.000 899
06/10	0.992 546	120	113	0.000 174	0.000 062	0.006 251	0.004 730	0.000 544	0.000 194	0.019 557	0.009 767	2	0.000 374
07/10	0.992 831	174	152	0.000 300	0.000 107	0.010 803	0.008 175	0.000 698	0.000 249	0.025 096	0.012 534	2	0.000 470
08/10	0.993 184	144	130	0.000 180	0.000 064	0.006 467	0.004 895	0.000 595	0.000 213	0.021 398	0.010 688	2	0.000 411
09/10	1.012 293	114	103	0.000 227	0.000 081	0.007 991	0.006 065	0.001 459	0.000 521	0.051 460	0.025 777	2	0.001 025
10/10	0.992 289	154	136	0.000 639	0.000 228	0.022 986	0.017 393	0.000 703	0.000 251	0.025 312	0.012 642	2	0.000 381
11/10	0.994 649	130	112	0.000 290	0.000 104	0.010 420	0.007 888	0.000 529	0.000 189	0.018 983	0.009 484	2	0.000 345

表 2　电子密度计法（ED）

样本	平均值	总测量次数	选择测量次数	重复性	S_r	RSDr	Hor	再现性	S_R	RSDRcalc	HoR	重复测量次数	CrD95
01/08	0.995 504	114	108	0.000 076	0.00 0027	0.002 709	0.002 051	0.000 157	0.000 056	0.005 636	0.002 816	2	0.000 105
02/08	1.011 493	132	125	0.000 192	0.000 069	0.006 784	0.005 148	0.000 444	0.000 158	0.015 658	0.007 843	2	0.000 299
03/08	0.992 491	138	118	0.000 075	0.000 027	0.002 683	0.002 030	0.000 275	0.000 098	0.009 878	0.004 933	2	0.000 191
04/08	0.993 129	132	120	0.000 123	0.000 044	0.004 425	0.003 349	0.000 286	0.000 102	0.010 297	0.005 143	2	0.000 193
05/08	1.004 892	136	116	0.000 093	0.000 033	0.003 289	0.002 494	0.000 478	0.000 171	0.016 979	0.008 496	2	0.000 335
06/08	0.994 063	142	123	0.000 056	0.000 020	0.002 005	0.001 518	0.000 178	0.000 063	0.006 379	0.003 187	2	0.000 122

表2（续）

样本	平均值	总测量次数	选择测量次数	重复性	S_r	RSDr	Hor	再现性	S_R	RSDRcalc	HoR	重复测量次数	CrD95
07/08	0.992 498	136	125	0.000 082	0.000 029	0.002 958	0.002 238	0.000 209	0.000 075	0.007 537	0.003 764	2	0.000 142
08/08	0.992 270	130	115	0.000 052	0.000 018	0.001 854	0.001 403	0.000 167	0.000 060	0.005 994	0.002 994	2	0.000 115
09/08	1.002 603	136	121	0.000 082	0.000 029	0.002 924	0.002 216	0.000 333	0.000 119	0.011 857	0.005 931	2	0.000 232
10/08	0.994 493	128	117	0.000 067	0.000 024	0.002 395	0.001 813	0.000 143	0.000 051	0.005 131	0.002 563	2	0.000 095
11/08	0.992 017	118	104	0.000 084	0.000 030	0.003 031	0.002 293	0.000 196	0.000 070	0.007 064	0.003 528	2	0.000 132
01/09	0.994 216	148	131	0.000 083	0.000 030	0.002 983	0.002 258	0.000 155	0.000 055	0.005 571	0.002 783	2	0.000 102
02/09	0.992 251	104	88	0.000 095	0.0000 34	0.003 410	0.002 580	0.000 285	0.000 102	0.010 245	0.005 117	2	0.000 196
03/09	0.991 875	126	108	0.000 127	0.000 045	0.004 578	0.003 464	0.000 207	0.000 074	0.007 442	0.003 717	2	0.000 132
04/09	0.993 654	134	114	0.000 117	0.000 042	0.004 190	0.003 171	0.000 204	0.000 073	0.007 342	0.003 667	2	0.000 132
05/09	1.011 035	128	104	0.000 239	0.000 085	0.008 436	0.006 402	0.000 355	0.000 127	0.012 554	0.006 288	2	0.000 221
06/09	0.992 104	116	106	0.000 101	0.000 036	0.003 618	0.002 738	0.000 317	0.000 113	0.011 409	0.005 698	2	0.000 218
07/09	0.992 720	144	140	0.000 158	0.000 056	0.005 682	0.004 300	0.000 292	0.000 104	0.010 492	0.005 240	2	0.000 191
08/09	0.993 139	110	102	0.000 118	0.000 042	0.004 224	0.003 197	0.000 360	0.000 129	0.012 958	0.006 472	2	0.000 248
09/09	1.005 276	112	108	0.000 110	0.000 039	0.003 907	0.002 962	0.000 352	0.000 126	0.012 513	0.006 262	2	0.000 243
10/09	0.992 912	122	111	0.000 071	0.000 025	0.002 537	0.001 920	0.000 212	0.000 076	0.007 632	0.003 812	2	0.000 146
11/09	0.994 031	128	118	0.000 072	0.000 026	0.002 578	0.001 952	0.000 164	0.000 059	0.005 888	0.002 942	2	0.000 110
01/10	0.994 752	144	136	0.000 077	0.000 028	0.002 777	0.002 102	0.000 179	0.000 064	0.006 414	0.003 205	2	0.000 120
02/10	0.993 181	108	98	0.000 147	0.000 053	0.005 289	0.004 003	0.000 169	0.000 061	0.006 088	0.003 041	2	0.000 095
03/10	0.992 665	140	127	0.000 171	0.000 061	0.006 168	0.004 668	0.000 238	0.000 085	0.008 556	0.004 273	2	0.000 145
04/10	0.995 502	142	128	0.000 118	0.000 042	0.004 214	0.003 190	0.000 232	0.000 083	0.008 325	0.004 160	2	0.000 153
05/10	1.002 851	130	119	0.000 120	0.000 043	0.004 256	0.0032 25	0.000 297	0.000 106	0.010 582	0.005 293	2	0.000 201

表 2（续）

样本	平均值	总测量次数	选择测量次数	重复性	S_r	RSDr	Hor	再现性	S_R	RSDRcalc	HoR	重复测量次数	CrD95
06/10	0.992 607	106	99	0.000 123	0.000 044	0.004 417	0.003 343	0.000 223	0.000 080	0.008 009	0.004 000	2	0.000 145
07/10	0.992 871	160	150	0.000 144	0.000 051	0.005 171	0.003 913	0.000 373	0.000 133	0.013 426	0.006 706	2	0.000 254
08/10	0.993 235	104	93	0.000 090	0.000 032	0.003 218	0.002 436	0.000 246	0.000 088	0.008 840	0.004 415	2	0.000 168
09/10	1.012 328	112	105	0.000 087	0.000 031	0.003 069	0.002 330	0.000 340	0.000 121	0.011 978	0.006 000	2	0.000 236
10/10	0.992 308	128	115	0.000 061	0.000 022	0.002 181	0.001 650	0.000 164	0.000 058	0.005 885	0.002 939	2	0.000 112
11/10	0.994 683	120	108	0.000 113	0.000 040	0.004 045	0.003 062	0.000 160	0.000 057	0.005 734	0.002 865	2	0.000 098

表 3　流体静力天平法（HB）和电子密度计法（ED）结果的对比

密度——流体静力天平法				密度——电子密度计法				对比
样本	平均值	总测量次数	选择测量次数	样本	平均值	总测量次数	选择测量次数	Δ（HB−ED）
01/08	0.995 491	130	120	01/08	0.995 504	114	108	−0.000 013
02/08	1.011 475	146	125	02/08	1.011 493	132	125	−0.000 018
03/08	0.992 473	174	161	03/08	0.992 491	138	118	−0.000 018
04/08	0.993 147	172	155	04/08	0.993 129	132	120	0.000 018
05/08	1.004 836	150	138	05/08	1.004 892	136	116	−0.000 056
06/08	0.993 992	152	136	06/08	0.994 063	142	123	−0.000 071
07/08	0.992 447	162	150	07/08	0.992 498	136	125	−0.000 051
08/08	0.992 210	162	151	08/08	0.992 270	130	115	−0.000 060
09/08	1.002 600	148	131	09/08	1.002 603	136	121	−0.000 003
10/08	0.994 482	174	152	10/08	0.994 493	128	117	−0.000 011
11/08	0.992 010	136	125	11/08	0.992 017	118	104	−0.000 007
01/09	0.994 184	174	152	01/09	0.994 216	148	131	−0.000 031
02/09	0.992 266	118	101	02/09	0.992 251	104	88	0.000 015

表3（续）

	密度——流体静力天平法			样本	密度——电子密度计法			对比
样本	平均值	总测量次数	选择测量次数		平均值	总测量次数	选择测量次数	Δ(HB−ED)
03/09	0.991 886	164	135	03/09	0.991 875	126	108	0.000 011
04/09	0.993 632	180	150	04/09	0.993 654	134	114	−0.000 022
05/09	1.011 061	116	100	05/09	1.011 035	128	104	0.000 026
06/09	0.992 063	114	105	06/09	0.992 104	116	106	−0.000 041
07/09	0.992 708	172	155	07/09	0.992 720	144	140	−0.000 012
08/09	0.993 064	136	127	08/09	0.993 139	110	102	−0.000 075
09/09	1.005 285	118	110	09/09	1.005 276	112	108	0.000 009
10/09	0.992 905	150	132	10/09	0.992 912	122	111	−0.000 008
11/09	0.994 016	142	127	11/09	0.994 031	128	118	−0.000 015
01/10	0.994 734	170	152	01/10	0.994 752	144	136	−0.000 018
02/10	0.993 177	120	110	02/10	0.993 181	108	98	−0.000 005
03/10	0.992 799	148	136	03/10	0.992 665	140	127	0.000 134
04/10	0.995 420	172	157	04/10	0.995 502	142	128	−0.000 082
05/10	1.002 963	120	108	05/10	1.002 851	130	119	0.000 112
06/10	0.992 546	120	113	06/10	0.992 607	106	99	−0.000 061
07/10	0.992 831	174	152	07/10	0.992 871	160	150	−0.000 040
08/10	0.993 184	144	130	08/10	0.993 235	104	93	−0.000 052
09/10	1.012 293	114	103	09/10	1.012 328	112	105	−0.000 035
10/10	0.992 289	154	136	10/10	0.992 308	128	115	−0.000 019
11/10	0.994 649	130	112	11/10	0.994 683	120	108	0.000 035
							平均 Δ(HB−ED)	−0.000 016
							标准偏差 Δ(HB−ED)	0.000 045

表4　精密度参数

项目	流体静力天平（HB）	电子密度计（ED）
选择的测量次数	4 347	3 800
min	0.991 89	0.991 87
max	1.012 29	1.012 33
R	0.000 67	0.000 25
S_R	0.000 24	0.000 091
$R\%$	0.067	0.025
r	0.000 25	0.000 11
S_r	0.000 09	0.000 038
$r\%$	0.025	0.011

附录 A

实 例

A.1 双盘天平密度瓶法

A.1.1 密度瓶标准化操作

A.1.1.1 称量干燥且洁净密度瓶的质量：

$$皮重＝密度瓶质量＋p$$
$$p＝104.945\ 4\text{g}$$

A.1.1.2 称量 $t\text{℃}$ 时密度瓶装满水后的质量：

$$皮重＝密度瓶质量＋水质量＋p'$$
$$p'＝1.239\ 6\ \text{g}, t＝20.5\text{℃}时$$

A.1.1.3 计算密度瓶中空气质量：

$$m＝0.001\ 2\times(p-p')$$
$$m＝0.001\ 2\times(104.945\ 4-1.239\ 6)$$
$$m＝0.124\ 4$$

A.1.1.4 记录：

空密度瓶皮重质量：$p+m$

$$p+m＝104.945\ 4+0.1244$$
$$p+m＝105.069\ 8\ \text{g}$$

$$V_{20℃}＝(p+m-p')\times Ft℃$$
$$F_{20.50℃}＝1.001\ 900$$
$$V_{20℃}＝(105.069\ 8-1.239\ 6)\times1.001\ 900$$
$$V_{20℃}＝104.027\ 5\ \text{mL}$$

20℃时水的质量＝$V_{20℃}\times0.998\ 203$

$$M_{20℃}＝103.840\ 5\ \text{g}$$

A.1.2 测定干型葡萄酒 20℃时的密度和 20℃/20℃相对密度

$$p''＝1.262\ 2，在\ 17.80℃时$$

$$\rho_{17.80℃}＝\frac{105.069\ 8-1.262\ 2}{104.027\ 5}$$

$$\rho_{17.80℃}＝0.997\ 88$$

可通过表 B.2 和下列公式由 $\rho_{t℃}$ 计算 $\rho_{20℃}$：

$$\rho_{20℃}＝\rho_{t℃}\pm\frac{c}{1\ 000}$$

在 $t＝17.80℃$，酒精度为 11% vol 时，$c＝0.54$：

$$\rho_{20℃}＝0.997\ 88\pm\frac{0.54}{1\ 000}$$

$$\rho_{20℃}＝0.99734\ \text{g/mL}$$

$$d_{20℃}^{20℃}＝\frac{0.997\ 34}{0.998\ 203}+0.999\ 13$$

A.2 单盘天平密度瓶法

A.2.1 密度瓶法标准化操作

A.2.1.1 干燥且洁净密度瓶的质量：

$$P = 67.791\ 3\ \text{g}$$

A.2.1.2 t℃时密度瓶装满水后的质量：

$$P_1 = 169.271\ 5\ \text{g 在 21.65℃时}$$

A.2.1.3 计算密度瓶中空气质量：

$$m = 0.001\ 2(P_1 - P)$$
$$m = 0.001\ 2 \times 101.480\ 2$$
$$m = 0.121\ 8\ \text{g}$$

A.2.1.4 记录：

空密度瓶皮重质量：$P - m$

$$P - m = 67.791\ 3 - 0.121\ 8$$
$$P - m = 67.669\ 5\ \text{g}$$

20℃时体积 $V_{20℃} = [P_1 - (P - m)] \times F_{t℃}$

$$F_{21.65℃} = 1.002\ 140$$
$$V_{20℃} = (169.271\ 5 - 67.669\ 5) \times 1.002\ 140$$
$$V_{20℃} = 101.819\ 4\ \text{mL}$$

20℃时水的质量 $M_{20℃} = V_{20℃} \times 0.998\ 203$

$$M_{20℃} = 101.636\ 4\ \text{g}$$

皮重瓶质量：T_0

$$T_0 = 171.916\ 0\ \text{g}$$

A.2.2 测定干型葡萄酒 20℃时的密度和 20℃/20℃ 的相对密度

$$T_1 = 171.917\ 8$$
$$\text{d}T = 171.917\ 8 - 171.916\ 0 = +0.001\ 8\ \text{g}$$
$$P - m + \text{d}T = 67.669\ 5 + 0.001\ 8 = 67.671\ 3\ \text{g}$$
$$P_2 = 169.279\ 9\ \text{在 18℃时}$$
$$\rho_{20℃} = \frac{169.279\ 9 - 67.671\ 3}{101.819\ 4}$$
$$\rho_{18℃} = 0.997\ 93\ \text{g/mL}$$

可通过表 B.2 和下列公式由 $\rho_{t℃}$ 计算 $\rho_{20℃}$：

$$\rho_{20℃} = \rho_{t℃} \pm \frac{c}{1\ 000}$$

当 $t = 18℃$，酒精度为 11% vol 时 $c = 0.49$：

$$\rho_{20℃} = 0.997\ 93 - \frac{0.49}{1\ 000}$$
$$\rho_{20℃} = 0.997\ 44\ \text{g/mL}$$
$$d_{20℃}^{20℃} = \frac{0.997\ 44}{0.998\ 203} = 0.999\ 23$$

附录 B

表 B.1　F 因子

$t℃$派热克斯密度瓶中水的质量乘以因子 F 计算 20℃密度瓶的体积。

t℃	F	t℃	F	t℃	F	t℃	F	t℃	F	t℃	F	t℃	F
10.0	1.000 398	11.3	1.000 511	12.6	1.000 645	13.9	1.000 803	15.2	1.000 979	16.5	1.001 175	17.8	1.001 391
10.1	1.000 406	11.4	1.000 520	12.7	1.000 656	14.0	1.000 816	15.3	1.000 993	16.6	1.001 191	17.9	1.001 409
10.2	1.000 414	11.5	1.000 530	12.8	1.000 668	14.1	1.000 829	15.4	1.001 008	16.7	1.001 207	18.0	1.001 427
10.3	1.000 422	11.6	1.000 540	12.9	1.000 679	14.2	1.000 842	15.5	1.001 022	16.8	1.001 223	18.1	1.001 445
10.4	1.000 430	11.7	1.000 550	13.0	1.000 691	14.3	1.000 855	15.6	1.001 037	16.9	1.001 239	18.2	1.001 462
10.5	1.000 439	11.8	1.000 560	13.1	1.000 703	14.4	1.000 868	15.7	1.001 052	17.0	1.001 257	18.3	1.001 480
10.6	1.000 447	11.9	1.000 570	13.2	1.000 714	14.5	1.000 882	15.8	1.001 067	17.1	1.001 273	18.4	1.001 498
10.7	1.000 456	12.0	1.000 580	13.3	1.000 726	14.6	1.000 895	15.9	1.001 082	17.2	1.001 286	18.5	1.001 516
10.8	1.000 465	12.1	1.000 591	13.4	1.000 738	14.7	1.000 909	16.0	1.001 097	17.3	1.001 306	18.6	1.001 534
10.9	1.000 474	12.2	1.000 601	13.5	1.000 752	14.8	1.000 923	16.1	1.001 113	17.4	1.001 323	18.7	1.001 552
11.0	1.000 483	12.3	1.000 612	13.6	1.000 764	14.9	1.000 937	16.2	1.001 128	17.5	1.001 340	18.8	1.001 570
11.1	1.000 492	12.4	1.000 623	13.7	1.000 777	15.0	1.000 951	16.3	1.001 144	17.6	1.001 357	18.9	1.001 589
11.2	1.000 501	12.5	1.000 634	13.8	1.000 789	15.1	1.000 965	16.4	1.001 159	17.7	1.001 374	19.0	1.001 608

表 B.1（续）

t℃	F	t℃	F	t℃	F	t℃	F	t℃	F	t℃	F	t℃	F
19.1	1.001 627	20.8	1.001 961	22.5	1.002 326	24.2	1.002 720	25.9	1.003 143	27.6	1.003 594	29.3	1.004 071
19.2	1.001 646	20.9	1.001 982	22.6	1.002 349	24.3	1.002 745	26.0	1.003 168	27.7	1.003 621	29.4	1.004 099
19.3	1.001 665	21.0	1.002 002	22.7	1.002 372	24.4	1.002 769	26.1	1.003 194	27.8	1.003 649	29.5	1.004 128
19.4	1.001 684	21.1	1.002 023	22.8	1.002 394	24.5	1.002 793	26.2	1.003 222	27.9	1.003 676	29.6	1.004 158
19.5	1.001 703	21.2	1.002 044	22.9	1.002 417	24.6	1.002 817	26.3	1.003 247	28.0	1.003 704	29.7	1.004 187
19.6	1.001 722	21.3	1.002 065	23.0	1.002 439	24.7	1.002 842	26.4	1.003 273	28.1	1.003 731	29.8	1.004 216
19.7	1.001 741	21.4	1.002 086	23.1	1.002 462	24.8	1.002 866	26.5	1.003 299	28.2	1.003 759	29.9	1.004 245
19.8	1.001 761	21.5	1.002 107	23.2	1.002 485	24.9	1.002 891	26.6	1.003 326	28.3	1.003 787	30.0	1.004 275
19.9	1.001 780	21.6	1.002 129	23.3	1.002 508	25.0	1.002 916	26.7	1.003 352	28.4	1.003 815		
20.0	1.001 800	21.7	1.002 151	23.4	1.002 531	25.1	1.002 941	26.8	1.003 379	28.5	1.003 843		
20.1	1.001 819	21.8	1.002 172	23.5	1.002 555	25.2	1.002 966	26.9	1.003 405	28.6	1.003 871		
20.2	1.001 839	21.9	1.002 194	23.6	1.002 578	25.3	1.002 990	27.0	1.003 432	28.7	1.003 899		
20.3	1.001 859	22.0	1.002 215	23.7	1.002 602	25.4	1.003 015	27.1	1.003 459	28.8	1.003 928		
20.4	1.001 880	22.1	1.002 238	23.8	1.002 625	25.5	1.003 041	27.2	1.003 485	28.9	1.003 956		
20.5	1.001 900	22.2	1.002 260	23.9	1.002 649	25.6	1.003 066	27.3	1.003 513	29.0	1.003 984		
20.6	1.001 920	22.3	1.002 282	24.0	1.002 672	25.7	1.003 092	27.4	1.003 540	29.1	1.004 013		
20.7	1.001 941	22.4	1.002 304	24.1	1.002 696	25.8	1.003 117	27.5	1.003 567	29.2	1.004 042		

温度校正常数 C，用于将 t℃ 时派热克斯玻璃密度瓶测定无酒精葡萄酒和干型葡萄酒精和干型葡萄酒的密度校正至 20℃。

表 B.2 温度校正常数 C

$$\rho_{20℃} = \rho_{t℃} \pm \frac{C}{1000} \qquad \begin{array}{l} - : t < 20℃ \\ + : t > 20℃ \end{array}$$

C 为温度校正常数。

酒精度/(°)

温度/℃	0	5	6	7	8	9	10	11	12	13	14	15	16	17	18	19	20	21	22	23	24	25	26	27
10	1.59	1.64	1.67	1.71	1.77	1.84	1.91	2.01	2.11	2.22	2.34	2.46	2.60	2.73	2.88	3.03	3.19	3.35	3.52	3.70	3.87	4.06	4.25	4.44
11	1.48	1.53	1.56	1.60	1.64	1.70	1.77	1.86	1.95	2.05	2.16	2.27	2.38	2.51	2.63	2.77	2.91	3.06	3.21	3.36	3.53	3.69	3.86	4.03
12	1.36	1.40	1.43	1.46	1.50	1.56	1.62	1.69	1.78	1.86	1.96	2.05	2.16	2.27	2.38	2.50	2.62	2.75	2.88	3.02	3.16	3.31	3.46	3.61
13	1.22	1.26	1.28	1.32	1.35	1.40	1.45	1.52	1.59	1.67	1.75	1.83	1.92	2.01	2.11	2.22	2.32	2.44	2.55	2.67	2.79	2.92	3.05	3.18
14	1.08	1.11	1.13	1.16	1.19	1.23	1.27	1.33	1.39	1.46	1.52	1.60	1.67	1.75	1.84	1.93	2.03	2.11	2.21	2.31	2.42	2.52	2.63	2.74
15	0.92	0.96	0.97	0.99	1.02	1.05	1.09	1.13	1.19	1.24	1.30	1.36	1.42	1.48	1.55	1.63	1.70	1.78	1.86	1.95	2.03	2.12	2.21	2.30
16	0.76	0.79	0.80	0.81	0.84	0.86	0.89	0.93	0.97	1.01	1.06	1.10	1.16	1.21	1.26	1.32	1.38	1.44	1.51	1.57	1.64	1.71	1.78	1.85
17	0.59	0.61	0.62	0.63	0.65	0.67	0.69	0.72	0.75	0.78	0.81	0.85	0.88	0.95	0.96	1.01	1.05	1.11	1.15	1.20	1.25	1.30	1.35	1.40
18	0.40	0.42	0.42	0.43	0.44	0.46	0.47	0.49	0.51	0.53	0.55	0.57	0.60	0.63	0.65	0.68	0.71	0.74	0.77	0.81	0.84	0.87	0.91	0.94
19	0.21	0.21	0.22	0.22	0.23	0.23	0.24	0.25	0.26	0.27	0.28	0.29	0.30	0.32	0.33	0.34	0.36	0.37	0.39	0.41	0.42	0.44	0.46	0.47
20																								
21	0.21	0.22	0.22	0.23	0.23	0.24	0.25	0.26	0.27	0.28	0.29	0.30	0.31	0.32	0.34	0.36	0.37	0.38	0.40	0.41	0.43	0.44	0.46	0.48
22	0.44	0.45	0.46	0.47	0.48	0.49	0.51	0.52	0.54	0.56	0.59	0.61	0.63	0.66	0.69	0.71	0.74	0.77	0.80	0.83	0.87	0.90	0.93	0.97
23	0.68	0.70	0.71	0.72	0.74	0.76	0.78	0.80	0.83	0.86	0.90	0.93	0.96	1.00	1.03	1.08	1.13	1.17	1.22	1.26	1.31	1.37	1.41	1.46
24	0.93	0.96	0.97	0.99	1.01	1.03	1.06	1.10	1.13	1.18	1.22	1.26	1.31	1.36	1.41	1.47	1.52	1.58	1.64	1.71	1.77	1.84	1.90	1.97
25	1.19	1.23	1.25	1.27	1.29	1.32	1.36	1.40	1.45	1.50	1.55	1.61	1.67	1.73	1.80	1.86	1.93	2.00	2.08	2.16	2.24	2.32	2.40	2.48
26	1.47	1.51	1.53	1.56	1.59	1.62	1.67	1.72	1.77	1.83	1.90	1.96	2.03	2.11	2.19	2.27	2.35	2.44	2.53	2.62	2.72	2.81	2.91	3.01
27	1.75	1.80	1.82	1.85	1.89	1.93	1.98	2.04	2.11	2.18	2.25	2.33	2.41	2.50	2.59	2.68	2.78	2.88	2.98	3.09	3.20	3.31	3.42	3.53
28	2.04	2.10	2.13	2.16	2.20	2.25	2.31	2.38	2.45	2.53	2.62	2.70	2.80	2.89	3.00	3.10	3.21	3.32	3.45	3.57	3.69	3.82	3.94	4.07
29	2.34	2.41	2.44	2.48	2.53	2.58	2.65	2.72	2.81	2.89	2.99	3.09	3.19	3.30	3.42	3.53	3.65	3.78	3.92	4.05	4.19	4.33	4.47	4.61
30	2.66	2.73	2.77	2.81	2.86	2.92	3.00	3.08	3.17	3.27	3.37	3.48	3.59	3.72	3.84	3.97	4.11	4.25	4.40	4.55	4.70	4.85	4.92	5.17

注：本表可用于转换 $d^{20℃}_{20℃}$ 的校正。

表 B.3

温度校正常数 C，用于将 t℃ 时派热克斯玻璃密度瓶测定的天然葡萄汁和浓缩葡萄汁的密度校正至 20℃。

$$\rho_{20℃} = \rho_{t℃} \pm \frac{C}{1000} \qquad \begin{array}{l} -:t<20℃ \\ +:t>20℃ \end{array}$$

密度/(g/mL) 温度/℃	1.05	1.06	1.07	1.08	1.09	1.10	1.11	1.12	1.13	1.14	1.15	1.16	1.18	1.20	1.22	1.24	1.26	1.28	1.30	1.32	1.34	1.36
10	2.31	2.48	2.66	2.82	2.99	3.13	3.30	3.44	3.59	3.73	3.88	4.01	4.28	4.52	4.76	4.98	5.18	5.42	5.56	5.73	5.90	6.05
11	2.12	2.28	2.42	2.57	2.72	2.86	2.99	3.12	3.25	3.37	3.50	3.62	3.85	4.08	4.29	4148	4.67	4.84	5.00	5.16	5.31	5.45
12	1.92	2.06	2.19	2.32	2.45	2.58	2.70	2.92	2.94	3.04	3.15	3.26	3.47	3.67	3.85	4.03	4.20	4.36	4.51	4.65	4.78	4.91
13	1.72	1.84	1.95	2.06	2.17	2.27	2.38	2.48	2.58	2.69	2.78	2.89	3.05	3.22	3.39	3.55	3.65	3.84	3.98	4.11	4.24	4.36
14	1.52	1.62	1.72	1.81	1.90	2.00	2.09	2.17	2.26	2.34	2.43	2.51	2.66	2.82	2.96	3.09	3.22	3.34	3.45	3.56	3.67	3.76
15	1.28	1.36	1.44	1.52	1.60	1.67	1.75	1.82	1.89	1.96	2.04	2.11	2.24	2.36	2.48	2.59	2.69	2.79	2.88	2.97	3.03	3.10
16	1.050	1.12	1.18	1.25	1.31	1.37	1.43	1.49	1.55	1.60	1.66	1.71	1.81	1.90	2.00	2.08	2.16	2.24	2.30	2.37	2.43	2.49
17	0.80	0.86	0.90	0.95	1.00	1.04	1.09	1.13	1.18	1.22	1.26	1.30	1.37	1.44	1.51	1.57	1.62	1.68	1.72	1.76	1.8	1.84
18	0.56	0.59	0.62	0.66	0.68	0.72	0.75	0.77	0.80	0.83	0.85	0.88	0.93	0.98	1.02	1.05	1.09	1.12	1.16	1.19	1.21	1.24
19	0.29	0.31	0.32	0.34	0.36	0.37	0.39	0.40	0.42	0.43	0.44	0.45	0.48	0.50	0.52	0.54	0.56	0.57	0.59	0.60	0.61	0.62
20																						
21	0.29	0.30	0.32	0.34	0.35	0.37	0.38	0.40	0.41	0.42	0.44	0.46	0.48	0.50	0.53	0.56	0.58	0.59	0.6	0.61	0.62	0.62
22	0.58	0.61	0.64	0.67	0.70	0.73	0.76	0.79	0.81	0.84	0.87	0.90	0.96	1.03	1.05	1.09	1.12	1.15	1.18	1.20	1.22	1.23
23	0.89	0.94	0.99	1.03	1.08	1.12	1.16	1.20	1.25	1.29	1.33	1.37	1.44	1.51	1.57	1.63	1.67	1.73	1.77	1.80	1.82	1.94
24	1.20	1.25	1.31	1.37	1.43	1.49	1.54	1.60	1.66	1.71	1.77	1.82	1.92	2.01	2.10	2.17	2.24	2.30	2.36	2.40	2.42	2.44
25	1.51	1.59	1.66	1.74	1.81	1.88	1.95	2.02	2.09	2.16	2.23	2.30	2.42	2.53	2.63	2.72	2.82	2.89	2.95	2.99	3.01	3.05
26	1.84	1.92	2.01	2.1	2.18	2.26	2.34	2.42	2.50	2.58	2.65	2.73	2.87	3.00	3.13	3.25	3.36	3.47	3.57	3.65	3.72	3.79
27	2.17	2.26	2.36	2.46	2.56	2.66	2.75	2.84	2.93	3.01	3.10	3.18	3.35	3.50	3.66	3.8	3.93	4.06	4.16	4.26	4.35	4.42
28	2.50	2.62	2.74	2.85	2.96	3.07	3.18	3.28	3.40	3.50	3.60	3.69	3.87	4.04	4.21	4.36	4.50	4.64	4.75	4.86	4.94	5.00
29	2.86	2.98	3.10	3.22	3.35	3.47	3.59	3.70	3.82	3.93	4.03	4.14	4.34	4.53	4.72	4.89	5.05	5.20	5.34	5.46	5.56	5.64
30	3.20	3.35	3.49	3.64	3.77	3.91	4.05	4.17	4.30	4.43	4.55	4.67	4.90	5.12	5.39	5.51	5.68	5.94	5.96	6.09	6.16	6.22

注：本表可用于将 $d_{20℃}^{t℃}$ 转换为 $d_{20℃}^{20℃}$。

温度校正常数 C 用于将 t℃ 时派热克斯玻璃密度瓶测定的甜型葡萄酒的密度校正至 20℃。

$$\rho_{20℃} = \rho_{t℃} \pm \frac{C}{1000} \qquad \begin{array}{l} -:t<20℃ \\ +:t>20℃ \end{array}$$

表 B.4

密度/(g/mL)	13%vol 葡萄酒							15%vol 葡萄酒							17%vol 葡萄酒						
温度/℃	1.000	1.020	1.040	1.060	1.080	1.100	1.120	1.000	1.020	1.040	1.060	1.080	1.100	1.120	1.000	1.020	1.040	1.060	1.080	1.100	1.120
10	2.36	2.71	3.06	3.42	3.72	3.96	4.32	2.64	2.99	3.36	3.68	3.99	4.3	4.59	2.94	3.29	3.64	3.98	4.29	4.6	4.89
11	2.17	2.49	2.8	2.99	3.39	3.65	3.9	2.42	2.73	3.05	3.34	3.63	3.89	4.15	2.69	3	3.32	3.61	3.9	4.16	4.41
12	1.97	2.25	2.53	2.79	3.05	3.29	3.52	2.19	2.47	2.75	3.01	3.27	3.51	3.73	2.42	2.7	2.98	3.24	3.5	3.74	3.96
13	1.78	2.02	2.25	2.47	2.69	2.89	3.05	1.97	2.21	2.44	2.66	2.87	3.08	3.29	2.18	2.42	2.64	2.87	3.08	3.29	3.49
14	1.57	1.78	1.98	2.16	2.35	2.53	2.7	1.74	1.94	2.14	2.32	2.52	2.69	2.86	1.91	2.11	2.31	2.5	2.69	2.86	3.03
15	1.32	1.49	1.66	1.82	1.97	2.12	2.26	1.46	1.63	1.79	1.95	2.1	2.25	2.39	1.6	1.77	1.93	2.09	2.24	2.39	2.53
16	1.08	1.22	1.36	1.48	1.61	1.73	1.84	1.18	1.32	1.46	1.59	1.71	1.83	1.94	1.3	1.44	1.58	1.71	1.83	1.95	2.06
17	0.83	0.94	1.04	1.13	1.22	1.31	1.4	0.91	1.02	1.12	1.21	1.3	1.39	1.48	1	1.1	1.2	1.3	1.39	1.48	1.56
18	0.58	0.64	0.71	0.78	0.84	0.89	0.95	0.63	0.69	0.76	0.83	0.89	0.94	1	0.69	0.75	0.82	0.89	0.95	1	1.06
19	0.3	0.34	0.37	0.4	0.43	0.46	0.49	0.33	0.37	0.4	0.43	0.46	0.49	0.52	0.36	0.39	0.42	0.46	0.49	0.52	0.54
20																					
21	0.3	0.33	0.36	0.4	0.43	0.46	0.49	0.33	0.36	0.39	0.43	0.46	0.49	0.51	0.35	0.39	0.42	0.45	0.48	0.51	0.54
22	0.6	0.67	0.73	0.8	0.85	0.91	0.98	0.65	0.72	0.78	0.84	0.9	0.96	1.01	0.71	0.78	0.84	0.9	0.96	1.01	1.07
23	0.93	1.02	1.12	1.22	1.3	1.39	1.49	1.01	1.1	1.2	1.29	1.38	1.46	1.55	1.1	1.19	1.29	1.38	1.46	1.55	1.63
24	1.27	1.39	1.5	1.61	1.74	1.84	1.95	1.37	1.49	1.59	1.72	1.84	1.95	2.06	1.48	1.6	1.71	1.83	1.95	2.06	2.17
25	1.61	1.75	1.9	2.05	2.19	2.33	2.47	1.73	1.87	2.02	2.17	2.31	2.45	2.59	1.87	2.01	2.16	2.31	2.45	2.59	2.73
26	1.94	2.12	2.29	2.47	2.63	2.79	2.95	2.09	2.27	2.44	2.62	2.78	2.94	3.1	2.26	2.44	2.61	2.79	2.95	3.11	3.26
27	2.3	2.51	2.7	2.9	3.09	3.27	3.44	2.48	2.68	2.87	3.07	3.27	3.45	3.62	2.67	2.88	3.07	3.27	3.46	3.64	3.81
28	2.66	2.9	3.13	3.35	3.57	3.86	4	2.86	3.1	3.23	3.55	3.77	3.99	4.2	3.08	3.31	3.55	3.76	3.99	4.21	4.41
29	3.05	3.31	3.56	3.79	4.04	4.27	4.49	3.28	3.53	3.77	4.02	4.26	4.49	4.71	3.52	3.77	4.01	4.26	4.5	4.73	4.95
30	3.44	3.7	3.99	4.28	4.54	4.8	5.06	3.68	3.94	4.23	4.52	4.79	5.05	5.3	3.95	4.22	4.51	4.79	5.07	5.32	5.57

表 B.4（续）

密度/(g/mL)	19%vol 葡萄酒							21%vol 葡萄酒						
温度/℃	1.000	1.020	1.040	1.060	1.080	1.100	1.120	1.000	1.020	1.040	1.060	1.080	1.100	1.120
10	3.27	3.62	3.97	4.30	4.62	4.92	5.21	3.62	3.97	4.32	4.66	4.97	5.27	5.56
11	2.99	3.30	3.61	3.90	4.19	4.45	4.70	3.28	3.61	3.92	4.22	4.50	4.76	5.01
12	2.68	2.96	3.24	3.50	3.76	4.00	4.21	2.96	3.24	3.52	3.78	4.03	4.27	4.49
13	2.68	2.96	3.24	3.50	3.76	4.00	4.21	2.96	3.24	3.52	3.78	4.03	4.27	4.49
14	2.11	2.31	2.51	2.69	2.88	3.05	3.22	2.31	2.51	2.71	2.89	3.08	3.25	3.43
15	1.76	1.93	2.09	2.25	2.40	2.55	2.69	1.93	2.10	2.26	2.42	2.57	2.72	2.86
16	1.43	1.57	1.70	1.83	1.95	2.08	2.18	1.56	1.70	1.84	1.97	2.09	2.21	2.32
17	1.09	1.20	1.30	1.39	1.48	1.57	1.65	1.20	1.31	1.41	1.50	1.59	1.68	1.77
18	0.76	0.82	0.88	0.95	1.01	1.06	1.12	0.82	0.88	0.95	1.01	1.08	1.13	1.18
19	0.39	0.42	0.45	0.49	0.52	0.55	0.57	0.42	0.46	0.49	0.52	0.55	0.58	0.61
20														
21	0.38	0.42	0.45	0.48	0.51	0.54	0.57	0.41	0.45	0.48	0.51	0.54	0.57	0.60
22	0.78	0.84	0.90	0.96	1.02	1.07	1.13	0.84	0.90	0.96	1.02	1.08	1.14	1.19
23	1.19	1.28	1.38	1.47	1.55	1.64	1.72	1.29	1.39	1.48	1.57	1.65	1.74	1.82
24	1.60	1.72	1.83	1.95	2.06	2.18	2.29	1.73	1.85	1.96	2.08	2.19	2.31	2.42
25	2.02	2.16	2.31	2.46	2.60	2.74	2.88	2.18	2.32	2.47	2.62	2.76	2.90	3.04
26	2.44	2.62	2.79	2.96	3.12	3.28	3.43	2.53	2.81	2.97	3.15	3.31	3.47	3.62
27	2.88	3.08	3.27	3.42	3.66	3.84	4.01	3.10	3.30	3.47	3.69	3.88	4.06	4.23
28	3.31	3.54	3.78	4.00	4.22	4.44	4.64	3.56	3.79	4.03	4.25	4.47	4.69	4.89
29	3.78	4.03	4.27	4.52	4.76	4.99	5.21	4.06	4.31	4.55	4.80	5.04	5.27	5.48
30	4.24	4.51	4.80	5.08	5.36	5.61	5.86	4.54	4.82	5.11	5.39	5.66	5.91	6.16

表 B.5

温度校正常数 C 用于将普通玻璃密度瓶或密度计测定的干型葡萄酒和无酒精干型葡萄酒的密度校正至 20℃。

$$\rho_{20℃} = \rho_{t℃} \pm \frac{C}{1\,000} \qquad \begin{array}{l} - : t < 20℃ \\ + : t > 20℃ \end{array}$$

温度/℃	酒精度 0	5	6	7	8	9	10	11	12	13	14	15	16	17	18	19	20	21	22	23	24	25	26	27
10	1.45	1.51	1.55	1.58	1.64	1.76	1.78	1.89	1.98	2.09	2.21	2.34	2.47	2.60	2.76	2.93	3.06	3.22	3.39	3.57	3.75	3.93	4.12	4.31
11	1.35	1.40	1.43	1.47	1.52	1.58	1.65	1.73	1.83	1.93	2.03	2.15	2.26	2.38	2.51	2.65	2.78	2.93	3.08	3.24	3.40	3.57	3.73	3.90
12	1.24	1.28	1.31	1.34	1.39	1.44	1.50	1.58	1.66	1.75	1.84	1.94	2.04	2.15	2.26	2.38	2.51	2.63	2.77	2.91	3.05	3.19	3.34	3.49
13	1.12	1.16	1.18	1.21	1.25	1.30	1.35	1.42	1.49	1.56	1.64	1.73	1.82	1.91	2.01	2.11	2.22	2.33	2.45	2.57	2.69	2.81	2.95	3.07
14	0.99	1.03	1.05	1.07	1.11	1.14	1.19	1.24	1.31	1.37	1.44	1.52	1.59	1.67	1.75	1.84	1.93	2.03	2.13	2.23	2.33	2.44	2.55	2.66
15	0.86	0.89	0.90	0.92	0.95	0.98	1.02	1.07	1.12	1.17	1.23	1.29	1.35	1.42	1.49	1.56	1.63	1.71	1.80	1.88	1.96	2.05	2.14	2.23
16	0.71	0.73	0.74	0.76	0.78	0.81	0.84	0.87	0.91	0.95	0.99	1.05	1.10	1.15	1.21	1.27	1.33	1.39	1.45	1.52	1.59	1.66	1.73	1.80
17	0.55	0.57	0.57	0.59	0.60	0.62	0.65	0.67	0.70	0.74	0.77	0.81	0.84	0.88	0.92	0.96	1.01	1.05	1.10	1.15	1.20	1.26	1.31	1.36
18	0.38	0.39	0.39	0.40	0.41	0.43	0.44	0.46	0.48	0.50	0.52	0.55	0.57	0.60	0.62	0.65	0.68	0.71	0.74	0.78	0.81	0.85	0.88	0.91
19	0.19	0.20	0.20	0.21	0.21	0.22	0.23	0.24	0.25	0.26	0.27	0.28	0.29	0.30	0.32	0.33	0.34	0.36	0.38	0.39	0.41	0.43	0.44	0.46
20																								
21	0.21	0.22	0.22	0.23	0.23	0.24	0.25	0.25	0.26	0.27	0.28	0.29	0.31	0.32	0.34	0.35	0.36	0.38	0.39	0.41	0.43	0.44	0.46	0.48
22	0.43	0.45	0.45	0.46	0.47	0.49	0.50	0.52	0.54	0.56	0.58	0.60	0.62	0.65	0.68	0.71	0.73	0.77	0.80	0.83	0.86	0.89	0.93	0.96
23	0.67	0.69	0.70	0.71	0.72	0.74	0.77	0.79	0.82	0.85	0.88	0.91	0.95	0.99	1.03	1.07	1.12	1.16	1.21	1.25	1.30	1.35	1.40	1.45
24	0.91	0.93	0.95	0.97	0.99	1.01	1.04	1.07	1.11	1.15	1.20	1.24	1.29	1.34	1.39	1.45	1.50	1.56	1.62	1.69	1.76	1.82	1.88	1.95
25	1.16	1.19	1.21	1.23	1.26	1.29	1.33	1.37	1.42	1.47	1.52	1.57	1.63	1.70	1.76	1.83	1.90	1.97	2.05	2.13	2.21	2.29	2.37	2.45
26	1.42	1.46	1.49	1.51	1.54	1.58	1.62	1.67	1.73	1.79	1.85	1.92	1.99	2.07	2.14	2.22	2.31	2.40	2.49	2.58	2.67	2.77	2.86	2.96
27	1.69	1.74	1.77	1.80	1.83	1.88	1.93	1.98	2.05	2.12	2.20	2.27	2.35	2.44	2.53	2.63	2.72	2.82	2.93	3.04	3.14	3.25	3.37	3.48
28	1.97	2.03	2.06	2.09	2.14	2.19	2.24	2.31	2.38	2.46	2.55	2.63	2.73	2.83	2.93	3.03	3.14	3.26	3.38	3.50	3.62	3.75	3.85	4.00
29	2.26	2.33	2.37	2.41	2.45	2.50	2.57	2.64	2.73	2.82	2.91	2.99	3.11	3.22	3.34	3.46	3.58	3.70	3.84	3.97	4.11	4.25	4.39	4.54
30	2.56	2.64	2.67	2.72	2.77	2.83	2.90	2.98	3.08	3.18	3.28	3.38	3.50	3.62	3.75	3.88	4.02	4.16	4.30	4.46	4.61	4.76	4.92	5.07

注：本表可用于将 $d_{20℃}^{t℃}$ 转换为 $d_{20℃}^{20℃}$ 。

表 B.6

温度校正常数 C 用于将 t℃ 时普通玻璃密度瓶或密度计测定的天然葡萄汁和浓缩葡萄汁的密度校正至 20℃。

$$\rho_{20℃} = \rho_{t℃} \pm \frac{C}{1\,000} \qquad \begin{array}{l} -:t<20℃ \\ +:t>20℃ \end{array}$$

密度/(g/mL) 温度/℃	1.05	1.06	1.07	1.08	1.09	1.10	1.11	1.12	1.13	1.14	1.15	1.16	1.18	1.20	1.22	1.24	1.26	1.28	1.30	1.32	1.34	1.36
11	2.00	2.16	2.29	2.44	2.59	2.73	2.86	2.99	3.12	3.24	3.37	3.48	3.71	3.94	4.15	4.33	4.52	4.69	4.85	5.01	5.15	5.29
12	1.81	1.95	2.08	2.21	2.34	2.47	2.58	2.70	2.82	2.92	3.03	3.14	3.35	3.55	3.72	3.90	4.07	4.23	4.37	4.52	4.64	4.77
13	1.62	1.74	1.85	1.96	2.07	2.17	2.28	2.38	2.48	2.59	2.68	2.77	2.94	3.11	3.28	3.44	3.54	3.72	3.86	3.99	4.12	4.24
14	1.44	1.54	1.64	1.73	1.82	1.92	2.00	2.08	2.17	2.25	2.34	2.42	2.57	2.73	2.86	2.99	3.12	3.24	3.35	3.46	3.57	3.65
15	1.21	1.29	1.37	1.45	1.53	1.60	1.68	1.75	1.82	1.89	1.97	2.03	2.16	2.28	2.40	2.51	2.61	2.71	2.80	2.89	2.94	3.01
16	1.00	1.06	1.12	1.19	1.25	1.31	1.37	1.43	1.49	1.54	1.60	1.65	1.75	1.84	1.94	2.02	2.09	2.17	2.23	2.30	2.36	2.42
17	0.76	0.82	0.86	0.91	0.96	1.00	1.05	1.09	1.14	1.18	1.22	1.25	1.32	1.39	1.46	1.52	1.57	1.63	1.67	1.71	1.75	1.79
18	0.53	0.56	0.59	0.63	0.65	0.69	0.72	0.74	0.77	0.80	0.82	0.85	0.90	0.95	0.99	1.02	1.05	1.09	1.13	1.16	1.18	1.20
19	0.28	0.30	0.31	0.33	0.35	0.36	0.38	0.39	0.41	0.42	0.43	0.43	0.46	0.48	0.50	0.52	0.54	0.55	0.57	0.58	0.59	0.60
20																						
21	0.28	0.29	0.31	0.33	0.34	0.36	0.37	0.39	0.40	0.41	0.43	0.44	0.46	0.48	0.51	0.54	0.56	0.57	0.58	0.59	0.60	0.60
22	0.55	0.58	0.61	0.64	0.67	0.70	0.73	0.76	0.78	0.81	0.84	0.87	0.93	0.97	1.02	1.06	1.09	1.12	1.15	1.17	1.19	1.19
23	0.85	0.90	0.95	0.99	1.04	1.08	1.12	1.16	1.21	1.25	1.29	1.32	1.39	1.46	1.52	1.58	1.62	1.68	1.72	1.75	1.77	1.79
24	1.15	1.19	1.25	1.31	1.37	1.43	1.48	1.54	1.60	1.65	1.71	1.76	1.86	1.95	2.04	2.11	2.17	2.23	2.29	2.33	2.35	2.37
25	1.44	1.52	1.59	1.67	1.74	1.81	1.88	1.95	2.02	2.09	2.16	2.22	2.34	2.45	2.55	2.64	2.74	2.81	2.87	2.90	2.92	2.96
26	1.76	1.84	1.93	2.02	2.10	2.18	2.25	2.33	2.41	2.49	2.56	2.64	2.78	2.91	3.03	3.15	3.26	3.37	3.47	3.55	3.62	3.60
27	2.07	2.16	2.26	2.36	2.46	2.56	2.65	2.74	2.83	2.91	3.00	3.07	3.24	3.39	3.55	3.69	3.82	3.94	4.04	4.14	4.23	4.30
28	2.39	2.51	2.63	2.74	2.85	2.96	3.06	3.16	3.28	3.38	3.48	3.57	3.75	3.92	4.08	4.23	4.37	4.51	4.62	4.73	4.80	4.86
29	2.74	2.86	2.97	3.09	3.22	3.34	3.46	3.57	3.69	3.90	3.90	4.00	4.20	4.39	4.58	4.74	4.90	5.05	5.19	5.31	5.40	5.48
30	3.06	3.21	3.35	3.50	3.63	3.77	3.91	4.02	4.15	4.28	4.40	4.52	4.75	4.96	5.16	5.35	5.52	5.67	5.79	5.91	5.99	6.04

注：本表可用于将 $d_{20℃}^{t℃}$ 转换为 $d_{20℃}^{20℃}$。

表 B.7

温度校正常数 C 用于将 t℃ 时普通玻璃密度瓶或密度计测定的甜型葡萄酒的密度校正至 20℃。

$$\rho_{20℃} = \rho_{t℃} \pm \frac{C}{1\,000} \qquad \begin{array}{l} - : t < 20℃ \\ + : t > 20℃ \end{array}$$

温度/℃	13%vol 葡萄酒							15%vol 葡萄酒							17%vol 葡萄酒						
密度/(g/mL)	1.000	1.020	1.040	1.060	1.080	1.100	1.120	1.000	1.020	1.040	1.060	1.080	1.100	1.120	1.000	1.020	1.040	1.060	1.080	1.100	1.120
10	2.24	2.58	2.93	3.27	3.59	3.89	4.18	2.51	2.85	3.20	3.54	3.85	4.02	4.46	2.81	3.15	3.50	3.84	4.15	4.45	4.74
11	2.06	2.37	2.69	2.97	3.26	3.53	3.78	2.31	2.61	2.93	3.21	3.51	3.64	4.02	2.57	2.89	3.20	3.49	3.77	4.03	4.28
12	1.87	2.14	2.42	2.67	2.94	3.17	3.40	2.09	2.36	2.64	2.90	3.16	3.27	3.61	2.32	2.60	2.87	3.13	3.39	3.63	3.84
13	1.69	1.93	2.14	2.37	2.59	2.80	3.00	1.88	2.12	2.34	2.56	2.78	2.88	3.19	2.09	2.33	2.55	2.77	2.98	3.19	3.39
14	1.49	1.70	1.90	2.09	2.27	2.44	2.61	1.67	1.86	2.06	2.25	2.45	2.51	2.77	1.83	2.03	2.23	2.42	2.61	2.77	2.94
15	1.25	1.42	1.59	1.75	1.90	2.05	2.19	1.39	1.56	1.72	1.88	2.03	2.11	2.32	1.54	1.71	1.87	2.03	2.18	2.32	2.47
16	1.03	1.17	1.30	1.43	1.55	1.67	1.78	1.06	1.27	1.40	1.53	1.65	1.77	1.88	1.25	1.39	1.52	1.65	1.77	1.89	2.00
17	0.80	0.90	1.00	1.09	1.17	1.27	1.36	0.87	0.98	1.08	1.17	1.26	1.35	1.44	0.96	1.06	1.16	1.26	1.35	1.44	1.52
18	0.54	0.61	0.68	0.75	0.81	0.86	0.92	0.60	0.66	0.73	0.80	0.85	0.91	0.97	0.66	0.72	0.79	0.86	0.92	0.97	1.03
19	0.29	0.33	0.36	0.39	0.42	0.45	0.48	0.32	0.36	0.39	0.42	0.45	0.48	0.51	0.35	0.38	0.41	0.45	0.48	0.51	0.53
20																					
21	0.29	0.32	0.35	0.39	0.42	0.45	0.47	0.32	0.35	0.38	0.42	0.45	0.48	0.50	0.34	0.38	0.41	0.44	0.47	0.50	0.53
22	0.57	0.64	0.70	0.76	0.82	0.88	0.93	0.63	0.69	0.75	0.81	0.87	0.93	0.99	0.68	0.75	0.81	0.87	0.93	0.99	1.04
23	0.89	0.98	1.08	1.17	1.26	1.34	1.43	0.97	1.06	1.16	1.25	1.34	1.42	1.51	1.06	1.15	1.25	1.34	1.42	1.51	1.59
24	1.22	1.34	1.44	1.56	1.68	1.79	1.90	1.32	1.44	1.54	1.66	1.78	1.89	2.00	1.43	1.56	1.65	1.77	1.89	2.00	2.11
25	1.61	1.68	1.83	1.98	2.12	2.26	2.40	1.66	1.81	1.96	2.11	2.25	2.39	2.52	1.80	1.94	2.09	2.24	2.39	2.52	2.66
26	1.87	2.05	2.22	2.40	2.56	2.71	2.87	2.02	2.20	2.37	2.54	2.70	2.85	3.01	2.18	2.36	2.53	2.71	2.86	3.02	3.17
27	2.21	2.42	2.60	2.80	3.00	3.18	3.35	2.39	2.59	2.78	2.98	3.17	3.35	3.52	2.58	2.78	2.97	3.17	3.36	3.54	3.71
28	2.56	2.80	3.02	3.25	3.47	3.67	3.89	2.75	2.89	3.22	3.44	3.66	3.96	4.07	2.97	3.21	3.44	3.66	3.88	4.09	4.30
29	2.93	3.19	3.43	3.66	3.91	4.14	4.37	3.16	3.41	3.65	3.89	4.13	4.36	4.59	3.40	3.66	3.89	4.13	4.38	4.61	4.82
30	3.31	3.57	3.86	4.15	4.41	4.66	4.92	3.55	3.81	4.10	4.38	4.66	4.90	5.16	3.82	4.08	4.37	4.65	4.93	5.17	5.42

表 B.7（续）

温度/℃	19%vol葡萄酒 密度/(g/mL) 1.000	1.020	1.040	1.060	1.080	1.100	1.120	21%vol葡萄酒 1.000	1.020	1.040	1.060	1.080	1.100	1.120
10	3.14	3.48	3.83	4.17	4.48	4.78	5.07	3.50	3.84	4.19	4.52	4.83	5.12	5.41
11	2.87	3.18	3.49	3.78	4.06	4.32	4.57	3.18	3.49	3.80	4.09	4.34	4.63	4.88
12	2.58	2.96	3.13	3.39	3.65	3.88	4.10	2.86	3.13	3.41	3.67	3.92	4.15	4.37
13	2.31	2.55	2.77	2.99	3.20	3.41	3.61	2.56	2.79	3.01	3.23	3.44	3.65	3.85
14	2.03	2.23	2.43	2.61	2.80	2.96	3.13	2.23	2.43	2.63	2.81	3.00	3.16	3.33
15	1.69	1.86	2.02	2.18	2.33	2.48	2.62	1.86	2.03	2.19	2.35	2.50	2.65	2.80
16	1.38	1.52	1.65	1.78	1.90	2.02	2.13	1.51	1.65	1.78	1.91	2.03	2.15	2.26
17	1.06	1.16	1.26	1.35	1.44	1.53	1.62	1.15	1.25	1.35	1.45	1.54	1.63	1.71
18	0.73	0.79	0.85	0.92	0.98	1.03	1.09	0.79	0.85	0.92	0.98	1.05	1.10	1.15
19	0.38	0.41	0.44	0.48	0.51	0.52	0.56	0.41	0.44	0.47	0.51	0.54	0.57	0.59
20														
21	0.37	0.41	0.44	0.47	0.50	0.53	0.56	0.41	0.44	0.47	0.51	0.54	0.57	0.59
22	0.75	0.81	0.87	0.93	0.99	1.04	1.10	0.81	0.88	0.94	1.00	1.06	1.10	1.17
23	1.15	1.30	1.34	1.43	1.51	1.60	1.68	1.25	1.34	1.44	1.63	1.61	1.70	1.78
24	1.55	1.67	1.77	1.89	2.00	2.11	2.23	1.68	1.80	1.90	2.02	2.13	2.25	2.36
25	1.95	2.09	2.24	2.39	2.53	2.67	2.71	2.11	2.25	2.40	2.55	2.69	2.83	2.97
26	2.36	2.54	2.71	2.89	3.04	3.20	3.35	2.55	2.73	2.90	3.07	3.22	3.38	3.54
27	2.79	2.99	3.18	3.38	3.57	3.75	3.92	3.01	3.20	3.40	3.59	3.78	3.96	4.13
28	3.20	3.44	3.66	3.89	4.11	4.32	4.53	3.46	3.69	3.93	4.15	4.36	4.58	4.77
29	3.66	3.92	4.15	4.40	4.64	4.87	5.08	3.95	4.20	4.43	4.68	4.92	5.15	5.36
30	4.11	4.37	4.66	4.94	5.22	5.46	5.71	4.42	4.68	4.97	5.25	5.53	5.77	6.02

参 考 文 献

[1] JAULMES P. *Bull. O. I. V.* ,1953,26,No 274,6.

[2] JAULMES P. BRUN Mme S. , *Trav. Soc. Pharm.* , *Montpellier* ,1956,16,115;1960,20,137; *Ann, Fals, Exp,Chim.* ,1963,46,129 et 143.

[3] BRUN Mme S,et TEP Y. , *Ann. Fals. Exp. Chim.* ,3740; *F. V.* , *O. I. V.* ,1975,No 539.

20℃密度和比重(B)

1 定义

密度是指 20℃时,单位体积的葡萄酒或葡萄汁的质量。单位为 g/mL,用 $\rho_{20℃}$ 表示。

20℃时的比重(或 20℃/20℃相对密度)是指 20℃葡萄酒或葡萄汁与相同温度下水的密度之比,结果为小数,用 $d_{20℃}^{20℃}$ 表示。

2 原理

采用液体比重法测定待测样品的密度和 20℃时的相对密度。

注:为保证结果准确度,密度和相对密度结果必须用二氧化硫进行校正。

$$\rho_{20℃} = \rho'_{20℃} - 0.000\ 6 \times S$$

其中:$\rho_{20℃}$——校正密度;

$\rho'_{20℃}$——实测密度;

S——总二氧化硫浓度(g/L)。

3 样品前处理

如葡萄酒或葡萄汁样品中含有大量二氧化碳,可取 250 mL 样品于 1 000 mL 锥形瓶中,摇动以尽可能去除样品中的二氧化碳,或通过装有 2 g 脱脂棉的漏斗减压过滤以去除二氧化碳。

4 操作方法

4.1 设备

4.1.1 比重计,比重计的尺寸和刻度必须符合法国标准协会(AFNOR)的规定。比重计必须有圆柱形的瓶身,比重计柄的圆形横截面的直径不小于 3 mm。对于干型葡萄酒,测量范围应为0.983～1.003,最小分度为 0.001 0 和 0.000 2。0.001 0 分度的两个刻度距离至少为5 mm。对于无醇葡萄酒、甜型葡萄酒和葡萄汁,测量使用的比重计有 5 种,测量范围分别为 1.000～1.030,1.030～1.060,1.060～1.090,1.090～1.120 和 1.120～1.150。使用比重计测定 20℃时的密度时,最小分度为 0.001 0 和 0.000 5。0.001 0 分度的两个刻度距离至少为3 mm。读数时,渐变刻度的比重计,或内附刻度纸的比重计,均读取弯月面相切处的数值。比重计必须经官方权威机构计量。

4.1.2 温度计,最小分度小于 0.5℃。

4.1.3 量筒,内径 36 mm,高度 320 mm,利用水平螺杆校正以保证垂直。

4.2 步骤

取 250 mL 待测样品放入于量筒中,插入温度计和比重计,混匀样品,等待1 min使温度平衡,并读取温度。取出温度计,再等待至少 1 min,读取 t℃时比重计的刻度示值。为了校正温度对密度的影响,干型葡萄酒按照表1,葡萄汁按照表2,含糖葡萄酒按照表3对实测密度进行校正。将 20℃时的密度除以 0.998 203,即为 20℃/20℃的比重。

表 1

温度校正系数 C，用于将 t℃ 时用普通玻璃比重瓶或比重计测定干型葡萄酒或无醇干型葡萄酒的密度校正至 20℃。

$$\rho_{20℃} = \rho_{t℃} \pm \frac{C}{1\,000} \qquad \begin{array}{l} -:t<20℃ \\ +:t>20℃ \end{array}$$

温度/℃ ＼ 酒精度	0	5	6	7	8	9	10	11	12	13	14	15	16	17	18	19	20	21	22	23	24	25	26	27
10	1.45	1.51	1.55	1.58	1.64	1.76	1.78	1.89	1.98	2.09	2.21	2.34	2.47	2.60	2.79	2.93	3.06	3.22	3.39	3.57	3.75	3.93	4.12	4.31
11	1.35	1.40	1.43	1.47	1.52	1.58	1.65	1.73	183	1.93	2.03	2.15	2.26	2.38	2.51	2.65	2.78	2.93	3.08	3.24	3.40	3.57	3.73	3.90
12	1.24	1.28	1.31	1.34	1.39	1.44	1.50	1.58	1.66	1.75	1.84	1.94	2.04	2.15	2.26	2.38	2.51	2.63	2.77	2.91	3.05	3.19	3.34	3.49
13	1.12	1.16	1.18	1.21	1.25	1.30	1.35	1.42	1.49	1.56	1.64	1.73	1.82	1.91	2.01	2.11	2.22	2.33	2.45	2.57	2.69	2.81	2.95	3.07
14	0.99	1.03	1.05	1.07	1.11	1.14	1.19	1.24	1.31	1.37	1.44	1.52	1.59	1.67	1.75	1.84	1.93	2.03	2.13	2.23	2.33	2.44	2.55	2.66
15	0.86	0.89	0.90	0.92	0.95	0.98	1.02	1.07	1.12	1.17	1.23	1.29	1.35	1.42	1.49	1.56	1.63	1.71	1.80	1.88	1.96	2.05	2.14	2.23
16	0.71	0.73	0.74	0.76	0.78	0.81	0.84	0.87	0.91	0.95	0.99	1.05	1.10	1.15	1.21	1.27	1.33	1.39	1.45	1.52	1.59	1.66	1.73	1.80
17	0.55	0.57	0.57	0.59	0.60	0.62	0.65	0.67	0.70	0.74	0.77	0.81	0.84	0.88	0.92	0.96	1.01	1.05	1.10	1.15	1.20	1.26	1.31	1.36
18	0.38	0.39	0.39	0.40	0.41	0.43	0.44	0.45	0.48	0.50	0.52	0.55	0.57	0.60	0.62	0.65	0.68	0.71	0.74	0.78	0.81	0.85	0.88	0.91
19	0.19	0.20	0.20	0.21	0.21	0.22	0.23	0.24	0.25	0.26	0.27	0.28	0.29	0.30	0.32	0.33	0.34	0.36	0.38	0.39	0.41	0.43	0.44	0.46
20																								
21	0.21	0.22	0.22	0.23	0.23	0.24	0.25	0.25	0.26	0.27	0.28	0.29	0.31	0.32	0.34	0.35	0.36	0.38	0.39	0.41	0.43	0.44	0.46	0.48
22	0.43	0.45	0.45	0.46	0.47	0.49	0.50	0.52	0.54	0.56	0.58	0.60	0.62	0.65	0.68	0.71	0.73	0.77	0.80	0.83	0.86	0.89	0.93	0.96
23	0.67	0.69	0.70	0.71	0.72	0.74	0.77	0.79	0.82	0.85	0.88	0.91	0.95	0.99	1.03	1.07	1.12	1.16	1.21	1.25	1.30	1.35	1.40	1.45
24	0.91	0.93	0.95	0.97	0.99	1.01	1.04	1.07	1.11	1.15	1.20	1.24	1.29	1.34	1.39	1.45	1.50	1.56	1.62	1.69	1.76	1.82	1.88	1.95
25	1.16	1.19	1.21	1.23	1.26	1.29	1.33	1.37	1.42	1.47	1.52	1.57	1.63	1.70	1.76	1.83	1.90	1.97	2.05	2.13	2.21	2.29	2.37	2.45
26	1.42	1.46	1.49	1.51	1.54	1.58	1.62	1.67	1.73	1.79	1.85	1.92	1.99	2.07	2.14	2.22	2.31	2.40	2.49	2.58	2.67	2.77	2.86	2.96
27	1.69	1.74	1.77	1.80	1.83	1.88	1.93	1.98	2.05	2.12	2.20	2.27	2.35	2.44	2.53	2.63	2.72	2.82	2.93	3.04	3.14	3.25	3.37	3.48
28	1.97	2.03	2.06	2.09	2.14	2.19	2.24	2.31	2.38	2.46	2.55	2.63	2.73	2.83	2.93	3.03	3.14	3.26	3.38	3.50	3.62	3.75	3.85	4.00
29	2.26	2.33	2.37	2.41	2.45	2.50	2.57	2.64	2.73	2.82	2.91	2.99	3.11	3.22	3.34	3.46	3.58	3.70	3.84	3.97	4.11	4.25	4.39	4.54
30	2.56	2.64	2.67	2.72	2.77	2.83	2.90	2.98	3.08	3.18	3.28	3.38	3.50	3.62	3.75	3.88	4.02	4.16	4.30	4.46	4.61	4.76	4.92	5.07

注：本表可用于将 $d_{20℃}^{t℃}$ 转换为 $d_{20℃}^{20℃}$。

表2

温度校正系数C，用于将t℃时用普通玻璃比重瓶比重或比重计测定的普通葡萄汁或浓缩葡萄汁的密度校正至20℃。

$$\rho_{20℃} = \rho_{t℃} \pm \frac{C}{1000} \qquad \begin{array}{l} -: t < 20℃ \\ +: t > 20℃ \end{array}$$

温度/℃ 密度/(g/mL)	1.05	1.06	1.07	1.08	1.09	1.10	1.11	1.12	1.13	1.14	1.15	1.16	1.18	1.20	1.22	1.24	1.26	1.28	1.30	1.32	1.34	1.36
10	2.17	2.34	2.52	2.68	2.85	2.99	3.16	3.29	3.44	3.58	3.73	3.86	4.13	4.36	4.60	4.82	5.02	5.25	5.39	5.56	−5.73	5.87
11	2.00	2.16	2.29	2.44	2.59	2.73	2.86	2.99	3.12	3.24	3.37	3.48	3.71	3.94	4.15	4.33	4.52	4.69	4.85	5.01	5.15	5.29
12	1.81	1.95	2.08	2.21	2.34	2.47	2.58	2.70	2.82	2.92	3.03	3.14	3.35	3.55	3.72	3.90	4.07	4.23	4.37	4.52	4.64	4.77
13	1.62	1.74	1.85	1.96	2.07	2.17	2.28	2.38	2.48	2.59	2.68	2.77	2.94	3.11	3.28	3.44	3.54	3.72	3.86	3.99	4.12	4.24
14	1.44	1.54	1.64	1.73	1.82	1.92	2.00	2.08	2.17	2.25	2.34	2.42	2.57	2.73	2.86	2.99	3.12	3.24	3.35	3.46	3.57	3.65
15	1.21	1.29	1.37	1.45	1.53	1.60	1.68	1.75	1.82	1.89	1.97	2.03	2.16	2.28	2.40	2.51	2.61	2.71	2.80	2.89	2.94	3.01
16	1.00	1.06	1.12	1.19	1.25	1.31	1.37	1.43	1.49	1.54	1.60	1.65	1.75	1.84	1.94	2.02	2.09	2.17	2.23	2.30	2.36	2.42
17	0.76	0.82	0.86	0.91	0.96	1.00	1.05	1.09	1.14	1.18	1.22	1.25	1.32	1.39	1.46	1.52	1.57	1.63	1.67	1.71	1.75	1.79
18	0.53	0.56	0.59	0.63	0.65	0.69	0.72	0.74	0.77	0.80	0.82	0.85	0.90	0.95	0.99	1.02	1.05	1.09	1.13	1.16	1.18	1.20
19	0.28	0.30	0.31	0.33	0.35	0.36	0.38	0.39	0.41	0.42	0.43	0.43	0.46	0.48	0.50	0.52	0.54	0.55	0.57	0.58	0.59	0.60
20																						
21	0.28	0.29	0.31	0.33	0.34	0.36	0.37	0.39	0.40	0.41	0.43	0.44	0.46	0.48	0.51	0.54	0.56	0.57	0.58	0.59	0.60	0.60
22	0.55	0.58	0.61	0.64	0.67	0.70	0.73	0.76	0.78	0.81	0.84	0.87	0.93	0.97	1.02	1.06	1.09	1.12	1.15	1.17	1.19	1.19
23	0.85	0.90	0.95	0.99	1.04	1.08	1.12	1.16	1.21	1.25	1.29	1.32	1.39	1.46	1.52	1.58	1.62	1.68	1.72	1.75	1.77	1.79
24	1.15	1.19	1.25	1.31	1.37	1.43	1.48	1.54	1.60	1.65	1.71	1.76	1.86	1.95	2.04	2.11	2.17	2.23	2.29	2.33	2.35	2.37
25	1.44	1.52	1.59	1.67	1.74	1.81	1.88	1.95	2.02	2.09	2.16	2.22	2.34	2.45	2.55	2.64	2.74	2.81	7.87	2.90	2.92	2.96
26	1.76	1.84	1.93	2.02	2.10	2.18	2.25	2.33	2.41	2.49	2.56	2.64	2.78	2.91	3.03	3.15	3.26	3.37	3.47	3.55	3.62	3.60
27	2.07	2.16	2.26	2.36	2.46	2.56	2.65	2.74	2.83	2.91	3.00	3.07	3.24	3.39	3.55	3.69	3.82	3.94	4.04	4.14	4.23	4.30
28	2.39	2.51	2.63	2.74	2.85	2.96	3.06	3.16	3.28	3.38	3.48	3.57	3.75	3.92	4.08	4.23	4.37	4.51	4.62	4.73	4.80	4.86
29	2.74	2.86	2.97	3.09	3.22	3.34	3.46	3.57	3.69	3.90	3.90	4.00	4.20	4.39	4.58	4.74	4.90	5.05	5.19	5.31	5.40	5.48
30	3.06	3.21	3.35	3.50	3.63	3.77	3.91	4.02	4.15	4.28	4.40	4.52	4.75	4.96	5.16	5.35	5.52	5.67	5.79	5.91	5.99	6.04

注：本表可用于将 $d^{t℃}_{20℃}$ 转换为 $d^{20℃}_{20℃}$。

表3

温度校正系数 C，用于将 t℃ 时用普通玻璃比重瓶或重汁比重计测定的甜酒的密度校正至 20℃。

$$\rho_{20℃} = \rho_{t℃} \pm \frac{C}{1\,000} \qquad - : t < 20℃ \qquad + : t > 20℃$$

| 密度/(g/mL) | 13%vol 葡萄酒 | | | | | | | 15%vol 葡萄酒 | | | | | | | 17%vol 葡萄酒 | | | | | | |
温度/℃	1.000	1.020	1.040	1.060	1.080	1.100	1.120	1.000	1.020	1.040	1.060	1.080	1.100	1.120	1.000	1.020	1.040	1.060	1.080	1.100	1.120
10	2.24	2.58	2.93	3.27	3.59	3.89	4.18	2.51	2.85	3.20	3.54	3.85	4.02	4.46	2.81	3.15	3.50	3.84	4.15	4.45	4.74
11	2.06	2.37	2.69	2.97	3.26	3.53	3.78	2.31	2.61	2.93	3.21	3.51	3.64	4.02	2.57	2.89	3.20	3.49	3.77	4.03	4.28
12	1.87	2.14	2.42	2.67	2.94	3.17	3.40	2.09	2.36	2.64	2.90	3.16	3.27	3.61	2.32	2.60	2.87	3.13	3.39	3.63	3.84
13	1.69	1.93	2.14	2.37	2.59	2.80	3.00	1.88	2.12	2.34	2.56	2.78	2.88	3.19	2.09	2.33	2.55	2.77	2.98	3.19	3.39
14	1.49	1.70	1.90	2.09	2.27	2.44	2.61	1.67	1.86	2.06	2.25	2.45	2.51	2.77	1.83	2.03	2.23	2.42	2.61	2.77	2.94
15	1.25	1.42	1.59	1.75	1.90	2.05	2.19	1.39	1.56	1.72	1.88	2.03	2.11	2.32	1.54	1.71	1.87	2.03	2.18	2.32	2.47
16	1.03	1.17	1.30	1.43	1.55	1.67	1.78	1.06	1.27	1.40	1.53	1.65	1.77	1.88	1.25	1.39	1.52	1.65	1.77	1.89	2.00
17	0.80	0.90	1.00	1.09	1.17	1.27	1.36	0.87	0.98	1.08	1.17	1.26	1.35	1.44	0.96	1.06	1.16	1.26	1.35	1.44	1.52
18	0.54	0.61	0.68	0.75	0.81	0.86	0.92	0.60	0.66	0.73	0.80	0.85	0.91	0.97	0.66	0.72	0.79	0.86	0.92	0.97	1.03
19	0.29	0.33	0.36	0.39	0.42	0.45	0.48	0.32	0.36	0.39	0.42	0.45	0.48	0.51	0.35	0.38	0.41	0.45	0.48	0.51	0.53
20																					
21	0.29	0.32	0.35	0.39	0.42	0.45	0.47	0.32	0.35	0.38	0.42	0.45	0.48	0.50	0.34	0.38	0.41	0.44	0.47	0.50	0.53
22	0.57	0.64	0.70	0.76	0.82	0.88	0.93	0.63	0.69	0.75	0.81	0.87	0.93	0.99	0.68	0.75	0.81	0.87	0.93	0.99	1.04
23	0.89	0.98	1.08	1.17	1.26	1.34	1.43	0.97	1.06	1.16	1.25	1.34	1.42	1.51	1.06	1.15	1.25	1.34	1.42	1.51	1.59
24	1.22	1.34	1.44	1.56	1.68	1.79	1.90	1.32	1.44	1.54	1.66	1.78	1.89	2.00	1.43	1.56	1.65	1.77	1.89	2.00	2.11
25	1.61	1.68	1.83	1.98	2.12	2.26	2.40	1.66	1.81	1.96	2.11	2.25	2.39	2.52	1.80	1.94	2.09	2.24	2.39	2.52	2.66
26	1.87	2.05	2.22	2.40	2.56	2.71	2.87	2.02	2.20	2.37	2.54	2.70	2.85	3.01	2.18	2.36	2.53	2.71	2.86	3.02	3.17
27	2.21	2.42	2.60	2.80	3.00	3.18	3.35	2.39	2.59	2.78	2.98	3.17	3.35	3.52	2.58	2.78	2.97	3.17	3.36	3.54	3.71
28	2.56	2.80	3.02	3.25	3.47	3.67	3.89	2.75	2.89	3.22	3.44	3.66	3.96	4.07	2.97	3.21	3.44	3.66	3.88	4.09	4.30
29	2.93	3.19	3.43	3.66	3.91	4.14	4.37	3.16	3.41	3.65	3.89	4.13	4.36	4.59	3.40	3.66	3.89	4.13	4.38	4.61	4.82
30	3.31	3.57	3.86	4.15	4.41	4.66	4.92	3.55	3.81	4.10	4.38	4.66	4.90	5.16	3.82	4.08	4.37	4.65	4.93	5.17	5.42

表3（续）

温度/℃	密度/(g/mL)	19%vol 葡萄酒 1.000	1.020	1.040	1.060	1.080	1.100	1.120	21%vol 葡萄酒 1.000	1.020	1.040	1.060	1.080	1.100	1.120
10		3.14	3.48	3.83	4.17	4.48	4.78	5.07	3.50	3.84	4.19	4.52	4.83	5.12	5.41
11		2.87	3.18	3.49	3.78	4.06	4.32	4.57	3.18	3.49	3.80	4.09	4.34	4.63	4.88
12		2.58	2.96	3.13	3.39	3.65	3.88	4.10	2.86	3.13	3.41	3.67	3.92	4.15	4.37
13		2.31	2.55	2.77	2.99	3.20	3.41	3.61	2.56	2.79	3.01	3.23	3.44	3.65	3.85
14		2.03	2.23	2.43	2.61	2.80	2.96	3.13	2.23	2.43	2.63	2.81	3.00	3.16	3.33
15		1.69	1.86	2.02	2.18	2.33	2.48	2.62	1.86	2.03	2.19	2.35	2.50	2.65	2.80
16		1.38	1.52	1.65	1.78	1.90	2.02	2.13	1.51	1.65	1.78	1.91	2.03	2.15	2.26
17		1.06	1.16	1.26	1.35	1.44	1.53	1.62	1.15	1.25	1.35	1.45	1.54	1.63	1.71
18		0.73	0.79	0.85	0.92	0.98	1.03	1.09	0.79	0.85	0.92	0.98	1.05	1.10	1.15
19		0.38	0.41	0.44	0.48	0.51	0.52	0.56	0.41	0.44	0.47	0.51	0.54	0.57	0.59
20															
21		0.37	0.41	0.44	0.47	0.50	0.53	0.56	0.41	0.44	0.47	0.51	0.54	0.57	0.59
22		0.75	0.81	0.87	0.93	0.99	1.04	1.10	0.81	0.88	0.94	1.00	1.06	1.10	1.17
23		1.15	1.30	1.34	1.43	1.51	1.60	1.68	1.25	1.34	1.44	1.63	1.61	1.70	1.78
24		1.55	1.67	1.77	1.89	2.00	2.11	2.23	1.68	1.80	1.90	2.02	2.13	2.25	2.36
25		1.95	2.09	2.24	2.39	2.53	2.67	2.71	2.11	2.25	2.40	2.55	2.69	2.83	2.97
26		2.36	2.54	2.71	2.89	3.04	3.20	3.35	2.55	2.73	2.90	3.07	3.22	3.38	3.54
27		2.79	2.99	3.18	3.38	3.57	3.75	3.92	3.01	3.20	3.40	3.59	3.78	3.96	4.13
28		3.20	3.44	3.66	3.89	4.11	4.32	4.53	3.46	3.69	3.93	4.15	4.36	4.58	4.77
29		3.66	3.92	4.15	4.40	4.64	4.87	5.08	3.95	4.20	4.43	4.68	4.92	5.15	5.36
30		4.11	4.37	4.66	4.94	5.22	5.46	5.71	4.42	4.68	4.97	5.25	5.53	5.77	6.02

参 考 文 献

[1] JAULMES P. ,Bull,O. I. V. ,1953,26,No 274,6.

[2] JAULMES P. ,BRUN Mme S. ,*Trav. Soc. Pharm. . Montpellier.* 1956,16,115;1960,20. 137;*Ann. Fals. Exp. Chim.* ,1963,46,129 et 143.

[3] BRUN Mme S. et TEP Y. ,*Ann. Fals. Exp. Chim.* ,3740;F,V. ,O. I. V. ,1975,No 539.

折光法测定葡萄、葡萄汁、浓缩葡萄汁和精馏浓缩葡萄汁中含糖量

（决议 Oeno 21/2004）

（决议 Oeno 466/2012 修订）

1 原理

葡萄、葡萄汁、浓缩葡萄汁和精馏浓缩葡萄汁的含糖量可通过 20℃ 条件下的折光指数查表求出，以蔗糖的绝对值或质量百分数表示，单位以 g/L 或 g/kg 表示。

2 仪器

阿贝（Abbe）折光仪。折光仪要求能测定蔗糖质量分数，精确至 0.1%；或者折射率，精确至小数点后第四位。

折光仪应配备温度计，温度范围至少为 15℃～25℃。还应配备水循环装置，使折光仪可在 20℃±5℃ 的温度范围内进行测定。

必须严格遵守仪器的使用操作规范，应重点注意仪器的校准和光源情况。

3 试样制备

3.1 葡萄汁和浓缩葡萄汁

葡萄汁通过四重折叠的干燥纱布过滤，弃去最开始的几滴滤液，收集的滤液之后进行测定。

3.2 精馏浓缩葡萄汁

根据精馏浓缩葡萄汁含糖量的不同，直接进行测定或测定者精确称取 200 g～500 g 样品进行测定。

4 操作方法

将试样的温度控制在 20℃ 左右。

将几滴试样置于折光仪的棱镜下半部分上，并小心合上上半部分的棱镜，使试样均匀地覆盖在玻璃表面上，按照所用仪器的操作规程进行测定。

读出蔗糖的质量分数，精确至 0.1%；或者读出折光指数，精确至小数点后第四位。

同一试样至少重复测定 2 次。注明测定时的温度 t℃。

5 结果计算

5.1 温度校正

——如仪器是按蔗糖的质量百分数作刻度，校正温度时可参见表 1；

——如仪器是按折光指数作刻度，根据在 t℃ 测得的折光指数，查看表 2（第 1 列），找到 t℃ 时蔗糖质量百分数的对应值，再对此值进行校正，利用表 1 查出 20℃ 时的值。

5.2 葡萄汁和浓缩葡萄汁中的含糖量

根据表 2 查找在 20℃时蔗糖的质量百分含量,在同一行中可同时查找葡萄汁或者浓缩葡萄汁的含糖量,单位为 g/L 或者 g/kg。含糖量精确至小数点后一位。

5.3 精馏浓缩葡萄汁中的含糖量

根据表 3 查找在 20℃时蔗糖的质量百分含量,在同一行中同时可查找精馏浓缩葡萄汁的含糖量,单位为 g/L 或者 g/kg。含糖量精确至小数点后一位。

如果测定的是经稀释的葡萄汁,结果应乘以稀释倍数。

5.4 葡萄汁、浓缩葡萄汁和精馏浓缩葡萄汁的折光指数

根据表 2 查找在 20℃时蔗糖的质量百分含量,在同一行中可查找 20℃时的折光指数。结果精确至小数点后四位。

表1 将蔗糖质量百分比浓度从测定浓度校正到 20℃时的校正值

测量质量百分率/%

温度/℃	10	15	20	25	30	35	40	45	50	55	60	65	70	75
5	-0.82	-0.87	-0.92	-0.95	-0.99									
6	-0.80	-0.82	-0.87	-0.90	-0.94									
7	-0.74	-0.78	-0.82	-0.84	-0.88									
8	-0.69	-0.73	-0.76	-0.79	-0.82									
9	-0.64	-0.67	-0.71	-0.73	-0.75									
10	-0.59	-0.62	-0.65	-0.67	-0.69	-0.71	-0.72	-0.73	-0.74	-0.75	-0.75	-0.75	-0.75	-0.75
11	-0.54	-0.57	-0.59	-0.61	-0.63	-0.64	-0.65	-0.66	-0.67	-0.68	-0.68	-0.68	-0.68	-0.67
12	-0.49	-0.51	-0.53	-0.55	-0.56	-0.57	-0.58	-0.59	-0.60	-0.60	-0.61	-0.61	-0.60	-0.60
13	-0.43	-0.45	-0.47	-0.48	-0.50	-0.51	-0.52	-0.52	-0.53	-0.53	-0.53	-0.53	-0.53	-0.53
14	-0.38	-0.39	-0.40	-0.42	-0.43	-0.44	-0.44	-0.45	-0.45	-0.46	-0.46	-0.46	-0.46	-0.45
15	-0.32	-0.33	-0.34	-0.35	-0.36	-0.37	-0.37	-0.38	-0.38	-0.38	-0.38	-0.38	-0.38	-0.38
16	-0.26	-0.27	-0.28	-0.28	-0.29	-0.30	-0.30	-0.30	-0.31	-0.31	-0.31	-0.31	-0.31	-0.30
17	-0.20	-0.20	-0.21	-0.21	-0.22	-0.22	-0.23	-0.23	-0.23	-0.23	-0.23	-0.23	-0.23	-0.23
18	-0.13	-0.14	-0.14	-0.14	-0.15	-0.15	-0.15	-0.15	-0.15	-0.15	-0.15	-0.15	-0.15	-0.15
19	-0.07	-0.07	-0.07	-0.07	-0.07	-0.08	-0.08	-0.08	-0.08	-0.08	-0.08	-0.08	-0.08	-0.08
20	0													
21	+0.07	+0.07	+0.07	+0.07	+0.08	+0.08	+0.08	+0.08	+0.08	+0.08	+0.08	+0.08	+0.08	+0.08
22	+0.14	+0.14	+0.15	+0.15	+0.15	+0.15	+0.16	+0.16	+0.16	+0.16	+0.16	+0.16	+0.15	+0.15
23	+0.21	+0.22	+0.22	+0.23	+0.23	+0.23	+0.23	+0.24	+0.24	+0.24	+0.24	+0.23	+0.23	+0.23

表1(续)

测量质量百分率/%

温度/℃	10	15	20	25	30	35	40	45	50	55	60	65	70	75
24	+0.29	+0.29	+0.30	+0.30	+0.31	+0.31	+0.31	+0.32	+0.32	+0.32	+0.32	+0.31	+0.31	+0.31
25	+0.36	+0.37	+0.38	+0.38	+0.39	+0.39	+0.40	+0.40	+0.40	+0.40	+0.40	+0.39	+0.39	+0.39
26	+0.44	+0.45	+0.46	+0.46	+0.47	+0.47	+0.48	+0.48	+0.48	+0.48	+0.48	+0.47	+0.47	+0.46
27	+0.52	+0.53	+0.54	+0.55	+0.55	+0.56	+0.56	+0.56	+0.56	+0.56	+0.56	+0.55	+0.55	+0.54
28	+0.60	+0.61	+0.62	+0.63	+0.64	+0.64	+0.64	+0.65	+0.65	+0.64	+0.64	+0.64	+0.63	+0.62
29	+0.68	+0.69	+0.70	+0.71	+0.72	+0.73	+0.73	+0.73	+0.73	+0.73	+0.72	+0.72	+0.71	+0.70
30	+0.77	+0.78	+0.79	+0.80	+0.81	+0.81	+0.81	+0.82	+0.81	+0.81	+0.81	+0.80	+0.79	+0.78
31	+0.85	+0.87	+0.88	+0.89	+0.89	+0.90	+0.90	+0.90	+0.90	+0.90	+0.89	+0.88	+0.87	+0.86
32	+0.94	+0.95	+0.96	+0.97	+0.98	+0.99	+0.99	+0.99	+0.99	+0.98	+0.97	+0.96	+0.95	+0.94
33	+1.03	+1.04	+1.05	+1.06	+1.07	+1.08	+1.08	+1.08	+1.07	+1.07	+1.06	+1.05	+1.03	+1.02
34	+1.12	+1.13	+1.15	+1.15	+1.16	+1.17	+1.17	+1.17	+1.16	+1.15	+1.14	+1.13	+1.12	+1.10
35	+1.22	+1.23	+1.24	+1.25	+1.25	+1.26	+1.26	+1.25	+1.25	+1.24	+1.23	+1.21	+1.20	+1.18
36	+1.31	+1.32	+1.33	+1.34	+1.35	+1.35	+1.35	+1.35	+1.34	+1.33	+1.32	+1.30	+1.28	+1.26
37	+1.41	+1.42	+1.43	+1.44	+1.44	+1.44	+1.44	+1.44	+1.43	+1.42	+1.40	+1.38	+1.36	+1.34
38	+1.51	+1.52	+1.53	+1.53	+1.54	+1.54	+1.53	+1.53	+1.52	+1.51	+1.49	+1.47	+1.45	+1.42
39	+1.61	+1.62	+1.62	+1.63	+1.63	+1.63	+1.63	+1.62	+1.61	+1.60	+1.58	+1.56	+1.53	+1.50
40	+1.71	+1.72	+1.72	+1.73	+1.73	+1.73	+1.72	+1.71	+1.70	+1.69	+1.67	+1.64	+1.62	+1.59

注:温度变化最好在20℃±5℃范围内。

表2　20℃时葡萄汁及浓缩葡萄汁的含糖量与其蔗糖质量百分含量、折光指数和密度的对应关系

蔗糖含量（m/m）/%	20℃时折光指数	20℃时密度/（g/mL）	含糖量/（g/L）	含糖量/（g/kg）	20℃时吸光值/%vol
10.0	1.347 82	1.039 1	82.2	79.1	4.89
10.1	1.347 98	1.039 5	83.3	80.1	4.95
10.2	1.348 13	1.039 9	84.3	81.1	5.01
10.3	1.348 29	1.040 3	85.4	82.1	5.08
10.4	1.348 44	1.040 7	86.5	83.1	5.14
10.5	1.348 60	1.041 1	87.5	84.1	5.20
10.6	1.348 75	1.041 5	88.6	85.0	5.27
10.7	1.348 91	1.041 9	89.6	86.0	5.32
10.8	1.349 06	1.042 3	90.7	87.0	5.39
10.9	1.349 22	1.042 7	91.8	88.0	5.46
11.0	1.349 37	1.043 1	92.8	89.0	5.52
11.1	1.349 53	1.043 6	93.9	90.0	5.58
11.2	1.349 68	1.044 0	95.0	91.0	5.65
11.3	1.349 84	1.044 4	96.0	92.0	5.71
11.4	1.349 99	1.044 8	97.1	92.9	5.77
11.5	1.350 15	1.045 2	98.2	93.9	5.84
11.6	1.350 31	1.045 6	99.3	94.9	5.90
11.7	1.350 46	1.046 0	100.3	95.9	5.96
11.8	1.350 62	1.046 4	101.4	96.9	6.03
11.9	1.350 77	1.046 8	102.5	97.9	6.09
12.0	1.350 93	1.047 2	103.5	98.9	6.15
12.1	1.351 09	1.047 7	104.6	99.9	6.22
12.2	1.351 24	1.048 1	105.7	100.8	6.28
12.3	1.351 40	1.048 5	106.8	101.8	6.35
12.4	1.351 56	1.048 9	107.8	102.8	6.41
12.5	1.351 71	1.049 3	108.9	103.8	6.47
12.6	1.351 87	1.049 7	110.0	104.8	6.54
12.7	1.352 03	1.050 1	111.1	105.8	6.60
12.8	1.352 19	1.050 6	112.2	106.8	6.67
12.9	1.352 34	1.051 0	113.2	107.8	6.73
13.0	1.352 50	1.051 4	114.3	108.7	6.79

表2(续)

蔗糖含量 (m/m)/ %	20℃时折光指数	20℃时密度/ (g/mL)	含糖量/ (g/L)	含糖量 (g/kg)	20℃时吸光值/ %vol
13.1	1.352 66	1.051 8	115.4	109.7	6.86
13.2	1.352 82	1.052 2	116.5	110.7	6.92
13.3	1.352 98	1.052 7	117.6	111.7	6.99
13.4	1.353 13	1.053 1	118.7	112.7	7.05
13.5	1.353 29	1.053 5	119.7	113.7	7.11
13.6	1.353 45	1.053 9	120.8	114.7	7.18
13.7	1.353 61	1.054 3	121.9	115.6	7.24
13.8	1.353 77	1.054 8	123.0	116.6	7.31
13.9	1.353 93	1.055 2	124.1	117.6	7.38
14.0	1.354 08	1.055 6	125.2	118.6	7.44
14.1	1.354 24	1.056 0	126.3	119.6	7.51
14.2	1.354 40	1.056 4	127.4	120.6	7.57
14.3	1.354 56	1.056 9	128.5	121.6	7.64
14.4	1.354 72	1.057 3	129.6	122.5	7.70
14.5	1.354 88	1.057 7	130.6	123.5	7.76
14.6	1.355 04	1.058 1	131.7	124.5	7.83
14.7	1.355 20	1.058 6	132.8	125.5	7.89
14.8	1.355 36	1.059 0	133.9	126.5	7.96
14.9	1.355 52	1.059 4	135.0	127.5	8.02
15.0	1.355 68	1.059 8	136.1	128.4	8.09
15.1	1.355 84	1.060 3	137.2	129.4	8.15
15.2	1.356 00	1.060 7	138.3	130.4	8.22
15.3	1.356 16	1.061 1	139.4	131.4	8.28
15.4	1.356 32	1.061 6	140.5	132.4	8.35
15.5	1.356 48	1.062 0	141.6	133.4	8.42
15.6	1.356 64	1.062 4	142.7	134.3	8.48
15.7	1.356 80	1.062 8	143.8	135.3	8.55
15.8	1.356 96	1.063 3	144.9	136.3	8.61
15.9	1.357 13	1.063 7	146.0	137.3	8.68
16.0	1.357 29	1.064 1	147.1	138.3	8.74
16.1	1.357 45	1.064 6	148.2	139.3	8.81

表 2（续）

蔗糖含量（m/m）/%	20℃时折光指数	20℃时密度/（g/mL）	含糖量/（g/L）	含糖量/（g/kg）	20℃时吸光值/%vol
16.2	1.357 61	1.065 0	149.3	140.2	8.87
16.3	1.357 77	1.065 4	150.5	141.2	8.94
16.4	1.357 93	1.065 9	151.6	142.2	9.01
16.5	1.358 10	1.066 3	152.7	143.2	9.07
16.6	1.358 26	1.066 7	153.8	144.2	9.14
16.7	1.358 42	1.067 2	154.9	145.1	9.21
16.8	1.358 58	1.067 6	156.0	146.1	9.27
16.9	1.358 74	1.068 0	157.1	147.1	9.34
17.0	1.358 91	1.068 5	158.2	148.1	9.40
17.1	1.359 07	1.068 9	159.3	149.1	9.47
17.2	1.359 23	1.069 3	160.4	150.0	9.53
17.3	1.359 40	1.069 8	161.6	151.0	9.60
17.4	1.359 56	1.070 2	162.7	152.0	9.67
17.5	1.359 72	1.070 7	163.8	153.0	9.73
17.6	1.359 89	1.071 1	164.9	154.0	9.80
17.7	1.360 05	1.071 5	166.0	154.9	9.87
17.8	1.360 21	1.072 0	167.1	155.9	9.93
17.9	1.360 38	1.072 4	168.3	156.9	10.00
18.0	1.360 54	1.072 9	169.4	157.9	10.07
18.1	1.360 70	1.073 3	170.5	158.9	10.13
18.2	1.360 87	1.073 7	171.6	159.8	10.20
18.3	1.361 03	1.074 2	172.7	160.8	10.26
18.4	1.361 20	1.074 6	173.9	161.8	10.33
18.5	1.361 36	1.075 1	175.0	162.8	10.40
18.6	1.361 53	1.075 5	176.1	163.7	10.47
18.7	1.361 69	1.076 0	177.2	164.7	10.53
18.8	1.361 85	1.076 4	178.4	165.7	10.60
18.9	1.362 02	1.076 8	179.5	166.7	10.67
19.0	1.362 19	1.077 3	180.6	167.6	10.73
19.1	1.362 35	1.077 7	181.7	168.6	10.80
19.2	1.362 52	1.078 2	182.9	169.6	10.87

表2(续)

蔗糖含量（m/m）/%	20℃时折光指数	20℃时密度/（g/mL）	含糖量/（g/L）	含糖量/（g/kg）	20℃时吸光值/%vol
19.3	1.362 68	1.078 6	184.0	170.6	10.94
19.4	1.362 85	1.079 1	185.1	171.5	11.00
19.5	1.363 01	1.079 5	186.2	172.5	11.07
19.6	1.363 18	1.080 0	187.4	173.5	11.14
19.7	1.363 34	1.080 4	188.5	174.5	11.20
19.8	1.363 51	1.080 9	189.6	175.4	11.27
19.9	1.363 68	1.081 3	190.8	176.4	11.34
20.0	1.363 84	1.081 8	191.9	177.4	11.40
20.1	1.364 01	1.082 2	193.0	178.4	11.47
20.2	1.364 18	1.082 7	194.2	179.3	11.54
20.3	1.364 34	1.083 1	195.3	180.3	11.61
20.4	1.364 51	1.083 6	196.4	181.3	11.67
20.5	1.364 68	1.084 0	197.6	182.3	11.74
20.6	1.364 84	1.084 5	198.7	183.2	11.81
20.7	1.365 01	1.084 9	199.8	184.2	11.87
20.8	1.365 18	1.085 4	201.0	185.2	11.95
20.9	1.365 35	1.085 8	202.1	186.1	12.01
21.0	1.365 51	1.086 3	203.3	187.1	12.08
21.1	1.365 68	1.086 7	204.4	188.1	12.15
21.2	1.365 85	1.087 2	205.5	189.1	12.21
21.3	1.366 02	1.087 6	206.7	190.0	12.28
21.4	1.366 19	1.088 1	207.8	191.0	12.35
21.5	1.366 35	1.088 5	209.0	192.0	12.42
21.6	1.366 52	1.089 0	210.1	192.9	12.49
21.7	1.366 69	1.089 5	211.3	193.9	12.56
21.8	1.366 86	1.089 9	212.4	194.9	12.62
21.9	1.367 03	1.090 4	213.6	195.9	12.69
22.0	1.367 20	1.090 8	214.7	196.8	12.76
22.1	1.367 37	1.091 3	215.9	197.8	12.83
22.2	1.367 54	1.091 7	217.0	198.8	12.90
22.3	1.367 71	1.092 2	218.2	199.7	12.97

表2(续)

蔗糖含量 (m/m) %	20℃时折光指数	20℃时密度/ (g/mL)	含糖量/ (g/L)	含糖量/ (g/kg)	20℃时吸光值/ %vol
22.4	1.367 87	1.092 7	219.3	200.7	13.03
22.5	1.368 04	1.093 1	220.5	201.7	13.10
22.6	1.368 21	1.093 6	221.6	202.6	13.17
22.7	1.368 38	1.094 0	222.8	203.6	13.24
22.8	1.368 55	1.094 5	223.9	204.6	13.31
22.9	1.368 72	1.095 0	225.1	205.5	13.38
23.0	1.368 89	1.095 4	226.2	206.5	13.44
23.1	1.369 06	1.095 9	227.4	207.5	13.51
23.2	1.369 24	1.096 4	228.5	208.4	13.58
23.3	1.369 41	1.096 8	229.7	209.4	13.65
23.4	1.369 58	1.097 3	230.8	210.4	13.72
23.5	1.369 75	1.097 7	232.0	211.3	13.79
23.6	1.369 92	1.098 2	233.2	212.3	13.86
23.7	1.370 09	1.098 7	234.3	213.3	13.92
23.8	1.370 26	1.099 1	235.5	214.2	14.00
23.9	1.370 43	1.099 6	236.6	215.2	14.06
24.0	1.370 60	1.100 1	237.8	216.2	14.13
24.1	1.370 78	1.100 5	239.0	217.1	14.20
24.2	1.370 95	1.101 0	240.1	218.1	14.27
24.3	1.371 12	1.101 5	241.3	219.1	14.34
24.4	1.371 29	1.101 9	242.5	220.0	14.41
24.5	1.371 46	1.102 4	243.6	221.0	14.48
24.6	1.371 64	1.102 9	244.8	222.0	14.55
24.7	1.371 81	1.103 3	246.0	222.9	14.62
24.8	1.371 98	1.103 8	247.1	223.9	14.69
24.9	1.372 16	1.104 3	248.3	224.8	14.76
25.0	1.372 33	1.104 7	249.5	225.8	14.83
25.1	1.372 50	1.105 2	250.6	226.8	14.89
25.2	1.372 67	1.105 7	251.8	227.7	14.96
25.3	1.372 85	1.106 2	253.0	228.7	15.04
25.4	1.373 02	1.106 6	254.1	229.7	15.10

表2(续)

蔗糖含量 (m/m)/ %	20℃时折光指数	20℃时密度/ (g/mL)	含糖量/ (g/L)	含糖量/ (g/kg)	20℃时吸光值/ ％vol
25.5	1.373 19	1.107 1	255.3	230.6	15.17
25.6	1.373 37	1.107 6	256.5	231.6	15.24
25.7	1.373 54	1.108 0	257.7	232.5	15.32
25.8	1.373 72	1.108 5	258.8	233.5	15.38
25.9	1.373 89	1.109 0	260.0	234.5	15.45
26.0	1.374 07	1.109 5	261.2	235.4	15.52
26.1	1.374 24	1.109 9	262.4	236.4	15.59
26.2	1.374 41	1.110 4	263.6	237.3	15.67
26.3	1.374 59	1.110 9	264.7	238.3	15.73
26.4	1.374 76	1.111 4	265.9	239.3	15.80
26.5	1.374 94	1.111 8	267.1	240.2	15.87
26.6	1.375 11	1.112 3	268.3	241.2	15.95
26.7	1.375 29	1.112 8	269.5	242.1	16.02
26.8	1.375 46	1.113 3	270.6	243.1	16.08
26.9	1.375 64	1.113 8	271.8	244.1	16.15
27.0	1.375 82	1.114 2	273.0	245.0	16.22
27.1	1.375 99	1.114 7	274.2	246.0	16.30
27.2	1.376 17	1.115 2	275.4	246.9	16.37
27.3	1.376 34	1.115 7	276.6	247.9	16.44
27.4	1.376 52	1.116 1	277.8	248.9	16.51
27.5	1.376 70	1.116 6	278.9	249.8	16.58
27.6	1.376 87	1.117 1	280.1	250.8	16.65
27.7	1.377 05	1.117 6	281.3	251.7	16.72
27.8	1.377 23	1.118 1	282.5	252.7	16.79
27.9	1.377 40	1.118 5	283.7	253.6	16.86
28.0	1.377 58	1.119 0	284.9	254.6	16.93
28.1	1.377 76	1.119 5	286.1	255.5	17.00
28.2	1.377 93	1.120 0	287.3	256.5	17.07
28.3	1.378 11	1.120 5	288.5	257.5	17.15
28.4	1.378 29	1.121 0	289.7	258.4	17.22
28.5	1.378 47	1.121 4	290.9	259.4	17.29

表2(续)

蔗糖含量 (m/m)/ %	20℃时折光指数	20℃时密度/ (g/mL)	含糖量 /(g/L)	含糖量/ (g/kg)	20℃时吸光值/ ％vol
28.6	1.378 64	1.121 9	292.1	260.3	17.36
28.7	1.378 82	1.122 4	293.3	261.3	17.43
28.8	1.379 00	1.122 9	294.5	262.2	17.50
28.9	1.379 18	1.123 4	295.7	263.2	17.57
29.0	1.379 36	1.123 9	296.9	264.2	17.64
29.1	1.379 54	1.124 4	298.1	265.1	17.72
29.2	1.379 72	1.124 8	299.3	266.1	17.79
29.3	1.379 89	1.125 3	300.5	267.0	17.86
29.4	1.380 07	1.125 8	301.7	268.0	17.93
29.5	1.380 25	1.126 3	302.9	268.9	18.00
29.6	1.380 43	1.126 8	304.1	269.9	18.07
29.7	1.380 61	1.127 3	305.3	270.8	18.14
29.8	1.380 79	1.127 8	306.5	271.8	18.22
29.9	1.380 97	1.128 3	307.7	272.7	18.29
30.0	1.381 15	1.128 7	308.9	273.7	18.36
30.1	1.381 33	1.129 2	310.1	274.6	18.43
30.2	1.381 51	1.129 7	311.3	275.6	18.50
30.3	1.381 69	1.130 2	312.6	276.5	18.58
30.4	1.381 87	1.130 7	313.8	277.5	18.65
30.5	1.382 05	1.131 2	315.0	278.5	18.72
30.6	1.382 23	1.131 7	316.2	279.4	18.79
30.7	1.382 41	1.132 2	317.4	280.4	18.86
30.8	1.382 59	1.132 7	318.6	281.3	18.93
30.9	1.382 77	1.133 2	319.8	282.3	19.01
31.0	1.382 96	1.133 7	321.1	283.2	19.08
31.1	1.383 14	1.134 2	322.3	284.2	19.15
31.2	1.383 32	1.134 6	323.5	285.1	19.23
31.3	1.383 50	1.135 1	324.7	286.1	19.30
31.4	1.383 68	1.135 6	325.9	287.0	19.37
31.5	1.383 86	1.136 1	327.2	288.0	19.45
31.6	1.384 05	1.136 6	328.4	288.9	19.52

表2(续)

蔗糖含量 (m/m)/ %	20℃时折光指数	20℃时密度/ (g/mL)	含糖量/ (g/L)	含糖量/ (g/kg)	20℃时吸光值/ %vol
31.7	1.384 23	1.137 1	329.6	289.9	19.59
31.8	1.384 41	1.137 6	330.8	290.8	19.66
31.9	1.384 59	1.138 1	332.1	291.8	19.74
32.0	1.384 78	1.138 6	333.3	292.7	19.81
32.1	1.384 96	1.139 1	334.5	293.7	19.88
32.2	1.385 14	1.139 6	335.7	294.6	19.95
32.3	1.385 32	1.140 1	337.0	295.6	20.03
32.4	1.385 51	1.140 6	338.2	296.5	20.10
32.5	1.385 69	1.141 1	339.4	297.5	20.17
32.6	1.385 87	1.141 6	340.7	298.4	20.25
32.7	1.386 06	1.142 1	341.9	299.4	20.32
32.8	1.386 24	1.142 6	343.1	300.3	20.39
32.9	1.386 43	1.143 1	344.4	301.3	20.47
33.0	1.386 61	1.143 6	345.6	302.2	20.54
33.1	1.386 79	1.144 1	346.8	303.2	20.61
33.2	1.386 98	1.144 6	348.1	304.1	20.69
33.3	1.387 16	1.145 1	349.3	305.0	20.76
33.4	1.387 35	1.145 6	350.6	306.0	20.84
33.5	1.387 53	1.146 1	351.8	306.9	20.91
33.6	1.387 72	1.146 6	353.0	307.9	20.98
33.7	1.387 90	1.147 1	354.3	308.8	21.06
33.8	1.388 09	1.147 6	355.5	309.8	21.13
33.9	1.388 27	1.148 1	356.8	310.7	21.20
34.0	1.388 46	1.148 6	358.0	311.7	21.28
34.1	1.388 64	1.149 1	359.2	312.6	21.35
34.2	1.388 83	1.149 6	360.5	313.6	21.42
34.3	1.389 02	1.150 1	361.7	314.5	21.50
34.4	1.389 20	1.150 7	363.0	315.5	21.57
34.5	1.389 39	1.151 2	364.2	316.4	21.64
34.6	1.389 58	1.151 7	365.5	317.4	21.72
34.7	1.389 76	1.152 2	366.7	318.3	21.79

表2(续)

蔗糖含量 (m/m)/ %	20℃时折光指数	20℃时密度/ (g/mL)	含糖量/ (g/L)	含糖量/ (g/kg)	20℃时吸光值/ %vol
34.8	1.389 95	1.152 7	368.0	319.2	21.87
34.9	1.390 14	1.153 2	369.2	320.2	21.94
35.0	1.390 32	1.153 7	370.5	321.1	22.02
35.1	1.390 51	1.154 2	371.8	322.1	22.10
35.2	1.390 70	1.154 7	373.0	323.0	22.17
35.3	1.390 88	1.155 2	374.3	324.0	22.24
35.4	1.391 07	1.155 7	375.5	324.9	22.32
35.5	1.391 26	1.156 3	376.8	325.9	22.39
35.6	1.391 45	1.156 8	378.0	326.8	22.46
35.7	1.391 64	1.157 3	379.3	327.8	22.54
35.8	1.391 82	1.157 8	380.6	328.7	22.62
35.9	1.392 01	1.158 3	381.8	329.6	22.69
36.0	1.392 20	1.158 8	383.1	330.6	22.77
36.1	1.392 39	1.159 3	384.4	331.5	22.84
36.2	1.392 58	1.159 8	385.6	332.5	22.92
36.3	1.392 77	1.160 3	386.9	333.4	22.99
36.4	1.392 96	1.160 9	388.1	334.4	23.06
36.5	1.393 14	1.161 4	389.4	335.3	23.14
36.6	1.393 33	1.161 9	390.7	336.3	23.22
36.7	1.393 52	1.162 4	392.0	337.2	23.30
36.8	1.393 71	1.162 9	393.2	338.1	23.37
36.9	1.393 90	1.163 4	394.5	339.1	23.45
37.0	1.394 09	1.164 0	395.8	340.0	23.52
37.1	1.394 28	1.164 5	397.0	341.0	23.59
37.2	1.394 47	1.165 0	398.3	341.9	23.67
37.3	1.394 66	1.165 5	399.6	342.9	23.75
37.4	1.394 85	1.166 0	400.9	343.8	23.83
37.5	1.395 04	1.166 5	402.1	344.7	23.90
37.6	1.395 24	1.167 1	403.4	345.7	23.97
37.7	1.395 43	1.167 6	404.7	346.6	24.05
37.8	1.395 62	1.168 1	406.0	347.6	24.13

表2(续)

蔗糖含量 (m/m)/ %	20℃时折光指数	20℃时密度/ (g/mL)	含糖量/ (g/L)	含糖量/ (g/kg)	20℃时吸光值/ %vol
37.9	1.395 81	1.168 6	407.3	348.5	24.21
38.0	1.396 00	1.169 1	408.6	349.4	24.28
38.1	1.396 19	1.169 7	409.8	350.4	24.35
38.2	1.396 38	1.170 2	411.1	351.3	24.43
38.3	1.396 58	1.170 7	412.4	352.3	24.51
38.4	1.396 77	1.171 2	413.7	353.2	24.59
38.5	1.396 96	1.171 7	415.0	354.2	24.66
38.6	1.397 15	1.172 3	416.3	355.1	24.74
38.7	1.397 34	1.172 8	417.6	356.0	24.82
38.8	1.397 54	1.173 3	418.8	357.0	24.89
38.9	1.397 73	1.173 8	420.1	357.9	24.97
39.0	1.397 92	1.174 4	421.4	358.9	25.04
39.1	1.398 12	1.174 9	422.7	359.8	25.12
39.2	1.398 31	1.175 4	424.0	360.7	25.20
39.3	1.398 50	1.175 9	425.3	361.7	25.28
39.4	1.398 70	1.176 5	426.6	362.6	25.35
39.5	1.398 89	1.177 0	427.9	363.6	25.43
39.6	1.399 08	1.177 5	429.2	364.5	25.51
39.7	1.399 28	1.178 0	430.5	365.4	25.58
39.8	1.399 47	1.178 6	431.8	366.4	25.66
39.9	1.399 67	1.179 1	433.1	367.3	25.74
40.0	1.399 86	1.179 6	434.4	368.3	25.82
40.1	1.400 06	1.180 1	435.7	369.2	25.89
40.2	1.400 25	1.180 7	437.0	370.1	25.97
40.3	1.400 44	1.181 2	438.3	371.1	26.05
40.4	1.400 64	1.181 7	439.6	372.0	26.13
40.5	1.400 83	1.182 3	440.9	373.0	26.20
40.6	1.401 03	1.182 8	442.2	373.9	26.28
40.7	1.401 23	1.183 3	443.6	374.8	26.36
40.8	1.401 42	1.183 9	444.9	375.8	26.44
40.9	1.401 62	1.184 4	446.2	376.7	26.52

表 2（续）

蔗糖含量（m/m）/%	20℃时折光指数	20℃时密度/（g/mL）	含糖量/（g/L）	含糖量/（g/kg）	20℃时吸光值/%vol
41.0	1.401 81	1.184 9	447.5	377.7	26.59
41.1	1.402 01	1.185 5	448.8	378.6	26.67
41.2	1.402 21	1.186 0	450.1	379.5	26.75
41.3	1.402 40	1.186 5	451.4	380.5	26.83
41.4	1.402 60	1.187 1	452.8	381.4	26.91
41.5	1.402 80	1.187 6	454.1	382.3	26.99
41.6	1.402 99	1.188 1	455.4	383.3	27.06
41.7	1.403 19	1.188 7	456.7	384.2	27.14
41.8	1.403 39	1.189 2	458.0	385.2	27.22
41.9	1.403 58	1.189 7	459.4	386.1	27.30
42.0	1.403 78	1.190 3	460.7	387.0	27.38
42.1	1.403 98	1.190 8	462.0	388.0	27.46
42.2	1.404 18	1.191 3	463.3	388.9	27.53
42.3	1.404 37	1.191 9	464.7	389.9	27.62
42.4	1.404 57	1.192 4	466.0	390.8	27.69
42.5	1.404 77	1.192 9	467.3	391.7	27.77
42.6	1.404 97	1.193 5	468.6	392.7	27.85
42.7	1.405 17	1.194 0	470.0	393.6	27.93
42.8	1.405 37	1.194 6	471.3	394.5	28.01
42.9	1.405 57	1.195 1	472.6	395.5	28.09
43.0	1.405 76	1.195 6	474.0	396.4	28.17
43.1	1.405 96	1.196 2	475.3	397.3	28.25
43.2	1.406 16	1.196 7	476.6	398.3	28.32
43.3	1.406 36	1.197 3	478.0	399.2	28.41
43.4	1.406 56	1.197 8	479.3	400.2	28.48
43.5	1.406 76	1.198 3	480.7	401.1	28.57
43.6	1.406 96	1.198 9	482.0	402.0	28.65
43.7	1.407 16	1.199 4	483.3	403.0	28.72
43.8	1.407 36	1.200 0	484.7	403.9	28.81
43.9	1.407 56	1.200 5	486.0	404.8	28.88
44.0	1.407 76	1.201 1	487.4	405.8	28.97

表2(续)

蔗糖含量（m/m）/%	20℃时折光指数	20℃时密度/（g/mL）	含糖量/（g/L）	含糖量/（g/kg）	20℃时吸光值/%vol
44.1	1.407 96	1.201 6	488.7	406.7	29.04
44.2	1.408 17	1.202 2	490.1	407.6	29.13
44.3	1.408 37	1.202 7	491.4	408.6	29.20
44.4	1.408 57	1.203 2	492.8	409.5	29.29
44.5	1.408 77	1.203 8	494.1	410.4	29.36
44.6	1.408 97	1.204 3	495.5	411.4	29.45
44.7	1.409 17	1.204 9	496.8	412.3	29.52
44.8	1.409 37	1.205 4	498.2	413.3	29.61
44.9	1.409 58	1.206 0	499.5	414.2	29.69
45.0	1.409 78	1.206 5	500.9	415.1	29.77
45.1	1.409 98	1.207 1	502.2	416.1	29.85
45.2	1.410 18	1.207 6	503.6	417.0	29.93
45.3	1.410 39	1.208 2	504.9	417.9	30.01
45.4	1.410 59	1.208 7	506.3	418.9	30.09
45.5	1.410 79	1.209 3	507.7	419.8	30.17
45.6	1.410 99	1.209 8	509.0	420.7	30.25
45.7	1.411 20	1.210 4	510.4	421.7	30.33
45.8	1.411 40	1.210 9	511.7	422.6	30.41
45.9	1.411 60	1.211 5	513.1	423.5	30.49
46.0	1.411 81	1.212 0	514.5	424.5	30.58
46.1	1.412 01	1.212 6	515.8	425.4	30.65
46.2	1.412 22	1.213 1	517.2	426.3	30.74
46.3	1.412 42	1.213 7	518.6	427.3	30.82
46.4	1.412 62	1.214 2	519.9	428.2	30.90
46.5	1.412 83	1.214 8	521.3	429.1	30.98
46.6	1.413 03	1.215 4	522.7	430.1	31.06
46.7	1.413 24	1.215 9	524.1	431.0	31.15
46.8	1.413 44	1.216 5	525.4	431.9	31.22
46.9	1.413 65	1.217 0	526.8	432.9	31.31
47.0	1.413 85	1.217 6	528.2	433.8	31.39
47.1	1.414 06	1.218 1	529.6	434.7	31.47

表2(续)

蔗糖含量 (m/m)/%	20℃时折光指数	20℃时密度/ (g/mL)	含糖量/ (g/L)	含糖量/ (g/kg)	20℃时吸光值/ %vol
47.2	1.414 27	1.218 7	530.9	435.7	31.55
47.3	1.414 47	1.219 2	532.3	436.6	31.63
47.4	1.414 68	1.219 8	533.7	437.5	31.72
47.5	1.414 88	1.220 4	535.1	438.5	31.80
47.6	1.415 09	1.220 9	536.5	439.4	31.88
47.7	1.415 30	1.221 5	537.9	440.3	31.97
47.8	1.415 50	1.222 0	539.2	441.3	32.04
47.9	1.415 71	1.222 6	540.6	442.2	32.13
48.0	1.415 92	1.223 2	542.0	443.1	32.21
48.1	1.416 12	1.223 7	543.4	444.1	32.29
48.2	1.416 33	1.224 3	544.8	445.0	32.38
48.3	1.416 54	1.224 8	546.2	445.9	32.46
48.4	1.416 74	1.225 4	547.6	446.8	32.54
48.5	1.416 95	1.226 0	549.0	447.8	32.63
48.6	1.417 16	1.226 5	550.4	448.7	32.71
48.7	1.417 37	1.227 1	551.8	449.6	32.79
48.8	1.417 58	1.227 7	553.2	450.6	32.88
48.9	1.417 79	1.228 2	554.6	451.5	32.96
49.0	1.417 99	1.228 8	556.0	452.4	33.04
49.1	1.418 20	1.229 4	557.4	453.4	33.13
49.2	1.418 41	1.229 9	558.8	454.3	33.21
49.3	1.418 62	1.230 5	560.2	455.2	33.29
49.4	1.418 83	1.231 1	561.6	456.2	33.38
49.5	1.419 04	1.231 6	563.0	457.1	33.46
49.6	1.419 25	1.232 2	564.4	458.0	33.54
49.7	1.419 46	1.232 8	565.8	458.9	33.63
49.8	1.419 67	1.233 3	567.2	459.9	33.71
49.9	1.419 88	1.233 9	568.6	460.8	33.79
50.0	1.420 09	1.234 5	570.0	461.7	33.88
50.1	1.420 30	1.235 0	571.4	462.7	33.96
50.2	1.420 51	1.235 6	572.8	463.6	34.04

表2(续)

蔗糖含量 （m/m） %	20℃时折光指数	20℃时密度/ （g/mL）	含糖量/ （g/L）	含糖量/ （g/kg）	20℃时吸光值/ %vol
50.3	1.420 72	1.236 2	574.2	464.5	34.12
50.4	1.420 93	1.236 8	575.6	465.4	34.21
50.5	1.421 14	1.237 3	577.1	466.4	34.30
50.6	1.421 35	1.237 9	578.5	467.3	34.38
50.7	1.421 56	1.238 5	579.9	468.2	34.46
50.8	1.421 77	1.239 0	581.3	469.2	34.55
50.9	1.421 99	1.239 6	582.7	470.1	34.63
51.0	1.422 20	1.240 2	584.2	471.0	34.72
51.1	1.422 41	1.240 8	585.6	471.9	34.80
51.2	1.422 62	1.241 3	587.0	472.9	34.89
51.3	1.422 83	1.241 9	588.4	473.8	34.97
51.4	1.423 05	1.242 5	589.9	474.7	35.06
51.5	1.423 26	1.243 1	591.3	475.7	35.14
51.6	1.423 47	1.243 6	592.7	476.6	35.22
51.7	1.423 68	1.244 2	594.1	477.5	35.31
51.8	1.423 90	1.244 8	595.6	478.4	35.40
51.9	1.424 11	1.245 4	597.0	479.4	35.48
52.0	1.424 32	1.246 0	598.4	480.3	35.56
52.1	1.424 54	1.246 5	599.9	481.2	35.65
52.2	1.424 75	1.247 1	601.3	482.1	35.74
52.3	1.424 96	1.247 7	602.7	483.1	35.82
52.4	1.425 18	1.248 3	604.2	484.0	35.91
52.5	1.425 39	1.248 8	605.6	484.9	35.99
52.6	1.425 61	1.249 4	607.0	485.8	36.07
52.7	1.425 82	1.250 0	608.5	486.8	36.16
52.8	1.426 04	1.250 6	609.9	487.7	36.25
52.9	1.426 25	1.251 2	611.4	488.6	36.34
53.0	1.426 47	1.251 8	612.8	489.5	36.42
53.1	1.426 68	1.252 3	614.2	490.5	36.50
53.2	1.426 90	1.252 9	615.7	491.4	36.59
53.3	1.427 11	1.253 5	617.1	492.3	36.67

表2(续)

蔗糖含量（m/m）/%	20℃时折光指数	20℃时密度/（g/mL）	含糖量/（g/L）	含糖量/（g/kg）	20℃时吸光值/%vol
53.4	1.427 33	1.254 1	618.6	493.2	36.76
53.5	1.427 54	1.254 7	620.0	494.2	36.85
53.6	1.427 76	1.255 3	621.5	495.1	36.94
53.7	1.427 98	1.255 8	622.9	496.0	37.02
53.8	1.428 19	1.256 4	624.4	496.9	37.11
53.9	1.428 41	1.257 0	625.8	497.9	37.19
54.0	1.428 63	1.257 6	627.3	498.8	37.28
54.1	1.428 84	1.258 2	628.7	499.7	37.36
54.2	1.429 06	1.258 8	630.2	500.6	37.45
54.3	1.429 28	1.259 4	631.7	501.6	37.54
54.4	1.429 49	1.260 0	633.1	502.5	37.63
54.5	1.429 71	1.260 6	634.6	503.4	37.71
54.6	1.429 93	1.261 1	636.0	504.3	37.80
54.7	1.430 15	1.261 7	637.5	505.2	37.89
54.8	1.430 36	1.262 3	639.0	506.2	37.98
54.9	1.430 58	1.262 9	640.4	507.1	38.06
55.0	1.430 80	1.263 5	641.9	508.0	38.15
55.1	1.431 02	1.264 1	643.4	508.9	38.24
55.2	1.431 24	1.264 7	644.8	509.9	38.32
55.3	1.431 46	1.265 3	646.3	510.8	38.41
55.4	1.431 68	1.265 9	647.8	511.7	38.50
55.5	1.431 89	1.266 5	649.2	512.6	38.58
55.6	1.432 11	1.267 1	650.7	513.5	38.67
55.7	1.432 33	1.267 7	652.2	514.5	38.76
55.8	1.432 55	1.268 3	653.7	515.4	38.85
55.9	1.432 77	1.268 9	655.1	516.3	38.93
56.0	1.432 99	1.269 5	656.6	517.2	39.02
56.1	1.433 21	1.270 1	658.1	518.1	39.11
56.2	1.433 43	1.270 6	659.6	519.1	39.20
56.3	1.433 65	1.271 2	661.0	520.0	39.28
56.4	1.433 87	1.271 8	662.5	520.9	39.37

表2(续)

蔗糖含量 (m/m)/ %	20℃时折光指数	20℃时密度/ (g/mL)	含糖量/ (g/L)	含糖量/ (g/kg)	20℃时吸光值/ %vol
56.5	1.434 10	1.272 4	664.0	521.8	39.46
56.6	1.434 32	1.273 0	665.5	522.7	39.55
56.7	1.434 54	1.273 6	667.0	523.7	39.64
56.8	1.434 76	1.274 2	668.5	524.6	39.73
56.9	1.434 98	1.274 8	669.9	525.5	39.81
57.0	1.435 20	1.275 4	671.4	526.4	39.90
57.1	1.435 42	1.276 0	672.9	527.3	39.99
57.2	1.435 65	1.276 6	674.4	528.3	40.08
57.3	1.435 87	1.277 3	675.9	529.2	40.17
57.4	1.436 09	1.277 9	677.4	530.1	40.26
57.5	1.436 31	1.278 5	678.9	531.0	40.35
57.6	1.436 53	1.279 1	680.4	531.9	40.44
57.7	1.436 76	1.279 7	681.9	532.8	40.53
57.8	1.436 98	1.280 3	683.4	533.8	40.61
57.9	1.437 20	1.280 9	684.9	534.7	40.70
58.0	1.437 43	1.281 5	686.4	535.6	40.79
58.1	1.437 65	1.282 1	687.9	536.5	40.88
58.2	1.437 87	1.282 7	689.4	537.4	40.97
58.3	1.438 10	1.283 3	690.9	538.3	41.06
58.4	1.438 32	1.283 9	692.4	539.3	41.15
58.5	1.438 55	1.284 5	693.9	540.2	41.24
58.6	1.438 77	1.285 1	695.4	541.1	41.33
58.7	1.438 99	1.285 7	696.9	542.0	41.42
58.8	1.439 22	1.286 3	698.4	542.9	41.51
58.9	1.439 44	1.287 0	699.9	543.8	41.60
59.0	1.439 67	1.287 6	701.4	544.8	41.68
59.1	1.439 89	1.288 2	702.9	545.7	41.77
59.2	1.440 12	1.288 8	704.4	546.6	41.86
59.3	1.440 35	1.289 4	706.0	547.5	41.96
59.4	1.440 57	1.290 0	707.5	548.4	42.05
59.5	1.440 80	1.290 6	709.0	549.3	42.14

表2(续)

蔗糖含量（m/m）/%	20℃时折光指数	20℃时密度/（g/mL）	含糖量/（g/L）	含糖量/（g/kg）	20℃时吸光值/%vol
59.6	1.441 02	1.291 2	710.5	550.2	42.23
59.7	1.441 25	1.291 9	712.0	551.1	42.31
59.8	1.441 48	1.292 5	713.5	552.1	42.40
59.9	1.441 70	1.293 1	715.1	553.0	42.50
60.0	1.441 93	1.293 7	716.6	553.9	42.59
60.1	1.442 16	1.294 3	718.1	554.8	42.68
60.2	1.442 38	1.294 9	719.6	555.7	42.77
60.3	1.442 61	1.295 6	721.1	556.6	42.85
60.4	1.442 84	1.296 2	722.7	557.5	42.95
60.5	1.443 06	1.296 8	724.2	558.4	43.04
60.6	1.443 29	1.297 4	725.7	559.4	43.13
60.7	1.443 52	1.298 0	727.3	560.3	43.22
60.8	1.443 75	1.298 6	728.8	561.2	43.31
60.9	1.443 98	1.299 3	730.3	562.1	43.40
61.0	1.444 20	1.299 9	731.8	563.0	43.49
61.1	1.444 43	1.300 5	733.4	563.9	43.59
61.2	1.444 66	1.301 1	734.9	564.8	43.68
61.3	1.444 89	1.301 7	736.4	565.7	43.76
61.4	1.445 12	1.302 4	738.0	566.6	43.86
61.5	1.445 35	1.303 0	739.5	567.6	43.95
61.6	1.445 58	1.303 6	741.1	568.5	44.04
61.7	1.445 81	1.304 2	742.6	569.4	44.13
61.8	1.446 04	1.304 9	744.1	570.3	44.22
61.9	1.446 27	1.305 5	745.7	571.2	44.32
62.0	1.446 50	1.306 1	747.2	572.1	44.41
62.1	1.446 73	1.306 7	748.8	573.0	44.50
62.2	1.446 96	1.307 4	750.3	573.9	44.59
62.3	1.447 19	1.308 0	751.9	574.8	44.69
62.4	1.447 42	1.308 6	753.4	575.7	44.77
62.5	1.447 65	1.309 2	755.0	576.6	44.87
62.6	1.447 88	1.309 9	756.5	577.5	44.96

表 2(续)

蔗糖含量 (*m/m*)/ %	20℃时折光指数	20℃时密度/ (g/mL)	含糖量/ (g/L)	含糖量/ (g/kg)	20℃时吸光值/ %vol
62.7	1.448 11	1.310 5	758.1	578.5	45.05
62.8	1.448 34	1.311 1	759.6	579.4	45.14
62.9	1.448 58	1.311 8	761.2	580.3	45.24
63.0	1.448 81	1.312 4	762.7	581.2	45.33
63.1	1.449 04	1.313 0	764.3	582.1	45.42
63.2	1.449 27	1.313 7	765.8	583.0	45.51
63.3	1.449 50	1.314 3	767.4	583.9	45.61
63.4	1.449 74	1.314 9	769.0	584.8	45.70
63.5	1.449 97	1.315 5	770.5	585.7	45.79
63.6	1.450 20	1.316 2	772.1	586.6	45.89
63.7	1.450 43	1.316 8	773.6	587.5	45.98
63.8	1.450 67	1.317 4	775.2	588.4	46.07
63.9	1.450 90	1.318 1	776.8	589.3	46.17
64.0	1.451 13	1.318 7	778.3	590.2	46.25
64.1	1.451 37	1.319 3	779.9	591.1	46.35
64.2	1.451 60	1.320 0	781.5	592.0	46.44
64.3	1.451 84	1.320 6	783.0	592.9	46.53
64.4	1.452 07	1.321 3	784.6	593.8	46.63
64.5	1.452 30	1.321 9	786.2	594.7	46.72
64.6	1.452 54	1.322 5	787.8	595.6	46.82
64.7	1.452 77	1.323 2	789.3	596.5	46.91
64.8	1.453 01	1.323 8	790.9	597.4	47.00
64.9	1.453 24	1.324 4	792.5	598.3	47.10
65.0	1.453 48	1.325 1	794.1	599.3	47.19
65.1	1.453 71	1.325 7	795.6	600.2	47.28
65.2	1.453 95	1.326 4	797.2	601.1	47.38
65.3	1.454 18	1.327 0	798.8	602.0	47.47
65.4	1.454 42	1.327 6	800.4	602.9	47.57
65.5	1.454 66	1.328 3	802.0	603.8	47.66
65.6	1.454 89	1.328 9	803.6	604.7	47.76
65.7	1.455 13	1.329 6	805.1	605.6	47.85

表2(续)

蔗糖含量 (m/m)/ %	20℃时折光指数	20℃时密度/ (g/mL)	含糖量/ (g/L)	含糖量/ (g/kg)	20℃时吸光值/ %vol
65.8	1.455 37	1.330 2	806.7	606.5	47.94
65.9	1.455 60	1.330 9	808.3	607.4	48.04
66.0	1.455 84	1.331 5	809.9	608.3	48.13
66.1	1.456 08	1.332 2	811.5	609.2	48.23
66.2	1.456 31	1.332 8	813.1	610.1	48.32
66.3	1.456 55	1.333 4	814.7	611.0	48.42
66.4	1.456 79	1.334 1	816.3	611.9	48.51
66.5	1.457 03	1.334 7	817.9	612.8	48.61
66.6	1.457 26	1.335 4	819.5	613.7	48.70
66.7	1.457 50	1.336 0	821.1	614.6	48.80
66.8	1.457 74	1.336 7	822.7	615.5	48.89
66.9	1.457 98	1.337 3	824.3	616.3	48.99
67.0	1.458 22	1.338 0	825.9	617.2	49.08
67.1	1.458 46	1.338 6	827.5	618.1	49.18
67.2	1.458 70	1.339 3	829.1	619.0	49.27
67.3	1.458 93	1.339 9	830.7	619.9	49.37
67.4	1.459 17	1.340 6	832.3	620.8	49.46
67.5	1.459 41	1.341 2	833.9	621.7	49.56
67.6	1.459 65	1.341 9	835.5	622.6	49.65
67.7	1.459 89	1.342 5	837.1	623.5	49.75
67.8	1.460 13	1.343 2	838.7	624.4	49.84
67.9	1.460 37	1.343 8	840.3	625.3	49.94
68.0	1.460 61	1.344 5	841.9	626.2	50.03
68.1	1.460 85	1.345 1	843.6	627.1	50.14
68.2	1.461 09	1.345 8	845.2	628.0	50.23
68.3	1.461 34	1.346 4	846.8	628.9	50.33
68.4	1.461 58	1.347 1	848.4	629.8	50.42
68.5	1.461 82	1.347 8	850.0	630.7	50.52
68.6	1.462 06	1.348 4	851.6	631.6	50.61
68.7	1.462 30	1.349 1	853.3	632.5	50.71
68.8	1.462 54	1.349 7	854.9	633.4	50.81

表 2(续)

蔗糖含量 (m/m)/%	20℃时折光指数	20℃时密度/(g/mL)	含糖量/(g/L)	含糖量/(g/kg)	20℃时吸光值/%vol
68.9	1.462 78	1.350 4	856.5	634.3	50.90
69.0	1.463 03	1.351 0	858.1	635.2	51.00
69.1	1.463 27	1.351 7	859.8	636.1	51.10
69.2	1.463 51	1.352 4	861.4	636.9	51.19
69.3	1.463 75	1.353 0	863.0	637.8	51.29
69.4	1.464 00	1.353 7	864.7	638.7	51.39
69.5	1.464 24	1.354 3	866.3	639.6	51.48
69.6	1.464 48	1.355 0	867.9	640.5	51.58
69.7	1.464 73	1.355 7	869.5	641.4	51.67
69.8	1.464 97	1.356 3	871.2	642.3	51.78
69.9	1.465 21	1.357 0	872.8	643.2	51.87
70.0	1.465 46	1.357 6	874.5	644.1	51.97
70.1	1.465 70	1.358 3	876.1	645.0	52.07
70.2	1.465 94	1.359 0	877.7	645.9	52.16
70.3	1.466 19	1.359 6	879.4	646.8	52.26
70.4	1.466 43	1.360 3	881.0	647.7	52.36
70.5	1.466 68	1.361 0	882.7	648.5	52.46
70.6	1.466 92	1.361 6	884.3	649.4	52.55
70.7	1.467 17	1.362 3	886.0	650.3	52.65
70.8	1.467 41	1.363 0	887.6	651.2	52.75
70.9	1.467 66	1.363 6	889.3	652.1	52.85
71.0	1.467 90	1.364 3	890.9	653.0	52.95
71.1	1.468 15	1.365 0	892.6	653.9	53.05
71.2	1.468 40	1.365 6	894.2	654.8	53.14
71.3	1.468 64	1.366 3	895.9	655.7	53.24
71.4	1.468 89	1.367 0	897.5	656.6	53.34
71.5	1.469 13	1.367 6	899.2	657.5	53.44
71.6	1.469 38	1.368 3	900.8	658.3	53.53
71.7	1.469 63	1.369 0	902.5	659.2	53.64
71.8	1.469 87	1.369 6	904.1	660.1	53.73
71.9	1.470 12	1.370 3	905.8	661.0	53.83

表2(续)

蔗糖含量 （m/m）/ %	20℃时折光指数	20℃时密度/ （g/mL）	含糖量/ （g/L）	含糖量/ （g/kg）	20℃时吸光值/ %vol
72.0	1.470 37	1.371 0	907.5	661.9	53.93
72.1	1.470 62	1.371 7	909.1	662.8	54.03
72.2	1.470 86	1.372 3	910.8	663.7	54.13
72.3	1.471 11	1.373 0	912.5	664.6	54.23
72.4	1.471 36	1.373 7	914.1	665.5	54.32
72.5	1.471 61	1.374 3	915.8	666.3	54.43
72.6	1.471 86	1.375 0	917.5	667.2	54.53
72.7	1.472 10	1.375 7	919.1	668.1	54.62
72.8	1.472 35	1.376 4	920.8	669.0	54.72
72.9	1.472 60	1.377 0	922.5	669.9	54.82
73.0	1.472 85	1.377 7	924.2	670.8	54.93
73.1	1.473 10	1.378 4	925.8	671.7	55.02
73.2	1.473 35	1.379 1	927.5	672.6	55.12
73.3	1.473 60	1.379 7	929.2	673.5	55.22
73.4	1.473 85	1.380 4	930.9	674.3	55.32
73.5	1.474 10	1.381 1	932.6	675.2	55.42
73.6	1.474 35	1.381 8	934.3	676.1	55.53
73.7	1.474 60	1.382 5	935.9	677.0	55.62
73.8	1.474 85	1.383 1	937.6	677.9	55.72
73.9	1.475 10	1.383 8	939.3	678.8	55.82
74.0	1.475 35	1.384 5	941.0	679.7	55.92
74.1	1.475 60	1.385 2	942.7	680.6	56.02
74.2	1.475 85	1.385 9	944.4	681.4	56.13
74.3	1.476 10	1.386 5	946.1	682.3	56.23
74.4	1.476 35	1.387 2	947.8	683.2	56.33
74.5	1.476 61	1.387 9	949.5	684.1	56.43
74.6	1.476 86	1.388 6	951.2	685.0	56.53
74.7	1.477 11	1.389 3	952.9	685.9	56.63
74.8	1.477 36	1.389 9	954.6	686.8	56.73
74.9	1.477 61	1.390 6	956.3	687.7	56.83

表3　用折光仪测定的精馏浓缩葡萄汁的糖含量(单位 g/L 和 g/kg)与20℃时蔗糖含量(m/m)含量、折光率的对应关系

蔗糖含量 (m/m)/ %	20℃时折光指数	20℃时密度/ (g/mL)	含糖量/ (g/L)	含糖量/ (g/kg)	20℃时吸光值/ %vol
50.0	1.420 08	1.234 2	627.6	508.5	37.30
50.1	1.420 29	1.234 8	629.3	509.6	37.40
50.2	1.420 50	1.235 5	630.9	510.6	37.49
50.3	1.420 71	1.236 2	632.4	511.6	37.58
50.4	1.420 92	1.236 7	634.1	512.7	37.68
50.5	1.421 13	1.237 4	635.7	513.7	37.78
50.6	1.421 35	1.238 1	637.3	514.7	37.87
50.7	1.421 56	1.238 6	638.7	515.7	37.96
50.8	1.421 77	1.239 1	640.4	516.8	38.06
50.9	1.421 98	1.239 6	641.9	517.8	38.15
51.0	1.422 19	1.240 1	643.4	518.8	38.24
51.1	1.422 40	1.240 6	645.0	519.9	38.33
51.2	1.422 61	1.241 1	646.5	520.9	38.42
51.3	1.422 82	1.241 6	648.1	522.0	38.52
51.4	1.423 04	1.242 1	649.6	523.0	38.61
51.5	1.423 25	1.242 7	651.2	524.0	38.70
51.6	1.423 47	1.243 4	652.9	525.1	38.80
51.7	1.423 68	1.244 1	654.5	526.1	38.90
51.8	1.423 89	1.244 7	656.1	527.1	38.99
51.9	1.424 10	1.245 4	657.8	528.2	39.09
52.0	1.424 32	1.246 1	659.4	529.2	39.19
52.1	1.424 53	1.246 6	661.0	530.2	39.28
52.2	1.424 75	1.247 0	662.5	531.3	39.37
52.3	1.424 96	1.247 5	664.1	532.3	39.47
52.4	1.425 17	1.248 0	665.6	533.3	39.56
52.5	1.425 38	1.248 6	667.2	534.4	39.65
52.6	1.425 60	1.249 3	668.9	535.4	39.75
52.7	1.425 81	1.250 0	670.5	536.4	39.85
52.8	1.426 03	1.250 6	672.2	537.5	39.95
52.9	1.426 24	1.251 3	673.8	538.5	40.04

表3(续)

蔗糖含量 （m/m）/ %	20℃时折光指数	20℃时密度/ （g/mL）	含糖量/ （g/L）	含糖量/ （g/kg）	20℃时吸光值/ %vol
53.0	1.426 45	1.252 0	675.5	539.5	40.14
53.1	1.426 67	1.252 5	677.1	540.6	40.24
53.2	1.426 89	1.253 0	678.5	541.5	40.32
53.3	1.427 11	1.253 5	680.2	542.6	40.42
53.4	1.427 33	1.254 0	681.8	543.7	40.52
53.5	1.427 54	1.254 6	683.4	544.7	40.61
53.6	1.427 76	1.255 3	685.1	545.8	40.72
53.7	1.427 97	1.256 0	686.7	546.7	40.81
53.8	1.428 19	1.256 6	688.4	547.8	40.91
53.9	1.428 40	1.257 3	690.1	548.9	41.01
54.0	1.428 61	1.258 0	691.7	549.8	41.11
54.1	1.428 84	1.258 5	693.3	550.9	41.20
54.2	1.429 06	1.259 0	694.9	551.9	41.30
54.3	1.429 27	1.259 5	696.5	553.0	41.39
54.4	1.429 49	1.260 0	698.1	554.0	41.49
54.5	1.429 71	1.260 6	699.7	555.1	41.58
54.6	1.429 93	1.261 3	701.4	556.1	41.68
54.7	1.430 14	1.262 0	703.1	557.1	41.79
54.8	1.430 36	1.262 5	704.7	558.2	41.88
54.9	1.430 58	1.263 0	706.2	559.1	41.97
55.0	1.430 79	1.263 5	707.8	560.2	42.06
55.1	1.431 02	1.263 9	709.4	561.3	42.16
55.2	1.431 24	1.264 5	711.0	562.3	42.25
55.3	1.431 46	1.265 2	712.7	563.3	42.36
55.4	1.431 68	1.265 9	714.4	564.3	42.46
55.5	1.431 89	1.266 5	716.1	565.4	42.56
55.6	1.432 11	1.267 2	717.8	566.4	42.66
55.7	1.432 33	1.267 9	719.5	567.5	42.76
55.8	1.432 55	1.268 5	721.1	568.5	42.85
55.9	1.432 77	1.269 2	722.8	569.5	42.96
56.0	1.432 98	1.269 9	724.5	570.5	43.06

表3(续)

蔗糖含量 （m/m）/ %	20℃时折光指数	20℃时密度/ （g/mL）	含糖量/ （g/L）	含糖量/ （g/kg）	20℃时吸光值/ %vol
56.1	1.433 21	1.270 3	726.1	571.6	43.15
56.2	1.433 43	1.270 8	727.7	572.6	43.25
56.3	1.433 65	1.271 3	729.3	573.7	43.34
56.4	1.433 87	1.271 8	730.9	574.7	43.44
56.5	1.434 09	1.272 4	732.6	575.8	43.54
56.6	1.434 31	1.273 1	734.3	576.8	43.64
56.7	1.434 54	1.273 8	736.0	577.8	43.74
56.8	1.434 76	1.274 4	737.6	578.8	43.84
56.9	1.434 98	1.275 1	739.4	579.9	43.94
57.0	1.435 19	1.275 8	741.1	580.9	44.04
57.1	1.435 42	1.276 3	742.8	582.0	44.14
57.2	1.435 64	1.276 8	744.4	583.0	44.24
57.3	1.435 86	1.277 3	745.9	584.0	44.33
57.4	1.436 09	1.277 8	747.6	585.1	44.43
57.5	1.436 31	1.278 4	749.3	586.1	44.53
57.6	1.436 53	1.279 1	751.0	587.1	44.63
57.7	1.436 75	1.279 8	752.7	588.1	44.73
57.8	1.436 98	1.280 4	754.4	589.2	44.83
57.9	1.437 20	1.281 0	756.1	590.2	44.94
58.0	1.437 41	1.281 8	757.8	591.2	45.04
58.1	1.437 64	1.282 2	759.5	592.3	45.14
58.2	1.437 84	1.282 7	761.1	593.4	45.23
58.3	1.439 09	1.283 2	762.6	594.3	45.32
58.4	1.438 32	1.283 7	764.3	595.4	45.42
58.5	1.438 54	1.284 3	766.0	596.4	45.52
58.6	1.438 77	1.285 0	767.8	597.5	45.63
58.7	1.438 99	1.285 7	769.5	598.5	45.73
58.8	1.439 22	1.286 3	771.1	599.5	45.83
58.9	1.439 44	1.286 9	772.9	600.6	45.93
59.0	1.439 66	1.287 6	774.6	601.6	46.03
59.1	1.439 88	1.288 2	776.3	602.6	46.14

表3(续)

蔗糖含量（m/m）/%	20℃时折光指数	20℃时密度/（g/mL）	含糖量/（g/L）	含糖量/（g/kg）	20℃时吸光值/%vol
59.2	1.440 11	1.288 9	778.1	603.7	46.24
59.3	1.440 34	1.289 6	779.8	604.7	46.34
59.4	1.440 57	1.290 2	781.6	605.8	46.45
59.5	1.440 79	1.290 9	783.3	606.8	46.55
59.6	1.441 02	1.291 6	785.2	607.9	46.66
59.7	1.441 24	1.292 1	786.8	608.9	46.76
59.8	1.441 47	1.292 6	788.4	609.9	46.85
59.9	1.441 69	1.293 1	790.0	610.9	46.95
60.0	1.441 92	1.293 6	791.7	612.0	47.05
60.1	1.442 15	1.294 2	793.3	613.0	47.15
60.2	1.442 38	1.294 9	795.2	614.1	47.26
60.3	1.442 60	1.295 6	796.9	615.1	47.36
60.4	1.442 83	1.296 2	798.6	616.1	47.46
60.5	1.443 05	1.296 9	800.5	617.2	47.57
60.6	1.443 28	1.297 6	802.2	618.2	47.67
60.7	1.443 51	1.298 1	803.9	619.3	47.78
60.8	1.443 74	1.298 6	805.5	620.3	47.87
60.9	1.443 97	1.299 1	807.1	621.3	47.97
61.0	1.444 19	1.299 6	808.7	622.3	48.06
61.1	1.444 42	1.300 2	810.5	623.4	48.17
61.2	1.444 65	1.300 9	812.3	624.4	48.27
61.3	1.444 88	1.301 6	814.2	625.5	48.39
61.4	1.445 11	1.302 2	815.8	626.5	48.48
61.5	1.445 34	1.302 9	817.7	627.6	48.60
61.6	1.445 57	1.303 6	819.4	628.6	48.70
61.7	1.445 80	1.304 2	821.3	629.7	48.81
61.8	1.446 03	1.304 9	823.0	630.7	48.91
61.9	1.446 26	1.305 6	824.8	631.7	49.02
62.0	1.446 48	1.306 2	826.6	632.8	49.12
62.1	1.446 72	1.306 8	828.3	633.8	49.23
62.2	1.446 95	1.307 5	830.0	634.8	49.33

表3(续)

蔗糖含量 (m/m)/ %	20℃时折光指数	20℃时密度/ (g/mL)	含糖量/ (g/L)	含糖量/ (g/kg)	20℃时吸光值/ %vol
62.3	1.447 18	1.308 0	831.8	635.9	49.43
62.4	1.447 41	1.308 5	833.4	636.9	49.53
62.5	1.447 64	1.309 0	835.1	638.0	49.63
62.6	1.447 87	1.309 5	836.8	639.0	49.73
62.7	1.448 10	1.310 1	838.5	640.0	49.83
62.8	1.448 33	1.310 8	840.2	641.0	49.93
62.9	1.448 56	1.311 5	842.1	642.1	50.05
63.0	1.448 79	1.312 1	843.8	643.1	50.15
63.1	1.449 02	1.312 8	845.7	644.2	50.26
63.2	1.449 26	1.313 5	847.5	645.2	50.37
63.3	1.449 49	1.314 1	849.3	646.3	50.47
63.4	1.449 72	1.314 8	851.1	647.3	50.58
63.5	1.449 95	1.315 5	853.0	648.4	50.69
63.6	1.450 19	1.316 1	854.7	649.4	50.79
63.7	1.450 42	1.316 8	856.5	650.4	50.90
63.8	1.450 65	1.317 5	858.4	651.5	51.01
63.9	1.450 88	1.318 0	860.0	652.5	51.11
64.0	1.451 12	1.318 5	861.6	653.5	51.20
64.1	1.451 35	1.319 0	863.4	654.6	51.31
64.2	1.451 58	1.319 5	865.1	655.6	51.41
64.3	1.451 81	1.320 1	866.9	656.7	51.52
64.4	1.452 05	1.320 8	868.7	657.7	51.63
64.5	1.452 28	1.321 5	870.6	658.8	51.74
64.6	1.452 52	1.322 1	872.3	659.8	51.84
64.7	1.452 75	1.322 8	874.1	660.8	51.95
64.8	1.452 99	1.323 5	876.0	661.9	52.06
64.9	1.453 22	1.324 1	877.8	662.9	52.17
65.0	1.453 47	1.324 8	879.7	664.0	52.28
65.1	1.453 69	1.325 5	881.5	665.0	52.39
65.2	1.453 93	1.326 1	883.2	666.0	52.49
65.3	1.454 16	1.326 8	885.0	667.0	52.60

表3(续)

蔗糖含量 (m/m)/ %	20℃时折光指数	20℃时密度/ (g/mL)	含糖量/ (g/L)	含糖量/ (g/kg)	20℃时吸光值/ %vol
65.4	1.454 40	1.327 5	886.9	668.1	52.71
65.5	1.454 63	1.328 1	888.8	669.2	52.82
65.6	1.454 87	1.328 8	890.6	670.2	52.93
65.7	1.455 10	1.329 5	892.4	671.2	53.04
65.8	1.455 34	1.330 1	894.2	672.3	53.14
65.9	1.455 57	1.330 8	896.0	673.3	53.25
66.0	1.455 83	1.331 5	898.0	674.4	53.37
66.1	1.456 05	1.332 0	899.6	675.4	53.46
66.2	1.456 29	1.332 5	901.3	676.4	53.56
66.3	1.456 52	1.333 0	903.1	677.5	53.67
66.4	1.456 76	1.333 5	904.8	678.5	53.77
66.5	1.457 00	1.334 1	906.7	679.6	53.89
66.6	1.457 24	1.334 8	908.5	680.6	53.99
66.7	1.457 47	1.335 5	910.4	681.7	54.11
66.8	1.457 71	1.336 1	912.2	682.7	54.21
66.9	1.457 95	1.336 7	913.9	683.7	54.31
67.0	1.458 20	1.337 4	915.9	684.8	54.43
67.1	1.458 43	1.338 0	917.6	685.8	54.53
67.2	1.458 67	1.338 7	919.6	686.9	54.65
67.3	1.458 90	1.339 5	921.4	687.9	54.76
67.4	1.459 14	1.340 0	923.1	688.9	54.86
67.5	1.459 38	1.340 7	925.1	690.0	54.98
67.6	1.459 62	1.341 5	927.0	691.0	55.09
67.7	1.459 86	1.342 0	928.8	692.1	55.20
67.8	1.460 10	1.342 7	930.6	693.1	55.31
67.9	1.460 34	1.343 4	932.6	694.2	55.42
68.0	1.460 60	1.344 0	934.4	695.2	55.53
68.1	1.460 82	1.344 7	936.2	696.2	55.64
68.2	1.461 06	1.345 4	938.0	697.2	55.75
68.3	1.461 30	1.346 0	939.9	698.3	55.86
68.4	1.461 54	1.346 6	941.8	699.4	55.97

表3(续)

蔗糖含量 (*m/m*)/ %	20℃时折光指数	20℃时密度/ (g/mL)	含糖量/ (g/L)	含糖量/ (g/kg)	20℃时吸光值/ %vol
68.5	1.461 78	1.347 3	943.7	700.4	56.08
68.6	1.462 02	1.347 9	945.4	701.4	56.19
68.7	1.462 26	1.348 6	947.4	702.5	56.30
68.8	1.462 51	1.349 3	949.2	703.5	56.41
68.9	1.462 75	1.349 9	951.1	704.6	56.52
69.0	1.463 01	1.350 6	953.0	705.6	56.64
69.1	1.463 23	1.351 3	954.8	706.6	56.74
69.2	1.463 47	1.351 9	956.7	707.7	56.86
69.3	1.463 71	1.352 6	958.6	708.7	56.97
69.4	1.463 96	1.353 3	960.6	709.8	57.09
69.5	1.464 20	1.353 9	962.4	710.8	57.20
69.6	1.464 44	1.354 6	964.3	711.9	57.31
69.7	1.464 68	1.355 3	966.2	712.9	57.42
69.8	1.464 93	1.356 0	968.2	714.0	57.54
69.9	1.465 17	1.356 6	970.0	715.0	57.65
70.0	1.465 44	1.357 3	971.8	716.0	57.75
70.1	1.465 65	1.357 9	973.8	717.1	57.87
70.2	1.465 90	1.358 6	975.6	718.1	57.98
70.3	1.466 14	1.359 3	977.6	719.2	58.10
70.4	1.466 39	1.359 9	979.4	720.2	58.21
70.5	1.466 63	1.360 6	981.3	721.2	58.32
70.6	1.466 88	1.361 3	983.3	722.3	58.44
70.7	1.467 12	1.361 9	985.2	723.4	58.55
70.8	1.467 37	1.362 6	987.1	724.4	58.66
70.9	1.467 61	1.363 3	988.9	725.4	58.77
71.0	1.467 89	1.363 9	990.9	726.5	58.89
71.1	1.468 10	1.364 6	992.8	727.5	59.00
71.2	1.468 35	1.365 3	994.8	728.6	59.12
71.3	1.468 59	1.365 9	996.6	729.6	59.23
71.4	1.468 84	1.366 5	998.5	730.7	59.34
71.5	1.469 08	1.367 2	1 000.4	731.7	59.45

表3(续)

蔗糖含量 （m/m）/ %	20℃时折光指数	20℃时密度/ （g/mL）	含糖量/ （g/L）	含糖量/ （g/kg）	20℃时吸光值/ %vol
71.6	1.469 33	1.367 8	1 002.2	732.7	59.56
71.7	1.469 57	1.368 5	1 004.2	733.8	59.68
71.8	1.469 82	1.369 2	1 006.1	734.8	59.79
71.9	1.470 07	1.369 8	1 008.0	735.9	59.91
72.0	1.470 36	1.370 5	1 009.9	736.9	60.02
72.1	1.470 56	1.371 2	1 012.0	738.0	60.14
72.2	1.470 81	1.371 8	1 013.8	739.0	60.25
72.3	1.471 06	1.372 5	1 015.7	740.0	60.36
72.4	1.471 31	1.373 2	1 017.7	741.1	60.48
72.5	1.471 55	1.373 8	1 019.5	742.1	60.59
72.6	1.471 80	1.374 5	1 021.5	743.2	60.71
72.7	1.472 05	1.375 2	1 023.4	744.2	60.82
72.8	1.472 30	1.375 8	1 025.4	745.3	60.94
72.9	1.472 54	1.376 5	1 027.3	746.3	61.05
73.0	1.472 84	1.377 2	1 029.3	747.4	61.17
73.1	1.473 04	1.377 8	1 031.2	748.4	61.28
73.2	1.473 29	1.378 5	1 033.2	749.5	61.40
73.3	1.473 54	1.379 2	1 035.1	750.5	61.52
73.4	1.473 79	1.379 8	1 037.1	751.6	61.63
73.5	1.474 04	1.380 5	1 039.0	752.6	61.75
73.6	1.474 29	1.381 2	1 040.9	753.6	61.86
73.7	1.474 54	1.381 8	1 042.8	754.7	61.97
73.8	1.474 79	1.382 5	1 044.8	755.7	62.09
73.9	1.475 04	1.383 2	1 046.8	756.8	62.21
74.0	1.475 34	1.383 8	1 048.6	757.8	62.32
74.1	1.475 54	1.384 5	1 050.7	758.9	62.44
74.2	1.475 79	1.385 2	1 052.6	759.9	62.56
74.3	1.476 04	1.385 8	1 054.6	761.0	62.67
74.4	1.476 29	1.386 5	1 056.5	762.0	62.79
74.5	1.476 54	1.387 1	1 058.5	763.1	62.91
74.6	1.476 79	1.387 8	1 060.4	764.1	63.02
74.7	1.477 04	1.388 5	1 062.3	765.1	63.13
74.8	1.477 30	1.389 2	1 064.4	766.2	63.26
74.9	1.477 55	1.389 8	1 066.3	767.2	63.37
75.0	1.477 85	1.390 5	1 068.3	768.3	63.49

总干浸出物(重量法)

(决议 Oeno 377/2009 和 387/2009)
(决议 Oeno 465/2012 修订)

1　定义

总干浸出物(或总干物质)是在所有特定的物理条件下不挥发性物质的总量。

无糖浸出物是总干浸出物减去总糖量。还原性浸出物是总浸出物减去超过 1 g/L 的总糖、超过 1 g/L 硫酸钾、甘露醇,以及可能加入到葡萄酒中的其他化学物质。

残余浸出物是无糖浸出物减去以酒石酸计的不挥发性酸。

2　原理

葡萄酒样品经滤纸过滤后,将残留物在 2.666kPa～3.332kPa(20 mmHg～25 mmHg)压力下,经 70℃流动的干燥空气干燥所得残渣的量。

3　方法

3.1　设备

3.1.1　干燥箱

铝制的圆柱形箱,内径 27 cm,高 6 cm,带有铝盖。干燥箱可加热,控制温度 70℃±1℃。

干燥箱带有一内径为 25 mm 的管与真空泵连接,真空泵的抽气量为 50 L/h。经浓硫酸预先干燥的空气在干燥箱内通过风扇进行循环,从而达到快速均匀加热的效果,空气流量控制在 30 L/h～40 L/h。箱内压力应保持在 3.332kPa(25 mmHg)。

只要满足 3.1.3 操作要求的所有干燥箱均可使用。

3.1.2　干燥皿

不锈钢材料(直径为 60 mm,高度为 25 mm),带有密封性良好的盖。

每个皿装入 4 g～4.5 g 滤纸,并将其剪成 22mm 长带凹槽的纸段。

滤纸先用 2 g/L 的盐酸浸泡 8 h,然后用蒸馏水反复清洗 5 次,在空气中干燥。

3.1.3　操作

a) 检查干燥皿的密封性。将装有干燥滤纸的干燥皿放在浓硫酸干燥器中冷却后,盖好皿盖,室温下放置,其质量变化不得超过 1 mg/h。

b) 检查干燥程度。浓度为 100 g/L 的纯蔗糖溶液经干燥后所得干浸出物的浓度应为 100 g/L±1 g/L。

c) 浓度为 10 g/L 纯乳酸溶液经干燥处理后至少可以得到 9.5 g/L 的干浸出物。

如果有必要,通过调整干燥时间、干燥空气的流量或真空度来满足上述条件。

注:10 g/L 的纯乳酸溶液制备方法:吸取 10 mL 纯乳酸,用水稀释至约 100 mL,将此溶液置于蒸发皿中,在沸水浴上加热 4 h。如果皿中的液体蒸发至 50 mL 以下,适当补充蒸馏水,将所得溶液加蒸馏水至 1 L,摇匀,取出 10 mL,用 0.1 mol/L 的碱液滴定,根据结果,调整乳酸溶液的浓度至 10 g/L。

3.2 步骤

3.2.1 干燥皿的质量

将装有滤纸的干燥皿放在干燥箱中干燥 1 h 后，关掉真空泵，迅速盖上干燥皿盖子，取出放在干燥器中冷却，然后称重，精确至 0.1 mg。此为干燥皿和盖的总质量 p_0 g。

3.2.2 试样的质量

在已称重过的干燥皿中加入 10 mL 葡萄汁或葡萄酒试样，使试样被滤纸完全吸收，将干燥皿放入干燥箱中干燥 2 h，然后按 3.2.1 所述操作，称量干燥皿质量为 p g。

注：如果葡萄汁和葡萄酒的糖分过多，应改用称量样品质量来代替量取体积。

3.3 计算

总干浸出物的质量按下式计算：

$$(p - p_0) \times 100$$

糖分过高的葡萄汁或葡萄酒的总干浸出物按下式计算：

$$(p - p_0) \times \frac{\rho_{20℃}}{P} \times 100$$

其中：P——样品的质量，单位为克(g)；

$\rho_{20℃}$——葡萄酒或葡萄汁的密度，单位为克每毫升(g/mL)。

3.4 结果表示

总干浸出物用 g/L 表示，结果保留一位小数。

注：计算总干浸出物要分别考虑葡萄糖和果糖（还原糖）及蔗糖的质量，如下所示：

无糖浸出物＝总干浸出物－还原糖（葡萄糖＋果糖）－蔗糖

如果实验时糖发生转化，使用下面的公式计算：

无糖浸出物＝总干提取物－还原糖（葡萄糖＋果糖）－[转化之后的糖－转化之前的糖)×0.95]

立体异构体转化成反立体异构化合物的过程。具体说，这个过程是基于蔗糖分裂为果糖和葡萄糖，将酸化的含糖溶液（100 mL 含糖溶液＋5 mL 浓盐酸）在 50℃ 或以上的水浴中至少保持 15 min（水浴保持在 60℃，直到溶液的温度达到 50℃），这一过程称为糖转化。

由于最初的溶液中有蔗糖的存在而呈右旋，转化后的溶液中有果糖的存在而呈左旋。

表 1　总干浸出物含量计算

密度的前两位小数	第三位小数									
	0	1	2	3	4	5	6	7	8	9
浸出物/(g/L)										
1.00	0	2.6	5.1	7.7	10.3	12.9	15.4	18.0	20.6	23.2
1.01	25.8	28.4	31.0	33.6	36.2	38.8	41.3	43.9	46.5	49.1
1.02	51.7	54.3	56.9	59.5	62.1	64.7	67.3	69.9	72.5	75.1
1.03	77.7	80.3	82.9	85.5	88.1	90.7	93.3	95.9	98.5	101.11
1.04	103.7	106.3	109.0	111.6	114.2	116.8	119.4	122.0	124.6	127.2
1.05	129.8	132.4	135.0	137.6	140.3	142.9	145.5	148.1	150.7	153.3
1.06	155.9	158.6	161.2	163.8	166.4	169.0	171.6	174.3	176.9	179.5

表1(续)

密度的前两位小数	第三位小数									
	0	1	2	3	4	5	6	7	8	9
	浸出物/(g/L)									
1.07	182.1	184.8	187.4	190.0	192.6	195.2	197.8	200.5	203.1	205.8
1.08	208.4	211.0	213.6	216.2	218.9	221.5	224.1	226.8	229.4	232.0
1.09	234.7	237.3	239.9	242.5	245.2	247.8	250.4	253.1	255.7	258.4
1.10	261.0	263.6	266.3	268.9	271.5	274.2	276.8	279.5	282.1	284.8
1.11	287.4	290.0	292.7	295.3	298.0	300.6	303.3	305.9	308.6	311.2
1.12	313.9	316.5	319.2	321.8	324.5	327.1	329.8	332.4	335.1	337.8
1.13	340.4	343.0	345.7	348.3	351.0	353.7	356.3	359.0	361.6	364.3
1.14	366.9	369.6	372.3	375.0	377.6	380.3	382.9	385.6	388.3	390.9
1.15	393.6	396.2	398.9	401.6	404.3	406.9	409.6	412.3	415.0	417.6
1.16	420.3	423.0	425.7	428.3	431.0	433.7	436.4	439.0	441.7	444.4
1.17	447.1	449.8	452.4	455.2	457.8	460.5	463.2	465.9	468.6	471.3
1.18	473.9	476.6	479.3	482.0	484.7	487.4	490.1	492.8	495.5	498.2
1.19	500.9	503.5	506.2	508.9	511.6	514.3	517.0	519.7	522.4	525.1
1.20	527.8	—	—	—	—	—	—	—	—	—

表2　内插表

第四位小数	浸出物/(g/L)	第四位小数	浸出物/(g/L)	第四位小数	浸出物/(g/L)
1	0.3	4	1.0	7	1.8
2	0.5	5	1.3	8	2.1
3	0.8	6	1.6	9	2.3

参 考 文 献

[1] PIEN J. . MEINRATH H. , *Ann. Fals. Fraudes*, 1938, 30, 282.

[2] DUPAIGNE P. , *Bull. Inst. Jus Fruits* , 1947, No 4.

[3] TAVERNIER J. , JACQUIN P. , *Ind. Agric. Alim.* , 1947, 64, 379.

[4] JAULMES P. , HAMELLE Mlle G. . *Bull. O. I. V.* , 1954, 27, 276.

[5] JAULMES P. , HAMELLE Mlle G. , *Mise au point de chimie analytique pure et appliquée. et d'analyse bromatologique* , 1956, par J. A. GAUTIER, Paris. 4e série.

[6] JAULMES P. , HAMELLE Mlle G. , *Trav. Soc. Pharm. Montpellier.* 1963, 243.

[7] HAMELLE Mlle G. , *Extrait sec des vins et des moûts de raisin* , 1965, Thèse Doct. Pharm. Montpellier.

总干浸出物（密度法）

（决议 Oeno 377/2009 和 387/2009）

（被 Oeno 465/2012 修订）

1 定义

总干浸出物（或总干物质）包是在特定的物理条件下所有不挥发性物质的总量。

无糖浸出物是总干浸出物减去总糖量。还原性浸出物是总干浸出物减去超过 1 g/L 的总糖，超过 1 g/L 硫酸钾、甘露醇，以及可能加入到葡萄酒中的其他的化学物质。

残余浸出物是无糖浸出物减去以酒石酸计的不挥发性酸。

2 原理

对于葡萄汁，可以将其比重值直接换算为总干浸出物；对于葡萄酒，则可用除去酒精后样品的比重换算为总干浸出物。

干浸出物可以用与无酒精葡萄酒或葡萄汁比重相同的蔗糖水溶液中蔗糖的质量来表示。

3 方法

3.1 步骤

测定葡萄酒或葡萄汁的比重。

就葡萄酒而言，可用下面的公式计算出"无酒精葡萄酒"的比重：

$$d_r = d_v - d_a + 1.000$$

其中，d_v 为 20℃时葡萄酒的比重（用挥发酸修正[*]）。

d_a 为与葡萄酒酒精浓度相同的酒精水溶液 20℃时的比重。用下式计算酒精度。

$$d_r = 1.001\ 80^{**}(r_v - r_a) + 1.000$$

其中，r_v 为 20℃时葡萄酒的密度（用挥发酸修正[*]）。

r_a 为与葡萄酒酒精度相同的酒精水溶液在 20℃时的密度，由 20℃密度和比重（A）章节中表 B.2 查得。

3.2 计算

根据表 1 由无酒精葡萄酒的密度查得总干浸出物（g/L）。

3.3 结果表示

总干浸出物结果以 g/L 表示，保留一位小数。

注：计算总干浸出物时要分别考虑葡萄糖和果糖（还原糖）及蔗糖的质量，如下所示：

---

[*] 注意：在计算前，葡萄酒的比重（或密度）需用挥发酸按下式修正：

$$d_v = d_{20℃}^{20℃} - 0.000\ 008\ 6a \text{ 或 } \rho_v = \rho_{20} - 0.000\ 008\ 6a$$

其中：a 是挥发酸的含量，以毫当量/L 表示。

[**] 通常情况如果 r_v 低于 1.05，该系数 1.001 8 近似于 1。

无糖浸出物＝总干浸出物－还原糖(葡萄糖＋果糖)－ 蔗糖

如果实验时糖发生转化,使用下面的公式计算:

无糖浸出物＝总干提取物－还原糖(葡萄糖＋果糖)－[(转化之后的糖－转化之前的糖)× 0.95]

立体异构体转化成反立体异构化合物的过程。具体说,这个过程是指蔗糖分解为果糖和葡萄糖。将酸化的含糖溶液(100 mL 含糖溶液＋5 mL 浓盐酸)在50℃ 或以上的水浴中至少保持 15 min(水浴保持在 60℃,直到溶液的温度达到50℃),这一过程称为糖转化。由于最初的溶液中有蔗糖的存在而呈右旋,转化后的溶液中有果糖的存在而呈左旋。

表 1　总干浸出物含量的计算

密度的前两位小数	密度的第三位小数									
	0	1	2	3	4	5	6	7	8	9
	总浸出物/(g/L)									
1.00	0	2.6	5.1	7.7	10.3	12.9	15.4	18.0	20.6	23.2
1.01	25.8	28.4	31.0	33.6	36.2	38.8	41.3	43.9	46.5	49.1
1.02	51.7	54.3	56.9	59.5	62.1	64.7	67.3	69.9	72.5	75.1
1.03	77.7	80.3	82.9	85.5	88.1	90.7	93.3	95.9	98.5	101.1
1.04	103.7	106.3	109.0	111.6	114.2	116.8	119.4	122.0	124.6	127.2
1.05	129.8	132.4	135.0	137.6	140.3	142.9	145.5	148.1	150.7	153.3
1.06	155.9	158.6	161.2	163.8	166.4	169.0	171.6	174.3	176.9	179.5
1.07	182.1	184.8	187.4	190.0	192.6	195.2	197.8	200.5	203.1	205.8
1.08	208.4	211.0	213.6	216.2	218.9	221.5	224.1	226.8	229.4	232.0
1.09	234.7	237.3	239.9	242.5	245.2	247.8	250.4	253.1	255.7	258.4
1.10	261.0	263.6	266.3	268.9	271.5	274.2	276.8	279.5	282.1	284.8
1.11	287.4	290.0	292.7	295.3	298.0	300.6	303.3	305.9	308.6	311.2
1.12	313.9	316.5	319.2	321.8	324.5	327.1	329.8	332.4	335.1	337.8
1.13	340.4	343.0	345.7	348.3	351.0	353.7	356.3	359.0	361.6	364.3
1.14	366.9	369.6	372.3	375.0	377.6	380.3	382.9	385.6	388.3	390.9
1.15	393.6	396.2	398.9	401.6	404.3	406.9	409.6	412.3	415.0	417.6
1.16	420.3	423.0	425.7	428.3	431.0	433.7	436.4	439.0	441.7	444.4
1.17	447.1	449.8	452.4	455.2	457.8	460.5	463.2	465.9	468.6	471.3
1.18	473.9	476.6	479.3	482.0	484.7	487.4	490.1	492.8	495.5	498.2
1.19	500.9	503.5	506.2	508.9	511.6	514.3	517.0	519.7	522.4	525.1
1.20	527.8	—	—	—	—	—	—	—	—	—

表2　内插表

密度的第四位小数	总浸出物/(g/L)	密度的第四位小数	总浸出物/(g/L)	密度的第四位小数	总浸出物/(g/L)
1	0.3	4	1.0	7	1.8
2	0.5	5	1.3	8	2.1
3	0.8	6	1.6	9	2.3

参 考 文 献

[1] TABLE DE PLATO, *d'après Allgemeine Verwaltungsvorschrift für die Untersuchung von Wein undähnlichen alkoholischen Erzeugnissen sowie von Fruchtsäften.* vom April 1960，Bundesanzeiger Nr. 86 vom 5. Mai 1960. -Une table très voisine se trouve dans *Official and Tentative Methods of Analysis of the Association of Official Agricultural Chemists*，Ed. A. O. A. C.，Washington 1945，815.

灰　分

1　定义

灰分是指葡萄酒经蒸发、灼烧后的残余物。灼烧过程中所有阳离子(铵根离子除外)都转化成碳酸盐或其他无水无机盐。

2　原理

葡萄酒在 $500℃\sim550℃$ 之间进行灼烧,直至其中全部的有机物完全灼烧(氧化)。

3　仪器

3.1　沸水浴:100℃。

3.2　分析天平(精确到 0.1 mg)。

3.3　加热板或红外蒸发器。

3.4　可控温的高温炉。

3.5　干燥器。

3.6　平底铂蒸发皿(直径 70 mm,高 25 mm)。

4　步骤

吸取 20mL 葡萄酒置于预先称重(原始重量为 p_0 g)的铂蒸发皿中,在沸水浴上蒸发;之后将盛有蒸发残留物的铂蒸发皿置于200℃加热板上或红外蒸发器下碳化,直到不再产生烟为止;再将铂蒸发皿置于 $525℃\pm25℃$ 的马弗炉中,灼烧 15 min;从高温炉中取出蒸发皿,向皿中加入 5 mL 蒸馏水,置于沸水浴上或红外蒸发器下,重新加热、碳化,然后再移入 525℃的高温炉中灼烧 10 min。

如果碳化不完全,可将碳化残渣重新洗涤,蒸发掉水分之后,再次灼烧。对于含糖分较高的葡萄酒,最好在第一次灰化前,在蒸发残留物上滴加若干滴纯植物油,以防止产生过多的泡沫。取出铂蒸发皿,待其在干燥器中冷却后称重(p_1 g)。

样品(20 mL)的灰分重量的计算公式为 $p=(p_1-p_0)$g。

5　结果表示

灰分的含量 P 以 g/L 表示,结果保留 2 位小数,则 $P=50\ p$。

方法 OIV-MA-AS2-05A　　方法类型Ⅳ

碱性灰分

1 定义

葡萄酒中碱性灰分是指除铵离子之外所有与有机酸结合的阳离子的总量。

2 原理

灰分溶解于定量(或过量)预热的标准酸溶液中,过量的酸用碱滴定,使用甲基橙作指示剂。

3 试剂和设备

3.1 0.05 mol/L 硫酸溶液。
3.2 0.1 mol/L 氢氧化钠溶液。
3.3 0.1%的水溶液甲基橙。
3.4 水浴锅。

4 步骤

将 20 mL 葡萄酒的灰分置于铂金皿中,加入 10 mL 0.05 mol/L 的硫酸溶液,将铂金皿置于沸水浴上约 15 min,用玻璃棒搅动残渣以加速溶解。加入两滴甲基橙溶液,使用 0.1 mo/L氢氧化钠溶液滴定过量的硫酸,直至指示剂颜色变为黄色。

5 结果表示

5.1 计算方法

碱性灰分用 mol/L 表示,结果保留一位小数,即

$$A=5\times(10-V)$$

其中:V 为滴定所消耗 0.1 mol/L 氢氧化钠溶液的体积,单位为毫升(mL)。

5.2 另一种表示方法

碱性灰分用碳酸钾浓度(g/L)表示,结果保留两位小数,即

$$A=0.345\times(10-V)$$

参考文献

[1] JAULMES P. ,*Analyse des vins*,Librairie Poulain. Montpellier. éd. ,1951,107.

第1部分 葡萄酒和葡萄汁检测方法

氧化-还原电位

(决议 Oeno 3/2000)

1 目的和适用范围

样品中的氧化还原状态通常用氧化还原电位(EH)来表示。在葡萄酒酿造行业,氧气和氧化-还原电位是影响葡萄收获预发酵过程、葡萄酒酿造、陈化、贮存过程的两个重要因素。

由于葡萄酒的氧化还原电位极易变化,因此开展不同实验室间的比对实验非常困难,该方法没有进行实验间的比对实验,推荐方法类型为Ⅳ*,主要用于葡萄酒生产。

2 基本原理

氧化还原电位是指将一根惰性电极与一根标准氢电极相连接浸入待测样品中,两极之间产生的电位差。将标准氢电极的氧化还原电位定义为零,则样品的氧化还原电位即为其与标准氢电极间的电位差。氧化还原电位用溶液瞬时的物理化学状态变化的测量值表示。无论是葡萄酒还是其他溶液,氧化还原电位的测定都是采用复合电极,通常采用铂电极作为测量电极,银或甘汞电极作为参比电极。

3 仪器

虽然目前已有多种类型的电极,但本方法推荐一种适合葡萄酒 EH 测定的电极,该电极是连接参比电极的双层结构的复合电极。该电极由一个测量电极和一个双层参比电极组成,两者都与一个离子计相连。参比电极的内层装有 17.1% 硝酸钾(KNO₃)溶液、微量 AgCl、微量 Triton X-100、5%氯化钾(KCl)溶液、77.9%的去离子水组成的溶液;测量电极由小于 1%的氯化银(AgCl)、29.8%氯化钾(KCl)和 70%的去离子水组成的溶液。

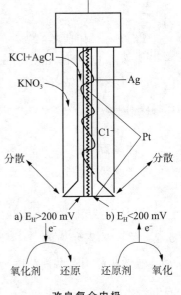

改良复合电极

4 电极的校正和净化

4.1 电极的校正

采用已知的具有固定氧化还原电位的溶液来校正电极。如 10 mmol/L 的铁氰化物和亚铁氰化物等摩尔电极校正液,它的配制方法如下:称取 0.329 g K₃Fe(CN)6,0.422g K₄Fe(CN)₆ 和 0.149 g KCl,用水溶解并定容至 1 000 mL。在 20℃ 时,该校正液的氧化还原电位为 406 mV±5 mV,但是其氧化还原电位随保存时间会发生变化,因此需在避光保存下,该校正液使用期不超过两周。

---

* 符合食品法典中的详细分类。

4.2 铂电极的清洗

将铂电极浸泡于30％过氧化氢(H_2O_2)中保持1 h，取出后用水冲洗干净。在每次样品测量后，需要用水彻底清洗，通常情况下使用后每周需要清洗。

5 分析方法

5.1 加入电极内层溶液

电极内层溶液根据所测定样品不同而不同。

表1 电极内层溶液成分表

所测溶液	内层溶液组成
1 干型葡萄酒	12％乙醇水溶液，5 g 酒石酸，用 NaOH 调节 pH 至3.5，用水稀释至1 000 mL
2 甜型葡萄酒	溶液1加20 g/L 蔗糖
3 特甜葡萄酒	溶液2加100 mg/L 的 SO_2（$KHSO_3$）
4 白兰地	50％乙醇水溶液，用乙酸调节 pH 至5，用水稀释至1 000 mL

5.2 用待测溶液平衡电极

在进行任何氧化还原电位测量前，电极必须先用米凯利斯（Michaelis）溶液进行校正，如准备测定葡萄酒的氧化还原电位，则将校正后的电极浸入葡萄酒中稳定15 min。如进行现场测量，将电极浸入葡萄酒5 min 后读数；当在实验室测量时，氧化还原电位的稳定指数 $\Delta EH(mV)/T(min) \leqslant 0.2$ 时，方可记录测量值。

5.3 实际条件下的测量

现场的系统性测量应尽量避免试样氧化还原电位的变化。当测量贮酒池、大桶、罐等容器中葡萄酒的氧化还原电位时，应同时记下待测溶液的温度、pH 和溶解氧含量，因为这些指标将用于随后对样品氧化还原电位测定结果的说明。测量瓶装葡萄酒的氧化还原电位时，先将瓶装酒置于20℃恒温室，在有通入恒定的氮气流条件下迅速打开酒瓶，并将整个电极浸入酒瓶中进行测量。

5.4 结果表示

葡萄酒的氧化还原电位由记录的实际电位与标准氢电极电位相比较得出，单位为毫伏（mV）。

颜 色 特 征

1　定义

葡萄酒的'颜色特征'是指它的色度和色调。色度取决于透射系数,随葡萄酒颜色强度的增大而减弱。色调则与最大吸收波长(它决定颜色特性)和纯度有关。

按惯例,为了方便,常用色度和色调描述红葡萄酒和桃红葡萄酒的颜色特性。

2　方法原理(适用于红葡萄酒和桃红葡萄酒)

采用分光光度法测量时,颜色特性通常用如下方式表示:

——色度是指光程为 1 cm 时,样品在 420 nm、520 nm 和 620 nm 波长处的吸光度(或光密度)之和。

——色调是样品在 420 nm 和 520 nm 波长处的吸光度之比。

3　方法

3.1　仪器

3.1.1　分光光度计(光程为 300 nm～700 nm)。

3.1.2　玻璃比色皿(成套配对),光程(b)分别为 0.1 cm,0.2 cm,0.5 cm,1 cm 和 2 cm。

3.2　样品制备

若葡萄酒样品较浑浊,应通过离心进行澄清处理;新酿的葡萄酒或起泡葡萄酒需在减压条件下摇动以除去二氧化碳气体。

3.3　方法

选择合适光程(b)的玻璃比色皿,使得吸光度 A 的测量值在 0.3～0.7 之间。

以蒸馏水作为参比,使用相同光程(b)的比色皿,分别调节波长 420 nm、520 nm 和 620 nm 的吸光度零点。

选用合适光程(b)的比色皿,分别记录葡萄酒样品在三种波长下的吸光度。

3.4　计算

将测出的吸光度(A_{420}、A_{520} 和 A_{620})值分别除以光程 b(单位为 cm),计算出光程为 1 cm 时的各波长处的吸光度。

3.5　结果表述

色度 I 按下式计算:

$$I = A_{420} + A_{520} + A_{620}$$

结果保留 3 位小数。

色调 N 一般表示为:

$$N = \frac{A_{420}}{A_{520}}$$

结果保留 3 位小数。

表 1　吸光度与透光率(T%)的转化

位数	0	1	2	3	4	5	6	7	8	9
0	^{23}1000	^{22}977	^{22}955	^{21}933	^{21}912	^{20}891	^{20}871	^{19}851	^{19}932	^{19}813
1	^{18}794	^{18}776	^{17}759	^{17}741	^{16}724	^{16}708	^{16}692	^{15}676	^{15}661	^{15}646
2	^{14}631	^{14}617	^{14}603	^{14}589	^{13}575	^{13}562	^{13}549	^{12}537	^{12}525	^{12}513
3	^{11}501	^{11}490	^{11}479	^{11}468	^{10}457	^{9}447	^{9}436	^{10}427	^{10}417	^{9}407
4	^{9}398	^{9}389	^{9}380	^{8}371	^{8}363	^{8}355	^{8}347	^{8}339	^{7}331	^{8}324
5	^{7}316	^{7}309	^{7}302	^{7}295	^{6}288	^{7}282	^{6}275	^{6}269	^{6}263	^{6}257
6	^{6}251	^{5}245	^{6}240	^{5}234	^{5}229	^{5}224	^{5}219	^{5}214	^{5}209	^{5}204
7	^{4}199	^{5}195	^{4}190	^{4}186	^{4}182	^{4}178	^{4}174	^{4}170	^{4}166	^{4}162
8	^{3}158	^{4}155	^{3}151	^{4}148	^{4}144	^{3}141	^{3}138	^{3}135	^{3}132	^{3}129
9	^{3}126	^{3}123	^{3}120	^{2}117	^{3}115	^{2}112	^{3}110	^{2}107	^{3}105	^{2}102

使用方法:在左边第一列(0~9)中读取吸光度值的第一位小数,在上边第一行(0~9)中读取吸光度值的第二位小数。

两者交叉处的数值即为透光率。当吸光度小于1时先用该吸光度值除以10,吸光度在1和2之间时先除以100,吸光度在2和3之间先除以1 000然后再去表中找对应的透光率。

注:使用插值法,每格的右上方数字对应吸光度的第三位小数。

例如:

吸光度　　0.47　　　1.47　　　2.47　　　3.47

T　　　　33.9%　　3.4%　　0.3%　　0%

透光率(T)可精确至 0.1%。

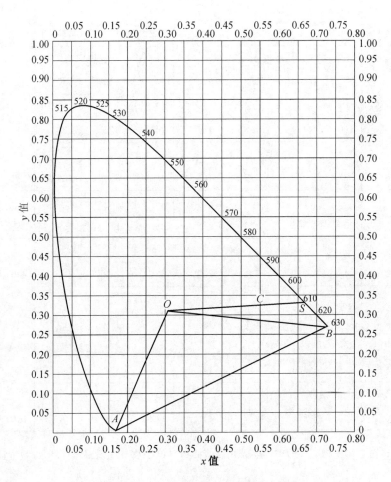

图 1 表示光谱所有颜色位置的色度图

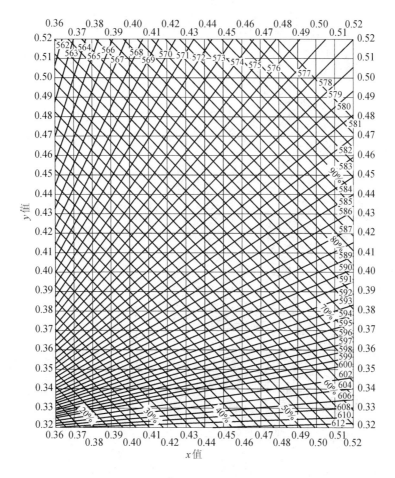

图2 纯红葡萄酒与桃红葡萄酒色度图

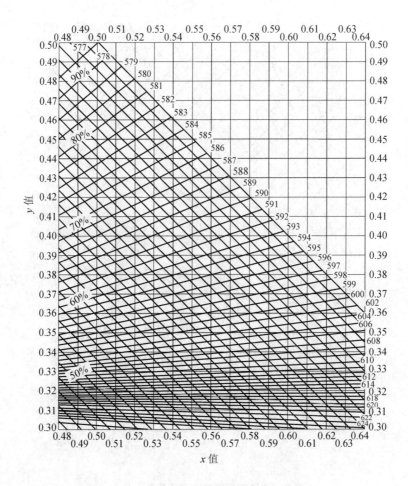

图 3　纯红葡萄酒和桃红葡萄酒色度图

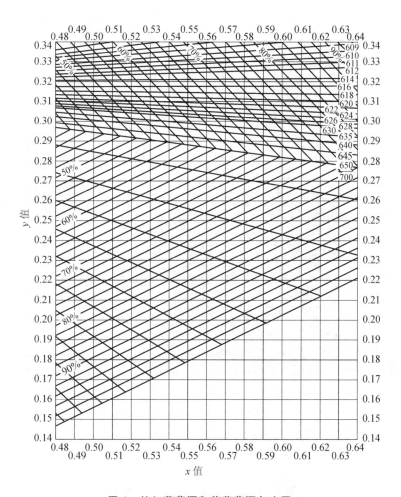

图 4　纯红葡萄酒和紫葡萄酒色度图

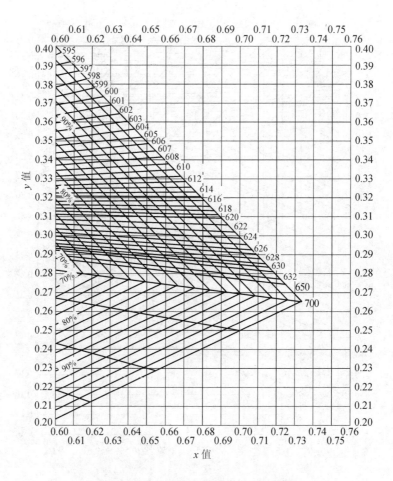

图 5 纯红葡萄酒和紫红葡萄酒色度图

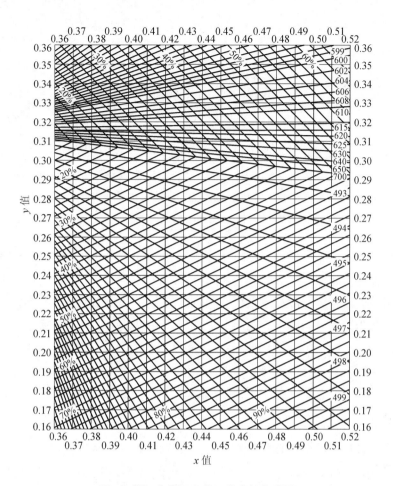

图6 桃红葡萄酒和紫红葡萄酒色度图

参 考 文 献

[1] BOUTARIC A.,FERRE L..ROY M.,*Ann. Fals. Fraudes*.1937,30,196.

[2] SUDRAUD P.,*Ann. Technol. Agric.*,1958,no 2,203.

[3] MARECA CORTES J.,*Atti Acc. Vite Vino*.1964,16.

[4] GLORIES Y.,*Conn. vigne et Vin*.1984,18,no 3,195.

浊　度

（决议 Oeno 4/2000）

1　注意事项

葡萄酒浊度的测量结果与所使用设备有很大的关系。因此，只有采用同一测量原理的浊度仪测定结果之间才具有可比性，不同测量原理的浊度仪测定结果之间不能进行比较。

浊度的测定误差主要来源于所使用浊度仪的类型，包括：杂散光的影响、酒体颜色的影响（尤其是低混浊度的酒体）、电器元件老化而造成的电流不稳定、光源的类型、光检测器、测量杯的类型及尺寸。

本方法使用双光束光学补偿设计的浊度仪，该仪器可以补偿由于电流的不稳定、主电压的波动和部分葡萄酒颜色等造成的误差，并且校准后稳定性较好。

应当指出的是该方法不能对照分析在不同光源条件下采集的数据，因此不能开展实验室间的协同比对实验。

2　目的

采用光学方法测定葡萄酒浊度。

3　应用范围

当不具有测量重复性良好且能够有效补偿葡萄酒颜色的浊度测定仪器时，可以采用本方法，但是检测结果仅供参考。

该方法主要适用于生产中浊度测定。

本方法不能根据国际认可标准进行标准化认证，方法类型为 Ⅳ。

4　基本原理

浊度是一种光学效应。

扩散系数是液体的本质特性，用于描述液体的光学效应。这种光学效应是由极微小的颗粒在液体分散介质中分布引起的。不同的分散介质其粒子的折射系数不同。

光束通过用一定体积容器装有的光学清洁的水溶液时，入射光波会产生扩散，通过对扩散光强度的测定能够得到水中的分子扩散情况。

在固定波长，入射光通量相同、测量角度相同、容器相同、指定温度等条件下，如果光束通过水的光散射值，大于通过待测液体的，则差异是由于悬浮在水中的固体、液体和气体粒子引起的，所以扩散光的测量值即为溶液的浊度。

5　定义

5.1　浊度

溶液中所含不溶性颗粒物质使液体透明度降低。

5.2　浊度系数的测量单位

浊度的单位为 NTU。光线通过标准的福尔马肼悬浊液(制备见 6.1.2),并从与入射光呈 90°的方向检测有多少光被该溶液中的颗粒物所散射的值。

6　福尔马肼标准悬浊液的制备 *

6.1　试剂

所有试剂都必须是分析纯,并保存在玻璃瓶中。

6.1.1　配制标准溶液的水的基本要求

0.1 μm 孔径滤膜在 100 mL 蒸馏水中浸泡 1 h(同微生物学要求),取 250 mL 蒸馏水用浸泡过的滤膜过滤两次后,用于标准溶液的配制。

6.1.2　福尔马肼($C_2H_4N_2$)溶液

福尔马肼溶液($C_2H_4N_2$)无商品化产品,制备方法如下:

溶液 A:称取 10.0 g 六亚甲基四胺[$(CH_2)_6N_4$]用适量水溶解并定容至 100 mL。

溶液 B:称取 1.0 g 硫酸肼($N_2H_6SO_4$)用适量水溶解并定容至 100 mL。

6.2　操作方法

将 5 mL 溶液 A 和 5 mL 溶液 B 混合,在 25℃±3℃放置 24 h 后,用水稀释至 100 mL。该标准溶液的浊度为 400 NTU,在室温避光条件下该标准溶液保存期为 4 周;将该标准溶液用水稀释 400 倍,得到浊度为 1 NTU 的标准溶液,该标准溶液保存期仅为 1 周。

7　光学测量原理

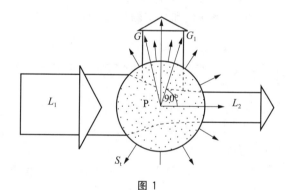

图 1

L_1—入射光束;L_2—通过样品后的光束;P—样品;S_1—散射光

G/G_1—用于测量的散射光的有限射线

散射光应该在与入射光入射方向成 90°处测量。

8　仪器

8.1　双光束和光学补偿浊度仪的光学原理

由光源(1)发出一束光到偏转反射镜(2),它大约以 600 次/s 的速度交替地反射出测量

---

* 硫酸肼有毒并可能会致癌,所有操作需采取相应的防护措施。

光束(3)和参比光束(4)。

测量光束(3)通过被测液体(5)产生散射光,而参比光束(4)通过具有固定浊度的标准溶液(6)产生散射光。

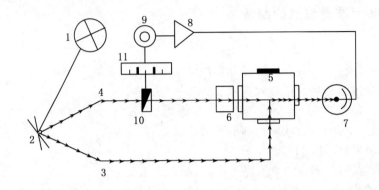

图2

光线通过被测液体(5)被其中的微粒产生的散射光和通过标准溶液(6)产生的散射光被光电管(7)交替接收。测量光束(3)和参比光束(4)有同样的频率,但它们的发光强度不同。

光电管(7)将这些不同强度的光转变成电流并经放大器(8)放大,传到同步电机(9)。这个电机用一个动力测量光控装置(10)来改变控制光束的强度,直到两束光以同样的发光强度到达光电管。

通过测量光束和参比光束的平衡状态可以测量被测液体中固体颗粒的含量。

测量的绝对值取决于标准参比光束和光圈的位置。

8.2　特性

注:不管葡萄酒具有什么颜色,为了测量浊度,浊度仪必须配一个能在620 nm波长下进行测量的干涉滤光片,如果光源是红外光源,则不需要干涉滤光片。

8.2.1　入射光光谱的宽度应小于或等于60 nm。

8.2.2　入射的平行光不能有分支,且收敛度不能超过1.5°。

8.2.3　入射光轴与散射光的角度为90°±2.5°。

8.2.4　浊度的测量范围为0 NTU～0.1 NTU时,由于杂射光而引起的仪器测量误差不能超过光的随机误差为0.01 NTU。

9　步骤

9.1　检查仪器

在开展测量实验前,检查仪器的用电和机械要求,要与厂家推荐的条件一致。

9.2　检查测量比例尺

在进行任何一个或是一系列测量之前,需使用以前校准的仪器去检测测量比例尺。

9.3　清洗测量单元

在测量之前,小心仔细清理测量槽,在浊度系数测量前及测量过程中,采取一切必要的措施,以避免灰尘进入仪器,特别是测量单元。

9.4 分析步骤

——测量温度应该在 15℃～25℃(要保证被测葡萄酒样品的温度以确保正确地进行比较)。在测量之前,认真将产品混合均匀,但是不能突然的摇动,以免产生乳化。

——使用少量的待测样品仔细润洗测量槽两次。

——小心地将待测样品倒进测量槽,避免产生气泡,待读数稳定 1 min 后,开始进行测量。

——记录测量的浊度系数。

10 结果表示

葡萄酒浊度用下列方法记录和表示,单位为 NTU:

——如果浊度小于 1 NTU,结果精确至 0.01 NTU。

——如果浊度在 1 NTU～10 NTU,结果精确至 0.1 NTU。

——如果浊度在 10 NTU～100 NTU,结果精确至 1 NTU。

11 测量报告

测试结果应包含以下内容:

a) 本方法的参考文献;

b) 测定结果按照第 10 节要求表示;

c) 注明任何可能影响结果的细节和注意点。

参 考 文 献

[1] AFNOR. Standard NF EN 27027(ISO 7027)—1994. Water Quality=Turbidity Analysis.

[2] OIV. Compendium of International Methods for Spirits,Alcohols and the Aromatic Fractions in Beverages—1994. Turbidity—Nephelometric Analysis Method.

[3] OIV SIGRIST PHOTOMETER SA,CH 6373 Ennetburgen. Excerpts from technical instructions for nephelometers.

福林-肖卡指数

1 定义

福林-肖卡指数是使用下述方法所得到的结果。

2 原理

葡萄酒中所有的酚类物质都能被福林-肖卡试剂氧化。该试剂是由磷钨酸($H_3PW_{12}O_{40}$)和磷钼酸($H_3PMo_{12}O_{40}$)的混合物组成,酚类物质被氧化后会生成蓝色的氧化钨(W_8O_{23})和氧化钼(Mo_8O_{23})混合物,在 750 nm 波长处有最大吸收峰,其强度与酚类物质的总含量成比例。

3 设备

3.1 100 mL 容量瓶。

3.2 可在 750 nm 波长下测量用分光光度计。

4 试剂

4.1 福林-肖卡试剂。可以使用市售的商品化试剂。也可按照以下方法进行配制:称取 100 g 钨酸钠($Na_2WO_4 \cdot 2H_2O$)和 25 g 钼酸钠($Na_2MoO_4 \cdot 2H_2O$)溶解在 700 mL 蒸馏水中,加入 50 mL 85%磷酸($\rho_{20℃}=1.71$ g/mL)和 100 mL 浓盐酸($\rho_{20℃}=1.19$ g/mL),沸腾状态下回流 10 h。加入 150 g 硫酸锂($Li_2SO_4 \cdot H_2O$)和几滴溴水后,再沸腾 15 min。冷却,加入蒸馏水使其达到 1 L。

4.2 20%(m/V)无水碳酸钠溶液。

5 方法

5.1 红葡萄酒

在 100 mL 的容量瓶中(3.1),严格按照以下顺序依次加入:1 mL 稀释了 5 倍的葡萄酒;

50 mL 蒸馏水;

5 mL 福林-肖卡试剂;

20 mL 碳酸钠溶液(4.2)。

加蒸馏水定容至 100 mL,摇匀,等待 30 min 至反应完全。用 1 cm 的比色皿在 750 nm 波长处进行吸光度的测试,以蒸馏水作参比。

如果所测得的吸光度值小于 0.3,则需调整葡萄酒的稀释倍数重新进行测定。

5.2 白葡萄酒

取 1 mL 未经稀释的白葡萄酒按上述方法进行试验。

6 结果表示

6.1 计算

结果以指数形式表示：如果是稀释 5 倍的红葡萄酒（或相应的其他稀释倍数），用吸光度乘以 100 得到指数；如果是白葡萄酒，乘以 20 得到指数。

6.2 精确度

由同一检测人员同时进行或者间隔很短时间内检测得到的两个结果相差不超过 1。结果的准确度与所使用的容器（容量瓶和比色皿）的洁净度有关。

颜色特征〔CIE 1976($L^*a^*b^*$)色空间法〕

(决议 Oeno 1/2006)

1　简介

　　葡萄酒的颜色是我们可获得的一个最重要的视觉特征,它提供了大量与葡萄酒密切相关的信息。

　　色彩是一种视觉,是我们对从物体表面折射或者反射光的感知。色彩与光是紧密相关的,我们所看到的物体的颜色取决于光源的类型(发光或发光刺激)。光的可变性很强,所以在一定程度上色彩也是可变的。

　　葡萄酒能够吸收一部分光,同时也透射和反射一部分光,这部分被反射的光到达观察者眼睛,就感觉到葡萄酒的颜色。例如,非常暗的红葡萄酒是因为大部分的入射光被酒吸收而造成的。

1.1　范　围

　　本分光光度法是根据国际照明委员会(CIE,1976)的规定采用三基色分量(X,Y 和 Z)的定义测量和计算葡萄酒及其他饮料的颜色特征,从而试图模仿真实观察员对颜色的感觉。

1.2　原理和定义

　　葡萄酒的颜色可以使用 3 个属性或视觉特质来描述:色调,色度和色差。

　　色调是颜色的根本特征,有红色,黄色,绿色和蓝色等。色度是葡萄酒本身或多或少发光而形成的视觉属性。色差或着色水平与颜色强度的高或低相关。我们采用这三个概念的组合来定义葡萄酒颜色特征的多样性。

　　葡萄酒的颜色度特征可以用分光光度法或色度坐标(图 A.1)来定义:透明度(L^*),红/绿颜色分量(a^*),和蓝/黄颜色分量(b^*);和其衍生特征:色度(C^*),色调(H^*)和颜色[(a^*,b^*)或(C^*,H^*)]。CIELab 色度空间系统是基于一个按次序的或连续的 3 轴直角坐标:L^*,a^* 和 b^*(图 A.2 和图 A.3)。坐标 L^* 代表透明度($L^*=0$ 代表黑色,$L^*=100$ 代表无色),a^* 代表绿/红颜色分量($a^*>0$ 红色,$a^*<0$ 绿色),b^* 代表蓝/黄颜色分量($b^*>0$ 黄,$b^*<0$ 蓝)。

1.2.1　透明度

　　透明度用符号 L^* 表示,它是根据下列数学函数定义的:

$$L^*=116(Y/Y_n)^{1/3}-16$$

　　其与发光体的亮度视觉直接相关。

1.2.2　红/绿颜色分量

　　红/绿颜色分量用符号 a^* 表示,是根据下列数学函数定义:

$$a^*=500[(X/X_n)-(Y/Y_n)]$$

1.2.3　黄/蓝颜色分量

　　黄/蓝颜色分量用符号 b^* 表示,是根据下列数学函数定义:

$$b^*=200-[(Y/Y_n)^{1/3}-(Z/Z_n)^{1/3}]$$

1.2.4 色度

色度的符号是 C^*，它是根据下列数学函数定义的：

$$C^* = \sqrt{(a^{*2} + b^{*2})}$$

1.2.5 色调

色调的符号是 H^*，它的单位是 60 进制度（°）。它是根据下列数学函数定义的：

$$H^* = \mathrm{tg}^{-1}(b^*/a^*)$$

1.2.6 两种葡萄酒的色调差异

其符号是 ΔH^*，它是根据下列数学函数定义的：

$$\Delta H^* = \sqrt{(\Delta E^*)^2 - (\Delta L^*)^2 - (\Delta C^*)^2}$$

见附录 A。

1.2.7 两种葡萄酒之间的颜色差异

其符号是 ΔE^*，它是根据下列数学函数定义的：

$$\Delta E^* = \sqrt{(\Delta L^*)^2 + (\Delta a^*)^2 + (\Delta b^*)^2} = \sqrt{(\Delta L^*)^2 + (\Delta C^*)^2 + (\Delta H^*)^2}$$

1.3 试剂和材料

蒸馏水。

1.4 仪器和设备

1.4.1 分光光度计：满足以下条件：光源 D65，位于 10°角观察，测量波长 300 nm～380 nm，透光率测量，分辨率大于等于 5 nm。

1.4.2 将分光光度计与计算机连接，用合适的软件控制，将有利于计算出色度坐标值（L^*、a^* 和 b^*）以及它们的衍生特征值（C^* 和 H^*）。

1.4.3 玻璃比色皿，配套成对，光程为 1 mm，2 mm 和 10 mm。

1.4.4 移液器：0.020 mL～2 mL。

1.5 取样和样品制备

取样时必须注意样品的均匀性和代表性。如果葡萄酒浑浊，必须离心使之澄清透明，新酿的葡萄酒和起泡葡萄酒需要在真空条件下摇动或者用超声波发生器去除二氧化碳。

1.6 步骤

——选用成套的比色皿进行分光光度法测量，同时确保不超出分光光度计测量的线性范围。建议在测定白葡萄酒和桃红葡萄酒时使用 10 mm 的比色皿，测定红葡萄酒时使用 1mm 的比色皿。

——量取制备好的样品，用装有蒸馏水的同样规格的比色皿作为参比，在 380 nm～780 nm 波长范围，采取间隔 5 nm 条件下测量样品的透射率，以建立基准线或白线，仪器光源选择 D65，观察角度为 10°。

——对于用小于 10 mm 的比色皿读出的数据必须先要转化为 10 mm 的透射率，然后再计算 L^*、a^*、b^*、C^* 和 H^*。

测量条件见表 1。

表1

测量波长范围:380 nm～780 nm
间隔:5 nm
比色皿:根据葡萄酒的颜色深度选择合适的光程:1 cm(白葡萄酒和桃红葡萄酒)和0.1 cm(红葡萄酒)
光源:D65
观测器模式:10°

1.7 计算

分光光度计必须与计算机连接,使用合适的数学算法,才能有利于计算出色度坐标值(L^*、a^*和b^*)以及它们的相关衍生特征值(C^*和H^*)如果不能使用计算机时,可查阅附录A进行计算。

1.8 结果表示

葡萄酒的色度坐标值可根据表2中的推荐方法表示。

表2

色度坐标	符号	间隔区间	小数位数
透明度	L^*	0～100 0 黑色 100 无色	1
红/绿颜色分量	a^*	>0 红色 <0 绿色	2
黄/蓝颜色分量	b^*	>0 黄色 <0 蓝色	2
色度	C^*		2
色调	H^*	0°～360°	2

1.9 计算举例

图 A.4 显示的是新酿红葡萄酒的色度坐标值和色度图。各值结果如下:

$X=12.31;Y=60.03;Z=10.24$

$L^*=29.2$

$a^*=55.08$

$b^*=36.10$

$C^*=66.00$

$H^*=33.26°$

2 精密度

按照实验室间协同比对实验的要求,两个实验室对 8 个具有显著颜色特征的葡萄酒盲样进行测定,以验证该分析方法的有效性,测定结果如下表。

表3　色度坐标 L*（透明度，0~100）

样品识别号	A	B	C	D	E	F	G	H
实验室测试年份	2004	2002	2004	2004	2004	2004	2002	2004
参加实验室数量	18	21	18	18	17	18	23	18
消除异常值后的实验室数量	14	16	16	16	14	17	21	16
平均值（$\overline{X}$）	96.8	98.0	91.6	86.0	77.4	67.0	34.6	17.6
重复性标准偏差（S_r）	0.2	0.1	0.2	0.8	0.2	0.9	0.1	0.2
相对标准偏差 $RSD_r/\%$	0.2	0.1	0.3	1.0	0.3	1.3	0.2	1.2
重复性限 $r(2.8 \times S_r)$	0.5	0.2	0.7	2.2	0.7	2.5	0.2	0.6
再现性标准偏差（S_R）	0.6	0.1	1.2	2.0	0.8	4.1	1.0	1.0
相对标准偏差 $RSD_R/\%$	0.6	0.1	1.3	2.3	1.0	6.1	2.9	5.6
再现性限 $R(2.8 \times S_R)$	1.7	0.4	3.3	5.5	2.2	11.5	2.8	2.8

表4　色度坐标 a*（绿/红）

样品识别号	A	B	C	D	E	F	G	H
实验室测试年份	2004	2002	2004	2004	2004	2004	2002	2004
实验室数量	18	21	18	18	17	18	23	18
消除异常值后的实验室数量	15	15	14	15	13	16	23	17
平均值（$\overline{X}$）	−0.26	−0.86	2.99	11.11	20.51	29.29	52.13	47.55
重复性标准偏差（S_r）	0.17	0.01	0.04	0.22	0.25	0.26	0.10	0.53
相对标准偏差 $RSD_r/\%$	66.3	1.4	1.3	2.0	1.2	0.9	0.2	1.1
重复性限 $r(2.8 \times S_r)$	0.49	0.03	0.11	0.61	0.71	0.72	0.29	1.49
再现性标准偏差（S_R）	0.30	0.06	0.28	0.52	0.45	0.98	0.88	1.20
相对标准偏差 $RSD_R/\%$	116.0	7.5	9.4	4.7	2.2	3.4	1.7	2.5
再现性限 $R(2.8 \times S_R)$	0.85	0.18	0.79	1.45	1.27	2.75	2.47	3.37

表5　色度坐标 b*（蓝/黄）

样品识别号	A	B	C	D	E	F	G	H
实验室测试年份	2004	2002	2004	2004	2004	2004	2002	2004
实验室数量	17	21	17	17	17	18	23	18
消除异常值后的实验室数量	15	16	13	14	16	18	23	15
平均值（$\overline{X}$）	10.95	9.04	17.75	17.10	19.68	26.51	45.82	30.07
重复性标准偏差（S_r）	0.25	0.03	0.08	1.08	0.76	0.65	0.15	0.36
相对标准偏差 $RSD_r/\%$	2.3	0.4	0.4	6.3	3.8	2.5	0.3	1.2
重复性限 $r(2.8 \times S_r)$	0.71	0.09	0.21	3.02	2.12	1.83	0.42	1.01
再现性标准偏差（S_R）	0.79	0.19	0.53	1.18	3.34	2.40	1.44	1.56
相对标准偏差 $RSD_R/\%$	7.2	2.1	3.0	6.9	16.9	9.1	3.1	5.2
再现性限 $R(2.8 \times S_R)$	2.22	0.53	1.47	3.31	9.34	6.72	4.03	4.38

附　录　A

原则上，在可见光谱范围内，结合色度法公式通过增加激发颜色的相对光谱曲线得到颜色的三色分量 X, Y, Z。通过实验获得这些函数公式。直接通过整合法不能计算三色值，需通过改变波长周期和求和，来获得这些近似值。

表 A.1

$X = K \sum_{(\lambda)} T_{(\lambda)} S_{(\lambda)} \overline{X}_{10(\lambda)} \Delta_{(\lambda)}$	$T_{(\lambda)}$ 是用光程为 1 cm 的比色皿，在波长 λ 测得的葡萄酒的透射率
$Y = K \sum_{(\lambda)} T_{(\lambda)} S_{(\lambda)} \overline{Y}_{10(\lambda)} \Delta_{(\lambda)}$	$\Delta_{(\lambda)}$ 是所测得的 $T_{(\lambda)}$ 中的 λ 间隔
$Z = K \sum_{(\lambda)} T_{(\lambda)} S_{(\lambda)} \overline{Z}_{10(\lambda)} \Delta_{(\lambda)}$	$S_{(\lambda)}$ 是表 1 中关于 λ 的函数与光源对应值
$K = 100 / \sum_{(\lambda)} S_{(\lambda)} \overline{Y}_{10(\lambda)} \Delta_{(\lambda)}$	$\overline{X}_{10(\lambda)} ; \overline{Y}_{10(\lambda)} ; \overline{Z}_{10(\lambda)}$ 是表 1 中关于 λ 的函数与观察位置的对应值

X_n, Y_n 和 Z_n 的值代表在一个光源和一个给定的观察位置测得的理想的扩散值。在这种情况下，光源是 D65 和观察位置能高出 4 度。

$$X_n = 94.825; Y_n = 100; Z_n = 107.381$$

这个大致的均匀空间源于 CIEYxy 空间，三色分量 X, Y, Z 是基于此空间确定的。

三色分量 $X/Y/Z$ 可通过下列公式计算得到色度坐标 L^*、a^* 和 b^*。

表 A.2

$L^* = 116(Y/Y_n)^{1/3} - 16$	式中 $Y/Y_n > 0.008\,856$
$L^* = 903.3(Y/Y_n)$	式中 $Y/Y_n < \acute{o} = 0.008\,856$
$a^* = 500[f(X/X_n) - f(Y/Y_n)]$	
$b^* = 200[f(Y/Y_n) - f(Z/Z_n)]$	
$f(X/X_n) = (X/X_n)^{1/3}$	式中 $(X/X_n) > 0.008\,856$
$f(X/X_n) = 7.787(X/X_n) + 16/166$	式中 $(X/X_n) < \acute{o} = 0.008\,856$
$f(Y/Y_n) = (Y/Y_n)^{1/3}$	式中 $(Y/Y_n) > 0.008\,856$
$f(Y/Yn) = 7.787(Y/Y_n) + 16/116$	式中 $(Y/Y_n) < \acute{o} = 0.008\,856$
$f(Z/Z_n) = (Z/Z_n)^{1/3}$	式中 $(Z/Z_n) > 0.008\,856$
$f(Z/Z_n) = 7.787(Z/Z_n) + 16/116$	式中 $(Z/Z_n) < \acute{o} = 0.008\,856$

这两种颜色之间总色度差异是由 CIELab 色差表示。

$$\Delta E^* = [(\Delta L^*)^2 + (\Delta a^*)^2 + (\Delta b^*)^2]^{1/2}$$

在 CIELab 色度空间中不仅能表示所有颜色的变化，还可以表达 L^*、a^* 和 b^* 中一个或多个参数。因此可用此来定义和它们相关的新的视觉特征参数。

透明度,和亮度有关,直接用 L^* 值表示。

色度:$C^* = (a^{*2} + b^{*2})^{1/2}$ 定义色度感。

色相角:$H^* = \text{tg}^{-1}(b^*/a^*)$（用度数表示）,和色调有关。

色调差:$\Delta H^* = [(\Delta E^*)^2 - (\Delta L^*)^2 - (\Delta C^*)^2]^{1/2}$

对于两个未指定的颜色,我们用 ΔC^* 来表示它们的色度差,用 ΔL^* 来表示它们的透明度差,ΔE^* 来表示它们颜色的全部差异。我们可以得到下列公式:

$$\Delta E^* = [(\Delta L^*)^2 + (\Delta a^*)^2 + (\Delta b^*)^2]^{1/2} = [(\Delta L^*)^2 + (\Delta C^*)^2 + (\Delta H^*)^2]^{1/2}$$

表 A.3

波长（λ）/nm	$S_{(\lambda)}$	$\overline{X}_{10(\lambda)}$	$\overline{Y}_{10(\lambda)}$	$\overline{Z}_{10(\lambda)}$
380	50.0	0.000 2	0.000 0	0.000 7
385	52.3	0.000 7	0.000 1	0.002 9
390	54.6	0.002 4	0.000 3	0.010 5
395	68.7	0.007 2	0.000 8	0.032 3
400	82.8	0.019 1	0.002 0	0.086 0
405	87.1	0.043 4	0.004 5	0.197 1
410	91.5	0.084 7	0.008 8	0.389 4
415	92.5	0.140 6	0.014 5	0.656 8
420	93.4	0.204 5	0.021 4	0.972 5
425	90.1	0.264 7	0.029 5	1.282 5
430	86.7	0.314 7	0.038 7	1.553 5
435	95.8	0.357 7	0.049 6	1.798 5
440	104.9	0.383 7	0.062 1	1.967 3
445	110.9	0.386 7	0.074 7	2.027 3
450	117.0	0.370 7	0.089 5	1.994 8
455	117.4	0.343 0	0.106 3	1.900 7
460	117.8	0.302 3	0.128 2	1.745 4
465	116.3	0.254 1	0.152 8	1.554 9
470	114.9	0.195 6	0.185 2	1.317 6
475	115.4	0.132 3	0.219 9	1.030 2
480	115.9	0.080 5	0.253 6	0.772 1
485	112.4	0.041 1	0.297 7	0.570 1
490	108.8	0.016 2	0.339 1	0.415 3
495	109.1	0.005 1	0.395 4	0.302 4
500	109.4	0.003 8	0.460 8	0.218 5
505	108.6	0.015 4	0.531 4	0.159 2
510	107.8	0.037 5	0.606 7	0.112 0
515	106.3	0.071 4	0.685 7	0.082 2
520	104.8	0.117 7	0.761 8	0.060 7
525	106.2	0.173 0	0.823 3	0.043 1
530	107.7	0.236 5	0.8752	0.030 5
535	106.0	0.304 2	0.9238	0.020 6
540	104.4	0.376 8	0.9620	0.013 7

表 A.3(续)

波长(λ)/nm	$S_{(\lambda)}$	$\overline{X}_{10(\lambda)}$	$\overline{Y}_{10(\lambda)}$	$\overline{Z}_{10(\lambda)}$
545	104.2	0.451 6	0.982 2	0.007 9
550	104.0	0.529 8	0.991 8	0.004 0
555	102.0	0.616 1	0.999 1	0.001 1
560	100.0	0.705 2	0.997 3	0.000 0
565	98.2	0.793 8	0.982 4	0.000 0
570	96.3	0.878 7	0.955 6	0.000 0
575	96.1	0.951 2	0.915 2	0.000 0
580	95.8	1.014 2	0.868 9	0.000 0
585	92.2	1.074 3	0.825 6	0.000 0
590	88.7	1.118 5	0.777 4	0.000 0
595	89.3	1.134 3	0.720 4	0.000 0
600	90.0	1.124 0	0.658 3	0.000 0
605	89.8	1.089 1	0.593 9	0.000 0
610	89.6	1.030 5	0.528 0	0.000 0
615	88.6	0.950 7	0.461 8	0.000 0
620	87.7	0.856 3	0.398 1	0.000 0
625	85.5	0.754 9	0.339 6	0.000 0
630	83.3	0.647 5	0.283 5	0.000 0
635	83.5	0.535 1	0.228 3	0.000 0
640	83.7	0.431 6	0.179 8	0.000 0
645	81.9	0.343 7	0.140 2	0.000 0
650	80.0	0.268 3	0.107 6	0.000 0
655	80.1	0.204 3	0.081 2	0.000 0
660	80.2	0.152 6	0.060 3	0.000 0
665	81.2	0.112 2	0.044 1	0.000 0
670	82.3	0.081 3	0.031 8	0.000 0
675	80.3	0.057 9	0.022 6	0.000 0
680	78.3	0.040 9	0.015 9	0.000 0
685	74.0	0.028 6	0.011 1	0.000 0
690	69.7	0.019 9	0.007 7	0.000 0
695	70.7	0.013 8	0.005 4	0.000 0
700	71.6	0.009 6	0.003 7	0.000 0
705	73.0	0.006 6	0.002 6	0.000 0
710	74.3	0.004 6	0.001 8	0.000 0
715	68.0	0.003 1	0.001 2	0.000 0
720	61.6	0.002 2	0.000 8	0.000 0
725	65.7	0.001 5	0.000 6	0.000 0
730	69.9	0.001 0	0.000 4	0.000 0
735	72.5	0.000 7	0.000 3	0.000 0
740	75.1	0.000 5	0.000 2	0.000 0
745	69.3	0.000 4	0.000 1	0.000 0
750	63.6	0.000 3	0.000 1	0.000 0

表 A.3（续）

波长（λ）/nm	$S_{(\lambda)}$	$\overline{X}_{10(\lambda)}$	$\overline{Y}_{10(\lambda)}$	$\overline{Z}_{10(\lambda)}$
755	55.0	0.000 2	0.000 1	0.000 0
760	46.4	0.000 1	0.000 0	0.000 0
765	56.6	0.000 1	0.000 0	0.000 0
770	66.8	0.000 1	0.000 0	0.000 0
775	65.1	0.000 0	0.000 0	0.000 0
780	63.4	0.000 0	0.000 0	0.000 0

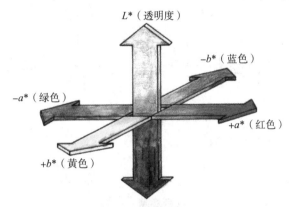

图 A.1　色度坐标图（根据国际照明委员会 CIE,1976）

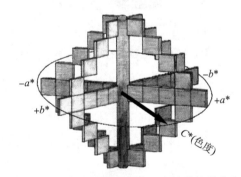

图 A.2　CIELab 色度空间,根据一个连续的或三个正交轴的连续直角坐标表示 L^*、a^* yb*

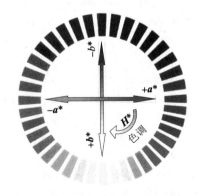

图 A.3　顺序图或连续的 a 和 b 的色度坐标和衍生的特征参数,如色调（H^*）

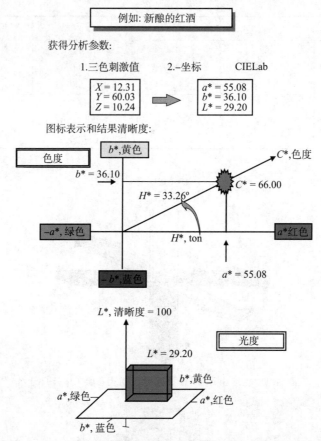

图 A.4　第1.9节中新酿红葡萄酒的 CIELab 色度三维立体图实例

参 考 文 献

［1］Vocabulaire International de l'Éclairage. Publication CIE 17. 4. -Publication I. E. C. 50(845). CEI(1987). Genève. Suisse.

［2］Colorimetry. 2nd Ed. -Publication CIE 15. 2(1986)Vienna.

［3］Colorimetry. 2nd Ed. -Publication CIE 15. 2(1986)Vienna.

［4］Kowaliski P. -Vision et mesure de la couleur. Masson ed. Paris 1990.

［5］Wiszecki G. And W. S. Stiles. Color Science. Concepts and Methods. Quantitative Data and Formulae. 2nd Ed. Wiley，New York 1982.

［6］Sève R. . -Physique de la couleur. Masson. Paris(1996).

［7］Echávarri J. F. ，Ayala F. et Negueruela A. I. . -Influence du pas de mesure dans le calcul des coordonnées de couleur du vin. Bulletin de l'OIV 831-832，370-378(2000).

［8］I. R. A. N. O. R . Magnitudes Colorimetricas. Norma UNE 72-031-83.

［9］Bertrand A. - Mesure de la couleur. F. V. 1014 2311/190196.

［10］Fernández. J. I. ；Carcelén. J. C. ；Martínez. A. III Congreso Nacional De Enologos，1. 997. -Caracteristicas cromaticas de vinos rosados y tintos de la cosecha de 1996 en la region de murcia.

［11］Cagnaso E. . -Metodi Oggettivi per la definizione del colore del vino. Quaderni della Scuoladi Specializzazione in Scienze Viticole ed Enologiche. Universidad di Torino. 1997.

［12］Ortega A. P. ，Garcia M. E. ，Hidalgo J. ，Tienda P. . Serrano J. -1995-Identificacion y Normalizacion de los colores del vino，Carta de colores. Atti XXI Congreso Mundial de la Via y el Vino. Punta del Este. ROU 378-391.

［13］Iñiguez M. ，Rosales A. ，Ayala R. ，Puras P. ，Ortega A. P. -1995-La cata de color y los parametros CIELab. caso de los vinos tintos de Rioja. Atti XXI Congreso Mundial de la Via y el Vino. Punta del Este. ROU 392-411.

［14］Billmeyer，F. W. jr. and M. Saltzman；Principles of Color. Technology，2. Auflage. New York；J. Wiley and Sons，1981.

稳定同位素质谱法测定葡萄酒和葡萄汁中水的$^{18}O/\,^{16}O$比值

（决议 OIV-Oeno 353/2009）

1 范围

本方法描述了用稳定同位素比值质谱仪（IRMS）测定葡萄酒和葡萄汁中的水与二氧化碳平衡后，其中$^{18}O/^{16}O$同位素比值的方法。

2 引用标准

ISO 5725:1994 测定方法和结果的精度（真实性和精确性） 可重复性的基本测定方法［Accuracy(trueness and precision)of measurement methods and results:Basic method for the determination of repeatability and reproducibility of a standard measurement method.］

V-SMOW 标准 维也纳海水标准［Vienna-Standard Mean Ocean Water($^{18}O/^{16}O=$ RV-SMOW＝0.0020052)］

GISP 标准 格陵兰冰盖降水标准(Greenland Ice Sheet Precipitation)

SLAP 标准 南极冰融水标准(Standard Light Antarctic Precipitation)

3 定义

$^{18}O/^{16}O$，样品中氧同位素^{18}O与^{16}O的比值

$\delta^{18}O_{\text{V-SMOW}}$，样品中氧同位素$^{18}O$与$^{16}O$的相对丰度。$\delta^{18}O_{\text{V-SMOW}}$根据下列公式计算得出：

$$\delta^{18}O_{\text{V-SMOW}}=\left[\frac{\left(\dfrac{^{18}O}{^{16}O}\right)_{样品}-\left(\dfrac{^{18}O}{^{16}O}\right)_{标准}}{\left(\dfrac{^{18}O}{^{16}O}\right)_{标准}}\right]\times1\,000\,[‰]$$

其中相对丰度δ以 V-SMOW 作为基准和参照点。

BCR   欧洲共同体标准物质局

IAEA   国际原子能机构（奥地利，维也纳）

IRMM   欧洲参考物质与测量研究所

IRMS   同位素比值质谱仪

m/z 质荷比

NIST   美国国家标准与技术研究院

RM   参考物质

4 原理

葡萄酒或葡萄汁样品中的水与二氧化碳标准气体进行同位素交换反应并达到同位素平衡。反应如下：$C^{16}O_2+H_2{}^{18}O\leftrightarrow C^{16}O^{18}O+H_2{}^{16}O$。

待反应达到平衡后，气相中的二氧化碳用同位素比值质谱仪（IRMS）进行分析，通过测定平衡后的二氧化碳得出水中$^{18}O/^{16}O$比值。

5 试剂与材料

根据测定方法(见第 6 部分)选择材料及耗材。所有方法均基于葡萄酒或葡萄汁中的水与二氧化碳达到平衡。

5.1 相关参考物质(见表 1)

表 1

名称	来源	$\delta^{18}O$ 与 V-SMOW 比
V-SMOW. RM 8535	IAEA/NIST	0 ‰
BCR-659	IRMM	-7.18 ‰
GISP. RM 8536	IAEA/NIST	-24.78 ‰
SLAP. RM 8537	IAEA/NIST	-55.5 ‰

5.2 工作标准

5.2.1 测量中用作二级参考气体的二氧化碳。

5.2.2 用于平衡反应的二氧化碳气体(可与 5.2.1 为同一气体,或在连续气体发生系统中产生的氦气－二氧化碳混合气)。

5.2.3 已知 $\delta^{18}O_{V\text{-}SMOW}$ 校准值的工作标准,可溯源至国际参考物质。

5.3 耗材

分析用氦气。

6 仪器

6.1 同位素比值质谱仪(IRMS)

同位素比值质谱仪(IRMS)可以测定二氧化碳气体中 ^{18}O 的相对含量,内部精度为 0.05‰。这里的内部精度是指对同一二氧化碳样品连续测定两次的误差。

质谱仪用来测定二氧化碳气体的同位素组成,应配备三重捕集器,以便同时测定下述离子流强度:

——$m/z=44$($^{12}C^{16}O^{16}O$)

——$m/z=45$($^{13}C^{16}O^{16}O$ 和 $^{12}C^{17}O^{16}O$)

——$m/z=46$($^{12}C^{16}O^{18}O$, $^{12}C^{17}O^{17}O$ 和 $^{13}C^{17}O^{16}O$)

通过测量相对强度,根据 $m/z=46$ 和 $m/z=44$ 的强度比值度,经校正后,通过质荷比 $m/z=45$ 的信号强度以及 ^{13}C 和 ^{17}O 在自然界的同位素含量计算出后两种离子对($^{12}C^{17}O^{17}O$ 和 $^{13}C^{17}O^{16}O$)的贡献度,得出 $^{18}O/^{16}O$ 同位素比值。

同位素比值质谱仪应有如下配置:

——双路进样系统:交替测定未知样品及参考标准物质。

——连续流动进样系统:将样品瓶中达到平衡状态的二氧化碳气体或二氧化碳标准气体定量转移到 IRMS 中测定。

6.2 设备和材料

6.2.1 所选系统与配套的反应瓶和隔垫。

6.2.2 合适的移液管。

6.2.3 恒定平衡反应时温度控制系统,控温精度为±1℃。

6.2.4 真空泵(根据所用方法,可选)。

6.2.5 自动进样器(根据所用方法,可选)。

6.2.6 进样针(根据所用方法,可选)。

6.2.7 分离二氧化碳及其他气体的气相色谱柱(根据所用方法,可选)。

6.2.8 除水装置(如低温冷阱、选择性渗透膜)。

7 取样

葡萄酒和葡萄汁样品,及相关参考物质不需任何预处理可直接测定。为防止样品发酵,可添加苯甲酸(或其他发酵抑制剂)或用 0.22 μm 孔径的滤膜过滤。

参考物质用于校准和漂移校正,在测试开始及最后均需测定参考物质,另外每隔 10 个样品最好插入一个参考物质测定。

8 步骤

下述步骤仅适用于利用水二氧化碳平衡原理,用 IRMS 测定水中^{18}O/^{16}O 同位素比值的方法。这些步骤可根据所使用的仪器、设备的实际情况进行相应调整。进样装置选择双路进样系统或连续流动进样系统,这两种技术手段都可以作为二氧化碳的进样方法。这些技术以及相应的操作条件在此不一一描述。

> 注:所有给定的参数诸如体积、温度、压力和时间仅是推荐值,具体参数需根据仪器特点和(或)实验条件确定。

8.1 手动平衡

用移液管将一定体积的样品/标准加入到反应瓶中,然后将反应瓶紧密连接在歧管上。将歧管放在−80℃的冷液中冻结样品(若歧管上配有毛细管道则不需该冷冻步骤);然后整个系统开始抽真空;当真空度达到稳定状态后,向各反应瓶中导入二氧化碳工作标准气体;在平衡过程中将歧管置于 25℃(温控精度为±1℃)水浴中 12 h(过夜),须保证水浴温度恒定、均匀。

水-二氧化碳交换反应达到平衡后,反应产生的二氧化碳从反应瓶转移至双路进样系统的样品仓内。多次交替测定双路进样系统中样品仓和标准仓内的二氧化碳标准气体。该测定过程持续至所有样品都测定完毕。

8.2 自动平衡仪

用移液管向反应瓶中加入一定体积的样品/标准品。将装有样品的反应瓶连在平衡系统上,在冷液(−80℃)中冻结样品(若系统上配有毛细管道则不需此冷冻步骤);然后整个系统抽真空。

当真空度达到稳定状态后,向各反应瓶中导入二氧化碳工作标准气体。反应一般在 22℃±1℃经适度搅拌至少 5 h 后可达到平衡。达到平衡的时间取决于很多因素(如反应瓶的形状、温度、搅拌……),需经实验确定。

水-二氧化碳交换反应达到平衡后,反应产生的二氧化碳从反应瓶转移至双路进样系统的样品仓内。多次交替测定双路进样系统中样品仓和标准仓内的 CO_2 标准气体。该测定过程持续至该批样品测定完毕。

8.3 手动/自动平衡联用双路进样 IRMS

用移液管向反应瓶中加入一定体积(如 $200\ \mu L$)的样品或标准品。将开口反应瓶放置在充满用于平衡反应(5.2.2)的纯二氧化碳气体的密闭腔体中。排除痕量空气,密封反应瓶瓶口并置于样品转换器的恒温盘中。$40℃$时需至少 $8\ h$ 才能达到平衡。达到平衡后,反应瓶中的二氧化碳气体经干燥后转移至双路进样系统的样品仓。多次交替测定双路进样系统中样品仓和标准仓内的二氧化碳标准气体,直至该批样品测定完毕。

8.4 自动平衡仪和连续流动进样系统联用

用移液管向反应瓶中加入一定体积的样品或标准品。反应瓶置于温控盘中。用一根气体进样针向反应瓶中充入氦-二氧化碳混合气。反应瓶顶部空间中的二氧化碳用于进行交换反应。

一般在温度 $30℃\pm1℃$ 条件下最少经 $18\ h$ 达到交换平衡。

交换反应达到完全平衡后,将反应瓶中的二氧化碳经连续流动系统转移至质谱仪的离子源中进行分析。二氧化碳参考气体也经由连续流动系统导入到 IRMS 中。

9 计算

IRMS 自动记录每个样品气或参考气中 m/z 分别为 44、45、46 离子的信号强度并根据 6.1 中的原理由 IRMS 仪器所带的软件自动计算出样品气 $^{18}O/^{16}O$ 同位素比值。在实际测定过程中 IRMS 给出一个以工作标准(事先经 V-SMOW 标定)为基准的样品 $^{18}O/^{16}O$ 比值。

测定过程中可能由于仪器条件差异而导致测定结果发生微小变化。在这种情况下样品中的 $\delta^{18}O$ 必须根据工作标准的实测值与给定值的差异进行校正。工作标准必须在测定序列的开始和结束进行测定,然后根据前后两次测定值(工作标准的给定值和实测值)用线性内插法进行校正。

最终结果是相对 $\delta^{18}O_{V\text{-}SMOW}$ 值(‰)的形式表示,$\delta^{18}O_{V\text{-}SMOW}$ 按如下公式计算得出:

$$\delta^{18}O_{V\text{-}SMOW} = \left[\frac{\left(\frac{^{18}O}{^{16}O}_{样品}\right) - \left(\frac{^{18}O}{^{16}O}_{V\text{-}SMOW}\right)}{\left(\frac{^{18}O}{^{16}O}_{V\text{-}SMOW}\right)}\right] \times 1000[‰]$$

应用下述公式对样品测定结果以 V-SMOW/SLAP 方式进行归一化处理:

$$\delta^{18}O_{V\text{-}SMOW/SLAP} = \left[\frac{\delta^{18}O_{样品} - \delta^{18}O_{V\text{-}SMOW}}{\delta^{18}O_{V\text{-}SMOW} - \delta^{18}O_{SLAP}}\right] \times 55.5[‰]$$

SLAP 承认的 $\delta^{18}O_{V\text{-}SMOW}$ 为 $-55.5‰$(见 5.1)。

10 精密度

重复性限(r)等于 $0.24‰$。

再现性限(R)等于 $0.50‰$。

表2　统计结果汇总表

样品		测定平均值/‰	重复性标准/偏差 S_r/‰	重复性限 r/‰	再现性标准偏差 S_R/‰	再现性限 R/‰
水	样品 1	−8.20	0.068	0.19	0.171	0.48
	样品 2	−8.22	0.096	0.27	0.136	0.38
葡萄酒 1	样品 5	6.87	0.098	0.27	0.220	0.62
	样品 8	6.02	0.074	0.21	0.167	0.47
	样品 9	5.19	0.094	0.26	0.194	0.54
	样品 4	3.59	0.106	0.30	0.205	0.57
葡萄酒 2	样品 3	−1.54	0.065	0.18	0.165	0.46
	样品 6	−1.79	0.078	0.22	0.141	0.40
	样品 7	−2.04	0.089	0.25	0.173	0.49
	样品 10	−2.61	0.103	0.29	0.200	0.56

11　实验室间比对实验

Bulletin de l'O. I. V. janvier-février 1997, 791-792, p. 53-65.

参 考 文 献

[1] Allison. C. E., Francey. R. J. and Meijer., H. A., (1995) Recommendations for the Reporting of Stable Isotopes Measurements of carbon and oxygen. Proceedings of a consultants meeting held in Vienna, 1-3. Dec. 1993, IAEA-TECDOC-825, 155-162, Vienna, Austria.

[2] Baertschi. P., (1976) Absolute [18]O Content of Standard Mean Ocean Water. *Earth and Planetary Science Letters*, 31, 341-344.

[3] Breas. O., Reniero, F. and Serrini, G., (1994) Isotope Ratio Mass Spectrometry: Analysis of wines from different European Countries. *Rap. Comm. Mass Spectrom.*, 8, 967-987.

[4] Craig. H., (1957) Isotopic standards for carbon and oxygen and correction factors for mass spectrometric analysis of carbon dioxide. *Geochim. Cosmochim. Acta*, 12, 133-149.

[5] Craig. H., (1961) Isotopic Variations in Meteoric Waters. Science, 133, 1702-1703.

[6] Craig. H., (1961) Standard for reporting concentrations of deuterium and oxygen-18 in natural waters. *Science*, 133, 1833-1834.

[7] Coplen. T., (1988) Normalization of oxygen and hydrogen data. *Chemical Geology* (Isotope Geoscience Section), 72, 293-297.

[8] Coplen, T. and Hopple. J., (1995) Audit of V-SMOW distributed by the US National Institute of Standards and Technology. Proceedings of a consultants meeting held in Vienna. 1-3. Dec. 1993, *IAEA-TECDOC*-825, 35-38 IAEA, Vienna, Austria.

[9] Dunbar. J., (1982 Detection of added water and sugar in New Zealand commercial wines.). Elsevier Scientific Publishing Corp. Edts. Amsterdam, 1495-501.

[10] Epstein. S. and Mayeda. T. (1953) Variations of the $^{18}O/^{16}O$ ratio in natural waters. *Geochim. Cosmochim. Acta*, 4, 213.

[11] Frstel. H. (1992) Projet de description d'une méthode : variation naturelle du rapport des isotopes 16O et ^{18}O dans l'eau comme méthode d'analyse physique du vin en vue du contrle de l' origine et de l'addition d'eau. *OIV, FV* n° 919, 1955/220792.

[12] Gonfiantini. R. , (1978) Standards for stable isotope measurements in natural compounds. Nature, 271, 534-536.

[13] Gonfiantini. R. , (1987) Report on an advisory group meeting on stable isotope reference samples for geochemical and hydrochemical investigations. IAEA, Vienna, Austria.

[14] Gonfiantini. R. , Stichler. W. and Rozanski. K. . (1995) Standards and Intercomparison Materials distributed by the IAEA for Stable Isotopes Measurements. Proceedings of a consultants meeting held in Vienna, 1-3. Dec. 1993, *IAEA-TECDOC*-825, 13-29 Vienna. Austria.

[15] Guidelines for Collaborative Study Procedures (1989) *J. Assoc. Off. Anal. Chem.* , 72, 694-704.

[16] Martin. G. J. . Zhang. B. L. , Day. M. and Lees. M. . (1993) Authentification des vins et des produits de la vigne par utilisation conjointe des analyses élémentaire et isotopique. *OIV. F. V.* , n°917, 1953/220792.

[17] Martin. G. J. , Förstel. H. and Moussa, I. (1995) La recherche du mouillage des vins par analyse isotopique ^{2}H et ^{18}O. *OIV, FV* n° 1006, 2268/240595.

[18] Martin. G. J. (1996) Recherche du mouillage des vins par la mesure de la teneur en ^{18}O de l'eau des vins. *OIV, FV* n° 1018, 2325/300196.

[19] Martin, G. J. and Lees. M. , (1997) Détection de l'enrichissement des vins par concentration des moûts au moyen de l'analyse isotopique^{2}H et ^{18}O de l'eau des vins. *OIV, FV* n° 1019, 2326/300196.

[20] Moussa. I. , (1992) Recherche du mouillage dans les vins par spectrométrie de masse des rapports isotopiques (SMRI). *OIV, FV* n°915, 1937/130592.

[21] Werner. R. A. and Brand. W. , (2001) Reference Strategies and techniques in stable isotope ratio analysis. *Rap. Comm.* Mass Spectrom. , 15, 501-519.

[22] Zhang, B. L. , Fourel. F. , Naulet. N. and Martin. G. J. , (1992) Influence de l'expérimentation et du traitement de l'échantillon sur la précision et la justesse des mesures des rapports isotopiques (D/H) et ($^{18}O/^{16}O$). *OIV, F. V.* n° 918, 1954/220792.

过筛法测定橡木片尺寸

(Oeno 406-2011)

1 简介

陈酿葡萄酒所使用的橡木片(俗称小木片)是由酿酒食品法典委员会(Oeno3/2005)授权提供并符合一定规格。例如:一批橡木片经 2 mm 网孔(9 目)筛选后的重量应至少达到其原重的 95%。下面介绍一种橡木片的选用和其尺寸的筛选方法。

2 适用范围

该方法适用于不少于 0.5 kg 的橡木测试样品。

3 原理

分割初始待测样品,取一定数量的橡木片(约 200 g)放置在振动筛上。振动筛选后,称量残留在振动筛上的橡木片,就可以测定残留在振动筛上的橡木片的重量百分比。

4 设备

——标准实验室设备。

——2 mm 孔径的网眼筛(9 目),直径 30 cm,安装在装有恢复盘的振动板上。

——称量器,精度为 0.1 g。

——开槽式试样分配器(如图 1)。

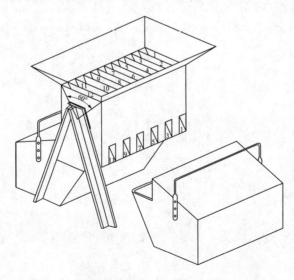

图 1 槽式样品分离机(EN 1482-1:2007)实例

5 分割测试样品

为了得到 200 g 具有均匀性、代表性的试样，可以使用槽式样品分配器，将样品随机分成 2 份。

首先将测试样品全部倒进分配器中，当第一次分配后将一份分成两份，将其中的一份再次通过槽式分配机进行分离，另一份放置一旁。根据需要重复操作分离，每次分配后会有一半被排除，直到获得两份约 200 g 的小样。

6 操作步骤

——称量空筛（W_{ES}）。

——称量空的恢复盘（W_{ET}）。

——称量筛和恢复盘部件皮重，将约 200 g 的橡木片放于其上并称量，称量精度要达到 0.1 g。W_{OAK} 是筛选前橡木片的质量。

——把称量好的带有样品的恢复盘放在振动盘上并夹紧后关闭盖子。

——启动设备，让其运行振动 15 min。

——称量未过 2 mm 筛网的样品及振动筛（W_{PS}）。

——称量通过筛网的样品及恢复盘（W_{PT}）。

将同一测试样本的第二份样品在相同条件下进行第二次测试。

应符合：$W_{ES} + W_{ET} + W_{OAK} = W_{PS} + W_{PT}$

7 计算

通过 2 mm 网眼筛选后未过筛样品的重量百分比按下式计算：

$$未过筛样品(\%) = \frac{W_{PS} - W_{ES}}{W_{OAK}} \times 100$$

最终的结果取平均值。

参 考 文 献

［1］Resolution OENO 3/2005 PIECES OF OAK WOOD.

［2］EN1482-1-Fertilizers and liming materials. Sampling and sample preparation. Part 1：Sampling.

第 3 章　化学检测

3.1　有机类化合物

3.1.1　糖类

方法 OIV-MA-AS311-01A　　　　　　　　　　　　　　　　　　　　　　　　　　　　方法类型 Ⅳ

还原性物质

（决议 Oeno 377/2009）

1　定义

还原性物质包括所有含醛基和酮基的糖类,其含量是根据它们在碱性溶液中与铜盐溶液的还原作用进行测定的。

2　方法原理

用中性醋酸铅或亚铁氰化锌将葡萄酒进行澄清处理后,进行还原糖的测定。

3　澄清

待测样品的含糖量应在 0.5 g/L～5 g/L 之间。

干型葡萄酒在澄清过程中不需要稀释,而甜型葡萄酒在澄清过程中应进行稀释,从而使其含糖量处于表 1 范围内:

表 1

分类	含糖量/(g/L)	密度/(g/mL)	稀释度/%
未经发酵葡萄汁和蜜甜尔酒	＞125	＞1.038	1
强化或未强化的甜型葡萄酒	25～125	1.005～1.038	4
半甜型葡萄酒	5～25	0.997～1.005	20
干型葡萄酒	＜5	＜0.997	不稀释

3.1　中性醋酸铅澄清法

3.1.1　试剂

中性醋酸铅溶液(近饱和):称取中性醋酸铅[$Pb(CH_3COO)_2 \cdot 3H_2O$]250 g,加沸水至500 mL,搅拌直至完全溶解。

1 mol/L 氢氧化钠溶液;碳酸钙。

3.1.2 步骤

干型葡萄酒:

取 50 mL 葡萄酒置于一个 100 mL 的容量瓶中,加入 $0.5(n-0.5)$ mL 的 1 mol/L 氢氧化钠溶液(n 为用于测定 10 mL 葡萄酒的总酸所耗的 0.1 mol/L 氢氧化钠的体积数)。在不停搅拌的情况下加入 2.5 mL 醋酸铅饱和溶液和 0.5 g 碳酸钙。振摇多次后静置至少15 min,期间再振摇几次,加水至刻度线后过滤。1 mL 滤液相当于 0.5 mL 葡萄酒。

葡萄汁、蜜甜尔酒、甜型葡萄酒和半干型葡萄酒:

在 100 mL 的容量瓶中,加入以下体积的葡萄酒(或葡萄汁或蜜甜尔酒)。

第一种情况:葡萄汁和蜜甜尔酒:将试样按 10％(V/V)稀释,取 10 mL 稀释液。

第二种情况:密度在 1.005 g/mL～1.038 g/mL 之间强化或未强化的甜型葡萄酒:将试样按 20％(V/V)稀释,取 20 mL 稀释液。

第三种情况:密度在 0.997 g/mL～1.005 g/mL 之间的半甜型葡萄酒:取 20 mL 未稀释的葡萄酒。

在上述葡萄汁或葡萄酒中加入 0.5 g 碳酸钙,约 60 mL 水,0.5 mL、1 mL 或 2 mL 的饱和醋酸铅溶液,振摇多次后静置至少 15 min,期间再振摇几次,加水至刻度线后过滤。

注:第一种情况:1 mL 滤液相当于 0.01 mL 葡萄汁或蜜甜尔酒。第二种情况:1 mL 滤液相当于 0.04 mL 甜型葡萄酒。第三种情况:1 mL 滤液相当于 0.20 mL 半干型葡萄酒。

3.2 亚铁氰化锌(Ⅱ)澄清法

该澄清方法只适用于白葡萄酒、浅色甜型葡萄酒和葡萄汁。

3.2.1 试剂

溶液Ⅰ——亚铁氰化钾溶液(Ⅰ):称取亚铁氰化钾(Ⅰ),$K_4Fe(CN)6 \cdot 3H_2O$ 150 g,加水溶解至 1 000 mL。

溶液Ⅱ——硫酸锌溶液:称取硫酸锌,$ZnSO_4 \cdot 7H_2O$ 300 g,加水溶解至 1 000 mL。

3.2.2 步骤

在 100 mL 的容量瓶中,加入下述体积的葡萄酒(葡萄汁或蜜甜尔酒)。

第一种情况:葡萄汁和蜜甜尔酒:将试样按 10％(V/V)稀释,取 10mL 稀释液。

第二种情况:密度在 1.005 g/mL～1.038 g/mL 之间加化或未强化的甜型葡萄酒:将试样按 20％(V/V)稀释,取 20 mL 稀释液。

第三种情况:20℃时密度在 0.997 g/mL～1.005 g/mL 之间半甜型葡萄酒:取 20 mL 未稀释的葡萄酒。

第四种情况:干型葡萄酒:取 50 mL 未经稀释的葡萄酒。

加入 5 mL 亚铁氰化钾溶液(溶液Ⅰ)和 5 mL 硫酸锌溶液(溶液Ⅱ),混合后加水至刻度,过滤。

注:第一种情况:1 mL 滤液相当于 0.01 mL 葡萄汁或蜜甜尔酒。

第二种情况:1 mL 滤液相当于 0.04 mL 甜型葡萄酒。

第三种情况:1 mL 滤液相当于 0.20 mL 半干型葡萄酒。

第四种情况:1 mL 滤液相当于 0.50 mL 干型葡萄酒。

4 还原糖的测定

4.1 试剂

碱性铜盐溶液:分别称取纯硫酸铜 $CuSO_4 \cdot 5H_2O$ 25 g、一水合柠檬酸 50 g、结晶碳酸钠 $Na_2CO_3 \cdot 10H_2O$ 388 g,加水溶解至 1 000 mL。

将硫酸铜溶于 100 mL 水中,柠檬酸溶于 300 mL 水中,碳酸钠溶于 300 mL~400 mL 热水中。先将柠檬酸溶液与碳酸钠溶液混合再与硫酸铜溶液混合,加水至 1 L。

30%(m/V)碘化钾溶液:称取碘化钾 KI 30 g,加水溶解至 100 mL。保存于深色玻璃瓶中。

25%(m/V)硫酸溶液:浓硫酸(H_2SO_4)1.84 g/mL 25 g,加水稀释解至 100 mL。将硫酸缓慢倒入水中,待其冷却,再加水至 100 mL。

5 g/L 淀粉溶液:将 5 g 淀粉加入到约 500 mL 水中,加热至沸腾,同时搅拌,保持沸腾 10 min,加入 200 g 氯化钠,冷却后,加水至 1 L。

硫代硫酸钠溶液:0.1 mol/L。

转化糖溶液:5 g/L,此溶液用于验证测定方法。

在 200 mL 容量瓶中加入:纯净干燥的蔗糖 4.75 g、水(约)100 mL、浓盐酸(1.16 g/mL~1.19 g/mL)5 mL。

将容量瓶置于 60℃ 水浴中,待溶液温度达到 50℃ 后,保持 15 min。先将此容量瓶自然冷却 30 min,再浸入冷水浴中冷却。将此容量瓶中的溶液转移入 1 L 容量瓶中,加水至刻度。在正常情况下,此溶液可以存放 1 个月。使用前,用氢氧化钠溶液中和该溶液(此溶液酸的浓度约为 0.06 mol/L)。

4.2 步骤

在 300 mL 的锥形瓶中加入 25 mL 碱性铜盐溶液,15 mL 水和 10 mL 澄清试剂。其中转化糖溶液中所含的转化糖不得超过 60 mg。

加入若干粒沸石,在锥形瓶上装一个回流冷凝器,在 2 min 内使锥形瓶中的溶液沸腾,并且保持沸腾 10 min。

将锥形瓶立即在流动冷水下进行冷却。待完全冷却后,加入 10 mL 30%(m/V)碘化钾溶液,25 mL 25%(m/V)硫酸和 2 mL 淀粉溶液。

用 0.1 mol/L 硫代硫酸钠溶液进行滴定,记录消耗硫代硫酸钠溶液的体积数 n(mL)。同时用 25 mL 蒸馏水代替 25 mL 蔗糖溶液进行空白试验,记录消耗硫代硫酸钠溶液的体积数 n'(mL)。

4.3 结果计算

表 2 中给出了试样消耗的硫代硫酸钠的体积数 $(n'-n)$ mL 所对应的试样中还原糖的含量(以转化糖计)。

葡萄酒中所含的还原糖以转化糖的质量浓度(g/L)表示,保留一位小数,计算中需考虑澄清过程中所做的稀释以及所用试样的体积。

表2　硫代硫酸钠溶液体积($n'-n$)mL与还原糖质量(mg)之间关系表

0.1 mol/L 硫代硫酸钠体积/mL	还原糖/mg	差值	0.1 mol/L 硫代硫酸钠体积/mL	还原糖/mg	差值
1	2.4	2.4	13	33.0	2.7
2	4.8	2.4	14	35.7	2.8
3	7.2	2.5	15	38.5	2.8
4	9.7	2.5	16	41.3	2.9
5	12.2	2.5	17	44.2	2.9
6	14.7	2.6	18	47.2	2.9
7	17.2	2.6	19	50.0	3.0
8	19.8	2.6	20	53.0	3.0
9	22.4	2.6	21	56.0	3.1
10	25.0	2.6	22	59.1	3.1
11	27.6	2.7	23	62.2	
12	30.3	2.7			

参 考 文 献

［1］JAULMES P. ，Analyses des vins，1951，170，Montpellier.

［2］JAULMES P. ，BRUN Mme S. ，ROQUES Mme J. ，Trav. Soc. Pharm. ，1963，23，19.

［3］SCHNEYDER J. ，VLECK G. ，Mitt. Klosterneuburg，Rebe und Wein，1961，sér. A，135.

方法 OIV-MA-AS311-02 方法类型 Ⅱ

葡萄糖和果糖(酶法)

(决议 Oeno 377/2009)

1 定义

葡萄糖和果糖都可以用酶法分别进行测定,目的是为了计算葡萄糖与果糖之比。

2 原理

葡萄糖和果糖在己糖激酶(HK)的作用下,被三磷酸腺苷(ATP)磷酸化,生成 6-磷酸葡萄糖(G6P)和 6-磷酸果糖(F6P):

$$葡萄糖 + ATP \xrightarrow{\text{HK}} G6P + ADP$$

$$果糖 + ATP \xrightarrow{\text{HK}} F6P + ADP$$

在 6-磷酸葡萄糖脱氢酶(G6PDH)存在的情况下,6-磷酸葡萄糖被烟酰胺嘌呤双核苷酸(NADP)氧化成 6-磷酸葡萄糖酸。还原型烟酰胺嘌呤双核苷酸(NADPH)的数量与 6-磷酸葡萄糖的量存在对应关系,也与葡萄酒中葡萄糖的量存在对应关系。

$$G6P + NADP^+ \xrightarrow{\text{G6PDH}} 6\text{-磷酸葡萄糖酸} + NADPH + H^+$$

还原型磷酸烟酰胺嘌呤双核苷酸的量可根据它在 340 nm 条件下的吸光度变化而测定。在反应的终点,6-磷酸果糖在磷酸葡萄糖异构酶(PGI)的作用下转化成 6-磷酸葡萄糖。

$$F6P \xrightarrow{\text{PGI}} G6P$$

6-磷酸葡萄糖再与磷酸烟酰胺嘌呤双核苷酸起反应生成的 6-磷酸葡糖酸和还原型磷酸烟酰胺嘌呤双核苷酸,然后对其进行测定。

3 仪器设备

可在 340 nm(NADPH 的最大吸收波长)条件下进行测量的分光光度计。由于使用绝对测量(即:不是用校准曲线,而是用 NADPH 的消光系数来进行校准。),分光光度计的波长和吸光度应事先校正。

如果没有分光光度计,可以用能在 334 nm 或 365 nm 条件下进行测量的不连续光谱光度计进行测定。

光程 1 cm 的玻璃比色皿或一次性比色皿。

容量分别为 0.02 mL、0.05 mL、0.1 mL 和 0.2 mL 的酶试验溶液用移液管。

4 试剂

溶液 1:缓冲溶液(0.3 mol/L 三乙醇胺,pH=7.6,$c[Mg^{2+}]$=0.004 mol/L):将 11.2 g 盐酸三乙醇胺$(CH_2CH_2OH)_3N \cdot HCl$ 和 0.2 g $MgSO_4 \cdot 7H_2O$ 溶于 150 mL 双蒸水中,加入 4 mL 5 mol/L 的氢氧化钠溶液,使 pH 等于 7.6,加水至 200 mL。此缓冲溶液在 4℃条件下可保存 4 周。

溶液 2：磷酸烟酰胺嘌呤双核苷酸（约 0.011 5 mol/L）：将 50 mg 磷酸烟酰胺嘌呤双核苷酸二钠溶于 5 mL 双蒸水中。此缓冲溶液在 4℃ 条件下可保存 4 周。

溶液 3：5′-三磷酸腺苷溶液（约 0.081 mol/L）：将 250 mg 5′-三磷酸腺苷二钠和 250 mg 碳酸氢钠溶于 5 mL 双蒸水中。此缓冲溶液在 4℃ 条件下可保存 4 周。

溶液 4：己糖激酶/6-磷酸葡萄糖脱氢酶：将 0.5 mL 己糖激酶（2 mg 蛋白质/mL 或 280 U/mL）与 0.5 mL 6-磷酸葡萄糖脱氢酶（1 mg 蛋白质/mL）混合。此缓冲溶液在 4℃ 条件下可保存 1 年。

溶液 5：磷酸葡萄糖异构酶（蛋白质 2 mg/mL 或 700 U/mL），此悬浮液可直接使用，无需稀释。此缓冲溶液在 4℃ 条件下可保存 1 年。

注：所有上述使用的溶液都已商品化。

5 步骤

5.1 试样的制备

根据每升试样中葡萄糖和果糖总含量的估值，按表 1 进行稀释：

表 1

在 340 nm 和 344 nm 下测定/（g/L）	在 365 nm 下测定/（g/L）	用水稀释	稀释因子 F
0.4 以下	0.8	—	—
4.0 以下	8.0	1＋9	10
10.0 以下	20.0	1＋24	25
20.0 以下	40.0	1＋49	50
40.0 以下	80.0	1＋99	100
40.0 以上	80.0	1＋999	1000

5.2 测定

分光光度计测定波长为 340 nm，以空气（在光路中不放比色皿）或水为参比。

温度为 20℃～25℃。

按下述方法向两个光程为 1 cm 的比色皿中添加：

	参比皿	样品皿
溶液 1（保持在 20℃）	2.50 mL	2.50 mL
溶液 2	0.10 mL	0.10 mL
溶液 3	0.10 mL	0.10 mL
待测定样品		0.20 mL
双蒸水		0.20 mL

混合，3 min 后读取溶液的吸光度值（A_1），分别向两个比色皿中加入下述溶液进行反应。

溶液 4	0.02 mL	0.02 mL

混合，15 min 后读取吸光度值（A_2），2 min 后确认反应终止后，立即向两个比色皿中

加入：

溶液 5 ……………………………… 0.02 mL   0.02 mL

混合，10 min 后读取吸光度值（A_3），2 min 后确认反应终止。

计算参比皿和样品皿之间的吸光度差值：

$$对应于葡萄糖：A_2 － A_1$$

$$对应于果糖：A_3 － A_2$$

按同法计算参比皿吸光度之间的差值（ΔA_T）与样品皿吸光度之间的差值（ΔA_D），从而可得：

$$葡萄糖：\Delta A_G ＝ \Delta A_D － \Delta A_T$$

$$果糖：\Delta A_F ＝ \Delta A_D － \Delta A_T$$

注：酶促反应所需的时间可能会由于每一批酶的活力不同而有所变化，所有上述所给出的条件仅作参考，建议每批试剂都应该根据具体情况进行测定。

5.3 结果表示

5.3.1 计算

浓度计算的通式如下：

$$c ＝ \frac{V \times M_w}{\varepsilon \times d \times v \times 10\,000} \Delta A (g/L)$$

其中：V——试液体积（mL），检测葡萄糖：$V＝2.92$ mL；检测果糖：$V＝2.94$ mL；

　　　v——试样体积（mL），$v＝20$ mL；

　　　M_w——待测物质的分子质量，$M_w＝180$；

　　　d——比色皿的光程（cm），$d＝1$ cm；

　　　ε——在 340 nm 条件下 NADPH 的吸光系数为 6.3。

由此得出：

葡萄糖：$c(g/L)＝0.417 \times \Delta A_G$

果糖：$c(g/L)＝0.420 \times \Delta A_F$

如果样品在制备过程中进行了稀释，则此结果应再乘以稀释因子 F。

注：如果是在波长 334 nm 或 365 nm 条件下进行测定，则可以得出：

在 334 nm 测定：$\varepsilon＝6.2$

葡萄糖：$c(g/L)＝0.425 \times \Delta A_G$

果糖：$c(g/L)＝0.428 \times \Delta A_F$

在 365 nm 测定：$\varepsilon＝3.4$

葡萄糖：$c(g/L)＝0.773 \times \Delta A_G$

果糖：$c(g/L)＝0.778 \times \Delta A_F$

5.3.2 重复性限 r

$$r＝0.056 x_i$$

其中 x_i 为葡萄糖或果糖的浓度，g/L。

5.3.3 再现性限 R

$$R＝0.12＋0.076 x_i$$

其中 x_i 为葡萄糖或果糖的浓度，g/L。

参 考 文 献

［1］ BERGMEYER H. U. , BERNT E. , SCHMIDT F. and STORK H. , Méthodes d'analyse enzymatique by BERGMEYER H. U. , 2e éd. , p. 1163 , Verlag-Chemie Weinheim/Bergstraβe , 1970.

［2］ BOEHRINGER Mannheim , Méthodes d'analyse enzymatique en chimie alimentaire , documentation technique.

JUNGE Ch. , F. V. , O. I. V. , 1973 , No 438.

高效液相色谱法测定含糖量

(决议 23/2003)

1 应用范围

本方法规定了采用高效液相色谱法检测葡萄汁和葡萄酒中果糖、葡萄糖和蔗糖的方法。

2 原理

糖和甘油直接用高效液相色谱配示差折光检测器检测。

3 试剂以及反应液的制备

3.1 去离子水:经 0.45 μm 纤维素膜过滤后使用。

3.2 乙腈:纯度＞99％。

3.3 甲醇:纯度＞99％。

3.4 乙醇 95％～96％。

3.5 果糖:纯度＞99％。

3.6 葡萄糖:纯度＞99％。

3.7 蔗糖 D(＋):纯度＞99％。

3.8 甘油:纯度＞99％。

3.9 氮气:纯度＞99％。

3.10 氦气:纯度＞99％。

3.11 流动相:用 1 L 的量筒,量取 800 mL 乙腈和 200 mL 水倒入 1 L 的烧瓶中,用氦气进行脱气。

4 仪器

4.1 100 mL 锥形瓶。

4.2 100 mL 量筒。

4.3 50 mL 量筒。

4.4 10 mL 移液器。

4.5 10 mL 移液器枪头。

4.6 100 mL 容量瓶。

4.7 1 L 量筒。

4.8 1 L 烧瓶。

4.9 带有针头的 20 mL 注射器。

4.10 带有针头的 10 mL 注射器。

4.11 过滤装置。

4.12 过滤固定器。

4.13　0.45 μm 纤维素膜。

4.14　0.8 μm 纤维素膜。

4.15　1.2 μm 纤维素膜。

4.16　5.0 μm 纤维素膜。

4.17　纤维素预过滤器。

4.18　C_{18} 固相萃取柱。

4.19　可拉伸的薄膜,如石蜡封口膜。

4.20　10 mL 锥形瓶。

4.21　高效液相色谱仪。

4.22　氨基柱(长 25 cm,内径 4 mm,5 μm)。

4.23　示差折光检测器:用乙腈-水流动相润洗参比池 1～2 次(在两次分析之间)。等待 20 min 左右,使基线平稳。随后对示差折光检测器进行调零。

4.24　超声水浴。

5　制样

样品应预先用氮气在超声水浴中脱气。

6　步骤

6.1　样品制备

6.1.1　过滤

6.1.1.1　利用 20 mL 带针头的注射器,吸取 25 mL 样品并进行过滤:

——葡萄酒用 0.45 μm 的膜;

——葡萄汁或未经过澄清的葡萄酒用 0.45 μm－0.8 μm－1.2 μm－5.0 μm 的叠加膜外加预过滤器。

6.1.1.2　葡萄汁需稀释 5 倍。用 10 mL 带枪头的自动移液器吸取 20 mL 样品,加入 100 mL 容量瓶中。用去离子水定容到 100 mL,再用石蜡封口膜封住瓶口,混匀。

6.1.2　酚类物质的去除

葡萄酒和葡萄汁需要经由 C_{18} 固相萃取柱进行过滤。

6.1.2.1　C_{18} 萃取柱的准备:依次用 10 mL 甲醇、10 mL 去离子水从相反的方向(口径大的那一端)对 C_{18} 萃取柱进行活化。

6.1.2.2　过 C_{18} 萃取柱:先用约 2 mL 样品对润洗 10 mL 注射器。吸取约 9 mL 样品,将 C_{18} 萃取柱的小口径那一端与 10 mL 注射器连在一起,过滤葡萄酒样品,弃去最初的 3 mL 滤液。将剩余的 6 mL 滤液收集在 10 mL 的锥形瓶中。每次过滤完样品后,依次用 10 mL 甲醇、10 mL 去离子水从相反的方向对 C_{18} 萃取柱进行润洗,使过滤柱能重复使用。

6.1.3　常规清洗

每次使用注射器和过滤装置后,都要用去离子水进行润洗;过滤固定器先用热水,再用甲醇进行润洗,最后自然风干。

6.2 分析

6.2.1 分析条件

流动相:等度洗脱乙腈:水为80:20(体积比)。

流速:1 mL/min。

进样量:20 μL。

检测器的参数通过检测使用的仪器来设置。

附录A的图A.1和图A.2给出了色谱图的示例。

6.2.2 外标法定量

混合标准品的组成:

果糖(3.5)10 g/L±0.01 g/L;

葡萄糖(3.6)10 g/L±0.01 g/L;

蔗糖(3.7)10 g/L±0.01 g/L;

可加入10 g/L±0.01 g/L的甘油(3.8)对其进行定量。

响应值的计算

$$RF = A_i/C_i$$

其中:A_i——标准溶液中该物质的峰面积;

C_i——标准溶液中该物质的浓度。

7 结果表示

浓度c的计算:

$$c = A_e/RF_i$$

其中,A为样品中该物质的峰面积。

结果由g/L来表示,需考虑到样品制备过程中的稀释因子。

8 质量控制

质量、体积和温度会间接影响最后的结果。因此分析时需在样品中插入外标或内标质控样。

9 方法性能

整个方法的分析时间大约需要50 min。

受酒中某些化合物的影响:甘油和糖能在同一针样品中分离测定。已知的化合物不能和果糖、葡萄糖或蔗糖共同洗脱。

稳定性:此分析对极小的温度变化非常敏感。色谱柱需要由一个泡沫套覆盖。

9.1 检测限和定量限

$LOD_{果糖} = 0.12$ g/L

$LOD_{葡萄糖} = 0.18$ g/L

$LOQ_{果糖} = 0.4$ g/L

$LOQ_{葡萄糖} = 0.6$ g/L

见附录 A.2。

9.2 准确度

9.2.1 重复性

由一个操作员在最短时间内使用相同装置得到一个葡萄酒样品的两个独立结果之间的绝对重复性差值不超过 5%(见附录 A.3.1)。

对于葡萄糖+果糖>5 g/L

$$RSDr = 1\%$$

重复性限 $\qquad r = 3\%(2.8RSDr)$

对于葡萄糖+果糖在 2 g/L 和 5 g/L 之间

$$RSDr = 3\%$$

重复性限 $\quad r = 8\%(2.8RSDr)$

9.2.2 再现性

由两个实验室得到的同一个葡萄酒样品的两个独立结果之间的绝对重复性差值不超过 5%(见附录 A.3.2)。

对于葡萄糖+果糖>5 g/L。

$$RSD_R = 4\%$$

再现性限 $\qquad R = 10\%(2.8RSDr)$

对于葡萄糖+果糖在 2 g/L 和 5 g/L 之间

$$RSD_R = 10\%$$

再现性限 $\qquad R = 30\%(2.8RSDr)$

参 考 文 献

[1] TUSSEAU D. et BOUNIOL Cl. (1986), Sc. Alim., 6, 559-577;

[2] TUSSEAU D., 1996. Limite de détection-limite de quantification. Feuillet Vert OIV 1000.

[3] Protocole de validation des méthodes d'analyse. Résolution OIV OENO 6/2000

[4] Exactitude des résultats et méthodes de mesure. Norme NF ISO 5725

附 录 A

实验室间测试结果的统计

A.1 实验室间测试的样品

这项研究是在波尔多反欺诈区域实验室完成的。测试包括由 A~J 的 12 个样品(4 个白葡萄酒、4 个红葡萄酒、2 个白波特酒和 2 个红波特酒),它们的葡萄糖和果糖含量分别在 2 g/L~65 g/L 之间。这些酒样是由波尔多地区产的葡萄酒添加葡萄糖和果糖制成的,其二氧化硫的含量稳定在 100 mg/L。

A.2 色谱条件

考虑到两种糖的响应因子和色谱峰的强度,背景噪音对应于果糖的浓度为 0.04 g/L,对应于葡萄糖的浓度为 0.06 g/L(见图 A.3)。

检测限(3 倍的噪音)和定量限(10 倍的噪音)分别为:果糖检出限为 0.12 g/L;葡萄糖检出限为 0.18 g/L;果糖定量限为 0.4 g/L;葡萄糖定量限为 0.6 g/L。

这些结果和 TUSSEAU 和 BOUNIOL(1986)的测定一致。

A.3 准确性

9 个实验室参与到这次研究中。

用给定的实验方法,成功地对 3 个浓度的标准溶液和 12 个样品进行了分析。

——5 个实验室在分析了 3 个浓度的标准溶液后给出了回归曲线。

——4 个实验室给出了 12 个样品重复 3 次的结果,其余的只给出了 1 次的结果。

所有实验室都给出了色谱条件。所有的实验室都采用了相同的方法原理和指定的相同的色谱柱型号。仅有的不同是:

——1 个实验室的进样量为 50 μL,而不是 20 μL。

——1 个实验室用的标准溶液浓度范围较大(5 g/L~30 g/L 每种糖)。

所有结果均是根据 OIV 检测方法的验证程序(决议 OENO 6/1999)进行分析的。此程序对检测的次数不作重复要求,而 4 个实验对检测结果作了 3 次重复。因此第一组的检测结果符合 OIV 的相关程序。

重复性是根据 Youden 进行计算的,再现性是根据 Cochran 和 Grubbs 来完成的。重复性的数据可以用来计算再现性的标准偏差(根据 ISO 5725)。

发现了一个无效的结果。根据 Cochran 测试,排除了 1 号实验室样品 C 和样品 J 的结果。Grubbs 测试显示没有需要排除的离群结果。

所有结果都列在表 A.1 中。

表 A.1　12 种样品中果糖和葡萄糖含量的分析结果

样品	A		B		C		D		E		F		G		H		I		J		K		L	
糖	F	G	F	G	F	G	F	G	F	G	F	G	F	G	F	G	F	G	F	G	F	G	F	G
实验室1	5.9	2.9	9.5	10.4	68.4	56.1	13.0	10.9	5.0	2.5	2.3	2.7	10.4	12.6	13.3	12.0	64.7	43.5	75.2	68.8	65.3	45.7	2.1	2.9
	5.4	2.8	9.3	10.9	73.0	59.7	12.9	11.2	5.3	2.6	2.1	3.1	10.1	12.3	13.3	11.8	64.5	44.2	75.0	68.3	64.5	45.2	2.3	3.0
	5.5	2.9	10.0	11.2	73.6	58.6	12.9	11.0	5.4	2.7	2.2	2.8	9.9	12.2	13.3	12.0	63.9	43.5	77.4	70.5	65.1	45.8	2.1	2.9
	5.6	**2.9**	**9.6**	**10.8**	**71.7**	**58.1**	**12.9**	**11.0**	**5.2**	**2.6**	**2.2**	**2.9**	**10.1**	**12.4**	**13.3**	**11.9**	**64.4**	**43.7**	**75.9**	**69.2**	**65.0**	**45.6**	**2.2**	**2.9**
实验室2	**5.1**	**2.4**	**10.0**	**12.6**	**74.5**	**67.0**	**13.4**	**12.3**	**5.0**	**2.2**	**1.5**	**2.2**	**10.0**	**13.0**	**13.4**	**12.3**	**64.2**	**42.9**	**76.8**	**69.3**	**64.4**	**43.4**	**1.4**	**0.4***
实验室3	**5.3**	**3.0**	**9.8**	**12.6**	**72.5**	**66.3**	**13.0**	**12.6**	**5.4**	**3.4**	**1.9**	**3.1**	**10.4**	**14.2**	**13.4**	**13.4**	**63.9**	**45.0**	**73.8**	**69.9**	**65.6**	**47.3**	**2.0**	**3.3**
实验室4	5.1	3.2	10.3	12.7	71.6	68.2	12.9	12.6	5.0	3.0	1.9	2.9	9.6	12.6	12.7	12.5	62.5	45.4	73.3	70.3	63.4	45.9	1.9	3.0
	5.3	3.0	9.7	12.6	74.0	69.8	12.9	12.6	5.1	2.9	1.8	3.1	10.0	13.0	13.1	13.0	63.0	46.4	74.2	70.6	62.1	46.2	1.9	2.8
	5.2	3.2	9.5	12.5	73.1	69.7	12.8	12.7	5.2	2.9	2.0	2.9	9.7	12.7	13.1	12.8	62.6	45.7	75.0	70.9	61.8	45.3	2.0	2.8
	5.2	**3.1**	**9.8**	**12.6**	**72.9**	**69.2**	**12.9**	**12.6**	**5.1**	**2.9**	**1.9**	**3.0**	**9.8**	**12.7**	**13.0**	**12.8**	**62.7**	**45.8**	**74.2**	**70.6**	**62.4**	**45.8**	**1.9**	**2.9**
实验室5	**5.4**	**3.2**	**9.8**	**11.3**	**76.1**	**67.5**	**13.3**	**12.0**	**5.1**	**2.9**	**1.9**	**2.5**	**10.0**	**11.6**	**13.1**	**11.8**	**61.6**	**43.4**	**72.1**	**65.3**	**62.5**	**42.5**	**2.0**	**2.3**
实验室6	**5.6**	**2.9**	**10.5**	**13.0**	**72.2**	**67.9**	**13.5**	**12.1**	**5.2**	**3.0**	**2.0**	**3.1**	**10.4**	**12.9**	**13.3**	**12.4**	**66.8**	**46.9**	**73.9**	**70.3**	**63.6**	**44.1**	**2.2**	**3.1**
实验室7	**5.1**	**2.9**	**9.8**	**13.6**	**72.0**	**65.4**	**13.1**	**12.6**	**5.1**	**3.0**	**1.6**	**3.9**	**9.7**	**13.9**	**13.3**	**12.7**	**61.8**	**42.9**	**71.5**	**65.9**	**61.7**	**43.5**	**1.6**	**3.9**
实验室8	5.1	2.8	9.7	12.4	73.7	70.0	13.0	12.7	5.1	2.9	2.0	3.0	10.1	13.0	12.8	12.6	61.6	45.6	71.7	68.6	61.6	45.5	2.1	3.3
	5.0	2.9	9.6	12.9	72.3	68.7	12.3	12.7	5.0	3.0	2.0	3.0	10.0	13.1	12.8	12.9	61.0	44.8	70.6	68.3	61.4	45.1	2.1	3.4
	5.0	3.0	9.6	12.9	72.7	66.7	12.6	12.7	5.0	2.9	2.0	3.0	10.1	13.1	12.6	12.7	61.2	45.4	71.5	68.5	61.2	45.2	2.1	3.3
	5.0	**2.9**	**9.6**	**12.7**	**72.9**	**68.5**	**12.6**	**12.7**	**5.0**	**2.9**	**2.0**	**3.0**	**10.1**	**13.1**	**12.7**	**12.7**	**61.3**	**45.3**	**71.3**	**68.5**	**61.4**	**45.3**	**2.1**	**3.3**
实验室9	4.9	2.7	9.6	12.6	72.5	69.1	12.6	12.5	4.8	2.6	2.1	2.8	9.7	12.5	12.0	12.6	55.3	44.8	72.0	69.0	57.0	45.0	2.0	2.5
	4.9	2.7	9.0	11.5	79.5	70.2	12.6	12.9	4.8	2.7	2.2	2.5	9.1	11.6	12.5	13.0	60.2	42.6	79.0	70.2	60.3	43.0	2.2	2.5
	5.1	2.6	9.3	12.2	77.5	63.0	12.3	12.0	4.9	2.6	1.9	3.1	9.4	12.1	12.5	12.2	60.9	43.6	77.0	74.1	61.2	43.2	1.9	3.0
	5.0	**2.7**	**9.3**	**12.1**	**76.5**	**67.4**	**12.3**	**12.5**	**4.9**	**2.6**	**2.1**	**2.8**	**9.4**	**12.1**	**12.3**	**12.6**	**58.8**	**43.7**	**76.0**	**71.1**	**59.5**	**43.7**	**2.0**	**2.7**

* 无效的结果。

4 个给出 3 次平行结果的实验室,它们的平均值用粗体表示。

糖:F 果糖,G 葡萄糖。

全部的结果用葡萄糖+果糖形式表示,见表 A.2。

4 个给出 3 次平行结果的实验室,只采用第一行的数据。

第一列为做双样的样品,其结果分别对应在后面的列中。

表 A.2　6 个重复样品中葡萄糖+果糖含量的结果(以 g/L 计)

编号	实验室 1	实验室 2	实验室 3	实验室 4	实验室 5	实验室 6	实验室 7	实验室 8	实验室 9
A/E	8.8　7.5	7.5　7.2	8.3　8.8	8.3　8	8.6　8	8.5　8.2	8　8.1	7.9　8	7.6　7.6
B/G	20.3　23	22.6　23	22.4　24.6	23　22.2	21.1　21.6	23.5　23.3	23.4　23.6	22.1　23.1	22.2　22.2
C/J	125　144	142　146	139　144	140　144	144　137	140　144	137　137	144　140	142　141
D/H	23.9　25.3	25.7　25.7	25.6　26.8	25.5　25.2	25.3　24.9	25.6　25.7	25.7　26	25.7　25.4	24.6　24.6
F/l	5　5	3.8　1.8ᵃ	5　4.6	4.8　4.9	4.9　4.3	5.1　5.3	5.5　5.5	5　5.4	4.9　4.5
I/K	108　111	107　108	109　113	108　109	105　105	114　108	105　105	107　107	100　102

ᵃ 无效的结果(色谱峰积分错误)。
注:实验室 1 的样品 C/J 没有被计算在表 A.2 中。

A.3.1　葡萄糖和果糖检测结果的重复性

检测结果的重复性由以下两个方法来进行判定:

对于 4 个实验室 12 个样品有重复结果的(重复测试-TD),只取前两次的结果进行计算。

$$S_r\ ED = \sqrt{\left(\sum d_i^2\right)/2n}$$

其中 d_i 是每个实验室同一个样品的前两次重复分析结果的差值,而 n 是结果被列入考虑范围的实验室的数量。

RSDr ED(%)是标准偏差与平均值之间的百分比变化系数。

重复性限值 $r = 2.8\ S_r\ ED$

用同一样品进行盲样测试重复分析(Youden pair-YP)

$$S_r = \sqrt{\left(\sum d_i^2\right)/2(n-1)}$$

其中,d_i 是同一个实验室对两个样品做盲样分析结果的差值(例如:实验室 3 样品 A 和 E 的结果差值)。

详见表 A.3 和图 A.4。

表 A.3　重复性结果

样品	F	L	A	E	B	G	D	H	I	K	C	J
葡萄糖+果糖含量的平均值/(g/L)	4.9	4.6	8.2	7.9	22.3	23.0	25.3	25.5	107	107	141	142
$S_r\ ED$/(g/L)	0.04	0.05	0.08	0.05	0.24	0.21	0.14	0.17	0.43	0.27	1.56	1.05
$r\ ED$/(g/L)	0.11	0.14	0.22	0.14	0.67	0.59	0.39	0.48	1.20	0.76	4.4	2.9

表 A.3(续)

样品	F	L	A	E	B	G	D	H	I	K	C	J
RSDrED/%	0.8	1.1	0.9	0.7	1.1	0.9	0.6	0.6	0.4	0.3	1.7	0.7
S_rPY/(g/L)	0.14	0.10	0.24	0.12	0.50	0.80						
r PY/(g/L)	0.39	0.28	0.67	0.34	1.4	2.2						
RSDrPY/%	2.5	1.3	1.0	0.5	0.5	0.6						

根据两个估计方法,重复性的值是偏低并且连贯的。

A.3.2 葡萄糖和果糖检测结果的再现性

通常地,用一个质控样来进行内部质量控制(例如:TITRIVINS-DUJARDIN SALLERON)。用分析结果的标准偏差来判断再现性(每年进行更新)。

SR 实验室内部＝0.5 g/L 葡萄糖＋果糖含量等于 12 g/L。

表 A.4 是这次检测结果的内部比较试验的再现性。OIV 决议中采用 SL 来推断实验室的影响。

表 A.4 再现性结果和实验室影响

样品	F	L	A	E	B	G	D	H	I	K	C	J
葡萄糖＋果糖含量的平均值/(g/L)	4.9	4.6	8.2	7.9	22.3	23.0	25.3	25.5	107	107	141	142
$SR_{室内}$/(g/L)	0.5	0.4	0.4	0.4	1.0	1.0	0.6	0.6	3.2	2.9	2.2	3.2
SL/(g/L)	0.43		0.39		0.97		0.59		3.0		2.6	
$R_{室内}$/(g/L)	1.3		1.12		2.8		1.7		8.5		7.6	
RSD $R_{室内}$/%	9.5		5		4.4		2.4		2.9		1.9	

图 A.4 概括了标准偏差的再现性结果。

重复性的结果变化较小,这说明实验室效应是使检测结果离散的主要原因。因此可以推测出较长的时间里,实验室内的再现性和再现性应该趋于相同。

在图 A.4 中,重复性曲线在整个研究区域中相对平稳(5 g/L～150 g/L 葡萄糖＋果糖),但再现性在低浓度时相对偏高。

总体上来说,重复性(r 重复性限值)相对保持在 1%,而再现性限值(r)在 2%～5%;当葡萄糖＋果糖含量在 5 g/L 时,再现性则为 10%。

对于葡萄糖＋果糖＞5 g/L

RSDr＝1%

RSD_R＝4%

重复性限 r＝3%(2.8 RSDr)

再现性限 R＝10%(2.8 RSDr)

对于葡萄糖＋果糖在 2 g/L～5 g/L 之间

RSDr＝3%

RSD_R＝10%

重复性限 $r = 8\%$（2.8 RSDr）

再现性限 $R = 30\%$（2.8 RSDr）

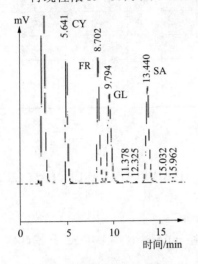

图 A.1 标准溶液的色谱图

（糖和甘油都是 10 g/L）

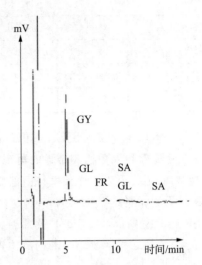

图 A.2 玫瑰葡萄酒的色谱图

甘油（GY）、果糖（FR）、葡萄糖（GL）、蔗糖（SA）

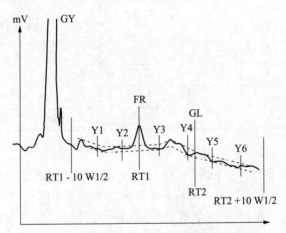

图 A.3 放大色谱图后测定背景噪音的程度

果糖（FR）、葡萄糖（GL）、蔗糖（SA）、甘油（GY）

RT1：果糖的保留时间；RT2：葡萄糖的保留时间；W1/2：中间高度的峰宽；Y_i：背景噪音在 i 时间的程度。

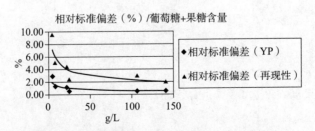

图 A.4 根据葡萄糖＋果糖含量表示的标准偏差

方法 OIV-MA-AS311-04

稳定葡萄汁法测定添加蔗糖

1 方法原理

用氢氧化钠溶液将试样调节到 pH 等于 7,并添加与试样等体积的丙酮。蒸馏去除丙酮,用薄层色谱法(TLC)和高效液相色谱法(HPLC)对蔗糖进行测定(见蔗糖章节)。

2 仪器

带有 100 mL 蒸馏烧瓶的蒸馏装置。

3 试剂

3.1 20 g/mL 的氢氧化钠溶液。

3.2 丙酮。

4 方法

4.1 试样的稳定性处理

将 20 mL 葡萄汁置于 100 mL 耐压烧瓶中,用 20 g/mL 的氢氧化钠溶液(6~12 滴)将葡萄汁调节到 pH 等于 7,加入 20 mL 丙酮,封住瓶口,低温保存。

4.2 薄层色谱或高效液相色谱法所用试样的制备

将烧瓶内的试样转入 100 mL 蒸馏烧瓶中,进行蒸馏,收集约 20 mL 蒸馏液后弃去。再向蒸馏烧瓶中加入 20 mL 水,重新蒸馏,再次收集约 25 mL 蒸馏液后弃去。

将蒸馏烧瓶中的残液转移入 20 mL 容量瓶中,加水至刻度。过滤,滤液用于薄层色谱法或高效液相色谱法进行蔗糖的定性或定量测定。

参 考 文 献

[1] TERCERO C. ,F. V. ,O. I. V. ,1972,No. 420 and 421.

方法 OIV-MA-AS311-05 方法类型Ⅱ

核磁共振法(SNIF-NMR/RMN-FINS)测定葡萄汁、浓缩葡萄汁、精馏浓缩葡萄汁以及葡萄酒中的糖分发酵产生的乙醇中氘的分布情况

(决议 Oeno 426-2011)

1 简介

在葡萄汁中的糖分和水分中所含的氘原子在发酵之后被重新分配到葡萄酒的分子Ⅰ、Ⅱ、Ⅲ和Ⅳ中。

$CH_2D\ CH_2\ OH$	$CH_3\ CHD\ OH$	$CH_3\ CH_2\ OD$	HOD
Ⅰ	Ⅱ	Ⅲ	Ⅴ

2 范围

该方法可以测定葡萄酒中的乙醇以及由葡萄汁(葡萄汁、浓缩葡萄汁、精馏浓缩葡萄汁)发酵得到的乙醇中的氘同位素比(D/H)。

3 定义

$(D/H)_{\mathrm{I}}$:分子Ⅰ的同位素比

$(D/H)_{\mathrm{II}}$:分子Ⅱ的同位素比

$(D/H)^{Q}_{W}$:葡萄酒(或发酵类产品)中水的同位素比

$R=2(D/H)_{\mathrm{II}}/(D/H)_{\mathrm{I}}$

R 表示氘在分子Ⅰ和分子Ⅱ中的相对分布;R 可通过 $R=3h_{\mathrm{II}}/h_{\mathrm{I}}$ 来计算,h 表示峰高。

4 原理

以上所定义的几种参数 R、$(D/H)_{\mathrm{I}}$ 和 $(D/H)_{\mathrm{II}}$ 是通过对葡萄酒或葡萄汁、浓缩葡萄汁以及精馏浓缩葡萄汁在给定条件下发酵后的产物中的乙醇进行氘的核磁共振检测得到的。

5 试剂与材料

5.1 试剂

5.1.1 按照卡尔费氏方法测水分所用的试剂(该方法也用来测定蒸馏液中的酒精度)。

5.1.2 六氟苯(C_6F_6)用作锁场物质。

5.1.3 三氟乙酸(TFA,CAS:76-05-1)或三氟乙酸酐(TFAA,CAS:407-25-0)。

5.2 标准物质(从基尔(B)的欧共体标准物质参考局(IRMM)购得)

5.2.1 CRM-123 NMR 标准品,用来校准核磁共振波谱仪。

5.2.2 *N*,*N*-四甲基脲(TMU)标准品(通过 D/H 同位素比的校准)。

5.2.3 其余可用来测定馏出液的有证标准物(CRM)及其准备步骤:

表 1

CRM		参数	标准值	不确定度
CRM-656	葡萄酒中的乙醇,96% vol.	t^D(乙醇)/%	94.61	0.05
		$\delta^{13}C$(乙醇)/‰ VPDB	−26.91	0.07
		$(D/H)_I$(乙醇)/ppm	102.84	0.20
		$(D/H)_{II}$(乙醇)/ppm	132.07	0.30
		R(乙醇)	2.570	0.005
CRM-660	乙醇水溶液,12% vol.	t^Q(乙醇)/%	11.96	0.06
		$\delta^{13}C$(乙醇)/‰ VPDB	−26.72	0.09
		$(D/H)_I$(乙醇)/ppm	102.90	0.16
		$(D/H)_{II}$(乙醇)/ppm	131.95	0.23
		R	2.567	0.005
		$(D/H)_w$(水)/ppm	148.68	0.14

5.3 仪器

5.3.1 NMR(核磁共振)测定仪,配可检测"氘"的探头,与磁场强度 B_0 的特有频率 v_0 相配合(例如 $B_0=7.05T$, $v_0=46.05$ MHz 或 $B_0=9.4T$, $v_0=61.4$ MHz),具有质子(B_2)的去耦通道和氟的锁场通道。NMR 测定仪可以安装自动样品转换器和附加的数据处理软件来评价光谱和计算结果。NMR 波谱仪的性能可以用有证参考物质(CRM123)来验证。

5.3.2 10 mm 核磁样品管。

5.3.3 蒸馏装置:图 1 中的 Cadiot 柱就是一个手动蒸馏系统的例子,它能从葡萄酒中提取 96%~98.5%没有同位素分馏的乙醇,并且得到酒精质量浓度为 92%~93%(95% vol.)的馏出物。

注:可以使用任何乙醇抽提装置,但要确保从葡萄酒中提取的酒精没有同位素分馏。

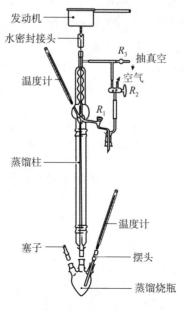

发动机
水密封接头
温度计
R_3 抽真空
空气
R_2
R_1
蒸馏柱
温度计
塞子
摆头
蒸馏烧瓶

图 1 乙醇抽提装置

这个系统由以下几部分组成：

- 电热套，带压力调节器；
- 1 L 的圆底磨口烧瓶；
- 可旋转的 Cadiot 柱（可转动的部分为聚四氟乙烯材料）；
- 磨口锥形瓶，用来收集蒸馏的产物。

也可以使用自动蒸馏系统。

蒸馏系统的性能需要定期进行检查，以确保提取的效率和同位素的检测的准确性。这可以通过蒸馏和测定 CRM-660 来完成。

5.3.4 实验室常用设备和消耗品：

微量移液器和枪头；

精度为 0.1 mg 或更高的天平；

精度为 0.1 g 或更高的天平；

一次性注射器；

带有准确刻度的烧瓶（50 mL，100 mL，250 mL……）；

配备气密系统和惰性隔垫的烧瓶（测量前用来储存葡萄酒、馏出液和残留物）；

其他方法中提到的设备和消耗品。

6 样品的制备

6.1 在不知道酒精度的情况下，需要检测葡萄酒或发酵产物（t_V）的酒精浓度，至少精确至 0.05% vol（可使用 OIV 方法 MA-F-AS312-01-TALVOL）。

6.2 乙醇的提取：用带刻度的烧瓶量取适当体积 V（mL）的葡萄酒或发酵产物，倒入蒸馏装置的圆底烧瓶中。用平底锥形瓶来接收馏出液。加热样品对其进行蒸馏，使冷凝器达到一个恒定的回流比。当特定的乙醇-水共沸时蒸汽达到恒定温度（78℃）时，开始收集馏出液；当温度上升时，则停止收集。收集所有乙醇-水共沸时的馏出液。

当使用手动 Cadiot 柱（图 1）时，请遵循以下步骤：

收集乙醇-水共沸时的馏出液，当温度上升时，停止收集 5 min。当温度降至 78℃ 时，重新收集馏出液直到蒸汽的温度再次上升。重复这一操作，直到温度不再回到 78℃，停止收集馏出液。

也可使用市售的自动蒸馏系统来完成这一步骤。

称取收集的馏出液质量 m_D，精确到 0.1 g。

为了防止同位素分馏，馏出液需被保存在一个密封的玻璃瓶中，以防止在测定酒精度（6.3）和制备 NMR 测试管（7.1）前蒸发。

保存少量的残留物（几毫升），需要时可测定它的同位素比（$(D/H)_W^Q$）。

6.3 馏出物酒精度的测定：馏出物酒精度（m/m，%）的测定精度需高于 0.1%。

馏出物（p' g）的含水量可用卡尔费氏方法测定，用 0.5 mL 已知酒精质量（pg）的样品来测定。馏出物酒精度可由馏出物的质量用下式计算：

$$t_m^D(m/m) = 100(1-p')/p$$

酒精度也可用密度计（如电子密度仪）来测定。

6.4 蒸馏效率

馏出液的产率可由下式推断：

$$馏出液的产率（\%）＝100t_m^D m_D/(V \cdot t_V)$$

根据不确定度 t_V，馏出物的产率预计在 $\pm 0.5\%$［酒精度为 $10\%(V/V)$ 的葡萄酒］。

在使用 Cadiot 柱蒸馏时，当产率高于 96% 时，不会有显著的同位素分馏效应。为保证足够的蒸馏产率，一般需量取足够体积 V mL 的葡萄酒或发酵产物来进行蒸馏。对常见的每份 750 mL、500 mL、400 mL 或 300 mL 的葡萄酒或发酵产物，蒸馏产率达到 96% 以上，其相对应的 t_V 分别为 4% vol、6% vol、8% vol 和 10% vol。

6.5 发酵葡萄汁、浓缩葡萄汁和精馏浓缩葡萄汁

在使用之前，可先将酵母用少量葡萄汁进行活化。发酵容器需要装上密闭装置来防止乙醇的损失。

6.5.1 葡萄汁

将 1 L 葡萄汁放入一个供发酵的容器中，葡萄汁中可发酵糖分的浓度已预先测定。加入 1 g 经预先活化处理过的干酵母，装上空气隔绝装置进行发酵，直到糖分全部被发酵为止。发酵产物经上述葡萄酒蒸馏步骤（6.1～6.4）进行蒸馏。

注：经二氧化硫抑制发酵的葡萄汁需经过脱硫处理，方法是将葡萄汁置于 $70℃\sim80℃$ 的水浴中在回流条件下，进行吹氮，注意防止水蒸发而导致的同位素分馏。或者，通过加入少量过氧化氢（H_2O_2）来去除二氧化硫。

6.5.2 浓缩葡萄汁

将体积为 V mL，已知含糖量（170 g）的浓缩葡萄汁移入发酵容器中，再添加（$1000-V$）mL 的水，使总容积达 1 L。加入 1 g 干酵母和 3 g 不含氨基酸的 Bacto 酵母氮基。均质后按 6.5.1 的步骤操作。

6.5.3 精馏浓缩葡萄汁

按照 6.5.2 的步骤，加入（$1000-V$）mL 溶有 3 g 酒石酸的水，使容积达 1 L。

注：浓缩葡萄汁和精馏浓缩葡萄汁测定时，需要加入与原始葡萄汁不同（D/H）比的当地水进行稀释。通常情况下，认为葡萄汁和发酵用的水有相同的氘浓度如 V-SMOW（155.76 ppm），则乙醇中测到的（D/H）$_I$ 和（D/H）$_{II}$ 参数应为常量。

可用以下的公式对其进行计算（Martin et al.，1996，J. AOAC，79，62－72）：

$$\left(\frac{D}{H}\right)_I^{Norm, V-SMOW} = \left(\frac{D}{H}\right)_I - 0.19 \times \left[\left(\frac{D}{H}\right)_w^S - 155.76\right]$$

$$\left(\frac{D}{H}\right)_{II}^{Norm, V-SMOW} = \left(\frac{D}{H}\right)_{II} - 0.78 \times \left[\left(\frac{D}{H}\right)_w^S - 155.76\right]$$

其中 $\frac{D}{H}$ 是被稀释葡萄汁的氘同位素比，这个数值可以通过全球大气水线公式来计算（Craig，1961）：

$$\left(\frac{D}{H}\right)_w^S = 155.76 \times \left[\frac{8 \times \delta^{18}O + 10}{1\,000} + 1\right]$$

其中 $\delta^{18}O$ 是根据葡萄酒和葡萄汁中水的 $^{18}O/^{16}O$ 同位素比的方法［OIV-MA-AS2-12］测定稀释的葡萄汁得到的。

保留 50 mL 葡萄汁或经二氧化硫处理的葡萄汁或浓缩葡萄汁或精馏浓缩葡萄汁作为试

样,以备测定水的含量以及同位素比$(D/H)_W^O$。

7 步骤

7.1 制备供 NMR 测定的酒精样品

10 mm 直径的核磁共振探头:在一个已称重的烧杯中,吸取 3.2 mL 馏出液(6.2),称重(m_A),精确到 0.1 mg;然后再吸取 1.3 mL 内标物 TMU(5.2.2),称重(m_{ST}),精确到 0.1 mg。

根据所使用光谱仪和探头的类型,加入足够量的六氟苯(5.1.2)作为锁场试剂:

光谱仪	10 mm 探头
7.05T	150 μL
9.4T	35 μL

这些数据仅作参考,实际的用量需根据 NMR 的灵敏度来调整。在准备核磁管直到 NMR 测定前,一定要注意避免乙醇和 TMU 的蒸发。因为这可能导致同位素分馏,从而导致各成分称重(m_A 和 m_{ST})和 NMR 结果错误。

可以使用 CRM-656 来验证检测结果和制备步骤的准确性。

注:六氟苯中可加入 10%(V/V)的三氟乙酸(5.1.3)来催化羟基键上的快速氢交换,从而产生羟基和残留水的 NMR 信号峰。

7.2 记录乙醇的 ^{2}H 核磁共振谱

样品中磁场 B_0 的均匀性通过"匀场"步骤来完成,通过观察使六氟苯中 ^{19}F NMR 最大化锁定信号进行优化。现代 NMR 光谱仪能自动完成"匀场"步骤,可以对按 7.1 制备的乙醇样品,提供初始最接近优化的均匀的磁场。这个步骤的有效性可以通过检查不使用指数倍增而得到谱图的分辨率来完成[如:LB=0,图 2b)],理想状态下,乙醇中甲基、亚甲基以及 TMU 中甲基信号半峰宽的必须小于 0.5Hz。使用指数倍增处理[LB=2,图 2a)],对于 95%vol(质量分数为 93.5%)的酒精样品,其甲基信号灵敏度应高于或等于 150。

检查仪器设置:

根据说明书,完成常规的均匀性和灵敏度校准。

使用密封的 CRM123 试管(H:高,M:中,L:低)。

根据 7.3 中的步骤,测定这些酒精的同位素值,标以 Hmeas,Mmeas,Lmeas。

比较相应的参考值,标以 Hst,Mst,Lst。

每个谱重复 10 次测试所得到的标准偏差 R 应低于 0.01,$(D/H)_I$ 为 0.5 ppm,$(D/H)_{II}$ 为 1 ppm。

各个同位素参数[R,$(D/H)_I$,$(D/H)_{II}$]的平均值应处在 CRM123 相应参数的重复性标准偏差范围内。如果达不到要求,则应再进行调整。

优化完成参数设置后,可使用其他 CRM 材料对日常检测进行质量监控。

7.3 确定核磁共振波谱的条件

将 7.1 中所制备的乙醇试样置于 10 mm 核磁试管中,放进探头处。

建议条件如下:

——恒定的探头温度,根据去耦合产生的加热功率,设置温度变化范围在 302 K~306 K,

温度变化在±0.5 K内；

——对于1200 Hz的波谱宽度（存储16 K）下，其采集时间至少为6.8 s（即在61.4 MHz为20 ppm或在46.1 MHz为27 ppm）；

——90°脉冲；

——抛物线探测：参照乙醇的信号，调整补偿01在OD和CHD之间；参照水的信号，调整补偿01在HOD和TMU之间；

——通过同一根核磁管上的解耦线圈所测得的质子谱，可以测定去耦补偿02的值。当02处在CH_3和CH_2频率间隔的中位时，就能得到好的去耦效果。使用宽带去耦或复合脉冲序列（例如WALTZ16）以确保去耦的均匀性。

每个谱均需作一定次数的NS累加，才能使信噪比达到7.2的要求，重复NE次累积。NS的值与核磁共振仪的类型以及所用探头的类型有关。例如：

质谱仪	10mm探头
7.05T	NS＝304
9.4T	NS＝200

NE的重复次数应有统计学意义并且满足该方法的精密度，见第9部分。

取两个按照7.1步骤进行制备的NMR样品管，每个管记录5次重复测试的NMR谱（NE＝5）。各同位素参数的最终结果与两个NMR样品管测得的平均值相对应。此时，对两个样品管测试结果的评价标准是：

$$|Mes1(D/H)_{I}-Mes2(D/H)_{I}|<0.5\ ppm,\quad|Mes1(D/H)_{II}-Mes2(D/H)_{II}|<0.8\ ppm$$

8 结果表示

对于每一个NE波谱（见乙醇的NMR光谱，图2a）

$$R=3 \cdot \frac{h_{II}}{h_{I}}=3 \cdot \frac{信号高度\ II\ (CH_3\ CH_D\ OH)}{信号高度\ I\ (CH_2D\ CH_2\ OH)}$$

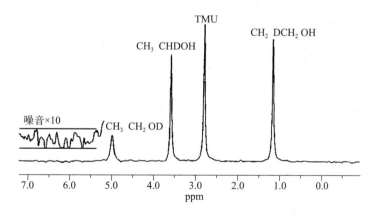

图2a）　葡萄酒中乙醇的^{2}H NMR（内标TMU：N,N-四甲基脲）

$$(D/H)_{I}=1.5866 \cdot T_{I} \cdot \frac{m_{ST}}{m_A} \cdot \frac{(D/H)_{ST}}{t_m^D}$$

$$(D/H)_{II}=2.3799 \cdot T_{II} \cdot \frac{m_{ST}}{m_A} \cdot \frac{(D/H)_{ST}}{t_m^D}$$

其中

$$T_\text{I} = \frac{信号高度\ \text{I}\ (CH_2D\ CH_2\ OH)}{内标信号高度（TMU）}$$

$$T_\text{II} = \frac{信号高度\ \text{II}\ (CH_3\ CHD\ OH)}{内标信号高度（TMU）}$$

——m_ST 和 m_A 见 7.1；

——t_D^m 见 6.3；

——$(D/H)_\text{ST}$ ＝内标（TMU）的同位素比，由欧共体参考标准局提供。

假设半峰宽是确定的并且有合理的近似值，用信号的高度来代替信号的峰面积计算，计算的精密度较低[图 2b)]。

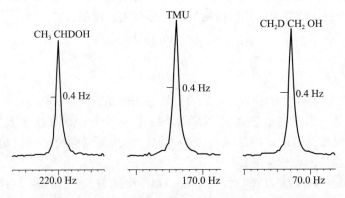

图 2b) 乙醇的 ^2H-NMR（未经指数倍增）（$LB=0$）

通过对一个指定样品的多次测量，来计算每一个同位素参数的平均值和置信区间。

9 精密度

SNIF-NMR 方法重复性和再现性研究，是通过果汁的联合比对实验研究完成的，已经列在参考文献中。由于这些研究只考虑了 $(D/H)_\text{I}$ 参数。因此，采用了多个实验室提供的内部葡萄酒研究数据，来进行重复性的标准偏差和重复性限值的研究，见附录 A。附录 B 中能力验证结果提供的数据可用于计算葡萄酒的再现性的标准偏差和再现性限值。

总结如下：

	$(D/H)_\text{I}$	$(D/H)_\text{II}$	R
S_r	0.26	0.30	0.005
r	0.72	0.84	0.015
S_R	0.35	0.62	0.006
R	0.99	1.75	0.017

其中：S_r 为重复性标准偏差；

r 为重复性限值；

S_R 为再现性标准偏差；

R 为再现性限值。

附 录 A
内部重复性研究评价

采用 4 个实验室提供的内部实验数据，来进行 SNIF-NMR 方法重复性的评价研究。

实验室 1、实验室 2 和实验室 3 别完成了 10 个、9 个和 15 个不同葡萄酒样品蒸馏和测定的平行分析。

实验室 4 完成了短期内对同一个葡萄酒样品 16 次蒸馏和重复的测定。

表 A.1　实验室 1：10 个葡萄酒样品的平行分析结果

样品	$(D/H)_I$	$(D/H)_{II}$	R	$(D/H)_I$ 差值	差值平方	$(D/H)_{II}$ 差值	差值平方	R 差值	差值平方
1	103.97	130.11	2.503	0.55	0.302	0.68	0.462	0.000	0.000 00
	104.52	130.79	2.503						
2	103.53	130.89	2.529	0.41	0.168	0.32	0.102	0.016	0.000 26
	103.94	130.57	2.513						
3	102.72	130.00	2.531	0.32	0.102	0.20	0.040	0.004	0.000 02
	103.04	130.20	2.527						
4	105.38	132.39	2.513	0.14	0.020	0.20	0.040	0.000	0.000 00
	105.52	132.59	2.513						
5	101.59	127.94	2.519	0.48	0.230	0.20	0.040	0.016	0.000 26
	101.11	128.14	2.535						
6	103.23	132.14	2.560	0.30	0.090	0.36	0.130	0.001	0.000 00
	102.93	131.78	2.561						
7	103.68	130.95	2.526	0.15	0.023	0.75	0.563	0.011	0.000 12
	103.53	130.20	2.515						
8	101.76	128.86	2.533	0.24	0.058	0.42	0.176	0.003	0.000 01
	101.52	128.44	2.530						
9	103.05	129.59	2.515	0.04	0.002	0.44	0.194	0.007	0.000 05
	103.01	129.15	2.508						
10	101.47	132.63	2.614	0.50	0.250	0.18	0.032	0.010	0.000 10
	100.97	132.45	2.624						
				差值平方和	1.245		1.779		0.000 81
				S_r	0.25		0.30		0.006
				r	0.71		0.84		0.018

表 A.2 实验室 2:9 个葡萄酒样品的平行分析结果

样品	$(D/H)_I$	$(D/H)_{II}$	R	$(D/H)_I$ 差值	差值平方	$(D/H)_{II}$ 差值	差值平方	R 差值	差值平方
1	105.02	133.78	2.548	0.26	0.068	0.10	0.010	0.008	0.000 07
	104.76	133.88	2.556						
2	102.38	130.00	2.540	0.73	0.533	0.40	0.160	0.010	0.000 11
	101.65	129.60	2.550						
3	100.26	126.08	2.515	0.84	0.706	0.64	0.410	0.008	0.000 07
	99.42	125.44	2.523						
4	101.17	128.83	2.547	0.51	0.260	0.45	0.203	0.004	0.000 02
	100.66	128.38	2.551						
5	101.47	128.78	2.538	0.00	0.000	0.26	0.068	0.005	0.000 03
	101.47	128.52	2.533						
6	106.14	134.37	2.532	0.12	0.014	0.04	0.002	0.002	0.000 00
	106.26	134.41	2.530						
7	103.62	130.55	2.520	0.05	0.003	0.11	0.012	0.003	0.000 01
	103.57	130.66	2.523						
8	103.66	129.88	2.506	0.28	0.078	0.55	0.302	0.004	0.000 01
	103.38	129.33	2.502						
9	103.50	129.66	2.506	0.43	0.185	0.22	0.048	0.015	0.000 21
	103.93	129.44	2.491						
				差值平方和	1.846		1.214		0.000 53
				S_r	0.32		0.26		0.005
				r	0.91		0.74		0.015

表 A.3 实验室 3:15 个葡萄酒样品的平行分析结果

样品	$(D/H)_I$	$(D/H)_{II}$	R	$(D/H)_I$ 差值	差值平方	$(D/H)_{II}$ 差值	差值平方	R 差值	差值平方
1	101.63	125.87	2.477	0.06	0.004	0.46	0.212	0.007	0.000 05
	101.57	125.41	2.470						
2	99.24	124.41	2.507	0.05	0.002	0.04	0.002	0.001	0.000 00
	99.19	124.37	2.508						
3	101.23	125.07	2.471	0.06	0.004	0.16	0.026	0.005	0.000 02
	101.17	125.23	2.476						
4	100.71	125.29	2.488	0.07	0.005	1.16	1.346	0.024	0.000 58
	100.78	124.13	2.464						

表A.3（续）

样品	$(D/H)_{I}$	$(D/H)_{II}$	R	$(D/H)_{I}$差值	差值平方	$(D/H)_{II}$差值	差值平方	R差值	差值平方
5	99.89	124.02	2.483	0.18	0.032	0.56	0.314	0.007	0.000 05
	99.71	123.46	2.476						
6	100.60	124.14	2.468	0.19	0.036	0.66	0.436	0.018	0.000 32
	100.41	124.80	2.486						
7	101.47	125.60	2.476	0.23	0.053	0.14	0.020	0.003	0.000 01
	101.70	125.74	2.473						
8	102.02	124.00	2.431	0.13	0.017	0.07	0.005	0.005	0.000 02
	102.15	123.93	2.426						
9	99.69	124.60	2.500	0.40	0.160	0.53	0.281	0.000	0.000 00
	100.09	125.13	2.500						
10	99.17	123.71	2.495	0.30	0.090	0.19	0.036	0.004	0.000 02
	99.47	123.90	2.491						
11	100.60	123.89	2.463	0.40	0.160	0.54	0.292	0.001	0.000 00
	101.00	124.43	2.464						
12	99.38	124.88	2.513	0.33	0.109	0.55	0.302	0.002	0.000 00
	99.05	124.33	2.511						
13	99.51	125.24	2.517	0.44	0.194	0.01	0.000	0.011	0.000 12
	99.95	125.25	2.506						
15	101.34	124.68	2.460	0.43	0.185	0.41	0.168	0.002	0.000 00
	101.77	125.09	2.458						
			差值平方和	1.050		3.437			0.001 20
			S_r	0.19		0.34			0.006
			r	0.53		0.96			0.018

表A.4 实验室4：一个葡萄酒样品的16次分析结果

重复测量次数 n	$(D/H)_{I}$	$(D/H)_{II}$	R
1	101.38	126.87	2.503
2	101.30	126.22	2.492
3	100.98	125.86	2.493
4	100.94	126.00	2.497
5	100.71	125.79	2.498
6	100.95	126.05	2.497

表 A.4(续)

重复测量次数 n	$(D/H)_I$	$(D/H)_{II}$	R
7	101.17	126.30	2.497
8	101.22	126.22	2.494
9	100.99	125.91	2.494
10	101.29	126.24	2.493
11	100.78	126.07	2.502
12	100.65	125.65	2.497
13	101.01	126.17	2.498
14	100.89	126.05	2.499
15	101.66	126.52	2.489
16	100.98	126.11	2.498
方差	0.0703	0.0840	0.000 013
S_r	0.27	0.29	0.004
r	0.75	0.82	0.010

数据统计后重复性标准偏差和限值可以估算为:

	$(D/H)_I$	$(D/H)_{II}$	R
S_r	0.26	0.30	0.005
重复性限 r	0.72	0.84	0.015

内部重复性研究数据由以下单位提供:(按字母顺序)

——Bundesinstitut für Risikobewertung,

Thielallee 88-92 PF 330013 D-14195 柏林-德国

——Fondazione E. Mach-Istituto Agrario di San Michele all'Adige,

Via E. Mach,1-38010 San Michele all'Adige(TN),意大利

——Joint Research Centre-Institute for Health and Consumer Protection,

I-21020 ISPRA(VA)-意大利

——Laboratorio Arbitral Agroalimentario,Carretera de la Coruña,km 10,7

E-28023 MADRID-西班牙

附 录 B
再现性研究

1994 年到 2010 年间多个实验室对不同类型(红、白、玫瑰、干、甜和气泡)葡萄酒的 40 次能力测试结果总结于表 B.1。

对 $(D/H)_{\mathrm{I}}$ 和 $(D/H)_{\mathrm{II}}$，合并的 S_R 可以用以下公式来计算：

$$\sqrt{\frac{\sum_i^K (N_i-1)S_{R,i}^2}{\sum_i^K (N_i-1)}}$$

其中 N_i 和 $S_{R,i}$ 是第 i 次中再现性的标准偏差，K 是次数。

根据 R 的定义，运用标准误差传递规则假设 $(D/H)_{\mathrm{I}}$ 和 $(D/H)_{\mathrm{II}}$ 为不相关(协方差为零)，对此参数的再现性标准偏差进行评价。

计算结果如下：

	$(D/H)_{\mathrm{I}}$	$(D/H)_{\mathrm{II}}$	R
S_R	0.35	0.62	0.006
R	0.99	1.75	0.01

表 B.1　FIT 能力测试——葡萄酒样品的统计学结果汇总

样品	年份	循环	$(D/H)_{\mathrm{I}}$			$(D/H)_{\mathrm{II}}$		
			N	平均数	S_R	N	平均数	S_R
红葡萄酒	1994	R1	10	102.50	0.362	10	130.72	0.33
玫瑰葡萄酒	1995	R1	10	102.27	0.333	10	128.61	0.35
红葡萄酒	1995	R2	11	101.45	0.389	11	127.00	0.55
红葡萄酒	1996	R1	11	101.57	0.289	11	132.23	0.34
玫瑰葡萄酒	1996	R2	12	102.81	0.322	12	128.20	0.60
白葡萄酒	1996	R3	15	103.42	0.362	15	127.97	0.51
红葡萄酒	1996	R4	15	102.02	0.377	13	131.28	0.30
玫瑰葡萄酒	1997	R1	16	103.36	0.247	16	126.33	0.44
白葡萄酒	1997	R2	16	103.42	0.444	15	127.96	0.53
甜白葡萄酒	1997	R2	14	99.16	0.419	15	130.02	0.88
葡萄酒	1997	R3	13	101.87	0.258	15	132.03	0.61
甜葡萄酒	1997	R3	12	102.66	0.214	12	128.48	0.48
玫瑰葡萄酒	1997	R4	16	102.29	0.324	16	129.29	0.63
甜葡萄酒	1997	R4	15	102.04	0.269	13	131.27	0.30
白葡萄酒	1998	R1	16	105.15	0.302	16	127.59	0.59

表 B.1(续)

样品	年份	循环	$(D/H)_I$			$(D/H)_{II}$		
			N	平均数	S_R	N	平均数	S_R
甜葡萄酒	1998	R3	16	102.17	0.326	16	129.60	0.56
红葡萄酒	1998	R4	17	102.44	0.306	17	131.60	0.47
白葡萄酒	1999	R1	14	102.93	0.404	13	129.64	0.46
甜葡萄酒	2000	R2	15	103.19	0.315	14	129.43	0.60
葡萄酒	2001	R1	12	105.28	0.264	16	131.32	0.68
甜葡萄酒	2001	R2	14	101.96	0.249	15	128.99	1.05
葡萄酒	2002	R1	17	101.01	0.365	16	129.02	0.74
葡萄酒	2002	R2	17	101.30	0.531	17	129.28	0.93
葡萄酒	2003	R1	18	100.08	0.335	18	128.98	0.77
甜葡萄酒	2003	R2	17	100.51	0.399	18	128.31	0.80
葡萄酒	2004	R1	18	102.88	0.485	19	128.06	0.81
甜葡萄酒	2004	R3	16	101.47	0.423	16	130.10	0.71
葡萄酒	2005	R1	19	101.33	0.447	19	129.88	0.76
甜葡萄酒	2005	R2	15	102.53	0.395	15	131.36	0.38
干葡萄酒	2006	R1	18	101.55	0.348	18	131.30	0.51
甜葡萄酒	2006	R2	18	100.31	0.299	18	127.79	0.55
葡萄酒	2007	R1	18	103.36	0.403	18	130.90	0.90
甜葡萄酒	2007	R2	19	102.78	0.437	19	130.72	0.55
葡萄酒	2008	R1	24	103.20	0.261	23	131.29	0.59
甜葡萄酒	2008	R2	20	101.79	0.265	19	129.73	0.34
干葡萄酒	2009	R1	24	102.96	0.280	23	130.25	0.49
甜葡萄酒	2009	R2	21	101.31	0.310	21	127.07	0.50
干葡萄酒	2010	R1	21	101.80	0.350	20	129.65	0.40
气泡葡萄酒	2010	R1	11	101.51	0.310	11	129.09	0.68
干葡萄酒	2010	R2	20	104.05	0.290	19	133.31	0.58

参 考 文 献

[1] Martin G. J. ,Martin M. L. ,MABON F. ,Anal. Chem. ,1982,54,2380-2382.

[2] Martin G. J. ,Martin M. L. ,J. Chim. Phys. ,1983,80,294-297.

[3] Martin G. J. ,Guillou C. ,NAULET N. ,BRUN S. ,Tep Y. ,Cabanis J. C. .

[4] Cabanis M. T. ,Sudraud P. ,Sci. Alim. ,1986,6,385-405.

［5］ Martin G. J. , Zhang B. L. , NAULET N. and MARTIN M. L. , J. Amer. Chem. Soc. , 1986，108，
5116-5122.

［6］ Martin G. J. ,Guillou C. ,Martin M. L. ,Cabanis M. T. ,TEP Y. et AERNY J. ,J. Agric. Food Chem. ,
1988,36,316.

［7］ MARTIN G. G. ,WOOD R. ,MARTIN,G. J. ,J. AOAC Int. ,1996,79(4),917-928.

［8］ MARTIN G. G. ,HANOTE V. ,LEES M. ,MARTIN Y-L. ,. J. Assoc Off Anal Chem,1996,79,62-72.

［9］ CRAIG H. ,Science,1961,133,. 1702-1703.

气相色谱法测定干型葡萄酒中糖类和残留糖转化的多元醇

（决议 Oeno 9/2006）

1 范围

同时测定葡萄酒中赤藓糖醇、阿拉伯糖醇、甘露糖醇、山梨糖醇和内消旋环己六醇的含量。

由于气相色谱法（GC）测定糖类耗时长且非常复杂，一般用来测定微量的糖，特别是不能用常规酶法测定的糖类（阿拉伯糖，鼠李糖，甘露糖和半乳糖）。但适用于葡萄糖和果糖的测定但可以同时测定所有的糖单体、二聚糖甚至是三聚糖。

注1：由于相应多元醇的存在，一旦糖类物质还原到醛醇形式，就不能通过气相色谱法来测定。

注2：在三甲基硅烷化衍生物（TMS）的形式下，葡萄酒中的糖类物质会给出相应的两种α和β型甚至是三种或四种γ等形式的不同异构体。

注3：在没有预先稀释的情况下，当葡萄糖和果糖含量超过 5 g/L 时，本方法很难进行检测。

2 原理

干型葡萄酒中的残留糖类物质可经三甲基硅烷化衍生后用气相色谱法来测定。使用内标物为季戊四醇。

3 试剂

3.1 纯六甲基二硅氮烷（HMDS）。

3.2 纯三氟乙酸酐（TFA）。

3.3 纯吡啶。

3.4 纯季戊四醇。

3.5 蒸馏水。

3.6 10 g/L 季戊四醇（内标溶液）：将 0.15 g 季戊四醇溶解在 100 mL 水中。

3.7 可用来制备标准溶液的，葡萄糖、果糖、阿拉伯糖、甘露糖醇和山梨糖醇等纯物质。

3.8 200 g/L 标准溶液：将 20 mg 需被测定的物质溶解在 100 mL 水中。

注：糖溶液应即配即用。

4 设备和仪器

4.1 1 mL 移液管，最小刻度为 0.1 mL。

4.2 洗耳球。

4.3 100 μL 注射器。

4.4 5 mL 旋盖试管，带有聚四氟乙烯密封旋盖。

4.5 旋转蒸发仪，配有可使样品蒸发至干的旋盖试管。

4.6 配有 FID 火焰离子化检测器的气相色谱仪和具有"分流"模式的进样器 1/30～1/50 进样量（1 μL）的分流。

4.7 非极性毛细管柱(SE-30、CPSil-5、HP-1 等)50 m×0.25 mm,15 μm 固定相膜厚。

4.8 10 μL 进样针。

4.9 数据采集系统。

4.10 超声波水浴。

4.11 实验室通风橱。

5 样品制备

5.1 内标物的加入

在旋盖试管中用移液管加入 1 mL 葡萄酒或 200 mg/L 的标准溶液。

注:适用于高糖含量的小体积葡萄酒。

用注射器加入 50 μL 10 g/L 的季戊四醇溶液(3.6)。

5.2 干燥固体物质的获得

将旋盖试管置于旋转蒸发仪上,在 40℃ 水浴条件下,蒸发所有液体至干。

5.3 加入试剂

5.3.1 将装有固体干燥剂和试剂 3.1、3.2 和 3.3 的试管放置于通风橱内。

5.3.2 用移液管和洗耳球在试管中依次加入 0.20 mL 吡啶、0.7 mL 六甲基二硅氮烷和 0.1 mL 三氟乙酸酐。

5.3.3 将试管盖上盖子。

5.3.4 将试管放置于超声波水浴内超声 5 min 直至所有固体物溶解。

5.3.5 将试管放置于 60℃ 干燥箱内 2 h,以获得羟基或酸的三甲基硅烷(TMS)取代物。

注:加热后应仅有一相(否则试管中有水)。同样,不应有褐色沉淀物,否则说明有额外的未衍生糖存在。

6 色谱分析

6.1 将冷却的试管放置在通风橱内,用注射器吸取 1 μL 然后在"分流"模式(永久分流)下注入色谱仪。

用同样方法处理葡萄酒衍生物和标准品。

6.2 设定柱温箱升温程序。例如以每分钟 3℃ 的速率从 60℃ 升至 240℃,完全分离甘露糖醇和山梨糖醇需要 1 h(分辨率高于 1.5)。

7 计算

例如:计算山梨糖醇的浓度

葡萄酒中山梨糖醇(t_s)的含量

$$t_s = 200 \times \frac{s}{S} \times \frac{I}{i}(\text{mg/L})$$

其中:s——葡萄酒中山梨糖醇的峰面积;

S——标准溶液中山梨糖醇的峰面积;

i——葡萄酒中内标物的峰面积;

I——标准溶液中内标物的峰面积。

同样也可用来计算葡萄糖(t_g)的含量。

$$t_g = 200 \times \frac{g}{G} \times \frac{I}{i} \, (\text{mg/L})$$

其中 g 为葡萄酒中葡萄糖的两个峰的面积和，G 是标准溶液中葡萄糖的两个峰的面积和。

8　方法的精密度

多元醇的检测阈值约为 5 mg/L（一个单独的色谱峰）。在 100 mg/L 糖或多元醇浓度范围内，其平均重复性在 10% 范围内。

表 1　经 TMS 衍生后葡萄酒中干燥固体物数量重复性的测定

项目	酒石酸	果糖	葡萄糖	甘露糖醇	山梨糖醇	卫矛醇	内消旋环己六醇
平均值/(mg/L)	2013	1238	255	164	58	31	456
典型方差/(mg/L)	184	118	27	8	2	2	28
CV/%	9	10	11	5	3	8	6

CPSil-5CB 50 m×0.25 mm×0.15 μm 色谱柱。分流进样，60℃，3℃/min，240℃。放大图如下。

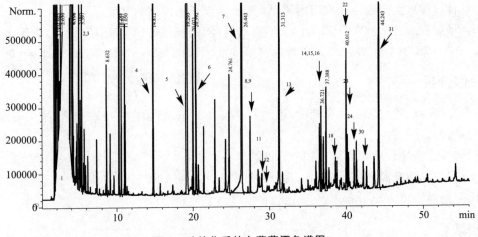

图 1　硅烷化后的白葡萄酒色谱图

色谱峰:1—混合反应物;2 和 3—未知酸;4—季戊四醇;5 和 6—未知;7—酒石酸和树胶醛醣;
8,10 和 11—鼠李糖;9—树胶醛醣;12—木糖醇;13—阿拉伯糖醇;14,15 和 16—果糖;
17—半乳糖和未知;18—α 葡萄糖;19—半乳糖和半乳糖醛酸;20 和 21—未知;
22—甘露糖醇;23—山梨糖醇;24—β 葡萄糖;25 和 27—未知;26—半乳糖醛酸;
28 和 30—半乳糖酸内酯;29—半乳糖酸;31—内消旋环己六醇

CPSil-5CB 50 m×0.25 mm×0.15 μm 色谱柱。分流进样，60℃，3℃/min，240℃。放大图如下:

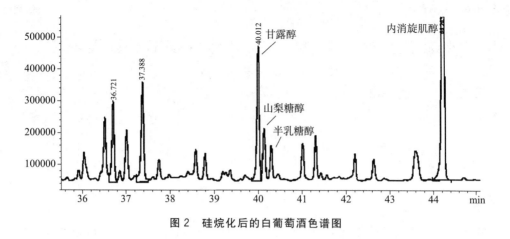

图 2　硅烷化后的白葡萄酒色谱图

<h1>参 考 文 献</h1>

［1］ RIBEREAU-GAYON P. and BERTRAND A. 1972，Nouvelles applications de la chromatographie en phase gazeuse à l'analyse des vins et au contrô le de leur qualité，Vitis，10，318-322.

［2］ BERTRAND A. (1974)，Dosage des principaux acides du vin par chromatographie en phase gazeuse. FV OIV 717-718，253-274.

［3］ DUBERNET M. 0. (1974)，Application de la chromatographie en phase gazeuse à l'étude des sucres et polyols du vin：thèse 3° Cycle，Bordeaux.

pH 示差法联合测定葡萄酒中的葡萄糖和果糖

（决议 Oeno 10/2006）

1 范围

本方法适用于分析葡萄糖和果糖含量在 0～60 g/L（平均含量）或 50 g/L～270 g/L（高含量）的葡萄酒。

2 原理

pH 示差联合测定葡萄糖和果糖含量是通过己糖激酶将葡萄糖和果糖磷酸化，所产生的氢离子含量，与化学计量计算的葡萄糖和果糖的含量对应，从而进行定量。

3 反应

在己糖激酶（HK）催化下，葡萄糖和果糖被三磷酸腺苷（ATP）磷酸化（EC. 2.7.1.1）。

$$葡萄糖 + ATP \xrightarrow{\text{HK}} 葡萄糖-6-磷酸 + ADP + H^+$$

$$果糖 + ATP \xrightarrow{\text{HK}} 果糖-6-磷酸 + ADP + H^+$$

4 试剂

4.1 去离子水或双蒸水。

4.2 纯度≥99％的 2-氨基-2-(羟甲基)丙烷-1,3-二醇（TRIS）。

4.3 纯度≥99％的三磷酸腺苷二钠盐（ATP,2Na）。

4.4 纯度≥99％的十二水合磷酸钠（$Na_3PO_4 \cdot 12H_2O$）。

4.5 纯度≥98％的氢氧化钠（NaOH）。

4.6 纯度≥99％的六水合氯化镁（$MgCl_2 \cdot 6H_2O$）。

4.7 聚乙二醇辛基苯基醚。

4.8 纯度 99％的氯化钾（KCl）。

4.9 2-溴-2-硝基丙烷-1,3-二醇(溴硝丙二醇)（$C_3H_6BrNO_4$）。

4.10 己糖激酶（EC. 2.7.1.1）1 mg≅145 U（例如：霍夫曼罗氏公司,曼海姆,德国,ref. Hexo-70-1351）。

4.11 纯度≥98％的甘油。

4.12 纯度≥99％的葡萄糖。

4.13 pH=8.0 的缓冲液,可直接购买或根据下述方法准备：

在 100 mL 带刻度的烧杯中,倒入约 70 mL 去离子水,在不断搅拌情况下加入 0.242 g ±0.001 g TRIS、0.787 g±0.001 g ATP、0.494 g±0.001 g 磷酸钠、0.009 g±0.001 g 氢氧化钠、0.203 g±0.001 g 氯化镁、2.000 g±0.001 g 聚乙二醇辛基苯基醚、0.820 g±0.001 g 氯化钾和 0.010 g±0.001 g 溴硝丙二醇,加水至刻度。用氢氧化钠或盐酸进行调节,使最终的 pH 保持在 8.0±0.1。此缓冲液可在 4℃保存 2 个月。

4.14 酶溶液,可直接购买或根据下述方法制备:

用带刻度的移液管吸取 5 mL 甘油置于 10 mL 带刻度的烧杯中,加水至刻度后混匀。溶解 20 mg±1 mg 己糖激酶和 5 mg 溴硝丙二醇在 10 mL 的甘油溶液中。酶溶液的活性必须在每毫升己糖激酶 300 U±50 U。此酶溶液可在 4℃保存 6 个月。

4.15 标准溶液的制备(平均水平,葡萄糖和果糖的预计含量少于 50 g/L):

将 3.60 g±0.01 g 葡萄糖(预先在 40℃干燥 12 h,直至恒重)、0.745 g±0.001 g 氯化钾和 0.010 g±0.001 g 溴硝丙二醇放置在一个带刻度的 100 mL 烧杯中。加水后充分混匀。移去磁棒后加水至刻度。葡萄糖溶液的最终浓度为 36 g/L。此溶液可在 4℃保存 6 个月。

4.16 标准溶液的制备(高水平,葡萄糖和果糖的预计含量高于 50 g/L):

将 18.0 g±0.01 g 葡萄糖(预先在 40℃干燥 12 h,直至恒重)、0.745 g±0.001 g 氯化钾和 0.010 g±0.001 g 溴硝丙二醇放置在一个带刻度的 100 mL 烧杯中。加水后充分混匀,移去磁棒后加水至刻度。葡萄糖溶液的最终浓度为 180 g/L。此溶液可在 4℃保存 6 个月。

5 设备

5.1 pH 示差设备(EUROCHEM CL 10plus,Microlab EFA 或类似的仪器)见附录 A。

5.2 A 级带刻度 100 mL 烧杯。

5.3 带刻度的 100 mL 试管。

5.4 精确到 1 mg 的天平。

5.5 磁力搅拌器和聚四氟乙烯磁棒。

5.6 pH 计。

5.7 A 级带刻度的 3 mL、5 mL 移液管。

5.8 A 级带刻度的 10 mL 烧杯。

5.9 25 μL 和 50 μL 自动移液器。

6 样品制备

样品不能有太多悬浮物,否则需通过离心或过滤去除。气泡酒必须脱气。

7 步骤

遵照仪器的使用说明书的要求。使用前,仪器温度必须稳定。如有必要,仪器的管路在清洗后先要用缓冲液进行润洗。

7.1 空白测定(酶溶液的测定)

在缓冲液中插入 pH 示差仪的电极(EL_1 和 EL_2);两个电极的电位差(D_1)必须在 ±150 mpH 之间;在反应容器中用微量移液器加入 24 μL 酶溶液插入电极 EL_2;测定两个电极的电势差(D_2);计算 pH 的差值,用下列公式来计算空白的 ΔpH_0:

$$\Delta pH_0 = D_2 - D_1$$

其中:ΔpH_0——两次空白的 pH 差值;

$\qquad D_1$——两个电极在缓冲液中 pH 差值;

$\qquad D_2$——两个电极之间的 pH 差值,一个在缓冲液中,另一个在缓冲液和酶溶液。

ΔpH₀ 的值是用来检查电极在滴定时的状态和它们随时间飘移的情况。在两次连续读数时，它必须在 -30 mpH~0 mpH 或≤1.5 mpH。否则需检查缓冲液的 pH 或清洁液压系统和电极，然后重复测定空白。

7.2　校准

7.2.1　平均含量

在缓冲液中插入电极（EL_1 和 EL_2）；

在反应容器中（用微量移液器）加入 25 μL 标准葡萄糖溶液；

在缓冲液和标准溶液中插入电极 EL_1 和 EL_2；

测定两个电极的电势差（D_3）；

加入 24 μL 酶溶液，在缓冲液＋标准溶液＋酶溶液中插入电极 EL_2；

待酶反应结束后，测定两个电极的电势差（D_4）；

计算 pH 的差值，用下列公式计算标准溶液的 ΔpH_c：

$$\Delta pH_c = (D_4 - D_3) - \Delta pH_0$$

其中：ΔpH_c——标准溶液 D_3 和 D_4 的差减去空白的差值；

　　　　D_3——两个电极在缓冲/标准混合液中 pH 的差值；

　　　　D_4——两个电极之间的 pH 差值，一个在缓冲/标准混合液中，另一个在缓冲/标准/酶混合液中。

标准曲线的斜率计算：

$$s = c_u / \Delta pH_c$$

其中 c_u 是标准溶液中葡萄糖的浓度（g/L）。

根据步骤（7.3），通过 25 μL 葡萄糖标准溶液的检测，来检验校准的有效性。其结果必须在参考值±2%的范围内。否则请重复校准步骤。

7.2.2　高含量

在缓冲液中插入电极（EL_1 和 EL_2）；

在反应容器中用微量移液器加入 10 μL 标准（HL）葡萄糖溶液；

在缓冲液和标准溶液中电极 EL_1 和 EL_2；

测定两个电极的电势差（D_3）；

加入 24 μL 酶溶液（4.14），在缓冲液＋标准溶液＋酶溶液中插入电极 EL_2；

待酶反应结束后，测定两个电极的电势差（D_4）；

计算 pH 的差值，用下列公式计算标准溶液的 ΔpH_c：

$$\Delta pH_c = (D_4 - D_3) - \Delta pH_0$$

其中：ΔpH_c——标准溶液 D_3 和 D_4 的差减去空白的差值；

　　　　D_3——两个电极在缓冲/标准混合液中 pH 的差值；

　　　　D_4——两个电极之间的 pH 差值，一个在缓冲/标准混合液中，另一个在缓冲/标准/酶混合液。

标准曲线的斜率计算：

$$s = c_u / \Delta pH_c$$

其中 c_u 为标准溶液中葡萄糖的浓度（g/L）。

根据步骤，通过 10 μL 葡萄糖标准溶液的检测，来检验标准曲线的有效性。其结果必须在参考值±2%的范围内。否则请重复校准步骤。

7.3 定量

在缓冲液(4.13)中插入电极(EL_1 和 EL_2);

在反应容器中用微量移液器加入 $10~\mu L$(高含量)或 $25~\mu L$(平均含量)的样品溶液;

在缓冲液/样品混合液溶液中插入电极 EL_1 和 EL_2;

测定两个电极的电势差(D_5);

加入 $24~\mu L$ 酶溶液,在缓冲液+样品溶液+酶溶液中插入电极 EL_2;

测定两个电极的电势差(D_6);

用下列公式计算样品中水溶液的量:

$$w = s \times [(D_6 - D_5) - \Delta pH_0]$$

其中:w——样品中水溶液的量(g/L);

s——校准曲线的斜率;

ΔpH_0——两次空白的 pH 差值;

D_5——两个点电极在样品/标准混合液中 pH 差值;

D_6——两个电极之间的 pH 差值,一个在缓冲/样品混合液中,另一个在缓冲/样品/酶混合液中。

8 结果表示

葡萄糖和果糖含量单位为 g/L,小数点后保留一位有效数字。

9 精密度

同一方法实验室间比对的精密度结果的详细信息汇总在附录 B 中。

9.1 重复性

在最短时间间隔内,由同一操作者使用相同装置进行相同测试的两个独立结果之间的绝对差值应不超过重复性值 r 的 95%。

$r = 0.021x + 0.289$,其中 x 是葡萄糖+果糖的含量,g/L。

9.2 再现性

由两个实验室进行相同测试的两个结果之间的绝对差值应不超过再现性 R 的 95%。

$R = 0.033x + 0.507$,其中 x 是葡萄糖+果糖的含量,g/L。

10 其他参数

10.1 检测限和定量限

10.1.1 检测限

检测限是根据 10 个系列的 3 次空白重复分析和线性回归对葡萄酒进行精密度测试确定的,等于 3 倍的标准偏差。在此条件下,通过连续稀释的方法确定此方法的检测限为 0.03 g/L。

10.1.2 定量限

定量限是根据 10 个系列的 3 次空白重复分析和线性回归对葡萄酒进行精密度测试确

定的,等于 10 倍的标准偏差。在此条件下,通过连续稀释的方法确定此方法的定量限为 0.10 g/L。此定量限通过实验室间红葡萄酒和白葡萄酒比对试验数据证实。

10.2　准确度

精确性的评估是根据实验室间葡萄酒双盲测试结果的平均覆盖率来计算的(葡萄酒 A、B、C、D、F 和 J)。在 0.22% 的置信区间内它为 98.9%。

11　质量控制

质量控制可以通过有证标准物质、成分特征达成共识的葡萄酒或分析中经常使用的加标葡萄酒,以及相关的质控图来完成。

附 录 A
pH 示差仪装置图例

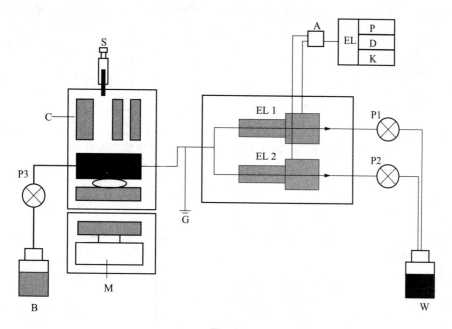

图 A.1

A—示差放大器；B—缓冲液；C—混合腔；D—指示器；EL1 和 EL2—毛细管电极；

EL—电子配件；G—接地装置；K—键盘；M—磁力搅拌器；P—打印机；

P1～P3—蠕动泵；S—样品和酶的进样针；W—废液

附 录 B
实验室间比对实验结果统计学数据

根据 ISO 5725-2:1994,实验室间比对实验的参数结果见表 B.1。比对实验由(法国)Epernay 国际贸易香槟葡萄酒委员会实验室完成。

实验室间比对测试年份:2005。

参加实验室数量:13,双盲样。

样品数量:10。

表 B.1

项目	葡萄酒 A	葡萄酒 B	葡萄酒 C	葡萄酒 D	葡萄酒 E	葡萄酒 F	葡萄酒 G	葡萄酒 H	葡萄酒 I	葡萄酒 J
平均值/(g/L)	8.44	13.33	18.43	23.41	28.03	44.88	86.40	93.34	133.38	226.63
实验室数量	13	13	13	13	13	13	13	13	13	13
消除最大离散值后实验室数量	13	13	13	13	13	13	13	13	13	13
重复性的标准偏差	0.09	0.13	0.21	0.21	0.29	0.39	0.81	0.85	1.19	1.51
重复性限	0.27	0.38	0.61	0.62	0.86	1.14	2.38	2.51	3.52	4.45
相对重复性标准偏差/%	1.08	0.97	1.13	0.91	1.04	0.86	0.94	0.91	0.89	0.67
HORRAT$_r$	0.26	0.25	0.31	0.26	0.30	0.27	0.32	0.32	0.33	0.47
再现性标准偏差	0.17	0.27	0.37	0.59	0.55	0.45	1.27	1.43	1.74	2.69
再现性限	0.50	0.79	1.06	1.71	1.60	1.29	3.67	4.13	5.04	7.78
相对再现性偏差/%	2.05	2.05	1.99	2.54	1.97	1.00	1.47	1.53	1.31	1.19
HORRAT$_R$	0.50	0.54	0.55	0.72	0.58	0.31	0.51	0.53	0.48	0.47

样品类型:

葡萄酒 A:自然含糖白葡萄酒,加标葡萄糖 2.50 g/L 和果糖 2.50 g/L;

葡萄酒 B:自然含糖白葡萄酒(葡萄酒 A),加标葡萄糖 5.00 g/L 和果糖 50 g/L;

葡萄酒 C:自然含糖白葡萄酒(葡萄酒 A),加标葡萄糖 7.50 g/L 和果糖 7.50 g/L;

葡萄酒 D:自然含糖白葡萄酒(葡萄酒 A),加标葡萄糖 10.0 g/L 和果糖 10.0 g/L;

葡萄酒 E:加香葡萄酒;

葡萄酒 F:自然含糖量小于 0.4 g/L 的白葡萄酒,加标葡萄糖 22.50 g/L 和果糖 22.50 g/L;

葡萄酒 G:自然甜红葡萄酒;

葡萄酒 H:甜白葡萄酒;

葡萄酒 I:普通葡萄酒;

葡萄酒 J：自然含糖量小于 0.4 g/L 的白葡萄酒，葡萄糖加标 115.00 g/L 和果糖 115.00 g/L。

参 考 文 献

[1] LUZZANA M. , PERELLA M. and ROSSI-BERNARDI L(1971) : Anal. Biochem, 43, 556-563.

[2] LUZZANA M. , AGNELLINI D. , CREMONESI P. and CARAMENTI g. (2001) : Enzymatic reactions for the determination of sugars in food samples using the differential pH technique. Analyst, 126, 2149-2152.

[3] LUZZANA M. , LARCHER R. , MARCHITTI C. V. and BERTOLDI D. (2003) : Quantificazione mediante pH-metria differenziale dell'urea negli spumanti metodo classico. in "Spumante tradizionale e classico nel terzo millennio" 27-28 giugno 2003, Istituti Agrario di San Mechele.

[4] MOSCA A. , DOSSI g. , LUZZANA M. , ROSSI-BERNARDI L. , FRIAUF W. S. , BERGER R. L. , HOPKINS H. P. and CAREY V(1981) : Improved apparatus for the differential measurement of pH : application to the measurement of glucose. Anal. Biochem. , 112, 287-294.

[5] MOIO L. , GAMBUTI A. , Di MARZIO L. and PIOMBINO P. (2001) : Differential pHmeter determination of residual sugars in wine. Am. J. Enol. Vitic, 52(3), 271-274.

[6] TUSSEAU D. , FENEUIL A. , ROUCHAUSSE J. M. et VAN LAER S. (2004) : Mesure différents paramètres d'intérêt œnologiques par pHmétrie différentielle. FV. OOIV 1199, 5 pages.

pH 示差法测定葡萄酒中的葡萄糖、果糖和蔗糖总量
（决议 Oeno 11/2006）

1 范围

本方法适用于分析葡萄糖和果糖含量为 0～270 g/L 的葡萄酒。

此定量方法不可取代 pH 示差法分别测定葡萄糖和果糖。

2 原理

pH 示差法测定葡萄糖、果糖和蔗糖含量，包括蔗糖酶水解的蔗糖，之后己糖激酶磷酸化的葡萄糖和果糖。所产生的氢离子含量，与化学计量计算的葡萄糖和果糖的含量对应，从而进行定量。

3 反应

蔗糖被酶水解（EC 3.2.1.26）

$$\text{蔗糖} \xrightarrow{\text{蔗糖酶}} \text{葡萄糖＋果糖}$$

在己糖激酶（HK）的催化下，原有的葡萄糖和果糖，以及水解而来的葡萄糖和果糖被三磷酸腺苷（ATP）磷酸化。（EC 2.7.1.1）

$$\text{葡萄糖＋ATP} \xrightarrow{\text{HK}} \text{葡萄糖-6-磷酸＋ADP＋H}^+$$

$$\text{果糖＋ATP} \xrightarrow{\text{HK}} \text{果糖-6-磷酸＋ADP＋H}^+$$

4 试剂

4.1 去离子水或双蒸水。

4.2 纯度≥99％的 2-氨基-2-(羟甲基)丙烷-1,3-二醇（TRIS）。

4.3 纯度≥99％的三磷酸腺苷二钠盐（ATP,2Na）。

4.4 纯度≥99％的十二水合磷酸钠（$Na_3PO_4 \cdot 12H_2O$）。

4.5 纯度≥98％的氢氧化钠（NaOH）。

4.6 纯度≥99％的六水合氯化镁（$MgCl_2 \cdot 6H_2O$）。

4.7 聚乙二醇辛基苯基醚。

4.8 纯度≥99％的氯化钾（KCl）。

4.9 2-溴-2-硝基丙烷-1,3-二醇（溴硝丙二醇）（$C_3H_6BrNO_4$）。

4.10 蔗糖酶（EC 3.2.1.26）1 mg≅500 U（例如：西格玛公司 ref I-4504）。

4.11 己糖激酶（EC.2.7.1.1）1 mg≅145 U（例如：霍夫曼罗氏公司,曼海姆,德国,ref. Hexo-70-1351）。

4.12 纯度≥98％的甘油。

4.13 纯度≥99％的蔗糖。

4.14　pH＝8.0的缓冲液,可直接购买(ex. DIFFCHAMB GEN 644)或根据下述方法准备:在100 mL 带刻度的烧杯中,倒入约 70 mL 水、在不断搅拌情况下加入 0.242 g±0.001 g TRIS、0.787 g±0.001 g ATP、0.494 g±0.001 g 磷酸钠、0.009 g±0.001 mg 氢氧化钠、0.203 g±0.001 g 氯化镁(4.6)、2.000 g±0.001 g 聚乙二醇辛基苯基醚、0.820 g±0.001 g 氯化钾和 0.010 g±0.001 g 溴硝丙二醇,加水至刻度。用氢氧化钠或盐酸进行调节,使最终的 pH 保持在 8.0±0.1。此缓冲液可在 4℃保存 2 个月。

4.15　酶溶液,可直接购买或根据下述方法准备:用带刻度的移液管吸取 5 mL 甘油置于 10 mL 带刻度的烧杯中,加水至刻度后混匀。溶解 300 mg±1 mg 蔗糖酶和 10 mg±1 mg 己糖激酶于 3 mL 的甘油溶液中。酶溶液的活性必须在每毫升蔗糖酶 50 000 U±100 U 和每毫升己糖激酶 480 U±50 U。此酶溶液可在 4℃保存 6 个月。

4.16　标准溶液的制备

将 17.100 g±0.01 g 蔗糖(预先在 40℃干燥 12 h,直至恒重)、0.745 g±0.001 g 氯化钾和 0.010 g±0.001 g 溴硝丙二醇放置在一个带刻度的 100 mL 烧杯中。加水后充分混匀。移去磁棒后加水至刻度。蔗糖溶液的最终浓度为 171 g/L。此溶液可在 4℃保存 6 个月。

5　设备

5.1　pH 示差设备(EUROCHEM CL 10plus,Microlab EFA 或类似的仪器)见附录 A。

5.2　A 级带刻度 100 mL 烧杯。

5.3　带刻度的 100 mL 试管。

5.4　精确到 1 mg 的天平。

5.5　磁力搅拌器和聚四氟乙烯磁棒。

5.6　pH 计。

5.7　A 级带刻度的 3 mL、5 mL 移液管。

5.8　A 级带刻度的 10 mL 烧杯。

5.9　25 和 50 μL 自动移液器。

6　样品制备

样品不能有太多悬浮物,否则要通过离心或过滤去除。气泡酒必须脱气。

7　步骤

遵照仪器的使用说明书的要求。使用前,仪器温度必须稳定。如有必要,仪器的管路在清洗后先要用缓冲液进行润洗。

7.1　空白测定(酶溶液的测定)

在缓冲液中插入 pH 示差仪的电极(EL$_1$ 和 EL$_2$);两个电极的电位差(D_1)必须在 ±150 mpH 之间;

在反应容器中用微量移液器加入 32 μL 酶溶液插入电极 EL$_2$;

测定两个电极的电势差(D_2);

计算 pH 的差值,用下列公式来计算空白的 ΔpH$_0$:

$$\Delta pH_0 = D_2 - D_1$$

其中：ΔpH_0——两次空白的 pH 差值；

D_1——两个电极在缓冲液中 pH 差值；

D_2——两个电极之间的 pH 差值，一个在缓冲液中，另一个在缓冲液和酶溶液。

ΔpH_0 的值是用来检查电极在滴定时的状态和它们随时间飘移的情况，在两次连续读数时，它必须在 -30 mpH$\sim$0 mpH 或 $\leqslant 1.5$ mpH。否则要检查缓冲液的 pH 或清洁液压系统和电极，然后重复测定空白。

7.2 校准

在缓冲液中插入电极（EL_1 和 EL_2）；

在反应容器中（用微量移液器 5.9）加入 10 μL 标准蔗糖溶液；

在缓冲液和标准溶液中插入电极 EL_1 和 EL_2；

测定两个电极的电势差（D_3）；

加入 32 μL 酶溶液，在缓冲液+标准溶液+酶溶液中插入电极 EL_2；

待酶反应结束后，测定两个电极的电势差（D_4）；

计算 pH 的差值，用下列公式计算标准溶液的 ΔpH_c：

$$\Delta pH_c = (D_4 - D_3) - \Delta pH_0$$

其中：ΔpH_c——标准溶液 D_3 和 D_4 的差减去空白的差值；

D_3——两个电极在缓冲/标准混合液中 pH 的差值；

D_4——两个电极之间的 pH 差值，一个在缓冲/标准混合液中，另一个在缓冲/标准/酶混合液中。

标准曲线的斜率计算：

$$s = c_u / \Delta pH_c$$

其中，c_u 为标准溶液中葡萄糖的浓度（g/L）。

根据步骤，通过 10 μL 标准蔗糖溶液的检测，来检验校准的有效性。其结果必须在参考值 $\pm 2\%$ 的范围内。否则请重复校准步骤。

7.3 定量

在缓冲液中插入电极（EL_1 和 EL_2）；

在反应容器中用微量移液器加入 10 μL 的样品溶液；

在缓冲液/样品混合液溶液中插入电极 EL_1 和 EL_2；

测定两个电极的电势差（D_5）；

加入 32 μL 酶溶液，在缓冲液+样品溶液+酶溶液中插入电极 EL_2；

测定两个电极的电势差（D_6）；

用下列公式计算样品中水溶液的量：

$$w = s \times [(D_6 - D_5) - \Delta pH_0]$$

其中：w——样品中水溶液的量（g/L）；

s——校准的斜率；

ΔpH_0——两次空白的 pH 差值；

D_5——两个点击在样品/标准混合液中 pH 的差值；

D_6——两个电极之间的 pH 差值，一个在缓冲/样品混合液中，另一个在缓冲/样品/酶混合液中。

8 结果表示

葡萄糖和果糖含量单位为 g/L，小数点后保留一位有效数字。

9 方法的精密度

由于葡萄酒和葡萄汁中蔗糖的水解，因此无法根据 OIV 的方法组织实验室间比对实验。

实验室间研究表明，本方法对于蔗糖，线性在 $0\sim250$ g/L 之间，检测限为 0.2 g/L，定量限为 0.6 g/L，重复性为 $0.0837x-0.0249$ g/L，再现性为 $0.0935x-0.073$ g/L（蔗糖含量）。

10 质量控制

质量控制可以通过有证标准物质、成分特征达成共识的葡萄酒或分析中经常使用的加标葡萄酒，以及相关的质控图来完成。

附 录 A
pH 示差仪装置图例

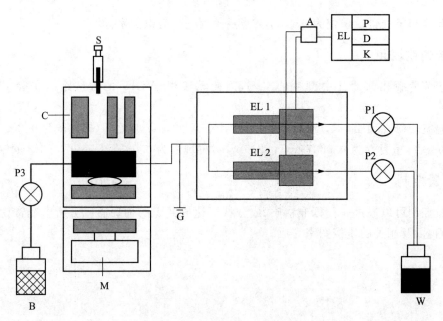

图 A.1

A—示差放大器;B—缓冲液;C—混合腔;D—指示器;EL1 和 EL2—毛细管电极;
EL—电子配件;G—接地装置;K—键盘;M—磁力搅拌器;P—打印机;
P1~P3—蠕动泵;S—样品和酶的进样针;W—废液

参 考 文 献

[1] LUZZANA M. ,PERELLA M. et ROSSI-BERNARDI L(1971):Electrometric method for measurement of small pH changes in biological systems. Anal. Biochem,43,556-563.

[2] LUZZANA M. ,AGNELLINI D. ,CREMONESI P. et CARAMENTI G. (2001):Enzymatic reactions for the determination of sugars in food samples using the differential pH technique. Analyst,126,2149-2152.

[3] LUZZANA M. ,LARCHER R. ,MARCHITTI C. V. et BERTOLDI D. (2003):Quantificazione mediante pH-metria differenziale dell'urea negli spumanti metodo classico. in "Spumante tradizionale e classico nel terzo millennio" 27-28 giugno 2003,Instituti Agrario di San Mechele.

[4] MOIO L. ,GAMBUTI A. ,Di MARZIO L. et PIOMBINO P. (2001):Differential pHmeter determination of residual sugars in wine. Am. J. Enol. Vitic,52(3),271-274.

[5] MOSCA A. ,DOSSI G. ,LUZZANA M. ,ROSSI-BERNARDI L. ,FRIAUF W. S. ,BERGER R. L. , HOPKINS H. P. et CAREY V(1981):Improved apparatus for the differential measurement of pH :application to the measurment of glucose. Anal. Biochem. ,112,287-294.

[6] TUSSEAU D. ,FENEUIL A. ,ROUCHAUSSE J.-M. et VAN LAER S. (2004):Mesure de différents paramètres d'interêt oenologique par pHmétrie différentielle. F. V. O. I. V. n° 1199,5 pages.

3.1.2 醇类

方法 OIV-MA-AS312-01A　　　　　　　　　　　　　　　　　　　　　　方法类型 I

酒精度(比重瓶测定法、振荡器法、流体静力学平衡法)

(决议 Oeno 377/2009)

1 定义

酒精体积百分含量(简称酒精度或酒度)是 20℃时 100 L 葡萄酒中含有乙醇的体积分数,用％vol 表示。

注:由于馏出物中有乙醇的同系物,因此酒精度包含了乙醇及其酯类的同系物。

2 方法原理

用氢氧化钙碱化葡萄酒测定馏出物的酒精浓度。

一般有以下三种方法:

a) 用比重计测定馏出物的酒精浓度。

b) 用频率振荡电子密度计测定葡萄酒的酒精浓度。

c) 用液体比重天平测定葡萄酒的酒精浓度。

3 蒸馏物提取

3.1 设备

3.1.1 蒸馏装置,包括:

——容量为 1 L 的圆底烧瓶;

——约 20 cm 长的精馏柱或相似的冷凝管;

——加热源;用适当的设施防止试液热解;

——底部管子渐细的冷凝器将馏出物接收在底部有几毫升水的带刻度的小烧瓶中。

3.1.2 水蒸气蒸馏装置,包括:

——水蒸气发生器;

——蒸汽管;

——精馏柱;

——冷凝器。

只要符合下述要求,所有类型的蒸馏装置或水蒸气蒸馏装置都可以使用:

连续 5 次蒸馏酒精度为 10％vol 的乙醇-水混合物,第 5 次蒸馏后,馏出物的酒度最低为 9.9％,即在每次蒸馏过程中,酒精的损失量不得大于 0.02％。

3.2 试剂

2 mol/L 氢氧化钙悬浮液:在 120 g 生石灰(氧化钙)中加入 1 L 60℃~70℃热水。

3.3 样品预处理

将 250 mL～300 mL 葡萄酒或起泡酒加入到 1 000 mL 的烧瓶中摇动,最大限度地去除二氧化碳。

3.4 步骤

用容量瓶量取 200 mL 葡萄酒,记录葡萄酒温度。

将葡萄酒移入圆底烧瓶中,每次用 5 mL 水清洗容量瓶,清洗四次,加入到烧瓶中。蒸馏时加入 10 mL 2 mol/L 氢氧化钙悬浮液和一些惰性多孔材料(沸石等),用 200 mL 的容量瓶接收馏出物,待测量。

蒸馏时收集初始体积的四分之三;水蒸气蒸馏时收集约 198 mL～199 mL 馏出物。加入蒸馏水至 200 mL,馏出物的温度和原溶液温度差应小于 2℃。

小心摇晃混匀。

注:如果葡萄酒中含有大量氨离子,用 1 mL 体积分数为 10% 的硫酸代替氢氧化钙,按照上述条件重新蒸馏。

4.1 用比重计测定馏出物的酒精度

(方法 A2/1978-决议 377/2009)

4.1.1 设备

使用 OIV-MA-AS2-01"密度和比重"中的比重瓶。

4.1.2 步骤

按 OIV-MA-AS2-01"密度和比重"中的方法测定 t℃时馏出物(3.4)的表观密度,该密度为 ρ_t。

4.1.3 结果表示

4.1.3.1 计算方法

用 OIV-MA-AS312-01B 表 1 查找 20℃时的酒精度。表中,在紧接着 t℃的下方,找到相应的温度 T(以整数表示)下,大于 ρ_t 的最小密度。利用该密度数值下面的差计算 T℃的密度 ρ。

在温度 T℃一行上,找到大于 ρ 的密度 ρ',计算 ρ 和 ρ' 的差值,用差值除以密度 ρ' 右侧的数值,商为酒精度的小数部分,表的顶部密度 ρ' 所对应的数值为酒精度的整数部分。

本章附录 A 中给出了计算酒精度的例子。

注:已有相应的计算机程序,可自动进行温度修正。

4.1.3.2 重复性限 r

$r=0.10\%$ vol。

4.1.3.3 再现性限 R

$R=0.19\%$ vol。

4.2 用频率振荡电子密度计测定葡萄酒的酒精度(决议 Oeno 8/2000-377/2009)

4.2.1 测定方法

4.2.1.1 酒精度的概述

葡萄酒的酒精度必须在商品化之前测定,从而使之符合标签的规定。

酒精度是 20℃ 时 100 L 葡萄酒中含有乙醇的体积分数,用"％vol"表示。

4.2.1.2 预防安全措施

小心使用蒸馏装置,依照安全规范操作酒精水溶液以及清洗液。

4.2.1.3 应用领域

此方法用频率震荡电子密度计对酒精浓度进行测定。根据规定,试验温度为 20℃。

4.2.1.4 原理和定义

该方法的原理是首先将按前述步骤对葡萄酒进行蒸馏。该步骤可以除去不挥发的物质。由于馏出物中有乙醇的同系物,因此酒精度包含了乙醇及其酯类的同系物。

测定馏出物的密度。在给定温度下,液体的密度等于它的质量与体积比。

$\rho = m/V$,对于葡萄酒,表示为 g/mL。

对于乙醇-水溶液,例如馏出物,在给定温度下,酒精度与图表相对应(OIV 1990),同时与葡萄酒的酒精度一致。

在此方法中,馏出物的密度由频率震荡电子密度计来测定。它的原理是测定受到电磁刺激的样品试管的震荡周期。由下述公式计算密度:

$$\rho = T^2 \times \left(\frac{C}{4\pi^2 V}\right) - \left(\frac{M}{V}\right) \quad \cdots\cdots\cdots\cdots\cdots\cdots\cdots \quad (1)$$

其中:ρ——样品密度;

T——震动周期;

M——空试管的质量;

C——弹簧常数;

V——震动样品的体积。

上述方程可以简化为:

$$\rho = A \cdot T^2 - B \quad \cdots\cdots\cdots\cdots\cdots\cdots\cdots\cdots\cdots \quad (2)$$

密度与震动周期的平方之间呈线性关系。每个震荡周期的特定常数 A 和 B 可以通过测定已知密度流体的周期来估算。

4.2.1.5 试剂

4.2.1.5.1 标准溶液

用两种标准溶液来校正密度计。标准溶液的密度范围必须包含馏出物测定密度的范围。标准溶液的密度差在 0.010 00 g/mL 之间。在 20.00℃±0.05℃ 时,其密度的不确定性必须在 ±0.000 05 g/mL。

根据下述步骤用电子密度计测定葡萄酒中酒精浓度:

——干空气(未经污染的);

——相当于分析纯的双蒸水;

——用比重计测定密度的乙醇水溶液(参考方法);

——根据国家标准黏度在 2 mm²/s 以下的溶液。

4.2.1.5.2 清洁及干燥物

——清洁剂,酸;

——有机溶剂:96％vol乙醇,纯丙酮。

4.2.1.6 装置

4.2.1.6.1 频率震荡电子密度计

电子密度计包括以下部件：

——测量室，包括一个测试管和一个控温室；

——测试管震荡周期的测定系统；

——计时器；

——数字显示器和计算器。

与震动隔离的有稳定支撑的密度计。

4.2.1.6.2 测量室中的温度控制

将测试管放于控温室中。温度必须稳定在±0.02℃之间。

由于温度会对结果造成很大影响，所以需要严格控制测量室的温度。10%vol 水-乙醇溶液的密度在20℃时为 0.984 71 g/mL，在21℃为 0.984 47 g/mL，两者相差 0.000 24 g/mL。

测试温度应保持在20℃。使用符合国家标准分辨率为 0.01℃的温度计，记录测量室的温度，温度测量的不确定读数必须在±0.07℃之内。

4.2.1.6.3 设备校准

设备在第一次使用前必须校准，然后每隔六个月或验证不通过时也需要校准。使用两个标准溶液来计算常数 A 和 B［见式（2）］。根据仪器使用手册来完成校准。原则上，用干空气（需考虑到大气压）或纯水（双蒸水或过滤后的高纯水，例如电阻率>18 MΩ·cm）来校准。

4.2.1.6.4 验证校准

通过测定标准溶液的密度验证校准。

——每天需完成对空气的密度检查。若理论密度与所测密度的差值大于 0.000 08 g/mL，则表示试管被堵塞，需清洗测试管。在清洗测试管后，再次检测空气密度。如果检测不通过，再次调整设备。

——检查水的密度，如果理论密度与测定密度之间的差值大于 0.000 08 g/mL，需调整设备。

——如果测量室的温度检测困难，可直接将水-乙醇溶液的酒精度与馏出物的相比较。

4.2.1.6.5 检查

如果标准溶液（不确定度在±0.000 05 g/mL 之内）的理论密度和测定值的差值大于 0.000 08 g/mL，需记录测量室的温度。

4.2.1.7 样品制备

见 3.4 馏出物制备。

4.2.1.8 操作步骤

在制得馏出物之后，用密度计测定密度或酒精度。

操作者需保证测量室的温度稳定。测量室中的馏出物不能有气泡且要混合均匀。如果有照明系统，在测试之后立即关闭，以免灯产生的热量会影响温度。

如果设备仅提供震荡周期的时间，可以通过 A 和 B 常数来计算密度［见式（2）］。如果仪器不能直接给出酒精度的数值，可以利用已知密度通过表格来得到酒精度。

4.2.1.9 结果表示

馏出物的酒精度表示为%vol。

如果温度不是 20℃,必须校正。结果需保留两位小数。

4.2.1.10　注释

为防止之前样品的污染,需要导入足够的测试的样品,并有必要进行平行样试验。如果平行结果不在重复性限之内,需要进行第 3 次测试。一般情况下,如果后两次的结果是相似,则可以排除第一次的结果。

4.2.1.11　精密度性

酒精度在 4%vol～18%vol 之间的样品。

重复性(r)=0.067(%vol)

再现性(R)=0.0454+0.0105×酒精度(%vol)

4.2.2　实验室间比对实验,加标样品的可靠性和准确性

4.2.2.1　样品

合作研究用的样品见表 1。

表 1　比对实验所用样品

编号	类型	大致的酒精度/%vol
C0	苹果酒(通过滤膜去除二氧化碳)	5
V0	过滤葡萄酒	10
V1	添加乙醇的过滤葡萄酒	11
V2	添加乙醇的过滤葡萄酒	12
V3	添加乙醇的过滤葡萄酒	13
P0	利口葡萄酒	16

所有的样品必须装瓶送到参加实验室前进行均质。添加乙醇前,先将 40 L 葡萄酒进行匀质。

添加时,将纯乙醇倒入一个 5 L 容量瓶中,然后加入过滤的葡萄酒至刻度。重复此操作两次。对 V1、V2 和 V3 样品,乙醇体积分别为 50 mL、100 mL 和 150 mL。

4.2.2.2　参加比对实验的实验室见表 2

表 2　参与合作研究的实验室

实验室	邮政编码	城市	联系人
ALKO Group LTD	FIN-00101	Helsinki	Monsieur Lehtonen
Bénédictine	76400	Fécamp	Madame Pillon
Casanis	18881	Gemenos	Madame Cozon
CIVC	51200	Epernay	Monsieur Tusseau
Cointreau	49181	St Barthélémy d'Anjou	Madame Guerin
Courvoisier	16200	Jarnac	Monsieur Lavergne
Hennessy	16100	Cognac	Monsieur Calvo

表 2（续）

实验室	邮政编码	城市	联系人
IDAC	44120	Vertou	Madame Mars
Laboratoire Gendrot	33000	Bordeaux	Madame Gubbiotti
Martell	16100	Cognac	Monsieur Barboteau
Ricard	94320	Thiais	Monsieur Boulanger
SOEC Martin Vialatte	51319	Epernay	Madame Bertemes

比对实验的组织者为法国干邑行业局。

4.2.2.3 分析

C0 和 P0 样品蒸馏了两次，而 V0、V1、V2 和 V3 样品则蒸馏了 3 次。每份馏出液进行 3 次酒精度测试。结果见列表。

4.2.2.4 结果

3 次测试中的第 2 次结果被用来进行精密度研究（表 3）。

表 3　结果（每份馏出液的第 2 次测试，% vol）

实验室	C0	V0	V1	V2	V3	P0
	6.020	9.500	10.390	11.290	12.100	17.080
1	5.970	9.470	10.380	11.260	12.150	17.080
		9.450	10.340	11.260	12.150	
	6.040	9.500	10.990	11.270	12.210	17.050
2	6.040	9.500	10.390	11.280	12.210	17.050
		9.510	10.400	11.290	12.200	
	5.960	9.460	10.350	11.280	12.170	17.190
3	5.910	9.460	10.360	11.280	12.150	17.200
		9.450	10.340	11.260	12.170	
	6.020	9.470	10.310	11.250	12.160	16.940
4	6.020	9.450	10.350	11.250	12.120	17.070
		9.450	10.330	11.210	12.130	
	5.950	9.350	10.250	11.300	12.050	17.000
5	5.950	9.430	10.250	11.300	12.050	17.000
		9.430	10.250	11.300	12.050	
	6.016	9.513	10.370	11.275	12.222	17.120
6	6.031	9.513	10.336	11.266	12.222	17.194
		9.505	10.386	11.275	12.220	

表3(续)

实验室	C0	V0	V1	V2	V3	P0
7	5.730	9.350	10.230	11.440	12.080	17.010
	5.730	9.430	10.220	11.090	12.030	16.920
		9.460	10.220	11.080	11.930	
8	5.990	9.400	10.340	11.160	12.110	17.080
	6.000	9.440	10.320	11.150	12.090	17.110
		9.440	10.360	11.210	12.090	
9	6.031	9.508	10.428	11.289	12.180	17.089
	6.019	9.478	10.406	11.293	12.215	17.084
		9.509	10.411	11.297	12.215	
10	6.030	9.500	10.380	11.250	12.150	17.130
	6.020	9.510	10.380	11.250	12.150	17.100
		9.510	10.380	11.250	12.160	
11	6.020	9.480	10.400	11.260	12.150	17.040
	6.000	9.470	10.390	11.260	12.140	17.000
		9.490	10.370	11.240	12.160	

4.2.2.5 重复性和再现性

重复性和再现性计算符合标准 NF X06-041,1983/9,ISO 5725。表4列出了标准偏差（实验室×样品）。

表4 离散表(% vol 的标准偏差)

实验室	C0	V0	V1	V2	V3	P0
1	0.035 4	0.025 2	0.026 5	0.017 3	0.028 9	0.000 0
2	0.000 0	0.005 8	0.343 6	0.010 0	0.005 8	0.000 0
3	0.035 4	0.005 8	0.010 0	0.011 5	0.011 5	0.007 1
4	0.000 0	0.011 5	0.020 0	0.023 1	0.020 8	0.091 9
5	0.000 0	0.046 2	0.000 0	0.000 0	0.000 0	0.000 0
6	0.010 6	0.004 6	0.025 5	0.005 2	0.001 2	0.052 3
7	0.000 0	0.056 9	0.005 8	0.205 0	0.076 4	0.063 6
8	0.007 1	0.023 1	0.020 0	0.032 1	0.011 5	0.021 2
9	0.008 5	0.017 6	0.011 5	0.004 0	0.020 2	0.003 5
10	0.007 1	0.005 8	0.000 0	0.000 0	0.005 8	0.021 2
11	0.014 1	0.010 0	0.015 3	0.011 5	0.010 0	0.028 3

三个单元格有较强的分散性（概率为1‰的Cochran测试）。这些单元格被标注为灰色。

对于实验室7的样品V3，由于在相同实验室条件下，它和样品V0的值在同一水平，所以尽管有Cochran测试，它的标准偏差0.076 4仍被标注为灰色。

在核对每份馏出物的值后，剔除了表3中的：

实验室2的样品V1，数值10.990。

实验室7的样品V2，数值11.440。

剔除这两个值后，计算各单元格的平均值（实验室×样品）见表5。

表5 平均值（%vol）

实验室	C0	V0	V1	V2	V3	P0
1	5.995 0	9.473 3	10.370 0	11.270 0	12.133 3	17.080 0
2	6.040 0	9.503 3	10.395 0	11.280 0	12.206 7	17.050 0
3	5.935 0	9.456 7	10.350 0	11.273 3	12.163 3	17.195 0
4	6.020 0	9.456 7	10.330 0	11.236 7	12.136 7	17.005 0
5	5.950 0	9.403 3	10.250 0	11.300 0	12.050 0	17.000 0
6	6.023 5	9.510 0	10.364 0	11.272 0	12.221 3	17.157 0
7	5.730 0	9.413 3	10.223 3	11.085 0	12.013 0	16.965 0
8	5.995 0	9.426 7	10.340 0	11.173 3	12.096 7	17.095 0
9	6.025 0	9.498 3	10.415 0	11.293 0	12.203 3	17.086 5
10	6.025 0	9.506 7	10.380 0	11.250 0	12.153 3	17.115 0
11	6.010 0	9.480 0	10.386 7	11.253 3	12.150 0	17.020 0

表5中，实验室7给出的数值普遍偏低。在苹果酒的实验中，该实验室给出的平均值远低于其他实验室（Dixon测试的相关概率在1‰以下）。所以该实验室的这个结果也被剔除。

表6给出了重复性和再现性的计算结果。

表6 重复性和再现性的计算结果

样品	P	n	TAV	S_r^2	S_L^2	r	R
C0	10	20	6.002	0.000 298	0.001 033	0.049	0.103
V0	11	33	9.466	0.000 654	0.001 255	0.072	0.124
V1	11	32	10.344	0.000 255	0.003 485	0.045	0.173
V2	11	32	11.249	0.000 219	0.003 113	0.042	0.163
V3	11	33	12.139	0.000 722	0.003 955	0.076	0.194
P0	11	22	17.070	0.001 545	0.004 154	0.111	0.214

其中：p——保留的实验室数量；

　　　n——保留的数据结果；

　　　TAV——酒精度的平均值（%vol）；

S_r^2——重复性变异（％vol）；

S_L^2——实验室间变异（％vol）；

r——重复性限（％vol）；

R——再现性限（％vol）。

再现性限随着酒精度的升高而升高（图 1）。随着酒精度的上升，重复性的上升不明显，重复性限是根据重复性变异平均值来计算的。因此，对于酒精度为 4％vol～18％vol 的样品：

重复性限$(r)=0.067$（％vol）

再现性限$(R)=0.0454+0.0105\times$酒精度（％vol）

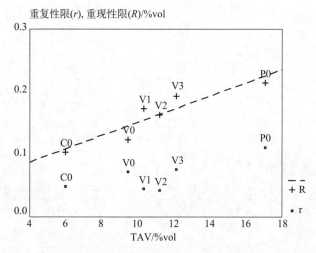

图 1　根据酒精度得出的重复限和再现限

4.2.2.6　加标葡萄酒测试的准确度

根据添加乙醇的体积和对应的酒精度得到的回归曲线，添加体积为 0 mL 时，可得出产品的初始酒精度（图 2）。此回归曲线是根据每个实验室的平均值而得出的（表 5）。

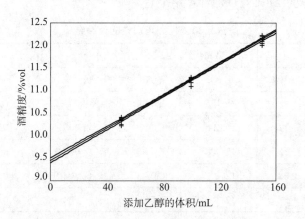

图 2　添加乙醇与测得酒精度的回归曲线

对初始产品的测试则不包括预估。此预估是在向产品添加乙醇之前得到的平均数，两次预估之间的相对置信区间见表 7。

表7　样品中添加乙醇试验结果的预估

BI	平均测定值	BS	BI	样品的预估值＋添加量	BS
9.440	9.466	9.492	9.392	9.450	9.508

其中：BI——在 95％的置信区间以下；

　　　BS——在 95％的置信区间以上。

两个置信区间覆盖了大部分重叠扩展区域。通过对加标样品的测量，可以得出样品最初的酒精度。

4.2.2.7　实验室间比对实验结果

酒精度在 4％vol～18％vol 的样品：

重复性（r）＝0.67（％vol）

再现性（R）＝0.454＋0.0105×酒精度（％vol）

根据 Horwitz 公式，Hor 和 HoR 相对较弱（表8）。这些参数给不同浓度水平样品的分析方法提供了很多参考。

表8　方法精密度参数

样品	C0	V0	V1	V2	V3	P0
N	20	33	32	32	33	22
P	10	11	11	11	11	11
酒精度	6.001 9	9.466 2	10.344 3	11.249 2	12.138 9	17.069 9
r	0.048 9	0.072 4	0.045 2	0.041 9	0.076 0	0.111 3
S_r	0.017 3	0.025 6	0.016 0	0.014 8	0.026 9	0.039 3
RSDr	0.287 8	0.270 2	0.154 3	0.131 6	0.221 4	0.230 3
RSDrH	2.015 9	1.882 2	1.857 3	1.834 0	1.813 1	1.722 4
Hor	0.142 8	0.143 6	0.083 1	0.071 2	0.122 1	0.133 7
R	0.103 3	0.123 7	0.173 1	0.163 4	0.193 5	0.213 6
S_R	0.036 5	0.043 7	0.061 2	0.057 7	0.068 4	0.075 5
RSD_R	0.608 0	0.461 6	0.591 2	0.513 1	0.563 4	0.442 3
$RSD_R H$	3.054 3	2.851 9	2.814 1	2.778 8	2.747 1	2.609 7
HoR	0.199 1	0.161 9	0.210 1	0.184 7	0.205 1	0.169 5

其中：n——保留的数据结果；

　　　p——保留的实验室数量；

酒精度——平均值（％vol）；

　　　r——重复性限（％vol）；

$$S_r\text{——重复性标准偏差}(\%);$$

$$\text{RSDr——重复性变异系数}(S_r\times100/\text{TAV})(\%);$$

$$\text{RSDrH——Horwitz 重复性变异系数}(0.66\times\text{RSD}_R\text{H})(\%);$$

$$\text{Hor——Horrat 重复性值}(\text{RSDr}/\text{RSDrH});$$

$$R\text{——再现性限}(\%\text{vol});$$

$$S_R\text{——再现性标准偏差}(\%);$$

$$\text{RSD}_R\text{——再现性变异系数}(S_R\times100/\text{TAV})(\%);$$

$$\text{RSD}_R\text{H——Horwitz 再现性变异系数}[2^{(1-0.5\lg\text{TAV})}](\%);$$

$$\text{HoR——Horrat 再现性值}(\text{RSD}_R/\text{RSD}_R\text{H})。$$

通过对样品添加进行实验室间的比对实验,得到了样品的初始酒精度,分别为 9.45％vol 和 9.47％vol。

4.3　液体比重天平法测定葡萄酒的酒精浓度(决议 Oeno 24/2003-377/2009)

4.3.1　测定方法

4.3.1.1　酒精度的概述

葡萄酒的酒精必须在商品化之前测定,从而使之符合标签的规定。

酒精度是 20℃时 100 L 葡萄酒中含有乙醇的体积分数,用"％vol"表示。

4.3.1.2　预防安全措施

小心使用蒸馏装置,依照安全规范操作酒精水溶液以及清洗液。

4.3.1.3　应用领域

此方法用液体比重天平法对酒精度进行测量。根据规定,试验温度应为 20℃。

4.3.1.4　原理和定义

该方法的原理是首先将按前述步骤对葡萄酒进行蒸馏。该步骤可以除去不挥发的物质。由于馏出物中有乙醇的同系物,因此酒精度包含了乙醇及其酯类的同系物。

其次,测定馏出物的密度。在给定温度下,液体的密度等于它的质量与体积比。$\rho=m/V$,对于葡萄酒,单位为 g/mL。

葡萄酒的酒精度可以用液体比重天平进行测定。根据阿基米德定律,浸在液体中的任何物体,受到垂直向上的浮力,浮力的大小等于被该物体排开的液体的重力。

4.3.1.5　试剂

除非有另外的说明,只能使用分析纯的试剂,并使用符合 ISO 3696:1987 标准的三级水。

清洗浮动装置的溶液(0.3 g/mL 氢氧化钠溶液):将 30 g 氢氧化钠溶于 96％vol 的乙醇中,制备成 100 mL 溶液。

4.3.1.6　设备与材料

4.3.1.6.1　1 mg 精度的单盘液体比重天平。

4.3.1.6.2　与天平相符容量为 20 mL 的浮子,由直径小于或等于 0.1 mm 的线悬置。

4.3.1.6.3　带有刻度的试管。浮子必须完全没过试管的刻度,只有吊索线穿过液体的表面。试管内部刻度必须高于浮子 6 mm。

4.3.1.6.4　带有十分之一刻度的温度计(温度测定管),范围为 10℃～40℃,误差± 0.05℃。

4.3.1.6.5　有校准证书的称量设备

4.3.1.7 步骤

每次测量之后,浮子和试管必须用蒸馏水进行清洗,并用不掉纤维的实验室软纸擦拭,再用已知密度的液体进行润洗。待仪器稳定后立即进行测量以减少酒精的挥发。

4.3.1.7.1 天平校正

虽然天平通常都有内部校正,液体比重天平必须用官方部门认证砝码进行校正。

4.3.1.7.2 浮子校正

在试管中加入双蒸水或与之相当的纯净水(例如电阻率为 $18.2\ \mathrm{M}\Omega\cdot\mathrm{cm}$ 的微孔过滤水)至刻度,温度保持在 $15℃\sim25℃$ 之间,最好为 $20℃$。将浮子和温度计插入液体中,摇晃,记下仪器测得的密度,如果可以,调整读数让它等于该水温下的密度。

4.3.1.7.3 用乙醇-水溶液进行质控

在试管中加入已知浓度的乙醇-水溶液至刻度,温度保持在 $15℃\sim25℃$ 之间,最好为 $20℃$。将浮子和温度计插入液体中,摇晃,记下仪器测得的密度(或者酒精度)。测定的酒精度须等于已知的酒精度。

注:此溶液可用双蒸水来代替对浮子进行校正。

4.3.1.7.4 测定馏出物的容重(或者酒精度)

将试验样品倒入试管内至刻度。将浮子和温度计插入液体中,摇晃,记下仪器测得的密度(或酒精度)。如果密度测量时为 $t℃(\bar{n}_t)$,记录下温度。用水醇混合物的密度表格 $\bar{n}_t$ [OIV-MA-AS02-01A 附录 B 表 B. 2] 来校正 $\bar{n}_t$。

4.3.1.7.5 清洗浮子和试管

将浮子插入含有清洗液的试管中。浸泡 1 h,并时不时转动浮子。先用自来水再用蒸馏水清洗浮子。用不掉纤维的实验室软纸将浮子擦拭干净。

第一次使用浮子时或必要时请遵循上述步骤。

4.3.1.7.6 结果

根据 $20℃$ 时水醇溶液的酒精度(%vol)与容重的对应表格,使用容重 $\bar{n}_{20}$,计算实际的酒精度(国际法制计量组织 22 号建议采用本表)。

4.3.2 对比测试

用液体比重天平和电子密度计进行对比测试。

通过实验室间环形实验,完成了重复性和再现性试验。比较使用液体比重天平和电子密度仪来测定酒精度在 4%vol~18%vol 的不同葡萄酒样品,其中还包括了多年来大规模试验的重复性和再现性数据。

4.3.2.1 样品

以工业规模每月制备不同密度和酒精度的葡萄酒,在普通条件下以瓶装储存,并以匿名形式提供给实验室进行测试。

4.3.2.2 实验室

参与每月环形实验的实验室由意大利葡萄酒协会根据 ISO5725(UNI 9225)的规定和由 AOAC、ISO 和 IUPAC 建立的《化学分析实验室国际能力验证规则》,以及 ISO43 和 ILAC G13 指南来组织的。年度报告是由所有参与实验室提供。

4.3.2.3 设备

配有数据处理装置的电子液体比重天平(密度精度为小数点后第 5 位);

配有自动进样器的电子密度计。

4.3.2.4　结果

根据方法验证规定(决议 OENO 6/99),每个样品必须连续测定两次酒精度。

4.3.2.5　结果评价

4.3.2.5.1　根据国际公认程序["Protocol for the Design,Conduct and Interpretation of Method-Performance Studies" Ed W Horwitz,Pure and Applied Chemistry,1995,67,(2),331-343.],利用 Cochran 和 Grubb 检验相继对试验结果的个体误差进行了检查($p < 0.025$)。

4.3.2.5.2　重复性限(r)和再现性限(R):

在剔除异常值之后,利用余下数据对重复性限(r)和再现性限(R)进行计算。在评估一个新方法时,通常没有有效参考或法定方法来比较精密度。因此,将协同比对实验的准确数据与预估值进行比较非常实用。这些预估值是根据 Horwitz 公式计算得来的。试验结果与预估值的比较表明了此方法是否在测定的浓度水平上有足够的精度。

预估的 Horwitz 值可以用 Horwitz 公式进行计算

$$RSD_R = 2^{(1-0.5 \lg c)}$$

此处 c 为分析物的浓度(用百分数表示,如:1 g/100 g＝0.01)。

Horrat 值表示在特性浓度水平下分析物实测值的精度与通过 Horwitz 公式计算所得值精度的比。可以通过以下公式进行计算:

$$HoR = RSD_R(实测)/RSD_R(Horwitz 公式计算)$$

4.3.2.5.3　实验室间精密度:

Horrat 值为 1 通常表明了实验室间的精密度令人满意,若此数值大于 2 则表明精确度不令人满意,即对于大多数的分析,其变化大或变化大于方法的预期。可以用下述公式来计算 Hor 近似值,并评估实验室内部的精密度:

$$RSD_r(Horwitz) = 0.66\ RSD_R(Horwitz)(假设近似值\ r = 0.66R)$$

实验结果与精密度参数见表 9～表 12,结果表明液体比重天平法与电子密度计法推测结果无显著差异。

表 9　液体比重天平(HB)法结果汇总

日期	平均值	n	差异值	n_1	r	S_r	RSDr	Hor	R	S_R	RSD_R	HoR	重复次数	CrD95
1999/1	11.043	17	1	16	0.057 1	0.020 4	0.184 6	0.100 4	0.157 9	0.056 4	0.510 7	0.18	2	0.108 0
1999/2	11.247	14	1	13	0.058 4	0.020 8	0.185 4	0.101 1	0.180 3	0.064 4	0.572 7	0.21	2	0.124 1
1999/3	11.946	16	0	16	0.040 5	0.014 5	0.121 1	0.066 6	0.159 3	0.056 9	0.476 4	0.17	2	0.110 8
1999/4	7.653	17	1	16	0.050 2	0.017 9	0.234 4	0.120 6	0.153 7	0.054 9	0.717 2	0.24	2	0.105 7
1999/5	11.188	17	0	17	0.087 1	0.031 1	0.278 0	0.151 5	0.270 1	0.096 5	0.862 2	0.31	2	0.186 0
1999/6	11.276	19	0	19	0.084 6	0.030 2	0.268 0	0.146 2	0.295 7	0.105 6	0.936 5	0.34	2	0.204 7
1999/7	8.018	17	0	17	0.089 0	0.031 8	0.396 4	0.205 4	0.257 3	0.091 9	1.146 2	0.39	2	0.176 4
1999/9	11.226	17	0	17	0.058 0	0.020 7	0.184 6	0.142 3	0.279 6	0.099 9	0.889 6	0.45	2	0.195 6
1999/10	11.026	17	0	17	0.060 6	0.021 6	0.196 1	0.106 6	0.265 1	0.094 7	0.858 8	0.31	2	0.185 0
1999/11	7.701	16	1	15	0.064 3	0.022 9	0.298 0	0.153 5	0.233 0	0.083 2	1.080 5	0.37	2	0.161 6
1999/12	10.987	17	2	15	0.065 5	0.023 4	0.212 8	0.115 6	0.125 8	0.044 9	0.408 9	0.15	2	0.082 7
2000/1	11.313	16	0	16	0.098 6	0.035 2	0.311 3	0.169 9	0.257 7	0.092 0	0.813 5	0.29	2	0.175 4
2000/2	11.232	17	0	17	0.085 9	0.030 7	0.273 1	0.148 9	0.253 5	0.090 5	0.806 0	0.29	2	0.174 0
2000/3	0.679	10	0	10	0.068 0	0.024 3	3.577 3	1.278 3	0.652 9	0.233 2	34.339 5	8.10	2	0.460 4
2000/4	11.223	18	0	18	0.070 9	0.025 3	0.225 7	0.123 0	0.218 4	0.078 0	0.695 1	0.25	2	0.150 3
2000/5	7.439	19	1	18	0.063 0	0.022 5	0.302 3	0.154 9	0.152 2	0.054 4	0.730 7	0.25	2	0.102 9
2000/6	11.181	19	0	19	0.053 6	0.019 1	0.171 0	0.093 2	0.278 3	0.099 4	0.889 0	0.32	2	0.195 0
2000/7	10.858	16	0	16	0.052 6	0.018 8	0.173 1	0.093 9	0.182 7	0.065 3	0.601 1	0.22	2	0.126 5
2000/9	12.031	17	1	16	0.060 2	0.021 5	0.178 7	0.098 5	0.244 7	0.087 4	0.726 3	0.26	2	0.170 4
2000/10	11.374	18	0	18	0.081 4	0.029 1	0.255 5	0.139 5	0.270 1	0.096 5	0.848 2	0.31	2	0.186 6

表9(续)

日期	平均值	n	差异值	n_1	r	S_r	RSDr	Hor	R	S_R	RSD_R	HoR	重复次数	CrD95
2000/11	7.644	18	0	18	0.082 7	0.029 5	0.386 3	0.198 8	0.228 9	0.081 7	1.069 4	0.36	2	0.156 5
2000/12	11.314	19	1	18	0.077 5	0.027 7	0.244 7	0.133 6	0.242 1	0.086 4	0.764 1	0.28	2	0.166 7
2001/1	11.415	19	0	19	0.095 0	0.033 9	0.297 1	0.162 3	0.241 0	0.086 1	0.753 9	0.27	2	0.163 6
2001/2	11.347	19	0	19	0.079 2	0.028 5	0.249 3	0.136 1	0.194 4	0.069 4	0.611 9	0.22	2	0.131 6
2001/3	11.818	16	0	16	0.065 9	0.023 5	0.199 0	0.109 3	0.263 6	0.094 1	0.796 5	0.29	2	0.183 4
2001/4	11.331	17	0	17	0.106 7	0.038 1	0.336 4	0.183 6	0.189 5	0.067 7	0.597 1	0.22	2	0.122 9
2001/5	8.063	19	1	18	0.078 2	0.027 9	0.346 5	0.179 7	0.190 6	0.068 1	0.844 2	0.29	2	0.129 0

表10 电子密度计(ED)法结果汇总

日期	平均值	n	差异值	n_1	r	S_r	RSDr	Hor	R	S_R	RSD_R	HoR	重复次数	CrD95
D1999/1	11.019	18	1	17	0.067 7	0.024 2	0.219 6	0.119 3	0.199 6	0.071 3	0.647 0	0.23	2	0.137 0
D1999/2	11.245	19	2	17	0.044 8	0.016 0	0.142 3	0.077 6	0.131 1	0.046 8	0.416 5	0.15	2	0.090 0
D1999/3	11.967	21	0	21	0.070 1	0.025	0.209 1	0.115 1	0.155 2	0.055 4	0.463 1	0.17	2	0.104 0
D1999/4	7.643	19	1	18	0.061 0	0.021 8	0.285 2	0.146 7	0.134 0	0.047 9	0.626 2	0.21	2	0.089 7
D1999/5	11.188	21	3	18	0.026 0	0.009 3	0.082 9	0.045 2	0.204 7	0.073 1	0.653 6	0.24	2	0.144 2
D1999/6	11.303	21	0	21	0.065 2	0.023 3	0.206 1	0.112 5	0.146 6	0.052 3	0.463 1	0.17	2	0.098 4
D1999/7	8.026	21	0	21	0.088 4	0.031 6	0.393 5	0.203 9	0.170 8	0.061 0	0.760 0	0.26	2	0.112 4
D1999/9	11.225	17	0	17	0.037 2	0.013 3	0.118 3	0.064 5	0.168 6	0.060 2	0.536 6	0.19	2	0.117 8
D1999/10	11.011	19	0	19	0.091 5	0.032 7	0.296 9	0.161 3	0.172 3	0.061 5	0.558 8	0.20	2	0.112 9

表 10（续）

日期	平均值 n_1	n	差异值	n_1	r	S_r	RSD_r	Hor	R	S_R	RSD_R	HoR	重复次数	$CrD95$
D1999/11	7.648	21	1	20	0.061 5	0.022 0	0.287 2	0.147 8	0.153 8	0.054 9	0.718 3	0.24	2	0.104 3
D1999/12	10.999	16	1	15	0.042 8	0.015 3	0.138 9	0.075 5	0.201 5	0.072 0	0.654 1	0.23	2	0.140 8
D2000/1	11.248	22	1	21	0.069 7	0.024 9	0.221 2	0.120 6	0.142 2	0.050 8	0.451 6	0.16	2	0.094 4
D2000/2	11.240	19	3	16	0.044 8	0.016 0	0.142 4	0.077 6	0.161 9	0.057 8	0.514 5	0.19	2	0.112 3
D2000/3	0.526	12	1	11	0.032 7	0.011 7	2.218 5	0.763 0	0.934 4	0.333 7	63.400 9	14.39	2	0.660 5
D2000/4	11.225	19	1	18	0.047 6	0.017	0.151 4	0.082 5	0.135 0	0.048 2	0.429 5	0.15	2	0.092 4
D2000/5	7.423	21	0	21	0.062 8	0.022 4	0.301 9	0.154 7	0.263 5	0.094 1	1.267 7	0.43	2	0.183 6
D2000/6	11.175	23	2	21	0.060 6	0.021 7	0.193 8	0.105 6	0.169 7	0.060 6	0.542 4	0.20	2	0.116 1
D2000/7	10.845	21	5	16	0.044 0	0.015 7	0.144 9	0.078 6	0.144 7	0.051 7	0.476 6	0.17	2	0.099 9
D2000/9	11.983	22	1	21	0.084 1	0.030	0.250 7	0.138 0	0.241 0	0.086 1	0.718 3	0.26	2	0.165 1
D2000/10	11.356	22	1	21	0.063 5	0.022 7	0.199 7	0.109 0	0.186 5	0.066 6	0.586 6	0.21	2	0.128 0
D2000/11	7.601	27	0	27	0.052 1	0.018 6	0.244 8	0.125 8	0.168 5	0.060 2	0.791 6	0.27	2	0.116 2
D2000/12	11.322	25	1	24	0.047 6	0.017	0.150 3	0.082 0	0.159 4	0.056 9	0.502 8	0.18	2	0.110 2
D2001/1	11.427	29	0	29	0.070 6	0.025 2	0.220 7	0.120 6	0.152 6	0.054 5	0.477 1	0.17	2	0.102 0
D2001/2	11.320	29	1	28	0.067 5	0.024 1	0.212 8	0.116 1	0.157 0	0.056 1	0.495 2	0.18	2	0.105 7
D2001/3	11.826	34	1	33	0.048 9	0.017 5	0.147 6	0.081 1	0.176 2	0.062 9	0.532 2	0.19	2	0.122 2
D2001/4	11.339	31	2	29	0.063 9	0.022 8	0.201 2	0.109 9	0.152 0	0.054 3	0.478 8	0.17	2	0.102 6
D2001/5	8.058	28	0	28	0.047 3	0.016 9	0.209 8	0.108 8	0.202 5	0.072 3	0.897 6	0.31	2	0.141 2

表11 液体比重天平与电子密度计结果的比较

日期	平均值(HB)	n	差异值	n_1	日期	平均值(ED)	n	差异值	n_1	ΔTA
1999/1	11.043	17	1	16	D1999/1	11.019	18	1	17	
1999/2	11.247	14	1	13	D1999/2	11.245	19	2	17	
1999/3	11.946	16	0	16	D1999/3	11.967	21	0	21	
1999/4	7.653	17	1	16	D1999/4	7.643	19	1	18	
1999/5	11.188	17	0	17	D1999/5	11.188	21	3	18	
1999/6	11.276	19	0	19	D1999/6	11.303	21	0	21	
1999/7	8.018	17	0	17	D1999/7	8.026	21	0	21	
1999/9	11.226	17	0	17	D1999/9	11.225	17	0	17	
1999/10	11.026	17	0	17	D1999/10	11.011	19	0	19	
1999/11	7.701	16	1	15	D1999/11	7.648	21	1	20	
1999/12	10.987	17	2	15	D1999/12	10.999	16	1	15	
2000/1	11.313	16	0	16	D2000/1	11.248	22	1	21	
2000/2	11.232	17	0	17	D2000/2	11.240	19	3	16	
2000/3	0.679	10	0	10	D2000/3	0.526	12	1	11	
2000/4	11.223	18	0	18	D2000/4	11.225	19	1	18	
2000/5	7.439	19	1	18	D2000/5	7.423	21	0	21	
2000/6	11.181	19	0	19	D2000/6	11.175	23	2	21	
2000/7	10.858	16	0	16	D2000/7	10.845	21	5	16	
2000/9	12.031	17	1	16	D2000/9	11.983	22	1	21	
2000/10	11.374	18	0	18	D2000/10	11.356	22	1	21	
2000/11	7.644	18	0	18	D2000/11	7.601	27	0	27	
2000/12	11.314	19	1	18	D2000/12	11.322	25	1	24	
2001/1	11.415	19	0	19	D2001/1	11.427	29	0	29	
2001/2	11.347	19	0	19	D2001/2	11.320	29	1	28	
2001/3	11.818	16	0	16	D2001/3	11.826	34	1	33	
2001/4	11.331	17	0	17	D2001/4	11.339	31	2	29	
2001/5	8.063	19	1	18	D2001/5	8.058	28	0	28	
平均差值 ΔTAV(HB−ED) 标准偏差未包含 2000 年 3 月的测试结果。										

表 12　精密度参数

平均值	液体比重天平	电子密度计
n_1	441	557
称重重复性偏差	0.309	0.267
r	0.074	0.061
S_r	0.026	0.022
称重再现性偏差	2.948	2.150
R	0.229	0.174
S_R	0.082	0.062

4.3.2.6　结论

结果显示,利用液体比重天平法确定葡萄酒的酒精度与利用电子密度计得出的结论一致,两种方法的验证参数非常相似。

附 录 A
葡萄酒酒精度的计算实例

A.1 双盘天平比重测定法

按 OIV-MA-AS2-01A"密度和相对密度"中列出的方法确定并计算比重瓶的常数。

A.1.1 装满馏出物的比重瓶质量

$$皮重＝比重瓶＋t℃时的馏出物＋p'' \quad \begin{cases} t℃ & ＝18.90℃ \\ t℃修正＝18.70℃ \\ p'' & ＝2.807\ 4\ g \end{cases}$$

$$p＋m－p''＝t℃时的馏出物质量 \quad \{105.069\ 8－2.807\ 4＝102.262\ 4\ g$$

$t℃$时的表观密度：

$$\rho_t＝\frac{p＋m－p''}{20℃时比重瓶的质量} \quad \left\{\rho_{18.7℃}＝\frac{102.262\ 4}{104.022\ 9}＝0.983\ 076\right.$$

A.1.2 计算酒精度

根据上面提到的水-乙醇混合物不同温度下表观密度表：

$\left\{\begin{array}{l} 表观密度表中，在18℃时，大于表观密度0.983\ 076\ g/mL \\ 最小的是对应酒精为11％列中的0.983\ 98\ g/mL。 \\ 18℃时的密度为：(98\ 307.6＋0.7×22)10^{-5}＝0.983\ 23 \\ 0.983\ 98－0.983\ 23＝0.000\ 75 \\ 酒精体积分数(酒精度)的小数部分为：75/114＝0.65 \\ 酒精体积分数(酒精度)为：11.65％vol \end{array}\right.$

A.2 单盘天平比重测定

按照 OIV-MA-AS2-01A"密度和比重"中的方法确定并计算比重瓶的常数。

A.2.1 装满馏出物的比重瓶质量

称量参比瓶的质量(g)： $\quad T_1＝171.917\ 8$

称量20.5℃时装满馏出物的比重瓶质量(g)：

$$P_2＝167.843\ 8$$

空气作用下的变化量：$d_T＝171.917\ 8－171.916\ 0$
$$＝＋0.001\ 8$$

20.50℃时馏出物的质量： $\quad L_t＝167.843\ 8－(67.669\ 5＋0.001\ 8)$
$$＝100.172\ 5$$

馏出物的表观密度：$\rho_{20.50℃}＝\dfrac{100.172\ 5}{101.819\ 4}＝0.983\ 825$

A.2.2 计算酒精度

根据上面提到的水-乙醇混合物不同温度下表观密度表：

$\left\{\begin{array}{l} 表观密度表中，在20℃时，大于表观密度0.983\ 825\ g/mL， \\ 最小的是对应酒精为10％列中的0.984\ 71\ g/mL， \\ 20℃时的密度为：(98\ 382.5＋0.5×24)10^{-5}＝0.983\ 945 \\ 0.984\ 71－0.983\ 945＝0.000\ 765 \\ 酒精体积分数的小数部分为：76.5/119＝0.64 \\ 酒精体积分数为：10.64％vol \end{array}\right.$

附 录 B
乙醇-水混合物酒精度的计算公式

密度"ρ"的单位是 kg/m³，是温度 t℃下乙醇-水混合物的密度。其计算公式如下：
方程式适用于温度在 -20℃～$+40$℃之间的密度计算。

$$\rho = A_1 + \sum_{k=2}^{12} A_k p^{k-1} + \sum_{k=1}^{6} B_k^{(t-20℃)^k} + \sum_{i=1}^{n} \sum_{k=1}^{m} C_{i,k} P^{k(t-20℃)^i}$$

$$n = 5$$
$$m_1 = 11$$
$$m_2 = 10$$
$$m_3 = 9$$
$$m_4 = 4$$
$$m_5 = 2$$

——单位质量分数 P，用小数表示 *；
——温度 t，用℃表示（EIPT68）；
——A、B、C 为系数。

公式中的系数见表 B.1。

表 B.1

k	A_k kg/m³	B_k kg/(m³·℃)
1	$9.982\ 012\ 300 \times 10^2$	$2.061\ 851\ 3 \times 10^{-1}$
2	$1.929\ 769\ 495 \times 10^2$	$5.268\ 254\ 2 \times 10^{-3}$
3	$3.891\ 238\ 958 \times 10^2$	$3.613\ 001\ 3 \times 10^{-5}$
4	$1.668\ 103\ 923 \times 10^3$	$3.895\ 770\ 2 \times 10^{-7}$
5	$1.352\ 215\ 441 \times 10^4$	$7.169\ 354\ 0 \times 10^{-9}$
6	$8.829\ 278\ 388 \times 10^4$	$9.973\ 923\ 1 \times 10^{-11}$
7	$3.062\ 874\ 042 \times 10^5$	
8	$6.138\ 381\ 234 \times 10^5$	
9	$7.470\ 172\ 998 \times 10^5$	
10	$5.478\ 461\ 354 \times 10^5$	
11	$2.234\ 460\ 334 \times 10^5$	
12	$3.903\ 285\ 426 \times 10^4$	

---

* 例如：12％的单位质量分数 $P = 0.12$。

表 B.2

k	$C_{1,k}/[\mathrm{kg}/(\mathrm{m}^3 \cdot ℃)]$	$C_{2,k}/[\mathrm{kg}/(\mathrm{m}^3 \cdot ℃)]$
1	$1.693\ 443\ 461530\ 087 \times 10^{-1}$	1.193 013 005 057
2	$1.046\ 914\ 743\ 455\ 169 \times 10^{1}$	2.517 399 633 803 46
3	$7.196\ 353\ 469\ 546\ 523 \times 10^{1}$	2.170 575 700 536 993
4	$7.047\ 478\ 054\ 272\ 792 \times 10^{2}$	1.353 034 988 843
5	$3.924\ 090\ 430\ 035\ 045 \times 10^{3}$	5.029 988 758 547
6	$1.210\ 164\ 659\ 068\ 747 \times 10^{4}$	1.096 355 666 577
7	$2.248\ 646\ 550\ 400\ 788 \times 10^{4}$	1.422 753 946 421
8	$2.605\ 562\ 982\ 188\ 164 \times 10^{4}$	1.080 435 942 856
9	$1.852\ 373\ 922\ 069\ 467 \times 10^{4}$	4.414 153 236 817
10	$7.420\ 201433\ 430\ 137 \times 10^{3}$	7.442 971 530 188 783
11	$1.285\ 617\ 841\ 998\ 974 \times 10^{3}$	

表 B.3

k	$C_{3,k}/[\mathrm{kg}/(\mathrm{m}^3 \cdot ℃)]$	$C_{4,k}/[\mathrm{kg}/(\mathrm{m}^3 \cdot ℃)]$	$C_{5,k}/[\mathrm{kg}/(\mathrm{m}^3 \cdot ℃)]$
1	6.802 995 733 503	4.075 376 675 622	2.788 074 354 782
2	1.876 837 790 289	8.763 058 573 471	1.345 612 883 493
3	2.002 561 813 734	6.515 031 360 099	
4	1.022 992 966 719 220	1.515 784 836 987	
5	2.895 696 483 903 638		
6	4.810 060 584 300 675		
7	4.672 147 440 794 683		
8	2.458 043 105 903 461		
9	5.411 227 621 436		

参 考 文 献

［1］ OIV，1990. Recueil des méthodes internationales d'analyse des vins et des moûs，（Compendium of international methods of analysis of wine and musts）Office International de la Vigne et du Vin；Paris.

［2］ ISO 5725，page 7.

［3］ F. V. n. 1096；Cabanis Marie-Thérèse. ，Cassanas Geneviéve，Raffy Joëlle，Cabanis J. C. ，1999：Validation de la mesure du titre alcoolometrique volumique.

［4］ Cabanis Marie-Thérèse. ，Cassanas Geneviéve，Raffy Joëlle，Cabanis J. C. ，1999：Intérêt de la balance hydrostatique "nouvelle génération" pour la détermination du titre alcoométrique des vins et des boissons spiritueuses. Rev. Fran. nol. ，177/juillet-août，28-31.

［5］ Versini G. ，Larcher R. ，2002：Comparison of wine density and alcoholic strength measurement by hydrostatic balance and electronic density-meter. Communication at the OIV Sub-commission of analytical methods，Paris，13-15 March 2002.

［6］ OIV，Recueil des méthodes internationales d'analyse des vins et des mots，Office International de la Vigne et du Vin；Paris.

［7］ 'International Protocol of Proficiency test for chemical analysis laboratories'. ，J. AOAC Intern. ，1993，74/4.

［8］ normes ISO 5725 et guides ISO 43.

［9］ resolution Oeno 6/99.

［10］ Horwitz W. ，1995. Protocol for the design，conduct and interpretation of method-performance studies，Pure and Applied Chemistry，67/2，331－343.

［11］ HANAK A. Chem. Zgt. 1932. 56. 984.

［12］ COLOMBIER L. . CLAIR E. . Ann. Fals. Fraudes. 1936. 29. 411.

［13］ POZZI-ESCOT E. . Ind. Agr. Aliment. . 1949. 66. 119.

［14］ JAULMES P. . Analyse desvins. 1951. 49.

［15］ SCHNEYDER J. . Mitt. Klosterneuburg. Rebe und Wein. 1960. 10. 228.

［16］ SCHNEYDER J. . KASCHNITZ L. . Mitt. Klosterneuburg. Rebe und Wein. 1965. 15. 132.

［17］ JAULMES P. . Analyse desvins. 1951. 67.

［18］ JAULMES P. . Trav. Soc. Pharm. Montpellier. 1952. 12. 154.

［19］ JAULMES P. . Ann. Fals. Fraudes. 1953. 46. 84；1954. 47. 191.

［20］ JAULMES P. . CORDIER Mlle S. . Trav. Soc. Pharm. Montpellier. 1956. 16. 115；1960. 20. 137.

［21］ JAULMES P. . BRUN Mme S. . Ann. Fals. Exp. Chim. . 1963. 56. 129.

［22］ TABLES ALCOOMETRIQUES FRANCAISES. J. O. Républ. franaise. 30 déc. 1884. 6895.

［23］ WINDISCH K. . d'après LUNGE G. . BERL E. . Chem. techn. Untersuchungs Methoden.

［24］ Berlin 1924. 7e éd. . 1893. 4. 274.

［25］ OSBORNE N. S. . MCKELVY E. C. . BEARCE H. W. . Bull. Bur. of Standards. Washington. 1913. 9. 328.

［26］ FROST A. V. . Recherchesdans le domaine du poids spécifique des mélanges d'alcool éthylique et d'eau. Institut des réactifs chimiques purs. U. R. S. S. . 1930. No. 9. d'après J. SPAEPEN.

［27］ HEIDE C. von der. MANDLEN H. . Z. Untersuch. Lebensm. . 1933. 66. 338.

［28］ KOYALOVICS B. . 8e Conférence générale desPoids et Mesures. Moscou 1933.

［29］ FERTMANN G. I. . Tables derenseignements pour le contrle de la fabrication de l'alcool. Pischerpoomizdat. Moscou 1940.

［30］ REICHARD O. . Neue Alkohol u. Extract. . Tafel 20°/20°. Verlag Hans Carl. Nürnberg 1951.

[31] JAULMES P.. MARIGNAN R.. Ann. Fals. Fraudes. 1953. 46. 208 et 336.

[32] SPAEPEN J.. Rev. de Métrologie. 1955. 411；Bull. belge de Métrologie. 1955. numéro d'avril.

[33] JAULMES P.. BRUNMme S.. Ann. Fals. Exp. Chim.. 1963. 46. 143；1965. 48. 58；1966. 49. 35；1967. 50. 101-147；Trav. Soc. Pharm. Montpellier. 1966. 26. 37 et 111.

[34] JAULMES P.. MARIGNAN R.. Bull. O. I. V.. 1953. 274. 28. 32.

[35] JAULMES P.. BRUN Mme S.. TEP Y.. Trav. Soc. Pharm.. 1968. 28. 111.

[36] KAWASAKI T.. MINOVA Z.. INAMATSU T.. A new alcohometric specific gravity table. National Research of Metrology. Tokio 1967.

[37] TEP Y.. Etude d'une table alcoométrique international.

酒精度（液体比重法、折射法）

（决议 Oeno 377/2009）

1 定义

酒精体积分数（简称酒精度或酒度）是 20℃时 100 L 葡萄酒中含有的乙醇的体积分数，用％vol 表示。

注：由于馏出物中有乙醇的同系物，因此酒精度包含了乙醇及其酯类的同系物。

2 方法原理

用氢氧化钙碱化葡萄酒测定馏出物的酒精浓度。

一般有如下两种方法：

a）用液体比重计测定馏出物的酒精浓度。

b）用折光计测定馏出物的酒精浓度。

3 蒸馏物提取

3.1 设备

3.1.1 蒸馏装置，包括：

——容量为 1 L 的圆底烧瓶。

——约 20 cm 长的精馏柱或相似的冷凝管。

——加热源；用适当的设施防止试液热解。

——底部管子渐细的冷凝器将馏出物接收在底部有几毫升水的带刻度的小烧瓶中。

3.1.2 水蒸气气蒸馏装置，包括：

——水蒸气发生器。

——蒸汽管。

——精馏柱。

——冷凝器。

只要符合下述要求，所有类型的蒸馏装置或水蒸气蒸馏装置都可以使用：

连续 5 次蒸馏酒精度为 10％vol 的乙醇-水混合物。第 5 次蒸馏后，馏出物的酒精度最低为 9.9％，即在蒸馏过程中，酒精的损失量不得大于 0.02％。

3.2 试剂

2 mol/L 氢氧化钙悬浮液：在 120 g 生石灰（氧化钙）中加入 1 L60℃～70℃热水。

3.3 样品预处理

将 250 mL～300 mL 葡萄酒或起泡酒加入到 1 000 mL 的烧瓶中摇动，最大限度地去除二氧化碳。

3.4 步骤

用容量瓶量取 200 mL 葡萄酒，记录葡萄酒温度。

将葡萄酒移入圆底烧瓶中,每次用 5 mL 水清洗容量瓶清洗四次,加入到烧瓶中。蒸馏时加入 10 mL 2 mol/L 氢氧化钙悬浮液和一些惰性多孔材料(沸石等),用 200 mL 的容量瓶接收馏出物,待测量。

蒸馏时收集初始体积的四分之三;水蒸气蒸馏时收集约 198 mL~199 mL 馏出物。

加入蒸馏水至 200 mL,馏出物的温度和原溶液温度差应小于 2℃。

小心混匀。

注:如果葡萄酒中含有大量氨离子,用 1 mL 体积分数为 10% 的硫酸代替氢氧化钙,按照上述条件重新蒸馏。

4 用液体比重计或折光计来测定馏出物的酒精度

4.1 比重计

4.1.1 仪器

——酒精比重计。

酒精比重计应符合 OIML(国际法定计量组织)第 44 号国际建议对"酒精比重计"1 级、2 级仪器的要求。

——温度计的刻度为 0.1℃,测量范围为 0℃~40℃,精确到 0.05℃。

——测试用量筒,内径为 36 mm,高为 320 mm,用夹架固定,保持垂直。

4.1.2 步骤

将(3.4)馏出物倒入量筒内,使量筒完全竖直,插入温度计和酒精比重计。摇动,使量筒、温度计、酒精比重计和馏出物的温度一致。1 min 后读取温度计值 t℃。过 1 min 后移去温度计,读取酒精度值。用放大镜至少读取 3 次,利用表Ⅱ校正 t℃时读取的酒精度值。

液体的温度与室温不能相差太大(最大不超过 5℃)。

4.2 折光计

4.2.1 仪器

可测量 1.330~1.346 间的折射率的折光计。

根据仪器类型,测量包括:

——在 20℃时使用适当的仪器;

——室温为 t℃时,能准确测定至 0.05℃的温度计。使用所提供的温度校正表来校正温度。

4.2.2 步骤

按照仪器规定的测量方法测定 3.3 中得到葡萄酒馏出物的折射率。

4.2.3 结果表示

根据 20℃的折射率查表 4 得到酒精度。

注:表 4 给出了折射率与水-酒精混合物和葡萄酒的酒精度之间的关系。对于葡萄酒的馏出物,其中的杂质(主要是高级醇)会影响结果。甲醇的存在会导致折射率降低,从而使酒精度值降低。

注:可使用本章节中的表 1、表 2 和表 3,根据馏出物的密度得到酒精度。表中的数据是根据国际法定计量组织 1972 年出版的第 22 号刊物中国际酒精表计算出来的。经被 OIV1974 年全体成员大会通过。

表1 20℃的国际酒精度表

t℃时玻璃比重瓶法测定酒精-水混合物的表观密度表（密度已经空气浮力校正）。

酒精体积分数/%

温度/℃	0	1	2	3	4	5	6	7	8	9	10
0	999.64 1.50	998.14 1.44	996.70 1.40	995.30 1.35	993.95 1.30	992.65 1.24	991.41 1.19	990.22 1.14	989.08 1.10	987.98 1.05	986.93 1.00
	-0.07	-0.06	-0.06	-0.06	-0.06	-0.06	-0.06	-0.05	-0.04	-0.03	-0.02
1	999.71 1.51	998.20 1.44	996.76 1.40	995.36 1.35	994.01 1.30	992.71 1.24	991.47 1.20	990.27 1.15	989.12 1.11	988.01 1.06	986.95 1.01
	-0.05	-0.05	-0.04	-0.04	-0.04	-0.04	-0.03	-0.03	-0.02	-0.02	-0.01
2	999.76 1.51	998.25 1.45	996.80 1.40	995.40 1.35	994.05 1.30	992.75 1.25	99150 1.20	990.30 1.16	989.14 1.11	988.03 1.07	986.96 1.02
	-0.03	-0.03	4.03	-0.02	-0.02	-0.02	-0.02	-0.01	-0.01	0.00	0.01
3	999.79 1.51	998.28 1.45	996.83 1.41	995.42 1.35	994.07 1.30	992.77 1.25	991.52 1.21	990.31 1.16	989.15 1.12	988.03 1.08	986.95 1.03
	-0.02	-0.02	-0.01	-0.02	-0.01	-0.01	0.00	0.00	0.01	0.02	0.03
4	999.81 1.51	998.30 1.46	996.84 1.40	995.44 1.36	994.08 1.30	992.78 1.26	991.52 1.21	990.31 1.17	989.14 1.13	988.01 1.09	986.92 1.04
	0.00	0.00	0.00	0.00	0.01	0.02	0.02	0.02	0.02	0.03	0.04
5	999.81 1.51	998.30 1.46	996.84 1.40	995.44 1.37	994.07 1.31	992.76 1.26	991.50 1.21	990.29 1.17	989.12 1.14	987.98 1.10	986.88 1.05
	0.01	0.01	0.01	0.02	0.01	0.02	0.03	0.04	0.05	0.05	0.05
6	999.80 1.51	998.29 1.46	996.83 1.41	995.42 1.36	994.06 1.32	992.74 1.27	991.47 1.22	990.25 1.18	989.07 1.14	987.93 1.10	986.83 1.06
	0.03	0.03	0.03	0.03	0.04	0.04	0.04	0.05	0.06	0.07	0.08
7	999.77 1.51	998.26 1.46	996.80 1.41	995.39 1.37	994.02 1.32	99270 1.27	99143 1.23	99020 1.19	989.01 1.15	987.86 1.11	986.75 1.07
	0.05	0.04	0.04	0.05	0.05	0.05	0.05	0.06	0.06	0.07	0.08
8	999.72 1.50	998.22 1.46	996.76 1.42	995.34 1.37	993.97 1.32	992.65 1.27	991.38 1.24	990.14 1.19	988.95 1.16	987.79 1.12	986.67 1.08
	0.05	0.06	0.06	0.06	0.06	0.06	0.07	0.07	0.08	0.10	0.10
9	999.67 1.51	998.16 1.46	996.70 1.42	995.28 1.37	993.91 1.32	992.59 1.28	991.31 1.24	990.07 1.20	988.87 1.17	987.70 1.13	986.57 1.09
	0.07	0.07	0.07	0.07	0.07	0.08	0.08	0.09	0.09	0.10	0.11

表1（续）

酒精体积分数/%

温度/℃	0		1		2		3		4		5		6		7		8		9		10	
10	999.60	1.51	998.09	1.46	996.63	1.42	995.21	1.37	993.84	1.33	992.51	1.28	991.23	1.25	989.98	1.20	988.78	1.17	987.60	1.14	986.46	1.10
	0.09		0.09		0.09		0.08		0.09		0.09		0.10		0.10		0.11		0.11		0.12	
11	999.51	1.51	998.00	1.46	996.54	1.41	995.13	1.38	993.75	1.33	992.42	1.29	991.13	1.25	989.88	1.21	988.67	1.18	987.49	1.15	986.34	1.11
	0.10		0.09		0.09		0.10		0.10		0.11		0.11		0.11		0.12		0.13		0.13	
12	999.41	1.50	997.91	1.46	996.45	1.42	995.03	1.38	993.65	1.34	992.31	1.29	991.02	1.25	989.77	1.22	988.55	1.19	987.36	1.15	986.21	1.12
	0.11		0.11		0.11		0.11		0.11		0.11		0.12		0.12		0.13		0.14		0.15	
13	999.30	1.50	997.80	1.46	996.34	1.42	994.92	1.38	993.54	1.34	992.20	1.30	990.90	1.25	989.65	1.23	988.42	1.20	987.22	1.16	986.06	1.13
	0.12		0.12		0.13		0.13		0.13		0.13		0.14		0.14		0.15		0.16		0.16	
14	999.18	1.50	997.68	1.46	996.22	1.43	994.79	1.38	993.41	1.34	992.07	1.30	990.77	1.26	989.51	1.23	988.28	1.21	987.07	1.17	985.90	1.13
	0.14		0.14		0.13		0.13		0.14		0.14		0.15		0.16		0.16		0.17		0.18	
15	999.05	1.51	997.54	1.46	996.08	1.42	994.66	1.38	993.28	1.35	991.93	1.30	990.63	1.27	989.36	1.24	988.12	1.21	986.91	1.18	985.73	1.14
	0.14		0.14		0.15		0.15		0.15		0.16		0.16		0.17		0.17		0.18		0.19	
16	998.90	1.50	997.40	1.46	995.94	1.43	994.51	1.38	993.13	1.35	991.78	1.31	990.47	1.27	989.20	1.25	987.95	1.21	986.74	1.19	985.55	1.15
	0.16		0.16		0.16		0.16		0.17		017		0.18		0.18		0.19		0.19		0.20	
17	998.74	1.50	997.24	1.46	995.78	1.43	994.35	1.38	992.97	1.36	991.61	1.31	990.30	1.28	989.02	1.25	987.17	1.22	986.55	1.19	985.36	1.16
	0.17		0.17		0.16		0.17		0.17		0.18		0.18		0.19		0.20		0.21		0.22	
18	998.57	1.50	997.07	1.46	995.61	1.42	994.19	1.39	992.80	1.36	991.44	1.32	990.12	1.28	988.84	1.26	987.58	1.23	986.35	1.20	985.15	1.17
	0.18		0.18		0.19		0.19		0.19		0.19		0.20		0.20		0.20		0.21		0.21	
19	998.39	1.50	996.89	1.46	995.43	1.43	994.00	1.39	992.61	1.36	991.25	1.32	989.93	1.29	988.64	1.26	987.38	1.23	986.15	1.21	984.94	1.10
	0.19		0.19		0.19		0.19		0.19		0.20		0.20		0.21		0.22		0.23		0.24	

表 1（续）

酒精体积分数 /%

温度/℃		0	1	2	3	4	5	6	7	8	9	10
20	密度	998.20 (1.50)	996.70 (1.46)	995.24 (1.43)	993.81 (1.39)	992.42 (1.36)	991.06 (1.33)	989.73 (1.29)	988.44 (1.27)	987.17 (1.24)	985.93 (1.22)	984.71 (1.19)
	差	0.20	0.20	0.20	0.20	0.21	0.21	0.21	0.22	0.22	0.23	0.24
21	密度	998.00 (1.50)	996.50 (1.46)	995.04 (1.43)	993.61 (1.40)	992.21 (1.36)	990.85 (1.33)	989.52 (1.30)	988.22 (1.27)	986.95 (1.25)	985.70 (1.23)	984.47 (1.19)
	差	0.21	0.21	0.21	0.21	0.21	0.22	0.22	0.23	0.24	0.24	0.24
22	密度	997.79 (1.50)	996.29 (1.46)	994.83 (1.43)	993.40 (1.40)	992.00 (1.37)	990.63 (1.33)	989.30 (1.31)	987.99 (1.28)	986.71 (1.25)	985.46 (1.23)	984.23 (1.21)
	差	0.22	0.22	0.23	0.23	0.23	0.23	0.24	0.24	0.24	0.25	0.26
23	密度	997.57 (1.50)	996.07 (1.47)	994.60 (1.43)	993.17 (1.40)	991.77 (1.37)	990.40 (1.34)	989.06 (1.31)	987.75 (1.28)	986.47 (1.26)	985.21 (1.24)	983.97 (1.20)
	差	0.24	0.23	0.23	0.23	0.24	0.24	0.24	0.25	0.26	0.26	0.27
24	密度	997.33 (1.49)	995.94 (1.47)	994.37 (1.43)	992.94 (1.41)	991.53 (1.37)	990.16 (1.34)	988.82 (1.32)	987.50 (1.29)	986.21 (1.26)	984.95 (1.25)	983.70 (1.22)
	差	0.24	0.25	0.24	0.25	0.24	0.25	0.26	0.26	0.26	0.27	0.28
25	密度	997.09 (1.50)	995.59 (1.46)	994.13 (1.44)	992.69 (1.40)	991.29 (1.38)	989.91 (1.35)	988.56 (1.32)	987.24 (1.29)	985.95 (1.27)	984.68 (1.26)	983.42 (1.22)
	差	0.25	0.25	0.26	0.25	0.26	0.26	0.26	0.26	0.28	0.28	0.28
26	密度	996.84 (1.50)	995.34 (1.47)	993.87 (1.43)	992.44 (1.41)	991.03 (1.38)	989.65 (1.35)	988.30 (1.32)	986.98 (1.31)	985.67 (1.27)	984.40 (1.26)	983.14 (1.24)
	差	0.26	0.26	0.26	0.27	0.27	0.27	0.27	0.28	0.28	0.29	0.30
27	密度	996.58 (1.50)	995.08 (1.47)	993.61 (1.44)	992.17 (1.41)	990.76 (1.38)	989.38 (1.35)	988.03 (1.33)	986.70 (1.31)	985.39 (1.28)	984.11 (1.27)	982.84 (1.24)
	差	0.27	0.27	0.27	0.28	0.29	0.28	0.29	0.29	0.29	0.30	0.31
28	密度	996.31 (1.50)	994.81 (1.47)	993.34 (1.44)	991.90 (1.42)	990.48 (1.38)	989.10 (1.36)	987.74 (1.33)	986.41 (1.31)	985.10 (1.29)	983.81 (1.28)	982.53 (1.25)
	差	0.28	0.28	0.28	0.29	0.28	0.29	0.29	0.30	0.31	0.31	0.31
29	密度	996.03 (1.50)	994.53 (1.47)	993.06 (1.45)	991.61 (1.41)	990.20 (1.39)	988.81 (1.36)	987.45 (1.34)	986.11 (1.32)	984.79 (1.29)	983.50 (1.28)	982.22 (1.26)
	差	0.28	0.29	0.29	0.29	0.30	0.30	0.31	0.31	0.31	0.32	0.32

表 1(续)

温度/℃	酒精体积分数/%																					
	0		1		2		3		4		5		6		7		8		9		10	
30	995.75	1.51	994.24	1.47	992.77	1.45	991.32	1.42	989.90	1.39	988.51	1.37	987.14	1.34	985.80	1.32	984.48	1.30	983.18	1.28	981.90	1.27
	0.30		0.30		0.30		0.30		0.31		0.31		0.31		0.31		0.32		0.33		0.34	
31	995.45	1.51	993.94	1.47	992.47	1.45	991.02	1.43	989.59	1.39	988.20	1.37	986.83	1.34	985.49	1.33	984.16	1.31	982.85	1.29	981.56	1.27
	0.31		0.31		0.31		0.32		0.31		0.32		0.32		0.33		0.33		0.34		0.35	
32	995.14	1.51	993.63	1.47	992.16	1.46	990.70	1.42	989.28	1.40	987.88	1.37	986.51	1.35	985.16	1.33	983.83	1.32	982.51	1.30	981.21	1.28
	0.31		0.31		0.32		0.32		0.32		0.33		0.33		0.34		0.35		0.35		0.35	
33	994.93	1.51	993.32	1.48	991.84	1.46	990.38	1.42	988.96	1.41	987.55	1.37	986.18	1.36	984.82	1.34	983.48	1.32	982.16	1.30	980.86	1.28
	0.32		0.33		0.33		0.33		0.35		0.34		0.35		0.35		0.34		0.35		0.36	
34	994.51	1.52	992.99	1.48	991.51	1.46	990.05	1.44	988.61	1.40	987.21	1.38	985.83	1.36	984.47	1.33	983.14	1.33	981.81	1.31	980.50	1.29
	0.33		0.33		0.34		0.35		0.34		0.35		0.35		0.35		0.36		0.36		0.36	
35	994.18	1.52	992.66	1.49	991.17	1.47	989.70	1.43	988.27	1.41	986.86	1.38	985.48	1.36	984.12	1.34	982.78	1.33	981.45	1.31	980.14	1.30
	0.34		0.35		0.35		0.35		0.35		0.35		0.35		0.36		0.36		0.37		0.37	
36	993.84	1.53	992.31	1.49	990.82	1.47	989.35	1.43	987.92	1.41	986.51	1.38	985.13	1.37	983.76	1.34	982.42	1.34	981.08	1.31	979.77	1.31
	0.35		0.35		0.36		0.35		0.36		0.36		0.37		0.37		0.38		0.37		0.39	
37	993.49	1.53	991.96	1.50	990.46	1.46	989.00	1.44	987.56	1.41	986.15	1.39	984.76	1.37	983.39	1.35	982.04	1.33	980.71	1.33	979.38	1.31
	0.36		0.36		0.36		0.37		0.37		0.37		0.37		0.37		0.38		0.39		0.38	
38	993.13	1.53	991.60	1.50	990.10	1.47	988.63	1.44	987.19	1.41	985.78	1.39	984.39	1.37	983.02	1.36	981.66	1.34	980.32	1.32	979.00	1.32
	0.36		0.37		0.37		0.37		0.38		0.38		0.38		0.39		0.38		0.39		0.40	
39	992.77	1.54	991.23	1.50	989.73	1.47	988.26	1.45	986.81	1.41	985.40	1.39	994.01	1.38	982.63	1.35	981.28	1.35	979.93	1.33	978.60	1.32
	0.37		0.37		0.38		0.39		0.38		0.39		0.39		0.39		0.40		0.39		0.40	
40	992.40	1.54	990.86	1.51	989.35	1.48	987.87	1.44	986.43	1.42	985.01	1.39	983.62	1.38	982.24	1.36	980.88	1.34	979.54	1.34	978.20	1.33

表1（续）

酒精体积分数/%

温度/℃	11	12	13	14	15	16	17	18	19	20
0	0.95 / 985.93 / −0.01	0.92 / 984.98 / 0.01	0.88 / 984.06 / 0.01	0.84 / 983.18 / 0.03	0.80 / 982.34 / 0.04	0.78 / 981.54 / 0.07	0.75 / 980.76 / 0.08	0.73 / 980.01 / 0.10	0.72 / 979.28 / 0.12	0.70 / 978.56 / 0.14
1	0.97 / 995.94 / 0.00	0.92 / 984.97 / 0.01	0.90 / 984.05 / 0.03	0.85 / 983.15 / 0.04	0.83 / 982.30 / 0.07	0.79 / 981.47 / 0.08	0.77 / 980.68 / 0.10	0.75 / 979.91 / 0.12	0.74 / 979.16 / 0.14	0.73 / 978.42 / 0.16
2	0.98 / 985.94 / 0.02	0.94 / 984.96 / 0.04	0.91 / 984.02 / 0.05	0.98 / 983.11 / 0.06	0.84 / 982.23 / 0.07	0.81 / 981.39 / 0.09	0.79 / 980.58 / 0.11	0.77 / 979.79 / 0.13	0.76 / 979.02 / 0.15	0.75 / 978.26 / 0.17
3	1.00 / 985.92 / 0.04	0.95 / 984.92 / 0.04	0.92 / 983.97 / 0.06	0.89 / 983.05 / 0.07	0.86 / 982.16 / 0.09	0.83 / 981.30 / 0.10	0.81 / 980.47 / 0.12	0.79 / 979.66 / 0.14	0.78 / 978.87 / 0.16	0.77 / 978.09 / 0.18
4	1.00 / 985.88 / 0.05	0.97 / 984.88 / 0.06	0.93 / 983.91 / 0.07	0.91 / 982.98 / 0.09	0.87 / 982.07 / 0.10	0.85 / 981.20 / 0.12	0.83 / 980.35 / 0.14	0.81 / 979.52 / 0.15	0.80 / 978.71 / 0.17	0.79 / 977.91 / 0.19
5	1.01 / 985.83 / 0.06	0.98 / 984.82 / 0.08	0.95 / 983.84 / 0.09	0.92 / 982.89 / 0.10	0.89 / 981.97 / 0.12	0.87 / 981.08 / 0.13	0.84 / 980.21 / 0.14	0.83 / 979.37 / 0.17	0.82 / 978.54 / 0.19	0.82 / 977.72 / 0.21
6	1.03 / 985.77 / 0.09	0.99 / 984.74 / 0.09	0.96 / 983.75 / 0.10	0.94 / 982.79 / 0.12	0.90 / 981.85 / 0.13	0.88 / 980.95 / 0.15	0.87 / 980.07 / 0.16	0.85 / 979.20 / 0.18	0.84 / 978.35 / 0.19	0.83 / 977.51 / 0.21
7	1.03 / 995.68 / 0.09	1.00 / 984.65 / 0.11	0.98 / 983.65 / 0.13	0.95 / 982.67 / 0.13	0.92 / 981.72 / 0.14	0.89 / 980.80 / 0.15	0.89 / 979.91 / 0.18	0.86 / 979.02 / 0.19	0.86 / 978.16 / 0.21	0.85 / 977.30 / 0.23
8	1.05 / 985.59 / 0.11	1.02 / 984.54 / 0.12	0.98 / 983.52 / 0.12	0.96 / 982.54 / 0.14	0.93 / 981.58 / 0.16	0.92 / 980.65 / 0.18	0.90 / 979.73 / 0.19	0.88 / 978.83 / 0.21	0.88 / 977.95 / 0.22	0.87 / 977.07 / 0.24
9	1.06 / 985.48 / 0.12	1.02 / 984.42 / 0.12	1.00 / 983.40 / 0.14	0.98 / 982.40 / 0.16	0.95 / 981.42 / 0.17	0.93 / 980.47 / 0.18	0.92 / 979.54 / 0.20	0.89 / 978.62 / 0.20	0.90 / 977.73 / 0.23	0.89 / 976.83 / 0.24

表1（续）

酒精体积分数/%

温度/℃	11	12	13	14	15	16	17	18	19	20
10	1.06 985.36 0.13	1.04 984.30 0.14	1.02 983.26 0.16	0.99 982.24 0.16	0.96 981.25 0.17	0.95 980.29 0.19	0.92 979.34 0.20	.92 978.42 0.23	0.91 977.50 0.25	0.91 976.59 0.27
11	1.07 985.23 0.14	1.06 984.16 0.16	1.02 983.10 0.16	1.00 982.08 0.18	0.98 981.08 0.19	0.96 980.10 0.21	0.95 979.14 0.22	0.94 978.19 0.24	0.93 977.25 0.25	0.93 976.32 0.27
12	1.09 985.09 0.16	1.06 984.00 0.16	1 982.94 0.18	1.01 981.90 0.19	1.00 980.89 0.20	0.97 979.89 0.21	0.97 978.92 0.23	0.95 977.95 0.24	0.95 977.00 0.26	0.94 976.05 0.28
13	1.09 984.93 0.16	1.08 983.84 0.18	1.05 982.76 0.18	1.02 981.71 0.20	1.01 980.69 0.22	0.99 979.68 0.23	0.98 978.69 0.24	0.97 977.71 0.26	0.97 976.74 0.27	0.96 975.77 0.28
14	1.11 994.77 0.18	1.08 983.66 0.18	1.07 982.58 0.20	1.04 981.51 0.21	1.02 980.47 0.22	1.00 979.45 0.24	1.00 978.45 0.25	0.98 977.45 0.26	0.98 976.47 0.28	0.98 975.49 0.30
15	1.12 994.59 0.19	1.09 983.47 0.20	1.08 982.38 0.22	1.05 981.30 0.22	1.04 960.25 0.24	1.01 979.21 0.24	1.01 978.20 0.25	1.00 977.19 0.28	1.00 976.19 0.30	1.00 975.19 0.31
16	1.13 984.40 0.20	1.11 983.27 0.21	1.08 982.16 0.22	1.07 981.08 0.23	1.04 980.01 0.24	1.04 978.97 0.26	1.02 977.93 0.27	1.02 976.91 0.29	1.01 975.89 0.30	1.01 974.88 0.32
17	1.14 984.20 0.22	1.12 983.06 0.22	1.09 981.94 0.23	1.08 980.85 0.25	1.06 979.77 0.26	1.05 978.71 0.27	1.04 977.66 0.28	1.03 976.62 0.29	1.03 975.59 0.31	1.02 974.56 0.32
18	1.14 983.76 0.22	1.13 982.84 0.24	1.11 981.71 0.24	1.09 980.60 0.25	1.07 979.51 0.26	1.06 978.44 0.28	1.05 977.38 0.29	1.05 976.33 0.31	1.04 975.28 0.32	1.05 974.24 0.34
19	1.16 983.76 0.24	1.13 982.60 0.24	1.12 981.47 0.26	1.10 980.35 0.27	1.09 979.25 0.28	1.07 978.16 0.29	1.07 977.09 0.30	1.06 976.02 0.31	1.06 974.96 0.33	1.06 973.90 0.34

表 1（续）

温度/℃	酒精体积分数/%									
	11	12	13	14	15	16	17	18	19	20
20	983.52 / 1.16	982.36 / 1.15	981.21 / 1.13	980.08 / 1.11	978.97 / 1.10	977.87 / 1.08	976.79 / 1.08	975.71 / 1.08	974.63 / 1.07	973.56 / 1.08
	0.24	0.26	0.26	0.27	0.28	0.29	0.31	0.33	0.34	0.36
21	983.28 / 1.18	982.10 / 1.15	980.95 / 1.14	979.81 / 1.12	978.69 / 1.11	977.58 / 1.10	976.48 / 1.10	975.38 / 1.09	974.29 / 1.09	973.20 / 1.09
	0.26	0.28	0.29	0.30	0.31	0.33	0.33	0.35	0.35	0.36
22	983.02 / 1.18	981.84 / 1.17	980.67 / 1.15	979.52 / 1.13	978.39 / 1.12	977.27 / 1.12	976.15 / 1.10	975.05 / 1.11	973.94 / 1.10	972.84 / 1.10
	0.26	0.27	0.28	0.29	0.31	0.32	0.33	0.35	0.35	0.37
23	982.77 / 1.20	981.57 / 1.18	980.39 / 1.16	979.23 / 1.15	978.08 / 1.13	976.95 / 1.13	975.82 / 1.12	974.70 / 1.11	973.59 / 1.12	972.47 / 1.12
	0.29	0.29	0.29	0.30	0.31	0.33	0.33	0.35	0.37	0.38
24	982.48 / 1.20	981.28 / 1.18	980.10 / 1.17	978.93 / 1.16	977.77 / 1.15	976.62 / 1.13	975.49 / 1.14	974.35 / 1.13	973.22 / 1.13	972.09 / 1.14
	0.28	0.29	0.31	0.32	0.33	0.33	0.35	0.36	0.37	0.39
25	982.20 / 1.21	980.99 / 1.20	979.79 / 1.18	978.61 / 1.17	977.44 / 1.15	976.29 / 1.15	975.14 / 1.15	973.99 / 1.14	972.85 / 1.15	971.70 / 1.15
	0.30	0.31	0.31	0.32	0.33	0.35	0.36	0.37	0.39	0.40
26	981.90 / 1.22	980.68 / 1.20	979.48 / 1.19	978.29 / 1.18	977.11 / 1.17	975.94 / 1.16	974.78 / 1.16	973.62 / 1.16	972.46 / 1.16	971.30 / 1.16
	0.30	0.31	0.32	0.33	0.34	0.35	0.36	0.38	0.39	0.40
27	981.60 / 1.23	980.37 / 1.21	979.16 / 1.20	977.96 / 1.19	976.77 / 1.18	975.59 / 1.17	974.42 / 1.18	973.24 / 1.17	972.07 / 1.17	970.90 / 1.18
	0.32	0.32	0.33	0.34	0.35	0.36	0.38	0.38	0.40	0.41
28	981.28 / 1.23	980.05 / 1.22	978.83 / 1.21	977.62 / 1.20	976.42 / 1.19	975.23 / 1.19	974.04 / 1.18	972.86 / 1.19	971.67 / 1.18	970.49 / 1.20
	0.32	0.33	0.34	0.35	0.36	0.37	0.38	0.40	0.40	0.42
29	980.96 / 1.24	979.72 / 1.23	978.49 / 1.22	977.27 / 1.21	976.06 / 1.20	974.86 / 1.20	973.66 / 1.20	972.46 / 1.19	971.27 / 1.20	970.07 / 1.21
	0.33	0.34	0.35	0.36	0.37	0.38	0.40	0.41	0.43	0.44

表1（续）

酒精体积分数/%

温度/℃	11	12	13	14	15	16	17	18	19	20
30	980.63　1.25	979.38　1.24	978.14　1.23	976.91　1.22	975.69　1.21	974.48　1.22	973.26　1.21	972.05　1.21	970.84　1.21	969.63　1.22
	0.34	0.35	0.36	0.37	0.38	0.40	0.40	0.41	0.42	0.44
31	980.29　1.26	979.03　1.25	977.78　1.24	976.54　1.23	975.31　1.23	974.08　1.22	972.86　1.22	971.64　1.22	970.42　1.23	969.19　1.23
	0.36	0.36	0.37	0.38	0.39	0.39	0.40	0.42	0.43	0.44
32	979.93　1.26	978.67　1.26	977.41　1.25	976.16　1.24	974.92　1.23	973.69　1.23	972.46　1.24	971.22　1.23	969.99　1.24	968.75　1.25
	0.35	0.37	0.37	0.38	0.39	0.40	0.42	0.42	0.44	0.45
33	979.58　1.28	978.30　1.26	977.04　1.26	975.78　1.25	974.53　1.24	973.29　1.25	972.04　1.24	970.80　1.25	969.55　1.25	968.30　1.26
	0.37	0.37	0.38	0.39	0.40	0.41	0.42	0.43	0.44	0.46
34	979.21　1.28	977.93　1.27	976.66　1.27	975.39　1.26	974.13　1.25	972.88　1.26	971.62　1.25	970.37　1.26	969.11　1.27	967.84　1.27
	0.37	0.38	0.39	0.39	0.40	0.42	0.42	0.44	0.46	0.46
35	978.94　1.29	977.55　1.28	976.27　1.27	975.00　1.27	973.73　1.27	972.46　1.26 —	971.20　1.27	969.93　1.28	968.65　127	967.38　1.29
	0.38	0.38	0.39	0.40	0.41	0.42	0.44	0.45	0.45	0.47
36	978.46　1.29	977.17　1.29	975.88　1.28	974.60　1.28	973.32　1.28	972.04　1.28	970.76　1.28	969.48　1.28	968.20　1.29	966.91　1.30
	0.39	0.40	0.40	0.41	0.42	0.43	0.44	0.45	0.47	0.48
37	978.07　1.30	976.77　1.29	975.48　1.29	974.19　1.29	972.90　1.29	971.61　1.29	970.32　1.29	969.03　1.30	967.73　1.30	966.43　1.31
	0.39	0.40	0.41	0.42	0.43	0.44	0.45	0.46	0.47	0.49
38	977.68　1.31	976.37　1.30	975.07　1.30	973.77　1.29	972.47　1.30	971.17　1.30	969.87　1.30	968.57　1.31	967.26　1.32	965.94　1.32
	0.40	0.41	0.42	0.42	0.43	0.44	0.45	0.47	0.48	0.49
39	977.28　1.32	975.96　1.31	974.65　1.30	973.35　1.30	972.04　1.31	970.73　1.31	969.42　1.32	968.10　1.32	966.78　1.33	965.45　1.33
	0.41	0.41	0.42	0.43	0.44	0.45	0.46	0.47	0.48	0.49
40	976.87　1.32	975.55　1.32	974.23　1.31	972.92　1.31	971.60　1.52	970.28　1.32	968.96　1.33	967.63　1.33	966.30　1.34	964.96　1.35

表1（续）

酒精体积分数/%

温度/℃	21	22	23	24	25	26	27	28	29	30	31
0	977.86　0.70	977.16　0.69	976.47　0.71	975.76　0.71	975.05　0.72	974.33　0.75	973.58　0.77	972.81　0.80	972.01　0.83	971.18　0.87	970.31　0.90
	0.17	0.19	0.22	0.24	0.26	0.29	0.31	0.34	0.36	0.39	0.41
1	977.69　0.72	976.97　0.72	976.25　0.73	975.52　0.73	974.79　0.75	974.04　0.77	973.27　0.80	972.47　0.18	971.65　0.86	970.79　0.89	969.90　0.92
	0.18	0.20	0.23	0.25	0.28	0.30	0.32	0.34	0.37	0.39	0.41
2	977.51　0.74	976.77　0.75	976.02　0.75	975.27　0.76	974.51　0.77	973.74　0.79	972.95　0.82	972.13　0.85	971.28　0.88	970.40　0.91	969.49　0.95
	0.19	0.22	0.23	0.26	0.28	0.31	0.33	0.36	0.38	0.40	0.42
3	977.32　0.77	976.55　0.76	975.79　0.78	975.01　0.78	974.23　0.80	973.43　0.81	972.62　0.85	971.77　0.87	970.90　0.90	970.00　0.93	969.07　0.98
	0.20	0.22	0.25	0.27	0.29	0.31	0.34	0.36	0.38	0.40	0.43
4	977.12　0.79	976.33　0.79	975.54　0.80	974.94　0.80	973.94　0.82	973.12　0.84	972.28　0.87	971.41　0.89	970.52　0.92	969.60　0.96	968.64　1.00
	0.22	0.23	0.26	0.27	0.30	0.33	0.35	0.37	0.39	0.42	0.44
5	976.90　0.80	976.10　0.82	975.28　0.81	974.47　0.83	973.64　0.85	972.79　0.86	971.93　0.89	971.04　0.91	970.13　0.95	969.18　0.98	968.20　1.01
	0.22	0.25	0.26	0.29	0.31	0.33	0.35	0.37	0.40	0.42	0.44
6	976.68　0.83	975.85　0.83	975.02　0.84	974.18　0.85	973.33　0.87	972.46　0.86	971.58　0.91	970.67　0.94	969.73　0.97	968.76　1.00	967.76　1.03
	0.23	0.25	0.28	0.30	0.32	0.34	0.36	0.36	0.40	0.42	0.44
7	976.45　0.85	975.60　0.86	974.74　0.86	973.88　0.87	973.01　0.89	972.12　0.90	971.22　0.93	970.20　0.96	969.33　0.99	968.34　1.02	967.32　1.06
	0.25	0.27	0.28	0.31	0.33	0.35	0.37	0.40	0.42	0.43	0.46
8	976.20　0.87	975.33　0.87	974.46　0.89	973.57　0.89	972.68　0.91	971.77　0.92	970.85　0.96	969.89　0.98	968.91　1.00	967.91　1.05	966.86　1.07
	0.26	0.28	0.30	0.31	0.34	0.35	0.38	0.39	0.41	0.44	0.46
9	97.59　0.89	97.50　0.89	974.16　0.90	973.26　0.92	972.34　0.92	971.42　0.95	970.47　0.97	969.50　1.00	968.50　1.03	967.47　1.07	966.40　1.09
	0.26	0.28	0.30	0.33	0.34	0.37	0.39	0.41	0.43	0.45	0.46

表1（续）

酒精体积分数/%

温度/℃	21		22		23		24		25		26		27		28		29		30		31	
10	975.68	0.91	974.77	0.91	973.86	0.93	972.93	0.93	972.00	0.95	971.05	0.97	970.08	0.99	969.09	1.02	968.07	1.05	967.02	1.08	965.94	1.12
	0.29		0.30		0.33		0.34		0.36		0.38		0.40		0.42		0.44		0.46		0.47	
11	975.39	0.92	974.47	0.94	973.53	0.94	972.59	0.95	971.64	0.97	970.67	0.99	969.68	1.01	968.67	1.04	967.63	1.07	966.56	1.09	965.47	1.13
	0.28		0.31		0.32		0.34		0.36		0.38		0.40		0.42		0.44		0.45		0.48	
12	975.11	0.95	974.16	0.95	973.21	0.96	972.25	0.97	971.28	0.99	970.29	1.01	969.28	1.03	968.25	1.06	967.19	1.08	966.11	1.12	964.99	1.15
	0.30		0.31		0.33		0.35		0.37		0.39		0.41		0.43		0.45		0.47		0.49	
13	974.81	0.96	973.85	0.97	972.88	0.98	971.90	0.99	970.91	1.01	969.90	1.03	968.87	1.05	967.82	1.08	966.74	1.10	965.64	1.14	964.50	1.17
	0.30		0.32		0.34		0.36		0.38		0.40		0.41		0.43		0.45		0.47		0.49	
14	974.51	0.98	973.53	0.99	972.54	1.00	971.54	1.01	970.53	1.03	969.50	1.04	968.46	1.07	967.39	1.10	966.29	1.12	965.17	1.16	964.01	1.19
	0.32		0.34		0.35		0.37		0.39		0.40		0.42		0.44		0.46		0.48		0.49	
15	974.19	1.00	973.19	1.00	972.19	1.02	971.17	1.03	970.14	1.04	969.10	1.06	968.04	1.09	966.95	1.12	965.83	1.14	964.69	1.17	963.52	1.21
	0.32		0.34		0.36		0.37		0.39		0.41		0.43		0.45		0.46		0.48		0.51	
16	973.87	1.02	972.85	1.02	971.83	1.03	970.80	1.05	969.75	1.06	968.69	1.08	967.61	1.11	966.50	1.13	965.37	1.16	964.21	1.20	963.01	1.22
	0.33		0.35		0.37		0.39		0.40		0.42		0.44		0.45		0.48		0.50		0.50	
17	973.54	1.04	972.50	1.04	971.46	1.05	970.41	1.06	969.35	1.08	968.27	1.10	967.17	1.12	966.05	1.16	964.89	1.18	963.71	1.20	962.51	1.24
	0.35		0.36		0.37		0.39		0.41		0.43		0.45		0.47		0.48		0.49		0.52	
18	973.19	1.05	972.14	1.05	971.09	1.07	970.02	1.07	968.94	1.10	967.84	1.11	966.72	1.14	965.58	1.17	964.41	1.19	963.22	1.23	961.99	1.25
	0.35		0.36		0.39		0.40		0.42		0.43		0.45		0.47		0.48		0.50		0.52	
19	972.84	1.06	971.78	1.08	970.70	1.08	969.62	1.10	968.52	1.11	967.41	1.14	966.27	1.16	965.11	1.18	963.93	1.21	962.72	1.25	961.47	1.27
	0.36		0.38		0.39		0.41		0.42		0.45		0.46		0.47		0.49		0.51		0.52	

表 1（续）

酒精体积分数/%

温度/℃	21	22	23	24	25	26	27	28	29	30	31
20	972.48　1.08	971.40　1.09	970.31　1.10	969.21　1.11	968.10　1.14	966.96　1.15	965.81　1.17	964.64　1.20	963.44　1.23	962.21　1.26	960.95　1.29
	0.37	0.38	0.40	0.42	0.44	0.45	0.46	0.49	0.50	0.52	0.53
21	972.11　1.09	971.02　1.11	969.91　1.12	968.79　1.13	967.66　1.15	966.51　1.16	965.35　1.20	964.15　1.21	962.94　1.25	961.69　1.27	960.42　1.31
	0.37	0.40	0.41	0.42	0.44	0.45	0.48	0.49	0.51	0.52	0.54
22	971.74　1.12	970.62　1.12	969.50　1.13	968.37　1.15	967.22　1.16	966.06　1.19	964.87　1.21	963.66　1.23	962.43　1.26	961.17　1.29	959.88　1.32
	0.39	0.40	0.42	0.43	0.45	0.47	0.48	0.49	0.51	0.53	0.55
23	971.35　1.13	970.22　1.14	969.08　1.14	967.94　1.17	966.77　1.17	965.59　1.20	964.39　1.22	963.17　1.25	961.92　1.28	960.64　1.31	959.33　1.33
	0.40	0.41	0.42	0.44	0.45	0.47	0.49	0.51	0.52	0.54	0.55
24	970.95　1.14	969.81　1.15	968.66　1.16	967.50　1.18	966.32　1.18	965.12　1.22	963.90　1.24	962.66　1.26	961.40　1.30	960.10　1.32	958.78　1.35
	0.40	0.42	0.43	0.45	0.47	0.48	0.49	0.51	0.53	0.54	0.55
25	970.55　1.16	969.39　1.16	968.23　1.18	967.05　1.20	965.85　1.20	964.64　1.23	963.41　1.26	962.15　1.28	960.87　1.31	959.56　1.33	958.23　1.37
	0.41	0.42	0.44	0.46	0.47	0.49	0.50	0.51	0.53	0.54	0.57
26	970.14　1.17	968.97　1.18	967.79　1.20	966.59　1.21	965.38　1.21	964.15　1.24	962.91　1.27	961.64　1.30	960.34　1.32	959.02　1.36	957.66　1.38
	0.42	0.43	0.45	0.46	0.48	0.49	0.51	0.53	0.54	0.56	0.56
27	969.72　1.18	968.54　1.20	967.34　1.21	966.13　1.23	964.90　1.23	963.66　1.26	962.40　1.29	961.11　1.31	959.80　1.34	958.46　1.36	957.10　1.40
	0.43	0.45	0.46	0.47	0.48	0.50	0.52	0.54	0.56	0.57	0.59
28	969.29　1.20	968.09　1.21	966.88　1.22	965.66　1.24	964.42　1.24	963.16　1.28	961.88　1.31	960.57　1.33	959.24　1.35	957.89　1.38	956.51　1.41
	0.43	0.45	0.47	0.49	0.50	0.52	0.53	0.53	0.55	0.56	0.58
29	968.86　1.22	967.64　1.23	966.41　1.24	965.17　1.25	963.92　1.26	962.64　1.29	961.35　1.31	960.04　1.35	958.69　1.36	957.33　1.40	955.93　1.42
	0.45	0.46	0.47	0.49	0.50	0.51	0.53	0.55	0.55	0.58	0.58

表1（续）

酒精体积分数/%

温度/℃	21	22	23	24	25	26	27	28	29	30	31
30	968.41　1.23	967.18　1.24	965.94　1.26	964.68　1.26	963.42　1.29	962.13　1.31	960.82　1.33	959.49　1.35	958.14　1.39	956.75　1.40	955.35　1.44
	0.45	0.46	0.48	0.49	0.51	0.52	0.53	0.55	0.57	0.58	0.60
31	967.96　1.24	966.72　1.26	965.46　1.27	964.19　1.28	962.91　1.30	961.61　1.32	960.29　1.35	958.94　1.37	957.57　1.40	956.17　1.42	954.75　1.44
	0.46	0.47	0.48	0.50	0.51	0.53	0.54	0.55	0.57	0.58	0.59
32	967.50　1.25	966.25　1.27	964.98　1.29	963.69　1.29	962.40　1.32	961.08　1.33	959.75　1.36	958.39　1.39	957.00　1.41	955.59　1.43	954.16　1.46
	0.46	0.48	0.49	0.50	0.52	0.53	0.55	0.57	0.57	0.59	0.61
33	967.04　1.27	965.77　1.28	964.49　1.30	963.19　1.31	961.88　1.33	960.55　1.35	959.20　1.38	957.82　1.39	956.43　1.43	955.00　1.45	953.55　1.47
	0.47	0.49	0.50	0.51	0.53	0.54	0.56	0.56	0.59	0.59	0.60
34	966.57　1.29	965.28　1.29	963.99　1.31	962.68　1.33	961.35　1.34	960.01　1.37	958.64　1.38	957.26　1.42	95584　1.43	954.41　1.46	952.95　1.49
	0.48	0.49	0.51	0.52	0.53	0.55	0.56	0.58	0.58	0.60	0.62
35	966.09　1.30	964.79　1.31	963.48　1.32	962.16　1.34	960.82　1.36	959.46　1.38	958.08　1.40	956.68　1.42	955.26　1.45	953.81　1.48	952.33　1.50
	0.48	0.50	0.51	0.53	0.54	0.55	0.57	0.58	0.60	0.61	0.62
36	965.61　1.32	964.29　1.32	962.97　1.34	961.63　1.35	960.28　1.37	958.91　1.40	957.51　1.41	956.10　1.44	954.66　1.46	953.20　1.49	951.71　1.51
	0.49	0.50	0.52	0.53	0.55	0.56	0.57	0.59	0.60	0.61	0.62
37	965.12　1.33	963.79　1.34	962.45　1.35	961.10　1.37	959.73　1.38	958.35　1.41	956.94　1.43	955.51　1.45	954.06　1.47	952.59　1.50	951.09　1.53
	0.50	0.51	0.52	0.54	0.55	0.57	0.58	0.59	0.60	0.62	0.63
38	964.62　1.34	963.28　1.35	961.93　1.37	960.56　1.38	959.18　1.40	957.78　1.42	956.36　1.44	954.92　1.46	953.46　1.49	951.97　1.51	950.4　1.54
	0.50	0.52	0.53	0.54	0.56	0.57	0.58	0.60	0.61	0.62	0.64
39	964.12　1.36	962.76　1.36	961.40　1.38	960.02　1.40	958.62　1.41	957.21　1.43	955.78　1.46	954.32　1.47	952.85　1.50	951.35　1.53	949.82　1.55
	0.51	0.52	0.54	0.55	0.56	0.58	0.59	0.60	0.62	0.63	0.64
40	963.61　1.37	962.24　1.38	960.86　1.39	959.47　1.41	958.06　1.43	956.63　1.44	955.19　1.47	953.72　1.49	952.23　1.51	950.72　1.54	949.18　1.57

表2 20℃国际酒精度表

表观酒精度（普通玻璃酒精计）温度影响校正表，根据下表校正 t℃时表观酒精度的增加或减少。

温度/℃		\-	\-2	\-3	\-4	\-5	\-6	\-7	\-8	\-9	\-10	\-11	\-12	\-13	\-14	\-15	\-16
		0	**1**	**2**	**3**	**4**	**5**	**6**	**7**	**8**	**9**	**10**	**11**	**12**	**13**	**14**	**15**
0		0.76	0.77	0.82	0.87	0.95	1.04	1.16	1.31	1.49	1.70	1.95	2.26	2.62	3.03	3.49	4.02
1		0.81	0.83	0.87	0.92	1.00	1.09	1.20	1.35	1.52	1.73	1.97	2.26	2.59	2.97	3.40	3.87
2		0.85	0.87	0.92	0.97	1.04	1.13	1.24	1.38	1.54	1.74	1.97	2.24	2.54	2.89	3.29	3.72
3		0.88	0.91	0.95	1.00	1.07	1.15	1.26	1.39	1.55	1.73	1.95	2.20	2.48	2.80	3.16	3.55
4		0.90	0.92	0.97	1.02	1.09	1.17	1.27	1.40	1.55	1.72	1.92	2.15	2.41	2.71	3.03	3.38
5		0.91	0.93	0.98	1.03	1.10	1.17	1.27	1.39	1.53	1.69	1.87	2.08	2.33	2.60	2.89	3.21
6		0.92	0.94	0.98	1.02	1.09	1.16	1.25	1.37	1.50	1.65	1.82	2.01	2.23	2.47	2.74	3.02
7	应	0.91	0.93	0.97	1.01	1.07	1.14	1.23	1.33	1.45	1.59	1.75	1.92	2.12	2.34	2.58	2.83
8	加	0.89	0.91	0.94	0.98	1.04	1.11	1.19	1.28	1.39	1.52	1.66	1.82	2.00	2.20	2.42	2.65
9	数	0.86	0.88	0.91	0.95	1.01	1.07	1.14	1.23	1.33	1.44	1.57	1.71	1.97	2.05	2.24	2.44
10		0.82	0.84	0.87	0.91	0.96	1.01	1.08	1.16	1.25	1.35	1.47	1.60	1.74	1.89	2.06	2.24
11		0.78	0.79	0.82	0.86	0.90	0.95	1.01	1.08	1.16	1.25	1.36	1.47	1.60	1.73	1.88	2.03
12		0.72	0.74	0.76	0.79	0.83	0.88	0.93	0.99	1.07	1.15	1.24	1.34	1.44	1.56	1.69	1.82
13		0.66	0.67	0.69	0.72	0.76	0.80	0.84	0.90	0.96	1.03	1.11	1.19	1.28	1.38	1.49	1.61
14		0.59	0.60	0.62	0.64	0.67	0.71	0.74	0.79	0.85	0.91	0.97	1.04	1.12	1.20	1.29	1.39
15		0.51	0.52	0.53	0.55	0.58	0.61	0.64	0.68	0.73	0.77	0.83	0.89	0.95	1.02	1.09	1.16
16		0.42	0.43	0.44	0.46	0.48	0.50	0.53	0.56	0.60	0.63	0.67	0.72	0.77	0.82	0.88	0.94
17		0.33	0.33	0.34	0.35	0.37	0.39	0.41	0.43	0.46	0.48	0.51	0.55	0.59	0.62	0.67	0.71
18		0.23	0.23	0.23	0.24	0.25	0.26	0.27	0.29	0.31	0.33	0.35	0.37	0.40	0.42	0.45	0.48
19		0.12	0.12	0.12	0.12	0.13	0.13	0.14	0.15	0.16	0.17	0.18	0.19	0.20	0.21	0.23	0.24
21			0.13	0.13	0.13	0.14	0.14	0.15	0.16	0.17	0.18	0.19	0.19	0.20	0.22	0.23	0.25
22			0.26	0.27	0.28	0.29	0.30	0.31	0.32	0.34	0.36	0.37	0.39	0.41	0.44	0.47	0.49
23			0.40	0.41	0.42	0.44	0.45	0.47	0.49	0.51	0.54	0.57	0.60	0.63	0.66	0.70	0.74
24			0.55	0.56	0.58	0.60	0.62	0.64	0.67	0.70	0.73	0.77	0.81	0.85	0.89	0.94	0.99
25			0.69	0.71	0.73	0.76	0.79	0.82	0.85	0.89	0.93	0.97	1.02	1.07	1.13	1.19	1.25
26			0.85	0.87	0.90	0.93	0.96	1.00	1.04	1.08	1.13	1.18	1.24	1.30	1.36	1.43	1.50
27				1.03	1.07	1.11	1.15	1.19	1.23	1.28	1.34	1.40	1.46	1.53	1.60	1.68	1.76
28				1.21	1.25	1.29	1.33	1.38	1.43	1.49	1.55	1.62	1.69	1.77	1.85	1.93	2.02
29	应			1.39	1.43	1.47	1.52	1.58	1.63	1.70	1.76	1.84	1.92	2.01	2.10	2.19	2.29
30	减			1.57	1.61	1.66	1.72	1.78	1.84	1.91	1.98	2.07	2.15	2.25	2.35	2.45	2.56
31	数			1.75	1.80	1.86	1.92	1.98	2.05	2.13	2.21	2.30	2.39	2.49	2.60	2.71	2.83
32				1.94	2.00	2.06	2.13	2.20	2.27	2.35	2.44	2.53	2.63	2.74	2.86	2.97	3.09
33					2.20	2.27	2.34	2.42	2.50	2.58	2.67	2.77	2.88	2.99	3.12	3.24	3.37
34					2.41	2.48	2.56	2.64	2.72	2.81	2.91	3.02	3.13	3.25	3.38	3.51	3.65
35					2.62	2.70	2.78	2.86	2.95	3.05	3.16	3.27	3.39	3.51	3.64	3.78	3.93
36					2.83	2.91	3.00	3.09	3.19	3.29	3.41	3.53	3.65	3.78	3.91	4.05	4.21
37						3.13	3.23	3.33	3.43	3.54	3.65	3.78	3.91	4.04	4.18	4.33	4.49
38						3.36	3.47	3.57	3.68	3.79	3.91	4.03	4.17	4.31	4.46	4.61	4.77
39						3.59	3.70	3.81	3.93	4.05	4.17	4.44	4.58	4.74	4.90	5.06	5.06
40						3.82	3.94	4.06	4.18	4.31	4.44	4.57	4.71	4.86	5.02	5.19	5.36

表2(续)

温度/℃		16	17	18	19	20	21	22	23	24	25	26	27	28	29	30
		t℃时表观酒精度														
0		4.56	5.11	5.65	6.16	6.63	7.05	7.39	7.67	7.91	8.07	8.20	8.30	8.36	8.39	8.40
1		4.36	4.86	5.35	5.82	6.26	6.64	6.96	7.23	7.45	7.62	7.75	7.85	7.91	7.95	7.96
2		4.17	4.61	5.05	5.49	5.89	6.25	6.55	6.81	7.02	7.18	7.31	7.40	7.47	7.51	7.53
3		3.95	4.36	4.77	5.17	5.53	5.85	6.14	6.39	6.59	6.74	6.86	6.97	7.03	7.07	7.09
4		3.75	4.11	4.48	4.84	5.17	5.48	5.74	5.97	6.16	6.31	6.43	6.53	6.59	6.63	6.66
5		3.54	3.86	4.20	4.52	4.83	5.11	5.35	5.56	5.74	5.89	6.00	6.10	6.16	6.20	6.23
6		3.32	3.61	3.91	4.21	4.49	4.74	4.96	5.16	5.33	5.47	5.58	5.67	5.73	5.77	5.80
7		3.10	3.36	3.63	3.90	4.15	4.38	4.58	4.77	4.92	5.05	5.15	5.24	5.30	5.34	5.37
8	应加数	2.88	3.11	3.35	3.59	3.81	4.02	4.21	4.38	4.52	4.64	4.74	4.81	4.87	4.92	4.95
9		2.65	2.86	3.07	3.28	3.48	3.67	3.84	3.99	4.12	4.23	4.32	4.39	4.45	4.50	4.53
10		2.43	2.61	2.80	2.98	3.16	3.33	3.48	3.61	3.73	3.83	3.91	3.98	4.03	4.08	4.11
11		2.20	2.36	2.52	2.68	2.83	2.98	3.12	3.24	3.34	3.43	3.50	3.57	3.62	3.66	3.69
12		1.96	2.10	2.24	2.38	2.51	2.64	2.76	2.87	2.96	3.04	3.10	3.16	3.21	3.25	3.27
13		1.73	1.84	1.96	2.08	2.20	2.31	2.41	2.50	2.58	2.65	2.71	2.76	2.80	2.83	2.85
14		1.49	1.58	1.68	1.78	1.88	1.97	2.06	2.13	2.20	2.26	2.31	2.36	2.39	2.42	2.44
15		1.24	1.32	1.40	1.48	1.56	1.64	1.71	1.77	1.83	1.88	1.92	1.96	1.98	2.01	2.03
16		1.00	1.06	1.12	1.19	1.25	1.31	1.36	1.41	1.46	1.50	1.53	1.56	1.58	1.60	1.62
17		0.75	0.80	0.84	0.89	0.94	0.98	1.02	1.05	1.09	1.12	1.14	1.17	1.18	1.20	1.21
18		0.51	0.53	0.56	0.59	0.62	0.65	0.68	0.70	0.72	0.74	0.76	0.78	0.79	0.80	0.81
19		0.25	0.27	0.28	0.30	0.31	0.33	0.34	0.35	0.36	0.37	0.38	0.39	0.40	0.41	0.41
21		0.26	0.28	0.29	0.30	0.31	0.33	0.34	0.35	0.35	0.37	0.38	0.38	0.39	0.39	0.40
22		0.52	0.55	0.57	0.60	0.62	0.65	0.67	0.70	0.72	0.74	0.75	0.76	0.78	0.79	0.80
23		0.78	0.82	0.86	0.90	0.93	0.97	1.01	1.04	1.07	1.10	1.12	1.15	1.17	1.18	1.19
24		1.04	1.10	1.15	1.20	1.25	1.29	1.34	1.39	1.43	1.46	1.50	1.53	1.55	1.57	1.59
25		1.31	1.37	1.43	1.49	1.56	1.62	1.68	1.73	1.78	1.83	1.87	1.90	1.94	1.97	1.99
26		1.57	1.65	1.73	1.80	1.87	1.94	2.01	2.07	2.13	2.19	2.24	2.28	2.32	2.35	2.38
27		1.84	1.93	2.01	2.10	2.18	2.26	2.34	2.41	2.48	2.55	2.61	2.66	2.70	2.74	2.77
28		2.11	2.21	2.31	2.40	2.49	2.58	2.67	2.76	2.83	2.90	2.98	3.03	3.08	3.13	3.17
29		2.39	2.50	2.60	2 70	2.81	2.91	3.00	3.09	3.18	3.26	3.34	3.40	3.46	3.51	3.55
30	应减数	2.67	2.78	2.90	3.01	3.12	3.23	3.34	3.44	3.53	3.62	3.70	3.77	3.84	3.90	3.95
31		2.94	3.07	3.19	3.31	3.43	3.55	3.67	3.78	3.88	3.98	4.07	4.15	4.22	4.28	4.33
32		3.22	3.36	3.49	3.62	3.74	3.87	4.00	4.11	4.22	4.33	4.43	4.51	4.59	4.66	4.72
33		3.51	3.65	3.79	3.92	4.06	4.20	4.33	4.45	4.57	4.68	4.79	4.88	4.97	5.04	5.10
34		3.79	3.94	4.09	4.23	4.37	4.52	4.66	4.79	4.91	5.03	5.15	5.25	5.34	5.42	5.49
35		4.08	4.23	4.38	4.53	4.69	4.84	4.98	5.12	5.26	5.38	5.50	5.61	5.71	5.80	5.87
36		4.37	4.52	4.68	4.84	5.00	5.16	5.31	5.46	5.60	5.73	5.86	5.97	6.08	6.17	6.25
37		4.65	4.82	4.98	5.15	5.31	5.48	5.64	5.80	5.95	6.09	6.22	6.33	6.44	6.54	6.63
38		4.94	5.12	5.29	5.46	5.63	5.80	5.97	6.13	6.29	6.43	6.57	6.69	6.81	6.92	7.01
39		5.23	5.41	5.59	5.77	5.94	6.12	6.30	6.47	6.63	6.78	6.93	7.06	7.18	7.29	7.39
40		5.53	5.71	5.90	6.08	6.26	6.44	6.62	6.80	6.97	7.13	7.28	7.41	7.54	7.66	7.76

表3　20℃国际酒精度

t℃时普通玻璃装置法测定酒精-水混合物的表观密度表（密度已经空气浮力校正）。

温度/℃	0	1	2	3	4	5	6	7	8	9	10
酒精体积分数/%											
0	999.34	1.52 / 997.82	1.45 / 996.37	1.39 / 994.98	1.35 / 993.63	1.29 / 992.34	1.24 / 991.10	1.18 / 989.92	1.15 / 988.77	1.09 / 987.68	1.05 / 986.63
	−0.09	−0.09	−0.09	−0.08	−0.08	−0.08	−0.07	−0.05	−0.05	−0.04	−0.03 / 1.00
1	999.43	1.52 / 997.91	1.45 / 996.46	1.40 / 995.06	1.35 / 993.71	1.29 / 992.42	1.25 / 991.17	1.20 / 989.97	1.10 / 988.82	1.06 / 987.72	1.01 / 986.66
	−0.06	−0.06	−0.06	−0.06	−0.06	−0.05	−0.05	−0.04	−0.03	−0.02	0.02
2	999.49	1.52 / 997.97	1.46 / 996.52	1.40 / 995.12	1.30 / 993.77	1.25 / 992.47	1.21 / 991.22	1.16 / 990.01	1.11 / 988.85	1.06 / 987.74	1.02 / 986.68
	−0.05	−0.05	−0.04	−0.04	−0.04	−0.04	−0.03	−0.03	−0.03	−0.02	0.00
3	999.54	1.52 / 998.02	1.46 / 996.56	1.35 / 995.16	1.30 / 993.81	1.26 / 992.51	1.21 / 991.25	1.16 / 990.04	1.12 / 988.88	1.08 / 987.76	1.03 / 986.68
	−0.03	−0.03	−0.03	−0.03	−0.02	−0.02	−0.02	−0.01	0.00	0.01	0.01
4	999.57	1.52 / 998.05	1.46 / 996.59	1.30 / 995.19	1.30 / 993.83	1.26 / 992.53	1.22 / 991.27	1.17 / 990.05	1.13 / 988.88	1.08 / 987.75	1.04 / 986.67
	−0.02	−0.02	−0.02	−0.02	−0.02	−0.01	0.00	0.00	0.00	0.01	0.02
5	999.59	1.52 / 998.07	1.46 / 996.61	1.36 / 995.21	1.31 / 993.85	1.27 / 992.54	1.22 / 991.27	1.17 / 990.05	1.14 / 988.88	1.09 / 987.74	1.05 / 986.65
	0.00	0.00	0.00	0.01	0.01	0.01	0.01	0.02	0.03	0.03	0.04
6	999.59	1.52 / 998.07	1.41 / 996.61	1.36 / 995.20	1.31 / 993.84	1.27 / 992.53	1.23 / 991.26	1.18 / 990.03	1.14 / 988.85	1.10 / 987.71	1.07 / 986.61
	0.01	0.01	0.01	0.01	0.01	0.02	0.02	0.02	0.03	0.04	0.05
7	999.58	1.52 / 998.06	1.41 / 996.60	1.36 / 995.19	1.32 / 99383	1.27 / 992.51	1.23 / 991.24	1.19 / 990.01	1.15 / 988.82	1.11 / 987.67	1.08 / 986.56
	0.03	0.03	0.03	0.03	0.04	0.04	0.05	0.05	0.06	0.07	0.07
8	999.55	1.52 / 998.03	1.41 / 996.57	1.37 / 995.16	1.32 / 993.79	1.28 / 992.47	1.23 / 991.19	1.20 / 989.96	1.16 / 988.76	1.11 / 987.60	1.09 / 986.49
	0.04	0.04	0.04	0.04	0.04	0.04	0.05	0.06	0.06	0.06	0.08
9	99951	1.52 / 997.99	1.41 / 996.53	1.37 / 995.12	1.32 / 993.75	1.29 / 992.43	1.24 / 991.14	1.20 / 989.90	1.16 / 988.70	1.13 / 987.54	1.09 / 986.41
	0.06	0.06	0.06	0.06	0.06	0.07	0.07	0.07	0.08	0.09	0.10

表3(续)

温度/℃	酒精体积分数/%										
	0	1	2	3	4	5	6	7	8	9	10
10	999.45	1.52 997.93	1.41 996.47	1.37 995.06	1.33 993.69	1.29 992.36	1.24 991.07	1.21 989.83	1.17 988.62	1.14 987.45	1.10 986.31
	0.07	0.06	0.06	0.07	0.07	0.07	0.07	0.08	0.09	0.10	0.10
11	999.38	1.51 997.87	1.42 996.41	1.37 994.99	1.33 993.62	1.29 992.29	1.25 991.00	1.22 989.75	1.18 988.53	1.14 987.35	1.11 986.21
	0.09	0.09	0.09	0.09	0.09	0.09	0.10	0.11	0.11	0.11	0.12
12	999.29	1.51 997.78	1.42 996.32	1.37 994.90	1.33 993.53	1.30 992.20	1.26 990.90	1.22 989.64	1.18 988.42	1.15 987.24	1.12 986.09
	0.09	0.09	0.09	0.09	0.10	0.10	0.10	0.10	0.11	0.12	0.13
13	999.20	1.51 997.69	1.42 996.23	1.38 994.81	1.33 993.43	1.30 992.10	1.26 990.80	1.23 989.54	1.19 988.31	1.16 987.12	1.13 985.96
	0.11	0.11	0.11	0.11	0.11	0.12	0.12	0.13	0.13	0.14	0.15
14	999.09	1.51 997.58	1.42 996.12	1.38 994.70	1.34 993.32	1.30 991.98	1.27 990.68	1.23 989.41	1.20 988.18	1.17 986.98	1.14 985.81
	0.12	0.12	0.12	0.12	0.12	0.12	0.13	0.13	0.14	0.14	0.15
15	998.97	1.51 997.46	1.42 996.00	1.38 994.58	1.34 993.20	1.31 991.86	1.27 990.55	1.24 989.28	1.20 988.04	1.18 986.84	1.15 985.66
	0.13	0.13	0.13	0.13	0.14	0.14	0.14	0.15	0.15	0.17	0.17
16	998.84	1.51 997.33	1.42 995.87	1.39 994.45	1.34 993.06	1.31 991.72	1.28 990.41	1.24 989.13	1.22 987.89	1.18 986.67	1.16 985.49
	0.14	0.14	0.14	0.14	0.14	0.15	0.15	0.15	0.16	0.17	0.17
17	998.70	1.51 997.19	1.42 995.73	1.39 994.31	1.35 992.92	1.31 991.57	1.28 990.26	1.25 988.98	1.22 987.73	1.18 986.50	1.17 985.32
	0.15	0.15	0.16	0.16	0.16	0.16	0.17	0.17	0.18	0.18	0.19
18	998.55	1.51 997.04	1.47 995.57	1.39 994.15	1.35 992.76	1.32 991.41	1.28 990.09	1.26 988.81	1.23 987.55	1.19 986.32	1.17 985.13
	0.17	0.16	0.16	0.16	0.16	0.16	0.17	0.18	0.18	0.19	0.20
19	998.38	1.50 996.88	1.47 995.41	1.39 993.99	1.35 992.60	1.33 991.25	1.29 989.92	1.26 988.63	1.24 987.37	1.20 986.13	1.18 984.93
	0.18	0.18	0.18	0.18	0.19	0.19	0.19	0.20	0.21	0.22	0.22

方法 OIV-MA-AS312-01B

表 3（续）

酒精体积分数/%

温度/℃	0	1	2	3	4	5	6	7	8	9	10
20	998.20	1.50 996.70	1.47 995.23	1.42 993.81	1.40 992.41	1.35 991.06	1.33 989.73	1.30 988.43	1.27 987.16	1.24 985.92	1.21 984.71	1.19
	0.19	0.19	0.19	0.19	0.19	0.20	0.20	0.21	0.21	0.22	0.23
21	998.01	1.50 996.51	1.47 995.04	1.42 993.62	1.40 992.22	1.36 990.86	1.33 989.53	1.31 988.22	1.27 986.95	1.25 985.70	1.22 984.48	1.19
	0.20	0.20	0.19	0.20	0.20	0.20	0.21	0.21	0.22	0.22	0.23
22	987.81	1.50 996.31	1.46 994.85	1.43 993.42	1.40 992.02	1.36 990.66	1.34 989.32	1.31 988.01	1.28 986.73	1.25 985.48	1.23 984.25	1.20
	0.21	0.21	0.21	0.21	0.21	0.22	0.22	0.22	0.23	0.24	0.24
23	997.60	1.50 996.10	1.46 994.64	1.43 993.21	1.37 991.81	1.37 990.44	1.34 989.10	1.31 987.79	1.29 986.50	1.26 985.24	1.23 984.01	1.21
	0.21	0.21	0.22	0.22	0.22	0.22	0.23	0.23	0.23	0.24	0.25
24	997.39	1.50 995.89	1.47 994.42	1.43 992.99	1.37 991.59	1.37 990.22	1.35 988.87	1.29 987.56	1.29 986.27	1.27 985.00	1.24 98376	1.22
	0.23	0.23	0.23	0.23	0.24	0.24	0.24	0.25	0.25	0.25	0.26
25	997.16	1.50 995.66	1.47 994.19	1.43 992.76	1.37 991.35	1.37 989.98	1.35 988.63	1.32 987.31	1.29 986.02	1.27 984.75	1.25 983.50	1.23
	0.23	0.23	0.23	0.24	0.24	0.24	0.24	0.25	0.26	0.27	0.27
26	996.93	1.50 995.43	1.44 993.96	1.41 992.52	1.37 991.11	1.35 989.74	1.33 988.39	1.30 987.06	1.28 985.76	1.25 984.48	1.25 983.23	1.24
	0.25	0.25	0.25	0.25	0.25	0.26	0.26	0.26	0.27	0.28	0.29
27	996.68	1.50 995.18	1.44 993.71	1.41 992.27	1.38 990.86	1.35 989.48	1.33 988.13	1.31 986.80	1.29 985.49	1.26 994.20	1.24 982.94	1.24
	0.25	0.25	0.26	0.26	0.26	0.26	0.27	0.28	0.28	0.28	0.29
28	996.43	1.50 994.93	1.44 993.45	1.41 992.01	1.38 990.60	1.36 989.22	1.34 987.86	1.31 986.52	1.29 985.21	1.27 983.92	1.27 982.65	1.25
	0.26	0.27	0.27	0.27	0.27	0.28	0.28	0.28	0.29	0.29	0.30
29	996.17	1.51 994.66	1.44 993.18	1.41 991.74	1.39 990.33	1.36 988.94	1.34 98758	1.32 98624	1.29 984.92	1.28 983.63	1.26 98235	1.26
	0.27	0.27	0.27	0.28	0.28	0.28	0.28	0.29	0.29	0.30	0.31

表3（续）

酒精体积分数/%

温度/°C	类型	0	1	2	3	4	5	6	7	8	9	10
30	密度	995.90	994.39	992.91	991.46	990.05	988.66	987.29	985.95	984.63	983.33	982.04
30	校正	0.29	0.29	0.29	0.29	0.30	0.30	0.30	0.31	0.31	0.32	0.32
31	密度	995.61	994.10	992.62	991.17	989.75	988.36	986.99	985.64	984.31	983.01	981.72
31	校正	0.29	0.29	0.29	0.29	0.30	0.31	0.31	0.31	0.31	0.32	0.33
32	密度	995.32	993.81	992.33	990.88	989.45	988.05	986.68	985.33	984.00	982.69	981.39
32	校正	0.30	0.31	0.31	0.31	0.31	0.31	0.31	0.32	0.33	0.33	0.34
33	密度	995.02	993.50	992.02	990.57	989.14	987.74	986.37	985.01	983.67	982.36	981.05
33	校正	0.30	0.31	0.31	0.31	0.31	0.32	0.33	0.33	0.33	0.34	0.34
34	密度	994.72	993.19	991.71	990.26	988.83	987.42	986.04	984.68	983.34	982.02	980.71
34	校正	0.32	0.32	0.32	0.33	0.33	0.33	0.33	0.33	0.33	0.34	0.34
35	密度	994.40	992.87	991.39	989.93	988.50	987.09	985.71	984.35	983.01	981.68	980.37
35	校正	0.32	0.32	0.33	0.33	0.33	0.33	0.34	0.34	0.35	0.35	0.36
36	密度	994.08	992.55	991.06	989.60	988.17	986.76	985.37	984.01	982.66	981.33	980.01
36	校正	0.33	0.34	0.34	0.34	0.35	0.35	0.35	0.35	0.36	0.36	0.36
37	密度	993.75	992.21	990.72	989.26	987.82	986.41	985.02	983.65	982.30	980.97	979.65
37	校正	0.34	0.34	0.35	0.36	0.36	0.36	0.36	0.36	0.37	0.38	0.38
38	密度	993.41	991.87	990.37	988.90	987.46	986.05	984.66	983.29	981.93	980.59	979.27
38	校正	0.35	0.35	0.36	0.36	0.36	0.37	0.36	0.37	0.37	0.38	0.38
39	密度	993.06	991.52	990.01	988.54	987.10	985.68	984.29	982.92	981.56	980.22	978.89
39	校正	0.35	0.36	0.36	0.37	0.38	0.38	0.38	0.38	0.38	0.39	0.39
40	密度	992.71	991.16	989.65	988.17	986.72	985.30	983.91	982.54	981.18	979.83	978.50

注：各相邻酒精体积分数之间的差值（1.xx）由下至上依次为：
30 ℃：1.51、1.48、1.45、1.41、1.39、1.37、1.34、1.32、1.30、1.29、1.27。

表3（续）

酒精体积分数/%

温度/℃	11	12	13	14	15	16	17	18	19	20
0	985.63 / 0.96	984.67 / 0.92	983.75 / 0.87	982.88 / 0.84	982.04 / 0.81	981.23 / 0.77	980.46 / 0.75	979.71 / 0.73	978.98 / 0.72	978.26 / 0.70
	−0.02	−0.01	0.00	0.02	0.04	0.05	0.07	0.09	0.11	0.13
1	985.65 / 0.97	984.68 / 0.93	983.75 / 0.89	982.86 / 0.86	982.00 / 0.82	981.18 / 0.79	98039 / 0.77	979.62 / 0.75	978.87 / 0.74	978.13 / 0.72
	−0.01	0.00	0.01	0.03	0.04	0.06	0.08	0.10	0.12	0.14
2	985.66 / 0.98	984.68 / 0.94	983.74 / 0.91	982.83 / 0.87	981.96 / 0.84	981.12 / 0.81	980.31 / 0.79	979.52 / 0.77	978.75 / 0.76	977.99 / 0.75
	0.01	0.02	0.04	0.05	0.06	0.08	0.10	0.12	0.14	0.16
3	985.65 / 0.99	984.66 / 0.96	983.70 / 0.92	982.78 / 0.88	981.90 / 0.86	981.04 / 0.83	980.21 / 0.81	979.40 / 0.79	978.61 / 0.78	977.83 / 0.77
	0.02	0.03	0.04	0.05	0.07	0.08	0.10	0.12	0.14	0.16
4	985.63 / 1.00	984.63 / 0.97	983.66 / 0.93	982.73 / 0.90	981.83 / 0.87	980.96 / 0.85	980.11 / 0.83	979.28 / 0.81	978.47 / 0.80	977.67 / 0.79
	0.03	0.05	0.06	0.08	0.09	0.11	0.13	0.14	0.16	0.18
5	985.60 / 1.02	984.58 / 0.98	983.60 / 0.95	982.65 / 0.91	981.74 / 0.89	980.85 / 0.87	979.98 / 0.84	979.11 / 0.83	978.31 / 0.82	977.49 / 0.81
	0.06	0.06	0.07	0.08	0.10	0.11	0.13	0.15	0.17	0.19
6	985.54 / 1.02	984.52 / 0.99	983.53 / 0.96	982.57 / 0.93	981.64 / 0.90	980.74 / 0.89	979.85 / 0.86	978.99 / 0.85	978.14 / 0.84	977.30 / 0.83
	0.06	0.08	0.09	0.10	0.12	0.14	0.15	0.17	0.19	0.20
7	985.48 / 1.04	994.44 / 1.00	983.44 / 0.97	982.47 / 0.95	981.52 / 0.92	980.60 / 0.90	979.70 / 0.88	978.82 / 0.87	977.95 / 0.85	977.10 / 0.85
	0.08	0.09	0.10	0.11	0.12	0.14	0.16	0.18	0.19	0.21
8	985.40 / 1.05	984.35 / 1.01	983.34 / 0.98	982.36 / 0.96	981.40 / 0.94	980.46 / 0.92	979.54 / 0.88	978.64 / 0.88	977.76 / 0.87	976.89 / 0.87
	0.08	0.09	0.11	0.13	0.14	0.15	0.16	0.18	0.20	0.22
9	985.32 / 1.06	984.26 / 1.03	983.23 / 1.00	982.23 / 0.97	981.26 / 0.95	980.31 / 0.93	979.38 / 0.92	978.48 / 0.90	977.56 / 0.89	976.67 / 0.89
	0.11	0.12	0.13	0.14	0.16	0.17	0.18	0.19	0.21	0.23

表3（续）

酒精体积分数 /%

每个单元格按"上方修正值 / 密度值 / 下方修正值"排列。

温度/℃	11	12	13	14	15	16	17	18	19	20
10	1.07 / 985.21 / 0.11	1.04 / 984.14 / 0.12	1.01 / 983.10 / 0.13	0.99 / 982.09 / 0.15	0.96 / 981.10 / 0.16	0.94 / 980.14 / 0.17	0.93 / 979.20 / 0.19	0.92 / 918.27 / 0.21	0.91 / 977.35 / 0.23	0.91 / 976.44 / 0.25
11	1.08 / 985.10 / 0.13	1.05 / 984.02 / 0.14	1.03 / 982.97 / 0.15	1.00 / 981.94 / 0.16	0.97 / 980.94 / 0.17	0.96 / 979.97 / 0.19	0.95 / 979.01 / 0.21	0.94 / 978.06 / 0.22	0.93 / 977.12 / 0.24	0.93 / 976.19 / 0.26
12	1.09 / 984.97 / 0.14	1.06 / 983.88 / 0.15	1.04 / 982.82 / 0.16	1.01 / 981.78 / 0.17	0.99 / 980.77 / 0.19	0.98 / 979.78 / 0.20	0.96 / 978.80 / 0.21	0.96 / 977.84 / 0.23	0.95 / 976.88 / 0.24	0.94 / 975.93 / 0.26
13	1.10 / 984.83 / 0.16	1.07 / 983.73 / 0.17	1.05 / 982.66 / 0.18	1.03 / 981.61 / 0.19	1.00 / 980.58 / 0.20	0.99 / 979.58 / 0.22	0.98 / 978.59 / 0.23	0.97 / 977.61 / 0.24	0.97 / 976.64 / 0.26	0.96 / 975.67 / 0.27
14	1.11 / 984.67 / 0.16	1.08 / 983.56 / 0.17	1.06 / 982.48 / 0.18	1.04 / 981.42 / 0.19	1.02 / 980.38 / 0.20	1.00 / 979.36 / 0.22	0.99 / 978.36 / 0.24	0.99 / 977.37 / 0.26	0.98 / 976.38 / 0.27	0.98 / 975.40 / 0.28
15	1.12 / 984.51 / 0.18	1.09 / 983.39 / 0.19	1.07 / 982.30 / 0.20	1.05 / 981.23 / 0.21	1.04 / 980.18 / 0.22	1.02 / 979.14 / 0.23	1.01 / 978.12 / 0.25	1.00 / 977.11 / 0.26	0.99 / 976.11 / 0.28	1.00 / 975.12 / 0.30
16	1.13 / 984.33 / 0.18	1.10 / 983.20 / 0.19	1.08 / 982.10 / 0.20	1.06 / 981.02 / 0.21	1.05 / 979.96 / 0.23	1.04 / 978.91 / 0.24	1.02 / 977.87 / 0.25	1.02 / 976.85 / 0.27	1.01 / 975.83 / 0.29	1.01 / 974.82 / 0.30
17	1.14 / 984.15 / 0.19	1.11 / 98.301 / 0.20	1.09 / 981.90 / 0.22	1.08 / 980.81 / 0.24	1.06 / 979.73 / 0.25	1.05 / 978.67 / 0.26	1.04 / 977.62 / 0.27	1.04 / 976.58 / 0.28	1.02 / 975.54 / 0.29	1.02 / 974.52 / 0.31
18	1.15 / 983.96 / 0.21	1.13 / 982.81 / 0.22	1.11 / 981.68 / 0.23	1.09 / 980.57 / 0.24	1.07 / 979.48 / 0.25	1.06 / 978.41 / 0.26	1.05 / 977.35 / 0.27	1.05 / 976.30 / 0.29	1.04 / 975.25 / 0.30	1.04 / 974.21 / 0.32
19	1.16 / 983.75 / 0.23	1.14 / 982.59 / 0.24	1.12 / 981.45 / 0.24	1.10 / 980.33 / 0.25	1.08 / 979.23 / 0.26	107 / 978 15 / 0.28	1.07 / 977.08 / 0.29	1.06 / 976.01 / 0.30	1.05 / 974.94 / 0.31	1.06 / 973.89 / 0.33

表 3（续）

酒精体积分数/%

温度/℃	11	12	13	14	15	16	17	18	19	20
20	983.52 / 1.17	982.35 / 1.14	981.21 / 1.13	980.08 / 1.11	978.97 / 1.10	977.87 / 1.08	976.79 / 1.08	975.71 / 1.08	974.63 / 1.07	973.56 / 1.08
	0.23	0.23	0.25	0.26	0.28	0.29	0.31	0.32	0.33	0.35
21	983.29 / 1.17	982.12 / 1.16	980.96 / 1.14	979.82 / 1.13	978.69 / 1.11	97758 / 1.10	976.48 / 1.10	975.39 / 1.09	974.30 / 1.09	973.21 / 1.09
	0.24	0.25	0.26	0.27	0.28	0.29	0.31	0.32	0.33	0.35
22	983.05 / 1.18	981.97 / 1.17	980.70 / 1.15	979.55 / 1.14	978.41 / 1.12	977.29 / 1.12	976.17 / 1.12	975.07 / 1.10	973.97 / 1.10	972.86 / 1.10
	0.25	0.26	0.27	0.28	0.29	0.30	0.31	0.33	0.34	0.35
23	982.80 / 1.19	981.61 / 1.18	980.43 / 1.16	979.27 / 1.15	978.12 / 1.13	976.99 / 1.13	975.86 / 1.13	974.74 / 1.11	973.63 / 1.12	972.51 / 1.12
	0.26	0.27	0.28	0.29	0.30	0.31	0.32	0.33	0.35	0.36
24	982.54 / 1.20	981.34 / 1.19	980.15 / 1.17	978.98 / 1.16	977.82 / 1.14	976.68 / 1.14	97554 / 1.14	974.41 / 1.13	97328 / 1.13	972.15 / 1.14
	0.27	0.28	0.29	0.30	0.31	0.32	0.33	0.35	0.36	0.38
25	982.27 / 1.21	981.06 / 1.20	979.86 / 1.18	978.68 / 1.17	977.51 / 1.16	976.36 / 1.15	975.21 / 1.15	974.06 / 1.14	972.92 / 1.15	971.77 / 1.15
	0.28	0.29	0.29	0.30	0.31	0.33	0.34	0.35	0.37	0.38
26	981.99 / 1.22	980.77 / 1.20	979.57 / 1.19	978.38 / 1.18	977.20 / 1.17	976.03 / 1.16	974.87 / 1.16	973.71 / 1.16	972.55 / 1.16	971.39 / 1.16
	0.29	0.30	0.31	0.32	0.33	0.34	0.36	0.37	0.38	0.39
27	981.70 / 1.23	980.47 / 1.21	979.26 / 1.20	978.06 / 1.19	976.87 / 1.18	975.69 / 1.18	974.51 / 1.17	973.34 / 1.17	972.17 / 1.17	971.00 / 1.18
	0.30	0.30	0.31	0.32	0.33	0.35	0.36	0.38	0.39	0.40
28	981.40 / 1.23	980.17 / 1.23	978.95 / 1.21	977.74 / 1.20	976.54 / 1.20	975.34 / 1.19	974.15 / 1.19	972.96 / 1.18	971.78 / 1.18	970.60 / 1.19
	0.31	0.32	0.33	0.34	0.35	0.36	0.37	0.38	0.39	0.40
29	981.09 / 1.24	979.85 / 1.23	978.62 / 1.22	977.40 / 1.21	976.19 / 1.21	974.98 / 1.20	973.78 / 1.20	972.58 / 1.19	971.39 / 1.19	970.20 / 1.21
	0.32	0.33	0.34	0.35	0.36	0.37	0.38	0.38	0.40	0.42

表3（续）

酒精体积分数/%

（每个单元格按"校正值 / 密度 / 增量"排列）

温度/℃	11	12	13	14	15	16	17	18	19	20
30	1.25 / 980.77 / 0.32	1.24 / 979.52 / 0.33	1.23 / 978.28 / 0.34	1.22 / 977.05 / 0.35	1.21 / 975.83 / 0.36	1.21 / 974.62 / 0.37	1.21 / 973.41 / 0.38	1.21 / 972.20 / 0.39	1.21 / 970.99 / 0.40	1.22 / 969.78 / 0.42
31	1.26 / 980.45 / 0.34	1.25 / 979.19 / 0.34	1.24 / 977.94 / 0.35	1.23 / 976.70 / 0.36	1.22 / 975.47 / 0.37	1.22 / 974.25 / 0.38	1.22 / 973.03 / 0.39	1.22 / 971.81 / 0.40	1.23 / 970.59 / 0.42	1.23 / 969.36 / 0.43
32	1.26 / 980.11 / 0.34	1.26 / 978.95 / 0.35	1.25 / 977.59 / 0.35	1.24 / 976.34 / 0.36	1.23 / 975.10 / 0.37	1.23 / 973.87 / 0.39	1.23 / 972.64 / 0.40	1.24 / 971.41 / 0.41	1.24 / 970.17 / 0.42	1.25 / 968.93 / 0.43
33	1.27 / 979.77 / 0.35	1.26 / 978.50 / 0.36	1.26 / 977.24 / 0.37	1.25 / 975.78 / 0.38	1.25 / 974.73 / 0.39	1.24 / 973.48 / 0.40	1.24 / 972.24 / 0.41	1.25 / 971.00 / 0.42	1.25 / 969.75 / 0.43	1.27 / 968.50 / 0.45
34	1.28 / 979.42 / 0.35	1.27 / 978.14 / 0.36	1.27 / 976.97 / 0.37	1.26 / 975.60 / 0.38	1.26 / 974.34 / 0.39	1.25 / 973.08 / 0.40	1.25 / 971.83 / 0.41	1.26 / 970.58 / 0.43	1.27 / 969.32 / 0.44	1.27 / 968.05 / 0.45
35	1.29 / 979.07 / 0.37	1.28 / 977.78 / 0.37	1.28 / 976.50 / 0.38	1.27 / 975.22 / 0.38	1.27 / 973.95 / 0.39	1.26 / 972.68 / 0.40	1.27 / 971.42 / 0.42	1.27 / 970.15 / 0.43	1.28 / 968.88 / 0.44	1.29 / 967.60 / 0.45
36	1.29 / 978.70 / 0.37	1.29 / 977.41 / 0.38	1.28 / 976.12 / 0.39	1.28 / 974.84 / 0.40	1.28 / 973.56 / 0.41	1.28 / 972.28 / 0.42	1.28 / 971.00 / 0.43	1.28 / 969.72 / 0.44	1.29 / 968.44 / 0.45	1.31 / 967.15 / 0.46
37	1.30 / 978.33 / 0.38	1.30 / 977.03 / 0.39	1.29 / 975.73 / 0.39	1.29 / 974.44 / 0.40	1.29 / 973.15 / 0.41	1.29 / 971.86 / 0.42	1.29 / 970.57 / 0.43	1.29 / 969.28 / 0.44	1.30 / 967.99 / 0.46	1.32 / 966.69 / 0.47
38	1.31 / 977.95 / 0.39	1.30 / 976.64 / 0.39	1.30 / 975.34 / 0.40	1.30 / 974.04 / 0.41	1.30 / 972.74 / 0.42	1.30 / 971.44 / 0.43	1.30 / 970.14 / 0.44	1.31 / 968.84 / 0.45	1.31 / 967.53 / 0.46	1.33 / 966.22 / 0.48
39	1.31 / 977.56 / 0.39	1.31 / 976.25 / 0.40	1.31 / 974.94 / 0.41	1.31 / 973.63 / 0.42	1.31 / 972.32 / 0.42	1.31 / 971.01 / 0.43	1.31 / 969.70 / 0.45	1.32 / 968.39 / 0.47	1.33 / 967.07 / 0.48	1.34 / 965.74 / 0.49
40	1.32 / 977.17	1.32 / 975.85	1.32 / 974.53	1.31 / 973.21	1.32 / 971.90	1.33 / 970.58	1.33 / 969.25	1.33 / 967.92	1.34 / 966.59	1.35 / 565.25

表3（续）

酒精体积分数/%

温度/℃	21	22	23	24	25	26	27	28	29	30	31
0	977.56　0.70	976.86　0.69	976.17　0.70	975.47　0.72	974.75　0.72	974.03　0.74	973.29　0.77	972.52　0.80	971.72　0.83	970.89　0.87	970.02　0.90
	0.15	0.17	0.20	0.22	0.24	0.27	0.30	0.32	0.35	0.37	0.39
1	977.41　0.72	976.69　0.72	975.97　0.72	975.25　0.74	974.51　0.75	973.76　0.77	972.99　0.79	972.20　0.83	971.37　0.85	970.52　0.89	969.63　0.93
	0.17	0.19	0.21	0.24	0.26	0.29	0.31	0.34	0.36	0.38	0.41
2	977.24　0.74	976.50　0.74	975.76　0.75	975.01　0.76	974.25　0.78	973.47　0.79	972.68　0.82	971.86　0.85	971.01　0.87	970.14　0.92	969.22　0.96
	0.18	0.20	0.23	0.25	0.27	0.29	0.32	0.34	0.36	0.38	0.40
3	977.06　0.76	976.30　0.77	975.53　0.77	974.76　0.78	973.98　0.80	973.18　0.82	972.36　0.84	971.52　0.87	970.65　0.89	969.76　0.94	968.82　0.98
	0.18	0.21	0.23	0.25	0.28	0.30	0.32	0.34	0.36	0.39	0.42
4	976.98　0.79	976.09　0.79	975.30　0.79	974.51　0.81	973.70　0.82	972.88　0.84	972.04　0.86	971.18　0.89	970.29　0.92	969.37　0.96	968.40　1.00
	0.20	0.22	0.24	0.26	0.28	0.30	0.33	0.35	0.38	0.40	0.41
5	976.68　0.81	975.87　0.81	975.06　0.81	974.25　0.83	973.42　0.84	972.58　0.86	971.71　0.88	970.83　0.92	969.91　0.94	968.97　0.98	967.99　1.02
	0.21	0.23	0.25	0.27	0.30	0.33	0.34	0.37	0.39	0.41	0.43
6	976.47　0.83	975.64　0.83	974.81　0.84	973.97　0.85	973.12　0.87	972.25　0.88	971.37　0.91	970.46　0.94	969.52　0.96	968.56　1.00	967.56　1.04
	0.22	0.24	0.26	0.28	0.30	0.32	0.35	0.37	0.39	0.41	0.43
7	976.25　0.85	975.40　0.85	974.55　0.86	973.69　0.87	972.82　0.89	971.93　0.91	971.02　0.93	970.09　0.96	969.13　0.98	968.15　1.02	967.13　1.06
	0.23	0.25	0.27	0.29	0.31	0.33	0.35	0.37	0.39	0.42	0.44
8	976.02　0.87	975.15　0.87	974.28　0.87	973.40　0.89	972.51　0.91	971.60　0.93	970.67　0.95	969.72　0.98	968.74　1.01	967.73　1.04	966.69　1.08
	0.24	0.26	0.28	0.30	0.32	0.34	0.36	0.39	0.41	0.43	0.45
9	975.78　0.89	974.89　0.89	974.00　0.90	973.10　0.91	972.19　0.93	971.26　0.95	970.31　0.98	969.33　1.00	968.33　1.03	967.30　1.06	966.24　1.09
	0.25	0.27	0.29	0.31	0.33	0.35	0.37	0.39	0.41	0.43	0.45

表 3(续)

酒精体积分数/%

温度/℃	21		22		23		24		25		26		27		28		29		30		31	
10	975.53	0.91	974.62	0.91	973.71	0.92	972.79	0.93	971.86	0.95	970.91	0.97	969.94	1.00	968.94	1.02	967.92	1.05	966.87	1.08	965.79	1.11
	0.27		0.28		0.30		0.32		0.34		0.36		0.38		0.40		0.42		0.44		0.45	
11	975.26	0.92	97434	0.93	973.41	0.94	972.47	0.95	971.52	0.97	970.55	0.99	969.56	1.02	968.54	1.04	967.50	1.07	966.43	1.09	965.34	1.13
	0.27		0.29		0.31		0.33		0.35		0.37		0.39		0.40		0.42		0.44		0.46	
12	974.99	0.94	974.05	0.95	973.10	0.96	972.14	0.97	971.17	0.99	970.18	1.01	969.17	1.03	968.14	1.06	967.08	1.09	965.99	1.11	964.88	1.15
	0.28		0.30		0.32		0.34		0.36		0.38		0.39		0.41		0.43		0.45		0.47	
13	974.71	0.96	973.75	0.97	972.78	0.98	971.80	0.99	970.81	1.01	969.80	1.02	968.78	1.05	967.73	1.08	966.65	1.11	965.54	1.13	964.41	1.17
	0.28		0.30		0.32		0.34		0.36		0.38		0.39		0.41		0.43		0.45		0.47	
14	974.42	0.98	973.44	0.99	972.45	1.00	971.45	1.01	970.44	1.02	969.42	1.04	968.38	1.07	967.31	1.10	966.21	1.12	965.09	1.15	963.94	1.19
	0.29		0.31		0.33		0.35		0.37		0.39		0.40		0.42		0.44		0.45		0.47	
15	974.12	1.00	973.12	1.00	972.12	1.02	971.10	1.03	970.07	1.04	969.03	1.06	967.97	1.09	966.88	1.12	965.76	1.14	964.62	1.17	963.45	1.20
	0.31		0.33		0.35		0.36		0.38		0.40		0.42		0.44		0.45		0.47		0.49	
16	973.81	1.02	972.79	1.02	971.77	1.03	970.74	1.05	969.69	1.06	968.63	1.08	967.55	1.11	966.44	1.13	965.31	1.16	964.15	1.19	962.96	1.22
	0.31		0.33		0.35		0.37		0.38		0.40		0.42		0.43		0.45		0.47		0.49	
17	973.50	1.04	972.46	1.04	971.42	1.05	970.37	1.06	969.31	1.08	968.23	1.10	967.13	1.12	966.01	1.15	964.86	1.18	963.68	1.21	962.47	1.24
	0.33		0.34		0.36		0.38		0.40		0.42		0.43		0.45		0.47		0.48		0.50	
18	973.17	1.05	972.12	1.06	971.06	1.06	969.99	1.07	968.91	1.10	967.81	1.11	966.70	1.14	965.56	1.17	964.39	1.19	963.20	1.23	961.97	1.26
	0.34		0.35		0.36		0.38		0.40		0.42		0.44		0.46		0.47		0.49		0.50	
19	972.83	1.06	971.77	1.07	970.70	1.09	969.61	1.10	968.51	1.11	967.39	1.13	966.26	1.16	965.10	1.18	963.92	1.21	962.71	1.24	961.47	1.28
	0.35		0.37		0.39		0.40		0.41		0.42		0.45		0.46		0.48		0.51		0.52	

表 3（续）

酒精体积分数/%

温度/℃	21	差	22	差	23	差	24	差	25	差	26	差	27	差	28	差	29	差	30	差	31
20	972.48	1.08	971.40	1.10	970.31	1.11	969.21	1.13	968.10	1.14	966.97	1.17	965.81	1.20	964.64	1.23	963.44	1.26	962.21	1.29	960.95
	0.36		0.37		0.39		0.40		0.42		0.44		0.45		0.47		0.49		0.50		0.52
21	972.12	1.09	971.03	1.11	969.92	1.13	968.81	1.15	967.68	1.17	966.53	1.19	965.36	1.22	964.17	1.24	962.95	1.28	961.71	1.31	960.43
	0.36		0.38		0.39		0.41		0.43		0.44		0.46		0.48		0.49		0.51		0.52
22	971.76	1.11	970.65	1.13	969.53	1.15	968.40	1.16	967.25	1.19	966.09	1.21	964.90	1.23	963.69	1.26	962.46	1.29	961.20	1.32	959.91
	0.37		0.39		0.40		0.42		0.43		0.45		0.46		0.48		0.50		0.52		0.53
23	971.39	1.13	970.26	1.15	969.13	1.16	967.98	1.18	966.82	1.20	965.64	1.23	964.44	1.25	963.21	1.28	961.96	1.30	960.68	1.33	959.38
	0.38		0.39		0.41		0.42		0.44		0.46		0.48		0.49		0.51		0.53		0.54
24	971.01	1.14	969.87	1.16	968.72	1.18	967.56	1.20	966.38	1.22	965.18	1.24	963.96	1.27	962.72	1.29	961.45	1.32	960.16	1.34	958.84
	0.39		0.40		0.42		0.44		0.45		0.46		0.48		0.50		0.51		0.53		0.54
25	970.62	1.15	969.47	1.18	968.30	1.19	967.12	1.21	965.93	1.24	964.72	1.26	963.48	1.28	962.22	1.31	960.94	1.33	959.63	1.36	958.30
	0.39		0.41		0.42		0.44		0.46		0.48		0.49		0.50		0.52		0.53		0.55
26	970.23	1.17	969.06	1.20	967.88	1.21	966.68	1.23	965.47	1.25	964.24	1.27	962.99	1.30	961.72	1.32	960.42	1.35	959.10	1.38	957.75
	0.41		0.42		0.44		0.45		0.46		0.48		0.50		0.51		0.52		0.53		0.55
27	969.82	1.18	968.64	1.21	967.44	1.22	966.23	1.25	965.01	1.27	963.76	1.28	962.49	1.31	961.21	1.33	959.90	1.37	958.57	1.40	957.20
	0.41		0.43		0.44		0.46		0.48		0.49		0.50		0.52		0.53		0.55		0.56
28	969.41	1.20	968.21	1.23	967.00	1.24	965.77	1.26	964.53	1.28	963.27	1.30	961.99	1.32	960.69	1.35	959.37	1.38	958.02	1.41	956.64
	0.42		0.43		0.45		0.46		0.48		0.49		0.50		0.52		0.54		0.55		0.56
29	968.99	1.21	967.78	1.24	966.55	1.26	965.31	1.27	964.05	1.29	962.78	1.32	961.49	1.34	960.17	1.36	958.83	1.39	957.47	1.43	956.08
	0.43		0.45		0.46		0.47		0.48		0.50		0.52		0.53		0.54		0.56		0.58

表3（续）

酒精体积分数/%

温度/℃	21	22	23	24	25	26	27	28	29	30	31
30	968.56	967.33	966.09	964.84	963.57	962.28	960.97	959.64	958.29	956.91	955.50
	1.23	1.24	1.25	1.27	1.29	1.31	1.33	1.35	1.38	1.41	1.44
	0.43	0.44	0.45	0.47	0.49	0.51	0.52	0.53	0.55	0.56	0.58
31	968.13	966.89	965.64	964.37	963.08	961.77	960.45	959.11	957.74	956.35	954.92
	1.24	1.25	1.27	1.29	1.31	1.32	1.34	1.37	1.39	1.43	1.45
	0.45	0.46	0.48	0.49	0.50	0.51	0.52	0.54	0.56	0.57	0.58
32	967.68	966.43	965.16	963.88	962.58	961.26	959.93	958.57	957.18	955.78	954.34
	1.25	1.27	1.28	1.30	1.32	1.33	1.36	1.39	1.40	1.44	1.47
	0.45	0.47	0.48	0.50	0.51	0.52	0.54	0.55	0.56	0.58	0.59
33	967.23	965.96	964.68	963.38	962.07	960.74	959.39	958.02	956.62	955.20	953.75
	1.27	1.28	1.30	1.31	1.33	1.35	1.37	1.40	1.42	1.45	1.48
	0.45	0.47	0.49	0.50	0.51	0.52	0.54	0.55	0.56	0.58	0.60
34	966.78	965.49	964.19	962.88	961.56	960.22	958.85	957.47	956.06	954.62	953.15
	1.29	1.30	1.31	1.32	1.34	1.37	1.38	1.41	1.44	1.47	1.49
	0.47	0.48	0.49	0.50	0.52	0.54	0.55	0.57	0.58	0.59	0.60
35	996.31	965.01	963.70	962.38	961.04	959.68	958.	956.90	955.48	954.03	952.55
	1.30	1.31	1.32	1.34	1.36	1.38	1.40	1.42	1.45	1.48	1.50
	0.47	0.48	0.49	0.51	0.53	0.54	0	0.57	0.58	0.59	0.60
36	965.84	964.53	963.21	961.87	960.51	959.14	957.75	956.33	954.89	953.43	951.94
	1.31	1.32	1.34	1.36	1.37	1.39	1.42	1.44	1.46	1.49	1.51
	0.47	0.48	0.50	0.52	0.53	0.55	0.56	0.57	0.58	0.60	061
37	965.37	964.05	962.71	961.35	959.98	958.59	957.19	955.76	954.31	952.83	951.33
	1.32	1.34	1.36	1.37	1.39	1.40	1.43	1.45	1.48	1.50	1.52
	0.48	0.50	0.51	0.52	0.54	0.55	0.57	0.58	0.59	0.60	0.61
38	964.89	963.55	962.20	960.83	959.44	958.04	956.62	955.18	953.72	952.23	950.72
	1.34	1.35	1.37	1.39	1.40	1.42	1.44	1.46	1.49	1.51	1.54
	0.49	0.51	0.52	0.53	0.54	0.56	0.57	0.58	0.60	0.61	0.62
39	964.40	963.04	961.68	960.30	958.90	957.48	956.05	954.60	953 12	951.62	950.10
	1.36	1.36	1.38	1.40	1.42	1.43	1.45	1.48	1.50	1.52	1.55
	0.50	0.51	0.53	0.54	055	0.56	058	0.60	0.61	0.62	0.64
40	963.90	962.53	961.15	959.76	958.35	956.92	955.47	954.00	952.51	951.00	949.49
	1.37	1.38	1.39	1.41	1.43	1.45	1.47	1.49	1.51	1.54	1.56

表4　20℃的水-酒精混合物和馏出液折射率和酒精度关系对照表

折射率（20℃）	20℃酒精体积分数/%				折射率（20℃）	20℃酒精体积分数/%			
	水-乙醇混合物		蒸馏液			水-乙醇混合物		蒸馏液	
1.336 28	6.54	0.25	6.48	0.26	1.340 53	13.93	0.23	13.86	0.23
1.336 42	6.79	0.26	6.74	0.26	1.340 67	14.16	0.25	14.09	0.23
1.336 56	7.05	0.25	7.00	0.27	1.340 81	14.41	0.25	14.32	0.25
1.336 70	7.30	0.28	7.27	0.27	1.340 96	14.66	0.23	14.57	0.24
1.336 85	7.58	0.25	7.54	0.25	1.341 10	14.89	0.24	14.81	0.25
1.336 99	7.83	0.26	7.79	0.26	1.341 24	15.13	0.23	15.06	0.22
1.337 13	8.09	0.25	8.05	0.25	1.341 38	15.36	0.23	15.28	0.22
1.337 27	8.34	0.28	8.30	0.26	1.341 52	15.59	0.24	15.50	0.24
1.337 42	8.62	0.25	8.56	0.25	1.341 66	15.83	0.23	15.74	0.22
1.337 56	8.87	0.25	8.81	0.25	1.341 80	16.06	0.23	15.96	0.23
1.337 70	9.12	0.24	9.06	0.24	1.341 94	16.29	0.23	16.19	0.22
1.337 84	9.36	0.27	9.30	0.25	1.342 08	16.52	0.24	16.41	0.24
1.337 99	9.63	0.24	9.55	0.26	1.342 22	16.76	0.23	16.65	0.23
1.338 13	9.87	0.25	9.81	0.24	1.342 36	16.99	0.23	16.88	0.24
1.338 27	10.12	0.23	10.05	0.24	1.342 50	17.22	0.22	17.12	0.22
1.338 41	10.35	0.26	10.29	0.25	1.342 64	17.44	0.24	17.34	0.22
1.338 56	10.61	0.25	10.54	0.24	1.342 78	17.68	0.21	17.56	0.22
1.338 70	10.86	0.24	10.78	0.24	1.342 91	17.89	0.23	17.78	0.23
1.338 84	11.10	0.23	11.02	0.24	1.343 05	18.12	0.24	18.01	0.22
1.338 98	11.33	0.24	11.26	0.24	1.343 19	18.36	0.23	18.23	0.23
1.339 12	11.47	0.24	11.50	0.24	1.343 33	18.59	0.23	18.46	0.24
1.339 26	11.81	0.24	11.74	0.24	1.343 47	18.82	0.23	18.70	0.22
1.339 40	12.05	0.25	11.98	0.24	1.343 61	19.05	0.23	18.92	0.25
1.339 55	12.30	0.23	12.22	0.24	1.343 75	19.28	0.23	19.17	0.23
1.339 69	12.53	0.23	12.46	0.23	1.343 89	19.51	0.24	19.40	0.22
1.339 83	12.76	0.24	12.69	0.23	1.344 03	19.75	0.23	19.62	0.24
1.339 97	13.00	0.23	12.92	0.23	1.344 17	19.98	0.23	19.86	0.23
1.340 11	13.23	0.24	13.15	0.25	1.344 31	20.22	0.22	20.09	0.24
1.340 25	13.47	0.23	13.40	0.22	1.344 45	20.44	0.21	20.33	0.21
1.340 39	13.70	0.23	13.62	0.24	1.344 58	20.65	0.24	20.54	0.22

表4(续)

折射率(20℃)	20℃酒精体积分数/%			折射率(20℃)	20℃酒精体积分数/%			
	水-乙醇混合物		蒸馏液		水-乙醇混合物		蒸馏液	
1.344 72	20.89	0.22	20.76	0.23	1.346 37	23.57	0.24	23.40	0.21
1.344 86	21.11	0.23	20.99	0.22	1.346 51	23.81	0.23	23.61	0.24
1.345 00	21.34	0.21	21.21	0.23	1.346 65	24.04	0.22	23.85	0.24
1.345 13	21.55	0.23	21.44	0.21	1.346 78	24.26	0.22	24.09	0.22
1.345 27	21.78	0.22	21.65	0.22	1.346 92	24.48	0.24	24.31	0.25
1.345 41	22.00	0.23	21.87	0.23	1.347 06	24.72	0.23	24.56	0.22
1.345 55	22.23	0.21	22.10	0.21	1.347 20	24.95	0.21	24.78	0.22
1.345 68	22.44	0.23	22.31	0.23	1.347 33	25.16	0.24	25.00	0.23
1.345 82	22.67	0.23	22.54	0.21	1.347 47	25.40	0.22	25.23	0.22
1.345 96	22.90	0.23	22.75	0.21	1.347 60	25.62	0.24	25.45	0.25
1.346 10	23.13	0.20	22.96	0.21	1.347 74	25.86	0.24	25.70	0.23
1.346 23	23.33	0.24	23.17	0.23	1.347 88	26.10	0.22	25.93	0.22

参 考 文 献

[1] HANAK A.. Chem. Zgt.. 1932. 56. 984.

[2] COLOMBIER L.. CLAIR E.. Ann. Fals. Fraudes. 1936. 29. 411.

[3] POZZI-ESCOT E.. Ind. Agr. Aliment.. 1949. 66. 119.

[4] JAULMES P.. Analyse desvins. 1951. 49.

[5] SCHNEYDER J.. Mitt. Klosterneuburg. Rebe und Wein. 1960. 10. 228.

[6] SCHNEYDER J.. KASCHNITZ L.. Mitt. Klosterneuburg. Rebe und Wein. 1965. 15. 132.

[7] NEWTON W.. MURNO F. L.. Can. Chem. Met.. 1933. 17. 119.

[8] SAMPIETRO C.. INVERNIZZI I.. Ann. Chem. Appl.. 1940. 30. 381.

[9] FISCHL P. F.. Food Manufacture. 1942. 17. 198.

[10] JAULMES P.. LAVAL J. P.. Trav. Soc. Pharm. Montpellier. 1961. 21. 21.

[11] JAULMES P.. BRUNMme S.. LAVAL J. P.. Ann. Fals. Exp. Chim.. 1965. 58. 304;Bull. Union National. OEnologues. 1964. 13. 17.

[12] TABLES ALCOOMETRIQUES FRANCAISES. J. O. Républ. franaise. 30 déc. 1884. 6895.

[13] WINDISCH K.. d'après LUNGE G.. BERL E.. Chem. techn. Untersuchungs Methoden.

[14] Berlin 1924. 7e éd.. 1893. 4. 274.

[15] OSBORNE N. S.. MCKELVY E. C.. BEARCE H. W.. Bull. Bur. of Standards. Washington. 1913. 9. 328.

[16] FROST A. V.. Recherches dans le domaine du poids spécifique des mélanges d'alcool éthylique et d'eau. Institut des réactifs chimiques purs. U. R. S. S.. 1930. No. 9. d'après J. SPAEPEN.

[17] HEIDE C. von der. MANDLEN H.. Z. Untersuch. Lebensm.. 1933. 66. 338.

[18] KOYALOVICS B.. 8e Conférence générale des Poids et Mesures. Moscou 1933.

［19］ FERTMANN G. I.. Tables derenseignements pour le contrle de la fabrication de l'alcool. Pischerpoomiz-dat. Moscou 1940.

［20］ REICHARD O.. Neue Alkohol u. Extract.. Tafel 20°/20°. Verlag Hans Carl. Nürnberg 1951.

［21］ JAULMES P.. MARIGNAN R.. Ann. Fals. Fraudes. 1953. 46. 208 et 336.

［22］ SPAEPEN J.. Rev. de Métrologie. 1955. 411；Bull. belge de Métrologie. 1955. numéro d'avril.

［23］ JAULMES P.. BRUNMme S.. Ann. Fals. Exp. Chim.. 1963. 46. 143；1965. 48. 58；1966. 49. 35；1967. 50. 101-147；Trav. Soc. Pharm. Montpellier. 1966. 26. 37 et 111.

［24］ JAULMES P.. MARIGNAN R.. Bull. O. I. V.. 1953. 274. 28. 32.

［25］ JAULMES P.. BRUNMme S.. TEP Y.. Trav. Soc. Pharm.. 1968. 28. 111.

［26］ KAWASAKI T.. MINOVA Z.. INAMATSU T.. A newalcohometric specific gravity table. National Research of Metrology. Tokio 1967.

［27］ TEP Y.. Etude d'une table alcoométrique internationale. Thèse Doc. Pharm. Montpellier. 1968.

方法 OIV-MA-AS312-03A   方法类型 Ⅳ

甲醇(气相色谱法)

(决议 Oeno 377/2009)

1 原理

用内标法在气相色谱仪上测定葡萄酒馏出液中甲醇的含量。

2 方法

2.1 仪器

配有氢火焰离子化检测器(FIO)的气相色谱仪。

色谱柱:

——Chromosorb W,60 目～80 目,涂有 10％ 的聚乙二醇 1 540 涂层,装入长 7.5 m,直径 1/8″的不锈钢柱。

——Chromosorb W,60 目～80 目,涂有 5％ 的聚乙二醇 400 涂层和 1％ 的 Hallcomid M.18 OL 担体,装入长 7.5 m,直径 1/8″的不锈钢柱。

上述两种情况下,Chromosorb W 需先在 750℃～800℃烘箱中活化 4 h。

注:其他相似类型的色谱柱也能达到较好的分离。下述步骤仅供参考。

3 步骤

用 10％乙醇配制 1 g/L 4-甲基-戊醇内标液。

试液制备,取 50 mL 按"酒精度"一章中所得到的葡萄酒馏出液,加入 5 mL 内标液。

用 10％乙醇配制 100 mg/L 甲醇标准溶液。

在 50 mL 标准溶液中加入 5 mL 内标液。

分别取加有内标的待测液与标准溶液各 2 μL,进行色谱分析。

柱温:90℃;气流速度:25 mL/min。

4 计算

$$100\times\frac{I}{i}\times\frac{S_x}{S}$$

其中:S——标准溶液中甲醇的峰面积;

S_x——样品溶液中甲醇的峰面积;

i——样品溶液中内标物的峰面积;

I——标准溶液中内标物的峰面积。

甲醇浓度单位为:mg/L。

方法 OIV-MA-AS312-03B　　方法类型Ⅳ

甲醇(比色法)

(决议 Oeno 377/2009)

1　原理

将葡萄酒馏出液稀释,使其酒精度为5%。用磷酸酸化馏出液,用高锰酸钾将甲醇氧化成甲醛。在硫酸存在下,甲醛与变色酸反应呈紫色,用分光光度计在575 nm处测定吸光度。根据颜色的强度,测定甲醛含量。

2　方法

2.1　试剂

2.1.1　变色酸。

4,5-二羟基-2,7-萘二磺酸($C_{10}H_8O_8S_2 \cdot 2H_2O$,相对分子质量356.34 g),为白色或浅棕色粉末,能溶于水。也可使用其二钠盐,为黄色或浅棕色,易溶于水。

提纯——要求使用纯的变色酸,在试剂的空白试验中不能产生颜色干扰。否则,需要根据下述步骤进行纯化:

将10 g变色酸或其盐溶解在25 mL蒸馏水中。如果使用其二钠盐,加入2 mL浓硫酸(1.84 g/mL)使其释放出酸。加入50 mL甲醇,加热至沸腾并过滤。加入100 mL异丙醇,使结晶的变色酸沉淀,冷却脱水结晶。

反应——向10 mL 0.1 g/L的溶液中加入一滴氯化铁,溶液呈绿色。

活性测试——用水将0.5 mL甲醛(分析纯)稀释至1 L。在75%(*V*/*V*)硫酸溶液中加入5 mL 0.05%变色酸溶液,加入0.1 mL上述甲醛溶液,加热至70℃,保持20 min,产生紫色。

2.1.2　用75%(*V*/*V*)硫酸溶液配制0.05%变色酸溶液。

将50 mg变色酸或其钠盐溶解在35 mL蒸馏水中。用冰水冷却溶液,分次小心加入75 mL浓硫酸(1.84 g/mL),不停地摇动。该溶液应现配现用。

2.1.3　用5%乙醇配制0.5 g/L甲醇标准溶液。

纯甲醇($E_{760}=64.7\pm0.2$)	0.5 g
无甲醇乙醇	50 mL
加蒸馏水至	1 L

2.1.4　稀释溶液

无甲醇乙醇	50 mL
加蒸馏水至	1 L

2.1.5　50%磷酸溶液(*m*/*V*)。

2.1.6　5%高锰酸钾溶液(*m*/*V*)。

2.1.7　2%中性亚硫酸钠溶液(*m*/*V*)。

易被空气氧化,需要用碘标定其浓度。

2.2　步骤

将葡萄酒馏出液(参照"酒精度"章节)稀释,使其酒精度为5%。

在带有磨砂塞的试管中加入0.5 mL稀释的馏出液,加入1滴50%磷酸,2滴5%高锰酸钾溶液,摇匀,放置10 min。

加几滴20%中性亚硫酸钠,一般加4滴(避免过量),使高锰酸钾褪色。加入5 mL 0.05%变色酸溶液,放入70℃水浴中水浴20 min,冷却。

用0.5 mL稀释溶液配制的质控液校正零点后,在570 nm处测定吸光度A_s。

在一系列50 mL容量瓶中,分别加入2.5 mL,5 mL,10 mL,15 mL,20 mL,25 mL 0.5 g/L的甲醇溶液,用5%乙醇溶液稀释至刻度。5%乙醇溶液中每升分别含有甲醇25 mg,50 mg,100 mg,150 mg,200 mg,250 mg。

同时处理0.5 mL乙醇稀释液和0.5 mL标准溶液,并用同样的方法处理葡萄酒馏出物使乙醇的浓度为5%。

在570 nm处测定上述溶液的吸光度。

溶液的吸光度与浓度变化呈线性关系。

2.3　计算

酒精度为5%的葡萄酒馏出液中甲醇含量为mg/L,在标准曲线上记作A_s。

葡萄酒中甲醇的含量表示为mg/L,计算时要考虑使馏出液稀释为酒精度为5%的稀释倍数。

甘油和 2,3-丁二醇

（决议 Oeno 377/2009）

1 原理

通过阴离子交换树脂的处理，使糖和大量甘露糖以及山梨糖醇固定下来，然后用高碘酸将甘油与 2,3-丁二醇氧化，分别产生甲醛和乙醛。用间苯三酚与甲醛（甘油氧化产物）作用，在 480 nm 波长处测定甲醛含量；用六氢吡啶及亚硝酸铁氰化钠与乙醛（2,3-丁二醇氧化产物）作用，在 570 nm 波长处测定乙醛含量。

2 仪器

2.1 玻璃柱，长约 300 mm，内径约 10 mm～11 mm，配有活塞。

2.2 可在 300 nm～700 nm 波长下测量的分光光度计，光程为 1 cm 的玻璃比色皿。

3 试剂

3.1 甘油，$C_3H_8O_3$。

3.2 2,3-丁二醇，$C_4H_{10}O_2$。

3.3 强碱性阴离子交换树脂，例如 Merck Ⅲ 交换树脂或 Amberlite IRA 400 树脂。

3.4 聚乙烯吡咯烷酮(PVPP)（见国际葡萄酿酒药典）。

3.5 0.1 mol/L 高碘酸溶液（溶于 0.05 mol/L 硫酸中）。

称取 10.696 g 高碘酸钠（$NaIO_4$），用 50 mL 0.5 mol/L 硫酸将上述高碘酸钠溶于 500 mL 容量瓶中，加蒸馏水至刻度。

3.6 0.05 mol/L 高碘酸（溶于 0.025 mol/L 硫酸中）。

用蒸馏水按体积比 1:1 稀释上述溶液（3.5）。

3.7 0.5 mol/L 硫酸溶液。

3.8 1 mol/L 氢氧化钠溶液。

3.9 5％氢氧化钠溶液（m/V）。

3.10 96％乙醇（V/V）。

3.11 2％间苯三酚溶液（m/V），现配现用。

3.12 27％醋酸钠溶液（m/V），由无水醋酸钠（CH_3COONa）制备。

3.13 2％（m/V）亚硝酸铁氰化钠[$Na_2Fe(CN)_5NO \cdot 2H_2O$]溶液，现配现用。

3.14 25％（V/V）六氢吡啶（$C_5H_{11}N$）溶液，现配现用。

3.15 2.5 g/L 甘油标准溶液：用酶法或滴定法（见第 3 章）测定甘油的含量。

甘油标准溶液制备：称取相当于 250 mg 纯甘油，用水定容至 100 mL。

3.16 2.5 g/L 2,3-丁二醇标准溶液：用滴定法（见第 3 章）测定 2,3-丁二醇的含量。

2,3-丁二醇标准溶液制备：称取相当于 250 mg 2,3-丁二醇，用水定容至 100 mL。

3.17 铜碱溶液。

铜溶液 A：

硫酸铜($CuSO_4 \cdot 5H_2O$)40 g、硫酸($\rho = 1.84$ g/mL)2 mL，加水至 1 000 mL。

酒石酸碱溶液 B：

酒石酸钾钠($KNaC_4H_4O_6 \cdot 4H_2O$)200 g、氢氧化钠 150 g，加水至 1 000 mL。

使用之前，将等量的溶液 A 和溶液 B 混合即可。

4 操作步骤

4.1 阴离子交换柱制备

阴离子交换树脂(以 Cl^- 形式存在)应保存在烧瓶内，浸泡于脱二氧化碳的蒸馏水中。

将 30 mL 阴离子交换树脂装入柱中。在柱子的上端放置一团玻璃棉，以隔绝空气。用 150 mL 5%氢氧化钠溶液以 3.5 mL/min～5 mL/min 的流速通过树脂层，然后再用一定量脱二氧化碳的蒸馏水以同样的速度冲洗，直到洗液用酚酞试剂呈中性或微碱性为止。树脂备用。

阴离子交换树脂只能使用一次。再生时，可以用 5%盐酸处理几小时，用水冲洗，直至冲洗的水中不再有氯化物为止(需验证不存在氯化物)。

4.2 样品制备

将葡萄酒稀释 5 倍。

如果葡萄酒的颜色很深，可预先用 PVPP 进行脱色：将 10 mL 葡萄酒置于 50 mL 容量瓶中，用 20 mL 水稀释，再加入 300 mg PVPP，不断搅拌，20 min 之后加水至刻度处，再用滤纸过滤。取 10 mL 稀释的葡萄酒(经过或未经过 PVPP 处理)，使之通过阴离子交换树脂，使葡萄酒一滴一滴地流下，流速不得超过 2 mL/min。当葡萄酒液面距玻璃棉上 5 mm～10 mm 处，加入足量脱二氧化碳的蒸馏水，以 2 mL/min～3 mL/min 的流速，使洗出液的体积达 100 mL，直至洗出液中不含糖。验证时可取 5 mL 洗出液与 5 mL 铜碱液混合，快速煮沸，不应有任何变色或沉淀。

4.3 甘油测定

4.3.1 分光光度计检测

向一个带磨口玻璃塞的 100 mL 锥形瓶中加入 10 mL 洗出液，接着连续加入 10 mL 蒸馏水、10 mL 0.05 mol/L 高碘酸。搅拌，混合均匀，氧化 5 min(应准确计时)。然后再加入 10 mL 氢氧化钠溶液和 5 mL 96%的乙醇(V/V)。每添加一种试剂后，混匀，然后再加入 10 mL 间苯三酚溶液。将溶液注入 1 cm 比色皿中，在 480 nm 波长下测定吸光度。所显示的紫色变化很快，在 50 s～60 s 时达到最深，然后逐渐变淡，记下最大吸光度。以空气作空白进行校正。

4.3.2 标准曲线制作

向几个 100 mL 容量瓶中分别加入 3.0 mL，4.0 mL，5.0 mL，6.0 mL，7.0 mL 和 8.0 mL 甘油标准溶液，再加蒸馏水至刻度。几种标准溶液对应的甘油浓度分别为：0.075 g/L，0.10 g/L，0.125 g/L，0.150 g/L，0.175 g/L 和 0.200 g/L。

按 4.3.1 所述进行测定，每次用同体积的标准溶液来代替洗出液。

4.4 2,3-丁二醇测定

4.4.1 分光光度计检测

向一个带磨口玻璃塞的 100 mL 锥形瓶中加入 20 mL 洗出液,再连续加入:5 mL 醋酸钠溶液、5 mL 0.1 mol/L 高碘酸溶液。缓缓搅拌使之混匀,静置氧化 2 min。然后加入:5 mL 亚硝酸铁氰化钠溶液、5 mL 六氢吡啶溶液。将溶液注入 1 cm 的比色杯中,在 750 nm 波长下测定吸光度。所显示的紫色变化很快,在 30 s～40 s 时颜色达到最深,然后逐渐变淡,记下最大吸光度,以空气作空白进行校正。

4.4.2 标准曲线建立制作

将 10 mL 2,3-丁二醇标准溶液置于 100 mL 容量瓶中,加蒸馏水至刻度。向几个 100 mL 容量瓶中分别加入 2.0 mL、4.0 mL、6.0 mL、8.0 mL 和 10.0 mL 此丁二醇标准溶液,加蒸馏水至刻度。

几种标准溶液对应 2,3-丁二醇浓度分别为:0.005 g/L、0.010 g/L、0.015 g/L、0.020 g/L、0.025 g/L。

按 4.4.1 所述进行测定,每次用同体积的标准溶液来代替洗出液。

5 计算结果

5.1 甘油

在标准曲线上读取甘油含量,结果用 g/L 表示,保留一位小数。

5.2 2,3-丁二醇

在标准曲线上读取 2,3-丁二醇含量,结果用 g/L 表示,保留两位小数。

6 滴定法测定甘油和 2,3-丁二醇

6.1 试剂

6.1.1 1 mol/L 氢氧化钠溶液。
6.1.2 0.5 mol/L 硫酸溶液。
6.1.3 0.025 mol/L 高碘酸溶液。
6.1.4 8%(m/V)碳酸氢钠溶液。
6.1.5 0.025 mol/L 亚砷酸钠溶液。

在 1 000 mL 容量瓶中,将 2.473 g 三氧化二砷 As_2O_3 溶于 30 mL 1 mol/L 氢氧化钠溶液中,加入 35 mL 0.5 mol/L 硫酸,加蒸馏水至刻度。

6.1.6 0.025 mol/L 碘液。
6.1.7 10%(m/V)碘化钾溶液。
6.1.8 2%(m/V)淀粉溶液。

6.2 步骤

在 300 mL 锥形瓶中加入 5 mL 甘油标准溶液和 45 mL 蒸馏水,或 25 mL 2,3-丁二醇标准溶液和 25 mL 蒸馏水;再加入 20 mL 0.025 mol/L 高碘酸溶液,不时振摇 15 min;然后加入 10 mL～20 mL 碳酸氢钠溶液、20 mL 亚砷酸钠溶液;不时振摇 15 min,后加入 5 mL 碘化钾

溶液、2 mL 淀粉溶液;用 0.025 mol/L 碘溶液滴定过量亚砷酸钠。

同时,用 50 mL 蒸馏水加同样量的试剂作空白试验。

6.3　计算方法

6.3.1　甘油

1 mL 0.025 mol/L 高碘酸可以氧化 1.151 mg 甘油。

甘油标准溶液中的甘油含量(g/L):

$$G = \frac{(X-B) \times 1.151}{\alpha}$$

甘油标准溶液(3.15)中甘油的百分含量为:

$$X = \frac{G}{2.5} \times 100$$

其中:X——标准溶液所消耗的 0.025 mol/L 碘溶液的体积(mL);

$\quad\quad B$——空白试验所消耗的 0.025 mol/L 碘溶液的体积(mL);

$\quad\quad \alpha$——标准溶液的体积(等于 5 mL),mL。

6.3.2　2,3-丁二醇

1 mL 0.025 mol/L 高碘酸可以氧化 2.253 mg　2,3-丁二醇。

2,3-丁二醇标准溶液中的 2,3-丁二醇含量(g/L):

$$BD = \frac{(X'-B') \times 2.253}{b}$$

2,3-丁二醇标准溶液中 2,3-丁二醇的百分含量为:

$$\frac{BD}{2.5} \times 100$$

其中:X'——标准溶液所消耗的 0.025 mol/L 碘溶液的体积(mL);

$\quad\quad B'$——空白试验所消耗的 0.025 mol/L 碘溶液的体积(mL);

$\quad\quad b$——标准溶液的体积(等于 25 mL)。

参 考 文 献

[1] REBELEIN H.,Z. Lebensm. Unters. u. Forsch.,1957,4,296,F. V.,O. I. V.,no 63.

[2] TERCERO C.,SANCHEZ O.,F. V.,O. I. V.,1977,no 651 et 1981,no 731.

甘油（酶法）

（决议 Oeno 377/2009）

1 原理

在甘油激酶（GK）的催化作用下，甘油可与三磷酸腺苷（ATP）进行磷酸化反应生成甘油-3-磷酸（1）：

$$\text{甘油} + \text{ATP} \xrightleftharpoons{\text{GK}} \text{甘油-3 磷酸} + \text{ADP} \qquad (1)$$

所生成的二磷酸腺苷（ADP）在丙酮酸激酶（PK）的作用下，被磷酸烯醇丙酮酸（PEP）转化成 ATP，同时生成丙酮酸（2）：

$$\text{ADP} + \text{PEP} \xrightarrow{\text{PK}} \text{ATP} + \text{丙酮酸} \qquad (2)$$

丙酮酸在乳酸脱氢酶（LDH）存在时，被还原剂烟酰胺腺嘌呤二核苷酸（NADH）还原成乳酸：

$$\text{丙酮酸} + \text{NADH} + \text{H}^+ \xrightleftharpoons{\text{LDH}} \text{乳酸} + \text{NAD}^+ \qquad (3)$$

在反应过程中所生成的 NAD^+ 的数量与甘油数量成正比。NADH 的氧化程度通过它在 334 nm、340 nm 或 365 nm 波长处的衰减程度来测定。

2 仪器

2.1 NADH 在 340 nm 有最大吸收，因此可以用分光光度法进行测定。若使用不连续分光光度计，可在 334 nm 或 365 nm 条件下进行测量。

2.2 光程为 1 cm 的玻璃比色皿或一次性比色皿。

2.3 0.02 mL～2 mL 容积的微量移液器。

3 试剂

3.1 缓冲溶液（0.75 mol/L 甘氨酰甘氨酸，$\text{Mg}^{2+} = 10^{-3}$ mol/L，pH＝7.4）

将 10.0 g 甘氨酰甘氨酸和 0.25 g 硫酸镁（$\text{MgSO}_4 \cdot 7\text{H}_2\text{O}$）溶于约 80 mL 双蒸水中，加入约 2.4 mL 5 mol/L 的氢氧化钠溶液使 pH＝7.4，再加双蒸水至 100 mL 刻度。此溶液可在 4℃下保存约 3 个月。

3.2 NADH（8.2×10^{-3} mol/L），ATP（33×10^{-3} mol/L），PEPE（46×10^{-3} mol/L）

将 42 mg 还原型烟酰胺腺嘌呤二核苷酸二钠、120 mg 三磷酸腺苷、60 mg 磷酸烯醇丙酮酸、300 mg 碳酸氢钠、溶于 6 mL 双蒸水中。此溶液可在 4℃下可保存 2 d～3 d。

3.3 丙酮酸激酶/乳酸脱氢酶（PK/LDH）：（PK：3 mg /mL，LDH：1 mg/mL）

使用不经稀释的悬浮液。此混合液在 4℃下约可保存 1 年。

3.4 甘油激酶 GK（1 mg/mL）

此悬浮液在 4℃下大约可保存 1 年。

4 样品的制备

葡萄酒中的甘油一般可直接进行测定,先用双蒸水将葡萄酒稀释,使甘油的含量为 30 mg/L~500 mg/L(试样中甘油含量为 3 μg~50 μg)。通常稀释至 1/50(100 mL 中含 2 mL)即可。

5 步骤

在 340 nm 波长,光程 1 cm 的比色皿中进行吸光度测定,用空气做空白对照。

在光程 1 cm 的各个比色皿中加入:

	对照皿	样品皿
溶液 3.1	1.00 mL	1.00 mL
溶液 3.2	0.10 mL	0.10 mL
样品	0.10 mL	

	对照皿	样品皿
水	2.00 mL	1.90 mL
悬浮液 3.3	0.01 mL	0.01 mL

混匀,约 5 min 后,分别读取吸光度 A_1。

然后分别加入 0.01 mL 悬浮液混合,等待反应进行完毕(约 5 min~10 min)后,分别读取溶液的吸光度 A_2。10 min 后再次读取吸光度,每 2 min 检查一次,直至在 2 min 内吸光度恒定为止。

计算两次吸光度之差:

$$A_2 - A_1$$

计算对照皿和样品皿吸光度的差值。

从样品皿的吸光度(ΔA_D)中减去对照皿的吸光度(ΔA_T),得出:

$$\Delta A = \Delta A_D - \Delta A_T$$

6 结果表示

浓度可由下式计算:

$$c = \frac{V \times PM}{\varepsilon \times d \times v \times 1\,000} \times \Delta A$$

其中:V——实验所用液体的总体积(3.12 mL);

$\quad\quad v$——试样体积(0.1 mL);

$\quad PM$——待测量物质的相对分子质量(92.1);

$\quad\quad d$——比色皿量程(1 cm);

$\quad\quad \varepsilon$——NADH 在波长 340 nm 处的吸光系数,$\varepsilon = 6.3$(L·mmol^{-1}·cm^{-1})。

代入后得出

$$c = 0.456 \times \Delta A \times F$$

其中，F 为稀释因子。

注：

在 334 nm 波长处测量时，$\varepsilon=6.2(\mathrm{L} \cdot \mathrm{mmol}^{-1} \cdot \mathrm{cm}^{-1})$。

$$c=0.463 \times \Delta A \times F$$

在 356 nm 波长处测量时，$\varepsilon=3.4(\mathrm{L} \cdot \mathrm{mmol}^{-1} \cdot \mathrm{cm}^{-1})$。

$$c=0.845 \times \Delta A \times F$$

参 考 文 献

[1] BOERHINGER, Mannheim, Methods of Enzymatic and chemical analysis, documentation technique.

稳定同位素比质谱仪测定葡萄汁、浓缩葡萄汁或葡萄发酵产生乙醇$^{13}C/\,^{12}C$ 的同位素比

（决议 Oeno 17/2001）

1　应用范围

本方法用于测定葡萄酒、葡萄发酵产品（包括葡萄汁、浓缩葡萄汁、葡萄浆果）发酵产生乙醇$^{13}C/^{12}C$ 的比例。

2　参考标准

ISO 5725-2:1994 测定方法和结果的精密度（真实性和精确性）　第 2 部分:标准测量方法重复性和再现性检测的基本方法

V-PDB:Vienna-Pee-Dee Belemnite($R_{PDB}=0.011\ 237\ 2$)

OIV 方法:核磁共振（RMN-FINS）在葡萄汁、浓缩葡萄汁、葡萄和葡萄酒检测中的应用

3　术语和定义

$^{13}C/^{12}C$:样品中^{13}C 和^{12}C 的比例。

$\delta^{13}C$:碳 13 的含量,表示为千分之一（‰）。

RMN-FINS:核磁共振用于研究具体的天然同位素的比例值。

V-PDB:Vienna-Pee-Dee Belemnite. 或 PDB,是衡量^{13}C 含量在自然中变化的主要方法。碳酸钙来源于美国北卡罗来纳州 Pee Dee 结构的白垩纪箭石属岩石。它的$^{13}C/^{12}C$ 值或RP_{DB} 为 0.011 237 2。PDB 的含量经过长时间的消耗,但是它的^{13}C 含量变化具有自然规律。维也纳（奥地利）的国际原子能机构用它的含量对标准物质进行刻度。用 V-PDB 表示^{13}C 的自然含量,已经成为一个惯例。

m/z:质量与电荷比。

4　原理

在光合作用中,植物吸收二氧化碳气体有两种主要机理:C_3 机理（Calvin 循环）和C_4 机理（Hatch 和 Slsck 循环）。这两种机理呈现出一个不同类型的同位素组成。一些产物,例如糖和酒精,分别来源于C_4 植物和发酵,它们与C_3 植物相比,^{13}C 的含量更高。绝大多数植物,例如葡萄和甜菜,属于C_3 植物类型。甘蔗和玉米属于C_4 植物类型。通过检测^{13}C 的含量,能够检测出添加到葡萄酒产品（葡萄汁、葡萄酒）中来源于C_4 植物（甘蔗或者谷物中糖的代用物）的糖。通过^{13}C 含量并结合来源于 RMN-FINS 的信息,能够量化这些添加的混合糖,以及来源于C_3 和C_4 植物的酒精。

^{13}C 的含量是用样品完全燃烧生成的二氧化碳气体来衡量。这些来源于同位素^{18}O,^{17}O,^{16}O,^{13}C 和^{12}C 的不同组合方式的主要同位素 44($^{12}C\ ^{16}O_2$),45($^{13}C\ ^{16}O_2$ 或 $^{12}C\ ^{17}O\ ^{16}O$) 和 46($^{12}C^{16}O\ ^{18}O$)的丰度,可以以离子流的形式被同位素比质谱仪的三种不同捕获器测定。

由于^{13}C^{17}O^{16}O 或^{12}C^{17}O$_2$ 的同位素组合含量比较少,有时候可以忽略。因此在同时考虑^{18}O 或^{17}O(Craig 校正)相对丰度的条件下,可以通过 $m/z=46$ 离子强度来校正由^{12}C^{17}O^{16}O 提供的 $m/z=45$ 离子流值。通过标准值和国际标准 VPDB 推荐值的比较差值 δ^{13}C,就能够计算^{13}C 的含量。

5 试剂

试剂和消耗品取决于实验室所使用的仪器(6)。分析体系一般建立在元素分析的基础上。仪器装备可以放入密封在金属杯中的样品或用注射针通过隔膜注射的液体样品。

实验设备使用推荐的试剂、反应物和消耗物品:

——反应物

国际原子能机构使用的标准材料:

名称	材料	δ^{13}C 和 V-PDB
——IAEA-CH-6	蔗糖	-10.4 ‰
——IAEA-CH-7	聚乙烯	-31.8 ‰
——NBS22	石油	-29.7 ‰
——USGS24	石墨	-16.1 ‰

Geel 的 IRMM 协会使用的材料:

名称	材料	δ^{13}C 和 V-PDB
——CRM 656	葡萄酒精	-26.93 ‰
——CRM 657	葡萄糖	-10.75 ‰
——CRM 660	酒精水溶液 (TAV 12%)	-26.72 ‰

已知^{13}C/^{12}C 比例的国际标准物。

下面所列的是一些气体的消耗品标准:

——氦气;

——氧气;

——作为二级标准的 CO_2 气体;

——烘箱和燃烧系统的氧化试剂:用于元素分析的氧化铜;

——用于去除燃烧中产生水的干燥剂,如:无水高氯酸镁。

设备中无需配制冷凝肼或高选择性渗透毛细管除水装置。

6 仪器和材料

6.1 同位素比质谱仪(IRMS)

同位素比质谱仪(IRMS)能检测出自然界中二氧化碳气体中^{13}C 的相对含量或表示为相对值,内部精密度可达 0.05‰。内部精密度指对同一二氧化碳气体样品进行 2 次测定的差值。同位素比质谱仪通常配置可以同时测定 m/z 分别为 44、45、46 的三个捕获器。IRMS 必须安装一个双通道的进样器,以便交替测量未知样品和参考物质,或者使用一个整体系统,可以实现样品充分燃烧,且能够在质谱检测前把二氧化碳从其他燃烧物中分离出来。

6.2 燃烧装置

燃烧装置能够把乙醇转化为二氧化碳而且能够去除其他的燃烧产物——水,而没有同位素分馏。这种装置可以是与质谱连接在一起的整体有持续气流的系统,或是一个自动燃烧系统。它的精度必须达到上述所提的要求。

6.2.1 持续气流系统

由元素分析仪,或者安装了在线燃烧系统的气相色谱构成。

系统中使用到以下材料将装在金属杯中的样品引入分析系统:

——适量的锥形微量移液器,精度达到微克(μg)或者更高;

——密封用的镊子;

——液体样品用的锡杯;

——固体样品用的锡杯。

当使用配有液体进样器的元素分析仪或燃烧色谱的前处理系统,需要使用到下面的实验材料:

——液体注射器;

——安装了密封系统或惰性隔片的烧瓶。

根据实验室所使用的燃烧系统类型和质谱仪,可使用其他的同类材料代替上述实验材料。

6.2.2 自动前处理系统

来源于样品燃烧后的二氧化碳气体和收集到球形管中的标样,被引入到一个双通道质谱分析系统进行同位素分析,下面是所使用的几种燃烧装置:

——氧循环的封闭性燃烧系统;

——氦气和氧气的元素分析仪;

——以氧化铜为氧化剂的密封球形管。

7 样品前处理

同位素检测前必须将乙醇分离出来。具体方法可参照 3.1 中 RMN-FINS 方法中酒的蒸馏。

糖必须先发酵为乙醇,具体参照葡萄汁、精馏浓缩葡萄汁(葡萄浆果)RMN-FINS 方法进行。

8 步骤

所有的制备工作必须在无明显乙醇蒸发损耗情况下进行,否则样品中同位素的组分会改变。

下面所描述的是通常使用的商业性自动燃烧系统。所有其他方法,只有确保把乙醇定量变成二氧化碳前没有蒸发损耗,才可以进行其前处理。下面是使用元素分析仪的实验步骤:

a) 将样品加入锡杯中

——准备好锡杯、镊子和干净托盘;

——用镊子取一个合适的锡杯;

——用微量移液器在锡杯中加入适当体积的液体。

> 注：3.84 mg的纯乙醇或4.17 g乙醇含量为92%(m/m)的馏出物能够产生2 mg的碳。可根据质谱仪的敏感性，按照需要的碳量计算出馏出物的量。

——用镊子把锡杯密封，每个锡杯必须完全封闭，每个样品需要两个锡杯；

——把锡杯放入元素分析仪的样品盘上，锡杯须用数字标示以便区分；

——在实验的开始和结束时都要放入标准品；并有规律地在样品序列中添加质控样。

b) 检查和调整元素分析仪和同位素比质谱仪

——调整元素分析仪的炉温，氦和氧气流速达到样品燃烧的理想状态；

——对包括元素分析仪和同位素比质谱仪（例如用氮气检查离子流 $m/z=28$）进行检漏；

——调整同位素质谱能够检测合适的离子流强度（m/z 分别为 44,45,46）；

——在测定前使用标样检查系统。

c) 进行试验

将样品持续放入元素分析仪或色谱仪，每个样品燃烧后的二氧化碳气体进入质谱仪，用质谱测定离子流，使用电脑记录每个样品的离子流强度和计算 δ 值。

9 计算

本方法用于测定乙醇中同位素 ^{13}C/^{12}C 的比值。这些乙醇来源于葡萄酒或葡萄产品的发酵产物。同位素 ^{13}C/^{12}C 的比值可以表示为与标样比较得到的偏差 δ^{13}C。^{13}C(δ^{13}C)的同位素比值是通过千分之一的 δ 标度来计算的，将样品的实验结果与之前用国际标准参考物（V-PDB）校正的标准样品进行比较。δ^{13}C 的值可以用样品与标准样品的比值表示：

$$\delta^{13}C_{ech/ref}(\text{‰})=1000\times(R_{ech}-R_{ref})/R_{ref}$$

其中 R_{ech} 和 R_{ref} 分别是样品和标样的 ^{13}C/^{12}C 的值

然后用 V-PDB 表示 δ^{13}C：

$$\delta^{13}C_{ech/V\text{-}PDB}(\text{‰})=\delta^{13}_{cech/ref}+\delta^{13}_{cref/V\text{-}PDB}+(\delta^{13}_{cech/ref}\times\delta^{13}_{cref/V\text{-}PDB})/1\,000$$

其中 $\delta^{13}C_{ref/V\text{-}PDB}$ 是之前标准样品与 V-PDB 同位素的偏差。

由于仪器的状况可能引起微小的误差，因此，样品的 δ^{13}C 必须根据使用的标样测定值和真实值之间的差异来校正，其中真实值已通过之前标样与 V-PDB 的比较而得到。标准样品两次测定结果的偏差，对样品结果的校正可以认为是线性的。标样的测定必须安排在进样序列的开始和最后进行。对每个样品两个值（标样值的预测值和实际测量值的差异）的校正可由线性内插法来计算。

10 质量保证及控制

通过检查标样的 ^{13}C 值，使它与标准值之间的误差不超过 0.05‰，否则，必须对仪器进行检查和调整。

对每一个样品来说，两次平行实验结果之间的差异要小于 0.03‰，最终的结果是两次平行实验结果的平均值，如果两个结果之间差异大于 0.03‰，需重新进行实验。

对测定条件的监控是建立在 $m/z=44$ 离子流强度和进入元素分析仪的二氧化碳量成比例的基础之上的。在标准状态下，进行样品分析时，离子流强度应该是稳定的。显著的偏差可能是由于乙醇的蒸发(不完全封闭的金属杯),或是由于元素分析仪和质谱仪不稳定造成的。

11 测定方法的特性试验

对来源于葡萄酒、甘蔗或甜菜或三者的混合物含有乙醇样品的馏出物进行了比对实验研究(11.1)。这项研究没有考虑蒸馏步骤,但包括了比对实验室对葡萄酒的研究(11.2),以及同位素环形试验(11.3)的有关信息。结果显示了理想状况下,不同的蒸馏系统,特别是参照 RMN-FINS 中所述方法,在测定葡萄酒中乙醇 $\delta^{13}C$ 的量上没有显著性差异。

对葡萄酒样品的研究中所得到的精确参数与比对实验研究中对馏出物的结果一致(11.1)。

11.1 有关馏出物的比对实验研究结果

研究年份:1996
实验室数量:20
样品数量:6 个样品双盲样比对
比较性分析:乙醇的 $\delta^{13}C$

表 1

样品编号	来源于葡萄酒的乙醇	来源于甜菜的乙醇	来源于甘蔗的乙醇
A 和 G	80%	10%	10%
B 和 C	90%	10%	0%
D 和 F	0%	100%	0%
E 和 I	90%	0%	10%
H 和 K	100%	0%	0%
J 和 L	0%	0%	100%

表 2

样品	A/G	B/C	D/F	E/I	H/K	J/L
去除异常结果后的实验室数量	19	18	17	19	19	19
可接受的实验结果数量	38	36	34	38	38	38
平均值($\delta^{13}C$)/‰	−25.32	−26.75	−27.79	−25.26	−26.63	−12.54
重复性方差 S_r^2	0.006 4	0.007 7	0.003 1	0.012 7	0.006 9	0.004 1
重复性标准偏差(S_r)/‰	0.08	0.09	0.06	0.11	0.08	0.06
重复性限值 $r(2.8 \times S_r)$/‰	0.22	0.25	0.16	0.32	0.23	0.18
再现性方差 S_R^2	0.038 9	0.030 9	0.038 2	0.045 9	0.031 6	0.058 4
再现性标准偏差(S_R)/‰	0.20	0.18	0.20	0.21	0.18	0.24
再现性限值 $R(2.8 \times S_R)$/‰	0.55	0.9	0.55	0.60	0.50	0.68

11.2　比对实验室对两个葡萄酒和一个乙醇样品的研究

研究年份:1996

实验室数量:14个测定葡萄酒馏出物样品,其中7个还测定了葡萄酒中乙醇的δ^{13}C; 8个测定乙醇样品的δ^{13}C

样品数量:3个(酒精度为9.3%的白葡萄酒,酒精度为9.6%的白葡萄酒,酒精质量分数93%的乙醇)

分析:乙醇的δ^{13}C

表3

样品	红葡萄酒	白葡萄酒	乙醇
实验室数量	7	7	8
可接受的结果数量	7	7	8
平均值(δ^{13}C)/‰	−26.20	−26.20	−25.08
再现性方差S_R^2	0.0525	0.0740	0.0962
再现性标准偏差(S_R)/‰	0.23	0.27	0.31
再现性限值$R(2.8 \times S_R)$/‰	0.64	0.76	0.87

参与的实验室使用了不同的蒸馏系统。但没有一个实验室出现对整个馏出物δ^{13}C值的测定结果离群或者与平均值有较大偏差的情况。实验结果的再现性方差($S_R^2 = 0.005\ 9$)可以与来自比对实验室研究的重复性方差S_r^2比较。

11.3　同位素环形实验结果

从1994年12月开始国际上经常组织实验室用对葡萄酒和乙醇(酒精度96%)样品进行同位素测定的环形试验。实验结果可用于参与的实验室检测质量控制。能够对葡萄酒和乙醇馏出物δ^{13}C的结果总结如表4:

表4

日期	葡萄酒				馏出物			
	N	S_R	S_R^2	R	N	S_R	S_R^2	R
1994.12	6	0.210	0.044	0.59	6	0.151	0.023	0.42
1995.6	8	0.133	0.018	0.37	8	0.147	0.021	0.41
1995.12	7	0.075	0.006	0.21	8	0.115	0.013	0.32
1996.3	9	0.249	0.062	0.70	11	0.278	0.077	0.78
1996.6	8	0.127	0.016	0.36	8	0.189	0.036	0.53
1996.9	10	0.147	0.022	0.41	11	0.224	0.050	0.63
1996.12	10	0.330	0.109	0.92	9	0.057	0.003	0.16
1997.3	10	0.069	0.005	0.19	8	0.059	0.003	0.16
1997.6	11	0.280	0.079	0.78	11	0.175	0.031	0.49

表4(续)

日期	葡萄酒				馏出物			
	N	S_R	S_R^2	R	N	S_R	S_R^2	R
1997.9	12	0.237	0.056	0.66	11	0.203	0.041	0.57
1997.12	11	0.127	0.016	0.36	12	0.156	0.024	0.44
1998.3	12	0.285	0.081	0.80	13	0.245	0.060	0.69
1998.6	12	0.182	0.033	0.51	12	0.263	0.069	0.74
1998.9	11	0.264	0.070	0.74	12	0.327	0.107	0.91
平均		0.215	0.046	0.60		0.209	0.044	0.59

注:N 表示参加实验的实验室数量。

参 考 文 献

[1] Detecting enrichment of musts, concentrated musts, grape and wine sugars by application of nuclear magnetic resonance of deuterium(RMN-FINS/SNIF-NMR).

OIVRecueil des méthodes internationales d'analyse des vins et des mots.

[2] E. C. Regulation. Community analytical methods which can be applied in the wine sector, N°. 2676/90. Detecting enrichment of grape musts, concentrated grape musts, rectified concentrated grape musts and wines by application of nuclear magnetic resonance of deuterium(SNIF-NMR).

[3] Official Journal of the European Communities, NoL 272, Vol 33, 64-73, 3 October 1990.

[4] Inter-laboratory study about the determination of δ13C in wine ethanol OIV FV No 1051.

[5] Fidelité de la determination du rapport isotopique 13C/12C de l'éthanol du vin OIV FV No 1116.

[6] Stable carbon isotope content in ethanol of EC data bank wines from Italy, France and Germany. ARossmann; H-L Schmidt; F. Reniero; G. Versini; I. Moussa; M. — H. Merle. Z. Lebensm. Unters. Forsch., 1996, 203, PP. 293-301.

气相色谱燃烧或高效液相色谱与同位素比质谱仪
联用法测定葡萄酒中甘油¹³C/¹²C的比例
(GC-C-IRMS 或 HPLC-IRMS)

(OIV-Oeno 343-2010)

1 范围

现有的气相色谱或液相色谱与同位素比质谱仪联用法（GC-C-IRMS 或 HPLC-IRMS），可以测定甘油中¹³C/¹²C的比例。如果同时需要对甘油的含量进行定量，可使用 GC-IRM 方法，以 1,5-戊二醇为内标，同时进行分析。

2 定义

¹³C/¹²C：样品中¹³C 和¹²C 的比值。

δ¹³C：¹³C 含量表示为千分之一（‰）。

GC-C-IRMS：气相色谱配燃烧接口与同位素比值质谱仪联用技术。

V-PDB：Vienna-Pee-Dee Belemnite. 或 PDB，是衡量¹³C 含量在自然中变化的主要方法。碳酸钙来源于美国北卡罗来纳州 Pee Dee 结构的白垩纪箭石属岩石。它的¹³C/¹²C 值或 R-PDB 为0.011 237 2。PDB 的含量经过长时间的消耗，但是它的¹³C 含量变化具有自然规律。维也纳（奥地利）的国际原子能机构用它的含量对标准物质进行刻度。用 V-PDB 表示¹³C 的自然含量，已经成为一个惯例。

3 原理

植物中的糖在进行光合作用时，根据不同 C₃ 机理（Calvin 循环）和 C₄ 机理（Hatch-Slsck 循环），¹³C 同位素的含量会存在显著差异。绝大多数植物，例如葡萄和甜菜，属于 C₃ 植物类型。甘蔗和玉米属于 C₄ 植物类型。糖和发酵产物（乙醇、甘油）的¹³C 含量有相关性，通过检测甘油中¹³C 含量，可以检测出添加到葡萄酒或饮料中的来自玉米（C₄ 植物）或合成（矿物能源）的甘油。

气相或液相色谱可以分离葡萄酒基质中的甘油。在 GC-C-IRMS 中，在色谱分离流出物之后，经过燃烧和还原步骤，即穿过燃烧接口的氧化和还原炉。除甘油以外的溶剂在运行过程中被后冲阀抽出，以防止炉体污染和对色谱干扰。¹³C 含量是根据样品中甘油氧化所产生的二氧化碳气体来测定的。甘油氧化会产生二氧化碳和水，在燃烧过程中产生的水由 Nafion® 膜组成的除水装置除去。被氦气洗脱的二氧化碳进入 IRMS 源进行¹³C/¹²C 的分析。

在使用 HPLC-IRMS 时，色谱分离样品后，接口处流动相内的样品被氧化。溶剂中形成的二氧化碳通过气体交换膜进入氦气从而被分离。氦气通过一个由 Nafion® 膜组成的除水装置，然后通过一个分流口进入 IRMS 的离子源。

不同组成的¹⁸O，¹⁷O，¹⁶O 与¹³C 和¹²C 同位素，能形成质量为 44（¹²C ¹⁶O₂），45（¹³C ¹⁶O₂ 和 ¹²C ¹⁷O ¹⁶O）以及 46（¹²C ¹⁶O ¹⁸O）的化合物（由于¹³C ¹⁷O ¹⁶O 和¹²C ¹⁷O₂ 的丰度非常低，可以忽略

不计)。相应的离子流由三种不同的捕获器进行测定。离子流 $m/z=45$ 要根据 $^{12}C\,^{17}O\,^{16}O$ 的含量来进行校正，$^{12}C\,^{17}O\,^{16}O$ 的含量是在考虑 ^{18}O 和 ^{17}O（Craig 校正）相对丰度的基础上，根据 $m/z=46$ 离子流的强度计算得来的。通过标准值和国际标准 V-PDB 之间的比较可以计算出 ^{13}C 的含量（$\delta^{13}C$‰相对比例）。

4 试剂

4.1 无水乙醇。

4.2 纯甘油（纯度≥99%）。

4.3 1,5-戊二醇。

4.4 1,5-戊二醇（4.3）乙醇溶液，用于稀释葡萄酒样品。此溶液浓度需精确，浓度一般为 0.5 g/L～1.0 g/L。

4.5 正磷酸。

4.6 过二硫酸钠，氧化剂。

4.7 氦气，载气。

4.8 氧气，燃烧反应器中的再生气体。

4.9 二氧化碳气体，^{13}C 含量的二级标准气体。

4.10 根据国际标准物质计算的已知 $^{13}C/^{12}C$ 比例的甘油标准样品。

4.11 根据国际标准物质计算的已知 $^{13}C/^{12}C$ 比例的1,5-戊二醇标准样品。

5 仪器和设备

5.1 同位素比质谱仪

同位素比质谱仪（IRMS）能检测出自然界中二氧化碳气体中 ^{13}C 的相对含量（或表示为相对值），内部精度可达 0.05‰。（内部精度指对同一二氧化碳气体样品进行 2 次测定的差值）。同位素比质谱仪通常配备可以同时测定 m/z 分别为 44、45、46 的三个捕获器。IRMS 配有运行分析，数据收集和结果分析软件来计算同位素比。

5.2 气相色谱仪

气相色谱仪（GC）通过一个燃烧接口与同位素比质谱仪相连接。

气相色谱仪需配置一根极性毛细管柱，从而能将甘油与其他葡萄酒成分分离（例如：填充键合聚乙二醇的 Chrompack WCOT 熔融硅毛细管柱，CP-Wax-57 CB，柱长 25 m，内径 0.25 mm，膜厚 0.20 μm）。

燃烧接口通常由氧化反应器（含有镍，铂和铜线的陶瓷管）和一个还原反应器（含有铜线的陶瓷管）组成。

5.3 液相色谱

液相色谱仪（LC）通过 LC Isolink 接口与同位素比质谱仪连接。

液相色谱仪需配置一根在不使用有机溶剂或添加剂的情况下可以从葡萄酒中分离甘油的色谱柱（例如：HyperREZ Carbohydrate H$^+$，柱长 30 cm，直径 8 mm）。Isolink 接口由毛细管氧化反应器和交换膜（三层膜）组成。

5.4 常用设备

样品注射针或自动进样器；容量瓶，0.2 μm 滤膜，色谱进样瓶和 10 μL 进样针。

上述所列的实验室常用设备仅作参考，可以用其他类似仪器代替。

6 样品制备

6.1 GC-C-IRMS 测定甘油中^{13}C/^{12}C

将葡萄酒样品经 0.2 μm 滤膜过滤后用乙醇按 1:4 稀释。然后将样品转移到色谱进样瓶中，在 4℃下密封保存。

6.2 GC-C-IRMS 定量甘油中^{13}C/^{12}C 比

将葡萄酒样品经 0.2 μm 滤膜过滤后用 1,5-戊二醇乙醇溶液（4.4）按 1:4 稀释。然后将样品转移到色谱进样瓶中，在 4℃下密封保存。

6.3 HPLC-IRMS 测定甘油中^{13}C/^{12}C

葡萄酒样品经 0.2 μm 滤膜过滤后用水稀释。然后将样品转移到色谱进样瓶中，在 4℃下密封保存。

7 步骤

7.1 GC-C-IRMS

通常使用 GC-C-IRMS 系统测定甘油中^{13}C/^{12}C 同位素比例按下述步骤进行。

7.1.1 工作条件

可使用 5.2 中描述的色谱柱和燃烧接口，参数为：

a)进样口温度 270℃。

b)程序升温如下：起始柱温 120℃，保持 2 min；然后以 10℃/min 升温至 220℃，保持 2 min。不包括降温时间，每次运行时间为 14 min。

c) 载气：氦气。

d) 燃烧和还原反应器的温度分别为 960℃和 640℃。

e) 进样量：0.3 μL，使用高分流模式（分流速率：120 mL/min）。

每隔一段时间（例如：1 周）可用氧气再次氧化氧化反应器（此周期根据通过反应器物质的总量而定）。

7.1.2 甘油中^{13}C/^{12}C 比

在^{13}C/^{12}C 分析中，需使用两级二氧化碳标准气体。此二氧化碳气体应先由 V-PDB 国际标准校正，也可以由机构内部标准进行校正。

每个葡萄酒样品需进样 3 次。每批样品中需加入相应的质控样。

一批典型的样品进样序列如下：

- 质控样
- 质控样
- 样品 1
- 样品 1

- 样品 1
- 样品 2

每个样品测定 3 次。

- ······
- 样品 6
- 样品 6
- 样品 6
- 质控样
- 质控样

此质控样为在乙醇中已知准确 $\delta^{13}C$ 值的甘油溶液（例如元素分析仪-IRMS），并且可根据测定序列中的偏移来校正结果。

7.1.3　甘油中$^{13}C/^{12}C$ 比例以及甘油的含量

如果在测定 $^{13}C/^{12}C$ 同位素比的同时需测定甘油含量，可按照步骤（7.1.2）进行检测，样品的准备按 6.2 要求。1,5-戊二醇可作为内标用来测定甘油的浓度，其的 $\delta^{13}C$ 值可以来评估进样的准确性，对同位素测定和燃烧反应进行质量控制。

葡萄酒中甘油的浓度是由内标法来测定的。用已知浓度的内标（1,5-戊二醇）和甘油配制成 0.50 g/L～10 g/L 5 个不同浓度的乙醇标准溶液，建立一条标准曲线。为确保响应值呈线性，每个含有内标物的溶液需连续测定 3 次。

7.2　HPLC-IRMS

自动 HPLC-IRMS 系统测定甘油中$^{13}C/^{12}C$ 同位素比例可按下述步骤进行。

注：分析步骤可根据不同制造商进行相应调整。体积、温度、流速和时间仅作参考，可根据制造商的说明进行优化。

7.2.1　工作条件

可使用 5.3 中描述的色谱柱和接口，参数为：

a）流动相流速为：400 μL/min；

b）LC 接口酸和氧化剂的流速分别为 40 μL/min 和 30 μL/min；

c）反应器接口温度和柱温分别为 99.9℃ 和 65℃；

d）分离装置的氦气流速为：1 μL/min；

溶剂瓶在色谱完成时需用氦气进行脱气。

7.2.2　甘油中$^{13}C/^{12}C$ 比例

在 $^{13}C/^{12}C$ 分析中，需使用两股二氧化碳标准气体。此二氧化碳气体应先由 V-PDB 国际标准校正。此二氧化碳标准气体也可以由机构内部标准进行校正。

每个葡萄酒样品需进样 3 次。每批样品中需加入相应的质控样。

一批典型的样品进样序列如下：

- 质控样。
- 质控样。
- 样品 1。
- 样品 1。
- 样品 1。

- 样品2。

每个样品测定3次。

- ……。
- 样品6。
- 样品6。
- 样品6。
- 质控样。
- 质控样。

此质控样为在乙醇中已知准确$\delta^{13}C$值的甘油溶液（例如元素分析仪-IRMS），可根据测定序列中的偏移来校正结果。

8 计算

8.1 $^{13}C/^{12}C$ 比例

同位素$^{13}C/^{12}C$的比值可以表示为与标样比较得到的偏差$\delta^{13}C$。

^{13}C的同位素偏差（$\delta^{13}C$）是通过千分之一的δ标度（δ/1 000 或 $\delta‰$）来计算的，将样品的实验结果与之前用国际标准参考物（V-PDB）校正的标准样品进行比较。在$^{13}C/^{12}C$的分析过程中，要使用按照PDB国际标准校正的标准二氧化碳气体。

$\delta^{13}C$的值与标准的相关性如下：

$$\delta^{13}C_{sample/ref}(‰) = (R_{sample}/R_{ref} - 1) \times 1\,000$$

其中R_{sample}和R_{ref}分别是样品和二氧化碳标准气体（4.9）的$^{13}C/^{12}C$的值。

$\delta^{13}C$与V-PDB的相关性如下：

$$\delta^{13}C_{sample/V\text{-}PDB}(‰) = \delta^{13}C_{sample/ref} + \delta^{13}C_{ref/V\text{-}PDB} + (\delta^{13}C_{sample/ref} \times \delta^{13}C_{ref/V\text{-}PDB})/1\,000$$

其中$\delta^{13}C_{ref/V\text{-}PDB}$是之前测定的标样与V-PDB的同位素偏差。

由于仪器的状况可能引起微小的误差，因此，样品的$\delta^{13}C$必须根据使用的标样测定值和真实值之间的差异来校正，其中真实值已通过之前标样与V-PDB的比较而得到。标准样品两次测定结果的偏差，对样品结果的校正可以认为是线性的。标样的测定必须安排在进样序列的开始和最后进行。每个样品结果的校正可由线性内插法来计算。

8.2 GC-C-IRMS 测定甘油含量

在绘制标准曲线时，对于每一次进样，甘油与内标物的相对响应因子R的计算方法见公式（1），绘制R与甘油中内标（IS）含量的线性曲线，得到的线性图，其相关系数需至少达到0.99。

$$R = \frac{甘油峰面积}{内标物峰面积} \quad\cdots\cdots\cdots\cdots\cdots\cdots\cdots\cdots\cdots\cdots \quad (1)$$

根据7.1.1中所述的分析条件，由于1,5-戊二醇的极性小于甘油，所以它的保留时间约为310 s，而甘油的保留时间为460 s（见附录A中的色谱图）。

依据公式（2）计算每次进样的甘油浓度：

$$C_{glyc_{Sample}} = K \cdot G_{1.5PD_{Sample}} \cdot \frac{S_{glyc_{Sample}}}{S_{1.5PD_{Sample}}} \times 稀释因子 \quad\cdots\cdots\cdots\cdots \quad (2)$$

其中：$C_{xSample}$——样品浓度（g/L）；

$S_{Xsample}$——产生的峰面积；

K（响应系数）计算如下：

$$K=\frac{C_{glyc_{St}}}{C_{1,5PD_{St}}}\cdot\frac{S_{1,5PD_{St}}}{S_{glyc_{St}}}\quad\cdots\cdots\cdots\cdots\cdots\cdots\cdots\cdots\cdots\cdots\cdots\cdots(3)$$

下标 St 表示 5 个标准溶液（7.1.3）中 1,5-戊二醇和甘油的浓度及峰面积。

根据实际情况，本实验的稀释因子为 4。

样品的最终浓度（g/L）为样品三次进样的平均值。

9 质量保证及控制

9.1 GC-C-IRMS

对于每一个样品，3 次连续进样的标准偏差（SD）需小于 0.6‰。样品的最终结果为 3 次测定的平均值。如果偏差大于 0.6‰，需重复测定。

用离子流 $m/z=44$ 来校正测量的准确性，它与注入系统的碳含量成比例。在标准状态下，进行样品分析时，离子流强度应该是稳定的。显著的偏差可能是由于分离或甘油氧化不完全，以及质谱仪不稳定造成的。

9.2 HPLC-IRMS

检查标准物的 ^{13}C 值，差值不得超过允许值的 0.5‰。否则，需检查质谱仪的设置，如有必要进行调整。

对于每一个样品，3 次进样的标准偏差（SD）需小于 0.6‰。样品的最终结果为 3 次测定的平均值。如果偏差大于 0.6‰，需重复测定。

用离子流 $m/z=44$ 来校正测量的准确性，它与注入系统的碳含量成比例。在标准状态下，进行样品分析时，离子流强度应该是稳定的。显著的的偏差可能是由于分离或甘油氧化不完全，以及质谱仪不稳定造成的。

10 方法的特性

10.1 GC-C-IRMS

10.1.1 精密度

通过对不同来源的由 RA-IRMS 测定 δ^{13}C 的甘油样品和四个合成葡萄酒溶液（水-乙醇-甘油）进行初步研究。3 次重复进样，可接受的的 GC-C-IRMS 技术的标准偏差 SD 需小于 0.6‰。当测定甜葡萄酒时，由于 1,5-戊二醇与样品中的成分或副产物重叠，精密度可能会有影响。

10.1.2 甘油浓度的测定

使用两种甘油溶液对此方法的可行性进行验证。假设干型葡萄酒中甘油的典型含量为 4 g/L～10 g/L，这两种甘油溶液的含量在此浓度范围之内。第一种溶液浓度为 4.0 g/L，测定值为 3.6 g/L（SD=0.2，N=8）。第二种溶液浓度为 8.0 g/L，测定值为 7.9 g/L（SD=0.3，N=8）。

通过参加 BIPEA 能力验证计划，使用 HPLC 法或酶法（其他方法）对五种葡萄酒样品（A～E）甘油含量进行测试，浓度单位为 g/L，$n>3$，$SD<0.6$。结果表明，由 GC-C-IRMS 测

定的甘油浓度与其他方法(如酶法或 HPLC)给出的结论一致。

表1　比较五种浓度的葡萄酒中甘油浓度检测结果表

样品	A	B	C	D	E
品种	白葡萄酒	玫瑰葡萄酒	白葡萄酒	红葡萄酒	白葡萄酒
给出范围/(g/L)	6.2～8.4	4.8～6.6	5.7～7.7	6.3～8.5	4.6～6.2
平均值/(g/L)	7.3	5.4	6.7	7.4	5.4
GC-C-IRMS给出值/(g/L)	6.4	5.4	6.7	7.8	5.4

BIPEA 测定是由 HPLC 或酶法来完成的。

10.2　HPLC-IRMS 法内部验证

用下述样品对 HPLC-IRMS 方法的可行性进行验证,样品包括:甘油标准溶液,三种合成葡萄酒(甘油浓度处于葡萄酒样品中甘油含量的典型范围内)以及葡萄酒。

甘油浓度测定的精密度可以通过在重复条件下每个样品重复测定 10 次或在 3d 内在可重复条件下对相同样品进行 10 次独立分析(表2)。

表2　HPLC-IRMS 测定甘油 δ^{13}C 值的准确度和精密度

样品	每个样品的重复次数	HPLC-IRMS							
		第1天		第2天		第3天		精密度	
		平均值 δ^{13}C/‰	SD/‰	平均值 δ^{13}C/‰	SD/‰	平均值 δ^{13}C/‰	SD/‰	r/‰	R/‰
甘油(标准品)	10	−27.99	0.05	−27.94	0.04	−27.95	0.08	0.17	0.18
合成葡萄酒(6g/L)	10	−28.06	0.13	−28.14	0.12	−28.14	0.11	0.34	0.35
合成葡萄酒(8g/L)	10	−28.11	0.12	−28.18	0.07	−28.21	0.07	0.25	0.28
合成葡萄酒(10g/L)	10	−28.06	0.06	−28.06	0.09	−28.05	0.09	0.23	0.24
葡萄酒	10	−28.88	0.10	−28.85	0.27	−28.72	0.23	0.60	0.62

注1:δ^{13}C 表示为与 V-PDB 的比值(‰)。

注2:EA-IRMS 甘油(标准品):−28.02 ‰±0.09 ‰。

注3:测定葡萄酒样品中甘油的 δ^{13}C 方法的性能参数:

　　重复性限 r:0.60‰。

　　再现性限 R:0.62‰。

附 录 A

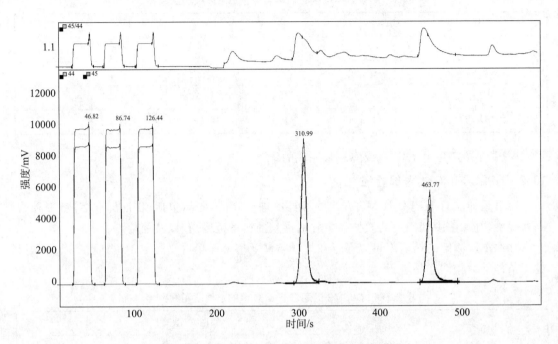

图 A.1 GC-C-IRMS 检测葡萄酒中甘油的色谱图

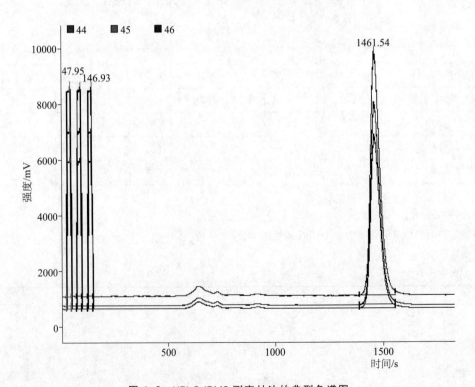

图 A.2 HPLC-IRMS 测定甘油的典型色谱图

参 考 文 献

［1］ Calderone G. , Naulet N. , Guillou C. , Reniero F. , "Characterization of European wine glycerol: stable carbon isotope approach". Journal of Agricultural and Food Chemistry, 2004, 52, 5902-5906.

［2］ Cabanero AI, Recio JL, Ruperez M. Simultaneous stable carbon isotopic analysis of wine glycerol and ethanol by liquid chromatography coupled to isotope ratio mass spectrometry.

3.1.3　酸类

方法 OIV-MA-AS313-01　　　　　　　　　　　　　　　　　　　　　　方法类型 I

总　　酸

1　定义

葡萄酒的总酸是指用标准碱性溶液将葡萄酒的 pH 滴定至 7 时,所中和的可滴定酸度的总和。二氧化碳不包括在总酸之内。

2　原理

用电位滴定法或用指示剂溴百里酚蓝指示终点与滴定终点标准颜色进行比较来测定总酸。

3　仪器

3.1　真空水泵。

3.2　500 mL 抽滤瓶。

3.3　按 pH 单位校准的电位计和电极:玻璃电极应保存在蒸馏水中,饱和甘汞氯化钾电极应保存在饱和氯化钾溶液。

3.4　直径为 12 cm 的烧杯。

4　试剂

4.1　pH 为 7.0 的缓冲溶液:

磷酸二氢钾(KH_2PO_4)	107.3 g
1 mol/L 氢氧化钠溶液	500 mL
加水至	1 000 mL

也可使用市售的已配制好的 pH 为 7.0 缓冲溶液。

4.2　0.1 mol/L 氢氧化钠标准溶液。

4.3　4 g/L 溴百里酚蓝指示剂溶液:

溴百里酚蓝	4 g
96%(V/V)中性乙醇	200 mL
待溶解后,再加入:	
不含 CO_2 的水	200 mL
1 mol/L 氢氧化钠溶液,充分至呈蓝绿色(pH7.0)	7.5 mL
加水至	1 000 mL

5 步骤

5.1 试样的制备(去除二氧化碳)

量取约 50 mL 葡萄酒置于抽滤瓶中,用水泵将抽滤瓶抽真空 1 min～2 min,并不断地搅动。

5.2 电位滴定法

5.2.1 pH 计的校准

按 pH 计的使用说明书校准,使用 20℃ pH＝7.0 的缓冲溶液在 20℃下校准 pH 计。

5.2.2 测定方法

在一个烧杯中,放置一定体积制备好的样品,相当于 10 mL 葡萄酒和 50 mL 蒸馏浓缩后的葡萄汁。然后再加入约 10 mL 蒸馏水,用 0.1 mol/L 氢氧化钠标准溶液滴定,直至 20℃时 pH＝7.0。滴加氢氧化钠标准溶液的速度要缓慢,同时应不断地搅拌,记下滴加的 0.1 mol/L 氢氧化钠溶液的体积 n mL。

5.3 指示剂滴定法(溴百里酚蓝)

5.3.1 预备试验:终点颜色的判断

烧杯中,加入 25 mL 煮沸的蒸馏水,1 mL 溴百里酚蓝溶液和制备好的样品,该样品相当于 10 mL 葡萄酒和 50 mL 蒸馏浓缩后的葡萄汁。滴加 0.1 mol/L 氢氧化钠标准溶液,直到颜色变为蓝绿色,然后添加 5 mL pH7.0 的缓冲溶液。

5.3.2 定量

在烧杯中加入 30 mL 煮沸的蒸馏水,1 mL 溴百里酚兰溶液和制备好的样品,该样品相当于 10 mL 葡萄酒和 50 mL 蒸馏浓缩后的葡萄汁。滴加 0.1 mol/L 氢氧化钠标准溶液,直到颜色变为蓝绿色,与 5.3.1 预备中试验所出现的颜色相同。记下滴加的 0.1 mol/L 氢氧化钠标准溶液的体积 n mL。

6 结果表示

6.1 计算方法

以毫摩尔表示总酸的浓度(mmol/L),结果保留一位小数:
$$A＝10n$$
以酒石酸表示总酸的浓度(g/L),结果保留两位小数:
$$A'＝0.075×A$$
以硫酸表示总酸的浓度(g/L),结果保留两位小数:
$$A'＝0.049×A$$

6.2 指示剂滴定方法的重复性(r)

$r＝0.9$ mmol/L

$r＝0.04$ g/L(以硫酸计)

$r＝0.07$ g/L(以酒石酸计)

6.3 指示剂滴定方法的再现性(R)

白葡萄酒和桃红葡萄酒:

$R=3.6$ mmol/L

$R=0.2$ g/L(以硫酸计)

$R=0.3$ g/L(以酒石酸计)

红葡萄酒:

$R=5.1$ mmol/L

$R=0.3$ g/L(以硫酸计)

$R=0.4$ g/L(以酒石酸计)

参 考 文 献

[1] SEMICHON L.,FLANZY M.,Ann. Fals. Fraudes,1930,23,5.

[2] FÉRE L.,Ibid.,1931,24,75.

[3] JAULMES P.,Bull. O. I. V.,1953,26,NO 274,42;Ann. Fals. Fraudes,1995,48,157.

方法 OIV-MA-AS313-02　　方法类型 I

挥 发 酸

1 定义

葡萄酒的挥发酸主要来源于乙酸(醋酸)。它们在葡萄酒中以游离状态或盐形式存在。

2 原理

先将二氧化碳从葡萄酒中去除，用水蒸气将挥发酸从葡萄酒中蒸馏分离出来，然后用标准氢氧化钠溶液滴定。

游离态二氧化硫和结合态二氧化硫在上述条件下也可能会被蒸馏出来，应当排除其影响。葡萄酒中有可能加入的山梨酸也必须去除。

注：某些国家在进行分析前为了稳定葡萄酒而加入了水杨酸，在蒸馏过程中有一部分会被蒸馏出来，应测定其数量，从挥发酸中去除。其定量方法见于本章附录。

3 仪器

3.1 水蒸气蒸馏装置，包括：

——水蒸气发生器，所产生的水蒸气不得含有二氧化碳；

—— 带蒸汽管的烧瓶；

——蒸馏柱一根；

——冷凝管一根。

上述装置应通过以下三个试验：

a) 在烧瓶中放置 20 mL 沸水进行蒸馏，采集 250 mL 馏出液，加入 0.1 mL 0.1 mol/L 氢氧化钠标准溶液和 2 滴酚酞溶液，出现的粉红色至少应保持 10 s(表明水蒸气中不含二氧化碳)。

b) 在烧瓶中加入 20 mL 0.1 mol/L 乙酸溶液进行蒸馏，收集 250 mL 蒸馏液，用 0.1 mol/L氢氧化钠标准溶液进行滴定。所消耗滴定液的体积至少为 19.9 mL(表明所蒸馏出的乙酸≥99.5%)。

c) 在烧瓶中加入 20 mL 1 mol/L 乳酸溶液进行蒸馏，收集 250 mL 馏出液，用 0.1 moL/L 氢氧化钠标准溶液进行滴定，所消耗的氢氧化钠标准溶液的体积小于等于 1.0 mL(表明蒸馏出的乳酸≤0.5%)。

3.2 渍水式真空泵。

3.3 抽滤瓶。

4 试剂

4.1 结晶酒石酸。

4.2 0.1 mol/L 氢氧化钠标准溶液。

4.3 浓度为 1%(m/V)的酚酞，用 96%(V/V)中性乙醇配制。

4.4 盐酸($\rho_{20℃}$ =1.18 g/mL～1.19 g/mL)用蒸馏水稀释至 4 倍。

4.5 0.005 mol/L 碘标准溶液。

4.6 结晶碘化钾。

4.7 5 g/L 淀粉溶液。

将 5 g 淀粉溶解在约 500 mL 水中,加热至沸腾,并不断搅拌,保持沸腾 10 min。加入 200 g 氯化钠,冷却后,补加液体至 1 L。

4.8 饱和四硼酸钠(硼砂 $Na_2B_4O_7 \cdot 10H_2O$)溶液,在 20℃时浓度约为 55 g/L。

4.9 0.1 mol/L 乙酸溶液。

4.10 1 mol/L 乳酸溶液(其制备方法,见乳酸章节)。

5 步骤

5.1 样品制备

去除二氧化碳。取约 50 mL 葡萄酒置于抽滤瓶中,用水泵将抽滤瓶抽真空 1 min~2 min,并不断地摇动。

5.2 水蒸气蒸馏

量取 20 mL 如 5.1 所述的脱除二氧化碳的葡萄酒,放置于样品瓶中。加入约 0.5 g 酒石酸,收集至少 250 mL 蒸馏液。

5.3 滴定

加入 2 滴酚酞溶液作为指示剂,用 0.1 mol/L 氢氧化钠标准溶液滴定。记录消耗氢氧化钠溶液的体积 n mL。

加入 4 滴稀释的盐酸溶液,2 mL 淀粉溶液和一些结晶碘化钾。用 0.005 mol/L 碘标准溶液滴定游离态二氧化硫。记录消耗的碘溶液体积 n' mL。

加入四硼酸钠饱和溶液,直至重新出现粉红色。用 0.005 mol/L 碘标准溶液滴定结合态二氧化硫。记录消耗的碘溶液体积 n'' mL。

6 结果表示

6.1 计算方法

挥发酸以 mmol/L 表示,结果保留一位小数:
$$5(n-0.1n'-0.05n'')$$

挥发酸以硫酸表示(g/L),结果保留两位小数:
$$0.245(n-0.1n'-0.05n'')$$

挥发酸以乙酸表示(g/L),结果保留两位小数:
$$0.300(n-0.1n'-0.05n'')$$

6.2 方法的重复性(r)

$r=0.7$ mmol/L

$r=0.03$ g/L(以硫酸计)

$r=0.04$ g/L(以乙酸计)

6.3 方法的再现性(R)

$R=1.3$ mmol/L

$R=0.06$ g/L(以硫酸计)

$R=0.08$ g/L(以酒石酸计)

6.4 加入山梨酸的葡萄酒

由于 96% 的山梨酸被蒸汽带入 250 mL 蒸馏液中,它的酸度应从挥发酸中减除,已知 100 mg 山梨酸相当于 0.89 mmol 酸度或 0.053 g 乙酸。可通过其他方法确定山梨酸的浓度 (mg/L)。

附 录 A
测定馏出挥发酸中的水杨酸

A.1 原理

挥发性酸度测定后,经过二氧化硫的校正,如果酸化后,当添加铁(Ⅲ)盐显示紫色时,则表明有水杨酸存在。为测定挥发酸馏出液中水杨酸含量,需要取一份与做挥发酸定量时一样体积的试样,用比色法测定水杨酸的含量,然后从挥发酸中将其扣除。

A.2 试剂

——盐酸($\rho_{20℃}=1.18$ g/L$\sim$1.19 g/L)。

——硫代硫酸钠标准滴定液,$Na_2S_2O_3 \cdot 5H_2O$,0.1 mol/L。

——铁(Ⅲ)硫酸铵溶液,$Fe_2(SO_4)_3 \cdot (NH_4)_2SO_4 \cdot 24H_2O$,10%($m/V$)。

——水杨酸钠溶液,0.01 mol/L(1.60 g/L 的水杨酸钠,$NaC_7H_5O_3$)。

A.3 步骤

A.3.1 鉴定水杨酸

挥发酸测定后,经过游离态、结合态二氧化硫的校正后,将蒸馏物加入已含有 0.5 mL 盐酸,3 mL 0.1 mol/L 硫代硫酸钠标准溶液和 1 mL 铁(Ⅲ)的硫酸铵溶液的锥形瓶中。如果溶液被染成紫色则表明水杨酸存在。

A.3.2 测定水杨酸

在上述锥形瓶中,对馏出物作出体积标记。将瓶中溶液倒出并冲洗锥形瓶。重新取 20 mL 测试酒样进行水蒸气蒸馏,将蒸馏物收集在锥形瓶中,直至液面达到参考标记处。然后加入 0.3 mL 浓盐酸和 1 mL 铁(Ⅲ)的硫酸铵溶液,锥形瓶中溶液变成紫色。

用同样的方法,将样品蒸馏物换成水蒸馏物,将水蒸馏物倒入相同规格标有参考标记的锥形瓶中,直至标记位。加 0.3 mL 浓盐酸和 1 mL 铁(Ⅲ)的硫酸铵。用 0.01 mol/L 水杨酸钠溶液滴定,直到得到与酒蒸馏液的变色反应相同强度的紫色。假设 n'' mL 是水杨酸滴定体积。

A.4 挥发酸结果的校正

在对挥发酸进行定量时,应从滴定馏出液挥发酸所用的 0.1 mol/L 氢氧化钠溶液 n mL 中减去体积 $0.1n''$ mL。

参 考 文 献

[1] Single method：JAULMES P. ，Recherches sur l'acidité volatile des vins，Thèse Diplom. Pharm. 1991，Montpellier，Nîmes.

[2] JAULMES P. ，Ann. Fals. Frauds，1950，43，110.

[3] JAULMES P. ，Analyse des vins，1951，396，Montpellier.

[4] JAULMES P. ，Bull. O. I. V. ，1953. ，26，no 274，48.

[5] JAULMES P. ，MESTRES R. ，MANDROU Mlle B. ，Ann. Fals. Exp. Chim. ，1964，57，119.

方法 OIV-MA-AS313-03   方法类型 I

固　定　酸

1　原理

固定酸是总酸与挥发酸之差。

2　结果表示

固定酸用以下表示方式：
——mmol/L；
——g/L（以硫酸计）；
——g/L（以酒石酸计）。

方法 OIV-MA-AS313-04 方法类型Ⅳ

有机酸(高效液相色谱法)

利用高效液相色谱法(HPLC)可以将葡萄酒中的有机酸分离出来,还可以同时进行定量分析。

1 原理

葡萄酒中的有机酸可以用两种固定相来分离:辛基结合硅胶和离子交换树脂。可以用紫外分光光度计来测定有机酸。

对于苹果酸和酒石酸的定量测定,推荐使用辛基结合硅胶,对于柠檬酸和乳酸推荐用离子交换树脂进行分离。对于这些酸可以用外标法来定量分析。

2 仪器

2.1 带纤维素膜的过滤装置(孔径为 0.45 μm)。

2.2 配备有辛基结合硅胶材料的滤芯(例如:Sep Pak-Waters Assoc.)。

2.3 高效液相色谱仪,配备 10 μL 的注射器;恒温装置;检测器,可以在 210 nm 处进行吸光度测定;记录仪,或者积分仪。

操作条件

2.3.1 分离柠檬酸、乳酸和醋酸:

——装有强力阳离子交换树脂的色谱柱(例如:HPX-87 HBIO-RAD,长 300 mm,内径 7.8 mm,颗粒直径 9 μm);

——流动相:0.0125 mol/L 硫酸溶液;

——流速:0.6 mL/min;

——温度:60℃～65℃(根据树脂的型号确定)。

2.3.2 分离富马酸、琥珀酸、莽草酸、乳酸、苹果酸和酒石酸:

——两根串联的色谱柱(长 250 mm,内径 4 mm),装有辛基结合硅胶,颗粒直径为 5 μm;

——流动相:70 g/L 磷酸二氢钾溶液,14 g/L 硫酸铵溶液,通过添加磷酸将 pH 调至 2.1;

——流速:0.8 mL/min;

——温度:20℃。

3 试剂

3.1 高效液相色谱用蒸馏水。

3.2 蒸馏甲醇。

3.3 酒石酸。

3.4 苹果酸。

3.5 乳酸钠。

3.6 莽草酸。

3.7 醋酸钠。

3.8 琥珀酸。

3.9 柠檬酸。

3.10 富马酸。

3.11 硫酸($\rho_{20℃}=1.84$ g/mL)。

3.12 0.0125 mol/L 硫酸溶液。

3.13 磷酸二氢钾(KH_2PO_4)。

3.14 硫酸铵$[(NH_4)_2SO_4]$。

3.15 85% 磷酸($\rho_{20℃}=1.71$ g/mL)。

3.16 标准溶液:酒石酸,5 g/L;苹果酸,5 g/L;乳酸钠,6.22 g/L;莽草酸,0.05 g/L;醋酸钠,6.83 g/L;琥珀酸,5 g/L;富马酸,0.01 g/L 和柠檬酸 5 g/L。

4 步骤

4.1 样品制备

先将滤膜用 10 mL 甲醇清洗,然后再用 10 mL 蒸馏水清洗。

将葡萄酒或葡萄汁样品去除二氧化碳,经纤维素膜($0.45\ \mu m$)过滤。注射器先用样品预洗。然后吸取 8 mL 经过滤的样品,使之通过滤膜,弃去始滤的 3 mL 滤液,收集后面 5 mL 滤液(避免在开始时使用干燥的滤膜)。

4.2 色谱仪分析

先向色谱仪中注入 10 μL 标准溶液,接着注入 10 μL 按 4.1 制备的样品。按此程序重复进样 3 次。

5 计算

5.1 定性分析

确定每一种洗脱液的保留时间。

标准溶液中的各种有机酸按下列顺序洗脱分离:

在方法 2.3.1 情况下,柠檬酸、酒石酸、苹果酸、丁二酸+莽草酸、乳酸、富马酸、醋酸。

在方法 2.3.2 情况下,酒石酸、苹果酸、莽草酸、乳酸、醋酸、柠檬酸、丁二酸和富马酸。

5.2 定量分析

测定每一个峰的面积,对于标准溶液和样品溶液都要取 3 次平均值,根据峰面积,计算得到样品中有机酸的浓度。

6 结果表示

浓度按以下方式表示:

——对于酒石酸、苹果酸、乳酸和丁二酸,以 g/L 表示,保留一位小数;

——对于柠檬酸、醋酸和富马酸,以 mg/L 表示。

参 考 文 献

[1] TUSSEAU D. et BENOIT C. ,F. V. ,O. I. V. ,1986,nos 800 et 813;J. Chromatogr. ,1987,395,323-333.

酒石酸(重量法)

1 原理

利用重量法对酒石酸形成的(±)酒石酸钙沉淀进行定量分析,可以用容量分析法作为此测定方法的对比方法。沉淀的条件(pH、试验总体积、沉淀离子的浓度)都与(±)酒石酸钙有关,而 D(−)酒石酸钙则留在溶液中。

如果葡萄酒中已加过偏酒石酸,它会使(±)酒石酸钙的沉淀不完全,这种情况下,应先经过水解处理。

2 方法

2.1 重量法

2.1.1 试剂

——醋酸钙溶液(含钙 10 g/L):

碳酸钙,$CaCO_3$	25 g
冰醋酸,$CH_3COOH(\rho_{20℃}=1.05$ g/mL$)$	40 mL
加水至	1 000 mL

——结晶(±)酒石酸钙:$CaC_4O_6H_4 \cdot 4H_2O$。

在一个 400 mL 烧杯中,加入 20 mL 5 g/L 的 L−(+)酒石酸溶液,20 mL 6.126 g/L D−(+)酒石酸铵溶液和 6 mL 的醋酸钙(含钙 10 g/L)溶液。

上述溶液混匀后静置沉淀 2 h。在 4 号滤坩上收集沉淀物,用大约 30 mL 蒸馏水冲洗沉淀 3 次。放置 70℃的烘箱中干燥至恒量。用以上的试剂,可获得约 340 mg 结晶(±)酒石酸钙,保存在具塞烧瓶中。

——沉淀液(pH4.75):

D(−)酒石酸铵	150 mg
醋酸钙溶液(含钙 10 g/L)	8.8 mL
加水至	1 000 mL

将 D(−)酒石酸铵溶于 900 mL 水中,加 8.8 mL 醋酸钙溶液,再加水至 1 000 mL。因(±)酒石酸钙微溶于此溶液中,在每升溶液中加入 5 mg(±)酒石酸钙,搅拌 12 h,然后过滤。

注:这种沉淀液也可以通过 D(−)酒石酸制备。

D(−)酒石酸	122 mg
25%(V/V)的氨水$(\rho_{20℃}=0.97$g/mL$)$	0.3 mL

加入氨水溶液溶解 D(−)酒石酸,加水使体积大约至 900 mL;加入 8.8 mL 醋酸钙溶液,混合好后,用醋酸调 pH 至 4.75,加水使体积至 1 L。因(±)酒石酸钙微溶于此溶液中,在每升溶液中加入 5 mg(±)酒石酸钙,搅拌 12 h,然后过滤。

2.1.2 步骤

不加偏酒石酸的葡萄酒：在 600 mL 圆底烧瓶中，加入 500 mL 沉淀液和 10 mL 葡萄酒，混合，用玻璃棒搅拌以促进沉淀，放置沉淀 12 h。

在已知重量的 4 号滤埚上，真空抽滤沉淀溶液。用滤液冲洗沉淀，直到过滤完毕。

放置于 70℃ 烘箱中干燥，直至质量恒定，称重。假设结晶（±）酒石酸钙的质量为 m。

加有偏酒石酸的葡萄酒：如果已知葡萄酒中加有偏酒石酸，或是可能加有偏酒石酸，可使这种酸在下列条件下首先进行水解：

在一个 50 mL 锥形烧瓶中，加入 10 mL 葡萄酒和 0.4 mL 冰醋酸。在锥形烧瓶顶部装上回流冷凝装置。加热至沸腾回流 30 min。冷却后，将锥形烧瓶内的液体转移至 600 mL 烧杯中每次用 5 mL 水将烧瓶冲洗 2 次，再按上面所述操作方法继续进行。

所含偏酒石酸的量包括在最终酒石酸的结果中。

2.1.3 结果表示

一分子（±）酒石酸钙相当于葡萄酒中二分之一分子 L（+）酒石酸。

每升葡萄酒中酒石酸的含量，用 mmol 表示，384.5 p。

每升葡萄酒中酒石酸的含量，用酒石酸的质量（g）表示，28.84 p。结果保留一位小数。

每升葡萄酒中酒石酸的含量，用酒石酸钾的质量（g）表示，36.15 p。结果保留一位小数。

2.2 容量分析法

2.2.1 试剂

盐酸（$\rho_{20℃} = 1.18$ g/mL～1.19 g/mL）按照 1:5 比例用水稀释。

0.05 mol/L EDTA 溶液

EDTA（乙二胺四乙酸）	18.61 g
加水至	1 000 mL

40%（m/V）氢氧化钠溶液：

氢氧化钠（NaOH）	40 g
加水至	100 mL

1%（m/m）羧酸钙指示剂：

2-羟基-1-(2-羟基-4 磺基-1-茶)-3-茶醌	1 g
无水硫酸钠	100 g

2.2.2 步骤

称重后，将装有（±）酒石酸沉淀物的滤埚重新放到真空抽滤瓶上，用 10 mL 稀盐酸将沉淀物溶解。用 50 mL 蒸馏水冲洗滤埚。

加入 5 mL 40% 氢氧化钠溶液和大约 30 mg 指示剂。用 0.05 mol/L EDTA 滴定。记录消耗 EDTA 溶液的体积数 n（mL）。

2.2.3 结果表示

每升葡萄酒中酒石酸的含量，用 mmol 表示，$5n$，结果保留一位小数。

每升葡萄酒中酒石酸的含量，用酒石酸的质量（g）表示，$0.375n$，结果保留一位小数。

每升葡萄酒中酒石酸的含量，用酒石酸钾的质量（g）表示，$0.470n$，结果保留一位小数。

参 考 文 献

［1］KLING A. ,Bull. Soc. Chim. ,1910,7,567.

［2］KLING A. ,FLORENTIN D. ,Ibid,1912,11,886.

［3］SEMICHON L. ,FLANZY M. ,Ann. Fals. Fraudes,1933,26,404.

［4］PEYNAUD E. ,Ibid,1936,29,260.

［5］PATO M. ,Bull. O. I. V. ,1944,17,no,161,59,no,162,64.

［6］POUX C. ,Ann. Fals. Fraudes,1949,42,439.

［7］PEYNAUD E. ,Bull. Soc. Chim. Biol. ,1951,18,911;Ref. Z. Lebensmit. Forsch. ,1953,97,142.

［8］JAULMES P. ,BRUN Mme S. ,VASSAL Mlle M. ,Trav. Soc,Pharm. ,Montpellier,1961,21,4651.

［9］JAULMES P. ,BRUN Mme S. ,CABANIS J. C. ,Bull. O. I. V. ,1969,nos 462-463,932.

乳酸（酶法）

1 原理

在烟酰胺腺嘌呤二核苷酸（NAD）存在条件下，总乳酸（L-乳酸和 D-乳酸）在 L-乳酸脱氢酶（L-LDH）和 D-乳酸脱氢（D-LDH）所催化的反应中被氧化成丙酮酸。

通常，反应向有利于乳酸方向进行。从反应产物中除去丙酮酸可以使反应的平衡朝着生成丙酮酸的方向进行。

有 L-谷氨酸存在时，在谷丙转氨酶（GPT）催化反应中，丙酮酸转化成 L-丙氨酸。

$$\text{L-乳酸} + \text{NAD} + \underset{\xleftrightarrow{\quad\text{L-LDH}\quad}}{} \text{丙酮酸} + \text{NADH} + \text{H}^+ \tag{1}$$

$$\text{D-乳酸} + \text{NAD} + \underset{\xleftrightarrow{\quad\text{D-LDH}\quad}}{} \text{丙酮酸} + \text{NADH} + \text{H}^+ \tag{2}$$

$$\text{丙酮酸} + \text{L-谷氨酸} \underset{\xleftrightarrow{\quad\text{L-GPT}\quad}}{} \text{L-丙氨酸} + \alpha\text{-酮戊二酸} \tag{3}$$

形成的 NADH 量，通过测定在波长 340 nm 处吸光度的增加而得到，NADH 量与乳酸的初始含量成正比。

注：通过反应（1）和反应（3）可以单独测定 L-乳酸，通过反应（2）和反应（3）可以单独测定 D-乳酸。

2 仪器

2.1 可以在波长 340 nm 处测量的分光光度计，该波长下 NADH 的吸光度最大。也可以使用可在 334 nm 或 365 nm 波长下进行测量的不连续光谱的光度计。

2.2 光程为 1 cm 的玻璃比色皿或专用比色皿。

2.3 可吸取范围为 0.02 mL～2 mL 的微量移液管。

3 试剂

3.1 pH 为 10 的缓冲溶液（0.6 mol/L 甘氨酰-甘氨酸；0.1 mol/L L-谷氨酸）。

将 4.75 g 甘氨酰-甘氨酸和 0.88 g L-谷氨酸溶于约 50 mL 双蒸水中；用少量 10 mol/L 氢氧化钠溶液将 pH 调至 10，再加双蒸水使液体总量至 60 mL。

在 4℃ 条件下，此溶液可保存至少 12 周。

3.2 烟酰胺腺嘌呤二核苷酸（NAD）溶液，浓度约为 40×10^{-3} mol/L。

将 900 mg NAD 溶于 30 mL 双蒸水中。此溶液在 4℃ 条件下可保存至少 4 周。

3.3 谷丙转氨酶（GPT）悬浮液，20 g/L。

此悬浮液在 4℃ 条件下，可保存至少 1 年。

3.4 L-乳酸脱氢酶（L-LDH）悬浮液，5 mg/L。

此悬浮液在 4℃ 条件下，可保存至少 1 年。

3.5 D-乳酸脱氢酶（D-LDH）悬浮液，5 mg/L。

此悬浮液在 4℃ 条件下，可保存至少 1 年。

建议在进行定量测定之前，先对酶的活性进行验证。

4 样品制备

乳酸定量通常可对未预先脱色的葡萄酒直接进行,如果乳酸浓度低于 100 mg/L,则不需要进行稀释。如果乳酸浓度高于 100 mg/L,则按以下方式进行稀释:

0.1 g/L～1 g/L,用双蒸水按 1：10 进行稀释;

1 g/L～2.5 g/L,用双蒸水按 1：25 进行稀释;

2.5 g/L～5 g/L,用双蒸水按 1：50 进行稀释。

5 步骤

进行测定前应注意:

避免手指与盛反应介质的玻璃器皿相接触,因为这可能带入 L-乳酸,从而使结果产生误差。

在进行定量测定前,应使缓冲溶液的温度在 20℃～25℃。

5.1 总乳酸定量

将分光光度计的波长调至 340 nm,使用光程为 1 cm 的比色皿。用空气或水作为参比调零。

向光程为 1 cm 的比色皿中加入:

	对照皿	样品皿
	mL	mL
溶液 3.1	1.00	1.00
溶液 3.2	0.20	0.20
双蒸水	1.00	0.80
悬浮液 3.3	0.02	0.02
样品	—	0.20

用玻璃棒或者塑料棒进行混匀;经过 5 min 后,测量对照溶液和测试样品溶液的吸光度(A_1)。

分别加入 0.02 mL 溶液 3.4 和 0.05 mL 溶液 3.5,使其充分混匀,等待反应完全后(大约 30 min),测量对照溶液和测试样品溶液的吸光度(A_2)。

算出对照溶液和测试溶液各自的吸光度之差(A_2-A_1),ΔA_R 和 ΔA_S。

最后,用测试吸光度差值减去对照吸光度差值:

$$A = \Delta A_S - \Delta A_R$$

5.2 L-乳酸和D-乳酸的定量测定

L-乳酸和 D-乳酸的定量测定可以根据总乳酸的操作方法分别求出,在求出 A_1 之后分别进行:

加入 0.02 mL L-LDH 悬浮溶液(3.4),使其混合均匀,待反应完全后(约 20 min),测量对照溶液和测试溶液的吸光度(A_2)。

加入 0.05 mL L-LDH 悬浮溶液（3.5），使其混合均匀，待反应完全后（约 30 min），测量对照溶液和测试溶液的吸光度（A_3）。

测定对照和测试两种情况的 L-乳酸的吸光度之差（$A_2 - A_1$）和 D-乳酸的吸光度之差（$A_3 - A_2$）。

最后，用测试吸光度差值减去对照吸光度差值：

$$A = \Delta A_S - \Delta A_R$$

注：酶作用所需的时间彼此间可能有很大差别。所以上述算法只能是一般指导性的。建议按每一批进行测定。如果只需作 L-乳酸定量，在加入 L-乳酸脱氢酶之后的反应时间可减少至 10 min。

6 结果表示

乳酸浓度以 g/L 表示，结果保留 1 位小数。

6.1 计算方法

浓度可由下列公式计算（g/L）：

$$c = \frac{V \times M}{\varepsilon \times \delta \times v \times 1\,000} \times \Delta A$$

其中：V——实验溶液的总体积（L-乳酸，$V = 2.24$ mL；D-乳酸和总乳酸，$V = 2.29$ mL）；

v——样品体积（0.2 mL）；

M——待定量物质的相对分子质量（DL-乳酸，$M = 90.08$）；

δ——比色皿的光程（1 cm）；

ε——NADH 在波长 340 nm 处的吸收系数（$\varepsilon = 6.3$ mmol$^{-1} \cdot$ L $\cdot$ cm^{-1}）。

6.1.1 总乳酸和 D-乳酸

$$C = 0.164 \times \Delta A$$

如果在制备试样时进行了稀释，则应将结果乘以稀释倍数。

注：
- 在波长 334 nm 处测量：$c = 0.167 \times \Delta A$，（$\varepsilon = 6.2$ mmol$^{-1} \cdot$ L $\cdot$ cm^{-1}）。
- 在波长 365 nm 处测量：$c = 0.303 \times \Delta A$，（$\varepsilon = 3.4$ mmol$^{-1} \cdot$ L $\cdot$ cm^{-1}）。

6.1.2 L-乳酸

$$c = 0.160 \times \Delta A$$

如果在制备试样时进行了稀释，则应将结果乘以稀释倍数。

注：
- 在波长 334 nm 处测量：$c = 0.163 \times \Delta A$，（$\varepsilon = 6.2$ mmol$^{-1} \cdot$ L $\cdot$ cm^{-1}）。
- 在波长 365 nm 处测量：$c = 0.297 \times \Delta A$，（$\varepsilon = 3.4$ mmol$^{-1} \cdot$ L $\cdot$ cm^{-1}）。

6.2 重复性（r）

$$r = 0.02 + 0.07 x_i$$

x_i 是样品中乳酸的浓度，g/L。

6.3 再现性（R）

$$R = 0.05 + 0.125 x_i$$

x_i 是样品中乳酸的浓度，g/L。

参 考 文 献

[1] HOHORST H. J. , in Méthodes d'analyse enzymatique, par BERGMEYER H. U. , 2e éd. , p. 1425, VerlagChemie Weinheim/Bergstrβe, 1970.

[2] GAWEHN K. et BERGMEYER H. U. , ibid. , p. 1450.

[3] BOEHRINGER, Mannheim, Méthodes d'analyse enzymatique en chimie alimentaire, documentation technique.

[4] JUNGE Ch. , F. V. , O. I. V. , 1974, no 479.

[5] VAN DEN DRIESSCHE S. et THYS L. , F. V. , O. I. V. , 1982, no 755.

柠檬酸(化学法)

1 原理

利用一种阴离子交换树脂先将柠檬酸与葡萄酒中的其他酸一起固定,再将柠檬酸洗脱分离出来。

柠檬酸先被氧化转变成丙酮,然后通过蒸馏分离出来,所携带的乙醛(乙醇)被氧化成乙酸,用碘量法测定丙酮含量。

2 仪器

2.1 阴离子交换柱

在一个带旋塞的 25 mL 滴定管内,先放进一团玻璃棉,再注入 20 mL Dowex 1×2 树脂。

开始时,先用 1 mol/L 的盐酸和氢氧化钠溶液交替对树脂进行两个完整周期的再生处理,再用 50 mL 蒸馏水冲洗*,用 250 mL 4 mol/L 醋酸溶液通过交换柱,使树脂饱和;再用 100 mL 蒸馏水洗涤。使待分析样品通过交换树脂柱。柠檬酸被洗脱后,用 50 mL 蒸馏水漂洗离子交换柱,再用 4 mol/L 醋酸溶液使树脂饱和,用 100 mL 水漂洗后下次可重复使用。

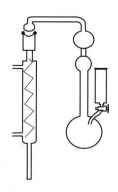

图 1   测定柠檬酸含量用的氧化和蒸馏装置

2.2 氧化装置

使用配有一个氧化圆底烧瓶的蒸馏装置,如图 1 所示,可以控制高锰酸钾溶液的加入量。

如果不具备上述条件的装置,可以用一个 500 mL 圆底烧瓶,上方装一个带旋塞的端部缩小的漏斗,使高锰酸钾的添加量得到控制。

---

* 通入氢氧化钠溶液时,树脂发生收缩再进行水洗时,树脂产生膨胀,会阻止液体流动。建议在最初几毫升水通过离子交换柱时,尽快对树脂进行搅拌,防止它吸附在滴定管的底部。

3 试剂

3.1 Dowex 1×2 树脂(50 目～100 目)。

3.2 4 mol/L 醋酸溶液。

3.3 2.5 mol/L 醋酸溶液。

3.4 2 mol/L 氢氧化钠溶液。

3.5 硫酸($\rho_{20℃}$=1.84 g/mL)稀释至 1/5(V/V)。

3.6 pH 为 3.2～3.4 的缓冲溶液:

      磷酸二氢钾(KH_2PO_4)   150 g

      浓磷酸($\rho_{20℃}$=1.70 g/mL)   5 mL

      加水至   1 000 mL

3.7 50 g/L 硫酸锰溶液($MnSO_4 \cdot H_2O$)。

3.8 沸石。

3.9 0.01 mol/L 高锰酸钾溶液。

3.10 硫酸($\rho_{20℃}$=1.84 g/mL)稀释至 1/3(V/V)。

3.11 硫酸($\rho_{20℃}$=1.84 g/mL)稀释至 1/5(V/V)。

3.12 0.4 mol/L 高锰酸钾溶液。

3.13 40%(m/V)硫酸亚铁溶液,($FeSO_4 \cdot 7H_2O$)。

3.14 5 mol/L 氢氧化钠溶液。

3.15 0.01 mol/L 碘溶液。

3.16 0.02 mol/L 硫代硫酸钠溶液。

3.17 淀粉溶液。

4 分析方法

4.1 柠檬酸和柠苹酸的分离

用 25 mL 葡萄酒通过 Dowex 1×2 阴离子交换树脂(以醋酸的饱和状态)柱,流量为 1.5 mL/min。用 20 mL 蒸馏水冲洗离子交换柱 3 次。用 200 mL 2.5 mol/L 醋酸溶液洗脱分离有机酸,流速保持不变。这一洗脱液中可能含有丁二酸、乳酸、半乳糖醛酸、柠檬苹果酸以及全部苹果酸。

柠檬酸和酒石酸的洗脱方法是:用 100 mL 2 mol/L 氢氧化钠溶液通过离子交换柱,将洗脱液收集在氧化装置的烧瓶中。

4.2 氧化

在盛有上述第二次洗脱液的烧瓶中,加入硫酸稀释液(3.11)约 20 mL,使 pH 在 3.2～3.8。然后加入 25 mL pH3.2～3.4 的缓冲溶液,1 mL 硫酸锰和数粒沸石。

将试液加热至煮沸,弃去开始蒸出的 50 mL 蒸馏液。

往带旋塞的漏斗中加入 0.01 mol/L 高锰酸钾溶液,以每秒 1 滴的流速加到沸腾的洗出液中。馏出液收集在一个 500 mL 带磨口塞的烧瓶中,在此之前烧瓶中已放进几毫升水。进行氧化,直至液体呈现棕色,表明高锰酸钾已经过量。

4.3 丙酮的分离

如馏出液的体积低于 90 mL，则加蒸馏水补至 90 mL；加入 4.5 mL 硫酸稀释液（3.10）和 5 mL 0.4 mol/L 高锰酸钾溶液。如果收集的馏出液超出 90 mL 很多，则补加蒸馏水至 180 mL，将所用各种试剂的量都加为两倍。

在此条件下（介质为 0.25 mol/L 硫酸和 0.02 mol/L 高锰酸钾），乙醛（乙醇）被氧化成乙酸，而丙酮不起反应。

塞上烧瓶的瓶塞，在室温下静置 45 min。加入硫酸亚铁溶液，除去过量的高锰酸钾。

进行蒸馏，在一个带磨口塞的烧瓶中，先加入 5 mL 5 mol/L 氢氧化钠溶液，然后将约 50 mL 馏出液收集在此烧瓶中。

4.4 丙酮定量

往上述烧瓶中加入 25 mL 0.01 mol/L 碘溶液[*]，保持 20 min。加 8 mL 硫酸稀释液（3.11），在淀粉存在下，用 0.02 mol/L 硫代硫酸钠滴定至碘过量，消耗的硫代硫酸钠为 n mL。

在相同条件下作空白定量试验，用 50 mL 蒸馏水代替 50 mL 馏出液，消耗的硫代硫酸钠为 n' mL。

5 计算

1 mL 0.01 mol/L 碘溶液相当于 0.64 mg 柠檬酸。

柠檬酸含量由下式算出：

$$X = (n' - n) \times 25.6$$

6 结果表示

柠檬酸的浓度由 mg/L 表示。

参 考 文 献

[1] KOGEN A. ，Z. Anal. chem. ，1930，80，112.

[2] BARTELS W. ，Z. Unters. Lebensm. 1933，65，1.

[3] PEYNAUD E. ，Bull. O. I. V. ，1938，11，no 118，33.

[4] GODET C. ，CHARRIERE R. ，Trav. Chim. Alim. Hyg. ，1948，37，317.

[5] KOURAKOU Mme S. ，Ann. Fals. Exp. Chim. ，1962，55，149.

---

[*] 此剂量适用于柠檬酸浓度不超过 0.5 g/L～0.6 g/L 的情况。如柠檬酸浓度高于此范围，则碘溶液量不够，溶液不出现黄色。在此情况下，将碘溶液量应增至 2～3 倍，直至溶液呈现明显黄色。在特殊情况下，当葡萄酒中的柠檬酸含量超过 1.5 g/L 时，最好取 10 mL 葡萄酒重新进行分析。

柠檬酸(酶法)

1 原理

在柠檬酸裂解酶(CL)催化的反应中,柠檬酸转化成草酰乙酸和醋酸:

$$柠檬酸 \underset{}{\overset{CL}{\rightleftharpoons}} 草酰乙酸 + 醋酸$$

在苹果酸脱氢酶(MDH)和乳酸脱氢酶(LDH)存在时,草酰乙酸及其脱羧衍生物——丙酮酸被还原,烟酰胺腺嘌呤二核苷酸(NADH)还原成 L-苹果酸和 L-乳酸:

$$草酰乙酸 + NADH + \underset{}{\overset{MDH}{\rightleftharpoons}} L\text{-}苹果酸 + NAD^+$$

$$丙酮酸 + NADH + H^+ \underset{}{\overset{MDH}{\rightleftharpoons}} L\text{-}乳酸 + NAD^+$$

在这两个反应中,NADH 氧化成 NAD^+ 的数量与所存在柠檬酸的数量成正比。NADH 的氧化程度根据它在波长 340 nm 处的吸光度的减小来测定。

2 仪器

2.1 分光光度计,可以在波长 340 nm 处测量的分光光度计,该波长下 NADH 的吸光度最大。也可以使用可在 334 nm 或 365 nm 波长下进行测量的不连续光谱的光度计。

2.2 光程为 1 cm 的玻璃比色皿或专用比色皿。

2.3 可吸取范围为 0.02 mL~2 mL 的微量移液管。

3 试剂

3.1 pH 为 7.8 的缓冲溶液(0.51 mol/L 甘氨酰-甘氨酸,pH7.8,$[Zn^{2+}]$ 0.6×10^{-3} mol/L)

将 7.13 g 甘氨酰-甘氨酸溶于约 70 mL 双蒸水中。用约 13 mL 5 mol/L 氢氧化钠溶液将 pH 调至 7.8,再加入 10 mL 氯化锌($ZnCl_2$)溶液(80 mg 氯化锌溶于 100 mL 双蒸水中),用双蒸水定容至 100 mL。

3.2 还原态烟酰胺腺嘌呤二核苷酸(NADH)溶液(浓度约为 6×10^{-3} mol/L)

将 30 mg NADH 和 60 mg $NaHCO_3$ 溶于 6 mL 双蒸水中。

3.3 苹果酸脱氢酶/乳酸脱氢酶(MDH/LDH)溶液(MDH0.5 mg/mL;LDH2.5 mg/mL)

将 0.1 mL MDH(5 mg/mL)、0.4 mL 3.2 mol/L 硫酸铵溶液、0.5 mL LDH(5 mg/mL)进行混合。此悬浮液在 4℃ 条件下,可保存至少一年。

3.4 柠檬酸裂解酶溶液(CL,蛋白质 5 mg/mL)

将 168 mg CL 冻干品溶于 1 mL 水中。在 4℃ 时此溶液可保存至少 1 周,在冷冻情况下可保存至少 4 周。

建议在进行定量测定之前,先对酶的活性进行验证。

3.5 聚乙烯吡咯烷酮(PVPP)。

4 样品制备

如果待测葡萄酒中柠檬酸含量低于 400 mg/L,则可直接对未预先脱色和未经稀释的葡萄酒进行测定。如果待测葡萄酒中柠檬酸含量高于 400 mg/L，则应先将葡萄酒稀释，使柠檬酸含量在 20 mg/L～400 mg/L 之间（每个样品所含的柠檬酸量在 5 μg 与 80 μg 之间）。

对富含酚类化合物的红葡萄酒，建议预先用 PVPP 处理：首先使用 PVPP 形成约 0.2 g 水悬浮液，放置 15 min 后过滤。

将 10 mL 葡萄酒置于 50 mL 锥形瓶中，加入湿的 PVPP 用刮勺从过滤纸上刮取。摇动 2 min～3 min 后，过滤。

5 步骤

将分光光度计的波长调至 340 nm，使用光程为 1 cm 的比色皿，用空气调零（参比）。向光程为 1 cm 的比色皿中加入以下试液：

	对照皿	样品皿
	mL	mL
溶液 3.1	1.00	1.00
溶液 3.2	0.10	0.10
试样	—	0.20
双蒸水	2.00	1.80
悬浮液 3.3	0.02	0.02

混匀，约 5 min 后，分别读取吸光度 A_1。

分别加入 0.02 mL 溶液（3.4），混匀，等待反应进行完毕（大约 5 min 后），分别读取吸光度 A_2。

计算两次吸光度之差 $A_2—A_1$，对照皿吸光度之差和样品皿吸光度之差分别为 ΔA_S 和 ΔA_R。

最后，用样品皿吸光度差值减去对照吸光度差值：

$$A = \Delta A_S — \Delta A_R$$

注：各种酶反应所需的时间彼此间可能有很大差别，上述数据仅供参考。建议每一批酶作一次测定。

6 结果表示

柠檬酸浓度以 mg/L 表示，结果保留至整数。

6.1 计算方法

浓度可由下列通式计算（mg/L）：

$$c = \frac{V \times M}{\varepsilon \times d \times \upsilon} \times \Delta A$$

其中：V——实验溶液的总体积，mL（3.14 mL）；

υ——试样体积，mL（0.2 mL）；

M——待测定物质的相对分子质量（无水柠檬酸，$M = 90.08$）；

d——比色皿的光程，cm（1 cm）；

ε——NADH 的吸收系数(在波长 340 nm 处,$\varepsilon=6.3$ mmol^{-1} · L · cm^{-1})。

计算得到柠檬酸的含量：

$$c=479\times\Delta A$$

如果在制备样品时进行了稀释,则应将结果乘以稀释倍数。

注：

- 在波长 334 nm 处测量

  $c=448\times\Delta A$,($\varepsilon=6.3$ mmol^{-1} · L · cm^{-1})。

- 在波长 365 nm 处测量

  $c=887\times\Delta A$,($\varepsilon=3.4$ mmol^{-1} · L · cm^{-1})。

6.2 重复性(r)

柠檬酸浓度低于 400 mg/L：$r=14$ mg/L；

柠檬酸浓度高于 400 mg/L：$r=28$ mg/L。

6.3 再现性(R)

柠檬酸浓度低于 400 mg/L：$R=39$ mg/L；

柠檬酸浓度高于 400 mg/L：$R=65$ mg/L。

参 考 文 献

[1] Mayer K. et Pause G. ,Lebensm. Wiss. u. Technol. ,1969. 2,143

[2] Junge Ch. ,F. V. ,O. I. V. ,1970,no 364

[3] Boehhringer,Mannheim,Méthodes d'analyse enzymatique en chimie alimentaire,documentation technique.

[4] Van den Dreische S. et Thys L. ,F. V. ,O. I. V. ,1982,no 755

总 苹 果 酸

1 原理

苹果酸通过阴离子交换树脂柱进行分离,利用比色法对浓硫酸存在下洗脱液和变色酸形成的黄色物质进行测定。通过利用苹果酸在 96％的硫酸和变色酸反应得到吸光度减去 86％的硫酸存在下和变色酸反应(苹果酸在此条件下不变色的反应)得到吸光度的差值来消除干扰物的影响。

2 仪器

2.1 玻璃柱,长约 250 mm,内径 35 mm,装有旋塞。

2.2 玻璃柱,长约 300 mm,内径 10 mm～11 mm,装有旋塞。

2.3 100℃恒温水浴锅。

2.4 可以在波长 420 nm 处,用光程 1 cm 的比色皿测定吸光度的分光光度计。

3 试剂

3.1 强碱性阴离子交换树脂(Merck Ⅲ)。

3.2 5％(m/V)氢氧化钠溶液。

3.3 30％(m/V)醋酸溶液。

3.4 0.5％(m/V)醋酸溶液。

3.5 10％(m/V)硫酸钠溶液。

3.6 95％～97％(质量分数)浓硫酸。

3.7 86％(质量分数)硫酸溶液。

3.8 5％(m/V)变色酸溶液。

将 500 mg 变色酸二钠($C_{10}H_6NaO_8S_2 \cdot 2H_2O$),溶于 10 mL 蒸馏水中。现用现配。

3.9 0.5 g/L DL-苹果酸溶液

将 250 mg 苹果酸($C_4H_6O_5$)溶于 10％硫酸钠溶液中,使液体总体积达到 500 mL。

4 步骤

4.1 离子交换剂的制备

在 35 mm×250 mm 玻璃柱旋塞的上方,放置一团浸透蒸馏水的玻璃棉。将呈悬浮状的离子交换树脂注入离子交换柱,使得其表面上方有约 50 mm 高的空间。用 1 000 mL 蒸馏水淋洗,再用 5％氢氧化钠溶液注入玻璃柱内淋洗,放走液体直至离子交换树脂表面仅剩 2 mm～3 mm 液层为止,再重复用 5％氢氧化钠溶液冲洗两遍,放置 1 h。然后用 1 000 mL 蒸馏水淋洗离子交换树脂,并用 30％醋酸溶液注满交换柱,放走部分液体,直至离子交换剂表面仅剩 2 mm～3 mm 液层,再重复用 30％醋酸溶液冲洗两遍。在使用之前,放置至少 24 h。将离子交换树脂保存在30％醋酸溶液中,供以后使用。

4.2 离子交换柱的制备

在11 mm×300 mm玻璃柱旋塞的上方放置一团玻璃棉。将4.1制备的离子交换树脂注入离子交换柱内,使液层高度达10 cm。将旋塞开启,放掉一部分30％醋酸溶液,直至离子交换树脂表面剩2 mm～3 mm液层为止。用50 mL 0.5％醋酸溶液淋洗离子交换柱。

4.3 DL-苹果酸的分离

将10 mL葡萄酒或葡萄汁注入按4.2制备的离子交换柱上。让葡萄酒一滴一滴地排走(平均流速每秒1滴)直至离子交换树脂表面上方剩约2 mm～3 mm液层为止。先用50 mL 0.5％醋酸溶液冲洗离子交换柱,再用50 mL蒸馏水冲洗,以原来的速度放走液体直至离子交换树脂表面上方剩约2 mm～3 mm液层。

用10％硫酸钠溶液洗脱吸附在离子交换柱上的酸,用之前相同的流速冲洗(每秒1滴)。将洗脱液收集在一个100 mL容量瓶中。离子交换树脂可按方法4.1所述进行再生。

4.4 苹果酸定量

取两支30 mL带磨口塞的广口试管A和B。向每支试管加入1.0 mL洗出液和1.0 mL 5％变色酸溶液。向试管A中加入10.0 mL 86％硫酸溶液(对照用),向试管B中加入10.0 mL 96％(m/m)硫酸溶液(测定用)。将试管塞紧,小心混合均匀,注意不要弄湿磨口部分。将试管浸入一个预先加热至沸腾的水浴中,水浴10 min。将两支试管在避光处冷却至20℃,冷却之后90 min,在波长420 nm处,光程为1 cm的比色皿中,以对照样试管A为参比调零点,测定试管B的吸光度。

4.5 标准曲线

吸取5 mL、10 mL、15 mL、20 mL 0.5 g/L DL-苹果酸溶液分别注入50 mL容量瓶中。用10％硫酸钠溶液定容至50 mL。对应于每升含0.5 g、1.0 g、1.5 g、2.0 g DL-苹果酸的葡萄酒洗脱所得到的洗脱液。按4.4所述步骤继续进行测定。标准溶液所测的吸光度与苹果酸含量的关系是一条通过原点的直线。

色度的深浅与硫酸的浓度关系密切。需要随时对标准曲线进行验证,以确定浓硫酸的浓度是否有变化。

5 结果表示

根据洗脱液所测得的吸光度查校准曲线,得到DL-苹果酸的含量(g/L)。含量保留一位小数。

参 考 文 献

[1] REINHARD C., KOEDING, G., Zur Bestimmung der Apfelsäure in Fruchtsäften, Flüssiges Obst., 1989, 45, S, 373 ff.

L-苹果酸(酶法)

1 原理

在烟酰胺腺嘌呤二核苷酸(NAD)存在时,L-苹果酸在 L-苹果酸脱氢酶(L-MDH)的存在下被氧化成草酰乙酸。调节反应平衡方向更有利于苹果酸的生成。

减少产物中的草酰乙酸可使平衡反应朝生成草酰乙酸的方向进行。在 L-谷氨酸存在情况下,草酰乙酸被谷草转氨酶(GOT)催化反应转变成为 L-天冬氨酸。

$$(1)\text{L-苹果酸} + \text{NAD}^+ \xrightleftharpoons{\text{L-MDH}} \text{草酰乙酸} + \text{NADH} + \text{H}^+$$

$$(2)\text{草酰乙酸} + \text{L-谷氨酸} \xrightleftharpoons{\text{GOT}} \text{L-天冬氨酸} + \alpha\text{-酮戊二酸}$$

通过在波长 340 nm 处测定生成 NADH 的吸光度,其含量与 L-苹果酸的数量成正比。

2 仪器

2.1 分光光度计,可以在波长 340 nm 处测量的分光光度计,该波长下 NADH 的吸光度最大。也可以使用可在 334 nm 或 365 nm 波长下进行测量的不连续光谱光度计。

由于使用到吸光度的绝对测量值(即不使用校准曲线,但考虑 NADH 的消光系数),该装置的波长和吸光度必须事先进行校准。

2.2 光程为 1 cm 的玻璃比色皿或专用比色皿。

2.3 可吸取范围为 0.02 mL~2 mL 的微量移液管。

3 试剂

3.1 pH 为 10 的缓冲溶液(0.6 mol/L 甘氨酰-甘氨酸;0.1 mol/L L-谷氨酸)

将 4.75 g 甘氨酰-甘氨酸和 0.88 g L-谷氨酸溶于约 50 mL 双蒸水中,用 4 mL~6 mL 10 mol/L 氢氧化钠溶液将 pH 调至 10,再加双蒸水使液体总量至 60 mL。在 4℃条件下,此溶液可保存至少 12 周。

3.2 烟酰胺腺嘌呤二核苷酸(NAD)溶液,浓度约为 47×10^{-3} mol/L:将 420 mg NAD 溶于 12 mL 双蒸水中。

3.3 谷草转氨酶(GOT)悬浮液,2g /L。

此悬浮液在 4℃条件下,可保存至少 1 年。

3.4 L-苹果酸脱氢酶(L-MDH)溶液,5 mg/mL。

此悬浮液在 4℃条件下,可保存至少 1 年。

4 样品制备

如果 L-苹果酸含量低于 350 mg/L(测量为 365 mg/L),则可直接对未预先脱色和未经稀释的葡萄酒进行测定。如果 L-苹果酸含量高于 350 mg/L,则应先将葡萄酒进行加倍稀释,直至 L-苹果酸含量在 30 mg/L~350 mg/L 之间(即,每个试样的 L-苹果酸含量在 3 μg~50 μg

之间)。

如果葡萄酒中苹果酸含量低于 30 mg/L,则试样取样量可增加至 1 mL。在此情况下,加水量减少,以使两个比色杯中的容积相同。

5 步骤

将分光光度计的波长调至 340 nm,使用光程为 1 cm 的比色皿,用空气调零(参比)。向光程为 1 cm 的比色皿中加入以下试液:

	对照皿	样品皿
	mL	mL
溶液 3.1	1.00	1.00
溶液 3.2	0.20	0.20
双蒸水	1.00	0.90
悬浮液 3.3	0.01	0.10
试样	—	0.10

混匀,经过约 3 min 后,分别读取对照溶液和测试样品溶液的吸光度 A_1。

分别加入 0.01 mL 溶液(3.4),使其充分混匀,等待反应进行完毕(大约 5 min~10 min)后,分别读取吸光度 A_2。

分别计算两次吸光度之差 $A_2—A_1$,对照皿吸光度之差和样品皿吸光度之差分别为 ΔA_R 和 ΔA_S。

最后,用测试吸光度差值减去对照吸光度差值:

$$A = \Delta A_S — \Delta A_R$$

注:各种酶反应所需的时间彼此间可能有很大差别。上述数据仅供参考。建议每一批酶作一次测定。

6 结果表示

L-苹果酸的浓度以 g/L 表示,结果保留一位小数。

6.1 计算方法

浓度可由下列通式计算(g/L):

$$c = \frac{V \times PM}{\varepsilon \times \delta \times 1\,000} \times \Delta A$$

其中:V——试验溶液的总体积(2.22 mL);

υ——样品体积(0.1 mL);

M——待测定物质的相对分子质量(L-苹果酸,$M=134.09$);

δ——比色皿的光程(1 cm);

ε——NADH 的吸收系数(在波长 340 nm 处,$\varepsilon=6.3\ \text{mmol}^{-1} \cdot \text{L} \cdot \text{cm}^{-1}$)。

因此,得到 L-苹果酸含量:

$$c = 0.473 \times \Delta A\ \text{g/L}$$

如果在制备试样时进行了稀释，则应将结果乘以稀释倍数。

注：

- 在波长 334 nm 处测量：

$$c=0.482\times\Delta A,(\varepsilon=6.2\ mmol^{-1}\cdot L\cdot cm^{-1})。$$

- 在波长 365 nm 处测量：

$$c=0.876\times\Delta A,(\varepsilon=6.2\ mmol^{-1}\cdot L\cdot cm^{-1})。$$

6.2　重复性(r)

$$r=0.03+0.034x_i$$

其中，x_i 为试样中 L-苹果酸的浓度（g/L）。

6.3　再现性(R)

$$R=0.05+0.071x_i$$

其中，x_i 是试样中 L-苹果酸的浓度（g/L）。

参 考 文 献

［1］BERGMEYER H. U. , Méthodes d'analyse enzymatique, 2e éd. , Verlag-Chemie Weinheim/Bergstrasse, 1970.

［2］BOERHINGER, Mannheim, Méthodes d'analyse enzymatique en chimi alimentaire, documentation technique.

［3］VAN DEN DRIESSCHE S. et THYS L. , F. C. O. I. V. , 1982, n° 755.

D-苹果酸(酶法)

1 原理

在烟酰胺腺嘌呤二核苷酸(NAD)存在下,D-苹果酸在 D-苹果酸脱氢酶(D-MDH)所催化的反应中被氧化成草酰乙酸盐。草酰乙酸盐转化成丙酮酸和二氧化碳。

$$(1)\text{D-苹果酸}+NAD^+ \underset{}{\overset{+\text{D-MDH}}{\rightleftharpoons}} \text{丙酮酸}+CO_2+NADH+H^+$$

通过在波长 334 nm、340 nm 或 365 nm 处测定生成的 NADH 的吸光度,其含量与 D-苹果酸的含量成正比。

2 试剂

2.1 市售可以进行 30 次测定的试剂盒,包括:

——小瓶 1 中装有大约 30 mL Hepes 酸缓冲溶液[N-(2-羟乙基)哌哔嗪-N'-2-磺化乙烷],pH=9.0,稳定剂。

——小瓶 2 中装有大约 210 mg NAD 冻干产品。

——小瓶 3(共 3 个)中装有 D-MDH 冻干品,滴定度大约为 8 个单位。

2.2 溶液的配制:

——瓶 1 中的溶液不经过稀释就可以使用,使用前升温至 20℃~25℃。

——将瓶 2 中的物质溶于 4 mL 双蒸水中。

——将其中一个瓶 3 中的物质溶解于 0.6 mL 双蒸水中,使用前升温至 20℃~25℃。

瓶 1 中的试剂在 4℃至少保存 1 年;溶液 2 在 4℃保存大约 3 周,并在 -20℃保存 2 个月;溶液 3 在 4℃保存 5d。

3 仪器

3.1 分光光度计,可以在波长 340 nm 处测量的分光光度计,该波长下 NADH 的吸光度最大。也可以使用可在 334 nm 或 365 nm 波长下进行测量的不连续的分光光度计。由于使用到吸光度的绝对测量值(即,不使用校准曲线,只考虑 NADH 的消光系数),该装置的波长和吸光度必须事先进行校准。

3.2 光程为 1 cm 的玻璃比色皿或专用比色皿。

3.3 可吸取容量范围为 0.01 mL~2 mL 的微量移液管。

4 样品制备

通常可以直接对未预先脱色的葡萄酒进行 D-苹果酸的测定。

葡萄酒中 D-苹果酸的量应该是在 2 μg~50 μg 之间,最好对葡萄酒进行稀释以使苹果酸的浓度在 0.02 g/L~0.5 g/L 之间,或者在 0.02 g/L~0.3 g/L 之间,根据所使用的仪器而确定。

样品稀释表,见表1。

表1 样品稀释表

每升 D-苹果酸的估计量		用水稀释	稀释系数 F
测量范围波长			
340 n1m 或 334 nm	365 nm		
<0.3 g	<0.5 g	—	1
0.3 g～3.0 g	0.5 g～5.0 g	1+9	10

5 步骤

将分光光度计的波长调至 340 nm,使用光程为 1 cm 的比色皿测定吸光度,用空气调零(参比)。

向光程为 1 cm 的比色皿中加入以下试液:

	对照皿	样品皿
	mL	mL
溶液 1	1.00	1.00
溶液 2	0.10	0.10
双蒸水	1.80	1.70
试样	—	0.10

混匀,经过约 6 min 后,分别测定对照溶液和测试样品溶液的吸光度(A_1)。

加入

	对照皿	样品皿
	mL	mL
溶液 3	0.05	0.05

混匀,大约 20 min 等待反应完毕,分别测定对照溶液和样品溶液的吸光度 A_2。

分别计算两次吸光度之差 A_2-A_1,对照皿吸光度之差和样品皿吸光度之差分别为 ΔA_T 和 ΔA_D。

最后,用测试吸光度差值减去对照吸光度差值:

$$A = \Delta A_D - \Delta A_T$$

注:每批酶作用所需的时间都不同。上述数据仅供参考。建议每一批酶作一次测定。

D-苹果酸反应非常快,酶的其他活动也会转化 L-酒石酸,但生成的速度要慢得多,因此会出现轻微的拮抗反应,这种反应可以通过推断来进行校正的(见附录 A)。

6 结果表示

浓度可由下式计算(mg/L):

$$c = \frac{V \times PM}{\varepsilon \times d \times \upsilon} \times \Delta A$$

其中:V——试验溶液的总体积(2.95 mL);

υ——样品体积(0.1 mL);

PM——待测定物质的相对分子质量(D-苹果酸,$M=134.09$);

d——比色皿的光程(1 cm);

ε——NADH 的吸收系数

在波长 340 nm 处,$\varepsilon=6.3\ \mathrm{mmol^{-1} \cdot L \cdot cm^{-1}}$

在波长 365 nm 处,$\varepsilon=3.4\ \mathrm{mmol^{-1} \cdot L \cdot cm^{-1}}$

在波长 334 nm 处,$\varepsilon=6.18\ \mathrm{mmol^{-1} \cdot L \cdot cm^{-1}}$

如果在制备试样时进行了稀释,则应将结果乘以稀释系数。

7 精密度

该方法在不同的试验中的精密度,见附录 B。

7.1 重复性

实验中使用同一物质、同一仪器、在最短的时间间隔中得出的两个结果之差的绝对值,将不超出重复性值 r($r=11$ mg/L)的 5%。

7.2 再现性

两个试验室用同一种物质做试验获得的两个数据的差的绝对值,将不超过再现性值 R($R=20$ mg/L)的 5%。

8 备注

考虑到方法的精确性,如果 D-苹果酸的数值小于 50 mg/L,则需要采用另外一个的分析方法来确认。例如 PRZYBORSKI(1993)等中的方法。若 D-苹果酸的含量小于 100 mg/L,不能被解释为葡萄酒中添加了 D,L-苹果酸。

小容器酒的实验用量不能超过 0.1 mL,以避免多酚对酶的活动的抑制作用。

参 考 文 献

[1] PRZYBORSKI et al. Mitteilungen Klosterneuburg 43,1993;215-218.

附　录　A
怎样处理拮抗反应

拮抗反应通常是由酶的次级作用引起的，由于在样品中出现了其他酶，或者由于样品中一种或几种元素与酶反应的共同因素相互作用。

在正常的反应中，吸光度在一定时间内会达到一个常量，通常是 10 min～20 min，依每种酶反应的速度不同而不同。但是，如果出现副反应，吸光度则不会达到一个常量，而是随着时间的变化而逐步增加，这种过程通常被称为"副反应"。

当出现这种情况时，最好是在到达反应需要的时间有规律的每间隔一段时间（2 min～5 min）测一次吸光度，以便使标准溶液达到其最终吸光度。当吸光度有规律地增加后，进行 5～6 次测量，然后画一张推论图（如图 1），或通过计算来获得当到达加完酶的时间（T_0）时，溶液的吸光度，并据此推断出的吸光度的差（$A_f - A_i$），从而计算底物的浓度。

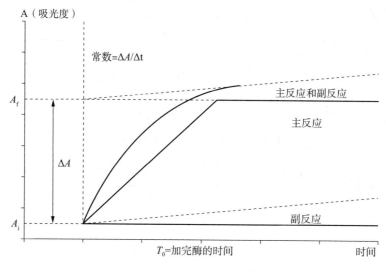

图 A.1　拮抗反应

附 录 B
实验室之间试验统计结果

实验室试验年份：1995
实验室数目：8
样品数目：5 添加了 D-苹果酸

表 B.1

样品	A	B	C	D	E
剔除了异常结果的试验室后剩余的试验室数目	7	8	7	8	7
得出反常结果的试验室的数目	1	—	1	—	1
可被接受的结果数目	35	41	35	41	36
平均值(ζ)/(mg/L)	161.7	65.9	33.1	106.9	111.0
重复性的标准偏差(s_r)/(mg/L)	4.53	4.24	1.93	4.36	4.47
相对重复性的标准偏差比(RSDr)/%	2.8	6.4	5.8	4.1	4.00
重复性的限值(r)/(mg/L)	12.7	11.9	5.4	12.2	12.5
再现性标准偏差(S_R)/(mg/L)	9.26	7.24	5.89	6.36	6.08
相对再现性标准偏差比(RSO$_R$)/%	5.7	11	17.8	5.9	5.5
相对再现性的限值(R)/(mg/L)	25.9	20.3	16.5	17.8	17.0

注：A 表示红葡萄酒；B 表示红葡萄酒；C 表示白葡萄酒；D 表示白葡萄酒；E 表示红葡萄酒。

D-苹果酸(酶法)(低含量)

(决议 Oeno 16/2002)

1 适用范围

本方法适用于通过酶法往葡萄酒中添加 D-苹果酸量小于 50 mg/L 的测定。

2 原理

烟酰胺腺嘌呤二核苷酸(NAD)氧化为草酰乙酸盐,草酰乙酸盐转化为丙酮酸和二氧化碳。通过在波长为 340 nm 处测定生成的 NADH 的吸光度,其含量与 D-苹果酸的含量成正比。

3 试剂

0.199 g/L D-苹果酸溶液。其余试剂与 OIV-MA-AS313-12A 中相同。

4 仪器

仪器与 OIV-MA-AS313-12A 中相同。

5 试样的制备

样品的制备与 OIV-MA-AS313-12A 中相同。

6 步骤

操作方法与 OIV-MA-AS313-12A 中相同,但是比色皿中所述的 D-苹果酸的含量相当于 50 mg/L。(加入 0.025 mL 0.199 g/L D-苹果酸溶液,代替等体积的蒸馏水),获得的值减少了 50 mg/L。

7 内部验证

表 1　添加量为 50 mg/L 的 D(＋)－苹果酸的检测内部验证结果汇总表

工作水平	0 mg/L～70 mg/L D(＋)－苹果酸 在这个范围内,呈线性关系,相关系数在 0.990～0.994 之间
设定限度	24.4 mg/L
检测限度	8.3 mg/L
灵敏度	0.001 5 吸光度值/(mg/L)
适用范围值/%	白葡萄酒:87.5%～115.0%;红葡萄酒 75%～105%

表1(续)

工作水平	0 mg/L~70 mg/L D(＋)－苹果酸 在这个范围内,呈线性关系,相关系数在 0.990~0.994 之间
重复性	白葡萄酒:$r=12.4$ mg/L (根据 OIV 方法 $r=12.5$ mg/L) 红葡萄酒:$r=12.6$ mg/L (根据 OIV 方法 $r=12.7$ mg/L)
标准偏差/%	4.2%~7.6%(白葡萄酒和红葡萄酒)
实验室内变异性	$CV=7.4\%(s=4.4$ mg/L;$\overline{X}=59.3$ mg/L)

参 考 文 献

[1] Chretien D.,Sudraud P.,1993. Présence naturelle d'acide D(＋)-malique dans les moûts et les vins,Journal International des Sciences de la Vigne et du Vin,27:147-149.

[2] Chretien D.,Sudraud P.,1994. Présence naturelle d'acide D(＋)-malique dans les moûts et les vins,Feuillet Vert de l'OIV,966.

[3] Delfini C.,Gaetano G.,Gaia P.,Piangerelli M. G.,Cocito C.,1995. Production of D(＋)-malic acid by wine yeasts,Rivista di Viticoltura e di Enologia,48:75-76.

[4] OIV,1998. Recueil des méthodes internationales d'analyse des vins et des moûts. Mise à jour Septembre 1998. OIV,Paris.

[5] Przyborski H.,Wacha C.,Bandion F.,1993. Zur bestimmung von D(＋)Apfelsäure in wein,Mitteilung Klosterneuburg,43:215-218.

[6] Machado M. and Curvelo-Garcia A. S.,1999;FV. O. I. V. N° 1082,Ref. 2616/220199.

L-抗坏血酸（荧光光度法）

（决议 Oeno 377/2009 号）

1 原理

抗坏血酸通过活性炭氧化转变成脱氧抗坏血酸，这种化合物与正次苯基二胺（OPDA）反应形成一种荧光化合物，在硼酸存在的情况下，对照产生可测定的假荧光（通过形成一种复杂的脱氢抗坏血酸—硼酸复合物）。样品和对照可以通过荧光分析，依此计算脱氢抗坏血酸的浓度。

本方法用于测定葡萄酒和葡萄汁中抗坏血酸和脱氢抗坏血酸的含量。

2 方法

2.1 仪器

2.1.1 荧光光度计

带有连续光谱灯的荧光光度计。

根据所使用仪器不同，试验用的最理想激发和发射波长要通过试验预先确定，一般激发波长接近 350 nm，发射波长接近 430 nm，光程为 1 cm 的比色皿。

2.1.2 G3 玻璃滤器。

2.1.3 试管（直径大约为 10 mm）。

2.1.4 玻璃棒。

2.2 试剂

2.2.1 $0.02\%(m/V)$ 正次苯基二胺二盐酸盐（$C_6H_{10}C_{12}N_2$）溶液，使用前准备。

2.2.2 500 g/L 三水合醋酸钠溶液。

2.2.3 硼酸和醋酸钠混合溶液：在 500 g/L 100 mL 醋酸钠溶液中溶解 3 g 硼酸（H_3BO_3）。现用现配。

2.2.4 56%醋酸（CH_3COOH）溶液：冰醋酸（$\rho_{20℃}=1.05$ g/mL），稀释至 56%（V/V），pH 约为 1.2。

2.2.5 1 g/L L-抗坏血酸标准溶液。

使用前，在避光处用干燥器对 50 mg L-抗坏血酸进行脱水处理，使用时溶解在 50 mL 醋酸溶液中（2.2.4）。

2.2.6 高纯度分析用活性炭：在 2 L 锥形瓶中放入 100 g 活性炭，加 500 mL 10%（V/V）盐酸溶液（$\rho_{20℃}=1.19$ g/mL）。加热至煮沸，在 G3 烧结玻璃过滤器上过滤，将滤渣转入至 2 L 锥形瓶中。加入 1 L 水，摇匀，过滤。重复操作 2 次。将残渣置于 115℃±5℃ 干燥箱中，放置 12 h（或者过夜）。

2.3 步骤

2.3.1 样品制备

在 100 mL 容量瓶中加入一定体积的葡萄酒或葡萄汁，用 56%的醋酸溶液稀释至刻度，得到抗坏血酸浓度在 $0\sim60$ mg/L 的溶液,摇匀。加入 2 g 活性炭使其反应 15 min,间断性地摇动。用普通滤纸过滤,弃去初始的数毫升滤液。

在两个 100 mL 容量瓶中各加入 5 mL 滤液。在第一个瓶中加入 5 mL 硼酸和醋酸钠混合溶液(样品空白),在第二个瓶中加入 5 mL 醋酸钠溶液(2.2.2)(样品),间断性地摇动,保持 15 min。用蒸馏水定容至 100 mL。分别从每个容量瓶中吸取 2 mL 溶液,加入至试管中,加入 5 mL 正次苯基二胺溶液,用玻璃棒搅拌,使其在暗处反应 30 min,然后用荧光光度计测定。

2.3.2 标准曲线的制作

在三个 100 mL 的容量瓶中,分别加入 2 mL、4 mL、6 mL 抗坏血酸标准溶液,用醋酸溶液定容至刻度,摇匀。每 100 mL 标准溶液中分别含有 2 mg/mL、4 mg/mL、6 mg/mL 抗坏血酸。

在每个容量瓶中加入 2 g 活性炭,摇匀,反应 15 min。用普通滤纸过滤,弃去最初的数毫升滤液。在三个 100 mL 容量瓶中分别加入 5 mL 滤液用于空白试验,另取三个容量瓶加入滤液用于测试,在用于空白试验的每个容量瓶中加入 5 mL 硼酸和醋酸钠混合溶液,在测试用的每个容量中加入 5 mL 醋酸钠溶液,摇匀,反应 15 min。加蒸馏水定容至 100 mL。从每个容量瓶中吸取 2 mL 溶液,加入 5 mL 正次苯基二胺溶液,摇动,使其在黑暗中反应 30 min,再用荧光光度计测定。

2.3.3 荧光光度法测定

对每个标准溶液和样品溶液,用相关对照溶液调零。测定每个标准溶液和样品溶液的荧光。绘制标准曲线,标准曲线呈线性并通过原点。用测定值在标准曲线上查得分析溶液中抗坏血酸和脱氢抗坏血酸的浓度 c。

2.4 结果表示

葡萄酒中 L-抗坏血酸和脱氢抗坏血酸的浓度用 mg/L 表示:

$$X = c \times F$$

其中 F 为稀释倍数。

参 考 文 献

[1] AFNOR standard,76-107,ARNOR,Tour Europe,Paris.
[2] PROM T.,F.V.,O.I.V.,1984,n° 788.

山梨酸（荧光光度法）

1 原理

将葡萄酒通过水蒸气蒸馏得到山梨酸(2,4-己烯二酸)后,使用紫外分光光度计对山梨酸进行测定,可以通过向蒸馏液中添加弱碱性氢氧化钙溶液并将其蒸发至干的方法去除干扰性物质。

含量低于 20 mg/L 的样品可以使用薄层色谱进行测定(灵敏度:1 mg/L)。

2 使用紫外分光光度法测定

2.1 仪器

2.1.1 水蒸气蒸馏装置(见挥发酸章节)。

2.1.2 100℃水浴锅。

2.1.3 分光光度计具备 256 nm 波长检测能力并具有 1 cm 光程。

2.2 试剂

2.2.1 酒石酸。

2.2.2 约 0.02 mol/L 氢氧化钙溶液。

2.2.3 20 mg/L 山梨酸标准溶液:将 20 mg 山梨酸溶解于大约 2 mL 的 0.1 mol/L 氢氧化钠溶液中,转移至 1 L 容量瓶后,加水定容至刻度。也可将 26.8 mg 山梨酸钾($C_6H_7KO_2$)溶解于水中并定容至 1 L。

2.3 步骤

2.3.1 蒸馏

将 10 mL 葡萄酒置于水蒸气蒸馏装置的蒸馏瓶中,加 1 g 酒石酸,收集 250 mL 蒸馏液。

2.3.2 标准曲线的准备

将标准溶液用水稀释成浓度分别为 0.5 mg/L,1.0 mg/L,2.5 mg/L 和 5 mg/L 的溶液。使用分光光度计在波长 256 nm 处测定其吸光度。用蒸馏水作空白,绘制标准曲线。

2.3.3 测定

将 5 mL 蒸馏液置于直径 55 mm 的蒸发皿上,加 1 mL 氢氧化钙溶液。在沸水浴上蒸发至干。用数毫升蒸馏水将残留物溶解,全部转移至 20 mL 容量瓶中,并用水冲洗定容。将 1 mL 氢氧化钙溶液用水定容至 20 mL,在波长 256 nm 处测定其吸光度,用水作空白。

根据标准曲线计算出溶液中山梨酸的浓度。

注:本方法中蒸发引起的损失忽略不计,测量的吸光度值为未稀释前的蒸馏液的 1/4。

2.4 结果计算

2.4.1 计算

葡萄酒中山梨酸浓度以 mg/L 表示。

$$X = 100 \times c$$

其中：X——葡萄酒中山梨酸浓度(mg/L)；

c——最终所得试样的山梨酸浓度(mg/L)。

参 考 文 献

［1］Jaulmes P. , Mestres R. & Mandrou B. , Ann. Fals. Exp. Chim. , n° spécial, réunion de Marseille, 1961, 111-116.

［2］Mandrou, B. , Brun, S. & Roux E. , Ann. Fals. Exp. Chim. , 1975, 725, 29-48.

［3］Chretien D. , Perez L. & Sudraud P. , F. V. , O. I. V. , 1980, n° 720.

方法 OIV-MA-AS313-14B　　　　方法类型Ⅳ

山梨酸(气相色谱法)

1　原理

用乙醚提取山梨酸,利用内标法进行气相色谱测定。

2　使用气相色谱法测定

2.1　仪器

2.1.1　气相色谱仪

配有火焰离子检测器的气相色谱仪,不锈钢柱(4 m×1/8 in)使用二甲基二硅烷预处理,固定相为附着在80目～100目的硅藻土型色谱载体上的5%二甘醇琥珀酸盐、1%磷酸的混合物(二甘醇琥珀酸盐-磷酸),或7%二甘醇己二酸盐、1%磷酸的混合物(二甘醇己二酸盐-磷酸)。

操作条件:

——柱温箱温度:175℃;

——进样器和检测器温度:230℃;

——载气:氮气(流速为200 mL/min)。

注:其他类型柱子也可以较好地实现分离,尤其是毛细管柱(如FFAP),本文中给出的方法仅作为参考示例。

2.1.2　微量调节注射器,10 μL体积,最小刻度0.1 μL。

2.2　试剂

2.2.1　乙醚,使用前蒸馏。

2.2.2　内标:1 g/L十一烷酸95%(V/V)乙醇溶液($C_{11}H_{22}O_2$)。

2.2.3　硫酸水溶液,H_2SO_4,($\rho_{20℃}$=1.84 g/mL),稀释1/3(V/V)。

2.3　步骤

2.3.1　样品制备

将20 mL葡萄酒、2 mL内标和1 mL稀硫酸置于一个大约40 mL容积的具塞试管。将试管翻转几次使溶液充分混合后,加入10 mL乙醚,振荡5 min,将山梨酸提取至有机相,静置。

2.3.2　加标样品的制备

选择一个醚提取物在气相色谱中无山梨酸峰的葡萄酒。加入山梨酸使之浓度为100 mg/L。按照2.3.1中方法处理20 mL该样品。

2.3.3　色谱

用微量调节注射器将2 μL 2.3.2中醚提取相注入色谱,然后注入2 μL 2.3.1中醚提取物。记录各色谱:检查山梨酸和内标物保留时间的一致性,记录每个色谱峰的峰高或面积。

2.4 结果计算

葡萄酒中山梨酸浓度,以 mg/L 表示,计算公式为:

$$X = \frac{h}{H} \times \frac{I}{i} \times 100$$

其中:X——葡萄酒中山梨酸浓度,mg/L;

H——加标溶液中山梨酸的峰高;

h——测试溶液中山梨酸的峰高;

I——加标溶液中内标物的峰高;

i ——测试溶液中内标物的峰高。

注:也可以通过峰面积来测定山梨酸的浓度。

参 考 文 献

[1] Jaulmes P. , Mestres R. & Mandrou B. , Ann. Fals. Exp. Chim. , n° spécial , réunion de Marseille , 1961,
111-116.

[2] Mandrou , B. , Brun , S. & Roux E. , Ann. Fals. Exp. Chim. , 1975 , 725 , 29-48.

[3] Chretien D. , Perez L. & Sudraud P. , F. V. , O. I. V. , 1980 , n° 720.

山梨酸（薄层色谱法）

1　原理

用乙醚提取山梨酸，用薄层色谱分离后，半定量评估其含量。本方法用于薄层色谱的痕量鉴别。

2　薄层色谱法

2.1　仪器

2.1.1　用荧光指示剂预涂 20 cm×20 cm 覆有聚酰胺胶体(厚 0.15 mm)的薄层色谱板。

2.1.2　薄层色谱展开槽。

2.1.3　微量加液器或微量可调注射器，5 μL±0.1 μL。

2.1.4　紫外灯(254 nm)。

2.2　试剂

2.2.1　乙醚，$(C_2H_5)_2O$。

2.2.2　硫酸水溶液，H_2SO_4($\rho_{20℃}$＝1.84 g/mL)，稀释 1/3(V/V)

2.2.3　约 20 mg/L 山梨酸标准溶液，10%(V/V)乙醇/水混合物。

2.2.4　流动相：己烷＋戊烷＋乙酸(20:20:3)。

2.3　步骤

2.3.1　样品制备

吸取 10 mL 葡萄酒，移入约 25 mL 的具塞试管，加 1 mL 稀硫酸和 5 mL 乙醚，快速翻转试管使之充分混合，静置。

2.3.2　稀释标准溶液的制备

将 2.2.3 中的山梨酸标准溶液稀释成 5 个系列浓度的标准溶液：2 mg/L，4 mg/L，6 mg/L，8 mg/L 和 10 mg/L。

2.3.3　色谱条件

用微量调节注射器将 5 μL 2.3.1 中的醚提取相和 2.3.2 中的稀释标准溶液各 5 μL 点在薄层板底端 2 cm 处，每个点间隔 2 cm。

将流动相注入色谱展开槽中，高度约 0.5 cm，待展开槽内溶剂蒸汽达到饱和状态。将薄层板盘置于其中，色谱展开 12 cm～15 cm(展开时间约 30 min)，用流动的冷空气干燥薄层板，在 254 nm 紫外灯下观察薄层色谱。指示山梨酸存在的斑点会在色谱盘的橘黄色荧光背景下显示暗紫色。

2.4　结果计算

样品产生的点与标准溶液产生的点的接近程度，可以在 2 mg/L～10 mg/L 范围内半定量显示山梨酸的浓度。

样品中山梨酸浓度约为 1 mg/L 时,调整样品量为 10 μL;样品中山梨酸浓度超过 10 mg/L 时,调整样品量为 5 μL。

参 考 文 献

[1] Jaulmes P. , Mestres R. & Mandrou B. , Ann. Fals. Exp. Chim. , n° spécial, réunion de Marseille, 1961, 111-116.

[2] Mandrou, B. , Brun, S. & Roux E. , Ann. Fals. Exp. Chim. , 1975, 725, 29-48.

[3] Chretien D. , Perez L. & Sudraud P. , F. V. , O. I. V. , 1980, n° 720.

pH

(A31,Oeno 438-2011)

1 原理

测量浸入待测溶液的两个电极的电位差。一个电极记录了与溶液的 pH 相对应的电位,同时另一个电极作为参比电极具有已知的电位。

2 仪器

2.1 pH 计

具有 pH 单位的刻度,可以测量精确至±0.01 pH 单位。

2.2 电极

玻璃电极,保存于蒸馏水中;

饱和甘汞氯化钾参比电极,保存于饱和氯化钾溶液中;或复合电极,保存于蒸馏水中。

3 试剂

饱和酒石酸氢钾溶液:含 5.7 g/L 酒石酸氢钾($CO_2HC_2H_4O_2CO_2K$)(20℃)。(每 200 mL 加入0.1 g 百里酚,可使此溶液最多保存 2 个月)

$$pH \begin{cases} 20℃时,3.58 \\ 25℃时,3.56 \\ 30℃时,3.55 \end{cases}$$

邻苯二甲酸氢钾溶液:0.05 mol/L,含 10.211 g/L 邻苯二甲酸氢钾($CO_2HC_6H_4CO_2K$)(20℃)。(此溶液最多保存 2 个月)

$$pH \begin{cases} 15℃时,3.999 \\ 20℃时,4.003 \\ 25℃时,4.008 \\ 30℃时,4.015 \end{cases}$$

磷酸缓冲液:3.402 g 磷酸二氢钾 KH_2PO_4、4.354 g 磷酸氢二钾 K_2HPO_4,加水定容至1 L。(此溶液最多保存 2 个月)

注:可以使用 SI 商业参比缓冲溶液。

$$pH \begin{cases} 25℃时,1.679\pm0.01 \\ 25℃时,4.005\pm0.01 \\ 25℃时,7.000\pm0.01 \end{cases}$$

例如:25℃时,pH 1.679 ±0.01

25℃时,pH 4.005 ±0.01

25℃时,pH 7.000 ±0.01

4 步骤

4.1 仪器调零

按照仪器说明书的要求,在进行任何测量前均需将仪器调零。

4.2 pH计校准

pH计必须在20℃用SI标准缓冲溶液进行校准。量程必须包含葡萄汁和葡萄酒可能出现的pH范围。如果使用的pH计无法满足低值时的校准,则需使用与SI相关且具有与葡萄汁和葡萄酒可能出现pH接近的标准缓冲溶液进行验证。

4.3 测定

将电极浸入待测溶液,待测溶液温度应保持在20℃或25℃,尽量接近20℃。直接读取pH。

相同样品至少进行两次测定。最终结果为两次测定的算术平均值。

5 结果表述

pH的结果保留两位小数。

有机酸和无机阴离子(离子色谱法)

(决议 Oeno 23/2004)

【前言】

在常规的光谱分析方法中,酚类物质在 210 nm 紫外波长处对吸收值具有较大的干扰,采用离子色谱法经离子交换柱可以将绝大多数有机酸和阴离子分离,通过对导电性的检测,避免了这种干扰。尤其在红酒分析领域,对比试验和回收率的结果显示确认该方法有效可行。

1 应用对象和范围

本离子色谱法适用于检测酒精饮料(葡萄酒、葡萄蒸馏酒和甜酒)中的无机阴离子和有机酸。适宜检测浓度范围如表1,该浓度范围指的是经过稀释的后待进样的范围。

表 1 离子色谱法分析的阴离子浓度范围

硫酸盐	0.1 mg/L～10 mg/L
磷酸盐	0.2 mg/L～10 mg/L
苹果酸	1 mg/L～20 mg/L
酒石酸	1 mg/L～20 mg/L
柠檬酸	1 mg/L～20 mg/L
异柠檬酸	0.5 mg/L～5 mg/L

上述的溶液浓度范围只是一个示例,需要结合实际情况为:常见的仪器校准范围,对仪器类型(柱子性能、检测器灵敏度等)和检测条件(进样温度、稀释倍数等)等综合考虑。

2 原理

离子交换树脂对无机和有机阴离子进行分离,检测其导电性。采用保留时间定性,采用标准曲线法定量。

3 试剂

分析过程中的所有试剂均为分析纯。制备溶液所用水为电导率小于 0.06 μS 的蒸馏水或去离子水,水中所含待测离子浓度应低于仪器检测低限。

3.1 洗脱液

洗脱液的组成与分离柱的性质、待分离物质的特性有关。最常使用洗脱液为氢氧化钠溶液。氢氧化钠溶液的碳化会降低色谱分析的效能。流动相池在加入氢氧化钠溶液前,应用氮气吹扫,避免空气进入。可使用商业浓缩氢氧化钠溶液。

注:下文第9部分的表中列出了样品中存在的容易导致干扰的物质。在分析之前,有需要了解这些物质

是否会随同待测离子一起洗脱出来,是否在这一浓度范围同时存在。

发酵饮料含有琥珀酸,会影响苹果酸的测定。必要时向洗脱剂中加入甲醇以提高柱子对这两种物质的分辨率(20%甲醇)。

3.2 标准储备溶液

按表2中所列浓度的标准储备参比溶液。将一定质量的盐或对应质量的酸用水溶液在1 000 mL 容量瓶中。

表2 标准参比溶液中待测离子的浓度

阴离子和酸	称量化合物	最终浓度/(mg/L)	称量质量/mg
硫酸盐	Na_2SO_4	500	739.5
磷酸盐	KH_2PO_4	700	1003.1
苹果酸	苹果酸	1 000	1 000.0
酒石酸	酒石酸	1 000	1 000.0
柠檬酸	一水合柠檬酸	1 000	1 093.8
异柠檬酸	二水合异柠檬酸三钠	400	612.4

注:操作过程中应注意一些盐的吸潮性。

3.3 标准溶液

标准溶液是将每种离子或酸的标准储备溶液经过水稀释得到的,应当与待测样品中所含有的离子和酸的成分,具有相同的浓度范围。标准溶液必须现配现用。

至少选择两个标准溶液和一个空白溶液来建立标准曲线,对于每种物质,标准曲线至少有三个点(0、最大浓度一半、最大浓度)。

注:表1给出了标准曲线中离子和酸的最大浓度建议值,实际操作中使用浓度较低的溶液会使色谱柱的效能更好。所以可以尝试寻找最优的柱效和样品稀释水平组合。一般来说,除个别情况外,样品最大可以稀释50～200倍。为了延长稀释溶液的存放时间,可以使用水-甲醇溶液(80-20)来制备稀释溶液。

4 仪器

4.1 离子色谱仪系统,包括:

4.1.1 洗脱液池。

4.1.2 定量喷射泵,无脉冲效应。

4.1.3 进样器,手动或自动,具有环状进样阀(例如 25 μL 或 50 μL)。

4.1.4 分离柱。具有可控效能的离子交换柱,可能有前置柱。

4.1.5 检测系统。具有很小体积的流动电导池连接至具有多个灵敏度范围的电导计。

为了降低洗脱剂的电导率,在电导池之前安装了一个化学抑制构件阳离子交换器。

4.2 天平:精确至 1 mg。

4.3 容量瓶:10 mL～1000 mL。

4.4 校准移液管:1 mL～50 mL。

4.5 过滤膜:孔径 0.45 μm。

5 样品制备

根据待测的无机阴离子和有机酸浓度对样品进行稀释,若样品中的待测物的浓度不确定,做两个稀释水平以确保至少一个样品的稀释浓度落在标准曲线范围内。

6 步骤

按照仪器说明书打开仪器。调整泵(洗脱液流量)和检测器条件,使仪器能够在分析的浓度范围内得到较好的分离峰。平衡系统直至基线稳定。

6.1 标准曲线

按照 3.3 要求制备系列浓度的标准溶液,并注射标准溶液。

根据每个点绘制标准曲线,最终的标准曲线必须符合线性要求。

6.2 空白试验

以配制标准溶液和样品的水为空白进样,并与标准品对照对其中的无机阴离子(氯离子、硫酸根离子等)进行定量。

6.3 分析

将 5 中制备好的样品进行分析,样品进样前用过滤膜(4.5)对稀释液进行过滤。

7 重复性、重现性

对该方法进行了实验室间测定,按照 ISO 5725 计算了每个离子的重复性限和重现性限。

每个分析重复 3 次。

参加实验室数量:11;结果如下:

表3 白葡萄酒结果汇总

项目	实验室编号	平均/(mg/L)	重复性/(mg/L)	重现性/(mg/L)
苹果酸	11/11	2 745	110	559
柠檬酸	9/11	124	13	37
酒石酸	10/11	2 001	96	527
硫酸盐	10/11	253	15	43
磷酸盐	9/11	57	5	18

表4 红葡萄酒结果汇总

项目	实验室编号	平均/(mg/L)	重复性/(mg/L)	重现性/(mg/L)
苹果酸	7/11	128	16	99
柠檬酸	8/10	117	8	99

表4(续)

项目	实验室编号	平均/(mg/L)	重复性/(mg/L)	重现性/(mg/L)
酒石酸	9/11	2 154	8	44
硫酸盐	10/11	324	17	85
磷酸盐	10/11	269	38	46

8 回收率计算

加标的样品是一个白葡萄酒。

表5 白葡萄酒加标样品结果汇总表

项目	实验室数量//(mg/L)	初始浓度/(mg/L)	实际添加/(mg/L)	测量添加/(mg/L)	回收率/%
柠檬酸	11/11	122	25.8	24.2	93.8
苹果酸	11/11	2 746	600	577	96.2
酒石酸	11/11	2 018	401	366	91.3

9 干扰风险

本方法中最常见的干扰物质如表6所示:

表6 最常见的干扰物质汇总表

离子或酸	干扰物质
硝酸盐	溴化物
硫酸盐	草酸盐、马来酸盐
磷酸盐	邻苯二甲酸
苹果酸	琥珀酸、柠苹酸
酒石酸	丙二酸
柠檬酸	
异柠檬酸	
注:流动相中加入甲醇能够一定程度解决分析中的问题。	

莽　草　酸

（决议 Oeno 33/2004）

1　介绍

莽草酸（3,4,5-三羟甲基-1-环己烯-1-羧酸）由奎宁酸脱水生物法合成，可以作苯丙氨酸、色氨酸、酪氨酸和植物生物碱的前体，是一种经常在水果中发现的小型羧酸。

经过国际联合比对实验确认，本方法可有效应用于分析葡萄酒样品中天然存在的 10 mg/L～150 mg/L 莽草酸。该方法经过实验室间使用 HPLC、GC/FID 和 GC/MS 方法进行比对，进一步确认了其真实性。

2　范围

本文介绍了采用高效液相色谱法测定莽草酸含量在 1 mg/L～300 mg/L 范围内的红葡萄酒酒、桃红葡萄酒和白葡萄酒（包括气泡葡萄酒和特种葡萄酒）。此方法用于气泡葡萄酒检验时，样品应先进行脱气处理（建议超声法）。

3　原理

无需前处理，使用有联用柱的高效液相色谱对葡萄酒样品中的莽草酸直接进行测定。第一步，葡萄酒中的有机酸被 C_{18} 反相柱预分离，然后在 65 ℃下用阳离子交换柱进行进一步分离。使用轻微酸化的水作为洗脱液，莽草酸可以从基线中显露出来，葡萄酒基质无干扰。因为环己烯双键共轭作用，莽草酸具有强烈的吸收，可以使用紫外检测器在 210 nm 波长处进行检测。

4　试剂和材料

4.1　莽草酸，纯度至少为 98%。

4.2　0.5 mol/L 硫酸。

4.3　双蒸水。

4.4　洗脱液的制备（0.01 mol/L 硫酸溶液）：吸取 20 mL 0.5 mol/L 的硫酸溶液转移至 1 000 mL 的容量瓶中，加入约 900 mL 双蒸水，摇匀后定容，使用 0.45 μm 滤膜进行过滤，脱气。

4.5　标准储备溶液的制备（500 mg/L 莽草酸）：准确称量 50 mg 莽草酸，完全转移至 100 mL 容量瓶中，加入大约 90 mL 双蒸水，摇匀后定容。－18 ℃下该储液可以存放数月。

4.6　标准工作溶液的制备：用双蒸水将 500 mg/L 的储备液稀释至 5 个标准工作溶液，分别为 5 mg/L、25 mg/L、50 mg/L、100 mg/L、150 mg/L。标准工作溶液现配现用。

5　仪器

5.1　高效液相色谱系统

5.1.1　具有六向进样阀，5 μL 进样器或其他装置的高效液相色谱仪。

5.1.2 泵系统,可形成精确、稳定的流速。

5.1.3 柱加热系统,可以使 300 mm 柱加热至 65℃。

5.1.4 UV-VIS 检测器,可在 210 nm 波长下检测。

5.1.5 积分仪或其他数据采集装置。

5.2 HPLC 不锈钢柱

5.2.1 保护柱

建议在分析柱之前装一个适当的前柱。

5.2.2 分析柱系统

5.2.2.1 反相柱

材料:不锈钢。内径:4 mm~4.6 mm。长度:200 mm~250 mm。

固定相:球状 C_{18} 反相材料,颗粒直径 5 μm^*。

5.2.2.2 阳离子交换柱(可加热至 65℃)

材料:不锈钢。内径:4 mm~7.8 mm。长度:300 mm。

固定相:磺酸化立体二乙烯苯胶体型树脂(S-DVB),氢包裹,交联度为 8%**。

6 样品

干净的样品可直接装入样品瓶,无需前处理直接上机。若样品浑浊可用 0.45 μm 滤膜过滤后,舍弃最初滤出液,上机。

7 步骤

7.1 HPLC 的操作条件

用全环状进样系统将 5 μL 葡萄酒注入色谱仪。

流速:0.4 mL/min(如果阳离子交换柱的内径是 4 mm);

0.6 mL/min(如果阳离子交换柱的内径是 7.8 mm)。

流动相:0.01 mol/L 硫酸溶液。

阳离子交换柱温度:65℃。

运行时间:40 min。

平衡时间:20 min(保证葡萄酒基质中的所有物质均被洗脱)。

检测器波长:210 nm。

进样体积:5 μL。

注:因为不同柱子的分离特性不同,且不同 HPLC 装置的死体积不同,莽草酸峰的保留时间可能会存在一定差异。莽草酸可以通过计算与酒石酸峰的相对保留值来进行鉴别。尝试不同的 C_{18} 反相柱和阳离子交换柱,计算出相对保留值为 1.33(±0.2)。

7.2 检测限

根据 OIV 协议计算本方法的检测限为 1 mg/L。

---

* Lichrospher™ 100 RP-18,Hypersil™-ODS 或 Omnichrom™ YMC-ODS-A 等可作为参考的商业化固相柱。

** Aminex™ HPX 87-H 或 Rezex™ ROA-Organic Acid 等可作为参考的商业化固相柱。

8 计算

用工作标准溶液(4.6)做一个 5 点标准曲线。

按外标法,可以通过对比待测液和工作曲线中莽草酸峰保留时间的峰面积进行莽草酸的定量。莽草酸的浓度以 mg/L 表述,结果保留 1 位小数。

9 精密度

本方法由 19 间国际实验室参与协同比对实验研究进行验证。研究包括红葡萄酒和白葡萄酒共 5 个不同样品。样品中莽草酸的浓度范围为 10 mg/L～120 mg/L(见附录 C)。

重现性和再现性的标准差与莽草酸的浓度关系(见附录 B),实际方法精密度参数可依下列公式计算:

$$S_r = 0.0146 \times x + 0.2716$$
$$S_R = 0.0286 \times x + 1.4883$$

其中,x 为莽草酸的浓度(mg/L)。

例如,莽草酸浓度为 50 mg/L,此时:

$$S_r = \pm 1.0 \text{ mg/L}$$
$$S_R = \pm 2.92 \text{ mg/L}$$

10 附录

附录 A 为莽草酸与其他有机酸分离的典型色谱图。
附录 B 为莽草酸浓度与重现性标准差、再现性标准差的关系。
附录 C 为实验室间协同比对实验研究结果的统计数据。

参 考 文 献

[1] Römpp Lexikon Chemie-Version 2.0,Stuttgart/New York,Georg Thieme Verlag 1999.

[2] Wallrauch S.,Flüssiges Obst3,107-113(1999).

[3] 44th Session SCMA,23-26 march 2004,Comparison of HPLC-,GC- and GC-MS-Determination of Shikimic Acid in Wine,FV 1193.

附 录 A
葡萄酒中有机酸的色谱图

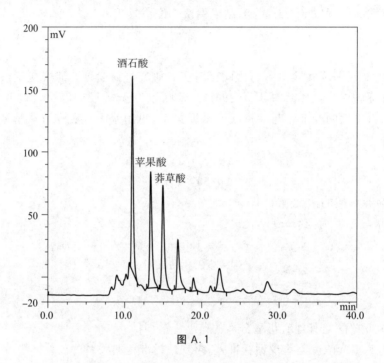

图 A.1

附 录 B
莽草酸浓度与重现性和再现性标准差关系

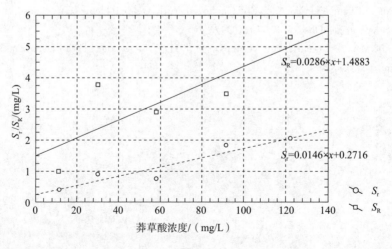

图 A.2

附 录 C
方法准确度参数表

表 C.1

样品编号	A	B	C	D	E
参加比对实验室数量	19	19	19	19	19
接受实验结果的实验室数量	17	18	17	18	18
平均值	58.15	30.05	11.17	122.17	91.20
S_r^2	0.545 88	0.846 94	0.193 53	4.324 17	2.673 06
S_r	0.738 84	0.920 30	0.439 92	2.079 46	1.634 95
$RSD_r/\%$	1.27	3.06	3.93	1.70	1.79
r	2.07	2.58	1.23	5.82	4.58
S_L^2	8.452 21	13.270 78	0.730 13	24.627 37	8.555 08
S_R^2	8.998 09	14.117 73	0.923 66	28.951 54	11.228 14
S_R	2.999 68	3.757 36	0.961 07	5.380 66	3.350 84
$RSD_R/\%$	5.16	12.50	8.60	4.40	3.67
R	8.40	10.52	2.69	15.07	9.38

S_r^2——重复性方差。

S_r——重复性标准差。

RSD_r——重复性相对标准差,%。

r——重复性限。

S_L^2——实验室间方差。

S_R^2——再现性方差。

S_R——再现性标准差。

RSD_R——再现性相对标准差,%。

R——再现性限。

山梨酸(毛细管电泳法)

(决议 Oeno 4/2006)

1 范围

本方法可用于测定葡萄酒中山梨酸含量,检测范围 0 mg/L～300 mg/L。

2 原理

带负电荷的山梨酸离子经毛细管电泳法分离,用紫外检测器在254 nm进行检测。

3 试剂和材料

3.1 试剂

3.1.1 磷酸二氢钠,纯度>96%。

3.1.2 磷酸氢二钠,纯度>99%。

3.1.3 氢氧化钠,纯度>97%。

3.1.4 马尿酸钠,纯度>99%。

3.1.5 去离子水或双蒸水。

3.2 迁移缓冲溶液

按下列方法制备迁移缓冲溶液:5 mmol/L 磷酸二氢钠;5 mmol/L 磷酸氢二钠。

3.3 内标

0.5 g/L 马尿酸钠水溶液。

3.4 洗脱液

3.4.1 0.1 mol/L 氢氧化钠。

3.4.2 1 mol/L 氢氧化钠。

4 样品制备

按照下列方法制备样品:

待分析的葡萄酒:0.5 mL;加入氢氧化钠溶液:0.5 mL,内标(3.1.4):0.5 mL,用双蒸水稀释至 10 mL。

5 操作条件

5.1 毛细管电泳条件

首次使用之前,毛细管电泳应按照下列程序进行平衡:

5.1.1 用1 mol/L 氢氧化钠溶液在 140 kPa (20 psi)条件下冲洗 8 min。

5.1.2 用 0.1 mol/L 氢氧化钠溶液在 140 kPa (20 psi)条件下冲洗 12 min。

5.1.3 用双蒸水在 140 kPa (20 psi)条件下冲洗 10 min。

5.1.4　用迁移缓冲溶液在 140 kPa (20 psi)条件下冲洗 30 min。

5.2　迁移条件

这些条件可能根据使用设备的不同有轻微变动。

5.2.1　熔融二氧化硅毛细管长 31 cm，直径 50 μm。

5.2.2　迁移温度：25℃。

5.2.3　波长：254 nm。

5.2.4　信号直读模式（山梨酸的紫外吸收）。

5.2.5　第一次预冲洗，压力 210 kPa (30 psi)，0.1 mol/L 氢氧化钠溶液 30 s。

5.2.6　第二次预冲洗，压力 210 kPa (30 psi)，缓冲溶液(3.2)30 s。

5.2.7　进样，压力 2.1 kPa (0.3 psi)，10 s。

5.2.8　一般极性下，25 kV 电位差下，迁移大约持续 1.5 min～2 min。

5.3　读数和结果

迁移开始 1 min～1.5 min 后，可以检测到内标和山梨酸的吸收峰。迁移的目标物保留时间通常是固定的，但会根据毛细管的不同有轻微变化。如果保留时间不符合要求，则有必要修复毛细管，如果无法修复，则需更换毛细管。

6　方法的参数

按照 OIV 决议 Oeno 10/2005 规定。

6.1　重复性

表1

重复性标准偏差 S_r	1.6 mg/L
重复性限 r	4.6 mg/L

6.2　线性

表2

回归方程	$Y = 0.994\,91\,X + 2.527\,27$
相关系数 r	0.999 7
残余标准偏差 S_{xy}	1.6 mg/L
标准偏差斜率 S_b	0.008 mg/L

6.3　再现性

表3

再现性标准偏差 S_R	2.1 mg/L
再现性限 R	5.8 mg/L

6.4 检测限和定量限

表4

检测限 *LOD*	1.8 mg/L
定量限 *LQDV*	4.8 mg/L

6.5 稳定性

因方法是与标准品进行对比的,所以分析条件的轻微变化不会影响最终结果,但会影响目标物的保留时间。

6.6 特异性

经研究,酒类添加剂对检验结果没有影响。

6.7 与 OIV 推荐方法的比对

OIV 推荐方法是紫外吸收光谱法。在 256 nm 处测定通过水蒸气蒸馏出取的山梨酸的紫外吸收。

6.7.1 重复性对比

表5

方法	毛细管电泳法	OIV 推荐方法
重复性标准偏差 S_r	1.6 mg/L	2.5 mg/L
重复性 r	4.6 mg/L	7.0 mg/L

6.7.2 与推荐方法有关的准确度参数

表6

相关系数 r	0.999
平均偏差 M_d	0.03 mg/L
平均偏差标准偏差 S_d	3.1 mg/L
Z 值(M_d/S_d)	0.01

第 II 法针对有机酸
第 III 法针对二氧化硫

有机酸和硫酸盐（毛细管电泳法）

（Oeno 5/2006，Oeno 407-2011 对其扩展）

1　介绍

葡萄酒样品稀释后，加入内标，用毛细管电泳法分离、检测其中的酒石酸、苹果酸、乳酸和硫酸盐等含量。

2　范围

毛细管电泳可以用于测定葡萄汁中的酒石酸和苹果酸，也可用于测定经稀释、脱气和过滤处理后的葡萄酒中的酒石酸、苹果酸和乳酸以及硫酸盐。

3　定义

3.1　毛细管电泳法

使用一个直径非常小的毛细管，在高压电流作用下利用适当的缓冲溶液有效分离不同大小的带电分子。

3.2　电泳缓冲溶液

包含一种或多种溶剂和水溶液，具有适当的电泳流动性，能调节 pH 的溶液。

3.3　电泳迁移率

离子在电场作用下快速迁移的能力。

3.4　电渗流

在二氧化硅的空间和电荷作用下，缓冲溶液中溶剂替代溶剂化离子沿着毛细管柱内壁流动。

4　原理

在内径 $25\ \mu m \sim 75\ \mu m$ 的石英管内，混合物的水溶液受到毛细管电泳作用，利用不同化合物在缓冲溶液中迁移速度不同而达到分离目的。混合物溶液受到电场和电渗流两种驱动力，二者在同方向或反方向作用下达到分离效果。

电场以每厘米的电压来表示，即 $V \cdot cm^{-1}$，可流动性是离子的特性。分子越小，电泳流动性越好。

如果毛细管的内壁无涂层，石英管固体表面的负电离子会吸附部分缓冲溶液的阳离子。根据电中性的要求，带电表面附近的液体中必有与固体表面电荷数量相等但符号相反的多余的阴离子。带电表面和反离子构成双电层，在电场力作用下形成了电渗流。可以通过改变缓冲溶液的 pH 和加入添加剂以调节电渗流的方向和强度。

通过向缓冲溶液中添加有色离子可能得到负峰，从而对那些在常用波长下没有很好吸收的溶液进行定量。

5 试剂和材料

5.1 化学纯试剂,纯度至少 99%。

5.1.1 硫酸钠或硫酸钾。

5.1.2 L-酒石酸。

5.1.3 D,L-苹果酸。

5.1.4 一水合柠檬酸。

5.1.5 琥珀酸。

5.1.6 D,L-乳酸。

5.1.7 磷酸二氢钠。

5.1.8 葡萄糖酸钠。

5.1.9 氯酸钠。

5.1.10 吡啶二羧酸。

5.1.11 十六烷基三甲基溴化铵。

5.1.12 色谱用乙腈。

5.1.13 去离子超纯水。

5.1.14 氢氧化钠。

5.2 溶液

5.2.1 标准储存溶液

配制浓度范围在 800 mg/L～1 200 mg/L 的各种酸和硫酸盐系列标准水溶液。5℃条件下,溶液最多可以保存一个月。

5.2.2 内标溶液

约 2 g /L 氯酸钠水溶液。5℃时,溶液最多可以保存一个月。

5.2.3 标准工作溶液

使用 A 级移液管和容量瓶,加入 2 mL 标准溶液和 1 mL 内标溶液,用去离子水定容至 50 mL。振荡使溶液均匀。溶液应当日配制。

5.2.4 氢氧化钠溶液

5.2.4.1 1 mol/L 氢氧化钠溶液

向 100 mL 容量瓶中放入 4 g 氢氧化钠。纯水定容。振摇直至完全溶解。

5.2.4.2 0.1 mol/L 氢氧化钠溶液

向 100 mL 容量瓶中移入 10 mL 1 mol/L 氢氧化钠溶液,用去离子水定容,摇匀。

5.2.5 电泳缓冲溶液

0.668 g 吡啶二羧酸、0.364 g 十六烷基三甲基溴化铵、20 mL 乙腈和大约 160 mL 纯水加入 200 mL 容量瓶,摇振直至完全溶解(如有必要,可用超声),使用上述 1 mol/L 和 0.1 mol/L 浓度的氢氧化钠溶液调节 pH 至 5.64,加水定容至 200 mL。振荡均匀,室温保存。该溶液需每月配制。

该溶液也可以用同等效果的商业化溶剂代替。

6 仪器

本测定方法需要基本的毛细管电泳仪器,包含以下组件:

进样器;2 个缓冲溶液瓶;

无涂层硅电泳毛细管(内径 50 μm,电泳毛细管进样口至检测池的长度至少 60 cm,为使毛细管出口能够浸入一个瓶子的中央,其长度需根据仪器不同额外增加 7 cm~15 cm);

高压直流电源(电压输出为-30 kV~$+30$ kV,电源两端分别连接毛细管所浸入的缓冲液);

压力系统(保证缓冲溶液的循环和试样的注入);

UV 检测器;数据采集系统。

7 样品的制备

7.1 脱气和过滤

富含二氧化碳的样品应使用超声脱气 2 min。

浑浊的样品应使用孔径为 0.45 μm 的滤膜过滤。

7.2 稀释和添加内标物

量取 2 mL 样品移至 50 mL 的容量瓶,加 1 mL 内标溶液,加水定容至 50 mL,混匀备用。

8 步骤

8.1 新毛细管的活化(示例)

在压力大约为 276 kPa 2.76 bar 或 40 psi 条件下以纯水反向冲洗 5 min,相同压力下用 0.1 mol/L 氢氧化钠溶液反向冲洗 5 min,相同压力下用纯水反向冲洗 5 min。重复纯水、0.1 mol/L 氢氧化钠溶液、纯水的循环。用电泳缓冲溶液反向冲洗 10 min。

8.2 已使用毛细管的重新活化(可选择)

当分离效率降低时,有必要对毛细管进行重新活化。如果活化后效果仍无法满足要求,更换毛细管后再活化。

8.3 检查毛细管的质量

在推荐的分析条件下将标准溶液测定 5 次。

8.4 分离和检测调节(示例)

开始检测前 1 h 打开检测器的灯,在压力约为 276 kPa(40 psi)条件下用缓冲溶液反向冲洗 3 min。在 6 s~15 s 内压力为 0.5 psi 下注入 7.1 的试样。两级固定好,保证正电极在检测器一端。电压 1 min 内由 0 kV~16 kV,然后维持 16 kV 约 18 min(分离过程会因毛细管柱的差异有轻微的不同)。保持温度 25℃,紫外检测器波长 254 nm。在 276 kPa(40 psi)压力下使用电泳缓冲溶液(5.2.5)反向冲洗 2 min。每 6 次进样需更换进口和出口瓶子中的电泳缓冲溶液。

8.5 分析的顺序(示例)

每一个新的分析序列均要更换电泳缓冲溶液。

分析序列的顺序包括：标准物质的分析(待测的各种酸的已知浓度的外标物)。

分析如 7.2 制备的样品，色谱图如附录 A 中所列谱图。

分析结束，用去离子水反向冲洗 10 min。

关闭检测器灯。

9　结果计算

用内标法进行校正，计算每种酸的响应因子。进样后，分别读取样品和内标的峰面积，并根据响应因子，计算待测物的准确浓度。可以使用自动数据处理系统，完成计算。(计算响应因子和建立标准曲线)。

样品中待测酸的浓度可按下列公式计算：

$$c_E = \frac{c_{AR} \times S_{AE} \times S_{EIR}}{S_{AR} \times S_{EIE}}$$

峰面积用积分的数值来表示：

浓度单位为 g/L(仅保留两位小数)。

表1

项目	标准溶液	样品
酒石酸峰面积	S_{AR}	S_{AE}
内标物峰面积	S_{EIR}	S_{EIE}
浓度	c_{AR}	c_E

10　精密度

10.1　实验的组织

实验室间比对试验和结果见附录 B 和附录 C。

10.2　精度测量

实验室间比对实验的精密数据汇总见表 2。

参加实验室数量：5

表2

项目	酒石酸	苹果酸	乳酸
平均浓度/(mg/L)	1 395	1 884	1 013
重复性标准偏差平均值/%	38	54	42
再现性标准偏差平均值/%	87	113	42

附 录 A
ACI 标准溶液电泳图

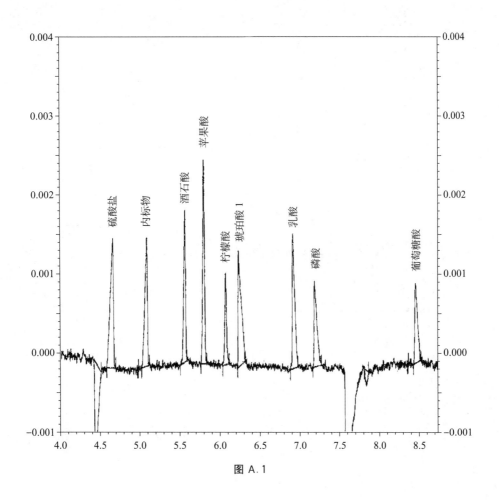

图 A.1

葡萄酒的电泳图

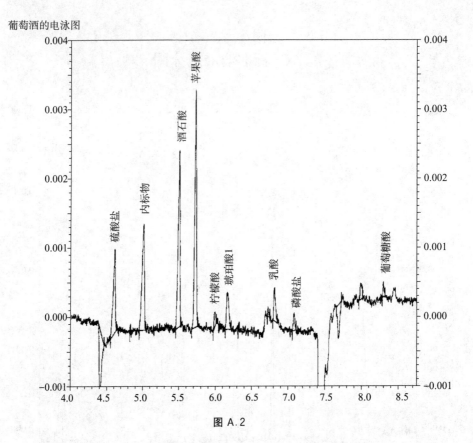

图 A.2

附　录　B
实验室间比对试验结果的统计数据(2006)

根据 ISO 5725-2:1994。参照了实验室指导《Direction Générale de la Consommation et de la Répression des Fraudes de Bordeaux(France)》,实验室间比对实验结果汇总如下:

实验年份:2006

参加实验室数量:5

样品数量:8 双盲样(2 干白,2 甜白,2 桃红酒 和 2 红酒)

实验室间比对试验检测结果毛细管电泳法测定酒石酸的结果/(mg/L)

样品	干白葡萄酒		白葡萄酒		桃红葡萄酒		红葡萄酒	
	A+D	B+C	E+F	G+H	I+J	K+L	M+N	O+P
参加实验室数量	5	5	5	5	5	5	5	5
可接受的结果数量	5	5	4	5	5	5	4	5
平均值/(mg/L)	1943	2563	1440	255	553	1885	1373	1148
可接受的值/(mg/L)	1943	2563	1387	2217	1877	1593	1370	1830
重复性标准偏差(S_r)	27	25	106	23	40	31	25	24
重复性变异系数/%	1.4	1.0	7.7	1.0	2.2	1.9	1.8	1.3
重复性限(r)	77	70	298	65	113	86	70	66
再现性标准偏差(S_R)	96	128	174	80	57	55	52	53
再现性变异系数/%	4.9	5	12.6	3.6	3	3.5	3.8	2.9
再现性限(R)	268	359	488	223	160	154	145	148

实验室间比对检测结果毛细管电泳法则测定苹果酸的结果/（mg/L）

样品	干白葡萄酒		白葡萄酒		桃红葡萄酒		红葡萄酒	
	A+D	B+C	E+F	G+H	I+J	K+L	M+N	O+P
参加实验室数量	5	5	5	5	5	5	5	5
可接受的结果数量	5	5	5	5	5	5	4	4 5
平均值/（mg/L）	2571	1602	1680	2539	3524	2109	173	869
可接受的值/（mg/L）	2571	1602	1680	2539	3524	2109	177	869
重复性标准偏差（S_r）	54	19	113	35	61	109	7	32
重复性变异系数/%	2.1	1.2	6.7	1.4	1.7	5.2	4.1	3.7
再现性限（r）	151	54	315	99	170	305	20	89
再现性标准偏差（S_R）	90	51	171	97	279	142	21	53
再现性变异系数/%	13.6	9.8	41	39.6	14.7	9	14.1	7.6
再现性限（R）	252	142	479	273	782	397	59	148

实验室间比对试验检测结果毛细管电泳法测定乳酸的结果/（mg/L）

样品	干白葡萄酒		白葡萄酒		桃红葡萄酒		红葡萄酒	
	A+D	B+C	E+F	G+H	I+J	K+L	M+N	O+P
参加实验室数量	5	5	5	5	5	5	5	5
可接受的结果数量	4	5	5	5	5	5	4	4 5
平均值/（mg/L）	659	1324	258	255	553	1885	2066	1148
可接受的值/（mg/L）	650	1324	258	255	553	1885	2036	1148
重复性标准偏差（S_r）	20	42	20	39	27	99	75	16
重复性变异系数/%	3.1	3.2	7.8	15.1	4.8	5.3	3.7	16,0
再现性限（r）	57	117	56	108	75	278	211	46
再现性标准偏差（S_R）	20	42	20	39	27	99	75	16
再现性变异系数/%	13,6	9,8	41	39,6	14,7	9	14.1	7.6
再现性限（R）	247	363	296	283	227	475	802	243

附　录　C
实验室间实验结果的统计数据

（硫酸盐 2010）

根据 ISO 5725-2:1994，参照"Instituto dos Vinhos do Douro e do Porto（Portugal）"。实验室间比对实验结果汇总如下：

试验年份：2010～2011

参加实验室数量：7（有一个实验室使用两台不同仪器报送了两个结果）

样品数：6 双盲样

表 1　葡萄酒

指标	白葡萄酒（A/G）	桃红葡萄酒（B/F）	桃红葡萄酒（C/O）	红葡萄酒（D/M）	白葡萄酒（E/N）	利口酒（I/K）	白葡萄酒（H/Q）	红葡萄酒（J/P）	利口酒（L）
参加实验室的数量	7	7	6	7	8	7	7	7	8
重复测量次数	2	2	2	2	2	2	2	2	2
最小值（以 K_2SO_4 计）/（g/L）	0.71	0.34	0.40	0.62	1.79	1.06	1.38	1.96	2.17
最大值（以 K_2SO_4 计）/（g/L）	0.88	0.54	0.52	0.75	2.40	1.35	1.70	2.30	2.85
重复性方差 S_r^2	0.0 012	0.001 1	0.000 1	0.001 6	0.006 3	0.001 3	0.003 6	0.001 5	0.005 3
组内方差 S_L^2	0.001 48	0.002 30	0.001 63	0.000 55	0.019 52	0.010 82	0.006 68	0.017 44	0.035 52
再现性方差 S_R^2	0.002 7	0.003 4	0.001 8	0.002 2	0.025 8	0.012 2	0.010 3	0.018 9	0.040 8
平均值（以 K_2SO_4 计）/（g/L）	0.78	0.43	0.44	0.69	2.01	1.19	1.49	2.15	2.41
重复性标准偏差（以 K_2SO_4 计）/（g/L）	0.04	0.03	0.01	0.04	0.08	0.04	0.06	0.04	0.07
重复性限（以 K_2SO_4 计）/（g/L）	0.100	0.093	0.031	0.115	0.224	0.103	0.170	0.109	0.206
重复性变异系数 CV	5%	8%	3%	6%	4%	3%	4%	2%	3%
再现性标准偏差（以 K_2SO_4 计）/（g/L）	0.05	0.06	0.04	0.05	0.16	0.11	0.10	0.14	0.20
再现性限（以 K_2SO_4 计）/（g/L）	0.148	0.165	0.118	0.132	0.454	0.312	0.287	0.389	0.572
再现性变异系数 CV	7%	14%	10%	7%	8%	9%	7%	6%	8%
HORRAT 值	1.1	2.1	1.5	1.1	1.6	1.7	1.3	1.3	1.7

参 考 文 献

［1］ ARELLANO M. ,COUDERC F. and PUIG . L(1997):Simultaneous separation of organic and inorganic acids by capillary zone electrophoresis. Application to wines and fruit juices. Am. J. Enol. Vitic. , 48, 408-412.

［2］ KANDL T. and KUPINA S. (1999):An improved capillary electrophoresis procedure for the determination of organics acids in grape juices and wine. Am. J. Enol. Vitic. ,50,155-161.

［3］ KLAMPF C. F. (1999):Analysis of organic acids and inorganic anions in different types of beer using capillary zone electrophoresis. J. Agric. Food Chem. ,47,987-990.

山梨酸、苯甲酸和水杨酸

（决议 Oeno 6/2006）

1 介绍

山梨酸及其钾盐作为一种防腐剂，可用于葡萄酒生产。然而，在乳酸菌作用下，山梨酸降解会生成天竺葵的气味，所以有些国家规定在葡萄酒中不得检出山梨酸。而苯甲酸和水杨酸虽然在其他饮料中允许使用，但在葡萄酒中禁止使用。

2 范围

本方法可用于检测各种葡萄酒、葡萄汁中的山梨酸、苯甲酸或水杨酸，尤其适用于痕量级含量的样品。

3 原理

样品经 HPLC 反相色谱柱分离，在 235 nm 波长进行检测，可以对防腐剂进行定量分析。

4 试剂

4.1 纯净水（电阻率大于 18.2 MΩ·cm）。

4.2 四氢呋喃，色谱纯。

4.3 甲醇，色谱纯。

4.4 0.1 mol/L 盐酸溶液。

4.5 pH 为 2 的水：650 mL 水中逐滴加入 0.1 mol/L 盐酸溶液，至 pH 为 2。

4.6 洗脱液：取 650 mL pH 为 2 的水、280 mL 甲醇和 7 mL 四氢呋喃，混合均匀。
注：也可以使用其他的洗脱溶液，例如：用乙酸调节 pH 为 4 的 80% 0.005 mol/L 乙酸铵＋20%乙腈。

4.7 山梨酸。

4.8 苯甲酸。

4.9 水杨酸。

4.10 乙醇。

4.11 50%乙醇-水溶液：将 500 mL 乙醇转移至 1 L 的容量瓶中，用水定容至 1 L。

4.12 标准储备液：将 50 mg 山梨酸、苯甲酸和水杨酸溶解于 100 mL 的 50%乙醇-水溶液中。

4.13 标准溶液：将上述标准储备液，用 50%乙醇-水溶液分别稀释至所需浓度，例如：
——200 mg/L：将 20 mL 储备溶液稀释到 50 mL。
——20 mg/L：将 2 mL 储备溶液稀释到 50 mL。

5 仪器

5.1 实验室常用玻璃器皿，包括移液管和容量瓶。

5.2　超声清洗机。

5.3　大体积真空过滤装置(1 L),滤膜孔径小于 1 μm(通常 0.45 μm)。

5.4　小体积样品过滤装置(1 mL~2 mL),滤膜孔径小于 1 μm(通常 0.45 μm)。

5.5　pH 计。

5.6　液相色谱仪,配备有小体积进样装置,例如 10 μL~20 μL 环状进样阀。

5.7　紫外检测器,可在 235 nm 波长处检测。

5.8　5 μm C$_{18}$柱子,长 20 cm,内径 4 mm。

5.9　数据采集系统。

6　样品和洗脱液制备

6.1　使用过滤装置过滤样品。

6.2　使用超声对洗脱液进行脱气 5 min。

6.3　使用过滤装置过滤其他溶剂。

7　步骤

7.1　色谱柱平衡:进样前,打开泵用流动相冲洗至少 30 min。

7.2　将一定浓度的标准工作液注入系统,检查仪器的灵敏度,确保色谱峰满足分析的需求。

7.3　将待分析样品注入系统,另外可分析一个加标样品。对比葡萄酒和加标样品中目标物的色谱峰(通常未加标样品在此区域无峰)。

8　计算

当确定样品中目标物出峰位置后,可以根据与标准溶液的峰面积进行对比确定样品中目标物的浓度。样品中目标物浓度按照下列公式计算:

$$X_{样品}=c\times s/S$$

其中:X——样品中目标物的浓度(mg/L);

$\qquad c$——标准溶液中目标物的浓度(mg/L);

$\qquad S$——标准溶液中目标物的峰面积;

$\qquad s$——样品中目标物的峰面积。

9　精密度参数

表 1

项目	山梨酸	苯甲酸	水杨酸
线性范围/(mg/L)	0~200	0~200	0~200
精密度(回收率)/%	>90	>90	>90
重复性 r/%	2	3	8
再现性 R/%	8	9	12

表1(续)

项目	山梨酸	苯甲酸	水杨酸
检测限/(mg/L)	3	3	3
定量限/(mg/L)	5	6	7
不确定度/%	11	12	13

参 考 文 献

[1] Dosage de l'acide sorbic dans les vins par chromatographie en phase gazeuse. 1978. BERTRAND A. et SARRE Ch. ,Feuillets Verts O. I. V. ,654-681.

[2] Dosage de l'acide salicylic dans les vins par chromatographie en phase gazeuse. 1978. BERTRAND A. et SARRE Ch. ,Feuillets Verts O. l. V. ,655-682.

[3] Dosage de l'acide benzoic,dans les sodas et autres produits alimentaires liquides,par chromatographie en phase gazeuse. 1978. BERTRAND A. et SARRE Ch. Ann. Fals. Exp. Chim. 71,761,35-39.

偏 酒 石 酸
（决议 Oeno 10/2007）

1　介绍

传统方法中,为避免葡萄酒中酒石酸的析出,可以向葡萄酒中加入一定比例的偏酒石酸,本方法利用偏酒石酸水解后的总酒石酸和天然酒石酸之间溶析平衡的差异比进行测定。但有些国家并不允许添加偏酒石酸。考虑到酒石酸测定的准确度,如果葡萄酒中含有的少量的偏酒石酸的含量很少,无法用普通的方法检测,则需要使用其他方法进行测定。

2　范围

本方法适用于葡萄酒中含有痕量级偏酒石酸的测定。

3　原理

在酸性条件下,偏酒石酸可与乙酸镉形成不溶性的沉淀,这是葡萄汁或葡萄酒中唯一能够形成此类沉淀的成分。

　　注:酒石酸也可以与乙酸镉形成沉淀,但只有在乙醇浓度超过 25％时才会形成,而且沉淀会在水中溶解,这点与偏酒石酸的沉淀不同。

偏酒石酸的镉沉淀和氢氧化钠共热时可以分解并释放出酒石酸,后者与偏钒酸铵结合会产生特定的橘色。

4　试剂

4.1　乙酸镉溶液:

4.1.1　二水合乙酸钙,纯度 98％。

4.1.2　纯乙酸。

4.1.3　双蒸水或去离子水。

4.1.4　乙酸镉溶液:

　　取 5 g 乙酸镉溶解于 99 mL 水,加 1 mL 纯乙酸。

4.2　1 mol/L 氢氧化钠。

4.3　1 mol/L 硫酸。

4.4　2％(m/V)偏钒酸铵溶液。

4.4.1　偏钒酸铵。

4.4.2　三水合乙酸钠,纯度 99％。

4.4.3　乙酸钠溶液,将 478 g 乙酸钠溶解于 1 L 水中。

4.4.4　偏钒酸铵溶液:称取 10 g 偏钒酸铵溶解于 150 mL 氢氧化钠溶液中,加入 200 mL 乙酸钠溶液,加水定容至 500 mL。

4.5　96％乙醇。

5 仪器

5.1 离心机,离心管容量为 50 mL。

5.2 分光光度计,能在可见光波长范围工作,吸收池 1 cm。

6 步骤

量取 50 mL 葡萄酒,以 11 000 r/min 转速离心 10 min,取 40 mL 澄清的葡萄酒,将其转移至离心管中,加 5 mL 96% 乙醇,加 5 mL 乙酸镉溶液,混匀并静置 10 min。然后以 11 000 r/min 转速离心 10 min,转移澄清液。如果有偏酒石酸存在的情况下,则试管底部会出现薄片状沉淀。如果没有任何沉淀,则认为样品中不含有偏酒石酸。

如果有沉淀或疑似有沉淀将生成,需按照下面的步骤操作:用 10 mL 水冲洗沉淀,使之与离心管底部脱离。加 2 mL 乙酸镉溶液,以 11 000 r/min 转速离心 10 min,然后完全倒掉上清液。加入 1 mL 1 mol/L 的氢氧化钠溶液 100℃ 水浴 5 min。冷却后,加入 1 mL 1 mol/L 的硫酸溶液和 1 mL 偏钒酸铵溶液。静置 15 min 后,以 11 000 r/min 转速离心 10 min。将上清液转移至分光光度计的吸收池中,用水作空白调零后,在 530 nm 波长下测定吸光度值,即:A_E。

同时,平行取相同酒样,先以高温微波加热 2.5 min,或者 100℃ 水浴 5 min 后,按照相同方法进行处理,得到相应的吸光度值 A_T。

7 计算

若葡萄酒中含有偏酒石酸,则 $A_E - A_T > 0.050$。

L-抗坏血酸和 D-异抗坏血酸

（决议 Oeno 11/2008）

1 介绍

抗坏血酸是一种广泛存在于食品中的抗氧化物质,葡萄中的抗坏血酸含量在葡萄酒的生产过程中逐渐降低,但法规允许向葡萄酒中添加一定量的抗坏血酸。

通过一系列的协同比对实验研究,OIV 证实了本方法适用于葡萄酒中 L-抗坏血酸含量在 30 mg/L～150 mg/L 和 D-异抗坏血酸含量在 10 mg/L～100 mg/L 范围内的测定。

2 范围

本方法适用于 L-抗坏血酸和 D-异抗坏血酸含量在 3 mg/L～150 mg/L 范围内的检测。浓度高于 150 mg/L 的,可以进行稀释后测定。

3 原理

样品经滤膜过滤后直接进入 HPLC 系统,经过反相柱分离后,在 266 nm 同时对目标物进行检测。用外标法确定 L-抗坏血酸和 D-异抗坏血酸的含量。

4 试剂和材料

4.1 试剂

正辛胺,纯度≥99.0%。

三水合乙酸钠,纯度≥99.0%。

100 %乙酸。

25%磷酸。

草酸,纯度≥99.0%。

抗坏血酸氧化酶。

L-抗坏血酸,纯度≥99.5%。

D-异抗坏血酸,纯度≥99.0%。

双蒸水。

甲醇,分析纯 99.8%。

4.2 流动相制备

4.2.1 流动相组成

12.93 g 正辛胺,溶于 100 mL 甲醇;

缓冲溶液(pH 5.4):430 mL 乙酸钠溶液和 70 mL 乙酸溶液混合。

68.05 g 三水合乙酸钠,溶于 500 mL 双蒸水;

12.01 g 乙酸,溶于 200 mL 双蒸水;

4.2.2 流动相制备

向大约 400 mL 双蒸水中加 5 mL 正辛胺溶液,逐滴加入 25％磷酸将溶液的 pH 调至 5.4～5.6。加入 50 mL 缓冲溶液,将混合溶液转移至 1 000 mL 容量瓶,用双蒸水定容。使用前流动相需用滤膜(再生纤维素,0.2 μm)进行过滤,如有必要,用氦气进行脱气处理约 10 min。

4.3 标准溶液的制备

注:所有的标准溶液(标准储备溶液和标准工作溶液)都应现配现用并保存在冰箱中。

4.3.1 标准储备液(1 mg/mL)

制备 2％草酸水溶液,通过吹氮除去溶解氧。分别准确称量 100 mg L-抗坏血酸和 D-异抗坏血酸,加入 100 mL 容量瓶中,用 2％草酸水溶液定容。

4.3.2 标准溶液制备

用 2％草酸水溶液将储备溶液稀释至一定浓度,推荐的浓度范围为 10 mg/L～120 mg/L,例如取 100 μL、200 μL、400 μL、800 μL、1200μL 储备液稀释至 10 mL,相应浓度为 10 mg/L、20 mg/L、40 mg/L、80 mg/L 和 120 mg/L。

5 仪器

实验室常用仪器,特殊仪器如下:

5.1 HPLC 泵。

5.2 环状进样器,20 μL。

5.3 UV-检测器。

6 样品制备

进样前,用孔径为 0.2 μm 的滤膜过滤葡萄酒样品。

浓度超过 150 mg/L 的样品,可将样品稀释后进样。

7 步骤

7.1 HPLC 操作条件

向色谱系统中注射 20 μL 过滤后的葡萄酒样品;

保护柱:例如 Nucleosil 120 C$_{18}$(4 cm×4 mm×7 μm);

柱子:例如 Nucleosil 120 C$_{18}$(25 cm×4 mm×7 μm);

进样体积:20 μL;

流动相:见 4.2.2;

流速:1 mL/min;

检测波长:266 nm;

色谱柱冲洗:先以不少于 30 mL 双蒸水冲洗,然后以 30 mL 甲醇和 30 mL 乙腈冲洗。

7.2 鉴别/确证

通过对比样品峰和标准品色谱峰的保留时间来进行定性判断,图 1 色谱 A 中,L-抗坏血酸保留时间为 7.7 min,异抗坏血酸保留时间为 8.3 min。为进一步对样品中目标物确认,需要用抗坏血酸氧化酶对样品进行重新处理并检测。由于抗坏血酸氧化酶对 L-抗坏血酸和

D-异抗坏血酸的降解作用,在原出峰时间不再有色谱峰出现。如果检测到干扰峰的存在,在计算浓度时应将其考虑在内。

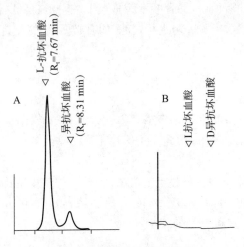

图1 白葡萄酒的色谱例图

A—抗坏血酸氧化酶处理之前;B—抗坏血酸氧化酶处理之后

注:在分析序列的最后安排经抗坏血酸氧化酶处理的样品,之后要将柱子中的抗坏血酸氧化酶冲洗干净。否则,柱子中残存的抗坏血酸氧化酶会使样品中的抗坏血酸发生作用,从而影响检测结果。

8 计算

利用标准溶液作出标准曲线,利用外标法,将样品中目标物峰面积和标准曲线中的峰面积比对对 L-抗坏血酸和 D-异抗坏血酸进行定量分析。

9 结果表示

L-抗坏血酸和 D-异抗坏血酸的浓度以 mg/L 表达,保留一位小数。例如,51.3 mg/L。对于高于 150 mg/L 的样品,应对样品稀释后进行分析。

10 精密度

1994 年,德国联邦卫生局组织了一次由 27 个实验室参加的协同比对实验研究,对本方法进行了验证。实验是依据德国食品法典 §35 进行设计的,OIV 在使用新的协议(OENO 6/2000)之前,一直采用该法典。

研究包含 4 个样品——2 个白葡萄酒和 2 个红葡萄酒——每个样品重复测定 5 次。因为不同降解率的影响,难以准备十分稳定的样品,研究中向参加者发送已知量的纯标准物质和葡萄酒样品。建议实验室将一定量的标准品加入到酒中并立即展开测定。L-抗坏血酸的测定范围为 30 mg/L～150 mg/L,D-异抗坏血酸的测量范围为 10 mg/L～100 mg/L。附录中列举了研究结果的详细数据。依据 DIN/ISO 5725(Version 1988)进行了评估。

方法的重复性标准差(S_r)和再现性标准差(S_R)与 L-抗坏血酸和 D-异抗坏血酸的浓度相关。实际的精密度参数可以通过下列公式计算:

对于 L-抗坏血酸:

$$S_r = 0.011x + 0.31$$
$$S_R = 0.064x + 1.39$$

其中,x 为 L-抗坏血酸浓度(mg/L)。

对于 D-异抗坏血酸:

$$S_r = 0.014x + 0.31$$
$$S_R = 0.079x + 1.29$$

其中,x 为 D-异抗坏血酸浓度(mg/L)。

例如:

D-异抗坏血酸浓度为 50 mg/L,经计算得 $S_r = 1.0$ mg/L,$S_R = 5.2$ mg/L。

11 分析的其他参数

11.1 检出限

本方法的检出限为 3 mg/L。

11.2 回收率

四个样品的比对试验研究的平均回收率计算结果如下:

L-抗坏血酸:100.6%。

D-异抗坏血酸:103.3%。

附　录　A
协同比对实验研究

A.1　L-抗坏血酸

表 A.1

项目	红葡萄酒 I	白葡萄酒 II	红葡萄酒 III	白葡萄酒 IV
$X/(mg/L)$	152.7	119.8	81.0	29.9
添加量/(mg/L)	150	120	80	30
回收率/%	101.8	99.8	101.3	99.7
n 测定次数	25	23	25	23
离群数	1	3	1	3
重复性 $S_r/(mg/L)$	1.92	1.55	1.25	0.58
重复性相对标准偏差 $RSD_r/\%$	1.3	1.3	1.5	1.9
HorRat	0.17	0.17	0.19	0.20
$r/(mg/L)$	5.4	4.3	3.5	1.6
再现性 $S_R/(mg/L)$	10.52	10.03	6.14	3.26
$RSD_R/\%$	6.9	8.4	7.6	10.9
Horwitz $RSD_R/\%$	7.5	7.8	8.3	9.6
HorRat	0.92	1.08	0.92	1.14
$R/(mg/L)$	29.5	28.1	17.2	9.1

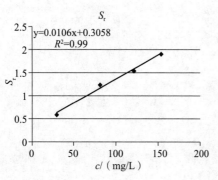
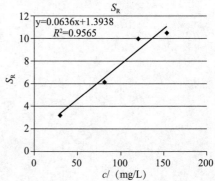

图 A.1

A.2 D-异抗坏血酸

表 A.2

项目	红葡萄酒Ⅰ	白葡萄酒Ⅱ	红葡萄酒Ⅲ	白葡萄酒Ⅳ
$X/(mg/L)$	102.4	79.8	11.3	29.4
添加量/(mg/L)	100	80	10	30
回收率/%	102.4	99.8	113.0	98.0
n	25	23	24	22
离群数	1	3	2	4
重复性 $S_r/(mg/L)$	1.71	1.49	0.47	0.70
RSDr/%	1.7	1.9	4.1	2.4
HorRat	0.21	0.23	0.37	0.25
$r/(mg/L)$	4.8	4.2	1.3	2.0
重现性 $S_R/(mg/L)$	9.18	7.96	2.394	3.23
RSDR/%	9.0	10.0	21.2	11.0
Horwitz RSDR/%	8.0	8.3	11.1	9.6
HorRat	1.12	1.21	1.91	1.14
$R/(mg/L)$	25.7	22.3	6.7	9.0

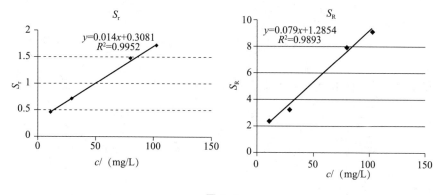

图 A.2

参 考 文 献

[1] B. Seiffert, H. Swaczyna, I. Schaefer(1992):Deutsche Lebensmittelrundschau,88(2)p. 38-40.

[2] C. Fauhl:Simultaneous determination of L-ascorbic acid and D-iso-ascorbic acid(erythorbic acid)in wine by HPLC and UV-detection-OIV FV 1228,2006.

L-酒石酸的鉴定(^{14}C 活度法)

(决议 Oeno 12/2008)

1　目的和范围

本方法可用于鉴定植物源或无机源的酒石酸,当样品为二者混合物时,可以鉴定出二者的比例。本方法可以检测出含量低于 10% 的无机源 L(+)-酒石酸。

2　原理

多数情况下,可商业化获取的植物源酒石酸大多是葡萄酒酿造的副产物,皮渣中的酒石酸氢钾以 L-酒石酸的形式提取出来并在市场上销售。其酸中 ^{14}C 与酒中的乙醇一样,和相同年份生产葡萄酒中二氧化碳的 ^{14}C 浓度相关,其浓度相对较高。但由石油化工生产中合成酒石酸则含有较低甚至不含 ^{14}C。因此,通过使用液体闪烁仪测量碳的 DPM(每分钟衰变数)^{14}C 的活度,就可以测定其来源及组成。

3　试剂和标准品

3.1　试剂

3.1.1　闪烁液,如 Instagel Plus。

3.1.2　^{14}C 甲苯参比溶液,经实验室刻度证实其活度,通过建立淬灭校正曲线测试设备的灵敏度和效率。

3.1.3　^{14}C、^{3}H 标准品、用于减少背景噪声的 ^{12}C 甲苯,用于标定闪烁计数器。

3.1.4　99% 硝基甲烷。

3.1.5　超纯水(>18 MΩ·cm)。

3.1.6　^{14}C 甲苯溶液,活度约为 430 DPM/mL,通过稀释 ^{14}C 标准储备液,参比 ^{12}C 甲苯溶液获得。

3.2　标准品

3.2.1　建立淬灭校正曲线

闪烁仪经过 ^{4}C、^{3}H 和 ^{12}C 甲苯标准品校正后,采用下列步骤建立淬灭校正曲线。

准备 12 个玻璃瓶,每个瓶中装有 10 mL 浓度为 500 g/L 的化石来源的酒石酸水溶液,然后按需要加入 400 DPM/mL~1 000 DPM/mL 的甲苯 ^{14}C 标准液(如果有必要,可先配制标准溶液的中间浓度溶液)。然后向瓶中梯度加入硝基甲烷,例如:0 μL、0 μL、0 μL、5 μL、10 μL、15 μL、20 μL、35 μL、50 μL、100 μL、200 μL 和 400 μL,然后加入 10 ml 闪烁液。系列溶液中至少有 3 个样品不含有硝基甲烷。

通过分析梯度增加的硝基甲烷,每年确定一次淬灭校正曲线。淬灭校正曲线可以用于确定灵敏度或平均效能。

3.2.2　背景噪音的测定(测试空白)

使用化工来源的 L-酒石酸,测定背景噪音,或测定空白。确定淬灭校正曲线之后应立即进行背景噪音测定，之后大约每3个月进行一次测定。

3.2.3 确定标准曲线

在进行闪烁实验之前，应先使用 HPLC 确定植物和化石来源的 L-酒石酸的纯度。使用确定为植物源或化石源酒石酸的不同比例混合物来进行标定。

表1

500 g/L 溶液的制备			
	空白或背景噪音	标准	内标
称重	50 mL 容量瓶		
	25 g 化石源 L-酒石酸	25 g 已知组成的化石和植物源酒石酸混合物	使用空白
溶解	密封		
	震荡，使溶液均匀化		
闪烁混合物的制备			
塑料小瓶			
从 500 g/L 溶液中取样品	使用移液管取 10 mL		
添加浓度	—	—	100 μL
添加闪烁液	使用自动滴定管加 10 mL		
	加盖		
	等待 5 min，然后分析 500 min		

3.3 内部控制

3.3.1 内部控制物质

用 500 g/L 化石源 L-酒石酸溶液，添加一定量的甲苯^{14}C（DPM＜100）。用相同的化石来源 L-酒石酸溶液进行背景噪音测定。

3.3.2 内部控制性质

通过对添加浓度的测量可以提供研究媒介中不存在干扰物质的证明。

3.3.3 内部控制物限量

内标控制限量与所用仪器有关：可以定为待测值的 5%。

3.3.4 检测频率和步骤

经常使用时每月一次或在每次分析序列中，做一次内标。每次更换闪烁液或变更曲线时，要做一次内标。

3.3.5 内部控制结果使用

如果结果落在内部控制限制之外，检查实验计划书之后，要对闪烁液进行校准，然后重复内控测定。

如果校准结果准确，但新的内部控制测量仍不符合要求，重新制作曲线然后进行内部控制测定。

4 仪器

4.1 配有电脑和打印机的液体闪烁光谱仪,事先用硝基甲烷进行标准曲线校准。

4.2 具螺旋塞的低钾瓶,要求背景噪声低。

4.3 10 mL 移液管。

4.4 适用于具塞液体闪烁瓶的自动滴定管。

4.5 实验室常规玻璃器皿。

5 样品

如果需要,在进行闪烁分析之前,可以用 HPLC 测定样品的纯度。

用纯水制备 500 g/L 的样品溶液。

表 2

500 g/L 溶液的制备				
	测试空白或背景噪声	标准溶液	内标	样品
称重	分别用 50 mL 容量瓶			
	25 g 化石来源 L-酒石酸	25 g 已知组成的化石来源和植物源 L-酒石酸	使用空白	25 g
溶解性	密封			
	振荡使混合物混合均匀			
闪烁混合物的制备				
源自 500 g/L 溶液的样品	分别用塑料管			
	10 mL 移液管			
添加浓度	—	—	100 μL	—
添加闪烁液	10 mL 使用自动滴定管			
	拧紧塞子,振摇			
	等待 5 min,分析 500 min			
注	每 5~10 个样品,做一个含 0% 植物源酒石酸的样品,如 10 mL 无机源酒石酸和 10 mL 闪烁液			
	在每个分析序列的最后测量背景噪声			

6 计算

测量结果以每分钟脉冲数(CPM)计,但应转换为 DPM/g 碳。

6.1 结果

计算样品的特定[14]C 放射性,以 DPM/g 碳表示:

$$A = \frac{(X - X') \times 100 \times 3.125^*}{R_m \times m}$$

其中：A——每克碳的放射性（min）；

    X——样品的每分钟脉冲数（CPM）；

    X'——用于背景噪声的化石源 L-酒石酸的每分钟脉冲数（CPM）；

    m——来自 500 g/L 溶液的 10 mL 样品中酒石酸的质量；

    R_m——以百分比表示的平均效能。

结果保留一位小数。

6.2 使用内标法对结果的验证

将加标后测得的值与使用 3.5.1 得到的值进行比较验证。如果差异显著（＞5％），按照下式重新计算 DPM 值：

$$DPM = \frac{CPM}{R_m}$$

其中，R_m 为标准曲线得到的平均效能。

两次结果相差不得超过其算术平均值的 5％。如果超出，需对样品进行重新检测，内标量加倍。对比从标准得到的 2 个结果，如果不超过其算术平均值的 5％，以平均值为结果。

注：此情况下，样品的淬灭非常明显，不适宜直接分析。

6.3 不确定度

标准测试条件下不确定度值为 ±0.7 DPM/g 碳。

7 与参考方法对照验证

7.1 原理

酒石酸燃烧转化成 CO_2，然后转化成苯。使用液体闪烁仪进行检测。

前处理除去各种污染物后，CO_2 按照以下步骤转化为苯。

$$C + O_2 \longrightarrow CO_2 \quad\cdots\cdots\cdots\cdots\cdots\cdots\cdots\cdots\cdots (1)$$

$$CaCO_3 + 2HCl \longrightarrow CO_2 + H_2O + Ca^{2+} + 2Cl^- \quad\cdots\cdots\cdots (2)$$

$$2CO_2 + 10\ Li \xrightarrow{800℃} Li_2C_2 + 4Li_2O \quad\cdots\cdots\cdots\cdots\cdots (3)$$

$$Li_2C_2 + 2H_2O \longrightarrow C_2H_2 + 2LiOH \quad\cdots\cdots\cdots\cdots\cdots (4)$$

$$3C_2H_2 \xrightarrow{Al_2O_3\ Cr^{3+}} C_6H_6 \quad\cdots\cdots\cdots\cdots\cdots\cdots\cdots (5)$$

1）有机物样品：用高温氧气流冲击碳（或加压氧气存在的情况下燃烧），生成二氧化碳。

2）无机样品（海洋或大陆的碳酸盐、水等）：用纯盐酸处理碳以生成二氧化碳。

3）二氧化碳与锂金属加热至 600℃～800℃ 之间，生成碳化锂和氧化锂。

4）水和碳化锂作用生成乙炔和氢氧化锂，水必须无氚、氢。

5）乙炔的三聚反应是在 185℃，在铝基镀铬催化作用下，转换为苯。

---

* 每 3.125 g 酒石酸对应 1 g 碳［酒石酸摩尔质量（150 g/mol），或以其中所含碳的质量表示（4×12＝48 g/mol）］。

7.2 步骤

通过燃烧、氧化或酸蚀等方法,由样品得到的二氧化碳均储存在一个压缩气瓶中。将足够量的锂(催化剂)储存在镍容器中,置于加热反应器的底部。反应器抽真空,底部加热,顶部用水循环冷却。

7.2.1 碳化

加热大约 1 h 后,温度升至 650℃。将二氧化碳导入接触熔融态的锂。锂相对于样品中的碳是过量的,根据样品来源不同,需过量 20%～100%。此化学反应(碳化或"收集")几乎瞬时发生,碳化过程中前几分钟的收集至关重要。此反应放热(可升温 200℃),碳化过程非常迅速,在开始 20 min 后基本可认为碳化完成,不过为了消除痕量氡(铀的副产物,可能与二氧化碳混合),持续加热 45 min～50 min。

7.2.2 冷却

一旦完成处理过程,反应室冷却至室温(25℃～30℃),待进行下一步实验。

7.2.3 碳化锂水解

向反应室中加入水,加水量要远大于反应所需的量(1.5 L),反应会立即开始,并同时释放乙炔,该反应同样是放热反应(温度将升高+80℃ ～+100℃)。

生成的乙炔呈蒸气状态,并以镀铬的铝催化剂为载体。载体需要提前风干至少 3 h,然后 380℃下真空干燥 2 h。本实验干燥过程极其重要,以免催化剂载体球中残留的水分对结果造成影响。

7.2.4 三聚反应

乙炔在催化条件下经聚合形成苯。三聚反应前,催化剂载体的温度必须降至 60℃～70℃,由于本反应也放热,需要自动调温维持温度。将催化剂载体加热至 180℃,保持 1.5 h,蒸气苯将析出并收集于液氮围绕的捕集管中。在动态真空中解析持续发生。实验最后将结晶的苯加热熔解为液态,准备进行下一步脉冲计数。

7.3 合成苯的台式装置

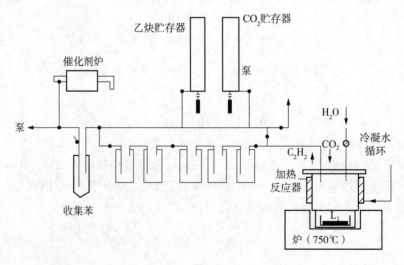

图 1

7.4 计数用标准化学溶液

设定液体闪烁计数的参比值为 4 mL 溶液体积。

此溶液包含 3.52 g 由样品生成的苯，以及由主要闪烁液和辅助闪烁液组成的闪烁液。

由于苯的密度为 0.88 g/mL，0.88×4 mL＝3.52 g。

表3

主要闪烁液	丁基-PBD
化学组成	2-(4-联苯基)-5-(4-叔丁基苯基)-1,3,4-恶二唑
最大荧光波长	367 nm
辅助闪烁液	对-双-邻-甲基苯-乙烯基-苯
化学组成	1,4-双-(2-甲基苯乙烯基)苯
最大荧光波长	415 nm
两种闪烁液的光学吸收和耦合辐射	
最小吸收波长	409 nm
最大吸收波长	412 nm

7.5 同位素分离的 Δ^{13}C 校正

使用标准 PDB^{13}C 25‰的标准化程序进行同位素分离校正。

8 方法的评价

8.1 步骤

用一个葡萄酒来源酒石酸和一个人工合成酒石酸制成 500 g/L 的酒石酸溶液。

葡萄酒来源酒石酸的浓度范围是 0～100%。

样品的来源和纯度事先使用参比方法进行鉴定。

8.2 结果

结果如表4所示：

表4

来源于葡萄酒的酒石酸/%		
真实浓度	替代方法的结果	参比方法的结果
0	0 和 0	0
10	3.5 和 6.0	12
20	11.4 和 12	22
30	24.6 和 25.4	31
40	34.7 和 38	40
50	41.4 和 50.6	50
60	57.8 和 58.8	63

表4(续)

来源于葡萄酒的酒石酸/%		
真实浓度	替代方法的结果	参比方法的结果
70	60 和 63.3	70
80	81	81
85	84	86
90	88	91
95	94	96
100	100	100

备选方法

^{14}C活度与化石来源L-酒石酸浓度的相关性

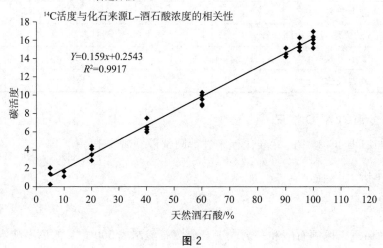

图 2

8.3　精密度

本方法的精密度是6.9%。

替换方法的重复性标准偏差为:2.86%植物源酒石酸。

参 考 文 献

[1] Compendium of international methods of analysis of spirits and alcohols and of the aromatic fraction of beverages, Office Internationale de la Vigne et du Vin, Edition officielle, juin 1994, page 201, 204, 210 et 307.

[2] Methods of analysis for neutral alcohol applicable to the wine sector, EEC Regulation no. 625/2003, 2 April 2003, Journal Officiel des communautés européennes 15 May 1992, n°L130, p18. (Journal Officiel, 8 April 2003, N° L90, p4).

[3] J. GUERAIN and S. TOURLIERE, Radioactivité carbone et tritium dans les alcools, Industries Alimentaires et Agricoles-92nd year, July-August 1975, N° 7-8.

[4] S. COHEN, B. CRESTO, S. NACHAMPASSAK, T. PAYOT, B. MEDINA, S. CHAUVET, Détermination de l'origine de l'acide tartrique L(+): naturelle ou fossile par la détermination de son activité C14-Document OIV FV 1238, 200.

3.1.4 气体

方法 OIV-MA-AS314-01 方法类型 Ⅱ

二 氧 化 碳

（浓度上限为 1.5 g/L）

（oeno 21/2003 对 39 进行修订，决议 Oeno 3/2006 对其进行完善）

1 原理

1.1 平静葡萄酒（CO_2 压力小于或等于 ≤$0.5×10^5$ Pa）

将接近 0℃的样品加入到过量的氢氧化钠溶液中，使 pH 达到 10～11。加入碳酸脱氢酶，用酸溶液滴定，记录 pH 从 8.6（酸性碳酸盐）变到 4.0（碳酸）所用的酸溶液的量。依次计算出二氧化碳的含量。在相同的条件下对脱碳葡萄酒进行空白滴定对照，需考虑扣除被葡萄酒中的酸消耗掉的氢氧化钠溶液的量。

1.2 高泡葡萄酒和低泡葡萄酒

将待分析的葡萄酒样品冷冻至近冰点。脱碳后，取出部分样品作为空白，碱化瓶中剩余的葡萄酒，使所有的二氧化碳全部固定为中性碳酸盐。加入碳酸脱氢酶，用酸溶液滴定。加入酸溶液使 pH 从 8.6（酸性碳酸盐）变到 4.0（碳酸），由加入的酸溶液计算出所含二氧化碳。在相同条件下对脱碳葡萄酒进行空白滴定对照，需考虑扣除葡萄酒中酸消耗掉的氢氧化钠溶液的量。

2 方法的描述

2.1 平静葡萄酒

2.1.1 仪器

磁力搅拌器。

pH 计。

2.1.2 试剂

0.1 mol/L 氢氧化钠溶液。

0.05 mol/L 硫酸溶液。

1 g/L 碳酸脱氢酶溶液。

2.1.3 操作方法

将葡萄酒样品和 10 mL 的移液管冷却至 0℃。

取 25 mL 0.1 mol/L 氢氧化钠溶液加入到 100 mL 烧杯中，加入两滴 1 g/L 的碳酸脱氢酶溶液，用冷却至 0℃的移液管加入 10 mL 葡萄酒。将烧杯放在磁力搅拌器上，放入磁棒，接通电源，进行适度搅拌。

当液体温度恢复到室温时，缓慢搅拌，用 0.05 mol/L 的硫酸溶液进行滴定，直到 pH 达到 8.6。记下读数。

继续缓慢搅拌,用 0.05 mol/L 硫酸溶液滴定,直至 pH 达到 4.0。假设 pH 由 8.6 变为 4.0 所用硫酸的体积为 n mL。

在真空情况下,摇动 50 mL 葡萄酒样品 3 min 以去除二氧化碳。将烧瓶在水浴中加热至 25℃ 左右。

用 10 mL 脱去二氧化碳的葡萄酒重复上述实验,所消耗硫酸的体积设为 n' mL。

2.1.4 结果表示

1 mL 0.05 mol/L 的氢氧化钠滴定液相当于 4.4 mg 的 CO_2。每升葡萄酒中二氧化碳表示为:

$$X = 0.44(n - n')\text{g/L(结果保留两位小数)}$$

注:对于含有少量 CO_2($CO_2 < 1$ g/L)的葡萄酒,不必加入碳酸脱氢酶来去除二氧化碳。

2.2 高泡葡萄酒和低泡葡萄酒

2.2.1 仪器

磁力搅拌器。

pH 计。

2.2.2 试剂

50%氢氧化钠溶液(m/m)。

0.05 mol/L 硫酸溶液。

1 g/L 的碳酸脱氢酶溶液。

2.2.3 操作方法

在待分析的葡萄酒瓶上,于液面处画上标记线,再冷却至冰点。

缓慢加热瓶子,摇动,至所有冰晶体消失。

迅速移除瓶塞,将 40 mL～50 mL 葡萄酒加入量筒,进行空白滴定对照。恢复到室温后,读取量筒的刻度,得出准确的体积为 V(mL)。空白样品被移去后,迅速向 750 mL 的瓶子中加入 20 mL 50%的氢氧化钠溶液,待葡萄酒恢复至室温。

在 100 mL 的烧杯中,加入 30 mL 沸腾的蒸馏水和两滴 1 g/L 碳酸脱氢酶溶液,再加入 10 mL 已经碱化的葡萄酒。

将烧杯放在磁力搅拌器上,放入磁棒,接通电源,进行中速搅拌。

在缓慢搅拌下用 0.05 mol/L 的硫酸溶液进行滴定,直到 pH 达到 8.6。记下读数。

继续在缓慢搅拌下用 0.05 mol/L 硫酸溶液滴定,直至 pH 达到 4.0。假设 pH 由 8.6 变为 4.0 所用硫酸的体积为 n mL。

在真空情况下,摇动 v mL 用于空白对照滴定的葡萄酒样品 3 min 以去除二氧化碳。将烧瓶在水浴中加热至 25℃ 左右。取 10 mL 脱碳的葡萄酒,加入 30 mL 沸腾的蒸馏水中,加 2～3 滴 50%的氢氧化钠溶液使 pH 达到 10～11。然后依照上述方法操作,加入的 0.05 mol/L 硫酸溶液记为 n'(mL)。

2.2.4 结果表示

1 mL 0.05 mol/L 的硫酸溶液,相当于 4.4 mg 的 CO_2。

将葡萄酒瓶中的碱化葡萄酒倒掉。再向瓶中加水至所做记号处,使之与原来的容积相差不超过 1 mL,设这一体积为 V(mL)。

葡萄酒中二氧化碳含量为:

$$X = 0.44(n - n') \times \frac{V - v + 20}{V - v}$$

结果保留两位小数。

2.3 结果表示

由方程式得出 20℃时的压力 $P(20℃)$(Pa)：

$$P = \frac{Q}{1.951 \times 10^{-5}(0.86 - 0.01A)(1 - 0.001\,44S)} - P_0$$

其中：Q——葡萄酒中 CO_2 的含量(g/L)；

　　　A——20℃下葡萄酒的酒精度；

　　　S——葡萄酒的含糖量(g/L)；

　　　P_0——大气压(Pa)。

2.4 说明

下面的操作方法习惯上用来测量二氧化碳含量低于 4 g/L 的葡萄酒。

测量前必须准备两份待分析的葡萄酒样品。

将其中一份样品冷却至 5℃，打开后，在 375 mL 样品中迅速加入 5 mL 50%(m/m)氢氧化钠溶液，立即盖紧，摇匀。取该葡萄酒 10 mL，加入到盛有 40 mL 水的烧杯中，再加 3 滴 0.1 mg/mL 的碳酸脱氢酶溶液。用 0.022 75 mol/L 硫酸溶液滴定至 pH8.6，再滴定到 pH4.0，从 pH8.6～4.0 之间加入的硫酸溶液量记为 n(mL)。

取第二份葡萄酒样品约 25 mL，在真空状态下摇动 1 min，除去二氧化碳，加入到有 3 滴碳酸脱氢酶溶液的 500 mL 容量瓶中，加 0.33 mL 50%(m/m)氢氧化钠溶液。取 10 mL 脱碳葡萄酒按上述方法操作，使用的 0.022 75 mol/L 硫酸溶液体积为 n'(mL)，1 mL 0.022 75 mol/L 硫酸相当于 200 mg/L 的二氧化碳。分析的葡萄酒中二氧化碳含量为：

$$(n - n') \times 200 \times 1.013$$

附 录 A
协同比对实验研究
滴定法检测高泡和低泡葡萄酒中的二氧化碳含量
结果报告

A.1 研究的目的

此研究的目的是确定此参考方法滴定检测高泡和低泡葡萄酒中的二氧化碳含量的重复性和再现性。

OIV 在 OENO 1/2002 文件中对二氧化碳含量进行了定义和限制。

A.2 需求和目的

检测二氧化碳的参考方法没有精确的数据。因此有必要进行协同实验研究。

由于分析的特殊性,无法完全遵照常规验证协议。一瓶样品只做一次独立的测定。每一个样品都是独立的。因此无法在研究前进行均匀性测试。为了提供均匀的测试材料,必须要与生产商密切合作,使样本在灌装生产线上很短的时间间隔内进行灌装,以假定二氧化碳是均匀分布在所有的瓶子中。

这项研究设计的是双盲样测试。但不能保证样品的完全匿名,因为对不同的样品会使用不同类型的瓶和/或不同的瓶塞。因此我们要求参与的实验室人员诚实地独立完成数据分析,不能有任何数据修改。

A.3 范围和适用性

A.3.1 该方法为定量方法。

A.3.2 该方法适用于高泡和低泡葡萄酒中的二氧化碳的测定,以验证标准的可靠性。

A.4 材料和基质

研究包括六个不同样品。所有的样品为双盲样,总共给参与者发放 12 瓶测试样品。

表 A.1 样品和编码

样品	瓶编码	类型
样品 A	(编码1+9)	高泡葡萄酒
样品 B	(编码2+5)	低泡葡萄酒(气泡酒)
样品 C	(编码3+4)	高泡葡萄酒
样品 D	(编码6+10)	低泡葡萄酒(气泡酒)
样品 E	(编码7+11)	低泡葡萄酒(气泡酒)
样品 F	(编码8+12)	高泡葡萄酒(红酒)

A.5 控制措施

考虑到方法在实践中已经被批准,合作研究中只是缺少精密度数据,因此不需要进行预实验,因为大多数实验室已经使用常规分析的参考方法。

A.6 应遵循的方法和配套文件

发给参加者的相关文件包括参考方法分析,样品回执表和结果表等。

测定的二氧化碳含量以 g/L 表示。

A.7 数据分析

A.7.1 用科克伦(Cochran)、格拉布(Grubbs)和配对的格拉布斯(paired Grubbs)检验确定异常值。

A.7.2 通过统计分析获得重复性和再现性数据。

A.7.3 计算 HORRAT 值。

A.8 参与者

来自不同国家的 13 个实验室参加了协作研究。每个实验室给出了相应的实验代码。参加的实验室在分析高泡葡萄酒中的二氧化碳方面都有丰富的经验。

表 A.2 参加者名单

Landesuntersuchungsamt D-56068 Koblenz GERMANY	Institut für Lebensmittelchemie und Arzneimittelprüfung D-55129 Mainz GERMANY
Landesuntersuchungsamt D-67346 Speyer GERMANY	Institut für Lebensmittel, Arzneimittel und Tierseuchen D-10557 BERLIN GERMANY
Servicio Central de Viticultura y Enologia E-08720 Villafranca Del Pendes SPAIN Landesuntersuchungsamt D-85764 Oberschleißheim GERMANY	Landesuntersuchungsamt D-54295 Trier GERMANY Instituto Agrario di S. Michele I-38010 S. Michele all Adige ITALIA
Chemisches Landes- u. Staatl. Veterinäruntersuchungsamt D-48151 Münster GERMANY	Ispettorato Centrale Repressione Frodi I-31015 Conegliano(Treviso) ITALY
Bundesamt für Weinbau A-7000 Eisenstadt AUTRIA	BgVV D-14195 Berlin GERMANY
Chemisches und Veterinäruntersuchungsamt D-70736 Fellbach GERMANY	

A.9 结果

根据提交的二氧化碳结果,直接计算出不确定度。可以使用 Horrat-ratio(霍此比率)对协同比对实验进行评估。对于所有的样品，如果 r 和 $R<2$，则结果为满意。表3列出了每个样品的 CO_2 滴定结果。

表 A.3 二氧化碳测定结果汇总

CO_2	样品 A	样品 B	样品 C	样品 D	样品 E	样品 F
平均值/(g/L)	9.401	3.344	9.328	4.382	4.645	8.642
r/(g/L)	0.626	0.180	0.560	0.407	0.365	0.327
S_r(g/L)	0.224	0.064	0.200	0.145	0.130	0.117
RSDr/%	2.379	1.921	2.145	3.314	2.803	1.352
Hor	0.893	0.617	0.804	1.109	0.946	0.501
R/(g/L)	1.323	0.588	0.768	0.888	0.999	0.718
S_R/(g/L)	0.473	0.210	0.274	0.317	0.357	0.256
RSDR/%	5.028	6.276	2.942	7.239	7.680	2.967
HoR	1.245	1.331	0.728	1.599	1.711	0.726

参 考 文 献

[1] Caputi A, Ueda M., Walter P. & Brown T., *Amer. J. Enol. Vitic.*, 1970, 21, 140-144.

[2] Sudraud P., *F. V.*, *O. I. V.*, 1973, n° 350.

[3] Goranov N., *F. V.*, *O. I. V.*, 1983, n° 758.

[4] Brun S. & Tep Y., *F. V.*, *O. I. V.*, 1981, n° 736 & 1982, n° 736(bis).

起泡葡萄酒压力的测定

（决议 Oeno 21/2003）

1 原理

装有葡萄酒样品的瓶经搅动和热稳定后，用压力表测定样品压力。压力用 Pa 表示。

2 仪器

用于测量高泡葡萄酒和低泡葡萄酒的瓶内高压的装置称作压力表。根据酒瓶的瓶塞材质（金属包套、冠状塞、塑料塞或软木塞），压力表也分为不同类型。

2.1 螺旋盖瓶

由三部分组成（如图 1）：

——上半部分（螺杆针托）由压力计、手动收紧环、能连接中间部分的螺旋杆及一个能够穿透塞子的指针构成。指针通过侧孔将压力传递给压力表。接合处能够确保在瓶子上容器的整体气密性。

——中间部分（螺母）能确保上半部分始终处于正中位置。并使下半部分紧紧固定在瓶口处。

——下半部分（固定夹）配备了一个钢针，它能穿透瓶环以使压力表和瓶子固定在一起。有能够适应各种类型瓶子的环。

2.2 带有软木塞的瓶子

由两部分组成（如图 2）：

——顶部与前面的设备是相同的，但针状物更长。它由长空管组成，末端有一个可活动的钻头，该钻头能够帮助穿透软木塞。当软木塞被穿透后，该钻头会掉进葡萄酒里。

——下半部分由一个螺母和装有塞子的底座组成。底座上有四个可拧紧的螺母，固定住瓶塞上的所有物件。

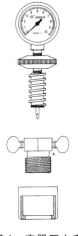

图 1　容器压力表　　　　图 2　螺旋帽压力表

关于装有这两种压力计的说明：

——压力计可以是带不锈钢弹簧管的机械式或是带传感器的数字式。

——压力计的刻度为 Pa。对高泡葡萄酒来说，一般用 10^6 Pa 或是 kPa 作为测量单位。

——压力计有不同的等级。压力计的等级表示为读数的精度与满刻度的百分比（例如：一个 I 级 1 000 kPa 的压力计，表示它的最大量程是 1 000 kPa，其读数误差为 ±10 kPa）。精确测量推荐使用 I 级的压力计。

3　步骤

如果温度至少稳定了 24 h，可以在瓶子内进行测量。

在刺穿瓶冠、软木塞或塑料塞子后，瓶子必须进行剧烈的摇晃，以达到恒定的压力方便读数。

3.1　螺旋盖的瓶子

在瓶子的环下，滑动夹钳的尖脚夹子。拧紧螺母直到整体紧紧固定在瓶子上。

上面的部分是用螺丝拧在螺母上的。为了避免损失气体且使接合处与瓶盖连在一起，要尽快刺穿瓶盖。同时用力摇晃瓶子使压力达到恒定值，以方便读数。

3.2　有塞子的瓶子

把钻头放在针的末端。把设备固定在软木塞上。将 4 个螺丝拧在瓶盖上。

将顶端部分紧紧固定（针穿过软木塞）。为了将压力传送到压力计，钻头应该下降进入瓶子里。摇晃瓶子直到压力恒定后读数。读数后将钻头恢复。

4　结果表示

在 20℃ 下压力用 Pa 或 kPa 表示（$P_{余}$）。

测量值与压力计的精度一致（例如：对 I 级量程 1 000 kPa 的压力计来说，只能精确到 6.3×10^5 kPa 或是 630 kPa，而不是 6.33×10^5 Pa 也不是 633 kPa）。

当测量温度不是 20℃ 时，它需要乘以一个适当的压力系数来进行校正（见表 1）。

表 1　高泡葡萄酒与低泡葡萄酒 20℃ 的压力 $P_{余}$(20℃) 与 t℃ 下压力 $P(t$℃) 之比

温度/℃	压力之比	温度/t℃	压力之比
0	1.85	8	1.45
1	1.80	9	1.40
2	1.74	10	1.36
3	1.68	11	1.32
4	1.64	12	1.28
5	1.59	13	1.24
6	1.54	14	1.20
7	1.50	15	1.16

表1(续)

温度/℃	压力之比	温度/t℃	压力之比
16	1.13	21	0.97
17	1.09	22	0.95
18	1.06	23	0.93
18	1.03	24	0.91
20	1.00	25	0.88

5 结果控制

物理参数的直接测定法(1型标准方法)。

压力计的校准:压力计应该定期校准(至少一年一次)。校准工作通过测试床来完成,以确保被测试的压力计与符合国家标准的参考压力计,或者与更高等级的压力计一致。测试是通过增加和减少两个设备的压力,检测其显示的值来进行的。如果两者之间有差异,则应该对被测试的压力计进行一些必要的调整。

实验室和授权机构配备有这样的测试床,压力计制造商的也有这样的测试床。

同位素比质谱仪测定起泡葡萄酒中二氧化碳^{13}C/ ^{12}C 同位素比值(IRMS 法)

（决议 Oeno 7/2005）

【前言】

本标准方法经 OIV 协同比对试验研究《^{13}C-IRMS 分析起泡葡萄酒中的 CO_2（2003—2004）》已获得众实验室的认可。

【引言】

起泡葡萄酒瓶的瓶颈处充斥着大量气态 CO_2，与溶解在酒中的 CO_2 处于相对平衡状态。起泡葡萄酒的 CO_2 是葡萄酒经二次发酵（发酵糖来自于葡萄、甜菜、甘蔗或玉米）产生的。不过，这些 CO_2 也可以是人工添加的工业级 CO_2。

1997 年，OIV 推出了一种可以通过 IRMS 测定起泡葡萄酒所含的 CO_2 中碳同位素^{13}C 与^{12}C 比值的离线方法。基于该方法原理，欧洲一些实验室开发了自动在线技术，其中一种已在 2001 年被 OIV 采纳。随着技术进步，新的能够快速可靠地测定大量样品 CO_2 中碳同位素^{13}C/^{12}C 比值的方法将被开发出来。下面的方法介绍了正确测量起泡葡萄酒 CO_2 中^{13}C 含量的基本原理，简单说明了一些目前使用的新技术，并通过一些例子详细描述了离线和在线技术测定的操作步骤。

1 范围

本方法通过 IRMS 法测定起泡葡萄酒 CO_2 中稳定碳同位素比值（^{13}C/^{12}C）。本方法中包含了多个步骤，可根据实验室条件进行选择。

2 规范性引用文件

ISO 5725-2:1994 测量方法和结果的准确度 第 2 部分:标准测量方法的可重复性和可还原性基本测量方法

ISO 78-2:1999 化学 标准的编制 第 2 部分:化学分析方法

3 定义

^{13}C/^{12}C:样品中碳同位素^{13}C 与^{12}C 的比值。

δ^{13}C:每毫升中碳 13（^{13}C）的含量—表示为‰。

V-PDB:Vienna-Pee-Dee Belemnite. PDB 标准品是美国南卡罗莱纳州碳酸钙化石,其同位素比值（^{13}C/^{12}C 或 R_{PDB}）＝0.011 237 2。以每毫升中‰表示的 δ^{13}C,作为国际公认的 PBD 的比例以此值为参照值。

m/z:质荷比。

S_r:重复性标准偏差。同一操作者在同一个实验室中用相同的方法在较短的时间间隔内完成同一个测试样品所得到的独立试验结果的标准偏差。

r：重复性限。在重复条件下测得的两个结果其绝对差值小于或等于 r 的概率为95%；$r=2.8\ S_r$。

S_R：再现性标准偏差。不同的操作者在不同的实验室用不同的仪器，但采用相同的方法测定同一个测试样品所得到的测试结果的标准偏差。

R：再现性限。再现条件下测得的两个结果其绝对差值小于或等于 R 的概率为95%；$R=2.8\ S_R$。

4　原理

植物光合作用合成糖类化合物的途径可分为 C_3 植物和 C_4 植物。C_3 植物（如葡萄和甜菜）的糖，^{13}C 含量比 C_4 植物（如甘蔗和玉米）的低。这种 ^{13}C 含量差异会表现在发酵产物（如乙醇和 CO_2）中。然而，食品工业中使用的工业 CO_2 以及化石燃料燃烧或碳酸盐热解产生的 CO_2 中 ^{13}C 含量有别于 C_3 植物和 C_4 植物。因此，可通过二氧化碳中 $^{13}C/^{12}C$ 比确定起泡酒中二氧化碳来自于二次发酵（C_3 或 C_4）还是来自于外源添加的工业 CO_2。

相关研究表明，C_3 植物糖进行发酵产生的 CO_2，其 $\delta^{13}C$ 的范围在 $-17‰$ 和 $-26‰$ 之间；C_4 植物糖产生的 CO_2 中 $\delta^{13}C$ 分布范围为 $-7‰\sim\ -10‰$。充气酒中 $^{13}C/^{12}C$ 可能低于 $-29‰$，也可能高于 $-10‰$，这取决于 CO_2 的来源。因此，通过测定起泡葡萄酒中 CO_2 碳同位素比（$^{13}C/^{12}C$）是确定酒中气体来源的好方法。

^{13}C 的含量是通过测定起泡葡萄酒中二氧化碳气体来完成的。这些来源于同位素 ^{18}O、^{17}O、^{16}O、^{13}C 和 ^{12}C 的不同组合，$^{12}C^{16}O_2$ 对应的相对分子质量是44，$^{13}C^{16}O_2$ 和 $^{12}C^{17}O^{16}O$ 对应的相对分子质量是45，而 $^{12}C^{16}O^{18}O$ 的对应的相对分子质量是46（因 $^{13}C^{17}O^{16}O$ 和 $^{12}C^{17}O_2$ 的含量很少，故忽略不计）。不同质荷比的离子流通过3个法拉第收集杯测定。由于 $^{12}C^{17}O^{16}O$ 的存在，应当通过 $m/z=46$ 离子流强度计算 $^{12}C^{17}O^{16}O$ 的含量（Craig 校正），进而计算出正离子 $^{13}C^{16}O_2$ 的离子强度。由计算机软件分别计算出样品气和参考气中 $^{13}C^{16}O_2$ 与 $^{12}C^{16}O_2$ 的比值（参考气中 $^{13}C^{16}O_2$ 与 $^{12}C^{16}O_2$ 的比值经与国际参考物质 V-PDB 对比得出），二者比较即可得出样品气中 $\delta^{13}C(‰)$。

5　试剂和材料

实验材料及耗材取决于实验室设备。

当通过真空管路和冷阱分离纯化 CO_2 样品时，需下述试剂：

——液氮；

——酒精；

——干冰 CO_2。

通常，连续流动系统中（EA-IRMS 或 GC-C-IRMS）会用到下述耗材。具有相同质量的其他物质可以代替本清单中的物品：

——氦气；

——氧气；

——作为二级标准的 CO_2 气体（CAS 00124-38-9）；

——燃烧系统燃烧炉中所用的氧化剂：氧化铜；

——除水剂:如高氯酸镁。当 EA-IRMS 或 GC-C-IRMS 的气路中应用除水膜时不必使用干燥剂;

——毛细管柱和 Naphion 薄膜,除去 GC-C-IRMS 系统中燃烧产生的水。

测量时所用的参考气可以是经过认证的国际参考气体,也可以是以国际参考物质为基准(δ^{13}C 已知)校正的工作标准气体。下面是一些可以用来标定参考气和辅助标定参考气的国际参考物质:

样品编号	物质	$^{13}C_{PDB}$	
IMEP-8-A	CO_2	$-6.40‰$	来自 Messer Griesheim
ISO-TOP	CO_2	$-25.7‰$	
BCR-656	乙醇	$-20.91‰$乙醇 from	来自 IRMM
BCR-657	葡萄糖	$-10.76‰$	
SAI-692C	CO_2	$-10.96‰$	来自 Oztech Trading Coorpol 贸易合作
NBS-22	油	$-29.7‰$	来自 IAEA
IAEA-CH-6(ANU)	果糖	$-10.4‰$	
NBS-18	方解石	$-5.1‰$	
NBS-19	TS-石灰石	$+1.95‰$	
FID-Mix	辛醇中的烷烃混合物	来自 Varian	
	C_{14}	$-29.61‰$	
	C_{15}	$-25.51‰$	
	C_{16}	$-33.39‰$	

6　仪器设备

常用的测量碳同位素比值的仪器,需满足下列要求:

同位素比质谱仪(IRMS),测定自然丰度的 CO_2 中^{13}C 含量(以 δ 表示)时,其内部精密度(两次测定同一 CO_2 气样本时的差值)能够达到 $0.05‰$及以上。仪器需装备一套能同时测量 m/z 为 44、45、46 三种离子流强度的检测器。质谱分析仪须安装双进样系统(交替测量未知样品气和标准气)或使用连续流动技术(CF-IRMS)。

连续流动系统(CF-IRMS),可使用配有自动气体进样的连续流动系统。可以使用下列几种 CF-IRMS 技术。

GC-C-IRMS(气相色谱-燃烧-稳定同位素比值质谱仪)。

EA-IRMS(配有液体或固体进样的元素分析仪)。

这些系统均可分离纯化 CO_2,并将二氧化碳导入离子源中进行电离测定。

玻璃或不锈钢真空系统,配备除水冷阱和真空泵(真空度可达 5×10^{-3} mbar)。

气体进样装置,商品化或内部设计的装置(例如气体进样的注射泵),能在不发生同位素分馏的情况下从起泡葡萄酒中吸取 CO_2。

气密瓶(保存气体),与连续流进样系统的气体进样器配套。

密封瓶（保存起泡葡萄酒液体），适用于真空管路或与连续流进样系统的气体进样器配套。

7 步骤

分析过程主要包括 3 个步骤：CO_2 取样，CO_2 分离纯化，^{13}C/^{12}C 比值的测量。这 3 个步骤可以完全独立（在离线系统中），也可以全部或部分有机整合在一起（在线系统）。各步骤中需严防碳同位素分馏。基于离线系统和连续流系统的特定步骤见附录 A、附录 B、附录 C。

下述内容为参与实验室间协同比对实验研究的有关实验室常用的分析步骤：

7.1 CO_2 取样程序

a. 室温下，用一个特殊的设备插入橡木塞，从瓶子的顶部空间中抽取 CO_2，或者；

b. 拔掉软木塞，与此同时迅速用连有取样器的高气密性阀门封住瓶口，然后从瓶子的顶部空间抽取 CO_2。拔掉软木塞换上阀门前起泡葡萄酒瓶应冷藏在 0℃以下，然后使瓶体恢复室温。随后收集在取样器中的气体，用气密性注射器转移然后注入密封的 GC 小瓶，或者；

c. 从起泡葡萄酒中的试样中抽取 CO_2。起泡葡萄酒瓶在拔掉橡木塞前应冷藏在 4℃～5℃之间。酒样放在适合玻璃真空管路或自动气体进样器的特制瓶中。

7.2 CO_2 分离纯化

将未凝结的气体以及气样中存在的水利用冷凝阱一起转移到真空管路中，或通过不同的在线系统纯化气样，分离 CO_2。这些在线系统通过连续流动系统或一个冷凝阱连到 IRMS 上。一些常用的在线系统如下：

——连有连续流动系统的水冷凝阱在线系统；

——气相色谱后的气水分离器（高氯酸镁）；

——直接或通过一个燃烧接口连在 IRMS 上的气相色谱。

7.3 ^{13}C/^{12}C 比值的测量

通过 IRMS 分析起泡葡萄酒中 CO_2 中的碳同位素比值（δ^{13}C）。

8 计算

采用相对测量法，即将待测样品的同位素比值与工作标准的同位素比值作比较。比较结果称为样品的 δ 值（两物质同位素比值间的相对偏差），其定义为：

$$\delta^{13}C_{sam/ref}(\permil) = 1\,000 \times (R_{sam} - R_{ref})/R_{ref}$$

其中 R_{sam} 为被测样品的同位素比，R_{ref} 为工作标准的同位素比。

标准样品的同位素比值通过碳同位素分析中的国际一级参考物质为 PDB 进行校正，用千分之 ^{13}C 和 ^{12}C 比值的相对偏差来表示。PDB 是来自美国南卡罗来纳州白垩纪皮狄组拟箭石化石，其作为世界范围比较的基点（δ^{13}C = 0‰），碳同位素比值为 ^{13}C/^{12}C = (11\,237.2 ± 90) \times 10^{-6}$。

将测定结果 $\delta^{13}C_{sam/ref}$ 转化为以 PDB 为基准的结果，计算公式为：

$$\delta^{13}C_{sam/V\text{-}PDB}(\permil) = \delta^{13}C_{sam/ref} + \delta^{13}C_{ref/V\text{-}PDB} + (\delta^{13}C_{sam/ref} \times \delta^{13}C_{ref/V\text{-}PDB})/1\,000$$

$\delta^{13}C_{ref/V\text{-}PDB}$ 为工作标准与 PDB 间的同位素相对偏差（‰）。

结果保留两位小数。

9 精密度

该方法参加实验室间协同比对实验研究的精密度见附录D。

9.1 重复性

由同一操作员按相同的方法、使用相同的测量设备,在短时间间隔内对同一样品进行分析的两个测量结果的最终值的绝对差大于重复性限 r 的概率不超过 5%。

可接受重复性标准偏差 (S_r) 及重复性限 (r) 的平均值为:

$$S_r = 0.21‰ \quad r = 0.58‰$$

9.2 再现性

由不同的操作员按相同的方法,使用不同的测量设备对同一样品进行分析的两个测量结果的最终值的绝对差大于再现性限 R 的概率不超过 5%。

可接受再现性标准偏差 (S_R) 以及再现性限 (R) 的平均值为:

$$S_R = 0.47‰ \quad R = 1.33‰$$

10 实验报告

实验报告中应该包括下述内容:

样品测试清单;

引用的国际标准方法;

分析过程(包括取样和测量方法)及仪器设备;

实验结果及单位(各测定结果和平均值,以及根据第8章计算出的结果);

任何偏离既定分析步骤的程序;

实验中出现的反常特征;

实验日期;

核实测定结果重复性;

描述工作气体(这些气体用来监控实验方法稳定性)的校正方法。

附 录 A
以离线系统为基础的抽样和测量的实验步骤
（内部抽样，离线真空管路，双路进样 IRMS 系统）

A.1 实验材料

取样设备：该设备配备一个推柄（钢针）和三个横向导孔，可从瓶中抽取气体。设备贮存气体的部分（贮气管）由两个阀门（阀 1 与阀 2）构成，阀 1 连在穿孔装置上，阀 2 连接真空管道的不锈钢接头，阀 1 与阀 2 之间用不锈钢管连接，气体容积为 1 mL。如果是玻璃的真空管路，则需要一个可弯曲的不锈钢管接合器。下图显示的为气体收集装置。

离线真空管路有两个冷阱（真空度低于 0.05mbar）。真空管道的材质可以是玻璃，也可以是不锈钢。

双路进样系统-同位素比质谱仪，分析自然丰度的 CO_2 中的^{13}C含量时，其内部精密度能够达到 0.05‰或更高（以 δ 表示）。此处内部精密度是指用对同一 CO_2 样本测量两次时的偏差。

A.2 步骤（见图 A.1）

A.2.1 CO_2 取样

A.2.1.1 将取样装置连接到真空管路上并检测其密封容积。

A.2.1.2 关闭阀 1 和阀 2，用取样装置的尖端穿透瓶塞（装置保持竖直状态）。

A.2.1.3 将取样装置连接到真空管路中，抽尽管路中的空气，排尽阀贮气管内的气体（阀 1 关闭，阀 2 打开）。

A.2.1.4 真空度达到要求后，关闭阀 2，打开阀 1 并保持 1 min。达到平衡后关闭阀 1，纯化贮气管内的气体。

A.2.2 CO_2 纯化和分离

A.2.2.1 将收集的 CO_2 转移至第一个液氮冷阱中保持至少 1 min 后，用真空泵抽走不能被冻结的气体直至管道气压低于 0.05 mbar。

A.2.2.2 将第一个冷阱的液氮去掉，改成$-80℃\pm5℃$的水阱，将 CO_2 转移至第二个液氮冷阱中，保持 1 min。

A.2.2.3 用真空泵抽走第二个冷阱内不能被冻结的气体。

A.2.3 $^{13}C/^{12}C$ 的测量

通过双路进样系统-IRMS 测定 CO_2 中的碳同位素比值。

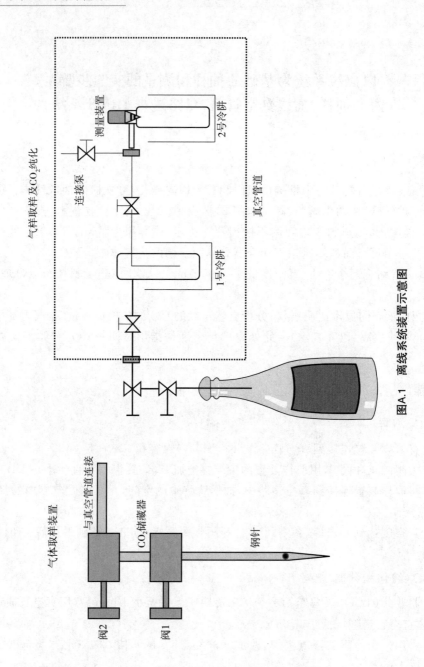

图A.1 离线系统装置示意图

附　录　B
基于在线系统的取样和测量步骤
(CF-IRMS)

B.1　取样技术

首先将取样系统排空，用"取样设备"从酒瓶中提取二氧化碳，将一定体积的样品转移到贮气瓶中。当达到一定压力后，用限流器将少量气样转移至在线氦气流中。取样系统示意图见图2。

包含二氧化碳的氦气流即为样品气流，不含二氧化碳的氦气流作为空白气流。每隔2 s切换一次四通阀，从而使样品气流和空白气流进入IRMS进行检测。

B.2　步骤(见图B.1)

B.2.1　取样系统排空

将取样系统内的空气排空，使压力降至为−1mbar(V3关闭)。

B.2.2　取样

将取样设备穿透瓶塞，在真空环境(最大压力约为50mbar)中将瓶内气体转移至贮气瓶(GV)中——用针阀VF控制流量和流速。气体转移过程中经冷阱纯化。

B.2.3　进样

取样后(V_3，V_2关闭，V_4打开)，通过氦气使压力超过1.5bar。打开V_3将待测气体输送到CF-IRMS系统中，通气150 s后进行测定。气体输送过程中经过1个限流器，限流器上的毛细管保证单位时间内流通很小气量(10 mL/min)。

B.2.4　测量

二氧化碳气流持续出现在氦样品气流(PRO)中，控制VM使得进入CF-IRMS的气流在PRO和空白氦气流(NUL)之间切换，从而产生二氧化碳的测定峰形。

氦样品流PRO停留时间:2 s(氦气流NUL停留时间:10 s～30 s)。

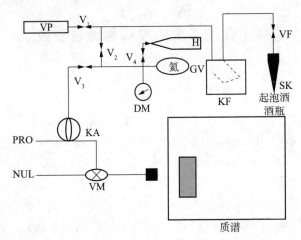

V₁～V₄:截止阀门;

VP:真空泵;

VF:针阀;

SK:取样器;

PRO:负载样品的氦气流(50 mL/min);

NUL:空载的氦气流(60 mL/min);

KF:水阱－90℃;

GV:容量为 250 mL 的气体贮瓶;

DM:压力表;

KA:限流毛细管(10 cm,150 μm);

VM:四通阀。

图 B.1 在线系统示意图

附 录 C
基于 GC-C-IRMS 技术的实验步骤

C.1 特殊仪器

气相色谱仪：瓦里安 GC 3400。

毛细管柱：HP-INNOWax(Crosslinked Polyethylene Glycol 交联聚乙烯乙二醇)，30 m× 0.25 mm，膜厚 0.5 μm。

利用 ThermoFinnigan-MAT 的燃烧接口，氧化管温度设定在 940℃或室温，还原管温度为 640℃或室温。

质谱仪：DeltaPlus ThermoFinnigan-MAT。

C.2 步骤

C.2.1 CO_2 取样

用 25 mL 注射器的钢针穿透橡木塞抽取一定体积的气体。

将气体转移到气相进样瓶中。进样瓶需用聚四氟乙烯/硅胶垫片密封。排出瓶内空气（防止空气中 CO_2 的干扰）——在垫片上另外插一根钢针，当注射器内气体进入瓶内时，在压力作用下将瓶内原有的空气排出，见下图。

注：用较大体积的注射器(其量程不得小于进样瓶体积)以保证进样瓶内空气能够排干净。本实验中，选用了 2 mL 的气相进样瓶和 25 mL(或者更大)的注射器。

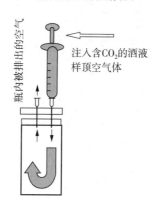

图 C.1

注：注射器应大于进样瓶的体积。

C.2.2 GC-IRMS 分析：CO_2 进样以及 $^{13}C/^{12}C$ 比值分析

利用 10 μL 的 Hamilton 注射器将几微升的气体直接从气相色谱的进样口注入。设定好分流比，载气(氦气)的压力为 20 psi。

每个样品测定过程中注入 4 份气体。整个分析用时 6 min。色谱图见图 C.2。

C.2.3 结果处理

记录分析质谱仪信号的软件，版本为 Isodat NT 1.5，操作系统为 MS-Windows NT OS。

每个样品 $\delta^{13}C$ 的测定结果为最后三个峰的平均值。舍弃第一个峰的 $\delta^{13}C$ 值。

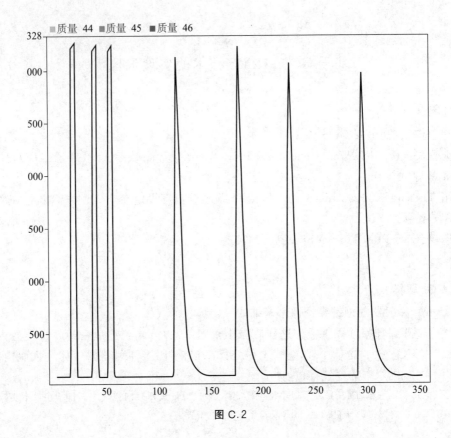

图 C.2

附 录 D
实验室间比对实验的统计结果

根据 ISO 5725-2:1994，在 11 个欧洲实验室和一个墨西哥实验室参加实验室间比对实验。

实验室间实验时间		2003—2004
实验室数量		12 个
样品数量		5 个盲样
参数		CO_2 的 $\delta^{13}C$ 值

样品号	A	B	C	D	E
参与实验室的数量	12	12	12	12	12
去掉异常值后有反馈结果的实验室的数量	12	11	12	12	12
每个实验室重复试验次数	2	2	2	2	2
可接受的测试结果数量	24	22	24	24	24
$\delta^{13}C$ 平均值/‰	−9.92	−20.84	−23.66	−34.8	−36.43
S_r^2	0.057	0.031	0.119	0.006	0.044
重复性标准偏差(S_r)/‰	0.24	0.18	0.35	0.08	0.21
重复性值,$r(2.8 \times S_r)$/‰	0.67	0.49	0.97	0.21	0.58
S_R^2	0.284	0.301	0.256	0.14	0.172
再现性标准偏差(S_R)/‰	0.53	0.55	0.51	0.37	0.41
再现性值,$R(2.8 \times S_R)$/‰	1.49	1.54	1.42	1.05	1.16

A 表示起泡葡萄酒—C_4 植物糖。
B 表示起泡葡萄酒—C_3 植物糖。
C 表示起泡葡萄酒—C_3 植物糖。
D 表示充气葡萄酒。
E 表示充气葡萄酒。

参 考 文 献

[1] Mesure du rapport isotopique $^{13}C/^{12}C$ du gaz carbonique des vins mousseux et des vins gazéifiés. J. Merin and S. Mínguez. Office International de la Vigne et du Vin. Paris. F. V. 1039,2426/200297(1997).

[2] Examination of the $^{13}C/^{12}C$ isotopes in sparkling and semi-sparkling wine with the aid of simple on-line sampling. M. Boner and H. Förstel. Office International de la Vigne et du Vin. Paris. F. V. 1152. (2001).

[3] Use of $^{13}C/^{12}C$ ratios for studying the origin of CO_2 in sparkling wines. J. Dunbar. Fresenius Z. Anal.

Chem. ,311,578-580(1982).

[4] Contribution to the study of the origin of CO_2 in sparkling wines by determination of the $^{13}C/^{12}C$ isotope ratio. I. González-Martin，C. González-Pérez，E. Marqués-Macías. J. Agric. Food Chem. 45，1149-1151 (1997).

[5] Protocol for Design，Conduct and Interpretation of Method-Performance studies. Pure Appl. Chem. ,1995, 67,331-343.

二氧化碳（压力计法）

（决议 Oeno 2/2006）

1 原理

在带有侧臂的锥形瓶中用 10 mol/L 的 NaOH 固定葡萄酒样品中的 CO_2。将锥形瓶侧臂与压力计连接，然后向样品中加入硫酸以释放 CO_2，用压力计可测量出因 CO_2 释放而增加的压力，从而测定 CO_2 含量。

2 试剂

2.1 蒸馏水或去离子水。

2.2 氢氧化钠（纯度＞98％）。

2.3 硫酸（纯度＞95％～97％）。

2.4 碳酸钠（纯度＞99％）。

试剂制备：

2.5 10 mol/L 氢氧化钠：将 100 g 的氢氧化钠溶解到 200 mL 蒸馏水（2.1）中用容量瓶定容至 250 mL。

2.6 约为 50％（V/V）硫酸：小心地将硫酸（2.3）加入到等体积的蒸馏水（2.1）中，搅拌均匀后冷却至室温。

2.7 10 g/L 二氧化碳标准溶液：将无水碳酸钠（2.4）放在 260℃～270℃烘箱内放置一夜，然后放置在干燥器内冷却至室温。用水（2.1）溶解 6.021 g 无水碳酸钠并定容至 250 mL。

2.8 0.4 g/L 二氧化碳标准溶液，1 g/L，2 g/L，4 g/L，6 g/L：分别移取 2 mL；5 mL；10 mL；20 mL；和 30 mL 的标准溶液并定容到 50 mL。

3 仪器

3.1 50 mL 容量瓶、250 mL 容量瓶。

3.2 烘箱。

3.3 干燥器。

3.4 能精确到±0.1 mg 的天平。

3.5 冰箱或水-乙烯乙二醇浴（-4℃）。

3.6 电子密度仪或比重仪、恒温水浴锅（20℃）。

3.7 移液管 0.5 mL、2 mL、3 mL、5 mL、10 mL、20 mL、30 mL。

3.8 100 mL 锥形瓶、广口瓶。

3.9 数字压力计（允许的最大量程是 200 kPa，能精确到 0.1 kPa）。

3.10 反应瓶：带有 3 mL 侧臂和一个三通阀的 25 mL 的锥形瓶（见图 1）。

3.11 真空系统（例如：水泵）。

3.12 分液漏斗。

4 步骤

4.1 样品准备

准备两份相同的样品。将样品放在冰箱里过夜或者在－4℃的水-乙烯乙二醇浴锅中放置 40 min 进行冷却。吸取 3 mL 10 mol/L 的氢氧化钠到 100 mL 锥形瓶中,称量锥形瓶及内容物精确到 0.1 mg。然后将大约 75 mL 的冷却样品倒入上述锥形瓶中,再次称量锥形瓶及内容物,精确到 0.1 mg。混合后放置至室温。

4.2 二氧化碳含量的测定

取 2 mL 制备好的样品加入反应瓶中。通过三通阀将反应瓶和测压计连接,在锥形瓶侧臂中加入 0.5 mL 50%的硫酸,固定好三通阀夹紧侧臂的挡板。注意气压,关闭三通阀,通过倾斜和摇晃使内容物混合。注意压力,如果有必要,制备的样品也可以加水稀释。

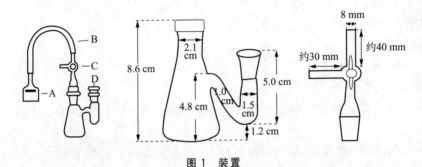

图 1 装置

A—测压计;B—橡胶管;C—三通阀;D—反应瓶(左)及合适的测量用的玻璃器皿(中间和右边)

4.3 校正

确定二氧化碳含量的校正方法如上所述(4.2)。在样品预期的浓度范围内进行 3 次校正,校准的溶液每个做两次平行。

4.4 测定样品的密度

首先将样品装于分液漏斗中摇晃,然后用水泵抽真空 3 min 以除去样品中的二氧化碳。通过电子密度仪或比重瓶测量样品的密度。

5 计算

计算每一个标准样品由于二氧化碳释放所引起的压力的增加量,并建立校正曲线。

计算校正图的斜率(a)和截距(b)。

样品的体积 V(mL):

$$V=[(m_2-m_1)\times 1\,000]/d \quad\cdots\cdots\cdots\cdots\cdots\cdots(1)$$

其中:m_1——瓶的重量＋3 mL NaoH 的重量(g);

$\quad\quad m_2$——瓶的重量＋3 mL NaOH 的重量＋样品的重量(g);

$\quad\quad d$——样品的密度(kg/m³)。

二氧化碳释放引起的压力的增加量为 p_i:

$$p_i=p_s-p_{ap} \quad\cdots\cdots\cdots\cdots\cdots\cdots\cdots\cdots(2)$$

其中：p_s——二氧化碳释放后压力计的读数；

p_{ap}——添加硫酸之前压力计的读数（即大气压力）。

样本中二氧化碳的浓度 c：

$$c=[(p_i-b)/a]\times[(V+3)/V]\times L \cdots\cdots\cdots\cdots\cdots\cdots\cdots (3)$$

式中：p_i——增加的压力（式2）；

a——校正图的斜率；

b——校正图的偏差；

V——样品体积（式1）；

L——样品制备后稀释的倍数。

二氧化碳含量，$\%(m/m)$：

$$\omega_{CO_2}=c\times100/d \cdots\cdots\cdots\cdots\cdots\cdots\cdots\cdots\cdots (4)$$

二氧化碳含量计算的例子：

表1　二氧化碳含量校正

标准的浓度/(g/L)	大气压力/mbar	二氧化碳释放后的压力/mbar	增加的压力/mbar
2	1021	1065	44
2	1021	1065	44
4	1021	1101	80
4	1021	1102	81
6	1021	1138	117
6	1021	1138	117

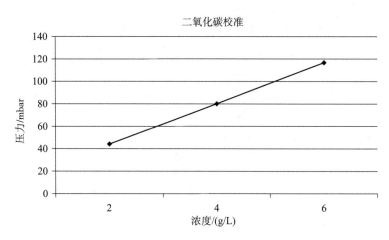

斜率：18.25000　截距：7.5000　相关系数 $R^2=0.99995$

图2　二氧化碳浓度与压力校正曲线图

表2 二氧化碳浓度计算

样品	密度 d kg/m^2	瓶的重量 +NaOH /(mL/g)	瓶的重量+ NaOH+样 品/(m^2/g)	大气压力 p_{ap}/mbar	CO_2 释放 后压力 p_s/ mbar	压力差 $p_s - p_{ab}$	样品 V/ mL	CO_2 含 量/(g/L)	平均 CO_2 浓度/(g/L)
起泡酒 1	1 027.2	84.628 7	156.162	1 021	1 112	91	69.64	4.77	
起泡酒 1	1 027.2	84.628 7	156.162	1 021	1 113	92	69.64	4.83	4.80
起泡酒 1	1 025.3	86.106 6	153.440 7	1 021	1 118	97	65.67	5.13	
起泡酒 1	1 025.3	86.106 6	153.440 7	1 021	1 118	97	65.67	5.13	5.13

6 验证

性能标准：

——两次重复测试标准偏差评估, $s_o = 0.07$ g/L。

——相对标准偏差 $RSD = 1.9\%$。

——重复性 $r = 5.6\%$。

——扩展不确定度($k = 2$), $U = 3.8\%$。

——校准范围 0.4 g/L～6 g/L。

——测定范围 0.3 g/L～12 g/L(样品浓度在 6 g/L 以上应该以 1:2 进行稀释,以适应标定范围)。

—— 检出限 0.14 g/L。

——定量限 0.48 g/L。

附 录 A
用改进的 EBC 方法检测酒精饮料中的二氧化碳
协同比对实验研究的统计结果

A.1 研究目的

研究目标是确定用改进的 EBC 方法检测葡萄酒、起泡葡萄酒、苹果酒和啤酒中二氧化碳的重复性和再现性。

A.2 研究用途和需要

酒精饮料因发酵而产生二氧化碳,在生产起泡葡萄酒的过程中,二氧化碳是最重要的产物。另外,二氧化碳也可以被加入到某些特定的酒精饮料中。酒精饮料中加入二氧化碳可以改善酒的味道和香味,而且二氧化碳也可以作为酒精饮料中的一种防腐剂。

根据《国际酿酒常规惯例》的定义,当保存在 20℃ 的密封容器中,起泡葡萄酒应该具有不少于 3 bar 的超压。相应的半起泡葡萄酒的超压应该在 1 bar 和 2.5 bar 之间。大约在 20℃ 条件下,当超压分别是 3 bar、2.5 bar 和 1 bar 时,所对应的二氧化碳浓度为 5.83 g/L、5.17 g/L 和 3.08 g/L。

目前还没有实用和可靠的方法测定酒精饮料中的二氧化碳。即便是在国际的能力验证中,也会出现二氧化碳的含量值差异很大的情况,因此需要一个可靠的检测方法。

A.3 范围和适用性

本方法用于定量测定酒精饮料中的二氧化碳。通过协同比对实验研究验证,测定了二氧化碳含量约为 0.4 g/L～12 g/L 的葡萄酒、啤酒、苹果酒和起泡酒。

注:实际校准水平范围从 0.4 g/L～6 g/L。如果二氧化碳的含量高于 6 g/L,样品应加水稀释到此范围内。

A.4 材料和设计

研究包括 6 个不同的样品,除了啤酒样品为双盲样送检外,每个参与者收到 12 瓶样品:啤酒、苹果酒、葡萄酒、白葡萄酒、珍珠酒、起泡葡萄酒各两瓶。对每个参与者的每瓶样品分别编码,所有样品均用原瓶送检,除了起泡葡萄酒,其他样品要将标签拆除。对同一批号的 10 瓶样品进行二氧化碳含量测试,以检测其均匀性。

A.5 实验样本

发给参与者四个控制样本使他们熟悉方法。这些样本包括啤酒、葡萄酒、珍珠酒、起泡葡萄酒各一瓶。

A.6 遵循的方法和支持性文件

计算结果的方法,Excel 表格。

支持性文件,包括附信、样品确认单和结果报告单。

A.7 数据分析

A.7.1 Cochran's 测试,Grubbs 测试 和 bilateral Grubbs 测试对异常值的确定进行评估。

A.7.2 进行统计分析以获得重复性和再现性数据。

A.8 参与者

不同国家的 9 个实验室参加了此项研究. 每个实验室都有实验室代码, 参加的实验室已经证明有酒精饮料的分析经验。

Alcohol Control Laboratory

Alko Inc.

P. O. Box 279　Rajamäki

FIN-01301 Vantaa

Finland

Altia Ltd

Valta-akseli

Finland

Arcus AS

Haslevangen 16

P. O. Box 6764 Rodeløkka

0503 Oslo

Norway

ARETO　Ltd

Mere pst 8a

10111 Tallinn

Estonia

Bundesamt für Weinbau

Göbeszeile 1

A-7000 Eisenstadt

Austria

Comité Interprofessionnel du

Vin de Champagne

5, rue Henri MARTIN

BP 135

51204 EPERNAY CEDEX

France

High-Tec Foods Ltd

Ruomelantie 12 B

02210 Espoo

Finland

52425

Institut für Radioagronomie

Forschungszentrum

Jülich GMBH

Postfach 1913

JüLICH

Germany

Systembolagets laboratorioum

Armaturvägen 4,

S-136 50 HANINGE

Sweden

A.9 结果

10 瓶相同批号的样品二氧化碳含量的均匀性测试由芬兰酒精控制实验室完成。样品及有关的批号一起发给参与者。

表 A.1

CO_2 含量/ (g/L)	啤酒 1	啤酒 2	苹果酒	白葡萄酒	红葡萄酒	珍珠酒	起泡葡萄酒
平均值	5.191	5.140	4.817	1.337	0.595	5.254	7.463
方差	0.020	0.027	0.025	0.036	0.038	0.022	0.046

根据均匀性检验两瓶啤酒中的 CO_2 含量是相同的,因此,他们被定为双盲样。

所有样品和实验室协同比对实验研究的结果如表 A.2:

表 A.2

实验室代码	啤酒 1	啤酒 2	苹果酒 1	苹果酒 2	白葡萄酒 1	白葡萄酒 2	红酒 1	红酒 2	珍珠酒 1	珍珠酒 2	高泡葡萄酒 1	高泡葡萄酒 2
A	5.39	5.08	4.75	4.91	1.25	1.11	0.54	0.54	5.15	5.22	6.93	6.91
B	4.76	5.53	4.71	4.7	1.90[3]	1.78[3]	0.73[2]	1.19[2]	5.85[3]	5.93[3]	7.66[3]	7.72[3]
C	5.15	5.14	4.93	4.94	1.36	1.41	0.51	0.48	5.25	5.53	7.33	7.36
D	3.13	3.95	4.36	0.38	1.11	1.11	0.43	0.38	4.47	4.29	5.54	5.52
E	4.87	4.73	4.96	4.78	1.52	1.52	0.78[3]	0.80[3]	4.98	4.94	5.83	6.17
F	5.34	4.91	4.71	5.01	1.33	1.4	0.46	0.57	5.22	4.95	6.52	6.67
G	5.18	5.15	4.82	4.86	1.37	1.36	0.56	0.59	5.22	5.27	7.54	7.47
H	5.42	5.4	5.05	5.12	1.15	1.3	0.52	0.53	5.22	5.1	7.25	7.34
I	5.14	5.13	4.65	4.76	1.16	1.19	0.47	0.61	5.16	5.06	6.88	6.48

1. 删除由于校准不佳而产生的较大的系统误差。
2. Cochran's 检验异常值。
3. Grubbs 检验异常值。

协同比对试验的统计结果汇总见表 A.3:

表 A.3

项目	啤酒	苹果酒	白葡萄酒	红葡萄酒	珍珠酒	起泡葡萄酒
平均值/(g/L)	5.145	4.859	1.316	0.532	5.139	6.906
平均值代表 1/(g/L)	5.156	4.833	1.306	0.510	5.154	6.897
平均值代表 2/(g/L)	5.134	4.885	1.327	0.553	5.124	6.914
S_r/(g/L)	0.237	0.089	0.060	0.053	0.086	0.149
S_R/(g/L)	0.237	0.139	0.135	0.059	0.124	0.538
SDRr/(%)	4.597	1.821	4.562	9.953	1.663	2.163
RSD_R/(%)	4.611	2.855	10.22	11.07	2.407	7.795

表 A.3(续)

项目	啤酒	苹果酒	白葡萄酒	红葡萄酒	珍珠酒	起泡葡萄酒
$r(2.8 \times s_r)/(\text{g/L})$	0.662	0.248	0.168	0.148	0.239	0.418
$R(2.8 \times s_R)/(\text{g/L})$	0.664	0.388	0.377	0.165	0.346	1.507
HORRAT_R	1.043	0.640	1.883	1.779	0.544	1.843

A.10　结论

Horrat 值<2 时,表明是一个可接受的方法。然而,试验得出的 Horrat 值有一点偏高,参加这些测试的 9 个实验室中有 5 个之前没有经验。因此,结果还是可以被认为是非常满意的。

该方法给出的结果是 g/L,但是结果要转化为压力单位[*]。

---

[*] Troost,G. and Haushofer, H. , Sekt, Schaum — und Perlwein, Eugen Ulmer Gmbh & Co. , 1980, Klosterneuburg am Rhein,ISBN 3-8001-5804-3,Diagram 1 on the page 13.

附 录 B
低二氧化碳含量水平的方法验证

B.1 检测限和检出限

白葡萄酒样品重复分析 10 次,统计数据如下:

重复次数	10
平均值 CO_2 浓度(g/L)	0.41
平均标准差,S(g/L)	0.048
检测限 $3 \times S$	0.14
检出限 $6 \times S$	0.48

B.2 标准添加

将 5 个不同浓度的标准添加到相同的葡萄酒中,用来测定检测限和检出限。将相应浓度的 CO_2 也加入到水中,然后对这两个实验的线性回归进行比较。

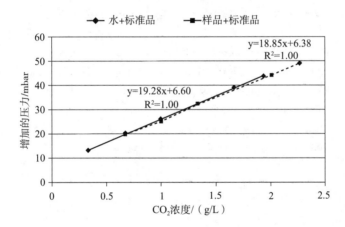

图 B.1 加入水和样品的标准产品

表 B.1 统计数据

指标	水＋标准品	样品＋标准品
斜率	19.3	18.9
斜率的不确定性	0.3	0.3
截距	6.6	6.4
截距的不确定性	0.4	0.5
残余标准偏差	0.4	0.3
样品的数量	15	10

根据统计数据两条回归线是相似的。

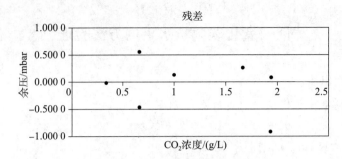

残差

图 B.2 "水和标准品"方程的残差

残差分布在零的两侧,表明回归线是线性的。

参 考 文 献

[1] European Brewery Convention Analytica-EBC,Fourth edition,1987,9.15 Carbon dioxide.

[2] OIV,SCMA 2002,FV N° 1153,determination of carbon dioxide in alcoholic beverages by a modified EBC method.

[3] OIV,SCMA 2004,FV N° 1192,determination of carbon dioxide in alcoholic.
Beverages by a modified EBC method,Statistical results of the collaborative study.

[4] OIV,SCMA 2005,FV N° 1222,comparison of the titrimetric method and the modified EBC method for the determination of carbon dioxide in alcoholic beverages.

[5] Ali-Mattila,E. and Lehtonen,P. ,Determination of carbon dioxide in alcoholic beverages by a modified EBC method,Mitteilungen Klosterneuburg 52(2002):233-236.

附 录 C
与其他技术和实验室结果比对

C.1 优化的 EBC 方法与商业化安东帕公司 CarboQ 仪器的对比

样品	优化 EBC/(g/L)	安东帕公司方法/(g/L)	差值
起泡酒	9.14	9.35	−0.21
苹果酒	4.20	4.10	0.1
白葡萄酒	1.18	1.10	0.08
红葡萄酒	1.08	0.83	0.25
啤酒 1	5.26	5.15	0.11
啤酒 2	4.89	4.82	0.07
啤酒 3	4.90	4.92	−0.02
无醇啤酒 1	5.41	5.33	0.08
无醇啤酒 2	5.39	5.36	0.03
			平均值 0.06

根据 t 检验得出测量过程中没有系统误差。

C.2 与德国 Bfr 和芬兰 ACL 之间的比较

Bfr 送 4 个样品到 ACL，ACL 送 5 个样品到 Bfr。芬兰 ACL 使用本文提到的方法，德国 Bfr 使用滴定方法分别对 9 个样品进行独立的分析。统计结果如下：

平均值的差　　　　　　　　0.14 g/L

标准差　　　　　　　　　　0.13 g/L

Z 分布　　　　　　　　　　1.04

这里介绍的方法和滴定法也被奥地利 Bundesamt für Weinbau 用他们自己的 21 个样品进行了比较，统计数据如下：

平均值的差异　　　　　　　−0.01 g/L

标准差　　　　　　　　　　0.26 g/L

Z 分布　　　　　　　　　　−0.03

C.3 结论

根据本文以及早期的实验可知本方法为通用方法。适用于测定所有类型的酒精饮料，如啤酒、葡萄酒、果酒、苹果酒、珍珠酒和起泡酒，二氧化碳含量的范围在 0.3 g/L 或更高。

3.1.5 其他有机类化气物

方法 OIV-MA-AS315-01 方法类型 Ⅳ

乙 醛

(决议 Oeno 377/2009)

1 原理

葡萄酒经过活性炭脱色后,加入亚硝基铁氰化钠和哌啶与乙醛发生反应,溶液由绿色转变成紫色,该紫色化合物的最大吸收波长为 570 nm。

2 仪器

可在 570 nm 处测量吸光度的分光光度计,比色皿的光程为 1 cm。

3 试剂

3.1 10%(V/V)吡啶溶液($C_5H_{11}N$)。

取 2 mL 吡啶与 18 mL 蒸馏水混匀,现用现配。

3.2 0.4%(m/V)亚硝基铁氰化钠溶液。

称取 1 g 粉末状亚硝基铁氰化钠于 50 mL 容量瓶中,用蒸馏水溶解,然后定容至刻度线混匀。

3.3 活性炭。

3.4 25%(V/V)稀盐酸溶液。

3.5 碱性溶液:称取 8.75 g 硼酸,用 400 mL 1 mol/L 氢氧化钠溶液溶解,蒸馏水定容至 1 L 混匀。

4 步骤

4.1 试样

取约 25 mL 葡萄酒于 100 mL 锥形瓶中,加入 2 g 活性炭。用力振荡数秒,静置 2 min 后,用过滤器慢速过滤,得到澄清的滤液。

取 2 mL 澄清的滤液于 100 mL 锥形瓶中,加入 5 mL 亚硝基铁氰化钠溶液(3.2)和 5 mL 吡啶溶液(3.1),边加边进行搅拌,混匀后立即将溶液转移至 1 cm 比色皿中,溶液会立即显色,由绿色变为紫色,以空气作为参照,在波长 570 nm 下进行测定。由于这个颜色变化很快,颜色增加后会迅速减少,因此要立即测定并在约 50 s 后记录得到的吸光度最大值。所测定的乙醛浓度通过标准曲线计算得出。

注:如果所分析的溶液中有过量的游离乙醛,在测定前加入稍过量的游离二氧化硫于所待测溶液中,与乙醛相结合,1 h 后再进行实验。

4.2 标准曲线的绘制

4.2.1 与二氧化硫结合的乙醛标准储备溶液的制备

制备 5%~6%(m/V)二氧化硫溶液并使用 0.05 mol/L 碘液进行滴定,以确定其准确的浓度。在 1 L 的容量瓶中，加入一定体积该溶液使二氧化硫的含量为 1 500 mg，然后加入 1 mL 新蒸馏并冷却后的乙醛于该容量瓶中，用蒸馏水定容至 1 L，混匀，放置过夜。

该溶液的准确浓度由以下方法测定：

取 50 mL 该溶液于 500 mL 锥形瓶中，加入 20 mL 稀盐酸溶液和 100 mL 水，以淀粉作为指示剂，用 0.05 mol/L 碘液滴定游离二氧化硫，溶液变为浅蓝色即为滴定终点。再加入 100 mL 碱溶液，蓝色随之消失，然后用 0.05 mol/L 碘液滴定二氧化硫与乙醛的混合溶液，直到出现浅蓝色即为滴定终点。设 n 为所消耗的溶液体积。

与二氧化硫结合的乙醛溶液每升含有 44.05 n mg 的乙醛。

4.2.2　乙醛标准曲线的制备

在 5 个 100 mL 容量瓶中，分别加入 5 mL，10 mL，15 mL，20 mL 和 25 mL 的储备液。用蒸馏水定容至刻度线。这些溶液所对应的乙醛浓度分别为：40 mg/L，60 mg/L，120 mg/L，160 mg/L 和 200 mg/L，准确浓度必须通过提前测定的乙醛储备液浓度进行计算。

取 2 mL 乙醛标准溶液，按照 4.1 所述操作进行测定，绘制标准曲线，吸光度与乙醛的含量相关，标准曲线为直线但不通过原点。

参　考　文　献

[1] REBELEIN H., *Dtsch. Lebensmit. Rdsch.*, 1970, 66, 5-6.

乙酸乙酯(气相色谱法)

1 原理

葡萄酒经过蒸馏后,采用气相色谱内标法测定乙酸乙酯的含量。

2 方法

2.1 仪器

见挥发酸章节。

2.2 步骤

用 10%(V/V)乙醇溶液配制成浓度为 1 g/L 的 4-甲基-2-戊醇内标溶液。

取 50 mL 蒸馏后葡萄酒溶液(制备如酒精度章节中所示),加入 5 mL 内标液,混匀,作为待测溶液。

用 10%(V/V)乙醇溶液配制成浓度为 50 mg/L 的乙酸乙酯标准溶液。将 5 mL 内标液加至 50 mL 该溶液中,混匀。

取 2 μL 样品溶液和乙酸乙酯标准溶液进行测定。

气相色谱的测定条件:柱温:90℃,载气流速:25 mL/min。

2.3 计算

乙酸乙酯浓度以毫克每升表示,根据下列公式计算:

$$50 \times \frac{I}{I_x} \times \frac{S_x}{S}$$

其中:S——标准溶液中乙酸乙酯的峰面积;

S_x——样品中乙酸乙酯的峰面积;

I_x——样品中内标的峰面积;

I——标准溶液中内标的峰面积。

乙酸乙酯（滴定法）

1 原理

将葡萄酒样品 pH 调至 6.5，进行蒸馏分离乙酸乙酯，在碱性环境中进行皂化反应和适当浓缩，蒸馏液酸化后浓缩，将皂化释放的乙酸分离出来，然后用碱性溶液对其进行滴定。

2 方法

2.1 试剂

2.1.1 1 mol/L 氢氧化钠溶液。

2.1.2 pH 6.5 缓冲溶液：

称取磷酸二氢钾（KH_2PO_4）	5 g
加入 1 mol/L 氢氧化钠溶液	50 mL

用水定容至 1 L 混匀。

2.1.3 结晶酒石酸。

2.1.4 0.02 mol/L 氢氧化钠溶液。

2.1.5 1% 中性酚酞溶液，用 96%（V/V）乙醇配制。

2.2 常用方法

取 100 mL 脱二氧化碳的葡萄酒于 500 mL 容量瓶中，用 n mL 1 mol/L 氢氧化钠溶液中和（n 为滴定 10 mL 葡萄酒总酸度所消耗的 0.1 mol/L 氢氧化钠溶液体积）。加入 50 mL pH 为 6.5 的缓冲溶液，然后进行蒸馏，蒸馏液经过锥形管导入装有 5 mL 1 mol/L 氢氧化钠溶液的 500 mL 圆底烧瓶中，并在圆底烧瓶 35 mL 处做上标记，收集 30 mL 馏出液。

将烧瓶塞紧，静置 1 h 后，置于沸水浴中并通入空气使溶液浓缩至约 10 mL，冷却至室温，加入 3 g 酒石酸，在真空下振荡除去二氧化碳。将烧瓶中浓缩液转移至水蒸气蒸馏装置中，用 5 mL 水冲洗烧瓶两次，水蒸气蒸馏并至少回收 250 mL 馏出液。

以酚酞为指示剂，用 0.02 mol/L 氢氧化钠溶液滴定。

2.3 计算

设 n 为所使用的 0.02 mol/L 氢氧化钠溶液体积数（单位为毫升）。1 mL 对应 1.76 mg 乙酸乙酯。浓度（单位为毫克每升）由下式给出：

$$17.6 \times n$$

参 考 文 献

通用方法：

[1] PEYNAUDE. , *Analyse et contrôle des vins*, Librairie Polytechni que Ch. -Béranger, 1958.

方法 OIV-MA-AS315-03   方法类型 Ⅳ

锦葵花色素二糖苷

1 原理

锦葵花色素二糖苷经硝酸氧化后生成的物质,在氨介质存在下,在紫外光照射下会发出鲜艳的绿色荧光。该物质的荧光强度可通过与经锦葵花色素二糖苷参考物质标定的硫酸奎宁滴定溶液的荧光强度相比较而进行测定。

游离的二氧化硫会使荧光衰减,因此必须先与过量的乙醛结合。

2 定性测定

2.1 仪器

可在 365 nm 处进行测定的紫外灯。

2.2 试剂

2.2.1 乙醛溶液:

结晶的三聚乙醛	10 g
乙醇 96%(V/V)	100 mL

2.2.2 1.0 mol/L 盐酸。

2.2.3 10 g/L 硝酸钠溶液。

2.2.4 96%(V/V)乙醇,含 5% 浓氨水($\rho_{20℃}=0.92$ g/mL)。

2.2.5 每升含有 15 mg 锦葵花色素二糖苷的质控葡萄酒样。

2.2.6 不含锦葵色素-二糖苷的葡萄酒样。

2.3 方法

在试管中加入 10 mL 葡萄酒,1.5 mL 乙醛溶液,静置 20 min。取 1 mL 葡萄酒与乙醛发生反应后的溶液加到 20 mL 离心管中,加入 1 滴盐酸,1 mL 硝酸钠溶液,搅拌均匀,静置 2 min(最多 5 min),然后加入 10 mL 氨化乙醇。

以相同方法处理 10 mL 含有 15 mg/L 锦葵花色素二糖苷的质控葡萄酒样,搅拌均匀,静置 10 min 后,离心。

取上清液于校准试管中。在波长为 365 nm 的紫外光照射下,观察待测葡萄酒样和质控葡萄酒样之间绿色荧光的差异。

对于桃红葡萄酒,使用以下方法可能会增加其灵敏度:

——5 mL 葡萄酒用乙醛进行处理;

——0.2 mL 1 mol/L 盐酸;

——1 mL 10 g/L 硝酸钠溶液;

——5.8 mL 氨化乙醇。

用相同方法处理质控葡萄酒样。

2.4 数据分析

将待测葡萄酒样与质控葡萄酒样进行比较,无荧光或荧光明显较弱则可认为酒中不含锦葵花色素二糖苷;若待测葡萄酒样稍小于、等于或大于质控葡萄酒样,则需要该进行定量测定。

3 定量测定

3.1 仪器

3.1.1 荧光测定设备:激发波长为 365 nm;荧光发射波长为 490 nm。

3.1.2 光学石英比色皿(光程 1 cm)。

3.2 试剂

3.2.1 见定性检测用试剂

3.2.2 2 mg/L 硫酸奎宁溶液

用 100 mL 0.1 mol/L 的硫酸溶液制备成含有 10 mg 高纯度硫酸奎宁的溶液,取该溶液 20 mL,并用 0.1 mol/L 硫酸溶液稀释至 1 L。

3.3 步骤

使用上述定性测试的方法处理葡萄酒,不同之处是处理葡萄酒(红葡萄酒和桃红葡萄酒)的乙醛溶液用量为 1 mL。

将 2 mg/L 硫酸奎宁溶液置于比色皿中,通过调整狭缝的宽度和灵敏度来调整荧光至全量程(透射率 $T=100\%$)

用一个装有待测葡萄酒样品的比色皿来替换比色皿;测得 T_1 值。

如果透光率的百分比 T_1 大于 35,则需用不含锦葵花色素二糖苷的葡萄酒(荧光必须小于 6%,需预先经过测试)来稀释该待测酒样。

> 注 1:在葡萄酒分析前加入水杨酸(水杨酸钠),可使其保持稳定,所引起的杂散荧光可通过乙醚萃取来消除。
>
> 注 2:杂散的荧光是由添加的焦糖引起的。

3.4 计算

对于不含二氧化硫没有经过乙醛处理的葡萄酒,在上述条件下,测得的荧光强度为 1 时,所对应的每升葡萄酒中含有 0.426 mg 锦葵花色素二糖苷。

红葡萄酒和桃红葡萄酒不含锦葵花色素二糖苷,测得的荧光强度为全量程 T 值的 6%。

每升葡萄酒中锦葵花色素二糖苷的含量(mg/L)为:

$$X = (T_1 - 6)0.426 \times \frac{11.5}{10} = (T_1 - 6) \times 0.49$$

如果葡萄酒被稀释,结果应乘以稀释倍数。

3.5 结果表示

锦葵花色素二糖苷的含量以最接近整数的每升葡萄酒的毫克数表示。

参 考 文 献

［1］ DORIER P. , VERELLE L. , *Ann. Fals. Exp. Chim.* , 1966, 59, 1.

［2］ GAROGLIO P. G. , *Rivista Vitic. Enol.* , 1968, 21, 11.

［3］ BIEBER H. , *Deutsche Lebensm. Rdsch.* , 1967, 44-46.

［4］ CLERMONTMlle S. , SUDRAUD P. , *F. V.* , *O. I. V.* , 1976 n°586.

方法 OIV-MA-AS315-04

方法类型Ⅱ

氨基甲酸乙酯

(决议 Oeno 8/98)

采用气相色谱-质谱法检测酒精饮料中氨基甲酸乙酯的含量,该方法适用于氨基甲酸乙酯的含量在 10 μg/L～200 μg/L 的测定。

1 原理

样品中加入氨基甲酸丙酯内标物,用水稀释后移入到 50 mL 固相萃取柱。用二氯甲烷洗脱氨基甲酸乙酯和氨基甲酸丙酯,在真空下用旋转蒸发仪进行浓缩,采用气相色谱-质谱仪在选择离子模式进行测定。

2 仪器

2.1 气相色谱-质谱仪(GC/MS):

可进行选择离子监测模式(SIM)测定和数据处理的系统,最好配自动进样器。

2.2 毛细管气相色谱柱:

聚乙二醇 20 M 型气相色谱柱 30 m×0.25 mm×0.25 μm。

2.3 色谱操作条件:

进样口温度:180℃;氦气载气流速:25℃时 1 mL/min,不分流进样;升温程序:在 40℃保持 0.75 min,随后以 10℃/min 速度升至 60℃ ,再以 3℃/min 升至 150℃,后运行:上升至 220℃并在 220℃保持 4.25 min 。氨基甲酸乙酯的保留时间是 23 min～27 min,氨基甲酸丙酯的保留时间是 27 min～31 min。

GC/MS 接口:输送线 220℃,质谱参数通过优化全氟三丁胺低质量数的灵敏度来手动设置。SIM 采集模式,溶剂延迟 22 min,停留时间/离子为 100 ms。

2.4 带真空条件的旋转蒸发仪或者类似的浓缩系统。

注:在处理过程中,待测样品中氨基甲酸乙酯(3.7)的回收率,须在 90%～110%之间。

2.5 梨形烧瓶,300 mL,单口,24/40 标准锥形口。

2.6 浓缩管,4 mL,带刻度,带有特氟龙涂层的 19/22 标准锥形塞。

3 试剂

3.1 丙酮(HPLC 级)。

注:各个批次使用前,应通过 GC/MS 确认不存在 m/z 分别为 62,74 和 89 等离子。

3.2 二氯甲烷。

注:各个批次使用前,应浓缩 200 倍,并通过 GC/MS 确认不存在 m/z 分别为 62,74 和 89 等离子。

3.3 无水乙醇。

3.4 氨基甲酸乙酯(EC)标准溶液:

3.4.1 储备液:1.00 mg/mL。称取 100 mg EC(纯度≥99%)于 100 mL 容量瓶中,用丙酮

稀释至刻度线。

3.4.2 标准工作溶液:10.0 μg/mL。移取 1 mL EC 储备液至 100 mL 容量瓶中,用丙酮稀释至刻度线。

3.5 氨基甲酸丙酯标准溶液(PC)

3.5.1 储备液:1.00 mg/mL。称取 100 mg PC(试剂级)于 100 mL 容量瓶中,用丙酮稀释至刻度线。

3.5.2 标准工作溶液:10.0 μg/mL。移取 1 mL PC 储备液至 100 mL 容量瓶中,用丙酮稀释至刻度线。

3.5.3 PC 内标液:400 ng/mL。移取 4 mL PC 标准工作溶液至 100 mL 容量瓶中,用水稀释至刻度线。

3.6 EC-nPC 标准校准溶液[*]

用二氯甲烷稀释 EC3.4(2)和 PC 3.5.2 标准工作溶液,从而获得[**]:

a) 100 ng EC 和 400 ng nPC/mL;

b) 200 ng EC 和 400 ng nPC/mL;

c) 400 ng EC 和 400 ng nPC/mL;

d) 800 ng EC 和 400 ng nPC/mL;

e) 1 600 ng EC 和 400 ng nPC/mL。

3.7 模拟样品制备-EC 含量为 100 ng/mL 的 40%乙醇溶液:移取 1 mL EC 标准工作溶液3.4.2 至 100 mL 容量瓶中,用 40%乙醇稀释至刻度线。

3.8 固相萃取柱:一次性材料,预先填充硅藻土,容量 50 mL。

注:进行分析前,检查每批萃取柱的 EC 和 nPC 的回收率以及是否不存在 m/z 为 62,74 和 89 离子。

制备 EC 含量为 100 ng/mL 的待测样品 3.7。

按照 4、5 和 6 中的步骤要求,对 5 mL 待测样品进行分析,EC 的回收率在 90 ng/mL～110 ng/mL 之间为满意。如果吸附剂的粒径不规则,会导致流速减慢,从而影响 EC 和 nPC 的回收率。

若多次试验后,待测样品回收率仍未达得 90%～110%,需要更换硅藻土柱子或使用经回收率修正后的标准曲线对 EC 进行定量。

校准曲线的修正,按照 3.6,用 40%乙醇代替二氯甲烷来制备标准溶液。按照 4、5 和6 步骤要求,对 1 mL 的标准校准溶液进行测定,以 EC 浓度为横坐标,EC/nPC 比为纵坐标,建立一个新的标准曲线。

4 待测样品制备

分别在 2 个 100 mL 烧杯中,按照下面方法进行试验:

4.1 酒精度高于 14% vol 的葡萄酒:取 5.00 mL±0.01 mL。

4.2 酒精度不高于 14% vol 的葡萄酒:取 20.00 mL±0.01 mL。

在每个烧杯中,加入 1 mL PC 内标溶液 3.5.3,然后加入水使其总体积达到 40 mL(或 40 g)。

---

[*] 对于一些氨基甲酸乙酯含量高的酒,需要用 50 m 的柱子。

[**] 对于一些氨基甲酸乙酯含量高的酒,升温梯度可以改为 2℃/min。

5 样品提取

将步骤 4 中已稀释的待测样品转移至萃取柱中,用 10 mL 水冲洗烧杯并将洗涤液转移至柱中,让溶液在柱中吸附 4 min,用 2×80 mL 二氯甲烷进行洗脱,收集洗脱液于 300 mL 梨形烧瓶内。

在 30℃ 水浴下旋转蒸发浓缩至 2 mL～3 mL(注:不要让提取物蒸干)。将浓缩后的残留物用步骤 9 中的巴斯德吸管转移至 4 mL 带刻度的浓缩管,用 1 mL 二氯甲烷洗涤烧瓶并将洗涤液一并转移至管中,在氮气下,浓缩样品至 1 mL。如果使用自动进样器,将浓缩物转移至小瓶内,供 GC/MS 分析。

6 GC/MS 分析

6.1 标准曲线

分别取 1 μL EC 的标准溶液(3.6)进行 GC/MS 测定,绘制标准曲线,Y 轴为 EC-nPC 的 $m/z=62$ 离子响应面积比,X 轴为 EC 的含量(ng/mL)(例如:100 ng/mL,200 ng/mL,400 ng/mL,800 ng/mL,1 600 ng/mL)。

6.2 EC 的定量

取 1 μL 步骤 5 中制备的样品,采用 GC/MS 测定并计算 $m/z=62$ 离子对应的 EC-nPC 面积比,使用内标法确定提取物中 EC 的浓度(ng/mL),该浓度是由提取物中 EC 的含量除以待测样品体积得到的。

6.3 EC 的定性

如果在 EC 的保留时间测出 m/z 分别为 62,74 和 89 离子,这些响应特性的主要片段是 $(M-C_2H_3\cdot)^+$,$(M-CH_3\cdot)^+$ 和分子离子(M),如果这些离子的相对比例偏差不超过 EC 标准比例的 20%,即可确认存在 EC。将该提取物进一步浓缩,以获得足够的 $m/z=89$ 离子的响应。

7 方法的特性

表 1

样品	EC 平均含量/(ng/g)	EC 的回收率/%	S_r	S_R	RSD_r/%	RSD_R/%
酒精度 14%(V/V)以上的葡萄酒	40		1.59	4.77	4.01	12.02
	80	89	3.32	7.00	4.14	8.74
	162	90	8.20	11.11	5.05	6.84
酒精度 14%(V/V)以下的葡萄酒	11		0.43	2.03	3.94	18.47
	25	93	1.67	2.67	6.73	10.73
	48	93	1.97	4.25	4.10	8.86

羟甲基糠醛(比色法)

1 原理

醛类是由呋喃衍生得到的,羟甲基糠醛是主要的醛之一,它可与巴比妥酸和对甲苯胺发生反应,生成的红色化合物在 550 nm 下用比色法对其进行测定。

游离的亚硫酸会对检测造成干扰,当亚硫酸的含量超过 10 mg/L 时,必须先与过量乙醛结合从而消除对测定的干扰。

2 比色法

2.1 仪器

2.1.1 测量范围在 300 nm～700 nm 的分光光度计。

2.1.2 光程为 1 cm 的比色皿。

2.2 试剂

2.2.1 0.5％(m/V)巴比妥酸溶液。将 500 mg 巴比妥酸溶解于蒸馏水中,并置于 100℃水浴中稍微加热溶解。用蒸馏水定容至 100 mL,该溶液可保存约 1 周。

2.2.2 10％(m/V)对甲苯胺溶液。取 10 g 对甲苯胺于 100 mL 容量瓶,加入 50 mL 异丙醇和 10 mL 冰醋酸($\rho_{20℃}=1.05$ g/mL)溶解,用异丙醇定容至 100 mL,该溶液现用现配。

2.2.3 1‰(m/V)乙醛溶液。现用现配。

2.2.4 1 g/L 羟甲基糠醛标准溶液。取 1g/L 的羟甲基糠醛,通过稀释配制成一系列含有 5 mg/L、10 mg/L、20 mg/L、30 mg/L、40 mg/L 的羟甲基糠醛标准溶液,现配现用。

2.3 步骤

2.3.1 样品制备

——游离二氧化硫含量不超过 10 mg/L:取 2 mL 葡萄酒或葡萄汁进行分析,必要时将葡萄酒或葡萄汁过滤后测定。

——游离二氧化硫含量超过 10 mg/L:取 15 mL 样品于 25 毫升的容量瓶中,加入 2 mL 乙醛溶液,搅拌,静置15 min,用蒸馏水定容至刻度。如有必要进行过滤,取 2 mL 的滤液进行测试。

2.3.2 比色法测定

取 2 mL 2.3.1 中制备的滤液于两个 25 mL 的烧瓶 a 和 b 中,加入 5mL 对甲苯胺溶液,混匀后,在烧瓶 b 中加入 1 mL 蒸馏水(对照样),在烧瓶 a 中加入 1 mL 巴比妥酸溶液摇匀。将烧瓶中的溶液转移至光程为 1 cm 的分光光度计比色皿中。在波长 550 nm 下用烧瓶 b 中的溶液调零。测定烧瓶 a 中溶液的吸光度,吸光度在 2 min～5 min 后达到最大值。

样品中羟甲基糠醛浓度超过 30 mg/L 时,分析前需进行稀释。

2.3.3 标准曲线的制备

取 2 mL 含有 5 mg/L、10 mg/L、20 mg/L、30 mg/L、40 mg/L 的羟甲基糠醛标准溶液加入两组 25 mL 的烧瓶 a 和 b 中，按 2.3.2 的步骤处理。

羟甲基糠醛吸光度与浓度（mg/L）的标准曲线，应该是通过原点的一条直线。

2.4 结果表示

测定样品的吸光度，用外标法根据标准曲线，计算样品中羟甲基糠醛的浓度，计算时要考虑到处理过程中样品的稀释倍数。

结果以毫克每升（mg/L）表示，保留一位小数。

羟甲基糠醛(高效液相色谱法)

1　实验原理

通过反相高效液相色谱分离并在 280 nm 处进行测定。

2　高效液相色谱法

2.1　仪器

2.1.1　高效液相色谱仪配备:

5 μL 或 10 μL 进样环;

可在 280 nm 进行测定的紫外检测器;

十八烷基键合硅胶柱(例如:Bondapak C_{18}-Corasil,Waters Ass);

记录仪,最好是集成的;

流动相流速:1.5 mL/min。

2.1.2　孔径为 0.45 μm 的滤膜。

2.2　试剂

2.2.1　双蒸水。

2.2.2　甲醇,蒸馏或 HPLC 级。

2.2.3　乙酸($\rho_{20℃}$＝1.05 g/mL)。

2.2.4　流动相:水＋甲醇＋乙酸＝(40 mL＋9 mL＋1 mL),经 0.45 μm 滤膜过滤,并在使用前脱气。

2.2.5　25 mg/L 羟甲基糠醛标准溶液。准确称取 25 mg 羟甲基糠醛于 100 mL 容量瓶,用甲醇溶解定容至刻度线。用甲醇以1/10的比例稀释该溶液,并用 0.45 μm 滤膜进行过滤。

该溶液用一个密封的褐色玻璃瓶盛装,置于冰箱内,可保存 2～3 个月。

2.3　步骤

将 5 μL 或 10 μL 按上述方法制备的样品与 5 μL 或 10 μL 羟甲基糠醛标准溶液分别注入色谱仪中,记录色谱图,羟甲基糠醛的保留时间约 6 min～7 min。

2.4　结果表示

结果以毫克每升(mg/L)表示,保留一位小数。

氰化物衍生物

（决议 Oeno 4/94）

1　原理

　　用酸水解，使总的氢氰酸（包括游离的结合态）释放出来并通过蒸馏使其分离，然后与氯胺 T 和吡啶发生反应，生成蓝色的 1,3-二甲基巴比妥酸，用比色法进行测定。

2　设备

2.1　蒸馏装置：使用测定葡萄酒酒精度的蒸馏装置。

2.2　带有标准锥形塞的 500 mL 圆底烧瓶。

2.3　20℃恒温水浴锅。

2.4　分光光度计，可在 590 nm 波长处进行测定。

2.5　光程为 20 mm 的玻璃比色皿或一次性比色皿。

3　试剂

3.1　100%(m/V)磷酸(H_3PO_4)。

3.2　3%(m/V)氯胺 T 溶液($C_7H_7ClNNaO_2S \cdot 3H_2O$)。

3.3　1,3-二甲基巴比妥酸溶液：取 3.658 g 的 1,3-二甲基巴比妥酸($C_6H_8N_2O_3$)溶解于 15 mL 吡啶和 3 mL 盐酸($\rho_{20℃}=1.19$ g/mL)中，用蒸馏水定容至 50 mL。

3.4　氰化钾(KCN)。

3.5　10%(m/V)碘化钾溶液(KI)。

3.6　0.1 mol/L 硝酸银溶液($AgNO_3$)。

4　步骤

4.1　蒸馏

　　在 500 mL 圆底烧瓶中，加入 25 mL 葡萄酒，50 mL 蒸馏水，1 mL 磷酸和一些玻璃珠，立即将圆底烧瓶装上蒸馏装置，馏出液通过一根输送管收集到装有 10 mL 水的 50 mL 容量瓶冰水浴中。收集 30 mL～35 mL 馏出液（容量瓶内总共有约 45 mL 溶液），用几毫升蒸馏水清洗输送管，待馏出液温度到 20℃时，用蒸馏水定容至刻度线。

4.2　测定

　　取 25 mL 馏出液于 50 mL 具塞锥形瓶中，加入 1 mL 氯胺 T 溶液并塞紧塞子。60 s 后，加入 3 mL 1,3-二甲基巴比妥酸溶液(3.3)，塞紧塞子静置 10 min。然后，在 590 nm 波长下，在光程为 20 mm 的比色皿中测定吸光值，参比液为 25 mL 蒸馏水。

5　建立标准曲线

5.1　氰化钾的滴定

　　精确称量约 0.2 g KCN，倒入一个 300 mL 容量瓶中，加入 100 mL 蒸馏水，溶解。加入

0.2 mL 碘化钾溶液并用 0.1 mol/L 硝酸银溶液进行滴定,直至获得稳定的黄色溶液。

在计算样品中 KCN 的浓度时,1 mL 0.1 mol/L 硝酸银溶液对应 13.2 mg KCN。

5.2　标准曲线

5.2.1　标准溶液的制备

根据步骤 5.1 中确定的 KCN 浓度,制备含有 30 mg/L 氢氰酸的标准溶液(30 mg HCN＝72.3 mg KCN),将该溶液稀释 10 倍。

分别吸取 1.0 mL、2.0 mL、3.0 mL、4.0 mL 和 5.0 mL 稀释后的标准溶液于 100 mL 容量瓶中,用蒸馏水定容至刻度线,所对应的氢氰酸浓度分别为 30 μg/L、60 μg/L、90 μg/L、120 μg/L 和 150 μg/L。

5.2.2　测定

取 25 mL 该系列的标准溶液,按照 4.1 和 4.2 中的步骤,以标准溶液的吸光值为纵坐标,浓度为横坐标,绘制通过原点的标准曲线。

6　结果表示

通过标准曲线计算氢氰酸的浓度,如果样品在处理过程中进行了稀释,则需将结果乘以稀释因子。氢氰酸以微克每升(μg/L)表示,保留至整数。

方法的重复性限(r)和再现性限(R)

白葡萄酒:r＝ 3.1 μg/L　即约 6％X_i

　　　　　R＝12 μg/L　即约 25％X_i

红葡萄酒:r＝6.4 μg/L 即约 8％X_i

　　　　　R＝23 μg/L　即约 29％X_i

X_i 为葡萄酒中 HCN 的平均浓度。

参 考 文 献

[1] JUNGE C. ,Feuillet vert N°877(1990).

[2] ASMUS E. GARSCHLAGEN H. ,Z Anal. Chem. 138,413-422(1953).

[3] WÜRDIG G. ,MÜLLER TH. ,Die Weinwissenschaft 43,29-37(1988).

人工合成甜味剂（糖精、甜蜜素、甘素和 P-4000）

1　原理

糖精（邻磺酰苯酰亚胺）、甘素（对乙氧基苯脲）、甜蜜素（环己基氨基磺酸盐）和 P-4000（5-硝基-2-丙氧基苯胺或 1-丙氧基-2-氨基-4-硝基苯）的检测。

葡萄酒浓缩后在酸性介质中用苯萃取糖精、甘素和 P-4000；萃取后的溶液用乙酸乙酯萃取甜蜜素（注意萃取的顺序），萃取溶剂蒸发后的残留物用薄层色谱进行分析。

糖精和甜蜜素的鉴别可以通过薄层纤维素板依次进行（溶剂：丙酮-乙酸乙酯-氨水），先是苯的萃取物，接着是乙酸乙酯的萃取物，鉴别前需要用乙醚进行洗涤净化。可以用联苯胺、苯胺、醋酸铜溶液喷雾进行显色，各组分的比移值 R_f 值分别为：甜蜜素 0.29，糖精 0.46。

从苯中萃取出的 P-4000 和甘素可在薄层聚酰胺板上进行分离（溶剂：甲苯；甲醇；冰醋酸），可以用对二甲胺基苯甲醛溶液喷雾显色，各组分的比移值 R_f 分别为：甘素 0.60，P-4000 0.80。

2　方法

糖精、甜蜜素、甘素和 P-4000 的检测。

2.1　仪器

2.1.1　薄层色谱展开槽。

2.1.2　微量注射器或移液器。

2.1.3　直径为 15 mm，长为 180 mm，配有活塞的分液器。

2.1.4　100℃水浴锅。

2.1.5　可控温烘箱，温度能够达到 125℃。

2.2　试剂

2.2.1　萃取溶剂：

苯；乙酸乙酯。

2.2.2　色谱溶剂：

1 号混合物：

丙酮	60 份
乙酸乙酯	30 份
氨水（$\rho_{20℃} = 0.92$ g/mL）	10 份

2 号混合物：

甲苯	90 份
甲醇	10 份
冰醋酸（$\rho_{20℃} = 1.05$ g/mL）	10 份

2.2.3　色谱板（20×20 cm）：

——纤维素板(例如:Whatman CC 41 或者 Macherey-Nagel MN300);

——聚酰胺板(例如:Merck)。

2.2.4 糖精和甜蜜素的指示剂:

制备:

——将 250 mg 联苯胺溶解到 100 mL 乙醇溶液;

——醋酸铜饱和溶液($Cu(C_2H_3O_2)_2 \cdot H_2O$);

——新蒸馏的苯胺。

将 15 mL 联苯胺溶液、1 mL 苯胺溶液和 0.75 mL 醋酸铜饱和溶液进行混合,该溶液必须现配。配置的体积需要与 20 cm×20 cm 的色谱板使用量相符合。

2.2.5 50%(V/V)盐酸溶液。

2.2.6 25%(V/V)硝酸溶液。

2.2.7 P-4000 和甘素的指示剂:将 1g 1,4-对二甲氨基苯甲醛溶解于 50 mL 甲醇中,加入 10 mL 25%硝酸溶液,用甲醇定容至 100 mL,5 mL 该试剂可用于 20 cm×20 cm 色谱板的展开。

2.2.8 0.10 g/100 mL 环己基氨基磺酸的溶液。溶解 100 mg 环己基氨基磺酸的钠盐或者钙盐于 100 mL 水-乙醇混合溶液中(1:1)。

2.2.9 0.05 g/100 mL 糖精水溶液。

2.2.10 0.05 g/100 mL 甘素甲醇溶液。

2.2.11 0.05 g/100 mLP-4000 甲醇溶液。

2.3 步骤

2.3.1 提取

取 100 mL 葡萄酒于烧杯中,在通入冷空气的情况下,迅速煮沸蒸发直到体积减少至 30 mL,静置冷却。用 3 mL 50%盐酸溶液酸化后,将该溶液转移至带有磨砂玻璃塞的 500 mL 锥形瓶内,加入 40 mL 苯进行萃取,用搅拌器搅拌 30 min 后,将溶液转移至分液漏斗中,分离有机相至带有磨砂玻璃塞的锥形瓶中,如果形成乳浊液,需离心分层。

将预先用苯萃取过的葡萄酒(其所对应的是分液漏斗中的下层)转入至含有 40 mL 乙酸乙酯的 500 mL 带有磨砂玻璃塞的锥形瓶中搅拌 30 min,用和之前一样的方法分离有机相,只回收有机相部分。

在直径为 50 mm~60 mm 的蒸发皿中,于 100℃水浴蒸发萃取溶剂,同时在蒸发皿的表面直接通入少量的冷空气。持续蒸发直至残留物具有糖浆的稠度后,停止蒸发以避免溶剂完全蒸发。

用 0.5 mL 乙醇-水(1:1)溶液溶解蒸发皿中的苯萃取残留物(最好是用 0.25 mL 乙醇-水溶液溶解残留物后,再用 0.25 mL 乙醇-水溶液冲洗蒸发皿一次)。将乙醇-水溶解物置于一个带磨砂玻璃塞的小管中(提取物 B)。

用 0.5 mL 的水溶解蒸发皿中的乙酸乙酯萃取残留物,水溶液倒入小的离心管中,用 10 mL 乙醚清洗蒸发皿,并将乙醚洗涤液也加入离心管中,充分混合 2 min,将分离出的下层液体转入于含有 0.5 mL 乙醇的小试管中。该 1 mL 乙醇-水溶液可能含有甜蜜素(提取物 A)。

2.3.2 色谱检测

2.3.2.1 糖精和甜蜜素

检测糖精和甜蜜素所使用的纤维素板，一半用于鉴定甜蜜素，另一半用于鉴定糖精。

分别在板的其中一半滴入 5 μL～10 μL 提取物 A 和 5 μL 甜蜜素标准溶液。在板的另一半滴入 5 μL～10 μL 提取物 B 和和 5 μL 糖精标准溶液。将制备好的板置于含有 1 号溶剂（丙酮；乙酸乙酯；氨水）的色谱槽中；直到溶剂前沿达到 10 cm～12 cm 的高度。从槽中取出板并用暖空气烘干。然后，将联苯胺试剂均匀地、轻轻地喷在板上（每块板 17 mL～18 mL），用冷空气干燥板。将板置于烘箱中，在 120℃～125℃下保持 3 min。在淡栗色的背景下，出现暗灰色斑点，随着时间的增加，斑点会变成棕色。

2.3.2.2　P-4000 和甘素

在聚酰胺板上滴上 5 μL 的提取物 B 以及 5 μL 甘素和 P-4000 标准溶液。将制备好的板置于含有 2 号溶剂（甲苯；甲醇；乙酸）的色谱槽中。让溶剂前沿达到 10 cm～12 cm 的高度。

从槽中取出板并用冷空气烘干。将 15 mL 对二氨基苯甲醛试剂喷在板上，并用冷空气吹干直到出现对应于甘素和 P-4000 的橙黄色斑点。

2.3.2.3　灵敏度

采用联苯胺试剂，糖精和甜蜜素的检出限分别为 2 μg 和 5 μg。采用二氨基苯甲醛试剂，甘素和 P-4000 的检出限分别为：0.3 μg 和 0.5 μg。

本方法的测定范围（取决于萃取的效率）：

糖精	2 mg/L～3 mg/L
甜蜜素	40 mg/L～50 mg/L
甘精	1 mg/L
P-4000	1 mg/L～1.5 mg/L

参 考 文 献

[1] TERCERO C.，F.V.，O.I.V.，1968，n°277 and F.V.，O.I.V.，1970，n°352.

[2] Wine Analysis Commission of the Federal Health Department of Germany，1969，F.V.，O.I.V.，n°316.

[3] International Federation of Fruit Juice Manufacturers，1972，F.V.，O.I.V.，n°40.

[4] SALO T.，ALRO E. and SALMINEN K.，Z. Lebensmittel Unters. u. Forschung，1964，125，20.

人工合成甜味剂(糖精、甜蜜素和甘素)

1　实验原理

　　用液体离子交换树脂将葡萄酒中的糖精、甘素和甜蜜素等甜味剂提取出来,然后用氨水再次提取,使用纤维素和聚酰胺粉末混合涂层薄层板进行分离(展开剂:二甲苯;正丙醇;冰醋酸;甲酸),在薄层板上喷涂了 2,7-二氯荧光黄溶液,在紫外灯的照射下,甜味剂在黄色背景上有蓝色荧光出现。

　　随后喷涂的 1,4-二甲氨基苯甲醛溶液可区分甘素,它仅呈现出一个橙色的斑点,比移值 R_f 与香草醛和对羟基苯甲酸酯相同。

2　方法

　　糖精、甜蜜素和甘素的检测。

2.1　仪器

2.1.1　薄层装置。

2.1.2　玻璃板 20 cm×20 cm。

　　板的制备:将 9 g 干纤维素粉末和 6 g 聚酰胺粉末混匀。边振荡边加入 60 mL 甲醇。涂抹在板上,厚度为 0.25 mm。在 70℃下干燥 10 min。此用量能制备 5 块板。

2.1.3　可控温的水浴锅或一个旋转蒸发仪。

2.1.4　检测薄层板的紫外灯。

2.2　试剂

2.2.1　石油醚(40℃~60℃)。

2.2.2　离子交换树脂,例如:苯酚甲醛离子交换树脂 LA-2。

2.2.3　20%(V/V)乙酸溶液。

2.2.4　离子交换溶液:5 mL 离子交换树脂与 95 mL 乙醚和 20 mL 20%乙酸溶液剧烈搅拌,使用上层部分。

2.2.5　1 mol/L 硝酸溶液。

2.2.6　10%(V/V)硫酸。

2.2.7　25%(V/V)氨水溶液。

2.2.8　聚酰胺粉末,例如:Macherey-Nagel 或者 Merck。

2.2.9　纤维素粉末,例如:Macherey-Nagel MN 300 AC。

2.2.10　用于色谱的溶剂:

二甲苯	45 份
正丙醇	6 份
冰醋酸($\rho_{20℃}$ =1.05 g/mL)	7 份
甲酸(98%~100%)	2 份

2.2.11 显色剂

——0.2%(m/V)2,7-二氯荧光黄乙醇溶液。

——1,4-二甲氨基苯甲醛溶液：称取 1 g 二甲氨基苯甲醛于 100 mL 容量瓶中加入 50 mL 乙醇溶解，加入 10 mL 25% 硝酸溶液，并用乙醇定容至刻度线。

2.2.12 标准溶液：

——0.1%(m/V)甘素甲醇溶液。

——糖精溶液：称取 0.1 g 糖精溶解于 100 mL 甲醇水溶液中(1∶1,体积比)。

——甜蜜素溶液：称取 1 g 环己基氨基酸钠盐或钙盐溶解于甲醇水溶液(1∶1,体积比)。

——香草醛溶液：称取 1 g 香草醛溶解于甲醛水溶液(1∶1,体积比)。

——1 g/100 mL 对羟基苯甲酸酯甲醇溶液。

2.3 步骤

取 50 mL 葡萄酒于一个分液漏斗中，用 10 mL 稀硫酸(2.2.6)酸化，然后用 25 mL 离子交换溶液提取两次。50 mL 离子交换提取溶液用 50 mL 蒸馏水洗涤 3 次，弃去洗涤液，再用 15 mL 稀氨水洗涤 3 次，收集氨溶液在 50℃的水浴锅内或旋转蒸发仪上小心地蒸发直至蒸干。然后加入 5 mL 丙酮和 2 滴 1 mol/L 硝酸溶液溶解，过滤后，在 70℃水浴中再次蒸发至干，注意加热温度不要过长或者超过 70℃，用 1 mL 甲醇将残留物溶解。

将 5 μL～10 μL 的该溶液和 2 μL 的标准溶液滴在薄层板上，展开剂(二甲苯、正丙醇、乙酸、甲酸)，让溶剂前沿移至约 15 cm 的高度，这一过程大约需要 1 h。

在空气中干燥后，将二氯荧光黄溶液充分地喷在薄层板上，糖精和甜蜜素会在肉色的背景下出现光点。在紫外光(254 nm 或 360 nm)下检测三种甜味剂会在黄色背景下发出蓝色的荧光。

从板的底部到顶部，甜味剂顺序依次为甜蜜素、糖精、甘素。

香草醛和对羟基苯甲酸酯与甘素的比移值相同。为鉴别甘素的存在，可在板上喷二甲基氨基苯甲醛溶液，甘素显现为橙色的斑点，而其他物质不发生反应。

灵敏度：三种甜味剂在层析板上的定量限为 5 μg。

本方法检测限：

糖精	10 mg/L
甜蜜素	50 mg/L
甘素	10 mg/L

参 考 文 献

[1] TERCERO C.,F.V.,O.I.V.,1968,n°277 and F.V.,O.I.V.,1970,n°352.

[2] Wine Analysis Commission of the Federal Health Department of Germany,1969,F.V.,O.I.V.,n°316.

[3] International Federation of Fruit Juice Manufacturers,1972,F.V.,O.I.V.,n°40.

[4] SALO T.,ALRO E. and SALMINEN K.,Z. Lebensmittel Unters. u. Forschung,1964,125,20.

方法 OIV-MA-AS315-08　　　　　　　　　　　　　　　　　　　方法类型 Ⅳ

人工着色剂

1　原理

将葡萄酒浓缩至原体积的 1/3,用稀氢氧化钠溶液调成碱性,然后用乙醚萃取。乙醚相经水洗涤后,再用稀乙酸溶液萃取;乙酸溶液随后用氨水碱化,将经过硫酸铝和酒石酸钾处理过的羊毛线加入到该溶液中加热至沸腾。如果溶液中含有着色剂,那么它们将会被固定在羊毛线上。将该羊毛线置于稀乙酸溶液中,加热蒸发乙酸溶液后,残留物用水-乙醇溶液溶解,并通过薄层色谱法对着色剂进行分析。

乙醚萃取后的水相中可能含有酸性着色剂,利用它们与动物纤维的亲和力,在矿物酸介质的存在下将其固定在羊毛线上。可以通过两次或多次重复上述操作使酸性着色剂浓缩。

羊毛线有颜色,说明葡萄酒中加入了人工着色剂,用薄层色谱法对着色剂进行鉴定。

2　仪器

2.1　20 cm×20 cm 覆有纤维素粉末的玻璃板。

2.2　色谱展开槽。

3　试剂

3.1　乙醚。

3.2　5%(m/V)氢氧化钠溶液。

3.3　冰醋酸($\rho_{20℃}$ =1.05 g/mL)。

3.4　稀乙酸溶液,1 份冰乙酸溶液加入 18 份的水。

3.5　稀盐酸:1 份盐酸($\rho_{20℃}$ =1.19 g/mL)加入 10 份蒸馏水。

3.6　氨水($\rho_{20℃}$ =0.92 g/mL)。

3.7　白色羊毛线,预先洗净,用乙醚脱脂并干燥。

3.8　白色羊毛线,预先洗净,用乙醚脱脂、干燥并酸化。

酸化剂:将 1 g 硫酸铝 $Al_2(SO_4)\cdot 18H_2O$ 和 1.2 g 酒石酸钾溶解在 500 mL 水中,取 10 g 白色羊毛,预先洗净,用乙醚脱脂并干燥后,置于该溶液中,搅拌约 1 h,静置 2 h~3 h;除去水后,在室温下干燥。

3.9　1 号展开剂,用于碱性着色剂:

正丁醇	50 mL
乙醇	25 mL
乙酸($\rho_{20℃}$ =1.05 g/mL)	10 mL
蒸馏水	25 mL

3.10　2 号展开剂,用于酸性着色剂:

正丁醇	50 mL
乙醇	25 mL

氨水($\rho_{20℃}=0.92$ g/mL)	10 mL
蒸馏水	25 mL

4 步骤

4.1 碱性着色剂的检测

4.1.1 着色剂的提取

取 200 mL 葡萄酒置于 500 mL 玻璃锥形瓶中,煮沸浓缩至其体积的 1/3,冷却后,用 5% 氢氧化钠溶液中和,直到葡萄酒的自然色发生显著的变化。

用 30 mL 乙醚萃取两次,收集乙醚相用于分析碱性着色剂,剩余的水相需保存好,用于酸性着色剂的分析。

乙醚相用 5 mL 水洗两次以去除氢氧化钠;然后与 5 mL 稀乙酸进行混合,如果存在碱性着色剂,则所得到的酸性水溶液有颜色。

通过将着色剂固定在酸化羊毛线上的方法来进一步确定是否存在碱性着色剂。用 5% 氨水使酸性的水相变为碱性,加入 0.5g 酸化羊毛线并煮沸约 1 min,然后在自来水(流水)下冲洗羊毛线,如果羊毛线有颜色,则说明葡萄酒中含有碱性着色剂。

4.1.2 薄层色谱法检测

将含有碱性着色剂的乙酸水溶液相浓缩至 0.5 mL。如果着色剂被固定在酸化的羊毛线上,则加入 10 mL 蒸馏水和几滴乙酸($\rho_{20℃}=1.05$ g/mL)和羊毛线一起煮沸,然后将液体挤出并除去羊毛线,并将溶液浓缩至 0.5 mL。

在距纤维素薄层板侧边 3 cm、下边 2 cm 处,加入 20 μL 浓缩溶液,将板置于含有 1 号展开剂的槽中,使下部边缘浸入溶剂 1 cm。当溶剂前沿的高度达到 15 cm~20 cm 时,将薄层板从槽中取出并风干。

将已知的人工碱性着色剂按照样品的操作条件同时进行展板,以鉴别样品中的着色剂。

4.2 酸性着色剂的检测

4.2.1 着色剂的提取

将乙醚提取葡萄酒中碱性着色剂后的水相部分,浓缩至其体积的 1/3 并进行中和。如果之前没有进行碱性着色剂提取,则取 200 mL 葡萄酒于锥形瓶中,煮沸使其浓缩至原来体积的 1/3。

加入 3 mL 稀盐酸和 0.5 g 白色羊毛线,煮沸 5 min,倾倒出液体,并用流水冲洗羊毛。

加入 100 mL 水和 2 mL 稀盐酸到装有羊毛线的锥形瓶中,煮沸 5 min,倒出酸性液体并重复这一步骤,直到冲洗过的酸性液体变为无色。将羊毛线彻底清洗除去酸后,加入 50 mL 蒸馏水和几滴氨水($\rho_{20℃}=0.92$ g/mL)于锥形瓶中:温和条件下煮沸 10 min,使固定在羊毛线上的着色物质溶解。从瓶中取出羊毛线,加入水使液体体积达到 100 mL 煮沸直到氨完全蒸发。随后,用 2 mL 盐酸水溶液酸化(用试纸进行测试以确保溶液为酸性)。

在该烧瓶加入 60 mg(约 20 cm 长的线)白色羊毛线煮沸 5 min,取出羊毛线并用流水冲洗。

如果经过上述处理,羊毛线浸在红葡萄酒中,被染成红色的,或者浸在白葡萄酒中被染成黄色的,就证明有酸性人工着色剂的存在。如果颜色是淡的或者不确定的,则需重新用氨对 30 mg 羊毛线进行第二次固定。

如果在第二次固定过程中,出现的颜色较淡但有明显的粉红色,则可认为存在酸性着色剂。

如果要得到更明确的结果,可用与第二次固定相同的步骤,进行新的固定-洗脱(4 或 5 次),直到获得明显的粉红色。

4.2.2 薄层色谱法检测

在装有有色羊毛线的瓶中加入 10 mL 蒸馏水和几滴氨水($\rho_{20℃}$ =0.92 g/mL),煮沸后挤干液体取出羊毛线。浓缩该氨溶液至 0.5 mL。

取 20 μL 加到在距纤维素板侧边 3 cm、下边 2 cm 处。将板置于展开槽中,使得下部边缘浸入溶剂 1 cm。当溶剂前沿移至 15 cm~20 cm 的高度时,将薄层板从槽中取出并风干。

将已知的人工着色剂按照样品的操作条件同时进行展板,以鉴别样品中的着色剂。

参 考 文 献

[1] TERCERO C. ,*FV*,*OIV*,1970,n°356.

[2] ARATA P. ,SAENZ-LASCANO-RUIZ,Mme I. ,*FV*,*OIV*,1967,n°229.

方法 OIV-MA-AS315-09

方法类型Ⅳ

二 甘 醇

1 目的

检测葡萄酒中二甘醇($HOCH_2CH_2OCH_2CH_2OH$)的含量,定量限为 10 mg/L。

2 原理

葡萄酒中二甘醇经乙醚萃取之后,用气相色谱毛细管柱分离检测。

3 仪器

3.1 气相色谱仪及相关配件:

分流-不分流进样器;

火焰离子检测器;

聚乙二醇涂层的毛细管柱(聚乙二醇,20 M),50 m×0.32 mm (内径)。

操作条件:

进样口温度:280℃。检测器温度:270℃。载气:氢气。载气流量:2 mL/min。载气流速:30 mL/min。进样模式:不分流进样。进样量:2 μL。35℃进样-气流 40 s 后关闭。控温程序:120℃~170℃,升温速度 3℃/min。

3.2 离心机。

4 试剂

4.1 1 g/L,20%(*V*/*V*)乙醇溶液(内标)1,3-丙二醇。

4.2 20 mg/L 二甘醇水溶液。

5 操作步骤

于 50 mL 烧瓶中,加入:

10 mL 葡萄酒;1 mL 1,3-丙二醇溶液;25 mL 乙醚。

振摇并加入足量的中性碳酸钾,直至达到饱和状态。再次振摇后离心使其分层。

重复萃取一次,取有机相旋转蒸发近干后,残留物用 5 mL 乙醇溶解。

提取效率达到 90%以上。根据 3.1 中给出的条件进行色谱分析。

6 结果

相同测定条件下,通过与标准溶液的保留时间进行比较,对葡萄酒中二甘醇进行定性分析。用内标法进行定量。如果测定结果小于或等于 20 mg/L,推荐使用质谱法进行确认。

参 考 文 献

［1］BANDIONF. ,VALENTA M. & KOHLMANN H. ,*Mitt. Klosterneuburg*,*Rebe und Wein*,1985,35,89.

［2］BERTRAND A. ,*Conn. vigne vins*,1985,19,191.

［3］Laboratoire de la répression des fraudes et du contrôle de la qualité de Montpellier,*F. V.* ,*O. I. V.* ,1986, n°807.

赭曲霉毒素 A

(Oeno 16/2001 被 Oeno 349-2011 修改)

1 应用范围

本方法采用免疫亲和柱结合高效液相色谱法检测葡萄酒中的赭曲霉毒素 A(OTA)含量,可用于测定红葡萄酒、桃红葡萄酒、白葡萄酒以及特种葡萄酒中 OTA 含量小于 10 μg/L 的葡萄酒样品[1]。

该方法通过了国际联合试验的验证,验证中所检测的样品为经过毒素污染的天然白葡萄酒和红葡萄酒。酒中 OTA 的含量范围为 0.01 μg/L~3.00 μg/L。

该方法同样适用于半起泡葡萄酒和起泡葡萄酒的检测,但需将样品预先脱气处理,如超声。

2 原理

葡萄酒样品用含有聚乙二醇和碳酸氢钠的溶液稀释后,通过免疫亲和柱过滤和净化。OTA 经甲醇洗脱后,用反相 HPLC 结合荧光检测器进行定量分析。

3 试剂

3.1 分离 OTA 的免疫亲和柱用试剂

下列试剂为参考试剂。如果免疫亲和柱的供应商提供了适用于自己产品的稀释液和淋洗液,则应优先选用所提供的试剂。

3.1.1 磷酸氢二钠二水合物($Na_2HPO_4 \cdot 2H_2O$)。

3.1.2 磷酸二氢钠一水合物($NaH_2PO_4 \cdot H_2O$)。

3.1.3 氯化钠($NaCl$)。

3.1.4 实验室用的纯净水,例如质量符合 EN ISO 3696《分析实验室用水 规范和试验方法》要求。

3.1.5 磷酸缓冲溶液(稀释液):

称取 60g $Na_2HPO_4 \cdot 2H_2O$ 和 8.8 g $NaH_2PO_4 \cdot H_2O$ 溶解于 950 mL 水中,加水至 1 L。

3.1.6 磷酸盐缓冲液(淋洗液):

称取 2.85g $Na_2HPO_4 \cdot 2H_2O$,0.55 g $NaH_2PO_4 \cdot H_2O$ 和 8.7 g $NaCl$ 溶解于 950 mL 水中,加水至 1 L。

3.1.7 甲醇(CH_3OH)。

3.2 HPLC 用试剂

3.2.1 HPLC 级乙腈(CH_3CN)。

3.2.2 冰醋酸(CH_3COOH)。

3.2.3 流动相 水:乙腈:冰醋酸=99:99:2(体积比)

将 990 mL 乙腈(3.2.2)和 20 mL 冰醋酸(3.2.3)与 990 mL 水混合,用 0.45 μm 滤膜过

滤。如果所使用的 HPLC 设备中没有脱气装置,需先进行脱气处理。

3.3　制备 OTA 储备液所需试剂

3.3.1　甲苯($C_6H_5CH_3$)。

3.3.2　混合溶液(甲苯:冰醋酸=99:1,体积比):

将 1 体积的冰醋酸与 99 体积的甲苯混合制得。

3.4　OTA 储备液

溶解 1 mg 或者相同含量的 OTA 于球形瓶中,如果 OTA 蒸发后以膜状形式存在,则混合溶剂中 OTA 的含量应约为 20 μg/mL~30 μg/mL。该溶液可在 -18℃保存至少 4 年。

为了确定其准确浓度,应记录其在光程为 1 cm 的石英比色皿中 300 nm~370 nm 之间的吸收光谱,同时使用混合溶剂作为空白。确定最大吸光度并使用下列公式计算 OTA 的浓度(c),单位为 μg/mL:

$$c = A_{max} \times M \times 100\ \varepsilon \times \delta$$

其中:

A_{max}——最大吸收波长时的吸光度(约 333 nm)。

M——OTA 的摩尔质量=403.8 g/mol。

ε——在混合溶液中 OTA 的摩尔消光系数(ε=544/mol)。

δ——光程(cm)。

3.5　OTA 标准溶液(2 μg/L 甲苯:乙酸=99:1,体积比)

将储备液用混合溶液(3.1.2)稀释成 2 μg/mL 的 OTA 标准溶液。该溶液可储存于 4℃ 冰箱中。其稳定性需要定期测试。

4　仪器

4.1　玻璃管(4 mL)。

4.2　适用于免疫亲和柱的真空泵。

4.3　适用于免疫亲和柱的储液管。

4.4　玻璃纤维过滤器(例如 Whatman GF/A)。

4.5　OTA 专用的免疫亲和柱

该亲和柱 OTA 的总容量应至少为 100 ng。当含有 100 ngOTA 的葡萄酒稀释溶液通过时,要求净化率至少为 85% 以上。

4.6　旋转蒸发仪。

4.7　液相色谱,泵可以满足流动相以 1 mL/min 的恒定流速进行等度洗脱。

4.8　进样系统必须配备 100 μL 定量环。

4.9　分析型的不锈钢 HPLC 色谱柱 150 mm×4.6 mm(内径),固定相为 C_{18}(5 μm),并配有预柱或者适当的预过滤器(0.5 μm),或其他性能相当的液相色谱柱。

4.10　荧光检测器,激发波长为 333 nm,发射波长为 460 nm。

4.11　信息收集系统。

4.12　紫外分光光度计。

5 步骤

5.1 样品制备

在 100 mL 锥形烧瓶中加入 10 mL 葡萄酒和 10 mL 稀释液。充分混匀,如果溶液出现混浊或者有沉淀,需用玻璃纤维过滤器进行过滤。

5.2 免疫亲和柱净化

在免疫亲和柱上装上真空泵,并连上储液管。

加 10 mL(相当于 5 mL 的葡萄酒)的稀释液于储液管中。使样品以每秒 1 滴的流速通过免疫亲和柱。免疫亲和柱应始终保持湿润。淋洗时,先用 5 mL 淋洗液,然后用 5 mL 水以每秒 1~2 滴的流速淋洗免疫亲和柱。

用空气将免疫亲和柱内液体吹干。用 2 mL 甲醇以每秒一滴的流速将 OTA 洗脱至玻璃烧瓶中。在 50℃下,用氮气将洗脱液吹干。立即用 250 μL HPLC 流动相溶解,在进行 HPLC 分析前应保存在 4℃下。

5.3 HPLC 分析

使用定量环进样,进样量为 100 μL(相当于 2 mL 葡萄酒)。

色谱条件:

流速:1 mL/min;

流动相:乙腈:水:冰醋酸(99:99:2,体积比);

荧光检测器:激发波长＝333 nm;

发射波长＝460 nm;

进样量:100 μL。

6 赭曲霉毒素 A(OTA)的定量分析

通过 OTA 保留时间处的峰面积或峰高由标准曲线进行定量。

6.1 校正曲线

每天或者每次色谱条件改变时都需重新制备校正曲线,移取 0.5 mL 2 μg/mL OTA 标准溶液于玻璃烧瓶中并用氮气吹干。

用经 0.45 μm 滤膜过滤的 HPLC 流动相 10 mL 进行溶解,即为 100 ng/mL 的 OTA 溶液。

根据表 1 中所示使用流动相配制 5 个浓度梯度的标准溶液于 5 mL 容量瓶中用。

液相色谱每次标准溶液的进样量为 100 μL。

表 1

指 标	Std 1	Std 2	Std 3	Std 4	Std 5
已过滤的 HPLC 流动相体积/μL	4 970	4 900	4 700	4 000	2 000
100 ng/mL OTA 溶液的体积/μL	30	100	300	1 000	3 000
OTA 浓度/(ng/mL)	0.6	2.0	6.0	20	60
OTA 进样量/ng	0.06	0.20	0.60	2.00	6.00

注1：如果样品中 OTA 的含量超出标准曲线范围,应将样品适当稀释或减少进样量。在这种情况下,结果应进行相应的校正。

注2：由于样品中 OTA 浓度变化较大,建议校正曲线过零点以便对低浓度(低于 0.1 μg/L)的 OTA 进行精确定量。

7 结果计算

被测溶液和进入高效液相色谱中试样的 OTA 浓度(c_{OTA})用以下公式计算,单位为 ng/mL(相当于 μg/L)：

$$c_{OTA} = M_A \times F/V_1 \times V_3/V_2$$

其中：M_A——通过标准曲线得到的进样试样中 OTA 的质量(ng)；

F——稀释因子；

V_1——被分析样品的体积(10 mL)；

V_2——进样体积(100 μL)；

V_3——洗脱液吹干后复溶的体积(250 μL)。

8 方法评价

针对白葡萄酒、桃红葡萄酒、红葡萄酒中 OTA 检测方法的验证数据见表2。

表2 葡萄酒中 OTA 不同添加浓度的回收率

项　目	红葡萄酒		桃红葡萄酒		白葡萄酒	
添加量 μg/L	回收率±SD^a %	RSD^b %	回收率±SD^a %	RSD^b %	回收率±SD^a %	RSD^b %
0.04	96.7±2.2	2.3	94.1±6.1	6.5	91.6±8.9	9.7
0.1	90.8±2.6	2.9	89.9±1.0	1.1	88.4±0.2	0.2
0.2	91.3±0.6	0.7	88.9±2.1	2.4	95.1±2.4	2.5
0.5	92.3±0.4	0.5	91.6±0.4	0.4	93.0±0.2	0.2
1.0	97.8±2.6	2.6	100.6±0.5	2.5	100.7±1.0	1.0
2.0	96.5±1.6	1.7	98.6±1.8	1.8	98.0±1.5	1.5
5.0	88.1±1.3	1.5	—	—	—	—
10.0	88.9±0.6	0.7	—	—	—	—
平均值	92.8±3.5	3.8	94.5±5.2	5.5	94.5±4.1	4.3
[a] SD=标准偏差(标准偏差)($n=3$)。						
[b] RSD=相对标准偏差(%)。						

9 工作组

该方法由来自8个国家16个不同实验室组成的研究小组进行了协同比对验证实验,以下为验证该分析方法的统一方案。

每个参加单位分析了 10 个白葡萄酒和 10 个红葡萄酒样品,分别来自随机抽取的 5 组双样,样品是自然污染或人为添加了 OTA 的葡萄酒样品。该方法的评价分析见附录 A、附录 B 和附录 C 中概述了该方法中的关键点。

10　参与实验室

Unione Italiana Vini, Verona	意大利
Istituto Sperimentale per l'Enologia, Asti	意大利
Istituto Tecnico Agraria, S. Michele all'Adige(TN)	意大利
Università Cattolica, Piacenza	意大利
Institute for Health and Consumer Protection, JRC-Ispra	意大利
Neotron s. r. l., S. Maria di Mugnano(MO)	意大利
Chemical Control s. r. l., Madonna dell'Olmo(CN)	意大利
Laboratoire Toxicologie Hygiène Appliquée, UniversitéV. Segalen, Bordeaux	法国
Laboratoire de la D. G. C. C. R. F. de Bordeaux, Talence	法国
National Food Administration, Uppsala	瑞典
Systembolagets Laboratorium, Haninge	瑞典
Chemisches Untersuchungsamt, Trier	德国
State General Laboratory, Nicosia	塞浦路斯
Finnish Customs Laboratory, Espoo	芬兰
Central Science Laboratory, York	英国
E. T. S. Laboratories, St. Helena, CA	美国

附 录 A

表 A.1 中数据是根据协同比对验证实验所推荐的统一检测方法所得到，用来对分析的结果进行评价。

表 A.1 协同验证实验中各实验室间检测结果汇总表

白葡萄酒样品	添加的 OTA/(μg/L)				
	空白	0.100	1.100	2.000	自然污染的样品
实验室间检测比对的年份	1999	1999	1999	1999	1999
参加实验室数目	16	16	16	16	16
剔除不合理结果后实验室数目	14[a]	13[a]	14	14	15
剔除的实验室数目	—	1	2	2	1
可接受结果数目	28	26	28	28	30
平均值/(μg/L)	<0.01	0.102	1.000	1.768	0.283
重复性标准偏差/(μg/L)	—	0.01	0.07	0.15	0.03
相对重复性标准偏差 RSDr/%	—	10.0	6.6	8.5	10.6
重复性限/(μg/L)	—	0.028	0.196	0.420	0.084
再现性标准偏差 S_R/(μg/L)	—	0.01	0.14	0.23	0.04
相对再现性标准偏差 RSD$_R$/%	—	14.0	13.6	13.3	14.9
再现性限 R/(μg/L)	—	0.028	0.392	0.644	0.112
萃取率/%	—	101.7	90.9	88.4	—

[a] 由于检出限过高(0.2 μg/L)，有 1 家实验室的数据被从统计评价中剔除。

附　录　B

表 B.1 数据是根据协同比对验证实验所推荐的统一检测方法所得到,用来对分析的结果进行评价。

表 B.1　协同验证中各实验室间检测结果汇总表

红葡萄酒样品	加入的 OTA/(μg/L)				
	空白	0.200	0.900	3.000	自然污染的样品
实验室间检测年份	1999	1999	1999	1999	1999
参加实验室数目	15	15	15	15	15
剔除不合理结果后的实验室数目	14[a]	12[a]	14	15	14
剔除的实验室数目	—	2	1	—	1
接受结果数目	28	24	28	30	28
平均值/(μg/L)	<0.01	0.187	0.814	2.537	1.693
重复性标准偏差/(μgL)	—	0.01	0.08	0.23	0.19
相对重复性标准偏差 RSDr/%	—	5.5	9.9	8.9	10.9
重复性限 r/(μg/L)	—	0.028	0.224	0.644	0.532
再现性标准偏差/S_R/(μg/L)	—	0.02	0.10	0.34	0.23
相对再现性标准偏差 RSD_R/%	—	9.9	12.5	13.4	13.4
再现性限 R/(μg/L)	—	0.056	0.280	0.952	0.644
回收率/%	—	93.4	90.4	84.6	—

[a] 由于检出限高(0.2 μg/L),有 2 家实验室的数据被从统计评价中剔除。

附 录 C

本附录概述了使用免疫亲和柱测定赭曲霉毒素 A 方法的关键点指南(方法类型Ⅱ)。指南中所列的检测方法的关键点仅供参考。

C.1 应用范围

该方法适用于葡萄汁、部分发酵的葡萄汁以及仍在发酵的新葡萄酒。本方法只对葡萄酒进行了有关参数验证。

C.2 方法原理

方法可分为两个步骤。第一步是葡萄酒或葡萄汁中 OTA 经过免疫亲和柱吸附和洗脱达到纯化和浓缩的目的。第二步是洗脱液经高效液相色谱分离用荧光检测进行定量测定分析。

C.3 试剂

C.3.1 OTA 储备液

不推荐使用固态的 OTA 标准品,建议使用 OTA 标准溶液(3.5)。

C.3.2 OTA 标准溶液

使用有分析证书并注明参考值和不确定度的 OTA 标准溶液(浓度约 50 μg/mL)。

使用时需要用已认证的移液管进行取样,用纯乙醇或者高效液相色谱的流动相将标准溶液配制成 0.25 mg/L～1 mg/L 的系列工作标准储备液(方法见 3.2.3)。该溶液在 −18℃ 条件下可保存 4 年以上。

C.4 仪器设备

C.4.1 免疫亲和柱性能评估(可选)

免疫亲和柱是该方法不确定度的主要来源之一。长期试验表明,市场上提供的各种免疫亲和柱的回收率在 70%～100%。因此,建议在使用亲和柱之前,先进行性能测试。这一步骤会由于供应商或者柱子的参考资料不同而有所变化。

亲和柱性能测试(回收率测定):

从实验室常用的亲和柱中,选取 10 个不同批号的代表。准备相同数量分别代表不同基质的葡萄酒,包括不含 OTA 的、已知添加 OTA 浓度为 x_i 介于 $0.5\ \mu g \cdot kg^{-1}$～$2\ \mu g \cdot kg^{-1}$ 的葡萄酒。使用选定的柱子快速地分析这 n 个已知添加量的样品。得到含量测定值 y_i。

通过所测得的含量与已知的添加量计算回收率。

$$t_i = \frac{y_i}{x_i} \qquad (柱子回收率\ i)$$

$$T = \frac{\sum t_i}{n} \qquad (平均回收率)$$

$$S_t = \sqrt{\frac{\sum (t_i - T)^2}{n-1}} \qquad (回收率的标准偏差)$$

以这种方式计算出回收率的标准偏差,不仅代表柱子回收率的变化,也代表了使用亲和柱净化后再经高效液相色谱分析整个测试方法的标准不确定度。同时还可以通过扣除高效液相色谱系统误差的标准不确定度来建立一个合理评估亲和柱回收率标准偏差的评估方法。

严格意义上,需要评估测定方法的标准不确定度 S_V(以标准偏差表示,不考虑免疫亲和柱步骤)还需对 OTA 溶液进行准确度的研究。

以下为评估回收率的标准偏差 S_P 的计算公式:

$$S_P = \sqrt{S_t^2 - S_V^2}$$

对在浓度范围较大的情况下,也可以使用标准偏差的变异系数(RSDR)来表示。

$$CV(\%) = S_P \cdot 100 / 添加浓度$$

C.5　步骤

步骤的第 5 点已经举例说明,稀释液和淋洗液的组成可能会因亲和柱的不同而变化。同样葡萄酒样的稀释浓度可根据需要进行适当调整。

C.6　赭曲霉毒素 A(OTA)的定量

每天或每次改变色谱条件时需重新配置标准曲线。用流动相稀释标准储备液配制成为不同浓度标准曲线。标准曲线的浓度范围需要考虑葡萄酒的稀释因子。

参 考 文 献

[1] A. Visconti, M. Pascale, G. Centonze. *Determination of ochratoxin A in wine by means of immunoaffinity column clean-up and high-performance liquid chromatography.* Journal of Chromatography A, 864 (1999)89—101.

[2] AOAC International 1995, AOAC Official Methods Program, p. 23-51.

方法 OIV-MA-AS315-11 　　　　　　　　　　　　　　　　　　　　方法类型 Ⅱ

花　青　素

（决议 Oeno 22/2003，经 Oeno 12/2007 修订）

1　适用范围

本方法适用于分析红葡萄酒和桃红葡萄酒中花青素的相对组成。通过反相高效液相色谱分离紫外-可见光(UV-VIS)检测器进行检测。

已经有人发表了很多类似的检测方法分析红葡萄酒中花青素成分。例如 Wulf 等已经成功检测并鉴定了 21 种不同花青素，Heier et al. 借助气相色谱-质谱法检测到近 40 种花青素。但是花青素成分构成非常复杂，因此需要一个简单的方法来分析葡萄酒中常见的主要花青素化合物相对含量。建议各成员国继续进行该领域研究，以避免出现不科学的评估结果。

2　原理

该方法主要用于分离 5 种最重要的非酰化花青素(如图 1，峰 1～峰 5)及 4 种酰化花青素(如图 1，峰 6～峰 9)。红葡萄酒及桃红葡萄酒中的花青素，用水/甲酸/乙腈梯度洗脱，经反相高效液相色谱柱直接分离，在 518 nm 波长下进行检测[1,2]。

3　试剂与材料

甲酸(分析纯，98%)。

去离子水，色谱级。

乙腈，色谱级。

高效液相色谱流动相：

　　流相 A：去离子水：甲酸：乙腈＝87：10：3(体积比)；

　　流相 B：去离子水：甲酸：乙腈＝40：10：50(体积比)。

流动相需经滤膜过滤、脱气，待测样品需滤膜过滤。

利用参比标准品进行色谱峰的确认。

缺少商品化高纯度的花青素标准品是使用高效液相色谱检测分析葡萄酒中花青素过程中存在的最大困难。此外，溶液中花青素稳定性差也加大了检测的难度。

以下几种花青素色素已经商品化：

　　花色素-3-葡萄糖苷(或者氯化花色素)；$M=484.84$ g/mol；

　　花翠素-3-葡萄糖甙；$M=498.84$ g/mol；

　　锦葵色素-3-葡萄糖苷(或者氯化锦葵色素-3-β-葡萄糖苷)；$M=528.84$ g/mol；

　　锦葵色素-3,5-二葡萄糖苷，$M=691.04$ g/mol。

4　仪器设备

高效液相色谱系统：

二元梯度输液高压泵，样品进样体积 10 μL～200 μL。

二极管阵列检测器或紫外可见光检测器。

自动积分或计算机数据采集软件。

柱温箱温度 40℃。

溶剂脱气系统。

分离色谱柱,如:LiChrospher 100 RP 18(5 μm)色谱柱以及 LiChroCart 250-4 保护柱,例如:RP 18(30 mm～40 mm)2 mm×20 mm。

5 步骤

5.1 样品制备

澄清的葡萄酒可以直接倒入进样瓶自动进样,较浑浊的样品需要用 0.45 μm 的滤膜过滤,注意弃掉最开始的滤液。

由于花青素的可检测浓度范围很广,样品进样体积可以根据葡萄酒颜色强度进行调整,范围可设置为 10 μL～200 μL。研究结果表明,进样体积对分析结果无明显影响。

5.2 分析方法

高效液相色谱仪测定条件:

进样体积:50 μL(红葡萄酒)至 200 μL(玫瑰葡萄酒);

流量:0.8 mL/min;

柱温:40℃;

运行时间:45 min;

延迟时间:5 min;

检测波长:518 nm。

表 1 梯度洗脱

时间/min	溶剂 A(V/V)/%	溶剂 B(V/V)/%
0	94	6
15	70	30
30	50	50
35	40	60
41	94	6

为了确保色谱柱的分离效率,方法规定测定锦葵色素-3-葡萄糖苷的理论塔板数不低于 20 000,而花翠素-3-香豆酰葡萄糖苷和锦葵色素-3-香豆酰葡萄糖苷间的分离度(R)不低于 1.5,否则需更换新色谱柱。

图 1 中给出了花青素分离的典型色谱图,以及各峰表示的花青素。

色谱峰编号

		色谱峰编号
第一组:"非酰化花青素-3-葡萄糖苷"	飞燕草素-3-葡萄糖苷(De-3-gl)	1
	花色素-3-葡萄糖苷(Cy-3-gl)	2

（续）　　　　　　　　　　　　　　　　　　　　　　　色谱峰编号

	矮牵牛花素-3-葡萄糖苷	3
第一组:"非酰化花青素-3-葡萄糖苷"	花翠素-3-葡萄糖苷	4
	锦葵色素-3-葡萄糖苷	5
第二组:"乙酰化花青素-3-葡萄糖苷"	花翠素-3-乙酰葡萄糖苷	6
	锦葵色素-3-乙酰葡萄糖苷	7
第三组:"香豆酰花青素-3-葡萄糖苷"	花翠素-3-香豆酰葡萄糖苷	8
	锦葵色素-3-香豆酰葡萄糖苷	9

6 结果表示

本方法中所检测的结果为 9 种花青素的相对含量。

7 检出限与定量限

方法的检出限（LOD）和定量限（LOQ）是根据葡萄酒工艺手册决议 OENO 7-2000 中所规定的"分析方法检测限和定量限的估算方法"进行估算的。使用 4.2.2 中"决策逻辑图"延长线 N°3 图表的方法，在色谱图中，从相关的色谱峰部分画一个封闭的图框，延伸到 10 倍的半峰高的宽度（W1/2）。另外画两条平行线正好包含了信号窗口的最大振幅。这两条线之间的距离表示为 h_{max}，以毫吸光单位（mAU）表示。

分析的条件和操作者所使用的方法对 LOD 和 LOQ 都有影响。附表中举例说明了这些影响因素：

$$h_{max} = 0.208[mAU]$$
$$LOD = 3 \times 0.208[mAU] = 0.62[mAU]$$
$$LOQ = 10 \times 0.208[mAU] = 2.08[mAU]$$

建议：

如果某一组分的含量低于定量检测限（LOQ），则由总花色素组成所得到的酰化花色素总量或乙酰化与香豆酰化花色苷的比值计算无效。但低于定量限（LOQ）的检测值也能提供相应的信息。

8 精密度参数

根据峰面积值，计算出 9 种花青素的重复性限（r）和再现性（R）值，详见附 A 表 A.2。根据表 A.2，一个特定峰的不确定度为最接近于该峰积值所对应的 r 和 R。验证数据的值可以按照相关的统计规则计算。例如，乙酰化花色素总量的总误差（S_r），特定的总误差比率的方差（S_r^2），如乙酰化花色素与香豆酰化花色素的相对误差的平方（S_{r/a_i}）等。按照这些规则，表A.2中的数据可以用来计算所有的准确度参数。

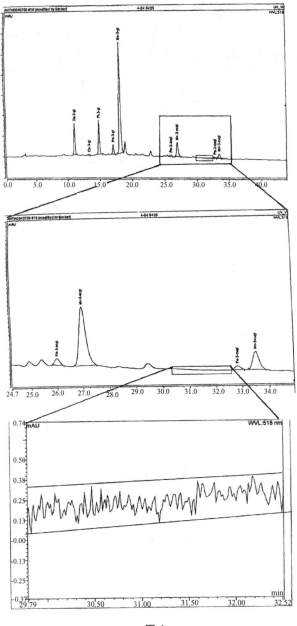

图 1

附 录 A
方法准确度研究与评价数据统计结果

在德国特里尔食品化学国家实验室协助下，来自欧洲 5 个国家的 17 个实验室参与了该方法的验证工作。方法性能评价结果汇总见表 A.1。参与者名单见表 3。图 A.1 为色谱图，详细结果见表 A.2。统计评价依据为决议 6/99 和 ISO 5725-2:1994。

从实验室收回的色谱图和数据结果来看均满足分析的要求。根据"1994 IUPAC"协议和 OIV 决议 OENO 19/2002，采用 Dixon 和 Grubbs 离群值测试方法对离群值进行判定。

对 9 种主要的花青素在 5 个不同含量水平上的 S_r，S_R，r 和 R 值进行了计算。使用实验结果中含量水平相近的数值进行分析。为了得到该方法性能的总体概况，所有的 RSDr 和 RSD_R 值根据相对的峰面积范围进行分组，具体如下表所示：

表 A.1 方法性能评价研究结果汇总表

相对峰面积范围[a]/%	RSDr 范围/%	RSD_R 范围/%
>0.4~1.0	6.8~22.4	20.6~50.9
>1.1~1.5	4.2~18.1	11.8~28.1
>1.5~3.5	2.1~7.7	10.6~15.6
>3.5~5.5	2.7~5.7	18.7~7.5
>5.5~7.5	2.4~3.9	6.5~10.0
>10~14	1.1~2.9	3.7~9.2
>14~17	1.0~3.9	3.2~5.4
>50~76	0.3~1.0	2.1~3.1
[a] 独立花青素。		

结果显示，重复性和再现性取决于相对峰面积的总和。相对峰面积值总和越高，RSDr 和 RSD_R 越接近理想值。但当花青素的含量接近于检出限（如花青素-3-葡萄糖苷）时，相对峰面积较小（<1%），RSDr 和 RSD_R 值会显著增大，而对于相对面积值大于 1% 的花青素，RSDr 和 RSD_R 值会趋于合理。

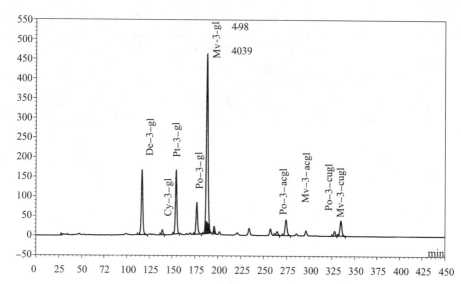

图 A.1　红酒中 9 种不同的花青素的分析图谱

表 A.2　方法评价研究结果

花青素	样品 1	样品 2	样品 3	样品 4	样品 5
飞燕草素-3-葡萄糖苷					
n	14	14	16	15	16
平均值	6.75	14.14	3.45	16.68	3.54
S_r	0.163	0.145	0.142	0.142	0.108
RSDr/%	2.4	1.0	4.1	0.8	3.1
r	0.46	0.41	0.40	0.40	0.30
S_R	0.544	0.462	0.526	0.704	0.490
RSD_R/%	8.1	3.3	15.2	4.2	13.8
R	1.52	1.29	1.47	1.97	1.37
花色素-3-葡萄糖苷					
n	16	17	16	15	14
平均值	2.18	1.23	0.61	1.46	0.34
S_r	0.086	0.053	0.043	0.110	0.031
RSDr/%	4.0	4.3	7.1	7.5	9.2
r	0.24	0.15	0.12	0.31	0.09
S_R	0.460	0.211	0.213	0.180	0.158
RSD_R/%	21.2	17.2	34.9	12.3	46.7
R	1.29	0.59	0.60	0.50	0.44
矮牵牛花素-3-葡萄糖苷					
n	15	17	16	14	15
平均值	10.24	14.29	5.75	12.21	6.19
S_r	0.233	0.596	0.157	0.097	0.196
RSDr/%	2.3	4.2	2.7	0.8	3.2
r	0.65	1.67	0.44	0.27	0.55
S_R	0.431	0.996	0.495	0.469	0.404

表 A.2(续)

花青素	样品 1	样品 2	样品 3	样品 4	样品 5
$RSD_R/\%$	4.2	7.0	8.6	3.8	6.5
R	1.21	2.79	1.39	1.31	1.13
花翠素-3-葡萄糖苷					
n	16	15	17	17	16
平均值	11.88	6.23	13.75	7.44	4.12
S_r	0.241	0.166	0.144	0.232	0.174
$RSDr/\%$	2.0	2.7	1.0	3.1	4.2
r	0.68	0.47	0.40	0.65	0.49
S_R	0.981	0.560	1.227	0.602	0.532
$RSD_R/\%$	8.3	9.0	8.9	8.1	12.9
R	2.75	1.57	3.44	1.69	1.49
锦葵色素-3-葡萄糖苷					
n	16	15	17	16	16
平均值	55.90	55.04	76.11	52.60	61.04
S_r	0.545	0.272	0.251	0.298	0.377
$RSDr/\%$	1.0	0.5	0.3	0.6	0.6
r	1.53	0.76	0.70	0.83	1.06
S_R	2.026	2.649	2.291	1.606	1.986
$RSD_R/\%$	3.6	4.8	3.0	3.1	3.3
R	5.67	7.42	6.41	4.50	5.56

n＝剔除异常值后的有效数据数目

S_r＝重复性标准偏差

$RSDr/\%$＝相对重复性标准偏差

r＝重复性限

S_R＝再现性标准偏差

$RSD_R/\%$＝相对再现性标准偏差

R＝再现性限

A 花青素	样品 1	样品 2	样品 3	样品 4	样品 5
花翠素-3-乙酰葡萄糖苷					
n	14	16		14	16
平均值	1.16	1.44		0.59	3.74
S_r	0.064	0.062		0.059	0.215
$RSDr/\%$	5.5	4.3		10.1	5.8
	0.18	0.17		0.17	0.60
S_R	0.511	0.392		0.272	0.374
$RSD_R/\%$	43.9	27.2		46.4	10.0
R	1.43	1.10		0.76	1.05

表 A.2（续）

花青素	样品 1	样品 2	样品 3	样品 4	样品 5
锦葵色素-3-乙酰葡萄糖苷					
n	16	17		17	16
平均值	5.51	4.84		3.11	15.07
S_r	0.176	0.167		0.088	0.213
RSDr/%	3.2	3.4		2.8	1.4
r	0.49	0.47		0.25	0.60
S_R	0.395	0.366		0.496	0.617
RSD_R/%	7.2	7.6		16.0	4.1
R	1.11	1.02		1.39	1.73
花翠素-3-香豆酰葡萄糖苷					
n	16	14		17	16
平均值	1.26	0.90		0.89	1.32
S_r	0.130	0.046		0.060	0.058
RSDr/%	10.3	5.1		6.8	4.4
r	0.36	0.13		0.17	0.16
S_R	0.309	0.109		0.204	0.156
RSD_R/%	24.5	12.2		23.0	11.8
R	0.86	0.31		0.57	0.44
锦葵色素-3-香豆酰葡萄糖苷					
n	17	17		17	16
平均值	4.62	2.66		4.54	4.45
S_r	0.159	0.055		0.124	0.048
RSDr/%	3.4	2.1		2.7	1.1
r	0.45	0.15		0.35	0.13
S_R	0.865	0.392		0.574	0.364
RSD_R/%	18.7	14.7		12.6	8.2
R	2.42	1.10		1.61	1.02

n＝剔除异常值后的有效数据数目

S_r＝重复性标准偏差

RSDr/%＝相对重复性标准偏差

r＝重复性限

S_R＝再现性标准偏差

RSD_R/%＝相对再现性标准偏差

R＝再现性限

表 A.3 参与研究实验室名单

ABC Labor Dahmen，Mülheim/Mosel	D
Chemisches Landes-und Staatliches Veterinäruntersuchungsamt Münster	D
Institut für Lebensmittelchemie Koblenz	D
Institut für Lebensmittelchemie Speyer	D

表 A.3(续)

Institut für Lebensmittelchemie Trier	D
Institut für Lebensmittelchemie und Arzneimittel Mainz	D
Labor Dr. Haase-Aschoff, Bad Kreuznach	D
Labor Dr. Klaus Millies, Hofheim-Wildsachsen	D
Labor Heidger, Kesten	D
Landesveterinär-und Lebensmitteluntersuchungsamt Halle	D
Staatliche Lehr-und Forschungsanstalt für Landwirtschaft, Weinbau und Gartenbau, Neustadt/Weinstraße	D
Staatliches Institut für Gesundheit und Umwelt, Saarbrücken	D
Staatliches Medizinal-, Lebensmittel-und Veterinäruntersuchungsamt, Wiesbaden	D
Laboratoire Interrégional de la D. G. C. C. R. F de Bordeaux, Talence/France	F
Unidad de Nutricion y Bromotologia, Facultad de Farmacia, Universidad de Salamanca, Salamanca/Espana	E
University of Glasgow, Div. of Biochem. and Molek. Biology	UK
Höhere Bundeslehranstalt und Bundesamt für Wein-und Obstbau, Klosterneuburg	A

共 17 个实验室,其中德国 13 个,奥地利 1 个,法国 1 个,西班牙 1 个,英国 1 个。

参 考 文 献

[1] Marx, R., B. Holbach, H. Otteneder; Determination of nine characteristic Anthocyanins in Wine by HPLC;OIV, F. V. N°1104 2713/100200.

[2] Holbach, B., R. Marx, M. Ackermann; Bestimmung der Anthocyanzusammensetzung von Rotwein mittels Hochdruckflüssigkeitschromatographie(HPLC). Lebensmittelchemie(1997)51;78-80.

[3] Eder, R., S. Wendelin, J. Barna; Auftrennung der monomeren Rotweinanthocyane mittels Hochdruckflüssigkeitschromatographie(HPLC). Methodenvergleich und Vorstellung einer neuen Methode. Mitt. Klosterneuburg(1990)40;68-75.

[4] ISO 5725-2;1994 Accuracy(trueness and precision)of measurement methods and results—Part 2;Basic method for the determination of repeatabilitiy and reproducibility.

[5] Otteneder, H., Marx, R., Olschimke, D.; Method-performance study on the determination of nine characteristic anthocyanins in wine by HPLC. O. I. V. F. V. N°1130(2001).

[6] Mattivi F.; Scienza, A.; Failla, O.; Vika, P.; Anzani, R.; Redesco, G.; Gianazza, E.; Righetti; P. Vitis vinifera-a chemotaxonomic approach;Anthocyanins in the skin. *Vitis(special issue)* 1990, 119-133.

[7] Roggero, I. P.; Larice, I. L.; Rocheville-Divorne, C.; Archier, P.; Coen, V. Composition Antocyanique des cepages. *Revue Francaise d'Oenologie* 1998, 112, 41-48.

[8] Eder, R.; Wendelin, S; Barna, J. Classification of red wine cultivars by means of anthocyanin analysis. *Mitt. Klosterneuburg* 1994, 44, 201-212.

[9] Arozarena, I.; Casp, A.; Marin, R.; Navarro, M. Differentiation of some Spanish wines according to variety and region based on their anthocyanin composition. *Eur. Food Res. Technol.* 2000, 212, 108-112.

[10] Garcia-Beneytez,E. ;Revilla,E. ;Cabello,F. Anthocyanin pattern of several red grape cultivars and wines made from them. *Eur. Food Res. Technol.* 2002,215,32-37.

[11] Arozarena,I. ;Ayestarán,B. ;Cantalejo,M. J. ;Navarro,M. ;Vera,M. ;Abril,K. ;Casp,A. *Eur. Food Res. Technol.* 2002,214,313-309.

[12] Revilla,E. ;Garcia-Beneytez,E. ;Cabello,F. ;Martin-Ortega,G. ;Ryan,J-M. Value of high-performance liquid chromatographic analysis of anthocyanins in the differentiation of red grape cultivars and red wines made from them. *J. Chromatogr A* 2001,915,53-60.

[13] Heier,A. ;Blaas,W. ;Droß,A. ;Wittkowski,R. ;Anthocyanin Analysis by HPLC/ESI-MS,Am. J. Enol. Vitic,2002,53,78-86.

[14] Arozarena,I. ;Casp,A. ;Marin,R. ;Navarro,M. Multivariate differentiation of Spanish red wines according to region and variety. *J. Sci. Food Agric*,2000,80,1909-1917.

[15] Anonymous. Bekanntmachung des Bundesinstituts für gesundheitlichen Verbraucherschutz und Veterinärmedizin. *Bundesgesundheitsbl. Gesundheitsforsch. Gesundheitsschutz*,2001,44,748.

[16] Burns,I. ;Mullen,W. ;Landrault,N. ;Teissedre,P. -L. ;Lean,M. E. I. ;Crozier,A. Variations in the Profile and Content of Anthocyanins in Wines made from Cabernet Sauvignon and hybrid grapes. *J. Agric. Food Chem.* 2002,50,4096-4102.

[17] Otteneder,H. ;Holbach,B. ;Marx,R. ;Zimmer,M. Rebsortenbestimmung in Rotwein mittels Anthocyanspektrum. *Mitt. Klosterneuburg*,2002,52,187-194.

[18] L. W. Wulf and C. W. Nagel; High-Pressure liquid chromatographic separation of Anthocyanins of Vitis vinifera. Am. J. Enol. Vitic 1978,29,42-49.

[19] A. Visconti,M. Pascale,G. Centonze. *Determination of ochratoxin A in wine by means of immunoaffinity column clean-up and high-performance liquid chromatography.* Journal of Chromatography A,864 (1999)89-101.

[20] AOAC International 1995,AOAC Official Methods Program,p. 23-51.

植 物 蛋 白

（决议 Oeno 24/2004）

本方法可以用于测定经植物蛋白处理后可能残留在饮料中的蛋白质含量。

1　原理

用三氯乙酸将葡萄酒和葡萄汁中蛋白质进行沉淀。沉淀物在十二烷基硫酸钠（SDS）的作用下，在聚丙烯酰胺凝胶电泳上进行分离，分离后用考马斯亮蓝进行染色，根据颜色的强度结合已知蛋白质浓度的标准曲线进行校准，从而得到被测溶液中蛋白质的含量。葡萄汁和葡萄酒抗原的活性则由免疫印迹法检测。

2　方法步骤

2.1　用三氯乙酸(TCA)沉淀蛋白质

2.1.1　试剂

2.1.1.1　高纯度三氯乙酸（TCA）。

2.1.1.2　0.1％TCA：准确称量 0.1 g TCA 溶于 100 mL 去离子水中。

2.1.1.3　100％TCA：准确称量 100 g TCA 溶于 100 mL 去离子水中。

2.1.1.4　0.5 mol/L 氢氧化钠溶液。

2.1.1.5　0.25 mol/L 缓冲溶液 Tris-HCl，pH＝6.8。

称量 30.27 g 3-羟甲基-氨基甲烷（Tris）溶于 300 mL 蒸馏水中，用浓盐酸调节 pH 至 6.8，最后用蒸馏水定容至 1 L，4℃储存。

2.1.1.6　纯丙三醇。

2.1.1.7　十二烷基硫酸钠（DSS）。

2.1.1.8　2-巯基乙醇。

2.1.1.9　样品缓冲溶液：

——0.25 mol/L 缓冲液 Tris/HCl，pH＝6.8；

——7.5％纯丙三醇；

——2％DSS；

——5％2-巯基乙醇。

各试剂的百分比以在缓冲液的最终浓度为准。

2.1.2　实验步骤

取 24 mL 葡萄酒或葡萄汁（加工或未加工）分别置于 50 mL 的离心管中，加入 3 mL 100％ TCA，此时 TCA 的浓度变为 11％。充分混合后，将离心管置于 4℃，放置 30 min 后，进行离心（10 000 r/min，30 min，4℃），弃上清液，沉淀物经 0.1％ TCA 溶液洗涤后，再次离心，弃上清液，加入 0.24 mL 0.5 mol/L 氢氧化钠与样品缓冲溶液 1∶1（体积比）的混合溶液将沉淀分散。之后将样品置于 100℃水浴加热 10 min。

2.2 十二烷基硫酸钠(DSS)聚丙烯酰胺凝胶电泳

2.2.1 试剂

2.2.1.1 1.5 mol/L 缓冲液 Tris/HCl,pH=8.8:

称取 181.6 g 的 3-羟甲基-氨基甲烷,溶解于 300 mL 蒸馏水中,用浓盐酸调节 pH 至8.8.最后用蒸馏水定容到 1 L,4℃储存。

2.2.1.2 30%丙烯酰胺-0.8%双丙烯酰胺-75%甘油混合液:

向 600 mL 的 75%甘油中缓慢加入 300 g 丙烯酰胺和 8 g 双丙烯酰胺,完全溶解后,用75%甘油定容到 1 L,室温下避光储存。

2.2.1.3 10%的十二烷基硫酸钠溶液:

称取 10 g 十二烷基硫酸钠,加入 100 mL 蒸馏水溶解,室温下储存。

2.2.1.4 N,N,N',N'-四亚甲基乙二胺(TEMED)用于电泳。

2.2.1.5 10%过硫酸铵溶液:

称取 1 g 过硫酸铵,加入 10 mL 的蒸馏水溶解,4℃储存。

2.2.1.6 溴酚蓝溶液

称取 10 mg 溴酚蓝溶液,加入 10 mL 蒸馏水溶解。

2.2.1.7 分离凝胶溶液(15%丙烯酰胺)

现用现配:

——1.5 mL 1.5 mol/L Tris/HCl,pH=8.8;

——1.5 mL 蒸馏水;

——3 mL 甘油酰胺混合物;

——50 μL 10% SDS;

——10 μL N,N,N',N'-四亚甲基二胺(TEMED);

——20 μL 过硫酸铵;

——1 滴溴酚蓝(2.2.1.6)。

2.2.1.8 0.5 mol/L 缓冲液 Tris-HCl,pH=6.8

称量 60.4 g 3-羟甲基-氨基甲烷,溶于 400 mL 的蒸馏水中。用浓盐酸调节 pH 至6.8。用蒸馏水定容至 1 L,4℃保存。

2.2.1.9 30%丙烯酰胺-0.8%双丙烯酰胺-水混合物

向 300 mL 蒸馏水中慢慢加入 300 g 丙烯酰胺和 8 g 双丙烯酰胺。完全溶解后,用蒸馏水定容到 1 L,室温下避光储存。

2.2.1.10 3.5%丙烯酰胺凝胶

现用现配:

——0.5 mol/L 0.5 mL Tris-HCl,pH=6.8;

——1.27 mL 蒸馏水;

——0.23 mL 丙烯酰胺水溶液;

——20 μL 10% SDS;

——5 μL N,N,N',N'-四亚甲基乙二胺(TEMED);

——25 μL 过硫酸铵;

——1 滴溴酚蓝。

2.2.1.11 电泳缓冲液

称取 30.27 g 3-羟甲基-氨基甲烷、144 g 甘氨酸及 10 g 十二烷基硫酸钠,将其混合溶于 600 mL 的蒸馏水中。此时,溶液 pH 应为 8.8 左右。否则,用浓盐酸调节 pH 至 8.8。最后用蒸馏水定容到 1 L 容量瓶中,4℃储存。使用时将原溶液稀释 10 倍即可。

2.2.1.12 染色液

依次混合:

——16 mL5%高纯度考马斯亮蓝 G-250(100 mL 蒸馏水对应 5 g 样品);

——784 mL 硫酸铵(1 L 硫酸铵溶液:100 g 的硫酸铵和 13.8 mL 85%正磷酸);

——200 mL 无水乙醇。

2.2.1.13 脱色液

依次混合:

——100 mL100%冰醋酸;

——200 mL 无水乙醇;

——700 mL 蒸馏水。

2.2.2 步骤

在 7 cm×10 cm 两块玻璃板之间倒入分离凝胶溶液,凝胶的上表面加入 2 滴蒸馏水使上表面平整。分离凝胶聚合并除去上层蒸馏水后,用 1 mL 移液管将 1 mL 浓缩胶加在分离胶上。然后用准备好的梳子制作点样孔。

样品需要用 0.5 mol/L 氢氧化钠和样品缓冲液混合液(1:1,体积比)进行处理。浓度范围介于 5 μg/mL 和 50 μg/mL 之间。

将 20 μL～30 μL 样品和校准溶液分别加到点样孔中。

在室温下电泳约 3 h～4 h 后(在恒定电压的 90 V),取出凝胶板并立即浸入 50 mL 20% TCA 的水溶液 30 min,然后浸泡在 50 mL 的染色液中染色。

待蛋白质蓝色条带出现。将凝胶用 50 mL 的脱色溶液脱色至凝胶底部呈透明,放置在蒸馏水中保存。

3 定量分析

各条带的强度使用凝胶扫描仪和图像分析软件进行处理分析。通过计算条带像素的平均密度和对条带宽度进行积分,即可确定蛋白质含量。每种样品的蛋白质含量通过校准曲线计算获得。校准曲线可通过凝胶上植物蛋白的已知浓度与相应的面积积分而得到。

在浓缩 100 倍的情况下豌豆蛋白的检测限和定量限大约是 0.030 ppm,而谷蛋白大约是 0.36 ppm。变异系数低于 5%。

4 免疫印迹技术研究葡萄酒和处理过葡萄汁中抗原蛋白活性

本方法对后货架期处理过的饮料中可能存在的蛋白抗原活性进行评估。

4.1 原理

电泳后,对凝胶进行免疫印迹技术分析。蛋白质被转移到吸附膜上,当加入植物抗蛋白质的抗体后,将形成抗原-抗体复合物(例如,如果植物蛋白是谷蛋白,就会形成抗-谷蛋白抗体)。该方法通过加入抗体来抑制植物抗蛋白抗体与磷酸酶结合。显色底物在酶作用下着色,通过观察其显色的强度来估测免疫复合物的量。此免疫反应活性可通过已知浓度的植物蛋白质作出的校准曲线进行定量。

4.2 实验方案

4.2.1 试剂

4.2.1.1 转膜缓冲液：

称取 3.03 g Tris 及 14.4 g 甘氨酸(R)，然后量取 200 mL 甲醇(R)，将其混合并用蒸馏水定容至 1 L。

4.2.1.2 1％明胶：

称取 8.77 g 氯化钠(R)和 18.6 g 乙二胺四乙酸(EDTA)，然后与 6.06 g Tris 及 0.5 mL 的 Triton X 混合均匀并溶解到 800 mL 蒸馏水中，用浓盐酸调节 pH 至 7.5。然后加入 10 g 明胶，蒸馏水定容至 1 L。

4.2.1.3 0.25％明胶：

称取 8.77 g 的氯化钠(R)和 18.6 g 的 EDTA，然后与 6.06 g Tris 及 0.5 mL 的 Triton X 混合均匀并溶解到 800 mL 蒸馏水中，浓盐酸调节 pH 至 7.5。然后加入 2.5 g 明胶，蒸馏水定容至 1 L。

4.2.1.4 多克隆抗体溶液(商品化或者如附件中所述)：

——10 μL 多克隆植物抗蛋白抗体；

——10 mL 0.25％明胶。

4.2.1.5 TBS 缓冲液：

称取 29.22 g 氯化钠(R)和 2.42 g Tris，溶解于 1 L 蒸馏水中。

4.2.1.6 碱性磷酸酶缓冲液：

称取 5.84 g 氯化钠(R)、1.02 g 氯化镁(R)和 12.11 g Tris，然后溶解到 800 mL 蒸馏水中，用浓盐酸调节 pH 至 9.5，蒸馏水定容至 1 L。

4.2.1.7 显影剂：

15 g 溴氯吲哚磷酸盐(BICP)和 30 g 硝基蓝四唑(NBT)溶解于 100 mL 的碱性磷酸酶缓冲液中。

4.2.2 步骤

电泳后，通过电泳液将蛋白质从凝胶上洗脱转移到聚偏二氟乙烯膜上：4℃，30 V 条件下，在转膜缓冲液中转移 16 h。该膜在 1％明胶溶液中进行饱和，并使用 0.25％明胶溶液洗 3 次。明胶提供吸附位点并抑制非特异性免疫试剂吸附，然后将膜浸入 10 mL 植物抗蛋白的多克隆抗体溶液中。谷蛋白的抗-谷蛋白抗体可以购买得到，其他类型的抗体可按照附录中规定的方法进行制备。加入 10 μL 用碱性磷酸酯酶标记的抗-免疫球蛋白，对免疫球蛋白抗体—抗原复合物进行检测。将膜用 0.25％明胶洗涤两次，用 TBS 缓冲液洗一次。在显影剂中放置一段时间，在酶附着的地方形成暗紫色沉淀。

4.3 定量分析

为定量计算市售的葡萄酒中免疫反应残余物的量，需要制备校准曲线：附着在凝胶上已知浓度的植物蛋白(转移到膜上)的含量，与由于所形成的免疫复合物含量不同而在位点上所显示的条带的强度相对应。所用分析设备与电泳凝胶相同。

附　录　A
制备抗豌豆的多克隆抗体

葡萄酒和处理过的葡萄汁中的豌豆蛋白的抗原活性测定需在动物身上进行。

A.1　原理

经过皮内注射抗原的新西兰大白兔,在其血清中获得多克隆抗体。

A.2　方法步骤

A.2.1　试剂

A.2.1.1　PBS 磷酸盐缓冲液,pH＝7.4

将 8 g NaCl、200 mg KCl、1.73 g $Na_2HPO_4 H_2O$ 和 200 mg KH_2PO_4 溶于 300 mL 蒸馏水中。用 1 mol/L 氢氧化钠调节 pH 至 7.4,然后蒸馏水定容至 1 L。

A.2.1.2　抗原

称取 10 mg 豌豆蛋白,溶解到 5 mL PBS 中。在无菌条件下将溶液用 0.2 μm 滤膜过滤,滤液在−20℃储存待用。

A.2.2　步骤

1 mL 抗原溶液,用 1 mL 弗氏完全佐剂混合。将 1 mL 该混合液皮内注射到体重约为 3 kg 新西兰兔体内。在注射的第 15 天、第 30 天及第 45 天重复注射一次。第一次注射后 60 d,从耳静脉抽取 100 μL 的血液,然后测试其抗原反应能力。如分析方法中 4.2 步骤所述,使用免疫印迹法评估从凝胶上迁移到膜上的豌豆蛋白。

确认抗原-抗体复合物形成后,从新西兰大白兔耳静脉取血液 15 mL。血液在 37℃下放置 30 min。3 000 r/min 离心 5 min,提取血清中含有抗豌豆蛋白的多克隆抗体。

溶菌酶（高效液相色谱法）

（决议 Oeno 8/2007）

1 简介

本方法不检测溶菌酶的活性，只用于检测葡萄酒中的溶菌酶含量。

2 适用范围

本方法可以在不检测酶的活性（酶的活性可能由于部分变性或者形成复杂的物质或者出现共沉淀现象而受到抑制）的情况下，单独检测红葡萄酒或白葡萄酒中具有酶活性的溶菌酶的含量（结果以每升葡萄酒中蛋白质毫克数表示）。

3 定义

高效液相色谱法（HPLC）是基于固定相和分析物间的空间排阻、极性反应或物质之间吸附作用的一种分析方法，与蛋白质中酶真实的活性无关。

4 原理

使用配有荧光检测器和紫外检测器的高效液相色谱仪进行分离，用外标法和峰面积确定待测葡萄酒样品中溶菌酶的含量。

5 试剂

5.1 溶剂和标准溶液

色谱纯乙腈（CH_3CN）。

高纯度三氟乙酸（TFA）。

去离子水，色谱级。

标准溶液：酒石酸（浓度 1 g/L），10%（V/V）乙醇，用中性的酒石酸钾调 pH 至3.2。

5.2 流动相

A：1%CH_3CN，0.2%TFA，98.8%H_2O。

B：70%CH_3CN，0.2%TFA，29.8%H_2O。

5.3 参比溶液

将不同浓度的溶菌酶（浓度范围从 1 mg/L～250 mg/L）配置成标准溶液，用搅拌器搅拌至少 12 h，使其充分溶解。

6 仪器

6.1 能进行梯度洗脱的高效液相色谱仪。

6.2 恒温柱温箱。

6.3 荧光检测器和紫外检测器。

6.4 20 μL 进样环。

6.5　色谱柱:反相苯基柱(孔径＝1 000 Å,排阻极限＝1 000 000 Da),参考:Toso Bioscience 疏水层析凝胶反相色谱柱(TSK-gel Phenyl 5PW RP),7.5 cm×4.6 mm(内径)。

6.6　保护柱:参考:Toso Bioscience 疏水层析凝胶反相色谱柱(TSK-gel Phenyl 5PW RP Guardgel),1.5 cm×3.2 mm(内径)。

7　样品制备

用浓度为 10 mol/L 的盐酸将葡萄酒样品稀释 10 倍,进行酸化,5 min 后,使用孔径为 0.22 μm 聚酰胺过滤器过滤;滤液可直接进行色谱分析。

8　色谱条件

8.1　流动相流速:1 mL/min。

8.2　柱温:30℃。

8.3　紫外检测器波长:280 nm。

8.4　荧光检测器:

激发波长(λ_{ex})＝276 nm;

发射波长(λ_{em})＝345 nm;

增益＝10。

8.5　梯度洗脱见表 1。

表 1

时间/min	A/%	B/%	梯度
0	100	0	
			等梯度
3	100	0	
			线性
10	65	35	
			等梯度
15	65	35	
			线性
27	40.5	59.5	
			线性
29	0	100	
			等梯度
34	0	100	
			线性
36	100	0	
			等梯度
40	100	0	

8.6 溶菌酶平均保留时间:25.50 min。

9 结果计算

溶菌酶标准溶液浓度为:1 mg/L、5 mg/L、10 mg/L、50 mg/L、100 mg/L、200 mg/L、250 mg/L,每个浓度平行分析三次。每一个色谱图中溶菌酶的峰面积与各自的浓度相对应。最后将所得数据以线性回归方程表示($Y=ax+b$),相关系数(r^2)必须大于 0.999。

10 方法验证

为评价检测方法的有效性,需要评估方法的适用性以及线性、检出限、定量限和准确度。这些参数同时也用于说明方法的精密度和真实性。

10.1 方法的线性

根据线性回归方程,该方法在表 2 的浓度范围内呈现线性关系:

表 2 有关方法性能的数据评价

项目	线性浓度范围/ (mg/L)	线性梯度	相关系数(r^2)	检测限 LOD/ (mg/L)	定量限 LOQ/ (mg/L)	重复性 (n=5) RSD%			再现性 (n=5) RSD%
						Std[1]	V. R.[2]	V. B.[3]	Std[1]
UV	5-250	3 786	0.999 3	1.86	6.20	4.67	5.54	0.62	1.93
FLD	1-250	52 037	0.999 0	0.18	0.59	2.61	2.37	0.68	2.30

[1] 标准溶液。

[2] 红葡萄酒。

[3] 白葡萄酒。

10.2 检出限和定量限

检出限(LOD)为色谱图 3 倍信噪比,定量限(LOQ)为 10 倍信噪比见表 1。

10.3 方法精密度

对方法进行评价要考虑其参数的重复性和再现性,详见表 1(标准溶液、红葡萄酒和白葡萄酒样品中不同浓度的溶菌酶重复测试所得到的回收率和标准方差)。

10.4 方法准确性

根据标准溶液中溶菌酶含量(浓度 5 mg/L 和 50 mg/L)和已知的添加量,计算回收率,如表 2 和图 1 所示:

表 3 溶菌酶回收率实验结果

项目	原始浓度/ mg/L	添加量/ mg/L	理论值/ mg/L	实际浓度	标准方差	回收率/%
UV280nm	50	13.1	63.1	62.3	3.86	99
FD	50	13.1	63.1	64.5	5.36	102
UV280nm	5	14.4	19.4	17.9	1.49	92.1
FD	5	14.4	19.4	19.0	1.61	97.7

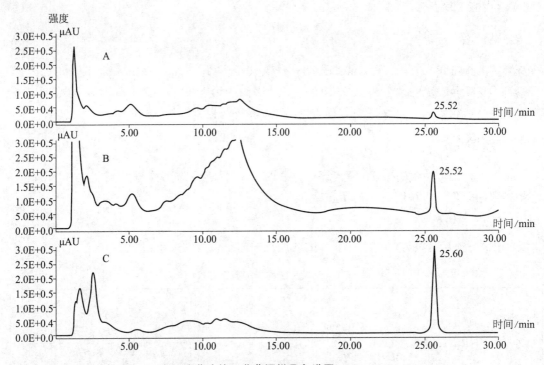

图1 含纯溶菌酶的红葡萄酒样品色谱图（葡萄酒样品中添加
溶菌酶标准溶液浓度1 000mg/L,实际测得溶菌酶的浓度为125mg/L）。
A—UV检测器(280nm)；B—UV检测器（225nm)；C—FLD检测器(λ_{ex}276nm；λ_{em}345nm)

参 考 文 献

［1］ Claudio Riponi；Nadia Natali；Fabio Chinnici. Quantitation of hen's egg white lysozyme in wines by an improved HPLC-FLD analytical method. Am. J. Enol. Vit. ，in press.

3-甲氧基丙烷-1,2-二醇和
环二甘油

（决议 Oeno 11/2007）

1 介绍

本方法用于检测葡萄酒中的 3-甲氧基-1,2-丙二醇（3-MPD）和环二甘油（CycDs）的含量，方法已经通过了国际协同实验的验证。3-MPD 和 CycDs 是不同类型葡萄酒中甘油形成过程中的副产物。众所周知，用甲醇使动植物中的甘油三酯发生酯交换反应而形成的甘油中含有大量的 3-MDP。从石油化学品合成的甘油会出现杂质 CycDs。根据 O.I.V 决议8/2000"分析方法的验证方案"，采用已报道的一种方法，对其进行修饰、优化后，组织了协同比对实验研究。

2 适用范围

本方法适用于检测白葡萄酒、红葡萄酒、甜/干葡萄酒中 3-MPD 和 6 种环二甘油（顺式-，反式-2,6-二（羟甲基）1,4-二氧六环；顺式-，反式-2,5-二（羟甲基）1,4-二氧七环；顺式-，反式-2,-羟甲基-6-羟基-1,4-二氧环庚烷）。3-MPD 检测浓度范围为 0.1 mg/L～0.8 mg/L，CycDs 检测浓度范围为 0.5 mg/L～1.5 mg/L。

3 符号

3-MPD	3-甲氧基丙烷-1,2-二醇
ANOVA	方差分析
c	浓度
CycDs	环二甘油
GC-MS	气相色谱-质谱联用仪
H_2	氢气
IS	内标
m/z	质量/电荷比
ML	校准水平
S_0	1 000 ng/μL 标准液
S_1	100 ng/μL 标准液
S_2	10 ng/μL 标准液

4 原理

用碳酸钾（K_2CO_3）将被分析物和内标盐析，之后用乙醚提取，提取物直接通过极性柱分离，用 GC-MS 在 SIM 模式（选择离子检测模式）下进行检测。

5 试剂与材料

5.1 化学试剂

5.1.1 碳酸钾(K_2CO_3),分析纯。

5.1.2 乙醚,色谱纯。

5.1.3 分子筛(直径 2 mm,孔径大小 0.5 nm)。

5.1.4 无水乙醇。

5.2 标准品

5.2.1 环二甘油混合物(六种组分),纯度 89.3%。

包括:顺式-,反式-2,6-二(羟甲基)1,4-二氧杂六环;顺式-,反式-2,5-二(羟甲基)1,4-二氧六环;顺式-,反式-2-二(羟甲基)-6-羟基-1,4-二氧环庚烷。

5.2.2 98%3-甲氧基丙烷-1,2-二醇(3-MPD)。

5.2.3 98%丁烷-1,4-二醇-1,1,2,2,3,3,4,4-$(^2H)_8$。

5.3 标准溶液制备

5.3.1 S₀储备液

准确称取每一种标准品 10.0 mg±0.05 mg(纯度为 89.3%,CycDs 需称 11.2 mg)。然后将每一个标准品分别转移至 10 mL 容量瓶中,向每个容量瓶准确加入 10 mL 的无水乙醇并充分混匀,溶液的浓度为 1 000 ng/μL。

5.3.2 S₁工作液

准确量取 1 000 μL S₀储备液至 10 mL 容量瓶中,用无水乙醇定容至刻度,充分混匀,所得溶液浓度为 100 ng/μL。

5.3.3 S₂工作液

准确量取 100 μL S₀储备液至 10 mL 容量瓶中,无水乙醇定容至刻度,充分混匀,所得溶液浓度为 10 ng/μL。

所需标准溶液,详见表1。

CycDs 混合物(6 种组分)

表 1

名称	溶液	浓度/(ng/μL)
CycDs 混合物	S₀	1 000
	S₁	100
3-MPD	S₀	1 000
	S₁	100
	S₂	10
内标 IS	S₀	1 000
	S₁	100

5.4 校准曲线制作

用未被污染的葡萄酒来配制校准溶液,使用前需通过检测确认没有受到 3-MPD 或

CycDs 的污染。如果样品中分析物的浓度超出线性范围,需要进行加标。检测中要确保内标不受到葡萄酒中各种组分的影响,同时需要准备空白样品。

表2 校准曲线配制表

名称		加标量/μL	编号	葡萄酒体积/mL	葡萄酒浓度/(μg/L)	葡萄酒浓度/(mg/L)
空白	IS	—		10	0	0
	3-MPD	—				
	CycDs	—				
ML0	IS	100	S1	10	1 000	1.00
	3-MPD	—				
	CycDs	—				
ML1	IS	100	S1	10	1 000	1.00
	3-MPD	100	S2		100	0.10
	CycDs	50	S1		500	0.50
ML2	IS	100	S1	10	1 000	1.00
	3-MPD	25	S1		250	0.25
	CycDs	100	S1		1 000	1.00
ML3	IS	100	S1	10	1 000	1.00
	3-MPD	50	S1		500	0.50
	CycDs	20	S0		2 000	2.00
ML4	IS	100	S1	10	1 000	1.00
	3-MPD	100	S1		1 000	1.00
	CycDs	30	S0		3 000	3.00
ML5	IS	100	S1	10	1 000	1.00
	3-MPD	200	S1		2 000	2.00
	CycDs	40	S0		4 000	4.00

6 仪器设备

6.1 天平,读数精确到±0.0 001 g。

6.2 离心机(至少可达4 000 r/min)。

6.3 气相色谱-质谱联用仪(GC-MS),配置分流不分流进样器。

6.4 精密移液管和容量瓶。

6.5 巴氏吸管。

6.6 40 mL 离心管。

6.7 气相色谱进样瓶(1.5 mL～2.0 mL)。

6.8 柱温箱。

6.9 涡旋震荡仪。

7 样品制备

每次分析需葡萄酒样品10 mL,待测葡萄酒样品应足量。用于制备校准曲线(5.4)的葡萄酒不能被待分析物(3-MPD,CycDs)污染。

8 步骤

8.1 提取

准确吸取 100 μL 内标液 S_1(5.3.2)和 10 mL 葡萄酒样品至离心管(40 mL)(此时丁烷-1,4-(^{2}H)$_8$的浓度相当于 1 mg/L)。小心加入 10 g K_2CO_3,混匀。注意添加过程中由于产生 CO_2会放热。将混合液水浴降温至 20℃左右,加入 1 mL 乙醚。涡旋充分混合 5 min,然后在 4 000 r/min 离心机上离心 5 min。为更好地移取有机相,萃取过程可以在直径更小的管中进行。用巴氏吸管将有机层(包含乙醚和乙醇)转移到气相色谱进样瓶中,加入约 120 mg 的分子筛,加盖。至少放置 2 h,期间不时摇匀。吸取上层清液到其他气相色谱进样瓶中,进行 GC-MS 分析。

8.2 GC-MS 分析

GC-MS 分析具体参数如下:可使用其他性能相近的系统代替,但要求能将内标与苯乙醇及其他潜在的干扰物分开。

8.2.1 通用气相分析条件

气相色谱仪:HP 5890 或性能相当的气相色谱仪

DB-Wax(J&W)毛细管柱 60 m×0.32 mm×0.25 μm,2 m 或相同规格的毛细管柱。

载气:H_2

流量:柱前压力 60 kPa;

温升温程序:90℃保持 2 min;

以 10℃/min 速度升至 165℃,保持 6 min;

以 4℃/min 速度升至 250℃,保持 5 min。

进样温度:250℃;

进样体积:2 μL,不分流进样。

8.2.2 MS 工作条件

质谱仪:Finnigan SSQ 710 或性能相当

传输线温度:280℃

离子源温度:150℃

MS 检测器:

窗口 1: 　　　　　　　　　0 min～25 min:

14.3 min 　　　　　　　　3-MPD:m/z 75,m/z 61

16.7 min 　　　　　　　　IS:m/z 78,m/z 61

每个质量采集时间为 250 μs(驻留时间)。

监测 m/z 91 碎片离子峰,能将内标(IS)峰与苯乙醇中区分,苯乙醇还产生 m/z 78 碎片峰。

窗口 2: 　　　　　　　　　25 min～40 min:

32 min～34.5 min. 　　　　CycDs:m/z 57,m/z 117

每个质量采集时间为 250 μs(驻留时间)。

分析样品可能会降低柱效。高沸点 CycDs 的混合物会对色谱柱造成不可逆的损伤,应尽量避免标准溶液的进样次数,而且只进那些分析物含量低的盐析后的溶液。推荐使用 1 m～

2 m 长的前置柱来保护分析柱,同时分析柱作为耗材也应定时更换。

9 结果评估

9.1 定性

记录各分析物相对于内标的相对保留时间。使用标准溶液与被分析物的平均相对保留时间,误差应在 ±0.5% 范围内。

通过选择性离子监测模式(SIM)对每种被分析物的特征离子比进行确认。CycDs 为 117/57,3-MPD 为 75/61,IS 为 78/61,误差应在加标样品的 20% 范围内。同时可以使用浏览模式进行确认。

9.2 定量

定量可以通过校准曲线来完成,根据分析物与内标特征离子面积比与分析物浓度对应的线性回归方程来确定。CycDs 总含量为六个峰的峰面积的总和。以下为常用于定量的 m/z 值:

3-MPD: $\qquad m/z\ 75$

IS: $\qquad m/z\ 78$

CycDs: $\qquad m/z\ 117$

9.3 结果表示

3-MPD 和 CycDs 的含量以 mg/L 表示,精确到小数点后两位(如 0.85 mg/L)。

9.4 检出限和定量限

检出限(LOD)和定量限(LOQ)与检测条件和方法使用者有关。根据 OENO 7-2 000(E-AS1-10-LIMDET)"分析方法的检测限和定量限的评估方法"来估算本方法的 LOD 和 LOQ。

使用 4.2.2 中"决策逻辑图"延长线 N°3 图表的方法。在离子流(m/z)图的相关部分画一个图框封闭延伸到分析物 10 倍半峰高处的峰宽($W_{1/2}$),同时两条平行线应该正好包含了信号窗口的最大振幅。这两条线之间的距离表示为 h_{max},以吸收强度为单位,3 倍为 LOD,10 倍为 LOQ,最终通过各个物质的响应因子转换成浓度单位。

3-MPD:

LOD:0.02 mg/L

LOQ:0.06 mg/L

CycDs(总量):

LOD:0.08 mg/L

LOQ:0.25 mg/L

注:由于 CD 是 6 种拥有相同的响应因子化合物的混合物,由于其化学性质相同,相关部分的色谱 h_{max} 不变,每个单一化合物 LOD 和 LOQ 为 1/6 h_{max}。

10 准确性(实验室间比对验证)

11 个实验室参加了协同比对实验研究,所有参加实验室都具有副产物分析方面的经验,并且通过了预实验。重复性(r)和再现性(R)和相应的标准差(S_r 和 S_R)与分析物的浓度关系显著(如附表:图 A.1 和图 A.2),使用线性回归模型对每种被分析物进行分析,重复性(r)的概率大于 95%、再现性(R)的概率大于 99%。

3-MPD

$S_r = 0.060\ x$

$S_R = 0.257\ x$ x 为 3-MPD 浓度(mg/L)

$r = 0.169\ x$

$R = 0.720\ x$ x 为 3-MPD 浓度(mg/L)

CycDs

$S_r = 0.082\ x$

$S_R = 0.092\ x + 0.070$ x 为 CycDs 浓度(mg/L)

$r = 0.230\ x$

$R = 0.257\ x + 0.197$ x 为 CycDs 浓度(mg/L)

附 录 A
实验间协同比对实验研究

A.1 参加者

11 个国际实验室参加了此次研究,各参加实验室均具有分析副产物的相关经验,并且通过了预实验。以下为参加实验室:

CSL,York,UK

Unione Italiana Vini,Verona,Italy

BfR,Berlin,Germany

BLGL,Würzburg,Germany

Istituto Sperimentale per l'enologia,Asti,Italy

LUA,Speyer,Germany

Labor Dr. Haase-Aschoff,Bad Kreuznach,Germany

CLUA,Münster,Germany

Kantonales Laboratorium,Füllinsdorf,Switzerland

LUA,Koblenz,Germany

ISMAA,S. Michele all Adige,Italy

A.2 样品

2002 年 11 月,11 个预先通过均匀性测试的酒样送至各实验室,包括了五组进行平行测试的盲样和一个单独测试样品,样品包括干白葡萄酒、干红葡萄酒和甜红葡萄酒。

A.3 数据分析

根据"方法验证的设计、实施和说明程序"对盲样平行测试模型进行统计分析。

1. 采用 Cochran,Grubbs 检验,确定异常值。

2. 由统计分析数据得出重复性和再现性。

3. 计算 Horrat 值。

表 A.1　3-MPD 检测结果汇总表

项目	样品 A 白葡萄酒	样品 B 红葡萄酒[a]	样品 C 白葡萄酒	样品 F 甜红葡萄酒	样品 G 白葡萄酒
平均值/(mg/L)	0.30	0.145	0.25	0.48	0.73
加标量/(mg/L)	0.30	0.12	—	—	0.80
回收率/%	100	121	—	—	91
n	10	10[a]	10	10	10
n_c	1	1[a]	1	1	1
离群值	2	0	0	1	1
n_1	7	9[a]	9	8	8

表 A.1(续)

项目	样品 A 白葡萄酒	样品 B 红葡萄酒[a]	样品 C 白葡萄酒	样品 F 甜红葡萄酒	样品 G 白葡萄酒
r	0.03	—	0.05	0.08	0.13
S_r	0.01	—	0.02	0.03	0.05
RSDr%	3.20	—	7.20	5.80	6.57
Hor	0.30	—	0.60	0.50	0.59
R	0.13	0.13	0.15	0.31	0.59
S_R	0.05	0.05	0.05	0.11	0.21
RSD$_R$%	15.50	32.67	21.20	22.70	28.91
HoR	0.80	1.53	1.10	1.30	1.72

[a] 单独测试样品；n、n_c 和 n_1 为单独结果。

Mean	算术平均值
n	数据总数
n_c	有效数据数
outliers	离群值(Cochran's 或 Grubbs' 测试)
n_1	保留数据数
S_r	重复性标准偏差
RSDr	相对重复性标准偏差($S_r \times 100$/平均值)
r	重复性限($2.8 \times S_r$)
Hor	重复性 Horrat 值等于 RSD$_r$ 除以 Horwitz 公式中 r 等于计算所得的 RSD$_r$
R	再现性限($2.8 \times S_R$)
S_R	再现性标准偏差
RSD$_R$	相对再现性标准偏差($S_R \times 100$/平均值)
HoR	再现性 Horrat 值等于 RSD$_R$ 值除以 Horwitz 公式计算所得的 RSD$_R$

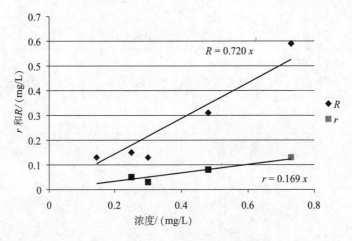

图 A.1　3-MPD 浓度和 r 及 R 之间相关性

表 A.2 CycDs 检测结果汇总表

项目	样品 A 白葡萄酒	样品 B 红葡萄酒[a]	样品 D 甜葡萄酒	样品 F 甜红葡萄酒	样品 G 白葡萄酒
平均数/(mg/L)	1.55	0.593	0.80	0.96	0.56
加标量/(mg/L) 回收率/%	1.50 103	0.53 113			0.50 112
n	11	11[a]	11	11	11
n_c	0	0	0	0	0
可疑值	2	0	1	2	1
n_1	9	11[a]	10	9	10
r	0.37	—	0.19	0.18	0.15
S_r	0.13	—	0.07	0.07	0.05
RSDr%	8.50	—	8.60	6.70	9.30
Hor	0.90	—	0.80	0.60	0.80
R	0.61	0.379	0.39	0.41	0.34
S_R	0.22	0.135	0.13	0.15	0.12
RSD_R/%	14.00	22.827	17.30	15.20	21.50
HoR	0.90	1.319	1.00	0.90	1.20

[a] 为单独测试样品。

n 和 n_c 为单独结果。

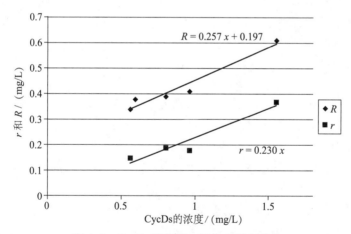

图 A.2 CycDs 浓度和 r 及 R 之间相关性

参 考 文 献

[1] Bononi, M., Favale, C., Lubian, E., Tateo F. (2001) A new method for the identification of cyclic diglycerols in wine J. Int. Sci. Vigne Vin. 35, 225-229

[2] Thompson, M. and Wood, R. (1993) International Harmonised Protocol for the Proficiency Testing of (Chemical) Analytical Laboratories-J AOAC Int 76, 926-940

[3] Horwitz, W. (1995) Protocol for the design, conduct and interpretation of methodperformance studies Pure and Applied Chemistry 67, 331-343

2,4,6-三氯苯甲醚

（决议 OIV-Oeno 296/2009）

1 适用范围

本方法适用于检测乙醇水溶液浸泡软木塞而释放的 TCA 含量。本方法目的在于评估软木塞带来的风险，并为软木塞的质量控制提供了方法。

2 原理

在葡萄酒存放过程中，软木塞和葡萄酒之间很容易产生 2,4,6-三氯苯甲醚的迁移现象。本方法模拟该释放过程，将软木塞浸泡在葡萄酒或水-醇溶液中，直至达到平衡。通过顶空固相微萃取技术（SPME）吸附被释放的 TCA 分子，用气相色谱－质谱检测器或电子捕获检测器进行检测。

3 材料和试剂

3.1 白葡萄酒 酒精度介于 10％和 12％的白葡萄酒（可以用酒精度为 12％（V/V）的乙醇水溶液代替）。葡萄酒和乙醇水溶液应不含有 TCA。

3.2 氯化钠，≥99.5％。

3.3 2,4,6-三氯苯甲醚（TCA)-d₅，纯度≥98％ 用于 GC/MS 分析：2,6-二溴茴香醚或 2,3,6-三氯苯甲醚，纯度≥99％，用于 GC 或 ECD 分析。

3.4 2,4,6-三氯苯甲醚（TCA），纯度≥99.0％。

3.5 无水乙醇。

3.6 纯去离子水（不含 TCA）（符合标准 EN ISO 3696）。

3.7 12％（V/V）乙醇水溶液，用无水乙醇和去离子水制备。

3.8 内标储备溶液（500 mg/L)：准确称取 0.050 g 2,4,6-三氯苯甲醚-d₅（或 2,6-二溴茴香醚-2,3,6-三氯苯甲醚）至 60 mL 无水乙醇中，溶解后用无水乙醇定容至 100 mL，然后保存在密封的玻璃瓶中。

3.9 内标中间溶液（5.0 mg/L)：准确量取 1 mL 500 mg/L 2,4,6-三氯苯甲醚-d₅ 溶液（或 2,6-二溴甲醚/2,3,6-三氯苯甲醚）至 60 mL 无水乙醇中，之后用无水乙醇定容至 100 mL，保存在密封的玻璃瓶中。

3.10 内标溶液（2.0 μg/L)：准确量取 40 μL 5.0 mg/L 2,4,6-三氯苯甲醚-d5 溶液（或 2,6-二溴甲醚/2,3,6-三氯苯甲醚）至 60 mL 的无水乙醇中。之后用无水乙醇定容至 100 mL，保存在密封的玻璃瓶中，室温存储。

3.11 TCA 标准储备液（40 mg/L)：准确称取 0.020 g 2,4,6-三氯苯甲醚至 400 mL 的无水乙醇中。溶解后用无水乙醇定容至 500 mL。

3.12 TCA 标准溶液 A（80 mg/L)：准确量取 1 mL 40 mg/L 2,4,6-三氯苯甲醚标准溶液到 400 mL 的无水乙醇中。溶解后用无水乙醇定容至 500 mL。

3.13 TCA 标准溶液 B（160 ng/L)：准确量取 1 mL 80 mg/L 2,4,6-三氯苯甲醚溶液至

400 mL 去离子水中。溶解后用去离子水定容至 500 mL。

3.14 用标准加入法制备系列 TCA 标准溶液,吸取不同体积的 TCA 标准液 160 ng/L 加入到 6 mL 无水乙醇中,使得系列浓度范围为 0.5 ng/L～50 ng/L。混匀后,用去离子水将体积调节至 50 mL。校准曲线应定期进行评估,在 GC/MS 或 GC/ECD 系统发生变化时也需重新制定校正曲线。

3.15 载气:氦气,色谱纯(≥99.999 0%)。

4 仪器

4.1 实验用玻璃器皿:

4.1.1 100 mL 容量瓶。

4.1.2 100 μL 微量进样器。

4.1.3 适合样品体积的具塞广口瓶,塞子材质可以是玻璃、金属或不吸附 TCA 的材料。

4.1.4 20 mL 的玻璃样品瓶,配有一侧内衬为聚四氟乙烯涂层的带孔盖子。

4.2 涂有 100 μm 厚的聚二甲基硅氧烷纤维涂层的固相微萃取(SPME)装置。

4.3 样品瓶加热系统。

4.4 样品瓶搅拌装置。

4.5 气相色谱仪,配有"分流-不分流"进样器、质谱检测器(MS)或电子捕获检测器(ECD)。

4.6 数据采集系统。

4.7 根据需要,可使用自动化固相微萃取装置。

4.8 毛细管分析柱

固定相为非极性的苯基甲基聚硅氧烷(例如:5%苯基甲基聚硅氧烷,30 m×0.25 mm×0.25 μm,或性能相当的柱子)。

5 样品制备

将软木塞放置在密闭的玻璃容器中。容器的容量应与葡萄酒或乙醇水溶液的容量相同,必须根据样本量的大小进行选择,以确保软木塞可以完全被浸泡。例如:在 1 L 的容器中浸泡 20 个软木塞 45 mm×24 mm;或者在 2 L 容器中浸泡 50 个软木塞 45 mm×24 mm。

软木塞中大部分的 TCA 在浸泡过程中会释放,但是释放率较低。为了获得一个批次软木塞中 TCA 含量有代表性的数据,需要根据抽样原则和葡萄酒污染风险进行大量的分析研究。

6 实验方法

6.1 提取分离

室温下浸泡(24±2)h 后,将浸泡液倒置摇匀。将浸泡溶液按 10 mL 每份转移到玻璃样品瓶中。为提高提取效率和后续方法的灵敏度,可添加大约 1 g 的氯化钠。立即加入 50 μL 2.0 mg/L 内标溶液(3.10),然后使用聚硅氧烷/特氟隆涂层衬垫的带孔金属盖将样品瓶密封。用混合装置或自动系统将样品瓶振摇 10 min。将样品瓶放在加热装置中,在 35℃±2℃搅拌。使用固相微萃取装置至少顶空萃取 15 min。

6.2　分析

不分流进样模式下,纤维萃取头需在气相色谱进样口 260℃下解析至少 2 min。使用非极性毛细管柱进行分离。载气为氦气,流量恒定为 1 mL/min。参考升温程序为 35℃保持 3 min,之后以 15℃/min 升至 265℃。

6.3　检测和定量

通过质谱选择离子模式(SIM)进行检测。2,4,6-三氯苯甲醚特征离子为 m/z 195、210、212,定量离子为 m/z 195,内标 2,4,6-三氯苯甲醚-d_5 的特征离子为 m/z 199、215、217,定量离子为 m/z 215。如果使用 ECD 检测,可通过比较标准溶液和内标峰的保留时间在色谱图中识别 TCA 和内标(2,6-二溴苯甲醚或 2,3,6 三氯苯甲醚)。

7　结果计算

使用内标的峰面积对 TCA 的峰面积进行校正。通过已知系列标准(3.14)的乙醇水溶液(3.7)中 TCA 的浓度和内标浓度,由 TCA 的峰面积/内标峰面积制得标准曲线。用标准曲线计算每个样品中 TCA 的含量。浸泡液中 TCA 含量结果用 ng/L 表示,结果保留一位小数。

8　方法评价

该方法检出限小于 0.5 ng/L,定量限接近 1 ng/L。使用氘代的 TCA-d5 内标,在 5 ng/L 时,变异系数低于 5%。

采用实验室间实验对该方法进行了验证。

参 考 文 献

[1] HERVÉE. ,PRICE S. ,BURNS G. ,Chemical analysis of TCA as a quality control tool for natural corks. ASEV Annual Meeting. 1999.

[2] ISO standard 20752:2007 Cork stoppers-Determination of releasable 2,4,6-trichloroanisol(TCA).

[3] FV 1224-Résultats de l'analyse collaborative Ring test 3-TCA SPME.

多氯苯酚和多氯苯甲醚

（决议 OIV-Oeno 374/2009）

1 适用范围

适用于所有葡萄酒、软木塞、膨润土（吸附肼）和木材。

2 原理

葡萄酒样品用正己烷提取，固体样品用乙醚/己烷提取，气相色谱法测定 2,4,6-三氯苯甲醚（TCA）、2,4,6-三氯酚、2,3,4,6-四氯苯甲醚、2,3,4,6-四氯酚、五氯苯甲醚和五氯苯酚的含量。

3 试剂

注：所有试剂必须不含 2 中所列出的待测化合物。

3.1 己烷（纯度＞99％）。

3.2 乙醚（纯度＞99％）。

3.3 乙醚-己烷混合物（50：50；体积比）。

3.4 2,5-二溴酚纯度≥99％。

3.5 无水乙醇。

3.6 去离子水，不含 TCA，符合 ISO 3696 类型 Ⅱ 要求。

3.7 50％（V/V）乙醇水溶液：

量取 100 mL 无水乙醇（3.5）倒入有刻度的 200 mL 的烧瓶中，加入去离子水（3.6）定容，并混合均匀。

3.8 内标溶液：

3.8.1 200 mg/L 储备液：精确称取 20 mg 内标物，加入 100 mL 容量瓶中，用 50％乙醇水溶液定容并混匀。

3.8.2 内标溶液（2 mg/L）：量取 1 mL 储备液至 100 mL 容量瓶中，用 50％乙醇水溶液定容并混匀。

3.8.3 内标溶液（20 μg/L）：量取 1 mL 的内标溶液（2 mg/L）（3.8.2）至 100 mL 容量瓶中，用 50％乙醇水溶液定容并混匀。

3.9 纯品

3.9.1 2,4,6-三氯苯甲醚（TCA）：≥99％。

3.9.2 2,4,6-三氯酚：≥99.8％。

3.9.3 3,4,6-四氯苯甲醚：≥99％。

注：待测分析物 3,4,6-四氯苯甲醚无市售。

3.9.4 2,2,3,4,6 四氯苯酚：≥99％。

3.9.5 五氯苯甲醚：≥99％。

3.9.6 五氯苯酚：99％。

3.10 衍生反应物:吡啶-乙酸酐(1∶0.4)(体积比)。

3.10.1 吡啶≥99%。

3.10.2 乙酸酐≥98%。

3.11 200 mg/L混合标准储备溶液。

在100 mL容量瓶中,准确称取混标各20 mg,用无水乙醇溶解,定容至100 mL并混匀。

3.12 200 μg/L混合标准溶液:在100 mL容量瓶中加入无水乙醇,用100 μL的微量移液器加入100 μL 200 mg/L标准储备溶液,定容并混合均匀。

3.13 4 μg/L混合标准溶液:在装有50%乙醇水溶液的50 mL容量瓶中,用1 mL的移液管加入1 mL 200 μg/L的混合标准溶液,用乙醇定容并混合均匀。

3.14 标准溶液:

可用100 μL微量移液器(4.9.1)配制混合标准溶液,如:量取50 μL 4 μg/L混合标准溶液至50 mL的葡萄酒,即为4 ng/L加标样品。

同样操作可用于制备各种浓度的混合标准溶液,通过使用乙醇水,或葡萄酒,或提取液,加入已知浓度标准品而制得。

3.15 膨润土:市售。

4 仪器设备

4.1 配有分流-不分流进样模式的气相色谱-电子捕获检测器(也可使用质谱检测器)。

4.2 非极性甲基苯基聚硅氧烷毛细管柱:(0.32 mm×50 m,膜厚0.12 μm)。

4.3 色谱条件:

4.3.1 "分流-不分流"进样模式(阀关闭时间30 s)。

4.3.2 载气流速:30 mL/min(也可使用氢气)。

4.3.3 辅助气流速:60 mL/min-气相用的氮气(纯度≥99.999 0%)。也可使用氩气甲烷。

4.3.4 柱温箱升温程序:

——以2℃/min从40℃升至160℃;

——以5℃/min从160℃升至200℃;

——温度达到220℃后保持10 min。

4.3.5 进样口温度:250℃。

4.3.6 检测器温度:250℃。

4.4 数据处理和积分:电脑收集数据,通过与标准品比较,对所有出峰的物质进行定性和积分。

4.5 磁力搅拌器。

4.6 适用30 mL试剂瓶的涡旋振荡器。

4.7 分析天平(准确至0.1 mg)。

4.8 手动或电动家用粉碎机。

4.9 实验室用具:

4.9.1 100 μL微量移液器。

4.9.2 10 μL微量移液器。

4.9.3　30 mL 螺纹盖试剂瓶,盖内侧涂层为聚四氟乙烯。

4.9.4　10 mL 移液管,刻度 0.1 mL。

4.9.5　5 mL 移液管,刻度 0.1 mL。

4.9.6　1 mL 移液管。

4.9.7　50 mL 容量瓶。

4.9.8　100 mL 试剂瓶。

4.9.9　200 mL 容量瓶。

4.9.10　100 mL 分液漏斗。

4.9.11　巴氏吸管和吸球。

4.9.12　家用铝箔。

4.9.13　离心机。

5　样品前处理

5.1　切碎软木塞或将其粉碎(<3 mm)。

5.2　木头用剪刀剪成木屑(<3 mm)。

5.3　30 g 膨润土平铺在 30 cm×20 cm 铝箔上,暴露在空气中至少 5 d。

6　操作方法

6.1　固体样品的提取

6.1.1　软木塞:称取约 1 g 软木塞,准确记录质量,放入 30 mL 试剂瓶中。

6.1.2　木质:称取约 2 g 木屑,准确记录质量,放入 30 mL 试剂瓶中。

6.1.3　膨润土:称取约 5 g 膨润土,准确记录质量,放入 30 mL 试剂瓶中。

6.1.4　膨润土样品:称取约 5 g 膨润土,准确记录质量,放入 30 mL 试剂瓶中。

6.1.5　用移液管加 10 mL 乙醚-己烷萃取液。

6.1.6　用微量移液器吸取 50 μL 内标液。

6.1.7　用涡旋振荡器混匀 3 min。

6.1.8　吸取乙醚-己烷层液至 30 mL 试剂瓶中。

6.1.9　用 5 mL 乙醚-己烷混合物重复两次提取分离操作。

6.1.10　合并 3 次的提取液。

6.2　葡萄酒和混合标准溶液提取

6.2.1　用容量瓶量取 50 mL 的酒样品或标准溶液。

6.2.2　加入至 100 mL 试剂瓶中。

6.2.3　用微量移液器加入 50 μL 内标液。

6.2.4　加入 4 mL 正己烷。

6.2.5　用磁力搅拌器搅拌 5 min。

6.2.6　将溶液转移至分液漏斗。

6.2.7　转移有机相(包括乳状液部分)至 30 mL 试剂瓶中,转移水相至 100 mL 试剂瓶中。

6.2.8　用 2 mL 正己烷重复提取步骤。

6.2.9　用磁力搅拌器萃取搅拌 5 min。

6.2.10 将溶液转移至分液漏斗。

6.2.11 转移有机相（包括乳状液部分）至同一个 30 mL 试剂瓶中，与第一次萃取的有机相合并。

6.2.12 通过离心使收集到的有机乳状液分层，再把下层水相用吸管吸出。

6.2.13 最后得到葡萄酒提取液和标准溶液：剩下的有机相。

6.3 分析

6.3.1 在最后的提取液（6.1.11 或 6.2.13）中用 100 μL 吡啶乙酸酐试剂（3.10）进行衍生。

6.3.2 用磁性搅拌器搅拌 10 min。

6.3.3 衍生后的产物进行色谱分析，进样量 2 μL。

7 计算

$$待测物浓度 = \frac{待测物峰面积}{内标峰面积} \times 响应因子$$

$$响应因子 = 标准溶液浓度 \times 内标溶液峰面积 / 标准溶液峰面积$$

确保校准后响应因子在 ±10% 范围。

8 结果表达

葡萄酒的结果单位为 ng/L。软木塞、膨润土和木材结果的单位为 ng/g。

9 方法评价

9.1 覆盖率

覆盖率的计算与木屑、聚氯苯甲醚和聚氯苯酚添加量相关。添加 115 ng/g 的覆盖率分别是：

——2,4,6-三氯苯甲醚：96%；

——2,4,6-三氯苯酚：96%；

——2,3,4,6-四氯苯甲醚：96%；

——2,3,4,6-四氯苯酚：97%；

——五氯苯甲醚：96%；

——五氯苯酚：97%。

9.2 重复性测试

计算每个产品的不确定度见表 1～表 4：

表 1

软木塞/(ng/g)	平均数	标准偏差	重复性
2,4,6-三氯苯甲醚	1.2	0.1	0.28
2,4,6-三氯苯酚	26	3.3	9.24
2,3,4,6-四氯苯甲醚	1.77	0.44	1.23
2,3,4,6-四氯苯酚	2.59	0.33	0.92
五氯苯甲醚	23.3	2.9	8.12
五氯苯酚	7.39	1.91	5.35

表2

木材(23 ng/g)	标准偏差	重复性
2,4,6-三氯苯甲醚	1.9	5.3
2,4,6-三氯苯酚	1.9	5.3
2,3,4,6-四氯苯甲醚	2.6	7.4
2,3,4,6-四氯苯酚	3.3	9.3
五氯苯甲醚	2.7	7.5
五氯苯酚	3.6	10.1

表3

葡萄酒(10 ng/L)	标准偏差	重复性
2,4,6-三氯苯甲醚	0.4	1.1
2,4,6-三氯苯酚	2.1	5.9
2,3,4,6-四氯苯甲醚	0.6	1.7
2,3,4,6-四氯苯酚	4	11.2
五氯苯甲醚	1.2	3.4
五氯苯酚	6.5	18.2

表4

膨润土(15 ng/g)	标准偏差	重复性
2,4,6-三氯苯甲醚	0.9	2.5
2,4,6-三氯苯酚	4	11.2
2,3,4,6-四氯苯甲醚	1.2	3.4
2,3,4,6-四氯苯酚	5.2	14.6
五氯苯甲醚	4.3	12.0
五氯苯酚	12.1	33.9

9.3 用 OIV 方法计算出检出限(LOD)和定量限(LOQD)

9.3.1 木材

表5

名称	DL/(ng/L)	QL/(ng/L)
2,4,6-三氯苯甲醚	0.72	2.4
2,4,6-三氯苯酚	0.62	2.0
2,3,4,6-四氯苯甲醚	0.59	2.0
2,3,4,6-四氯苯酚	1.12	3.74
五氯苯甲醚	0.41	1.4
五氯苯酚	0.91	3.1

9.3.2 膨润土

表 6

名称	DL/(ng/L)	QL/(ng/L)
2,4,6-三氯苯甲醚	0.5	1
2,4,6-三氯苯酚	1	3
2,3,4,6-四氯苯甲醚	0.5	1
2,3,4,6-四氯苯酚	1	3
五氯苯甲醚	0.5	1
五氯苯酚	Not det.	Not det.

9.3.3 软木塞

表 7

名称	DL/(ng/L)	QL/(ng/L)
2,4,6-三氯苯甲醚	0.5	1.5
2,4,6-三氯苯酚	1	2
2,3,4,6-四氯苯甲醚	0.5	1.5
2,3,4,6-四氯苯酚	1	2
五氯苯甲醚	0.5	1.5
五氯苯酚	1	2

9.3.4 葡萄酒

表 8

名称	DL/(ng/L)	QL/(ng/L)
2,4,6-三氯苯甲醚	0.3	1
2,4,6-三氯苯酚	1	3
2,3,4,6-四氯苯甲醚	0.3	1
2,3,4,6-四氯苯酚	0.3	1
五氯苯甲醚	0.5	3
五氯苯酚	1	3

生 物 胺

（决议 OIV-Oeno 346/2009）

1 范围

此方法可应用于测定葡萄汁和葡萄酒中生物胺的最大含量为：乙醇胺：20 mg/L；组胺：15 mg/L；甲胺：10 mg/L；5-羟色胺：20 mg/L；乙胺：20 mg/L；酪胺：20 mg/L；异丙胺：20 mg/L；丙胺：通常没有；异丁胺：15 mg/L；丁胺：10 mg/L；色胺：20 mg/L；苯乙胺：20 mg/L；腐胺或 1,4-二氨基丁烷：40 mg/L；2-甲基丁胺：20 mg/L；3-甲基丁胺：20 mg/L；尸胺或 1,5-二氨基戊烷：20 mg/L；已胺：10 mg/L。

2 定义

可检测的生物胺包括：乙醇胺：C_2H_7NO；组胺：$C_5H_9N_3$；甲胺 CH_5N；5-羟色胺：$C_{10}H_{12}N_2O$；乙胺：C_2H_7N；酪胺：$C_8H_{11}NO$；异丙胺：C_3H_9N；丙胺：C_3H_9N；异丁胺：$C_4H_{11}N$；丁胺：$C_4H_{11}N$；色胺：$C_{10}H_{12}N_2$；苯乙胺：$C_8H_{11}N$；腐胺或 1,4-二氨基丁烷：$C_4H_{12}N_2$；2-甲基丁胺：$C_5H_{13}N$；3-甲基丁胺：$C_5H_{13}N$；尸胺或 1,5-二氨基：$C_5H_{14}N_2$；1,6-二胺：$C_6H_{16}N_2$；已胺：$C_6H_{15}N$。

3 原理

生物胺用邻苯二甲醛(OPA)衍生后，直接用 C_{18} 柱分离，用荧光检测器检测。

4 试剂

4.1 高纯水，电阻率 18 MΩ·cm。

4.2 二水合磷酸氢二钠(纯度≥99%)。

4.3 乙腈，最小传输量 200 nm(纯度≥99%)。

4.4 邻苯二甲醛(OPA)(用于荧光，纯度≥99%)。

4.5 十水四硼酸二钠(纯度≥99%)。

4.6 甲醇(纯度≥99%)。

4.7 32%盐酸。

4.8 氢氧化钠颗粒(纯度≥99%)。

4.9 乙醇胺(纯度≥99%)。

4.10 组胺盐酸盐(纯度≥99%)。

4.11 乙胺盐酸盐(纯度≥99%)。

4.12 5-羟色胺(纯度≥99%)。

4.13 甲胺(纯度≥98%)。

4.14 酪胺(纯度≥99%)。

4.15 异丙胺(纯度≥99%)。

4.16 丁胺(纯度≥99%)。

4.17 色胺(纯度≥98%)。

4.18 苯乙胺(纯度≥99%)。

4.19 腐胺(纯度≥99%)。

4.20 2-甲基丁胺(纯度≥98%)。

4.21 3-甲基丁胺(纯度≥98%)。

4.22 尸胺(纯度≥99%)。

4.23 1,6-二氨基己烷(纯度≥97%)。

4.24 己胺(纯度≥99%)。

4.25 氮气(杂质最大含量:$H_2O \leqslant 3$ mg/L;$O_2 \leqslant 2$ mg/L;$C_nH_ms \leqslant 0.5$ mg/L)。

4.26 氦气(杂质最大含量:$H_2O \leqslant 3$ mg/L;$O_2 \leqslant 2$ mg/L;$C_nH_m \leqslant 0.5$ mg/L)。

试剂的制备:

4.27 淋洗液:

磷酸盐溶液 A:称取 11.12 g±0.01 g 二水合磷酸氢二钠至 50 mL 的烧杯中,将其转移到 2 L 的容量瓶中,用高纯水定容并用磁力搅拌器混匀。然后用 0.45 μm 的滤膜过滤,滤液倒入 2 L 试剂瓶,待用。

溶液 B:乙腈,直接使用。

4.28 OPA 溶液(现配现用):精确称取 20 mg±0.1 mg 邻苯二甲醛(OPA)至 50 mL 的容量瓶中。用甲醇定容到50 mL,混匀溶解。

4.29 硼酸盐缓冲液(每周制备):精确称取 3.81 g±0.01 g 十四水硼酸二钠至 25 mL 的烧杯中。用去离子水溶解后转移到 100 mL 容量瓶中,定容。用磁力搅拌器搅拌均匀,再转移到 150 mL 的烧杯中,用10 mol/L氢氧化钠溶液调节 pH 至 10.5。

4.30 0.1 mol/L 的盐酸溶液:在一个 2 L 的容量瓶中加入少许去离子水,用 10 mL 的自动移液器向容量瓶中加入20 mL 盐酸。

4.31 用 0.1 mol/L盐酸配制标准溶液:

标准溶液的配制按下表执行(质量精确到±0.1 mg)。

标准储备液存放在 100 mL 容量瓶中。

标准检测混合溶液放在 250 mL 容量瓶中。

表 1

名称	最终混合标准溶液中的浓度/(mg/L)
乙醇胺	5
组胺	5
甲胺	1
5-羟色胺	20
乙胺	2
酪胺	7

表1(续)

名称	最终混合标准溶液中的浓度/(mg/L)
异丙胺	4
丙胺	2.5
异丁胺	5
丁胺	5
色胺	10
苯乙胺	2
腐胺	12
2-甲基丁胺	5
3-甲基丁胺	6
尸胺	13
1,6二胺	8
己胺	5

注:记录校准溶液的实际浓度时需同时记录其批号。

　　某些生物胺以盐的形式存在,因此在记录生物胺的真实质量时,需要对这些盐的质量进行换算。

4.32　1,6-二氨基己烷内标液:准确称取 119 mg 标准品于 25 mL 锥形烧瓶中(5.1),用 0.1 mol/L 盐酸溶解后转移到 100 mL 容量瓶,定容。

4.33　2-巯基乙醇(纯度≥99％)。

5　仪器

5.1　25 mL 的锥形烧瓶。

5.2　250 mL 的锥形烧瓶。

5.3　100 mL 的烧杯。

5.4　150 mL 的烧杯。

5.5　50 mL 的烧杯。

5.6　25 mL 的烧杯。

5.7　50 mL 的容量瓶。

5.8　100 mL 的容量瓶。

5.9　2 000 mL 的容量瓶。

5.10　250 mL 的容量瓶。

5.11　1 L 的试剂瓶。

5.12　2 L 的试剂瓶。

5.13　2 mL 带螺丝帽的样品转换器。

5.14　50 mL 的注射器。

5.15 移液器。

5.16 过滤器支架。

5.17 0.45 μm 纤维素膜。

5.18 0.8 μm 纤维素膜。

5.19 1.2 μm 纤维素膜。

5.20 5 μm 纤维素膜。

5.21 纤维素预过滤器。

5.22 1 mL 自动移液器。

5.23 5 mL 自动移液器。

5.24 10 mL 自动移液器。

5.25 10 mL、5 mL 和 1 mL 的自动移液器枪头。

5.26 过滤系统。

5.27 量程范围 0 g~205 g 的天平,精确到 ±0.01 mg。

5.28 pH 计。

5.29 电极。

5.30 磁力搅拌器。

5.31 HPLC 泵。

5.32 可调温烘箱。

5.33 进样环。

5.34 5 μm C$_{18}$ 柱,250 mm×4 mm(色谱图见附录 B)。

5.35 荧光检测器。

5.36 积分仪。

5.37 带有聚四氟乙烯塞的硼硅玻璃管。

6 样品的制备

样品先用氮气脱气。

6.1 过滤

用滤过膜过滤约 120 mL 的样本:

——葡萄酒:0.45 μm;

——葡萄汁或不澄清的葡萄酒:依次用 0.45 μm(5.17)—0.8 μm(5.18)—1.2 μm(5.19)—5 μm 纤维素膜+预过滤器(5.21)进行过滤。

6.2 样品的制备

量取 100 mL 的样品到 100 mL 容量瓶(5.8)中,用 1 mL 自动移液器加入 0.5 mL 1,6-二氨基己烷(119 mg/100 mL)。用移液器吸取 5 mL 该溶液到 25 mL 锥形瓶中,用移液器加入 5 mL 甲醇,搅拌混匀,转移到容器中。启动 HPLC(5.31)泵,进样 1 μL。

6.3 衍生

在玻璃管中,依次加入 2 mL OPA 溶液(4.28),2 mL 硼酸缓冲液(4.29),0.6 mL 2-巯基乙醇,加盖混匀(5.30)。然后加入 0.4 mL 样品,再加盖并混匀。由于衍生物不稳定,打开盖后应立即进样。进样后立即冲洗,否则会产生难闻的气味。

注:可以通过自动调温烘箱进行衍生化,但要确保自动化的衍生程序尽量与手动操作的相近。

6.4 日常清洁

每个样品测试前注射器和针需用去离子水冲洗;过滤器固定器先用热水洗,再用甲醇清洗并干燥。

7 步骤

流动相:

——A:磷酸盐缓冲液;

——B:乙腈。

梯度洗脱,见表2。

表2

时间/min	A/%	B/%
0	80	20
15	70	30
23	60	40
42	50	50
55	35	65
60	35	65
70	80	20
95	80	20
注:可以调整梯度,以获得一个接近附录B的色谱。			

流速:1 mL/min;

柱温:35℃(5.32);

探测器(5.35):$E_{XC}=356$ nm,$E_M=445$ nm(5.30);

内部校准

每组样品测试前都需要用内标溶液进行校准。

响应因子计算:

$$RF = c_{cis} \times A_i / c_{ci} \times A_{is}$$

其中:c_{ci}——校准溶液中待测物的浓度;

c_{cis}——校准溶液中内标品(1-6-二氨基己烷)的浓度;

A_i——样品中待测物峰面积;

A_{is}——样品中内标峰面积。

浓度计算:

$$c_{ci} = (XF \times A_i)/(A_{is} \times RF)$$

其中：A_i——样品中待测物峰面积；

$\quad\quad A_{is}$——样品中的内标峰面积；

$\quad\quad XF$——内标加入到样品中的量；

$\quad\quad XF$——$119 \times 0.5/100 = 5.95$。

8 结果表示

结果以 mg/L 表示，保留小数点后一位数字。

9 可靠性

表3

名称	$r/(mg/L)$	$R/(mg/L)$
组胺	$0.07x+0.23$	$0.50x+0.36$
甲胺	$0.11x+0.09$	$0.40x+0.25$
乙胺	$0.34x-0.08$	$0.33x+0.18$
酪胺	$0.06x+0.15$	$0.54x+0.13$
苯乙胺	$0.06x+0.09$	$0.34x+0.03$
丁二胺	$0.03x+0.71$	$0.31x+0.23$
2-甲基丁胺	$0.38x+0.03$	$0.38x+0.03$
3-甲基丁胺	$0.38x+0.03$	$0.38x+0.03$
二氨基戊烷	$0.14x+0.09$	$0.36x+0.12$

附录 A 是实验室间协同比对验证实验的详细总结。

10 其他特性

葡萄酒中其他成分的影响：虽然氨基酸在一开始分析时就会释放出来，但不会影响生物胺的检测。方法的检出限（LOD）和定量限（LOQ）由实验室间验证试验得到。

表4

名称	LOD/(mg/L)	LOQ/(mg/L)
组胺	0.01	0.03
甲胺	0.01	0.02
乙胺	0.01	0.03
酪胺	0.01	0.04
苯乙胺	0.02	0.06
丁二胺	0.02	0.06
2-甲基丁胺	0.01	0.03
3-甲基丁胺	0.03	0.10
二氨基戊烷	0.01	0.03

11 质量控制

质量控制包括使用有证标准品，在葡萄酒样品的分析序列中插入质控样品或者加标的样品，以及使用质控图等。

附　录　A

实验室间协同比对验证实验的结果如下。实验在(法国)国家专业葡萄酒研究事务局(ONIVINS)的指导下由波尔多(法国)酿酒研究所承担。

实验室间试验年份：1994

实验室：7

样本数：9个双盲样

(1994年11月～12月OIV研究报告，765-766，p.916-962)数据计算符合ISO 5725-2：1994。

样品类型：白葡萄酒(BT)，加度白葡萄酒(BT)＝B1，加度白葡萄酒(BT)＝B2，红酒n°1(RT)，加度红葡萄酒＝R1，加度红葡萄酒(RT)＝R2，红酒n°2(CT)，加度红葡萄酒(CT)＝C1 和加度红葡萄酒(CT)＝C2。单位mg/L。

表A.1

名称	组胺	甲胺	乙胺	酪胺	苯乙胺	丁二胺	异戊胺	二氨基戊烷
酒 B1	酒 BT+0.5	酒 BT+0.12	酒 BT+0.13	酒 BT+0.36	藤 BT+0.15	酒 BT+0.5	酒 BT+0.28	酒 BT+0.25
酒 B2	酒 BT+2	酒 BT+0.40	酒 BT+0.50	酒 BT+1.44	酒 BT+0.60	酒 BT+2	酒 BT+0.174	酒 BT+1.04
酒 C1	酒 CT+2	酒 CT+0.1	酒 CT+0.18	酒 CT+0.72	酒 CT+0.15	酒 CT+2	酒 CT+0.29	酒 CT+0.26
酒 C2	酒 CT+4	酒 CT+0.41	酒 CT+0.50	酒 CT+2.90	酒 CT+0.58	酒 CT+8	酒 CT+1.14	酒 CT+1.04
酒 R1	酒 RT+2	酒 RT+0.14	酒 RT+0.13	酒 RT+1.45	酒 RT+0.19	酒 RT+3	酒 RT+0.57	酒 RT+0.51
酒 R2	酒 RT+5	酒 RT+0.41	酒 RT+0.50	酒 RT+2.88	酒 RT+0.59	酒 RT+10	酒 RT+2.28	酒 RT+2.08

附 录 B
色谱图

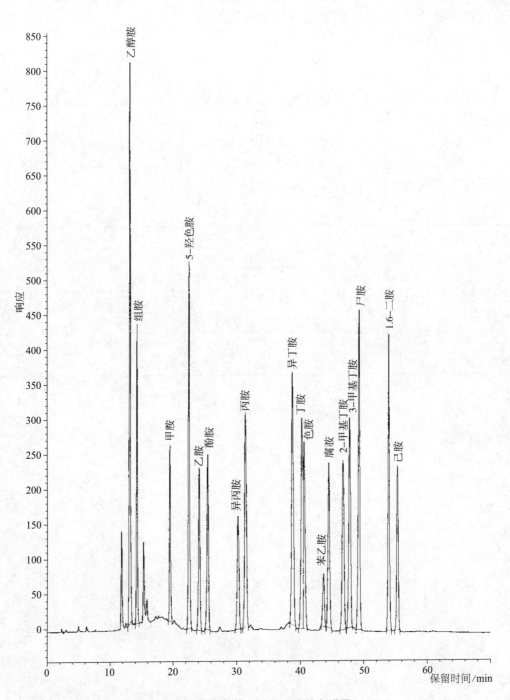

图 B.1 葡萄酒中生物胺分离的色谱图

参 考 文 献

［1］ TRICARD C. ,CAZABEIL J. -M. ,SALAGOÏTI M. H. (1991);Dosage des amines biogènes dans les vins par HPLC,Analusis,19,M53-M55.

［2］ PEREIRA MONTEIRO M. -J. et BERTRAND A. (1994);validation d'une méthode de dosage-Application à l'analyse des amines biogènes du vin. Bull. O. I. V. ,(765-766),916-962.

谷 胱 甘 肽

（决议 OIV-Oeno 345/2009）

1　范围

该方法采用配有荧光检测器（LIF）的毛细管电泳仪（CE），能够检测葡萄汁和葡萄酒中浓度范围在 0 mg/L～40 mg/L 的谷胱甘肽含量。

2　原理

该方法用毛细管电泳仪替代了高效液相色谱仪，是对 Noctor 和 Foyer（1998）开发的 HPLC-荧光检测法测定杨树叶中非挥发性硫醇的改进。

毛细管电泳是根据不同物质在充满电解液的毛细管中迁移速度的不同而进行分离的。

待分离试样从毛细管的一端注入，由于电解液中电极产生了电场，被分析物的迁移速度有差异从而达到分离的目的，并在毛细管另一端以峰的形式被检测到。在同一操作条件下，迁移时间可作为定性依据，峰面积与进样浓度成正比。

3　试剂

3.1　试剂

3.1.1　谷胱甘肽（GSH，＞98％）。

3.1.2　二硫苏糖醇（DTT，＞99％）。

3.1.3　无水磷酸二氢钠（NaH_2PO_4，＞99％）。

3.1.4　无水磷酸氢二钠（Na_2HPO_4，＞99％）。

3.1.5　2-(N-环己基胺)乙基磺酸（CHES，＞98％）。

3.1.6　单溴二胺（MBB，97％）。

3.1.7　乙二胺四乙酸钠盐（EDTA，＞99％）。

3.1.8　氢氧化钠。

3.1.9　35％盐酸。

3.1.10　99.5％乙腈。

3.1.11　超纯水，电阻率＞18 MΩ·cm。

3.2　溶液

所有溶液在使用前需混匀。

3.2.1　电泳缓冲液：50 mmol/L 磷酸盐缓冲液，pH7。

该缓冲溶液需使用溶液 A 和 B 来配制。

3.2.1.1　溶液 A：3 mg 无水磷酸二氢钠溶于 250 mL 超纯水。

3.2.1.2　溶液 B：3.55 mg 无水磷酸氢二钠溶于 250 mL 超纯水。

磷酸盐缓冲溶液：量取 40 mL 溶液 A 加入 210 mL 溶液 B，超纯水定容至 500 mL，然后用盐酸调节 pH 至 7。

3.2.2　50 mmol/L 单溴二胺溶液（MBB）。25 mg 单溴二胺（MBB）溶于 1.850 μL 乙腈。－20℃避光保存，有效期 3 个月。

3.2.3　0.1 mol/L 氢氧化钠溶液。取 0.4 g 氢氧化钠,用超纯水溶解并定容至 100 mL。

3.2.4　5 mol/L 氢氧化钠溶液。取 20 g 氢氧化钠,用超纯水溶解并定容至 100 mL。

3.2.5　0.5 mol/L pH 9.3CHES 缓冲液:称取 2.58 g 2-(N-环己胺)乙基磺酸(CHES),溶于约 20 mL 超纯水中,用 5 mol/L 氢氧化钠溶液调节 pH 至 9.3,用超纯水定容至 25 mL,并混匀。取该溶液各 1 mL 分装于 1.5 mL 试管(Eppendorf 型)中。储存在 −20℃,CHES 缓冲液可以保存数月。

3.2.6　10 mmol/L 二硫苏糖醇溶液(DTT)。称取 15.4 mg 二硫苏糖醇溶于 10 mL 超纯水,取该溶液各 1 mL 分装于 1.5 mL 试管(Eppendorf 型)中。储存在 −20℃,DTT 缓冲液可以保存数月。

4　仪器

4.1　毛细管电泳

配备了流体静力模式注射器和激光诱导荧光检测器的毛细管电泳,可以发射与 MBB-GSH 络合物吸收波长相似的波长:例如 390 nm(如:Zetalif 检测器)。

4.2　毛细管

总长为 120 cm 的无接枝石英毛细管。有效长度是 105 cm,内径为 30 μm。

5　样品制备

巯基官能团—SH 经单溴二胺(MBB)(Radkowsky & Kosower,1986)衍生后进行测定。葡萄汁或未装瓶葡萄酒样品分析前需通过离心进行净化,瓶装葡萄酒则无须提前净化。

样品制备:

于 1.5 mL 试管内(Eppendorf 型)分别加入:

——200 μL 样品;

——10 μL DTT 溶液(3.2.4)-终浓度为 0.25 mmol/L;

——145 μL CHES(3.2.3)-终浓度为 179 mmol/L;

——50 μL MBB(3.2.2)-终浓度为 6.2 mmol/L。

混匀后,室温避光衍生反应 20 min。该条件下,形成的 MBB-SR 衍生物是相对不稳定的,需立即进行测定。

6　步骤

6.1　毛细管柱的处理

在第一次使用前和当迁移时间增加时,应对毛细管进行以下处理:

6.1.1　0.1 mol/L 氢氧化钠冲洗 3 min。

6.1.2　超纯水冲洗 3 min。

6.1.3　磷酸盐缓冲溶液冲洗 3 min。

6.2　迁移条件

6.2.1　流体静力模式进样;3 s,50 kPa。

在注射 50 mb 电泳缓冲液提高峰值分辨率(电堆积)后再进样。

6.2.2　分析:20 s 内达到分离电压 +30 kV,可产生 47 μA 电流。柱温 21℃。

6.2.3 毛细管应在每次分析后进行清洗,依次加入:

——0.1 mol/L 氢氧化钠(3.2.5)冲洗 3 min;

——超纯水(3.1.12)冲洗 3 min;

——电泳的磷酸盐缓冲溶液(3.2.1)冲洗 3 min。

7 结果

在样品测试的浓度下,巯基官能团不稳定,pH 为碱性时容易被酚类化合物自氧化产生的奎宁所氧化,衍生中加入 DTT 有利于其保持稳定,同时不会破坏双硫键。因此,通过添加 10 mg/L 氧化性谷胱甘肽(GSSG)来确定其对葡萄酒中还原型谷胱甘肽含量(GSH)的测定是否存在影响(见图 1)。结果表明,该方法适合测定还原型谷胱甘肽含量。

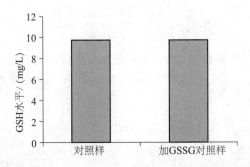

图 1 衍生条件(DTT,终浓度 0.25 mmol/L)二硫键的稳定性试验

图 2 是白葡萄汁样品(索维农葡萄)的电泳图谱。其中半胱氨酸、谷胱甘肽、N-乙酰半胱氨酸和二氧化硫均出峰良好。第一个峰为过量的试剂(DTT,MBB)。非挥发性硫醇的分离时间小于 20 min。只有某些峰能够被识别(图 2,A)(Newton et al.,1981)。除了二氧化硫,这些硫醇在葡萄(Cheynier et al.,1989)、水果和蔬菜中的含量会有所变化(Mills et al.,2 000)。

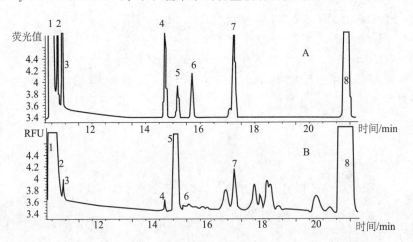

图 2 HCL/EDTA 溶液(A)和葡萄汁(B)中的已知非挥发性硫醇电泳图谱

1—DTT;2—高半胱氨酸;3—半胱氨酸;4—半胱胺酰甘氨酸;

5—GSH;6—谷氨酸;7—NAC;8—SO₂

同样条件下,MBB-RS 保留时间如下:MBB-高半胱氨酸 10.40 min;MBB-半胱氨酸

10.65 min；MBB-GSH 14.14 min；MBB-NAC 15.41 min；MBB-SO$_2$ 18.58 min。

8 方法评价

对本方法进行了一些非正式验证，没有完全遵循分析方法验证草案中有关设计、实施和说明的规定（OIV 6/2 000）。

用标准曲线计算各分析物的浓度，平行测定三次计算平均值，结果以 mg/L 表示。

采用最小二乘法计算线性回归和相关系数。混合硫醇储备液在 6℃保存于 HCl/EDTA 溶液，可数天无损失。逐级稀释测得葡萄酒中的阈值限即为检出限，或利用 3 倍或更多倍信噪比进行估算。

硫醇的线性范围（见表 1）。

表 1 谷胱甘肽等中硫醇的线性范围、线性方程和相关系数

名称	线性范围/(mg/L)	线性方程	相关系数
高半胱氨酸	0～15	$Y=0.459X-0.231$	0.998 7
半胱氨酸	0～15	$Y=0.374X-0.131$	0.997 9
谷胱甘肽	0～40	$Y=0.583X-0.948$	0.996 6
N-乙酰半胱氨酸	0-10	$Y=0.256X-0.085$	0.998 2

本方法消除了 MBB 水解产物造成的干扰，优于此前其他研究中的结果（Ivanov et al.，2 000）。

平行处理 10 份同一葡萄酒样品，计算重复性。硫醇浓度为 10 mg/L 时，谷胱甘肽变异系数（CV）为 6.0%，高半胱氨酸 3.2%，半胱氨酸 4.8% 和 N-乙酰半胱氨酸 6.4%。

还原型谷胱甘肽检出限为 20 μg/L，定量限为 60 μg/L。

参 考 文 献

[1] Noctor, G. and C. Foyer, 1998. Simultaneous measurement of foliar glutathione, gamma-glutamylcysteine, and amino acids by high-performance liquid chromatography: comparison with two other assay methods for glutathione, *Analytical Biochemistry*, 264, 98-110.

[2] Kosower, N. S., Kosower E. M., Newton G. L., and Ranney H. M., 1979. Bimane fluorescent labels: Labeling of normal human red cells under physiological conditions. *Proc. Natl. Acad. Sci.*, 76(7), 3382-3386.

[3] Newton, G. L., R. Dorian, and R. C. Fahey, *Analysis of biological thiols: derivatisation with monobromobimane and separation by reverse-phase high performance liquid chromatography.* Anal. Biochem., 1981. 114: p. 383-387.

[4] Cheynier, V., J. M. Souquet, and M. Moutounet, 1989. Glutathione content and glutathione to hydroxycinnamique acid ration in Vitis vinifera grapes and musts. *Am. J. Enol. Vitic*., 40(4), 320-324.

[5] Mills, B. J., Stinson C. T., Liu M. C. and Lang C. A., 1997. Glutathione and cyst(e)ine profiles of vegetables using high performance liquid chromatography with dual electrochemical detection. *Journal of food composition and analysis*, 10, 90-101.

[6] Ivanov, A. R., I. V. Nazimov, and L. Baratova, 2 000. Determination of biologically active low molecular mass thiols in human blood. *Journal of Chromatogr. A*,, 895, 167-171.

α-二羰基化合物（高效液相色谱衍生化法）

（OIV-Oeno 386A-2010）

1 引言

葡萄酒中的二羰基化合物十分重要，它们会影响感官，并与葡萄酒中的其他组分发生化学或微生物反应。

葡萄酒中的 α-二羰基化合物主要有（见图 1）：乙二醛、丙酮醛、双乙酰和戊烷-2,3-二酮，其中 α-二酮在葡萄酒中的含量较为丰富。羰基化合物几乎存在于所有类型的葡萄酒中，特别是经苹果酸-乳酸发酵后的红葡萄酒。另外，用贵腐葡萄酿造的甜白葡萄酒可能含有高浓度的乙二醛和丙酮醛。

乙二醛：$OCH—CHO$（乙二醛）
丙酮醛：$CH_3—CO—CHO$（2-氧代丙醛）
双乙酰：$CH_3—CO—CO—CH_3$（2,3-丁二酮）
2,3-戊二酮：$CH_3—CH_2—CO—CO—CH_3$
2,3-己二酮：$CH_3—CH_2—CH_2—CO—CO—CH_3$

图 1 葡萄酒中主要的 α-二羰基化合物（天然葡萄酒中不含有 2,3-己二酮，但可用作内标）

2 适用范围

该方法适用于所有类型的葡萄酒（白葡萄酒、红葡萄酒、甜酒或烈酒）中二羰基化合物的测定，其含量范围为 0.05 mg/L～20 mg/L。

3 原理

1,2-苯二胺与葡萄酒中的 α-二羰基化合物发生衍生化反应，生成喹喔啉类衍生物（见图 2）。该反应可直接在 pH＝8,60℃条件下的葡萄酒中进行反应，反应时间为 3 h。衍生物产物可用高效液相色谱（HPLC）-紫外检测器进行测定，检测波长为 313 nm。

1,2-苯二胺 ＋ 二羰基 → 喹喔啉

图 2 衍生物的形成

4 试剂

4.1 二羰基化合物

4.1.1 40％乙二醛溶液。

4.1.2 40％丙酮醛溶液。

4.1.3 双乙酰,纯度＞99％。

4.1.4 2,3-戊二酮,纯度＞97％。

4.1.5 2,3-己二酮,纯度＞90％。

4.2 粉末状 1,2-苯二胺,纯度＞97％。

4.3 液相用纯净水(可进行过滤且电阻率达到 18.2 MΩ·cm)。

4.4 色谱纯乙醇。

4.5 氢氧化钠。

4.6 纯结晶醋酸。

4.7 流动相 A。

　　1 L 纯净水中加入 0.5 mL 乙酸,混匀,脱气(可超声处理)。

4.8 流动相 B 色谱甲醇。

4.9 50％乙醇溶液。

　　50 mL 色谱纯乙醇与 50 mL 水混合。

4.10 2.0 g/L 2,3-己二酮内标液

　　称 40 mg 2,3-己二酮于 30 mL 烧瓶中,加入 20 mL 50％乙醇溶液,搅拌均匀直至完全溶解。

5 仪器

5.1 配有紫外检测器(检测波长 313 nm)的高效液相色谱仪。

5.1.1 色谱柱:5 μm 十八烷基硅胶柱,规格:250 mm×4.6 mm。

5.1.2 数据采集系统。

5.2 pH 计。

5.3 磁力搅拌器。

5.4 精度为 0.1 mg 的天平。

5.5 HPLC 溶剂脱气系统(例如超声仪)。

5.6 60℃烘箱。

5.7 标准实验玻璃器皿、移液管,30 mL 带螺旋帽的烧瓶和微量注射器。

6 样品制备

　　无需制备。

7 步骤

　　取 10 mL 葡萄酒于 30 mL 烧瓶中。边加氢氧化钠边搅拌,将 pH 调至 8。加入 5 mg 1,2-苯二胺,加入 10 μL 2.0 g/L 的 2,3-己二酮(内标),用旋盖将烧瓶拧紧,充分搅拌直到完全溶解,置于 60℃烘箱中反应 3 h,冷却至室温。

7.1 优化和分析条件

　　二羰基化合物与 1,2-苯二胺在 pH＝8 时反应最完全,产率最高。二羰基化合物溶液在 25℃,40℃或 60℃下衍生完全后,按 7.2 步骤所述,用 HPLC 进行分析,在不同反应时间的回收率见表 1。由于衍生试剂与长链分子(2,3-戊二酮和 2,3-己二酮)反应速度较慢,二酮类化合物需要更多的反应时间和较高的反应温度。此外,经研究表明,二氧化硫对喹喔啉不会

形成干扰。

表1 反应时间和温度对乙二醛、双乙酰和2,3-己二酮的苯二胺衍生物的影响

名称	反应温度/℃	回收率/%		
		反应1 h	反应2 h	反应3 h
乙二醛	25	92	93	94
	40	95	97	98
	60	96	98	100
双乙酰	25	23	77	87
	40	64	89	94
	60	85	100	100
2,3-己二酮	25	17	67	79
	40	55	79	88
	60	69	93	100

7.2 HPLC 分析

——进样。冷却后直接进样,进样量 20 μL。

——洗脱程序。对于梯度洗脱,洗脱程序见表2。

表2 洗脱程序

时间/min	溶剂 A	溶剂 B
0	80	20
8	50	50
26	25	75
30	0	100
32	0	100
40	100	0
45	80	20
50	80	20

流速为 0.6 mL/min。

——分离。色谱图见图3。

——检测。所有二羰基化合物衍生物最佳检测波长为 313 nm。

——衍生物定性。通过与混合标准的保留时间进行比较对衍生物进行定性。该色谱条件下葡萄酒中所有的峰都能得到良好的分离效果。

对本方法进行了一些非正式验证,没有完全遵循分析方法验证草案中有关设计、实施和说明的规定(OIV 6/2 000)。

——重复性。平行测定同一葡萄酒 10 次,计算重复性(见表3)。

表3　重复性研究和方法的评价

名称		平均值[a]	标准偏差/%	CV/%
白葡萄酒	乙二醛	4.379	0.101	2.31
	丙酮醛	2.619	0.089	3.43
	双乙酰	5.014	0.181	3.62
	2,3-戊二酮	2.307	0.097	4.21
红葡萄酒	乙二醛	2.211	0.227	10.30
	丙酮醛	1.034	0.102	9.91
	双乙酰	1.854	0.046	2.49
	2,3-戊二酮	0.698	0.091	13.09
[a] 分析同一葡萄酒样品10次，结果以 mg/L 表示。				

——线性。测定系列标准溶液，确定该方法的线性〔使用 12%(V/V)乙醇溶液作为溶剂〕(见表4)。定量分析结果表明该方法中四种化合物线性良好。

表4　标准溶液的线性相关系数

乙二醛 峰面积	丙酮醛 峰面积	双乙酰 峰面积	2,3-戊二酮 峰面积
$R=0.992$	$R=0.997$	$R=0.999$	$R=0.999$

——回收率。在红葡萄酒和白葡萄酒中的加标回收率实验表明，该方法的回收率良好。回收率范围在 92%～116%。

——定量限。二羰基化合物的定量限非常低，双乙酰检出限低于其他化合物的 10 倍(见表5)。

表5　二羰基化合物的定量分析

名称	检出限[a]	测定限[a]	定量限[a]
乙二醛	0.015	0.020	0.028
丙酮醛	0.015	0.020	0.027
双乙酰	0.002	0.002	0.003
2,3-戊二酮	0.003	0.004	0.006
[a] 结果以 mg/L 表示，乙醇水溶液〔10%(V/V)〕。			

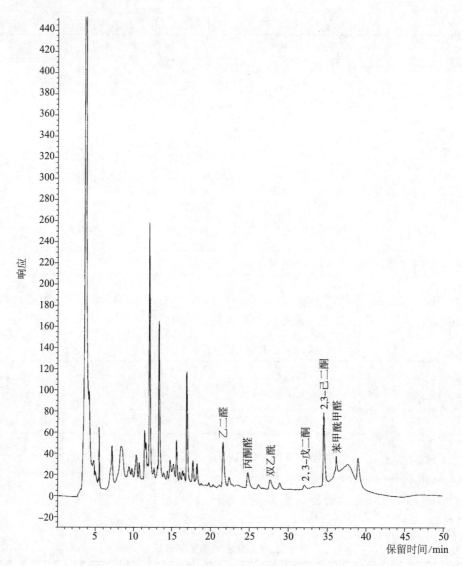

图3 1,2-苯二胺衍生白葡萄酒中的二羰基化合物高效液相色谱图

（UV 检测波长为 313 nm，Spherisorb ODS 柱 250 mm×4.6 mm×5 μm）

参 考 文 献

［1］Bartowski E. J. and Henschke P. A. ，The buttery attribute of wine-diacetyl-desirability spoilage and be-yond. Int. J. Food Microbiol. 96；235-252(2004).

［2］Bednarski W. ，Jedrychowski L. ，Hammond E. ，and Nikolov L. ，A method for determination of-dicarbonyl compounds. J. Dairy Sci. 72；2474-2477(1989).

［3］Leppannen O. ，Ronkainen P. ，Koivisto T. and Denslow J. ，A semiautomatic method for the gas chromato-graphic determination of vicinal diketones in alcoholic beverages. J. Inst. Brew. 85；278-281(1979).

［4］Martineau B. ，Acree T. and Henick-Kling T. ，Effect of wine type on the detection threshold for diacetyl. Food Res. Int. 28；139-143(1995).

［5］Moree-Testa P. and Saint-Jalm Y. ，Determination of-dicarbonyl compounds in cigarette smoke. J. Chromatogr. 217：197-208(1981).

［6］De Revel G. ，Pripis－Nicolau L. ，Barbe J. -C. and Bertrand A. ，The detection of α-dicarbonyl compounds in wine by the formation of quinoxaline derivatives. J. Sci. Food Agric. 80：102-108(2000).

［7］De Revel G. and Bertrand A. ，Dicarbonyl compounds and their reduction products in wine. Identification of wine aldehydes. Proc. 7th Weurman Flavour Research Symp，Zeist，June，pp 353-361(1994).

［8］De Revel G. and Bertrand A. ，A method for the detection of carbonyl compounds in wine：glyoxal and methylglyoxal. J. Sci. Food Agric. 61：267-272(1993).

［9］Voulgaropoulos A. ，Soilis T. and Andricopoulos N. ，Fluorimetric determination of diacetyl in wines after condensation with 3，4-diaminoanisole. Am. J. Enol. Vitic. 42：73-75(1991).

［10］Gilles de Revel et Alain Bertrand Analyse des composés α-carbonyles du vin après dérivation par le 2，3-diaminobenzène OIV FV 1275.

α-二羰基化合物(气相色谱衍生化法)

(OIV-Oeno 386B-2010)

1 概述

葡萄酒中的二羰基化合物十分重要,它们会影响感官,并与葡萄酒中的其他组分发生化学或微生物反应。

葡萄酒中的 α-二羰基化合物主要有(见图 1):乙二醛、丙酮醛、双乙酰和戊烷-2,3-二酮,其中 α-二酮在葡萄酒中的含量较为丰富。羰基化合物几乎存在于所有类型的葡萄酒中,特别是经苹果酸-乳酸发酵后的红葡萄酒。另外,用贵腐葡萄酿造的甜口白葡萄酒可能含有高浓度的乙二醛和丙酮醛。

乙二醛:OCH—CHO(乙二醛)

丙酮醛:CH_3—CO—CHO(2-氧代丙醛)

双乙酰:CH_3—CO—CO—CH_3(2,3-丁二酮)

2,3-戊二酮:CH_3—CH_2—CO—CO—CH_3

2,3-己二酮:CH_3—CH_2—CH_2—CO—CO—CH_3

图 1 葡萄酒中主要的 α-二羰基化合物(天然葡萄酒中不含有 2,3-己二酮,但可用作内标)

2 适用范围

该方法适用于所有类型的葡萄酒(白葡萄酒、红葡萄酒、甜酒或烈酒)中二羰基化合物的测定,其含量范围为 0.05 mg/L~20 mg/L。

3 原理

1,2-苯二胺与葡萄酒中的 α-二羰基化合物发生衍生化反应,生成喹喔啉类衍生物(见图 2)。该反应可直接在 pH8,60℃条件下的葡萄酒中进行反应,反应时间为 3 h。然后,用二氯甲烷提取衍生物,并用气相色谱-质谱联用仪(GC-MS)进行测定,也可用氮磷检测器。

1,2苯二胺 + 二羰基 → 喹喔啉

图 2 衍生物的形成

4 试剂

4.1 二羰基化合物:

4.1.1 40%乙二醛溶液。

4.1.2　40％丙酮醛溶液。

4.1.3　双乙酰,纯度＞99％。

4.1.4　2,3-戊二酮,纯度＞97％。

4.1.5　2,3-己二酮,纯度＞90％。

4.2　粉末状1,2-苯二胺,纯度＞97％。

4.3　液相用纯净水(可进行过滤且电阻率达到18.2 MΩ·cm)。

4.4　色谱纯乙醇。

4.5　氢氧化钠。

4.6　2 mol/L硫酸。

4.7　二氯甲烷。

4.8　无水硫酸钠。

4.9　50％乙醇溶液:50 mL色谱纯乙醇与50 mL水混合。

4.10　2.0 g/L 2,3-己二酮内标液:称40 mg 2,3-己二酮于30 mL烧瓶中,加入20 mL乙醇溶液,搅拌均匀,直至完全溶解。

4.11　无水硫酸钠。

5　仪器

5.1　气相色谱质谱联用仪,或气相色谱氮磷检测器。

5.1.1　色谱柱:相对极性,聚乙二醇毛细管柱(如CW 20 M,BP21):50 m×0.32 mm×0.25 μm。

5.1.2　数据采集系统。

5.2　pH计。

5.3　磁力搅拌器。

5.4　精度为0.1 mg的天平。

5.5　60℃烘箱。

5.6　标准实验玻璃器皿、移液管、30 mL带螺旋帽的烧瓶和微量移液器。

6　样品制备

无需制备。

7　步骤

取50 mL葡萄酒于30 mL烧瓶中。边加氢氧化钠边搅拌,将pH调至8。加入25 mg 1,2-苯二胺,加入50 μL 2.0 g/L2,3-己二酮(内标),用旋盖将烧瓶拧紧,充分搅拌直到完全溶解,置于60℃烘箱中反应3 h,冷却至室温。

7.1　优化和分析条件(该研究将按照HPLC分析进行)

在pH为8,60℃反应条件下反应3 h后,1,2-苯二胺衍生反应生成的二羰基化合物衍生物的产率最高。

此外,经研究表明,SO_2对喹喔啉不会产生干扰。

7.2　通过GC进行分析

7.2.1　喹喔啉的提取

——在7中制备的反应液中加入2 mol/L硫酸溶液,调节pH至2;

——用 5 mL 二氯甲烷提取 2 次,磁力搅拌器搅拌 5 min;

——每次取下层有机相;

——合并 2 次萃取液;

——用约 1 g 无水硫酸钠干燥;

——转移,待进样。

7.2.2　色谱分析(仅供参考)

——检测。GC-MS 进行分析,HP 5890 气相色谱-HP 5970 质谱,配有化学工作站(电子撞击电压:70 eV,2.7 kV)。

注:亦可使用氮磷检测器。

——色谱柱。BP21(SGE,50 m×0.32 mm×0.25 μm)。

——升温程序。进样口和检测器的温度分别为 250℃ 和 280℃;柱温:60℃ 下保持 1 min;然后以 2℃/min 的速度升温至 220℃,保持 20 min。

——进样。进样量为 2 μL,不分流模式,时间为 30 s。

7.2.3　衍生物喹喔啉的测定

——分离。采用选择离子扫描模式(SIM),图 3 为葡萄酒样品色谱图。所有类型的葡萄酒样品(白葡萄酒、红葡萄酒、甜型葡萄酒和强化型葡萄酒),包括发酵葡萄汁分离效果均良好。

——定性。GC-MS 可通过全扫描模式(scan)进行峰的定性,通过与质谱库中喹喔啉的质谱信息进行对比来确认葡萄酒样品中由二羰基化合物衍生出的喹喔啉化合物;此外,可对其反应时间进行比较。表 1 为二羰基化合物衍生后主要的定性离子。

——测定。SIM 模式进行二羰基化合物的定量测定,选择质荷比 $m/z=76,77,103$, $117,130,144,158$ 和 171。离子质荷比 $m/z=76$ 和 77 作为定量离子,其他的则作为定性离子,例如乙二醛:质荷比 $m/z=103$ 和 130,丙酮醛:质荷比 $m/z=117$ 和 144,双乙酰:质荷比 $m/z=117$ 和 158,2,3-戊二酮:质荷比 $m/z=171$ 以及 2,3-己二酮:质荷比 $m/z=158$ 和 171。

7.2.4　方法评价

对本方法进行了一些非正式验证,没有完全遵循分析方法验证草案中有关设计、实施和说明的规定(OIV 6/2 000)。

——重复性。GC-MS-SIM 法的重复性:四个二羰基化合物 CV 均在 2%～5%。

——回收率。葡萄酒中加标回收率范围在 92%～117%。

——线性。线性范围为 0.05 mg/L～20 mg/L。

——检出限。葡萄酒中衍生后二羰基化合物的检出限为 0.05 mg/L。

表 1　1,2-苯二胺衍生二羰基化合物产物的质谱(离子丰度和质荷比与基峰有关)

二羰基化合物	衍生物	衍生物质谱(离子和丰度)
乙二醛	喹喔啉	130(100),103(56.2),76(46.8),50(20.2),75(10.4),131(9.4)
丙酮醛	2-甲基喹喔啉	144(100),117(77.8),76(40.5),77(23.3),50(21.9),75(11.3),145(10.3)
双乙酰	2,3-二甲基喹喔啉	117(100),158(75.6),76(32.3),77(23.1),50(18.3),75(10.4)

表1（续）

二羰基化合物	衍生物	衍生物质谱（离子和丰度）
2,3-戊二酮	2-乙基-3-甲基喹喔啉	171(100),172(98),130(34.1),75(33.3),77(21),50(19.4),144(19),143(14.1),103(14)
2,3-己二酮	2,3-二乙基喹喔啉	158(100),171(20.1),76(13.7),77(12.8),159(11.4),157(10.8),50(8.1)

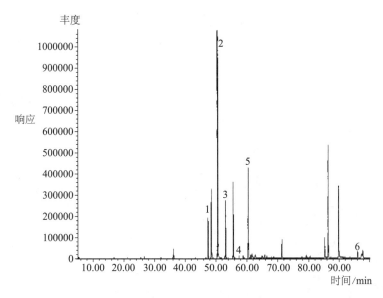

图3 白葡萄酒样品中1,2-苯二胺衍生二碳基化合物产物的气相色谱图

〔质谱检测质荷比 m/z=76,77,103,117,130,131,144,158,160 和 171。BP21 色谱柱,50 m×0.32 mm×0.25 μm,

升温程序:初始温度 60℃,保持 1 min,然后以 2℃/min 的速度,升至 220℃。进样口温度:250℃〕

1—乙二醛;2—丙酮醛;3—双乙酰;4—2,3-戊二酮;5—2,3-己二酮(内标);6—苯肼(此方法中未研究)

参 考 文 献

[1] Bartowski E. J. and Henschke P. A. The buttery attribute of wine-diacetyl-desirability spoilage and beyond. Int. J. Food Microbiol. 96:235-252(2004).

[2] Bednarski W. ,Jedrychowski L. ,Hammond E. ,and Nikolov L. ,A method for determination of-dicarbonyl compounds. J. Dairy Sci. 72:2474-2477(1989).

[3] Leppannen O. ,Ronkainen P. ,Koivisto T. and Denslow J. A semiautomatic method for the gas chromatographic determination of vicinal diketones in alcoholic beverages. J. Inst. Brew. 85:278-281(1979).

[4] Martineau B. ,Acree T. and Henick-Kling T. ,Effect of wine type on the detection threshold for diacetyl. Food Res. Int. 28:139-143(1995).

[5] Moree-Testa P. and Saint-Jalm Y. ,Determination of-dicarbonyl compounds in cigarette smoke. J. Chromatogr. 217:197-208(1981).

[6] De Revel G. ,Pripis-Nicolau L. ,Barbe J. -C. and Bertrand A. ,The detection of α-dicarbonyl compounds in wine by the formation of quinoxaline derivatives. J. Sci. Food Agric. 80:102-108(2 000).

[7] De Revel G. and Bertrand A. Dicarbonyl compounds and their reduction products in wine. Identification of

wine aldehydes. Proc 7th Weurman Flavour Research Symp. ,Zeist,June,pp 353-361(1994).

[8] De Revel G. and Bertrand A. ,A method for the detection of carbonyl compounds in wine:glyoxal and methylglyoxal. J. Sci. Food Agric. 61:267-272(1993).

[9] Voulgaropoulos A. ,Soilis T. and Andricopoulos N. ,Fluorimetric determination of diacetyl in wines after condensation with 3,4-diaminoanisole. Am. J. Enol. Vitic. 42:73-75(1991).

[10] Gilles de Revel et Alain Bertrand,Analyse des composés α-dicarbonyles du vin après dérivation par le 1-2-diaminobenzène OIV FV 1275.

羧甲基纤维素（纤维素羧甲醚）

（OIV-Oeno 404-2010）

1 概述

羧甲基纤维素（CMC）是一种天然纤维素的聚合物，作为食品添加剂（INS 466）已经在产品中使用多年，如冰淇淋和预加工的食品[1]，它能够使食物口感更加柔滑。白葡萄酒和发泡酒里加入 CMC 是为了稳定酒石酸[2]，最近 OIV 决议 Oeno 2/2008 采纳了这种方法，并规定了加入量应小于 100 mg/L。白葡萄酒中 CMC 的测定方法是基于 1971 年 H. D Graham 发表的测定方法。

2 适用范围

该方法适用于白葡萄酒（平静和起泡）。

3 原理

CMC 从葡萄酒中析出，在酸性介质中水解成乙醇酸，然后降解形成甲醛。在甲醛的存在下，加入 2,7-二羟基萘（DHN）可形成 2,2,7,7-四羟基二萘基甲烷，该物质在 100℃ 以及浓硫酸的作用下变为紫蓝色，并在 540 nm 处有吸光值。

4 试剂

羧甲基纤维素钠（21902，平均黏度 400 mPa·s～1 000 mPa·s，取代度 0.60～0.95）。

2,7-二羟基萘（OHN）（纯度＞98,0％，HPLC）。

95％浓硫酸。

实验室用纯净水（质量符合：ISO 3696）。

5 仪器

实验室玻璃器皿。

透析袋（6 000 Da～8 000 Da）。

可控温水浴锅。

双光束紫外可见分光光度计。

6 步骤

6.1 试剂制备

——称取 50 mg DHN（精确至 1 mg）于 100 mL 容量瓶中。

——加入浓硫酸至刻度线。

——将其置于 28℃ 的可控温水浴锅内 4 h（无需搅拌）。

——加热结束后，将试剂转移至棕色试剂瓶中，并储存于 4℃ 的冰箱内。

6.2 葡萄酒样品制备

——取 20 mL 葡萄酒，脱气后，装入透析袋。

——将含有葡萄酒的透析袋置于一个充满了蒸馏水的 6L 的烧杯中。

——透析 24 h,更换两次透析用水。

6.3 显色反应

——取 1 mL 已透析的葡萄酒于试管中。

——加入 9 mL 试剂。

——将试管置于 100℃可控温水浴锅中水浴 2 h。

——使用紫外-可见光分光光度计对溶液进行分析,在 540 nm 处读取吸光值。

6.4 计算葡萄酒中 CMC 的含量

根据 6.3 中记录的吸光值,按照葡萄酒标准曲线(见图 2)计算 CMC 含量。

7 方法评价

对本方法进行了一些非正式验证,没有完全遵循分析方法验证草案中有关设计、实施和说明的规定(OIV 6/2 000)。

7.1 线性

在白葡萄酒中添加浓度介于 0 mg/L~100 mg/L 的 CMC,并按照上述步骤中的条件进行透析处理,浓度和响应值呈线性关系(图1)。

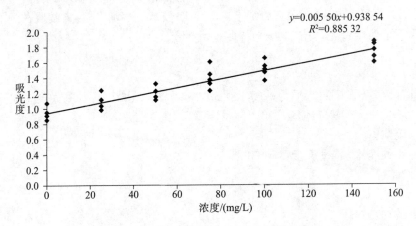

图 1 测定白葡萄酒中 CMC 的标准曲线

7.2 重复性

在相同的条件下,测定 22 个白葡萄酒样品中 CMC 含量,每个样品连续测 2 次,结果见表 1。

表 1 测定白葡萄酒中 CMC 方法的重复性

重复性	计算结果
标准偏差	0.075
$CV/\%$	7.2
r	0.21
$r/\%$	20

7.3 再现性

在不同日期测定 12 次白葡萄酒中 CMC 含量,结果见表 2。

表 2　测定白葡萄酒中 CMC 方法的再现性

重现性	计算结果
标准偏差	0.082
$CV/\%$	9.6
R	0.23
$R/\%$	27

7.4 特异性

在白葡萄酒中加入已知量的 CMC 并测定其回收率以对其特异性进行验证。结果见表 3。

表 3　白葡萄酒中 CMC 测定方法的特异性

样品	加入浓度/(mg/L)	终浓度/(mg/L)	回收率/%
葡萄酒 1	50	33	66
葡萄酒 1	50	51	102
葡萄酒 1	50	24	77
葡萄酒 2	75	78	104
葡萄酒	75	90	121
葡萄酒 2	75	69	92
葡萄酒 3	100	109	109
葡萄酒 3	100	97	97
葡萄酒 3	100	103	103
葡萄酒 4	150	163	109
葡萄酒 4	150	149	100
葡萄酒 4	150	159	106

7.5 检出限和定量限

对未处理葡萄酒样品进行 10 次测定,计算其检出限(LOD)和定量限(LOQ)。该方法测定检出限为 14 mg/L,定量限为 61 mg/L。

该方法可对 CMC 浓度大于 20 mg/L 的白葡萄酒样品进行定性,当 CMC 浓度超过 60 mg/L 时,可对其进行定量测定。该方法能够满足相关规定中 CMC 最大剂量为 100 mg/L 的要求。

7.6 不确定度

不确定度可以通过在葡萄酒中添加 3 个不同浓度水平 CMC(25 mg/L,75 mg/L 和 150 mg/L)的测定结果的再现性标准偏差进行计算,该方法的不确定度为 40 mg/L。

参 考 文 献

［1］Regulation(CE)N°1333/2008 of the 16th of December,2008 concerning food additives.

［2］Stabilisation tartrique des vins par la carboxyméthylcellulose-Bulletin de l'OIV 2001,vol 74,n°841-842, p151-159.

［3］Determination of carboxymethycellulose in food products-H. D Graham,Journal of food science 1971, p 1052-1055.

蛋白澄清剂潜在过敏残基

（OIV-Oeno 427-2010，OIV-COMEX 502-2012 对其修订）

1 标准方法的定义

精度：从一系列大量测试结果中得到的平均值和可接受的参考值之间的一致程度。

r：重复性限。重复性条件下（例如：同一样品、同一名操作员、相同的设备、相同的实验室和较短的时间间隔），在一个特定的置信区间内（通常为 95%），2 次单个测试结果之间的绝对差值的低限，$r=2.8 \times S_r$。

S_r：标准偏差。用重复性条件下得到的结果进行计算。

RSD_r：相对标准偏差。用重复性条件下得到的结果进行计算 $[(S_r/\bar{x}) \times 100]$，其中 $\bar{x}$ 是所有实验室和样品的平均值。

R：再现性限。再现性条件下（例如：操作员在不同的实验室，采用相同的材料，使用标准化的测试方法），在特定的置信区间内（通常为 95%），2 次单个测试结果之间的绝对差值的低限，$R：2.8 \times S_R$。

S_R：标准偏差。用再现性条件下得到的结果进行计算。

RSD_R：相对标准偏差。用再现性条件下得到的结果进行计算 $[(S_R/\bar{x} \times 100]$。

HoR：HORRAT 值。所获得的 RSD_R 值除以通过 Horwitz 公式计算出的 RSD_R 值。

B_0：空白平均值。

LOD：检出限。计算公式为 $LOD = B_0 + 3 \times S_r(B_0)$。

LOQ：定量限。计算公式为 $LOD = B_0 + 10 \times S_r(B_0)$。

2 一般性质

2.1 要求

分析方法必须与具体的酿酒实际工艺相结合。

2.2 含有过敏性蛋白的添加剂或加工助剂

必须从化学的角度，严格控制每个产品的质量。

2.3 分析方法的类别

一般来说，免疫酶法是进行致敏原日常控制最合适而且最简单的方法。

测定葡萄酒中蛋白质澄清剂过敏残留物可以使用双抗体夹心法、竞争法、直接或间接 ELISA 方法。如没有酶标记的抗体，可用生物素化抗体与抗生物素-HRP 结合物进行检测。

2.4 抗体

——抗体特异性（对过敏原亲和力的评价）；

——高特异性的商业加工助剂（特性描述如上）；

——葡萄酒酿造中使用的蛋白质的交叉反应特性；

——对葡萄酒酿造工艺（蛋白质水解或改性分子）中形成的过敏源衍生物的检测能力

方法；

——抗体在酒样中必须有最佳的结合特性；

——对具有不同化学特性(pH和干浸出物,红葡萄酒和白葡萄酒等)的酒样,方法必须具有最佳的性能；

——来自不同地理区域的葡萄酒(即使采取不同的酒酿造工艺)的结果要有可比性；

——即使葡萄酒成熟条件(时间、温度、变色等)不同,但抗体必须具有最佳的结合特性。

3 方法

测定葡萄酒中蛋白澄清剂的具体方法尚无规定。下述几个ELISA方法可以适用。

实验室应使用OIV验证的方法,这些方法符合表1所示的评价指标。如果可能,实验室间的协同实验材料中应包括一个有证标准物质。否则,需使用其他方法对真实性进行评估。

3.1 直接或间接ELISA方法的基本步骤

直接的单步法仅使用一个标记抗体。样品/标准中的抗原与标记抗体孵化并在培养孔中结合。

间接的两步法使用一个标记的二级抗体检测。首先,样品/标准中的抗原与一级的抗体孵化并在培养孔中结合。随后另一个标记的二级抗体识别一级抗体并进行孵化。

3.1.1 直接法

a) 准备一个已结合样品中抗原的平板。

b) 阻止板上任何非特异性结合位点。

c) 采用酶联抗体特异性结合抗原。

d) 洗板,以除去过量的(未结合)抗体-酶结合物。

e) 通过酶将加入的一种化学物质转换成有颜色或荧光或电化学信号。

f) 通过测定酶标板孔中的吸光度、荧光或电化学信号(例如:电流),以确定抗原的存在和数量。

在测定之前,抗体制剂必须被纯化并交联。

3.1.2 间接法

a) 准备一个已结合样品中抗原的平板。

b) 阻止板上任何非特异性结合位点。

c) 采用一级抗体特异性结合抗原。

d) 洗板,以除去过量的(未结合)一级抗体。

e) 采用对一级抗体具有特异性的酶联二级抗体进行结合。

f) 洗板,以除去过量的(未结合)抗体-酶结合物。

g) 通过酶将加入的一种化学品转换成有颜色或荧光或电化学信号。

h) 通过测定酶标板孔中的吸光度、荧光或电化学信号(例如:电流),以确定抗原的存在和数量。

在测定之前,这两个抗体必须被纯化而且其中一个必须是交联的。

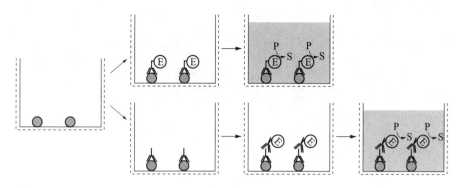

图 1 直接和间接 ELISA

大多数情况下,结合度高的聚乙烯微孔板是最好的;具体应向制造商咨询,以确定结合给定抗原最合适的酶标板类型。

直接和间接 ELISA 的最大优点是高灵敏度,用相对比较简易的设备来减少非特异性结合。但它只适用于含有少量非抗原蛋白的样品。

3.2 竞争 ELISA 方法的基本步骤

"竞争"是描述一种待测物质对已建立系统干扰能力的定量试验方法。该实验能够直接进行,或者通过一步法或间接的两步法进行。

3.2.1 直接法

a）准备一个结合了已知量抗原的平板。

b）阻止板上任何非特异性结合位点。

c）采用样品或标准(抗原)和抗原特异性结合的酶联抗体在已包被的微孔板上进行结合。包被在微孔板上的抗原和溶液中的抗原"竞争"抗体。因此,样品中的抗原越多,结合固定抗原的抗体就越少。

d）洗板,以除去过量的(未结合)抗体和未结合的抗原-抗体复合物。

e）通过酶将加入的一种化学品转换成有颜色或荧光或电化学信号。

f）通过测定酶标板孔中的吸光度、荧光或电化学信号(例如:电流),以确定抗原的存在和数量。

在测定之前,抗体必须被纯化而且必须是交联的。

3.2.2 间接法

a）准备一个结合了已知量抗原的平板。

b）阻止板上任何非特异性结合位点。

c）采用样品或标准(抗原)和抗原特异性结合的酶联抗体在已包被的微孔板上进行结合。包被在微孔板上的抗原和溶液中的抗原"竞争"抗体。因此,样品中的抗原越多,结合固定抗原的抗体就越少。

d）洗板,以除去过量的(未结合)抗体和未结合的抗原-抗体复合物。

e）采用对一级抗体具有特异性的酶联二级抗体进行结合。

f）洗板,以除去过量的(未结合)抗体-酶结合物。

g）通过酶将加入的一种化学品转换成有颜色或荧光或电化学信号。

h）通过测定酶标板孔中的吸光度、荧光或电化学信号(例如:电流),以确定抗原的存在和数量。

在测定之前,这两级抗体必须被纯化而且其中一个必须是交联的。

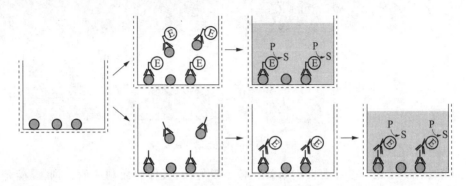

图 2 直接和间接竞争 ELISA

对于竞争性 ELISA,原始的抗原浓度越高,信号就越弱。

大多数情况下,结合度高的聚乙烯微孔板是最好的;具体应向制造商咨询,从而确定结合给定抗原最合适的酶标板类型。

3.3 双抗体夹心 ELISA 方法的基本步骤

双抗体夹心 ELISA 法测定了两侧抗体之间的抗原含量(例如捕获和检测抗体)。被检测的抗原必须含有两种不同的抗原位点(抗原决定簇)用于结合两种不同的抗体。无论是单克隆抗体或多克隆抗体均可使用。

3.3.1 直接法

a) 准备一个已结合捕获抗体的平板。

b) 阻止板上任何非特异性结合位点。

c) 将含抗原的样品或标准结合到板上。

d) 洗板,以除去未结合抗原。

e) 采用酶联抗体(检测抗体)特异性结合抗原。

f) 洗板,以便于除去过量的(未结合)抗体-酶结合物。

g) 通过酶将加入的一种化学品转换成有颜色或荧光或电化学信号。

h) 通过测定酶标板孔中的吸光度或荧光或电化学信号(例如:电流),以确定抗原的存在和数量。

在测定之前,这两个抗体必须被纯化而且其中一个必须是交联的。

3.3.2 间接法

a) 准备一个已结合捕获抗体的平板。

b) 阻止板上任何非特异性结合位点。

c) 将含抗原的样品或标准结合到板上。

d) 洗板,以除去未结合抗原。

e) 采用一级抗体特异性结合抗原。

f) 洗板,以除去过量的(未结合)一级抗体。

g) 采用酶联抗体(二级抗体)特异性结合一级抗体。

h) 洗板,以除去过量的(未结合)酶联抗体。

i) 通过酶将加入的一种化学品转换成有颜色或荧光或电化学信号。

j) 通过测定酶标板孔中的吸光度、荧光或电化学信号（例如：电流），以确定抗原的存在和数量。

在测定之前，所有的抗体必须被纯化而且其中一个必须是交联的。

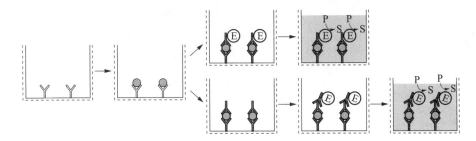

图 3　直接和间接双抗体夹心-ELISA

对于间接双抗体夹心 ELISA，捕获抗体和检测抗体必须是不同的种类的（例如：老鼠和兔子），从而使酶联二级抗体特异性结合检测抗体而不结合捕获抗体。

大多数情况下，结合度高的聚乙烯微孔板是最好的；具体应向制造商咨询，从而确定结合给定抗原最合适的酶标板类型。

对于双抗体夹心 ELISA，测定与样品中的抗原含量成正比。

双抗体夹心 ELISA 的优点是粗样品在分析之前不需要进行纯化，并且检测的灵敏度很高。

表 1　葡萄酒澄清剂中潜在过敏蛋白质分析方法的评价指标

参数	数值/注解
适用性	适用于官方测定葡萄酒中的澄清剂
检出限	（以 mg/L 表示）≤0.25
定量限	（以 mg/L 表示）≤0.5
精密度	在合作验证试验中 HORRAT 值小于或等于 2
回收率	80%～105%（如合作试验中所示）
特性	无基质干扰
准确度	$\lvert \bar{x}-m \rvert < 1.96 \times \sqrt{S_{R(lab)}{}^{2}-S_{r(lab)}{}^{2} \times (1-1/n)}$ 其中 m 是葡萄酒中标准物质的值，$\bar{x}$ 是在同一实验室葡萄酒中所含化合物中 n 次测量结果的平均值。 S_r（实验室）是对同一实验室重复性条件下的测得结果进行计算的标准偏差。 S_R（实验室）是对不同实验室再现性条件下的测得结果进行计算的标准偏差。

溶菌酶（高效毛细管电泳法）

(Oeno 385/2012)

1 概述

本方法用高效毛细管电泳法（HPCE）检测葡萄酒中加入的溶菌酶含量，但并不适用于分析或测定具有致敏特性的溶菌酶。

2 范围

此方法适用于检测白葡萄酒中溶菌酶的浓度为 9 mg/L～100 mg/L，如果高于这个水平，需要进行稀释。

3 原则

酒样直接过滤，根据需要稀释后注入毛细管电泳仪，用外标法进行定量。

4 试剂

4.1 溶菌酶（从鸡蛋白提取）。

4.2 85％磷酸。

4.3 羟丙基甲基纤维素（HPMC）。

4.4 实验室用纯净水（例如 ISO 3696 级）。

5 设备

毛细管电泳仪，配紫外检测器。

6 样品制备

待分析的葡萄酒用蒸馏水稀释 4 倍，使之处于本检测方法的线性范围内（溶菌酶含量低于 100 mg/L）。

7 分析条件

毛细管:熔融二氧化硅（37 cm 长，直径 75 μm）。

缓冲液:磷酸羟丙基甲基纤维素（75 mm、0.1％），pH 为 1.68。

注射时间:15 s。

进样方式:静压进样（3447.38 Pa）。

温度:25℃。

施加电压:7 kV。

检测波长:214 nm。

8 结果计算

配制溶菌酶水标准溶液 10 mg/L、20 mg/L、50 mg/L 和 100 mg/L，根据相应的峰面积绘制标准曲线。采用外标法，根据葡萄酒中溶菌酶的峰面积，得出其相应的含量。

9 方法评价

9.1 线性

允许添加到葡萄酒中溶菌酶的最大剂量是 500 mg/L。配制溶菌酶标准水溶液，浓度为 5 mg/L～500 mg/L。每种进样五次，发现当浓度高于 100 mg/L，响应不再呈线性关系。因此该方法的线性范围为 5 mg/L～100 mg/L，校正曲线如图 1。

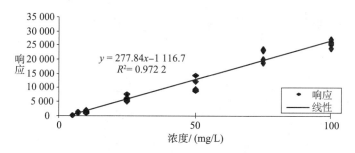

图 1　高效毛细管电泳测定溶菌酶的线性范围

9.2 重复性

对 20 支添加溶菌酶的白葡萄酒进行测定，每个样品在相同条件下连续分析两次。重复性见表 1。

表 1　高效毛细管电泳法测定溶菌酶重复性结果

重复性	结果
标准方差	2.63
$CV/\%$	1.4
$r/(mg/L)$	7.35
$r/\%$	4

9.3 再现性

对同一白葡萄酒，添加 200 mg/L 的溶菌酶，在不同的时间测试 8 次。再现性结果见表 2。

表 2　高效毛细管电泳法测定溶菌酶再现性结果

再现性	结果
标准方差	11.75
$CV/\%$	5.8
$R/(mg/L)$	32.90
$R/\%$	16

9.4 检出限(LOD)和定量限(LOQ)

检测限和定量限与溶菌酶标准第一个校准点，即 5 mg/L 响应值的面积和本底的噪音有关。所获得的结果如下：

$LOD = 3 \times$ 噪音本底$(mg/L) = 3 \ mg/L$

$LOQ = 10 \times$ 噪音本底$(mg/L) = 9 \ mg/L$

9.5 不确定度

用实验室内的再现性标准偏差确定不确定度,为12%。

参 考 文 献

[1] S. Chauvet,C. Lagrèze,A. Domec,M-H Salagoïty,B. Médina:Dosage du.

[2] lysozyme dans le vin par électrophorèse capillaire haute performance OIVFV 1274 ME. Barbeito,C. Coria, C. Chiconofri:Influencia del filtrado de vinos para la determinación de lisozima según oeno 8/2007 OIVFV1306.

3.2　非有机类化合物

3.2.1　阴离子

方法 OIV-MA-AS321-01　　　　　　　　　　　　　　　　　　　　方法类型 Ⅳ

总　　溴

1　原理

在过量碱石灰存在的条件下,将葡萄酒在 525℃ 下灼烧。将灰分溶解,调 pH 至 4.65,用氯胺 T 氧化释放出的溴与苯酚磺酞作用生成四溴苯酚磺酞,并在 590 nm 下对产物进行比色测定。

2　仪器

2.1　100℃ 水浴锅。

2.2　可控温电炉。

2.3　可测量 300 nm～700 nm 波长内吸光值的分光光度计。

3　试剂

3.1　50%(m/m)的 NaOH 溶液。

3.2　氢氧化钙〔$Ca(OH)_2$〕悬浊液,每升含 120 gCaO。

3.3　苯酚磺酞溶液:0.24 g 苯酚磺酞(酚红)溶解于 24 mL 0.1 mol/L 的氢氧化钠(NaOH)溶液中,加蒸馏水至 1 L。

3.4　缓冲溶液(pH 4.65):

2 mol/L 醋酸溶液	500 mL
2 mol/L 氢氧化钠溶液	250 mL
加蒸馏水至	1 L

3.5　氧化溶液:

氯胺 T	2 g
加蒸馏水至	1 L

使用前 48 h 制备此溶液,此溶液在 ±4℃ 能保存两个星期。

3.6　还原溶液:称取 25 g 硫代硫酸钠,溶解于蒸馏水中,定容至 1 L。

3.7　硫酸溶液:10%(V/V):将硫酸溶液($\rho_{20℃}=1.84$ g/mL)稀释至 1/10。

3.8　硫酸溶液:1%(V/V):纯硫酸溶液($\rho_{20℃}=1.84$ g/mL)稀释至 1/100。

3.9　相当于 1 g/L 溴的溴化钾溶液:用蒸馏水溶解 1.489 g 溴化钾(KBr)并定容至 1 L。

4　步骤

4.1　制备灰分和灰分溶液

50 mL 葡萄酒置于直径 7 cm 石英蒸发皿中,加入 0.5 mL 50% 的氢氧化钠溶液和 1 mL

氢氧化钙悬浊液,pH≥10,盖上玻璃盖放置 24 h,水浴锅中蒸发至干,可采用热空气流来加快蒸发过程。

灰分:将蒸发皿放在 525℃电炉上 30 min,冷却后,用少许蒸馏水将残渣混合。在水浴锅中蒸干水分后,再次于 525℃的电炉上灼烧。重复以上操作,直至得到灰/白色的灰分。

向残渣中加入 5 mL 沸腾的蒸馏水,混匀,用滴定管先向混合物中加入 10% 的硫酸溶液,然后加入足量的 1% 硫酸溶液,直到将 pH 调至 4~5 之间(用试纸测量)。假设加入硫酸溶液的体积为 x mL,那么,再加入 $10.2-(x+5)$ mL 的蒸馏水。用玻棒将沉淀的硫酸钙沉淀捣碎,将蒸发皿中的溶液转移到离心管内,离心 10 min。吸取 8 mL~9 mL 上清液,放入试管中。

4.2　定性试验

测定葡萄酒中溴含量是否在 0 mg/L~1 mg/L,可直接对未稀释的灰分溶液进行测定。

向小试管中加入:

——1 mL 灰分溶液;

——1 滴 pH 4.65 的缓冲溶液;

——1 滴苯酚磺酞溶液;

——1 滴氯胺 T 溶液。

1 min 后,加入 1 滴硫代硫酸钠终止反应。

如果得到溶液为黄色,黄褐色或者黄绿色,那么灰分溶液可不用稀释直接使用。

如果得到溶液为蓝色,紫色或者蓝紫色,说明葡萄酒中溴的含量超过 1 mg/L,灰分溶液必须被稀释至 1/12 或 1/5,直到溶液颜色符合前述条件。

4.3　定量方法

在一个试管中加入:

——5 mL 稀释或未稀释的灰分溶液;

——0.25 mL pH 4.65 的缓冲溶液;

——0.25 mL 苯酚磺酞溶液;

——0.25 mL 氯胺 T 溶液;

——等待 1 min 后加入 0.25 mL 硫代硫酸钠。

用分光光度计在 590 nm,用 1 cm 比色皿测定样品和空白(5 mL 蒸馏水)的吸光度。

注:当溴含量低(溶液为黄色,淡绿色)用 2 cm 光程的比色杯测定吸光度。

4.4　建立标准曲线

在使用之前,将 1 g/L 的 KBr 标准溶液分两步稀释,每次稀释 1/10,直至溶液中溴的含量为 10 mg/L。

在一组 8 个试管中,分别依次加入 0.25 mL,0.50 mL,0.75 mL,1.00 mL,1.25 mL,1.50 mL,2.00 mL 和 2.50 mL 浓度为 1 g/L 的溴标准溶液(3.9),用蒸馏水定容至 5 mL(以上溶液中溴的含量分别相当于葡萄酒灰分溶液稀释前 0.05 mg/L,0.1 mg/L,0.125 mg/L,0.2 mg/L,0.25 mg/L,0.3 mg/L,0.4 mg/L 和 0.5 mg/L)。按 4.3 的方法进行操作,记录这些溶液的吸光度,吸光度对应的溴含量是一条稍微偏离原点的直线。

5 结果表达

根据灰分溶液的吸光度在标准曲线上查找出葡萄酒中溴的含量(要考虑比色皿的厚度和灰分溶液的稀释倍数)。总溴含量以 mg/L 表示,结果保留两位小数。

参 考 文 献

［1］ DAMIENS A. ,Bull. Sci. Pharmacologiques,1920,27,609;Ibid,1921,28,37,85 et 105.

［2］ BALANTRE P. ,J. Pharm. Chem. ,1936,24,409.

［3］ PERRONET M. ,ROCQUES Mme S. ,Ann. Fals. Fraudes, 1952,45,347.

［4］ CABANIS J. C. ,Le brome dans les vins,Thèse doct. Pharm. ,Montpellier,1962.

［5］ JAULMES P. ,BRUN Mme S. , Cabanis J. C. ,Chim anal. ,1962,327.

［6］ STELLA C. ,Riv. Viticolt. Enol. ,Conegliano,1967,5.

氯　化　物

1　方法原理

使用 Ag/AgCl 电极以电位滴定法直接测量葡萄酒中的氯化物。

2　仪器

2.1　pH 电位计,刻度至少为 2 mV。

2.2　磁力搅拌器。

2.3　Ag/AgCl 电极,饱和硝酸钾溶液作为电解液。

2.4　微量滴定管,最小刻度为 0.01 mL。

2.5　精密计时器(秒表)。

3　试剂

3.1　标准氯化物溶液:

称取已在干燥器中存放数天的氯化钾(KCl)2.102 7 g,(溴含量不超过 0.005%)用蒸馏水溶解并定容至 1 L,溶液中 Cl⁻ 浓度为 1 mg/mL。

3.2　硝酸银溶液:

称取 4.791 2 g 分析纯的硝酸银(AgNO₃),溶于体积分数为 10% 的乙醇水溶液中,并用乙醇水溶液定容至 1 L。1 mL 此溶液相当于含 Cl⁻ 1 mg。

3.3　浓度不低于 65% 的硝酸($\rho_{20℃} = 1.40$ g/mL)。

4　步骤

4.1　量取 5.0 mL 标准氯化物溶液(3.1)于 150 mL 的烧杯中,置于磁力搅拌器(2.2)上,用蒸馏水稀释至 100 mL 左右,加入 1.0 mL 硝酸(3.3)进行酸化。插入电极后,用微量滴定管滴加硝酸银溶液(3.2),充分搅拌。按以下步骤添加硝酸银溶液:

先加入 4 mL,每加入 1 mL 读取对应的电位值。再每次加 0.20 mL 直至 2 mL,读取对应电位值。最后,持续添加,每次加 1 mL,读取相应电位值,直到加入总量为 10 mL 为止。在每次滴加硝酸银溶液之后,至少等待 30 秒再读取相应电位值。用得到的电位值(mV)与对应的滴定试剂体积(mL)在坐标图纸上绘制曲线,曲线上的拐点即为电位的等电点。

4.2　量取 5 mL 标准氯化物溶液到含有 95 mL 蒸馏水和 1 mL 硝酸的 150 mL 烧杯中。插入电极,搅拌的同时进行滴定,直到到达等电点。重复此测试,直到得到一致的测试结果。在测量每个系列样品中氯化物含量之前都要进行该校准实验。

4.3　量取 50 mL 葡萄酒加入 150 mL 烧杯中,加入 50 mL 蒸馏水及 1 mL 硝酸(3.3)后按4.2描述的步骤进行滴定,记录达到等电点时的硝酸银的消耗体积。

5　结果表达

5.1　计算

如果 n 表示滴定时硝酸银的体积,在测试溶液中氯化物的含量为:

$20n$	mg/L,以 Cl⁻ 计。
$0.563\ 3n$	mEq/L(即毫当量,相当于摩尔数×化学价×1 000)。
$32.9n$	mg/L 以 NaCl 计。

以上用 Cl^- 表示。

5.2 重复性(r):

$$r=1.2 \text{ mg/L,以 Cl}^- \text{ 计}$$
$$r=0.03 \text{ mEq/L}$$
$$r=2.0 \text{ mg/L,以 NaCl 计}$$

5.3 再现性(R)

$$R=4.1 \text{ mg/L,以 Cl}^- \text{ 计}$$
$$R=0.12 \text{ mEq/L}$$
$$R=6.8 \text{ mg/L,以 NaCl 计}$$

6 说明(针对精确测量)

测定样品液时完全依照滴定标准样品(4.2)时的操作进行:

a) 量取待分析的葡萄酒 50 mL 于 150 mL 烧杯中,加入 50 mL 蒸馏水和 1 mL 硝酸(3.3)。用硝酸银溶液(3.2)进行滴定,每滴入 0.5 mL 硝酸银的同时记录对应的电位值。根据第一次的滴定过程估算需要硝酸银溶液的体积。

b) 重复以上测试过程,每次滴加 0.5 mL 硝酸银溶液直到比预滴定实验 a)中加入的硝酸银体积少 1.5 mL~2 mL 时,改为每次滴加 0.2 mL 硝酸银溶液。再均匀的滴加样液,如每次先滴加 0.2 mL 再滴加 0.5 mL 一直到超过预测的等电点为止。

滴定终点和消耗的硝酸银的准确体积可以通过以下方式得到:

——绘制滴定曲线确定电位等电点;

——或通过以下公式计算得出消耗的硝酸银体积:

$$V=V'+V_i\ \frac{\Delta E_1}{\Delta E_1+\Delta E_2}$$

其中:V——在等电点处滴定溶液的体积;

V'——在电位出现最大跳跃之前滴定溶液的体积;

ΔV_i——所加每份滴定溶液的恒定体积,设其为 0.2 mL;

ΔE_1——电位出现最大变化之前的电位差;

ΔE_2——电位出现最大变化之后的电位差。

表 1

硝酸银标准溶液的体积/mL	电位值 E/mV	ΔE_1	ΔE_2
0	204	—	—
0.2	208	4	0
0.4	212	4	2
0.6	218	6	0
0.8	224	6	0
1.0	230	6	2
1.2	238	8	4
1.4	250	12	10
1.6	272	22	

表1(续)

硝酸银标准溶液的体积/mL	电位值 E/mV	ΔE_1	ΔE_2
1.8	316	44	22
2.0	350	34	10
2.2	376	26	8
2.4	396	20	6

在此例中,滴定终点在 1.6 mL~1.8 mL,最大电位变化(E＝44 mV)发生在这个区间, 此时,用于计算检测的样品中氯化物含量的硝酸银滴定液的体积为:

$$V = 1.6 + 0.2\,\frac{22}{22+10} = 1.74 \text{ mL}$$

参 考 文 献

[1] MIRANDA PATO C. de,F. V. ,O. I. V. ,1959,n°12.

[2] HUBACH C. E. ,J. Ass. Off. Agric. Chem. ,1966,49,498.

[3] Fédération internationale des Producteurs de jus de fruits,F. O. I. V. ,1968,n°37.

[4] JUNGE Ch. , F. V. ,O. I. V. ,1973,n°440.

氟　化　物

（决议 Oeno 22/2004）

1　范围

此方法可用于分析所有类型葡萄酒中的氟化物，测量范围 0.1 mg/L～10.0 mg/L。

2　原理

用氟电极测量加入缓冲液后样品中的氟化物浓度。缓冲液能提供较高且稳定的背景离子强度，络合铁和铝（否则，铁和铝会与氟形成络合物），同时调节 pH 使 HF·HF 缔合物含量最小。添加标准物使基质效应最小。

3　试剂

3.1　去离子水或蒸馏水。

3.2　纯度≥99.0％的氯化钠。

3.3　纯度≥99.0％的柠檬酸三钠。

3.4　纯度≥98.0％的 1,2-环己二胺四乙酸水合物（DTA）。

3.5　纯度≥98.0％的氢氧化钠。

3.6　用 3.5 制备的 32％（m/V）的氢氧化钠溶液。

3.7　纯度≥99.0％的冰醋酸。

3.8　纯度≥99.0％的氟化钠。

3.9　市售的总离子强度缓冲剂（TISAB），或具有同等作用的其他缓冲液（见 4.2）。

3.10　备选缓冲液：

3.10.1　向 1 L 烧杯（4.3）中加入大约 700 mL 水，再加入 58.0 g±0.1 g 氯化钠（3.2）和 29.4 g±0.1 g 柠檬酸三钠（3.3）。

3.10.2　用约 50 mL 蒸馏水中溶解 10.0 g±0.1 g CDTA（3.4）和 6 mL 32％（m/V）氢氧化钠溶液（3.6）。

3.10.3　以上两种溶液混合后加入 57 mL 冰醋酸（3.7），用 32％（m/V）的氢氧化钠溶液调节 pH 至 5.5，冷却至室温，将溶液转移至 1 L 容量瓶（4.10）中，用蒸馏水定容。

3.11　氟化物标准溶液：

3.11.1　配制氟化物标准储备液（100 mg/L）：称量（221±1）mg 氟化钠（3.8）（经 105℃ 干燥 4 h）置于 1 L 的聚乙烯容量瓶中（4.10），定容。

3.11.2　氟化物标准溶液，浓度为 1.0 mg/L，2.0 mg/L 和 5.0 mg/L：

用移液管移取 1 mL，2 mL 和 5 mL 浓度为 100 mg/L 标准储备溶液，分别置于 3 个 100 mL 聚乙烯容量瓶中，定容至刻度即得到浓度为 1.0 mg/L，2.0 mg/L 和 5.0 mg/L 标准溶液。

3.12　空白酒样：已知不含氟化物的酒样用作基质。

3.13　1 mg/L 的加标酒样：取 10 mL 浓度为 100 mg/L 氟化物标准溶液（3.11.1）置于 1 L

容量瓶中,然后用不含氟化物的酒样定容至刻度。

4 仪器

4.1 具有标准添加功能的 pH/离子分析仪(例如康宁 pH/离子分析仪 455,Cat. ♯475344)或最小刻度为 1 mV 的 pH/离子分析仪。

4.2 氟离子选择电极和单一节点参比电极或者复合电极(例如 Corning Fluoride Electrode Cat. ♯34108-490)。

4.3 聚乙烯烧杯 150 mL,1 L。

4.4 聚乙烯量筒 50 mL。

4.5 电磁搅拌器。

4.6 PTFE(聚四氟乙烯)涂层的磁力搅拌子。

4.7 125 mL 带盖子的塑料瓶(Nalgene 公司产或同功能产品)。

4.8 500 μL 精确移液管。

4.9 超声波水浴锅。

4.10 A 级 50 mL,100 mL 和 1 L 容量瓶。

4.11 A 级 1 mL,2 mL,5 mL,10 mL,20 mL 和 25 mL 的定量移液管。

5 制备校准标样

5.1 分别量取 25 mL(4.11)1.0 mg/L,2.0 mg/L 和 5.0 mg/L 标准溶液于 3 个150 mL 的烧杯中,向每个烧杯中加 20 mL 水和 5 mL 市售 TISAB,用磁力搅拌器进行搅拌。

5.2 如果使用备选的 TISAB 试剂(3.10):分别量取 25 mL 标准溶液分别置于 3 个 150 mL 烧杯中,再向其中各加入 25 mL 备选的 TISAB 试剂。用磁力搅拌器进行搅拌。

6 制备检测样品

在制取样品前将酒样充分摇匀。起泡酒在取样前先置于洁净烧杯中,在超声波水浴锅内超声驱除气体至酒液中不再有气泡产生。

6.1 如果使用市售的 TISAB 试剂:量取 25 mL 酒样置于 150 mL 烧杯中,加 20 mL 水和 5 mL 市售的 TISAB 溶液。用磁力搅拌器进行搅拌。稀释因子(DF)=1。

6.2 若使用备选 TISAB 试剂:将 25 mL 酒样置于 150 mL 烧杯中,然后加入 25 mL 备选 TISAB 试剂。用磁力搅拌器进行搅拌。稀释因子(DF)=1。

7 步骤

所有标样和酒样溶液必须在同一温度下进行测量。

7.1 校准标样

用带有氟离子选择电极和参比电极的毫伏电位计测定每一校准溶液的电位。当读数稳定时读取最终读数(稳定是指 3 min 之内电压变化在 0.2 mV~0.3 mV)。记录每个校准标样溶液的电位。

把读取的电位取 10 的对数后对相应的浓度在坐标纸上取点,以得到电极校准曲线的斜率。

7.2　酒样

待电压读数稳定后,记录样品的电位(E_1),以 mV 计。向样品中加入 500 μL 100 mg/L 的氟化物标样,读数稳定之后,读取并记录酒样溶液的电位(E_2),以 mV 计。

样品中加入氟化物标准溶液后氟化物最终浓度必须至少加倍。为确保加标液后样品中氟化物浓度翻倍,在第一次测定中如果样品中氟化物浓度在 2 mg/L 以上,那么将样品按稀释之后进行第二次检测。

7.2.1　市售 TISAB 缓冲液(3.9)

用移液管吸取 25 mL 酒样于 50 mL 容量瓶中,用水定量至刻度线。取 25 mL 稀释后的酒液置于 150 mL 的烧杯中,再加入 25 mL 市售 TISAB。用磁力搅拌器进行搅拌,然后按照 7.2 的步骤进行测量。稀释因子(DF)=2。

7.2.2　备选 TISAB 缓冲液(3.9)

移取 25 mL 酒样置于 50 mL 容量瓶中,用水定量至刻度线。取 25 mL 稀释后的酒液于 150 mL 的烧杯中,再加入 25 mL 备选 TISAB。用磁力搅拌器进行搅拌,然后按照 7.2 的步骤进行测量。稀释因子(DF)=2。

8　计算

用以下公式计算样品溶液中氟化物浓度(单位为 mg/L):

$$c_f = \frac{V_a \times c_a}{V_o} \times \frac{1}{(\text{anti log } \Delta E/S) - 1}$$

如果加入标准溶液 V_{std} 小于加入后溶液体积的 1%,那么 $V_a = V_o$,则

$$c_f = DF \times c_a \times \frac{1}{(\text{anti log } \Delta E/S) - 1}$$

其中:c_f——样品溶液氟化物浓度(mg/L);

DF——稀释因子。如果必要按 7.2.1 或 7.2.2 中对样品进行稀释,此时稀释液和样品的 DF 相同。即,对于按照 7.2.1 和 7.2.2 稀释的样品 DF=2。对于按步骤 6.1 或 6.2 没有稀释的样品 DF=1;

V_o——稀释前样品溶液的体积(mL);

V_a——稀释后样品溶液的体积(mL);

E——在(7.2)中电位 E_2 和 E_1 间的差值(mV);

S——电极校准曲线的斜率。

$$c_a = \frac{V_{std} \times c_{std}}{V_{samp}}$$

其中:c_a——加入样品(V_o)中氟化物的浓度(mg/L),即标准溶液的浓度(c_{std},3.11.1)乘以标准溶液的体积(V_{std})再除以在 6.1 或 6.2 中样品的体积(25 mL);

V_{std}——加入的标准溶液体积(3.11.1)(0.5 mL);

V_{samp}——在 6.1 或 6.2 中样品的体积,V_{samp}=25 mL;

c_{std}——标准溶液浓度(3.11.1)。

计算方法举例

（1）样品准备按 6.2 进行，测量按照 7.2 进行。

$$DF=1$$

$$c_a=\frac{V_{std}\times c_{std}}{V_{samp}}=\frac{0.5\ mL\times100\ mg/L}{25\ mL}=2\ mg/L$$

$\Delta E=19.6\ mV$

$S=-58.342$

$$c_f=DF\times c_a\times\frac{1}{(anti\ log\ \Delta E/S)-1}$$

$$c_f=1\times2\ mg/L\times\frac{1}{(anti\ log\ 19.6/58.342)-1}$$

$c_f=1\times2\ mg/L\times0.856=1.71\ mg/L$

氟化物的含量为 1.71 mg/L。

（2）样品准备按 7.2.2 进行，测量按照 7.2 进行。

$$DF=2$$

$$c_a=\frac{V_{std}\times c_{std}}{V_{samp}}=\frac{0.5\ mL\times100\ mg/L}{25\ mL}=2\ mg/L$$

$E=20.4\ mV$

$S=-55.937$

$$c_f=DF\times c_a\times\frac{1}{(anti\ log\ \Delta E/S)-1}\quad c_f=2\times2\ mg/L\times\frac{1}{(anti\ log\ 20.4/55.937)-1}$$

$c_f=2\times2\ mg/L\times0.760=3.04\ mg/L$

氟化物的含量为 3.04 mg/L。

9 精密度

在附录 B 中给出了实验室间研究的具体情况。Horrat 值（HoR）变化范围是 0.30～0.97，表明在参与者中有良好的重现性。

统计计算的结果在附录 B 的表 2 中给出。

重复性标准偏差（RDS$_r$）由 1.94％变化至 4.88％，重现性标准偏差（RDS$_R$）由 4.15％变化至 18.40％，目标物平均回收率在 99.8％～100.3％。

10 质量保证和管理

10.1 在实验开始和结束时都要对浓度为 1.0 mg/L 的标准溶液进行测定，此浓度测定结果必须为 1.0 mg/L±0.1 mg/L。

10.2 在每批次样品分析前进行空白分析，对于内部质量管制（CQI）还要测定一份氟含量超标的质控样。空白试样不能高于 0.0 mg/L±0.1 mg/L，且 CQI 不能高于 1.0 mg/L±0.2 mg/L。

附 录 A
实验室间比对实验

采用氟离子选择电极,利用标准添加方法测定葡萄酒中氟化物。

A.1 引言

通过协作性研究以验证采用氟离子选择电极,利用标准添加方法测定葡萄酒中氟化物的实验方法。参与此次协作性研究的试验室共有 12 个,其中 6 个来自欧洲,6 个来自美洲。此次合作研究完全按照 AOAC 的 Youden 协议要求进行。

A.2 参与单位

参与此次比对工作的 12 个实验室分别来自于澳大利亚,法国,德国,西班牙和美国,包括 BATF Alcohol and Tobacco Laboratory-Alcohol Section,SF,Walnut Creek,CA. ,United States;BATF,National Laboratory Ctr. ,Rockville,MD,United States;Bundesinstitut für Gesundheitlichen Verbraucherschutz,Berlin,Germany;Canandaigua Winery,Madera,CA,United States;CIVC,Epernay,France;E. & J. Gallo Winery-Analytical Services Laboratory,Modesto,CA,United States;E. & J. Gallo Winery-Technical Analytical Services Laboratory, Modesto, CA, United States; ETS Labs, St. Helena, CA, United States; Höhere Bundeslehranstalt & Bundesamt für Wein und Obstbau,Klosterneuburg,Austria;Institut Catala de la Vinya i el Vi,Vilafranca del Penedes(Barcelona),Spain;Laboratorio Arbitral Agroalimentario,Madrid,Spain;and Sutter Home Winery,St. Helena,CA. ,United States.

A.3 试验中使用的样品

表 A.1 为试验中使用的样品列表。样品被分为 12 份(由三份红葡萄酒和三份白葡萄酒组成的 6 个 Youden 组样品)

样品	样品描述
1	无添加的白葡萄酒(F^- 浓度为 0.6 mg/L)
2	添加量为 0.3 mg/L 白葡萄酒(F^- 浓度为 0.9 mg/L)
3	添加量为 0.9 mg/L 的白葡萄酒(F^- 浓度为 1.5 mg/L)
4	添加量为 1.2 mg/L 的白葡萄酒(F^- 浓度为 1.8 mg/L)
5	添加量为 1.4 mg/L 的白葡萄酒(F^- 浓度为 2.0 mg/L)
6	添加量为 1.7 mg/L 的白葡萄酒(F^- 浓度为 2.3 mg/L)
7	无添加的红葡萄酒(F^- 浓度为 0.2 mg/L)
8	添加量为 0.3 mg/L 的红葡萄酒(F^- 浓度为 0.5 mg/L)
9	添加量为 0.8 mg/L 的红葡萄酒(F^- 浓度为 1.0 mg/L)
10	添加量为 1.1 mg/L 的红葡萄酒(F^- 浓度为 1.3 mg/L)
11	添加量为 2.5 mg/L 的红葡萄酒(F^- 浓度为 2.7 mg/L)
12	添加量为 2.8 mg/L 的红葡萄酒(F^- 浓度为 3.0 mg/L)

A.4 结果

表 A.1 列出了 12 个参与实验室得到的结果,无实验室报告在实验过程中出现困难。使用 Cochran's 检验法得知其中一个实验室的一个 Youden 组出现离群值,这一离群数据已经在表 1 中用上标(c)做了标示,此数据在实验统计分析中不予以采用。

表 A.1 用氟离子选择电极,采用标准加入法测定葡萄酒中氟化物的实验数据[a]

实验室序号	白葡萄酒						红葡萄酒					
	组 1[b]		组 2[b]		组 3[b]		组 4[b]		组 5[b]		组 6[b]	
	1	2	3	4	5	6	7	8	9	10	11	12
1	0.55	0.80	1.33	1.56	1.86	2.24	0.19	0.45	0.89	1.17	2.54	2.77
2	0.52	0.81	1.39	1.64	1.86	2.31	0.19	0.46	0.92	1.20	2.58	2.77
3	0.52	0.81	1.40	1.70	1.92	2.25	0.14	0.42	0.96	1.22	2.64	2.95
4	0.62	0.98	1.48	1.64	1.85	2.14	0.28	0.56	1.00	1.32	2.64	2.72
5	0.48	0.78	1.34	1.64	1.84	2.11	0.12	0.39	0.88	1.16	2.56	2.82
6	0.53	0.84	1.45	1.74	1.97	2.30	0.13	0.43	0.92	1.21	2.66	2.93
7	0.53	0.76	1.27	1.64	1.89	2.06	0.14	0.40	0.88	1.12	2.44	2.83
8	0.57	0.88	1.51	1.85	2.11	2.33	0.48[c]	0.48[c]	1.01	1.32	2.64	3.08
9	0.51	0.81	1.40	1.71	1.90	2.20	0.13	0.42	0.90	1.19	2.60	2.86
10	0.54	0.84	1.43	1.71	1.93	2.22	0.18	0.44	0.96	1.23	2.66	2.87
11	0.60	0.93	1.48	1.75	1.98	2.32	0.25	0.57	1.06	1.31	2.68	2.82
12	0.65	0.94	1.54	1.79	2.05	2.32	0.21	0.52	1.03	1.24	2.81	3.07
试样数量	12	12	12	12	12	12	11	11	12	12	12	12
最小值	0.48	0.76	1.27	1.56	1.84	2.06	0.12	0.39	0.88	1.12	2.44	2.72
最大值	0.65	0.98	1.54	1.85	2.11	2.33	0.28	0.57	1.06	1.32	2.81	3.08
极差	0.17	0.22	0.27	0.29	0.27	0.27	0.16	0.18	0.18	0.20	0.37	0.36
平均值	0.55	0.85	1.42	1.70	1.93	2.23	0.18	0.46	0.95	1.22	2.62	2.87
中位值	0.54	0.83	1.42	1.71	1.91	2.25	0.18	0.44	0.94	1.22	2.64	2.85
标准方差	0.050	0.069	0.079	0.079	0.084	0.091	0.052	0.063	0.061	0.065	0.090	0.114

[a] 单位为 mg F/L。

[b] 尤登对(Youden pairs)。

[c] 经 Cochran 检验后的确认的离群数据,统计分析中不予以采用。

表 A.2　用氟离子选择电极,以标准加入法测定葡萄酒中氟化物的实验数据的统计分析

数据统计	白葡萄酒			红葡萄酒		
	组 1	组 2	组 3	组 4	组 5	组 6
实验室数量	12	12	12	11[a]	12	12
每间实验室的重复测定次数	2	2	2	2	2	2
平均数	0.55 0.85	1.42 1.70	1.93 2.23	0.18 0.46	0.95 1.22	2.62 2.87
重复性方差	0.000 6	0.001 5	0.002 6	0.000 2	0.000·5	0.004 9
重复性标准偏差	0.023 5	0.038 2	0.510 6	0.015 6	0.021 1	0.070 3
重复性相对标准偏差 RSDr	3.35%	2.45%	2.45%	4.88%	1.94%	2.55%
重现性方差	0.003 9	0.007 0	0.008 9	0.003 4	0.004 2	0.013 0
重现性标准偏差	0.062 5	0.083 5	0.094 5	0.058 7	0.064 7	0.114 1
重现性相对标准偏差 RSD_R	8.92%	5.36%	4.54%	18.39%	5.95%	4.15%
使用 Horwitz 方程得出的 RSD_R	16.88	14.97	14.33	19.00	15.80	13.74
HORRAT 值 HoR（RSD_R 测量值）/RSD_R（Horwitz 方程计算值）	0.53	0.36	0.32	0.97	0.38	0.30
平均回收率/%	93.1	94.6	96.7	91.0	94.4	96.4

[a] 通过 Cochran's 检验后一个实验室的数据被排除。

参 考 文 献

[1] AOAC International, AOAC Official Methods Program, Associate Referee's Manual On Development, Study, Review, and Approval Process, 1997.

[2] Postel, W.; Prasch, E., Wein-Wissenschoft, (1975)30(6), 320-326.

[3] Office International de la Vigne et du Vin, Compendium of International Methods of Wine Analysis, 255-257.

[4] Gil Armentia, J. M.; Arranz, J. F.; Barrio, R. J.; Arranz, A., Anales de Bromatologia, (1988)40(1)71-77.

[5] Gran, G; Analyst(1952)77, 661.

[6] Corning fluoride ion selective electrode-Instruction Manual, 1994.

[7] Corning Instruction Manual pH/ion analyzer 455, 109121-1 Rev. A, 11/96.

[8] Horwitz, W.; Albert, R.; Journal of the Association of Official Analytical Chemists, (1991)74(5)718.

方法 OIV-MA-AS321-04   方法类型 Ⅳ

总　磷

1　方法原理

经硝酸氧化和灰化后,灰分溶解于盐酸中,磷酸与钒钼酸反应生成黄色的络合物,使用比色法测定磷酸的含量。

2　仪器

2.1　100℃的水浴锅。

2.2　电热板。

2.3　可控温电炉。

2.4　分光光度计(波长范围 300 nm～700 nm)。

3　试剂

3.1　硝酸($\rho_{20℃}$＝1.39 g/mL)。

3.2　盐酸(约 3 mol/L):浓盐酸($\rho_{20℃}$＝1.15 g/mL～1.18 g/mL)用蒸馏水稀释 4 倍。

3.3　钒钼酸试剂:

溶液 A:将 40 g 的钼酸铵〔$(NH_4)_6Mo_7O_{24} \cdot 4H_2O$〕溶解于 400 mL 水中。

溶液 B:溶解 1 g 钒酸铵(NH_4VO_3)于 300 mL 水和 200 mL 硝酸($\rho_{20℃}$＝1.39 g/L)混合液中(3.1),静置,自然冷却。

钒钼酸试剂:在 1 L 容量瓶中依次加入溶液 B 和溶液 A,再定容至 1 L。此试剂制备后 8 d 内使用。

3.4　五氧化二磷溶液(0.1 g/L):将 2.454 g 磷酸氢二钾(K_2HPO_4)溶解于 1 L 水中,制备浓度为 1 g/L 的五氧化二磷溶液,稀释 10 倍备用。

4　步骤

4.1　灰化

将 5 mL* 葡萄酒或葡萄汁置于铂金或石英蒸发皿中,在水浴锅(2.1)内蒸干。当残余物近干时,加 1 mL 硝酸(3.1),将蒸发皿放置于加热板(2.2)上,加热 1 h 后,转移至 600℃～650℃的电炉中,直至灰分变为白色。

4.2　测定

向灰分中加入约 3 mol/L 的盐酸(3.2)5 mL,然后将溶液转移到 100 mL 的容量瓶中,用 50 mL 蒸馏水洗涤蒸发皿,并将洗液合并到容量瓶中。准确加入 25 mL 钒钼酸试剂。摇匀,放置 15 min～20 min 使其逐渐显色。在 400 nm 波长下测量吸光度。

---

* 磷的含量在 100 mg/L～500 mg/L 时取 5 mL 样品进行检测较为合适,不在上述范围需要增加或减少样品取样量。

同时，准备标准溶液。在 5 个 100 mL 容量瓶中各加入 5 mL，10 mL，15 mL，20 mL，25 mL 0.1 g/L 的五氧化二磷溶液，加入蒸馏水至 50 mL，然后加入 25 mL 钒钼酸反应剂和样品放置相同的时间，使之显色。用蒸馏水定容至刻度，在 400 nm 波长下测量吸光度。

为了使吸光度保持在最佳吸收区域，不要用蒸馏水做空白调零，但需要控制分光光度计电流计在指定吸收波长下所测定浓度的误差。

5　结果表达

总磷含量用每升酒液中含磷酸酐(P_2O_5)的毫克数计，根据试样吸光度在标准曲线上查得总磷含量，结果保留至整数。

参 考 文 献

[1] A. F. N. O. R. ，Norme U，42-246，Tour Europe，Paris.

[2] Sudraud P. ，Bull. O. I. V. ，1969，46-2463，933.

方法 OIV-MA-AS321-05A   方法类型 Ⅱ

硫化物(重量法)

1 方法原理

采用重量法测定硫酸钡沉淀以测定硫酸盐的含量。磷酸钡可通过盐酸洗涤 BaSO₄ 沉淀而除去。

当葡萄汁或葡萄酒富含二氧化硫时,建议预先在隔绝空气的情况下加热进行脱硫。

2 方法

2.1 试剂

2.1.1 2 mol/L 的盐酸溶液。

2.1.2 200 g/L 的氯化钡($BaCl_2 \cdot 2H_2O$)溶液。

2.2 步骤

2.2.1 步骤

向 50 mL 离心管中加入 40 mL 待测试样,再加 2 mL 2 mol/L 的盐酸(2.1.1)和 2 mL 200 g/L 的氯化钡溶液。用玻璃棒搅拌,用少量蒸馏水冲洗玻璃棒,静置 5 min。离心 5 min 后,小心倒出上层澄清液。

按下述步骤洗涤硫酸钡沉淀:加入 10 mL 2 mol/L 的盐酸,使沉淀成悬浮状,离心 5 min,然后小心倒出上层澄清液,按照以上步骤洗涤沉淀,每次用 15 mL 蒸馏水,洗涤两次。

用蒸馏水将沉淀物全部冲洗入一个预先称重的铂蒸发皿中,置于 100℃ 水浴中蒸干。干燥的沉淀物在火焰上反复短暂灼烧,直到获得白色的残留物。在干燥器中进行冷却后称重,所得硫酸钡的质量为 m(以 mg 计)。

2.2.2 特殊情况

含有高浓度二氧化硫的葡萄汁和葡萄酒。

脱二氧化硫。

量取 25 mL 水和 1 mL 浓盐酸($\rho_{20℃}=1.15$ g/mL~1.18 g/mL)加入到 500 mL 配备有滴液漏斗和排气管的锥形瓶中。将此溶液煮沸以去除空气,再从滴液漏斗加入 100 mL 葡萄酒,保持沸腾直到瓶中的液体体积减少到约 75 mL,待冷却后,等量转移到 100 mL 容量瓶中。用水定容至刻度线。如 2.2.1 所述,测定 40 mL 试样中硫酸盐含量。

2.3 结果表示

2.3.1 计算

硫酸盐含量,以每升酒液中含硫酸钾(K_2SO_4)的毫克数计,由以下公式算出:

$$18.67 \times m$$

最终结果保留至整数。

2.3.2 重复性(r)

含量小于 1 000 mg/L:$r=27$ mg/L

含量接近 1 500 mg/L：$r=41$ mg/L。

2.3.3　重现性(R)

含量小于 1 000 mg/L：$R=51$ mg/L。

含量接近 1 500 mg/L：$R=81$ mg/L。

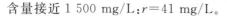

参 考 文 献

[1] DEIBNER L，BéNARD P．，Ind. alim. agric.，1954，71，n°1，23；n°5，427；1955，72，n°9-10，565 et n°11，673.

[2] DEIBNER L．，Rév. ferm. ind. alim.，1959，14 n°5，179 et n°6，227.

[3] BLAREZ Ch．，Vins et spiritueux，1908，149，Maloine éd.，Paris.

[4] DER HEIDE X. von，SCHITTHENNER F．，Der Wein，1922，320，Vieweg & Sohn Verlag，Braunschweig.

[5] JAULMES P．，Analyse des vins，1924，73，Dubois et Poulain，éd.，Montpellier；2e édition，1951，112.

[6] SIMONEAU G．，Étude sur les moûts concentrés de raisins，1946，Thèse pharm.，Montpellier，49.

[7] RIBÉREAUGAYON J．，PEYNAUD E．，Analyse et contrôle des vins，1947，244，Ch. Béranger éd.，Paris-Liège.

[8] FROLOV-BAGREEV A．，AGABALIANTZ G．，Chimie du vin，1951，369，Moscou，Laboratoire de chimie de l'État de Würzburg(Allemagne)，F. V.，O. I. V.，1969，no321.

3.2.2 阳离子

方法 OIV-MA-AS322-01   方法类型 Ⅳ

铵 离 子

1 原理

通过弱阳离子交换树脂将铵离子保留在交换树脂中,然后用酸性溶液洗脱,洗脱液经过蒸馏后用标准盐酸溶液滴定测定蒸馏液中的铵含量。

2 仪器

2.1 阳离子交换树脂柱

采用一根带有玻璃纤维塞的带玻璃活塞滴定管,内部填充 25 g 弱阳离子交换树脂(如 Amberlite IR50,80 目～100 目)。用 1 mol/L 氢氧化钠溶液和 1 mol/L 盐酸溶液交替冲洗阳离子交换树脂,再用蒸馏水冲洗,直到洗出液中用硝酸银沉淀法检测不出氯离子为止。向玻璃柱中缓慢加入 50 mL 的中性缓冲液,再用蒸馏水冲洗直到磷酸盐开始洗出(可用饱和的乙酸铅溶液检测)。

2.2 蒸馏装置

所用设备可参考有关酒精度 OIV-MA-AS 312-01A 3.1 的章节。

冷凝物通过延长管收集到一个锥形瓶中,延长管末端要伸到锥形瓶的底部。

也可以使用挥发性酸 OIV-MA-312-02 5.2 中提及的蒸汽蒸馏装置,或其他可用于下述检测试剂纯度的实验设备。

a)向蒸馏瓶中加入 40 mL～45 mL 30％的氢氧化钠溶液(V/V)、50 mL 水和 50 mL 浓度为 1 mol/L 的盐酸,蒸馏一半的体积并收集馏出液到已经滴入 5 滴甲基红的 30 mL 浓度为 40 g/L 的硼酸溶液中,再用 0.1 mL 浓度为 0.1 mol/L 盐酸将颜色调整为粉红色。

b)按步骤 a. 中的方法滴定 10 ml 浓度为 0.05 mol/L 的硫酸铵溶液(即 3.55 g/L 的 $(NH_4)_2SO_4$),此过程中指示剂变色所需 0.1 mol/L 盐酸量为 10.0 mL～10.1 mL。

3 试剂

3.1 盐酸溶液,1 mol/L。

3.2 氢氧化钠,1 mol/L。

3.3 冲洗阳离子交换树脂的中性缓冲溶液:

磷酸氢二钠($Na_2HPO_4 \cdot 12H_2O$)	15 g
磷酸二氢钾(KH_2PO_4)	3.35 g
加水定容到	1 000 mL
并测定 pH 为 7±0.2。	

3.4 30％(m/m)氢氧化钠溶液。

3.5 盐酸溶液 0.1 mol/L。

3.6 1%(m/V)酚酞溶液,溶剂为 96%(V/V)的中性乙醇。

3.7 1%(m/V)溴甲酚绿:

溴甲酚绿	1 g
溶解于 0.1 mol/L 的氢氧化钠溶液	14 mL
加水定容至	100 mL

3.8 0.2%(V/V)甲基红乙醇-水溶液:

甲基红	0.2 g
溶于 95%乙醇	60 mL
加水定容至	100 mL

3.9 硼酸溶液

硼酸	40 g
水定容至	1 000 mL

硼酸通常会含有少量碱性杂质,可加入 5 滴指示剂,再滴加数滴 0.1 mol/L 的盐酸(最多 1 mL)使溶液变为粉红色而除去。

4 步骤

取 50 mL 待分析样品于 250 mL 烧杯中。加入体积为 $(n\sim0.5)/2$ mL 的 1 mol/L 氢氧化钠溶液,n 为滴定 10 mL 酒样中总酸所用的 0.1 mol/L 氢氧化钠溶液的体积数。保持 1 滴/2 s 的流速,让上述溶液通过阳离子交换柱。洗脱液的 pH 应该在 4~5 之间。再以相同速度用 50 mL 蒸馏水冲洗柱子。

铵离子和其他阳离子保留于柱子中,氨基化合物、寡肽以及几乎所有的氨基酸都在冲洗过程中被洗出。

用 50 mL 1 mol/L 的盐酸洗脱铵离子,并用 50 mL 蒸馏水冲洗*,洗脱液和冲洗液合并到 1 L 的圆底蒸馏瓶中。

加入一滴 1%(m/V)的酚酞和足量的氢氧化钠溶液,保证碱化彻底,在加入过程中要持续地冷却蒸馏瓶。

反应完全后,将蒸馏瓶中液体蒸馏出 1/2 体积于 30 mL 4%(m/V)的硼酸中。

以溴甲酚绿或甲基红做指示剂,馏出物用 0.1 mol/L 盐酸滴定,到记录达反应终点时消耗盐酸的体积(n)。

5 结果计算

铵(NH₄)离子含量表示为 mg/L,并四舍五入为整数形式。

铵离子含量(mg/L):

$$36\times n$$

当葡萄酒中铵离子含量很低时,使用 100 mL 酒样用来测定,这种情况下,铵离子的量为:

$$18\times n$$

---

* 当柱子用于另一次测定时,需用 50 mL 中性缓冲液和水冲洗之后才能够使用。

参 考 文 献

[1] JAULMES P. ,Analyse des vins,1951,220,Montpellier.

[2] KOURAKOU Mme S. ,Ann. Fals. Exp. Chim. ,1960,53,337.

钾（AAS 法）

1 原理

酒样经稀释后加入离子化抑制剂氯化铯，然后通过原子吸收分光光度计直接测定。

2 方法

2.1 仪器

带有空气-乙炔燃烧器的原子吸收分光光度计，钾空心阴极灯。

2.2 试剂

2.2.1 1 g/L 钾溶液

使用商品化的钾标准溶液，1 g/L。也可以自行配制，将 4.813 g 酒石酸钾（$C_4H_5KO_6$）溶于蒸馏水中，再定容至 1 L。

2.2.2 模拟液

柠檬酸	3.5 g
蔗糖	1.5 g
甘油	5.0 g
无水氯化钙（$CaCl_2$）	50 mg
无水氯化镁（$MgCl_2$）	50 mg
无水乙醇	50 mL
加水至	500 mL

2.2.3 氯化铯溶液，含铯 5%

将 6.33 g 氯化铯（CsCl）溶于 100 mL 蒸馏水中。

2.3 操作方法

2.3.1 样品准备

移取 2.5 mL 葡萄酒（预先稀释为 10%），置于 50 mL 容量瓶中，加 1 mL 氯化铯溶液，加蒸馏水至刻度处。

2.3.2 校准曲线

准备 5 个 100 mL 容量瓶，在每个容量瓶中加 5.0 mL 模拟溶液，向各个容量瓶中分别加 0 mL，2.0 mL，4.0 mL，6.0 mL 和 8.0 mL 钾溶液（1 g/L 预先稀释成 1/10），向各容量瓶加 2 mL 氯化铯溶液，再加蒸馏水定容至 100 mL。

上述制备好的校准溶液每升分别含钾 0 mg，2 mg，4 mg，6 mg 和 8 mg，每升含铯 1 g。这些溶液都保存在聚乙烯烧瓶中。

2.3.3 测定

选定波长 769.9 nm，用含钾 0 g/L 的模拟溶液（2.3.2）对吸光度进行调零，直接将稀释过的葡萄酒（2.3.1）吸入光谱仪，然后依次吸入校准溶液（2.3.2），分别测定吸光度，并记录吸光度数值。重复测量。

2.4 结果表示

2.4.1 计算方法

绘制吸光度的变化与标准溶液中钾浓度的关系曲线。

根据稀释葡萄酒试样吸光度的平均值,从曲线上查出对应的钾含量,确定每升葡萄酒中钾的浓度 $c(\text{mg/L})$,结果保留至整数。

钾浓度(mg/L):$F \times c$

其中,F 为稀释倍数(此处为 200)。

2.4.2 重复性(r)

$r = 35 \text{ mg/L}$

2.4.3 重现性(R)

$R = 66 \text{ mg/L}$

2.4.4 结果的其他表示方式

——以 mEq/L 计:$0.025\ 6 \times F \times c$

——以酒石酸氢钾(mg/L)计:$4.813 \times F \times c$

钾（火焰光度法）

1 原理

酒样稀释后直接用火焰原子吸收法进行测定。

注：重量分析法测定从葡萄酒灰分溶液中沉淀得到的四苯基硼酸钾是测定钾的精确的方法，附录中有具体的描述。

2 方法

2.1 仪器

火焰光度计，使用空气-丁烷混合气。

2.2 试剂

2.2.1 参比溶液（钾浓度为 100 mg/L）：

无水乙醇	10 mL
柠檬酸 $C_6H_8O_7 \cdot H_2O$	700 mg
蔗糖	300 mg
甘油	1 000 mg
氯化钠 NaCl	50.8 mg
无水氯化钙 $CaCl_2$	10 mg
无水酒石酸氢钾	481.3 mg
加水至	1 000 mL

先用 500 mL 热的蒸馏水溶解无水酒石酸氢钾，其他试剂用 400 mL 蒸馏水溶解，混合两种溶液并定容至 1 L。

2.2.2 稀释溶液：

无水乙醇	10 mL
柠檬酸	700 mg
蔗糖	300 mg
甘油	1 000 mg
氯化钠 NaCl	50.8 mg
无水氯化钙 $CaCl_2$	10 mg
无水氯化镁 $MgCl_2$	10 mg
酒石酸	383 mg
加水至	1 000 mL

向以上这些溶液中加 2 滴丙烯基异硫氰酸酯（CH_2═$CHCH_2NCS$），保存在聚乙烯制的试剂瓶内。

2.3 操作方法

2.3.1 标准溶液

在一系列 100 mL 容量瓶中，分别加入 25 mL，50 mL，75 mL，100 mL 参比溶液，再用稀释溶液将容量瓶中的液体分别定容至 100 mL。分别得到含钾 25 mg/L,50 mg/L, 75 mg/L,100 mg/L 的溶液。

2.3.2 定量

在 776 nm 波长下进行测定。用蒸馏水调整至 100% 透过率。依次将各个标准溶液直接吸入光度计,最后将用蒸馏水稀释成 1/10 的葡萄酒吸入光度计测量,记录吸光值。必要时,用稀释溶液将(2.2.2)已稀释成 1/10 的葡萄酒再次进行稀释。

2.4 结果表示

2.4.1 计算方法

绘制透过率与标准溶液中钾浓度关系的变化曲线,根据试样的透过率,由曲线查出稀释葡萄酒试样中钾的浓度 c。

原酒样中钾的浓度(mg/L)由以下公式计算,结果保留至整数:

$$c(\text{K}^+) = c \times F$$

其中,F 为稀释倍数。

2.4.2 重复性(r)

$$r = 17 \text{ mg/L}$$

2.4.3 再现性(R)

$$R = 66 \text{ mg/L}$$

2.4.4 结果的其他表示方式

——以 mEq/L 计:$0.025\ 6 \times F \times c$;

——以酒石酸氢钾(mg/L)计:$4.813 \times F \times c$。

钠（AAS 法）

1 实验原理

原子吸收光谱法直接测定葡萄酒中钠的含量，测定前加入氯化铯抑制钠发生电离化。

2 实验方法

2.1 仪器

——原子吸收光谱仪：空气-乙炔焰；

——钠空心阴极灯。

2.2 试剂

2.2.1 钠标准溶液，1 g/L：推荐使用商品化的 1 g/L 的钠标准溶液，或者自行配制。将 2.542 g 无水氯化钠溶于蒸馏水中，定容至 1 L，标准液保存在聚乙烯瓶中。

2.2.2 模拟液：

柠檬酸 $C_6H_8O_7 \cdot H_2O$	3.5 g
蔗糖	1.5 g
甘油	5.0 g
无水氯化钙 $CaCl_2$	50 mg
无水氯化镁 $MgCl_2$	50 mg
无水乙醇	50 mL
加去离子水定容至	500 mL

2.2.3 氯化铯溶液（铯含量 5%）：6.330 g 氯化铯 CsCl 溶于蒸馏水中并定容至 100 mL。

2.3 实验过程

2.3.1 样品前处理

移取 2.5 mL 葡萄酒至 50 mL 容量瓶中，加入 1 mL 氯化铯溶液（2.2.3），用蒸馏水定容至刻度线。

2.3.2 标准曲线

准备 5 个装有 5 mL 模拟液的容量瓶，依次加入 0 mL，2.5 mL，5.0 mL，7.5 mL 和 10.0 mL 稀释 100 倍的 1 g/L 的钠标准液（2.2.1），加入 2 mL 氯化铯溶液，加蒸馏水定容至 100 mL 刻度。

此标准液浓度为 0 mg/L，0.25 mg/L，0.5 mg/L，0.75 mg/L，1.00 mg/L，每升含 Cs 1 g，保存于聚乙烯瓶中。

2.3.3 测定

在 589.0 nm 的波长下，用空白液调零，测定各浓度的标准溶液以及葡萄酒制备样，并记录吸光度，平行测试两次。

2.4 结果计算

2.4.1 计算方法:

绘制吸光度和标准液中钠浓度的标准曲线。

根据样品的吸光度的平均值,在标准曲线上查出钠的含量 $c(\mathrm{mg/L})$。

原酒样中钠的含量:$F \times c$,F 为稀释倍数,结果保留至整数。

2.4.2 重复性(r):$r = 1 + 0.24x_i\ \mathrm{mg/L}$,$x_i$:样品中钠的含量,单位为 $\mathrm{mg/L}$。

2.4.3 再现性(R):$R = 2.5 + 0.05x_i\ \mathrm{mg/L}$,$x_i$:样品中钠的含量,单位为 $\mathrm{mg/L}$。

钠（火焰光度法）

1 原理

火焰分光光度计法直接测定稀释(至少 1：10)酒样中的钠的含量。

2 方法

2.1 仪器

以空气-丁烷混合气为燃料的火焰光度计。

2.2 试剂

2.2.1 含钠 20 mg/L 的参比溶液：

无水乙醇	10 mL
柠檬酸($C_6H_8O_7 \cdot H_2O$)	700 mg
蔗糖	300 mg
甘油	1 000 mg
酒石酸氢钾	481.3 mg
无水氯化钙($CaCl_2$)	10 mg
无水氯化镁($MgCl_2$)	10 mg
干燥氯化钠($NaCl$)	50.84 mg
加水定容至	1 000 mL

2.2.2 稀释溶液：

无水乙醇	10 mL
柠檬酸($C_6H_8O_7 \cdot H_2O$)	700 mg
蔗糖	300 mg
甘油	1 000 mg
酒石酸氢钾	481.3 mg
无水氯化钙($CaCl_2$)	10 mg
无水氯化镁($MgCl_2$)	10 mg
加水定容至	1 000 mL

2.2.1 和 2.2.2 所述溶液的配制：将酒石酸氢钾溶于约 500 mL 热的蒸馏水中，其他试剂用 400 mL 蒸馏水溶解，混合两份溶液，再加水定容至 1 L。

以上这些溶液中加 2 滴丙烯基异氰酸酯，保存在聚乙烯瓶内。

2.3 步骤

2.3.1 校准

准备 5 个 100 mL 容量瓶，向各个容量瓶中分别加 5 mL，10 mL，15 mL，20 mL 和 25 mL 参比溶液，用稀释溶液定容至 100 mL。每升标准溶液中分别含钠 1 mg，2 mg，3 mg，4 mg 和 5 mg。

2.3.2 测定

在 589 nm 波长下进行测定。用蒸馏水调至 100％透过率。将各个标准溶液依次吸入火焰分光光度计进行测定,然后测定蒸馏水稀释成 1/10 的葡萄酒,记录透过率。必要时,已经稀释的葡萄酒可以用稀释溶液再作进一步稀释。

2.4 结果表示

2.4.1 计算方法

绘制透过率与标准溶液中钠浓度变化的曲线。根据测试稀释葡萄酒试样得出的透过率,在该条曲线上查出钠的浓度 c。以 mg/L 表示的钠的浓度为:

$$c \times F$$

其中,F 为稀释倍数。

2.4.2 重复性(r)

$$r = 1.4 \text{ mg/L(葡萄利口酒除外)}$$
$$r = 2.0 \text{ mg/L(葡萄利口酒)}$$

2.4.3 再现性(R)

$$R = 4.7 + 0.08 x_i$$

其中,x_i 为试样中的钠的质量浓度,mg/L。

钙（AAS 法）

1 原理

酒样稀释后加入离子化抑制剂,直接使用原子吸收分光光度计测定钙的含量。

2 仪器

2.1 带有空气-乙炔燃烧器的原子吸收分光光度计。

2.2 钙空心阴极灯。

3 试剂

3.1 钙标准溶液 1 g/L:推荐使用商品化的 1 g/L 钙标准溶液。也可以自行配制,将 2.5 g 碳酸钙 $CaCO_3$ 溶于足量的(浓盐酸稀释至 1/10)盐酸中,碳酸钙完全溶解后用蒸馏水定容至 1 L。

3.2 稀释的钙标准溶液,50 mg/L。

注:将钙标准溶液保存在聚乙烯瓶内。

3.3 经稀释的氯化镧溶液,含镧 50 g/L。

将 13.369 g 氯化镧($LaCl_3 \cdot 7H_2O$)溶于蒸馏水中,加 1 mL 稀盐酸(浓盐酸稀释至 1/10),再加蒸馏水至 100 mL。

4 操作方法

4.1 试样准备

在 20 mL 容量瓶中,加入 1 mL 葡萄酒,2 mL 氯化镧溶液(3.3),加蒸馏水至刻度处,此时稀释后的酒样中镧的浓度为 5 g/L。

注:如为甜葡萄酒,由于稀释后糖含量低于 2.5 g/L,5 g/L 的镧浓度已足够,但是对于含糖量更高的葡萄酒,则需将镧含量增至 10 g/L。

4.2 标准样品

准备 5 个 100 mL 容量瓶,分别加入 0 mL,5 mL,10 mL,15 mL 和 20 mL 的钙标准溶液(3.2),再向每个容量瓶中加 10 mL 氯化镧溶液(3.3),加蒸馏水至 100 mL。制备的标准溶液分别含钙 0 mg/L,2.5 mg/L,5 mg/L,7.5 mg/L 和 10 mg/L,含镧 5 g/L。将这些溶液保存在聚乙烯瓶中。

4.3 定量

设定吸收波长为 422.7 nm。用钙浓度为 0 g/L 的标准溶液做空白调零。直接将稀释的葡萄酒试样吸入光谱仪,然后依次吸入按 4.2 所制备的 5 个标准溶液,记录各自的吸光度。每个试样做 2 次平行测定。

5 结果表示

5.1 计算方法

绘制吸光度与标准溶液中钙浓度变化的关系曲线。

按稀释葡萄酒试样测定的吸光度平均值在该曲线上查出钙浓度 c,钙浓度以 mg/L 表示:

$$20 \times c$$

计算结果保留至整数。

5.2 重复性(r)

钙含量<60 mg/L: $\qquad r = 2.7$ mg/L

钙含量>60 mg/L: $\qquad r = 4$ mg/L

5.3 再现性(R)

$$R(\text{mg/L}) = 0.114x_i - 0.5$$

其中,x_i 为试样中钙的浓度,mg/L。

铁（AAS 法）

1 原理

将葡萄酒适当稀释并脱除酒精后，用原子吸收光谱法直接测定铁含量。

2 方法

2.1 仪器

2.1.1 旋转蒸发器，带有恒温水浴。

2.1.2 原子吸收光谱仪，空气、乙炔燃烧器。

2.1.3 铁空心阴极灯。

2.2 试剂

2.2.1 铁（三价）标准溶液 1 g/L：使用市售的标准溶液 1 g/L。也可自行制备，将 8.634 1 g 硫酸铁铵〔$FeNH_4(SO_4)_2 \cdot 12H_2O$〕溶于用 1 mol/L 盐酸轻度酸化的蒸馏水中，加水定容至 1 L。

2.2.2 将铁标准溶液稀释至 100 mg/L。

2.3 操作流程

2.3.1 样品制备

用旋转蒸发器（50℃～60℃）使试样的体积浓缩至 1/2，去除葡萄酒中的酒精，再加蒸馏水至原来的体积。必要时，在测定之前再进行稀释。

2.3.2 标准系列

取 5 个 100 mL 容量瓶，分别加入 1 mL，2 mL，3 mL，4 mL 和 5 mL 100 mg/L 的铁溶液（2.2.2），再加蒸馏水定容至 100 mL。这样制备的溶液中分别含铁 1 mg，2 mg，3 mg，4 mg 和 5 mg，将这些溶液保存在聚乙烯瓶中。

2.3.3 测定

选定波长 248.3 nm，用蒸馏水做吸光度空白调零。直接将稀释的试样吸进光谱仪，然后依次吸进 2.3.2 中制备的各标准溶液。读取并记录各自吸光度，每个试样做 2 次测定。

2.4 结果表示

绘制吸光度与各标准溶液中铁含量变化的关系曲线，按照稀释葡萄酒试样所得吸光度平均值在这条曲线上查出铁浓度 c。

铁浓度（mg/L）计算如下

$$c \times F$$

结果准确保留至 1 位小数，其中 F 为稀释倍数。

铁(比色法)

1　原理

用 30％的双氧水消化样品,将总铁(三价铁)还原为二价铁,通过二价铁与邻二氮杂菲生成有色的络合物,通过比色即可以测得样品中铁的含量。

2　方法

2.1　仪器

2.1.1　100 mL 凯氏烧瓶。

2.1.2　可以在波长 508 nm 进行测定的分光光度计。

2.2　试剂

2.2.1　浓度为 30％(m/V)的过氧化氢溶液,不含铁。

2.2.2　盐酸溶液 1 mol/L,不含铁。

2.2.3　氨水($\rho_{20℃} = 0.92$ g/mL)。

2.2.4　用稀释 2 倍的盐酸处理过并经蒸馏水洗涤的浮石颗粒。

2.2.5　2.5％氢醌($C_6H_6O_2$)溶液,每 100 mL 溶液用 1 mL 硫酸($\rho_{20℃} = 1.84$ g/mL)进行酸化处理。此溶液装入棕色瓶置于冰箱中,一旦发现变成轻微的棕色时,即应更换。

2.2.6　20％亚硫酸钠溶液:用中性、无水亚硫酸盐制备。

2.2.7　0.5％邻二氮杂菲($C_{12}H_8N_2$)溶液:溶于 96％酒精。

2.2.8　20％(m/V)醋酸铵(CH_3COONH_4)溶液。

2.2.9　铁(Ⅲ)溶液 1 g/L:推荐使用市售的标准溶液。亦可自行制备:将 8.634 1 g 硫酸铁铵〔$FeNH_4(SO_4)_2 \cdot 12H_2O$〕溶于 100 mL 1 mol/L 盐酸溶液中,再用 1 mol/L 盐酸定容至 1 L。

2.2.10　铁标准溶液 100 mg/L:1 g/L 铁(Ⅲ)溶液经过 10 倍稀释。

2.3　操作方法

2.3.1　消化

2.3.1.1　含糖量低于 50 g/L 的葡萄酒

在凯氏烧瓶中加入 25 mL 葡萄酒、10 mL 双氧水和若干颗沸石。加热使液体浓缩直至 2 mL～3 mL。冷却后,向烧瓶中滴加氨水,使之碱化并使氢氧化物沉淀完全,注意勿弄湿烧瓶的内壁。冷却后,小心地向烧瓶中的碱性溶液中加入盐酸溶液以溶解氢氧化物沉淀,将得到的溶液移入 100 mL 容量瓶中,再用盐酸溶液清洗凯氏烧瓶并转移洗液至容量瓶中,定容至 100 mL 刻度。

2.3.1.2　含糖量高于 50 g/L 的葡萄酒或者葡萄汁

——糖含量在 50 g/L～200 g/L 之间时,取 25 mL 葡萄汁或葡萄酒试样用 20 mL 过氧化氢溶液进行消化处理,以后操作同 2.3.1.1。

——糖含量高于 200 g/L 时,葡萄汁或葡萄酒试样应预先稀释 2 倍,甚至 4 倍,再取 25 mL 稀释试样用 20 mL 过氧化氢溶液进行处理,以后操作同 2.3.1.1。

2.3.2 空白实验

取 25 mL 蒸馏水代替酒样，加入与消解过程相同体积的过氧化氢，其余过程按照 3.3.1.1 所述的试验程序进行。

2.3.3 样品测定

取 20 mL 消解试样和 20 mL"空白试样"，将两者各加入 50 mL 容量瓶中，向每个容量瓶中加 2 mL 氢醌溶液，2 mL 亚硫酸钠溶液和 1 mL 邻二氮杂菲。静置 15 min，使三价铁还原成二价铁。加 10 mL 醋酸铵溶液，加蒸馏水定容至 50 mL，摇匀。在 508 nm 波长下用空白实验所得溶液进行吸光度的调零，测定消解样的吸光度。

2.3.4 标准溶液测定

取 4 个 50 mL 容量瓶，分别加入 0.5 mL，1 mL，1.5 mL 和 2 mL 浓度为 100 mg/L 的铁溶液，并加入 20 mL 蒸馏水，继续按 2.3.3 所述操作加入其他试剂，定容，并测定每一标准溶液的吸光度，每瓶标准试样中分别含 50 μg，100 μg，150 μg，200 μg 铁。

2.4 结果表示

绘制吸光度与标准溶液铁浓度变化的关系曲线。根据吸光度查出盐酸消化液的铁浓度 c，亦即待分析的酒样 5 mL 中的铁含量。

铁含量为（mg/L）：

$$200 \times c$$

结果保留一位小数。

如葡萄酒（或葡萄汁）曾进行过稀释，铁含量为（mg/L）：

$$200 \times c \times F$$

结果保留一位小数。

其中，F 为稀释倍数。

铜(AAS 法)

1 原理

该方法基于原子吸收光谱法。

2 仪器

2.1 铂金蒸发皿。

2.2 原子吸收光谱仪。

2.3 铜空心阴极灯。

2.4 燃料气:乙炔-空气或氧化亚氮/乙炔。

3 试剂

3.1 金属铜。

3.2 65%浓硝酸($\rho_{20℃}=1.38$ g/mL)。

3.3 硝酸,3.2中硝酸用水稀释2倍。

3.4 1 g/L 铜溶液:推荐使用市售的铜标准溶液,亦可自行制备:称取 1.000 g 金属铜,小心转移至 1 000 mL 容量瓶中,加足量的稀硝酸使金属铜溶解,再加 10 mL 浓硝酸,用双蒸水定容至刻度处。

3.5 100 mg/L 铜标准溶液:移取 10 mL 3.4 所述溶液于 100 mL 容量瓶中,加双蒸水定容至,铜浓度为 100 mg/L。

3.6 双蒸水。

4 操作方法

4.1 试样准备及铜含量的测定

取 20 mL 试样,置于 100 mL 容量瓶中,加重蒸馏水至刻度处。必要时可以稀释样品,使样品中铜的含量在检测器的动态范围内。

选择波长 324.8 nm,用双蒸水做空白调零,读取试样的吸光值。

4.2 建立标准曲线

分别取 0.5 mL,1.0 mL 和 2.0 mL 的 100 mg/L 铜溶液,置于 100 mL 容量瓶中,加双蒸水至刻度处,所得的溶液每升含铜分别是 0.5 μg,1.0 μg 和 2.0 μg。按 4.1 所述步骤进行测量,平行测定两次,记录这些溶液的吸光值,建立标准曲线。

5 结果表示

按读取的吸光度值,在标准曲线上查出铜浓度 c,单位 mg/L。

设 F 为稀释倍数,则葡萄酒中铜含量应为:

$$F \times c \text{(mg/L)}$$

结果保留 2 位小数。

注1：建立标准曲线的溶液浓度和对试样进行稀释的倍数应根据仪器的灵敏度和试验中铜浓度来进行选择。

注2：如试样中铜含量非常低，可按如下操作方法进行：将100 mL试样置于铂金蒸发皿中，在100℃水浴中蒸发，直至呈糖浆状，滴加2.5 mL浓硝酸，使液体覆盖整个蒸发皿底部。小心地将蒸发残液置于电热板上或是在很小的火焰上灼烧灰化，然后将蒸发皿放进500℃±25℃的马弗炉，放置约1 h。冷却后，用1 mL浓硝酸润湿灰分，用小玻璃棒压碎灰分，再次按前述方法进行蒸发和灼烧。再将蒸发皿放入马弗炉15 min；重复硝酸处理3次。向蒸发皿中加1 mL浓硝酸和2 mL重蒸馏水，使灰分溶解，将溶液倒入10 mL容量瓶。用蒸馏水将蒸发皿洗涤3次，每次用2 mL水，洗液倒入容量瓶中，再加重蒸馏水至刻度处。按4.1所述步骤，用10 mL溶液测定铜含量，计算结果时要将稀释倍数考虑在内。

镁（AAS 法）

1 原理

稀释后的酒样直接进样，通过原子吸收光谱仪测定镁的含量。

2 仪器

2.1 配备有空气-乙炔燃烧器的原子吸收分光光度计。

2.2 镁空心阴极灯。

3 试剂

3.1 标准溶液 1 g/L：可用市售的镁标准溶液，也可自行制备，将 8.364 6 g 氯化镁（$MgCl_2 \cdot 6H_2O$）溶于蒸馏水中，再加蒸馏水至 1 L。

3.2 镁标准溶液 5 mg/L，将 3.1 中镁标液适当稀释。

注：将镁标准溶液保存在聚乙烯瓶中。

4 操作方法

4.1 试样制备

用蒸馏水将葡萄酒稀释至 1/100。

4.2 校准

在 4 个 100 mL 容量瓶中，分别加入 5 mL，10 mL，15 mL 和 20 mL 稀释后的镁标液（3.2），用蒸馏水补足至 100 mL。这样制备的溶液分别含镁 0.25 mg/L，0.50 mg/L，0.75 mg/L 和 1 mg/L。将这些溶液保存在聚乙烯瓶内。

4.3 测量

选择吸收波长 285 nm。用蒸馏水做空白调零，将稀释葡萄酒直接吸入光谱仪，然后依次吸入按 4.2 所制备的各标准溶液。

读出各吸光度，每个试样测定 2 次。

5 结果表示

5.1 计算方法

绘制吸光度与各标准溶液镁含量的关系曲线。

按稀释葡萄酒试样得出的吸光度平均值在标准曲线上查出镁浓度 c（mg/L），酒样中镁含量按照以下公式计算：

$$100 \times c$$

保留至整数。

5.2 重复性（r）

$r = 3$ mg/L。

5.3 再现性（R）

$R = 8$ mg/L。

锌（AAS 法）

1 原理

去除酒精的葡萄酒用原子吸收分光光度计直接进样测定锌的含量。

2 仪器

2.1 旋转蒸发器,恒温水浴。

2.2 配备燃烧器的原子吸收分光光度计,以空气-乙炔为燃料。

2.3 锌空心阴极灯。

3 试剂

重蒸馏水(用硼硅玻璃装置制备)或纯度相当的水。

3.1 1 g/L 锌标准溶液:推荐使用市售的锌标准溶液,也可以自己配制,将 4.397 5 g 硫酸锌 ($ZnSO_4 \cdot 7H_2O$)溶于水,加水定容至 1 L。

3.2 稀释的锌标准溶液,100 mg/L。

4 操作方法

4.1 样品准备

将 100 mL 葡萄酒置于旋转蒸发器中(温度 50℃～60℃)浓缩至 1/2 体积,脱去酒精,再加重蒸馏水至原来的体积(100 mL)。

4.2 制作标准溶液

在 4 个 100 mL 容量瓶中,分别加入 0.5 mL,1.0 mL,1.5 mL 和 2.0 mL 100 mg/L 的锌标准溶液,加重蒸馏水至刻度处,这些标准溶液分别含锌 0.5 mg/L,1.0 mg/L,1.5 mg/L 和 2.0 mg/L。

4.3 定量

选定吸收波长 213.9 nm,再用蒸馏水做空白调零,将葡萄酒直接吸入光谱仪,然后依次吸入各标准溶液,读取吸光度,每一试样测定两次。

5 结果表示

绘制吸光度与各标准溶液锌浓度变化关系曲线。按葡萄酒试样的吸光度平均值查出每升葡萄酒含锌的毫克数,结果保留 1 位小数。

银（AAS 法）

1 方法原理

将样品消化处理后使用原子吸收分光光度法测定。

2 仪器

2.1 铂金蒸发皿。

2.2 100℃恒温水浴。

2.3 温度可调至 500℃～525℃的马弗炉。

2.4 原子吸收分光光度计。

2.5 银空心阴极灯。

2.6 燃气:空气-乙炔。

3 试剂

3.1 硝酸银 $AgNO_3$。

3.2 浓硝酸($\rho_{20℃}=1.38$ g/mL),65%。

3.3 蒸馏水稀释 10 倍的稀硝酸。

3.4 1 g/L 的银溶液:推荐使用市售的银标准溶液,也可以自己配制,将 1.575 0 g 硝酸银溶于稀硝酸中,用稀硝酸定容至 1 000 mL。

3.5 10 mg/L 银溶液:移取 10 mL3.4 所述溶液用稀硝酸稀释至 1 000 mL。

4 操作方法

4.1 试样制备和银含量测定

将 20 mL 试样置于铂金蒸发皿中,在 100℃水浴中蒸干。在马弗炉中 500℃～525℃进行灰化处理。用 1 mL 浓硝酸润湿灰分,在 100℃水浴上蒸发,再加 1 mL 硝酸,再蒸发,加 5 mL 稀释硝酸,稍微加热,直至溶解。

4.2 标准曲线制作

在 5 个 100 mL 容量瓶中,分别加入 3.5 所述 10 mg/L 银溶液 2 mL,4 mL,6 mL,8 mL,10 mL 和 20 mL,再加稀硝酸至刻度处。这些溶液分别含银 0.20 mg/L,0.40 mg/L,0.60 mg/L,0.80 mg/L,1.0 mg/L 和 2.0 mg/L。

4.3 选择吸收波长为 328.1 nm,用双蒸水对仪器进行调零,测量标准溶液和样品液的吸光度并重复测量一次。

5 结果表示

根据标准液中银元素的浓度和吸光度的关系绘制标准曲线,在标准曲线上根据样品液的吸光度得出银的浓度 c，以 mg/L 表示。

$$0.25 \times c$$

结果保留 2 位小数。

注：为建立标准曲线用的各标准溶液选取适当浓度，所取试样的量以及液体的最终体积都要根据所用光谱仪的灵敏度来确定。

镉(AAS 法)

1 方法原理

用石墨炉原子吸收分光光度法直接测定镉的含量。

2 仪器

所用玻璃器皿都要使用浓硝酸在 70℃～80℃洗涤,然后使用重蒸馏水进行冲洗。

2.1 原子吸收分光光度计配备有石墨炉,背景校正和记录仪。

2.2 镉空心阴极灯。

2.3 5 μL 微量移液器,配有原子吸收光谱测量专用针头。

3 试剂

制出的重蒸馏水(硼硅玻璃装置制备)或纯度相当的水。所用试剂均为分析纯级,尤其不能含有镉。

3.1 浓磷酸:85%($\rho_{20℃} = 1.71$ g/mL)。

3.2 稀磷酸:取 8 mL 磷酸加水至 100 mL 制备而成。

3.3 EDTA 溶液:0.02 mol/L。

3.4 pH=9 的缓冲溶液:制备缓冲液,在 100 mL 容量瓶中,先将 5.4 g 氯化铵溶解于几毫升水中,加入 35 mL 体积分数为 25%的氨水溶液,即得到所需缓冲液。密度 $\rho_{20℃} = 0.92$ g/mL 的氨水,稀释至体积分数为 25%再加水到 100 mL。

3.5 铬黑 T 指示剂:1%(m/m)的氯化钠溶液。

3.6 硫酸镉:硫酸镉标定方法:准确称取 102.6 mg 硫酸镉到烧杯中,加水溶解;加入 5 mL pH9 的缓冲溶液和约 20 mg 的铬黑 T,使用 3.3 配置的 EDTA 溶液滴定直到指示剂变为蓝色。准确加入 20 mL EDTA 溶液,如果有少许差异,对制备标准溶液所需的硫酸镉质量进行相应调整。

3.7 1 g/L 镉参比溶液:首选使用市售的标准溶液,也可自行制备,方法如下所示:将 2.282 0 g 硫酸镉溶解至水中,然后定容到 1 L。将此溶液保存在具磨口塞的硼硅玻璃瓶中。

4 操作方法

4.1 样品准备

使用如 3.2 所示的磷酸溶液将葡萄酒稀释为 $1/2(V/V)$。

4.2 标准溶液的制备

将镉标准溶液稀释,配置为浓度 2.5 μg/L,5 μg/L,10 μg/L 和 15 μg/L 的标准溶液。

4.3 测定

4.3.1 石墨炉测定条件(仅供参考)

100℃干燥30 s；

900℃灰化20 s；

2 250℃原子化2 s～3 s。

氮气流量(吹扫气)6 L/min。

注意事项：操作结束后，将温度调至2 700℃清除炉内杂质。

4.3.2 原子吸收测量值

选择228.8 nm的吸收波长，用二次蒸馏水作为空白进行调零。用微量移液器取5 μL样品或标准溶液注入石墨炉内，每个样品或标准溶液进行三次平行测定，记录吸收测量值并计算三次平行测试的平均值。

5 结果表示

绘制吸光度随标准溶液中铬含量变化的关系曲线。按样品溶液吸光度的平均值在标准曲线中可以得到镉含量c，此时葡萄酒中镉含量为$2 \times c$，单位mg/L。

参 考 文 献

[1] MEDINA B.，Application de la spectrométrie d′absorption atomique sans flamme au dosage de quelques métaux dans les vins，Thèse Doct. en onologie，Bordeaux II，1978.

[2] MEDINA B. and SUDRAUD P.，FV O. I. V 1979，n° 695

铅(标准方法)

1 方法标准定义

准确性是指检测结果得到的一系列测试的平均值和参考值的一致程度。

r——重复性限值,指在重复性条件下(相同样品,相同操作者,相同仪器,相同实验室与很短的时间间隔)单独测试两个平行样而得到的 2 个结果的绝对误差在某一概率(通常为 95%)内低于该数值,表达式为 $r=2.8×S_r$。

S_r——重复性标准偏差,由在重复性实验条件下测定的平行结果计算得到。

RSD_r——相对重复性标准偏差,由相同实验条件下产生的结果获得$[(S_r/\overline{x})×100]$。$\overline{x}$是所有实验室和平行样测定值的平均值。

R——再现性限指在再现性实验条件下(例如,不同实验室操作人员制备的相同材料,使用标准化的测试方法)单独测试得到结果之间的误差在某一概率(通常为 95%)内低于该数值,$R=2.8×S_R$。

S_R——再现性标准偏差,由再现条件下产生的结果获得。

RSD_R——相对再现性标准偏差,由重现实验条件下产生的结果获得$[(SR/\overline{x}×100]$。

HoR——HORRAT 值,由 Horwitz 公式得出的 RSD_R 值除以测试得到的 RSD_R 值计算所得。

2 实验室分析方法与实验室控制管理要求

2.1 要求

葡萄酒中含铅量的测定仍未有明确法定方法。实验室将采用经过 OIV 批准的实验方法(II型),该方法应该满足表 1 中所列的各项实验性能指标,例如可采用 GFAA 或 ICP-MS 方法,因其可满足表 1 中所列的各项实验指标。只要有可能,在确认实验的过程中应在协同实验测试的样品中加入一份经认可的标准样品,如果没有标准物质,应该采用正确度评估来代替。附录中例 1 和例 2 列举了葡萄酒中含铅量测定的方法。

2.2 总则

所有与样品接触的器皿应使用惰性的材料(例如,聚丙烯,聚四氟乙烯 PTFE,等)。不建议使用陶瓷材料,因为其中可能含有铅。如不确定使用的材料中是否含有待测物质,则应该使用各种随机性测试方法来确定该材料能否使用,该步骤应该属于对分析方法评估确认的重要一环。所有塑料制品,包括样品容器应使用酸洗。如条件允许,用于样品处理的器皿应为铅检测专用。

表 1 葡萄酒中铅含量测试方法之评判准则

参数	评价
适用性	适用于法定葡萄酒中含铅量的检测
检出限	不能高于 OIV 限量值(以 $\mu g/L$ 计)的 10%

表1（续）

参数	评价
定量限	不能高于 OIV 限量值（以 $\mu g/L$ 计）的 20%。当铅的含量小于 $100\mu g/L$，定量限不能高于 OIV 规定的 40%
精密度	在协作实验试验验证中 HORRAT 值应小于或等于 2
回收率	80%～105%（如协作研究所示）
特异性	不受基质和光谱影响
精密度	$$\lvert \bar{x}-m \rvert < 1.96 \times \sqrt{S_{R(lab)}{}^2 - S_{r(lab)}{}^2 \times (1-1/n)}$$ m 代表葡萄酒标准物质中铅的含量；$\bar{x}$ 代表同一实验室内 n 次测定葡萄酒铅含量的平均值；$S_R(lab)$ 和 $S_r(lab)$ 是标准偏差，分别由在同一个实验室内再现性条件和重复性条件下由所有测定结果计算而得

2.3　实验可靠性的评价和回收率计算

如果条件允许，应该在实验过程中测定合适的标准样以对实验结果的准确性进行评价。实验者应该适当留意由 IUPAC/ISO/AOAC 资助发布的"分析测量中回收率使用指南"，实验回收率接近 100% 时，回收率的计算结果对实验的准确性的影响很小。

方法 OIV-MA-AS322-12

例 1 原子吸收光谱法测定葡萄酒中的铅

1 应用范围和领域

此方法可用于红葡萄酒、白葡萄酒、无泡葡萄酒、起泡酒与强化酒。

2 定义

酒样中的铅含量:此方法测定的铅含量单位为 mg/L。

3 原理

使用基质匹配混合物稀释酒样,然后直接使用石墨炉原子吸收光谱仪(GFAAS)测量铅含量。在酒样和铅校准标准溶液中加入与测试酒样基质匹配混合液,该基质匹配混合液中同时包含了 GFAAS 的基质改进剂和酒样的模拟化合物。其作用是改进基质使标准液和样品在石墨炉原子化过程中获得相同的吸光度峰值-时间曲线图。

等温原子化技术是必须的。例如:L'vov 平台(石墨平台)。

为了适用于特定的石墨炉原子吸收光谱仪,可能需要精确调整稀释液的成分。在采用此方法之前,应进行实验以检测标准溶液与样品的吸光度-时间曲线图并根据此对稀释液进行必要调整。所使用的仪器在原子化时必须具备监控吸光度-时间的功能。标准和样品的吸收谱图应表现一致,铅原子化峰应高于背景的无特征吸收值,以达到高效背景校正的目的。例 2 提供了相关曲线图。

4 试剂

应使用高质量的不含铅的化学试剂和去离子蒸馏水或与之纯度相当的水。除非有特别要求,所有的试剂应当现用现配。

4.1 稀释溶液

注:实验采用的稀释液可能需要对成分进行精确的调整以适于特定的石墨炉模型。若推荐的改良剂的成分存在问题,则需调整磷和氮的含量,以获取:

a) 在最佳灰化温度下获得稳定的元素信号;

b) 能够产生单一可再现且与背景信号可以良好分离的待分析物信号峰值的原子化过程。

配备 VDU 设备的仪器使得分析者可以确认样品与背景峰的时间分离(见附录)。以下是一个测定吸光度—时间曲线图的方法的例子:

测量样品峰的峰高一半的峰宽(半峰宽)(FWHM)并与拥有相似最大吸光度的校准品产生的半峰宽 FWHM 比较。若峰的差别明显可见,则需调整基体修正改良剂的成分。

以下列举的稀释液可用于:

a) PE 3030 型,配有氘灯背景校正器和 HGA 500 石墨炉;

b) 热电 12E 型:配备了 Smith-Hieftje 背景校正装置,CTF 188 炉和 FASTAC 样品沉积系统。

4.1.1　3030 分光光度仪用稀释液

将 187 g 水添加到 250 mL 塑料瓶中，再加入 11 g 乙醇，1.1 g 葡萄糖，1.1 g 果糖和 0.28 g 氯化钠，震荡使固体溶解。然后加入 22 mL 硝酸和 4.4 g 磷酸二氢铵。震荡直到所有的磷酸盐溶解。最后加入 0.88 g 硝酸镁并震荡至所有固体溶解。

4.1.2　热电 12E 型使用稀释液

其他试剂种类和操作同上，但需添加 0.66 g 磷酸二氢铵和 0.44 g 硝酸镁。

4.1.3　纯乙醇。

4.1.4　D-葡萄糖。

4.1.5　D(-)果糖。

4.1.6　氯化钠。

4.1.7　浓硝酸。

4.1.8　磷酸二氢铵。

4.1.9　六水合硝酸镁。

4.2　10%(V/V)乙醇

向 250 mL 的塑料瓶中加入 180 mL 水，并使用移液管加入 20 mL 纯乙醇，混合摇匀。

4.3　铅标准溶液

4.3.1　铅标准溶液(1 000 mg/L)。

4.3.2　铅标准溶液(10.00 mg/L)。用移液管将 1.00 mL 铅标准溶液加入到 100 mL 容量瓶中，用水稀释定容并混合均匀。

注：使用前需检查移液管校准刻度。

4.3.3　铅工作标准液(1.00 mg/L)：用巴斯德吸管取 10.00 mL 的铅储备液(4.3.2)于 100 mL 容量瓶中。用水冲洗容量瓶内颈，加入 1 mL 硝酸定容，摇匀。

4.3.4　铅校正溶液：使用通用容器配置浓度从 0 μg/L～50 μg/L 的 8 个校准标准。分别为 0.0 μg/L，2.5 μg/L，5.0 μg/L，10.0 μg/L，20.0 μg/L，30.0 μg/L，40.0 μg/L 和 50.0 μg/L。使用另一个容器制作空白。

用水冲洗每个容器内壁和瓶盖 3 次并甩干；盖上盖子并正放 5 min～10 min，然后甩干瓶内剩余液体。用移液管加入以下体积的水到 9 个容器中：5.00 mL，5.00 mL，4.95 mL，4.90 mL，4.80 mL，4.60 mL，4.40 mL，4.20 mL 和 4.00 mL，并分别加入 5.00 mL 的 10%乙醇(4.2)和 2 份 5 mL 等分稀释液。

分别向 9 个容器中移取 0 μL，50 μL，100 μL，200 μL，400 μL，600 μL，800 μL 和 1 000 μL 的工作标准物。盖上盖子并摇匀。每批样品的试剂溶液均应现配现用。

4.4　硝酸

1%(V/V)硝酸。

5　仪器

使用前，所有玻璃和塑料仪器必须要酸洗(至少在 20 % 硝酸溶液中浸泡 24 h)，使用前用蒸馏水彻底清洗并盖上盖子(可使用食品薄膜)以避免空气污染。

5.1　250 带盖塑料瓶(例如：Nalgene 瓶或同等级瓶子)。

5.2 100 mL 容量瓶(A 级)。

5.3 带橡胶头巴斯德吸管。

5.4 通用容器,20 mL(Nunc,Sterilin 公司产或同等级别产品)。

5.5 600 mL 玻璃烧杯。

5.6 40 μL～200 μL 移液器*(芬兰雷勃移液器或同等级仪器)。

5.7 200 μL～1 000 μL 移液器*(芬兰雷勃移液器或同等级仪器)。

5.8 0.5 μL～5.0 mL 移液器*(芬兰雷勃移液器或同等级仪器)。

5.9 2.0 μL～10.0 mL 移液器*(芬兰雷勃移液器或同等级仪器)。

5.10 分析天平(±1 mg,梅特勒 PC440 或同等级产品)。

5.11 涡旋振荡器或同功能产品。

5.12 20 mL 试管。

5.13 适用于 5.12 的试管的试管架。

5.14 适合 5.4 所用容器架。

5.15 磁性搅拌器。

5.16 聚四氟乙烯磁力搅拌转子。

5.17 适合 5.6,5.7,5.8 和 5.9 所用的微量移液器枪头。

5.18 原子吸收光度计:使用的原子吸收光度计应配置有石墨炉,时间滞后原子化池,自动进样器,背景校正装置和吸光度-时间曲线图监控设备(如下列例子所示)。仪器各参数要调整到适于实验测定的状态,举例如下:

a) 原子吸收分光光度计,Perkin-Elmer 公司的 3030,配有氘灯背景校正器,用于非特异性吸收;铅空心阴极灯操作,电流 12 mA;特征谱线 283.3 nm 线;狭缝宽度为 0.7 nm;HGA500 石墨炉,配有内置热裂解石墨 L'vov 平台的热解石墨管;氩气作为保护气。HGA500 的石墨炉的条件见表 1:

表 1

步骤	1	2	3	4	5	6
温度/℃	200	1 100	1 100	1 800	2 400	20
升温梯度/s	5	20	1	0	1	1
保持时间/s	60	20	2	3	6	25
气体类型	氩气	氩气	氩气	氩气	氩气	氩气
气体流量/(mL/min)	50	50	0	0	300	300
读数间隔(2.5 s)				×		

自动进样装置 AS 40,注入样品量 20 μL,每个样 3 次重复。

b)Thermo-electron Video 12E 原子吸收分光光度计,带有 CTF 188 石墨炉和 FASTAC 型沉积系统,条件见表 2:

---

* 移液器使用时每天都要校正。

表2

步骤	1	2	3	4	5
温度/℃	150	350	650	1 000	2 400
升温时间/s	0	30	15	1	
保持时间/s	2	0	5	4	10
气体	氩气	氩气	氩气	氩气	氩气
气流速度/(mL/min)	50	50	0	0	300
读数间隔(2.5s)				×	

样品沉积时间为 5 s，FASTAC 延迟时间为 10 s，每个样品重复测定 3 次，特征谱线 283.3 nm 线。

6 步骤

6.1 酒样处理

在取样前彻底摇匀酒样。起泡酒在取样前应转移到一个干净的烧杯中并置于超声波清洗器内超声除尽气体。

6.2 测量方法

6.2.1 酒样

用移液管(5.8)分别取 2.00 mL 水和 4.00 mL 稀释液(4.1)和 2.00 mL 酒样于 20 mL 的试管(5.12)中。用涡旋振荡器(5.11)彻底摇匀。

6.2.2 回收率的估算

为了回收率的估算，用移液器(5.8)准确吸取 1.80 mL 水，4.00 mL 稀释液(4.1)，2.00 mL 酒样再用移液器(5.7)移取 0.200 mL 铅工作标准溶液(4.3.3)于 20 mL 的试管(5.12)中。用涡旋振荡器(5.11)彻底摇匀。

注：任何浓度超过最高标液浓度的样品必须减少取样量后重新检测。另外加入 10％的乙醇(4.2)于不足样品体积。

6.3 测量

测量应成批次进行。每批次样品应包含至少 4 个空白平行样和 3 个加入标样的平行样以估算回收率。在自动抽样托盘上间隔均匀放置铅校准溶液与未知样。使用巴斯德吸管(5.3)将标准与样品转移到自动进样器的样品瓶中。弃去第一次液体，测量第二次加入的样品(若样品溶液不足，则需保证样品容器的洁净度)。每次转移标准溶液与样品之间应使用 1％硝酸(4.4)清洗巴斯德吸管 4～5 次。

6.4 铅的定量

在所有情况下均使用 3 次重复进样的吸光度平均值。根据每个标准溶液的平均响应值与浓度之间的关系建立标准曲线。记录仪器检测到的每个样品的吸光度。通过查找校准曲线得到样品溶液中铅的含量。

注：若标准品吸光度有显著的减低，建议每处理 2 批次样品或更短间隔内即换炉管和平台。

7 结果

修正批次内平均回收率。

7.1 计算

所有测量溶液中铅含量可从校正图表中计算得到。使用以下公式计算酒样和加标样品中铅含量 ρ_{P_b}：

$$\rho_{P_b}(\mathrm{mg/L}) = \frac{(c_m - c_b) \times V_t}{V_m}$$

其中：c_m——测量溶液中铅含量平均值（mg/L）；

c_b——空白溶液中铅含量平均值（mg/L）；

V_t——测量溶液的最终总体积（mL）；

V_m——酒样取样量（mL）。

7.2 回收率计算

$$回收率(\%) = \frac{(c_s - c_a) \times V_s \times 100}{S}$$

其中：c_s——加标酒样中铅含量平均值（mg/L）；

c_a——酒样中铅含量平均值（mg/L）；

V_s——加标酒样体积（mL）；

S——加标量（μg）。

7.3 计算回收率校正结果

$$校正后的铅浓度(\mathrm{mg/L}) = \frac{c_w \times 100}{R_a}$$

其中：c_w——酒样中铅含量平均值（mg/L）；

R_a——同批次的平均回收率（%）。

附　录　A
实验室间比对实验研究

表 A.1　样品组合

样品编号	样品描述
5 和 9	波尔多（甜白）
3 和 11	意大利霞多丽（白）
7 和 8	西班牙红葡萄酒（添加量 260 μg/L）
6 和 10	罗马尼亚黑比诺
2 和 12	罗马尼亚黑比诺（添加量 150 μg/L）
1	样品 3/11（添加量 124 μg/L）
4	样品 3/11（添加量 134 μg/L）

表 A.2　葡萄酒中铅含量的协作试验结果统计分析参数汇总（一个实验室的结果经
评估确认不适合列入下表进行统计分析）

样品	A	B	C	D	E	F	F
编号	5,9	3,11	7,8	6,10	2,12	1	4
n	16	15*	16	16	16	16	
n（—outl）	16	15	14	16	15	16	
Targ.	56	24	279	67	192	143	153
Mean	50.8	27.2	298	70.6	189	143	149
r	23	15	24	32	51	38	
S_r	8.1	5.3	8.7	11.8	18.2	13.6	
RSDr	16	19	3	17	10	9	
Hor	1.0	1.1	0.2	1.1	0.7	0.7	
R	42	25	83	57	154	79	
S_R	15.1	8.8	29.8	20.3	55.2	28.2	
RSD_R	30	28	10	29	29	19	
HoR	1.2	1.2	0.5	1.2	1.4	0.9	

表 A.1～表 A.2 解析：

N 初始实验室数量；

n（—outl）列表中经剔除异常值后剩余的实验室数量。

（*）17 号实验室测定编号为 11 的样品结果为＜20 μg/L。他们的研究结果并没有被包含在这个样本（B）的统计分析中。

Mean 指的是观测到的平均值,去除异常值后得到的协同试验数据的平均值。

Targ. 内部使用 ICP-MS 观测值获得的平均结果。

r 重复性限,指在重复性条件下(即相同样品、相同操作者、相同仪器、相同实验室与很短的时间间隔)单独 2 个结果之间的误差在某一概率(通常为 95%)内低于该数值,表达式为 $r=2.8\times S_r$。

S_r 重复性标准差。

RSDr 相对重复性标准偏差($S_r\times100/\text{MEAN}$)。

Hor 假定 $r=0.66\ R$,通过 Horwitz 方程计算得到的 RSD_r 除以观察值的 RSD_r。

R 重现性限,指在重现性实验条件下(即,使用标准测试方法与相同材料在不同实验室中进行操作)单独测试得到结果之间的误差在某一概率(通常为 95%)内低于该数值,$R=2.8\times S_R$。

S_R 重现性标准差(两个实验室之间的差异)。

RSD_R 相对重现性标准偏差($S_R\times100/\text{MEAN}$)。

HoR 通过 Horwitz 方程计算得到,假定 $\text{RSD}_R=2^{(1-0.5\log_{10}c)}$($c$ 某一物质的浓度,保留小数位)。

HORRAT 值:

对重复性来说,假定 $r=0.66\ R$,实验观察得到的 RSD_r 除以 Horwitz 方程得到的RSDr。

对重现性来说,HORRAT 值即观察得到的 RSD_R 除以 Horwitz 方程得到的 RSD_R。

附　录　B
使用铂金-埃默尔 3030 型原子吸收光谱仪
测定葡萄酒中的铅的吸光度随时间变化图谱
（带氘灯背景校正）

a）30 ng/L 的酒标。

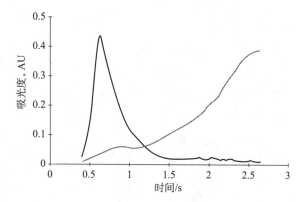

b）葡萄酒样品

解析:吸光度矫正——背景吸光度。

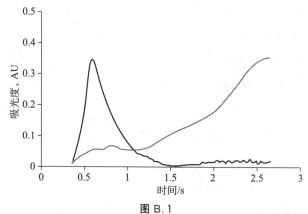

图 B.1

方法 OIV-MA-AS322-12

例 2 原子吸收光谱法测定葡萄酒中的铅

1 应用领域

考虑到由 OIV 给定的最大限量值,此分析方法适用所有类型的酒。

2 原理

除了甜白葡萄酒需要稀释外,其他酒样无需进行预处理。

加入磷酸二氢铵可在高温下稳定酒样中铅元素以去除干扰,并且能对标准溶液产生同样作用。

雾化器是一个使用带平台的热解石墨,利用焦耳效应加热。

特征谱线 283.3 nm。

可使用赛曼(zeeman)效应或氘灯对非特定吸收值进行校正。

该酒样中铅元素测定是使用外部曲线校准的直接定量方法。

3 试剂

3.1 软化水:超纯水,电阻率大于 18 MΩ·cm。

3.2 硝酸:65%,超纯酸。

3.3 磷酸二氢铵($NH_4H_2PO_4$)分析用。

3.4 铅标准溶液 1 000 μg/mL:溶于 2%硝酸(成品溶液,可直接使用)。

4 仪器

4.1 分析天平(感量 1 mg)。

4.2 玻璃器皿。

4.2.1 容量瓶 50 mL,100 mL(A 级)。

4.2.2 移液管 1 mL,10 mL(A 级)。

4.2.3 玻璃器皿的净化:用软化水冲洗,并用 10%硝酸浸泡至少 24 h,再用软化水清洗 2 次。

4.3 原子吸收光度计:适用于非特定吸收校正的石墨管原子化器和自动进样器(用 10%硝酸清洗进样杯)。

热解涂层石墨炉:带有钽铁层的 L'Vov 平台(石墨平台)(参考 8.1,列于下面)。

钽溶液:取 3 g 钽粉(金属钽,纯度高于 99.7%)于 100 mL 聚四氟乙烯瓶中,加入 10 mL 稀氢氟酸(1+1),3 g 无水草酸和 0.5 mL 30%过氧化氢溶液。慢慢加热使金属粉末完全溶解,反应变慢时加入过氧化氢。当完全溶解时加入 4 g 无水草酸和大约 30 mL 软化水。溶解酸后定容到 50 mL。溶液应储存在塑料瓶中。

铁钽化平台:将平台放置于石墨管中,一并放入原子化光度计的原子化器中。用自动取样器注入 10 μL 钽溶液。遵循以下步骤设置温度循环:在 150℃下干燥 40 s;在 900℃下矿化 60 s;在 2 600℃下原子化 2.5 s。使用氩气作为保护气体。

5 步骤

5.1 测试部分

开塞前应仔细清洁有镀锡铅胶帽的酒瓶颈部。

5.2 样品处理

通常情况下酒样无需预处理可以直接注入自动进样瓶中。而浑浊的酒样则需过滤,为了延长平台的使用时间,甜白葡萄酒应该进行稀释,含糖量为 10 g/L～50 g/L 的甜白葡萄酒稀释至 1/2;含糖量高于 50 g/L 的甜白葡萄酒稀释至 1/4。

5.3 溶液制备

5.3.1 甜白葡萄酒稀释液

该溶液用作注入的额外体积,由 1‰硝酸水溶液组成。

5.3.2 基质改进剂

在 50 mL 烧瓶(4.2.1)中加入 3 g 磷酸二氢铵(3.3),用软化水(3.1)溶解并定容。

5.3.3 10 mg/L 的铅溶液

在 100 mL 长颈瓶(4.2.1)中加入 1 mL 1g/L 铅标准溶液(3.4),加入 1 mL 65‰硝酸(3.2),用软化水(3.1)定容。此溶液在 4℃下可以保存一个月。

5.3.4 100 µg/L 的铅溶液

在 100 mL 烧杯(4.2.1)中加入 1 mL 10 mg/L 铅标准溶液(5.3.3),用软化水定容。此溶液应该现配现用。

5.3.5 校准刻度(供参考):0 µg/L;16.7 µg/L;33.3 µg/L;50 µg/L(如表 2 所示)。

5.4 校准与测定

5.4.1 光谱测量

5.4.1.1 波长:283.3 nm。

5.4.1.2 狭缝:0.5 nm。

5.4.1.3 空心阴极灯电流:5 mA。

5.4.1.4 背景校正:使用塞曼效应或氘灯背景校正。

5.4.1.5 用自动进样器加标准样和待测样于石墨炉中。冲洗液由 500 mL 软化水加入一滴 Triton×100 配制成。

注:为了便于在 90℃下注射液体到平台,炉温应调整为约 150℃。

5.4.1.6 信号测量:峰高。

5.4.1.7 测量时间:3 s。

5.4.1.8 标准或样品测量次数 2。

注:试验的结果为以上 2 个测量结果的平均值,若这 2 个测量的变异系数大于 15‰,则需重新测量。

5.4.1.9 熔炉参数(仅供参考):见表 1。

表 1　石墨熔炉参数

葡萄酒中铅含量的测定				
温度/℃	保持时间/s	气体类型	气体流量/(L/min)	读取信号
150	60	氩气	3.0	
750	10	氩气	3.0	
750	30	氩气	3.0	
750	2	氩气	0	
2 400	1	氩气	0	
2 400	2	氩气	0	
2 400	2	氩气	3.0	
40	20	氩气	3.0	

5.4.1.10　自动取样器参数(仅供参考,表2)。

表 2　葡萄酒中铅含量的测定,自动进样器参数

分析物质	注入样品体积/μL			
	样品	铅标液 100 μg/L	白葡萄酒稀释液	基质改进剂
空白	0	0	5	1
标样 1	0	1	4	1
标样 2	0	2	3	1
标样 3	0	3	2	1
待测物	2	0	3	1

5.4.2　校准曲线绘制

自动分配器循环允许从 100 μg/L 铅溶液(表2)配制标准液。根据不同的铅浓度(mg/L)得到的吸光值绘制校正曲线。

6　结果计算

6.1　进样溶液的铅含量:查校准曲线(5.4.2)获得。

6.2　酒样中的铅含量:通过 6.1 的结果乘以 3 可以计算得出(2 μL 待测物,测试体系中最终体积为 6 μL)。甜白葡萄酒需要把酒样稀释倍数计算进去。

6.3　结果:用每升葡萄酒中所含铅的毫克数表示(mg/L),保留小数点后两位。

7　多实验室测试

采用双盲实验,测定以下八种波尔多葡萄酒中铅的含量,这八种酒分别是:两瓶红葡萄酒(R1 和 R2),两瓶桃葡萄酒(Ro1 和 Ro2),两瓶干白葡萄酒(Bs1 和 Bs2),和两瓶甜白葡萄酒(D1 和 D2)。来自西班牙、葡萄牙、摩洛哥、法国 11 个实验室参加共同对这 16 个样品进行测定。

7.1 酒样描述

表3 实验酒样特征

酒样	类型	酒精含量/% vol	总酸 H_2SO_4/(g/L)	挥发酸 H_2SO_4/(g/L)	还原糖/(g/L)
R1	红葡萄酒	11.86	4.43	1.57	1.2
R2	红葡萄酒	12.54	3.77	0.34	1.5
Ro1	桃葡萄酒	12.23	5.30	0.44	1.2
Ro2	桃葡萄酒	11.43	4.88	0.45	1.1
Bs1	干白葡萄酒	11.65	4.62	0.37	2.2
Bs2	干白葡萄酒	12.32	4.57	0.31	0.9
D1	甜白葡萄酒	12.94	3.72	0.67	76.4
D2	甜白葡萄酒	12.66	4.70	0.45	62.8

7.2 结果统计

表4 实验室间实验结果统计分析

酒样	R1	R2	Ro1	Ro2	Bs1	Bs2	D1	D2
双盲重复	C 和 K	F 和 I	D 和 G	J 和 L	B 和 H	P 和 N	A 和 E	M 和 0
初始实验室数量	11	11	11	11	11	11	11	11
实验室数量 剔除较大差异数据	11	10	11	11	10	10	11	10
平均值/(μg/L)	44	162	28	145	52	138	60	145
重复性限值 r	18	12	7	17	6	13	28	7
重复性标准偏差 S_r	6.4	4.3	2.5	6.1	2.1	4.6	10	2.5
相对重现性标准差 RSDr/%	14.5	2.8	9.2	4.2	4.2	3.4	16.5	1.8
Horrat 值（Hor）:由观察 RSDr 除以 Horwitz 计算 RSDr 得到	0.6	0.1	0.3	0.2	0.2	0.2	0.7	0.1
再现性限值 R	34	105	23	86	30	101	86	144
再现性标准差 S_R	12.3	37.5	8.2	30.8	10.7	35.9	30.6	51.6
相对再现性标准差 RSD_R/%	28	23.1	29.3	21.2	20.6	26	51	35.6
Horrat 值（HoR）:观测得到 RSD_R 除以 Horwitz 计算得到的 RSD_R	1.1	1.1	1.1	1	0.8	1.2	2.1	1.7

参加试验的 11 个实验室中有 7 个表示完全遵循规定的方法执行,其余 4 个修改了个别参数。

8 方法性能参数与质量控制

8.1 检出限:由重复 20 个空白分析得出,并相当于 3 倍标准差。对本方法,测量 20 次空白可得出以下结果:平均值＝1.29 μg/L,标准差＝0.44 μg/L,检测限＝1.3 μg/L。

8.2 定量限:相当于 3 倍检测限。以上方法得出的定量限为 4 μg/L(3×1.32＝3.96)。

8.3 准确性:在一定置信区间内,多次重复测量的平均值与参照物质数据作比较进行判断。

使用了以下 3 种于 1992 年由 BCR(欧洲标准物质局)确认过铅浓度的葡萄酒作参考,分别是:红葡萄酒,桃红葡萄酒,甜白葡萄酒。

表5 方法准确度

项目		红葡萄酒 BCR E	干白葡萄酒 BCR C	甜白葡萄酒 BCR D
铅浓度/(μg/L)	标准值 (BCR.1992)	36.1±4.9	65.1±9.1	132.4±32
	平均值 (次数:10)	41.0±3.8	66.0±4.4	128.3±14.1

8.4 控制图:每个参考物均可绘制一张控制图。控制限介于:±2 S_R 之间(S_R 再现性标准偏差)。

控制图:

样品BCRE中铅含量

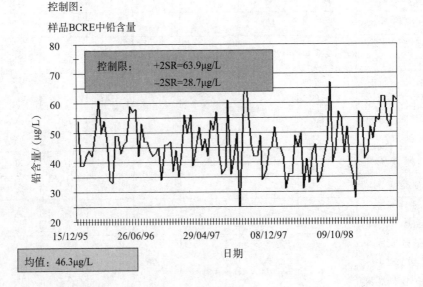

参 考 文 献

［1］W Horwitz,"Evaluation of Analytical Methods for Regulation of Foods and Drugs",Anal. Chem. ,1982, 54,67A-76A.

［2］Protocol for the design,conduct and interpretation of method-performance studies,FV 1061,OIV, 1998.

［3］ISO 5725-6:1994,4. 2. 3. International Organisation for Standardisation,case Postal 56,CH-1211,Genève 20,Switzerland.

［4］ISO/AOAC/IUPAC Harmonised Guidelines for the Use of Recovery Information in Analytical Measure-ment. Edited Michael Thompson,Steven L R Ellison,Ales Fajgelj,Paul Willetts and Roger Wood,Pure Appl. Chem. ,1999,71,337-348.

［5］Paul A. Brereton,Paul Robb,Christine M Sargent,Helen M. Crews and Roger Wood. Determination of Lead in Wine by Graphite Furnace Atomic Absorption Spectrometry:Interlaboratory Study. JAOAC Int. , 1997,80,No 6,1287-1297.

［6］"Protocol for the Design,Conduct and Interpretation of Collaborative Studies. "Editor W Horwitz,Pure & Appl. Chem. ,Vol. 67,No. ,2,pp. 331-343,1995.

［7］Horwitz W,Evaluation of Methods Used for Regulation of Foods and Drugs,Analytical Chemistry,1982, 57,67A-76A.

［8］Peeler J T,Horwitz W and Albert R,Precision Parameters of Standard Methods of Analysis for Dairy Products,JAOAC,1989,72,No 5,784-806.

［9］Journal Officiel des Communautés Européennes(3 octobre 1990). Méthode de dosage du plomb dans le vin (p. 152 et 153).

［10］Teissèdre P. L. ,Brun S. ,Médina B. (1992). Dosage du plomb dans les vins/Proposition de modifications à la méthode du Recueil. Feuillet Vert de l'O. I. V. ,n°928,1997/151292.

［11］Moreira Balio da Silva M. ,Gaye J. ,Médina B. (1996). Comparaison de six méthodes de dosage du plomb dans les vins par absorption atomique en four graphite. Feuillet Vert de l'O. I. V. n°1013,2310/190196.

［12］Brereton P. ,Robb P. ,Sargent C. ,Crews H. ,Wood R. (1996). Validation of a graphite furnace atomic absorption spectrometry method for the detection of lead in wine. Feuillet Vert de l'O. I. V. n°1016, 2913/230196.

［13］Bourguignon J. B. ,Douet Ch. ,Gaye J. ,Médina B. (1997). Dosage du plomb dans le vin/Interprétation des résultats de l'essai interlaboratoire. Feuillet Vert 1055 de l'O. I. V. n°2456/190397.

［14］Zatka V. (1978). Treated graphite atomizer tubes for atomic absorption spectrometry. Analytical Chem-istry,vol. 50,n°3.

［15］US Bureau of Alcohol,Tobacco and Firearms(1991). Analysis of lead in wines and related products by graphite furnace atomic absorption spectrometry. Note d'information de l'O. I. V. du 21 août 1991: Plomb dans les vins aux U. S. A.

［16］Mindak W. R. (1994). Determination of lead in table wines by graphite furnace atomic absorption spec-trometry. Journal of A. O. A. C. International,vol. 77,n°4, p. 1023-1030.

［17］Médina B. (1994). Apport de nouvelles techniques au dosage des métaux dans les vins. Congrès desŒnologues de France à Bordeaux.

[18] Norme française NF ISO 5725-2:1994. Application de la statistique:Exactitude(justesse et fidélité)des résultats et méthodes de mesure.

[19] Jorhem L. ,Sundström B. (1995). Direct determination of lead in wine using graphite furnace AAS. Atomic Spectroscopy,September/October 1995.

ICP-AES 法测定葡萄酒中的金属元素

（决议 Oeno 478/2013）

1 注意事项

安全措施——当样品处理使用酸液时,操作者必须保护好自己的双手和眼睛等,酸的取用必须在通风橱内进行。

2 适用范围

电感耦合等离子体发射光谱仪法（ICP-AES)用于检测以下几种元素在葡萄酒中的含量：

常量元素：

——钾元素（最高可检测浓度 1 500 mg/L）。

——钙元素（最高可检测浓度 250 mg/L）。

——镁元素（最高可检测浓度 150 mg/L）。

——钠元素（最高可检测浓度 100 mg/L）。

微量元素：

——铁元素（检测浓度范围 1 mg/L～10 mg/L）。

——铜元素（检测浓度范围 0.1 mg/L～5 mg/L）。

——锌元素（检测浓度范围 0.5 mg/L～5mg/L）。

——锰元素（检测浓度范围 0.5 mg/L～5 mg/L）。

——锶元素（检测浓度范围 0.1 mg/L～3mg/L）。

——铝元素（检测浓度范围 0.75 mg/L～7.5mg/L）。

——钡元素（检测浓度范围 0.1 mg/L～5mg/L）。

3 原理

3.1 同时测定常量元素和微量元素

为了同时测定常量元素和微量元素,酒样要按照 1∶5 的比例进行稀释配制。

标准曲线配置时加入一定量的乙醇（2.5%）,可以消除基质在雾化过程和在等离子体焰温度下的基质效应,同时为了使样品液和标准曲线稳定可以加入 1% 的硝酸。

在该方法中可以采用钪 $Sc_{335.372}$（5 mg/L）和铯 $Cs_{697.327}$（1% Cs 的 $CsNO_3$ 溶液）。

谱线作为内标物以减少检测过程中非检测物谱线的干扰。

其他的内标物的选择比较宽泛,只要是能够使采用的方法达到最优即可,例如可以选钇 $Y_{371.029}$。

铯元素（$CsNO_3$ 的形式）作为内标时,同时起到离子缓冲作用,能够使其他成分达到电离平衡。

氯化铯 CsCl,也可作为离子缓冲剂。

内标物和离子缓冲剂使用同一个容量瓶配置,配置好之后用一个蠕动泵使之与样品液混合,混合均匀再导入雾化室。

3.2 单独常量元素进行分析

单独对样品中的常量元素进行分析时,样品需按照 1:50 的比例进行稀释。为增加样品液和标准溶液的稳定性,需向标液和样品中加入 1% 的 HNO_3。

考虑到样品稀释倍数较大,基质的影响可以忽略不计,因此不需要再加内标物,同样的,标准曲线配置时也不需要添加乙醇。

4 试剂

除有特别说明,本方法所用试剂全部为分析纯。

4.1 超纯水去离子水:根据 ISO 3696 要求,水的电阻率需大于 18 MΩ·cm。

4.2 通过认证的单元素溶液(浓度达 1 000 mg/L 或者 10 000 mg/L),可用于无机元素分析,也可作为内标物使用(如钪)。

4.3 内部质控:认证的参照样品(如标准葡萄酒样)或者实验室间做过元素分析相互比对的样品。

4.4 硝酸:浓度大于 60%,适于做痕量分析。

4.5 乙醇:浓度大于 95%,适于做痕量分析。

4.6 1% 的硝酸溶液:移取 10 mL 硝酸(4.4)至 1 000 mL 容量瓶中,超纯水定容至刻度线,备用。

5 仪器设备

5.1 光电直读光谱仪系统包括等离子体装置,分光系统以及检测系统。等离子体发射装置是以氩气为工作气;分光系统(各元素分析波长见第 7 章的表格)包括垂直观察、水平观测和双向观测三种方式。

检测系统优先配置 PM 检测器、CCD 检测器、CID 检测器或 SCCD 检测器。

注1:若多元素分析方法中使用内标时,强烈推荐使用能进行同时检测的分光光度计。

注2:为了增加方法的灵敏性和稳定性可以选择其他合适的进样系统,如连续进样系统,微波去溶剂化系统(MWDS 等等)。

5.2 经校正的微量移液管:200 μL~5 mL 和/或是常量移液管:A 级 1.5 mL 和 10 mL。

5.3 容量瓶:A 级。

注:用于盛取样品的容器必须在 10% 的硝酸(4.4)中至少浸泡 12h,取出后用去离子水(4.1)多次冲洗。

为了评价该方法在仪器上的重现性,建议测定 $Mg_{279.800}$ 与 $Mg_{285.213}$ 的发射特征光谱的强度比值,其中 $Mg_{285.213}$ 为原子光谱线,$Mg_{279.800}$ 为离子光谱线。

6 样品制备

6.1 配置标准曲线

根据方法的可信度确定标准曲线点的个数,每条曲线至少包括 5 个浓度点。

测定结果的可靠性和准确性可以通过测定标准物进行判断。

曲线范围要根据样品的稀释倍数进行确定,但必须确保每种待测元素浓度都在曲线范围之内。谨记处理后的样品和标准工作液中硝酸的含量需保持一致。

6.1.1 适合同时测定常量元素和微量元素的标准溶液的配制(按照 1:5 比例进行稀释)。

用微量移液管(5.2)移取一定体积的标准溶液,2.5 mL乙醇(4.5),1 mL硝酸(4.4)到100 mL容量瓶(5.3)中,用超去离子水(4.1)定容至刻度线,摇匀备用。

6.1.2 用于单独测定常量元素的标准溶液的配制(按照1∶50比例进行稀释)用微量移液管(5.2)移取一定体积的标准溶液于100 mL容量瓶(5.3),用稀硝酸(4.6)定容至刻度线,摇匀,备用。

6.2 制备待测样品

6.2.1 制备适合同时测定常量元素和微量元素的样品液(按照1∶5比例进行稀释)使用带刻度移液管或常微量移液管(5.2),移取10 mL样品,1 mL硝酸(4.4)于50 mL的容量瓶(5.3)中,用去离子水(4.1)定容至刻度线,摇匀待测。

气泡酒在稀释样品之前必须用超声波超声10 min以去除样品中的气体。

对于糖含量高的样品必须加入硝酸后进行微波消解以除去有机质。如果某一元素的含量特别高就需要考虑对样品进行更高倍稀释。该情况下,标准曲线及其他试剂中乙醇的含量要适当进行调整。

> 注:为了提高痕量元素测定的灵敏度,要根据所用仪器的稳定性,所选用的缓冲液溶液和内标物,可以对样品进行1∶2倍数的稀释。此时标准曲线的范围、乙醇的含量、有可能包括仪器的参数(功率)都需要进行调整。

6.2.2 适合单独测定常量元素的样品液(按照1∶50比例进行稀释)。使用带刻度移液管或微量移液管(5.2),移取1 mL酒样,0.5 mL硝酸(4.4)。于50 mL的容量瓶(5.3)中,用去离子水(4.1)定容至刻度线,摇匀待测。

7 测定步骤

实验参数

满足本方法所需的可重复性和再现性而设置的最优仪器参数如下所述。此参数以供参考,实际试验中要根据所使用的仪器对相关参数做适当调整。

功率:1.3 kW。

工作气流量:1.5 L/min。

辅助气流量:1.5 L/min。

雾化气压:200 kPa。

稳定时间:20 s。

吸样时间:5 s。

泵速:1.5 r/min。

冲洗时间:30 s。

内标物进样管内径:0.51 mm。

样品进样管内径:0.8 mm。

启动系统单元(进样系统和等离子室),用1‰的硝酸(4.6)至少清洗20 min。在测定标准曲线之前要测定空白样。使用标准物(4.3)作为内部质量控制以保证标准曲线的准确性。再次对空白样品进行测定以消除仪器的记忆效应。测定样品,且每测定10个样品及测定结束时要测定一个质控样以保证结果的稳定性。必要时可以根据质控样的测定结果制定一个质控图,以判断结果的可接受性和在结果发生漂移的时候需采取的措施。每个元素需至少进行 3 次重复测定。

各元素可选择的特征谱线如表 1 所示(可以根据所使用的仪器选择其他谱线)。

表 1

元素	一级谱线($E_{sum}=E_{exc}+E_{ion}$)	内标	二级谱线($E_{sum}=E_{exc}+E_{ion}$)	内标
K	769.897(Ⅰ)(1.6 eV)	Cs 697.327	766.491(Ⅰ)(1.6 eV)	Cs 697.327
Ca	317.933(Ⅱ)(10 eV)	Sc 335.372	315.887(Ⅱ)(10.1 eV)	Sc 335.372
Mg	285.213(Ⅰ)(4.3 eV)	Cs 697.327	279.800(Ⅱ)(10.6 eV)	Sc 335.372
Na	589.592(Ⅰ)(2.1 eV)	Cs 697.327		
Fe	259.940(Ⅱ)(12.7 eV)	Sc 335.372	239.563(Ⅱ)(11.4 eV)	Sc 335.372
Cu	327.395(Ⅰ)(3.8 eV)	Cs 697.327	324.754(Ⅰ)(3.8 eV)	Cs 697.327
Zn	213.857(Ⅰ)(5.8 eV)	Cs 697.327	206.200(Ⅱ)(12.2 eV)	Sc 335.372
Mn	257.61(Ⅱ)(12.3 eV)	Sc 335.372	260.568(Ⅱ)(11 eV)	Sc 335.372
Sr	421.552(Ⅱ)(8.6 eV)	Sc 335.372	407.771(Ⅱ)(8.7 eV)	Sc 335.372
Al	396.152(Ⅰ)(3.1 eV)	Cs 697.327	167.019(Ⅰ)(7.4 eV)	Cs 697.327
Rb	780.026(Ⅰ)(1.6 eV)	Cs 697.327		
Li	670.783(Ⅰ)(1.9 eV)	Cs 697.327		
Ba	455.403(Ⅱ)(7.9 eV)	Sc 335.372		
Sc	335.372(Ⅱ)(10.3 eV)			
Cs	697.327(Ⅰ)(1.8 eV)			

8 计算

按照如下公式计算样品中元素浓度:

$$c=\frac{c_m \times V_t}{V_m}$$

其中:c——元素在酒样中浓度(mg/L);

c_m——稀释样品液中元素浓度(mg/L);

V_t——稀释样品液定容体积($V=50$ mL);

V_m——移取样品体积($V=1$ mL 或 10 mL)。

9 精密度

表2

元素	重复性 RSD_r/%	再现性 RSD_R/%	检出限/(mg/L)	定量限/(mg/L)	回收率
K	2.3	5.5	—	—	
Ca	3.5	11.3	—	—	
Mg	2.4	8.9	—	—	
Na	2.6	9.1	—	—	
Fe	2.2	6.9	0.08	0.25	
Cu	13.4	15.8	0.03	0.10	80%～120%
Zn	3.6	6.5	0.03	0.10	
Mn	4.7	7.0	0.03	0.10	
Al	5.6	17.0	0.03	0.10	
Sr	2.1	9.9	0.03	0.10	
Ba	8.2	20.8	0.03	0.10	

附录 A
实验室间比对实验结果

2011 年 11 月进行方法评估的前期研究, 2012 年 2 月参与实验的各实验室按照 ISO 5725 和 OENO 6/2000 规定的方法完成了方法验证。

前期研究:选择 3 组样品(干白葡萄酒,红葡萄酒,甜白葡萄酒),对元素 Al、Fe、Cu、Sr、Ba、Mn、Zn 进行加标回收实验。

表 A.1

元素/(mg/L)	样品		
	红酒	干白	甜酒
K	1 258	725	841
Ca	50	75	81
Na	20	28	24
Mg	78	70	66
Al	1.29	1.33	1.97
Fe	8.12	6.91	9.29
Cu	0.86	0.86	0.94
Sr	1.07	1.08	1.07
Ba	0.77	0.72	0.63
Mn	1.6	2.01	1.77
Zn	1.51	2.53	1.69

表 A.2 样品

元素	2 白葡萄酒 1			白葡萄酒 2		
	参考值	加标/(mg/L)	回收率/%	参考值	加标/(mg/L)	回收率/%
K	754	0	98	1 080	351	96
Ca	83	11	98	76	0	102
Na	50	28	105	24	0	100
Mg	65	0	98	72	7	102
Al	0.50	0	100	1.19	1	104
Fe	2.86	1	94	1.71	0	97
Cu	0.04	0	未加	0.71	1	103
Sr	1.27	1	105	0.22	0	108
Ba	0.08	0	102	0.64	1	96
Mn	1.84	1	98	1.12	0	102
Zn	1.40	0	100	2.12	1	102

表 A.3

元素	红酒 1			红酒 2		
	参考值	加标/(mg/L)	回收率/%	参考值	加标/(mg/L)	回收率/%
K	1 160	70	100	1 371	316	95
Ca	62	1	103	67	7	101
Na	71	56	100	19	0	100
Mg	82	7	102	80	0	99
Al	0.81	0	105	1.82	1	103
Fe	4.90	0	101	4.55	0	101
Cu	0.46	0	102	0.12	0	65
Sr	0.28	0	102	1.32	1	105
Ba	0.12	0	102	0.62	1	97
Mn	1.81	1	100	1.10	0	101
Zn	0.95	0	107	1.68	1	101

表 A.4

元素	甜酒 1			甜酒 2		
	参考值	加标/(mg/L)	回收率/%	参考值	加标/(mg/L)	回收率/%
K	110 585	246	96	832	0	102
Ca	85	4	99	92	10	101
Na	68	42	98	21	0	100
Mg	63	0	97	66	6	101
Al	1.65	1	101	0.80	0	96
Fe	3.03	0	97	4.63	0	101
Cu	0.73	1	101	0.12	0	94
Sr	1.73	1	106	0.22	0	96
Ba	0.11	0	94	0.34	0	90
Mn	1.01	0	99	1.62	1	102
Zn	1.53	1	102	1.18	0	100

参与此次评估验证的实验室可以选择任何一种样品制备方式进行元素含量测定。

——两步法测定样品中元素含量:对常量元素要进行高倍稀释,对微量元素进行低倍稀释并且优先选择加内标。

——一步法测定样品中元素含量:对常量元素和微量元素都进行相同倍数的稀释并且加内标。

对任何一个样品和任何一种元素的测定都采用第一个独立测试值。如果同一实验室对同一编号的样品分成平行两分样品进行测试,每份样品为一个独立的样品。

对于可疑值的剔除,依次采用 Cochran 检验法(对方差进行检验)和 Grubbs 检验法(对均值进行检验),在 2.5% 概率下尾标为 1 的数据采用 Cochran 检验法,尾标为 2 的数据采用 Grubbs 检验法,直到没有可疑值被标记出来,或者实验室提供的原始有效数据量下降 22.2%。

在"甜葡萄酒 2"的样品中除了 Ca 元素计算所得 Horrat R 值为 2.2 之外,其他元素的值都可接受。对此样品的结果进行 Z 检验,93% 的实验室得到理想 Z 值(14 个结果),7% 的实验室 Z 值可疑(1 个结果)。因此,考虑到其他 5 个样品中,包括另一份具有同样 Ca 浓度的甜葡萄酒,Ca 的检测结果令人满意,由此可以证明此方法可行,钙的检测可以采用此方法。

对于常量元素的检测,其中有 9 个实验室使用了高倍稀释法,有 6 个实验室对常量元素和微量元素使用了相同的稀释倍数,其结果显示这两种稀释方式对测定结果没有影响。

表 A.5 钾

统计参数	白葡萄酒 1	白葡萄酒 2	红葡萄酒 1	红葡萄酒 2	甜葡萄酒 1	甜葡萄酒 2
结果总数	15.00	15.00	15.00	15.00	15.00	15.00
可接受量	13.00	13.00	14.00	11.00	14.00	14.00
重复次数	2.00	2.00	2.00	2.00	2.00	2.00
原样含量/(mg/L)	754.38	1 079.82	1 160.33	1 370.96	1 105.46	831.62
重复性限 r	22.45	47.32	132.68	50.64	124.78	42.92
重复性变异系数 RSDr/%	1.10	1.50	4.00	1.30	4.00	1.80
RSDr Horwitz	3.90	3.69	3.65	3.56	3.68	3.84
r Horrat	0.30	0.40	1.10	0.40	1.10	0.50
再现性限 R	139.25	182.82	165.46	147.56	176.10	142.93
再现性变异系数 RSD_R/%	6.50	6.00	5.00	3.80	5.60	6.10
RSD_R Horwitz	5.90	5.59	5.53	5.39	5.57	5.82
R Horrat	1.10	1.10	0.90	0.70	1.00	1.00

表 A.6 钙

统计参数	白葡萄酒1	白葡萄酒2	红葡萄酒1	红葡萄酒2	甜葡萄酒1	甜葡萄酒2
结果总数	15.00	15.00	15.00	15.00	15.00	15.00
可接受量	10.00	10.00	13.00	10.00	13.00	15.00
重复次数	2.00	2.00	2.00	2.00	2.00	2.00
原样含量/(mg/L)	85.37	73.43	67.68	66.00	78.35	92.39
重复性限 r	3.30	4.12	4.60	2.86	7.96	26.66
重复性变异系数 RSDr/%	2.10	2.00	2.40	1.50	3.60	10.20
RSDr Horwitz	5.85	5.53	5.60	5.62	5.48	5.34
r Horrat	0.30	0.40	0.40	0.30	0.70	1.90
再现性限 R	10.68	10.45	42.58	9.51	29.85	45.60
再现性变异系数 RSD_R/%	4.40	5.00	22.20	5.10	13.50	17.40
RSD_R Horwitz	8.19	8.38	8.48	8.52	8.30	8.10
R Horrat	0.50	0.60	2.60	0.60	0.60	2.20

表 A.7 钠

统计参数	白葡萄酒1	白葡萄酒2	红葡萄酒1	红葡萄酒2	甜葡萄酒1	甜葡萄酒2
结果总数	15.00	15.00	15.00	15.00	15.00	15.00
可接受量	15.00	13.00	12.00	12.00	14.00	15.00
重复次数	2.00	2.00	2.00	2.00	2.00	2.00
原样含量/(mg/L)	50.50	24.05	71.43	18.76	67.91	21.42
重复性限 r	3.00	1.32	2.53	1.73	5.20	1.85
重复性变异系数 RSDr/%	2.10	1.90	1.20	3.30	2.70	3.00
RSDr Horwitz	5.85	6.54	5.55	6.79	5.60	6.6
r Horrat	0.30	0.30	0.20	0.50	0.50	0.50
再现性限 R	9.41	6.09	15.19	6.72	13.09	6.49
再现性变异系数 RSD_R/%	2.10	9.90	7.50	12.70	6.80	10.70
RSD_R Horwitz	5.85	6.54	8.42	10.29	8.48	10.09
R Horrat	0.30	0.30	0.90	1.20	0.80	1.10

表 A.8 镁

统计参数	白葡萄酒1	白葡萄酒2	红葡萄酒1	红葡萄酒2	甜葡萄酒1	甜葡萄酒2
结果总数	15.00	15.00	15.00	15.00	15.00	15.00
可接受量	15.00	15.00	14.00	14.00	13.00	14.00
重复次数	2.00	2.00	2.00	2.00	2.00	2.00
原样含量/(mg/L)	65.30	72.03	82.15	80.01	62.63	65.63
重复性限 r	3.43	4.29	10.27	7.25	5.32	2.27
重复性变异系数 RSDr/%	1.90	2.10	4.40	3.20	3.00	1.20
RSDr Horwitz	5.63	5.55	5.44	5.46	5.67	5.63
r Horrat	0.30	0.40	0.80	0.60	0.50	0.20

表 A.8(续)

统计参数	白葡萄酒1	白葡萄酒2	红葡萄酒1	红葡萄酒2	甜葡萄酒1	甜葡萄酒2
再现性限 R	15.26	16.33	29.80	20.23	15.86	13.74
再现性变异系数 $RSD_R/\%$	8.30	8.00	12.80	8.90	8.90	7.40
RSD_R Horwitz	8.53	8.40	8.24	8.27	8.58	8.53
R Horrat	1.00	1.00	1.60	1.10	1.00	0.90

表 A.9 铝

统计参数	白葡萄酒1	白葡萄酒2	红葡萄酒1	红葡萄酒2	甜葡萄酒1	甜葡萄酒2
结果总数	15.00	15.00	15.00	15.00	15.00	15.00
可接受量	10.00	9.00	8.00	8.00	9.00	8.00
重复次数	2.00	2.00	2.00	2.00	2.00	2.00
原样含量/(mg/L)	0.50	1.19	0.81	1.82	1.65	0.80
重复性限 r	0.19	0.11	0.22	0.15	0.15	0.05
重复性变异系数 $RSDr/\%$	13.10	3.30	9.40	2.80	3.20	2.10
$RSDr$ Horwitz	11.71	10.29	10.89	9.65	9.79	10.93
r Horrat	1.10	0.30	0.90	0.30	0.30	0.20
再现性限 R	0.42	0.33	0.33	0.46	0.97	0.41
再现性变异系数 $RSD_R/\%$	29.80	10.00	14.20	8.90	20.80	18.10
RSD_R Horwitz	17.75	15.59	16.50	14.61	14.84	16.56
R Horrat	1.70	0.60	0.90	0.60	1.40	1.10

表 A.10 铁

统计参数	白葡萄酒1	白葡萄酒2	红葡萄酒1	红葡萄酒2	甜葡萄酒1	甜葡萄酒2
结果总数	10.00	10.00	10.00	10.00	10.00	10.00
可接受量	6.00	7.00	7.00	6.00	7.00	7.00
重复次数	2.00	2.00	2.00	2.00	2.00	2.00
原样含量/(mg/L)	2.86	1.71	4.90	4.55	3.03	4.63
重复性限 r	0.19	0.06	0.57	0.33	0.21	0.70
重复性变异系数 $RSDr/\%$	2.30	1.30	4.10	2.60	2.40	0.50
$RSDr$ Horwitz	9.02	9.74	8.31	8.41	8.94	8.38
r Horrat	0.30	0.10	0.50	0.30	0.30	0.10
再现性限 R	0.20	0.29	0.99	0.34	0.34	2.52
再现性变异系数 $RSD_R/\%$	2.50	6.10	7.10	2.60	3.90	19.20
RSD_R Horwitz	13.66	14.76	12.59	12.74	13.54	12.70
R Horrat	0.20	0.40	0.60	0.20	0.30	1.50

表A.11　铜

统计参数	白葡萄酒1	白葡萄酒2	红葡萄酒1	红葡萄酒2	甜葡萄酒1	甜葡萄酒2
结果总数	9.00	10.00	10.00	10.00	10.00	10.00
可接受量	7.00	10.00	8.00	10.00	8.00	10.00
重复次数	2.00	2.00	2.00	2.00	2.00	2.00
原始样品中含量/（mg/L）	0.04	0.71	0.46	0.12	0.73	0.12
重复性限 r	0.03	0.10	0.08	0.05	0.03	0.10
重复性变异系数 RSDr/%	24.30	4.80	6.00	14.40	1.70	29.00
RSDr Horwitz	16.95	11.12	11.87	14.62	11.07	14.55
r Horrat	1.40	0.40	0.50	1.00	0.20	2.00
再现性限 R	0.03	0.21	0.09	0.05	0.14	0.10
再现性变异系数 RSD_R/%	24.30	10.40	6.80	16.40	6.80	30.10
RSD_R Horwitz	25.68	16.84	17.98	22.15	16.77	22.05
R Horrat	0.90	0.60	0.40	0.70	0.40	1.40

表A.12　锶

统计参数	白葡萄酒1	白葡萄酒2	红葡萄酒1	红葡萄酒2	甜葡萄酒1	甜葡萄酒2
结果总数	8.00	8.00	8.00	8.00	8.00	8.00
可接受量	7.00	7.00	7.00	6.00	7.00	6.00
重复次数	2.00	2.00	2.00	2.00	2.00	2.00
原始样品中含量/（mg/L）	1.27	0.22	0.28	1.32	1.73	0.22
重复性限 r	0.03	0.01	0.04	0.06	0.12	0.00
重复性变异系数 RSDr/%	1.00	1.70	5.50	1.70	2.60	0.50
RSDr Horwitz	10.19	13.25	12.76	10.13	9.72	13.30
r Horrat	0.01	0.10	0.40	0.20	0.30	0.00
再现性限 R	0.18	0.07	0.12	0.09	0.24	0.12
再现性变异系数 RSD_R/%	5.10	11.40	15.30	2.50	5.00	20.00
RSD_R Horwitz	15.44	20.08	19.34	15.34	14.73	22.15
R Horrat	0.30	0.60	0.80	0.20	0.30	1.00

表A.13　钡

统计参数	白葡萄酒1	白葡萄酒2	红葡萄酒1	红葡萄酒2	甜葡萄酒1	甜葡萄酒2
结果总数	8.00	8.00	8.00	8.00	8.00	8.00
可接受量	7.00	8.00	8.00	7.00	8.00	8.00
重复次数	2.00	2.00	2.00	2.00	2.00	2.00
原始样品中含量/（mg/L）	0.08	0.64	0.12	0.62	0.11	0.34

表 A.13（续）

统计参数	白葡萄酒 1	白葡萄酒 2	红葡萄酒 1	红葡萄酒 2	甜葡萄酒 1	甜葡萄酒 2
重复性限 r	0.01	0.38	0.01	0.16	0.01	0.06
重复性变异系数 RSDr/%	5.70	21.00	3.60	9.20	3.30	6.30
RSDr Horwitz	15.33	11.30	14.52	11.34	14.73	12.41
r Horrat	0.40	1.90	0.20	0.80	0.20	0.50
再现性限 R	0.04	0.38	0.05	0.54	0.05	0.24
再现性变异系数 RSD_R/%	18.80	21.00	13.90	30.07	15.80	24.50
RSD_R Horwitz	23.23	17.12	22.00	17.18	22.32	18.80
R Horrat	0.80	1.20	0.60	1.80	0.70	1.30

表 A.14　锰

统计参数	白葡萄酒 1	白葡萄酒 2	红葡萄酒 1	红葡萄酒 2	甜葡萄酒 1	甜葡萄酒 2
结果总数	10.00	10.00	10.00	10.00	10.00	10.00
可接受量	9.00	10.00	9.00	10.00	8.00	8.00
重复次数	2.00	2.00	2.00	2.00	2.00	2.00
原样含量/(mg/L)	1.84	1.12	1.81	1.10	0.11	1.62
重复性限 r	0.09	0.21	0.49	0.14	0.13	0.60
重复性变异系数 RSDr/%	1.60	6.50	9.60	4.50	4.60	1.30
RSDr Horwitz	9.64	10.38	9.66	10.41	10.55	9.82
r Horrat	0.20	0.60	1.00	0.40	0.40	0.10
再现性限 R	0.25	0.21	0.49	0.22	0.22	0.38
再现性变异系数 RSD_R/%	4.80	6.50	9.60	7.10	7.10	8.30
RSD_R Horwitz	14.60	15.73	14.63	15.78	15.98	14.88
R Horrat	0.30	0.40	0.70	0.50	0.30	0.60

表 15　锌

统计参数	白葡萄酒 1	白葡萄酒 2	红葡萄酒 1	红葡萄酒 2	甜葡萄酒 1	甜葡萄酒 2
结果总数	10.00	10.00	10.00	10.00	10.00	10.00
可接受量	7.00	8.00	9.00	8.00	7.00	7.00
重复次数	2.00	2.00	2.00	2.00	2.00	2.00
原样含量/(mg/L)	1.40	2.12	0.95	1.68	1.53	1.18
重复性限 r	0.09	0.16	0.22	0.10	0.18	0.05
重复性变异系数 RSDr/%	2.40	2.60	8.40	2.20	4.20	1.60
RSDr Horwitz	10.03	9.43	10.65	9.77	9.91	10.30
r Horrat	0.20	0.30	0.80	0.20	0.40	0.20
再现性限 R	0.10	0.39	0.29	0.36	0.22	0.22
再现性变异系数 RSD_R/%	2.40	6.50	10.70	7.60	5.10	6.70
RSD_R Horwitz	15.20	14.28	16.13	14.80	15.01	15.61
R Horrat	0.20	0.50	0.70	0.50	0.30	0.40

参与本次实验的实验室

——State General Laboratory，NMR Lab，Nicosia Chypre；

——ANALAB CHILE S. A. ，Santiago Chile

——CISTA，National Reference Laboratoty Brno Czech Republic；

——Laboratório de Análises-REQUIMTE-FCT/UNL，Caparica Portugal；

——Laboratório Central de Análises-Universidade de Aveiro Portugal；

——Laboratory of National Center of Alcoholic Beverages Testing，Chisinau Republic of Moldova；

——National Research Institute of Brewing，Higashihiroshima Japon

——Instituto Nacional de Vitivinicultura，Laboratorio General，Mendoza Argentine；

——LFZ Wein und Obstbau，Klosterneuburg Autriche；

——Laboratorio Arbitral Agroalimentario，Madrid Spain；

——Laboratoire SCL de Bordeaux-Pessac France。

3.2.3 其他非有机类化合物

方法 OIV-MA-AS323-01A   方法类型 IV

砷（AAS 法）

（决议 Oeno 14/2002）

1 原理

葡萄酒样去除酒精，将试样中的砷元素由五价还原为三价态，生成砷氢化物并注入原子吸收光谱仪中进行测定。

2 仪器设备

2.1 玻璃仪器：

2.1.1 带刻度烧瓶：50 mL，100 mL，A 级。

2.1.2 带刻度移液管：1 mL，5 mL，10 mL，25 mL，A 级。

2.2 水浴锅：温度 100℃。

2.3 无灰过滤装置。

2.4 光谱设备：

2.4.1 原子吸收光谱仪。

2.4.2 仪器条件：

2.4.2.1 空气-乙炔火焰。

2.4.2.2 砷空心阴极灯。

2.4.2.3 吸收波长：193.7 nm。

2.4.2.4 狭缝宽度：1 nm。

2.4.2.5 灯电流：7 mA。

2.4.2.6 采用氘灯扣除非特性吸收干扰。

2.5 附件：

2.5.1 氢化物吸收室，连接空气-乙炔燃烧器。

2.5.2 蒸气发生器（气液分离器）。

2.5.3 惰性气体（氩气）。

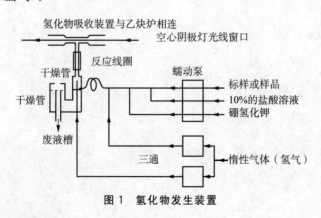

图 1 氢化物发生装置

3 试剂

3.1 超纯软化水。

3.2 超纯硝酸：纯度65%。

3.3 碘化钾（KI）。

3.4 10%的碘化钾（m/V）。

3.5 浓盐酸（GR）。

3.6 10%的盐酸（GR）。

3.7 硼氢化钠（$NaBH_4$）。

3.8 氢氧化钠（NaOH）。

3.9 0.6%的硼氢化钾〔含氢氧化钠0.5%（m/V）〕。

3.10 氯化钙（$CaCl_2$）：作为干燥剂。

3.11 1 g/L砷标准溶液，按照以下方法配制：

称取1.533 9 g As_2O_5，溶解于蒸馏水中，定容至1 L。

3.12 10 mg/L砷标准溶液：取1 mL砷标准溶液（3.11）于100 mL容量瓶中，加入1 mL硝酸，用超纯软化水定容至刻度线。

3.13 100 μg/L砷标准使用液：取1 mL浓度为10 mg/L的砷标准溶液（3.12）于100 mL容量瓶中，用超纯软化水定容至刻度线。

3.14 砷标准工作液：浓度0 μg/L，5 μg/L，10 μg/L，25 μg/L。依次取0 mL，5 mL，10 mL，25 mL浓度为100 μg/L的砷标准使用液（3.13）于4个100 mL的容量瓶中，每个容量瓶中加入10 mL 10%的碘化钾溶液和10 mL浓盐酸静置1 h，软化水定容至刻度线。

4 样品制备

取25 mL样品于100℃水浴中蒸发，之后加入5 mL 10%的碘化钾溶液和5 mL浓盐酸，定容至50 ml，静置1h，用无灰过滤器过滤。同时制备空白样。

5 测定

用蠕动泵吸取硼氢化钠、10%的盐酸和样品。首先连续测定砷标准工作液的吸光度（3.14），吸光度读取时间为10 s，同时做两个平行，建立校正标准曲线〔吸光度与浓度（μg/L）关系曲线〕。

接着进行样品的测定，由曲线可以计算出样品中砷的浓度（μg/L）。因原样品稀释了2倍，所以原样品中砷的浓度是测定值的2倍。

6 质量控制

通过有规律地在5个样品中，或者在校正溶液系列之后，或者在系列测试中，或者在测量结束时放入一份内部质量控制样品*管理，可保证整个实验的质量控制。

两种偏差（相对标准偏差和标准偏差）与已知值相比在可接受范围内。

---

* 样品由 Bureau Communautaire de Référence 提供，包括红葡萄酒，干白葡萄酒和甜白葡萄酒。

参 考 文 献

［1］Varian Techtron,1972. Analytical methods for flame spectroscopy.

［2］Hobbins B. ,1982. Arsenic Determination by Hydride Generation. Varian Instruments at Work.

［3］Le Houillier R. ,1986. Use of Drierite Trap to Extend the Lifetime of Vapor Generation Absorption Cell. Varian Instruments at Work.

［4］Varian,1994. Vapor Generation Accessory VGA-77.

方法 OIV-MA-AS323-01B　　　　　　　　　　　　　　方法类型 Ⅳ

砷

（决议 Oeno 377/2009）

1　原理

经硫酸和硝酸消化后,在盐酸环境中,用碘化钾把五价态的砷还原为三价态的砷,三价态的砷与硼氢化钠反应产生砷化三氢(H_3As)。以氢气作为载气,砷化三氢(H_3As)被带入原子吸收光谱仪中,高温条件下用无火焰原子吸收法即可测得砷的含量。

2　方法

2.1　仪器设备

2.1.1　克氏烧瓶(硼硅酸盐玻璃)

2.1.2　原子吸收光谱仪,配有砷空心阴极灯,氢化物发生器,背景校正装置和图表记录器。氢化物发生器主要部分是一个反应烧瓶,(最后可以放于磁力搅拌器上)烧瓶一个接口与氩气相连接(气流速度是 11 L/min);一个接口与石英室相连接,石英室的温度可以达到900℃。同时,烧瓶还有用于加入反应试剂(硼氢化物)的开口。

2.2　试剂

所有的试剂必须确认是分析纯,绝对不含砷,所用水是使用硼硅玻璃精制的二次蒸馏水或具有相同纯度的水。

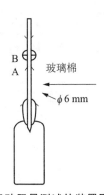

图1　应用于砷限量测试的装置图

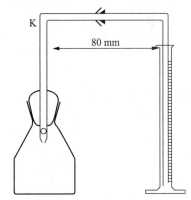

图2　用于砷测定的装置图

2.2.1　硫酸($\rho_{20℃}=1.84$ g/mL),不含砷。

2.2.2　硝酸($\rho_{20℃}=1.38$ g/mL),不含砷。

2.2.3　盐酸($\rho_{20℃}=1.19$ g/mL),不含砷。

2.2.4　10%(m/V)碘化钾溶液。

2.2.5　2.5%硼氢化钠溶液:将2.5 g硼氢化钠溶于100 mL浓度为4%的氢氧化钠溶液,现配现用。

2.2.6　砷参比液:推荐使用市售的砷标准液,浓度为1 g/L,也可以自行配置,方法如下:称

方法 OIV-MA-AS323-01B　　549

取 1.320 g 三氧化二砷溶解于最少量的 20%(m/V)的氢氧化钠溶液中,用盐酸酸化后转移到 1 000 mL 的容量瓶中,稀释约 1/2 体积,最后用蒸馏水定容至刻度线。

2.3 步骤

2.3.1 消化

取 20 mL 酒样于克氏烧瓶中,加热蒸发掉一半体积以去除酒精,冷却,加入 5 mL 硫酸,然后小心加入 5 mL 硝酸,加热消解。当溶液变为棕色时边小火加热边滴加足量硝酸直至样品变为澄清,继续加热至溶液颜色变清且上方出现白色 SO_3 雾气。将溶液放置冷却再加入 10 mL 蒸馏水,继续加热直至不再产生 N_2O 和 SO_3 烟雾,冷却,重复以上步骤。

把消解好的样品放置冷却,加入数毫升蒸馏水稀释剩余的硫酸。把样品全部转移到 40 mL 的烧瓶中,反复洗涤凯氏烧瓶几次,把洗涤液与样品溶液合并,定容到刻度线。

2.3.2 测定

2.3.2.1 样品准备

将 10 mL 消解后的样品(2.3.1)放入氢化发生器中,再加入 10 mL 盐酸和 1.5 mL 碘化钾溶液。把盛有样品的氢化发生器放置于磁力搅拌器上搅拌并接通氩气(流速:11 mL/min),10 s 之后加入 5 mL 硼氢化钠溶液。反应产生的氢化物马上被氩气带入到测量池,在那里样品发生分解和砷原子化(测量室的温度为 900℃),在此处废液被分离排出,砷元素被原子化。

2.3.2.2 标准溶液的配制

利用砷参比溶液(2.2.6)配制浓度分别为 1 mg/L,2 mg/L,3 mg/L,4mg/L 和 5 mg/L 的稀释液。取各制备好的溶液 10 mL 于氢化物发生器中,按照 2.3.2.1 方法进行。

2.3.2.3 测定

选取 193.7 nm 作为砷的吸收波长,用二次蒸馏水对仪器调零,所有样品进行两次重复测定,记录标准溶液及样品的吸光度并计算每个溶液的吸光度平均值。

2.4 结果表示

绘制标准溶液中吸光度随砷浓度变化的曲线图,吸光度与浓度之间呈线性关系,在曲线上标记样品溶液的平均吸光度就可以查出砷的浓度 c。

因酒样稀释了 2 倍,所以酒样中砷的含量为 $2c$,单位为 mg/L。

参 考 文 献

[1] JAULMES P. et HAMELLE G. ,Trav. Soc. Pharm. Montpellier,1967,27,n°3,213-225.

[2] JAULMES P. ,F. V. ,O. I. V. ,1967,n°238.

[3] MEDINA B et SUDRAUD P. ,F. V. ,O. I. V. ,1983,n°770.

总氮（杜马法）

（决议 Oeno 13/2002）

1 应用范围

此方法可用于测定葡萄汁与葡萄酒中范围为 0 mg/L～1 000 mg/L 的总氮含量。

2 技术描述

2.1 杜马斯法原理

杜马斯法(1831)应用于测定有机基质中的总氮含量。在有氧环境下，基质完全燃烧，产生的气体被铜还原后进行干燥，二氧化碳被吸附。燃烧产生的气体中的含氮物质经过还原后转化为氮气，氮气经检测器检测含量。

2.2 分析原理（图 1）

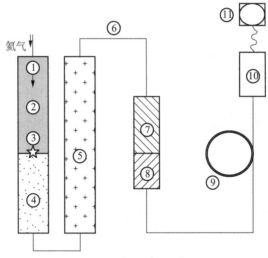

图 1 分析原理图表

1——在 940℃ 高温下将样品和氧气注入燃烧管中；

2——"瞬间"燃烧；

3——坩埚圈燃烧使温度升高达 1 800℃；

4——补充氧气氧化，使银钴合金与颗粒状三氧化二铬吸附卤素；

5——在 700℃ 高温下硫化物与过量的氧气被铜吸收，一氧化氮在氮气中被还原；

6——氮气中包含的气体有：氮气，二氧化碳和水蒸气；

7——非测量成分的吸附：使用吸附剂（无水高氯酸镁颗粒）吸附水蒸气(7)，烧碱；

8——石棉（硅石与氢氧化钠结合）吸附二氧化碳；

9——使用色谱分离 N_2 和大剂量实验可能产生的甲烷；

10——热导气体分析仪分析(10)；

11——信号采集和数据处理(11)。

3　试剂与反应溶液的准备

3.1　氮气(工业级)。

3.2　氮气(纯度 99.999 94％)。

3.3　氧化铬(颗粒状三氧化二铬)。

3.4　氧化钴(四氧化三钴银钴合金颗粒)。

3.5　石英棉。

3.6　铜(片状还原铜粒)。

3.7　烧碱石棉(氢氧化钠处理的硅石)。

3.8　颗粒状无水高氯酸镁。

3.9　氧气(纯度 99.995％)。

3.10　阿托品。

3.11　谷氨酸-氯化氢。

3.12　软化水。

3.13　锡舟。

4　仪器

4.1　带 25 mL 离心管的离心机。

4.2　氮分析器。

4.3　金属坩埚。

4.4　石英反应管。

4.5　精密天平(范围:0.5 mg～30 g)。

4.6　锅舟载体。

4.7　燃烧炉。

4.8　锡舟折叠装置。

4.9　样品转换器。

4.10　电脑和打印机。

5　样品处理

通氮气鼓泡 5 min～10 min 脱气,葡萄汁在 10℃下 4 200 g 离心力条件下离心(4.1)10 min。

6　仪器操作

打开仪器的测量程序(4.2 和 4.10)。

仪器升温。

6.1　主要分析参数

氮分析仪(4.2)需根据以下条件设定:

载气:氦气(3:2)。

金属坩埚:每 80 次分析清空一次。

氧化管(4.4):加热到 940℃,在氧化铬(3.3)与氧化钴(3.4)下面垫上石英棉(3.5)。管子和试剂需要每分析 4 000 次更换一次。

反应管(4.4):含有石英棉(3.5)支撑的铜颗粒(3.6),每分析 450 次后更换铜。

吸收管:包含 2/3 烧碱石棉(3.7)和 1/3 无水高氯酸镁(3.8)。每分析 200 个样需更换全部吸收剂。

需氧量与燃烧的有机物数量成正比:葡萄汁的氧气进样阀开启时间为 15 s,而葡萄酒的为 5 s。

注:使用过的金属送往特定地点进行销毁或专门回收。

6.2 制定标准范围

直接用锡舟称量 2 份 4 mg~6 mg 的阿托品样品。标定线需通过 3 个点(原点＝方片净重)。

6.3 内标的配制

通常在分析过程的开始或中途使用内标。

使用谷氨酸(600 mg/L 的盐酸盐的形式,溶于蒸馏水)进行内部测定。

谷氨酸相对分子质量为 183.59。

氮相对原子质量为 14.007。

$$\frac{183.59 \times 0.6}{14.007} = 7.864 \text{ g/L}$$

称量 7.864 g 谷氨酸并用蒸馏水稀释到 600 mg/L 的溶液。先将原溶液稀释以得到 300 mg/L 的溶液,再稀释 50% 得到 150 mg/L 的溶液。

6.4 样品处理

6.4.1 用精密天平(4.5)于锡舟上称量 20 μL(精确至 0.01 mg)葡萄汁或 200 μL 葡萄酒。每个样品重复 3 次以上步骤。

6.4.2 记录质量。

6.4.3 把锡舟小心转移到锡舟架(4.6)上。

6.4.4 将锡舟放置到燃烧炉中并将温度设置到约 60℃,直到液体完全蒸发(此过程至少需要 1 h)。

6.4.5 使用适当的工具折叠压碎锡箔方片并按顺序放入转换器(4.9)中。

7 计算结果

计算结果单位为 g/L 并保留 4 位有效数字。

8 结果核对

通过质量、温度和体积进行综合计算。

9 方法性能参数

实验室数量	平均含量	重复性	重现性
11	591 mg/L	43 mg/L	43 mg/L

参 考 文 献

[1] Dumas A. (1826):Annales de chimie,33,342.

[2] Buckee G. K. (1994):Determination of total nitrogen in Barley,Malt and Beer by Kjeldahl procedures and the Dumas combustion method. Collaborative trial. J. Inst. Brew. ,100,57-64.

总　氮

1　原理

在催化剂催化作用下用硫酸将样品湿式消解,用氢氧化钠解离出氨气,用滴定法测定。

2　仪器设备

2.1　消解装备

300 mL 凯氏烧瓶:放置于金属电热套中,适当立起瓶子以固定设备,瓶颈倾斜 45°。

2.2　蒸馏仪器

1 L 圆底烧瓶一个,配有长 30 cm,直径 2.5 cm 蒸馏管或同等功能装置。蒸汽从装置的底部产生,进入竖直放置、长 30 cm、内径 1 cm 的柱状冷凝管。冷凝液体通过底部引流管流入锥形接收瓶中。也可以使用例如总酸度章节中使用的水蒸气蒸馏装置或者与"空白与样品测试"段里面描述的装置类似的其他装置。

3　试剂

3.1　硫酸,不含游离氨($\rho_{20℃}$=1.83 g/mL～1.84 g/mL)。

3.2　苯甲酸。

3.3　催化剂:

　　硫酸铜($CuSO_4$)10 g。

　　硫酸钾(K_2SO_4)100 g。

3.4　30％的氢氧化钠:浓氢氧化钠溶液(ρ_{20}=1.33 g/mL)稀释到 30％(m/V)。

3.5　0.1 mol/L 盐酸。

3.6　指示剂:

甲基红	100 mg
亚甲基蓝	5 mg
乙醇(50％)	100 mL

3.7　硼酸溶液:

硼酸	40 g
水定容至	1 000 mL

加入 5 滴甲基红和 0.1mL 0.1 mol/L 的盐酸溶液,此溶液中将变为粉红色。

3.8　硫酸铵溶液:

硫酸铵($(NH_4)_2SO_4$)	6.608 g
水定容至	1 000 mL

色氨酸($C_{11}H_{12}O_2N_2$)(理论上每 100 g 色氨酸含氮 13.72 g)。

4　测定步骤

在 300 mL 的凯氏烧瓶(2.1)中加入 25 mL 葡萄酒、2 g 苯甲酸(3.2)、10 mL 硫酸

(3.1),再加入 2 g～3 g 催化剂。将凯氏烧瓶放置在金属加热套(2.1)上,瓶颈倾斜 45°,加热直至溶液的颜色澄清,再继续加热 3 min。

冷却后,把溶液转移至盛有 30 mL 蒸馏水的 1 L 圆底烧瓶中,把凯氏烧瓶洗涤几次并将洗涤液一起转移到烧瓶中。冷却烧瓶,加入 1 滴 1％的酚酞溶液,再加入约 40 mL 30％的氢氧化钠(3.4),使溶液呈现碱性。在加入试剂时要不断冷却溶液。将此溶液蒸馏 200 mL～250 mL 到盛有 30 mL 40 g/L 的硼酸溶液的烧瓶中。

在蒸馏液加入 5 滴指示剂(3.6),用 0.1 mol/L 的盐酸滴定蒸馏出的氨气。

注:可以用挥发酸章节中提到的水蒸气蒸馏装置快速蒸馏出氨气。该情况下,依次加入 40 mL～45 mL 氢氧化钠液体和 50 mL～60 mL 加入混合器前预先在凯氏烧瓶中稀释过 10 倍的内容物。在此装置的蒸馏管中加入 40 mL～50 mL 30％之前稀释的样品反应 10 min。

5　计算

酒中的总氮量为 $0.56 \times n$,单位是 g/L。n 为消耗 0.1 mol/L 盐酸的体积。

6　空白和样品的测定

用于总氮测定的蒸馏装置必须满足如下条件:

a) 蒸馏烧瓶加入 40 mL～45 mL 的氢氧化钠溶液、50 mL 水、2 g 苯甲酸、5 g 硫酸钾和 50 mL 含 10 mL 浓硫酸的稀硫酸。将此混合液进行蒸馏,用 30 mL 滴加 5 滴指示剂(3.6) 的 40 g/L 硼酸溶液吸收 200 mL 体积的蒸馏物。加入 0.1 mL 0.1 mol/L 盐酸直到指示剂变色。

b) 在同样的条件下蒸馏 10 mL 0.1 mol/L 的硫酸铵溶液。这种情况下蒸馏液中需加入 10 mL～10.1mL 的盐酸使指示剂变色。

c) 用最开始使用色氨酸做样品检查整个方法(包括湿式消解和蒸馏)适用性。大概需要 19.5 mL～19.7 mL 0.1 mol/L 的盐酸使其变色。

硼

1 原理

用旋转蒸发仪把样品体积浓缩一半以蒸发掉酒精,浓缩后的样品上交联聚乙烯吡咯烷酮柱,色素被吸附去除,定量收集流出液。液体中硼化合物在 pH 为 5.2 时甲亚胺-H 酸络合,络合物在 420 nm 波长下通过比色即可测得硼的含量。

2 仪器

2.1 旋转蒸发仪。

2.2 分光光度计:测量波长范围 300 nm～700 nm。

2.3 比色皿:光程 1 cm。

2.4 层析柱:柱内径 1 cm,长度 15 cm,交联聚乙烯吡咯烷酮填充层 8 cm。

3 试剂

3.1 甲亚胺-H(4 羟基 5(2-羟基苄基氨基)-2,7 萘二磺酸)。

3.2 甲亚胺 H 溶液:称取 1 g 甲亚胺 H 和 2 g 抗坏血酸于 100 mL 容量瓶中,加入 50 mL 双蒸水,微微加热使之溶解,定容至刻度线。该溶液冷藏可保存 2 d。

3.3 pH5.2 的缓冲溶液:称取 3 g EDTA(乙二胺四乙酸二钠)溶解于 150 mL 双蒸水中,再加入 125 mL 乙酸(ρ_{20}＝1.05 g/mL)和 250 g 乙酸铵(NH_4CH_3COO),溶解后用 pH 计测定其 pH,如果 pH 不到 5.2 需进行调整。

3.4 100 mg/L 的硼储备标准液:推荐使用市售的 100 mg/L 的硼标准液。也可以自行配制:称取 0.571 g 在 50℃ 下恒重的硼酸(H_3BO_3)溶解于 500 mL 双蒸水,最后定容至 1 L。

3.5 1 mg/L 的硼标准溶液:把 100 mg/L 的硼储备液(3.4)用双蒸水稀释 100 倍,即得 1 mg/L 的硼标准溶液。

3.6 交联聚乙烯吡咯烷酮或 PVPP(查阅国际葡萄酒酿造法典)。

4 步骤

在 40℃ 下,用旋转蒸发仪把 50 mL 葡萄酒样品中的酒精浓缩至 25 mL,去除酒精。加双蒸水定容至 50 mL,取此溶液 5 mL 上 PVPP 层析柱(2.4),直到样品中的色素完全被吸附去除。收集流出液和水洗脱液于 50 mL 容量瓶中,用双蒸水定容至刻度线。

比色测定步骤如下:取 5 mL 洗脱液于 25 mL 的容量瓶中,加入 15 mL 双蒸水稀释,再加入 5 mL 甲胺 H 溶液(3.2)和 4 mL pH5.2 的缓冲溶液,用双蒸水定容至刻度线。

静置 30 min,测量 420 nm 波长下的吸光度 A_s。使用双蒸水对分光光度计进行调零。

取 5 mL 甲胺 H 溶液(3.2)和 4 mL pH5.2 的缓冲溶液于 25 mL 容量瓶中,用双蒸水定容至刻度线,此溶液作为空白,静置 30 min,在与样品测定一样的条件下读取吸光度 A_b。吸光度值必须在 0.20～0.24 之间,如果大于此数值则说明水中或者试剂存在硼污染物。

配制标准曲线

取 1 g～10 g 硼酸于一系列 25 mL 的容量瓶中,即对应 1 mL～10 mL 含硼 1 mg/L 的硼标准溶液,接着按 4 所述步骤操作。以吸光度(A_s-A_b)对硼酸的浓度作图,校准曲线经过原点。

　　A_s——样品的吸光率;

　　A_b——空白溶液的吸光率。

5　结果计算

　　通过内插法利用测吸光度(A_s-A_b),查曲线得到样品的浓度 E 即 5 mL 洗脱液(相当于 0.5 mL 酒样)中硼的含量(μg/L),每升酒样含硼的毫克数 B 计算如下:

　　$B(mg/L)=E/0.5$

参 考 文 献

[1] WOLF B. ,Soil Science and Plant Analysis,1971,2(5),363-374 et 1974,5(1),39-44.

[2] CHARLOT C. and BRUN S. ,F. V. ,O. I. V. ,1983,n°771.

二氧化硫(滴定法)

(决议 Oneo 377/2009)

1　定义

　　游离二氧化硫是葡萄汁或葡萄酒中以 H_2SO_3 和 HSO_3 形式存在的二氧化硫,其电离平衡取决于 pH 和温度。

$$H_2SO_3 \rightleftharpoons H^+ + HSO_3^-$$

　　H_2SO_3 表示分子态的二氧化硫。

　　总二氧化硫是指葡萄酒中所有状态的二氧化硫,包括游离态的二氧化硫和与其他成分结合的二氧化硫。

2　游离态和总二氧化硫

2.1　原理

　　样品中通入空气或氮气把二氧化硫带出,再通入到中性过氧化氢的稀溶液中,二氧化硫被氧化固定下来。用氢氧化钠标准溶液滴定生成硫酸即可得到游离二氧化硫的含量。游离态二氧化硫在低温(10℃)时从葡萄酒中被气体夹带出来。

　　葡萄酒中总二氧化硫是在高温下被气体夹带出来(约为 100℃)。

2.2　方法

2.2.1　设备

　　所用设备应与图 1 所示的一致,特别是冷凝管部分。

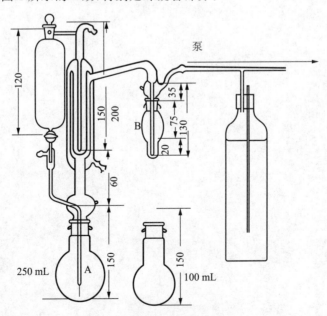

注:仪器测量单位为毫米(mm)。冷凝管内部 4 条同心管直径分别为 45 mm,34 mm,27 mm 和 10 mm。

图 1

连接起泡器 B 的供气管路末端是一个 1 cm 直径的小圆球，围绕球面最大周长处，有 20 个直径为 0.2 mm 小孔。供气管路的末端也可连接烧结玻璃盘以产生大量非常小的气泡，保证气体与液体的充分接触。

流经装置的气体速率应约为 40 L/h。仪器右侧缓冲瓶用于限制由抽水泵射水 20 cm～30 cm 时产生的负压。在气泡发生器与烧瓶之间设有半微毛细管的流量表以控制流速。

2.2.2 试剂

2.2.2.1 磷酸：85％的磷酸（$\rho_{20℃}$ ＝1.71 g/mL）。

2.2.2.2 9.1 g/L 的过氧化氢溶液。

2.2.2.3 指示剂：

甲基红	100 mg
次甲基蓝	50 mg
50％(V/V)酒精	100 mL

2.2.2.4 0.01 mol/L 氢氧化钠溶液

2.2.3 游离二氧化硫含量的测定

测定前酒样要装满容器，密封，在 20℃下储存 2 d。

2.2.3.1 步骤

取 50 mL 样品和 15 mL 磷酸缓冲液于 250 mL 圆底烧瓶(A)中，将烧瓶连接到冷凝管上。

在气体发生器（B）中加入 2 mL～3 mL 过氧化氢溶液（2.2.2.2），2 滴指示剂（2.2.2.3），并用 0.01 mol/L 的氢氧化钠（2.2.2.4）中和过氧化氢，把气体发生瓶(B)连接到装置上。

通入空气(或氮气)15 min，二氧化硫被带出并被氧化为硫酸，取下梨型瓶用 0.01 mol/L 的氢氧化钠(2.2.2.4)滴定生成的酸，记录消耗的氢氧化钠的体积 n mL。

2.2.3.2 结果表示

游离二氧化硫结果以整数表示，单位 mg/L。

n 为消耗的 0.01 mol/L 氢氧化钠的体积，单位 mL，游离二氧化硫的量为 6.4 n。

2.2.4 总二氧化硫的测定

2.2.4.1 步骤

对于总二氧化硫的含量≤50 mg/L 的样品：

取 50 mL 样品和 15 mL 磷酸溶液(2.2.2.1)于 250 mL 圆底烧瓶(A)中，连接到装置上。

注：如果是葡萄汁应该继续采用 1978 年出版的汇编中的方法。

对于总二氧化硫的含量＞50 mg/L 的样品：

取 20 mL 样品和 5 mL 磷酸(2.2.2.1)于 250 mL 圆底烧瓶(A)中，连接到装置上。

在起泡瓶(B)中加入 2 mL 或 3 mL 过氧化氢溶液(2.2.2.2)，并用 0.01 mol/L 的氢氧化钠(2.2.2.4)中和过氧化氢。使用高度为 4 cm～5 cm 的小火直接加热圆底烧瓶，使瓶中的酒样沸腾，瓶底不要放金属丝网，要放置在中间有直径 30 mm 空心的圆盘上以防沉积在瓶壁的提取物过度受热焦化。

在沸腾的状态下通空气(或氮气)15 min，总二氧化硫被带出并被氧化为硫酸，用 0.01 mol/L 的氢氧化钠(2.2.2.4)滴定生成的酸，记录消耗的氢氧化钠的体积 n mL。

2.2.4.2 结果表示

每升样品中总二氧化硫的含量：

低含量的样品中的二氧化硫：$6.4 \times n$

其他样品中的二氧化硫：$16 \times n$

2.2.4.3 重现性

50 mL 测试样($<$50 mg/L)，$r=1$ mg/L

20 mL 测试样($>$50 mg/L)，$r=6$ mg/L

2.2.4.4 再现性(R)

50 mL 测定样($<$50 mg/L)，$R=9$ mg/L

20 mL 测定样($>$50 mg/L)，$R=15$ mg/L

参 考 文 献

[1] PAUL F. ,Mitt. Klosterneuburg,Rebe u. Wein,1958,ser. A,821.

二氧化硫(碘量法)

(决议 Oeno 377/2009)

1 定义

游离二氧化硫是葡萄汁或葡萄酒中以 H_2SO_3 和 HSO_3^- 形式存在的二氧化硫,其电离平衡取决于 pH 和温度。

$$H_2SO_3 \rightleftharpoons H^+ + HSO_3^-$$

H_2SO_3 表示分子态的二氧化硫。

总二氧化硫是指葡萄酒中所有状态的二氧化硫,包括游离态的二氧化硫和结合态二氧化硫。

2 游离态和总二氧化硫

2.1 游离二氧化硫浓度通过碘直接滴定得到。结合态二氧化硫浓度通过把样品加碱水解后滴定得到。游离态二氧化硫和结合态二氧化硫相加所得即为总二氧化硫的浓度。

2.2 快速法

2.2.1 试剂

2.2.1.1 EDTA:乙二胺四乙酸二钠。

2.2.1.2 4 mol/L 氢氧化钠溶液(160 g/L)

2.2.1.3 10%(V/V)稀硫酸:取适量的浓硫酸($\rho_{20}=1.84$ g/mL)稀释到所需体积。

2.2.1.4 5 g/L 淀粉溶液:取 5 g 淀粉于 500 mL 水中,搅拌同时加热使之沸腾 10 min,再加入 200 g 氯化钠,冷却,定容至 1 L。

2.2.1.5 0.025 mol/L 的碘溶液

2.2.2 游离态二氧化硫

取 50 mL 葡萄酒、5 mL 淀粉溶液、30 mg EDTA、3 mL H_2SO_4 于 500 mL 锥形瓶中,摇匀,马上用 0.025 mol/L 的碘溶液进行滴定,等溶液颜色变为蓝色,并保持 10 s~15 s 不变色,记录消耗的碘溶液体积 n mL。

2.2.3 结合态二氧化硫

加入 8 mL 浓度为 4 mol/L 的氢氧化钠,摇匀,静置 5 min。在剧烈搅拌的同时将样液一次性倒入一个盛有 10 mL 硫酸的烧杯内,摇匀。马上用 0.025 mol/L 的碘溶液进行滴定,记录消耗的体积 n' mL。

再加入 20 mL 氢氧化钠溶液,摇晃一次,静置 5 min,用 200 mL 冰水稀释,在剧烈搅拌下一次性将液体迅速转移到盛有 30 mL 硫酸的试管中,马上用 0.025 mol/L 的碘溶液滴定游离态二氧化硫,记录消耗的碘溶液体积 n''。

3 结果计算

每升葡萄酒中游离态二氧化硫的含量:$32n$。

每升葡萄酒中总二氧化硫含量:$32(n+n'+n'')$

注1：二氧化硫浓度含量低的红葡萄酒，需要对 0.025 mol/L 的碘溶液进行稀释（如稀释到 0.01 mol/L），这时二氧化硫计算公式中的系数由 32 改为 12.8。

注2：滴定终点的判断可以借助普通电灯发出的灯光透射过铬酸钾溶液后形成的黄光，或直接用钠灯发出的黄光，照射葡萄酒容器底部，滴定反应应该在暗室中进行，观察酒液的透明性；当淀粉指示终点到达时样品立刻变的不透明。

注3：当二氧化硫的含量接近或者超过限量值时，总二氧化硫的测定最好用标准方法。

注4：如果特别要求测定游离态二氧化硫，在测试前需把样品密封置于 20℃ 条件下存储 2 d，之后在 20℃ 下进行测定。

注5：因为在酸性环境中碘能够氧化一些物质，对于准确度要求更高的实验，用于滴定的碘溶液必须进行准确的测定。为保证准确性，所以在滴定前游离态二氧化硫必须与过量乙醛或丙醛合并。取 50 mL 酒样放入 300 mL 的锥形瓶中，并加入 5 mL 浓度为 7 g/L 的乙醇或 5 mL 浓度为 10 g/L 的丙醛。

盖好锥形瓶，静置至少 30 min。加入 3 mL 硫酸溶液，并加入足量的 0.025 mol/L 的碘溶液至淀粉变色，记录碘溶液的体积为 n''' mL。此体积需要从 n（测定游离二氧化硫用的碘体积）和 $n+n'+n''$（测定总二氧化硫的碘的体积）中减去。n''' 一般很小，大约为 0.2 mL～0.3 mL 浓度为 0.025 mol/L 的碘液。如果葡萄酒中加入了抗坏血酸，则 n''' 要大很多，至少可以通过此 n''' 值大概测算抗坏血酸的含量，因为 1 mL 浓度为 0.025 mol/L 碘液可以氧化 4.4 g 抗坏血酸。当葡萄酒中的抗坏血酸的添加量大于 20 mg/L 时，通过 n''' 的大小可以很容易测定出残余抗坏血酸的含量。

参 考 文 献

[1] RIPPER M. ,J. Prakt. Chem. ,1892,46,428.

[2] JAULMES,P. ,DIEUZEIDE J.-C. ,Ann. Fals. Fraudes,1954,46,9;Bull. O. I. V. ,1953,26,n°274,52.

[3] KIELHOFER E. ,AUMANN H. ,Mitt. Klosterneuburg,Rebe u. Wein,1957,7,289.

[4] JAULMES P. ,HAMELLE Mme G. ,Ann. Fals. Exp. Chim. ,1961,54,338.

二氧化硫（分子量法）

1 定义

游离二氧化硫是葡萄汁或葡萄酒中以 H_2SO_3 和 HSO_3^- 形式存在的二氧化硫，其电离平衡取决于 pH 和温度。

$$H_2SO_3 \rightleftharpoons H^+ + HSO_3^-$$

H_2SO_3 表示分子态的二氧化硫。

总二氧化硫是指葡萄酒中所有状态的二氧化硫，包括游离态的二氧化硫和结合态二氧化硫。

2 分子态二氧化硫

2.1 方法原理

分子态二氧化硫 H_2SO_3 在游离态二氧化硫中的百分比可以通过它本身的浓度与 pH、酒精度以及温度之间的关系计算得出，在特定的温度和酒精度下，分子态二氧化硫存在如下平衡：

$$H_2SO_3 \rightleftharpoons H^+ + HSO_3^-$$

$$[H_2SO_3] = \frac{L}{10^{(pH-pk_M)}+1}$$

其中：$L = [H_2SO_3] + [HSO_3^-]$；　　　　　　　　　　　……………(1)

$$pk_M = pk_T - \frac{A\sqrt{I}}{I+B\sqrt{I}}$$

I——离子强度；

A、B——随温度和酒精度变化的系数；

k_T——热力学解离常数；表 1 中给出了一定温度和酒精度下的 pk_T；

k_M——混合解离常数。

取离子强度平均值为 0.038，表 2 给出了一定温度和酒精度下的 pk_M。

表 3 列出了不同 pH、温度和酒精度条件下，通过式（1）计算出的分子态二氧化硫的含量。

2.2 计算

已知葡萄酒的 pH 和温度，表 3 给出了一定温度下的分子态二氧化硫的百分含量 $x(\%)$，分子态二氧化硫的含量（mg/L）为：$x \cdot c$

其中，c 为游离态二氧化硫的含量（mg/L）。

表1 热力学常数 pk_T 值

酒精度/%	温度/℃				
(V/V)	20	25	30	35	40
0	1.798	2.000	2.219	2.334	2.493
5	1.897	2.098	2.299	2.397	2.527
10	1.997	2.198	2.394	2.488	2.606
15	2.099	2.301	2.503	2.607	2.728
20	2.203	2.406	2.628	2.754	2.895

表2 混合解离常数 $pk_M(I=0.038)$ 值

酒精度/%	温度/℃				
(V/V)	20	25	30	35	40
0	1.723	1.925	2.143	2.257	2.416
5	1.819	2.020	2.220	2.317	2.446
10	1.916	2.116	2.311	2.405	2.522
15	2.014	2.216	2.417	2.520	2.640
20	2.114	2.317	2.538	2.663	2.803

表3 分子态二氧化硫在游离态二氧化硫中的百分比($I=0.038$)

	$T=20℃$				
pH	酒精含量/%(V/V)				
	0	5	10	15	20
2.8	7.73	9.46	11.55	14.07	17.09
2.9	6.24	7.66	9.40	11.51	14.07
3.0	5.02	6.18	7.61	9.36	11.51
3.1	4.03	4.98	6.14	7.58	9.36
3.2	3.22	3.99	4.94	6.12	7.58
3.3	2.58	3.20	3.98	4.92	6.12
3.4	2.06	2.56	3.18	3.95	4.92
3.5	1.64	2.04	2.54	3.16	3.95
3.6	1.31	1.63	2.03	2.53	3.16
3.7	1.04	1.30	1.62	2.02	2.53
3.8	0.83	1.03	1.29	1.61	2.02
$T=25℃$酒精含量/%(V/V)					
2.8	11.47	14.23	17.15	20.67	24.75
2.9	9.57	11.65	14.12	17.15	22.71
3.0	7.76	9.48	11.55	14.12	17.18
3.1	6.27	7.68	9.40	11.55	14.15
3.2	5.04	6.20	7.61	9.40	11.58
3.3	4.05	4.99	6.14	7.61	9.42
3.4	3.24	4.00	4.94	6.14	7.63
3.5	2.60	3.20	3.97	4.94	6.16
3.6	2.07	2.56	3.18	3.97	4.55
3.7	1.65	2.05	2.54	3.18	3.98
3.8	1.32	1.63	2.03	2.54	3.18

表3（续）

pH	$T=20℃$ 酒精含量/%(V/V)				
	0	5	10	15	20
$T=30℃$					
2.8	18.05	20.83	24.49	29.28	35.36
2.9	14.89	17.28	20.48	24.75	30.29
3.0	12.20	14.23	16.98	20.71	25.66
3.1	9.94	11.65	13.98	17.18	21.52
3.2	8.06	9.48	11.44	14.15	17.88
3.3	6.51	7.68	9.30	11.58	14.75
3.4	5.24	6.20	7.53	9.42	12.08
3.5	4.21	4.99	6.08	7.63	9.84
3.6	3.37	4.00	4.89	6.16	7.98
3.7	2.69	3.21	3.92	4.95	6.44
3.8	2.16	2.56	3.14	3.98	5.19

pH	$T=35℃$ 酒精/%(V/V)				
	0	5	10	15	20
2.8	22.27	24.75	28.71	34.42	42.18
2.9	18.53	20.71	24.24	29.42	36.69
3.0	15.31	17.18	20.26	24.88	31.52
3.1	12.55	14.15	16.79	20.83	26.77
3.2	10.24	11.58	13.82	17.28	22.51
3.3	8.31	9.42	11.30	14.23	18.74
3.4	6.71	7.63	9.19	11.65	15.49
3.5	5.44	6.16	7.44	9.48	12.71
3.6	4.34	4.95	6.00	7.68	10.36
3.7	3.48	3.98	4.88	6.20	8.41
3.8	2.78	3.18	3.87	4.99	6.80
$T=40℃$					
2.8	29.23	30.68	34.52	40.89	50.14
2.9	24.70	26.01	29.52	35.47	44.74
3.0	20.67	21.83	24.96	30.39	38.85
3.1	17.15	18.16	20.90	25.75	33.54
3.2	14.12	14.98	17.35	21.60	28.62
3.3	11.55	12.28	14.29	17.96	24.15
3.4	9.40	10.00	11.70	14.81	20.19
3.5	7.61	8.11	9.52	12.13	16.73
3.6	6.14	6.56	7.71	9.88	13.77
3.7	4.94	5.28	6.22	8.01	11.25
3.8	3.97	4.24	5.01	6.47	9.15

参 考 文 献

［1］BEECH F. W. & TOMAS Mme S. ,Bull. O. I. V. ,1985,58,564-581.

［2］USSEGLIO-TOMASSET L. & BOSIA P. D. ,F. V. ,O. I. V. ,1984,n°784.

二氧化硫(葡萄汁)

(参考方法:用于葡萄汁样品的步骤)

(决议 Oneo 377/2009)

1 仪器

见 2.2.1　OIV-MA-AS323-04A。

2 试剂

磷酸$(\rho_{20}=1.71\ \text{g/mL})$稀释到 $25\%(m/V)$。

其他试剂见 OIV-MA-AS323-04A 中 2.2.2。

3 步骤

向控制器的球型瓶 A 中加入 50 mL 葡萄汁和 5 mL $25\%(m/V)$磷酸,安装妥当。

下面步骤如 OIV-MA-AS323-04A 中 2.2.4.1。

4 结果计算

消耗的 0.01 mol/L 氢氧化钠标准溶液的体积为 $n(\text{mL})$,则总的二氧化硫的含量为 $6.4\ n(\text{mg/L})$

汞(原子荧光法)

(决议 Oeno 377/2009)

1 适用范围

该方法适用于葡萄酒中浓度范围在 0 μg/L～10 μg/L 汞的分析测定。

2 方法说明

2.1 方法原理

2.1.1 在酸性条件和高锰酸钾作用下,加热回流消化葡萄酒。

2.1.2 未消耗完的高锰酸钾用羟胺盐酸盐还原。

2.1.3 还原二价汞(氯化亚锡还原二价汞生成单质汞)。

2.1.4 室温条件下,汞蒸汽由载气(氩气)带出。

2.1.5 使用原子荧光分光光度计在 254 nm 波长下测定单原子态的 Hg 含量。一定量的单原子汞蒸汽在汞灯照射下被激发,当原子从激发态回到基态时发出荧光,通过光电检测器定量检测汞的含量,为了得到好的线性,需要消除记忆效应的影响。

2.2 分析原理(图 1)

蠕动泵吸取氯化亚锡溶液、空白溶液(含 1% 硝酸的去离子水)及消化处理的葡萄酒样。

汞随着氩气被带到一个气液分离器中,再经过干燥管后,通过荧光可以检测到汞的存在。然后,气体流过高锰酸钾溶液以吸收汞。

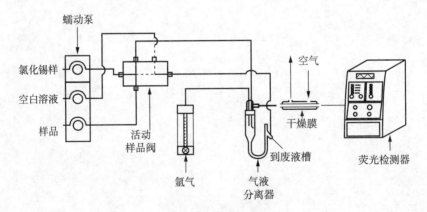

图 1 汞含量分析装置

3 试剂准备

3.1 超纯软化水。

3.2 65% 的超纯硝酸。

3.3 空白:含 1% 硝酸的超纯软化水。

3.4 硝酸溶液 5.6 mol/L：量取 400 mL 硝酸，加入到 1 000 mL 容量瓶中，用软化水定容至刻度。

3.5 硫酸(d＝1.84)。

3.6 硫酸溶液 9 mol/L：取 48.91 mL 98％的浓硫酸加入装有一定量的蒸馏水的烧杯中，转移液体至 1 000 mL 的容量瓶中，反复清洗烧杯 3 次及以上，将洗涤液导入容量瓶中，定容至 1 000 mL 备用。

3.7 高锰酸钾。

3.8 5％高锰酸钾溶液：50 g 高锰酸钾溶于水中，再用水定容至 1 000 mL。

3.9 盐酸羟胺。

3.10 还原溶液：称取 12 g 羟胺盐酸溶于 100 mL 软化水中。

3.11 氯化亚锡($SnCl_2 \cdot 2 H_2O$)。

3.12 浓盐酸。

3.13 氯化亚锡溶液：称取 40 g 氯化亚锡溶于 50 mL 盐酸中，再用水定容到 200 mL。

3.14 1 g/L 的汞标准溶液：在 12％的硝酸溶液中溶解 1 708 g 的 $Hg(NO_3) \cdot H_2O$。

3.15 10 mg/L 的汞参比溶液：取 1 mL 汞标准溶液于 100 mL 的容量瓶中，添加 5 mL 硝酸，用水定容至刻度。

3.16 50 mg/L 的汞溶液：取 1 mL 10 mg/L 的汞参比溶液于 200 mL 的容量瓶中，加入 2 mL 硝酸，用水定容至刻度。

4 仪器

4.1 玻璃器皿：

4.1.1 100 mL、200 mL 及 1 000 mL 容量瓶(A 级)。

4.1.2 0.5 mL、1.0 mL、2.0 mL、5 mL、10 mL 及 20 mL 的移液管(A 级)。

4.1.3 注意事项：玻璃器皿在使用前必须用 10％硝酸浸泡 24 h，然后再用去离子水冲洗干净。

4.2 消化装置(图 2)。

4.3 可控温电热套。

4.4 蠕动泵。

4.5 冷蒸汽发生器、气液分离器。

4.6 干燥管(吸湿膜)：置于检测器前面并被空气(由压缩机提供)全覆盖。

4.7 分光荧光计：

4.7.1 发射 254 nm 波长的汞灯。

4.7.2 原子荧光检测器。

4.8 计算机系统：

4.8.1 具有调整蒸汽发生器和原子荧光检测器性能参数及校准和结果计算功能的软件。

4.8.2 打印机。

4.9 惰性气体气瓶(氩气)。

5　校准溶液及样品的制备

5.1　校准溶液系列(0 μg/L、0.25 μg/L、0.5 μg/L、1.0 μg/L)

分别取 0 mL、0.5 mL、1.0 mL 和 2.0 mL 50 μg/L 的汞溶液于 4 个 100 mL 的容量瓶中,加入 1%的硝酸,用水定容到刻度。

5.2　样品准备(图 2)

酒样的消化在硼硅酸盐耐热玻璃装置中进行。酒样蒸馏玻璃装置由三部分组成,250 mL的圆底烧瓶,蒸气回流室,冷却系统。

移液管移取 20 mL 葡萄酒样于 250 mL 的反应瓶中,安装好消化装置。

缓慢加入 5 mL 硫酸和 10 mL 硝酸,放置过夜。

在回流条件下缓慢加热直到氮化物蒸汽消失,冷却。收集冷凝蒸汽到反应瓶中,并用去离子水冲洗反应瓶。将反应烧瓶中的液体倒入 100 mL 的容量瓶中。加入硼氢化钾溶液直到颜色保持不变。用还原溶液溶解二氧化锰沉淀（MnO_2）。再用水定容。

用软化水做一次空白实验。

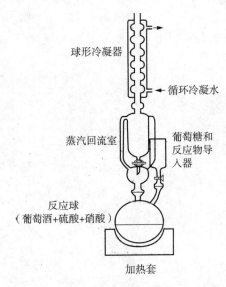

图 2　消化装置示意图

6　操作程序

6.1　分析方法

打开原子荧光光度计,预热 15 min 使之稳定。蠕动泵依次吸入空白、氯化亚锡、测试液(5.1 或者 5.2),检查确保液汽发生器中有气泡产生。继续依次吸入标准溶液(5.1),打开蒸汽发生程序。电脑软件绘制出校准曲线［根据汞的含量(μg/L)而发出的荧光百分比］。然后开始测试样品(5.2)。

6.2　自检

每 5 个测试完成后会自动进行一次空白分析和校准分析,用来校正荧光分光计。

7 结果表示

结果由计算机软件计算并以浓度（μg/L）表示，稀释 5 倍酒样也应该计算在内，进一步得出酒样中汞含量。

8 结果验证

做出校准曲线和每 5 个样品之后，通过测定已知汞含量的参比溶液来进行质量控制。参考物质可以选用红葡萄酒、干白葡萄酒或者甜白葡萄酒。

控制限为 $\pm 2S_R$（$2S_R$：重现性范围）。

不确定度计算，红葡萄酒：3.4 μg/L±0.8 μg/L；干白葡萄酒：2.8 μg/L±0.9 μg/L。

参 考 文 献

［1］CAYROL M.，BRUN S.，1975. Dosage du mercure dans les vins. Feuillet Vert de l'O. I. V. n°371.

［2］REVUELTA D.，GOMEZ R.，BARDON A.，1976. Dosage du mercure dans le vin par la méthode des vapeurs froides et spectrométrie d'absorption atomique. Feuillet Vert de I'O. I. V. n°494.

［3］CACHO J.，CASTELLS J. E.，1989. Determination of mercury in wine by flameless atomic absorption spectrophotometry. Atomic Spectroscopy，vol. 10，n°3.

［4］STOCKWELL P. B.，CORNS W. T.，1993. The role of atomic fluorescence spectrometry in the automatic environmental monitoring of trace element analysis. Journal of Automatic Chemistry，vol. 15，n°3，p 79-84.

［5］SANJUAN J.，COSSA D.，1993. Dosage automatique du mercure total dans les organismes marins par fluorescence atomique. IFREMER，Rapport d'activité.

［6］AFNOR，1997. Dosage du mercure total dans les eaux par spectrométrie de fluorescence atomique. XPT 90-113-2.

［7］GAYE J.，MEDINA B.，1998. Dosage du mercure dans le vin par analyse en flux continu et spectrofluorimétrie. Feuillet Vert de I'O. I. V. n°1070.

ICP-MS 法进行多元素分析
(OIV-Oeno 344－2010)

1 适用范围

该方法适用于分析葡萄酒中存在的多种金属元素,其含量如下表所示。

元素	铝	硼	溴	镉	钴	铜	锶	铁	锂
浓度/(mg/L)	0.25~0.5	10~40	0.20~2.5	0.001~0.040	0.002~0.050	0.10~2.0	0.30~1.0	0.80~5.0	0.010~0.050

元素	镁	锰	镍	铅	铷	钠	钒	锌
浓度/(mg/L)	50~300	0.50~1.5	0.010~0.20	0.010~0.20	0.50~1.2	5~30	0.003~0.20	0.30~1.0

本方法也可用来分析其他元素。

有时样品需要消化处理,如葡萄酒中糖含量在 100 g/L 之上时,就需要对样品进行前消化处理。这种情况下,通常推荐采用硝酸微波消化。

该方法可以运用于消化处理后的葡萄汁。

2 原理

电感耦合等离子质谱或称 ICP-MS 可用于多元素的定量测定。

在高频等离子体中吸入样品并使样品气化,等离子体使样品中的元素去溶剂化,原子化和离子化。离子被吸入一个装有离子透镜的真空系统,在质谱仪,例如四级杆质谱根据荷质比将不同而分离分开。使用一个电子倍增器系统来检测和定量不同离子的浓度。

3 试剂和溶液

3.1 超纯软化水(电阻率≥18 MΩ·cm),符合 ISO 3696 标准。

3.2 具有认证证书的金属标准溶液(例如:100 mg/L):多元素混标或者单标溶液。

3.3 铟或者铑溶液作为内标物质(一般为 1 g/L)。

3.4 硝酸≥60%(金属杂质≤0.1 μg/L)。

3.5 氩气,最低纯度 99.999%。

3.6 氮气(最大杂质含量:H_2O≤3 mg/L,O_2≤2 mg/L,C_nH_m≤0.5 mg/L)。

溶液浓度及内标可参照参考文献。

配制标准溶液:标准溶液和最终的稀释酒样中的酸的浓度应该保持一致,不超过 5%。下面举出一个例子。

3.7 储备液(5 mg/L):取 0.5 mL 标准物质溶液(3.2)于 10 mL 试管中,加入 0.1 mL 硝酸(3.4)。用软化水(3.1)定容至刻度,混匀。保存期:1 个月。

3.8 内标溶液(1 mg/L):用微量移液管(4.4)取 50 μg/L 铟或者铑溶液(3.3)和 0.5 mL 硝酸(3.4)于 50 mL 试管(4.6)中。水(3.1)定容至刻度并混匀。保存期:1 个月。

3.9 校正曲线用标准溶液:根据样品的稀释倍数和仪器的特性来配制标准溶液曲线。

用 1 000 μL 和 100 μL 移液管(4.4)移取标液。

标准溶液保存期:1 d。

标准溶液也可以通过重量法配制,向溶液中加入与样品中相同浓度的内标物质。

3.10 已知浓度的酒样(MRC,MRE,MRI 等)作为内部质控样。

4 材料和设备

4.1 带有/无碰撞/反应池的电感耦合质谱仪。

4.2 带有数据处理软件和打印机的电脑。

4.3 自动进样器(可选项)。

4.4 1 000 μL 和 100 μL 移液管。

4.5 10 mL 带刻度的具塞刻度试管或玻璃容量瓶。

4.6 50 mL 带刻度的具塞刻度试管或玻璃容量瓶。

所有量取物品(移液枪和试管)必须按时校准。

注意事项:所有接触样品的器具,例如试管和移液管,使用前必须用 10% 硝酸浸泡 24 h 后,再用水冲洗干净。

5 样品准备

起泡酒样品必须去除酒中气体,可以通入氮气(3.6)鼓泡 10 min 或者使用超声水浴完成。

小心开启酒塞确保酒不被污染。用 2% 硝酸清洗瓶子的颈部。直接从瓶中移取酒样。

用微型移液管(4.4)吸取 0.5 mL 酒样、0.1 mL~0.5 mL 的硝酸(3.4)以及 100 μL 内标溶液(3.8)于 10 mL 试管中(3.5),水(3.1)定容至刻度并且混匀。

某些元素在原始样品中浓度很高,酒样需要更高的稀释倍数。

Br 具有很高的电离电位,在葡萄酒中由于其他一些含量高的低电离电位元素的存在导致 Br 的电离不完全。这样可能导致对溴的定量不够准确,因此一般推荐稀释 50 倍,以避免这种影响(如果采用其他的稀释倍数,那么要在加标后测定回收率对结果进行确认)。

当通过重量分析来添加标准物质,那么样品的最终稀释倍数必须通过称重获得。

6 步骤

打开仪器(泵工作和等离子都开启)。

用 2% 硝酸(3.4)清洗系统 20 min。

检查仪器是否运行正常。

按浓度从低到高顺序测试空白和系列标准溶液,用标准曲线对结果进行校正。每个样品平行测试两次。也可使用质控(3.10)对结果进行确认。

表 1

元素	m/z
铝	27
硼	11
溴	79
镉	114
钴	59
铜	63
锶	88
铁	56/57
锂	7
镁	24
锰	55
镍	60
铅	206,207 和 208 的平均
铷	85
钠	23
钒	51
锌	64

表 1 只是举例说明,针对不同的仪器,上表对同位素需求也不一样。对于无碰撞/反应池的仪器设备,部分元素的计算结果可能需要修正。

7 结果

元素浓度单位为 mg/L,结果保留两位小数。

通过校准曲线上进行插值,可以算出稀释了的样品中各种元素的浓度,计算公式如下:

$$c = \frac{c_m \times V_t}{V_m}$$

其中:c——样品中元素的浓度;

c_m——稀释了的样品中元素的浓度;

V_t——最终测量时溶液的体积(mL);

V_m——酒样体积(mL)。

8 质量控制

为了确保可追溯性必须使用具有证书的标准溶液。

对于每个分析系列,需要使用 CRM(有证标准物)作内部质控或者采用经多个实验室检测确定的酒样作为质控样。

一般推荐采用质量控制分析结果作控制图。

参与实验室间测试比对。

9 精密度

协同试验数据统计参数结果记录于附录 A 中。

9.1 重复性(r)

同一实验者在同一实验室里,在间隔很短的时间里使用同一台仪器,采用同一种方法测量同一样品,两次独立测量的不同实验结果的差异。r 值如附录 A 中表 A.1～表 A.17 所示。

9.2 重现性(R)

不同实验者在不同实验室里,使用不同的仪器,采用同一种方法测量同一样品所得的不同结果间的差异。R 值如附录表 A.1～表 A.17 所示。

表 2　重复性和重现性的相对标准偏差

元素	浓度/(mg/L)	重复性 $RSD_r/\%$	再现性 $RSD_R/\%$
铝	0.25～5.0	4	10
硼	10～40	3.8	6.3
溴	0.20～1.0	4.1	16.3
	≥1.0～2.5	2.1	8.0
镉	0.001～0.020	$0.06\,c^a+0.18$	10
	≥0.020～0.040	1.5	10
钴	0.002～0.050	3.2	13.2
铜	0.10～0.50	3.8	11.4
	≥0.50～2.0	2.0	11.4
锶	0.30～1.0	2.5	7.5
铁	0.80～1.0	4.2	15.7
	≥1.0～5.0	4.2	7.8
铝	0.010～0.050	7	12
镁	50～300	2	6
锰	0.50～1.5	3	7
镍	0.010～0.20	5	8
铅	0.010～0.050	8	7
	≥0.050～0.20	2	7
铷	0.50～1.2	3	6
钠	5～10	2	10
	≥10～30	$0.3\,c^a$～2.5	10
钒	0.003～0.010	8	10
	≥0.010～0.20	3	10
锌	0.30～1.0	5	12
[a] c 表示浓度。			

参 考 文 献

[1] ISO 5725:1994,Precision of test methods-Determination of repeatability and reproducibility for a Standard test method by interlaboratory test.

[2] ISO 17294:2004.

[3] ALMEIDA M. R,VASCONCELOS T,BARBASTE M. y MEDINA B. (2002),Anal. Bioanal Chem. , 374,314-322.

[4] CASTIÑEIRA et al. (2001),Frenesius J. Anal. Chem. ,370,553-558.

[5] DEL MAR CASTIÑEIRA GOMEZ et al. (2004),J. Agric Food Chem. ,52,2962-2974.

[6] MARISA C. ,ALMEIDA M. et VASCONCELOS T. (2003),J. Agric. Food Chem. ,51,3012-3023.

[7] MARISA et al. ,(2003),J. Agric Food Chem. ,51,4788-4798.

[8] PÉREZ-JORDAN M. Y. ,SOLDEVILLA J. ,SALVADOR A. ,PASTOR A y de la GURDIA M. (1998), J. Anat. At. Spectrom. ,13,33-39.

[9] PEREZ-TRUJILLO J. -P. ,BARBASTE M. y MEDINA B. (2003),Anal. Lett. ,36(3),679-697.

[10] TAYLOR et al. (2003),J. Agric Food Chem. ,51,856-860.

[11] THIEL et al. (2004),Anal. Bioanal. Chem,378,1630-1636.

附　录　A
协同试验结果

通过两个协同实验来检验该方法的精密度是否符合 ISO 5725 的要求,方法的准确度需要通过回收率实验来验证。

第一个协同试验

测试了 8 个样品(A,B,C,D,E,F,MH1 和 MH2)：

三个红葡萄酒样品,加标和未加标。

三个白葡萄酒样品,加标和未加标。

两个合成氢醇混合物,由酒精和水混合而成的样。

酒精混合物样品 MH1 稳定性不好,直接将数据剔除。

表 A.1

元素/(mg/L)	MH2 水醇混合物	A RW2	B RW3	C WW2	D WW3	E 原红酒	F 原白酒
铝	5	0.5	2	2	1	未加标	未加标
镉	0.001	0.005	0.02	0.05	0.01	未加标	未加标
锶	0.300	未加标	未加标	未加标	未加标	未加标	未加标
锂	0.020	0.01	0.02	0.04	0.01	未加标	未加标
镁	50	100	200	50	25	未加标	未加标
锰	0.500	0.5	1	1	0.5	未加标	未加标
镍	0.070	0.025	0.2	0.1	0.1	未加标	未加标
铅	0.010	0.05	0.1	0.15	0.05	未加标	未加标
铷	1.0	未加标	未加标	未加标	未加标	未加标	未加标
钠	20	10	10	20	5	未加标	未加标
钒	0.010	0.05	0.2	0.1	0.1	未加标	未加标
锌	0.500	0.1	1	0.5	0.5	未加标	未加标

第二个协同试验

测试 16 个样品(A,B,C,D,E,F,G,H,I,J,K,L,M,N,O,P)。

四个红葡萄酒样品,加标和不加标。

四个波特酒样品,加标和不加标。

六个白葡萄酒样品,加标和不加标。

两个香槟酒样品。

酒样加标量如表 A.2 所示：

表 A.2

样品	组合	添加	B/(mg/L)	Co/(μg/L)	Cu/(mg/L)	Fe/(mg/L)
白葡萄酒	F-N	无添加	0.0	0.0	0.0	0.0
	C-I	添加 1	5.0	5.0	5.0	1.0
	A-O	添加 2	10.0	10.0	1.0	2.0
利口酒	B-K	无添加	0.0	0.0	0.0	0.0
	E-L	添加 3	15.0	20.0	1.5	3.0
红葡萄酒	D-M	无添加	0.0	0.0	0.0	0.0
	H-J	添加 4	20.0	50.0	2.0	5.0
汽酒	G-P	无添加	0.0	0.0	0.0	0.0

精确度参数（表 A.4～表 A.20）

Horrat$_r$ 和 Horrat$_R$ 值通过使用 Horwitz 等式得到，采用 Thompson 修正浓度在 120 μg/L 以下的样品。

表 A.3　铝(mg/L)

样品	实验室编号	认可的实验室结果个数	参考值	S_r	r	RSD$_r$/%	Horwitz RSD$_r$/%	Horrat$_r$	S_R	R	RSD$_R$/%	Horwitz$_R$ RSD$_R$/%	Horrat$_R$
A	11	10	0.68	0.020	0.06	2.9	11	0.26	0.077	0.22	11	17	0.66
B	11	9	2.1	0.043	0.12	2.0	9.4	0.22	0.21	0.61	10	14	0.71
C	11	9	2.1	0.032	0.09	1.5	9.5	0.16	0.21	0.59	10	14	0.69
D	11	10	1.2	0.041	0.12	3.4	10	0.34	0.10	0.29	8.3	16	0.56
E	11	10	0.34	0.014	0.04	4.1	12	0.34	0.029	0.08	8.5	19	0.46
F	11	10	0.27	0.006	0.02	2.2	13	0.17	0.028	0.08	10	20	0.52
MH2	11	8	5.2	0.26	0.73	5.0	8.2	0.60	0.56	1.6	11	13	0.86

表 A.4　硼(mg/L)

样品	实验室编号	认可的结果个数	参考值	S_r	r	RSD$_r$/%	Horwitz RSD$_r$/%	Horrat$_r$	S_R	R	RSD$_R$/%	Horwitz$_R$ RSD$_R$/%	Horrat$_R$
A-O	8	6	18	0.77	2.2	4.3	6.8	0.62	0.94	2.69	5.2	10	0.50
B-K	8	4	4.5	0.27	0.76	6.0	8.4	0.72	0.40	1.14	8.9	13	0.70
C-I	8	4	13	0.31	0.89	2.4	7.2	0.33	0.33	0.94	2.5	11	0.24
D-M	8	7	11	0.26	0.74	2.4	7.4	0.31	1.1	3.11	10	11	0.90
E-L	8	5	21	0.47	1.3	2.2	6.7	0.33	0.85	2.43	4.0	10	0.40
F-N	8	5	8.3	0.43	1.2	5.2	7.7	0.68	0.47	1.34	5.7	12	0.48
G-P	7	4	3.1	0.094	0.27	3.0	8.9	0.34	0.18	0.51	5.8	14	0.43
H-J	8	5	31	1.0	3.0	3.2	6.3	0.54	1.6	4.43	5.2	9.6	0.52

表 A.5　溴(mg/L)

样品	实验室编号	认可的结果个数	参考值	S_r	r	RSD_r/%	Horwitz RSD_r/%	Horrat$_r$	S_R	R	RSD_R/%	Horwitz$_R$ RSD_R/%	Horrat$_R$
A-O	6	2	1.21	0.028	0.08	2.3	10.3	0.22	0.041	0.12	3.4	15.6	0.22
B-K	5	2	0.19	0.006	0.02	2.9	13.6	0.21	0.004 3	0.012	2.3	20.5	0.11
C-I	6	3	0.81	0.017	0.05	2.1	10.9	0.19	0.062	0.18	7.7	16.5	0.47
D-M	6	4	0.38	0.017	0.05	4.5	12.2	0.37	0.066	0.19	17.4	18.5	0.94
E-L	6	3	1.72	0.030	0.09	1.7	9.7	0.17	0.22	0.62	12.8	14.8	0.86
F-N	6	3	0.22	0.014	0.04	6.4	13.3	0.48	0.046	0.13	20.9	20.1	1
H-J	6	2	2.30	0.061	0.17	2.7	9.3	0.28	0.092	0.26	4	14.1	0.28

表 A.6　镉(μg/L)

样品	实验室编号	认可的结果个数	参考值	S_r	r	RSD_r/%	Horwitz RSD_r/%	Horrat$_r$	S_R	R	RSD_R/%	Horwitz$_R$ RSD_R/%	Horrat$_R$
A	12	11	6	0.2	0.6	3.3	15	0.22	1	3	17	22	0.77
B	12	11	16	0.4	1	2.5	15	0.17	2	6	13	22	0.59
C	12	9	40	0.4	1	1.0	15	0.07	3	8	7.5	22	0.34
D	12	10	10	0.3	0.8	3.0	15	0.20	0.9	3	9.0	22	0.41
E	8	7	0.3	0.20	0.6	67	15	4.47	0.20	0.67	67	22	3.05
F	8	6	0.3	0.04	0.1	13	15	0.87	0.20	0.45	67	22	3.05
MH2	9	5	0.9	0.08	0.2	8.9	15	0.59	0.10	0.29	11	22	0.50

表 A.7　钴(μg/L)

样品	实验室编号	认可的结果个数	参考值	S_r	r	RSD_r/%	Horwitz RSD_r/%	Horrat$_r$	S_R	R	RSD_R/%	Horwitz$_R$ RSD_R/%	Horrat$_R$
A-O	10	6	22	0.5	1	2.3	15	0.15	2	6	9.1	22	0.41
B-K	10	6	8	0.3	0.9	3.8	15	0.25	1	4	13	22	0.59
C-I	10	8	19	0.4	1	2.1	15	0.14	3	7	16	22	0.73
D-M	10	3	3	0.07	0.2	2.3	15	0.15	0.1	0.3	3.3	22	0.15
E-L	10	8	27	1	3	3.7	15	0.25	3	9	11	22	0.50
F-N	10	7	12	0.5	2	4.2	15	0.28	1	4	8.3	22	0.38
G-P	9	5	2	0.2	0.5	10	15	0.67	0.3	0.8	15	22	0.68
H-J	10	6	49	0.5	1	2.3	15	0.15	6	18	12	22	0.55

表 A.8 铜(mg/L)

样品	实验室编号	认可的结果个数	参考值	S_r	r	RSD_r/%	Horwitz RSD_r/%	$Horrat_r$	S_R	R	RSD_R/%	Horwitz$_R$ RSD_R/%	$Horrat_R$
A-O	10	8	1.1	0.013	0.040	1.2	10	0.12	0.11	0.32	10	16	0.63
B-K	10	8	0.21	0.006	0.020	2.9	13	0.22	0.021	0.060	10	20	0.50
C-I	10	7	0.74	0.009	0.030	1.2	10	0.12	0.046	0.13	6.2	17	0.36
D-M	10	8	0.14	0.007	0.020	5.0	14	0.36	0.015	0.043	11	22	0.50
E-L	10	9	1.7	0.061	0.17	3.6	7.8	0.5	0.16	0.46	9.0	15	0.60
F-N	10	7	0.16	0.006	0.020	3.8	14	0.27	0.029	0.083	18	21	0.86
G-P	9	4	0.042	0.004	0.010	9.5	15	0.63	0.006	0.017	14	22	0.64
H-J	10	7	2.1	0.018	0.050	0.86	9.5	0.09	0.24	0.69	11	14	0.79

表 A.9 锶(µg/L)

样品	实验室编号	认可的结果个数	参考值	S_r	r	RSD_r/%	Horwitz RSD_r/%	$Horrat_r$	S_R	R	RSD_R/%	Horwitz$_R$ RSD_R/%	$Horrat_R$
A	12	11	1 091	33	93	3.0	10	0.30	78	222	7.2	16	0.45
B	12	8	1 139	66	188	5.8	10	0.58	69	195	6.1	16	0.38
C	12	9	328	6	18	1.8	13	0.14	19	54	5.8	19	0.31
D	12	10	313	7	20	2.2	13	0.17	22	61	7.0	19	0.37
E	12	10	1 176	28	80	2.4	10	0.24	86	243	7.3	16	0.46
F	12	10	293	3	9	1.0	13	0.08	22	62	7.5	19	0.39
MH2	12	9	352	7	19	2.0	12	0.17	24	69	6.8	19	0.36

表 A.10 铁(mg/L)

样品	实验室编号	认可的结果个数	参考值	S_r	r	RSD_r/%	Horwitz RSD_r/%	$Horrat_r$	S_R	R	RSD_R/%	Horwitz$_R$ RSD_R/%	$Horrat_R$
A-O	10	6	3.2	0.017	0.05	0.53	8.9	0.06	0.23	0.66	7.2	13	0.55
B-K	10	6	1.5	0.085	0.24	5.7	9.9	0.58	0.11	0.31	7.3	15	0.49
C-I	10	5	2.1	0.036	0.10	1.7	9.4	0.18	0.18	0.51	8.6	14	0.61
D-M	10	5	3.1	0.033	0.094	1.1	8.9	0.12	0.29	0.83	9.4	14	0.67
E-L	10	5	4.3	0.120	0.34	2.8	8.5	0.33	0.29	0.83	6.7	13	0.52
F-N	10	6	1.1	0.051	0.15	4.6	10	0.46	0.16	0.46	15	16	0.94
G-P	9	6	0.83	0.024	0.07	2.9	11	0.26	0.14	0.40	17	16	1.06
H-J	10	7	7.8	0.180	0.52	2.3	7.8	0.29	1.2	3.52	15	12	1.25

表A.11 锂(μg/L)

样品	实验室编号	认可的结果个数	参考值	S_r	r	RSD$_r$/%	Horwitz RSD$_r$/%	Horrat$_r$	S_R	R	RSD$_R$/%	Horwitz$_R$ RSD$_R$/%	Horrat$_R$
A	11	10	34	2	5	5.9	15	0.39	4	11	11	22	0.50
B	11	11	42	3	8	7.1	15	0.47	4	12	10	22	0.45
C	11	11	47	1	4	2.1	15	0.14	5	13	9.8	22	0.45
D	11	11	18	1	4	5.6	15	0.37	2	7	14	22	0.64
E	11	11	25	1	3	4.0	15	0.27	3	9	12	22	0.55
F	11	9	9	0.3	1	3.8	15	0.25	0.6	2	7.2	22	0.33
MH2	11	7	22	1	3	4.6	15	0.31	1	3	5.3	22	0.24

表A.12 镁(mg/L)

样品	实验室编号	认可的结果个数	参考值	S_r	r	RSD$_r$/%	Horwitz RSD$_r$/%	Horrat$_r$	S_R	R	RSD$_R$/%	Horwitz$_R$ RSD$_R$/%	Horrat$_R$
A	10	7	182	2.9	8.1	1.6	4.3	0.37	9.3	26	5.1	7.3	0.70
B	10	6	280	3.9	11	1.4	4.5	0.31	6.0	17	2.1	6.9	0.30
C	10	7	104	2.4	6.9	2.3	5.3	0.43	6.8	19.25	6.5	8.0	0.81
D	10	6	85	1.4	4.0	1.7	5.4	0.31	2.2	6.1	2.6	8.2	0.32
E	10	7	94	2.2	6.2	2.3	5.3	0.43	5.5	16	5.9	8.1	0.73
F	10	7	65	0.95	2.7	1.5	5.6	0.27	3.8	11	5.9	8.5	0.69
MH2	10	7	51	0.90	2.5	1.8	5.8	0.31	2.4	6.9	4.7	8.9	0.53

表A.13 锰(mg/L)

样品	实验室编号	认可的结果个数	参考值	S_r	r	RSD$_r$/%	Horwitz RSD$_r$/%	Horrat$_r$	S_R	R	RSD$_R$/%	Horwitz$_R$ RSD$_R$/%	Horrat$_R$
A	11	10	1.3	0.014	0.040	1.1	10	0.11	0.13	0.37	10	15	0.67
B	11	9	1.8	0.14	0.40	7.8	9.7	0.80	0.20	0.56	11	15	0.73
C	11	8	1.5	0.028	0.080	1.9	9.9	0.19	0.084	0.24	5.6	15	0.37
D	11	8	1.0	0.035	0.10	3.5	11	0.32	0.049	0.14	4.9	16	0.31
E	11	9	0.84	0.019	0.050	2.3	11	0.21	0.057	0.16	6.8	16	0.43
F	11	9	0.59	0.015	0.040	2.5	11	0.23	0.031	0.090	5.3	17	0.31
MH2	11	8	0.52	0.029	0.080	5.6	12	0.47	0.037	0.10	7.1	18	0.39

表 A.14 镍(μg/L)

样品	实验室编号	认可的结果个数	参考值	S_r	r	RSD$_r$/%	Horwitz RSD$_r$/%	Horrat$_r$	S_R	R	RSD$_R$/%	Horwitz$_R$ RSD$_R$/%	Horrat$_R$
A	11	10	40	2	6	5.0	15	0.33	5	13.90	13	22	0.59
B	12	10	194	7	20	3.6	14	0.26	17	48.96	8.8	21	0.42
C	12	8	148	4	10	2.7	14	0.19	5	15.12	3.4	21	0.16
D	12	8	157	4	12	2.6	14	0.19	8	23.10	5.1	21	0.24
E	11	8	15	0.6	2	4.0	15	0.27	1	3.33	6.7	22	0.30
F	12	9	66	1	4	1.5	15	0.10	4	10.58	6.1	22	0.28
MH2	11	7	71	5	14	7.0	15	0.47	4	11.41	5.6	22	0.25

表 A.15 铅(μg/L)

样品	实验室编号	认可的结果个数	参考值	S_r	r	RSD$_r$/%	Horwitz RSD$_r$/%	Horrat$_r$	S_R	R	RSD$_R$/%	Horwitz$_R$ RSD$_R$/%	Horrat$_R$
A	12	9	59	1	4	1.7	15	0.11	3	9	5.1	22	0.23
B	12	10	109	2	6	1.8	15	0.12	8	23	7.3	22	0.33
C	12	9	136	3	9	2.2	14	0.16	13	37	9.6	22	0.44
D	12	9	119	2	6	1.7	15	0.11	5	13	4.2	22	0.19
E	12	10	13	1	3	7.7	15	0.51	1	4	7.7	22	0.35
F	12	9	92	1	4	1.1	15	0.07	4	11	4.4	22	0.20
MH2	12	10	13	1	3	7.7	15	0.51	1	3	7.7	22	0.35

表 A.16 铷(μg/L)

样品	实验室编号	认可的结果个数	参考值	S_r	r	RSD$_r$/%	Horwitz RSD$_r$/%	Horrat$_r$	S_R	R	RSD$_R$/%	Horwitz$_R$ RSD$_R$/%	Horrat$_R$
A	11	6	717	14	41	2.0	11	0.18	13	36	1.8	17	0.11
B	11	7	799	25	70	3.1	11	0.28	30	86	3.8	17	0.22
C	11	8	677	10	27	1.5	11	0.14	34	96	5.0	17	0.29
D	11	7	612	18	51	2.9	11	0.26	18	50	2.9	17	0.17
E	11	9	741	19	53	2.6	11	0.24	66	187	8.9	17	0.52
F	11	9	617	10	28	1.6	11	0.15	43	123	7.0	17	0.41
MH2	11	7	1 128	10	28	0.89	10	0.09	64	181	5.7	16	0.36

表 A.17　钠(mg/L)

样品	实验室编号	认可的结果个数	参考值	S_r	r	RSD$_r$/%	Horwitz RSD$_r$/%	Horrat$_r$	S_R	R	RSD$_R$/%	Horwitz$_R$ RSD$_R$/%	Horrat$_R$
A	10	9	19	0.59	1.7	3.1	6.8	0.46	2.2	5.7	12	10	1.20
B	10	9	20	1.3	3.6	6.5	6.7	0.97	2.2	6.3	11	10	1.10
C	10	7	28	0.33	0.93	1.2	6.4	0.19	1.9	5.4	6.8	9.7	0.70
D	10	8	11	0.24	0.68	2.2	7.4	0.30	1.1	3.0	10	11	0.91
E	10	8	9.8	0.19	0.53	1.9	7.5	0.25	0.89	2.5	9.1	11	0.83
F	10	8	6.1	0.093	0.26	1.5	8.1	0.19	0.74	2.1	12	12	1.00
MH2	10	8	24	1.8	5.0	7.5	6.6	1.14	2.6	7.2	11	9.9	1.11

表 A.18　钒(μg/L)

样品	实验室编号	认可的结果个数	参考值	S_r	r	RSD$_r$/%	Horwitz RSD$_r$/%	Horrat$_r$	S_R	R	RSD$_R$/%	Horwitz$_R$ RSD$_R$/%	Horrat$_R$
A	12	11	46	1	3	2.2	15	0.15	5	13	11	22	0.50
B	12	11	167	5	15	3.0	14	0.21	19	54	11	21	0.52
C	12	11	93	3	8	3.2	15	0.21	12	33	13	22	0.59
D	12	9	96	3	8	3.1	15	0.21	8	22	8.3	22	0.38
E	10	7	3	0.2	0.7	6.7	15	0.45	0.3	0.9	10	22	0.45
F	10	8	3	0.2	0.6	6.7	15	0.45	0.2	0.7	6.7	22	0.30
MH2	12	9	1	0.3	1	2.7	15	0.18	0.9	3	8.2	22	0.37

表 A.19　锌(μg/L)

样品	实验室编号	认可的结果个数	参考值	S_r	r	RSD$_r$/%	Horwitz RSD$_r$/%	Horrat$_r$	S_R	R	RSD$_R$/%	Horwitz$_R$ RSD$_R$/%	Horrat$_R$
A	11	8	405	22	61	5.4	12	0.45	45	128	11	18	0.61
B	11	9	1 327	49	138	3.7	10	0.37	152	429	11	15	0.73
C	11	9	990	14	41	1.4	11	0.13	86	243	8.7	16	0.54
D	11	9	1 002	28	79	2.8	11	0.25	110	310	11	16	0.69
E	11	9	328	13	37	4.0	13	0.31	79	224	24	19	1.26
F	11	9	539	15	42	2.8	12	0.23	61	172	11	18	0.61
MH2	11	8	604	72	204	12	11	1.09	89	251	15	17	0.88

QuEChERS 法测定葡萄酒中的农药残留

(决议 Oeno 436/2012)

1 引言

该方法引用了数份被实验室验证通过的参考文献。

2 适用范围

该方法规定了使用 QuEChERS(Quick Easy Cheap Effective Rugged and Safe)方法提取葡萄酒中的残留农药,并使用 GC/MS 和(或)LC/MS-MS 来测定分析提取物。

3 原理

使用乙腈萃取样品,然后加入硫酸镁、氯化钠和含有柠檬酸盐的缓冲溶液作为诱导剂进行液-液萃取分离。提取物通过氨基吸附剂(使用带被测物保护剂及硫酸镁的分散型固相萃取)纯化,为了提高样品储存时的稳定性,需向提取物中加入一定量的甲酸酸化。最终的提取物可以通过 GC/MS 和 LC/MS-MS 直接进样测定。

如果仅仅用 LC/MS-MS 测定分析样品,前处理不一定需要使用基质分散固相萃取。

4 试剂和材料

4.1 一般原则和安全事项:

农药具有潜在毒性,尤其是在用市售的活性标准品配制储备溶液时,在操作过程中分析人员必须采取安全防护措施。

采取必要的措施防止农药对水、溶剂和其他产品造成污染。

除特殊标注外,所有使用的试剂必须达到经过认可的分析纯级质量级别。

4.2 水,色谱纯。

4.3 乙腈,HPLC 级。

4.4 甲醇,HPLC 级。

4.5 无水硫酸镁,粒状。

4.6 无水硫酸镁,细粉末状。

4.7 氯化钠。

4.8 柠檬酸氢二钠。

4.9 二水合柠檬酸三钠。

4.10 提取步骤用的盐缓冲液混合物:称取 4 g 微粒状无水硫酸镁、1 g 氯化钠、1 g 二水合柠檬酸三钠和 0.5 g 柠檬酸氢二钠倍半水合物于一个容量瓶中。预先混合这些盐可避免形成结晶。

4.11 甲酸的乙腈溶液:取 0.5 mL 甲酸用乙腈稀释到 10 mL。

4.12 伯胺和仲胺(PSA)吸附剂:例如,Bondesil-PSA® 40 μm Varian N°122130231。

4.13 内标液和质量控制标准溶液。

数种物质可以作为内标液使用,例如磷酸三苯酯和三苯甲烷。

使用质量控制标准,以指示样品残留物的提取效率:例如,磷酸三(1,3-二氯异丙基)酯或 TCPP。

应提前备好合适浓度的标准溶液。

示例:配制 10 mg/L 的 TCPP 溶液:

取 1 mL 500 mg/L 的磷酸三酯(1,3-二氯异丙基)的储备溶液于 50 mL 的容量瓶中,用乙腈定容至刻度。

4.14 校准范围(含不同活性成分的标准溶液):

4.14.1 标准储备溶液:

用适当溶剂(如:丙酮)配制 500 mg/L 的活性成分储备溶液,−18℃保存。

4.14.2 替代溶液:

适合仪器使用(GC 或 LC)和校准范围限制的活性成分混合溶液。

4.14.3 校准范围:

含乙腈的标准溶液:

以达到 20 μg/L～500 μg/L 的校正曲线为目的,使用替代溶液所准备的校准范围。

葡萄酒作为基质的标准溶液:

依照协议 6.1.1 使用不含任何活性成分的葡萄酒配制空白基质,然后依次增加活性成分的含量,获得 20 μg/L～500 μg/L 范围的标准曲线。

5 仪器

5.1 玻璃器皿和实验室容量设备:

5.1.1 100 mL 具塞容量瓶。

5.1.2 50 mL 和 12 mL 带螺口塞的一次性离心管。

5.1.3 10 mL A 级带有刻度的试管。

5.1.4 10 mL、50 mL 和 100 mL A 级容量瓶。

5.1.5 经过 ISO 8655-6 验证的 30 μL～1 000 μL 活塞式容量测量仪器。

5.1.6 2 mL 样品注射器。

5.2 0.45 μm 尼龙微孔过滤膜。

5.3 分析天平。

5.4 高速混匀器(比如:漩涡振荡器)。

5.5 50 mL 和 12 mL 的离心机,最大离心力 3 000 g。

5.6 带有电喷雾接口的 LC/MS-MS 系统。

5.7 配备有合适的进样和检测设备(离子阱或者三重四级杆)的 GC/MS 系统。

6 步骤

6.1 样品的准备

6.1.1 QuEChERS 法提取:

称 10 g 或者量取 10 mL 酒样于离心管中,加入 10 mL 乙腈和 100 μL 10 mg/L 的磷酸三酯(1,3-二氯异丙基)溶液。剧烈震荡 1 min,加入盐混合液(4.10),剧烈震荡

1 min，3 000 g 离心 5 min。

用 25 mm/45 μm 的尼龙过滤器过滤大约 1 mL 的溶液用于 LC-MS 分析。

6.1.2 利用氨基吸附剂纯化提取物（带 PSA 的分散固相萃取剂）。

取 6 mL 乙腈相溶液于离心管中，加入 900 mg 粒状硫酸镁和 150 mg ASP。旋紧盖子剧烈震荡 30 s，然后 3 000 g 离心 5 min，马上分离并且加入 50 μL 甲酸酸化纯化的样品（4.11）。

然后可进行 GC-MS 分析测定。

注：为了降低基质效应的影响，需要向样品和校准曲线溶液中加入基体改进剂溶液。

10 mL 基体改进剂溶液配制：称取 15 mg 山梨醇，300 mg 甘油乙酯和 100 mg 葡萄糖酸内酯，加入 2 mL 水，乙腈定容至 10 mL。

向每个含 1 mL 校准溶液和 1 mL 提取的样品溶液容器中加入 20 μL 保护剂溶液。

6.2 结果及计算

6.2.1 残留物的鉴定

通过考察某些参数来鉴定残留物：

——保留时间；

——质谱图；

——离子片段的相对丰度（建议选择做 1 或 2MS/MS"跃迁"和 2 或 3 MS 中的离子）。

6.2.2 定量

6.1.1 和 6.1.2 得到的提取物可以使用各种仪器、参数和柱子进行分析，然而，为了获得最好的灵敏度，要根据使用的仪器去设定每个物质的检测条件。

运用标准溶液做 5 点校准来检验每一种活性成分的校准曲线的线性。

从校准曲线直接得到的每一种待鉴定物质的浓度，单位为 mg/kg（或者 mg/L）。

6.2.3 提取率

可以通过向样品中加入定量标准物质来检验提取效率，例如：TCPP（见 6.1.1）。

提取效率必须在 70%～120% 之间。

葡萄酒中残留物水平校正过程中不需考虑到提取效率的影响，但是在验证的过程中需要考虑。

7 方法的可靠性

按照 MA-F-AS1-08-FIDMET 和 MA-F-AS1-09-PROPER 实施的结果确认如表 1 所示。

平均回收率在 70%～120%（加标水平覆盖了 0.020 mg/L～0.200 mg/L 的浓度范围）。

7.1 重复性（CV_r）

重复性平均等于 10%。

7.2 重现性（CV_R）

重现性平均等于 30%。

表1

农药	回收率%	$CV_r/\%$	$CV_R/\%$	HorRat
甲霜林	89	7	26	1.1
乙烷基毒死蜱	81	13	23	1.0
戊唑醇	99	9	32	1.3
环丙嘧啶	93	9	29	1.1
虫酰肼	102	11	28	1.2
咯菌腈	101	7	40	1.4
苯双灵	98	9	29	1.1
环丙唑醇	92	11	31	1.3
吡螨胺	95	10	31	1.2
唑菌胺酯	116	6	29	1.2
乙烯菌核利	84	9	28	1.1
嘧菌胺	82	11	30	1.1
啶酰菌胺	95	7	28	1.1
异丙菌胺	106	7	33	1.2
异菌脲	108	10	27	1.1
腐霉利	100	11	34	1.2
二甲嘧菌胺	75	12	27	1.0
多菌灵	113	11	41	1.6
腈苯唑	94	6	48	2.0
杀螟硫磷	90	13	36	0.7
苯菌酮	93	8	19	0.7
戊菌唑	109	8	35	1.1
氟硅唑	93	8	37	1.3
恶霜灵	86	8	37	1.3
嘧菌酯	84	8	30	1.2
烯酰吗啉	90	9	36	1.4
环酰菌胺	87	8	22	0.8

实验室间测量的可靠性数据结果见附录 A。

附 录 A

A.1 可靠性研究结果

本文件展示了运用 QuEChERS（FV 1340）方法测定葡萄酒中农药残留的方法验证研究。

研究按照 OIV 文件 MA-F-AS1-08-FIDMET 和 MA-F-AS1-09-PROPER 方法执行。

A.2 参与实验室

16 个实验室参与了该项研究。

LABORATOIRE INTER RHONE	France
INSTITUT FUR HYGIENE UND UMWELT	Germany
LABORATORIO AGROENOLÓGICO UNIVERSIDAD CATÓLICA DEL MAULE	Chile
AGRICULTURAL OFFICE OF BORSOD-ABAUJ-ZEMPLEN COUNTY	Hungary
PESTICIDE RESIDUE ANALYTICAL LABORATORY	Hungary
AUSTRIAN AGENCY FOR HEALTH AND FOOD SAFETY	Austria
COMPETENCE CENTER FOR PLANT PROTECTION PRODUCTS	Austria
LABORATOIRE DEPARTEMENTAL DE LA SARTHE	France
LABORATOIRE PHYTOCONTROL	France
BENAKI PHYTOPATHOLOGICAL INST. PESTICIDES RESIDUES LAB.	Greece
LABORATOIRE DUBERNET OENOLOGIE	France
ARPAL DIPARTIMENTO LA SPEZIA	Italy
ARPA VENETO-SERVIZIO LABORATORI VERONA	Italy
ARPALAZIO-SEZIONE DI LATINA	Italy
ANALAB CHILE S. A.	Chile
LABORATORIO REGIONAL DE LA CCAA DE LA RIOJA	Spain
SCL LABORATOIRE DE BORDEAUX	France
ARPA-FVG DIP. DI PORDENONE	Italy

A.3 样品有效成分分析

该研究中,推荐使用 12 个酒样

4 个红葡萄酒样:A、B、G、H;

4 个白葡萄酒样:C、D、I、J;

2 个波特酒样:E、K;

2 个麝香葡萄酒样:F、L。

通过 12 个酒样的测定共检测到 27 中活性物质,浓度范围为 0.015 mg/L～0.200 mg/L,如表 A.1 所示。

表 A.1

项目	A~G/(mg/L)	B~H/(mg/L)	C~I/(mg/L)	D~J/(mg/L)	E~K/(mg/L)	F~L/(mg/L)
甲霜林	0.050	0.040	0.100	0.020		
乙烷基毒死蜱	0.100	0.040	0.200	0.020		
戊唑醇	0.025	0.080	0.050	0.040		
环丙嘧啶	0.050	0.040	0.100	0.020		
虫酰肼	0.050		0.100			
咯菌腈	0.025		0.050			
苯双灵	0.052	0.041	0.104	0.021		
环丙唑醇	0.054	0.086	0.108	0.043		
吡螨胺	0.050	0.040	0.100	0.020		
唑菌胺酯	0.050		0.100			
乙烯菌核利		0.040		0.020	0.050	0.100
嘧菌胺		0.080		0.040	0.025	0.050
啶酰菌胺		0.080		0.040	0.100	0.200
异丙菌胺					0.050	0.100
异菌脲		0.076		0.038	0.047	0.094
腐霉利		0.020		0.010		
二甲嘧菌胺		0.040		0.020		
多菌灵				0.054		0.027
腈苯唑		0.080		0.040		
杀螟硫磷		0.040		0.020		
苯菌酮		0.040		0.020		
戊菌唑		0.016		0.008		
氟硅唑		0.040		0.020		
恶霜灵	0.050				0.025	
嘧菌酯	0.100				0.050	
烯酰吗啉	0.100				0.050	
环酰菌胺	0.100				0.050	

A.4 统计分析

所有数据如 FV 1410。

每一个表中,用不同的字体标出被去除和无意义的数值。

A.4.1 被去除的数值

许多数值在评估前由于以下原因被去除：

——为了评估方法的重复性，我们使用了双盲样品的原理：一些实验室对于成对的样品仅仅给出了单一结果。这些值被去除掉（表中标记为"×××"）；

——当结果表示为"少于"的形式，（表格中标记为"×××"），

在成对样品中使用COCHRAN和GRUBBS测试一方面是为了消除异常方差，另一方面是消除异常平均值，两个测试中都被去除的数值在表格中表示为"×××"。

A.4.2 重复性-重现性

重复性和重现性参数见表A.1。

这个表解释了每个项目的含义。

——n：选择测试的次数；

——average：结果平均值；

——TR：平均回收率；

——CV_r：平均重复性；

——CV_R：平均重现性；

——$PR\,CV_R$：用 Horwitz 公式（$PR\,CV=2C^{-0.1505}$）计算得到的平均重现性；

——HoR：HorRaT 值（$CV_R/PR\,CV_R$）。

评定标准的选择：

——回收率在 $70\%\sim120\%$；

——重现性条件下获得的结果与通过 Horwitz 模型预测值之比，即 HorRat 值小于等于2时，重现性值被认为是满意的；

——重复性值不超过 Horwitz 重现性的 0.66 倍才被视为合格。

表 A.2　可靠性

项目		红葡萄酒1	红葡萄酒2	白葡萄酒1	白葡萄酒2	波特酒	麝香葡萄酒
甲霜林	n	12	13	13	11	8	
	平均	0.051	0.041	0.105	0.033	0.014	
	$TR/\%$	102	103	82	69		
	$CV_r/\%$	6	8	6	9	5	
	$CV_R/\%$	26	26	17	26	33	
	$PRCV_R/\%$	25	26	22	27	30	
	HoR	1.1	1	0.9	0.6	1.1	
乙烷基毒死蜱	n	9	12	11	11		
	平均	0.073	0.031	0.166	0.018		
	$TR/\%$	73	78	83	90		
	$CV_r/\%$	11	16	11	15		
	$CV_R/\%$	30	27	18	18		
	$PRCV_R/\%$	24	27	21	29		
	HoR	1.3	1	0.9	0.6		

表 A.2(续)

项目		红葡萄酒1	红葡萄酒2	白葡萄酒1	白葡萄酒2	波特酒	麝香葡萄酒
戊唑醇	n	12	14	15	14		
	平均	0.025	0.078	0.05	0.04		
	$TR/\%$	100	98	100	100		
	$CV_r/\%$	6	10	10	9		
	$CV_R/\%$	37	30	30	31		
	$PRCV_R/\%$	28	23	25	26		
	HoR	1.3	1.3	1.2	1.2		
环丙嘧啶	n	15	14	13	14		
	平均	0.045	0.036	0.098	0.023		
	$TR/\%$	90	90	94	96		
	$CV_r/\%$	19	6	3	3		
	$CV_R/\%$	36	34	13	31		
	$PRCV_R/\%$	26	26	23	28		
	HoR	1.4	1.3	0.6	1.1		
虫酰肼	n	10		11			
	平均	0.049		0.106			
	$TR/\%$	98		106			
	$CV_r/\%$	16		6			
	$CV_R/\%$	25		30			
	$PRCV_R/\%$	25		22			
	HoR	1		1.3			
咯菌腈	n	10		11	10		
	平均	0.026		0.064	0.015		
	$TR/\%$	104		98	100		
	$CV_r/\%$	4		8	10		
	$CV_R/\%$	47		30	43		
	$PRCV_R/\%$	28		24	30		
	HoR	1.7		1.2	1.4		
苯双灵	n	12	12	12	12		
	平均	0.046	0.04	0.099	0.023		
	$TR/\%$	88	98	95	110		
	$CV_r/\%$	8	7	7	14		
	$CV_R/\%$	37	32	25	21		
	$PRCV_R/\%$	25	26	23	28		
	HoR	1.4	1.2	1.1	0.8		
环丙唑醇	n	14	15	14	14		
	平均	0.049	0.08	0.095	0.042		
	$TR/\%$	91	93	95	98		
	$CV_r/\%$	23	7	7	7		
	$CV_R/\%$	36	32	25	33		
	$PRCV_R/\%$	25	23	23	26		
	HoR	1.4	1.4	1.1	1.3		

表 A.2(续)

项目		红葡萄酒1	红葡萄酒2	白葡萄酒1	白葡萄酒2	波特酒	麝香葡萄酒
吡螨胺	n	15	14	14	12		
	平均	0.042	0.038	0.094	0.021		
	$TR/\%$	84	95	94	105		
	$CV_r/\%$	21	6	5	6		
	$CV_R/\%$	33	31	26	32		
	$PRCV_R/\%$	26	31	26	32		
	HoR	1.3	1.2	1.1	1.1		
唑菌胺酯	n	8		9			
	平均	0.055		0.121			
	$TR/\%$	110		121			
	$CV_r/\%$	6		5			
	$CV_R/\%$	31		26			
	$PRCV_R/\%$	25		22			
	HoR	1.2		1.2			
乙烯菌核利	n		10		9	11	11
	平均		0.031		0.020	0.039	0.08
	$TR/\%$		78		100	78	80
	$CV_r/\%$		8		10	14	4
	$CV_R/\%$		35		26	27	22
	$PRCV_R/\%$		24		29	26	23
	HoR		1.4		0.9	1	0.9
嘧菌胺	n		12		13	10	11
	平均		0.063		0.028	0.022	0.046
	$TR/\%$		79		70	88	92
	$CV_r/\%$		8		24	5	7
	$CV_R/\%$		35		36	20	28
	$PRCV_R/\%$		24		27	29	25
	HoR		1.4		1.3	0.7	1.1
啶酰菌胺	n	11	12		11	12	11
	平均	0.022	0.097		0.034	0.083	0.174
	$TR/\%$	105	121		85	83	87
	$CV_r/\%$	12	7		6	6	4
	$CV_R/\%$	45	30		26	16	17
	$PRCV_R/\%$	28	23		27	23	21
	HoR	1.6	1.3		1	0.7	0.8
异丙菌胺	n	11	12			13	13
	平均	0.016	0.016			0.052	0.1
	$TR/\%$	107	114			104	100
	$CV_r/\%$	9	8			5	6
	$CV_R/\%$	39	38			28	27
	$PRCV_R/\%$	30	30			25	23
	HoR	1.3	1.3			1.1	1.2

表 A.2（续）

项目		红葡萄酒 1	红葡萄酒 2	白葡萄酒 1	白葡萄酒 2	波特酒	麝香葡萄酒
异菌脲	n		10		10	10	8
	平均		0.079		0.039	0.053	0.101
	$TR/\%$		104		103	113	107
	$CV_r/\%$		10		7	10	13
	$CV_R/\%$		35		24	25	17
	$PRCV_R/\%$		23		26	25	22
	HoR		1.5		0.9	1	0.8
腐霉利	n		11		11		
	平均		0.018		0.011		
	$TR/\%$		90		110		
	$CV_r/\%$		12		10		
	$CV_R/\%$		34		34		
	$PRCV_R/\%$		29		31		
	HoR		1.2		1.1		
二甲嘧菌胺	n		15	10	14		
	平均		0.036	0.011	0.027		
	$TR/\%$		60	46	120		
	$CV_r/\%$		9	20	7		
	$CV_R/\%$		26	31	25		
	$PRCV_R/\%$		26	31	28		
	HoR		1	1	0.9		
多菌灵	n				8		9
	平均				0.057		0.033
	$TR/\%$				106		120
	$CV_r/\%$				11		10
	$CV_R/\%$				36		45
	$PRCV_R/\%$				25		27
	HoR				1.5		1.7
腈苯唑	n		8		7		
	平均		0.067		0.042		
	$TR/\%$		84		105		
	$CV_r/\%$		6		5		
	$CV_R/\%$		45		50		
	$PRCV_R/\%$		24		26		
	HoR		1.9		2		
杀螟硫磷	n		11		10		
	平均		0.034		0.019		
	$TR/\%$		85		95		
	$CV_r/\%$		16		10		
	$CV_R/\%$		31		40		
	$PRCV_R/\%$		27		29		
	HoR		1.2		1.4		

表 A.2(续)

项目		红葡萄酒 1	红葡萄酒 2	白葡萄酒 1	白葡萄酒 2	波特酒	麝香葡萄酒
苯菌酮	n		7		7		
	平均		0.038		0.018		
	$TR/\%$		95		90		
	$CV_r/\%$		8		7		
	$CV_R/\%$		18		19		
	$PRCV_R/\%$		26		29		
	HoR		0.7		0.6		
戊菌唑	n		14		13		
	平均		0.017		0.009		
	$TR/\%$		106		113		
	$CV_r/\%$		8		8		
	$CV_R/\%$		31		38		
	$PRCV_R/\%$		30		33		
	HoR		1		1.2		
氟硅唑	n		13		13		
	平均		0.035		0.019		
	$TR/\%$		88		95		
	$CV_r/\%$		6		9		
	$CV_R/\%$		37		36		
	$PRCV_R/\%$		26		29		
	HoR		1.4		1.2		
恶霜灵	n	7				10	
	平均	0.04				0.023	
	$TR/\%$	80				92	
	$CV_r/\%$	10				5	
	$CV_R/\%$	18				31	
	$PRCV_R/\%$	26				28	
	HoR	0.7				1.1	
嘧菌酯	n	12				13	
	平均	0.078				0.045	
	$TR/\%$	78				90	
	$CV_r/\%$	10				6	
	$CV_R/\%$	29				31	
	$PRCV_R/\%$	23				26	
	HoR	1.2				1.2	
烯酰吗啉	n	12		9	9	13	
	平均	0.086		0.019	0.019	0.047	
	$TR/\%$	86				94	
	$CV_r/\%$	6		8	14	8	
	$CV_R/\%$	30		41	44	29	
	$PRCV_R/\%$			29	29	25	
	HoR			1.4	1.5	1.2	

表 A.2(续)

项目		红葡萄酒 1	红葡萄酒 2	白葡萄酒 1	白葡萄酒 2	波特酒	麝香葡萄酒
环酰菌胺	n	11		11	10	11	
	平均	0.083		0.026	0.025	0.039	
	$TR/\%$	83		96	93	78	
	$CV_r/\%$	7		9	10	7	
	$CV_R/\%$	31		18	19	18	
	$PRCV_R/\%$	23		28	28	26	
	HoR	1.3		0.6	0.7	0.7	

参 考 文 献

[1] P. Paya, J. Oliva, A. Barba, M. Anastassiades, D. Mack, I. Sigalova, B. Tasdelen; "Analysis of pesticides residues using the Quick Easy Cheap Affective Rugged and Safe(QuEChERS) pesticide multiresidue method in combination with gas and liquid chromatography and tandem mass spectroscopy detection". Anal Bioanal Chem, 2007.

[2] EN 15662:2008-Foods of plant origin-Determination of pesticide residues using GC-MS and/or LC-MS/MS following acetonitrile extraction/partitioning and clean－up by dispersive SPE-QuEChERS method; January 2009; AFNOR.

[3] K. Mastovska, Steven J. Lehotay, and M. Anastassiades; "Combination of analyte protectants to overcome matrix effects in routine GC analysis of pesticides residues in food matrixes". Anal. Chem. 2005, 77, 8129-8137.

[4] MA-F-AS1-08-FIDMET, OIV; Reliability of Analytical Methods(resolution oeno 5/99).

[5] MA-F-AS1-09-PROPER, OIV; Protocol for the planning, performance and interpretation of performance studies pertaining to methods of analysis(resolution 6/2000).
    FV 1410; Results of the inter-laboratory study.

方法 OIV-MA-AS323-09   方法类型 Ⅳ

纳 他 霉 素

1　前言

　　纳他霉素的不同测定方法主要基于高效液相色谱/二极管阵列检测器（HPLC/DAD）和液相色谱-质谱（LC-MS）联用。对于方法限制—检测限和定量限的估计，实验室可根据认证体系（如 ISO/EN 17025:2005），采用 OIV（OENO 7/2000，E-AS1-10-LIMDET）的推荐方法进行。

　　因为缺乏一个可信的实验室间评估标准，在有可靠的实验室间评估或其他更有力的标准水平做依据之前，暂且将检出限定为 5 μg/L。

2　方法

2.1　应用液相色谱-高分辨率质谱联用仪测定葡萄酒中的纳他霉素（游霉素）

2.1.1　范围

　　此方法描述了测定葡萄酒中纳他霉素（游霉素）的含量的分析步骤。纳他霉素含量以 μg/L 表示。方法确认使用溶剂法，对白葡萄酒和红葡萄酒进行确认，检出浓度的范围为 5 μg/L～2 600 μg/L。

2.1.2　原理

　　葡萄酒中纳他霉素（游霉素）含量是通过直接进样于液相色谱仪与高分辨率质谱检测系统（LC-HR/MS），用标准添加法来定量测定。首先检测估算样品中纳他霉素的浓度。然后通过添加适合样品中纳他霉素浓度的校准标准再重复一次测定。

2.1.3　试剂

2.1.3.1　分析物

　　纳他霉素（游霉素）纯度＞95％。

2.1.3.2　化学试剂

2.1.3.2.1　甲醇，色谱纯。

2.1.3.2.2　实验室用纯净水，例：ISO 3696 等级〔实验室分析用水规格和检测方法（ISO 3696:1987）〕。

2.1.3.2.3　100％乙酸。

2.1.3.3　溶液

2.1.3.3.1　纳他霉素标准储备液（1000 μg/mL）

　　用万分之一天平准确称取 10 mg 纳他霉素于 10 mL 棕色容量瓶中，用甲醇：水：乙酸溶液（2.1.3.3.4）定容至刻度。盖上瓶盖超声处理。计算每毫升溶液中纳他霉素的毫克数。

2.1.3.3.2 工作溶液1:纳他霉素(10 $\mu g/mL$)

移取100 μL储备液(2.1.3.3.1)于一个10 mL棕色容量瓶中,用甲醇:水:乙酸溶液(2.1.3.3.4)定容至刻度。

2.1.3.3.3 工作液2:纳他霉素(0.5 $\mu g/mL$)

移取500 μL工作液1(2.1.3.3.2)于一个10 mL棕色容量瓶中,用甲醇:水:乙酸溶液(2.1.3.3.4)定容至刻度。

2.1.3.3.4 甲醇:水:乙酸溶液(50:47:3,体积比)

量筒量取500 mL甲醇(3.2.1)加入到1 L的容量瓶中,加入470 mL水(2.1.3.2.2)并混匀,再加入30 mL乙酸(2.1.3.2.3)混匀。

2.1.3.3.5 甲醇,含3‰乙酸

量筒量取30 mL乙酸(2.1.3.2.3)加入到1 L的容量瓶中,用甲醇(2.1.3.2.1)定容并且混匀。

2.1.3.3.6 水,含3‰乙酸

量筒量取30 mL乙酸(2.1.3.2.3)加入到1 L容量瓶中。再用水(2.1.3.2.2)定容至刻度并混匀。

2.1.4 仪器

注:这里仅仅列出了一些特殊用途或者特别规格的仪器设备,实验中用到的常用的实验室玻璃仪器和设备都可用。

2.1.4.1 液相色谱仪(LC)

配备有一个自动进样器,一个100 μL的进样环和高分辨率质谱仪。

2.1.4.1.1 液相色谱柱

能够获得重复性较好的纳他霉素峰,具备将纳他霉素峰从样品基质和/所使用溶剂的干扰峰中分离开的能力。

注:所使用的分析仪器的类型,需对合适的操作条件进行优化确认。

2.1.4.1.2 HPLC分析

下面是常用的较合适的柱子及其参数:

柱子:Waters Sunfire C_{18},150 mm×2.1 mm,3.5 μm;

柱温:30℃;

流速:0.25 mL/min;

进样体积:20 μL;

流动相A:水:乙酸=97:3(体积比)(2.1.3.3.6);

流动相B:甲醇:乙酸=97:3(体积比)(2.1.3.3.5);

运行时间:30 min;

自动进样器托盘:8℃。

梯度:

表 1

时间/min	流动相 A/%	流动相 B/%
0	90	10
25	10	90
27	10	90
27.1	90	10
30	90	10

2.1.4.2　质谱检测(LC-HR/MS)

电离模式:正极电喷雾;

质荷比:m/z;

AGC 指标:高动态范围;

最大注射时间:50 ms;

扫描范围:m/z 480～670;

吹扫量:60 L/min;

载气:5 L/min;

喷雾电压:3.75 V;

纳他霉素:m/z 666.310 6 9$[M+H]^+$;

确认离子:m/z 503.226 72;

保留时间:16.5 min。

2.1.5　试验步骤

取样前将样品摇匀确保样品均匀。

2.1.5.1　扫描

对于每一个酒样,分别移取 2 mL 于 2 个 2 mL 的 Eppendorf 离心管中,再分别加入 0 μL、20 μL 浓度为 0.5 μg/mL 的纳他霉素工作液,即分别加入 0 μg/L 和 5 μg/L 的纳他霉素。震荡离心管 1 min,然后在 14 000 rpm 条件下离心 10 min,经 0.2 μm PTFE 膜全部过滤到另一个 2 mL 的棕色管中,通过 LC-HR/MS(第 6 章)分析并且估算样品(第 7 章)中纳他霉素的含量。

如果浓度小于 5 μg/L,报告数据为<5 μg/L,如果浓度大于 5 μg/L,则依照 5.2 进行定量。

2.1.5.2　定量

测定纳他霉素估计含量大于 5 μg/L 的样品。分别移取 2 mL 酒样于 5 支 2 mL 的 Eppendorf 离心管中,分别添加 0 μL、5 μL、10 μL、20 μL 和 50 μL 的纳他霉素工作液 1(2.1.3.3.2)。即相当于添加 0 μg/L、25 μg/L、50 μg/L、100 μg/L 和 250 μg/L 的纳他霉素。震荡离心管 1 min,然后在 14 000 rpm 条件下离心 10 min。经 0.2 μm PTFE 膜全部过滤到另一个 2 mL 的管中,利用 LC-HR/MS(第 6 章)分析并且评估样品(第 7 章)中纳他霉素的含量。

2.1.6　分析

注:当开始测量时,应该检测检测器的基线稳定性和响应线性,同时要确认检测限。保证所有样品和校

准标标准物测定过程中的条件一致。依据保留时间和精确的质谱通道确定纳他霉素峰,并测量峰面积。向液相柱中注入准备好的溶液。逐个测量定量的和确认通道中的纳他霉素的峰面积。图 1 给出了一个典型的色谱图示例。

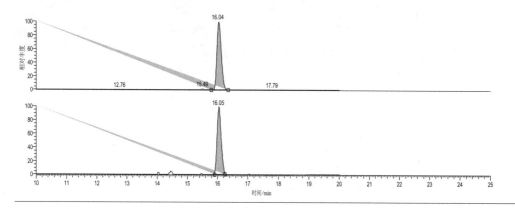

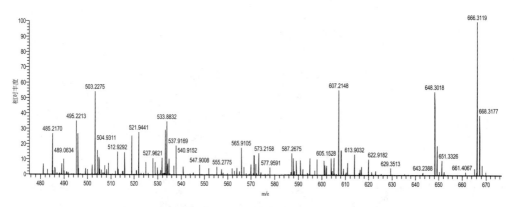

图 1 纳他霉素加标量为 50 μg/L 的白葡萄酒 LC-HR/MS 典型质谱光谱图

做出峰面积对纳他霉素的浓度(μg/L)的曲线,测定回归曲线的斜率、截距点和校正系数。校准曲线应该呈线性且相关系数要达到 0.99 或以上。

2.1.7 结果计算

分析物水平计算

样品中纳他霉素的含量使用下列公式计算,单位为 μg/L。

$$c = b/a$$

其中:c——葡萄酒中纳他霉素的含量(μg/L);

a——回归曲线的斜率;

b——回归曲线在 Y 轴上的截距。

2.1.8 确认

运用下列标准确认样品中纳他霉素的存在:

在相同的保留时间内,在精确质谱通道 m/z 666.310 69 和 m/z 503.226 72 中都存在峰。计算主要定量质谱通道的峰面积以及确认通道峰面积比值。标准允许与通过标准添加的校准样计算的比值有 ±25% 的偏差。

2.1.9　方法性能数据

2.1.9.1　线性

以溶剂、白葡萄酒或红葡萄酒为基质（图 2、图 3 和图 4）时，本方法的线性范围为 1 μg/L～2 640 μg/L。

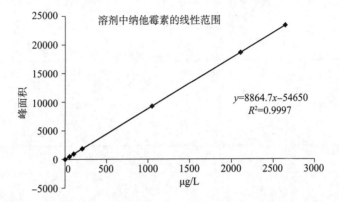

图 2　溶剂中添加从 1 μg/L～2 600 μg/L 浓度纳他霉素校准曲线

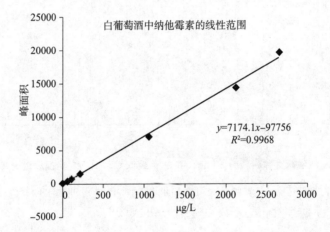

图 3　白葡萄酒中添加从 1 μg/L～2 600 μg/L 浓度纳他霉素标准曲线

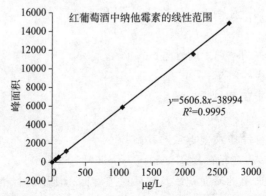

图 4　红葡萄酒中添加从 1 μg/L～2 600 μg/L 浓度纳他霉素标准曲线

表 2 溶剂校准残差

纳他霉素/(μg/L)	预测浓度/(μg/L)	残 差	标准残差
0	6.4	−6.4	−0.4
1.056	6.8	−5.7	−0.3
5.28	10.9	−5.6	−0.3
10.56	16.8	−6.3	−0.4
52.8	58.9	−6.1	−0.3
105.6	108.3	−2.7	−0.2
211.2	200.1	11.1	0.6
1 056	1 029.8	26.2	1.5
2 112	2 084.8	27.2	1.6
2 640	2 671.8	−31.8	−1.8

表 3 白葡萄酒作为基质的校准残差

纳他霉素/(μg/L)	预测浓度/(μg/L)	残 差	标准残差
0	15.5	−15.5	−0.3
1.056	15.6	−14.6	−0.3
5.28	18.8	−13.5	−0.2
10.56	23.9	−13.3	−0.2
52.8	63.6	−10.8	−0.2
105.6	109.3	−3.7	−0.1
211.2	212.8	−1.6	0.0
1 056	989.0	67.0	1.2
2 112	2 003.2	108.8	2.0
2 640	2 742.7	−102.7	−1.8

表 4 红葡萄酒基质的校正残差

纳他霉素/(μg/L)	预测浓度/(μg/L)	残 差	标准残差
0	7.2	−7.2	−0.3
1.056	8.2	−7.1	−0.3
5.28	10.9	−5.7	−0.3
10.56	16.8	−6.2	−0.3
52.8	52.1	0.7	0.0
105.6	102.1	3.5	0.2
211.2	199.8	11.4	0.5
1 056	1 055.2	0.8	0.0
2 112	2 063.7	48.3	2.3
2 640	2 678.4	−38.4	−1.8

2.1.9.2　准确度和精确度

以溶剂、红葡萄酒和白葡萄酒为基质，在干预限值 5 μg/L 和 200 μg/L 处进行测定以评价方法重现性是否符合要求，结果如表 4、表 5 和表 6 所示。通过在红葡萄酒和白葡萄酒中选择两个浓度来加标进行方法准确性评估。由第二个不知纳他霉素浓度的试验者进行分析测试，分析结果如表 7 所示。

表 5　两浓度的纳他霉素在溶剂(甲醇：水：醋酸＝50：47：3,体积比)中的重现性

项目	纳他霉素浓度/(μg/L)	回收率/%
标准物质浓度 5 ng/mL 重复 1	5.3	99.7
标准物质浓度 5 ng/mL 重复 2	5.4	101.8
标准物质浓度 5 ng/mL 重复 3	5.8	108.6
标准物质浓度 5 ng/mL 重复 4	5.7	108.2
标准物质浓度 5 ng/mL 重复 5	5.8	109.0
标准物质浓度 5 ng/mL 重复 6	5.9	112.2
标准物质浓度 5 ng/mL 重复 7	5.7	108.4
标准物质浓度 5 ng/mL 重复 8	6.4	120.2
平均值	5.8	108.5
标准差	0.3	6.2
RSD/%	5.7	5.7
标准物质浓度 200 ng/mL 重复 1	238.3	112.9
标准物质浓度 200 ng/mL 重复 2	237.1	112.4
标准物质浓度 200 ng/mL 重复 3	231.5	109.7
标准物质浓度 200 ng/mL 重复 4	228.0	108.1
标准物质浓度 200 ng/mL 重复 5	244.0	115.7
标准物质浓度 200 ng/mL 重复 6	220.7	104.6
标准物质浓度 200 ng/mL 重复 7	229.4	108.7
标准物质浓度 200 ng/mL 重复 8	251.7	119.3
平均值	235.1	111.4
标准差	9.8	4.7
RSD/%	4.2	4.2

表 6　白葡萄酒中添加 5 μg/L 和 200 μg/L 纳他霉素的重复性

项目	纳他霉素含量/(μg/L)	回收率/%
5.3 ng/mL 浓度白葡萄酒重复 1	5.3	99.1
5.3 ng/mL 浓度白葡萄酒重复 2	4.4	82.8
5.3 ng/mL 浓度白葡萄酒重复 3	5.1	96.0
5.3 ng/mL 浓度白葡萄酒重复 4	4.9	92.5
5.3 ng/mL 浓度白葡萄酒重复 5	4.6	86.4
5.3 ng/mL 浓度白葡萄酒重复 6	5.1	96.4
5.3 ng/mL 浓度白葡萄酒重复 7	4.8	90.9
5.3 ng/mL 浓度白葡萄酒重复 8	4.9	92.2
平均值	4.9	92.0
标准偏差	0.3	5.4
RSD/%	5.9	5.9
211 ng/mL 浓度白葡萄酒重复 1	217.6	103.1
211 ng/mL 浓度白葡萄酒重复 2	223.3	105.8
211 ng/mL 浓度白葡萄酒重复 3	213.0	101.0
211 ng/mL 浓度白葡萄酒重复 4	216.8	102.7
211 ng/mL 浓度白葡萄酒重复 5	211.4	100.2
211 ng/mL 浓度白葡萄酒重复 6	208.6	98.9
211 ng/mL 浓度白葡萄酒重复 7	204.2	96.8
211 ng/mL 浓度白葡萄酒重复 8	214.4	101.6
平均值	213.7	101.3
标准偏差	5.8	2.8
RSD/%	2.7	2.7

表 7　红葡萄酒中添加 5 μg/L 和 200 μg/L 纳他霉素的重复性

项目	纳他霉素含量/(μg/L)	回收率/%
5.3 ng/mL 浓度红葡萄酒重复 1	5.3	99.7
5.3 ng/mL 浓度红葡萄酒重复 2	5.0	93.8
5.3 ng/mL 浓度红葡萄酒重复 3	3.8	72.5
5.3 ng/mL 浓度红葡萄酒重复 4	5.1	96.5
5.3 ng/mL 浓度红葡萄酒重复 5	5.0	95.0
5.3 ng/mL 浓度红葡萄酒重复 6	5.5	103.5
5.3 ng/mL 浓度红葡萄酒重复 7	4.3	80.9

表 7(续)

项目	纳他霉素含量/(μg/L)	回收率/%
5.3 ng/mL 浓度红葡萄酒重复 8	4.8	90.7
平均值	4.9	91.6
标准偏差	0.5	10.2
RSD/%	11.1	11.1
211 ng/mL 浓度红葡萄酒重复 1	183.9	87.1
211 ng/mL 浓度红葡萄酒重复 2	178.4	84.5
211 ng/mL 浓度红葡萄酒重复 3	181.1	85.8
211 ng/mL 浓度红葡萄酒重复 4	197.5	93.6
211 ng/mL 浓度红葡萄酒重复 5	178.2	84.5
211 ng/mL 浓度红葡萄酒重复 6	184.2	87.3
211 ng/mL 浓度红葡萄酒重复 7	181.2	85.9
211 ng/mL 浓度红葡萄酒重复 8	171.3	81.2
平均值	182.0	86.2
标准偏差	7.5	3.6
RSD/%	4.1	4.1

表 8 白葡萄酒和红葡萄酒中添加 125 μg/L 和 220 μg/L 纳他霉素的重复性

项目	理论浓度/(μg/L)	测定浓度/(μg/L)	准确度%	Z 值
白葡萄酒 A 重复 1	125	135	108	0.50
白葡萄酒 A 重复 2	125	142	114	0.85
白葡萄酒 A 重复 3	125	138	110	0.65
白葡萄酒 B 重复 1	220	230	105	0.28
白葡萄酒 B 重复 2	220	230	105	0.28
白葡萄酒 B 重复 3	220	239	109	0.54
红葡萄酒 A 重复 1	220	213	97	−0.20
红葡萄酒 A 重复 2	220	234	106	0.40
红葡萄酒 A 重复 3	220	223	101	0.09
红葡萄酒 B 重复 1	125	129	103	0.20
红葡萄酒 B 重复 2	125	129	103	0.20
红葡萄酒 B 重复 3	125	120	96	−0.25

计算

$$Z=（测定浓度－实际浓度）/目标的标准偏差$$

$$目标的标准偏差＝0.16×加标浓度$$

依据 Horwitz 理论。

2.2 应用 HPLC/DAD 检测酒中的纳他霉素

2.2.1 范围

本方法应用液相分析检测葡萄酒中的纳他霉素,纳他霉素含量单位为 $\mu g/L$。

该方法已经通过实验室确认,将酒体基质(例如红葡萄酒或白葡萄酒)的影响考虑在内。

2.2.2 原理

没有加标的酒样直接进样到液相色谱中。加标酒样首先过滤消泡或放入超声水浴锅中消泡。用 C_8 的柱子分离分析物,小部分分析物会自动转移到 C_{18} 柱进一步分离。在波长为 304 nm 和 319 nm 检测纳他霉素,并使用二极管阵列检测谱进行确认,通过外标法进行定量。

2.2.3 试剂和材料

2.2.3.1 试剂

2.2.3.1.1 去离子水。

2.2.3.1.2 甲醇,色谱纯。

2.2.3.1.3 分析用甲酸。

2.2.3.1.4 分析用乙酸。

2.2.3.1.5 分析用盐酸,0.1 mol/L。

2.2.3.1.6 基质酒,无纳他霉素检出。

2.2.3.1.7 纳他霉素＞95％。

以 0.1 mol/L 的盐酸溶液为空白,在 291 nm、304 nm 和 319 nm 下测定溶解于 0.1 mol/L 盐酸溶液中的纳他霉素,以鉴定纳他霉素的纯度。

依照文献所得的参考数据	291 nm	304 nm	319 nm
消光(1％纳他霉素,1 cm 比色皿)	758	1 173	1 070

另一种方法:

稀释后(如稀释因子 20)的储备液(2.1.3.3.1)直接用于光谱测定。例如,移液管吸取 1.0 mL 原液到 20 mL 的容量瓶中,并使用 0.1 mol/L 盐酸定容至刻度线。以与稀释储备液的相同溶剂作为空白做对比测定。

2.2.3.2 准备流动相

2.2.3.2.1 流动相溶液:

2.2.3.2.1.1 5 mL 醋酸添加到 2 L 的甲醇中。

2.2.3.2.1.2 5 mL 醋酸添加到 2 L 的去离子水中。

2.2.3.2.2 洗脱液 1:甲醇-醋酸/去离子水-醋酸(65/35)。

2.2.3.2.3 洗脱液 2:甲醇-醋酸/去离子水-醋酸(80/20)。

2.2.3.3 储备液和标准溶液的配置

所有溶液稳定性较差,需避光储存在冰箱内。储备液(2.1.3.3.1.1)的保值期为几周,但在使用前(例如,见替代方法 2.2.3.1.7)需要对浓度进行测定。稀释溶液Ⅰ(2.2.3.3.1.2)和稀释溶液Ⅱ(2.2.3.3.1.3)和标准溶液(2.2.3.3.2)必须现配现用。

2.2.3.3.1　标准储备液和稀释溶液的制备

2.2.3.3.1.1　储备液(约 100 mg/L)

称量大约 5 mg 纳他霉素(3.1.7),使用甲醇转移到 50 mL 容量瓶。添加 0.5 mL 甲酸,确保纳他霉素完全溶解,在 20℃下用甲醇定容到刻度线。

2.2.3.3.1.2　稀释溶液Ⅰ(约 5 mg/L)

移取 2.5 mL 稀释溶液(2.1.3.3.1.1)到 50 mL 容量瓶并添加去离子水到刻度线。

2.2.3.3.1.3　稀释液Ⅱ(约 1 mg/L)

移取 4 mL 的稀释液Ⅰ(2.2.3.3.1.2)到 20 mL 容量瓶,使用酒基(2.2.3.1.6)添加到刻度线。

2.2.3.3.2　标准溶液制备

对于标准溶液,使用基质酒(2.2.3.1.6)将稀释液Ⅱ(2.2.3.1.6)稀释相应的浓度。如,添加 50 μL～10 mL 容量瓶浓度为 5 μg/L:

体积	10 mL	10 mL	10 mL	10 mL	10 mL	10 mL	10 mL
稀释溶液Ⅱ/μL	50	100	200	400	500	1 000	3 700
纳他霉素含量/(μg/L)	5	10	20	40	50	100	370

2.2.4　实验器材

常用实验室设备,个别如下所示:

2.2.4.1　装置 6 通阀和两个系列高效液相色谱泵或梯度泵保证分离的 HPLC-DAD 装置。

2.2.4.2　HPLC-柱 RP-8。

2.2.4.3　HPLC-柱 RP-18。

2.2.4.4　光度计。

2.2.5　进样

非汽酒样品直接注射到 HPLC 系统。起泡酒的样品首先通过过滤或使用超声波脱气。如样品需存储应储存在冷暗条件下。

2.2.6　步骤

2.2.6.1　HPLC 操作条件

柱子和参数如下:

柱 1:C_8 柱(例如,选择 B 125×4 mm/5 μm 封尾,默克公司);

流动相:室温下使用洗脱剂 1(2.2.3.2.2);

流量:1 mL/min。

柱 2:C_{18} 柱(例如 Lichrospher 125×4 mm/5 μm,默克公司);

流动相:30℃洗脱液 2(2.2.3.2.3);

流量:1 mL/min;

进样量:500 μL;

紫外检测器:304 nm 和 319 nm 处。

　　分析窗口:在进一步分析前,需要确认目标物出峰的时间(图5)。分析窗口必须包含目标物出峰的时间前后 0.5 min。

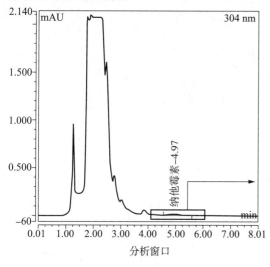

图 5　柱 1　色谱图分析窗口

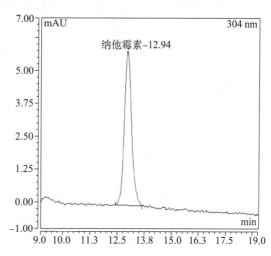

图 6　柱 2　色谱图加标样品(纳他霉素)

2.2.6.2　识别/确认

　　峰的识别是通过比较标准和样品在两个测量波长 304 nm 和 319 nm 的保留时间。在 2.2.6.1 提到的参数设置下,色谱系统对纳他霉素的保留时间约为 12.9 min(图6)。

　　DAD 光谱用来进一步确认阳性结果(图 7 和图 8)。

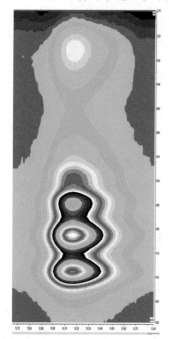

图 7　纳他霉素 3 维 DAD 光谱图

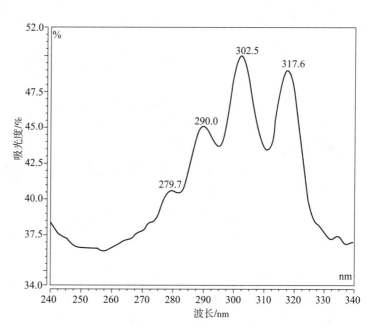

图 8　纳他霉素 DAD 光谱图

2.2.7 结果的计算和表示

使用标准溶液(2.2.3.3.2)在304 nm的色谱图作为校准曲线。使用外标法进行纳他霉素的定量。峰面积和相关的浓度的曲线应该成线性,相关系数至少应该为0.99。结果表示单位为μg/L。

2.2.8 方法性能数据

检出限,定量限。

检出限的确定和定量限根据DIN 32645(直接测定:多次测量空白基质样品,$n=10$;覆盖全部工作范围的校准曲线)

检出限:2.5 μg/L;

定量限:8.5 μg/L。

线性

在5 μg/L~100 μg/L的校准范围内,确认葡萄酒基质具有良好的线性度关系(图9)。

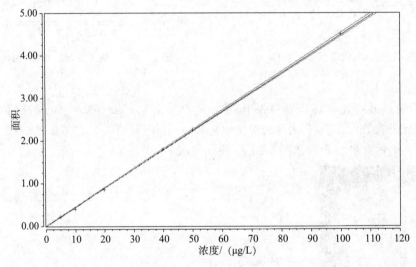

图9 加标白葡萄酒中纳他霉素的校准曲线

($R^2 = 0.999\ 9$)

2.2.9 正确度和精密度

分别对加有纳他霉素标准物的白、桃红葡萄酒和红葡萄酒样品测定5次,对其正确度和可重复性进行评估,其结果如表9所示。

表9 添加到白葡萄酒、桃红葡萄酒和红葡萄酒中纳他霉素检测结果汇总表

基质	在基体中的纳他霉素的含量/(μg/L)	添加纳他霉素含量/(μg/L)	测量的纳他霉素的含量/(μg/L)	回收率%	Z值
白葡萄酒	未检出*	5.02	5.04	100.4	0.0
			4.70	93.6	−0.2
			5.12	102.0	0.1
			5.29	105.4	0.2
			4.97	99.0	0.0

表 9(续)

基质	在基体中的纳他霉素的含量/(μg/L)	添加纳他霉素含量/(μg/L)	测量的纳他霉素的含量/(μg/L)	回收率%	Z 值
		平均值	5.02	100.1	
		标准差	0.22		
		RSD/%	4.3		
		重现性 r	0.85		
桃红葡萄酒	未检出*	5.02	4.79	95.4	−0.1
			4.83	96.2	−0.1
			4.76	94.8	−0.1
			4.79	95.4	−0.1
			4.73	94.2	−0.2
		平均值	4.78	95.2	
		标准差	0.04		
		RSD/%	0.78		
		重现性 r	0.15		
红葡萄酒	未检出*	5.02	4.61	91.8	−0.2
			4.65	92.6	−0.2
			4.89	97.4	−0.1
			4.67	93.0	−0.2
			4.34	86.5	−0.4
		平均值	4.63	92.3	
		标准差	0.20		
		RSD/%	4.2		
		重现性 r	0.77		
红葡萄酒	未检出*	21.2	19.73	93.1	−0.2
			20.66	97.5	−0.1
			21.16	99.8	0.0
			19.73	93.1	−0.2
			19.58	92.4	−0.3
		平均	20.17	95.2	
		标准差	0.70		
		RSD/%	3.5		
		重现性 r	2.7		

表9(续)

基质	在基体中的纳他霉素的含量 µg/L	添加纳他霉素含量 µg/L	测量的纳他霉素的含量 µg/L	回收率%	Z值
红葡萄酒	未检出[a]	53.2	51.84	97.4	−0.1
			51.91	97.6	−0.1
			51.42	96.7	−0.1
			50.12	94.2	−0.2
			50.62	95.2	−0.2
	平均值		51.18	96.2	
	标准差		0.78		
	RSD/%		1.5		
	重现性 r		3.1		
[a] 检出限 2.5 µg/L。					

计算(表1):

$$重复性限\ r = 标准差 \times t_{4,0.95} \times 2^{1/2}$$
$$Z\ 值 = (测定量 - 添加量)/目标物标准偏差^*$$
$$目标标准偏差 = 1/100 \times 添加量 \times 2^{(1 - 0.5 \log 添加量)}$$

参 考 文 献

[1] DIN 32645:2008-11

[2] UV-und IR-Spektren wichtiger pharmazeutischer Wirkstoffe. Editio Cantor Aulendorf. 1978. Herausgeber/Editior Hans-Werner Dibbern in Zusammenarbeit mit E. Wirbitzki.

[3] Macarthur R. Feinberg M. Bertheau Y. 2010. Construction of measurement uncertainty profiles for quantitative analysis of genetically modified organisms based on interlaboratory validation data. Journal of the Association of Official Analytical Chemists. 93(3). 1046-1056.

[4] FV 1351. Dominic Roberts and Adrian Charlton. Determination of natamycin in wine by liquid chromatography coupled to high resolution mass spectrometry: standard operating procedure and method performance data. OIV SCMA March 2010.

[5] FV 1355. TomaszBrzezina. Natamycin in Wein. OIV SCMA March 2010.

---

* 依据 Horwitz 理论。

邻苯酸二甲酯

1 适用范围

本法适用于葡萄酒中邻苯二甲酸酯类物质含量的测定。

2 原理

使用异己烷提取样品,采用蒸发法净化富集提取物。富集后的提取物通过氘代内标的气相-质谱方法进行分析测定。

3 试剂与材料

除另有说明外,全部所用试剂均为分析纯。

3.1   DMP 邻苯二甲酸二甲酯。

3.2   DnBP 邻苯二甲酸二丁酯。

3.3   DEHP 邻苯二甲酸二(2-乙基)己酯。

3.4   BBP 邻苯二甲酸丁基苄基酯。

3.5   DINP 邻苯二甲酸二异壬酯。

3.6   DIDP 邻苯二甲酸二异癸酯。

3.7   DCHP 邻苯二甲酸二环己酯。

3.8   DEP 邻苯二甲酸二乙酯。

3.9   DiBP 邻苯二甲酸二异丁酯。

3.10   DnOP 邻苯二甲酸二正辛酯。

3.11   DMP-d4 内标。

3.12   DEP-d4 内标。

3.13   DiBP-d4 内标。

3.14   DnBP-d4 内标。

3.15   BBP-d4 内标。

3.16   DCHP-d4 内标。

3.17   DEHP-d4 内标。

3.18   DnOP-d4 内标。

3.19   异己烷、丙酮。

3.20   标准溶液:用于配制校准溶液的所有容量瓶必须先用丙酮再用异己烷冲洗,以防污染。

3.20.1   储备液

1 g/L 邻苯二甲酸酯单一溶液:分别称取 100 mg 各种邻苯二甲酸酯于 100 mL 容量瓶

中,用异己烷溶解并定容至刻度。

5 g/L DINP-DIDP 单一溶液:分别称取 500 mg DINP 和 DIDP 于 100 mL 容量瓶中,用异己烷溶解并定容至刻度。

0.5 g/L 内标单一溶液:氘代标准品包装在密封的 25 mg 安瓿瓶中。每一种内标都需将瓶内全部标准品转移至 50 mL 容量瓶中,并用异己烷定容至刻度。

3.20.2 工作液

1 mg/L 邻苯二甲酸酯工作液(S_1):

从 1 g/L 和 5 g/L 邻苯二甲酸酯储备液(3.20.1)中各取 100 μL 至 100 mL 容量瓶中,并用异己烷定容至刻度。

10 mg/L 邻苯二甲酸酯工作液(S_2):

从 1 g/L 和 5 g/L 邻苯二甲酸酯储备液(3.20.1)中各取 1 mL 至 100 mL 容量瓶中,并用异己烷定容至刻度。

10 mg/L 内标工作液(IS)

从 0.5 g/L 氘代标准品储备液(3.20.1)中各取 1 mL~50 mL 容量瓶中,并用异己烷定容至刻度。

3.20.3 标准曲线

将不同浓度异己烷工作液(3.20.2),依照表 1 直接注入预先加热处理、冲洗干燥(详见5.1)的进样瓶中,进行配制。

表 1

校准点	邻苯二甲酸酯浓度/(mg/L)[a]	S_1 体积/μL	S_2 体积/μL	IS 体积/μL	异己烷体积/μL
C1	0	0	0	50	1 000
C2	0.05	50	0	50	950
C3	0.10	100	0	50	900
C4	0.20	200	0	50	800
C5	0.50	0	50	50	950
C6	0.80	0	80	50	920
C7	1.00	0	100	50	900
[a]DINP 和 DIDP 浓度应乘以 5。					

4 实验仪器

4.1 玻璃容器和体积量取仪器:

4.1.1 50 mL 和 100 mL A 级容量瓶。

4.1.2 50 mL 具塞玻璃离心管。

4.1.3 10 mL 具塞玻璃试管。

4.1.4 25 μL～1 000 μL 范围的微量移液枪,通过 ISO 8655-6 校正。

4.1.5 氮吹仪。

4.2 分析天平。

4.3 气相-质谱联用仪器(如 Varian 450GC-300 MS)。

5 步骤

5.1 预处理

——由于塑化剂可能存在于实验室环境中,所以必须预处理以排除相关化合物的干扰:

——尽可能避免和任何塑料器材接触(特别是软塑料 PVC),必须确保其没有污染物。

——检测实验所使用的溶剂和溶剂瓶。

——对所有未标有刻度的玻璃器皿进行加热处理(在 400℃下至少烘 2 h)。

——(先用丙酮再用异己烷)小心冲洗所有器材。

——确保玻璃注射器的隔垫为非塑料材质。

——每次使用注射器之前和之后都需要冲洗若干次。

——在条件允许的情况下,在洁净的专用实验室里完成操作。

5.2 样品处理

——取 12.5 mL 样品于 50 mL 离心管中,并加入 10 mL 异己烷。

——振荡(用振荡器)至少 1 min。

——静置分层(用 50℃超声处理 30 min 可以加速分层)。取 8 mL 有机相并转移到 10 mL 试管中。在 35℃条件下进行氮吹(0.3 bar),但避免吹干(提示:温度不能超过 40℃)。

——用异己烷定容至 1 mL,并在每个提取液中加入 50 μL 0.01 g/L 标准溶液作为内标,转移至进样瓶中待测。

注:例如十一酸甲酯可以在仪器分析的过程中作为保护剂加入浓缩样品中。在氮吹之前,分别加入 20 μL 到样品提取液和标准溶液中。

5.3 空白试验

按 5.2 描述的步骤,进行不加样品的空白对照实验的准备。

5.4 气质联用分析

根据气质联用仪器的性能,选择合适的图谱进行定性和定量。仪器分析条件见附录 A,特征色谱图见附录 B。

5.4.1 浓度计算

——首先,先将溶剂进样几次(至少 2 次)。其次,标准样品重复进样几次(3.20.3)来提高响应值,最后再使用溶剂至少进样两次。

——对每种塑化剂绘制标准曲线:

——$(A_{样品}/A_{IS}) = f(c_{样品}/c_{IS})$。

其中:

A——峰面积;

c——浓度；

　　　　IS——内标。

　　——每一种邻苯二甲酸酯需要用相对应的标准品定量,此外,DINP 和 DIDP 用 DnOP-d4 定量。

5.4.2　样品分析

　　从空白对照实验(5.3)开始建立进样序列并分析。然后重复进样(5.2)2 次,高浓度样品进样后,使用溶剂清洗进样针。

　　结束序列进样后,至少使用标准溶液进样一次,以检验信号漂移和进样器的状况。

　　计算每一次进样的目标峰和内标的峰面积,并代入标准曲线(5.4.1)中计算出提取物样品的浓度。

5.4.3　结果表示

　　计算出每个样品两次进样结果的平均值,并用 mg/L 表示。

6　质量控制

　　在每一次样品分析中,根据红酒样品标准中塑化剂限量值 0.020 mg/L 进行质量控制。

　　5.2 中所准备的样品提取物在进样序列中最先进行检测,检测结果和回收率都需要在质量控制表格中反映出来。

7　方法特性

　　在实验室中完成的分析实验需要具有良好的重复性和再现性,红葡萄酒和白葡萄酒中的塑化剂限量值分别为 0.040 mg/L 和 0.080 mg/L。重复性(CV_r)、重现性(CV_{IP})和回收率的值如表 2 所示:

表 2

邻苯二甲酸酯	回收率/%	重复性/%	重现性/%
DMP 邻苯二甲酸二甲酯	67	5	8
DEP 邻苯二甲酸二乙酯	84	8	11
DiBP 邻苯二甲酸二异丁酯	93	7	10
DnBP 邻苯二甲酸二丁酯	95	5	7
BBP 邻苯二甲酸二异丁酯	98	5	6
DCHP 邻苯二甲酸二环己酯	97	5	7
DEHP 邻苯二甲酸二环己酯	98	6	7
DnOP 邻苯二甲酸二正辛酯	98	6	7
DINP 邻苯二甲酸二壬酯	104	7	8
DIDP 邻苯二甲酸二异癸酯	96	8	11

　　以下是上述全部邻苯二甲酸酯的平均值:

　　重复性:(CV_r):6%。

中间重现性:(CV_{IP}):8%。

8 检出限及定量限

测定每一种邻苯二甲酸酯的检测限及定量限,如表3所示:

表3

邻苯二甲酸酯	定量限/(mg/L)	检出限/(mg/L)
DMP 邻苯二甲酸二甲酯	0.010	0.004
DEP 邻苯二甲酸二乙酯	0.010	0.004
DiBP 邻苯二甲酸二异丁酯	0.010	0.004
DnBP 邻苯二甲酸二丁酯	0.010	0.004
BBP 邻苯二甲酸二异丁酯	0.010	0.004
DCHP 邻苯二甲酸二环己酯	0.010	0.004
DEHP 邻苯二甲酸二环己酯	0.010	0.004
DnOP 邻苯二甲酸二正辛酯	0.010	0.004
DINP 邻苯二甲酸二壬酯	0.050	0.020
DIDP 邻苯二甲酸二异癸酯	0.050	0.020

附　录　A
邻苯酸二甲酯类气相/质谱联用测定条件

A.1　气相色谱条件

VF-5 ms 色谱柱:30 m×0.25 mm 内径,0.25 μm 涂层厚度。

升温程序:

100℃保留 1 min;10℃/min 升温速率升到 230℃;继续以 10℃/min 升温速率升到 270℃;保留 2 min,25℃/min 升温速率升到 300℃;保留 8 min。

注:此程序可将 DEHP 和 DCHP 峰分离开(但在 MRM 模式过程无用)。

MRM 模式升温程序:柱温箱 80℃保留 1 min;以 20℃/min 升温速率升到 200℃;以 10℃/min 升温速率升到 300℃;保留 8 min。

进样口:150℃保持 0.5 min;不分流模式下,以 200℃/min 升温速率升到 280℃。

氦气流速:1 mL/min 恒流模式。

进样量:1 μL。

A.2　质谱条件

离子源:EI 模式下 70eV。

离子源温度:250℃。

传输线温度:300℃。

分流阀温度:40℃。

邻苯二甲酸酯定量和定性选择离子。

在 SIM 模式下,表 A.1 提供了每种邻苯二甲酸酯以及其氘代同位素的定量离子和两种定性离子。

在 MRM 模式下,表 A.2 表示了每种提供了每种邻苯二甲酸酯以及其氘代同位素的定量和定性离子转化率。

注:DIDP 和 DINP 是一种混合物,色谱不能完全分离它们,所以它们作为一个组分标注。

表 A.1

名称		定量离子 *m/z*	定性离子 *m/z*	
中文名称	英文名称		1	2
邻苯二甲酸二甲酯	DMP	163	77	194
	DMP-d4	167	81	198
邻苯二甲酸二乙酯	DEP	149	177	222
	DEP-d4	153	181	226
邻苯二甲酸二异丁酯	DIBP	149	167	223
	DIBP-d4	153	171	227
邻苯二甲酸二丁酯	DnBP	149	205	223
	DnBP-d4	153	209	227

表 A.1（续）

名称		定量离子 m/z	定性离子 m/z	
中文名称	英文名称		1	2
邻苯二甲酸丁基苄基酯	BBP	149	91	206
	BBP-d4	153	95	210
邻苯二甲酸二环己酯	DCHP	149	167	249
	DCHP-d4	153	171	253
邻苯二甲酸二(2-乙基)己酯	DEHP	149	167	279
	DEHP-d4	153	171	283
邻苯二甲酸二正辛酯	DNOP	149	167	279
	DNOP-d4	153	171	283
邻苯二甲酸二壬酯	DINP	149	293	
邻苯二甲酸二异癸酯	DIDP	149	307	

表 A.2

名称		定量离子 m/z	定性离子 m/z
中文名称	英文名称		
邻苯二甲酸二甲酯	DMP	194＞163	194＞77
	DMP-d4	198＞167	198＞81
邻苯二甲酸二乙酯	DEP	177＞149	177＞93
	DEP-d4	181＞153	181＞97
邻苯二甲酸二异丁酯	DIBP	223＞149	205＞149
	DIBP-d4	227＞153	209＞153
邻苯二甲酸二丁酯	DnBP	223＞149	205＞149
	DnBP-d4	227＞153	209＞153
邻苯二甲酸丁基苄基酯	BBP	206＞149	149＞121
	BBP-d4	210＞153	153＞125
邻苯二甲酸二环己酯	DCHP	249＞149	249＞93
	DCHP-d4	253＞153	253＞97
邻苯二甲酸二(2-乙基)己酯	DEHP	279＞149	279＞93
	DEHP-d4	283＞153	283＞97
邻苯二甲酸二正辛酯	DNOP	279＞149	279＞93
	DNOP-d4	283＞153	283＞93
邻苯二甲酸二壬酯	DINP	293＞149	
邻苯二甲酸二异癸酯	DIDP	307＞149	

参 考 文 献

[1] FV 1371. Detection and assay of phthalates in alcoholic beverages. 2011.

[2] FV 1234. Questions about phthalates. 2006.

第 *4* 章　微生物检验

方法 OIV-MA-AS4-01　　　　　　　　　　　　　　　　　　　方法类型 Ⅳ

微生物检验

(Oeno 206-2010)

【目的】

微生物学检验的目的是跟踪酒精发酵和/或苹果酸-乳酸发酵中微生物的进程,不仅针对成品的检验还包括对各生产环节中出现的各种异常情况的监测。

注:所有实验必须使用灭菌的器具在微生物常用的无菌条件下进行。靠近本生火焰灯或者在洁净的超净台中,将移液管、试管、烧瓶等器具的开口用火焰稍微烧烤进行消毒。在进行微生物分析实验之前,必须确保正确取样。

【适用范围】

微生物分析适用于因细菌活动而改变的葡萄酒、葡萄汁、蜜甜尔和所有同类的产品。这些方法也可以用于特定微生物工业制剂的分析,如活性干酵母和乳酸菌。

1　试剂和材料

常用的实验室仪器和设备,如标准 ISO 7218:2007《食品和动物饲料中的微生物　微生物学检验通则》所列出的设备名单。

建议使用以下的试剂和材料:

——常规的无菌实验室材料和玻璃器具(已消毒的或者准备消毒的);

——16 mm×160 mm 或者类似规格的试管,可容纳 9 mL 无菌蛋白胨水(蛋白胨含量: 1 g/L)或用于样品连续稀释的其他稀释液;

——乙醇消毒过的接种环和镊子;

——3% 过氧化氢溶液;

——微量移液器的无菌吸液头:1 mL 和 0.2 mL;

——L 型或者三角形的玻璃或塑料涂布棒;

——带平直边的不锈钢镊子;

——独立包装的无菌纤维素滤膜(或同类产品),孔径 0.2 μm 和 0.45 μm,滤膜直径 47 mm 或者 50 mm;

——无菌量筒;

——10 mL 的无菌吸管。

2　设备和仪器

常用的实验室仪器和设备,如标准 ISO 7218:2007《食品和动物饲料中的微生物　微生物学检验通则》所列出的设备名单。

建议使用以下设备：

——微生物无菌室或者超净工作台。如没有,可靠近煤气灯(50 cm 内)操作;

——天平,精确度±0.01 g;

——高压蒸汽灭菌器;

——培养箱,温度范围为 25℃～37℃;

——pH 计,精确度为±0.1 pH,最小刻度为±0.01 pH;

——冰箱,温度设定在 5℃±3℃;冷冻柜,温度设定应低于－18℃,最理想温度能达到－24℃±2℃;

——恒温水浴箱,温度设定为 45℃±1℃;

——微波炉;

——光学显微镜;

——煤气灯;

——菌落计数仪;

——厌氧培养设备(配有厌氧发生器的密封罐);

——可使用 47 mm 或者 50 mm 滤膜直径的过滤器;

——涡旋振荡器或者同类产品;

——干热灭菌培养箱;

——离心机;

——真空泵。

3 取样

取样必须具有代表性。为得到容器底部的微生物,取样前应尽可能将样品摇匀。如果难以将实验样品摇匀,应从微生物最可能存在的位置抽取样品(如检测酵母菌,应抽取容器底部的样品),但在此情况下,结果不能用于定量。在打开塞子抽取样品前,容器开口处必须用火烤一下消毒,并且先放掉 2 L～3 L 的样品。抽取的样品必须放置在无菌容器中。

抽取的样品必须冷冻保存并尽快检验分析。

微生物学检验需要以下数量样品:

存样的葡萄汁、发酵的葡萄汁或者葡萄酒,不少于 250 mL;

瓶装或者有包装的葡萄酒,不论容器大小,不少于 1 个独立包装。

4 质量检测

4.1 目的

目的在于提前预测微生物污染的风险。

4.2 原理

由于一定的通风和温度条件影响会引起微生物的活动,从而导致葡萄酒的一些感官变化(浑浊、酒膜、沉淀、颜色异常),可通过显微镜观察来确定其特性变化。

4.3　操作方法

4.3.1　自然条件下的稳定性实验

将 50 mL 的酒样用无菌滤纸粗滤后放置于一个用棉花封口的 150 mL 无菌锥形瓶中，室温条件下至少放置 3 d，然后观察澄清度、颜色和可能出现的浑浊、沉淀和酒膜。当出现浑浊、沉淀、酒膜或颜色变化时用显微镜进行观察。

4.3.2　培养箱条件下的稳定性实验

将 100 mL 的酒样经过无菌滤纸过滤后放置于用棉花封口的 300 mL 无菌锥形瓶中，置于 30℃的培养箱至少培养 72 h，如出现感官特性的变化应使用显微镜观察。

5　微生物的检测、鉴别和酵母菌的直接计数

5.1　液体或沉淀物的显微镜检验

5.1.1　目的

通过使用显微镜观察大小和形状，可将酵母从细菌中区分和鉴别出来。但显微镜观察不能区分微生物是死是活。

注：通过适当的染色（见下述），可估算出活酵母数目。

5.1.2　原理

通过显微镜的放大作用可观察到大小以微米计算的微生物。

操作方法：

液体或者沉淀物可直接用显微镜观察。当微生物细胞数量足够多（多于5×10^5 个/mL）时才可直接观察。

当酒样只含有较少的微生物数量，则需要将样品浓缩。可将 10 mL 均质后的酒样以 3 000 r/min～5 000 r/min 的速度离心 5 min～15 min。弃去上清液，将沉淀物与留在离心管底部的液体混匀。

用巴斯德吸管吸取一滴液体样品或用无菌的金属丝挑取混匀的沉淀物于干净的载玻片上。盖上盖玻片并置于显微镜载物台上。选择一个清晰的视野或较好的对比度，采用 400～1 000 的放大倍数，可得到更好的观察结果。

5.2　革兰氏染色区分菌落中分离得到的细胞（详见第 6 节）

5.2.1　目的

革兰氏染色可用于区分乳酸菌细胞（革兰氏阳性）和醋酸菌（革兰氏阴性）以及观察它们的形态。

注：不能只根据革兰氏染色结果下结论，因为除了乳酸菌和醋酸菌之外还可能存在其他细菌。

5.2.2　原理

革兰氏染色的原理是根据细胞的结构和化学构成的多样性区分阳性菌和阴性菌。革兰氏阴性菌的细胞壁富含脂肪类而含有很少的肽聚糖，这使得酒精能够进入内壁，溶解龙胆紫-碘的混合物，从而使细胞呈现无色状态，然后用蕃红复染红。相反，革兰氏阳性菌的内壁富有肽聚糖而脂类很少，因此，富有肽聚糖的内壁和酒精的脱水作用使得酒精不能进入细胞，从而使细胞保留了龙胆紫-碘的混合物所形成的紫色或者深蓝色。

如果培养时间过长，革兰氏染色就失去了意义。因此，染色对象是从菌落和液体培养基

中分离出来,培养 24 h～72 h 正处于对数生长期的菌株。

5.2.3 实验用水(必须是蒸馏水)

5.2.3.1 龙胆紫溶液

制备:称取 2 g 龙胆紫(或结晶紫)于 100 mL 锥形瓶中,加入 20 mL 95％的酒精溶解。称取 0.8 g 草酸铵于 80 mL 蒸馏水中溶解。将两溶液混合并于 24 h 后使用。每次使用前用滤纸过滤,于棕色瓶中避光保存。

5.2.3.2 路戈氏溶液

制备:称取 2 g 碘化钾溶于少量水(4 mL～5 mL)中并加入 1 g 碘溶解于此饱和溶液中,加蒸馏水至 300 mL,于棕色瓶中避光保存。

5.2.3.3 蕃红溶液

制备:称取 0.5 g 蕃红于 100 mL 锥形瓶中,加入 10 mL 95％的酒精和 90 mL 蒸馏水,混匀,于棕色瓶中避光保存。

5.2.4 操作方法

5.2.4.1 涂片准备

将固体或液体培养基中细菌进行接种。用接种环或金属丝挑取新鲜的培养物(液体培养液离心后)或直接从固体培养基中挑取,与一滴无菌水混匀。

将一滴悬浮微生物放在载玻片上,使其变干,然后将载玻片快速通过本生灯 3 次或采用其他类似做法使其固定。待冷却后,进行染色。

5.2.4.2 染色

在固定好的涂片中滴加几滴龙胆紫溶液,2 min 后用蒸馏水冲洗干净。

加入 1～2 滴路戈氏溶液,30 s 后用蒸馏水冲洗干净并用滤纸吸干。

加入 95％酒精,15 s 后用蒸馏水冲洗干净并用滤纸吸干。

加入几滴蕃红溶液,10 s 后洗去并用滤纸吸干。

加入一滴镜油,调整油镜,选择一个清晰的视野观察结果。

结果:乳酸菌(革兰氏阳性菌)呈紫色或蓝黑色。醋酸菌(革兰氏阴性菌)呈红色。

5.3 触酶实验(详见第 6 节)

5.3.1 目的

区分醋酸菌和乳酸菌。酵母和醋酸菌为触酶阳性,乳酸菌则为触酶阴性。

注:不能只根据触酶结果下结论,因为除了乳酸菌和醋酸菌之外还会存在其他的细菌。

5.3.2 原理

需氧细菌有分解过氧化氢释放氧气的特性:

$$2H_2O_2 \xrightarrow{\text{触酶}} 2H_2O + O_2$$

5.3.3 试剂

3％过氧化氢溶液。

制备:吸取 10 mL 30％过氧化氢于 100 mL 的定容瓶中,添加刚煮沸后的无菌蒸馏水至刻度。摇匀并在棕色瓶中低温避光保存。溶液需现配现用。

5.3.4 操作方法

在玻片上滴加一滴 3％的过氧化氢溶液并加入一点新鲜的菌液。如果有气体释放出来,表明培养液中含有过氧化氢酶。有时很难立即清晰地观察到有气体释放,尤其当有菌落存在的时候。建议此时通过显微镜观察结果(10 倍目镜)。

5.4 酵母细胞计数——血球计数器

5.4.1 范围

在发酵的葡萄汁、葡萄酒和活的干酵母中确定酵母细胞数目。需要一定浓度的细胞液,至少有 $5×10^6$ 个/mL。发酵的葡萄汁和葡萄酒可直接计算细胞数目,活的干酵母则需要稀释 1 000 倍或 10 000 倍后计算。葡萄汁或葡萄酒含有较少酵母细胞时需要离心(3 000 g,5 min)后,用一定体积的液体重新混匀沉淀物。

5.4.2 原理

滴一滴酵母悬浮液于带有计数室的载玻片上。计数室具有一定的计数体积,其表面被划分成正方形的小格子。计数需在显微镜光场下进行。如果细胞被染色,相差将不能显示出来。

5.4.3 试剂和材料

血细胞计数器,双计数室,最好带有盖玻片,如 Bürker、Thoma、Malassez、Neubauer 等类型。

血细胞计数器的盖玻片:普通的盖玻片(宽度 0.17 mm)容易弯曲变形,不能保证计数室宽度恒定,不适用于此仪器。

1 mL 和 10 mL 的移液管、吸液头。

100 mL 的容量瓶。

250 mL 的烧杯。

5.4.4 设备

带明视野的显微镜,放大倍数 250~500,禁用相差。

磁盘和搅拌棒。

血细胞计数器可配备 Bürker、Thoma、Malassez、Neubauer 等不同的计数室。确定好使用的计数室计算体积。Bürker、Thoma 和 Neubauer 的计数室深度为 0.1 mm,Malassez 则深 0.2 mm。

Thoma 计数室中间有 1 个面积为 1 mm² 的大正方形,因此计算体积是 0.1 mm³(10^{-4} mL)。此大正方形被平均分成 16 个中正方形,然后每个中正方形再进一步分成 16 个小正方形。每个小正方形大小为宽 0.05 mm×0.05 mm,深 0.1 mm,因此每个小正方形的体积为 0.000 25 mm³($25×10^{-8}$ mL)。用中正方形进行计数也是可行的,每个中正方形有 16 个小正方形,边长 0.2 mm×0.2 mm,面积为 0.004 mm² 或者体积为 $4×10^{-6}$ mL。

Bürker 计数室包括有 9 个大小为 1 mm² 的正方形,每个正方形又被 0.05 mm 间隔的双线细分为 16 个边长为 0.2 mm 的中正方形,此中正方形的面积为 0.04 mm²,体积为 0.004 mm³。用双线分隔而成的小正方形面积为 0.025 mm²。

Neubauer、Thoma 和 Bürker 计数室的大中小正方形面积都是统一的。Bürker 计数室的中正方形没有其他分割线,因此比较容易进行计数。

5.4.5 检验技术

计数室和盖玻片在使用前必须保持清洁和干燥。计数室未清洁干净会影响样品的体积,因此需将计数室擦洗干净。可用软化水或者酒精清洁并用软纸或布吸干。

如果需要将絮状酵母一起计数,选择 0.5% 的硫酸作为悬浮液基质可避免絮状产生,但可能会影响亚甲基蓝染色以及活细胞和死细胞计数。可通过超声处理进行再悬浮。

用吸液管吸取样品到载玻片上,按照以下两步骤完成。

步骤 1

将酵母悬浮液混匀,如果需要稀释,通常采用十倍稀释。如果采用亚甲基蓝染色,则选取样品的最高稀释度进行染色,将 1 mL 样品于 1 mL 亚甲基蓝溶液混匀。不断摇动酵母悬浮液。用吸液管吸取样品,排掉前面的 4~5 滴悬浮液并在载玻片的两个计数区各滴一滴悬浮液(如有必要,可对样品进行稀释),20 s 内盖上盖玻片并压紧。计数区域将被液体完全充满,但无液体溢出边缘。

步骤 2

盖好盖玻片确保两个计数室都能覆盖。用夹子将盖玻片压紧计数室,直到出现彩虹色线(牛顿环)。

不断摇动酵母悬浮液。用吸液管吸取一点样品,排掉前面的 4~5 滴样品,滴一滴样品在血球计和盖玻片中间流动。在玻片的另一边采用同样的操作。计数区域应被液体完全充满,但无液体溢出边缘。

加样好的玻片停留 3 min,让酵母细胞沉淀,然后放置显微镜下观察。

每个视野计算 10 个中方格,必须按标准程序操作,避免同一个方格被计算两次。对于接触或者静止在顶部或者右边边缘的细胞不计算在内,静止在底部或者左边边缘的细胞则计算在内。带孢子的酵母细胞,如果芽孢体积小于母体细胞的一半,按照一个计算,否则两个细胞一起计算。

为得到准确的细胞数目,建议选择平均 200~500 个细胞进行计算。玻片的两边计数数目相差应少于 10%。如果对样品进行了稀释,稀释系数在计算时需考虑进去。

5.4.6 结果表述

如果 C 是一个 0.2 mm 边长的中方格细胞计数的平均数,则样品细胞总数 T 为:

表述单位为细胞/mL:$T = C \times 0.25 \times 10^6 \times$ 稀释因子

如果 C 是一个 0.05 mm 边长的小方格细胞计数的平均数,则样品细胞总数 T 为:

表述单位为细胞/mL:$T = C \times 4 \times 10^6 \times$ 稀释因子

5.5 酵母细胞计数——酵母的亚甲基蓝染色

5.5.1 范围

该方法可快速估算活酵母细胞的百分率,活酵母没有被染色,而死细胞呈现蓝色。除了含糖量大于 10 g/L 的葡萄汁样品,该方法可适用于所有含有酵母的样品。细菌细胞太小,采用该方法染色看不到。

注:选择良好的焦距可看到不同的深度,便于观测亚甲基蓝着色。

5.5.2 原则

活酵母细胞的还原活性可将亚甲基蓝转换成无色衍生物。死酵母细胞将被染成蓝色。

已知活细胞数目和总细胞数目可计算出活细胞的比率。当活细胞数少于 80% 时,该方法由于无法区分活细胞及其繁殖能力(活的但不可培养的细胞),从而将高估真正有活力的细胞数。

如果糖分浓度高于 100 g/L,大部分细胞将呈淡蓝色,不建议使用该方法。

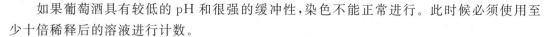

如果葡萄酒具有较低的 pH 和很强的缓冲性，染色不能正常进行。此时候必须使用至少十倍稀释后的溶液进行计数。

5.5.3 试剂和材料

溶液 A：亚甲基蓝蒸馏水溶液，0.5 g/500 mL。

溶液 B：KH_2PO_4 蒸馏水溶液，13.6 g/500 mL。

溶液 C：$Na_2HPO_4 \times 12H_2O$ 蒸馏水溶液，2.4 g/100 mL。

溶液 D：498.75 mL 溶液 B+1.25 mL 溶液 C。

溶液 E：将 500 mL 溶液 D 和 500 mL 的溶液 A 混匀成最终的亚甲基蓝缓冲溶液，调节 pH 至 4.6。

5.5.4 装置和设备

显微镜，放大倍数 250～500。禁用相差。

显微镜的载玻片和盖玻片，或者血细胞计数器（Thoma，Bürker 或 Neubauer chamber）。

试管和搅拌棒。

移液管和吸液头。

5.5.5 实验技术

活细胞计数

在一试管中用亚甲基蓝溶液稀释酵母悬浮液，直到显微镜视野下的悬浮液含有大约 100 个酵母细胞为止。吸取一小滴混合好的悬浮液于载玻片上并盖上盖玻片。在 10 min 内用 400 的放大倍数仔细观察染色。

计算总共 400 个细胞(T)，标注蓝色细胞的数目(C)，包括死的、破碎的、干瘪的和已经质壁分离的细胞。对带芽孢的酵母细胞计数，如果芽孢体积小于母细胞的一半，则计算为 1 个细胞。如果芽孢体积大小等于或者大于母细胞的一半，则两者都计数。呈淡蓝色的细胞应视为活细胞。

5.5.6 结果表述

如果 T 为总细胞数，C 代表蓝色细胞数目，则活细胞百分数为：

$$活细胞百分数 = \frac{T-C}{T} \times 100$$

6 微生物的培养计数

目的：通过培养计算微生物数量评估样品受污染的程度，换言之，估算活的微生物数量。根据使用的培养基和培养条件，有 4 种微生物可以计数，即酵母、乳酸菌、醋酸菌和霉菌。

原理：根据微生物在营养培养基和适宜的培养条件下生长形成菌落，从而进行计数。在固体培养基中一个细胞可繁殖为一簇肉眼可见的细胞，即菌落。

6.1 微生物的鉴定、鉴别和计数（平板计数）

6.1.1 范围

此标准为活酵母、霉菌、乳酸菌和醋酸菌的计数通则，通过对适宜的培养条件下在固体培养基中生长的菌落进行计数，适用于生产过程中或者瓶装后的葡萄汁、浓缩葡萄汁，特别是发酵葡萄汁、葡萄酒（包括起泡葡萄酒）。对微生物进行分析的目的在于对酿酒过程的品质控制和防止葡萄汁或葡萄酒中的微生物腐败。

6.1.2 术语和定义

术语中"平板"和"有盖培养皿"相同。

CFU 为菌落形成单位。

6.1.3 方法

葡萄汁或者葡萄酒中活的微生物数量检测,是将已知一小体积的样品分散在培养基表面或者将样品以渗入法加入培养基中(见 6.1.7.4),并将平板以适宜微生物生长的条件培养一定时间计算所得。每个细胞或者一堆细胞,聚集成簇成为肉眼可见的菌落。在平板表面形成的菌落数量代表原始样品中的细胞数量。因此,结果可表述为"每单位体积所含细胞数目(CFU)"。如果样品中的细胞数量多,则进行连续的十倍稀释以使每个平板获得的菌落数量范围在 10～300 之间。如果样品中单位体积细胞数量低,可用 0.45 μm～0.88 μm 的无菌滤膜(酵母用 0.22 μm,细菌用 0.45 μm)将细胞富集,然后置于培养基表面中培养。

此方法的计数范围是原始样品中细胞数目 <1 CFU/测试体积～10^9 CFU/mL 或 10^{10} CFU/g。

6.1.4 试剂和材料

如第 1 节所述的材料,以及:

——(16 mm×160 mm 或同类)试管,装有 9 mL 无菌蛋白胨水(蛋白胨:1 g/L)或用于样品连续稀释的其他稀释液(附录 D)。不同样品所需的试管数量建议如下:

不发酵葡萄汁:4 管/样品;

发酵葡萄汁:7 管/样品;

贮藏的葡萄酒:2 管/样品;

灭菌微量吸液头:1 mL 和 0.1 mL;

L 型或者三角形的弯曲玻璃棒或塑料涂布棒。

倾注平板法:使用直径为 90 mm 的培养皿(56 cm²),倾注 15 mL～20 mL 生长培养基;膜过滤法:提前 18 h～24 h 于直径为 90 mm 或者 60 mm 的培养皿中倾注 15 mL～20 mL 的培养基,然后在培养基表面再倾注 6 mL～8 mL 的生长培养基(每个测试样品做 1～2 个平板)。

酵母菌计数:采用 YM、YEPD、WL 营养琼脂、YM 琼脂或 TGY 琼脂。如果检测非酿酒酵母,可用赖氨酸琼脂和 WL 琼脂平板(附录 E,培养基)或等效的培养基。

醋酸菌计数:采用 GYC 琼脂、G2 或者 Kneifel 培养基(附录 E,培养基琼脂)或等效的培养基。

乳酸菌计数:采用 MRS 加 20% 番茄(或苹果、葡萄)汁、改良的 ATB 琼脂(酒类酒球菌培养基)、TJB 加琼脂、MTB 琼脂(附录 E,培养基)或等效的培养基。

丝状真菌计数:采用改良察氏琼脂、DRBC 琼脂或 MEA 加四环素(100 mg/L)和链霉素(100 mg/L)(附录 E,培养基)或等效的培养基。

加入抗生素的目的是为了选择性计数,因为葡萄酒中所有微生物都混合在一起(见附录 A,培养基)。

6.1.5 装置及设备

参考 5.2 中的装置和设备。

6.1.6 取样

参考 5.3 中的方法取样。

需要如下样品数量进行平板计数：

葡萄汁、发酵葡萄汁或储藏葡萄酒：不少于 250 mL；

瓶装或包装葡萄酒：无论容量，不少于一个单位。

6.1.7 检测技术

6.1.7.1 准备要求

测试中要用到的所有材料和设备都必须经过灭菌，并且整个操作过程都必须在无菌条件下进行。

超净工作台必须在使用前 5 min 打开使其保持无菌和稳定的气流。

6.1.7.2 灭菌

培养基必须在 121℃下高压蒸汽灭菌至少 15 min（大样品 20 min）。一次性的灭菌材料和玻璃器皿必须在超净工作台上打开和使用。接种环和镊子使用前必须用酒精灯火焰灭菌。不锈钢漏斗在每次使用后都必须酒精火焰灭菌，玻璃和聚碳酸酯漏斗用前必须高压蒸汽灭菌，因此，这些漏斗必须和测试样品在同一批次下使用。

6.1.7.3 样品稀释（附录 A）

用移液管吸取 1 mL 样品到已灭菌的 9 mL 蛋白胨水试管中，用漩涡震荡仪搅拌 20 s。这是第一次（十倍）稀释，再从中移取 1 mL 到下一个 9 mL 的无菌蛋白胨水试管中进行第二次稀释。摇晃 20 s，如有需要，可重复操作稀释步骤。

以下样品所需连续稀释的次数如下：

未发酵的葡萄汁：4 次（十倍稀释）；

发酵葡萄汁：7 次（十倍稀释）；

老化时未过滤的葡萄酒（酵母计数）：2 次（十倍稀释）；

老化时未过滤的葡萄酒（乳酸菌计数）：6 次（十倍稀释）；

过滤葡萄酒或包装（瓶装）葡萄酒：不稀释；

浓缩葡萄汁：将 10 mL 样品稀释到 100 mL 蛋白胨水中（或 100 mL 到 1000 mL 中），稀释到蛋白胨水中的瓶装或过滤葡萄酒及浓缩葡萄汁用膜过滤技术进行分析。

6.1.7.4 倒板

必要的连续稀释是为平板计数作准备。如果平板计数的菌落数太多，可以使用多次连续稀释，但所有稀释必须在 20 min 内完成平板倾注。

将每个平板吸取 0.1 mL 或 0.2 mL 3 个最低稀释度的稀释液进行培养，如下：

未发酵葡萄汁　稀释 2 倍；3 倍；4 倍。

发酵葡萄汁　稀释 5 倍；6 倍；7 倍。

老化时未过滤膜葡萄酒　稀释 0 倍；1 倍；2 倍。

在高稀释倍数下培养不一定比低稀释倍数好。

在无菌条件下（最好在超净工作台下进行）将样品在其液体被吸收前（通常在 1 min～2 min 内）用无菌带三角形玻璃棒或一次性棒涂布到培养基表面。一个单独的"曲棒"必须用于每个样品从最高稀释度的平板开始涂布，直到涂布最低稀释度。将平板在超净工作台中放置几分钟，直到液体完全被吸收。

注1：与以往报道一样，将 0.2 mL 而不是 0.1 mL 稀释液涂布可以更容易扩散或延迟扩散。计算时必须考虑此点。

注2：对于酵母菌计数，为避免细菌生长可在培养基高压灭菌后添加 50 mg/L 氯霉素（或经验证的等效抗生素），添加 150 mg/L 联苯（或经验证的等效抗生素）到培养基可避免霉菌的生长。

注3：乳酸菌计数时，通过添加 0.1 g/L 的纳他霉素（游霉素）（或经验证的等效抗生素）来抑制酵母菌的生长，通过厌氧培养抑制醋酸菌的生长。

注4：醋酸菌计数时，添加 0.1 g/L 的纳他霉素（游霉素）（或经验证后等效的抗生素）来抑制酵母菌的生长；添加 12.5 mg/L 的青霉素（或经验证后的等效抗生素）来抑制乳酸菌的生长。

抗生素在高压蒸汽灭菌后添加。

如果对非酿酒酵母进行特定的研究，按上述方法将稀释液接种到 3 个赖氨酸琼脂平板和 3 个 WL 特异琼脂平板上。

掺入法（替代方法）

制备装有 15 mL 培养基的试管并灭菌，将其置于 47℃±1℃ 的水浴（或经验证后等效的方式）中。

将 1 mL 的样品或稀释液倒入空的带盖培养皿中。

添加 15 mL 的液体培养基到带盖培养皿中并温和搅拌，使培养基内的微生物均匀分布。

将培养皿放置在冷凉平面上进行冷却，使琼脂凝固（琼脂的凝固时间不超过 10 min）。

6.1.7.5 膜过滤后浓度计数

酵母计数的膜孔隙必须是 0.45 μm 或 0.8 μm；细菌计数的膜孔隙为 0.2 μm 或 0.45 μm。膜表面最好带有交叉线，以便于菌落计数。

放膜的平板可以含琼脂营养培养基或一个分散有干基的衬垫，后者使用前必须用无菌水浸没衬垫。一些厂家会提供含无菌衬垫的无菌平板，该衬垫在使用前要用 2 mL 一次性的消毒液体培养基浸没。

无菌安装好过滤设备，按照 6.1.7.2 的方法对漏斗进行杀菌并连接到真空系统。

将接种环蘸少许酒精并灼烧：灼烧停止几秒后，用接种环将膜放在过滤装置的固定器上。

打开瓶子前，摇匀；用酒精上下擦渍瓶颈（1 cm～2 cm）并用火焰灭菌。

对每个样品进行 3 次取样计数：用 10 mL 无菌吸管吸取 10 mL 样品，用 100 mL 无菌圆柱吸管吸取 100 mL 样品，可能的话将剩余的样品直接从瓶中取出。将葡萄酒倒入漏斗中进行过滤。

当过滤得到所需数量的葡萄酒时，释放真空，火焰灼烧接种环，打开漏斗，用接种环将膜的反面边缘放在固体培养基平板上，将其紧密贴附在培养基表面，避免中间产生气泡。

6.1.7.6 样品培养

将平板倒置在 25℃±2℃ 需氧条件下对酵母菌或乳酸菌培养 4 d。如果温度<23℃则延长培养 1 d，如果温度<20℃则延长培养 3 d。最高温度不得超过 28℃。

在对酿酒酵母（或德克酵母）进行计数时，将培养时间增加一倍。

在对乳酸菌进行计数时，将平板置于厌氧瓶或袋中，在 30℃±2℃ 下倒置培养 10 d。如果温度<28℃则延长培养 1 d，如果温度<25℃则延长培养 3 d。最高温度不得超过 33℃。

6.1.8 结果表述

6.1.8.1 酵母菌落和细菌计数

对生长了 4 d 的酵母菌和醋酸菌进行计数(酿酒酵母或德克酵母为 8 d),乳酸菌则为 10 d,如有需要,可使用菌落计数仪。进行总酵母菌计数时可不考虑菌落的形态,当然,如有要求,也可考虑。

培养基和培养条件对菌株具有特异性,可以用肉眼观察到不同类型的微生物菌落。

6.1.8.2　结果计算

最可靠的结果是从含 10～300 个菌落的平板上进行计数(ISO 7218:2007《食品和动物饲料中的微生物　检验通则》)。

用以下公式计算样品中微生物数量的 N 值,结果为来自两个连续稀释度的两次计数的平均值。

$$N = \frac{\sum C}{V \times 1.1 \times d}$$

其中:$\sum C$—— 两连续稀释液平板上的菌落总数,两平板中至少有一个平板的菌落数不低于 10;

$\qquad V$—— 指接种到平板中的体积(mL);

$\qquad d$—— 指相对第一次稀释的倍数(当液体样品未稀释时,$d = 1$)。

换句话说,如果连续倍数稀释的平板中含 10～100 个菌落,计算每个稀释液中的菌落数 CFU/mL,然后计算这两个值的平均数:即样品的 CFU/mL 值。如果两平行值相差很大,把较小值作为 CFU/mL 值。

只有在转换到 CFU/mL 时才能完成两个特征值的结果计算,并用数值 1.0～9.9 乘以适当的倍数 10 来表达结果(ISO 7218:2007《食品和动物饲料中的微生物　检验通则》)。

如果样品接种到双份稀释系列中,并且一或两个平板接种相同的含菌落的稀释液,计算平均菌落数并乘以稀释系数的倒数,来获得 CFU/mL 值。如果没有平板含 10～300 个菌落,且所有平板上的菌落数都大于 300,计算数量较少的那些平板。如果平板的菌落数少于 10 个/cm²,对 12 个 1 cm² 的方格进行计数并乘以平均数 56(90 mm 直径平板)。如果菌落更加密集,对 4 个 1 cm² 的正方形进行计数并乘以平均数 56。将结果表达为"估测 CFU/mL",无论何时都不要表达为 TNTC(多不可计)。

如果仅有的平板含菌落数在 4～10 之间,用通用方法进行计数,并表达为"估测 CFU/mL"。如果菌落数在 1～3 之间,结果的准确度就非常低,且结果要表达为"(目标微生物)检出但少于 $4 \times d$ CFU/mL"。如果所有的样品稀释液平板上都没有菌落,将结果表达为"少于 $1/d$ CFU/mL",此时要考虑到样品中抑制剂的影响。

当采取膜过滤技术时,结果表达的是滤过液中的菌落数,如 CFU/瓶,CFU/100 mL 或 CFU/10 mL。

6.1.9　测量不确定度

6.1.9.1　结果控制的标准

对每批培养基,用灭菌后的平板作无菌对照。测试过程的每一批培养基在操作过程中取其中一个培养基平板在超净工作台上打开,作为工作环境的无菌测试对照,并和其他接种平板一起培养。

定期将一个样品接种两次,实验的 K_p 可用如下公式进行计算:

$$K_p = \frac{|C_1 - C_2|}{\sqrt{C_1 + C_2}}$$

式中 C_1 和 C_2 是两次计数的结果。

如果 $K_p < 1.96 \approx 2.0$，则结果可以接受：将两次计数的平均值作为结果。

如果 $2.0 < K_p \leqslant 2.576 \approx 2.6$，则两次计数的差异处于临界状态，在将两次计数平均值作为结果前必须仔细评价。

如果 $K_p > 2.6$，则两次计数的差异异常，结果不被接受并需重复实验。在此情况下，实验室负责人必须核查自上一次获得可接受结果后的所有结果。

6.1.9.2　测量不确定度

如果可计数平板的菌落数少于 10，结果可接受，但是菌落数分布应符合泊松分布。单个平板中估算菌落计数在 95% 置信水平下的测量不确定度见表 1。

表 1

菌落数	95%水平置信限		误差百分率 *	
	下限	上限	下限	上限
1	<1	6	−97	457
2	<1	7	−88	261
3	<1	9	−79	192
4	1	10	−73	156
5	2	12	−68	133
6	2	13	−63	118
7	3	14	−60	106
8	3	16	−57	97
9	4	17	−54	90
10	5	18	−52	84
11	6	20	−50	79
12	6	21	−48	75
13	7	22	−47	71
14	8	24	−45	68
15	8	25	−44	65

* 与第 1 列细菌总数比较。

如果菌落数大于 10，p 概率下的置信限可用如下公式计算：

$$C = C_i \pm K_p \sqrt{C_i}$$

其中：C_i——平板中的菌落数；

K_p——包含因子。通常，包含因子为 2 或 1.96。

C 值来自计数结果或者可用每个平板上的菌落数乘以稀释倍数计算得到。

6.2 液态培养——"最大可能数"(MPN)

6.2.1 目的

该技术是为了测定含有高浓度悬浮固体颗粒和/或高堵塞率的葡萄酒中活的微生物数量。

6.2.2 原理

该技术是基于样品中微生物的正态分布规律来估测液体培养基中活的微生物数量。

6.2.3 稀释液和液体培养基

见附录 D 和附录 E。

6.2.4 制备方法

制备几种定量和连续的稀释溶液,然后培养。部分实验中菌株不生长(阴性测试),另外的则开始生长(阳性测试)。如果样品和稀释液是均匀的,且稀释倍数足够高,则可以用适当的表格对结果进行统计(表格根据 McCrady 概率计算),并类推到原始样品。

6.2.5 稀释液制备

从摇匀的葡萄酒样品开始,制备一系列的 10 倍(1/10)稀释液。

在第一个试管中取 1 mL 的葡萄酒样品到 9 mL 的稀释液中,混匀。取 1 mL 的上述稀释液加入 9 mL 的稀释液到第二个试管中,继续该稀释方式直到获得最适浓度,该浓度是通过估计微生物数量来预测的,上述所有移取都采用无菌移液枪。稀释至无菌,即在较低的稀释浓度下,接近无菌。在最低的稀释浓度下应无菌落生长(附录 B)。

6.2.6 接种液的制备

接种 1 mL 的葡萄酒和 1 mL 制备好的稀释液,分别混合 3 支管,加入适当培养基(附录 E),剧烈混合。

将接种后的试管在需氧条件下于 25℃ 培养箱中培养酵母菌(3 d,直至 10 d),乳酸菌则在厌氧或微好氧条件下培养(8 d~10 d),定期观察直到培养的最后一天。

6.2.7 结果

所有试管都有微生物生长并出现白色沉淀物,具有或多或少明显或显著的扰动被认为是阳性。结果必须通过显微镜观察来证实。应列明培养周期。

试管的读数是通过记录每 3 支试管(每一稀释浓度)组合中阳性或阴性试管的数目来确定的。例如,"3-1-0"表示:在 10^0 稀释倍数下有 3 支阳性试管,在 10^{-1} 稀释倍数下有 1 支阳性试管,在 10^{-2} 稀释倍数下无阳性试管。

当稀释次数超过 3 次时,所有结果中只有 3 个是有意义的,要选出可以进行"MPN"测定的结果,就必须根据下表中的例子来确定"典型数字"。

表 2

	每一稀释度下阳性管数					典型数字
例	10	10	10	10	10	3-1-0
a	3	3	3	1	0	3-2-0
a	3	3	2	0	0	3-2-1
a	3	2	1	0	0	3-0-1

表2(续)

例	每一稀释度下阳性管数					典型数字
	10	10	10	10	10	3-1-0
a	3	0	1	0	0	3-2-3
b	3	2	2	1	0	3-2-3
b	3	2	1	1	0	3-2-2
c	2	2	2	2	0	2-2-2
d	0	1	0	0	0	0-1-0

例 a:选取所有管为阳性的最大稀释度以及其后的两个稀释度。

例 b:如果另外有阳性管的稀释度大于已选取的稀释度,则将该稀释度的阳性管加入上一稀释度。

例 c:如果无任一稀释度所有管为阳性,选取接下来出现阳性管的 3 个稀释度。

例 d:为出现少量阳性管的情况。选择典型数字以使阳性管稀释度出现在十位数(中间位置)上。

注:改编自 Bourgeois,C. M. and Malcoste,R. *in*:Bourgeois,C. M. et Leveau,J. Y. (1991)。

最大可能数(MPN)的计算

根据获得的典型数字,MPN 由表 A(附录 C)基于 McCrady 的概率计算决定,同时还要考虑稀释度。如果稀释系列是 10^{0}、10^{-1}、10^{-2},可以直接读数,如果稀释系列是 10^{1}、10^{0}、10^{-1},读数是该值的 0.1 倍。如果稀释系列是 10^{-1},10^{-2},10^{-3},读数则是该值的 10 倍。

注:如果需要提高灵敏度,可用 10^{1} 的葡萄酒。为了获得 1 mL 中的该浓度微生物,可将 10 mL 葡萄酒离心,取 1 mL 沉淀(移走 9 mL 多余的液体)并按前述方法进行接种。

6.2.8 结果的表述

葡萄酒中微生物的含量必须表述成每毫升样品中的细胞数,保留一位小数。如果含量低于 1.0 细胞/mL,结果可表述为"<1.0 细胞/mL"。

附 录 A
稀释液和接种液的制备

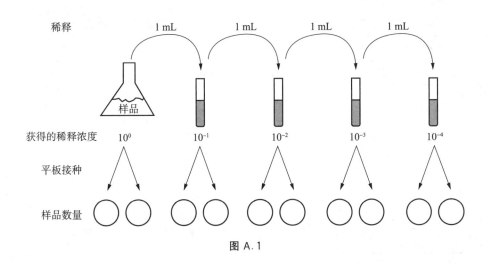

图 A.1

附 录 B
稀释液和接种液的制备

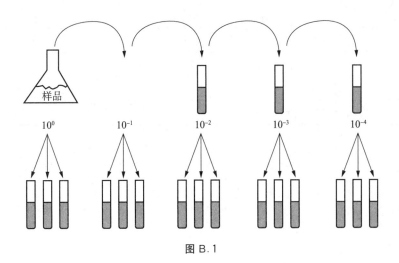

图 B.1

附 录 C
最大可能计数方法

表 C.1 1 mL 样品在 3 支试管(1 mL、0.1 mL、0.01 mL)中的最大可能数(MPN)

阳性管数				阳性管数				阳性管数			
1 mL	0.1 mL	0.01 mL	MPN 1 mL	1 mL	0.1 mL	0.01 mL	MPN1 mL	1 mL	0.1 mL	0.01 mL	MPN1 mL
0	0	0	0.0	2	0	2	2.0	1	1	1	7.5
0	0	1	0.3	2	1	0	1.5	3	1	2	11.5
0	1	0	0.3	2	1	1	2.0	3	1	3	16.0
0	1	1	0.6	2	1	2	3.0	3	2	0	9.5
0	2	0	0.6	2	2	0	2.0	3	2	1	15.0
1	0	0	0.4	2	2	1	3.0	3	2	2	20.0
1	0	1	0.7	2	2	2	3.5	3	2	3	30.0
1	0	2	1.1	2	2	3	4.0	3	3	0	25.0
1	1	0	0.7	2	3	0	3.0	3	3	1	45.0
1	1	1	1.1	2	3	1	3.5	3	3	2	110.0
1	2	0	1.1	2	3	2	4.0	3	3	3	>140.0
1	2	1	1.5	3	0	0	2.5				
1	3	0	1.6	3	0	1	4.0				
2	0	0	0.9	3	0	2	6.5				
2	0	1	1.4	3	1	0	4.5				

注:改编自"水和废水检测的标准方法"(1976)。

附　录　D
稀　释　液

稀释液按照实例中的方法制备。所用水必须经过蒸馏、二次蒸馏或去离子化,不含痕量金属、抑制剂或其他抗生素类物质。

D.1　生理盐水

制备:称取 8.5 g 氯化钠到 1 000 mL 刻度瓶中。溶解后,加水定容。充分混合,过滤。移取 9 mL 到测试管中。塞上粗梳棉并在 121 ℃下高压蒸汽灭菌 20 min。

D.2　Ringer's 溶液

制备:称取 2.250 g 氯化钠、0.105 g 氯化钾、0.120 g 氯化钙(CaCl$_2$·6H$_2$O)和 0.050 g 碳酸氢钠到 1 000 mL 刻度瓶中。溶于水后,加水到刻度,充分混合。移取 9 mL 到测试管中,塞上粗梳棉并在 121℃下高压蒸汽灭菌 15 min(该溶液可商业化采购)。

D.3　蛋白胨水

制备:称取 1 g 蛋白胨到 1 000 mL 刻度瓶中,溶解后,加水定容,充分混匀。塞上粗梳棉并在 121℃下高压蒸汽灭菌 20 min。

附　录　E
培　养　基

培养基和抗菌剂将通过实例的方式展示。

所用的水必须经过蒸馏、二次蒸馏或去离子化，不含痕量金属、抑制剂或其他抗生素类物质。

E.1　固体培养基

如无其他声明，所有培养基的 pH 都应该调节到 pH5.5～6.0。

E.1　酵母计数培养基

E.1.1　YM

葡萄糖	50 g
蛋白胨	5 g
酵母提取物	3 g
麦芽提取物	3 g
琼脂	20 g
添加水至	1 000 mL

如有需要，添加 100 mg 氯霉素抑制细菌生长，添加 150 mg 联苯抑制霉菌生长。

E.1.2　YEPD

葡萄糖	20 g
蛋白胨	20 g
酵母提取物	10 g
琼脂	20 g
添加水至	1 000 mL

如有需要，添加 100 mg 氯霉素抑制细菌生长，添加 150 mg 联苯抑制霉菌生长。

E.1.3　WL 营养琼脂

葡萄糖	20 g
蛋白胨	5 g
酵母提取物	4 g
磷酸二氢钾（KH_2PO_4）	0.55 g
氯化钾（KCl）	0.425 g
氯化钙（$CaCl_2$）	0.125 g
硫酸镁（$MgSO_4$）	0.125 g
氯化铁（$FeCl_3$）	0.002 5 g
硫酸锰（$MnSO_4$）	0.002 5 g
溴甲酚绿	0.022 g
细菌琼脂粉	12 g
添加水至	1 000 mL

pH	5.5

WL选择性琼脂由添加4 mg/L的环己酰亚胺到WL营养琼脂中制得。

如有需要,添加100 mg氯霉素抑制细菌生长。

E.1.4　ASBC赖氨酸琼脂

溶液A:

酵母炭基	2.35 g
添加水至	100 mL

通过膜过滤消毒。

溶液B:

赖氨酸-HCl	0.5 g
琼脂	4 g
添加水至	100 mL

121℃,灭菌20 min。

如有需要,添加100 mg氯霉素抑制细菌生长。

E.2　乳酸菌计数培养基

E.2.1　M.R.S＋番茄(或苹果)汁

葡萄糖	20 g
蛋白胨	10 g
牛肉提取物	8 g
酵母提取物	4 g
磷酸二氢钾(KH_2PO_4)	2 g
三水醋酸钠	5 g
柠檬酸铵	2 g
六水硫酸镁	0.2 g
四水硫酸锰	0.05 g
吐温80	1 mL
琼脂-琼指	12 g
番茄(或苹果、葡萄)汁	200 mL
添加水至	1 000 mL

添加100 mg/L的纳他霉素(游霉素)抑制酵母菌的生长,使用前高压蒸汽灭菌。

E.2.2　番茄汁琼脂培养基

番茄汁(来自400 mL的干提取物)	20 g
蛋白胨	10 g
牛奶蛋白胨	10 g
琼脂	14 g
水	1 000 mL
pH	6.1

添加100 mg/L的纳他霉素(游霉素)抑制酵母菌的生长,使用前高压蒸汽灭菌。

E.2.3　改良的 ATB 培养基或酒酒球菌培养基(原先的酒明串珠菌培养基)

溶液 A：

葡萄糖	10 g
酵母提取物	5 g
蛋白胨	10 g
硫酸镁	0.2 g
硫酸锰	0.050 g
番茄汁(或苹果汁、葡萄汁)	250 mL
琼脂	12 g
水	750 mL

121℃高压蒸汽灭菌 20 min。

溶液 B：

结晶 HCl	1 g
添加水至	100 mL
pH	4.8

膜过滤灭菌。

添加 100 mg/L 的纳他霉素(游霉素)抑制酵母菌的生长,使用前高压蒸汽灭菌。

E.2.4　Lafon-Lafourcade 培养基

葡萄糖	20 g
酵母提取物	5 g
牛肉提取物	10 g
蛋白胨	10 g
醋酸钠	5 g
柠檬酸三铵	2 g
六水硫酸镁	0.2 g
四水硫酸锰	0.05 g
吐温 80	1 mL
琼脂-琼脂	20 g
添加水至	1 000 mL
pH	5.4

添加 100 mg/L 纳他霉素(游霉素)抑制酵母菌的生长,使用前高压蒸汽灭菌。

E.2.5　杜布瓦培养基(培养基 104)

番茄汁	250 mL
酵母提取物	5 g
蛋白胨	5 g
苹果酸	3 g
六水硫酸镁	0.05 g
四水硫酸锰	0.05 g
琼脂-琼脂	20 g

添加水至	1 000 mL
pH	4.8

添加 100 mg/L 纳他霉素（游霉素）抑制酵母菌的生长，使用前高压蒸汽灭菌。

E.2.6　MTB 培养基

葡萄糖	15 g
Lab-Lemco 粉（Oxoid）	8 g
水解干酪素	1 g
酵母提取物	5 g
番茄汁	20 mL
醋酸钠	3 g
柠檬酸铵	2 g
苹果酸	6 g
硫酸镁	0.2 g
硫酸锰	0.035 g
吐温 80	1 mg
伊格尔氏基本 TC 维生素，100×（BD-Difco）	10 mL*
pH	5.0
添加水至	1 000 mL

添加 100 mg/L 纳他霉素（游霉素）抑制酵母菌的生长，使用前高压蒸汽灭菌。

E.3　醋酸菌计数培养基

E.3.1　GYC

葡萄糖	50 g
酵母提取物	10 g
碳酸钙	30 g
琼脂	25 g
添加水至	1000 mL

添加 100 mg/L 纳他霉素（游霉素）抑制酵母菌的生长，添加 12.5 mg/L 青霉素来去除乳酸菌的生长，使用前高压蒸汽灭菌。

E.3.2　G2 培养基

酵母提取物	1.2 g
磷酸铵	2 g
苹果汁	500 mL
琼脂	20 g
水	1 000 mL
pH	5.0

添加 100 mg/L 纳他霉素（游霉素）抑制酵母菌的生长，添加 12.5 mg/L 青霉素来去除

---

* 灭菌后添加。

乳酸菌的生长,使用前高压蒸汽灭菌。

E.3.3 Kneifel 培养基

酵母提取物	30 g
乙醇	20 mL*
琼脂	20 g
2.2%溴甲酚绿	1 mL
添加水至	1 000 mL

添加 100 mg/L 纳他霉素(游霉素)抑制酵母菌的生长,添加 12.5 mg/L 青霉素来去除乳酸菌的生长,使用前高压蒸汽灭菌。

蓝色菌落:醋酸杆菌属、葡糖醋杆菌属

绿色菌落:葡糖杆菌属

E.4 霉菌培养基

E.4.1 改良察氏培养基

蔗糖	3 g
$NaNO_3$	1 g
K_2HPO_4	1 g
$MgSO_4$	0.5 g
KCl	0.5 g
$FeSO_4$	0.01 g
琼脂	15 g
最终 pH(25℃)	7.3±0.2

添加 10 mg/L 的环己酰亚胺抑制酵母生长(环己酰亚胺-抑制酵母生长效果较抑制霉菌生长作用小)。

注:该培养基允许只依赖硝酸盐生长的霉菌生长。

添加四环素(100 mg/L)和链霉素(100 mg/L)抑制细菌增长。

E.4.2 氯硝胺玫瑰红氯霉素琼脂培养基(DRBC 培养基)

葡萄糖	10 g
蛋白胨	5 g
KH_2PO_4	1 g
$MgSO_4$	0.5 g
玫瑰红	0.025 g
氯硝胺(2,6-二氯-4-硝基苯胺)	0.002 g
氯霉素溶液(0.1 g/10 mL)**	10 mL
琼脂	15 g
最终 pH(25℃)	5.6±0.2

---

* 灭菌后添加。

** 灭菌后添加。

E.4.3 麦芽提取物琼脂培养基(MEA)

葡萄糖	20 g
麦芽提取物	20 g
蛋白胨	5 g
琼脂	15 g
最终 pH(25℃)	5.5±0.2

添加四环素(100 mg/L)和链霉素(100 mg/L)抑制细菌的增长。

E.5 液体培养基

E.5.1 用于酵母菌

YEPD 培养基(酵母提取物,蛋白胨,葡聚糖)+氯霉素

制备:称取 10.0 g 酵母提取物(Difco 或等同物)、20 g 蛋白胨、20 g 葡萄糖和 100 mg 氯霉素。溶解,加水到 1 000 mL,混合。

将 5 mL 该培养基移入测试管中并于 121℃中高压蒸汽灭菌 15 min。

E.5.2 用于乳酸菌

MTJ 培养基(50％MRS 培养基"乳酸杆菌液体培养基和夏普液体培养基"+50％TJB培养基"番茄汁液体培养基")+放线菌酮。

制备:称取 27.5 gMRS"乳酸杆菌液体培养基和夏普液体培养基"(Difco 或等同物)。添加 500 mL 水,煮沸使其完全溶解并添加 20.5gTJB"番茄汁培养基"(Difco 或等同物)。添加 50 g 放线菌酮,溶于水,并用 1 mol/L 的盐酸调节到 pH5,加水配成 1 000 mL 溶液。

移取 10 mL 该培养基到试管中并于 121℃下高压蒸汽灭菌 15 min。

注:由于酵母菌较乳酸菌而言,对氧气更敏感,所以用于酵母菌的培养基采用 5 mL 而非 10 mL。

附 录 F
识别特定的微生物

F.1 WL琼脂营养培养基上酵母菌落的识别

使用该培养基不是为了鉴定菌种,但可为非专业实验室提供预报活的和可培养的酵母菌的快速和廉价方法。培养4 d后按Pallman和Cavazza的方法估测菌落的形态:

酵母菌属:生长了4 d的菌落在WL营养琼脂上形成圆形奶油色到浅绿色的菌落。不同的颜色深浅可能不能表明存在不同菌株,但可显示存在小的突变体;菌落中心凸起,具光滑和暗表面,奶油状黏稠。在赖氨酸琼脂培养基上不生长。

有孢圆酵母属:菌落和酵母菌属相似,可在赖氨酸琼脂培养基上生长。

汉森氏酵母(有孢汉逊酵母属):在WL营养琼脂上培养4 d后,得到深绿色光滑平整的奶油状菌落。能在赖氨酸琼脂培养基和WL选择性琼脂培养基上生长。

星形假丝酵母:在WL营养琼脂上生长4 d后,得到豆绿色光滑的奶油状菌落,随着菌龄的增长颜色变深。可在赖氨酸琼脂培养基上生长。

类酵母属:在WL营养琼脂上生长4 d后,得到浅绿色光滑奶油状凸起菌落。可在赖氨酸琼脂培养基上生长,但在WL选择性培养基上不生长。

注:其细胞非常大(大至25 μm),在显微镜下易于观察。

粟酒裂殖酵母:在WL营养琼脂上生长4 d后,得到深绿色针尖大小光滑菌落,可在赖氨酸培养基上生长。

注:其细胞由于典型的切断分裂在显微镜下易于识别。

红酵母属:在WL营养琼脂上生长4 d后,得到深粉红色、表面光滑黏稠的奶油状菌落。在赖氨酸琼脂培养基上可生长。

梅奇酵母属:在WL营养琼脂上生长4 d后,得到清晰光滑的奶油状小菌落。红色染料分散在培养基的菌落下。在赖氨酸培养基中可生长。

膜璞毕赤酵母:在WL营养琼脂上生长4 d后,得到浅灰色或蓝色阴影的粗糙和粉状凸起菌落。在赖氨酸琼脂培养基上可生长。

异常毕赤酵母(以前称为异常汉逊酵母):在WL营养琼脂上生长4 d后,得到米色或蓝色的菌落,8 d后出现明显的蓝色。菌落为圆形,表面光滑,奶油状黏稠,有时为清晰黏液。在赖氨酸培养基上生长。

德克酵母属或酒香酵母属:在WL营养琼脂上生长8 d后,得到小圆顶状、米色光滑的奶油状菌落。它产生大量的醋酸,明显可闻到气味,使培养基呈黄色。可在赖氨酸琼脂培养基和WL选择性琼脂培养基上生长。而在后一培养基上生长使其可与拜耳结合酵母区分开来。

注:镜检可以证实:德克酵母菌有小细胞,部分细胞呈现典型的尖顶状。

拜耳结合酵母:在WL营养琼脂上生长4 d后,得到小圆形、米色平滑奶油状的菌落。可在赖氨酸琼脂培养基上生长,但不能在WL选择性琼脂培养基上生长。初期菌落周围会出现黄色晕圈。

注:在瓶装葡萄酒内生长时产生棕色、0.5 mm~1 mm菌落,无尖顶状细胞。

醋酸菌:在 WL 营养琼脂上生长,产生小至针尖的深绿色明亮菌落,过氧化氢酶实验强阳性。

注:该培养基不适合醋酸菌计数。

乳酸菌:在 WL 营养琼脂上生长 10 d 后,产生针尖大小、清晰的过氧化氢酶-阴性菌落。

注:该培养基不适合乳酸菌计数。

F.2 乳酸菌菌落的识别

乳酸菌菌落半透明,直径大小从针尖大小到几毫米,为革兰氏阳性和过氧化氢酶阴性菌。酒类酒球菌生长呈短链状,片球菌形成四联球菌和双球菌,乳酸杆菌形成长或短杆菌。

F.3 醋酸菌菌落识别

醋酸菌菌落为过氧化氢酶阳性和革兰氏阴性,且为强酸生产菌;这点可从培养基菌落周围含碳酸钙的清晰区域和培养基中 pH 指示剂显示的不同颜色看出。醋酸菌细胞为球状和杆状,一般比乳酸菌略大。

参 考 文 献

[1] European Brewery Convention. Analytica Microbiologica-EBC. Fachverlag Hans Carl,2001.

[2] European Brewery Convention. Analytica Microbiologica-EBC. Fachverlag Hans Carl,2001.

[3] ISO 4833:2003. Microbiology of food and animal feeding stuffs-Horizontal medium for the enumeration of microorganisms-Colony count technique at 30℃.

[4] ISO 7218:2007-Microbiology of food and animal feeding stuff-General rules for microbiological examinations.

[5] ISO 7667:1983. Microbiology-Standard layout for methods of microbiological examination.

[6] Pallman,C.,J. B. Brown,T. L. Olineka,L. Cocolin,D. A. Mills and L. F. Bisson. 2001. Use of WL medium to profile native flora fermentations. American Journal of Enology and Viticulture 52:198-203;

[7] A. Cavazza,M. S. Grando,C. Zini,1992. Rilevazione della flora microbica di mosti e vini. Vignevini,9-1992,17-20. -ANDREWS,W. et MESSER,J. (1990). Microbiological Methods. in :AOAC Official Methods of Analysis, 15th edition,1,425-497,Association of Analytical Chemist,Washington.

[8] BIDAN,P. (1992). AnalysesMicrobiologiques du Vin. F. V. O. I. V. no 910,Paris.

[9] BOURGEOIS,C. M. et LEVEAU,J. Y. (1991). Techniques d'analyse et de contrôle dans les industries agro alimentaires,2ème édition,3. Le Contrle Microbiologique Lavoisier,Tec. & Doc.,APRIA Ed. Paris.

[10] CARR,J. G. (1959). Acetic acid bacteria in ciders. Ann. Rep. Long Ashton Res. Sta.,160.

[11] DE MAN,J. C. (1975). The probability of most probable number. European Journal of Applied Microbiology,1,67-78.

[12] LAFON-LAFOURCADE,S. et al. (1980). Quelques observations sur la formation d'acide acétique par les bactéries lactiques. Conn. Vigne Vin,14,3,183-194.

[13] MAUGENET,J. (1962). Les Acétobacter du cidre. Identification de quelques souches. An. Technol. Agric.,11,1,45-53.

[14] PLARIDIS et LAFON-LAFOURCADE,S. (1983). Contrôle microbiologique des vins. Bull. O. I. V.,618,433-437,Paris.

[15] RIBÉREAU-GAYON,J. et PEYNAUD,E. (2004). Traité d'Oenologie,Tome 2,Librairie Polytechnique CH. Béranger,Paris et Liège.

[16] Standard Methods for the Examination of Water and Waste Water(1976). 14th edition,American Public Health Association,Incorporated,New York.

[17] Standard Methods for the Examination of Water and Waste Water(1985). 16th edition,American Public Health Association,DC 20005,Washington.

[18] VAZ OLIVEIRA,M. ,BARROS,P. et LOUREIRO,V. (1995). Analyse microbiologique du vin. Technique des tubes multiples pour l'énumération de micro-organismes dans les vins-"Nombre le plus probable"(NPP),F. V. O. I. V. no 987,Paris.

[19] VAZ OLIVEIRA,M. et LOUREIRO,V. (1993). L'énumération de micro-organismes dans les vins ayant un indice de colmatage élevé,Compte rendu des travaux du groupe d'experts "Microbiologie du Vin" de l'O. I. V. ,12ème session,annexe 2,Paris.

[20] VAZ OLIVEIRA,M. et LOUREIRO,V. (1993). L'énumération de micro-organismes dans les vins ayant un indice de colmatage élevé,2ème partie,Doc. Travail du groupe d'experts "Microbiologie du Vin" de l'O. I. V. ,13ème session,Paris.

[21] Pallman,C. ,J. B. Brown,T. L. Olineka,L. Cocolin,D. A. Mills and L. F. Bisson. 2001. Use of WL medium to profile native flora fermentations. American Journal of Enology and Viticulture 52:198-203;A. Cavazza,M. S. Grando,C. Zini,1992. Rilevazione della flora microbica di mosti e vini. Vignevini,9-1992 17-20.

JUNGE Ch. ,*Zeits. Unters. Lebensmit.* ,1967,133,319

防腐剂和发酵抑制剂

（A35；Oeno 6/2006，377/2009 对其修订）

1 目的

显示葡萄酒中可能存在着一种或几种发酵抑制剂，但无须具体说明发酵抑制剂的特性。

2 原理

将葡萄酒的酒精度调节为 $10\%(V/V)$，其中游离的二氧化硫与添加的乙醛水溶液结合。添加葡萄糖，使该营养液中的糖浓度在 $20\ g/L\sim50\ g/L$ 之间。

接种酒精耐受性酵母菌发酵后，对其释放的二氧化碳进行判定。

将组分相似的纯正天然葡萄酒以及调节 pH 到 6（发酵过程中大多数矿物质和有机酸在该 pH 条件下无活性）的测试葡萄酒的发酵速率相比较。这两种参照葡萄酒和测试葡萄酒的接种方式一致。

3 仪器

90 mL 带橡胶塞的密封烧瓶，该烧瓶的顶端有一个可放置锥形小管的洞。

4 试剂和培养基

4.1 乙醛水溶液

在硫酸存在下将聚乙醛或三聚乙醛蒸馏获得乙醛溶液，使用亚硫酸钠溶液进行标定。调整乙醛溶液的浓度为 6.9 g/L。1 mL 乙醛溶液能与 10 mg 的二氧化硫结合。

4.2 营养液

硫酸铵 $(NH_4)_2SO_4$	25 g/L
天冬酰胺	20 g/L

溶液必须储存在冰箱中。

4.3 培养基

固体培养基：麦芽汁琼脂培养基

麦芽粉	3 g
葡萄糖	10 g
胰蛋白胨	5 g
酵母粉	3 g
琼脂	20 g
水	1 L
pH	6

118℃灭菌 20 min。

该混合液已有商业化制备产品。

液体培养基(可选)：

将含糖量为 170 g/L～200 g/L 的葡萄汁以每管 10 mL 分装到带棉塞的试管中,在 100℃水浴中灭菌 10 min。

液体麦芽培养基：与固体培养基成分相同,只是不含琼脂。

4.4 贝酵母菌的培养和保藏及酵母的制备

固体培养基培养和保藏菌种：收集菌株,划线接种菌株至含固体培养基试管。试管放置 25℃ 的培养箱中培养,直到培养物体清晰可见(大约 3 d)。将试管储存在冰箱中,可使用 6 个月。

酵母的制备：

采用适宜的微生物学技术将固体培养基培养菌株接种到一管液体培养基中,待菌株生长(24 h～48 h)后,连续两次接种到相同的含 10%(V/V)乙醇的培养基,使菌株适应。

活跃发酵时的第二次培养菌液中含有 $5×10^7$/mL 的酵母菌。将该培养物接种到被研究的葡萄酒中。培养物进行计数后以 10^5/mL 酵母菌比例进行接种。

5 步骤

葡萄酒的制备：

100 mL 的葡萄酒用适量的乙醛(按游离二氧化硫量来计算,44 mg 的乙醛结合 64 mg 的二氧化硫)处理。24 h 后检测葡萄酒中的游离二氧化硫含量低于 20 mg/L。

如果葡萄酒的酒精度超过 10%,需用葡萄糖溶液或水进行稀释,使得最终溶液中糖的浓度为 20 g/L～50 g/L,酒精度大约为 10%。对于酒精度小于 10% 的葡萄酒,无需稀释,须添加固体葡萄糖使浓度在 20 g/L～50 g/L 之间。最终发酵速率将不因糖含量而变化。

发酵性能测试：在 90 mL 的烧瓶中,加入 60 mL 上述制备好的葡萄酒、2.4 mL 的硫酸铵溶液和 2.4 mL 的天冬酰胺溶液。接种 3 滴培养了 3 d 的贝酵母菌培养液以获得初始浓度接近 10^5/mL 的酵母菌。将塞子塞入各瓶管口,准确称重到 10 mg,然后放入 25℃的烘箱中。

每天称重,至少 8 d。

来源和成分类似、不含有任何防腐剂的葡萄酒和 pH 调节至 6 的测试葡萄酒同时进行测试。

用未接种的带葡萄酒烧瓶反映蒸发损失。

6 判读

大多数情况下,发酵在 48 h 开始,每天气体释放的最大量出现在第 3 天和第 5 天之间。

只有在下列条件下才能证实发酵抑制剂的存在：

a) 如果发酵未开始或与两组对照中的一组相比至少延迟 2 d。当延迟时间很短时,可能出现"假阳性"结果,很难确定抑制剂是否存在,这是因为某些天然甜葡萄酒有时会表现出好像含有微量抑制剂(特别是从含贵腐菌的葡萄酿造的甜葡萄酒)。

b) 如果每天的最大释放量未发生在第 3 天和第 5 天之间,但在第 7 天之后,每 60 mL 葡萄酒释放量大于或等于 50 mg。

c) 在难于判别时,绘制发酵曲线和每日释放 CO_2 量的时间函数曲线以方便判断。

防腐剂和发酵抑制剂（山梨酸、苯甲酸、对氯苯甲酸、水杨酸和对羟基甲酸及其酯）

（A35；Oeno 6/2006,377/2009 对其修订）

1　薄层色谱

1.1　原理

用乙醚从预酸化的葡萄酒中提取防腐剂，通过聚酰胺薄层色谱分离后，在紫外灯下对色谱图进行定位并检测。

1.2　仪器

色谱展开缸、20 cm×20 cm 玻璃平板。

平板的制备：将 12 g 的干聚酰胺粉和 0.3 g 的荧光指示剂充分混合；边搅拌边添加 60 mL 的甲醇；将其在平板上铺展开，厚度为 0.3 mm，并在常温下干燥。

注：可以使用商业化制备的平板。

1.3　试剂

——乙醚；

——甲醇；

——96%（V/V）的乙醇；

——稀释到 20% 的硫酸；

——无水硫酸钠；

——聚酰胺色谱柱（如马歇雷-纳格尔或默克）；

——荧光指示剂（F_{254}默克或同类）；

——溶剂：

正戊烷	10 体积；
正己烷	10 体积；
冰醋酸	3 体积；

——标准溶液：

将山梨酸、对氯苯甲酸、水杨酸、对羟基苯甲酸及其酯类溶入 96%（V/V）的乙醇制成浓度为 0.1 g/100 mL 的标准溶液。

制备 100 mL 含 0.2 g 苯甲酸的 96% 乙醇溶液。

1.4　步骤

将 50 mL 葡萄酒移入分液漏斗中，用 20% 的稀硫酸酸化，每次用 20 mL 乙醚提取，提取 3 次。将 3 次洗涤液一并收集到分液漏斗中，用少量蒸馏水清洗。用无水硫酸钠干燥乙醚。用 100℃ 的水浴或旋转蒸发仪将乙醚蒸干。如果蒸发在水浴上进行，建议使用缓和的气流来促进蒸发直至剩余 2 mL～3 mL，然后在不加热情况下继续蒸发至干。

将残留物溶解在 1 mL 乙醇中，取 3 μL～5 μL 该溶液和不同的防腐剂标准乙醇溶液滴加到聚酰胺平板上。将平板放入层析槽中，用溶剂蒸气饱和。让溶剂迁移到高度约 15 cm

处,该过程一般需要 1.5 h~2.5 h。

将平板从槽中移出并在常温下风干。在 254 nm 波长的紫外灯下检测,防腐剂从平板底部向上的出现顺序如下:对羟基苯甲酸、对羟基苯甲酸酯、水杨酸、对氯苯甲酸、苯甲酸、山梨酸。

在黄绿色荧光背景下,除了水杨酸有淡蓝色荧光外,其他防腐剂都显示黑色斑点。

灵敏度:对于下列防腐剂,该技术能够检测的最低含量(mg/L)分别是:

水杨酸	3
山梨酸	5
对羟基苯甲酸酯	5
对羟基苯甲酸	5~10
对氯苯甲酸	5~10
苯甲酸	20

2 高效液相色谱

2.1 步骤

该方法不需要制备样品,可直接对葡萄酒进行检测。为保护色谱柱,在注入色谱前需要将红葡萄酒进行稀释。

该方法对溶液中的防腐剂的检测阈值约为 1 mg/L。

2.2 操作条件

适宜的条件如下:

a) 山梨酸和苯甲酸的检测

按本检测方法大全提供的高效液相色谱法(OIV-MA-AS313-20)测定葡萄酒中山梨酸、苯甲酸和水杨酸的操作进行。

b) 对氯苯甲酸、对羟基苯甲酸及其酯的检测

　　色谱柱:见 OIV-MA-AS 313-20。

　　流动相:0.01 mol/L 的醋酸铵溶液＋甲醇(60＋40)。

　　pH:4.5~4.6。

　　流速:见 OIV-MA-AS 313-20。

　　进样体积:见 OIV-MA-AS 313-20。

　　检测器:紫外检测器,254 nm。

　　温度:见 OIV-MA-AS 313-20。

防腐剂和发酵抑制剂（乙酸单卤代衍生物）

（A35 方法；Oeno 6/2006 对其修订）

1 原理

从酸化的葡萄酒中用乙醚提取一卤乙酸衍生物。然后用 0.5 mol/L 氢氧化钠溶液提取乙醚层。提取液的碱度必须维持在 0.4 mol/L～0.6 mol/L 之间。在添加硫代水杨酸后，按以下步骤合成硫靛蓝：

a）用硫代水杨酸将一卤乙酸衍生物凝结，生成邻羟基苯巯基乙酸；

b）在热的碱性介质下进行酸的环化，生成噻茚酚；

c）在碱性介质下用铁氰化钾将噻茚酚氧化形成硫靛蓝，该化合物可溶于氯仿中，并呈现红色。

2 仪器

——100℃水浴；

——机械搅拌器；

——200℃±2℃的烘箱。

3 试剂

——乙醚；

——盐酸稀释到 1/3(V/V)：将一体积纯盐酸（$\rho_{20℃}=1.19$ g/mL）和两体积蒸馏水混合；

——无水硫酸钠；

——硫代水杨酸溶液：硫代水杨酸 3g 溶解到 100 mL NaOH 溶液中，浓度为 1.5 mol/L；

——0.5 mol/L 氢氧化钠溶液；

——铁氰化钾溶液：2g $K_3Fe(CN)_6$ 溶于 100 mL 水中；

——氯仿。

4 步骤

将 100 mL 葡萄酒样移入带磨砂玻璃塞的抽提瓶中，加入 2 mL 盐酸和 100 mL 乙醚，用手剧烈摇荡几秒钟，然后机械搅拌 1 h，将混合液体转移到分液漏斗中，分离和回收乙醚层。

将乙醚提取液和 8 g～10 g 无水硫酸钠混合振荡几秒钟。

将提取液转移到分液漏斗，添加 10 mL 0.5 mol/L 氢氧化钠溶液，振荡 1 min 后静置。

取 0.5 mL 碱提取物，用 0.05 mol/L 硫酸滴定，保证其碱度在 0.4 mol/L～0.6 mol/L 之间。将分液漏斗中的碱提取物转移到含 1 mL 硫代水杨酸溶液的试管中。如有必要，可用已知浓度的浓氢氧化钠溶液调节提取液碱度，使其达到上述要求的碱度。振荡测试管 30 s，并转移到蒸发皿中。

将蒸发皿放入 100℃水浴中，用冷气流吹其表面，准确计时 1 h，残留物在短时间内将基本变干。如果蒸发过程中残留物表面结有硬皮，可用玻璃棒将其压碎或磨碎以便加快蒸发。

将蒸发皿放入烘箱中,在 200℃±2℃加热 30 min。冷却后,用 4 mL 水将其复溶,转移到分液漏斗中。添加 3 mL 铁氰化钾溶液到蒸发皿中使残留物完全溶解,并将溶液转移到分液漏斗中。振荡 30 s 以加速氧化。加入 5 mL 氯仿,翻转 3～4 次使其混合。静置分离。

　　出现紫色或红色(根据硫靛蓝形成的量而定)说明存在一卤乙酸衍生物。

　　灵敏度-该方法允许对葡萄酒中 1.5 mg/L～2 mg/mL 的一氯乙酸及其相应的衍生物进行检测。由于混合抽提物的产量不能定量,因此,该方法不能用来测定葡萄酒中一卤乙酸衍生物的量。

参 考 文 献

[1] Friedlander,Ber. Deutsch. Chem. Gesell. ,1906,39,1062.

[2] Ramsey L. L. ,Patterson W. I. ,J. Ass. Off. Agr. Chem. ,1951,34,827.

[3] Peronnet M. ,Rocques S. ,Ann. Fals. Fraudes,1953,21-23.

[4] Traité de chimieorganique,edited by V. Grignard,1942,19,565-566.

[5] Official Methods of Analysis of the Association of Official Analytical Chemists,11th édition,publiée par l'Association of Official Analytical Chemists,Washington,1970,340-341.

[6] TERCERO C. ,F. V. ,O. I. V. ,1967,n° 224.

防腐剂和发酵抑制剂(焦碳酸酯)

(A35 方法;Oeno 6/2006 对其修订)

1 原理

焦炭酸乙酯在乙醇存在时降解形成碳酸二乙酯,用二硫化碳将其从葡萄酒中提取出来,用气相色谱测定其含量。

可用以下两种方法进行检测。

2 仪器

2.1 带火焰离子化检测器的气相色谱仪

2.2 柱子

——涂有聚乙二醇 1 540 的毛细管柱:

柱长:15.24 m;

内径:0.51 mm。

——聚丙二醇涂布的硅藻土 545(15:100),60 目~100 目:

柱长:2 m;

内径:3 mm。

3 试剂

3.1 无水硫酸钠。

3.2 二硫化碳:按 4.2 中气相色谱条件,在最大灵敏度条件下,二硫化碳不含有 5 min~7 min出峰的杂质。

4 步骤

4.1 毛细管柱的使用

移取 100 mL 葡萄酒到 250 mL 分液漏斗中,加入 1 mL 的二硫化碳,充分混合1 min。快速离心分离,取二硫化碳层,用无水硫酸钠干燥。

取 10 μL 上清液进样到色谱仪中。

色谱条件:

——检测器气体:

氢气:37 mL/min;

空气:250 mL/min。

——载气:

氮气:40 mL/min;

1/10 的分流到检测器,气体混合物的流速为 3 mL/min~5 mL/min。

——温度:

进样器:150℃;柱箱:80℃;检测器:150℃。

——检出限:0.05 mg/L(葡萄酒)。

4.2 聚丙二醇柱的使用

将 20 mL 葡萄酒和 1 mL 的二硫化碳装入一个带塞的锥形离心管中,剧烈搅拌 5 min,然后在 1 000 g~1 200 g 的离心力下离心 5 min,用尖嘴吸管吸出上清液。用玻璃棒边搅拌边添加少量无水硫酸钠,干燥二硫化碳层。取 1 μL 上清液进样到气相色谱仪中进行检测。

色谱条件:

——检测器气体:

氢气:35 mL/min;

空气:275 mL/min。

——载气流:

氮气:25 mL/min。

——温度:

进样器:240℃;

柱箱:100℃;

检测器:240℃。

——灵敏度范围:

12×10^{-11}A~3×10^{-11}A。

——走纸速度:

1 cm/min。

——检出限:0.10 mg/L~0.05 mg/L(葡萄酒)。

在该提取条件下,碳酸二乙酯的保留时间约为 6 min。

采用分别含 0.01%(m/V)和 0.05%(m/V)碳酸二乙酯在二硫化碳溶液校准仪器。

5 计算

碳酸二乙酯的定量测定优先使用内标法,参比峰为异丁醇或异戊醇的峰,这两个峰与碳酸二乙酯的峰很接近。

制备两种待测葡萄酒:一份葡萄酒添加 10 mL 10% 的乙醇,另一份同样的葡萄酒中加入 10 mL 100 mg/L 的碳酸二乙酯的乙醇[10%(V/V)]溶液使碳酸二乙酯的含量为 1 mg。

葡萄酒中碳酸二乙酯的浓度(mg/L)为:

$$\frac{S_\chi}{S \times \dfrac{i}{I} - S_\chi}$$

其中:S——加标葡萄酒中碳酸二乙酯的峰面积;

S_χ——葡萄酒中碳酸二乙酯的峰面积;

i——葡萄酒中内标的峰面积;

I——加标葡萄酒中内标的峰面积;

在使用纯的碳酸二乙酯标准溶液进行外标法定量时,需要根据使用的方法预先确定二硫化碳的提取率。该提取率用提取因子 F 表达,保留一位小数,数值小于或等于 1(100%)。

葡萄酒中碳酸二乙酯的浓度（mg/L）为：

$$\frac{C \times S_\chi \times E_\chi \times V_s}{S_e \times E_e \times F \times V_\chi}$$

如果注入色谱中的两种溶液浓度相近，则 S_χ 和 S_e 记录值的响应相同，计算公式可以简化为：

$$\frac{C \times S_\chi \times V_s}{S_e \times F \times V_\chi}$$

其中：S_χ——葡萄酒中碳酸二乙酯的峰面积；

      S_e——进样同体积浓度为 C（mg/L）的标准碳酸二乙酯的峰面积；

      V_χ——用于二硫化碳提取的葡萄酒体积；

      V_s——提取所用二硫化碳的体积；

      E_e——S_χ 记录值的灵敏度。

参 考 文 献

［1］Kielhofer E. ，Wurdig G. ，Dtsch. Lebensmit. Rdsch. ，1963，59，197-200 & 224-228.

［2］Prillinger F. ，Weinberg u. Keller，1967，14，5-15.

［3］Reinhard C. ，Dtsch. Lebensmit. Rdsch. ，1967，5，151-153.

［4］Bandion F. ，Mitt. Klosterneuburg，Rebe u. Wein，1969，19，37-39.

防腐剂和发酵抑制剂(脱氢乙酸)

(A35 方法;Oeno 6/2006 对其修订)

1　原理

葡萄酒样液被硫酸酸化后,用乙醚和石油醚等体积混合物提取。蒸发溶剂后,用少量 96%(V/V)乙醇复溶提取物,在带荧光指示剂的硅胶及聚酰胺薄层上点样,经过流动相(苯丙酮乙酸)作用分离。脱氢乙酸可用紫外光检测鉴定。

2　仪器

2.1　薄层色谱仪。

2.2　烘箱。

2.3　旋转蒸发仪。

2.4　254 nm 紫外灯。

3　试剂

3.1　乙醚。

3.2　石油醚(沸点≤40℃)。

3.3　甲醇。

3.4　硫酸,20%(V/V)。

3.5　无水硫酸钠。

3.6　乙醇,96%(V/V)。

3.7　色谱分离层:10g 带荧光指示剂的聚酰胺粉(如马歇雷-纳格尔公司的聚酰胺 DC Ⅱ UV$_{254}$)与 60 mL 乙醇充分混合。边搅拌边添加 10 mL 水和 10 mL 硅胶(带荧光指示剂,如默克公司的 Kiesselgel GF$_{254}$)。将该混合物涂布到 5 个平板(200 mm×200 mm)上,厚度控制为 0.25 mm。将平板在室温下放置 30 min 晾干,然后放入 70℃的烘箱烘烤 10 min。

3.8　迁移溶剂

结晶苯	60 体积
丙酮	3 体积
结晶醋酸	1 体积

3.9　参比溶液

0.2%醋酸和苯甲酸的乙醇溶液。

0.1%(m/V)的山梨酸、对氯苯甲酸、水杨酸、对羟基苯甲酸及其丙、甲及乙酯的乙醇溶液。

4　步骤

用 10 mL 20%的硫酸将 100 mL 葡萄酒酸化,然后用 50 mL 50%的乙醚-石油醚进行提取,提取 3 次。移除澄清的水相,留下乳化层和醚相。将分离瓶中剩余的乳化层和醚相再次混合。剩余的水相通常可以和醚相彻底分离。如果有残留的乳化层,可通过添加几滴乙醇消除。

回收的乙醚-石油醚相用 50 mL 水进行清洗,硫酸钠干燥后,在 30℃~35℃ 旋转蒸发至干。残留物用 1 mL 乙醇复溶。

取 20 μL 的该溶液在平板起始线上画一条 2 cm 宽的条带,或点上 10 μL 的圆点。作为对比,将 5 μL 的标准溶液一同进行上述处理。经薄层色谱分离后(在正常的展开缸内,迁移高度上升到 15 cm,用时 75 min~115 min),将平板在常温下干燥。脱氢乙酸和其他防腐剂在 254 nm 紫外光下都能显色。

当色谱图检测出对氯苯甲酸、对羟基苯甲酸丙酯或甲酯,但不能完全分离时,采用"OIV-MA-AS4-02B 中 2.1 薄层色谱所述方法鉴定上述提取物。

参 考 文 献

[1] Haller H. E. ,Junge Ch. ,F. V. ,O. I. V. ,1972,n°397,Mitt. Bl. der Gd CH,Fachgruppe,Lebensmitt. u. gerichtl. Chem. ,1971,25,n° 5,164-166

防腐剂和发酵抑制剂

（A35 方法；Oeno 6/2006 对其修订）

1 高效液相色谱法

1.1 原理

用双蒸水从葡萄酒中分离出叠氮酸,采用 3,5-二硝基苯酰氯衍生化后用高效液相色谱检测波长为 240 nm。

1.2 仪器

1.2.1 蒸馏装置（用于测定酒精度）；冷凝管终端插入收集管。

1.2.2 500 mL 带磨砂玻璃颈的球形烧瓶。

1.2.3 10 mL 带磨砂玻璃塞的烧瓶。

1.2.4 高效液相色谱仪。操作条件：

柱子：C_{18},柱长 25 cm；

流动相：乙腈-水（50:50）；

流速：1 mL/min；

进样体积：20 μL；

检测器：紫外吸收检测器（UVD）谱；

温度：室温。

1.3 试剂

1.3.1 5%（m/V）氢氧化钠。

1.3.2 10%（m/V）硫酸溶液。

1.3.3 指示剂：甲基红 100 mg,亚甲基蓝 50 mg,100 mL50%（V/V）酒精。

1.3.4 色谱纯乙腈。

1.3.5 衍生剂：10%（m/V）3,5-二硝基苯酰氯溶于乙腈。

1.3.6 pH4.7 的醋酸钠缓冲溶液：将 1 体积 1 mol/L 的醋酸钠溶液（$NaC_2H_3O_2 3H_2O$）和 1 体积 1 mol/L 的乙酸溶液混合。

1.3.7 叠氮化钠（NaN_3）。

1.4 步骤

1.4.1 样品的制备

取 100 mL 葡萄酒放入磨口球形烧瓶中,将冷凝器的一端放入加有几滴指示剂的 10 mL 5%的氢氧化钠溶液中。蒸馏,直到获得 40 mL～50 mL 的馏出物。

把馏出物转移到另一个圆底烧瓶中,用 20 mL 水清洗球形瓶 2 次,并加水到 100 mL。将烧瓶连接蒸馏装置除去乙醇,蒸馏除去约 50 mL 的馏出物（减少一半的体积）。

让烧瓶完全冷却。用 10%的硫酸酸化、蒸馏,将馏出物收集到浸没于冰水浴中的含 1 mL 水的 10 mL 带磨口玻璃塞的烧瓶中。当总体积达到 10 mL 时停止蒸馏。

1.4.2 衍生化

将 1 mL 馏出物、0.5 mL 乙腈、0.2 mL 缓冲液和 30 μL 衍生剂混合并混合均匀,放置 5 min。

1.4.3 色谱分析

按照设定条件进样 20 μL,叠氮酸衍生物的保留时间约为 11 min,检出限:0.01 mg/L。

注:有时其他的未衍生化物质可能与叠氮酸结果相似,有必要采用以下方法确证阳性结果:直接进样 20 μL 馏出物,若叠氮酸衍生物的峰消失,说明叠氮酸的存在。

1.5 计算

为了确定叠氮化钠的浓度,将样品响应值与衍生化后的标准样品比较。在分析时应考虑葡萄酒样品的稀释因子。

2 比色测定法

2.1 原理

叠氮钠非常不稳定,可通过重蒸馏分离,去除乙醇、乙酸和二氧化硫。与氯化铁结合形成有色复合物(在 465 nm 处有最大吸收值)后可通过比色来测定其含量。

2.2 仪器

2.2.1 简单的蒸馏装置,由 500 mL 带磨口玻璃颈的烧瓶和终端插入指定试管的冷凝器组成。

2.2.2 分光光度计,带光程为 1 cm 比色皿。

2.3 试剂

2.3.1 1 mol/L NaOH 溶液。

2.3.2 1 mol/L 硫酸。

2.3.3 3%(V/V)的过氧化氢,其强度在使用前必须用 0.02 mol/L 的高锰酸钾溶解调整; p mL 高锰酸钾相当于 1 mL 3% 的氢氧化钠溶液。

2.3.4 含 20 g/L Fe^{3+} 的氯化铁溶液(称取大于或等于 96.6 g $FeCl_3 \cdot 6H_2O$,该盐易吸湿;控制溶液中 Fe^{3+} 的浓度,如有需要,可调整至 20 g/L±0.5 g/L)

2.3.5 叠氮钠储备液:1g NaN_3 溶于 1L 蒸馏水中。

2.3.6 200 mg/L 的叠氮钠溶液:通过稀释 1 g/L 的溶液而得。

2.4 步骤

a) 取 200 mL 葡萄酒于 500 mL 带磨口玻璃颈的烧瓶中,蒸馏,采用置于冰水浴中的容量瓶(体积为 50 mL,装有 5 mL 水)接收馏出物,当总容积达到约 50 mL 时停止蒸馏。

b) 取馏出物定量转移到另一个 50 mL 的带塞烧瓶中,并用 20 mL 水将 50 mL 烧瓶清洗两次。

用 1 mol/L 氢氧化钠溶液将液体调成中性(使用 pH 试纸)。

用 10 mL 1 mol/L 的硫酸酸化,混合,然后添加 3% 的过氧化氢溶液氧化二氧化硫。

如果葡萄酒中含有 S(mg/L)的二氧化硫,且 p mL 为氧化 1 mL 3% 过氧化氢溶液所需的 0.02 mol/L 高锰酸钾溶液的体积,那么对 200 mL 葡萄酒而言添加的过氧化氢溶液体积可用如下公式计算：

$$\frac{S}{5\times 3.2p}=\frac{S}{16p}\ \text{mL}$$

添加蒸馏水使溶液体积增加到约 200 mL。

采用置于冰水浴中的容量瓶（体积为 50 mL，装有 5 mL 水）收集馏出物，在接近刻度线时停止蒸馏，置于室温下并调整体积到 50 mL。

c）精确添加 0.5 mL 氯化铁溶液，混匀并置于 1 cm 比色皿中，直接在 465 nm 下进行测量（最久延迟不超过 5 min）；采用 50 mL 水添加 0.5 mL 氯化铁溶液作为空白进行仪器调零。

d）标准曲线的绘制

分别将 1 mL、2 mL、3 mL、4 mL 和 5 mL 200 mg/L 的叠氮化钠溶液置于 5 个 50 mL 的容量瓶中，用蒸馏水调节容量瓶溶液体积为 50 mL，添加 0.5 mL 氯化铁溶液，测定 465 nm 下的吸光度。

上述溶液包含 4 mg/L、8 mg/L、12 mg/L、16 mg/L、20 mg/L 的叠氮钠。对应葡萄酒中的浓度分别为 1 mg/L、2 mg/L、3 mg/L、4 mg/L 和 5 mg/L。

典型的吸光度对应浓度的变化曲线是一条过原点的直线。

2.5 计算

将测到的样品吸光度值绘点至标准曲线，查值计算得到葡萄酒中叠氮钠浓度值（mg/L）。

参 考 文 献

[1] Searin S. J. & Waldo R. A.，J. Liquid. Chrom.，1982，5(4)，597-604.

[2] Battaglia R. & Mitiska J.，Z. Lebensm. Unters. Forsch.，1986，182，501-502.

[3] Clermont S. & Chretien D.，F. V.，O. I. V.，1977，n° 627.

方法 OIV-MA-AS4-03

定量 PCR 技术对葡萄酒中野生酵母计数

(Oeno 414-2011)

【使用者注意】

苯酚：所有与苯酚有关的处理程序都必须在通风橱中进行、并戴手套操作，所有苯酚污染物残留都必须收集在合适容器中。

SYBR Green 染料：显示出非零诱变性，但又低于溴化乙啶的诱变性。必须遵守使用注意事项。

1 适用范围

该方法描述了一种适用于散装或瓶装葡萄酒中布鲁塞尔酒香酵母的计数方法，即实时定量 PCR 计数方法（定量聚合酶链反应）。用于酒精发酵过程中葡萄酒及葡萄汁的计数分析尚未确定。

2 定义

该方法计数的微生物为布鲁塞尔酒香酵母，它含有目标基因的一个拷贝。

3 原理

PCR 技术扩增，即通过多个重复的酶促反应，用两个引物鉴定目标 DNA（脱氧核糖核酸）。该过程包括一个重复的三步循环：

热变性 DNA；引物的杂交；聚合，在 Taq（水生栖热菌）聚合酶的的作用下进行。

不同于传统的 PCR 技术，定量 PCR 技术可以通过使用荧光基团来进行 DNA 扩增过程中 DNA 的定量化。

目前，该物种的两个特定区域已被用作目标基因。一个区域是 26 S 核糖体 RNA（核糖核酸）的编码基因，另一个是 RAD4 基因。和 FISH 方法一样，PCR 技术特定针对布鲁塞尔酒香酵母，且具有成本低廉的优势。

定量 PCR 技术的独特之处在于可以读数，在每个扩增周期后，随着 DNA 扩增的进行，荧光强度呈指数增长。许多荧光技术已被引入该应用。SYBR® Green 荧光基团 * 被认为适用于布鲁塞尔酒香酵母。

该试剂在插入自身的非特异性双链 DNA 的核苷酸中时会发出强荧光。而在无结合时仅发出微弱荧光。利用该技术，在扩增结束时会产生一条合并曲线，以证实该反应的特异性。

内标

为了验证 DNA 提取和扩增阶段，可采用内标方法（Lip4 *Yarrowia lipolytica*）。

---

* SYBR® Green 荧光基团。

4　试剂和产品

所有塑料耗材必须先经过高压蒸汽处理来灭活 DNA 酶(脱氧核糖核酸酶),必须采用 Tris-HCl 和 TE(Tris EDTA,乙二胺四乙酸)缓冲溶液、醋酸铵和超纯水。所有水溶液都必须使用超纯水制备。一些溶液需经高压蒸汽灭菌。如有可能,使用无菌超纯水制备不经高压蒸汽处理的溶液,此时无需在无菌条件下进行操作。

PVPP(聚乙烯聚吡咯烷酮)(如:ISP Polyclar Super R 或 Sigma P6755-100G)。

室温溶液:10 m mol/L pH8 的 Tris-HCl 缓冲溶液,溶液 I(10 m mol/L pH 8 的 Tris-HCl,1 m mol/L EDTA,100 mmol/L NaCl,1％ SDS(十二烷基磺酸钠),2％聚氧乙烯醚类-100),高压蒸汽处理的 TE(10 mmol/L pH8 的 Tris-HCl,1 m mol/L EDTA),4 mol/L 的醋酸铵,纯乙醇,每块定量 PCR 板准备 1 个经高压蒸汽灭菌的超纯水水瓶(20 mL),4℃溶液:pH8 的饱和苯酚:氯仿:IAA(异戊醇)＝24:25:1 和 1 μg/μL Rnase(核糖核酸酶),−20℃ 的悬浮液:内标,SYBR Green(如 iQ SBYR Green Supermix Bio-Rad 170−8884),引物:4 μmol/L的 Brett rad3、Brett rad4、YAL-F 和 YAL-R 各一。

干浴,37℃。所有与苯酚有关的处理程序都必须在通风橱中进行、并戴手套操作,所有苯酚污染物残留都必须收集在合适容器中。

PCR 试剂	规格
4.1　醋酸铵	＞98％
4.2　苯酚：氯仿：异戊醇(24：25：1)	超纯
4.3　蛋白酶 K	1215 U/mg 蛋白(16.6 ng/mL)
4.4　SDS	＞99％超纯
4.5　Tris base	＞99.8％超纯
4.6　BSA	分子生物学级别
4.7　pH 8 饱和苯酚	
4.8　PVPP 360kDa	
4.9　RNase A	70 U/mg 溶液
4.10　TEpH8	超纯
4.11　引物 25nmol	

5　仪器和器具

塑料耗材:2 mL 带旋盖微管,1.5 mL 和 1.7 mL 的微管,白色(10 μL)、黄色(200 μL)和蓝色(1 000 μL)移液枪吸头,微量移液器 P20、P200、P1000、P5000,96 孔 PCR 板和光学薄膜,无粉手套。

玻璃珠(φ 500 μm)。

高压蒸汽灭菌的瓶子(20 mL)(用于盛装超纯无菌水,每块定量 PCR 板一个)。

15 mL 和 50 mL 离心管。

设备:自动移液枪(P20、P200、P1000、P5000);微管离心机;裂解细胞的自动搅拌器(如:GenieDisruptor);带有荧光光谱仪(检测实时 PCR 反应产生荧光的光学系统)的 PCR 仪;磁力搅拌器;定时器;37℃干浴;高压灭菌锅;100 mL 容量瓶;50 mL 容量瓶;10 mL 容量瓶;100 mL 烧杯;50 mL 烧杯;10 mL 烧杯;磁力搅拌棒。

6 制样(样品制备)

6.1 样品计数

样品直接移入到瓶中进行检测或移入到预先灭好菌的样品瓶中。

当酵母数量不超过 $5×10^6$ CFU/mL 时,该方法测得的酵母数(包括 K1 和 L2056)不会受到干扰。至今没有数据显示酵母数量大于该值,因此避免了在酒精发酵过程中测量葡萄酒。

> 注:当用标准微生物法对酵母菌进行计数时(在琼脂培养基中生长,目测密度),结果用 CFU/mL(菌落形成单位)表示。相反的,用实时 PCR 分析方法计数得到的结果用 GU/mL(基因单位)表示。

6.2 内标的制备

将耶氏酵母属菌株(*Yarrowia*)在 28℃的液体 YPD(酵母蛋白胨葡萄糖培养基)培养到 OD_{600}值(600 nm 处的光学密度)为 1(约需 48h)。

在估测 OD_{600}后,用等渗盐水将其稀释到 $1.0×10^6$ CFU/mL(1OD=$1.0×10^7$ CFU/mL)。

将 110 μL 含 $1.0×10^6$ CFU/mL 培养物的样品转移到 1.7 mL 的微管中,添加 110 μL40% 的甘油,得到的酵母数量为 $5.0×10^5$ CFU/mL。混匀并在 -80℃下储存。每管可以用于 5 个葡萄酒样品的检测。

6.3 溶液的制备

100 mL pH 8 10 m mol/L 的 Tris-HCl:称取 0.121 g 的三氨基甲烷(如:Trizma base)并用 80 mL 超纯水溶解。用 HCl 调节 pH。加水到 100 mL。高压蒸汽灭菌。

100 mL TE:称取 0.121 g 三氨基甲烷并用 80 mL 水溶解,用 HCl 调节 pH。添加 37.2 mg EDTA,调节 pH 到 8(有助于 EDTA 溶解)后加水到 100 mL。高压蒸汽灭菌。

100 mL 溶液 I:制备 50 mL TE 2× 并添加 10 mL 1 mol/L NaCl、10 mL 10% SDS(轻微加热溶解)和 2g Triton×100,然后加水到 50 mL。

4 mol/L 醋酸铵:将 15.4 g 醋酸溶解在 50 mL 超纯水中。

100 mL 苯酚:氯仿:IAA(25:24:1):添加 48 mL 氯仿和 2 mL 异戊醇到 50 mL 用 pH8 TE 饱和的苯酚溶液中,4℃储存。

1 μg/μL 的 RNase A:用超纯水将 70U/mg 的 RNase A 溶液(如:Sigma,R4642-50MG,-20℃储存)稀释。RNase 储备液的浓度必须标注在试管和批处理的规格单上。稀释的溶液可在不超过 4℃下保存 3 周左右。

4 μmol/L Brett 引物:将 100 μmol/L 的引物储备液(已置于供应商提供的微管中)、4 μmol/L的 Brett rad3(GTTCACACAATCCCCTCGATCAAC)和 4 μmol/L Brett rad4(TGC-CAACTGCCGAATGTTCTC)混合到 1 mL 超纯水中。在 -20℃下可储存约 1 年。

4 μmol/L YAL 引物:将 100 μmol/L 的引物储备液(已置于供应商提供的微管中)、4 μmol/L的 YAL-F(ACGCATCTGATCCCTACCAAGG)和 4 μmol/L YAL-R(CATCCT-

GTCGCTCTTCCAGGTT)混合到 1 mL 超纯水中。在−20℃下可储存约 1 年。

7 步骤

用于分析的样品:摇晃瓶子混匀样品。

针对具塞瓶:用 70% 酒精对瓶颈消毒,用点燃的 70% 酒精棉球螺旋消毒拔出瓶塞。

移取 15 mL～20 mL 的葡萄酒样品到 30 mL 的一次性无菌塑料瓶中。

7.1 细胞分离

该步骤必须采取双管。

操作程序必须在封闭的适宜生物安全柜中进行。

取 1 mL 葡萄酒样品并转移到 2 mL 具螺旋盖微管中。

添加浓度为 $5.0×10^5$ CFU/mL 的内标 20 μL。

9 300 g 下离心 30 s。

轻微倾斜微管倒去上清液。

将沉淀悬浮在 1 mL 10 m mol/L pH 8 的 Tris-HCl 中。

9 300 g 下离心 30 s,除去上清液。

稍微漩涡振荡使沉淀悬浮在残留液体中,−20℃ 可保存 3 个月。

一管将用于 DNA 抽提,另一管在−20℃ 下储存至获得已确认结果。

7.2 DNA 的提取

从新鲜或冷冻的沉淀中提取。一次操作不要超过 24 份样品。

通过称重添加 0.3 g 200 μm～500 μm 的玻璃珠,添加质量分数为 1% 的 PVPP。

添加 200 μL 溶液 I。

添加 200 μL 的苯酚:氯仿:IAA(24:25:1)。

用自动搅拌器将细胞破碎(如:Genie 破碎器)4 次,每次 80 s,每次破碎后冷冻 80 s 左右(置于−20℃ 冷冻格)。

添加 200 μL 的 TE。

15 700g 离心 5 min。

小心收集 400 μL 的上层水相到 1.7 mL 的微管中。如果两相仍为混合,则重复上面的离心步骤。

添加 1 mL 的无水乙醇并倒转微管混合 4～5 次,室温下可保存数小时。

15 700g 离心 5 min 并轻微倾斜微管倒去上清液。

将沉淀悬浮在 400 μLTE 和 30 μL1 μg/μL RNase 中。

在 37℃ 下温育 5 min(然后回调到 48℃)。

添加 10 μL 4 mol/L 的醋酸铵和 1 mL 的无水乙醇,倒置混合。

15 700 g 离心 5 min。

倾斜微管倒去上清液,用滤纸吸去残留的液滴。

将沉淀干燥(将开盖微管放入 48℃ 的恒温金属浴中约 1 h)。

添加 25μL 的 TE 到沉淀中,漩涡振荡并在 4℃ 下放置 1 h～18 h(帮助 DNA 溶解)。用自动搅拌器混匀(−20℃ 下可保存数周)。

7.3 定量 PCR

对每一葡萄酒样品,采用添加 Brett rad3/4 引物的 2 孔以及带有 YAL 引物的 2 个内标孔。在每个平板中,用 TE 作为用来进行最终操作的每对引物的阴性对照。同时,用－20℃下储存的布鲁塞尔酒香酵母 DNA 作为阳性对照。制备阳性对照时,添加 5 μL 储备液(4.5 UG/mL)使终反应体积达到 25 μL。

PCR 扩增项目见表1。

表1

循环数	时间/s	温度/℃
1	180	95
40	30	95
	10	64.6
拟合曲线是在温度以每 10 s 下降 0.5℃的速率降到 90℃后建立的。		

Brett 引物孔数＝YAL 引物孔数＝2×样品数＋2

表 2 显示了样品数与所需孔数、各混合液的成分数量的函数关系。

表 2

样品数	孔数	超纯水/μL	SYBR Green 超混合液/μL	4 μmol/L 引物混合液/μL
1	4	26.3	65.6	13.1
2	6	36.8	91.9	18.4
3	8	47.3	118.1	23.6
4	10	57.8	144.4	28.9
5	12	68.3	170.6	34.1
6	14	78.8	196.9	39.4
7	16	89.3	223.1	44.6
8	18	99.8	249.4	49.9
9	20	110.3	275.6	55.1
10	22	120.8	301.9	60.4
11	24	131.3	328.1	65.6
12	26	141.8	354.4	70.9
13	28	152.3	380.6	76.1
14	30	162.8	406.9	81.4
15	32	173.3	433.1	86.6
16	34	183.8	459.4	91.9
17	36	194.3	485.6	97.1
18	38	204.8	511.9	102.4
19	40	215.3	538.1	107.6
20	42	225.8	564.4	112.9
21	44	236.3	590.6	118.1
22	46	246.8	616.9	123.4
23	48	257.3	643.1	128.6

将 4 μmol/L Brett 引物和 4 μmol/L 的 YAL 引物从冰箱中取出。

取出 SYBR Green 试剂(如果短时间内使用保存在 4℃,否则保存在 −20℃)。

制备 Brett 混合物和 YAL 混合物。按上表中根据样品数量准备所对应的量。

将 20 μL 混合物加入到每孔的底部。

添加 5 μL 均质后的 DNA 溶液到自动搅拌器中(或采用 5 μL 水作为阴性对照)。

调整光学薄膜并装上平板。

7.4 结果的读取

取下板并直接放入处理袋中(不要打开它)。

将基线设置成 100。

分析(按下面的顺序进行):

阴性对照不会产生信号。如果观察到 C_t 值小于 37,重复操作,更换所有的溶液;

Brett 阳性对照:C_t 值必须接近 25,熔点为 82.5℃(±0.5℃);

YAL 内标:如果获得 C_t 值,则检测产物的熔点(84℃±0.5℃)。如果产物不符,那么 Brett 信号的缺失不能被解释;

样品:检查布鲁塞尔酒香酵母产物的 T_m 值(82℃±0.5℃)。只要 T_m 值可接受,则检测扩增指数。然后记录 C_t 值并将它们标绘在标准曲线上。

注:C_t 值是指目标序列的荧光值达到其阈值所需的时间。因此,它是扣除背景噪音后出现荧光信号所需的最少 PCR 循环次数。

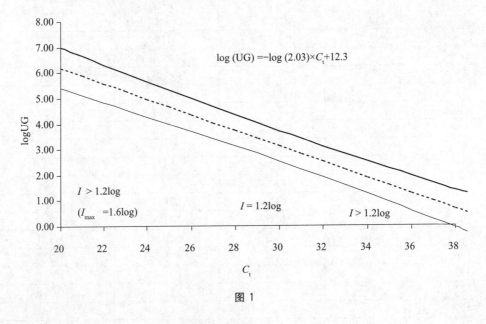

图 1

8 计算(结果)

5 株布鲁塞尔酒香酵母以 $3.1×10^5$ 到 3 CFU/mL 的不同浓度在 14 种葡萄酒(3 种白葡萄酒,2 种桃红葡萄酒,9 种酚类物质含量差异较大的红葡萄酒)中培养。在 1% 的 PVPP 存在下提取 DNA。

不同组合的葡萄酒和菌株中获得的一系列结果建立标准曲线。

从标准曲线中获得的结果的单位是 GU/mL(遗传单位/mL)。

$$\log GU = -\log(2.03) \times C_t + 12.34$$

9 方法特性:实验室内部验证参数

9.1 线性、重复性和再现性

6 点校准曲线是葡萄酒中 L02I1 菌株在浓度范围为 0 CFU/mL～2×10⁵ CFU/mL 时 4 次重复得到的。该浓度范围的选择是依据正常水平下葡萄酒中布鲁塞尔酒香酵母的数目确定。测定所得的 log GU 和理论上的 log GU 的关系用回归分析来描述。回归系数、斜率和截距如下表所示。回归模型在 $\alpha=1\%$ 的风险和经过验证的选择线性域可接受,此时无模型误差。

将该方法的精确度和传统培养方法所获得结果相比较。3 位操作者制备的 DNA 提取自葡萄酒中培养的两种不同浓度水平的 L02I1 菌株:1.9×10^4(高)或 1.9×10^2(低)CFU/mL。每一提取的 DNA 需要经过 4 次重复 PCR。代表重复性(S_r)和再现性(S_R)的标准偏差从两种浓度水平的 log GU 值中计算获得(表 3)。对定量 PCR 而言,S_r 和 S_R 在低浓度水平下相似,但在高浓度水平下 S_R 要比 S_r 大很多。两种标准偏差均为传统微生物学方法的两倍。这是由于定量 PCR 技术操作步骤更多造成的。

表 3

参数	数值
回归方程	
浓度范围/(CFU/mL)	$0 - 2 \times 10^5$
斜率($\pm SD$)	0.957(0.044)
截距($\pm SD$)	$-0.049(0.142)$
回归模型	$F_{观测值} > F(1.18)$:限于线性模型
模型误差	$F_{观测值} < F(4.18)$:无模型误差

精确度

定量 PCR 方法 S_r(低浓度/高浓度)	0.26/0.25
微生物学方法 S_r(低浓度/高浓度)	0.17/0.04
定量 PCR 方法 S_R(低浓度/高浓度)	0.29/0.41
微生物学方法 S_R(低浓度/高浓度)	0.17/0.04

准确度

43 个样品的平均值(D)	2.39(定量 PCR 方法)/2.25(微生物学方法)
$S_R D$	1.18
等值检验 $W = D/S_R D$	0.11<3 准确度可接受

9.2 检出限(LOD)和定量限(LOQ)[4]

LOD 和 LOQ 指示的是方法的灵敏度。LOD 是该方法所能检测出的最低数量,LOQ

是能精确定量的最小数量。在食品分析中,这些参数可以从背景中计算出来。然而,定量PCR不存在背景,因此,我们用两种其他的方法来测定 LOD 和 LOQ 值。第一种方法是用线性验证试验中获得的斜率、截距和标准误差来计算,采用该方法 LOD 和 LOQ 分别为3 GU/mL 和 31 GU/mL。第二种方法的 LD 是从 10 次独立实验所获得的阴性结果的菌数水平中得出的。分析接种 5 种菌株的 14 种葡萄酒的数据可以得出 96% 含有 101 CFU/mL～250 CFU/mL 的样品(48/50)显示阳性信号,当含量为 26 CFU/mL～100 CFU/mL 则有83%(49/59)为阳性,如果是 5 CFU/mL～25 CFU/mL 则 65%(44/68)为阳性。因此,这种方法所得的检出限在 26 CFU/mL～100 CFU/mL 范围。通过对每个 PCR 实验进行系统重复试验,从经验公式$(1-p)^2$证实 LOD 值为 5 CFU/mL。在菌数为 5 CFU/mL 时,88% 的样品为阳性,当菌数为 25 CFU/mL 时样品阳性增加到 97%。

参 考 文 献

[1] Phister T. G. , Mills D. A. ,2003. Real-time PCR assay for detection and enumeration of *Dekkera bruxellensis* in wine. *Applied and Environmental Microbiology* ,69:7430-7434.

[2] Cocolin L. ,Rantsiou K. ,Iacu min L. ,Zironi R. ,Comi G. ,2003. Molecular detection and identification of *Brettanomyces/Dekkera bruxellensis Brettanomyces/Dekkera anomalus in spoiled wines. Applied and Environmental Microbiology* ,70:1347-1355.

[3] Ibeas J. I. , Lozano I. , Perdigones F. , Jimenez J. , 1996. Detection of *Dekkera-Brettanomyces* strains in sherry by a nested PCR method. *Applied and Environmental Microbiology* ,62:998-1003.

[4] Tessonnière H. , Vidal S. , Barnavon L. , Alexandre H. , Remize F. , 2009. Design and performance testing of a real-time PCR assay for sensitive and reliable direct quantification of *Brettanomyces in wine*. *International Journal of Food Microbiology* ,129:237-243.

第 5 章 其他检验

方法 OIV-MA-AS5-01

方法类型 IV

强化葡萄汁和强化甜葡萄酒的区别

1 方法原理

1.1 筛选方法

OIV 国际葡萄酒酿酒法规定义的强化甜葡萄酒要求发酵自然产生的酒精不低于 4%；而强化葡萄汁则含不高于 1%。因此，可以通过气相色谱鉴定其发酵副产品而加以区分。本方法仅适用于生产强化葡萄汁的酒精为中性的情况。

1.2 采用薄层色谱法进行柠苹酸的科学调查

柠苹酸作为强化甜葡萄酒的特征物质，可采用离子色谱柱将糖分离去除后，用薄层层析法进行鉴别。

2 筛查方法

2.1 仪器

气相色谱仪：火焰离子化检测器，3 m 不锈钢柱，内径 2 mm；

固定相：Carbowax 20 M，20%。

载体：硅藻土载体 CHROMOSORB W60 目～80 目。

色谱条件：

温度：进样器：210℃；

检测器：250℃；

柱箱：70℃恒温 6 min；然后程序升温，6℃/min；

上限温度：170℃；

也可采用其他类型柱子。相关示例在下述程序中给出。

2.2 实验方法

2.2.1 样品制备

按照下列条件进行分离：向 25 mL 的样品（强化葡萄汁或强化甜葡萄酒酒）中加入 7 mL 乙醇和 15 g 硫酸铵 $(NH_4)_2SO_4$，搅拌，静置分层。

2.2.2 色谱仪

提取有机相，进样 2 μL，按照上述条件进行色谱分析。通过确认酒精发酵的次级产品峰而鉴定强化甜葡萄酒。

3 用薄层层析法测定柠苹酸

3.1 仪器

3.1.1 长度约 300 mm、内径 10 mm～11 mm,配有流量调节器(活塞)的玻璃柱。

3.1.2 旋转蒸发仪。

3.1.3 烘箱,100℃。

3.1.4 色谱展开缸。

3.1.5 微量注射器或移液器。

3.2 试剂

3.2.1 甲酸溶液,4 mol/L,每升含甲酸 150.9 mL($\rho_{20℃}=1.227$ g/mL)。

3.2.2 含纤维素粉末层的色谱板(如 MN 300)(20 cm×20 cm)。

3.2.3 溶剂:

含有 1 g/L 的溴酚蓝的异丙醇	5 体积
1,8-桉叶素	5 体积
甲酸($\rho_{20℃}=1.227$ g/mL)	2 体积

用蒸馏水定容,静置 24 h 后使用

3.2.4 标准溶液

制备水溶液

柠苹酸	0.25 g/L
乳酸	0.5 g/L
柠檬酸	0.5 g/L
酒石酸	1.0 g/L
苹果酸	1.0 g/L

3.3 步骤

3.3.1 离子交换柱的制备

请参阅 OIV-MA-AS313-05A 酒石酸。

3.3.2 有机酸柠苹酸的分离

有机酸在离子交换剂上的固定请参阅 OIV-MA-AS313-05A 酒石酸进行操作。

然后用 4 mol/L 的甲酸溶液(100 mL)洗脱被固定的酸,用 100 mL 容量瓶收集洗脱液。在 40℃旋转蒸发器中浓缩干燥洗脱液,用 1 mL 蒸馏水复溶残余物。

3.3.3 色谱测定

将纤维素板放在 100℃烘箱中烘 2 h 活化。将 10 μL 样品溶液、10 μL 柠苹酸及其他有机酸标准溶液加在纤维素板的约 2 cm 宽的起始线上。将板放入色谱缸中 45 min。待溶剂展开并迁移到 15 cm 高处。

3.3.4 色谱展开

将色谱板置于室温下,空气吹干,直到溶剂中的甲酸挥发完全。在蓝色的背景中出现黄色斑点,说明有酸的存在。

通过对样品液、柠苹酸及其他有机酸标准溶液的斑点进行比较,可以检测柠苹酸是否存在于分析样品中。

参 考 文 献

Method of Screening:

[1] HARVALIA A. ,F. V. ,O. I. V. ,1980,n° 728 bis.

[2] Chromatography ofcitramalic acid:

[3] Dimotaki-Kourakou V. ,Ann. Fals. Exp. Chim. ,1960,53,149.

[4] Dimotaki-Kourakou V. ,C. R. Ac. Sci. ,Paris 1962,254,4030.

[5] Carles J. ,Lamazou-Betbeder M. & PECH M. ,C. R. Ac. Sci. ,Paris 1958,246,2160.

[6] Castino M. ,Riv. Vit. Enol. ,1967,6,247.

[7] Kourakou V. ,F. V. ,O. I. V. ,1977,n° 642.

[8] Junge Ch F. V. ,O. I. V. ,1978,n° 679.

[9] Rouen J. ,F. V. ,O. I. V. ,1979,n° 691.

第 2 部分

分析证书

OIV-MA-B1-01

分析方法应用原则

对于葡萄酒的质量控制可以通过如下两种方式进行：

a）通过感官评价，

b）对葡萄酒中的主要特征成分进行测定。

本书中没有涉及葡萄酒的感官评价方法，但在实际葡萄酒质量控制中感官评价是必要的，各国依据具体情况采用适合的感官评价体系进行评价。

葡萄酒中的主要特征成分的测定主要涉及以下三种类型：

1.葡萄酒商业交易基础：葡萄酒基本指标的检测（1号证书）；

2.葡萄酒贸易要求：葡萄酒质量与特征指标的检测（2号证书）；

除去1，2号证书要求的内容，其他的指标的检测，可以通过合同等形式进行体现或要求。

3.其他特定指标检测（3号证书）；

依据2号证书可以免除经营者的相关责任。

依据3号证书可以免除进口商的相关责任。

葡萄酒行业内或消费者对涉及公共健康问题的指标提出质疑时，不仅OIV和监管部门可以要求其进行相关检测，其他利益相关方也可以要求进行检测。

对于受到多方关注的公共健康问题，通过启动紧急程序，将其提交到特殊问题处理专家组。

涉及的相关分析测定，推荐使用本著作中的检测方法。

OIV-MA-B1-02

分 析 证 书

1 号证书

——颜色；

——透明度；

—— 20℃的比重；

—— 20℃的酒精含量；

——总干浸出物(g/L)；

——糖(g/L)；

——总二氧化硫(mg/L)；

——pH；

——总酸度(毫克当量/L)；

——挥发性酸度(毫克当量/L)；

——锦葵素葡萄糖苷测试；

——汽泡酒的二氧化碳压力测量；

——甜葡萄酒中强化甜葡萄酒和强化葡萄汁的区分。

2 号证书

除 1 号证书中的项目外，需加入以下项目：

——灰和碱性灰(g/L)；

——钾(g/L)；

——铁(mg/L)；

——铜(mg/L)；

——游离二氧化硫(mg/L)；

——山梨酸(mg/L)；

——苹果乳酸发酵验证；

——柠檬酸(mg/L)；

——酒石酸(g/L)；

——福林-肖卡指数；

——色彩指数。

以下检测可选：

——过量的钠(mg/L)；

——钙、镁(mg/L)；

——硫酸盐(mg/L)；

——发酵试验；

——人工色素试验。

第 3 部分
各种物质最大可接受限量

OIV-MA-C1-01

葡萄酒中各种物质最大可接受限量

(2011 年发布)

- 柠檬酸：1 g/L。
- 挥发性酸度：20 毫克当量 g/L。某些加强陈年葡萄酒（由政府控制并符合特殊立法的葡萄酒）挥发性酸度可能会超过此限。
- 砷：0.2 mg/L。
- 硼：80 mg/L（以硼酸表示）。

溴：1 mg/L（来自某些咸水底土葡萄园的葡萄酒例外，可能超过此限）。

镉：0.01 mg/L。

铜（434-2011 OENO）：1 mg/L，产自未发酵或轻微发酵葡萄汁的力娇酒则为 2 mg/L。

二甘醇：定量限≤10 mg/L。

二葡萄糖苷：15 mg/L（采用本书定量方法测定葡萄糖苷）。

银：<0.1 mg/L。

总二氧化硫：(oneo 9/98)：

　　最多含 4 g/L 还原性物质的红葡萄酒：150 mg/L。

　　最多含 4 g/L 还原性物质的白葡萄酒和桃红葡萄酒：200 mg/L。

　　含超过 4 g/L 的还原性物质的红葡萄酒、桃红葡萄酒和白葡萄酒：300 mg/L。

　　特殊情况下，一些甜白葡萄酒：400 mg/L。

乙二醇/乙烯乙二醇：≤10 mg/L

氟化物：1 mg/L（来自符合国内法处理的葡萄园的葡萄酒除外，在该情况下，冰晶石氟化物水平不得超过 3 mg/L）。

甲醇：(OENO 19/2004 号)：

　　红葡萄酒 400 mg/L。

　　白葡萄酒和桃红葡萄酒 250 mg/L。

赭曲霉毒素 A（CST 1/2002）：2 μg/L（适用于 2005 年收获葡萄酒）。

铅（13/06 OENO）：0.15 mg/L，适用于 2007 年开始制造的葡萄酒。

丙烷-1,2-二醇/丙二醇（20/2003 OENO）：

　　静态葡萄酒：150 mg/L。

　　起泡葡萄酒：300 mg/L。

过量的钠（12/2007 OENO）：80 mg/L。

硫酸盐 1 g/L（以硫酸钾计）：

　　但该限量可提高到：

　　装入桶中经历至少 2 年成熟期的葡萄酒

　　甜葡萄酒　　　　　　　　　　　　　　　　　　}1.5 g/L

　　产自添加酒精或可饮用酒精到葡萄汁或葡萄酒的葡萄酒

加入浓缩葡萄汁的葡萄酒
自然甜型葡萄酒 } 2.0 g/L

——过滤后的葡萄酒　2.5 g/L

• 锌:5 mg/L

第 4 部分

建　议

OIV-MA-D1-01

葡萄糖酸

（决议 oeno 4/91）

葡萄酒和葡萄汁中经常含有葡萄糖酸。

葡萄酒中的葡萄糖酸主要源自于成熟度良好的葡萄原料，其含量为 200 mg/L～300 mg/L。

如果葡萄酒中存在高含量的葡萄糖酸（贵腐葡萄酒的特征成分），并不能说明葡萄在收获时感染了灰霉病而导致葡萄酒的质量不好，还需要用其他合适的方法进行证实。只有合适的葡萄酒酿造工艺才能保证葡萄酒的质量。

人为添加葡萄糖酸目前尚未发现，暂不需要考虑。

OIV-MA-D1-02

过度压榨葡萄酒的特点

（决议 oeno 5/91）

注意

基于诸多关于"过度压榨"对葡萄酒特性影响的讨论以及大量实验的基础之上，专家们一致认为葡萄酒的特性主要取决于葡萄品种。由于酿酒葡萄品种的多样性，因此不可能对所有相关的品种进行详细的描述与说明。同时也需要考虑到不同压榨方式与酿造工艺对葡萄酒的特性的影响，例如发酵前的浸渍作用。过度压榨对葡萄酒质量造成的影响以及如何定义过度压榨还需要进一步的研究与探讨。

OIV-MA-D1-03

葡萄酒中钠离子和氯离子浓度

（决议 Oeno 6/91）

注意

葡萄酒中氯离子和钠离子的浓度主要取决于葡萄栽培的地理条件、地质背景以及气候条件。通常情况下，二者的含量都较低。

采用靠近海岸的葡萄园中所酿造的葡萄酒中钠离子与氯离子的含量会增加。

如果葡萄园靠近海边，所酿造的葡萄酒中这些元素的含量会增加。这是因为干旱的土地被含盐的海水灌溉，形成咸水土壤，导致氯离子/钠离子的摩尔比会有显著的变化，甚至到1，就好像在葡萄酒中加了盐（NaCl）一样。

如果葡萄酒中含有过量的钠，除非在特殊情况下，通常含量不超过 60 mg/L。

考虑到上述因素，实验室和官方监控部门在处理氯和/或钠离子含量较高的葡萄酒时，判定为不合格之前可能需要向葡萄酒原产国提出询问。

第 5 部分
实验室质量控制

有效性原则

（决议 Oeno7/98）

　　OIV 认为,除了《国际葡萄酒和葡萄汁分析方法大全》中所列出的方法外,还存在其他自动化程度高的通用分析方法。这些方法经济实惠,具有重要的商业意义,其核心是为葡萄酒生产与市场提供全面高效的分析检测服务。更重要的是,这些方法不仅使用了现代分析检测手段,同时还适应了分析检测技术的发展。

　　为了使实验室能够应用这些方法,并确保与《国际葡萄酒和葡萄汁分析方法大全》所述方法关联,OIV 决定针对与《概述》中所述的参考方法不同的替代方法、通用方法,制定一套实验室评价和确认方案。

　　本原则将适用于葡萄酒和葡萄汁分析的特定情况,其来源于现行国际标准,并允许实验室用以下两种方式评价和确认替代方法。

OIV-MA-AS1-07

实验室间比对实验

比对实验的目的是为分析方法的精密度提供量化指标,以实验的重复性 r 和再现性 R 表示。

重复性:指相同的样品用同一分析方法,在同等条件下(同一实验员,在同一实验室内,使用相同的仪器设备,并在短期内)所得到的独立测试结果,在规定的概率水平内两个独立测试结果的最大绝对偏差值。

再现性:指相同的样品用同一分析方法,在不同条件下(指不同实验员,不同仪器设备,不同实验室和/或不同时间)得到的独立测试结果,在规定的概率水平内两个独立测试结果的最大绝对偏差值。

术语"独立结果"是指完全按照标准方法对单个样品进行测试所得到的数值。除非特别注明,"置信概率"一般为 95%。

【总则】

• 用作实验的方法必须为标准化方法,即从现有方法中选择对于以后使用而言最通用的方法。

• 其实验方案必须清晰明确。

• 至少 10 个实验室参与比对。

• 试验样品必须是具有批次均一性的样品。

• 被测物质浓度必须包含常见的浓度。

• 参与比对实验的人员必须有专业技术和经验。

• 参比实验室每次比对实验必须是由同一实验室的同一实验员进行的。

• 严格按照方法进行实验,任何不同于实验方法的操作必须记录下来。

• 试验数据必须在相同条件下测定,如相同型号的仪器等。

• 试验数据必须独立且连续测定。

• 所有实验室的结果必须用相同的单位,保留相同位数的有效数字。

• 必须采用没有离群值的五个重复实验的数据。根据 Grubbs 检验法,若有一个实验数据偏离,则需要进行额外的三次测试。

【统计模型】

本文中的统计学方法均为单因素(如:浓度,样品)分析。如果有若干因素,必须对每个因素单独进行统计评价。如果在重复性(r)或再现性(R)和浓度(x)之间建立了线性关系($y=bx$ 或 $y=a+bx$),则可根据 x 求得 r 或 R 的回归值。

假设下面给出的随机变量值符合正态分布。

步骤如下:

(1)每个实验室根据 Grubbs 检验法消除离群值。离群值是指与其他实验值的偏差太大,不能被视为随机误差的结果,前提是假设造成这种偏差的原因不详。

（2）通过 Bartlett 检验法和 Cochran 检验法比较总体方差，来检查是否所有实验室都达到相同的精确度。剔除那些具有统计偏差值的实验室。

（3）通过方差分析查找剩余实验室的系统误差，并利用 Dixon 检验法确定极端离群值。剔除那些得到显著离群值的实验室。

（4）利用剩余的数据，计算出可重复性 r 和它的标准偏差 S_r 以及再现性 R 和它的标准偏差 S_R。

注释

常见符号：

m	实验室的个数
$i(i = 1, 2 \cdots m)$	实验室编号
n_i	从第 i 实验室得到的试验结果个数
$N = \sum\limits_{i=1}^{m} n_i$	所有实验室的试验结果总个数
$x(i = 1, 2 \cdots n_i)$	第 i 个实验室的试验结果数值
$\overline{x_i} = \dfrac{1}{n_i} \sum\limits_{i=1}^{n_i} x_i$	第 i 个实验室的试验结果的平均值
$\overline{\overline{x}} = \dfrac{1}{N} \sum\limits_{i=1}^{m} \sum\limits_{i=1}^{n_i} x_i$	总平均值
$S_i = \sqrt{\dfrac{1}{n_i - 1} \sum\limits_{i=1}^{n_i} (x_i - \overline{x_i})^2}$	第 i 个实验室的标准偏差

① 单个实验室实验结果离群值的检定

测得 5 个实验数据 x_i 后，利用 Grubbs 检验法判断离群值。

检验零假设，该假设规定与平均值绝对偏差最大的实验值不是离群观测值。

计算 $PG = \dfrac{|x_i^* - \overline{x_i}|}{s_i}$

x_i^* 被怀疑是离群值的测定值（可疑值）。

将 PG 值与表 1 中对应的临界值（$P = 95\%$ 时）进行比较：

如果 PG 值小于临界值，则 x_i^* 不是离群值，可用于计算 S_i。

如果 PG 值大于临界值，则 x_i^* 可能是离群值，须重新追加 3 次测试。

计算 8 次试验结果，利用 Grubbs 法判断 x_i^* 是否为离群值

PG 值大于对应的临界值（$P = 99\%$ 时），则 x_i^* 是离群值，计算 S_i 时，须剔除 x_i^*

② 实验室间的差异比较——Bartlett 检验

Bartlett 检验法可以检测显著方差和不显著方差。它旨在检验所有实验室方差一致性的零假设，而不是检验存在于某些实验室方差不相等情况的备择假设。

每个实验室至少测得 5 个实验值。

测试的统计学数据计算：

$$PB = \frac{1}{C} \left[(N - m) \ln S_r^2 - \sum_{i=1}^{m} f_i \ln S_i^2 \right]$$

$$C = \frac{\sum\limits_{i=1}^{m} \dfrac{1}{f_i} - \dfrac{1}{N-m}}{3(m-1)} + 1$$

$$S_r^2 = \frac{\sum\limits_{i=1}^{m} f_i S_i^2}{N-m}$$

式中，$f_i = n_i - 1$，为 S_i 的 n 自由度。

将 PB 值与表 2 中 $m-1$ 自由度对应的 x^2 的值进行比较。如果 PB 值大于表中数值，则方差之间存在差异。

Cochran 检验法用于确认某个实验室的方差是否大于其他实验室的方差。

检验统计量的计算：

$$PC = \frac{S_{imax}^2}{\sum\limits_{i=1}^{m} S_i^2}$$

比较 PC 值与表 3 中 $P=99\%$ 时对应的 m 和 n 值。如果 PC 值大于表中数值，则该方差明显大于其他实验室的方差。

如果利用 Bartlett 检验或 Cochran 检验得到显著结果，则剔除异常值方差并重新进行统计检验量的计算。

在没有适用于同时检验多个离群值的统计学方法情况下，可以重复运用上述方法进行检验，但应谨慎使用。

若某些实验室的方差彼此之间差异显著，必须调查原因并判断这些实验室得到的检测值是否应该被剔除。如果需要剔除，协调员必须考虑余下实验室的检测值的代表性。

如果统计分析表明存在明显的差异，说明各实验室的实验精密度不同。这可能是由于操作不当或实验方法描述不够清晰或描述不当。

③ 系统误差

实验室的系统误差常用 Fischer 法或 Dixon 检验法确定。。

R.A.Fischer 方差分析

此检验法适用于剩余的具有相同方差的实验室得到的实验值的分析。

本检验法用于确定这些实验室的平均值的扩展是否比以实验室间得到的偏差（S_z^2）或者实验室内得到的偏差（S_1^2）表示的单独测试值大得多。

检验统计量的计算：

$$PF = \frac{S_z^2}{S_1^2}$$

$$S_z^2 = \frac{1}{m-1} \sum_{i=1}^{m} n_i (\overline{x_i} - \overline{\overline{x}})^2$$

$$S_1^2 = \frac{1}{N-m} \sum_{i=1}^{m} \sum_{i=1}^{n_i} (x_i - \overline{x_i})^2$$

将 PF 值与表 4（F 分布）中自由度为 $f_i = f_z = m-1$ 和 $f_2 = f_1 = N-m$ 时所对应的值进行比较。若 PF 大于表中数值，可以推断均值存在差异，也就是存在系统误差。

Dixon 检验法

本法用于确认某个实验室的平均值大于或小于其他实验室的平均值。

将数据序列 $Z(h), h=1,2,3\cdots H$，按照递增顺序排列。

计算检验统计量：

3～7
$$Q_{10} = \frac{Z(2)-Z(1)}{Z(H)-Z(1)} \quad 或 \quad \frac{Z(H)-(H-1)}{Z(H)-Z(1)}$$

8～12
$$Q_{11} = \frac{Z(2)-Z(1)}{Z(H-1)-Z(1)} \quad 或 \quad \frac{Z(H)-Z(H-1)}{Z(H)-Z(2)}$$

13 以上
$$Q_{22} = \frac{Z(3)-Z(1)}{Z(H-2)-Z(1)} \quad 或 \quad \frac{Z(H)-Z(H-2)}{Z(H)-Z(3)}$$

将 Q 值的最大值与表 5 中的临界值进行比较：

a）如果 Q 值的最大值大于表中 $P=95\%$ 时对应的值，则认定该平均值为离群值（异常值）。

b）如果在 Fischer 方差分析或 Dixon 检验中得到显著性结果，则剔除极值并用余下数据重新计算。关于检验方法的重复运用，详见 B 部分的解释。

c）如果出现系统误差，则相关的实验值不能用于后续计算，并且必须查明引起系统误差的原因。

④ 计算可重复性（r）与再现性（R）

利用剔除了离群值的剩余数据，计算分析方法的特征参数重复性标准偏差 S_r 及可重复性（r），重现性标准偏差 S_R 及重现性 R。

$$S_r = \sqrt{\frac{1}{N-m}\sum_{i=1}^{m}f_i S_i^2} \qquad r = S_r \times 2\sqrt{2}$$

$$S_R = \sqrt{\frac{1}{a}\left[S_Z^2 + (a-1)S_1^2\right]} \quad R = S_R \times 2\sqrt{2}$$

$$a = \frac{1}{m-1}\left[\left(N - \sum_{i=1}^{m}\frac{n_i^2}{N}\right)\right]$$

若实验室间平均值相同，则 S_r 和 S_R 相同，或者 r 和 R 相同。如果实验室间平均值不同，即使出于实际考虑允许差异存在，仍需要标明 S_r 和 S_R，以及 r 和 R。

表 1　Grubbs 检验法的临界值表

n_i	$P=95\%$	$P=99\%$
3	1.155	1.155
4	1.481	1.496
5	1.715	1.764
6	1.887	1.973
7	2.020	2.139
8	2.126	2.274
9	2.215	2.387
10	2.290	2.482
11	2.355	2.564
12	2.412	2.636

表 2　Bartlett 检验法的临界值表($P=95\%$)

$f(m-1)$	X^2	$f(m-1)$	X^2
1	3.84	21	32.7
2	5.99	22	33.9
3	7.81	23	35.2
4	9.49	24	36.4
5	11.07	25	37.7
6	12.59	26	38.9
7	14.07	27	40.1
8	15.51	28	41.3
9	16.92	29	42.6
10	18.31	30	43.8
11	19.68	35	49.8
12	21.03	40	55.8
13	22.36	50	67.5
14	23.69	60	79.1
15	25.00	70	90.5
16	26.30	80	101.9
17	27.59	90	113.1
18	28.87	100	124.3
19	30.14		
20	31.41		

表 3　Cochran 检验法的临界值表

m	$n_i=2$		$n_i=3$		$n_i=4$		$n_i=5$		$n_i=6$	
	99%	95%	99%	95%	99%	95%	99%	95%	99%	95%
2	—	—	0.995	0.975	0.979	0.939	0.959	0.906	0.937	0.877
3	0.993	0.967	0.942	0.871	0.883	0.798	0.834	0.746	0.793	0.707
4	0.968	0.906	0.864	0.768	0.781	0.684	0.721	0.629	0.676	0.590
5	0.928	0.841	0.788	0.684	0.696	0.598	0.633	0.544	0.588	0.506
6	0.883	0.781	0.722	0.616	0.626	0.532	0.564	0.480	0.520	0.445
7	0.838	0.727	0.664	0.561	0.568	0.480	0.508	0.431	0.466	0.397
8	0.794	0.680	0.615	0.516	0.521	0.438	0.463	0.391	0.423	0.360
9	0.754	0.638	0.573	0.478	0.481	0.403	0.425	0.358	0.387	0.329

表 3（续）

m	$n_i=2$		$n_i=3$		$n_i=4$		$n_i=5$		$n_i=6$	
	99%	95%	99%	95%	99%	95%	99%	95%	99%	95%
10	0.718	0.602	0.536	0.445	0.447	0.373	0.393	0.331	0.357	0.303
11	0.684	0.570	0.504	0.417	0.418	0.348	0.366	0.308	0.332	0.281
12	0.653	0.541	0.475	0.392	0.392	0.326	0.343	0.288	0.310	0.262
13	0.624	0.515	0.450	0.371	0.369	0.307	0.322	0.271	0.291	0.246
14	0.599	0.492	0.427	0.352	0.349	0.291	0.304	0.255	0.274	0.232
15	0.575	0.471	0.407	0.335	0.332	0.276	0.288	0.242	0.259	0.220
16	0.553	0.452	0.388	0.319	0.316	0.262	0.274	0.230	0.246	0.208
17	0.532	0.434	0.372	0.305	0.301	0.250	0.261	0.219	0.234	0.198
18	0.514	0.418	0.356	0.293	0.288	0.240	0.249	0.209	0.223	0.189
19	0.496	0.403	0.343	0.281	0.276	0.230	0.238	0.200	0.214	0.181
20	0.480	0.389	0.330	0.270	0.265	0.220	0.229	0.192	0.205	0.174
21	0.465	0.377	0.318	0.261	0.255	0.212	0.220	0.185	0.197	0.167
22	0.450	0.365	0.307	0.252	0.246	0.204	0.212	0.178	0.189	0.160
23	0.437	0.354	0.297	0.243	0.238	0.197	0.204	0.172	0.182	0.155
24	0.425	0.343	0.287	0.235	0.230	0.191	0.197	0.166	0.176	0.149
25	0.413	0.334	0.278	0.228	0.222	0.185	0.190	0.160	0.170	0.144
26	0.402	0.325	0.270	0.221	0.215	0.179	0.184	0.155	0.164	0.140
27	0.391	0.316	0.262	0.215	0.209	0.173	0.179	0.150	0.159	0.135
28	0.382	0.308	0.255	0.209	0.202	0.168	0.173	0.146	0.154	0.131
29	0.372	0.300	0.248	0.203	0.196	0.164	0.168	0.142	0.150	0.127
30	0.363	0.293	0.241	0.198	0.191	0.159	0.164	0.138	0.145	0.124
31	0.355	0.286	0.235	0.193	0.186	0.155	0.159	0.134	0.141	0.120
32	0.347	0.280	0.229	0.188	0.181	0.151	0.155	0.131	0.138	0.117
33	0.339	0.273	0.224	0.184	0.177	0.147	0.151	0.127	0.134	0.114
34	0.332	0.267	0.218	0.179	0.172	0.144	0.147	0.124	0.131	0.111
35	0.325	0.262	0.213	0.175	0.168	0.140	0.144	0.121	0.127	0.108
36	0.318	0.256	0.208	0.172	0.165	0.137	0.140	0.119	0.124	0.106
37	0.312	0.251	0.204	0.168	0.161	0.134	0.137	0.116	0.121	0.103
38	0.306	0.246	0.200	0.164	0.157	0.131	0.134	0.113	0.119	0.101
39	0.300	0.242	0.196	0.161	0.154	0.129	0.131	0.111	0.116	0.099
40	0.294	0.237	0.192	0.158	0.151	0.126	0.128	0.108	0.114	0.097

表4 F 检验法的临界值表（P＝99％）

f_2	f_1														
	1	2	3	4	5	6	7	8	9	10	11	12	13	14	15
1	4 052	4 999	5 403	5 625	5 764	5 859	5 928	5 981	6 023	6 056	6 083	6 106	6 126	6 143	6 157
2	98.5	99.0	99.2	99.3	99.3	99.3	99.4	99.4	99.4	99.4	99.4	99.4	99.4	99.4	99.4
3	34.1	30.8	29.4	28.7	28.2	27.9	27.7	27.5	27.3	27.2	27.1	27.1	27.0	26.9	26.9
4	21.2	18.0	16.7	16.0	15.5	15.2	15.0	14.8	14.7	14.5	14.5	14.4	14.3	14.2	14.2
5	16.3	13.3	12.1	11.4	11.0	10.7	10.5	10.3	10.2	10.1	9.96	9.89	9.82	9.77	9.72
6	13.7	10.9	9.78	9.15	8.75	8.47	8.26	8.10	7.98	7.87	7.79	7.72	7.66	7.60	7.56
7	12.2	9.55	8.45	7.85	7.46	7.19	6.99	6.84	6.72	6.62	6.54	6.47	6.41	6.36	6.31
8	11.3	8.65	7.59	7.01	6.63	6.37	6.18	6.03	5.91	5.81	5.73	5.67	5.61	5.56	5.52
9	10.6	8.02	6.99	6.42	6.06	5.80	5.61	5.47	5.35	5.26	5.18	5.11	5.05	5.01	4.96
10	10.0	7.56	6.55	5.99	5.64	5.39	5.20	5.06	4.94	4.85	4.77	4.71	4.65	4.60	4.56
11	9.64	7.20	6.21	5.67	5.31	5.07	4.88	4.74	4.63	4.54	4.46	4.39	4.34	4.29	4.25
12	9.33	6.93	5.95	5.41	5.06	4.82	4.64	4.50	4.39	4.30	4.22	4.16	4.10	4.05	4.01
13	9.07	6.70	5.74	5.21	4.86	4.62	4.44	4.30	4.19	4.10	4.02	3.96	3.90	3.86	3.82
14	8.86	6.51	5.56	5.04	4.69	4.46	4.28	4.14	4.03	3.94	3.86	3.80	3.75	3.70	3.66
15	8.68	6.36	5.42	4.89	4.56	4.32	4.14	4.00	3.89	3.80	3.73	3.67	3.61	3.56	3.52
16	8.53	6.23	5.29	4.77	4.44	4.20	4.03	3.89	3.78	3.69	3.62	3.55	3.50	3.45	3.41
17	8.40	6.11	5.18	4.67	4.34	4.10	3.93	3.79	3.68	3.59	3.52	3.46	3.40	3.35	3.31
18	8.29	6.01	5.09	4.58	4.25	4.01	3.84	3.71	3.60	3.51	3.43	3.37	3.32	3.27	3.23
19	8.18	5.93	5.01	4.50	4.17	3.94	3.77	3.63	3.52	3.43	3.36	3.30	3.24	3.19	3.15
20	8.10	5.85	4.94	4.43	4.10	3.87	3.70	3.56	3.46	3.37	3.29	3.23	3.18	3.13	3.09
21	8.02	5.78	4.87	4.37	4.04	3.81	3.64	3.51	3.40	3.31	3.24	3.17	3.12	3.07	3.03
22	7.95	5.72	4.82	4.31	3.99	3.76	3.59	3.45	3.35	3.26	3.18	3.12	3.07	3.02	2.98
23	7.88	5.66	4.76	4.26	3.94	3.71	3.54	3.41	3.30	3.21	3.14	3.07	3.02	2.97	2.93
24	7.82	5.61	4.72	4.22	3.90	3.67	3.50	3.36	3.26	3.17	3.09	3.03	2.98	2.93	2.89
25	7.77	5.57	4.68	4.18	3.85	3.63	3.46	3.32	3.22	3.13	3.06	2.99	2.94	2.89	2.85
26	7.72	5.53	4.64	4.14	3.82	3.59	3.42	3.29	3.18	3.09	3.02	2.96	2.90	2.86	2.81
27	7.68	5.49	4.60	4.11	3.78	3.56	3.39	3.26	3.15	3.06	2.99	2.93	2.87	2.82	2.78
28	7.64	5.45	4.57	4.07	3.75	3.53	3.36	3.23	3.12	3.03	2.96	2.90	2.84	2.79	2.75
29	7.60	5.42	4.54	4.04	3.73	3.50	3.33	3.20	3.09	3.00	2.93	2.87	2.81	2.77	2.73
30	7.56	5.39	4.51	4.02	3.70	3.47	3.30	3.17	3.07	2.98	2.91	2.84	2.79	2.74	2.70
40	7.31	5.18	4.31	3.83	3.51	3.29	3.12	2.99	2.89	2.80	2.73	2.66	2.61	2.56	2.52
50	7.17	5.06	4.20	3.72	3.41	3.19	3.02	2.89	2.78	2.70	2.62	2.56	2.51	2.46	2.42
60	7.07	4.98	4.13	3.65	3.34	3.12	2.95	2.82	2.72	2.63	2.56	2.50	2.44	2.39	2.35
70	7.01	4.92	4.07	3.60	3.29	3.07	2.91	2.78	2.67	2.59	2.51	2.45	2.40	2.35	2.31
80	6.96	4.88	4.04	3.56	3.25	3.04	2.87	2.74	2.64	2.55	2.48	2.42	2.36	2.31	2.27
90	6.92	4.85	4.01	3.53	3.23	3.01	2.84	2.72	2.61	2.52	2.45	2.39	2.33	2.29	2.24
100	6.89	4.82	3.98	3.51	3.21	2.99	2.82	2.69	2.59	2.50	2.43	2.37	2.31	2.27	2.22
200	6.75	4.71	3.88	3.41	3.11	2.89	2.73	2.60	2.50	2.41	2.34	2.27	2.22	2.17	2.13
500	6.69	4.65	3.82	3.36	3.05	2.84	2.68	2.55	2.44	2.36	2.29	2.22	2.17	2.12	2.07
□	6.63	4.61	3.78	3.32	3.02	2.80	2.64	2.51	2.41	2.32	2.25	2.18	2.13	2.08	2.04

表4(续)

f_2	f_1														
	16	17	18	19	20	30	40	50	60	70	80	100	200	500	□
1	6 169	6 182	6 192	6 201	6 209	6 261	6 287	6 303	6 313	6 320	6 326	6 335	6 350	6 361	6 366
2	99.4	99.4	99.4	99.4	99.5	99.5	99.5	99.5	99.5	99.5	99.5	99.5	99.3	99.5	99.5
3	26.8	26.8	26.8	26.7	26.7	26.5	26.4	26.4	26.3	26.3	26.3	26.2	26.2	26.1	26.1
4	14.2	14.1	14.1	14.0	14.0	13.8	13.7	13.7	13.7	13.6	13.6	13.6	13.5	13.5	13.5
5	9.68	9.64	9.61	9.58	9.55	9.38	9.29	9.24	9.20	9.18	9.16	9.13	9.08	9.04	9.02
6	7.52	7.48	7.45	7.42	7.40	7.23	7.14	7.09	7.06	7.03	7.01	6.99	6.93	6.90	6.88
7	6.28	6.24	6.21	6.18	6.16	5.99	5.91	5.86	5.82	5.80	5.78	5.75	5.70	5.67	5.65
8	5.48	5.44	5.41	5.38	5.36	5.20	5.12	5.07	5.03	5.01	4.99	4.96	4.91	4.88	4.86
9	4.92	4.89	4.86	4.83	4.81	4.65	4.57	4.52	4.48	4.46	4.44	4.41	4.36	4.33	4.31
10	4.52	4.49	4.46	4.43	4.41	4.25	4.17	4.12	4.08	4.06	4.04	4.01	3.96	3.93	3.91
11	4.21	4.18	4.15	4.12	4.10	3.94	3.86	3.81	3.77	3.75	3.73	3.70	3.65	3.62	3.60
12	3.97	3.94	3.91	3.88	3.86	3.70	3.62	3.57	3.54	3.51	3.49	3.47	3.41	3.38	3.36
13	3.78	3.74	3.72	3.69	3.66	3.51	3.42	3.37	3.34	3.32	3.30	3.27	3.22	3.19	3.17
14	3.62	3.59	3.56	3.53	3.51	3.35	3.27	3.22	3.18	3.16	3.14	3.11	3.06	3.03	3.00
15	3.49	3.45	3.42	3.40	3.37	3.21	3.13	3.08	3.05	3.02	3.00	2.98	2.92	2.89	2.87
16	3.37	3.34	3.31	3.28	3.26	3.10	3.02	2.97	2.93	2.91	2.89	2.86	2.81	2.78	2.75
17	3.27	3.24	3.21	3.19	3.16	3.00	2.92	2.87	2.83	2.81	2.79	2.76	2.71	2.68	2.65
18	3.19	3.16	3.13	3.10	3.08	2.92	2.84	2.78	2.75	2.72	2.70	2.68	2.62	2.59	2.57
19	3.12	3.08	3.05	3.03	3.00	2.84	2.76	2.71	2.67	2.65	2.63	2.60	2.55	2.51	2.49
20	3.05	3.02	2.99	2.96	2.94	2.78	2.69	2.64	2.61	2.58	2.56	2.54	2.48	2.44	2.42
21	2.99	2.96	2.93	2.90	2.88	2.72	2.64	2.58	2.55	2.52	2.50	2.48	2.42	2.38	2.36
22	2.94	2.91	2.88	2.85	2.83	2.67	2.58	2.53	2.50	2.47	2.45	2.42	2.36	2.33	2.31
23	2.89	2.86	2.83	2.80	2.78	2.62	2.54	2.48	2.45	2.42	2.40	2.37	2.32	2.28	2.26
24	2.85	2.82	2.79	2.76	2.74	2.58	2.49	2.44	2.40	2.38	2.36	2.33	2.27	2.24	2.21
25	2.81	2.78	2.75	2.72	2.70	2.54	2.45	2.40	2.36	2.34	2.32	2.29	2.23	2.19	2.17
26	2.78	2.75	2.72	2.69	2.66	2.50	2.42	2.36	2.33	2.30	2.28	2.25	2.19	2.16	2.13
27	2.75	2.71	2.68	2.66	2.63	2.47	2.38	2.33	2.29	2.27	2.25	2.22	2.16	2.12	2.10
28	2.72	2.68	2.65	2.63	2.60	2.44	2.35	2.30	2.26	2.24	2.22	2.19	2.13	2.09	2.06
29	2.69	2.66	2.63	2.60	2.57	2.41	2.33	2.27	2.23	2.21	2.19	2.16	2.10	2.06	2.03
30	2.66	2.63	2.60	2.57	2.55	2.39	2.30	2.25	2.21	2.18	2.16	2.13	2.07	2.03	2.01
40	2.48	2.45	2.42	2.39	2.37	2.20	2.11	2.06	2.02	1.99	1.97	1.94	1.87	1.85	1.80
50	2.38	2.35	2.32	2.29	2.27	2.10	2.01	1.95	1.91	1.88	1.86	1.82	1.76	1.71	1.68
60	2.31	2.28	2.25	2.22	2.20	2.03	1.94	1.88	1.84	1.81	1.78	1.75	1.68	1.63	1.60
70	2.27	2.23	2.20	2.18	2.15	1.98	1.89	1.83	1.78	1.75	1.73	1.70	1.62	1.57	1.54
80	2.23	2.20	2.17	2.14	2.12	1.94	1.85	1.79	1.75	1.71	1.69	1.65	1.58	1.53	1.49
90	2.21	2.17	2.14	2.11	2.09	1.92	1.82	1.76	1.72	1.68	1.66	1.62	1.55	1.50	1.46
100	2.19	2.15	2.12	2.09	2.07	1.89	1.80	1.74	1.69	1.66	1.63	1.60	1.52	1.47	1.43
200	2.09	2.06	2.03	2.00	1.97	1.79	1.69	1.63	1.58	1.55	1.52	1.48	1.39	1.33	1.28
500	2.04	2.00	1.97	1.94	1.92	1.74	1.63	1.56	1.52	1.48	1.45	1.41	1.31	1.23	1.16
□	2.00	1.97	1.93	1.90	1.88	1.70	1.59	1.52	1.47	1.43	1.40	1.36	1.25	1.15	1.00

表 5　Dixon 检验法的临界值

检验标准	m	临界值	
		95％	99％
$Q_{10}=\dfrac{Z(2)-Z(1)}{Z(H)-Z(1)}$ 或 $Q_{10}=\dfrac{Z(H)-Z(H-1)}{Z(H)-Z(1)}$，取数值较大者	3	0.970	0.994
	4	0.829	0.926
	5	0.710	0.821
	6	0.628	0.740
	7	0.569	0.680
	8	0.608	0.717
	9	0.564	0.672
	10	0.530	0.635
	11	0.502	0.605
	12	0.479	0.579
$Q_{22}=\dfrac{Z(3)-Z(1)}{Z(H-2)-Z(1)}$ 或 $Q_{22}=\dfrac{Z(H)-Z(H-2)}{Z(H)-Z(3)}$，取数值较大者	13	0.611	0.697
	14	0.586	0.670
	15	0.565	0.647
	16	0.546	0.627
	17	0.529	0.610
	18	0.514	0.594
	19	0.501	0.580
	20	0.489	0.567
	21	0.478	0.555
	22	0.468	0.544
	23	0.459	0.535
	24	0.451	0.526
	25	0.443	0.517
	26	0.436	0.510
	27	0.429	0.502
	28	0.423	0.495
	29	0.417	0.489
	30	0.412	0.483
	31	0.407	0.477
	32	0.402	0.472
	33	0.397	0.467
	34	0.393	0.462
	35	0.388	0.458
	36	0.384	0.454
	37	0.381	0.450
	38	0.377	0.446
	39	0.374	0.442
	40	0.371	0.438

表6 比对试验结果分析

实验室编号	分析									样品			
	独立值 x_1									n_1	x_1	s_1	s_1^2
	1	2	3	4	5	6	7	8					
1	548	556	558	553	542					5	551	6.47	41.8
2	300	299	304	308	300					5	302	3.83	14.7
3	567	558	563	532*	560	560	563	567		7	563	3.51	12.3
4	557	550	555	560	551					5	555	4.16	17.3
5	569	575	565	560	572					5	568	5.89	34.7
6	550	546	549	557	588	570	576	568		8	563	14.92	222.6
7	557	560	560	552	547					5	555	5.63	31.7
8	548	543	560	551	548					5	550	6.28	39.5
9	558	563	551	555	560					5	556	5.63	31.7
10	554	559	551	545	557					5	553	5.5	30.2

统计数据：

实验室内：$s_1 = \pm 5.37, f_1 = 34$

实验室间：$s_z = \pm 13.97, f_z = 7$

$s_r = \pm 5.37 \quad r = 15 \quad s_R = \pm 7.78 \quad R = 22$

Bartlett 检验：$PB = 3.16 < 15.51(95\% ; f = 8)$

方差分析：$PF = 6.76 > 3.21(99\% ; f_1 = 7 ; f_2 = 34)$

参 考 文 献

[1] AFNOR, norme NFX06041, *Fidélitè des méthodes d'essai. Déter mination de la répétabilité et de la reproductibilité par essais interlaboratoires*.

[2] DAVIES O. L., GOLDSMITH P. l., *Statistical Methods in Research and Production*, Oliver and Boyd, Edinburgh, 1972.

[3] GOETSCH F. H., KRÖNERT W., OLSCHIMKE D., OTTO U., VIERKÖTTER S., *Meth. An.*, 1978, No 667.

[4] GOTTSCHALK G., KAISER K. E., *Einführung in die Varianzanalyse und Ringversuche*, Bl Hoschultaschenbücher, Band 775, 1976.

[5] GRAF, HENNING, WILRICH, *Statistische Methoden bei textilen Untersuchungen*, Springer Verlag, Berlin, Heidelberg, New York, 1974.

[6] GRUBBS F. E., *Sample Criteria for Testing Outlying Observations*, The Annals of Mathematical Statistics, 1950, vol. 21, p 2758.

[7] GRUBBS F. E., *Procedures for Detecting Outlying Observations in Samples*, Technometrics, 1969, vol. 11, No 1, p 121.

［8］ GRUBBS F. E. and BECK G. , *Extension of Sample Sizes and Percentage Points for Significance Tests of Outlying Observations* , *Technometrics* ,1972 ,vol. 14 ,No 4 ,p 847854.

［9］ ISO ,norme 5725.

［10］ KAISER R. ,GOTTSCHALK G. , *Elementare Tests zur Beurteilung von Messdaten* ,BI Hochschultaschenbücher, Band 774 ,1972.

［11］ LIENERT G. A. , *Verteilungsfreie Verfahren in der Biostatistik* ,Band I ,Verlag Anton Haine ,Meisenheim am Glan ,1973.

［12］ NALIMOV V. V. , *The Application of Mathematical Statistics to Chemical Analysis* ,Pergamon Press, Oxford ,London ,Paris ,Frankfurt ,1963.

［13］ SACHS L. , *Statistische Auswertungsmethoden* ,Springer Verlag ,Berlin ,Heidelberg ,New York ,1968.

OIV-MA-AS1-08

方法的可靠性

（决议 Oeno 5/99）

由比对实验得到的关于分析方法可靠性的数据，适用于以下情况：

1）验证利用标准方法测得的实验结果；

2）评价超出标准限量的分析结果；

3）比较两个或以上实验室得到的实验结果，并将这些结果与参考值进行比较。

4）评价利用非标准方法测得的结果。

1. 验证利用标准方法测得的实验结果的可接受性

分析结果的有效性取决于以下几点：

• 实验室应按照质量管理体系执行全部分析工作。质量管理体系包括实验室管理、岗位职责、操作规程等；

• 作为质量管理体系的一部分，实验室应根据内部质量管理程序运行；

• 获得的检测结果应符合内部质量管理程序所规定的可接受性标准。

内部质量管理程序应根据国际认可标准来建立，如 IUPAC 的《分析实验室内部质量控制协作指南》。

内部质量管理意味着要进行标准物质分析。标准品应由用于待检测的样本模板组成，并含有适当的已知浓度的待测分析物质，该物质与样品中的目标物质相似。标准物质应尽可能经国际承认的组织认可。

然而，许多类型的分析并没有法定标准物质。在这种情况下一方面可以使用多个实验室在能力验证中使用的样品，并将实验结果的平均值作为待测物质的指定值。另一方面也可以利用模拟溶液（已知组分）作标准物质或者利用加标回收法加入已知剂量的待测物质到样品（该样品不包含待测物质）中制备成为标准品。

通过在一系列样品中加入标准物质并对试样和标准物质进行平行分析比对来进行质量控制。质量控制不仅能对检测方法的正确实施进行验证，同时它应该独立于分析校准和实验方案之外，并以对二者进行验证为目标。

系列样品是指在可重复条件下测试的大量样品。实验室内部质量控制有助于保证不确定度保持在适当水平以下。

如果分析结果被认为是正态总体的一部分，则只有 0.3% 左右的结果是在 $m \pm 3s$ 范围以外的（平均值为 m，标准偏差为 s）。当获得异常值（超出 $m \pm 3s$ 范围）时，则认为该体系不符合统计学要求，是不可靠的数据。

质量控制是利用 Shewhart 控制图的图形呈现。如图 1 所示，由标准品测得的数值置于垂直轴上，样品序列号置于水平轴。该图还包含代表平均值 m，警戒限 $m \pm 2s$ 和处置界限 $m \pm 3s$ 的水平线。

为了对标准偏差进行评估，应对对照样进行分析，其应包含至少 12 次试验，并且成对地进行分析。每个样品的分析对应该在重复条件下进行分析，并且是随机插入样品序列的。在不同日期进行重复测定，以反映不同样品序列之间的合理变化。这些变化有多种起因：反

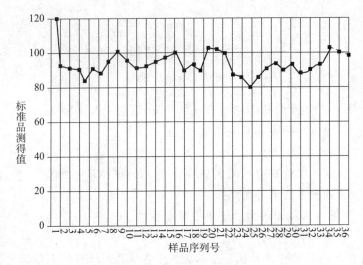

图 1 SHEWHART 控制图

应物成分的更改,仪器的重新校准,甚至是操作人员的不同。利用 Grubbs 检验法消除异常值后,计算标准偏差用以构建 Shewhart 图。将此标准偏差与标准方法的标准偏差进行比较。如果未达到标准方法规定的精度水平,应对其原因进行调查。

应该通过重复指定的程序,对实验室的精密度范围进行定期校订。

建立质量控制图后,用曲线图表示每个系列质控物所得的结果。

如有下列情况,则该系列被认为脱离统计学控制:

a) 出现偏离处置界限的数值;

b) 当前数值以及之前的数值在处置界限之内但在警戒限之外;

c) 9 个连续值位于平均值的同一侧。

实验室对"脱离控制"作出的措施是:摒除该系列结果,并进行测试以确定原因,然后采取措施以纠正这种情况。

Shewhart 控制图也可以绘制成表示相同样品的成对分析之间的差异的图形,特别是没有标准品的情况。在这种情况下,可用曲线图表示相同样品两次分析之间的绝对误差。图中低限是 0,警戒限是 $1.128S_w$,处置界限是 $3.686S_w$,S_w 指此系列的标准偏差。

这种类型的图形只用于说明可重复性。它应该不超过该方法已发布的重复性限量值。

在缺少质控样的情况下,有时需要通过比较获得的结果与其他实验室用相同样品得到的结果来验证结果未超出对照法的重现性限量值。

每个实验室均进行两个平行测试,并使用下面的公式进行计算:

$$C_r D_{95}(\bar{y}_1 - \bar{y}_2) = \sqrt[2]{R^2 - \frac{r^2}{2}}$$

其中,$C_r D_{95}$ ——临界差值(置信度 $P = 0.95$);

$\bar{y}_1$ ——实验室 1 所得的两个结果的平均值;

$\bar{y}_2$ ——实验室 2 所得的两个结果的平均值;

R ——标准方法的再现性;

r ——标准方法的可重复性。

如果超过临界值,须寻找潜在原因并在一个月内重复测试。

2. 评估超过法定限量值的分析结果

当检测结果超出法定上限时,应按照下列程序操作:

a) 对于单个结果(超出法定限量值时),须在可重复性条件下进行第二次测试。如果无法在重复性条件下进行第二次测试,则须在重复的条件下进行双重分析并用所得数据评价临界差值;

b) 须确定在重复条件下所得结果的平均值与法定限量值之间的绝对差值。若差值大于临界距离,则此样品不符合标准。

用下列公式计算临界差值:

$$C_r D_{95}(\bar{y} - m_0) = \frac{1}{2\sqrt{2}} \sqrt[2]{R^2 - r^2 \frac{n-1}{n}}$$

其中:$\bar{y}$——所得结果的平均值;

m_0——限量值;

n——测试次数;

R——再现性;

r——可重复性。

换言之,这一最大界限表示所得结果的算术平均值不应大于 $m_0 + C_r D_{95}(y - m_0)$

若这一界限为最小界限,所得结果的算术平均值不应小于

$$m_0 - C_r D_{95}(y - m_0)$$

3. 比较两个或两个以上实验室所得结果,并比较实验结果与参考值

为了判断两个实验室测得的结果是否一致,可计算两个结果的绝对差,并和临界差值进行比较:

$$C_r D_{95}(\bar{y_1} - \bar{y_2}) = \sqrt[2]{R^2 - r^2 \left(1 - \frac{1}{2n_1} - \frac{1}{2n_2}\right)}$$

其中:$\bar{y_1}$——实验室 1 两次测定值的平均值;

$\bar{y_2}$——实验室 2 两次测定值的平均值;

n_1——实验室 1 的样品数;

n_2——实验室 2 的样品数;

R——标准方法的再现性;

r——标准方法的可重复性。

如果结果是两次测试的平均值,则方程式可以简化为:

$$C_r D_{95}(\bar{y_1} - \bar{y_2}) = \sqrt[2]{R^2 - \frac{r^2}{2}}$$

如果数据为单个结果,则临界差值就是 R。若没有超出临界差值,则说明两个实验室的结果是一致的。

比较多个实验室所得结果与参考值:

假设 p 个实验室进行了 n_1 次测定,单个实验室的平均值是 y_i,总平均值是:

$$\bar{y} = \frac{1}{p} \sum \bar{y_i}$$

将所有实验室的平均值与参考值进行比较。使用下列公式计算,如果绝对差超过临界

差值,则断定所得结果与参考值不一致:

$$C_r D_{95} (\bar{y} - m_0) = \frac{1}{\sqrt{2}\,\sqrt[2]{2p}} \sqrt[2]{R^2 - r^2 \left(1 - \frac{1}{p} \sum \frac{1}{n_1}\right)}$$

$C_r D_{95}$ 为临界差值,按第 2 点的标准方法计算。

例如,参考值可能由标准物质测得,或者来源于同一或不同实验室用不同方法测得的结果。

4. 利用未经验证的方法所得分析结果的评估

可以通过与第二个实验室进行比较为未经验证的方法设定一个临时再现性值。

$$R_{pov} = \sqrt[2]{(\bar{y}_1 - \bar{y}_2)^2 + \frac{r^2}{2}}$$

其中:$\bar{y}_1$——实验室 1 所得的两个结果的平均值;

$\bar{y}_2$——实验室 2 所得的两个结果的平均值;

r——标准方法的可重复性。

临时的再现性可用来计算临界差值。如果临时再现性少于可重复性的 2 倍,应该设定为 $2r$。一个大于 3 倍再现性值,或大于用 Horwitz 方程计算所得值两倍的可重复性值,是不可用的。

Horwitz 方程:

$$RSD_R\% = 2^{1 - 0.5\,\log_{10} c}$$

$RSD_R\%$ 为再现性的标准差(用平均值的百分数表示);c 为浓度,用十进制的小数表示(例如,10 g/100 g=0.1)。

该方程是由 3000 多次协作研究的经验所得,这些协作研究包括各种不同的检测物质、基质和检测技术。在缺乏其他信息的情况下,RSD_R 值少于或等于用 Horwitz 方程算出的 RSD_R 值(见表 1)仍然是可接受的。

表 1　利用 Horwitz 方程计算得到的 RSD_R 值

浓度	RSD_R/%
10^{-9}	45
10^{-8}	32
10^{-7}	23
10^{-6}	16
10^{-5}	11
10^{-4}	8
10^{-3}	5.6
10^{-2}	4
10^{-1}	2.8
1	2

如果利用未经验证的方法所得的结果接近法定限量,利用如下方法确定检测限(上限):

$$S = m_0 + \{(R_{rout}/R_{ref}) - 1\} \times C_r D_{95}$$

对于下限:

$$S = m_0 - \{(R_{rout}/R_{ref}) - 1\} \times C_r D_{95}$$

其中：S——判定限量；

m_0——法定限量；

R_{rout}——未经验证方法的临时再现性；

R_{ref}——标准方法的再现性；

$C_r D_{95}$——临界差值，按标准方法的第 2 点来计算。

如果结果超过了检测限，则应该替换为利用标准方法获得的最终结果。

非 95% 概率水平的临界差值

这个临界差值可以由 95% 概率水平下的临界差值乘以表 2 中的相应系数得到。

表 2　用于计算 95% 概率水平以外的临界差值的乘法系数

概率水平 P	乘法系数
90	0.82
95	1.00
98	1.16
99	1.29
99.5	1.40

参 考 文 献

[1] "Harmonized Guidelines for Internal Quality Control in Analytical Chemistry Laboratories". IUPAC. Pure and App. Chem. Vol 67, n° 4, 649-666, 1995.

[2] "Shewhart Control Charts" ISO 8258. 1991.

[3] "Precision of test methods-Determination of repeatability and reproducibility for a standard test method by inter-laboratory tests". ISO 5725, 1994.

[4] "Draft Commission Regulation of establishing rules for the application of reference and routine methods for the analysis and quality evaluation of milk and milk products". Commission of the European Communities, 1995.

[5] "Harmonized protocols for the adoption of standardized analytical methods and for the presentation of their performance characteristics". IUPAC. Pure an App. Chem. , Vol. 62, n° 1, 149-162. 1990.

OIV-MA-AS1-09

实验室间比对计划的设计、实施和解释方案

(决议 Oeno 6/2000)

【前言】

经过多次的会议和研讨后,来自 27 个组织的代表都一致接受了"合作研究的设计,实施和解释权协议",并刊登于 Pure & Appl. Chem. 1995 年,第 60 期,855-864 页。许多机构组织已接受并起用了该协议。结合到实际使用经验和分析方法与采样 Codex 专业委员会的建议(联合国粮农组织(FAO)/世界卫生组织(WHO)食品标准项目,第 18 次报告会议,1992 年 11 月 9 日～13 日;联合国粮农组织,意大利罗马,ALINORM 93/23,条款 34～39),需要对原协议进行三处小修订,包括是(1)删除"双水平设计",因为其产生的相互作用项依赖于水平选择,而且如果其达到统计学显著水平,则无法解释其相互作用的物理意义;(2)扩大"材料"的定义;(3)异常值去除标准从 1‰变为 2.5%。

修订后的草案转载如下。为了提高可读性,还做了一些编辑性的小修改。"多实验室研究命名法"的词汇和定义,(1994 年推荐规范)[发表于 Pure Appl Chem. ,1994 年,第 66 期,1903-1911 页],以及修改后更适用于分析化学的国际标准化组织 ISO 的适当条款。

【协议】

1　前期工作

方法性能的(协作)研究需要进行大量的工作,并且只能对已经进行了充分的前期测试的实验方法进行研究。这样的实验室内部测试应该包括如下信息:

1.1　精密度的预评估

对实验室内部所有浓度范围(至少包括最高限量和最低限量)的分析结果的总标准偏差进行评价,并且特别注意标准值或者规范值。

> 注 1:与 ISO 的可重复性标准偏差(3.3 节)相比,实验室内总标准偏差能更好地衡量不精确性。该标准偏差是关于方法性能研究的最大的实验室内精密度变量,它至少包含了不同时期的变异性,最好还包括了不同校准曲线的变异性,同时它也包含了批次内变异性以及批次间的变异性。由此,它可以作为一个衡量实验室内再现性的量度。除非数值在可接受范围内,否则它不能用于预期实验室间标准偏差(再现性标准偏差)。在本协议中,术语"精确度"不能从最小研究中评估得到。

> 注 2:实验室内总标准偏差也可从耐用性试验中评估得出,耐用性试验指出实验因素控制的严格程度以及这些因素的允许范围。这些实验确定的范围应该纳入方法描述中。

1.2　系统误差(偏离)

对目标物质所有浓度范围(至少包括最高限量和最低限量)的分析结果的系统误差的评价,并且特别强调标准值或者规范值。

应该注明利用该方法检测相关标准物质所得结果。

1.3　回收率

向原材料、萃取物、消化物或者其他经过处理的溶液中加标后的回收率。

1.4 适用性

适用于在考虑基质效应的基础之上,鉴定和测量样品中可能存在的待测物的物理和化学形态。

1.5 干扰

一定量的其他成分的物质在基质中的存在会影响检测结果。

1.6 方法比较

该方法测定的实验结果与利用该方法测定的其他实验(目的类似)结果进行比对。

1.7 校准程序

指定的校准程序和空白校正程序不得引入重要偏差到结果中。

1.8 方法描述

方法描述必须清楚明白。

1.9 有效数字

主办实验室应该基于测量仪器输出的结果来指明报告多少位有效数字。

注:利用计算器或者计算机对报告数据进行统计计算时,在得到最终报告平均值和标准偏差前,都不能进行四舍五入或者截断运算。最终,标准偏差取 2 位有效数字,并且平均值和相对标准偏差均进行调整以适应标准偏差的有效数字位数。例如,据报道如果标准偏差 $S_R = 0.012$,均数 c 应报告为 0.147,不是 0.147 3 或 0.15,相对标准偏差报告为 8.2%(符号定义见 Appendix L)。如果标准偏差必须由人工计算,在中间结果转换过程中,保留的平方数的有效数字位数应该是最终结果数据有效数字位数的 2 倍再加 1。

2 方法性能研究的设计

2.1 材料数量

对于一种类型的物质,至少使用 5 份材料(测试样本),只有涉及单个基质的单水平规格时,才可以将最少测试样本数量降低到 3。对于该设计参数,双水平设计的两个部分以及每个实验室盲样重复测试的两部分都算作一份样本。

注 1:材料是指方法性能参数适用的"分析物/基质/浓度"构成的组合。该参数决定了方法的适用范围。为了能应用到多种不同物质中,应该选择足够数量的基质和水平,包括潜在的干扰和典型用法的浓度。

注 2:2 个或以上盲样或者统计学上的公开重复样本算作一份材料(它们不是独立的)。

注 3:单一双水平的配对分析(Youden 对)若作为一对试验进行统计学测试,则算作一份样品,若作为单独的受试样本进行分析统计和报告,则它们是两种材料。此外,Youden 对可用于计算室内标准偏差,S_r:

$$S_r = \sqrt{(\sum d_i^2)/2n}(平行样品、盲样或者开放性样品)$$

$$S_r = \sqrt{(\sum d_i^2)/2(n-1)}(Youden 对)$$

其中,d_i 为每个实验室单个水平的两个独立值之差;n 为实验室数量。在这种特殊情况下,室间标准差 S_R 仅仅是由单个水平的独立部分计算所得的两个 S_R 的平均值,其仅被用于检验计算。

注 4:空白对照或阴性对照可以是一个独立于常规分析目的之外的材料,例如,在微量分析中经常需要检测非常低浓度的物质(接近定量限),空白可以用来进行"检测限"。但如果空白只用作是分析序列中的一个参照(例如,干酪中的脂肪),它就不被看作是一种对照材料。

2.2　实验室数量

每种分析材料至少需要 8 家实验室出具结果报告;只有当不可能达到 8 家时(例如设备很昂贵或非常专业的实验室要求),才考虑减少实验室数量,但是最少需要 5 家。如果是国际性研究,实验室应来自不同的国家。如果分析方法需要使用专业的仪器设备,研究应该包括全部可利用的实验室。在这种情况下,n 作为分母来计算标准偏差,而不是"$n-1$"。同最初参与的实验室一样,随后进入该领域的实验室应该进行能力验证。

2.3　重复测试数量

重复性准确度参数必须利用下述设计(按照合理顺序大致排列)之一进行评估:

2.3.1　双水平设计

出于设计和统计分析考虑,每个水平仅由单一材料构成,采用两种几乎完全相同,只在分析物浓度方面有轻微差异(例如,$<1\%\sim5\%$)的测试样本。每个实验室都必须对每个测试样本分析一次,且只能进行一次。

注:构成用于双水平研究分析的一对测试样本必须满足的统计标准是:每个水平的两部分的再现性标准偏差必须相等。

2.3.2　盲样重复测试与双水平分析相结合

在同一个研究中,一些材料采用双水平进行测试,另外的材料采用盲样重复测试(每个提交的测试样本都有一个单独值)。

2.3.3　盲样重复测试

对于每个材料,采用盲样重复测试;当不能对数据审查时(例如系统自动输入、计算和结果输出),也可使用非盲样重复测试。

2.3.4　已知样重复测试

对于每个材料,只有当前述设计不适用时,才能采用已知样重复测试(相同测试样品的试验部分进行 2 个或更多分析)。

2.3.5　独立分析

在这项研究中,仅采用每份样品中单独测试部分(即,不能进行复合分析),但是需要通过质量控制参数或其他独立于方法性能研究获得的实验室内数据计算可重复性参数以校正缺陷。

3　统计分析(详见附录流程图 A.4.1)

必须执行下列统计程序对数据进行统计学分析并报告结果。此外,不排除执行附加的程序。

3.1　有效数据

仅有效数据才能报告并进行统计处理(检验)。有效数据是实验室正常情况下的分析测试结果,它们不受到方法差异、仪器故障、期间意外事件或书写、打印和计算错误等因素影响。

3.2　单因素方差分析

必须对每个材料(测试样品)分别进行单因素方差分析和异常值处理以评估方差分量、

可重复性以及再现性参数。

3.3 初始估计

除去离群值后,仅利用有效数据计算平均值 c(为实验室均值的平均值)、重复性相对标准偏差 RSD_r 和再现性相对标准偏差 RSD_R。

3.4 离群值处理

需要上报的估算的精密度参数是基于初始有效数据得出的,这些数据可根据 1994 年发布的离群值消除程序除去离群值后获得。这个程序实际上是通过连续执行 Cochran 和 Grubbs 检验而组成的(在 2.5% 概率水平,单尾检验为 Cochran 检验和双尾检验为 Grubbs 检验),直到不再标记出离群值或者提供有效数据的实验室数量较初始数量下降了 22.2%。

3.4.1 Cochran 检验

首先应用 Cochran 离群值检测法(在 2.5% 概率水平,单尾检验),去掉临界值超出附录 A.3.1 中对应值(对应的实验室数量和重复测试次数)的实验室。

3.4.2 Grubbs 检验

应用单一值 Grubbs 检验,去除产生离群值的实验室。如果未标记出实验室,继续应用对值 Grubbs 检验(双尾检验)—2 个数值在同一端和一端一个数值。两种 Grubbs 检验均在 2.5% 的概率水平下进行检验。去除临界值超出附录 A.3.3 对应列值的实验室。当应用该检验法去除的实验室数量达到原始实验室数量的 22.2%(2 of 9)时,则停止去除。

> 注:应用 Grubbs 检验法一次性检验所有实验室针对一种材料得到的一系列重复测试平均值,而不是检验由重复测试得到的个体数值。因为这些数值的总体分布是多峰的,不符合高斯分布,即,它们与总体平均值的差异不是独立的。

3.4.3 最终评估

运用前述程序除去产生离群值的实验室后,按照 3.3 重新计算这些参数。如果按顺序进行 Cochran—Grubbs 顺序检验判断没有离群值,则停止检验。否则,再应用 Cochran—Grubbs 检验来除去所有标记出的离群值,直到标记不出离群值或者超过初始实验室数量的 22.2%(2/9)的实验室在下轮检验中将被去除。详见流程图 A.3.4。

4 最终报告

发布的最终报告应该包括所有有效数据。其他信息和参数应以下列类似格式(对应于报告项目)来报告:

$[x]$ 国际水平的方法性能测试,在 [年份] 由 [组织方] 组织 $[y$ 和 $z]$ 实验室参加,每个实验室进行 $[k]$ 次重复实验,得到下列统计结果:

方法性能参数表格

分析物;结果 [单位]

材料 [描述,按照平均值数量级递增顺序从表头垂直排列并描述]

除去产生离群值的实验室后剩余的实验室数量

产生离群值的实验室数量

产生离群值的实验室的编号或名称

可接受结果的数目

平均值

真实值或可接受值(如果已知)

重复性标准偏差(S_r)

重复性相对标准偏差$(\mathrm{RSD_r})$

重复性限量 $r(2.8\times S_r)$

再现性标准偏差(S_R)

再现性相对标准偏差$(\mathrm{RSD_R})$

再现性限量 $R(2.8\times S_R)$

4.1　符号

报告和出版物中使用的符号见附录 1(A.1.)。

4.2　定义

研究报告和出版物中使用的定义见附录 2(A.2.)。

4.3　其他参数

4.3.1　回收率

作为实验方法或者实验室偏差控制方法的加标回收率计算方法如下:

$$回收率=\frac{分析物检测总量-分析物初始含量}{分析物添加量}\times100$$

分析物可以以浓度或者数量表达,其单位必须保持一致。当对分析物进行定量检测时,使用的检测方法应始终保持一致。

报告的分析结果应该是未经回收率修正的。回收率应该单独报告。

4.3.2　当 S_L 是负数时

根据定义,在方法性能研究中 S_R 大于或者等于 S_r;偶然情况下,S_r 的估算值会大于 S_R 的估算值(重复测试的平均值大于实验室平均值范围,则计算出的 S_L^2 为负数),这时应设定 $S_L=0$ 和 $S_R=S_r$。

附 录 A

A.1 参数

通常采用下列参数对方法进行评价。

平均值(实验室平均值) x

标准偏差 s(估算)

重复性标准偏差 S_r

"纯粹"实验室间标准偏差 S_L

再现性标准偏差 S_R

方差 S^2(带下标 r,L 或 R)

$$S_R{}^2 = S_L{}^2 + S_r{}^2$$

相对标准偏差   RSD(带下标 r,L 或 R)

最大容许偏差

(由 ISO 5725:1986 定义,见附录 A.2.4 和 A.2.5)

重复性限量 $r = (2.8 \times S_r)$

再现性限量 $R = (2.8 \times S_R)$

每个实验室重复测试的次数 k(一般性)

每 i 个实验室平均重复测试的次数 k(对于均衡设计)

实验室数量 L

材料(测试样品)的数量 m

一个指定试验的总的次数 n($= kL$,用于均衡设计)

一个指定研究的总的次数 N($= kLm$,用于整体均衡设计)

注:如果使用其他的符号,应充分解释它们与被推荐符号的关系。

A.2 定义

使用下列定义。前三个定义是采用 IUPAC(国际纯粹与应用化学联合会)文件"多实验室研究的命名法"(1994 年发布)。后 2 个定义收集自 ISO 3534-1:1993。假定所有测试结果是独立的,即利用一种不受到任何以前结果干扰的方式从相同或相似的测试对象获得的结果。精密度的数量测度严格取决于规定的条件。重复性和再现性条件是设定的极端条件。

A.2.1 方法性能研究

参与室间研究的实验室均应遵守相同的书面协议,并采用同样的测试方法来定量分析相同的检验项目(测试样品、材料)。报告的结果用于评估方法特性。这些方法特性一般是实验室内部和室间精密度,如有必要和可能,还包括其他相关特性如:系统误差、回收率、内部质量控制参数、灵敏度、检测限和适用性。

A.2.2 实验室水平测试

实验室水平测试是一种实验室内研究,它包括了一组实验室利用各自选定的方法对一个或多个均衡的、稳定的测试项目进行的一次或多次分析和测量。为了对实验室性能进行评估或改进,通常将报告的结果与其他实验室的结果或者已知或指定的标准值进行对比。

A.2.3 材料认证研究

多实验室研究为检测项目的量值(浓度或者性能)指定了标准值(真实值),通常带有一定的不确定度。

A.2.4 重复性限(r)

当同一实验室内的同一实验人员在短期内用相同的仪器设备和相同的实验方法,对特定的检测项目进行两次独立测定所得的平均值处于最终报告(4.0)规定的平均值范围内时,这两次独立测量结果的绝对偏差应该小于或等于可重复性限量(r)[$=2.8×S$]。重复性限量可以利用线性内插法由报告中的S_r获得。

> 注:再现性限量可以通过内插法扩展应用其他测试项目上,这些测试项目的平均值不同于用来评估原始参数的平均值(通常在运用这些定义的时候都会出现这样的情况)。重复性限量和再现性限量是专门应用于95%置信水平,通过$2.8×S_r$[或者S_R]得到。这个统计概念一般应用于定位测量(如中值)和其他置信水平下(如99%)的可重复性(以及再现性)的临界差值。

A.2.5 再现性限(R)

不同实验室,不同实验人员采用相同的实验方法,利用不同的仪器设备对特定的试验项目进行两次独立测定所得的平均值处于最终报告(4)中规定的平均值范围内时,获得的两次测量结果的绝对偏差应该小于或等于再现性限量(R)[$=2.8×S_R$]。再现性限量可以利用线性内插法由报告中的S_R推断得出。

> 注1:室间测试结果有可能用相对值(例如,测得的平均值的百分数)来代替绝对值表示r和R。
>
> 注2:当最后结果是多个数值的平均值时,即k大于1时,R的数值应该经过以下公式校正后,再用来比较两个实验室之间的分析结果。
>
> $$R' = R^2 + r^2(1 - [l/k])^{1/2}$$
>
> 如果S_R和RSD_R是用于质量控制的参数,构成S_R和RSD_R最终值的重复测试结果也应进行类似的校正。
>
> 注3:可重复性限量r可被视为一个数值,在此数值内,同一实验室的两个测试结果在95%的概率水平下是一致的。再现性限量R可以视为一个数值,在此数值内,不同实验室的两个独立测试结果在95%的概率水平下是一致的。
>
> 注4:通过一个有计划有组织的方法性能研究来评估S_R;利用实验室内日常工作的质控图来评估S_r。在缺少质控图的情况下,实验室内的精密度可近似估算为S_R的一半(Pure and Appl. Chem.,62,149-162(1990),Sec. L3,Note)。

A.2.6 单因素方差分析

单因素方差分析是用于评估室内和室间由于材料差异带来的变异程度。单水平和单水平—拆分设计的计算实例可见 ISO 5725:1986。

A.3 临界值

A.3.1 在 2.5%(单尾—检验)拒绝水平上的 Cochran 最大方差比的临界值,以总方差中的最高方差的百分比表达;r 是重复测试次数。

表 A.1

实验室编号	$r=2$	$r=3$	$r=4$	$r=5$	$r=6$
4	94.3	81.0	72.5	65.4	62.5
5	88.6	72.6	64.6	58.1	53.9
6	83.2	65.8	58.3	52.2	47.3
7	78.2	60.2	52.2	47.3	42.3
8	73.6	55.6	47.4	43.0	38.5
9	69.3	51.8	43.3	39.3	35.3
10	65.5	48.6	39.9	36.2	32.6
11	62.2	45.8	37.2	33.6	30.3
12	59.2	43.1	35.0	31.3	28.3
13	56.4	40.5	33.2	29.2	26.5
14	53.8	38.3	31.5	27.3	25.0
15	51.5	36.4	29.9	25.7	23.7
16	49.5	34.7	28.4	24.4	22.0
17	47.8	33.2	27.1	23.3	21.2
18	46.0	31.8	25.9	22.4	20.4
19	44.3	30.5	24.8	21.5	19.5
20	42.8	29.3	23.8	20.7	18.7
21	41.5	28.2	22.9	19.9	18.0
22	40.3	27.2	22.0	19.2	17.3
23	39.1	26.3	21.2	18.5	16.6
24	37.9	25.5	20.5	17.8	16.0
25	36.7	24.8	19.9	17.2	15.5
26	35.5	24.1	19.3	16.6	15.0
27	34.5	23.4	18.7	16.1	14.5
28	33.7	22.7	18.1	15.7	14.1
29	33.1	22.1	17.5	15.3	13.7
30	32.5	21.6	16.9	14.9	13.3
35	29.3	19.5	15.3	12.9	11.6
40	26.0	17.0	13.5	11.6	10.2
50	21.6	14.3	11.4	9.7	8.6

表 A.1 和 A.2 是 R.Albert 采用计算机模拟对每个数值进行约 7 000 次循环运算,并

对数据进行平滑处理后得到的。尽管严格来说表 A.1 只适用于均衡设计（所有实验室的重复测试数目相同），但是当仅有几个偏差时，它也能应用到没有太多误差的非均衡设计中。

A.3.2 Cochran 最大方差离群值比例的计算：

　　计算出每个实验室的内部方差，将最大的内部方差除以所有室内方差的总和，然后乘以 100 即得 Cochran 统计数值。如果该数值超过 Cochran 表中对应的临界值（对应指定的重复实验次数和实验室个数），表明存在离群值。

A.3.3 在 2.5%（双尾）、1.25%（单尾）拒绝水平上的 Grubbs 极端变量离群值检验的临界值，表示为由去除可疑值引起的标准偏差降低百分比。

表 A.2

实验室编号	一个最高或最低值	两个最高或最低值	一个最高和最低值
4	86.1	98.9	99.1
5	73.5	90.9	92.7
6	64.0	81.3	84.0
7	57.0	73.1	76.2
8	51.4	66.5	69.6
9	46.8	61.0	64.1
10	42.8	56.4	59.5
11	39.3	52.5	55.5
12	36.3	49.1	52.1
13	33.8	46.1	49.1
14	31.7	43.5	46.5
15	29.9	41.2	44.1
16	28.3	39.2	42.0
17	26.9	37.4	40.1
18	25.7	35.9	38.4
19	24.6	34.5	36.9
20	23.6	33.2	35.4
21	22.7	31.9	34.0
22	21.9	30.7	32.8
23	21.2	29.7	31.8

表 A.2(续)

实验室编号	一个最高或最低值	两个最高或最低值	一个最高和最低值
24	20.5	28.8	30.8
25	19.8	28.0	29.8
6	19.1	27.1	28.9
27	18.4	26.2	28.1
28	17.8	25.4	27.3
29	17.4	24.7	26.6
30	17.1	24.1	26.0
40	13.3	19.1	20.5
50	11.1	16.2	17.3

A.3.4 Grubbs 检验值的计算:

为了计算单个 Grubbs 检验统计数值,首先计算每个实验室的平均值,然后计算这些平均值的标准偏差 M(指定为原始值 s)。去除平均值序列中的最大值并计算剩余值的标准偏差(S_H);去除平均值序列中的最小值并计算剩余值的标准偏差(S_L)。两个标准偏差(S_H 和 S_L)减少的百分比分别按照下式计算:

$$100 \times [1 - (S_L/s)]$$
$$100 \times [1 - (S_H/s)]$$

两个百分比变化值中较高者即为单个 Grubbs 测试统计数值。如果它超过了表 A.2 第 2 列中对应的临界值(对应用于计算原始值 S 的实验室平均值的个数),就说明在 $P = 2.5\%$ 概率水平(双尾),存在离群值。

为了计算成对的 Grubbs 测试统计数值,除去均值序列中的 2 个最高值后计算剩余均值的标准偏差(S_H);除去均值序列中的 2 个最低值后计算剩余均值的标准偏差(S_L),并按照上述方法计算两个标准偏差减少的百分比。将两个百分比标准偏差变化较大的值与表 A.2 第 3 列中对应的临界值进行比较,再进行下述操作:

(1)如果超过了表中对应值,则删除对应的 2 个最大(或最小)平均值。再重新开始一次循环,从 Cochran 极端方差测试开始,然后依次进行单个 Grubbs 极端值测试和成对的 Grubbs 极端值测试。

(2)如果没有超过临界值,计算除去 1 个最高值和 1 个最低值后的标准偏差百分比的变化,然后与表 A.2 最后一列的对应值进行比较。如果超过表值,就除去均值中的高—低均值对。再从 Cochran 测试开始进行新一轮测试,直到无离群值检出。在所有情况下,当超过 22.2%(2/9)的平均值被去除时即停止离群值检测。

A.4　离群值去除流程图

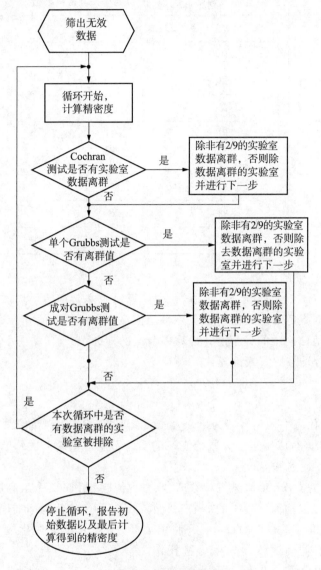

离群值去除流程图

参 考 文 献

［1］Horwitz，W.（1988）Protocol for the design，conduct，and interpretation of method performance studies. Pure & Appl. Chem. 60，855-864.

［2］Pocklington，W. D.（1990）Harmonized protocol for the adoption of standardized analytical methods and for the presentation of their performance characteristics. Pure and Appl. Chem. 62，149-162.

［3］International Organization for Standardization. International Standard 5725-1986. Under revision in 6 parts；individual parts may be available from National Standards member bodies.

分析方法的检出限和定量限评估

（决议 Oeno7/2000）

1 目的

建立方法的检测限和定量限

注：所建议的计算程序是根据仪器响应而设计检出限和定量限的。对于给定的方法中，这些值的最后计算结果必须考虑样品制备过程中的因素。

2 定义

检出限：在可接受的不确定度下，分析物能被检出的最小浓度或最小比例，但是在所描述的实验方法中的条件下，该浓度或比例不用于定量。

定量限（低限）：在可接受的不确定水平下，在方法描述的实验条件下，分析物能被定量到的最小浓度或最小比例。

3 制定决策的逻辑图

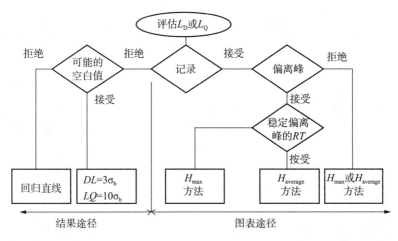

图 1

4 方法学

4.1 "结果"途径

当分析方法没有记录图时，只有数值（例如：比色法）、检出限（L_D）和定量限（L_Q）应采用以下两种方法中的其中一种来评估。

4.1.1 方法 1

直接读取包含除用于测试的物质之外的其他所有组分的独立分析样品（空白）的 n 个测定值（分析物的量或响应）。

$$L_D = m_{blank} + 3S_{blank}$$
$$L_Q = m_{blank} + 10S_{blank}$$

其中 m_{blank} 和 S_{blank} 为 n 个测定值的平均值和标准偏差。

注:乘法因子 3 对应的是出现含有该物质的 0.13% 的概率,而实际上,这种物质是不存在的。因子 10 对应的是出现该物质 0.5% 的概率。

4.1.2 方法 2

采用线性回归方程:$Y = a + bX$

检出限是指能与空白对照样区分开的物质最小浓度,其中会有 0.13% 的可能性导致保留样品无法被检出,换言之,检出限是指,在 0.13% 的误差水平下,在进行统计测试中,比 0 值的响应更明显时的值。因此:

$$Y_{DL} = a + 3S_a$$
$$X_{DL} = (a + 3S_a)/b$$

S_a 是回归直线起始点在纵坐标上的标准偏差。其逻辑与 L_Q 相同,其中乘法因子是 10(风险是 0.5%)。

4.2 图表途径

对于生成图片的分析方法(即色谱法),检出限的评估是以给定样品的空白分析记录的本底噪音为基础的。

$$L_D = 3 \times h \times R(相关风险概率低于 0.13\%)$$
$$L_Q = 10 \times h \times R(相关风险概率低于 0.5\%)$$

其中 h 是信号窗口对应于保留时间两边 10 倍半峰高度范围的平均值或最高峰值,是一个稳定的函数。R 是以物质的数量/高度来表达的数量/信号反馈因子。

4.2.1 h_{max} 方法

——提高基线噪音到最大值(见图 2);

——围绕着产品的保留时间(RT);

——在保留时间(RT)的任何一边画出了半峰宽度($W1/2$)的 10 倍范围窗口;

——画 2 条平行线,一条要经过最高峰的顶端,另一条经过最底端;

——估计高度 h_{max};

——计算响应因子(R 因素);

——$L_{Dmax} = 3 \times h_{max} \times R$;

——$L_{Qmax} = 10 \times h_{max} \times R$。

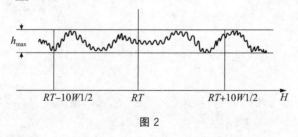

图 2

4.2.2 $h_{average}$ 方法

——提高基线噪音到最大值(见图 3);

——以样品的保留时间为中心;

——在保留时间的任意一边画出最高峰值一半高度($W1/2$)的 10 倍范围的窗口;

——划分成 20 等份(x);

——每个区域划 2 条平行线,一条经过最高峰值,另一条经过最低峰值;

——测量高度,y;

——计算平均值($y=h_{\text{average}}$);

——计算响应因子(R 因素);

——$L_{\text{Dowerage}}=3\times h_{\text{average}}\times R$;

——$L_{\text{Qaverage}}=10\times h_{\text{average}}\times R$。

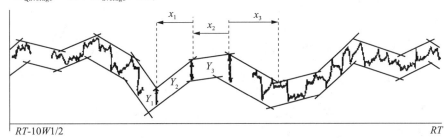

图 3

这些评估可以通过注入与计算限量接近浓度的溶质来进行验证(图 3 和图 4)。

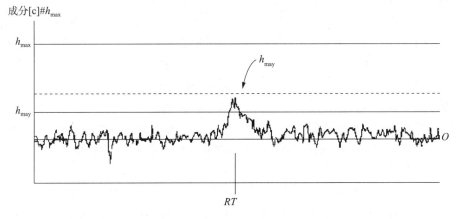

图 4　验证计算限量,成分浓度接近 H_{average}

注:虚线表示实际的注入数值。不过,这里列举该图作为一个例子,因此在最终文本中可以删去。

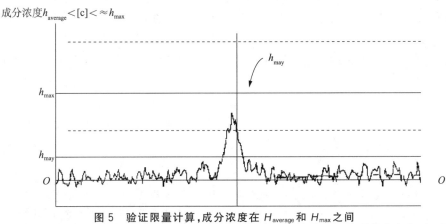

图 5　验证限量计算,成分浓度在 H_{average} 和 H_{max} 之间

注:虚线表示实际的注入数值。不过,这里列举该图作为一个例子,因此在最终文本中可以删去。

OIV-MA-AS1-11

分析化学实验室内部质量控制的协调性原则

（决议 Oeno 19/2002）

1　前言

1.1　基本观点

本文建立了分析化学实验室实施内部质量控制的指南（IQC）。IQC 是为了确保实验数据达到预期目的而采取的协调措施之一。实际上，目标适用性是实验中所得到的准确度与要求的准确度相比较来决定的。因此，IQC 包括如下的常规程序：使分析化学家可以接受的一组或一个结果，或者不可接受的结果再进行重复分析。由此可知，IQC 是分析数据质量的重要决定因素，被有资质的机构所认可。

内部质量控制是，加入到分析序列中并进行重复分析。质控材料应尽可能具有代表性，重点考虑基质组成、物理状态和分析物的浓度范围。当质控材料与测试材料都以相同方式处理时，它们可以用来描述在某一特定时间和较长时间间隔的分析方法的性能。

内部质量控制是检查所有程序（包括校准）正确实施与否的最后一道关卡，是分析协议和所有其他的质量控制的保证措施，是良好的分析实践的基础。因此，IQC 有必须具有可追溯性。当然 IQC 也需要尽可能地保证独立性，特别是校准，因为它与测试相关。

理想的情况是质控材料和那些用以校准的方法是可追溯到合适的认可参考材料或被认可的参考方法。当不可能实现时，质控材料应至少可追溯到一种保证纯度的材料或其他特征的材料。这两种可追溯性不能发生在分析程序太晚的阶段。例如，如果质控材料和校准标准是来源于单一的分析储备溶液，那么内部质量控制不会发现任何因为储备溶液配制阶段所产生的错误源。

在一种或多种典型的分析情况中，很多相似的测试材料将会被放在一起，同质控材料一起被分析。这样的一组材料是指在本文档中提及的分析"试验"（也称"组"、"系列"和"批次"），这些试验会在高度一致的条件下进行分析。在理想状态下，即试剂批次、仪器设置、分析人员和实验室环境，在分析运行期间应保持不变。因此系统错误在运行期间也应保持不变，描述随机误差的参数的值也保持不变。对这些误差的监测是很有意义，也是 IQC 的基本内容之一。

试验是在可重复的条件下进行即随机测量误差在"较短"一段时间内会经常出现。在实际试验中可能需要足够的时间才能出现微小的系统变化，例如，试剂可能降解、仪器漂移，可能会需要轻微调整仪器的设置，或实验室的温度可能会上升。然而，但这些系统的影响已被并入重复性偏差中，如将组成试验的材料进行无规排序可以将漂移的影响转化为随机误差。

1.2　文件的适用范围

本文件包括了 IQC（内部质量控制程序）在多个领域的协调应用，特别是临床生物化学、地球化学和环境研究，以及卫生和食品分析等。这些不同领域分析都具有共同的范围。分析化学包含非常广泛的应用范围，对应的内部质量控制的基本原则就是应包含在上述范围内。此现行文件提供了可适用于绝大多数案例的指导方针。此方针也有必要排除一些在分析领域中个别受限制的环节。此外,某些环节还会结合内部分析质量控制和质量保证实施的其他方面。这种结合是没有危害的,但必须明确哪些是内部质量控制基本要素。

为了协调融合以及提供 IQC 的基本指南,本文件删除了某些类型的分析试验。主要是以下信息。

a) 抽样质量控制:虽然分析结果质量相当于样品的质量,但抽样质量控制是一个独立的课题,在诸多领域没有得到充分的发展。而且,在不少的例子中,分析实验室并没有对抽样活动与质量进行管控。

b) 在线分析和连续监控:在这种分析中,重复测量是无法实现的,因此本文件中的内部质量控制在此处不适用。

c) 多元的内部质量控制:内部质量控制的多元法仍然是研究的主题,在本体系中并没有被有效的建立。目前的文件是将多组分分析数据认作是一连串单变量的内部质量控制测试。对于该类数据进行整理分析的时候必须谨慎,以免频繁的对数据进行不合理的弃用。

d) 法规和合同要求。

e) 质量保证措施,比如分析之前或者分析期间检查仪器的稳定性、校准波长、校准天平、测试色谱柱的分辨率,但不包括问题诊断。其现有的作用是被当作分析控制的一部分,及内部质量控制测试的有效性和其他方面的方法。

1.3　内部质量控制和不确定度

分析化学最重要的先决条件是认识到"目的适用性",同时准确度标准也是有效使用分析数据所必需的。这个标准是通过考虑参考数据的预期用途来得出的,虽然很少有可能预测分析结果的所有潜在的未来应用方向。因此,为了防止不恰当的数据表达,不确定度声明需附带于分析结果中,或者向任何需要使用数据的人开放。

严格来说,分析结果无法单独解释,除非它在一个给定的置信区间内伴随着相关的不确定度分析。举一个简单的例子来说明这个原则。假设某食品按照法定要求不得包含大于 $10\ \mu g/g$ 的某物质。一制造商分析所得一批货物中该组分的结果为 $9\ \mu g/g$。如果该结果的不确定度的一半为(不考虑抽样误差)$0.1\ \mu g/g$,(即真实结果偏低,很可能在 $8.9\ \mu g/g \sim 9.1\ \mu g/g$ 的范围内),那么它很可能被判定为不超标。如果不确定度是 $2\ \mu g/g$,那么结果可能就超标了。因此,数据的解释和使用必须要与不确定度相联系起来。

若分析的结果有定义性目的或者需要进行解释,则应该附上相关的不确定度。如果达不到这一要求,那么通过数据得出的结果也是有局限性的。此外,因为数据的质量会有偏差,所以不确定度的测量应作为常规例行程序在不同实验室之间测试。内部质量控制包括:检查所要求的测定过程中得到的不确定度。

2　定义

2.1　国际定义

质量保证:为保证产品和服务能够满足一定质量要求而采取的必要的计划和系统性措施。

真实度:从大量的测试结果中获得的平均值和接受参考值之间的一致程度。

精密度：规定条件下独立测试结果之间的一致程度。

偏差：测试的预期结果和一个被认可的参考值之间的差异。

准确度：测试结果与被测量对象的真实数值之间的一致程度。

注 1：准确度只是一个定性的概念。

注 2：精密度不等同于准确度。

误差：测量值与真实值之差。

重复试验条件：独立的测试结果在短期内使用相同的方法，在同一实验室，由同一人采用同一设备对同一项目进行测试得到的。

不确定度测量：与测试结果相关的参数，描述了测量中合理数值的离散度。

注 1：例如，参数可能是一种标准偏差（或其倍数关系），或规定的置信区间的一半。

注 2：测量组分的不确定度，通常来说包括许多组分。其中一些组分可以通过一系列结果测量值的统计学分布来评估并且通过实验标准偏差来表达。另一些组分同样可通过经验值等评估的标准偏差来表示。

注 3：据了解测量结果是评价测量价值和所有组分不确定度的最优方法，包括来自系统影响等对离散度有关联的组分，例如校正参考标准等。

可追溯性：测量结果或者标准值的性质，通过一条全都具有指定不确定度的对照物组成的连续关联链，以此能关联到规定的参比物。该参比物通常是国家或者国际标准。

标准物质：材料（物质）的属性是充分均匀，并且建立用于校准的仪器，测量方法的评价，或对相应材料进行属性赋值。

有证标准物质：是附有证书的标准参考物质，是在可追溯程序的控制下获得的具有专业机构认证的标准物质，其在置信水平上都有一个不确定度。

2.2　本文件中术语的定义

内部质量控制：一套由实验室人员执行的程序，用于连续监测操作和测量结果，以决定结果是否可靠。

质控：用于内部质量控制的材料，并使用测量待测材料所用的同一个或者部分相同的程序进行测试。

序列（分析序列）：在重复条件下进行的一组测量。

目的适用性：测量程序产生的数据允许用户在技术上和管理上能做出正确的专业性决策的程度。

分析系统：用于保证分析数据的质量，包括设备、试剂、程序、测试材料、人员、环境和质量保证措施等的应用范围。

3　质量保证与内部质量控制

3.1　质量保证

质量保证是所有可靠分析测试的前提，对人员的培训和管理，实验室的环境、安全性、储藏条件、样品的完整性和鉴定、记录的保存、仪器的维护和校准、正确使用技术验证和记录方法等均有一定的要求。这些方面任何一部分的疏忽，都可能会导致最终数据质量的损坏。近年来这些做法已经被编成法典并被普遍认可。然而，仅仅是这样并不能保证会得到合理的数据，还需要有行之有效的内部质量控制。

3.2 分析方法的选择

分析方法首先要满足基质和目标分析物的分析范围。还要有文件来描述在适当的条件下作出评估的方法。

分析方法只有在特定环境中实施时,才能给出可靠的实验数据。因此要将环境因素汇总到"分析系统"中,并对分析数据的准确度负责。为此,监测分析系统是非常重要的。这也是实验室实施内部质量控制的目标。

3.3 内部质量控制和水平测试

水平测试是定期评估个体实验室和多家团体实验室能力表现的一种方式,主要通过参加者采用典型材料进行独立操作,再汇总分散数据来评估。尽管如此,但参加能力验证测试并不能代替内部质量控制措施,反之亦然。

能力水平测试被认为是一种检查分析误差的常规程序,但不经常使用。能力水平测试能鼓励参加者去设置有效的质量控制系统。只有那些具备良好内部质量控制体系的实验室在能力水平测试中表现更佳。

4 内部质量控制程序

4.1 引言

内部质量控制包含了一些操作步骤,保证分析数据的误差被控制在合理的范围内。内部质量控制的实施要借助两个方法,分别是通过分析参考物质来监测真实性和统计学控制,以及通过重复性实验来监测其精密度。

内部质量控制的基本途径包含同时分析参考物质和被测物。控制分析结果是决定测试数据是否可接受的基础,应该注意以下 2 个关键点。

a) 对结果的解释必须依据文件、准则和统计学原则。

b) 控制分析试验的结果首先应被用作反映分析体系的表现,其次才是作为个别测试结果出现误差的指示。控制测定中精确度发生的明显变化可用于指示反映当前测试材料的数据变化,但不可基于此变化而对数据进行纠正。

4.2 总体方法——统计控制

内部质量控制分析结果的解释为主要依赖于与操作稳定性一致的统计控制的概念。其意味着内部质量控制结果可从含有平均值(μ)和方差(σ^2)的正态分布函数中独立、随机的产生。

这些限制使只有 0.27% 的结果(x)落在了 $\mu \pm 3\sigma$ 的界限之外,当出现极端结果时,它们就被看作是失控了,并且意味着分析系统开始出现不同的运行表现。同样也意味着系统产生的数据是不准确的,因此不可信。在进一步分析之前,需要对分析系统进行调查和纠错。分析系统的实施可由 Shewhart 控制表(见附录1)来图像化监控。另一个等同的数字控制方法也是可采用的,即通过比较 $z = (x - \mu)/$ 和标准正态偏差来表达。

4.3 内部质量控制和目的适用性

大部分质量控制的程序是基于描述常规分析系统的统计参数术语。控制限度是基于这些参数的估计值,而不是来源于目的适用性。控制限度肯定比目的适用性要求低。

当进行所谓的特别分析时,统计控制概念不适用。分析中测试材料可能是不熟悉或很少遇见的,批量测试通常也仅由少数此类测试材料组成。在这种情况下,没有用于制作控制表的统计数据。因此,分析化学者不得不使用目的适用性标准、历史数据或与测试材料感官特性的一致性来判断结果是否可接受。

另外一个办法也是可行的,就是需要建立针对目的适用性设置的定量标准方法。但该方法在内部质量控制中应用较少。例如,在环境研究中,低于痕量分析物浓度的 10% 的相对不确定度是很少见的。在食品分析中,Horwitz 曲线有时被用作目的适用性标准。这样的标准是为临床分析定义的。然而,对这些领域给出指导是不实际的,目前学术界也没有提出适合于特定应用的更先进的一般性的原则。

4.4 误差的本质

分析错误的两种主要来源是随机误差和系统误差,它们分别会引起不准确和偏差的出现。这种归类错误的重要性在于能够解释数据误差的不同的来源和补救方式以及导致的后果。

随机误差决定了测量的精密度,会引起测量值(潜在平均值)的随机正负误差。系统误差包括了多次测定潜在平均值与真实值的偏差。出于内部质量控制目的,应认真考虑两种水平的系统误差。

a) 持续偏差长时间内影响了分析系统和所有数据(对于一个给定的材料测试而言)。这样的偏差,在系统误差很小时,也许在长时间运行的分析系统中才能被发现,如果其在允许界限内是可被容忍的。

b) 批次效应可通过在特定批次测试时分析系统中的偏差作例子阐述。当影响很显著时,将作为失控情况而被内部质量控制鉴别出来。

传统上划分随机误差和系统误差是取决于该系统的观察时间长短。批次影响(不明来源)在长时间内观察是随机特征的偏差。此外,如果在短时间内观察,其相同的变量被视为影响特殊批次试验的偏差。

在文中,用于内部质量控制的统计模型如下。给出测量值公式:

$$x = 真实值 + 持续偏差 + 批影响 + 随机误差(+ 粗略误差)$$

不包括粗差的方差 $x(\sigma_x^2)$ 公式如下:

$$\sigma_x^2 = \sigma_0^2 + \sigma_1^2$$

其中: σ_0^2 ——随机误差的方差;

σ_1^2 ——批效应的方差。

注:当有必要的时候,模型可以涵盖到分析系统的其他功能。

真实值方差和持续误差变量都是零,控制分析系统完全由 σ_0^2、σ_1^2 和持续偏差来表述。当分析系统不服从此表述时,则意味有重大误差。

5 内部质量控制和批次试验中的精密度

5.1 精密度和重复性

批次试验准确度的控制限量是通过重复测量实验材料而得到的,客观上是为了保证成对结果的差异具有一致性或比试验室用于内部质量控制(IQC)的随机误差低(σ_0)。

这样的测试可警示使用者有可能出现不太好的批次内准确度,并且提供额外信息来帮助解释控制图。该方法在"特别"分析中尤其有用,关注只集中于单组批次试验,并且来自控制材料的信息不太可能令人满意。

一般而言,所有的待分析物会全部或随机挑选一部分进行重复分析。来自重复分析结果 x_1, x_2 之间的绝对误差 $|d| = |x_1 - x_2|$,会超出随机误差 σ_0 的控制上限。然而,如果平行测试的分析物浓度范围很广,则不能假设 σ_0。

内部质量控制的重复性必须尽可能反应批次试验中偏差的全部范围。在同一个批次实验中,它们不能被相邻分析,否则它们将只显示出分析变量中的最小可能测量。最好在每批样品中随机进行重复检测。而且,内部质量控制要求重复试验应有测试材料的相应部分的完整独立的分析。仪器重复测量单个测试溶液是无效的,因为没有来自于测试材料的初步化学处理的变化。

注:此处不考虑来自内部质量控制或者重复实验的标准误差 σ_r:即相对于统计结果而言通常情况下此值很小,一般采用如下公式进行估算:$S_r = \sqrt{\sum d^2 / 2n}$

5.2 重复数据的释义

5.2.1 狭窄的浓度范围

在最简单的情况中,所用测试材料的批次实验包含的分析物的浓度范围比较小,以至需应用批次内的总体的标准偏差 σ。

参数值必须预先评估,从而得到一个控制限量。绝对偏差 d 95% 的上限是 $2\sqrt{2}\sigma_0$,并且平均来说只有 3‰ 的结果有可能超过 $3\sqrt{2}\sigma_0$。一组重复试验的结果(n)可以通过几种方法来解释。

例如,标准偏差

$$Z_d = d/\sqrt{2}\sigma_0$$

应该有一个伴随零值平均值和单一标准偏差的正态分布。一组 N 个结果的总和将会有一个 $\sqrt{n}$ 标准偏差,只有 3‰ 会产生一个值 $\left|\sum Z_d\right| > 3\sqrt{n}$。同样,来自一组平行试验的 n 个 Z_d 值结合形成 $\sum Z_d^2$,并且结果可由带有 n 个自由度(x_n^2)的卡方分布来表达。在应用该统计时需谨慎,因为它对边沿数据敏感。

5.2.2 宽浓度范围

如果测试材料的批次实验包括的分析物浓度比较广泛,就不能设定普通的精度标准值 σ_0 了。在此例中,普通的精度标准值 σ_0 应体现与浓度的函数关系。一种特殊材料的浓度值取为 $(x_1 + x_2)/2$,那么精度标准值 σ_0 的适当值应依据其函数关系提前估算。

6 内部质量控制中的质控材料

6.1 前言

质控材料是会加入到测试材料中进行相同的试验处理的物质。一种质控材料必须包括具有合适浓度的分析物,并分配到测试材料中。质控材料必须有代表性的,为了具备充分的代表性,一种控制材料必须含有大量组分中的相同基质,包括会对准确度有一定影响的微量组分。同样,它应该具有类似的物理形态,例如像处于粉碎的状态等。质控材料还有其他的必要特性：它在试验期间必须要能保持稳定性；也必须能分成有效的相同几部分来进行分析；数量也要求满足整个试验期间甚至后期的使用。

内部质量控制材料在使用时都结合控制图，包含连续偏差和批效应（见附录 1）。连续偏差是既定数值偏离了中心线的显著偏差。当系统在统计控制下运行，批试验的偏差变量在标准偏差中是可以预见的，并且标准偏差被用来界定距离真实数值合适范围的处置限和警界限。

6.2　有证标准物质的作用

有证标准物质在第二部分有明确的定义（也就是具有不确定度和可追溯性的说明），在过去，有证标准物质只被用作参考，并不在常规检测中使用。现代许多的方法是将有证标准物质作为耗材，也适用于内部质量控制。

有证标准物质的应用需注意以下几点。

a) 尽管可利用有证标准物质的范围越来越广，但是大多数分析没有特别符合的有证标准物质可采用。

b) 尽管有证标准物质的成本与分析总成本没有太多关联，但是一家实验室去储存每一种相关联的标准物质也是不可能的。

c) 标准物质不适用不稳定的分析物或基质。

d) 有证标准物质不一定要在长时间段后为内部质量控制提供支持。

e) 必须了解，并不是所有的有证标准物质的质量都一致。当有证标准物质的证书信息不明确时要特别注意。

在应用有证标准物质时，如果上述情况都不适用于单独个体实验室或群组实验室来准备自己的标准物质和布置可追溯性分析浓度。这样的材料有时候被指定为"内部标准物质"。准备"内部标准物质"的注意事项列表在 6.3 部分中。并不是所有方法能应用于全部的分析条件。

注：此处有证标准物质不具有可追溯性，只有涉及参考方法或者一批试剂供应商的时候可能是有必要的。

6.3　质控材料的准备

6.3.1　通过分析指定一个真实值

原则上，一个工作值只需通过认真的分析可以被指定为一个稳定的标准物质。然而，为了避免指定值的偏差，有必要提前注意。这就需要做些独立的检查，如多家实验室来分析材料，使用的方法也要基于不同的物理-化学的原则。缺少对控制材料独立验证已经是内部质量控制系统的一个弱点。

在控制材料中设置一个可追溯指定值的办法之一就是要进行含有候选材料的批次实验分析，并通过重复和随机化来选择匹配的有证标准物质。有证标准物质必须既能适用于基质组成，又能适用于分析物浓度。有证标准物质是在适当的分析方法下，直接用来校准质控材料分析程序的。如果该测量中有少量易变化的分析成分，还必须考虑指定值的不确定度。

6.3.2　能力测试中的验证材料

能力测试中的验证材料构成了控制材料的重要来源。很多实验室已经采用多种方法来分析这些材料。当结果没有显示明显的偏差或异常的分布时，实验室指定带有不确定度的结果是有效的。这些可利用材料的范围是有限的,但是能力验证的组织者要能确保其稳定性。

6.3.3 通过配方来设置真实值

在常见的例子中,一种控制材料是通过混合已知纯度数量的组分来制备。例如,在实例中,当质控材料是一种溶液时这种方式将是最令人满意的。配方中经常遇见的问题是如何使固态质控材料变成满意的物理状态或确保分析基质的物理分散度好。此外,充分均匀的混合也是必须的。

6.3.4 加标质控材料

"加标方法"是通过结合配方与分析方法来制造质控材料的。当测试材料完全不含分析物时,该方法可行。在经过大量分析检查确保背景水平足够低时,该材料被加入已知量的分析物。该方法准备的指定材料与测试材料的基质相同,分析物浓度也是可知的,所以分析物浓度的不确定度只受测定误差的影响。但要确保添加分析物的种类、结合态和物理形态都与天然成分物保持一致有困难,而且彻底混合均匀有难度。

6.3.5 回收率检查

如果无法使用质控材料,那么可以采用回收率来检查偏差。特别是当分析物或基质不稳定或实施特别分析时。已知数量的分析物的测试材料同原始材料一起被分析。

回收率由于基质具有代表性,并且多数材料可用通过检测得到定量响应,因此被广泛应用。然而回收率检查的方法也有缺点,包括添加分析物的种类、结合态和物理分散度有限制。并且当回收率不好时,也可能因为测试材料中的真正分析物没有产生对应的响应。

响应与回收率作为内部质量控制的方法,必须要与标准添加法区别开来,后者是一种测量程序:一种单一的响应添加不能用来完成测量和内部质量控制的双重作用。

6.4 空白测定

空白测定几乎是分析过程的必须部分,同时会影响内部质量控制。最简单的就是"试剂空白",即除了不添加测试部分外,其他所有分析步骤都执行。这种空白的设置不仅仅用来测试试剂纯度,例如,该方法能检测出来源于分析系统中的任何污染,包括玻璃器皿和空气环境污染,因此更好地被描述为"程序空白"。在一些事例中,如有一种模拟的测试材料可用,则空白测定的效果会更好。该模拟物可能是真实的测试材料或替代物(例如无尘滤纸用于代替植物材料)。如果有一种包含零浓度的分析物基质,就是最好的空白类型,即"背景空白"。

平行实验中一组不一致的空白意味着出现零散的污染,根据内部质量控制要求也会剔除其相应的检测结果。当分析方法中描述要减去空白值时,控制材料的结果在内部质量控制使用前一定要减去空白值。

6.5 追溯加标与回收率核对

用于响应实验和回收率检查的试剂追溯问题必须要注意。当有证标准物质不可用时,追溯制度经常要用来管理制造商提供的分析物批次。在这些情况中,使用试剂前要进行鉴定和检查纯度。更进一步的预防就是标准曲线和响应实验不能用于跟踪追溯相同的分析液的储备部分或相同的分析者。如果这样的追溯制度存在,那么内部质量控制系统就不会检测到响应误差的来源了。

7　建议

下述的建议代表了内部质量控制的整合方法,适用于多种分析和应用领域。实验室质量系统的管理者可将这些建议调整应用到自身的独特实验要求中。

这些调整适应在内部质量控制中得以实施,例如,通过调整平行实验中的样品重复数和控制材料,或者列入任何在特殊应用领域中适用的措施。最终选择的程序和相伴随的制定规则必须编入内部质量控制中,并且和分析系统方案相区别。

质量控制的实际方法是由实施测量的频率,以及每次批实验的规模和特点来决定,由此而制定下列建议。控制表的使用和决策制度详细见附录 1。

在每次批实验的顺序选择中,不同种类的材料应尽可能被随机分析。如果随机选择失败,会导致低估不同组分的错误。

7.1　低频率测定相似材料的实验($n < 20$)

该情况实验中分析物浓度范围相对较小,所以一个普通的标准偏差可以被假设。至少在每次实验中,要插入一个质控。使用单次测试数据或者它们的平均值在合适的控制图中作图。至少随机选择一半的测试材料重复分析。至少插入一个空白值。

7.2　高频率测定相似材料的实验($n > 20$)

再次假设一个共同的标准偏差。估计在测试材料中十分之一处插入质控。如果批规模有可能变化,更容易来标准化每个批次实验插入的质控的固定数目和绘制控制图上的平均值的方法。否则就绘制个别值。至少重复分析 5 个随机选择的测试材料。在每十个测试材料中插入一个空白测定。

7.3　浓度范围较大相似材料的实验

这里我们不能假设标准偏差的单一值是可用的。

按前文推荐,在测试总样本中插入质控材料。至少保持两种水平的分析物,一种接近典型测试材料的中间水平,另一种几乎接近上限或下限。在独立的控制图中输入这两种控制材料的值。至少重复分析 5 次。在每十个测试材料中插入一个空白测定。

7.4　特别分析

这里,统计控制的概念并不可行。假设平行实验中的材料是单一的类型,也就是说与错误的一般性结论是非常相似的。

对所有的测试材料实施重复分析。利用不同浓度的合适的分析物实施加标,或回收率测试,或使用配方控制材料。执行空白测定。当没有控制限量可采用时,对比与适用目的或者其他设定标准的偏差和精确度。

8　总结

内部质量控制是确保实验室数据符合目的的必要手段。如果得到正确实施,质量控制方法能监测到批实验数据质量的多个方面。在批次实验中当分析系统的性能超出了可接受的范围,产生的数据将被拒绝,当分析系统实施补救措施后,分析能重复。

必须强调一点,即使是正确执行,内部质量控制也不是万无一失的。明显容易犯两种错误,受控的实验偶尔也会被拒,以及失控的实验偶尔也会被接受。更重要的是,内部质量控制通常不能发现零星粗差或分析系统中的短期干扰,而这都会影响实验结果。而且,基于内部质量控制的指导只适用于在分析方法的范围内的试验材料的验证。尽管有这些限制,专业经验和专注程度能在一定的程度上减少上述误差,内部质量控制得以正确实施是实验室发布合适质量数据的保证。

最后,必须认识到实施任何质量系统如果敷衍了事,就不能保证产生可靠的数据。对于反馈、补救措施和人员激励的合适程序,必须要形成文件并实施。换而言之,实验室内部必须要承诺对质量保持真诚的态度,以保证实验室内部质量控制项目的成功实施,即内部质量控制必须是全面质量管理系统的一部分。

附　录　A
休哈特(Shewhart)控制图

A.1　前言

很多讲述质量控制程序、应用统计文章和许多 ISO 标准都有关于休哈特(Shewhart)理论、架构和解释的详细的论述,其中包括几个 ISO 标准。有很多文献描述了控制图在临床化学上的应用。Westgard 和他的同伴制定了这些控制表的解释规定,同时也详细研究了结果的作用。该附录中,只提及了简单的休哈特控制图。

在内部质量控制中,当通过连续平行实验得到控制材料的浓度分布在垂直于平行数量时,才能得到休哈特控制图。如果平行中特别控制材料的分析次数大于 1,或者单独结果 x 以及平均值 $\bar{x}$ 就能用来形成控制表。该表格是来于描述随机变量的正态分布 $N(\mu, \sigma^2)$,个体单独数和平均值选取的是不同的。控制目标的选择界限是 $\mu \pm 2\sigma$ 和 $\mu \pm 3\sigma$。对于一个数据控制体系而言,平均有 1/20 的数据落在 $\mu \pm 2\sigma$ 界限范围外,称之为警戒线;只有 3‰ 的数据落在 $\mu \pm 3\sigma$ 界限范围外,称为执行线。实际上,参数 μ 和 σ 的 $\bar{x}$ 和 S 值来组成控制表。持续偏差是由平均值和制定数值的显著差异来说明。

A.2　参数 μ 和 σ 的评估

控制分析系统描述了随机变量的两种来源,批实验内部的特征用变量 σ_0^2 表达,之间用变量 σ_1^2 表达。这两种变量在数量上是有可比性的。在控制表中用于描述个体数值的标准偏差 σ_x 可用公式表示为:

$$\sigma_x = (\sigma_0^2 + \sigma_1^2)^{1/2}$$

标准偏差 $\bar{x}$ 可用公式表示为:

$$\sigma_x = (\sigma_0^2/n + \sigma_1^2)^{1/2}$$

式中:n 代表了控制测量次数,从中能够计算出平均值。n 在批测量中是不变的,否则就无法界定控制限。如果每批实验的重复数量不能被保证,就必须使用个体数值表。再者,该公式意味着 σ_x 或 $\sigma_{\bar{x}}$ 必须要谨慎评估。如果只根据一个重复实验结果来评估,将会导致控制界限太狭窄。

因此,评估必须包括批实验之间的变量。如果,假设初始批实验次数为 n,则平均值由 $\bar{x}_i = \sum_{j=1}^{n} x_{ij}/n (i = 1, \cdots m)$ 表达。n 是批实验次数。

因此,μ 的计算值是:$\bar{x} = \sum_i \bar{x}_i / m$

σ_x 的计算值是:$S_x = \sqrt{\dfrac{\sum_i (\bar{x}_i - \bar{x})^2}{m-1}}$

如果没有预先设定批实验次数 n,可通过单一变量分析分别对 σ_0 和 σ_1 进行评估。它们的平方与组内和组间的 MSw 和 MSb 有关,则 σ_0^2 由 MSw 来计算,σ_1^2 由 (MSb-MSw)/n 来计算。

在实际中往往需要初拟一个控制表,收集小批次平行实验的数据来建立,也许没有代表性,用于评估标准偏差也是很易变的,除非使用大量观察数据。而且,在初拟时期,失去控制的情况更有可能发生,同时产生越线的数据。这些数据可能超出适宜的误差范围。因此建议重新计算平均值,再运行一段时间。一个能避免出线影响的办法是在计算中采用 Dixon's Q 或者 Grubbs' 后排除这些数据,然后使用这些经典统计法。或者,这些稳健统计方法能应用到这些数据中检测。

A.3 控制表的解释

这些简单的规定可应用于单个结果或平均值的控制表中。

单控制表。如果下列任何情况发生,都是属于分析系统中的失控状态。

a) 当前分布值落在执行限外。

b) 当前值和前一个值落在警戒限外,但是在执行限内。

c) 有 9 次连续分布值落在平均值线范围的同侧。

双控制表。当两种不同的质控在每个平行中使用时,就需要同时考虑控制表。提高类型 1 的错误(拒绝一个好的平行数据),但是减少类型 2 的错误(接受一个有瑕疵的平行数据)。如果下列任何情况发生,都是属于分析系统中的失控状态。

a) 至少有一个分布值落在执行限外。

b) 两个分布值都落在警戒限外。

c) 当前值和前一个值同时落在警戒限外。

d) 当前值和前一个值有 4 次连续落在平均值线范围的同侧。

e) 有 9 次连续分布值落在平均值同侧。

控制图的有关要求详见 Westgard 规则。

分析化学家应该对失控的分析作出反应,停止当前的诊断分析测试,找出结果被拒后的补救措施,重新分析测试材料。

参 考 文 献

[1] "Protocol for the Design, Conduct and Interpretation of Method Performance Studies", Edited W Horwitz, Pure Appl. Chem. , 1988, 60, 855 864. (Revision in press).

[2] "The International Harmonised Protocol for the Proficiency Testing of (Chemical) Analytical Laboratories", Edited M Thompson and R Wood, Pure Appl. Chem. , 1993, 65, 2123-2144. (Also published in J. AOAC International, 1993, 76, 926-940.

[3] "IFCC approved recommendations on quality control in clinical chemistry. Part 4: internal quality control", J. Clin. Chem. Clin. Biochem. , 1980, 18, 534-541.

[4] S Z Cekan, S B Sufi and E W Wilson, "Internal quality control for assays of reproductive hormones: Guidelines for laboratories". WHO, Geneva, 1993.

[5] M Thompson, "Control procedures in geochemical analysis", in R J Howarth (Ed), "Statistics and data analysis ingeochemical prospecting", Elsevier, Amsterdam, 1983.

[6] M Thompson, "Data quality in applied geochemistry: the requirements and how to achieve them", J. Geochem. Explor. , 1992, 44, 3-22.

［7］ Health and Safety Executive,"Analytical quality in workplace air monitoring",London,1991.

［8］ "A protocol for analytical quality assurance in public analysts' laboratories",Association of Public Analysts,342 Coleford Road,Sheffield S9 5PH,UK,1986.

［9］ "Method evaluation,quality control,proficiency testing"(AMIQAS PC Program),National Institute of Occupational Health,Denmark,1993.

［10］ ISO 8402:1994. "Quality assurance and quality management-vocabulary".

［11］ ISO 3534-1:1993(E/F). "Statistics,vocabulary and symbols-Part 1:Probability and general statistical terms".

［12］ ISO Guide 30:1992. "Terms and definitions used in connections with reference materials"

［13］ "International vocabulary for basic andgeneral terms in metrology" ,2nd Edition,1993,ISO,Geneva.

［14］ "Guide to the expression of uncertainty in measurement",ISO,Geneva,1993.

［15］ M Thompson and P J Lowthian,Analyst,1993,118,1495-1500.

［16］ W Horwitz,L R Kamps and K W Boyer,J. Assoc. Off. Anal. Chem. ,1980,63,1344.

［17］ D Tonks,Clin. Chem. ,1963,9,217-223.

［18］ G C Fraser,P H Petersen,C Ricos and R Haeckel,"Proposed quality specifications for the imprecision and inaccuracy of analytical systems for clinical chemistry",Eur. J. Clin. Chem. Clin. Biochem. ,1992,30,311-317.

［19］ M Thompson,Analyst,1988,113,1579-1587.

［20］ ISO Guide 33:1989,"Uses of Certified Reference Materials",Geneva.

［21］ W A Shewhart,"Economic control of quality in manufactured product",Van Nostrand,New York,1931.

［22］ ISO 8258:1991. "Shewhart control charts".

［23］ ISO 7873:1993"Control charts for arithmetic means with warning limits".

［24］ ISO 7870:1993. "Control charts-generalguide and introduction".

［25］ ISO 7966:1993. "Acceptance control charts".

［26］ S Levey and E R Jennings,Am. J. Clin. Pathol. ,1950,20,1059-1066.

［27］ A B J Nix,R J Rowlands,K W Kemp,D W Wilson and K Griffiths,Stat. Med. ,1987,6,425-440.

［28］ J O Westgard,P L Barry and M R Hunt,Clin. Chem. ,1981,27,493-501.

［29］ C A Parvin,Clin. Chem. ,1992,38,358-363.

［30］ J Bishop and A B J Nix,Clin. Chem. ,1993,39,1638-1649.

［31］ W Horwitz,Pure Appl. Chem. ,(in press).

［32］ Analytical Methods Co mmittee,Analyst,1989,114,1693-1697.

［33］ Analytical Methods Co mmittee,Analyst,1989,114,1699-1702.

Technical report from the Symposium on the 'Harmonisation of quality assurance systems for Analysis Laboratories,Washington DC,USA,22-23 July 1993 sponsored by IUPAC,ISO et AOAC International Prepared for publication by MICHAEL THOMPSON[1] and ROGER WOOD[2]

[1] Department of Chemistry,Birkbeck College(University of London),London WC1H OPP,UK

[2] MAFF Food Science Laboratory,Norwich Research Park,Colney,Norwich NR4 7UQ,UK

1991-95 workgroup :

Chairman :M. Parkany(Switzerland);Membres :T. Anglov(Denmark);K. Bergknut(Norway and sweden);P. De Bième(Belgium);K. -G. von Boroviczény(Germany);J. M. Christensen(Denmark);T. D. Geary(South Australia);R. Greenhalgh(Canada);A. J. Head(United Kingdom);P. T. Holland(New Zealand);W. Horwitz (USA).A. Kallner(Sweden;J. Kristiansen(Denmark);S. H. H. Olrichs(Netherlands);N. Palmer(USA).M. Thompson(United Kingdom);M. J. Vernengo(Argentina);R. Wood(United Kingdom).

OIV-MA-AS1-12

分析方法评价实用指南

(决议 10/2005)

1 目的

本指南旨在帮助酒类实验室完成所采用标准方法的认证、内部质量控制和不确定度评价方面的系列分析。

2 前言和适用范围

国际标准 ISO 17025 中关于"检测和校准实验室能力的通用要求"指出：认证实验室在采用和变更分析方法时必须对所得的结果进行确认。应此要求，实验室必须完成以下步骤：第一步，明确客户对参数的要求，以确保所用方法符合这些要求。第二步，对非标准的、改进的或实验室建立的方法进行初步确认。一旦该方法被采用，实验室必须用监测和溯源的方法对所得结果的质量进行监控。最后，必须评估所得结果的不确定度。

为了满足这些要求，实验室会收集大量的国际标准和指南作为参考，但实际上这些标准和指南的应用需要非常慎重。由于这些文本主要针对校准和检测各种不同的实验室，为保持普遍适用性，需要假定读者已经熟练掌握了数据统计处理时所用到的数学定律。

本指南是以国际标准体系为基础而制定的，指南严格遵照其中的相关要求，考虑到酒类实验室对葡萄汁或葡萄酒样品实施常规性分析的特性，确定了合适的应用范围并选择适宜的工具。如果读者希望在某些方面进行更详细的研究，可以参考本指南每章中指向的国际标准。

为满足 ISO 17025 标准的要求，作者选择将不同的方法得到的试验结果结合起来，以保证应用过程的连续性。这些方法所用的数学原理一般是相似的。

各章节的应用实例来自于酒类实验室所使用的工具。

需要重点指出的是，本指南并非面面俱到，只是想以尽可能清晰、适用的方式说明 ISO 17025标准，以及一个常规实验室要满足的基本要求。每个实验室都可以用他们认为更有效或更适用的其他方式来完善或替代这些方法。

最后，值得注意的是，所述方法及其应用，以及对其所得结果的解释都必须经过精确的分析。只有在同样的条件下，它们的相关性才能得到保证。实验室可以运用这些方法提高其分析质量。

3 术语

本文给出的下述定义均源自所列出文献目录中的规范性引用。

分析物

分析方法的目标物。

空白

针对不含基质（即试剂空白）或不含分析物的基质（即基质空白）的测试。

偏差

预测值与可接受参考值之间的差值。

不确定度概算

不确定度来源及其相关标准不确定度的列表建立是为了评价与某个测量结果相关的综合标准不确定度。

计量(针对仪器测量)

根据被测量的响应值,在测量仪器上指示每个参照物质(或某些主要参考物质)标记的位置。

注:不要混淆"计量"和"校准"。

重复性条件

在同一实验室,由同一操作员使用相同的设备,按相同的测试方法,在短时间内对同一被测对象独立进行的测试条件。

再现性条件(实验室内)

在同一实验室,由同一或不同操作员使用不同的设备,按相同的测试方法,在不同时间对同一被测对象独立进行的测试条件。

实验标准偏差

对同一被测对象的 n 次测量,可用数量 s 表征结果的离差,计算公式如下:

$$s = \sqrt{\frac{\sum_{i=1}^{n}(x_i - \bar{x})^2}{n-1}}$$

式中 x_i 表示第 i 次测量的结果,$\bar{x}$ 表示 n 次测量结果的算术平均值。

重复性标准偏差

在同一实验室,由同一操作员使用相同的仪器进行多次重复试验,即重复性条件下所得测试结果的标准差。

实验室内再现性标准偏差(或实验室内部总变异性)

在同一实验室,由不同操作员或使用不同的仪器,采用相同的测试方法,特别是在不同日期进行重复试验,即在再现性条件下,所得测试结果的标准差。

随机误差

测量结果与再现性条件下对同一测量进行无限次测试所得结果的平均值之间的差值。

测量误差

测试结果与被测量真值之间的差值。

系统误差

在再现性条件下,对同一测量进行无数次测试,所得结果的平均值与被测量真值之间的差值。

注:误差是一个非常理论化的概念,它所要求的值在现实中无法获得,尤其是被测量的真实值。从原则上讲,误差是不可知的。

数学期望值

对同一测量的 n 次测量,如果 n 趋向于无限大时,x 的平均值趋向于期望值 $E(x)$。

$$E(x) = \lim_{n \longrightarrow \infty} \frac{\sum_{i=1}^{n} x_i}{n}$$

校准

在规定条件下进行的一组操作过程,用以确定测量仪器或系统的标示值,或者由实物量具或标准物质所代表的量值,与对标准物进行测量所得的响应值之间的关系。

分析方法的内部评价

以标准化和/或公认方法为基础,对分析方法进行实验室内部的统计研究,以证明在其适用范围内,符合事先设定的能力标准。

在指南框架内,方法评价以实验室内部研究为基础,包括与标准方法的比较。

精密度

在规定条件下,独立测试结果之间的接近程度。

注1:精密度仅决定于随机误差的分散性,与真实值或期望值没有任何关系。

注2:精密度的测量用测试结果的标准偏差表示。

注3:所谓"独立测试结果"是指,所得结果不受先前相同或类似测试物结果的影响。精密度的定量测量取决于所规定的条件,而重复性和再现性条件是既定的极端条件。

(可测量的)量

可定性区别和定量测定的现象、物体或物质的属性。

测量的不确定度

与测量结果相关的参数,可表征被测量的所有数值的分散性。

标准不确定度〔$u(x_i)$〕

以标准偏差表示的测量结果的不确定度。

准确度

由大量的测试结果所得的平均值与可接受的参考值之间的接近程度。

注:测量准确度一般用偏差表示。

检测限

测试物中分析物能被检测出的最小量,不同于空白值(在一个指定概率下),不一定要被量化。在实际测量中,需考虑两种风险:

——α风险:即某物质存在于测试物中,但其测试值却显示数量为零。

——β风险:即测试物中不含某物质,但其测试值却显示数量不为零。

定量限

在变异性明确(即给定变异系数)的方法所述的试验条件下,测试物中被分析物能被定量检出的最小量。

线性

在一定范围内,用某种分析方法检测实验室样品时,仪器响应或结果与被测物的量成比例关系的特性。

这个比例关系由一个预先给定的数学公式表达。所谓线性限是指在已知置信水平(一般为1‰),采用一个线性校准模型得到的目标分析物浓度的试验限。

测试物

用所述的分析方法实施测量的材料或物质。

标准物质

具有一种或多种足够均匀的特性的材料或物质,其特性已经过充分验证可以用来校准仪器、评估测量方法和给其他物质赋值。

有证标准物质

附有证书的标准物质,其一种或多种特性的值已通过建立溯源性的程序进行确定,使之可溯源到准确复现的用于表示该特性值的计量单位,而且每个标准值都附有给定置信水平的不确定度。

基质

测试物质中除了分析物以外的所有成分。

分析方法

描述对被测物进行分析的方法和过程的书面语言,即:范围、原理或反应、定义、试剂、仪器、程序、结果表达、精密度、测试报告。

警告:"检测方法"和"测定方法"有时被作为"分析方法"的同义词使用,但这两种表述都不恰当。

定量分析方法

能够测量实验测试物中分析物数量的分析方法。

标准分析方法(Ⅰ型或Ⅱ型方法)

对于被测分析物能够给出可接受的参考值的方法。

未分级的替代性分析方法

实验室采用的常规分析方法,但不是标准方法。

注:替代分析方法可以是标准方法的简化版本。

测量

以测定量值为主体的操作过程。

注意:这些操作是可以自动完成的。

被测量

测量对象的特定量。

平均值

对于同一被测量的 n 次测量,其平均值如下式计算得到:

$$\bar{x} = \frac{\sum_{i=1}^{n} x_i}{n}$$

式中,x_i 是第 i 次测量的结果。

测量结果

经过测量所得的被测量的值。

灵敏度

分析方法信号值的变化与分析物量值变化之间的比值。

分析物量的变化一般通过配制不同的标准溶液或在基质中添加分析物得到。

注 1:应避免将方法的灵敏度当作其对低含量分析物检测的能力。

注 2:如果分析物的量发生微小变化,信号值也随之发生明显变化,则称这个方法是灵敏的。

测量信号

代表被测物的量,并在功能上与其相关联。

专属性

分析方法的特性,即只对待测分析物的检测发生响应,它确保测量信号仅来自于分析物。

公差

在给定的水平内,由实验室确定的标准值的偏差,在其范围内标准物质的测量值是可接受的。

量值

一个特定量的大小一般表示为一单位量乘以一个数。

量的真实值

与指定特定量的定义一致的值。

注 1:真实值是理想状态下测量所获得的值。

注 2:从本质上讲,任何真实值都是不可测定的。

可接受的标准值

用于比较的约定标准值,它可以是:

a)基于科学原理的理论值或规定值;

b)基于一些国家或国际组织的实验研究而指定或认可的值;

c)基于由科学家或工程组主持的协作实验工作而一致同意或认可的值;

在本指南特定框架下,测试物的可接受标准值(或传统上称作真实值),可由采用标准方法重复测量所得值的算术平均值而来。

方差

标准偏差的平方。

4 总则

4.1 研究方法

当实验室开发一个新的替代方法时,实施程序包括几个步骤。第一步是方法验证,只在初始阶段进行一次,或定期进行。第二步是质量控制,所有在这两个步骤中所采集到的全部数据用于评价方法的质量。第三步定期评价反映了所评价方法测量结果的质量指标。所有这些步骤都是相互关联的,它们组成一个整体,用于评估和控制测量误差。见图 1。

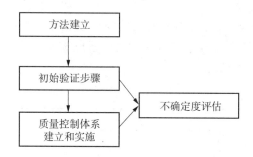

图 1　建立研究方法的流程图

4.2 测量误差的定义

采用所研究的方法进行任何测量所给出的结果,都伴有测量误差,它决定于所得结果和被测量的真值之间的差别。事实上，被测量的真值是不可得到的，通常使用可接受值来代替它。

测量误差包括两个组成部分：

$$\text{真值}=\underbrace{\text{分析结果}+\text{系统误差}+\text{随机误差}}_{\text{测量误差}}$$

实际上，系统误差导致了测定值与真值的偏差，随机误差存在于方法应用有关的所有误差中。

这些误差可用图形方式表示如下：

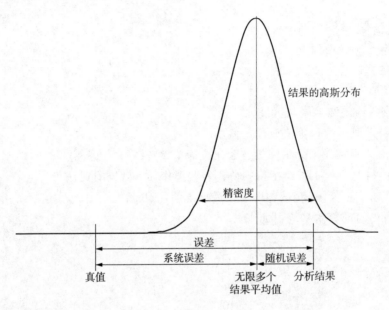

图 2

方法验证和质量控制手段都可用于评估系统误差和随机误差，并可对其随时间变化的情况进行监控。

5　方法验证

5.1　方法学

方法验证包括 3 个步骤，每个步骤都有具体的目标。为达到这些目标，实验室需要有验证方法。有时，针对一个指定的目标有多种方法以适应不同的情况。实验室需要选择最合适的方法用于方法验证。详见表 1。

表 1

步骤	目标	验证方法
应用范围	——确定分析模型 ——确定分析范围	检测限和定量限 稳定性研究

表 1(续)

步骤	目标	验证方法
系统误差或偏差	——可分析范围内的线性响应	线性研究
	——方法特异性	特异性研究
	——方法准确度	与参考方法的比对
		与标准物质的比对
		实验室间比对
随机误差	——方法精密度	重复性研究
		实验室内再现性研究

5.2 第一部分:方法的适用范围

5.2.1 分析基质的定义

基质包含测试材料中除了分析物以外的所有成分。如果这些成分可能影响测量结果,则实验室应确定适于这些基质的方法。

例如,酒类中,某个参数的测定会受到不同基质(如葡萄酒、葡萄汁、甜葡萄酒等)的影响。

当对基质效应存在疑问时,可以进行更加深入的研究,并把它作为特异性研究的一部分。

5.2.2 检测限和定量限

本步骤不适用于那些下限不趋于 0 的方法,如葡萄酒的酒精度、总酸度、pH 等。

5.2.2.1 规范性定义

检测限是分析物能被检测到的最低量,但不必量化为一个精确值。检测限是一个极限测试参数。

定量限是在一种方法条件下分析物能被准确检测到的最低量。

5.2.2.2 参考文献

NF V03-110 标准,相对于标准方法的替代方法的实验室内部验证程序。

方法 Ŕ OIV 的国际纲领,分析方法的检测限和定量限的评估。

5.2.2.3 应用

实际上,定量限通常比检测限更具相关性,按照惯例,后者是前者的 1/3。

评价检测限和定量限的方法一般有几种:

——空白检测;

——线性研究方法;

——图解法。

上述方法适用于不同的情况,在每种情况下,都只是使用数学方法给出参考值结果。因此,无论是用上述方法中的任何一种,还是凭经验估计,应尽可能地用相应的核查程序对所获得的值进行检查。

5.2.2.4 程序

5.2.2.4.1 空白检测

5.2.2.4.1.1 适用范围

本方法适用于空白分析所得结果其标准偏差不为零的情况。实验者自行判断是否使用试剂空白或基质空白。

有时候,由于某些与不可控信号处理过程有关的原因,空白无法测量或不能提供一个可记录的变化(标准偏差为 0),实验可在一个分析物浓度非常低的、接近空白的情况下进行。

5.2.2.4.1.2 基本方法和计算

对近似于空白的测试物进行 n 次分析,n 等于或大于 10。

——计算所得结果 x_i 的平均值:

$$\overline{x}_{\text{blank}} = \frac{\sum_{i=1}^{n} x_i}{n}$$

——计算所得结果 x_i 的标准偏差:

$$S_{\text{blank}} = \sqrt{\frac{\sum_{i=1}^{n} (x_i - \overline{x}_{\text{blank}})^2}{n-1}}$$

——根据这些结果,可定义检测限,通常用下式表示:

$$L_d = \overline{x}_{\text{blank}} + (3 \times S_{\text{blank}})$$

——根据这些结果,可定义定量限,通常用下式表示:

$$L_q = \overline{x}_{\text{blank}} + (10 \times S_{\text{blank}})$$

例:表 2 所列结果是游离二氧化硫常规测定方法检测限的评估。

表 2

测试物编号	$X/(\text{mg/L})$
1	0
2	1
3	0
4	1.5
5	0
6	1
7	0.5
8	0
9	0
10	0.5
11	0
12	0

计算值如下：

$$q = 12$$
$$M_{blank} = 0.375$$
$$S_{blank} = 0.528 \text{ mg/L}$$
$$DL = 1.96 \text{ mg/L}$$
$$QL = 5.65 \text{ mg/L}$$

5.2.2.4.2 线性研究方法

5.2.2.4.2.1 适用范围

线性研究方法可以适用于所有情况，并且在不涉及背景噪音时是有必要的。

注：当标准物质的线性范围极宽，其测量结果的标准偏差可变时，该统计方法可能出现偏差，给出不理想的结果。这种情况下，线性研究局限于一个较低的值，如果值几乎趋于零，分布更均匀，也将导致更多相关的评估。

5.2.2.4.2.2 基本方法和计算

用线性研究中所得结果计算校正函数的参数 $y = a + bx$。

线性研究的数据恢复（参见第 5.3.1 章的线性研究）为：

—回归直线的斜率：

$$b = \frac{\sum_{i=1}^{n} (x_i - M_x)(y_i - M_y)}{\sum_{i=1}^{n} (x_i - M_x)^2}$$

—剩余标准偏差：

$$S_{res} = \sqrt{\frac{\sum_{i=1}^{n} \sum_{j=1}^{n} (y_{i,j} - \hat{y}_{i,j})^2}{pn - 2}}$$

—截距点的标准偏差（须计算）：

$$S_a = S_{res} \sqrt{\left(\frac{1}{np} + \frac{M_x^2}{\sum_{i=1}^{n} p(x_i - M_x)^2} \right)}$$

检测限 DL 和定量限 QL 的估算按下列公式计算：

$DL = \dfrac{3 \times S_a}{b}$ 估算检测限

$QL = \dfrac{10 \times S_a}{b}$ 估算定量限

例：毛细管电泳测定山梨酸方法的检测限和定量限的估算，其线性范围在 1 mg/L～20 mg/L 之间。

表3

X_{ref}	Y_1	Y_2	Y_3	Y_4
1	1.9	0.8	0.5	1.5
2	2.4	2	2.5	2.1

表 3（续）

X_{ref}	Y_1	Y_2	Y_3	Y_4
3	4	2.8	3.5	4
4	5.3	4.5	4.7	4.5
5	5.3	5.3	5.2	5.3
10	11.6	10.88	12.1	10.5
15	16	15.2	15.5	16.1
20	19.7	20.4	19.5	20.1

标准物质数：$n=8$

重复次数：$p=4$

线性 $y=a+bx$，$b=0.9972$，$a=0.51102$

剩余标准偏差：$S_{res}=0.588$

截距点处的标准偏差：$S_a=0.1597$

估算检测限 $DL=0.48$ mg/L

估算定量限 $QL=1.6$ mg/L

5.2.2.4.3　基于背景噪音记录的谱图方法

5.2.2.4.3.1　适用范围

本法可用于带有背景噪音的谱图记录（如气相色谱等）的分析方法，其检测限的估算是基于背景噪音的研究。

5.2.2.4.3.2　基本方法和计算

在连续几天的时间内，实施 3 个系列的测试，每个系列分别 3 次进样，记录一定数量的试剂空白。

测定下列值：

• h_{max}：在两个采集点间所观察到的信号在 Y 轴上的最大振幅变化，不包括漂移，两个采集点间的距离等于分析物的响应值半峰宽的 20 倍，其中点为所研究化合物的保留时间。

• R：数量/信号响应因子，以高度计。

检测限 DL 和定量限 QL 按照下列公式计算：

$$DL=3h_{max}R \qquad QL=10h_{max}R$$

5.2.2.4.4　检查预定的定量限

本方法可用于验证通过统计或经验所得的定量值。

5.2.2.4.4.1　适用范围

本法可被用来检查一个给定的定量限是否可以接受。它要求实验室至少找到 10 个已知分析物含量的测试物，且分析物的含量与估计的定量限在一个水平上。

当方法具有特定信号、对基质效应不敏感时，测试物可以是合成的溶液，其标准值可由公式计算而得。

在其他情况下，被用作测试物的葡萄酒（或葡萄汁）由标准方法测试所得的测量值与所研究的限量相等。此时,标准方法的定量限一定低于这个值。

5.2.2.4.4.2 基本方法和计算

分析 n 个独立测试物,其允许值等于被检查的定量限。n 不小于 10。

——计算 n 次测量的平均值:

$$\bar{x}_{LQ} \quad \frac{\sum_{i=1}^{n} x_i}{n}$$

——计算 n 次测量的标准偏差:

$$S_{LQ} = \sqrt{\frac{\sum_{i=1}^{n}(x_i - \bar{x}_{LQ})^2}{n-1}}$$

式中 x_i 为第 i 个测试物的测量结果。

必须满足下列两个条件:

a) 被测量的平均值 $\bar{x}_{LQ}$ 需与预定的定量限 QL 相同:

如果 $\dfrac{|QL - \bar{x}_{QL}|}{\dfrac{S_{QL}}{\sqrt{n}}} < 10$,则定量限 QL 认为是有效的。

注:10 是一个与 QL 限值有关的惯常值。

b) 定量限为非零值。

如果 $5S_{QL} < QL$,则定量限为非零值。

数值 5 是对应于标准偏差扩展的近似值,考虑了 α 风险和 β 风险,以确保 QL 为非零值。这相当于校正 QL 的变异系数小于 20%。

注 1:需记住检测限是由定量限除以 3 得到的。

注 2:应进行校正以确保 S_{LQ} 值不要太大(否则会引起人为的阳性测试),并在所考虑的水平上,随着结果变化,有效地对应于一个合理的标准偏差。实验室负责对 S_{LQ} 值进行关键性评价。

例:检查酶法测定苹果酸的定量限。

估算定量限为:0.1 g/L

表 4

葡萄酒	值
1	0.1
2	0.1
3	0.09
4	0.1
5	0.09
6	0.08
7	0.08
8	0.09
9	0.09
10	0.08

平均值:0.090

标准偏差:0.008

第一个条件: $\dfrac{|LQ-\bar{x}_{QL}|}{\dfrac{S_{QL}}{\sqrt{n}}}=3.87<10$ 定量限 0.1 有效。

第二个条件: $5S_{LQ}=0.04<0.1$ 定量限不为 0。

5.2.3　稳定性

5.2.3.1　定义

稳定性是指方法在应用过程中,试验条件可能发生轻微的变化,而其所得结果保持相近的能力。

5.2.3.2　检测

如果对操作参数的变化所造成的影响存在任何疑问,实验室可采用科学的实验程序,在实际情况下可能发生的变化范围内,测试这些有争议的操作参数。通常这些测试一般很难实施。

5.3　第二部分:系统误差研究

5.3.1　线性研究

5.3.1.1　规范性定义

所谓方法的线性,是指(在一定范围内)方法所提供信息值或结果与测试物中分析物的量成比例的能力。

5.3.1.2　参考文献

NF V03-110 标准　相对于标准方法的替代方法的实验室内部验证程序

ISO 11095 标准　用标准材料进行线性校准

ISO 8466-1 标准水质　分析方法的校准与评价以及性能特征的估计

5.3.1.3　应用

线性研究可以用来确定和验证一个线性动态范围。

当实验室具备稳定的标准物质,且明确获知其认可值(理论上这些值的不确定度等于 0)时,便可进行此项研究。这些标准物质可以作为内标,用校准物质、葡萄酒或葡萄汁进行标定;它们的量一般由外标或认证外标通过标准方法进行至少 3 次重复试验,取其平均值给出。

最后一种情况,也仅在此情况下,该研究使方法具有可追溯性,所使用的实验程序可被视为校准。

在任何情况下,确保标准物质的基质与方法兼容。

最后,计算必须使用最终的测量结果而不是仪器信号指示值。

以下推荐两种方法:

——ISO 11095 的方法,其原理是通过 Fischer 试验来对残差和试验误差进行比较。首先,该方法的有效范围相对较窄(在此范围内能改变被测量的因素不超过 10 个)。此外,当在此实验条件导致再现性误差较低时,试验变得极为苛刻。另一方面,在实验条件较差的情况下,测试容易出现阳性结果,失去其相关性。该方法要求在整个研究范围内,要有一定数量的测量以达到良好的均匀性。

——ISO 8466 的方法,其原理是应用相同的数据对由线性回归产生的残差和由多项式回归(如2阶方程式)产生的残差进行比较。如果多项式模型给出的残差明显较低,则可以得出非线性的结论。若实验范围的一端有高分散风险时,特别适合使用该方法,因此,也适合分析方法的溯源。在整个范围内没有必要进行数量均匀的测量,甚至建议在范围的边界处增加测量次数。

5.3.1.4 ISO 11095 方法

5.3.1.4.1 基本方法

可取的做法是使用 n 种标准物质。n 必须大于3,但不必超过10。在再现性条件下,标准物质测量 p 次,p 应大于3,通常建议为5。标准物质的可接受的值应是有规律地分布在研究的范围内。所有标准物质的测量次数必须相同。

注意再现性条件必须使用尽可能多的可变性,以及测试显示的非线性过度方式中的风险。

结果列表如下:

表5

标准物质	可接受标准值物质	测量值				
		平行样 1	⋯	平行样 j	⋯	平行样 p
1	x_1	y_{11}	⋯	y_{1j}	⋯	y_{1p}
⋯	⋯	⋯	⋯	⋯	⋯	⋯
i	x_i	y_{i1}	⋯	y_{ij}	⋯	y_{ip}
⋯	⋯	⋯	⋯	⋯	⋯	⋯
n	x_n	y_{n1}	⋯	y_{nj}	⋯	y_{np}

5.3.1.4.2 计算和结果

5.3.1.4.2.1 确定回归模型

——计算和测试模型如下:

$$y_{ij} = a + b \cdot x_i + \varepsilon_{ij}$$

其中:y_{ij}——第 i 个标准物质的第 j 个平行样;

$\quad\quad x_i$——第 i 个标准物质的可接受值;

$\quad\quad b$——回归直线的斜率;

$\quad\quad a$——回归直线的截距点;

$a + b \cdot x_i$——第 i 个标准物质的期望值;ε_{ij} 为第 i 个标准物质的测量值 y_{ij} 和期望值之间的差值。

5.3.1.4.2.2 参数估算

回归直线的参数由下列公式得到:

——第 i 个标准物质的 p 次测量的平均值:

$$y_i = \frac{1}{p} \sum_{j=1}^{p} y_{ij}$$

——n 种标准物质的可接受值的平均值:

$$M_x = \frac{1}{n} \sum_{i=1}^{n} x_i$$

——所有测量值的平均值

$$M_y = \frac{1}{n} \sum_{i=1}^{n} y_i$$

——估算斜率 b：

$$b = \frac{\sum_{i=1}^{n} (x_i - M_x)(y_i - M_y)}{\sum_{i=1}^{n} (x_i - M_x)^2}$$

——估算截点 a：$a = M_y - b \times M_x$

——第 i 个标准物质的回归值：$\hat{y}_i = a + b \times x_i$

——残差 e_{ij}：$e_{ij} = y_{ij} - \hat{y}_i$

5.3.1.4.2.3　图表

结果可以用图表的方式表达和分析，实际应用的图表有 2 种类型。

——第一种，图形以测量值对应于标准物质的可接受值表示，同时绘制由计算而得的交叉线。

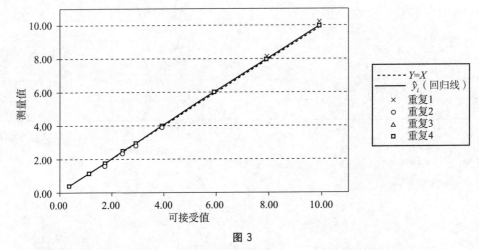

图 3

——第二种，图形以残差对应于标准物质的估计值（$\hat{y}$）的交叉线来表示。

该图恰当地表示了对方法线性假设的偏差，即：如果残差均匀分布在正负值范围之间，则该线性动态范围有效。

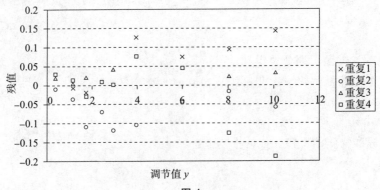

图 4

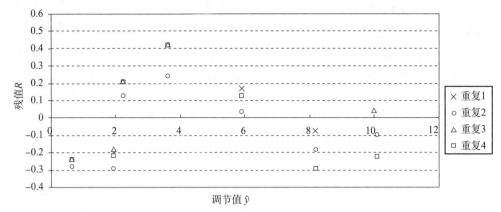

图 5

如果对线性回归存在质疑，除了图形分析外，Fischer-Snedecor 检验（F 检验）可以用来对"线性动态范围是无效的"的假设进行测试。

5.3.1.4.2.4　线性假设测试

首先应确定几个与校准相关的误差值：可通过实验过程中收集到的数据来估算这些误差，然后在这些结果的基础上进行统计测试，以验证线性动态范围的非有效性假设，这就是 F 检验。

5.3.1.4.2.4.1　校准误差的定义

该误差以标准偏差表示，结果等于平方和与自由度之比的平方根。

残差

残差相当于由测量值与回归线所示值之间的误差。

残差的平方和为：

$$Q_{res} = \sum_{i=1}^{n} \sum_{j=1}^{p} (y_{ij} - \hat{y}_i)^2$$

自由度为 $np-2$。

剩余标准偏差按以下公式估算得出：

$$S_{res} = \sqrt{\frac{\sum_{i=1}^{n} \sum_{j=1}^{p} (y_{ij} - \hat{y}_i)^2}{np - 2}}$$

实验误差

实验误差相当于实验再现性标准偏差。

实验误差的平方和如下：

$$Q_{exp} = \sum_{i=1}^{n} \sum_{j=1}^{p} (y_{ij} - y_i)^2$$

自由度为 $np-n$。

实验的标准偏差（再现性）按以下公式估算得出：

$$S_{exp} = \sqrt{\frac{\sum_{i=1}^{n} \sum_{j=1}^{p} (y_{ij} - y_i)^2}{np - n}}$$

注:该量值有时也标示为 S_R。

调整误差

调整误差的值是残差减实验误差。

调整误差的平方和为:

$$Q_{def} = Q_{res} - Q_{exp}$$

或

$$Q_{def} = \sum_{i=1}^{n} \sum_{j=1}^{p} (y_{ij} - \hat{y}_i)^2 - \sum_{i=1}^{n} \sum_{j=1}^{p} (y_{ij} - y_i)^2$$

自由度为 $n-2$。

调整误差的标准偏差按以下公式估算得出:

$$S_{def} = \sqrt{\frac{Q_{res} - Q_{exp}}{n-2}}$$

或

$$S_{def} = \sqrt{\frac{\sum_{i=1}^{n} \sum_{j=1}^{p} (y_{ij} - \hat{y}_i)^2 - \sum_{i=1}^{n} \sum_{j=1}^{p} (y_{ij} - y_i)^2}{n-2}}$$

5.3.1.4.2.4.2　Fischer-Snedecor 检验

比值 $F_{obs} = \dfrac{S_{def}^2}{S_{exp}^2}$ 遵守 Fischer-Snedecor 法则,其自由度为 $n-2$,$np-n$。

实验计算值 F_{obs} 与 Snedecor 表查得的临界值 $F_{1-\alpha}(n-2, np-n)$ 比较。实际情况中 α 值一般为 5%。

如果 $F_{obs} \geqslant F_{1-\alpha}$,则线性动态范围无效的假设成立(误差风险为 5%)。

如果 $F_{obs} < F_{1-\alpha}$,则线性动态范围无效的假设不成立。

例如:毛细管电泳法测定酒石酸的线性研究使用了 9 种标准物质。这些酒石酸合成溶液可以用已知浓度的标准物进行滴定。

表6

参考物	$T_{i(ref)}$	Y_1	Y_2	Y_3	Y_4
1	0.38	0.41	0.37	0.4	0.41
2	1.15	1.15	1.12	1.16	1.17
3	1.72	1.72	1.63	1.76	1.71
4	2.41	2.45	2.37	2.45	2.45
5	2.91	2.95	2.83	2.99	2.95
6	3.91	4.09	3.86	4.04	4.04
7	5.91	6.07	5.95	6.04	6.04
8	7.91	8.12	8.01	8.05	7.9
9	9.91	10.2	10	10.09	9.87

回归直线：

$y = a + b \times x$

$b = 1.015\ 65$

$a = -0.007\ 98$

校准误差：

剩余标准偏差 $S_{res} = 0.071\ 61$

实验再现性标准偏差 $S_{exp} = 0.075\ 36$

调整标准偏差 $S_{def} = 0.054\ 8$

解释：Fischer-Snedecor 检验

$$F_{obs} = 0.53 < F_{1-\alpha} = 2.37$$

线性动态范围无效的假设不成立

5.3.1.5 ISO 8466 的方法

5.3.1.5.1 基本方法

建议选择 n 种标准物质。n 必须大于 3，但不必超过 10。标准物质应在再现性条件下测量多次。在研究范围的中心位置测量次数可以适当减少（最小为 2），但在范围两端则测量次数必须要较大，一般建议其最小值为 4。标准物质的可接受值需有规律地分布在所研究的范围内。

注：使用最大数的潜存变化源的再现性条件是非常重要的。

结果列表如下：

表 7

标准物质	标准物质的可接受值	测量值				
		样 1	样 2	样 j	…	样 p
1	x_1	y_{11}	y_{12}	y_{1j}	…	y_{1p}
…	…	…	…	…	…	…
i	x_i	y_{i1}	y_{i2}			
…	…	…	…	…	…	…
N	x_n	y_{n1}	…	y_{nj}	…	y_{np}

5.3.1.5.2 计算和结果

5.3.1.5.2.1 线性回归模型的定义

用上述计算得出线性回归模型。

然后，用§5.3.1.4.2.4.1 中的公式计算线性模型 Sres 的标准偏差的残差。

5.3.1.5.2.2 多项式回归模型定义

下面是 2 阶多项式模型的计算，旨在测定 2 阶多项式的回归模型参数，使其可以应用于实验程序的数据处理。

$$y = ax^2 + bx + c$$

最终是要测定参数 a、b 和 c。这种测定一般可以使用电子表格和统计软件计算得出。

这些参数的估算公式如下：

$$a = \frac{\sum_i x_i^2 y_i \left(N \sum_i x_i^2 - \left[\sum_i xi\right]^2\right) - \sum_i x_i^3 \left(N \sum_i x_i y_i - \sum_i x_i \sum_i y_i\right) +}{\sum_i x_i^4 \left(N \sum_i x_i^2 - \left[\sum_i xi\right]^2\right) - \sum_i x_i^3 \left(N \sum_i x_i^3 - \sum_i x_i^2 \sum_i x_i\right) +}$$

$$\frac{\sum_i x_i^2 \left(\sum_i x_i y_i \sum_i x_i - \sum_i y_i \sum_i x_i^2\right)}{\sum_i x_i^2 \left(\sum_i x_i \sum_i x_i^3 - \left[\sum_i x_i^2\right]^2\right)}$$

$$b = \frac{\sum_i x_i^4 \left(N \sum_i x_i y_i - \sum_i x_i \sum_i y_i\right) - \sum_i x_i^2 y_i \left(N \sum_i x_i^3 - \sum_i x_i^2 \sum_i x_i\right) +}{\sum_i x_i^4 \left(N \sum_i x_i^2 - \left[\sum_i xi\right]^2\right) - \sum_i x_i^3 \left(N \sum_i x_i^3 - \sum_i x_i^2 \sum_i x_i\right) +}$$

$$\frac{\sum_i x_i^2 \left(\sum_i y_i \sum_i x_i^3 - \sum_i x_i y_i \sum_i x_i^2\right)}{\sum_i x_i^2 \left(\sum_i x_i \sum_i x_i^3 - \left[\sum_i x_i^2\right]^2\right)}$$

$$c = \frac{\sum_i x_i^4 \left(\sum_i x_i^2 \sum_i y_i - \sum_i x_i \sum_i x_i y_i\right) - \sum_i x_i^3 \left(\sum_i x_i^3 \sum_i y_i - \sum_i x_i^2 \sum_i x_i y_i\right) +}{\sum_i x_i^4 \left(N \sum_i x_i^2 - \left[\sum_i xi\right]^2\right) - \sum_i x_i^3 \left(N \sum_i x_i^3 - \sum_i x_i^2 \sum_i x_i\right) +}$$

$$\frac{\sum_i x_i^2 y_i \left(\sum_i x_i \sum_i x_i^3 - \left[\sum_i x_i^2\right]^2\right)}{\sum_i x_i^2 \left(\sum_i x_i \sum_i x_i^3 - \left[\sum_i x_i^2\right]^2\right)}$$

模型一旦建立,则可计算下列值:

—第 i 个标准物质的回归值:

$$\hat{y}'_i = a x^2 + bx + c$$

剩余 $e_{ij} e'_{ij} = y_{ij} - \hat{y}'_i$

多项式模型的剩余标准偏差

$$S'_{res} = \sqrt{\frac{\sum_{i=1}^{n} \sum_{j=1}^{p} (y_{ij} - \hat{y}'_i)^2}{np - 2}}$$

5.3.1.5.2.3 剩余标准偏差的比较

计算

$$DS^2 = (N-2)S_{res}^2 - (N-3)S'^2_{res}$$

则

$$PG = \frac{DS^2}{S'^2_{res}}$$

在置信水平为 $1-\alpha$、自由度为 1 和 $(N-3)$ 的条件下,将 PG 值与 Fischer-Snedecor 表中所示的临界值 $F_{1-\alpha}$ 进行比较。

注:一般情况下,α 风险为 5%。比较乐观的情况下,风险为 10% 更实际。

如果 $PG \leqslant F_{1-\alpha}$,非线性校准函数不会导致优化调整。例如,校准函数是线性的。

如果 $PG > F_{1-\alpha}$,那么工作范围须尽可能窄,以获得线性校准功能;否则,分析样本的信息值须通过非线性校准函数进行估算。

例:理论情况

表 8

参考物	$T_{i(ref)}$	Y_1	Y_2	Y_3	Y_4
1	35	22.6	19.6	21.6	18.4
2	62	49.6	49.8	53	
3	90	105.2	103.5		
4	130	149	149.8		
5	205	203.1	202.5	197.3	
6	330	297.5	298.6	307.1	294.2

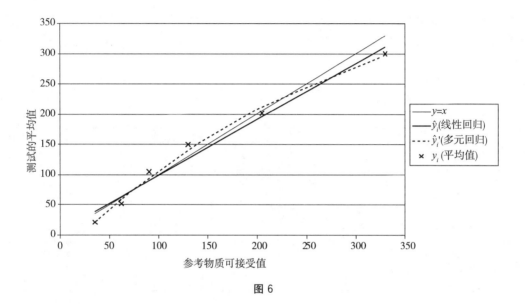

图 6

线性回归方程

$y = 1.48x - 0.0015$

$S_{res} = 13.625$

多项式回归方程

$y = -0.0015x^2 + 1.485x - 27.2701$

$S'_{res} = 7.407$

Fischer's 检验

$PG = 10.534 > F(5\%) = 10.128$

当 $PG > F$ 时，线性校准函数不能保留。

5.3.2　特异性

5.3.2.1　规范性定义

方法的特异性是指该方法只适于测定某种特定化合物的能力。

5.3.2.2　应用

如果对测试方法的特异性有怀疑，实验室可以通过设计实验程序来检验。这里建议两种补充试验方法，适用于酿酒领域遇到的大部分情况。

——第一种方法是加标实验,可用于核查方法对所有分析物的测定。

——第二种方法核查其他成分对测量结果的影响。

5.3.2.3 程序

5.3.2.3.1 加标实验

5.3.2.3.1.1 适用范围

该实验可用于核查方法对所有分析物的测定。

实验程序是基于对所测定的化合物标准添加,仅适用于方法对基体效应不敏感的情况。

5.3.2.3.1.2 基本方法

其重点在于添加前后分析物添加量的显著差别。

在 n 种测试物中进行不同的加标试验。测试物中待分析物的初始浓度和添加浓度的选择要在所覆盖浓度范围内,测试物还必须包括常规分析中要求的各种基质,建议使用至少 10 种测试物。

结果列表见表 9:

表 9

测试物	添加前量 (x)	添加量 (v)	添加后量 (w)	检出量 (r)
1	x_1	v_1	w_1	$r_1 = w_1 - x_1$
...	...	...	...	...
i	x_i	v_i	w_i	$r_i = w_i - x_i$
...	...	...	...	...
n	X_n	V_n	w_n	$r_p = w_n - x_n$

注 1:必须添加纯的标准溶液。建议按相同的次序在被测试物中添加标准溶液。最高浓度的被测试物必须要稀释到方法适用的浓度范围内。

注 2:为避免系统误差,建议使用独立标准溶液配制加标物。

注 3:多次平行测试可以提高 x 值和 w 值的质量。

5.3.2.3.1.3 计算与结果

特异性的测试原理在于研究回归直线 $r = a + b.v$,验证斜率 b 是否为 1,截距 a 是否为 0.

5.3.2.3.1.3.1 回归直线 $r = a + b.v$ 的研究

回归直线的有关参数可由以下方程得到:

—— 添加量的平均值 $\bar{v}$:$\bar{v} = \dfrac{\sum\limits_{i=1}^{n} v_i}{n}$

—— 检出值的平均值 $\bar{r}$:$\bar{r} = \dfrac{\sum\limits_{i=1}^{n} r_i}{n}$

—— 估算斜率 b:

$$b = \frac{\sum\limits_{i=1}^{n} (v_i - \bar{v})(r_i - \bar{r})}{\sum\limits_{i=1}^{n} (v_i - \bar{v})^2}$$

——估算截距 a：
$$a = \bar{r} - b \cdot \bar{v}$$

——第 i 个参考物质的回归值 $\hat{y}_i$： $\hat{r}_i = a + b \times v_i$

——剩余标准偏差：$S_{res} = \sqrt{\dfrac{\sum\limits_{i=1}^{n} (r_i - \hat{r}_i)^2}{n-2}}$

——斜率的标准偏差：$S_b = S_{res} \sqrt{\dfrac{1}{\sum\limits_{i=1}^{n} (v_i - \bar{v})^2}}$

——截距的标准差：

$$S_a = S_{res} \sqrt{\dfrac{1}{n} + \dfrac{\bar{v}^2}{\sum\limits_{i=1}^{n} (v_i - \bar{v})^2}}$$

5.3.2.3.1.3.2　结果分析

结果分析的目的是在可接受特异性的情况下，排除干扰得出结论。若 $r = a + bv$ 与直线 $y = x$ 重合，则结论正确。

为证明这点，需做两个检验：

一检验交叉线的斜率 b 等于 1 的假设是否成立。

一检验截距 a 是否为 0 的假设是否成立。

这些假设可用 t 检验进行检验，误差风险一般为 1%。但有时风险为 5% 更实际。

定义 $T_{critical,bilateral}$[自由度,1%]为 t 分布的双向变量，其相关条件为一定的自由度(dof)下误差风险为 1%。

步骤 1：计算

将斜率为 1 时的标准值进行比较计算：

$$T_{obs} = \frac{|b-1|}{S_b}$$

将截距为 0 时的标准值进行比较计算：

$$T'_{obs} = \frac{|a|}{S_a}$$

计算 t 分布的临界值：$T_{critical,bilateral}$[$p-2$;1%]

步骤 2：说明

➢ 如果 T_{obs} 小于 $T_{critical}$，则回归直线的斜率等于 1。

➢ 如果 T'_{obs} 小于 $T_{critical}$，则回归直线的截距等于 0。

➢ 如果这两个条件都符合，则拟合曲线为 $y = x$，方法具有特异性。

注1：由以上结果可以计算平均重叠率，从而使特异性得以量化。它不能用来"校正"结果，因为如果检测到显著性偏差存在，则替代方法不可能得到 100% 的验证。

注2：由于实验原理以直线方程的计算，则至少应该包含三个添加水平，应恰当选择每个水平的添加量，以便取得最佳分布。

5.3.2.3.1.3.3　重叠线图

特异性实例

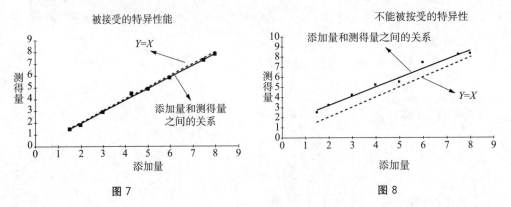

图 7　　　　　　　　　　　　　　　　　图 8

5.3.2.3.2　其他成分对测量结果的影响研究

5.3.2.3.2.1　适用范围

如果实验室怀疑除了分析物以外,其他化合物存在相互作用,可以制定实验方案来测定各种化合物对检测结果的影响。这里建议的实验方案称为预实验。实验室借助其掌握的分析技术知识和经验,能初步判定在葡萄酒中可能存在的化合物以及它们对分析结果产生的影响。

5.3.2.3.2.2　基本方法和计算

对 n 个葡萄酒平行样重复分析,研究目标化合物添加前后对被测试物分析结果的影响,样品数 n 值至少等于 10。

先计算标准品添加前的两次重复实验结果 x_i, x'_i 的平均值 M_{x_i},然后计算添加后的两次重复实验结果 y_i 和 y'_i 的平均值 M_{y_i},最后计算 M_{x_i} 和 M_{y_i} 的差值 d_i。

实验结果如表 10 所示:

表 10

样品	x 添加后		y 添加后		均值		差值
	重复 1	重复 2	重复 1	重复 2	x	y	d
1	x_1	x'_1	y_1	y'_1	M_{x_1}	M_{y_1}	$d_1 = M_{x_1} - M_{y_1}$
…	…	…	…	…	…	…	…
i	x_i	x'_i	y_i	y'_i	M_{x_i}	M_{y_i}	$d_i = M_{x_i} - M_{y_i}$
…	…	…	…	…	…	…	…
n	x_n	x'_n	y_n	y'_n	M_{x_n}	M_{y_n}	$d_n = M_{x_n} - M_{y_n}$

添加前结果平均值 M_x:

$$M_x = \frac{1}{n}\sum_{i=1}^{n} M_{x_i}$$

添加后结果平均值 M_y:

$$M_y = \frac{1}{n} \sum_{i=1}^{n} M_{y_i}$$

计算差值平均值 M_d

$$M_d = \sum_{i=1}^{n} \frac{d_i}{n} = M_y - M_x$$

计算标准偏差差值 S_d：

$$S_d = \sqrt{\frac{\sum\limits_{i=1}^{n}(d_i - M_d)^2}{n-1}}$$

计算 Z-score：

$$Z_{\text{score}} = \frac{|M_d|}{S_d}$$

5.3.2.3.2.3　说明

a）如果 $Z_{\text{score}} \leqslant 2$，则添加物对分析结果几乎没有影响，其误差风险为 5%。

b）如果 $Z_{\text{score}} \geqslant 2$，则添加物对分析结果有影响，其误差风险为 5%。

注：上述关于 Z_{score} 的解释是基于 95% 置信区间考虑的，变异服从正态分布规律。

例：傅里叶变换红外光谱（FTIR）测定葡萄酒中的果糖、葡萄糖含量时，样品中可能存在成分之间的相互作用。

表 11

酒样	添加前		添加 250 mg/L 山梨酸钾		添加 1 g/L 水杨酸		差值	
	水杨酸	样 1	样 2	样 1	样 2	样 1	样 2	山梨酸
1	6.2	6.2	6.5	6.3	5.3	5.5	0.2	−0.8
2	1.2	1.2	1.3	1.2	0.5	0.6	0.05	−0.65
3	0.5	0.6	0.5	0.5	0.2	0.3	−0.05	−0.3
4	4.3	4.2	4.1	4.3	3.8	3.9	−0.05	−0.4
5	12.5	12.6	12.5	12.7	11.5	11.4	0.05	−1.1
6	5.3	5.3	5.4	5.3	4.2	4.3	0.05	−1.05
7	2.5	2.5	2.6	2.5	1.5	1.4	0.05	−1.05
8	1.2	1.3	1.2	1.1	0.5	0.4	−0.1	−0.8
9	0.8	0.8	0.9	0.8	0.2	0.3	0.05	−0.55
10	0.6	0.6	0.5	0.6	0.1	0	−0.05	−0.55

山梨酸 $M_d = 0.02$

$\quad\quad S_d = 0.086$

$\quad\quad Z_{\text{score}} = 0.23 < 2$

水杨酸 $M_d = -0.725$

$$S_d = 0.282$$

$$Z_{score} = 2.57 > 2$$

总之,山梨酸钾的存在并不影响傅里叶变换红外光谱对葡萄酒中的果糖、葡萄糖含量测定。此外,鉴于水杨酸对结果测定有影响,为使测定结果在有效范围之内,样品不能含有水杨酸。

5.3.3 方法准确度研究

5.3.3.1 步骤

5.3.3.1.1 定义

一系列实验结果的平均值与可接受参考值之间的相关性。

5.3.3.1.2 基本原理

当参考值是由认证机构给出的,准确度研究可认为与结果数据可追溯性相关。特别适用于下述两种情况:

——有证标准品的可追溯性:在这种情况下,准确度研究可以和线性以及校准研究一起进行,实验方案如该研究所述。

——认可实验室间比对分析链的可追溯性。

其他情况,即使用的材料物质未经过认证,这在常规酒类实验室最为普遍。这类情况常使用下列比对:

——与标准方法比对。

——与未认可实验室比对分析链的结果比较。

——与内部参考物质或外部未认证参考物质比对。

5.3.3.1.3 参考文献

NF V03-110 实验间替代方法和参考方法评价程序

NF V03-115 检验参考方法使用指南

ISO 11095 参考方法的线性校正

ISO 8466-1 水的质量-分析方法和校正的评价

ISO 57025 测试方法和结果的准确度

5.3.3.2 替代方法与 OIV 标准方法的比对

5.3.3.2.1 适用范围

本方法适用于实验室采用的 OIV 标准方法或可追溯的、经确认的方法,且这些检验方法的性能已经确认并能满足客户需求。

研究比对这两种方法的准确度,首先要确保被验证方法的重复性已经过确认,并使之与标准方法进行比对。进行重复性比对的方法详见重复性章节。

5.3.3.2.2 与标准方法相对比的替代方法准确度

5.3.3.2.2.1 定义

准确度可定义为标准方法与替代方法所获得的值之间的一致程度,与两个方法的精密度误差无关。

5.3.3.2.2.2 适用范围

作为标准方法的替代方法,其准确度有一定的应用领域,两种方法的重复性是恒定的。

实际上,可将分析范围划分为几个部分或"水平范围"(2~5 个),在这些部分或"水平范围"内,认为方法的重复性相对恒定。

5.3.3.2.2.3 基本方法和计算

对于每一个水平范围,准确度都基于 n 种被测试物,其中分析物的浓度要包含在所讨论的水平范围。为得到好的结果,至少要用到 10 种测试材料。

在重复性条件下,每种被测试物分别用两种方法进行平行分析。

计算替代方法的两次测量 x_i 和 x'_i 的平均值 M_{x_i} 以及标准方法的两次测量 y_i 和 y'_i 的平均值 M_{y_i},然后计算 M_{x_i} 和 M_{y_i} 的差值 d_i。

实验结果如表 12:

表 12

测试材料	X:可选择方法		Y:参考方法		平均值		方差
	重复 1	重复 2	重复 1	重复 2	x	y	d
1	x_1	x'_1	y_1	y'_1	Mx_1	My_1	$d_1 = Mx_1 - My_1$
—	…	…	…	…	…	…	…
i	x_i	x'_i	y_i	y'_i	Mx_i	My_i	$d_i = Mx_i - My_i$
—	…	…	…	…	…	…	…
n	x_n	x'_n	y_n	y'_n	Mx_n	My_n	$d_n = Mx_n - My_n$

计算如下:

——替代方法的平均值 M_x:

$$M_x = \frac{1}{n}\sum_{i=1}^{n} Mx_i$$

——标准方法的平均值 M_y:

$$M_y = \frac{1}{n}\sum_{i=1}^{n} My_i$$

——计算差值的平均值 M_d

$$M_d = \sum_{i=1}^{n}\frac{d_i}{n} = Mx - My$$

计算差值的标准方差 S_d:

$$S_d = \sqrt{\frac{\sum_{i=1}^{n}(d_i - M_d)^2}{n-1}}$$

——计算 Z_{score}:

$$Z_{\text{score}} = \frac{|M_d|}{S_d}$$

5.3.3.2.2.4 说明

——如果 $Z_{\text{score}} \leqslant 2.0$,在所考虑的水平范围内,一个方法相对于另一个方法的准确度较好,误差风险 $\alpha = 5\%$。

——如果 $Z_{\text{score}} > 2.0$,在可考虑的水平范围内,相对于参考方法,替代方法不准确,误差风险 $\alpha = 5\%$。

注:上述关于 Z_{score} 的证明可能假设其变异在 95% 的置信区间内,符合正态分布。

例如:用 FTIR 定量检测葡萄糖和果糖相对于酶联法的准确度研究。第一个水平范围包括从 0 g/L~5 g/L,第二个水平范围从 5 g/L~20 g/L。

表 13

葡萄酒	FTIR 1	IRTF2	Enz 1	Enz 2	d_i
1	0	0.3	0.3	0.2	−0.1
2	0.2	0.3	0.1	0.1	0.2
3	0.6	0.9	0.0	0.0	0.7
4	0.7	1	0.8	0.7	0.1
5	1.2	1.6	1.1	1.3	0.2
6	1.3	1.4	1.3	1.3	0.0
7	2.1	2	1.9	2.1	0.0
8	2.4	0	1.1	1.2	0.1
9	2.8	2.5	2.0	2.6	0.3
10	3.5	4.2	3.7	3.8	0.1
11	4.4	4.1	4.1	4.4	0.0
12	4.8	5.4	5.5	5.0	−0.2

$M_d = 0.13$

$S_d = 0.23$

$Z_{score} = 0.55 < 2$

表 14

葡萄酒	FTIR 1	IRTF2	Enz 1	Enz 2	d_i
1	5.1	5.4	5.1	5.1	0.1
2	5.3	5.7	5.3	6.0	−0.2
3	7.7	7.6	7.2	7.0	0.6
4	8.6	8.6	8.3	8.5	0.2
5	9.8	9.9	9.1	9.3	0.6
6	9.9	9.8	9.8	10.2	−0.1
7	11.5	11.9	13.3	13.0	−1.4
8	11.9	12.1	11.2	11.4	0.7
9	12.4	12.5	11.4	12.1	0.7
10	16	15.8	15.1	15.7	0.5
11	17.7	18.1	17.9	18.3	−0.2
12	20.5	20.1	20.0	19.1	0.7

$M_d = 0.19$

$S_d = 0.63$

$Z_{score}=0.30<2$

从两个水平范围看，$Z_{score}<2$，则可以认为，用 FTIR 法与酶联法相比，定量测定葡萄糖和果糖的方法也是准确的。

5.3.3.3 实验室间测试比对

5.3.3.3.1 适用范围

实验室间测试比对有两种类型：

1. 协同研究涉及一个单一的方法。实施这些研究的目的，为了对新方法进行初步的验证，主要是为了确定实验室间重复性的标准偏差 SR_{inter}（方法）。同时，也可以得到平均值。

2. 实验室间比对分析，或称为能力测试。实施这些测试是为了验证实验室采用的方法，也是为了常规的质量控制（详见§5.3.3.3）。比对分析结果包括平均值 m、标准实验室间重复性和方法偏差 SR_{inter}。

通过参与分析链或者参与合作研究，实验室可以利用结果进行方法准确度研究。首先，确认其有效性，并进行常规质量控制。

如果实验室间测试在认证机构的框架内实施，那么这种比对可以用于方法的追溯性研究。

5.3.3.3.2 基本方案和方法

为了获得足够的比对，建议在实验过程中使用至少 5 种被测试物。

对于每种测试材料，可以得到两个结果：

——具有显著性意义的所有实验室结果的平均值 m；

——实验室间重复性的标准方差 $S_{R-inter}$。

实验室在可重复的条件下，对被测物进行 p 次平行分析，p 至少等于 2。

另外，实验室必须确认，实验室内变异性（实验室内重复性）必须低于分析链规定的实验室间变异性（实验间重复性）。

对每种被测物，实验室都要计算 Z_{score}，如下式所示：

$$Z_{score}=\frac{|m_{lab}-m|}{S_{R-inter}}$$

结果如表 15 所示：

表 15

被检测物	重复 1	⋯	重复 j	⋯	重复 p	实验室平均值	分析链平均值	标准偏差	Z_{score}
1	x_{11}	⋯	x_{1j}	⋯	x_{1p}	$m_{lab1}=\dfrac{\sum\limits_{j=1}^{p}x_{1j}}{p}$	m_1	$S_{R-inter(1)}$	$Z_{score1}=\dfrac{|m_{lab1}-m_1|}{S_{R-inter(1)}}$
⋯	⋯	⋯	⋯	⋯	⋯	⋯	⋯	⋯	⋯
i	x_{i1}	⋯	x_{ij}	⋯	x_{ip}	$m_{labi}=\dfrac{\sum\limits_{j=1}^{p}x_{ij}}{p}$	m_i	$S_{R-inter(i)}$	$Z_{scorei}=\dfrac{|m_{labi}-m_i|}{S_{R-inter(i)}}$
⋯	⋯	⋯	⋯	⋯	⋯	⋯	⋯	⋯	⋯
n	x_{n1}	⋯	x_{nj}	⋯	x_{np}	$m_{labn}=\dfrac{\sum\limits_{j=1}^{p}x_{nj}}{p}$	m_n	$S_{R-inte(n)}$	$Z_{scoren}=\dfrac{|m_{labn}-m_n|}{S_{R-inter(n)}}$

5.3.3.3.3　说明

如果所有 Z_{score} 值低于 2，则可以认为所研究方法的结果与实验室获得的结果一致。

注：上述关于 Z_{score} 的说明可能假设其变异在 95% 的置信区间内，符合正态分布。

例：由实验室间分析得到的两个样本的游离二氧化硫参数结果如下。

表 16

样品	x_1	x_2	x_3	x_4	实验室均值	分析链均值	标准偏差	Z_{score}
1	34	34	33	34	33.75	32	6	0.29<2
2	26	27	26	26	26.25	24	4	0.56<2

可以看出，这两个样本的分析链比对结果是令人满意的。

5.3.3.4　与参考物质比对

5.3.3.4.1　适用范围

对一个指定的参数，在没有标准方法（或者其他任何方法）的情况下，参数也没有经过分析链处理，只能是将待验证方法的结果与可接受的内部或外部参考值进行比对。

参考物质可以是用 A 级玻璃器皿和/或校准计量器具制备的合成溶液。

对有证参考物质来说，能使比对结果具有可追溯性，使测量和线性研究同时进行。

5.3.3.4.2　基本方法和计算

在一个给定的水平范围内，设立 n 个参考物质，可以认为重复性试验的结果接近一个常数，n 值必须至少等于 10。

重复分析每个参考物质。

用替代方式进行 2 次测量，得结果 x_i 和 x'_i，计算其平均值 Mx_i。

定义 T_i 为第 i 种参考物质的可接受值。

结果报告如表 17 所示：

表 17

参考物质	x：替代方法			T：参考物质的可接受值	差值 d
	重复 1	重复 2	平均值 x		
1	x_1	x'_1	Mx_1	T_1	$d_1 = Mx_1 - T_1$
...			...	...	...
i	x_i	x'_i	Mx_i	T_i	$d_i = Mx_i - T_i$
...			...	...	...
n	x_n	x'_n	Mx_n	T_n	$d_n = Mx_n - T_n$

替代方法结果的平均值 M_x：

$$M_x = \frac{1}{n} \sum_{i=1}^{n} Mx_i$$

参考物质可接受平均值 M_T：

$$M_T = \frac{1}{n} \sum_{i=1}^{n} T_i$$

计算平均差值 M_d：

$$M_d = \sum_{i=1}^{n} \frac{d_i}{n} = M_x - M_T$$

计算差值的标准偏差 S_d：

$$S_d = \sqrt{\frac{\sum_{i=1}^{n} (d_i - M_d)^2}{n-1}}$$

计算 Z-score：

$$Z_{score} = \frac{|M_d|}{S_d}$$

5.3.3.4.3　说明

——如果 $Z_{score} \leqslant 2.0$，那么在所讨论的水平范围内，相对于参考物质的可接受值，替代方法的准确度是良好的。

——如果 $Z_{score} > 2.0$，那么在所讨论的水平范围内，相对于参考物质的可接受值，替代方法的准确度较差。

注：上述关于 Z_{score} 的说明可能假设其变异在 95% 的置信区间内，符合正态分布。

例：尚无标准方法对气相色谱-质谱法（GC-MS）测定 4-乙基苯酚的分析结果进行比对，其结果与参考物质可接受值进行比对，参考物质为由可追溯设备配制的合成溶液组成。

表 18

测试设备	$T_{i(ref)}$	Y_1	Y_2	Y_3	Y_4	M_y	d_i
1	4.62	6.2	6.56	4.9	5.7	5.8	1.2
2	12.3	15.1	10.94	12.3	11.6	12.5	0.2
3	24.6	24.5	18	25.7	27.8	24.0	−0.6
4	46.2	48.2	52.95	46.8	35	45.7	−0.5
5	77	80.72	81.36	83.2	74.5	79.9	2.9
6	92.4	97.6	89	94.5	99.5	95.2	2.8
7	123.2	126.6	129.9	119.6	126.9	125.8	2.6
8	246.4	254.1	250.9	243.9	240.4	247.3	0.9
9	385	375.8	366.9	380.4	386.9	377.5	−7.5
10	462	467.5	454.5	433.3	457.3	453.2	−8.9

$M_d = -0.7$

$S_d = 4.16$

$Z_{score} = 0.16$

由上述结果可知，与参考物质的可接受值相比，气相色谱-质谱法测定 4-乙基苯酚的分析结果可以认为是准确的。

5.4　第三部分:随机误差研究

5.4.1　总则

随机误差可通过精密度研究近似地得到。计算精密度的方法,适用于各种实验室条件,包括重复性和重现性试验条件,以及测量的极端条件。

精密度研究是测量不确定度研究的基本内容之一。

5.4.2　参考文献

——标准 ISO 5725,测量方法和结果准确性;

——标准 NF V-110,标准方法之替代方法的实验室内部验证程序。

5.4.3　方法精密度

5.4.3.1　定义

在特定条件下,各独立测试结果之间的一致程度。

注 1:精确度仅决定于随机误差的分散性,与真实值和规定值无关。

注 2:测量精密度的表达基于测试结果的标准偏差。

注 3:所谓"独立的测试结果"是指,所得结果不受相同或相似材料的先前结果的影响。精密度的定量测量,完全取决于所规定的条件。重复性和重现性条件是特定的极端条件。

实际上,精密度涉及重复性和重现性的所有试验条件。

5.4.3.2　适用范围

从重复性和重现性的一般理论情况到特定情况,方法和计算详述如下。此详尽方法可适用于大部分实验条件下的精密度研究。

精密度研究可以先验于每一个定量方法。

多数情况下,在方法的有效范围内,精密度不是恒定的。此时,最好的做法是设置几个部分或"水平范围",在其范围内,我们有理由认为精密度是相对恒定的。同时,精密度计算会在每个水平范围内重复进行。

5.4.3.3　一般理论情况

5.4.3.3.1　基本方法和计算

5.4.3.3.1.1　几种受试物的计算

在一段相当长的时间内对 n 种物质进行多个平行分析,p_i 是第 i 种受试物的备份数。受试物的性质在整个分析期间必须保持不变。

对每一个备份,可以重复 K 次测量(此处我们不考虑重复次数 K 随受试物的不同而改变的情况,否则使计算更为复杂)。

总的重复数必须大于 10,并分布于所有的受试物。

结果报告如表 19 所示($K=2$ 的情况):

表 19

重复数测试材料	1		···		j		p_1		p_i		p_n	
1	x_{11}	x'_{11}	···	···	x_{1j}	x'_{1j}	x_{1p1}	x'_{1p1}				
···												
i	x_{i1}	x'_{i1}	···	···	x_{ij}	x'_{ij}	···	···	x_{ipi}	x'_{ipi}		
···												
n	x_{n1}	x'_{n1}	···	···	x_{nj}	x'_{nj}	···	···	···	···	x_{npn}	x'_{npn}

这种情况下,总的变异标准偏差(或精密度的标准偏差 S_v)可由下式得到:

$$S_v = \sqrt{Var(\overline{x}_{ij}) + \left(1 - \frac{1}{k}\right)Var(\text{répet})}$$

其中:$Var(\overline{x}_{ij})$ 为所有受试物重复平均值的方差。$Var(\text{répet})$ 为所有平行样的重复性方差。

——如果受试物的每个平行样进行双平行测试($K=2$),则表达式为:

$$S_v = \sqrt{Var(\overline{x}_{ij}) + \frac{Var(\text{repeat})}{2}}$$

——当受试物的每个平行样只进行一次测量($K=1$)时,重复性的方差为零,则表达式为:

$$S_v = \sqrt{Var(\overline{x}_{ij})}$$

——$Var(\overline{x}_{ij})_d$ 的计算

两个平行样 x_{ij} 和 x'_{ij} 的平均值为:

$$\overline{x}_{ij} = \frac{x_{ij} + x'_{ij}}{2}$$

对于每种受试物,n 个平行样的平均值计算如下:

$$M_{xi} = \frac{\sum_{j=1}^{p_i} \overline{x}_{ij}}{p_i}$$

n 次不同测量数是 p_i 的合计:

$$N = \sum_{i=1}^{n} p_i$$

则方差 $Var(\overline{x}_{ij})$ 可由下列公式所得:

$$Var(x_{ij}) = \frac{\sum_{i=1}^{n}\sum_{j=1}^{p_i}(\overline{x}_{ij} - M_{x_i})^2}{N - n}$$

注:方差也可用每种受试物的变异性方差计算:$Var_i(x_j)$。如下述关系式(它与上式密切相关)所示:

$$Var(x_{ij}) = \frac{\sum_{i=1}^{n}(p_i - 1) \cdot Var_i(x_j)}{N - n}$$

——$Var(\text{repent})$ 的计算

n 种受试物一式双份,用传统的重复性等式计算重复性方差。根据"重复性"章节所讨论的重复性计算方式,当 $K=2$ 时,重复性的方差为:

$$Var(\text{repeat}) = \frac{\sum_{i=1}^{p}\sum_{j=1}^{n_i} w_{ij}^2}{2N},\text{其中 } w_{ij} = x_{ij} - x'_{ij}$$

根据下式计算精确度 v:

$$v = 2\sqrt{2} \cdot S_v = 2.8 \cdot S_v$$

在 95% 概率下,精密度 v 的值是指在规定的条件下,由方法所得的两个值之间的差异小于或等于 v。

注1:这些结果的应用和解释基于假设:在95%置信水平下,方差符合正态分布规律。

注2:也可测定在99%置信水平的精密度,其公式为:$v=2.58\sqrt{2}\cdot S_v=3.65\cdot S_v$。

5.4.3.3.1.2 用一个受试物计算

在这种情况下,计算更简单。建议将受试物制成 p 个测量平行样,如有必要,对每个平行样进行重复测量。p 至少等于10。

在下列计算中,每个平行样进行了两次测量。

——方差 $Var(\bar{x}_{ij})$ 由下列等式所得:

$$Var(\bar{x}_{ij})=\frac{\sum_{i=1}^{p}(\bar{x}_i-M_x)^2}{p-1}$$

其中:p 为平行样的数量;M_x 为所有平行样的平均值;$\bar{x}_i$ 为平行样 i 的两次平行测量的平均值。

——方差 $Var(repeat)$ 言由下列等式所得:

$$Var(repeat)=\frac{\sum_{i=1}^{p}w_i^2}{2p}$$

其中,w_i 为平行样 i 的两次平行测试值的差值。

5.4.3.4 重复性
5.4.3.4.1 定义

重复性是对同一葡萄酒在同一实验室由同一操作者使用相同的设备,在较短时间内,在相同的条件下用相同的方法所获得的相对独立的分析结果之间的一致程度。

这些试验条件被称为重复性条件。

重复性值 r 是在上述规定的重复性条件下,95%的置信水平内,所获得的同一分析下的两个结果的绝对差值。

重复性标准偏差 S_r 是重复性条件下所得结果的标准偏差。它是重复性条件下所得结果的分布参数。

5.4.3.4.2 适用范围

在具备重复性条件下,重复性研究可以毫无困难地应用到每一个定量方法。

多数情况下,在方法的整个有效范围内重复性不是恒定不变的。因此,最好的做法是确定几个部分或"水平范围",这样,我们可以有理由认为重复性是相对恒定的。对每一个水平范围都要重复计算重复性。

5.4.3.4.3 基本方法和计算
5.4.3.4.3.1 一般情况

受试物数量随着平行样的数量而改变。实际上,我们认为所有受试物的测定次数必须大于20。对于不同的受试物,没必要保持重复性条件不变,但同一种材料的所有平行样必须在可重复性条件下进行测试。

重复性是精确度计算的特殊情况,$S_v=\sqrt{Var(\bar{x}_{ij})+\frac{Var(repeat)}{2}}$。$Var(repeat)$ 为0(每个平行样仅做一次测量),其计算与 $Var(x_{ij})$ 的计算相同:

$$S_v = \sqrt{Var(\overline{x}_{ij})} = \sqrt{\dfrac{\displaystyle\sum_{i=1}^{n}\sum_{j=1}^{p_i}(\overline{x}_{ij} - M_{x_i})^2}{N - n}}$$

r 值是指置信水平为 95% 时,重复性条件下所得的两个值之间的差值低于或等于 r。

5.4.3.4.3.2 适用于只有一个平行样的特定情况

实际上,自动分析系统最常见的情况是受试物的分析只有一个平行样。为了达到要求的 20 次测量,至少需要 10 个受试物,同一个受试物在重复性条件下进行两次平行测试。

这种精密度情况下,S_r 的计算可以简化为:

$$S_r = \sqrt{\dfrac{\displaystyle\sum_{i=1}^{q}w_i^2}{2p}}$$

其中:S_r——重复性标准偏差;

p——进行双平行分析的受试物数量;

w_i——双平行样之间的绝对差值。

根据下列公式计算重复性 r 值:

$$r = 2.8\,S_r$$

例:对于所讨论的游离二氧化硫的替代检测方法,测量范围为 0 mg/L～50 mg/L,测试者要选择至少 10 个样品,其浓度值正常分布见表 20。

表 20

样品号	$x_i/(\text{mg/L})$	$x'_i/(\text{mg/L})$	W_i(绝对值)
1	14	14	0
2	25	24	1
3	10	10	0
4	2	3	1
5	35	35	0
6	19	19	0
7	23	23	0
8	27	27	0
9	44	45	1
10	30	30	0
11	8	8	0
12	48	46	2

根据上述表中所给出的值,得到下列结果:

$Q = 12$

$S_r = 0.54$ mg/L

$R = 1.5$ mg/L

该结果可表述为,在 95% 的置信水平下,该研究方法所得的结果重现率低于 1.5 mg/L。

5.4.3.4.4　重复性比较

5.4.3.4.4.1　方法重复性的测定

要评估一个方法的性能,可以将其与参考方法进行重复性比较。

令 $S_{\text{r-alt}}$ 为替代方法的重复性标准偏差,$S_{\text{r-ref}}$ 为参考方法的重复性标准偏差。

这两者之间,比较是直接的。如果替代方法的重复性值低于或等于参考方法,则结果为阳性。如果较高,实验室必须确保结果符合相关方法所能接受的规定。对于后一种情况,也可应用 Fischer-Snedecor 测试去验证替代方法所得值是否明显高于参考方法。

5.4.3.4.4.2　Fischer-Snedecor 检验

计算比值:

$$F_{\text{obs}} = \frac{S_{\text{r-alt}}^2}{S_{\text{r-ref}}^2}$$

风险因子 α 等于 0.05 的 Snedecor 临界值对应于置信水平为 1α 的 Fischer 变量,其 $v_1 = n(x) - n$, $v_2 = n(z) - m$,自由度为:$F(N(x) - n, N(y) - m, 1 - \alpha)$。将 p 种受试物进行替代方法测试、q 种受试物进行参考方法测试,在只有一个水平样的情况下,Fischer 变量的自由度 $v_1 = p$, $v_2 = Q$,即:$F(p, Q, 1 - \alpha)$。

检验说明:

1) 若 $F_{\text{obs}} > F_{1-\alpha}$,替代方法的重复性值明显高于标准方法。

2) 若 $F_{\text{obs}} < F_{1-\alpha}$,则表明替代方法的重复性值没有明显高于标准方法。

例:游离二氧化硫检测方法的重复性标准偏差为:

$$S_{\text{r}} = 0.54 \text{ mg/L}$$

实验室采用 OIV 标准方法测试相同的样品,所得重复性标准偏差值为:

$$S_{\text{ref}} = 0.39 \text{ mg/L}$$

$$F_{\text{obs}} = \frac{0.54^2}{0.39^2} = \frac{0.29}{0.15} = 1.93$$

$$v_2 = 12$$
$$v_1 = 12$$
$$F_{1-\alpha} = 2.69 > 1.93$$

所得 F_{obs} 值低于 $F_{1-\alpha}$ 值。我们不能说替代方法的重复性值明显高于参考方法。

5.4.3.5　实验室内重现性

5.4.3.5.1　定义

实验室内重现性是指在同一实验室内,相同或不同操作人员,在不同的时间,使用不同的工作曲线,对同一被检测的葡萄酒进行检测时,其分析结果趋于一致的程度。

5.4.3.5.2　适用范围

如果分析时间在合理限定周期内,并且随着时间的推移至少能在一个受试物上保持稳定,则重现性研究可以应用在定量方法上。

在许多情况下,重现性不能在方法的整个有效范围内保持恒定。这时,最好确定几个部分或者"水平范围",在这些部分或"水平范围"内,可以认为重现性是相对恒定的。对于每个水平范围都要重复进行重现性计算。

5.4.3.5.3　基本操作程序和计算

实验室选择一个或多个稳定的试验物,在至少一个月的时间内,有规律地应用该方法,记录所得结果(X_{ij}为受试物 i 之平行样 j 的结果)。每种测试材料最少要有 5 个平行样本,总的平行样本量不得少于 10 个。每个平行样可进行两次测试。

精密度计算完全适用于重现性计算,如果是双样测试,则需整合 $Var(repeat)$。

按下式计算重现性 R:

$$R = 2.8\, S_R$$

R 是指在 95% 置信水平,依据重现性条件所得的两个数值之间的差异小于或等于 R。

例:用水蒸气蒸馏法,在 256 nm 处读取吸收值,测定葡萄酒中山梨酸的重现性研究。

将两种山梨酸含量不同的葡萄酒保存 3 个月,在此期间内定期测定山梨酸含量,每次测量须进行重复性测试。

表 21

平行样	测试材料 1		测试材料 2	
	x_1	x_2	x_1	x_2
1	122	125	140	139
2	123	120	138	137
3	132	130	139	141
4	121	115	143	142
5	130	135	139	139
6	135	142	135	138
7	137	135	139	139
8	130	125	145	145
9	123	130	138	137
10	112	115	135	134
11	131	128	146	146
12			137	138
13			146	147
14			145	148
15			130	128

$n = 2$

$p_1 = 11$

$p_2 = 15$

$n = 26$

$Var(x_{ij}) = 37.8$

$Var(repet) = 5.01$

$S_R = 6.35$

$R = 17.8$

6 分析方法的质量控制(IQC)

6.1 参考文献

——决议 OIV(Eno19/2002):分析实验室内部质量质控协调性建议;

——分析化学质量指南 2002 版；

——NF V03-115 标准:参考物质的应用指南。

6.2 总则

分析结果会受到两种误差的影响:系统误差和随机误差,前者转化为偏差。对于系列分析来说,则可定义为另一种误差,它源于系统误差和随机误差:即系列效应,可由系列测量体系的偏差举例说明。

设计 IQC 旨在监控这三种误差。

6.3 参考物质

IQC 主要基于对参考物质测量结果的应用。因此,为了得到一个有效的系统基础,参考物质的选择和制备是关键,必须加以控制。

参考物质由两个参数决定:

——基质;

——参考值的分配。

葡萄酒分析可能会遇到几种情况,汇总于表 22 中:

表 22

项目	基质		
参考值	合成溶液 利用合成溶液可非常容易地制定参考物质。合成溶液不适用于没有特定信号的方法,而且对基质效应非常敏感	天然基质(如葡萄酒) 天然基质,最初可制定出最主要的参考物质,这是由于它可以为实验方法非完全专一地抵抗基质效应带来的任何风险	添加物质的葡萄酒 掺杂的葡萄酒是一种带有人工合成添加物的葡萄酒
理论值	溶液的制作必须要符合兼容的规律。要引起注意的是得到的理论值有一定的误差。这个应用可被用作测定实验方法的精密度,而且基于它的精确性,也适用于参考值的校准	不适用	该方法适用于检测完全没有被测物的葡萄酒底物,这类型的原料适用于非葡萄酒产物的酿酒添加剂。如果添加的物质是葡萄酒原有的组成成分,那么被测物也不再是天然葡萄酒。添加物质必须根据度量衡学规则来进行,其结果有一定的误差 该方法可用于监控实验方法的精密度,而且它也具有一定的精确性。适用于对基质效应敏感的非葡萄酒组成成分的检测,但不适用于葡萄酒组成成分的检测

表22(续)

项目	基质		
实验值	实验值 机构提供的溶液必须有质量保证书。参考值会有一定置信范围的误差,可以通过与实验值的比较,对实验方法的精密度进行测定。如果参考物质的供应机构经核准后存在问题,则可由此追溯。对基质效应敏感的方法不适用。	在多个实验室进行的分析链上,葡萄酒的实验值已被确定下来。可靠机构打算使用实验值已被确定的葡萄酒样品。然而,事实上,已确定实验值的葡萄酒已被添加物质或化学稳定剂,即基质已受影响 这可以用于测定实验方法的精密度和通过实验值的比较对精密度的确定。若分析链是可信任的,有一定的可信度。可被用于对基质效应敏感的方法	实际上,这包括了被一些机构推荐的添加物质与/或加入化学稳定剂的符合条件的葡萄酒样品。这些物质都不能称为天然的基质。参考值一般在分析链中产生 可以用于测定实验方法的精密度和检查与外标准相比的准确度。供应机构是否经核准后供应参考物,得到实验值一定是可疑值。不可被用于对基质效应敏感的方法
采用参考方法获得的值	如果合成溶液不是从标准物中获得的,那么参考值就不能通过利用参考方法分析该合成溶液来确定。必须进行不低于3次的测量。选定的值就是这3个结果得出的,并在可重复性方法得出的区间内。如果必要的话,操作者可用溶液的理论值来检查结果的一致性 可以用于测定实验方法的精密度和检查与参考方法相比的准确度。不可用于对基质效应敏感的方法	运用参考方法进行3次的测量,选定的值就是这3个结果得出的,并在可重复性方法得出的区间内 可以用于测定实验方法的精密度和检查与参考方法相比的准确度。可被用于对基质效应敏感的方法	运用参考方法进行3次的测量,选定的值就是这3个结果得出的,并在可重复性方法得出的区间内 可以用于测定实验方法的精密度和检查与参考方法相比的准确度。适用于对基质效应敏感的非葡萄酒组成成分的检测,但不适用于葡萄酒组成成分的检测
数值选定的方法以仪器值作为参考值不能控制精度。必须要提出另外可行的方法	参考值是通过选定的方法测量出来。要进行超过10次的平行测量,而且要检查确定这些数值的偏差低于可重现值;最极端的值去掉,一直到两个值之间。要保证从超过10次平行测量中得到的值的一致性,这一系列数据需使用在之前确定出的可控原料来检测,并将其置于连续数据中的始末 只能用于测定实验方法的精密度,而精确度必须采用另外可行方法	参考值是通过选定的方法测量出来。要进行超过10次的平行测量,而且要检查确定这些数值的偏差低于可重现值;最极端的值去掉,一直到两个值之间。要保证从超过10次平行测量中得到的值的一致性,这一系列数据需使用在之前确定出的可控物质来检测,并将其置于这系列数据中的始末。获得的数值也可以与经过参考方法测量出来的值进行比较(3次平行测量)。这两个值的偏差必须低于可行方法与参考方法相比得出的合适的准确度 特别在实验方法中产生的随机误差对每一样品有专一性,尤其是由于非专一性的标准信号。这误差经常是最小和低于不确定性,但如果此测量方法用单一的数值校准后,可以产生系统的误差。只能用于测定实验方法的精密度,而精确度必须采用另外可行方法。很明显这就是FTIR情况	参考值是通过选定的方法测量出来。要进行超过10次的平行测量,而且要检查确定这些数值的偏差低于可重现值;最极端的值去掉,一直到两个值之间。要保证从超过10次平行测量中得到的值的一致性,这一系列数据需使用在之前确定出的可控物质来检测,并将其置于这系列数据中的始末 只能用于测定实验方法的精密度,而精确度必须采用另外可行方法。适用于对基质效应敏感的非葡萄酒组成成分的检测,但不适用于葡萄酒组成成分的检测

6.4　分析系列的核查

6.4.1　定义

分析系列是在重复性条件下所进行的一系列测试。

对于以分析系列为主要分析方法的实验室,必须进行核查以确保在分析系列中,测量仪器及其稳定性的即时调节是正确的。

可以采用两种补充方法:

——使用参考物质(常被称为"质控物");

——使用内标,特别适于分离方法。

6.4.2　用参考物质核查准确度

系统误差可以用参考物质进行核查,其参考值由核查方法以外的其他方法确定。

参考物质的测量值与容许限有关,测量值在容许限内认为是有效的。实验室对每个分析体系和参数都制定了容许限。对实验室来说,这些值是特定的。

选择合适的参考物质,以使其参考值对应于给定参数的检出值水平。如果测量的范围较大,测量不确定度在整个范围内不是恒定的,则应使用几种控制物,以覆盖不同的范围水平。

6.4.3　系列精密度

当分析系列很长时,分析体系很有可能会发生漂移。这种情况下,必须使用相同的参考物质置于该系列中,定期检查系列精密度。可以使用与准确度测试相同的参考物质。

对于系列中相同的参考物质,其测量值的变异应低于置信水平为 95% 时计算所得的重复性值 r。

注:对于 99% 的置信水平,S_r 的值采用 3.65。

6.4.4　内标

对某些分离方法可以在分析样品中加入内标物。

在这种情况下,内标应该和已知测量不确定度的校准物质一起加入。

内标可以用于检查系列的准确度和精密度。应当指出的是漂移对内标和分析物是一致的。由于分析物的浓度是由内标的信号值来计算的,那么,漂移影响可以消除。

如果内标存在于规定的公差值内,则该系列需要验证。

6.5　分析系统的核查

6.5.1　定义

这关系到系列核查的另一核查。但与前者不同,它是将长时间范围内所得值进行汇总,并/或将这些值与其他分析系统的所得值相比较。

这种核查将形成两种应用:

—用于监控分析系统稳定性的 Shewhart 图

—分析系统的内外比较

6.5.2　Shewhart 质控图

Shewhart 质控图是用于监控测量体系漂移的图形统计工具,实际上,是在重现性条件下,定期地对稳定的参考物质进行分析。

6.5.2.1　数据采集

在足够长的一段时间内,以规定的时间间隔测量稳定的参考物质。记录这些测量,并在控制图上标注。事实上,测量是在重现性条件下进行的,可用于计算重现性和评估测量不确定度。

所选参考物质的分析参数值必须在有效的测量范围内。

在分析系列中,进行参考物质的测试,如果可能,将其作为例行程序,并且每次分析选择在系列中的不同位置进行。实际上,完全可以用分析系列中的控制物质测量录入到控制图中。

6.5.2.2 结果表述和限量确定

在所述范围水平上,将各个结果与参考物质的可接受值以及所讨论参数的重现性标准偏差进行比较。

在 Shewhart 质控图中可确定两种限量,即与单个结果相关的限量及与平均值相关的限量。

由单个结果确定的限量,常常基于实验室重现性条件下,所述水平范围内的标准偏差值。有两种限量:

——警报限:$\pm 2. S_R$

——处置限:$\pm 3. S_R$

由计算出的平均值定义的限量,随着测量次数的增加而变小。

——此限量为处置限:$\pm \dfrac{3. S_R}{\sqrt{n}}$。$n$ 为图中所示的测量次数。

注:为便于理解,由计算出的平均值定义的警报限很少在控制图上重现,其值为 $\pm \dfrac{2. S_R}{\sqrt{n}}$。

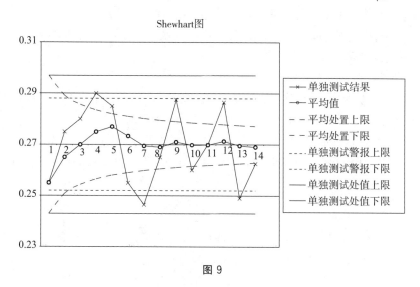

图 9

6.5.2.3 Shewhart 质控图的应用

下面所示为最常使用的操作标准。这些采用的标准,是由实验室准确定义的。

出现下列情况时,需对方法(或仪器)采取校正措施:

a) 如果结果超出了处置限之外;

b) 如果连续两个结果超出了结果警报限之外;

c) 除此之外,如果在下列三种情况下控制图的后续分析表明方法出现了漂移:

——9 个连续结果点位于结果标准值曲线的同一侧;

——连续 6 个结果点上升或下降;

——2/3 的点位于警报限和处置限之间。

d) 如果 n 个记录结果的算数平均值超出了其中一个累计平均值的处置限(突出结果的系统偏差)。

注:一旦实施了方法校正措施,则必须修正从 $n=1$ 开始时的控制图。

6.5.3 分析系统的内部比较

实验室中,对于一个指定的参数可能有几种分析方法,为了进行结果比对,往往会对相同的受试物采用不同的方法测量。如果两种方法所得结果的差异,低于在验证过程中 95% 的置信水平下计算所得的差值的标准偏差的两倍,则可认为其结果是令人满意的。

注:假设变异在 95% 的置信水平,符合正态分布规律。

6.5.4 分析系统的外部比较

6.5.4.1 实验室间比对分析

测试和计算详见"实验室间分析链的比对"章节。

除了通过 Z_{score} 模型检查准确性外,还可以更详细地分析结果,尤其是与平均值相关的实验室数据分布点。对于几个连续的分析链,如果结果均系统地分布在平均值的同一边,即使 Z_{score} 低于临界值,实验室都可实施校正措施。

注:对于 Z_{score},可以假设其变异在 95% 置信水平,符合正态分布规律。

如果外部比较链符合认可要求,则说明该比较工作具有可追溯性。

6.5.4.2 与外部参考物质比较

定期测量外部参考物质,也可用于监控系统误差(偏差)的发生。

通过测量外部参考物质,接受或拒绝与容许限相关的值。这些限量的确定要综合考虑受控方法的不确定度和参考物质的参考值。

6.5.4.2.1 参考物质的标准不确定度

这些物质的参考值对应于相应的置信区间。实验室必须检测该值特性,减少它们对参考值 S_{ref} 的标准不确定度的影响。必须区分下列几种:

——不确定度 a 以置信区间 95% 的形式(扩展不确定度)表示。这意味着采取了通常的规定。因此,a 构成了"扩展不确定度",且对应于所提供材料参考值的不确定度的标准偏差 S_{ref} 的 2 倍。

$$S_{ref} = \frac{a}{2}$$

——认证,或另一个规定,给出限量 $\pm a$,但不规定置信水平。这种情况是采用了矩形分布,在区间 $ref \pm a$ 内被测量 X 的值同样有可能为非特定值。

$$S_{ref} = \frac{a}{\sqrt{3}}$$

——指定限量为 $\pm a$ 的玻璃器皿。这是三角分布的框架。

$$S_{ref} = \frac{a}{\sqrt{6}}$$

6.5.4.2.2 定义参考物质测量中的有效限量

要得到外部参考物质值的标准不确定度 S_{ref}，则须测定实验室方法的标准不确定度 S_{method}。为测定其限量，必须考虑这两种来源的变异。

由实验室方法的扩展不确定度按下式计算 S_{method}：

$$S_{method} = \frac{\text{不确定度}}{2}$$

结果的有效性限量（置信水平为 95％）＝

$$\text{参考值} \pm 2 \times \sqrt{S_{ref}^2 + S_{method}^2}$$

例：用 pH 为 7 的缓冲溶液检定 pH 计。由 pH 溶液给定的置信区间为 ±0.01，即这个置信区间对应于置信水平 95％的扩展不确定度。另外，pH 计的扩展不确定度为 0.024。

限量为：$\pm 2 \sqrt{\left(\frac{0.01}{2}\right)^2 + \left(\frac{0.024}{2}\right)^2}$

即参考值的 ±0.026 在置信水平为 95％范围之内。

7 测量不确定度的评价

7.1 定义

与测量结果有关的参数，能合理反映分配到被测定量中的数值分布特征。

实际上，不确定度以标准偏差的形式表示，被称为标准不确定度 $u(x)$，或以扩展形式 $U = \pm k.u$ 表示（一般为 $k=2$）。

7.2 参考文献

——AFNOR ENV 13005：1999 不确定度的表达指南

——EURACHEM 2000 分析方法中的定量不确定度 EURACHEM 第二版 2000

——ISO 57025：1994 测试方法和结果的准确度

——ISO 21748：2004 评价测量不确定度中重复性，再现性和准确度的使用指南

——Perruchet C and Priel M.，Estimating uncertainty，AFNOR 不确定度评价，2000

7.3 适用范围

不确定度可提供两类信息，即：

一方面，对于实验室客户来说，要求解释分析结果时须考虑的潜在变化因子。但必须指出的是，该信息不能作为评估实验室的外部手段。

另外，它可作为评估实验室分析结果质量的内部动态的工具。只要评估是正常进行的，且是基于固定的、明确定义的方法，它就可以用于查看方法的改变是否引起正面或负面的变化（在评估完全基于实验室内部数据的情况下）。

本指南本身限定为酿酒实验室提供处理系列分析的实用方法。这些实验室有大量的具有显著统计规模的数据。

因此，大多数情况下，可用在验证和质控工作中所采集的数据，尤其是 Shewhart 质控表中的数据，来估算不确定度。这些数据可通过试验程序进行补充，特别是用于检测系统误差。

本参考系统阐述两种方法来确定不确定度：实验室内部方法和实验室外部方法。这两种方法所提供的值是明显不同的。但是它们的重要性和阐释又不是相统一的。

——实验室内部方法提供的值是针对所研究的体系和实验室的因素。结果的不确定度是指实验室所研究方法的指标。它告诉客户基本情况:实验室所用方法的测得结果的离散程度怎样。

——实验室外部方法所用的值是实验室外部方法测试结果,它提供了该方法总的信息。

实验室所使用的两种方法可以共同使用。有趣的是我们将会看到用实验内部的方法所测得的值是否低于实验室外部方法所测得的值。

7.4　方法学

不确定度的评估包括下面三个基本的步骤。

——被测变量的定义和定量分析方法的描述

——对测量过程的评价分析

——不确定度的评估

7.4.1　被测变量的定义和定量分析方法的描述

首先必须明确以下内容:

——测量的目的;

——测量的量;

——如果被测变量是通过测得的量计算得到的,需要列出它们之间的数学公式;

——所有的测量条件。

理论上,上述这些内容应该包含在实验室质量控制体系当中。在某些特殊情况下,被测变量与测得的量之间的数学公式可能很复杂(如某些物理方法),所以没有必要也不可能详述。

7.4.2　对测量过程的评论分析

在进行不确定度评估时,需要对影响最终结果的误差来源进行确认,并对其一一进行估算,以剔除那些可以忽略的较小误差。

——由于对有问题的因素控制不好而产生漂移的严重程度;

——潜在问题出现的频率;

——测量过程的可检测性。

关键分析可采用如"5M"方法进行。

人员:

检测人的影响。

分析物:

样本效应(稳定性、均匀性、介质效应)和耗材(试剂、产品、溶液、参考物质)等。

硬件:

仪器效应(响应、灵敏度、整合模式等)和实验室设施(天平、玻璃器皿等)。

方法:

方法程序的应用效果(操作条件、操作的连续性等)。

环境:

环境条件(温度、压力、光线、震动、辐射、湿度等)。

7.4.3　标准不确定度的计算评估(实验室间方法)

7.4.3.1　原理

当实验室使用数量有限的方法分析大量系列的样品时,最适合采用基于实验室间再现性的统计方法,该方法只计算误差的来源而不考虑实验室内部条件再现性的情况。

分析结果与真值的偏差来源于系统误差和随机误差。

$$分析结果＝真值＋系统误差＋随机误差$$

不确定度说明了分析结果的离散程度。将其转化为一个标准偏差如下:

可变性(分析结果)＝不确定度

可变性(真值)＝0

$$可变性(系统误差)＝\sqrt{\sum S^2_{系统误差}}$$

可变性(随机误差)＝S_R(实验室间再现性标准偏差)

由于加上标准偏差的平方,估测的标准不确定度 $u(x)$ 通过以下方式计算:

$$u(x)＝\sqrt{\sum u^2_{(系统误差)} + {S_R}^2}$$

在实验室间再现性条件下,不可整合的误差如系统误差,必须以标准偏差的形式同再现性标准偏差一起被考虑。因此实验室可以采取措施使采用的再现性的条件涵盖最大数量的误差来源,具体做法是:实验室可以采用稳定的测试材料,在相对足够长的时间内,变换所有可能的实验条件。通过这种方式,S_R 将最大限度地覆盖所有来源的误差(随机),其中涉及通常相对复杂很难估测系统误差的估测也将会减少。

这里需要指出的是 EURACHEM/CITAC《定量分析的测量不确定度指南》中指出:"通常情况下,ISO 指南要求所有明确而重要的系统效应都需要进行校正"。在一个可控的方法中,系统误差只是组成不确定度很小的一个部分。

表 23 给出了经典误差来源,以及在尽可能再现性条件下采用整合方式估测它们的范例。

表 23

误差来源	误差类型	备注	评估方法
抽样(样品的组成)	随机误差	抽样是 ISO 17025 标准中的其中一项规定。声明不进行抽样的实验室不包括由此不确定性评估带来的误差	可能包括抽样操作在实验室内重现性问题
二次抽样法(为实验抽取一些样品)	随机误差	当样品不均匀时,二次抽样法是非常重要的。这给葡萄酒检测带来较小的误差	若使用的受试物与常规测试物质相似,实验室内的重现性条件就包括二次抽样法
样品的稳定性	随机误差	取决于样品的储存条件。在样品储存时,实验室应特别注意葡萄酒中的二氧化硫和乙醇的损失	样品变化的可能性应括在实验再现性的条件中,则不确定性的来源便可被全面的估计出来
仪器的测量	系统误差或随机误差 如果由长周期测量产生的误差是系统误差;如果在再现性条件下进行一定时间的有规律性的测量时,产生的误差即为随机误差	在使用某些绝对法应将误差带来的影响考虑在内	计量误差 § 7.4.2.4.1 如果测量方法被定期调整,再现性条件下应把其带来的影响考虑在内

表 23(续)

误差来源	误差类型	备注	评估方法
污染物或残留物的影响	随机误差	测量仪器的良好设计和清洁可减少由这方面带来的误差	只要在分析过程中的不同位置上使用参考物质时,再现性条件将该影响考虑在内
自动装置的精密度	随机误差	这种情况能被控制,尤其是在内部质量控制的框架里对质控进行定位的情况	只要在分析过程的不同位置上使用参考物质,在再现性条件下需将该影响考虑在内
反应物的纯度	随机误差	当在同一批试剂进行分析测量时,试剂的纯度在相关的测量方法中影响非常小。某些绝对方法测量应将其带来的影响考虑在内	在再现性条件下使用不同批次的试剂,由试剂的纯度产生的误差应该整合起来
测量条件	随机误差	温度、湿度等的影响	在再现性条件下应特别考虑到测量条件带来的影响
基质效应	在不同的样品中是随机误差,在同一样品中是系统误差	没有特异性测量信号的测量方法应把这些影响考虑在内	如果这是主要的影响,可利用特异性的实验方案进行估计该影响带来的不确定性,见 7.4.2.4.3。该影响不被归入再现性条件
计量方法的影响	计量方法不变是系统误差;计量方法定期更新是随机误差		如果计量方法是定期更新,带来的影响应列入到再现性条件中。如果使用的是同一个计量方法(在再现性条件的框架中,周期的长度需要确定),为了估计出计量误差,执行一个实验方案是明智的,最好执行一个实验方案见 7.4.2.4.1
实验人员的影响	随机误差		利用所有经授权认可的实验人员,再现性条件应把带来的影响考虑在内
偏差	系统误差	实验室的质量管理必须将该偏差最小化	系统误差可通过被认可参考方法估算出来

7.4.3.2 实验室内再现性标准偏差的计算

再现性标准偏差 S_R 由"实验室内再现性"部分(见 5.4.3.5)所述方法计算。

计算基于几种受试物质。值得一提的是,S_R 与被测量的大小成正比时,从几种受试物质上采集的不同数据,不应简单组合:S_R 应以相对值表示(%)。

7.4.3.3 评估典型来源的系统误差不需要考虑再现性条件

7.4.3.3.1 计量误差(或校正误差)

如果没有定期进行仪器计量(或绝对法校正),则其结果不能包含于再现性数值,必须制定实验方案以便采用回归残差进行计量误差的评估。

7.4.3.3.1.1 程序

计量误差与方法的线性研究类似。

设参考物质数为 n,n 必须大于3,但不超过10。在实验室内部精度条件下,将参考物质测量 p 次,p 必须大于3,一般建议为5。参考物质的可接受值必须连续分布在所研究的数值范围内。所有参考物质的测量次数必须相同。

结果报告如表24所示:

表24

参考物质	参考物质的可接受值	测量值				
		平行样 1	…	平行样 j	…	平行样 p
1	x_1	y_{11}	…	y_{1j}	…	y_{1p}
…	…	…	…	…	…	…
i	x_i	y_{i1}	…	y_{ij}	…	y_{ip}
…	…	…	…	…	…	…
n	x_n	y_{n1}	…	y_{nj}	…	y_{np}

7.4.3.3.1.2 计算和结果

计算线性回归模型:

$$y_{ij} = a + b \cdot x_i + \varepsilon_{ij}$$

其中:y_{ij}——第 i 种参考物质的第 j 个平行样;

x_i——第 i 种参考物质的可接受值;

b——直线回归方程斜率;

a——直线回归方程的截距;

$a + b \cdot x_i$——第 i 种参考物质的测量期望值;

ε_{ij}——y_{ij} 与第 i 种参考物质的测量期望值之间的差值。

直线回归方程的参数由下列公式所得:

——第 i 种参考物质 p 次测量的平均值:

$$y_i = \frac{1}{p} \sum_{j=1}^{p} y_{ij}$$

——n 种参考物质所有可接受值的平均值:$M_x = \dfrac{1}{n} \sum_{i=1}^{n} x_i$

—— 全部测量的平均值:

$$M_y = \frac{1}{n} \sum_{i=1}^{n} y_i$$

—— 估计斜率 b:

$$b = \frac{\sum\limits_{i=1}^{n}(x_i - M_x)(y_i - M_y)}{\sum\limits_{i=1}^{n}(x_i - M_x)^2}$$

——估计截距 a：$a = M_y - b \times M_x$

——与第 i 种参考物质的 $\hat{y}_i$ 的回归值：

$$\hat{y}_i = a + b \times x_i$$

——残差 e_{ij}：

$$e_{ij} = y_{ij} - \hat{y}_i$$

7.4.3.3.1.3　与计量线（或校正线）相关的标准不确定度的评估

如果由回归线带来的误差在整个范围内是不变的,则采用整体、单一的方法,通过计算总体剩余标准偏差来估算标准不确定度。

$$u(\text{gauging}) = S_{\text{res}} = \sqrt{\frac{\sum\limits_{i=1}^{n}\sum\limits_{j=1}^{p}(y_{ij} - \hat{y}_i)^2}{np - 2}}$$

如果由回归线带来的误差在整个范围内并非是不变的,则对于指定水平的标准不确定度,可通过相应的剩余标准偏差来评估。

$$u(\text{gauging}) = S_{\text{res},i} = \sqrt{\frac{\sum\limits_{j=1}^{p}(y_{ij} - \hat{y}_i)^2}{p - 1}}$$

注:只有当线性回归模型和计量(或校正)域通过验证(见§5.3.1),才可运用这些标准偏差评估。

7.4.3.3.2　偏移误差

根据 EURACHEM 指南,即"分析测量中不确定度的量化",ISO 指南一般要求对所有识别的明显系统影响采用修正。这同样适用于有质量控制系统的实验室的方法的偏离(见第6章),对于"受控"方法,偏离趋于 0。

实际上,下列两种情况之间是有区别的。

7.4.3.3.2.1　只用一种参考物质校正方法

用相同的参考物质永久性地修正偏离。

有证参考物质(CRM)保证了方法的计量溯源性。参考物质被规定了参考值和标准不确定度 u_{ref}。参考物质的标准不确定度与方法的复合不确定性 u_{com} 一起,决定了实验室方法的总的标准不确定度 $u(x)$。

因此,经所讨论的参考物质修正后的总标准不确定度为:

$$u(x) = \sqrt{u_{\text{ref}}^2 + u_{\text{comp}}^2}$$

注 1:这种方法与用实验室间比对结果进行修正的方法相同。

注 2:注意用参考物质修正方法的偏离,它包含了参考值的不确定度和方法的不确定度,这不同于将参考物质通过其他手段(参见§ 6.5.4.2)用于方法校正。在第二种情况下,参考物质的不确定度不应用于方法的不确定度评估。

7.4.3.3.2.2　用多个参考物质校正方法(计量范围等)

除了计量外,没有特别的偏离校正方法。

很明显,每个测量仪器都会产生偏离不确定度。因此,存在一个总的理论偏离不确定度,即由每个测量仪器的不确定度的综合而成。这种不确定度估计很小,通常被证明低到可以忽略不计的程度,特别是实验室监控了校准器的质量和参考值的不确定度时,尤其如此。

除了特定情况,此处的偏离不确定度可以忽略不计。

7.4.3.3.3 基质效应

对于特定的样品,基质效应引起的误差是重复性的,但对于不同的样品,则是随机的。在测量所要求的分析物时,这种误差与被测样品所含成分的相互作用有关。在方法中基质效应一般以非特异性信号的形式出现。

基质效应常常是不确定度的一个极小的组成部分,尤其是在分离方法中。而对于其他一些方法,包括红外技术,基质效应则是不确定度的一个重要组成部分。

例:傅立叶变换红外光谱法(FTIR)基质效应的评估

通过 FTIR 技术进行测量,并非每种成分都有一个特定的红外信号或红外光谱。要完全准确地评估测量的值,可通过统计学计量模型处理受到干扰的、非特异性的数据。这种模型整合葡萄酒中其他成分的影响,这种影响随着葡萄酒品种的不同而变化,并对结果产生误差。在常规分析工作之上,由测量人员实施特殊处理以减少基质效应,并使测量结果更为可靠,即综合化这些变化并不让其影响最终结果。然而,基质效应总是存在,成为 FTIR 法不确定度的重要部分的误差来源。

严格地讲,要评价基质效应误差,一方面,可在再现性条件下,通过大量测量来自多个参考物质(至少 10 个)的 FTIR 的手段来比较所得;另一方面将参考物质的真实值与天然葡萄酒的基质比较。从标准偏差的差异得到测量的可变性[假设预先修正了测量(偏差=0)]。

这种理论上的方法并不能运用到实际中,因为真实值未知,但可通过实验的方法尽可能接近它。

——首先,FTIR 测定法必须通过一个测定至少 30 个样品数的参考方法来进行统计学上的校准(偏差=0),这可以最大降低测量时的偏离。

——参考物质必须是天然葡萄酒,而且最好采用 10 种不同的参考物质,其测量值处于一个范围内,其不确定度可认为是恒定的。

——要得到一个可靠的参考值,可通过在再现性条件下,利用参考方法得出多个测量值的平均值即得。这种方法可降低参考值的不确定度:在参考方法中,如果所有的有效数据的不确定度均在再现性条件范围内波动。在再现性条件下,样品数量 p 的增加,使得不确定度和它们的平均值与的 $\sqrt{p}$ 比值相关。由足够多的样品量得出的平均值会有较低的不确定度,与其他方法相比其不确定度甚至可以忽略不计。因此,这个平均值可以用作参考值。p 必须至少等于 5。

——在再现性条件下,用 FTIR 法平行测定多个参考物质得到结果。随着被测物数量 q 的增加,此法的精确度的变异(随机误差)会降低。这些测定结果平均值是由变异性的标准偏差去除 $\sqrt{q}$ 来计算的。这样这个测量方法与基质效应产生相关的变异,其引起的随机误差就可以忽略不计。被测物数量 q 必须至少等于 5。

下面的例子是采用 FTIR 法测量乙酸得到的结果。参考值是在再现性条件下分别稳定测量出 7 个稳定样品的 5 个值得到。理论上讲,7 个样品数是不够的,下面给出的数据仅作为一个举例。

表 25

样品	参考方法						FTIR						差值
	1	2	3	4	5	参考方法均值	1	2	3	4	5	FTIR 方法均值	
1	0.30	0.32	0.31	0.30	0.31	0.308	0.30	0.31	0.31	0.30	0.30	0.305	−0.004
2	0.31	0.32	0.32	0.32	0.31	0.316	0.31	0.32	0.30	0.31	0.31	0.315	−0.006
3	0.38	0.39	0.39	0.38	0.38	0.384	0.37	0.37	0.37	0.37	0.36	0.37	−0.016
4	0.25	0.25	0.25	0.24	0.25	0.248	0.26	0.26	0.26	0.25	0.26	0.26	0.01
5	0.39	0.39	0.40	0.40	0.39	0.394	0.43	0.42	0.43	0.42	0.42	0.425	0.03
6	0.27	0.26	0.26	0.26	0.26	0.262	0.25	0.26	0.25	0.26	0.26	0.255	−0.008
7	0.37	0.37	0.37	0.37	0.36	0.368	0.37	0.36	0.36	0.35	0.36	0.365	−0.008

差值的计算法:差值＝FTIR 平均值−参考值平均值。

差值平均值 $M_d = 0.000$ 说明 FTIR 法与参考方法相比得到了很好的调整

经计算,差值的标准偏差 $S_d = 0.015$,这个标准偏差是用来评估此测定方法引起的变异,因此我们可以得到 $U_f = 0.015$

注:应当注意的是 U_f 的值按这种方法很可能会被高估。如果实验者觉得在现行操作条件下 U_f 值过大,可增加参考方法或者 FTIR 法的样品数量。

再现性条件包含了所有其他显著的误差来源,因此 S_R 可计算得到:

$$S_R = 0.017$$

因此,由 FTIR 法测定乙酸得到的结果的不确定度是:

$\pm 2 \times \sqrt{0.015^2 + 0.017^2}$ 或 ± 0.045 g/L

7.4.3.3.4 样品影响

有时,用于评估不确定度的实验程序决定于合成的试验材料。在这种情况下,评估没有考虑样品的影响(均匀性)。但实验室必须考虑这种影响。

值得注意的是,在葡萄酒检测实验室中,如果试验所用样品量少且均一,这种样品造成影响常常可被忽略。

7.4.4 实验室间测试的标准不确定度的评估

7.4.4.1 原理

根据 5.4.3 所示原则,实验室方法所使用的数据,是由旨在计算实验室间再现性的标准偏差而进行的实验室间的测试所产生的。负责计算实验室测试结果的统计人员,通过 ISO 5725标准所描述的试验(Cochran 检验),能够识别"异常"结果。

对于实验室方法不确定度,标准 ISO 21748 所述的指导原则如下:

a) 协同试验所得再现性标准偏差(实验室间的),是评估测量不确定度的有效基础。

b) 未包括在协同实验中的影响因素应忽略不计或完全不予考虑。

实验室间试验有两种类型:

a) 仅涉及一种检测方法的协同实验。这些实验作为一种新检测方法的初步确证实验,目的是明确实验室间测试的标准偏差 SR_{inter}(方法)。

b）多个实验室间比较或者能力测验等的实施都是为了验证实验室目前所采用的方法和其常规的质量控制（见 5.3.3.3）。测试所得数据应作为一个整体进行处理，同时要结合参与测试的实验室采用的所有分析方法。测试所得结果为实验室间的平均值 m，实验室间的标准偏差以及实验室内部方法再现性 SR_{inter}。

7.4.4.2 采用实验间标准偏差和实验室内部方法再现性标准偏差 SR_{inter}（方法）

实验室内部再现性标准偏差 SR_{inter} 法包括实验室内部的变异以及与该法相关的实验间总体变异。

另外还需要考虑的是，与真值相比，分析方法会导致系统误差。

作为协同实验的一部分，这种偏差可通过采用有证参考物质进行评估（如在 7.4.3.3.2 中描述的情况一样），然后加到 SR_{inter} 中。

7.4.4.3 采用实验间标准偏差和方法间再现性标准偏差 SR_{inter}

实验室内再现性标准偏差包括实验室内部的变化以及与此法相关的实验室室间变化。

实验室必须核实这些结果的准确性（见 5.3.3）。

由于多方法能力比对实验中已经将误差的准确性纳入了 SR_{inter} 中，因此在不确定度估算时就不必考虑方法的准确性这部分。

7.4.4.4 不确定度估算的其他组成

只要实验间测试所采用的测试样品是实验室分析中所用常规样品的代表，并遵循一整套的分析程序（二次抽样、萃取、浓缩、稀释、蒸馏等），从实验间的角度来说，$S_{R\text{-}inter}$ 就代表了这种方法的标准不确定度 $u(x)$。

在实验室间测试中没有考虑的一些误差也应当进行评估，得到其复合标准不确定度，并将其整合到实验室间测试所得的复合标准不确定度中。

7.5 扩展不确定度的表达

实际上，以扩展形式表示的不确定度，对于在所讨论的范围内具有稳定的不确定度的方法，它是绝对不确定度；当不确定度随着测量数量的改变而变化时，则是相对不确定度。

绝对不确定度：$U = \pm 2 \cdot u(x)$

相对不确定度（以％计）：$U = \pm \dfrac{2 \cdot u(x)}{\overline{x}} \cdot 100$

其中，平均值 $\overline{x}$ 代表再现性结果。

注：这种不确定度的表达式基于变异在 95％的置信水平上，服从正态分布规律的假设。

通过这些表达式，在 95％置信水平上可得到一个指定的不确定度值。

附 录 A
SNEDECOR 法则

本表格给出了在 $\alpha=0.05$、$P=0.950$ 风险条件下 v_1 和 v_2 对 F 的关系。

表 A.1 SNEDECOR 法则

v_1 v_2	1	2	3	4	5	6	7	8	9	10	v_1 v_2
1	161.4	199.5	215.7	224.6	230.2	234.0	236.8	238.9	240.5	241.9	1
2	18.51	19.00	19.16	19.25	19.30	19.33	19.35	19.37	19.38	19.40	2
3	10.13	9.55	9.28	9.12	9.01	8.94	8.89	8.85	8.81	8.79	3
4	7.71	6.94	6.59	6.39	6.26	6.16	6.09	6.04	6.00	5.96	4
5	6.61	5.79	5.41	5.19	5.05	4.95	4.88	4.82	4.77	4.74	5
6	5.99	5.14	4.76	4.53	4.39	4.28	4.21	4.15	4.10	4.06	6
7	5.59	4.74	4.35	4.12	3.97	3.87	3.79	3.73	3.68	3.64	7
8	5.32	4.46	4.07	3.84	3.69	3.58	3.50	3.44	3.39	3.35	8
9	5.12	4.26	3.86	3.63	3.48	3.37	3.29	3.23	3.18	3.14	9
10	4.96	4.10	3.71	3.48	3.33	3.22	3.14	3.07	3.02	2.98	10
11	4.84	3.98	3.59	3.36	3.20	3.09	3.01	2.95	2.90	2.85	11
12	4.75	3.89	3.49	3.26	3.11	3.00	2.91	2.85	2.80	2.75	12
13	4.67	3.81	3.41	3.18	3.03	2.92	2.83	2.77	2.71	2.67	13
14	4.60	3.74	3.34	3.11	2.96	2.85	2.76	2.70	2.65	2.60	14
15	4.54	3.68	3.29	3.06	2.90	2.79	2.71	2.64	2.59	2.54	15
16	4.49	3.63	3.24	3.01	2.85	2.74	2.66	2.59	2.54	2.49	16
17	4.45	3.59	3.20	2.96	2.81	2.70	2.61	2.55	2.49	2.45	17
18	4.41	3.55	3.16	2.93	2.77	2.66	2.58	2.51	2.46	2.41	18
19	4.38	3.52	3.13	2.90	2.74	2.63	2.54	2.48	2.42	2.38	19
20	4.35	3.49	3.10	2.87	2.71	2.60	2.51	2.45	2.39	2.35	20
21	4.32	3.47	3.07	2.84	2.68	2.57	2.49	2.42	2.37	2.32	21
22	4.30	3.44	3.05	2.82	2.66	2.55	2.46	2.40	2.34	2.30	22
23	4.28	3.42	3.03	2.80	2.64	2.53	2.44	2.37	2.32	2.27	23
24	4.26	3.40	3.01	2.78	2.62	2.51	2.42	2.36	2.30	2.25	24
25	4.24	3.39	2.99	2.76	2.60	2.49	2.40	2.34	2.28	2.24	25
26	4.23	3.37	2.98	2.74	2.59	2.47	2.39	2.32	2.27	2.22	26
27	4.21	3.35	2.96	2.73	2.57	2.46	2.37	2.31	2.25	2.20	27

表 A.1(续)

v_1 v_2	1	2	3	4	5	6	7	8	9	10	v_1 v_2
28	4.20	3.34	2.95	2.71	2.56	2.45	2.36	2.29	2.24	2.19	28
29	4.18	3.33	2.93	2.70	2.55	2.43	2.35	2.28	2.22	2.18	29
30	4.17	3.32	2.92	2.69	2.53	2.42	2.33	2.27	2.21	2.16	30
40	4.08	3.23	2.84	2.61	2.45	2.34	2.25	2.18	2.12	2.08	40
60	4.00	3.15	2.76	2.53	2.37	2.25	2.17	2.10	2.04	1.99	60
120	3.92	3.07	2.68	2.45	2.29	2.17	2.09	2.02	1.96	1.91	120
∞	3.84	3.00	2.60	2.37	2.21	2.10	2.01	1.94	1.88	1.83	∞
v_2 v_1	1	2	3	4	5	6	7	8	9	10	v_2 v_1

附　录　B
STUDENT 法则

本表格给出了 t 与 P 和 v 的关系。

表 B.1　STUDENT 法则

7.5.1.1. v	0.55	0.60	0.65	0.70	0.75	0.80	0.85	0.90	0.95	0.975	0.990	0.995	0.9995	P v
1	0.158	0.325	0.510	0.727	1.000	1.376	1.963	3.078	6.314	12.706	31.821	63.657	636.619	1
2	0.142	0.289	0.445	0.617	0.816	1.061	1.386	1.886	2.920	4.303	6.965	9.925	31.598	2
3	0.137	0.277	0.424	0.584	0.765	0.978	1.250	1.638	2.353	3.182	4.541	5.841	12.929	3
4	0.134	0.271	0.414	0.569	0.741	0.941	1.190	1.533	2.132	2.776	3.747	4.604	8.610	4
5	0.132	0.267	0.408	0.559	0.727	0.920	1.156	1.476	2.015	2.571	3.365	4.032	6.869	5
6	0.131	0.265	0.404	0.553	0.718	0.906	1.134	1.440	1.943	2.447	3.143	3.707	5.959	6
7	0.130	0.263	0.402	0.549	0.711	0.896	1.119	1.415	1.895	2.365	2.998	3.499	5.408	7
8	0.130	0.262	0.399	0.546	0.706	0.889	1.108	1.397	1.860	2.306	2.896	3.355	5.041	8
9	0.129	0.261	0.398	0.543	0.703	0.883	1.100	1.383	1.833	2.262	2.821	3.250	4.781	9
10	0.129	0.260	0.397	0.542	0.700	0.879	1.093	1.372	1.812	2.228	2.764	3.169	4.587	10
11	0.129	0.260	0.396	0.540	0.697	0.876	1.088	1.363	1.796	2.201	2.718	3.106	4.437	11
12	0.128	0.259	0.395	0.539	0.695	0.873	1.083	1.356	1.782	2.179	2.681	3.055	4.318	12
13	0.128	0.259	0.394	0.538	0.694	0.870	1.079	1.350	1.771	2.160	2.650	3.012	4.221	13
14	0.128	0.258	0.393	0.537	0.692	0.868	1.076	1.345	1.761	2.145	2.624	2.977	4.140	14
15	0.128	0.258	0.393	0.536	0.691	0.866	1.074	1.341	1.753	2.131	2.602	2.947	4.073	15
16	0.128	0.258	0.392	0.535	0.690	0.865	1.071	1.337	1.746	2.120	2.583	2.921	4.015	16
17	0.128	0.257	0.392	0.534	0.689	0.863	1.069	1.333	1.740	2.110	2.567	2.898	3.965	17
18	0.127	0.257	0.392	0.534	0.688	0.862	1.067	1.330	1.734	2.101	2.552	2.878	3.922	18
19	0.127	0.257	0.391	0.533	0.688	0.861	1.066	1.328	1.729	2.093	2.539	2.861	3.883	19
20	0.127	0.257	0.391	0.533	0.687	0.860	1.064	1.325	1.725	2.086	2.528	2.845	3.850	20
21	0.127	0.257	0.391	0.532	0.686	0.859	1.063	1.323	1.721	2.080	2.518	2.831	3.819	21
22	0.127	0.256	0.390	0.532	0.686	0.858	1.061	1.321	1.717	2.074	2.508	2.819	3.792	22
23	0.127	0.256	0.390	0.532	0.685	0.858	1.060	1.319	1.714	2.069	2.500	2.807	3.767	23
24	0.127	0.256	0.390	0.531	0.685	0.857	1.059	1.318	1.711	2.064	2.492	2.797	3.745	24
25	0.127	0.256	0.390	0.531	0.684	0.856	1.058	1.316	1.708	2.060	2.485	2.787	3.725	25
26	0.127	0.256	0.390	0.531	0.884	0.856	1.058	1.315	1.706	2.056	2.479	2.779	3.707	26
27	0.127	0.256	0.389	0.531	0.684	0.855	1.057	1.314	1.703	2.052	2.473	2.771	3.690	27

表 B.1(续)

7.5.1.1. v	0.55	0.60	0.65	0.70	0.75	0.80	0.85	0.90	0.95	0.975	0.990	0.995	0.9995	P v
28	0.127	0.256	0.389	0.530	0.683	0.855	1.056	1.313	1.701	2.048	2.467	2.763	3.674	28
29	0.127	0.256	0.389	0.530	0.683	0.854	1.055	1.311	1.699	2.045	2.462	2.756	3.659	29
30	0.127	0.256	0.389	0.530	0.683	0.854	1.055	1.310	1.697	2.042	2.457	2.750	3.646	30
40	0.126	0.255	0.388	0.529	0.681	0.851	1.050	1.303	1.684	2.021	2.423	2.704	3.551	40
60	0.126	0.254	0.387	0.527	0.679	0.848	1.046	1.296	1.671	2.000	2.390	2.660	3.460	60
120	0.126	0.254	0.386	0.526	0.677	0.845	1.041	1.289	1.658	1.980	2.358	2.617	3.373	120
∞	0.126	0.253	0.385	0.524	0.674	0.842	1.036	1.282	1.645	1.960	2.326	2.576	3.291	∞
v P	0.55	0.60	0.65	0.70	0.75	0.80	0.85	0.90	0.95	0.975	0.990	0.995	0.9995	v P

参 考 文 献

[1] OIV, 2001-Recueil des methods internationales d'analyse des vins and des moûts; OIV Ed., Paris.

[2] OIV, 2002-Recommandations harmonisées pour lecontrôle interne de qualité dans les laboratoires d'analyse; OIV resolution ceno 19/2002., Paris.

[3] Standard ISO 5725:1994-Exactitude(justesse and fidélité)des results and methods de mesure, classification index X 06-041-1.

[4] IUPAC, 2002-Harmonized guidelines for single-laboratory validation of analysis methods; Pure Appl. Chem., Vol. 74; n°5, pp. 835-855.

[5] Standard ISO 11095:1996-Etalonnage linéaire utilisant des materials de référence, reference number ISO 11095:1996.

[6] Standard ISO 21748:2004-Lignes directrices relatives à l'utilisation d'estimation de la répétabilité, de la reproductibilité and de la justesse dans l'évaluation de l'incertitude de mesure, reference number ISO ISO/ TS 21748:2004

[7] Standard AFNOR V03-110:1998-Procédure de validation intralaboratory d'une method alternative par rapport àune method de référence, classification index V03-110.

[8] Standard AFNOR V03-115:1996-Guide pour l'utilisation des materials de référence, classification index V03-115.

[9] Standard AFNOR X 07−001:1994-Vocabulaire international des termes fondamentaux et généraux de métrologie, classification index X07−001.

[10] Standard AFNOR ENV 13005:1999-Guide pour l'expression de l'incertitude de mesure.

[11] AFNOR, 2003,-Métrologie dans l'entreprise, outil de la qualité 2ème édition, AFNOR 2003 edition.

[12] EURACHEM, 2000.-Quantifying Uncertainty in Analytical Measurement, EURACHEM second edition 2000.

[13] CITAC/EURACHEM, 2000-Guide pour la qualité en chimie analytique, EURACHEM 2002 edition.

[14] Bouvier J. C., 2002-Calcul de l'incertitude de mesure-Guide pratique pour les laboratoires

d'analysenologique,Revue FranÇaise d'cenologie no. 197,Nov—Dec 2002,pp:16—21.

[15] Snakkers G. and Cantagrel R. ,2004 — Utilisation des données des circuits de comparaison interlabora-toires pour apprécier l'exactitude des results d'un laboratoire Estimation d'une incertitude de mesure-Bull OIV,Vol. 77 857—876,Jan-Feb 2004,pp:48-83.

[16] Perruchet C. and Priel M,2000-Estimer l'incertitude,AFNOR Editions.

[17] Neuilly(M.)and CETAMA,1993 — Modélisation and estimation des errors de mesures,Lavoisier Ed,Paris.

OIV-MA-AS1-13

单个实验室分析方法评价协调性原则

（决议 Oeno 8/2005）

【概要】

在分析化学中，方法验证被广泛认为是质量管理体系中的一个重要组成部分。过去，国际标准化组织（ISO）、国际理论与应用化学联合会（IUPAC）以及美国分析化学家协会（AOAC）共同制定关于"分析方法研究的设计、实施与解释"[1]，"（化学）分析实验室的能力验证"[2]，"分析化学实验室内部质量控制"[3]以及"分析测量中回收率信息应用"[4]（分析方法重叠数据的使用）等协议和指南。IUPAC 批准了制定这些协议/指南的工作组编写的单一实验室分析方法验证的原则。这些指南提供了充分验证分析方法的意见和建议。

实验室质量控制体系协调国际研讨会上讨论了这些指南的草案，并由英国皇家化学学会发布了讨论会议纪要。

1999 年 11 月 4～5 日，由国际理论与应用化学联合会（IUPAC）、国际标准化组织（ISO）以及美国分析化学家协会（AOAC）发起，在匈牙利布达佩斯研讨会上确立了实验室质量体系。

1 简介

1.1 背景

在分析的各个领域所有可靠的分析方法都必须符合国家和国际法律法规。因此，国际上一致认为，实验室必须采取适当的措施来确保其有能力提供且确实提供了符合要求的检测数据。这些措施包括：

- 使用可行的分析方法；
- 使用内部质量控制措施；
- 参加能力验证计划，使用被认可的国际标准，通常是 ISO/IEC 17025。

值得注意的是，ISO/IEC 17025 认可包括测量方法的建立，以及符合包括上述列表中一系列其他技术和管理的要求。

方法验证是测量中的一个重要的组成部分，实验室应通过按照规定实施获得可靠的检测数据。由 IUPAC 测试实验室质量保证方案协调跨部门的工作小组，已在前面阐述了上述的其他方面要求，特别是方法的性能研究（比对试验）、能力验证、内部质量管理的协议和指南。

在某些行业，特别是食品检测方面，充分验证的检测方法已被立法。常用的经充分验证方法包括实验室间方法性能比对（也称为协作研究或比对试验）。按照国际公认的协议，尤其是国际协调协议和 ISO 程序，通过比对试验建立了经充分验证的方法。这些协议/标准规定了参加比对试验验证检测方法所需要最少数目实验室和检测物质。但是，它并不能完全提供所有的充分验证方法。

某些情况适宜使用单独实验室方法验证，这些情况包括：

- 比对试验前,确保检测方法的可行性。
- 验证分析方法的可靠性,或指出比对试验数据是无效的、不可取的。
- 确保按现有方法正确操作。

当一个方法在实验室内部评价,该实验室确定并同意对其客户认可很重要的这些方法应该被精确评估。然而,在许多情况下,这些性能指标需要靠有关规范来执行(如在食品行业中兽药和农药残留)。实验室需要按照法律法规的要求进行评价。

然而在一些分析检测领域,在确定的基质中,大部分的实验室会用相同的分析方法测定某些稳定的化合物成分。如有合适的协同研究方法可以提供给这些实验室,那么协同试验的验证方法其成本将是合理的。协同研究的方法大大降低了实验室的工作量,但在作为常规使用方法之前,必须进行大量的验证工作。实验室使用能够达到预期目的的协同研究,只要证明它能完成检测方法的性能特征。方法的准确度验证,其成本远小于完整的单个独立实验。通过联合协同实验的总检测成本和实验室验证性能指标研究比所有实验室单独用相同方法的检测更加有效。

1.2　现有的协议、标准和指南

许多的协议和指南已明确阐述了方法验证和不确定度的有关内容,特别是美国分析化学家协会(AOAC)、国际协调会议(ICH)和欧洲化学分析中心文件。

- AOAC 的统计学手册包括协同试验之前的独立实验室的操作指南;
- ICH 测试[15]和方法[16],其指定了批准药品的评审所需的最少验证试验的文件;
- 分析方法适用性:实验室方法验证和相关主题指引(1998);
- 定量分析方法的不确定度(2000)。

1997 年 12 月,联合国粮农组织/国际原子能机构的联合专家委员会开展了方法验证的磋商讨论,有关食品安全控制管理的分析方法验证也是适用的。

目前这些"指南"集中了以上文件的基本科学原则,这些原则已被国际广泛认可,更重要的是,指明了单个独立实验室方法验证的操作方法。

2　定义和术语

2.1　概要

这些文件中的术语基于 ISO 和 IUPAC 相应的规定。以下文件包含的相关定义:

a) 国际理论(化学)与应用化学联合会(IUPAC):化学术语汇编,1987

b) 计量学中的基本和通用国际标准词汇,ISO 1993

2.2　仅在本指南中使用的定义

相对不确定度:不确定度用一个相对标准偏差来表示。

检测范围:检测分析方法的特定浓度范围。

3　方法验证、不确定度和质量保证

方法验证是利用一系列的测试来验证检测方法的假设以及建立并记录方法的性能指标,从而证明该方法是否适合特定的检测目的。方法验证的指标包括:适应性、选择性、标准曲线、真实性、精密度、回收率、操作范围、定量限、检出限、灵敏度和耐变性等。另外,还可加上测量不确定度和适用性。

严格来讲,验证的过程应是针对"分析系统"而不是"分析方法"。"分析系统"应包含具体检测方案、规定的检测范围以及特定的检测物质。本文提及的"方法验证"指南整体上可作为分析系统指南。这些分析程序都可被称为"操作程序"。

本文中的方法验证与内部质量控制(IQC)及能力水平测试等持续性活动是截然不同的。方法验证只进行一次,或在使用此方法的工作期间偶然进行;通过验证可以知道方法在以后的应用中能提供何种结果。而内部质量控制是判断此方法在过去执行实施的情况。因此,IQC 可被视作 IUPAC 项目中的独立活动。

在方法验证中,方法的性能评估与实验结果的准确度有极大的联系。因此,我们可以说,方法验证是验证检测方法的不确定度。这些年来,方法验证的目的已成为描述上述列举的方法性能不同方面的特征,并且在相当程度上这些指南反映出模式。然而,依靠验证不确定度作为检测目的适用性和结果可靠性的指引,促使越来越多化学家们进行方法验证来评估不确定度。因此作为分析方法性能特征之一的方法不确定度主要在附录 A 中探讨,而附录 B 提供了一些其他方面未覆盖的相关程序指南。

4 方法验证的基本原则

4.1 验证的规范和范围

验证实验适用于一个确定的方案,基于某个目的测定一个特殊类型的测试材料的指定的分析物及其浓度范围。通常,验证应该在遍及分析物的浓度范围及其应用的测试材料上充分地检验方法的性能。上述特征的判断标准,必须在验证实验前确定。

4.2 实验假设

除了表明目的适用性以及验证数据的实用性的性能指标规定外,方法验证是一个对分析方法所依赖的任何假设的客观测试。例如,实验结果是通过简单的直线回归方程计算得到,即表示实验的结果不会出现严重的偏差,此方程中响应值与检测浓度成正比,实验数据的随机误差在预计范围内。在大多数情况下,随着方法逐渐成熟,对误差的假设都是通过在方法建立或者长时间内的经验累积确定的,因此是合理可靠的。尽管如此,良好的检测科学依赖于经过验证的假说。这就是为什么那么多的验证研究都是基于统计学假设测试,目的是提供基本的检查以使合理的假设在方法原理上不会有严重的缺陷。

这里还有一个重要的事项要注意。验证一个假设有错误总比证明一个假设正确要容易。因此,特定检测范围和基质的检测技术长时间成功应用(如气相色谱分析,或酸硝化),验证是否合理一般采取预实验来确认。相反的,如果没有经验,验证研究需要提供强有力证据证明在特定情况做的假设是合适。同时要考虑所有的检测细节。由此可见,验证研究在一定程度上取决于检测技术的熟练程度。

在以下的讨论中,我们假定实验操作技术熟练,显著性检验的目的在于验证在没有大量证据的情况下,实验的结果是否稳定。读者应当记住,对于不熟悉或不成熟的检测技术应当进行更严格的核查。

4.3 分析误差的来源

误差在来自测试中的不同环节以及不同级别的组织单位,其中描述误差常用的方式如下：

- 随机测量误差（重现性）
- 操作偏差
- 实验偏差
- 方法偏差
- 基质变化的影响

尽管不同的来源不一定单独存在，但是上述在一定程度上提供了有用的检验方式，验证寻找指定的误差源头。

重现性包含同一个批次实验的任何一部分的检测变化，包括重量和体积的误差、被测物质的均匀度、试剂的差异，都很容易在重复性测试中出现。操作误差导致分析体系中日常的差异，例如：检测人员变化、试剂批次、仪器的重新校准以及实验环境（如温度变化）。在单一实验验证，对一系列合适物质进行单独的重复性检测，常用于指导设计实验，评估操作效果。引起实验室间的差异的因素如：校准标准的差异、对检测步骤的不同理解、仪器和试剂的变化或环境因素（如不同的气候条件）。比对实验（方法性能研究）和能力验证结果可以很清晰地看出实验室间的差异，也可通过后者结果比较方法间的差异。

注 1：严格意义上的制样不确定度，从整体样品制成实验室样品过程产生的不确定度不在本文考虑的范围。而由于从实验室样品中取样产生的不确定度是测量不确定度必须考虑的部分，因此都被自动包含于任何往后的分析过程中。

注 2：很多替代性分组或者"错误划分"都是合理的，可用于更深入地或者在不同情况下研究特定误差来源。例如，ISO 5725 中的统计模型大体综合了实验室和运行效应，而 ISO GUM 中不确定度估计程序非常适合用于评估单个可测量的干扰对结果的影响。

一般来说，操作因素与实验室影响对重现性的影响都是很重要的，在验证中不可被忽略。过去有一个忽略这一方面的倾向，尤其是当评估不确定度信息，但这样做使得实验数据不确定度太小。例如，协同实验因为实验方式等的不统一性，因为方法偏倚、基质变异引起的不确定度没有被估算，无法给出实验完整信息。单一实验室验证时有相当风险，实验室偏倚常常被忽视，而这部分常常是不确定度的最大来源。因此单个实验室内的验证一定要关注实验室偏倚。

除了以上所说的问题之外，验证的方法有它的应用限制，原因在于受试材料的差异性。如果测试时，由于受试物质性质多样，实验的结果将在设计范围内产生影响。当然，如果受试物质的性质不在验证的设计范围内，试验的误差将大幅增加。

同样需要注意的是，分析方法性能与分析物的浓度成一定比例的函数关系。在大多数情况下，所得到的结果离散性受分析物浓度影响，回收率也在分析物浓度较高或较低时有所不同，这样的情况非常常见。这些与结果相关的测量不确定度与这些影响以及与浓度依赖性相关因素有关。响应值与分析物浓度之间的关系可通过简单的关系来描述，绝大部分误差与分析物的浓度大小呈正比 *。然而，由于方法的性能在分析物不同浓度有所差异，因此检验分析物浓度与其响应值之间的关系就尤为重要。通常通过检查浓度范围内的几个极端值或者选择几个水平。线性检查也能提供同样的信息。

---

* 若浓度低于检测限 10 倍，该规律可能不适用。

4.4 方法和实验室效应

单一的实验室进行方法验证时要考虑方法偏差和实验室偏差，这点非常重要。有部分实验室具有特殊的设施，在那里这些偏倚可以被忽略，但这种情况非常例外。（但是，如果只有一个实验室进行特定的分析，应从不同的角度考虑方法偏差和实验室偏差）。通常情况下，方法和实验室的影响已被列入不确定度评估，但它们往往比重复性误差更难以表述。在一般情况下，评估各自的不确定度需要收集实验室信息。这些信息一般最有用的来源是：

a）从协作试验统计（在单一的实验室方法验证情况下许多不可用）；

b）能力水平测试统计；

c）有证参考物质的分析的结果。

实验室间协同比对实验可以直接评估实验室间的偏差。虽然协同实验设计在理论上有缺点，但这些差异评估对许多操作适用。因此，通过协同比对实验的重现性来验证单一实验室不确定度是很有意义的。如果单个实验室的结果是偏小的，不确定度可忽略。（或者，实际操作检测中发现的不确定度小于协同比对实验的，这类实验应该声明用特殊检测方法）如果无协同比对实验进行特殊方法/特殊材料的检测，对于检测浓度 c 大于 120 ppb 的，重现性标准偏差的评定应通过 Horwitz 方程 $\sigma_H = 0.02c^{0.8495}$ 计算得到，变量用质量分数表示。（Horwitz 评定常用一个因素的两个比对实验结果）。浓度低于 120 ppb 时 Horwitz 函数不适用，这时选择修正过的函数会更合适[21,25]。这些信息可以通过最少的改变用于单个实验室的情况。

实验室能力验证的统计数据有特别意义，因为可从大体上得到实验室和方法的合并偏倚程度，对于参加者，还可以提供在特定情况下的总误差的信息。检测结果的粗略标准偏差可能与协同比对实验重现性的标准偏差相似。例如，用单独实验室验证不确定度的基准。实际上，平行样测试统计可能难以评定，他们不能像协同比对实验那样可以得到系统的列表和公布，只对检测人员有用。当然，这些检测都必须选择合适的基质和浓度。参加平行样测试的检测人员在连续的有效测试中，测量其不确定度。然而，这是一个持续的活动，因此没有严格遵守单一实验室验证的规则（此为一次性事件）。

如果有有证参考物质，通过多次测试有证标准物质，单一的实验室测试可以评价实验室偏差和方法偏差，综合的偏差估计可通过比较平均结果和有证参考物质的参考值。

有证参考物质不是总能得到，其他物质也可以应用。剩余平行样材料有时会用于这些目的，进行物质的定值不确定度评价，但它们无疑提供了检查总体偏差的途径。具体来说，平行样检测的值通常是选择提供一个最小偏差估计，所以受试物质的偏差分析是一个可行的做法。尽管无法确定与这些技术相关的不确定度的来源，一个替代方法是使用加标和回收率信息来估计这些偏差。

目前验证中最少认可由于被测物的基质差异造成的影响。评估不确定度的组成理论上要求在单个分析过程中的受试材料具有代表性，可以评估它们个体偏差以及计算偏差变异（单个分析意味着较高水平偏差没有对变异系数造成影响。如果涉及一个较宽的浓度范围，将有浓度偏差）。如果代表物质是有证标准物质，偏差可以直接估计结果和参考值之间的差异，整个过程很简单。没有有证参考物质时，可谨慎采用重复测试特定标准品的范围来进行。目前很少有关于此类来源不确定度的定量信息，尽管在某些情况下，它们被怀疑量值很大。

5　验证研究的实施

　　详细的方法验证研究与操作步骤已在其他地方多处提及，此处不再重复。主要原则如下：

　　至关重要的是，验证研究要有代表性。即研究应尽可能提供该研究方法的实际研究样品数量、正常方法使用操作的影响以及浓度范围和样品种类等等。一个精密度实验中一个因素（如环境温度）随机变异具有代表性，如该因素的影响直接出现在观察方差，除非进一步优化方法是可取的，否则不需要额外的研究。

　　在方法验证中，"代表变异"意味着待研究问题的参数预期范围的值的分布适当。对连续性可检测变量参数，这可能是一个允许的范围，可以表示为不确定性或不确定度预期范围；对不连续变量参数，或不可预测的因素影响，如样本矩阵，对应于多种类型或允许存在的"因子水平"的一个代表性范围方法的正常应用。理想情况下，代表性不仅扩展了值的范围，而且包括它们的分布。不幸的是，涉及各个水平的很多因素的整体变化的研究往往是不经济的。然而，对于大多数实际的目的，基于预期范围的极端的或比预期更大的变化的测试是一个可接受的最低限度。

　　对于选择的变异因子，重要的是要确保尽可能获得大的效应。例如，日常变化（可能由再校准效果引起的）实质上是重复性的比较，相比之下，5 天中每天检测 2 个将比 2 天中每天检测 5 个提供更好的精度。在不同时间开展 10 个单独检测会更好，会接受足够的控制，尽管在每天的重复性中不会提供额外的信息。

　　显然，按计划进行显著性检验时，在这些效应成为不确定度实际重要因素（与不确定度的最大组成部分相比）之前，任何研究应有足够的把握检测出这些效应。

　　此外，下列因素也是重要的：

　　• 在已知因素或可疑因素相互作用时，重要的是要确保考虑该效应的交互作用。这可通过确保随机选择从不同水平的相互作用参数，或者通过仔细的系统设计获得交互作用或协方差信息来实现。

　　• 在开展总体偏差研究时，在常规试验中获得参考物质和其量值非常重要。

6　验证研究的范围

　　实验室对一个新的、修改或不熟悉的方法进行验证的范围取决于对现行方法熟悉程度和实验室的能力。不同情况下，建议确认和验证的范围措施如下。除非有特别规定，假定这些方法适用于日常使用。

6.1　使用一种"充分"验证过的方法

　　该方法已进行比对试验，所以实验室可以确认能够获得公开出版的方法性能特征（或能够满足检测需要）。实验室可进行精密度研究、偏差研究（包括基质变化研究），如有可能，也可开展相关线性研究。但如耐变性等测试可省略。

6.2　实验室采用一种"充分"验证过方法，但使用一种新的基质

　　需要进行比对实验，以便实验室能确认新的基质对系统不会带来新的误差来源。验证范围应与前述一致。

6.3 使用已确立但未经协作性研究的方法

需保证与前述相同的验证范围。

6.4 发表在科学文献且附有检测特性的方法

实验室应进行精确度和偏差的研究(包括基质变化的研究),以及特定特征耐变性和线性关系的研究。

6.5 已经发表在科学文献但无特定特征或仅为内部使用的方法

实验室应进行精确度和偏差的研究(包括基质变化的研究),以及耐变性和线性关系的研究。

6.6 基于经验的方法

经验方法是一种按下述步骤简单获得结果的定量检测。这不同于用于评估方法独立性大小的测量,如:样品中特殊分析物的浓度使得方法偏差为零,基质变化(在定义的范围内)不相关。实验偏差不能忽略,但可能难以对单个实验室试验进行评估。此外,标准品不太可能获得。在有比对实验数据时,实验室间的精度可通过特殊设计的耐变性研究和用 Horwitz 方程评定获得。

6.7 "专一地"检测方法

"特别"的检测方法有时有必要建立检测值的一般范围,不得超出范围和临界值。验证的效果有明确的限量。研究方法的偏差须同时考虑回收率、加标和平行样精密度。

6.8 工作人员和设备的变化

重要的例子包括:主要仪器的改变;新批次差异较大的试剂(例如多克隆抗体);实验室场所内的更改;新员工第一次使用的方法,或使用了终止一段时间的已验证方法。需要证明没有不良变化发生。至少要进行单个偏倚测试,对典型测试物质或控制材料的加入进行"之前或之后"的实验。一般来说,这些测试可以反映出这些变化对分析程序可能产生的影响。

7 建议

以下建议是关于单独实验室的方法验证:

在条件允许的情况下,实验室都应该使用在国际上已经经过多次试验的分析方法作为实验方法。

如果无上述方法,必须在为客户提供检测数据前对实验方法进行内部验证。

单独实验室的验证需要实验室根据选择合适的实验参数进行评估,如:适用范围、选择性、直线回归方程、准确度、精密度、浓度范围、定量限、检出限、灵敏度、客户要求和可行性。实验室应根据客户要求选择合适的检测方法。如果客户有要求,必须评估检测方法的特性是否符合要求。

附　录　A
方法的性能指标研究要求

方法的独立性能指标总体要求如下：

A.1　适用性

方法验证后要提供包含方法的所有性能特点的文件，信息如下：

- 确定被测物质及具体的性状（例如：总砷）；
- 检测浓度范围（例如：0～50 ppm）；
- 测试样品的基质范围（例如：海鲜）；
- 包括仪器、试剂、步骤（包括特定偏差范围，例如在 100℃±5℃加热 30 min±5 min，校准和质量控制程序，以及任何特殊的安全措施要求）在内的程序；
- 预期的应用及不确定度要求（例如：食品分析筛查的目的。结果 c 的标准不确定度 $u(c)$ 应小于 $0.1 \times c$）。

A.2　选择性

选择性指存在干扰物时检测的准确度。理想情况下，选择性应该评价任何可能存在的干扰物质。尤其重要的是要根据化学原理，检查干扰物有无可能影响反应。例如，氨的比色试验可能受初级脂肪族胺类影响。实验方法应该排除所有潜在的干扰物质。一般情况下，应该选择可以忽略所有干扰物的方法。

在许多的分析中，选择性本质上是基于对干扰物试验显著性影响的定性评价，但是，这些对定量检测有用。特别是，一个定量测量的选择性系数 b_{an}/b_{int}，是对干扰物的定量测量。b_{an} 是方法的灵敏度（校准方程的斜率），b_{int} 为潜在干扰物产生的独立反应斜率。b_{int} 由空白基质和一定浓度的潜在干扰物的空白样品所测得。如果无空白的基质，可用标准物质代替，不受基质干扰，b_{int} 可通过简单的实验得到。但请注意，在没有被测物质时，较容易测得 b_{int}，因为被测物质的灵敏度容易受干扰物影响（基质效应）。

A.3　校正曲线和线性关系

除了校准物质的误差外，校准误差通常是（但不总是）总的不确定度评价的一小部分，通常可以"自上而下"安全地纳入各种类别的评价。例如，作为一个整体进行评价时，校准造成随机误差是其中小部分的偏差，而同样来源的系统误差同样作为整体评估成为实验方法偏差。虽然，有些校准性能对方法验证时有用，因为它影响了检测程序的优化发展策略。这类问题包括校准方程是不是线性相关的、有无穿过原点以及测试物质有无受基质影响。这里描述的步骤关系到校准方法的验证，比常规分析更加严格。例如，验证时，建立的校准方程应是线性方程并通过原点，可设计出更简单的校准策略用于常规检测（例如，两点重复设计）。这个简单的校准策略误差通常都会被用于验证更高水平的误差。

A.3.1　线性关系和截距

在合适的浓度范围内，浓度与响应值呈线性关系，该线性可通过线性回归产生的残差检测。

没有线性校正功能的任何曲线模式为失拟。显著性检验可以通过比较失拟方差是否由单纯误差造成。然而,由于除了某些分析校准类型导致的非线性外,还有失拟原因,因此显著性检验必须和剩余曲线连用。尽管当前相关系数作为精确度指标广泛应用,但用作线性检验具有误导性和不适合的,不应使用。

失拟检验中设计最为重要,因为它很容易将非线性与漂移混淆。如无独立评价,重复测量必须提供一个纯误差评估。如无特殊指引,以下情况可适用:

- 应该有 6 个或以上的校准样;
- 校准样均匀分布在有效浓度范围内;
- 该范围应覆盖 $0 \sim 150\%$ 或 $50\% \sim 150\%$ 可能的浓度范围,这取决于哪个更合适;
- 校准样至少重复两次,三次或更多尤佳,并且保持顺序的随机性。

计算简单的线性回归方程后,可计得残差。异方差性在分析校准相当常见,在统计模型中,加权回归是校准数据最好的方法。如果不使用加权回归,有可能会导致在回归方程中出现很大的误差。

失拟检验可用简单或加权回归实现。如果没有失拟显著性,截距明显不等于零的检验同样也可利用这些数据。

A.3.2 总体基质效应检测

如果校准样被配置成待测物的单一溶液,则在极大的程度上简化了校准。

若采用这种策略,必须验证评价总体基质不匹配可能产生的影响。对总体基质效应的检测可以通过添加被测物(也称为"标准添加")到典型被测物制备的溶液中而实现。这种测试提供的最终稀释溶液应与正常步骤所得的相同,而且添加物的范围应该与标准规定的范围相同。如果校准值是符合线性的,可以比较正常的标准曲线和标准添加曲线的斜率。若两者无明显不同,意味着检测不到总体基质效应。如果校准曲线不符合线性,必须进行更加复杂的显著性检验,但是通常通过对相同浓度下的曲线进行目测比较就可以了。如果检测中没有显著不同,通常可以忽略基质变化的影响[第 A.13 节]。

A.3.3 最后校准程序

按指定步骤进行校准策略也可能需要分别验证,尽管涉及的误差有助于共同估计不确定度。这里的重点是,通过特定的线性设计评价的不确定度,将小于来自程序方案中更简单校准的不确定度。

A.4 正确度

A.4.1 正确度评估

正确度是测量结果与被测指标的可接受参考值之间的一致程度。正确度在定量方面表述为"偏倚";较小的偏倚意味着更接近真实值。偏倚由采用方法比较标准物质与已知值物质所得。通常需要进行显著性验证。参考值的不确定度不可以忽略时,结果评定应考虑标准品的不确定度和统计变异性。

A.4.2 正确度实验的条件

检测系统的不同级别部分都存在偏倚。例如,操作偏倚、实验室偏倚和方法偏倚。重要的是要记住处理偏倚的各种方法。特别是:

- 一次同时对一系列标准品检测求得的平均值,可为方法、实验室以及特定检测批的检测效果提供信息。将批次间的检测效果假定为随机的,批次间的检测结果变化将大于可观察到的结果分布,需要考虑对结果进行评估(例如,通过对测量偏倚和批次间标准偏差分别研究)。

• 对标准物质重复测试多次所得平均值,评估特定的实验室内的方法和实验室偏倚的综合效果(除了使用特定方法指定相应数值的实验室)。

A.4.3　正确度实验的参考值

A.4.3.1　有证标准物质(CRMs)

有证标准物质可追溯到已知不确定度的标准物质,因此在假设没有不匹配的基质时,可用于同时标定所有偏差(方法、实验室、实验室间的偏差)。实际上,有证标准物质可以用于正确度的验证。确保标准值的不确定度足够小来满足检测重要值的偏差。若不能达到,仍推荐使用有证标准物质,但必须进行其他检验。

典型的正确度实验可给出对于标准物质的平均响应值。在解释结果时,应同时考虑有证物质值的不确定度和实验室内统计偏差产生的不确定度。而后者是基于检测中、检测间,或者是实验室间标准偏差评定,根据实验目的、统计或材料而定。对于标准值的不确定度很小的情况,常使用合适的精密度条件,进行 Student's t 检验,若有必要和可行的话,一系列采用合适基质以及被测物浓度的有证标准物质都应进行检测。如果按此操作,标准值的不确定度小于分析结果,可非常安全的使用简单回归来评估结果。这样的偏差可被表示为浓度的函数,并可能出现非零截距("过渡"或常数偏差)或者作为一个非单一斜率("转动"或比例偏差)。若基质范围很大,应谨慎用于解释结果。

A.4.3.2　标准物质

若无有证标准物质,或除有证标准物质外,可使用具有充足的良好目标特性的物质(标准物质),切记无显著的偏差不能认为是没有偏差,任何物质的显著偏差要进行原因调查。标准物质的例子包括:标准物质生产商表征过的物质,但是其性能值没有附上不确定度声明,或是另有限制;该物质的生产商表征过的物质;经实验室测试过可用作于标准物质的物质;已循环使用或水平测试过程分发的物质,虽然这些物质的溯源性可能会出现问题,但使用它们远比完全没有进行偏差评定的物质好。这些物质的使用与有证标准物质大致相同,即使没有阐明不确定度,任何显著性检验都依赖于观测结果的精密度。

A.4.3.3　使用标准方法

标准方法原则上可用于验证另一个方法偏差的测试。当用于检查已建立并经验证、在实验室应用的标准方法的替代或修改方法时非常有用。这两种方法都是测定一系列标准物质的测试,相当均匀地覆盖了有效浓度范围。用合适的统计方法,比对结果的范围(例如,配对 t 检验法,检查方差齐性和正态性)可表明方法间的偏差。

A.4.3.4　加标/回收率的应用

缺少标准物质时,或用于标准物质研究,通过回收率可得知偏差。用原来样品和添加(加样)大量已知被测物的方法检测典型的测试材料。两个结果添加质量比例的差异被称为代替回收率,有时也称临界回收率。回收率明显不同于影响方法的综合偏差。严格来说,这里对回收率的研究只用于评定添加物对实验造成影响的偏差;类似的影响无需同样程度的用于原来被测物,其他的影响则可用于原来被测物。加标/回收率的研究中观测表明,高回收率并不能保证正确度,低回收率则一定是缺少正确度的表现。处理回收率数据的方法已在其他地方详细阐述。

A.5 精密度

精密度是相同条件下的独立测试结果接近程度。它通常是特指标准偏差或相对标准偏差。精密度与偏差的区别是本质上的,但是取决于分析系统的层次。因此,从单个实验的角度,偏离标准曲线的被视为偏差。回顾实验员一年的工作,此操作偏差每日都不同,而且以一定的精密度随机变化。评估规定条件下的精密度应考虑这些可见变化。

对于单一实验室验证,有两个相关的条件:

a)重复性条件下的精确度,描述了单次实验内观察到的变化,期望值为 0,标准偏差为 σ_{ro}

b)重复实验中的精确度,描述不同条件下的变化,运行偏差 δ_{run} 期望值为 0,标准偏差为 σ_{run}。通常这些误差来源应用于单个检测结果,因此精密度 $\sigma_{tot} = (\sigma_r^2/n + \sigma_{run}^2)^{1/2}$,$n$ 是一系列重复测试结果的平均值。这两个精密度评定很容易从测试被测物质的平行样得到。单个方差分量可通过用单独分析方差计算得到。每个平行样测试必须单独进行检测。合成精密度 σ_{tot} 可通过连续测试被检测物质直接评估,以及利用常见方程评估标准偏差。

注:常用符号 s 表示实验标准偏差,与标准偏差 σ 区别开。

精密度的值代表了相关测试条件。首先,实验的条件变化代表实验室如何正常操作常规方法。例如试剂批次、实验员、实验仪器的变化。第二,使用的测试材料在基质和(理想)粉碎状态应与常规操作一致。其次,实际被测物或基质适合的标准物质必须符合要求,但分析物的标准溶液则不然。注意有证标准物质和已有标准物质在很大程度上经常比典型测试材料更加均匀,来自这些测试的精密度可能会低估测试材料的偏差。

精密度经常随检测物质的浓度变化。假设:

a)被测物水平没有影响精密度,或者

b)标准偏差与被测物水平成比例,或线性相关。这些情况下,须验证被测物水平有没有大幅度变化(有无超过中间值的30%)。最经济的实验方法是简单评估精密度水平和可检测范围,进行合理的方差统计。可用 F 检验法评估误差是否符合正态分布。

精密度的数据除了最小的重复性和进行批次操作条件外,可通过改变不同条件获得,由此可获得额外的信息。例如,评定实验结果和每个实验员的操作误差是很有意义的,一天内用一个或多个仪器测定精密度,可以改进检测方法。在研究中,须关注实验的设计,例如:不同的实验设计范围和统计分析技术。

A.6 回收率

评估回收率的方法与评估正确度(前述)的方法应结合进行。

A.7 范围

验证方法的验证范围是被测物的浓度区间。该范围不需要与校准曲线的有效范围相同。校准曲线涵盖浓度范围更加广泛,其余的验证(通常是更重要的不确定度部分)将覆盖更严格的范围。在实践中,大多数方法在一个或两个浓度水平上进行验证。验证的范围可能会从这些浓度刻度点合理外推。

当使用该方法集中在一个高于检测限浓度,且在临界水平附近,验证将是适当的。它不可能确定总体安全的结果外推适用于其他浓度的分析物,因为在很大程度上取决于个别的分析系统。因此验证研究报告应该表明在标准临界值范围进行验证,采用专业判断,且评价不确定度有效。

当浓度范围接近零或检测极限时,假定绝对不确定度恒定或相对不确定度恒定是不正确的。在这种常见的情况下有用的近似方法是假定采用一个具有正截距的线性函数关系来表示不确定度 u 和浓度 c 之间的关系,用公式表示为:

$$u(c) = u_0 + \theta c$$

θ 为远高于检测限的一些浓度下的估算相对不确定度。u_0 为零浓度下估算的不确定度,在某些情况下可估算为 $c_L/3$。在这种情况下把验证范围从零延伸到离上端验证点较小整数倍数的点是合理的。此处将取决于专业判断。

A.8　检出限

广义上的检出限是指可跟 0 浓度很好区分、从样品中检出待测物质的最小浓度。在分析系统中,检出限不需验证,不包括在验证范围内。

尽管看似简单,但是对"检出限"这一定义一直存在以下疑问:

- 关于该主题有不少的理论概念,每一个都提供不同的检测限定义。
- 虽然每种方法都取决于精密度评估或者是空白溶液,但还不清楚是否适用于重复性条件或其他条件的评定。
- 除非收集了大量的数据,检测受很大的随机变化影响。
- 检出限的评定往往因操作因素导致有所偏差。
- 统计推论有关检测限取决于当量浓度的假设,这至少在低浓度还是有疑问的。

对于方法验证的大多数目的,选择简单的定义,可对方法粗略地估算。但检出限作为评估建立的方法,不等同于作为完整的检测方法特性的概念或数值。例如文献或仪器使用手册中的"仪器的检出限",仅用于调节稀释溶液,是远小于实际检出限的,不适用方法验证。

根据方法验证,精密度($\hat{\sigma}_0$)至少通过测定标准基质空白或低基质浓度样品中 6 个浓度的待测物进行计算得到,不删掉 0 值或阴性结果,检出限大约计算为 $3\hat{\sigma}_0$。请注意,使用推荐的最小数量自由度,其值不确定,易受二者之一的因素影响误差。我们需要更准确地估计(例如基于检测或其他的材料的支持),应参考相关指引(例如,见参考文献[22]~[23])。

A.9　检测限和定量限

在可接受精密度条件下,结果表述浓度不能低于检测方法达到的浓度。有时精密度定义为相对标准偏差的 10%,有时限量定义为固定倍数(通常是 2 倍)的检出限。当在某程度上检出高于此限量,这是浓度数值范围的人工二分法:检测低于指定限量,可能更加合适。因此在这里不建议验证这种限量的方法。用浓度函数表示测量的不确定度和比较实验室标准的适用性以满足实验室、客户或最终用户数据目的较为合适。

A.10　灵敏度

方法的灵敏度是校准函数的倾斜度。这通常是任意的,取决于仪器设备,它并不适用于验证。(确保质量控制程序是有效的,但需要测试仪器是否符合标准。)

A.11　耐变性

分析方法的耐变性是防止因为实验条件微小偏差导致检测结果的变化。实验参数的限制应预先在方法程序中规定(虽然过去不常做过),这样的单独或组合的允许偏差,不会在结果中产生无意义的变化。(此处"有意义的变化"意味着,该方法不能在适用的不确定度约定限值条件下进行。)需要识别出方法中可能会影响结果的因素,它们对方法性能的影响可通过耐变性测试来评估。

测试方法耐变性,常通过程序的小改变来检查对结果的影响。方法的一些因素应考虑,但因为许多因素的影响可以忽略,因此一次可以改变一些因素。一个合理的检测基于Youden的变量设计。例如,可以制定利用7个变量因素组合成8种的方法,通过这8个检测结果观察这7个因素。单变量法也可行,每次只有一个变量发生。

耐变性测试的因素例子:仪器、操作、试剂品牌变化、试剂的浓度、溶液的pH、反应温度、过程完成时间等。

A.12 适用性

适用性是检测方法是否符合标准,实验员和数据的最终用户是否意见一致,是否符合客户需要。例如数据中的误差导致的不正确决定一般不应该超过规定的小概率,但是它们不应小到导致最终用户的不必要支出。适用性标准可以根据附录中某些特征描述,但最终将表达成可接受的总不确定度。

A.13 基质效应

在许多领域,基质变化是分析方法中最重要却是最为人忽略的误差的来源之一。当我们规定了经验证的分析体系,其他的如测试物质的基质是相当大的变化范围。引用一个极端的例子,土壤成分可以是黏土、沙子、滑石粉、红土(主要是Fe_2O_3和Al_2O_3)、泥煤等,或以上成分的混合物。容易使人想到在分析方法中每个类型将起到单一的基质效应,例如光谱测定法。如果我们没有所要研究的土壤类型的信息,因为这些可变的基质效应,在结果中将出现一个额外不确定的因素。

基质变化的不确定性能被量化分离,因为在验证过程中,它们没被考虑进去。通过收集具有代表性的基质信息,所有的被测物浓度都有合适的范围。根据实验步骤检测物质,结果评定中存在偏差。除非测试物质是有证标准物质,偏差的评定常用稀释或回收的方法来评估。用标准偏差评估不确定度。

> 注:这些评定是经重复检测所得的差异值。如果加标被应用,将为$2\sigma_r^2$。如果需要进行严格的不确定度估算,这些方面需要扣除基质变化,以避免双重计算。

A.14 测量不确定度

常规测量不确定度的方法是利用方程或者数学模型计算不确定度。应当考虑各种随机误差,方法验证的过程是为了确保方程用于估算结果,是一种有效体现所有可识别和显著影响结果的表达。接下来,有一个前提,下面进一步阐述方程或"模型"被验证可以直接用来估计测量不确定度。这是通过以下基于"不确定度定律"原则建立:

$$u(y(x_1, x_2, \cdots)) = \sqrt{\sum_{i=1,n} c_i^2 u(x_i)^2}$$

其中,$x_1, x_2 \cdots$是函数$y(x_1, x_2, \cdots, x_n)$的几个独立变量,c_i是灵敏度系数,评估为$c_i = \partial y / \partial x_i$,$y$针对$x_i$,$u(x_i)$和$u(y)$的偏微分是标准不确定度。测量不确定度以标准偏差的形式表示。由于$u(y(x_1, x_2, \cdots))$是一个估计几个单独不确定度的函数,它被称为合成标准不确定度。

测量不确定度的估计方程 $y=f(x_1,x_2\cdots)$，用于计算结果，因此，我们有必要首先建立在 x_1,x_2 等的不确定度 $u(x_i)$，其次结合要求在验证中表示随机效应的其他条件，最后考虑任何其他的影响。上面讨论的精密度包含的统计模型为：

$$y=f(x_1,x_2\cdots)+\delta_{run}+e$$

其中，e 是特定结果的随机误差。因为精密度实验中 δ_{run} 和 e 是已知的，分别是标准偏差 σ_{run} 和 σ_r。后面的参数（严格来说，或者估算为 S_{run} 和 S_r）是与这些其他参数相关的不确定性。单个批次内结果取平均值，与这两项参数有关的合成不确定度（前述已给出）为 $S_{tot}=(S_r^2/n+S_{run}^2)^{1/2}$。注意，此处的精密度随分析物水平变化，对于一个给定结果的不确定性估计必须采用适合该水平的精密度。不确定性评估的基础直接遵从统计模型假设并进行验证。该评估必须添加其他必要的参数考虑到（特别是）不均匀性和基质效应（见 A.13 部分）。最后，计算标准不确定度乘以一个"覆盖因子"k 来提供扩展不确定度，即"一个间隔将包含归因于被测对象的大比例的分布值"。统计模型已经建立好，正常分布，与评估相关的自由度数值高，k 一般选择等于 2。扩展不确定度对应于大约 95% 的置信区间。

这里重点提示，在检验假设统计模型时，必须使用不完全检验。已经表明，这些检验不能证实任何影响同为零；他们只能显示小到不能检测与特定显著性检验相关不确定度的影响。一个特别重要的例子是显著的实验室偏差检验。显然，如果这只是用于确认正确性的检验，不论该方法实际上有无偏差，必须有一些残差不确定度。在一定程度上这些不确定度对于计算不确定度是重要的，看作为额外的补充。

对于一个不确定度的值，最简单的默认方式是表示物质的不确定度，再加上用于测试的统计不确定度。一个完整的讨论超出了本文的范围，参考文献提供进一步的细节。然而，重要的是要注意，尽管是直接从假设的统计模型评估不确定度是最小不确定度，也与一个分析结果有关，通常会被低估；同样，一个基于同样考虑的扩展不确定度，使用 $k=2$ 并不能提供足够的置信度。

ISO 指南建议，要提高置信度，必需应该增加 k 值而不是随意添加参数。实践经验表明，对于基于已验证的、但没有验证研究外的证据以提供额外置信度的统计模型，k 值应不小于 3。如有充分理由怀疑验证研究是否全面，应该按要求进一步提高 k 值。

附　录　B
关于验证研究中不确定度评定的其他注意事项

B.1　灵敏度分析

不确定度评定的表达式为：

$$u[y(x_1, x_2, \cdots)] = \sqrt{\sum_{i=1,n} c_i{}^2 u(x_i)^2}$$

c_i 是灵敏度系数。通常在不确定度评定中发现给定的影响因子 x_i 具有已知的不确定度 $u(x_i)$，系数 c_i 不能够直接或者简单地从结果的方程中计算得到。通常非显著的影响不会包含在测量方程中，所以，或因为关系不足以引起修正。例如，溶液温度的影响 T_{sol}，在室温提取的过程基本不受影响。

要评价某效应带来的结果不确定度，可通过实验来确定系数。最简单的就是通过改变 x_i，观察其对结果的影响，在某程度上非常类似于基本的耐变性测试。在大多数情况下，起初至多选择两个 x_i 值而不是标称值，从所观察到的结果中计算近似的斜率。该斜率给出了一个 c_i 的近似值。进而确定 $c_i \cdot u(x_i)$（注意，这是显示显著性或是对结果的可能影响的实用方法）。

在实验中，观察到结果的变化对计算 c_i 很重要。但这难以提前预测。然而，在允许范围内 x_i 的影响量，或扩展不确定度的量，对结果的影响都是微不足道的，而在更大的范围内评价 c_i 更为重要。预测范围 $\pm a$ 内的影响量（$\pm a$ 可能是允许范围，扩展不确定度区间或 95% 置信区间）应用于灵敏度实验。在可能的情况下，至少 $4a$ 的变化，才能确保结果的可靠性。

B.2　判断

若发现结果明显的异常，则不可能得到可靠的不确定度评价。在这种情况下，ISO 指南明确指出必须进行不确定度评价。因此，如未对有潜在问题的不确定度进行评价，分析员应该做出自己最佳判断，推断出不确定度和其适用范围。参考文献提供了进一步不确定度评估应用判断指南。

参 考 文 献

[1]　"Protocol for the Design, Conduct and Interpretation of Method Performance Studies", W Horwitz, Pure Appl. Chem. , 1988, 60, 855 864, revised W. Horwitz, Pure Appl. Chem. , 1995, 67, 331-343.

[2]　"The International Harmonised Protocol for the Proficiency Testing of (Chemical) Analytical Laboratories", M Thompson and R Wood, Pure Appl. Chem. , 1993, 65, 2123-2144. (Also published in J. AOAC International, 1993, 76, 926-940.

[3]　"Harmonised Guidelines For Internal Quality Control in Analytical Chemistry Laboratories", Michael Thompson and Roger Wood, J. Pure & Applied Chemistry, 1995, 67(4), 49-56.

[4]　"Harmonised Guidelines for the Use of Recovery Information in Analytical Measurement", Michael Thompson, Stephen Ellison, Ales Fajgelj, Paul Willetts and Roger Wood, J. Pure & Applied Chemistry, 1999, 71(2), 337-348.

［5］ "Council Directive 93/99/EEC on the Subject of Additional Measures Concerning the Official Control of Foodstuffs", O. J. ,1993,L290.

［6］ "Procedural Manual of the Codex Alimentarius Co mmission,10th Edition", FAO, Rome,1997.

［7］ "Precision of Test Methods", Geneva,1994, ISO 5725, Previous editions were issued in 1981 and 1986.

［8］ "Guide to the Expression of Uncertainty in Measurement", ISO, Geneva,1993.

［9］ "Quantifying Uncertainty in Analytical Measurement", EURACHEM Secretariat, Laboratory of the Government Chemist, Teddington, UK,1995, EURACHEM Guide(under revision).

［10］ "International vocabulary of basic andgeneral terms in metrology" ISO, Geneva 1993.

［11］ "Validation of Chemical Analytical Methods", NMKL Secretariat, Finland, 1996, NMKL Procedure No. 4.

［12］ "EURACHEM Guide: The fitness for purpose of analytical methods. A Laboratory Guide to method validation and related topics", LGC, Teddington 1996. Also available from the EURACHEM Secretariat and website.

［13］ "Statistics manual of the AOAC", AOAC INTERNATIONAL, Gaithersburg, Maryland, USA,1975.

［14］ "An Interlaboratory Analytical Method Validation Short Course developed by the AOAC INTERNATIONAL", AOAC INTERNATIONAL, Gaithersburg, Maryland, USA,1996.

［15］ "Text on validation of analytical procedures" International Conference on Harmonisation. Federal Register, Vol. 60, March 1,1995, pages 11260.

［16］ "Validation of analytical procedures: Methodology" International Conference onHarmonisation. Federal Register, Vol. 62, No. 96, May 19,1997, pages 27463－27467.

［17］ "Validation of Methods", Inspectorate for Health Protection, Rijswijk, The Netherlands, Report 95-001.

［18］ "A Protocol for Analytical Quality Assurance in Public Analysts' Laboratories", Association of Public Analysts,342 Coleford Road, Sheffield S9 5PH, UK,1986.

［19］ "Validation of Analytical Methods for Food Control", Report of a Joint FAO/IAEA Expert Consultation, December 1997, FAO Food and Nutrition Paper No. 68, FAO, Rome,1998.

［20］ "Estimation and Expression of Measurement Uncertainty in Chemical Analysis", NMKL Secretariat, Finland,1997, NMKL Procedure No. 5.

［21］ M Thompson, PJLowthian, J AOAC Int,1997,80,676-679.

［22］ IUPAC reco mmendation: "Nomenclature in evaluation of analytical methods, including quantification and detection capabilities" Pure and Applied Chem. " 1995,67 1699-1723.

［23］ ISO 11843. "Capability of detection. "(Several parts). International Standards Organisation, Geneva.

［24］ M. Thompson, Analyst,2000,125,2020-2025.

［25］ "Recent trends in inter-laboratory precision at ppb and sub-ppb concentrations in relation to fitness for purpose criteria in proficiency testing" M Thompson, Analyst,2000,125,385-386.

［26］ "How to combine proficiency test results with your own uncertainty estimate-the zeta score", Analytical Methods Co mmittee of the Royal Society of Chemistry, AMC Technical Briefs, editor M. Thompson, AMC Technical Brief No. 2, www. rsc. org/lap/rsccom/amc.

OIV-MA-AS1-14

测量不确定度的建议

（决议 oeno 9/2005）

【引言】

对于分析员而言,认识到不确定度与每个分析结果和不确定度评估的关系是很重要的。测量不确定度可能源自于一系列程序。食品实验室需要监管,条件允许时,可使用协同测试方法。并且,在方法投入常规使用之前,要验证其应用。因此,这些实验室可用很多分析数据来估算它们的测量不确定度。

【专业术语】

有关测量不确定度,普遍被接受的定义是:"与测量结果有关,表示测量得到的数值间分散程度的参数。"

注1:该参数可能是一个标准偏差(或者是给定的多倍数),或一个规定的置信水平区间的半宽度。

注2:总的来说,测量不确定度由很多部分组成。一些部分可能会从一系列测量结果的统计分布中得到评价,也可以用实验标准偏差来表示。其他部分也可以用标准偏差来表示。但它们通常是基于实验或其他信息的假设概率分布来评价。

注3:一般认为,测量结果是被测量值以及包括系统影响产生在内的不确定度所有组成部分的最佳估计值。比如与更正和参考标准相关的组成部分有助于分散。

［人们普遍认为"测量不确定度"是国际组织和认证机构使用最为广泛的术语。然而食品法典委员会的分析和抽样方法分委员会认为,在很多情况下,"测量不确定度"术语在法律层面上会产生一些负面问题,所以,他们提出了可使用替代的等效术语"测量可靠性"。］

【建议】

以下是给政府的建议:

1.对于 OIV 而言,应当使用术语"测量不确定度"或"测量可靠性"。

2.与所有分析结果相关的"测量不确定度"或"测量可靠性"可以被评价,应按照用户(顾客)要求提供。

3.分析的结果测量不确定度或"测量可靠性"在很多程序,特别是在国际标准化组织和欧洲分析化学中心描述的程序中可以评价。这些文件基于组成与组成方式、方法验证数据、内部质量控制数据和水平测试数据上推荐程序。如果有其他形式的数据,并能用于评估不确定度或可靠性,则不需要采用国际标准化组织的组成与组成方式来评估测量不确定度或测量可靠性。在大多数情况下,全部的不确定度可能会通过 IUPAC/ISO/AOAC INTERNATIONAL 或 ISO 5725 程序中的许多实验室和若干基质的实验室间(协同)研究确定。

参 考 文 献

[1] "Guide to the Expression of Uncertainty in Measurement", ISO, Geneva, 1993.

[2] EURACHEM/CITAC Guide Quantifying Uncertainty In Analytical Measurement(Second Edition), EU-RACHEM Secretariat, HAM, Berlin, 2000. This is available as a free download from http://www. vtt. fi/ket/eurachem.

[3] "Protocol for the Design, Conduct and Interpretation of Method Performance Studies", ed. W. Horwitz, Pure Appl. Chem. , 1995, 67, 331-343.

[4] "Precision of Test Methods", Geneva, 1994, ISO 5725, Previous editions were published in 1981 and 1986.

OIV-MA-AS1-15

回收率校正的建议

（决议 OIV-Oeno 392/2009）

针对报告分析结果中的回收，OIV 建议如下：

• 分析结果可以在适当和相关的回收校正基础上表述，并且在校正时明确指出。

• 如果结果已经校正了回收，则应指出考虑回收的方法。回收率只要有可能都会被引用。

• 当制定标准规定时，有必要指出，通过一致性检查，用于分析的方法得到的结果应声明是否基于回收校正基础。

第6部分
糖含量（精馏浓缩葡萄汁）特殊检测方法

电　导　率

(Oeno 419A-2011)

1　原理

电导率的测定原理是将两个相互平行的铂电极放到被测溶液中,在铂电极的末端连接上惠斯通电桥,然后通过惠斯通电桥测定极间电导,由于电导率会随温度变化而变化,所以通常情况下采用 20℃的电导率表示。

2　试剂

只使用分析纯试剂。

2.1　实验室用纯净水

20℃下其电导率在 2 μS/cm 以下,例如 EN ISO 3696 Ⅱ型水。

2.2　氯化钾参比溶液

把 KCl 固体在 105℃ 下干燥至恒重,称取 0.581 g 溶于去矿物质水(2.1)中。定容至 1 L。制得的 KCl 溶液在 20℃测得电导率为 1 000 μS/cm,溶液保存不能超过三个月。可使用商业用的氯化钾参比溶液。

3　仪器

3.1　电导率仪(使用范围:1 μS/cm～1 000 μS/cm)

3.2　水浴装置,使测试在 20℃(20℃± 2℃)的恒温环境下进行。

4　步骤

4.1　待测样品的准备

从总糖质量浓度为 25％±0.5％(白利糖度为 25°)的溶液中称取含糖量质量等于 2 500/P 的液体,加水至质量为 100 g。P＝精馏过的浓缩葡萄汁的总糖质量分数。

4.2　电导率测量

将待测样品置于在 20℃的恒温水浴中,使温度稳定在±0.1℃内;

测试前先用待测液清洗电导池两次;

测量待测液电导率并以 μS/cm 表示结果。

5　结果表示

精馏浓缩葡萄汁的电导测试结果以修约至整数位,温度为 20℃,单位为 μS/cm。

5.1　计算

如果仪器没有温度补偿装置,则根据表 1 进行结果校正。如果温度低于 20℃,则加校正数值;若温度高于 20℃,则减去校正数值。

6 方法特性

重复性限(r)

$$r = 3\ \mu S/cm$$

再现性限(R)

$$R = 16\ \mu S/cm$$

表 1 非 20℃ 条件下的电导率校正值(μS /cm)

电导率	温度/℃									
	20.2 / 19.8	20.4 / 19.6	20.6 / 19.4	20.8 / 19.2	21.0 / 19.0	21.2 / 18.8	21.4 / 18.6	21.6 / 18.4	21.8 / 18.2	22.0[a] / 18.0[b]
0	0	0	0	0	0	0	0	0	0	0
50	0	0	1	1	1	1	1	2	2	2
100	0	1	1	2	2	3	3	3	4	4
150	1	1	2	3	3	4	5	5	6	7
200	1	2	3	3	4	5	6	7	8	9
250	1	2	3	4	6	7	8	9	10	11
300	1	3	4	5	7	8	9	11	12	13
350	1	3	5	6	8	9	11	12	14	15
400	2	3	5	7	9	11	12	14	16	18
450	2	3	6	8	10	12	14	16	18	20
500	2	4	7	9	11	13	15	18	20	22
550	2	5	7	10	12	14	17	19	22	24
600	3	5	8	11	13	16	18	21	24	26

[a] 减去校正数值。

[b] 加上校正数值。

高效液相色谱法测定羟甲基糠醛

(Oeno 419A-2011)

1 原理

高效液相色谱(HPLC):

利用反相色谱柱分离,检测波长 280 nm。

2 试剂

2.1 实验室用纯净水,质量标准为 EN ISO 3696。

2.2 甲醇,CH_3OH,使用前先蒸馏或色谱纯。

2.3 乙酸,CH_3COOH,($\rho_{20℃}=1.05$ g/mL)。

2.4 流动相:水(2.1)-甲醇(2.2)-乙酸(2.3)混合溶液,体积比为 40:9:1,使用前用薄膜滤器(0.45 μm)先过滤。

流动相需当天配制,使用前先进行脱气处理。

2.5 羟甲基糠醛参比溶液,25 mg/L(m/V)。

在 100 mL 容量瓶中加入 25 mg(精确称量)羟甲基糠醛($C_6H_3O_6$),用甲醇(2.2)定容到刻度。后用甲醇(2.2)将以上溶液稀释 10 倍,最后用薄膜滤器(0.45 μm)过滤。

将所得溶液转移至棕色瓶中密封并在冰箱中保存,可保存 2～3 个月。

(参比溶液的浓度用于参考。)

3 设备

3.1 仪器

3.1.1 高效液相色谱,配备有:

a) 环形进样器,每次进样 5 μL 或 10 μL。

b) 分光光度检测器,检测波长为 280 nm。

c) 十八烷基键合硅胶色谱柱(比如 Bondapak C_{18}-Corasil,Waters Ass.)。

d) 使用记录器记录数据,如有需要,或使用积分器。

流动相速率:1.5 mL/min(以供参考)。

3.1.2 薄膜滤器,孔径 0.45 μm。

4 步骤

4.1 样品的制备

将蒸馏浓缩样品稀释至 40%(m/V)(准确称量 200 g 蒸馏浓缩葡萄汁加入到 500 mL 的容量瓶中,用水标定至刻度并摇匀),后用薄膜滤器(0.45 μm)过滤。

4.2 气相色谱测试

将 5 μL 或 10 μL 上述制得的样品进样到色谱中,再进样 5 μL 或 10 μL 的羟甲基糠醛参比溶液(2.5)，记录色谱数据。

羟甲基糠醛的保留时间约为 6 min～7 min。

所注射溶液体积及操作顺序仅供参考。色谱法测定含量还可以通过校正曲线法进行。

5 结果表示

蒸馏浓缩葡萄汁中羟甲基糠醛的浓度可用 mg/kg（总糖量）来表示。

将浓度为 $40\%(m/V)$ 蒸馏浓缩葡萄汁溶液中的羟甲基糠醛的浓度设为 $c(\text{mg/L})$。

蒸馏浓缩葡萄汁中羟甲基糠醛的浓度[mg/kg（总糖量）]则表示为：

$$250 \times c/P$$

其中，P 为蒸馏浓缩葡萄汁的总糖量的浓度分数(m/m)。

6 方法特性

重复性限 $r=0.5$ mg/kg（总糖量）

再现性限 $R=3.0$ mg/kg（总糖量）

OIV-MA-F1-03 　　　　　　　　　　　　　　　　　　　　　　　　　　方法类型 Ⅳ

浓缩葡萄汁和葡萄糖液(或精馏浓缩葡萄汁)
中的酒精度的检测方法

(Oeno 419A-2011)

1　前言

　　浓缩葡萄汁(CM)和葡萄糖液（或精馏浓缩葡萄汁）(RCM)是酒精含量低的黏性产品，为了确定它们的酒精度(ASV)，必须使用一种其性能(线性、可重复性、可再生性、特异性，以及检出限和定量限)满足测定 1 ％(V/V)以下酒精要求的方法。

2　应用领域

　　本方法适用于浓缩葡萄汁和葡萄糖。

3　基本原理

　　用氢氧化钙悬浊液将已知质量的浓缩葡萄汁或葡萄糖调至碱性后蒸馏。用电子密度计或比重天平测定密度法确定馏分的体积酒精浓度。

4　试剂

　　——2 mol/L 氢氧化钙悬浊液，分析纯：将 1 L 热水(60℃～70℃)小心倒入约 120 g 氧化钙中制得。

　　——消泡剂溶液：将 2 mL 浓有机硅消泡剂稀释于 100 mL 水中。

　　——实验室用纯水，符合 EN ISO 3696 质量指标。

5　仪器

　　——包括容量瓶在内的标准实验室仪器；

　　——分析天平，精确到 0.1 g；

　　——可以采用任何满足下列测试要求的蒸馏装置或水蒸气蒸馏装置：

　　对一份按容量计酒精度为 10％的乙醇－水混合物连续进行 5 次蒸馏。第 5 次的馏分，按容量计酒精度至少达到 9.9％；也就是说，每次蒸馏的乙醇损失按容量计不得超过 0.02％；

　　——电子密度仪或比重天平。

6　步骤

　　——倒转酒瓶数次使样品混合均匀；

　　——称取约 200 g 浓缩葡萄汁或精馏浓缩葡萄汁(误差在 0.1 g 以内)于 500 mL 的容量瓶里。记录该样品的质量(TS)，用去离子水定容到刻度线。该溶液以葡萄汁计算的浓度约为 40％(m/V)。获取馏分；

——取 250 mL 40％的溶液到蒸馏烧瓶，再向烧瓶中加入约 10 mL 的氢氧化钙悬浊液、约 5 mL 消泡剂溶液和可用的暴沸调节物（如碎瓷片）；

——均匀加热至沸腾；

——将馏分收集至一个 100 mL 容量瓶（约 90 mL）；

——使置馏分冷却至室温，然后用去离子水定容。

ASV 的测定

——用电子密度计或比重天平进行测定。

7　计算

$$获取的体积酒精度 = \frac{ASV 测量值 \times 200 \times MV}{TS}$$

其中，ASV 测量值为密度计给出的酒精含量，以体积分数计；TS 为浓缩葡萄汁或葡萄中的糖样品的质量；MV 为浓缩葡萄汁或精馏浓缩葡萄汁的密度，单位 g/mL。

结果均精确到两位小数且在 0.05％的误差内四舍五入。

8　方法特性

8.1　线性响应值

密度计对于低 ASV 值的线性度是本方法的重要参数之一。本实验配制了 10 种含水酒精溶液，体积分数在 0～5％的标准范围内。每份溶液都进行 3 次分析。

在该体积分数范围内，密度计有良好的线性响应，如图 1 的标准曲线所示。

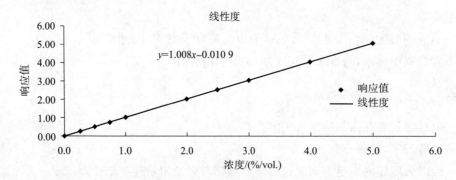

图 1　电子密度计在 0～5％体积浓度范围内对 ASV 测定的线性度

8.2　方法专一性

方法的第二个要点是含有少量酒精的黏稠葡萄汁的蒸馏。为了验证方法专一性，向浓缩葡萄汁和葡萄糖中加入已知量的乙醇（从 0.25％ vol.～5％ vol.）。补充的测试样品按之前介绍的实验条件进行蒸馏，然后用电子密度计或比重天平分析馏分。

结果如表 1 所示，回收率很理想，在 88％～99％之间。如图 2 所示，方法具有专一性（斜率接近 1，截距接近 0）。

表 1　浓缩葡萄汁和葡萄中的糖的酒精浓度测定方法的回收率

测试样品	初始浓度/％vol.	添加浓度/％vol.	回收浓度/％vol.	回收率/％
CM 1	0.00	0.25	0.33	88
CM 1	0.00	1.00	0.98	98
葡萄中的糖（RCM）1	0.00	1.00	0.94	94
葡萄中的糖（RCM）1	0.00	2.00	1.97	99
CM 2	0.00	0.50	0.44	88
葡萄中的糖（RCM）2	0.00	5.00	4.94	99

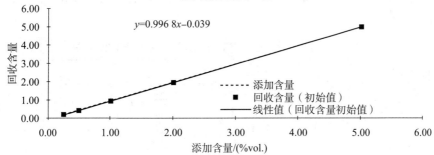

电子密度计的专一性

$y=0.996\,8x-0.039$

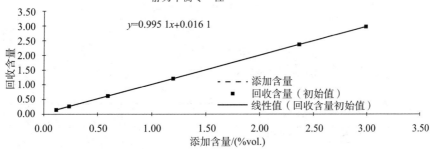

静力平衡专一性

$y=0.995\,1x+0.016\,1$

图 2　浓缩葡萄汁和葡萄糖酒精度浓度测定法的专一性

8.3　重复性

　　使用 20 份有或没有添加乙醇的浓缩葡萄汁或葡萄糖的试验样品来确定该方法的可重复性。每一份浓缩葡萄汁或精馏浓缩葡萄汁均分析 3 次，以保证相同实验条件。得到可重复性限如下：

表 2　浓缩葡萄汁和葡萄中的糖酒精浓度测定法的重复性

电子密度测试的重复性	计算值
标准偏差	0.009
CV 或 RSD/％	0.9％
r 限值	0.024％ vol.
r 限值/％	3％

表2（续）

比重天平的重复性	计算值
标准偏差	0.013
CV 或 RSD/%	1.7%
r 限值	0.038% vol.
r 限值/%	5.3%

8.4　重现性

在给定时间段内的不同日期，分2次测定相同的试验样品来确定该方法的重现性，结果由表3给出：

表3　浓缩葡萄汁和葡萄中的糖酒精浓度测定法的重现性

电子密度测试的重现性	计算值
标准偏差	0.043
CV 或 RSD %	3%
R 限值	0.12% vol.
R 限值/%	9%
比重天平的重现性	计算值
标准偏差	0.026
CV 或 RSD %	3.4%
R 限值	0.076% vol.
R 限值/%	10.6%

8.5　检出限（LOD）和定量限（LOQ）

根据线性分析估算的 LOD 和 LOQ 如下：

$LOD=0.01$% vol.　　$LOQ=0.05$% vol.

定量限是通过分析一份 ASV 为 0.05% vol. 的葡萄汁得出的。

8.6　不确定度

根据重现性标准偏差计算得到的不确定度为 0.10% vol. 。

方法 OIV-MA-F1-04　　　　方法类型Ⅳ

高效液相色谱法测定蔗糖

(Oeno 419A-2011)

1　原理

在高效液相色谱法检测中,蔗糖用烷基胺化的硅胶柱进行分离,再用折光仪进行检测。对比在同样测试条件下得到的外标基准物的折光度得出检测蔗糖浓度。

注:鉴定未发酵葡萄汁或红酒可使用氘核磁共振氢谱法,该方法在检测未发酵葡萄汁、蒸馏浓缩葡萄汁及葡萄酒的丰度章节已经提及。

色谱检测条件仅作参考。

2　试剂

2.1　符合 EN ISO 3696 标准的实验用纯净水。

2.2　乙腈,高效液相色谱纯。

2.3　蔗糖。

2.4　流动相:乙腈-水混合溶液 80∶20 体积比,使用前用 0.45 μm 滤膜进行过滤;流动相的组成仅作参考。

流动相使用前需经过脱气处理。

2.5　标准溶液:1.2 g/L 蔗糖水溶液,使用前用 0.45 μm 滤膜进行过滤。标准溶液浓度仅作参考。

3　仪器

3.1　高校液相色谱,配备包括:

a) 10 μL 进样器(仅作参考);

b) 检测器:视差折光仪或干涉折光仪;

c) 烷基胺键合硅胶柱,长 25 cm,内径 4 mm(仅作参考);

d) 填充相同固定相的保护柱(仅作参考);

e) 保护柱和分析柱柱温保持在 30℃;

f) 记录器,如果有必要,外加积分器;

g) 流动相流速控制在 1 mL/min(仅作参考)。

3.2　膜过滤(0.45 μm)设备

4　检测过程

4.1　样品制备

溶液样品为稀释至 40%(m/V)的蒸馏浓缩葡萄汁(详见总酸度附录 H),用前用 0.45 μm 滤膜进行过滤。

4.2 色谱检测

依次注入 10 μL 标准溶液和 4.1 节中制备的样品。

按顺序重复以上操作。

记录检测谱图。

蔗糖在该色谱柱中保留时间约为 10 min。

注入样品体积和顺序仅作参考，也可以用校正曲线进行色谱检测。

5 计算

以两次进样的平均值来进行计算。

以 c 作该稀释至 40%(m/V)蒸馏浓缩葡萄汁中蔗糖的浓度，单位为 g/L。

每千克蒸馏浓缩葡萄汁中的蔗糖含量(g/kg)为 $2.5 \times c$。

6 结果的表达

蔗糖浓度以 g/kg 为单位，保留小数点后 1 位数。

7 方法特征

重复性限(r)：

$r = 1.1$ g/kg 葡萄原汁

方法 OIV-MA-F1-05　　方法类型Ⅳ

总　酸

(Oeno 419A-2011)

1　定义

精馏浓缩葡萄汁的总酸度指的是用标准碱溶液滴定至 pH 7 时测得的可滴定总酸。二氧化碳不计入总酸度中。

2　方法原理

采用电位滴定或用溴百里香酚兰作指示剂，对比标准终点颜色。

3　试剂

3.1　缓冲溶液：

3.1.1　pH7.0

磷酸二氢钾(KH_2PO_4)	107.3 g
1 mol/L 氢氧化钠(NaOH)溶液	500 mL
加水至	1 000 mL

3.1.2　pH4.0

苯二甲酸氢钾($C_8H_5KO_4$)溶液 0.05 mol/L，20 ℃下每升溶液含 10.211 g 苯二甲酸氢钾。

注：可使用 SI 标识的商业用缓冲溶液：

例如：在 25℃下，pH1.679±0.01

在 25℃下，pH4.005 ± 0.01

在 25℃下 pH7.000 ± 0.01

3.2　0.1 M 氢氧化钠(NaOH)溶液。

3.3　4 g/L 溴麝香草酚蓝作指示剂溶液：

溴百里香酚兰($C_{27}H_{28}Br_2O_5S$)	4 g
96%(V/V)中性乙醇	200 mL
溶解并加入：	
不含 CO_2 的水	200 mL
足够的 1 mol/L 氢氧化钠溶液使颜色变成蓝绿色(pH 7)，大约	7.5 mL
加水至	1 000 mL

4　仪器

4.1　具有 pH 分度尺的电位计和电极：

提示：玻璃电极必须保存在蒸馏水中。甘汞/饱和氯化钾电极必须保存在饱和氯化钾溶液中。最常用的是复合电极，应该保存在蒸馏水中。

4.2　100 mL 锥形瓶。

5 实验过程

5.1 样品准备

准确称量 200 g 的精馏浓缩葡萄汁，加水 500 mL 至刻度线，摇匀。

5.2 电位滴定

5.2.1 仪器调零

所有测试开始前仪器必须根据说明书调零。

5.2.2 pH 计校正

pH 计必须在 20℃用 SI（国际单位制）标识的标准缓冲溶液校准。所选择的 pH 必须在葡萄汁可能包含的范围内。如果该 pH 计不能校准很低的 pH，那么可使用与葡萄汁接近的 pH 值的 SI 标识的缓冲溶液进行验证。

5.2.3 测量方法

在锥形瓶中，加入 50 mL 按 5.1 准备的样品。

加入 10 mL 蒸馏水，用滴管加入 0.1 mol/L 氢氧化钠溶液直到 pH＝7（20 ℃）。注意要边搅拌溶液边缓慢滴加氢氧化钠溶液。加入氢氧化钠溶液的体积记录为 n mL。

5.3 在指示剂溴麝香草酚蓝存在下滴定

5.3.1 初步测试：终点颜色的确定

在锥形瓶中加入 25 mL 煮沸过的蒸馏水、1 mL 溴麝香草酚蓝溶液和 50 mL 样品溶液。

加入 1 mol/L 的氢氧化钠溶液直到颜色变成蓝绿色。

然后加入 5 mL pH 为 7 的缓冲溶液。

5.3.2 测试

在锥形瓶中加入 30 mL 煮沸过的蒸馏水、1 mL 溴麝香草酚蓝溶液和 50 mL 5.1 中制备的样品溶液。

加入 1 mol/L 氢氧化钠溶液直到颜色和预滴定测试中溶液的最终颜色一样。

加入的 0.1 mol/L 氢氧化钠溶液体积记录为 n mL。

6 结果表示

计算方法：

——若总酸度以"毫当量/kg"精馏浓缩葡萄汁表示，则：$A＝5×n$

——若总酸度以"毫当量/kg"总糖量表示，则：$A＝(500×n)/P$

其中，P 为总糖量的质量浓度，用％表示。

结果精确至小数点后一位。

7 方法特性

重复性限 $r＝0.4$ meq/kg 总糖量

再现性限 $R＝2.4$ meq/kg 总糖量

pH

(Oeno 419A-2011)

1　原理

测量浸没于溶液中的两个电极之间的电势差。其中一个电极的电势为溶液 pH 的函数,而另一个电极具有已知的固定电势,作为参比电极使用。

2　试剂

2.1　缓冲溶液

2.1.1　酒石酸氢钾的饱和溶液,20℃下每升溶液中含有至少 5.7 g 酒石酸氢钾($C_4H_5KO_6$)。(溶液每 200 mL 加入 0.1 g 百里酚,最长能保存两个月。)

　　pH、温度:

　　　　20℃时为 3.57;

　　　　25℃时为 3.56;

　　　　30℃时为 3.55。

2.1.2　邻苯二甲酸氢钾溶液,0.05 mol/L,20℃下每升溶液中含有 10.211 g 邻苯二甲酸氢钾($C_8H_5KO_4$)(最长能保存两个月)。

　　pH、温度:

　　　　15℃时为 3.999;

　　　　20℃时为 4.003;

　　　　25℃时为 4.008;

　　　　30℃时为 4.015。

2.1.3　含有以下物质的溶液:

　　磷酸二氢钾,KH_2PO_4　3.402 g

　　磷酸氢二钾,K_2HPO_4　4.354 g

　　加水标定至 1 000 mL(最长能保存两个月)。

　　pH、温度:

　　　　15℃时为 6.90;

　　　　20℃时为 6.88;

　　　　25℃时为 6.86;

　　　　30℃时为 6.85。

　　注:可使用 SI(国际单位制)标识商用缓冲溶液。

　　例如:25℃时 pH 为 1.679±0.01;

　　25℃时 pH 为 4.005±0.01;

　　25℃时 pH 为 7.000±0.01。

3 设备

3.1 校正过的精确到 0.01 单位的 pH 计

3.2 电极：

3.2.1 玻璃电极。

3.2.2 甘汞-饱和氯化钾参比电极。

3.2.3 也可使用组合电极。

4 步骤

4.1 分析样品的准备

将蒸馏浓缩葡萄汁用水稀释至总糖浓度为 $25\% \pm 0.5\% (m/m)$（25°糖度）。

用 p 表示在蒸馏浓缩葡萄汁中总葡萄糖的百分含量 (m/m)，称取 $2\,500/P$ 蒸馏浓缩葡萄汁，用水加至 100 g。

稀释用水的电导率必须低于 $2\ \mu S/cm$。

4.2 仪器的调零

每次测量之前都需要根据仪器的说明进行调零操作。

4.3 pH 计的校准

pH 计必须在 20℃用 SI（国际单位制）标识的缓冲溶液进行校准。校正选用的 pH 必须包含葡萄汁的 pH 范围。如果选用的 pH 计的校正范围不能达到足够低的 pH，需要使用符合国际单位制规定且 pH 接近葡萄汁的标准溶液进行校正。

4.4 测量

将电极浸入要测量的样品中，样品温度应该在 20℃～25℃之间，尽可能接近 20℃。

直接读出 pH 值。

每个样品至少平行测量两次。

最后的结果取两次测量的平均值。

5 结果的表达

浓度为 $25\% (m/m)$（25°糖度）蒸馏浓缩葡萄汁的 pH 值保留小数点后两位。

6 方法特性

重复性限 $r = 0.07$

再现性限 $R = 0.07$

二 氧 化 硫

(Oeno 419 B-2011)

1 定义

葡萄果汁中游离态二氧化硫以两种形式存在：H_2SO_3 和 HSO_3^-。

在温度与 pH 作用下，二者电离平衡方程式如下：

$$H_2SO_3 \Longrightarrow H^+ + HSO_3^-$$

H_2SO_3 代表分子态的二氧化硫。

二氧化硫总量指葡萄汁中各种形式的二氧化硫的总量，包括游离态和结合态。

2 材料

二氧化硫总量通过从预先稀释的精馏浓缩葡萄汁中在高温(约 100℃)条件下提取。

2.1 试剂

2.1.1 85% 磷酸浓度为($\rho_{20} = 1.71$ g/mL)。

2.1.2 过氧化氢溶液 9.1 g H_2O_2/L。

2.1.3 指示剂：

甲基红	100 mg
甲基蓝	50 mg
50 %(V/V)酒精	100 mL

2.1.4 氢氧化钠溶液(NaOH)，0.01 mol/L。

2.2 仪器

2.2.1 使用的仪器必须遵循下图，尤其是冷凝器部分。

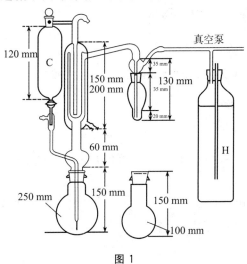

图 1

图1尺寸以 mm 为单位。组成冷凝器的四个同心管的内径分别为 45 mm,34 mm,27 和 10 mm。

通进气泡发生器 B 的进气管末端是一个半径为 1 cm 的圆球,其最大水平圆周上有 20 个半径为 0.2 mm 的孔。或者,进气管的末端可以是能产生很多微小气泡的烧结玻璃板,从而保证了气相和液相间的良好接触。

通过仪器的气流速度大约为 40 L/h。示意图右边的瓶子是为了限制水泵抽水产生的压降至 20 cm～30 cm 水柱。为了调节适合的真空度,必须在气泡发生器与瓶子间安装一个具有半毛细管的流量计。

2.2.2 微量滴定管。

3 步骤

3.1 对于精馏浓缩葡萄汁,使用在 5.1 节"总酸度"里通过稀释样品制备得到的 40 ％(m/V)溶液。在夹带器的 250 mL 烧瓶 A 中加入 50 mL 稀释溶液和 5 mL 磷酸(2.1.1),并把烧瓶连接到夹带器中。

3.2 在气泡发生器 B 中加入 2 mL～3 mL 过氧化氢溶液,用 0.01 mol/L 氢氧化钠溶液中和。在 A 烧瓶中加入葡萄汁,用 4 cm～5 cm 的火焰直接接触烧瓶底将葡萄汁煮沸。不要把烧瓶放在金属盘子上,应该将其放在一个中间有半径大约为 30 mm 的圆盘上。这是为了防止因过热而使样品中被提取出来的物质挂在烧瓶壁上。

保持沸腾并通入空气(或氮气)。在 15 min 内所有的二氧化硫都会被挟带出来并被氧化。用 0.01 mol/L 氢氧化钠溶液(2.1.4)滴定生成的硫酸。

滴定使用的碱溶液体积记录为 n mL。

4 计算

以"mg/kg 总糖量"(50 mL(3.1)中制备的待测液)为单位的二氧化硫总量的计算式为:

$$(1600 \times n)/P$$

其中,P 为总糖量的浓度分数(m/m)。

5 结果表示

二氧化硫总量以"mg/kg 总糖量"表示。

6 方法特性

重复性限(r)

  50 mL 测试样品＜50 mg/L;$r=1 \times 250/P$ mg/kg 总糖量

再现性限(R)

  50 mL 测试样品＜50 mg/L;$R=9 \times 250/P$ mg/kg 总糖量

色　度
(Oeno 419A-2011)

1　方法原理

　　把精馏浓缩葡萄汁稀释至 25 ％(m/m)(25°糖度)后,于 425 nm 波长下测试 1 cm 光程的吸光度。

2　仪器

2.1　测试范围 300 nm～700 nm 的紫外分光光度计。

2.2　光路为 1 cm 的玻璃吸收池。

2.3　孔径为 0.45 μm 的滤膜器。

3　实验过程

3.1　样品准备

　　使用在 pH 章节 ,3.1 部分制备的 25 ％(m/m)(25°糖度)的葡萄汁溶液,使用孔径为 0.45 μm的滤膜过滤。

3.2　吸光度测定

　　利用水为空白溶液,加在 1 cm 的吸收池里,425 nm 下空白调零。

　　在 1 cm 的吸收池里,在 425 nm 下测定 3.1 部分制备的 25 ％(m/m)(25°糖度)的葡萄汁溶液的吸光度。

4　结果表示

　　425 nm 波长下测定的 25 ％(m/m)(25°糖度)的葡萄汁溶液的吸光度应保留两位小数。

重复性限(r)

r＝0.01 AU(25°糖度)

总 阳 离 子

(Oeno 419B/2012)

1 原理

测试样品用强酸性阳离子交换剂处理。阳离子全部与 H^+ 离子发生交换。阳离子总量通过流出液的总酸度和测试样品的酸度的差值来确定。

2 仪器

2.1 内径 10 mm～11 mm，长度约 300 mm 的玻璃管，和玻璃管粗细适合的排水塞。

2.2 精确到 0.1 单位的 pH 计。

2.3 电极：

——玻璃电极，保存于蒸馏水中；

——甘汞/饱和氯化钾参比电极，保存于饱和氯化钾溶液中；

——也可使用组合电极，保存于蒸馏水中。

3 试剂

3.1 H^+ 型强酸性离子交换树脂，在水中浸泡过夜预溶胀。

3.2 氢氧化钠溶液，0.1 mol/L。

3.3 pH 试纸。

3.4 使用的水为实验室纯净水，20℃下电导率低于 2 μS/cm，例如 EN ISO 3696 Ⅱ级水。

4 步骤

pH 计必须根据 OIV MA AS313-15 方法进行校准。

4.1 样品的准备

使用稀释至 40%(m/V)的蒸馏浓缩葡萄汁溶液。向 200 g 蒸馏浓缩葡萄汁中加水至 500 mL，搅拌均匀。

4.2 蒸馏浓缩葡萄汁的总酸度

在 20 ℃下用 0.1 mol/L 的氢氧化钠溶液滴定 100 mL 蒸馏浓缩葡萄汁至 pH 到 7。缓慢滴加碱性溶液，同时不停摇匀溶液。用 n_1 mL 表示消耗的 0.1 mol/L NaOH 溶液的体积。

4.3 离子交换柱的制备

将 10 mL 浸泡软化的 H^+ 型离子交换树脂倒入玻璃管内。用蒸馏水冲洗玻璃管，使用 pH 试纸测定流出液的 pH，直到所有酸性物质被去除。

4.4 阳离子交换

使 100 mL(4.1 所述的)蒸馏浓缩葡萄汁以每秒 1 滴的速度流过交换柱。收集流出液至烧杯中。在 20 ℃下用 0.1 mol/L 氢氧化钠溶液滴定流出液的酸度（包括清洗液）至 pH 为

7。缓慢滴加碱性溶液,同时摇匀溶液。用 n_2 表示消耗的 0.1 mol/L NaOH 溶液的体积。

5 结果表述

阳离子总量用 mg/kg 葡萄糖作单位,精确到小数点后 1 位。

5.1 计算

——蒸馏浓缩葡萄汁的总酸度(mg/kg):

——$A=2.5\ n_1$

——流出液酸度(mg/kg 蒸馏浓缩葡萄汁):

$E=2.5\ n_2$

——阳离子总量(mg/kg 总糖):

$$[(n_2-n_1)/(P)]\times 250$$

式中,P 为总糖的百分浓度(m/m)

5.2 重复性限

$r=0.3$

电热原子吸收光谱法测定铅含量

（Oeno 419B/2012）

在制备用于铅含量检测的葡萄中的糖样品（浓缩葡萄汁和 MCR 蒸馏浓缩葡萄汁）的步骤中详细介绍了重金属。仪器和检测软件根据测试实验室有所不同。本方法只给出基本的校正和测量准则，以供参考。

1　警告

安全措施-操作者在使用酸的时候必须注意保护眼睛和手。酸类物质的取用必须在通风橱中进行。

2　范围

该方法具体描述了使用电热原子吸收光谱（ETAAS）检测蒸馏浓缩葡萄汁中铅的含量，测定范围为 $10\ \mu g/kg\sim200\ \mu g/kg$。

3　引用标准

ISO 3696　分析实验室用水　规格和检测方法

4　原理

在 ETAAS 方法中，样品注入温度达 2 800℃的石墨炉中。随着程序升温，样品基质干燥并发生热分解和裂解。大多数元素在 ETAAS 中样品峰高度与其浓度成正比。当然，在大多数情况下，峰面积和浓度成正比更合理。

5　试剂与溶液

除非有其他说明，使用的试剂均为经认证无铅的分析纯试剂。

5.1　去离子超纯水，电阻在 $18\ M\Omega\cdot cm$ 以上，符合 ISO 3696 标准。

5.2　60％以上浓硝酸（普通纯度级别）。

5.3　磷酸二氢铵（$NH_4H_2PO_4$）。

5.4　基体改进剂：6％的 $NH_4H_2PO_4$ 溶液。称取 $3\ g\ NH_4H_2PO_4$ 于 50 mL 容量瓶中，完全溶解后加去矿物质水至刻度线。

5.5　六水合硝酸镁（$Mg(NO_3)_2\cdot6H_2O$）。

5.6　0.5％浓度硝酸镁溶液（冷藏保存）。

将 0.5 g 硝酸镁置于 100 mL 容量瓶中，溶解后加水至刻度线。将配制好的溶液冷藏，有效期为 15 d～20 d。

5.7　认证的铅储备液（1 000 mg/L）。

5.8　10 mg/L 浓度的铅离子溶液。

移取 1 mL 储备液(5.7)与 10 mL 硝酸(5.2)于 100 mL 容量瓶中,加超纯水(5.1)至刻度线。

5.9 100 μg/L 浓度的铅离子溶液:将 1 mL 铅离子溶液(5.8)与 10 mL 硝酸(5.2)混合于 100 mL 容量瓶中,加水(5.1)至刻度线。

5.10 聚乙二醇辛基苯基醚 Triton X-100[1%(V/V)]。

5.11 空白检测:10%硝酸。

校正准备

校正溶液的数量取决于精度要求,至少需要 5 瓶标准溶液。实验结果精度可以通过测试质控样来确定.。

需要强调的是,校正曲线的线性通常都有局限性的。

标准溶液的校正一般通过扣除空白的吸收。用测得的吸光度和分析物的浓度并作出校正曲线和求出校准函数。

根据仪器的不同型号,有可能可以通过自动进样器将从 100 μg/L 溶液中抽取一定量的溶液分别配成 0 μg/L～100 μg/L 浓度的标准溶液(例如,0 μg/L、10 μg/L、25 μg/L、50 μg/L 和 100 μg/L)。也有仪器需要单独配制不同浓度的标准溶液。

注:当测试样品中铅浓度超过 100 μg/L 时需要更小的取样量。

6 仪器与设备

6.1 原子吸收光谱:配备电热喷雾器、使用制造商推荐的电流值的铅空心阴极灯、背景噪声自动校正装置和电脑读入系统或高速图形记录器。电热原子吸收光谱使用时需要进行背景噪音校正。最小可接受技术规格由氘确定。如果背景噪音强度较高,最好用塞曼效应背噪校正。为了提高分析物的信噪比,推荐使用石墨炉作为热解平台。

注:可以在波长 217.0 nm 进行铅的检测。这一波长下检测的灵敏性比 283.3 nm 要高 2 倍。但是,由于噪音和干涉效应也相对严重,有必要使用塞曼效应背噪校正系统。

6.2 能精确到 0.1 mg 的精密天平。

6.3 A 级带刻度吸量管:0.5 mL、1 mL、5 mL。

6.4 A 级容量瓶:50 mL 和 100 mL。

注:要与样品接触的仪器需在 10%的硝酸(5.2)中浸泡超过 12 h,然后用去离子水(5.1)多次冲洗干净。

7 取样

在 50 mL 容量瓶中加入 10 g 样品(精确至 0.1 mg)、5 mL 硝酸和 0.5 mL 聚乙二醇辛基苯基醚[1%(V/V)]。摇匀后,用去离子水定容至 50 mL,摇匀。

8 步骤

根据仪器生产商的说明,设定仪器参数和调节电热喷雾器,以获得最佳的背景噪音校正效果。按照同样的方式校准采样器。根据生产商的推荐,根据分析的元素和样品体积,确定电热喷雾器的最佳参数范围,以获得最理想的测量范围。将仪器基线调零,通过执行程序升温程序空烧石墨原子化器确认原子化系统的零点稳定。石墨炉温度可以设定如下:

表 1

阶段	温度/℃	校正时间/s	升温（斜坡）/（℃/s）	气体类型	气体流速/（L/min）	读数
1	130	15	10	氩气	0.2	否
2	350	5	25	氩气	0.2	否
3	500	5	50	氩气	0.2	否
4	750	10	100	氩气	0.2	否
5	1900	3	0	氩气	停止	是
6	2500	3	0	氩气	0.2	否
7	100	10	0	氩气	0.2	否

如果使用自动进样器，注入预设好体积的溶液。加入一定体积的基体改进剂，按仪器相应程度的增加顺序原子化空白溶液（5.11）、标准溶液和待测样品溶液。如果测试样品的峰高（或峰面积）比标准溶液中最高浓度的样品要强，则需稀释样品以获得较低浓度。

外标法

以下采样程序作为外标法测定样品（μL）中铅含量的参考：

表 2

项目	空白测试	样品	标准 1 10 μg/L	标准 2 25 μg/L	标准 3 50 μg/L	标准 4 100 μg/L
空白（10% HNO₃）	5.0					
稀释剂（10% HNO）			4.5	3.7	2.5	0
样品		5.0				
储备液（100 μg/L）Pb			0.5	1.3	2.5	5.0
6% NH₄H₂PO₄	4.0	4.0	4.0	4.0	4.0	4.0
0.5% Mg(NO₃)₂	2.0	2.0	2.0	2.0	2.0	2.0
总体积	11.0	11.0	11.0	11.0	11.0	11.0

每个溶液至少原子化两次，如果两次结果的重现性符合实验室的质量控制系统，则计算读数平均值。如有必要，可以尝试将基线调零。

标准加入法

只要校正曲线在吸光范围内呈线性，可以用标准加入法减少基准和样品间的光谱干扰。

将相同体积的测试样品置于三个容器（例如，自动取样杯）中。加入少量标准溶液至其中两个容器中，分别使容器中液体的浓度为原始样品的两倍到三倍高，加入同样质量的水到第三个容器中，小心地将溶液搅拌均匀。测试三个混合溶液的吸光度，并以加入浓度为 X 轴，吸光度为 Y 轴绘出曲线。用同样的方法测定空白溶液中分析物的浓度作为空白。

以下采样程序作为标准加入法测定样品（μL）中铅含量的参考：

表 3

项目	空白测试	样品	标准加入 125 μg/L	标准加入 250 μg/L
空白（HNO_3 10%）	5.0			
稀释剂（HNO_3 10%）	2.5	2.5	1.2	0
样品		5.0	5.0	5.0
储备液 （Pb 100 μg/L）			1.3	2.5
$NH_4H_2PO_4$ 6%	1.0	1.0	1.0	1.0
$Mg(NO_3)_2$ 0.5%	2.0	2.0	2.0	2.0
总体积	10.5	10.5	10.5	10.5

9 计算

仪器软件绘制出标准曲线图（吸光度对铅离子 μg/L 浓度的函数）。软件算出样品的铅离子浓度，如果在样品制备和测试过程中有稀释，注意换算。

10 精度参数

对于铅浓度低于 150 μg/kg：

$$重复性限\ r = 15\ \mu g/kg$$
$$再现性限\ R = 25\ \mu g/kg$$

参 考 文 献

[1] Laboratoire SCL33. Déter mination du plomb dans le vin par atomic absorption spectrometry(four-graph-ite). Manuel d'instructions, 2010.

[2] Laboratoire SCL33. Détermination du plomb dans les aliments solides par atomic absorption spectrometry (four-graphite). Manuel d'instructions, 2010.

[3] Rodriguez Garcia J. C. Desarrollo de metodologías para la deter minación demetales en miel mediante ETAAS y estudio quimiométrico de su empleo como bioindicador. Universidad de Santiago de Compostela, Facultad de Ciencias, Campus de Lugo, 2006.

电感耦合等离子体质谱法测定铅含量

（Oeno 419B/2012）

蒸馏浓缩葡萄汁中铅的含量测定可以应用方法 OIV/OENO344/2010（ICP-MS 用于多种元素分析）进行，将方法进行修正，在第 5（样品制备）后加入以下内容：

样品制备

本方法亦可用于蒸馏浓缩葡萄汁的铅测定。为此，先要对样品进行矿化处理，一般推荐将样品在密闭容器中进行微波消解，给出如下处理步骤作为参考：

将 1 g 葡萄汁、2 mL 硝酸（3.4）和 8 mL 水（3.1）加入微波消解罐，并将消解罐按照以下条件进行消解：

步骤	斜坡	温度/℃	保持时间/min
1	20 min	200	20

当样品已经消解完成，将其转移到 50 mL 塑料管（4.6）中，用水（3.1）稀释至 30 g 并摇匀。